PRACTICAL MANUAL FOR SYNTHESIS OF FINE CHEMICALS

精细化学品合成实用手册

李同信　王东平　李合秋　编著

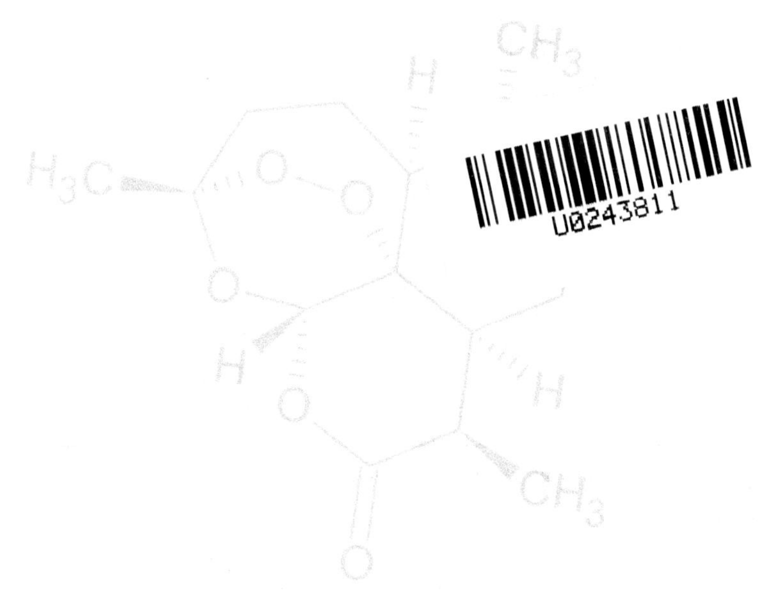

化学工业出版社
·北京·

内容简介

本书根据作者几十年从事有机化学和精细化学品合成的丰富积累编著而成，介绍了近500种精细化学品的基本信息和合成方法。其中涉及的药物有抗生素、抗病毒、抗精神病等药物及其中间体；农药有除草剂、杀虫剂、植物生长调节剂等及其中间体；还有各种功能化合物，如高能材料及炸药、催化剂等；选择的合成方法有化学合成、催化反应、电化学方法等。

本书可供从事有机合成、药物、农药、染料等精细化学品合成的工作者参考使用，对高等院校应用化学相关专业的师生也具有较高的参考价值。

图书在版编目（CIP）数据

精细化学品合成实用手册/李同信，王东平，李合秋编著.—北京：化学工业出版社，2021.4
ISBN 978-7-122-38600-7

Ⅰ.①精… Ⅱ.①李… ②王… ③李… Ⅲ.①精细化工-化工产品-合成-技术手册 Ⅳ.①TQ062-62

中国版本图书馆CIP数据核字（2021）第035583号

责任编辑：韩霄翠 仇志刚　　文字编辑：王云霞 陈小滔
责任校对：宋 玮　　装帧设计：张 辉

出版发行：化学工业出版社（北京市东城区青年湖南街13号 邮政编码100011）
印　　装：北京建宏印刷有限公司
787mm×1092mm 1/16 印张29 字数713千字 2021年7月北京第1版第1次印刷

购书咨询：010-64518888　　售后服务：010-64518899
网　　址：http://www.cip.com.cn
凡购买本书，如有缺损质量问题，本社销售中心负责调换。

定　　价：168.00元　

序

新药的开发离不开现代精细有机化工的发展。随着精细化工领域的发展，新的有机合成方法层出不穷。

李同信老师以他在北京大学培养的扎实有机化学功底、在中国科学院大连化学物理研究所三十多年从事有机催化和精细化学品合成的丰富积累，以及退休后十多年在国内外有关公司的指导经验，汇总毕生经验写成这部著作，与同行分享，给后人留下了宝贵的文字财富。

全书涉及近500种化合物，涵盖了精细化工大多领域，包括医药（包括抗生素，抗病毒、免疫调节功能、抗艾滋病、抗肿瘤、抗心血管疾病、抗精神病、抗风湿药物以及治疗呼吸系统、泌尿系统疾病药物及其中间体）、农药（包括抗球虫病、鸡霍乱等动物用药；除草剂、杀虫剂、杀菌剂、植物生长调节剂等农药及其中间体）、染料及各种功能化合物（如高能钝感炸药，舰船防污剂，萤火虫荧光素，催化剂，工业杀菌、防腐、防霉剂，光引发剂，低烟无毒阻燃剂，高灵敏度金属离子显色剂，阳离子乳化剂等）。

本书语言精练，数据翔实。所选化合物多为性能好、毒性低、市场需求大的实用性化合物。在合成方法上考虑到绿色环保和安全性，对所列化合物大多都有物性、毒性和应用简介，为读者提供了方便。

在合成方法上涉及化学合成、催化反应、电化学反应等方法。

本书对从事有机合成、药物、农药、染料等精细化学品合成的工作者具有很好的参考价值。

李同信老师在其84岁高龄，依然为了发展精细化工心愿，著书立说，不辞劳苦的精神，令人感动，值得大家学习。

陈惠麟

2020年6月

前言

笔者曾从事精细化学品定制工作多年，根据市场需求，合成了一些热点化合物，并积累了一定经验。本想总结一下留作纪念，但在总结过程中想到，干脆成书出版，与同行或有兴趣者一起分享。

笔者所做化合物毕竟有限，要成书，必须进行必要的补充。化合物的选择遵循如下原则：

1. 实用性，多为市场有需求的化合物。

2. 合成方法的先进性，在多种合成方法中，尽量选择原料易得、方法简单、对环境污染少的合成技术。

3. 一种化合物有多种合成方法且各有伯仲时，均列出，供读者根据已有条件进行选择。

4. 所选参考文献新颖，尽量选择近几年发表的文章，以体现合成方法的先进性。

5. 本书还选用了一些已实际应用的医药和农药原料药的合成，其好处是一个原料药的合成，可以带动多个中间体的合成，并且这些中间体的应用对象也很明确。从一个原料药的完整合成，可以学到化学家是如何设计及合成目标化合物的。

6. 引用了部分博士、硕士论文的化合物合成，从中可了解某些领域的研究热点和方向。

本书共介绍了近500种化合物的合成，涉及面比较广：医药有抗生素、抗病毒药、抗精神病等药物及其中间体；农药有除草剂、杀虫剂、植物生长调节剂等及其中间体；还有各种功能化合物，如高能材料及炸药、催化剂等。

选择的合成方法涉及化学合成、催化反应、电化学方法等。

在编写此书过程中，得到郭永海、张勇、王瑞东、胡俊平等学者的鼓励和帮助，大连理工大学研究生刘韬略对本书做了部分校对工作，在此一并表示感谢。

由于手册涉及领域较广，笔者水平有限，尚有考虑不周之处，敬请读者提出宝贵意见。

编著者

2020 年 9 月

目录

第一章 烃类化合物

第二章 醇类化合物

第三章 酚类化合物

第四章 醚类化合物

第五章 醛类化合物

第六章 酮类化合物

第七章 羧酸及其衍生物

第八章 胺类化合物

第九章 联苯、三联苯类化合物

第十章 含硼、氮、磷、硫、硅的化合物

第十一章 呋喃、吡咯、吡唑、咪唑等杂环类化合物

第十二章 吡啶及其衍生物

第十三章 哒嗪、吡嗪、哌啶、嘧啶等化合物

第十四章 并杂环化合物

第十五章 金属配合物

第一章
烃类化合物

(E)-1,4-二溴-2-丁烯

【基本信息】 英文名：*trans*-1,4-dibromo-2-butene；CAS 号：821-06-7；分子式：$C_4H_6Br_2$；分子量：214；熔点：48～54℃；沸点：205℃。医药中间体，本品刺激眼睛、呼吸道和皮肤，操作时注意防护。合成反应式如下：

$$HOCH_2CH=CHCH_2OH + PBr_3 \longrightarrow BrCH_2CH=CHCH_2Br$$

【合成方法】

在通风橱中，在装有搅拌器、温度计的 1L 三口瓶中，加入 88g（1.0mol）丁烯二醇和 250mL 异丙醚，冷却至－15℃，滴加入 70mL（199.5g，0.74mol）三溴化磷，约 2.5h 滴完，继续搅拌 3h。撤去冷浴，快速加入 500mL 水，停止搅拌。分出有机相，用 100mL 异丙醚萃取 1 次。合并有机相，用饱和食盐水洗涤（100mL×3），用无水硫酸钠干燥。浓缩、结晶、过滤、干燥，得到针状结晶（E)-1,4-二溴-2-丁烯 181.8g（0.85mol），收率 85%，纯度>98%，熔点 50～51℃。

【参考文献】

［1］Keegstra M，Verkruijsseetal H D，Andringa H，et al. Efficient procedures for 1-bromo-1,3-butandiene and 2-bromo-1,3-butadiene［J］. Synthetic Communications，1991，21（5）：721-726.

［2］纪兴国. 1,4-二溴-2-丁烯的制备方法：CN103539629A［P］. 2014-01-29.

对溴正戊苯

【基本信息】 英文名：1-bromo-4-pentylbenzene；CAS 号：51554-95-1；分子式：

$C_{11}H_{15}Br$；分子量：227；沸点：261.8℃/101325Pa；闪点：127.8℃；密度：1.2g/cm^3。本品是液晶中间体。合成反应式如下：

$$PhBr + Me(CH_2)_3COCl \xrightarrow{AlCl_3} Br\text{-}C_6H_4\text{-}C(=O)(CH_2)_3Me \xrightarrow{H_2NNH_2\cdot H_2O} Br\text{-}C_6H_4\text{-}(CH_2)_4Me$$

【合成方法】

1. 对溴苯戊酮的合成（Friedel-Crafts 反应）：在装有搅拌器、温度计和回流冷凝管的干燥的 250mL 三口瓶中，加入溴苯 157g（1mol）、无水三氯化铝 93.3g（0.7mol），在 25～30℃，滴加正戊酰氯 60.25g（M=120.5，0.5mol），约 2h 滴完。在 30～35℃搅拌反应 5h。搅拌下，将反应产物倒入冰水中，静置分层。分出油层，水层用环己烷 50mL×3 萃取，合并有机相。常压蒸出溶剂和溴苯；减压蒸馏，收集 167～170℃/2kPa 馏分，得到对溴苯戊酮（CAS 号：7295-44-5）72.3g（M=241，0.3mol），收率 60%，熔点 36.5～37.2℃。

2. 对溴正戊苯的合成（Wolff-Kishner-黄鸣龙还原反应）：在装有搅拌器、温度计和回流冷凝管的 250mL 三口瓶中，加入 50mL 乙二醇和氢氧化钾 4.48g（M=56，0.08mol），搅拌溶解后，加入对溴苯戊酮 96.4g（M=241，0.4mol）和水合肼 22g（M=50，0.44mol），升温至 140～150℃，反应 5h。蒸出水，升温至 180～190℃，反应 3h。冷却至 40℃以下，用水 100mL×3 洗涤，干燥，减压蒸馏，收集 123～125℃/2kPa 馏分，得到对溴正戊苯 63.56g（0.28mol），收率 70%，纯度>99.3%。两步总收率 42%。

【参考文献】

［1］冯柏成，潘鹏勇，唐林生. 液晶中间体对溴正戊苯的合成［J］. 青岛科技大学学报，2004，25（4）：290-292.

2,6-二氟氯苯

【基本信息】 英文名：1-chloro-2,6-difluorobenzene；CAS 号：38361-37-4；分子式：$C_6H_3ClF_2$；分子量：148.5；无色油状液体；沸点：132℃；密度：1.37g/cm^3；医药、农药、液晶中间体。合成反应式如下：

$$\text{1,2,3-三氯苯} \xrightarrow[85℃]{ClSO_3H} \text{2,3,4-三氯苯磺酰氯 }(SO_2Cl) \xrightarrow[195℃]{KF/环丁砜} \text{3-氯-2,4-二氟苯磺酰氟 }(SO_2F) \xrightarrow[80℃]{AcONa} \text{3-氯-2,4-二氟苯亚磺酸钠 }(SO_2Na)$$

$$\xrightarrow{HCl} \text{3-氯-2,4-二氟苯亚磺酸 }(SO_2H) \xrightarrow[148℃]{H_2SO_4} \text{2,6-二氟氯苯}$$

【合成方法】

1. 2,3,4-三氯苯磺酰氯的合成：在装有搅拌器、温度计、回流冷凝管和尾气吸收装置的 250mL 四口瓶中，加入氯磺酸 23.2g（M=116.5，0.1995mol），加热至 70℃，用 1h 加入 1,2,3-三氯苯 24.1g（M=181.5，0.133mmol），很快有氯化氢气体逸出。逐渐升温，反应液变黄，继续升温至 85℃，搅拌反应 3h，得到棕黄色黏稠液体。冷却至室温，搅拌下，缓慢滴加到 50g 冰水中，析出白色固体，过滤，水洗，干燥，得到白色固体粗品，收率 80.3%，气相测谱（GC）检测含量 88.8%。经质谱鉴定，为 1,2,3-三氯苯、2,3,4-三氯苯磺酰氯及其同分异构体的混合物，熔点 51～56℃。其中，$m/z=279.8$，是 2,3,4-三氯苯磺酰氯分子离子峰。

2. 3-氯-2,4-二氟苯磺酰氟的合成：在装有搅拌器、温度计、回流冷凝管、分水器，氮气通管和尾气吸收管的 250mL 四口瓶中，加入氟化钾 24g（0.414mol）、2,3,4-三氯苯磺酰氯粗产品 25g（0.089mol）、环丁砜和甲苯各 50mL，通入氮气，搅拌，加热至 105℃时，甲苯从分水器中分出。甲苯蒸出后，升温至 195℃，反应 3h。反应液逐渐变黄变红，最后得到红褐色乳浊液。冷却至室温，加入 30mL 甲苯，搅拌，抽滤，得到红色滤液。旋蒸出甲苯，得到 3-氯-2,4-二氟苯磺酰氟及其同分异构体和环丁砜的混合液。气相色谱-质谱（GC-MS）谱图中，$m/z=229.8$，对应的是 3-氯-2,4-二氟苯磺酰氟分子离子峰。

3. 3-氯-2,4-二氟苯磺酸的合成：在装有搅拌器、温度计、回流冷凝管的 250mL 四口瓶中，加入 3-氯-2,4-二氟苯磺酰氟混合液 50g，25%醋酸钠 60g，乙酸 6mL，此时 pH 约 5.5。加热至 80℃，反应 4h，反应液为红棕色。冷却至室温，加入浓盐酸 15mL，在 175℃减压蒸出水和部分有机物。抽滤，冷却，得到咖啡色膏状物，主要是 3-氯-2,4-二氟苯磺酸和少量环丁砜等有机物。液相色谱-质谱（LC-MS）谱图中，$m/z=226.9$，对应的是 3-氯-2,4-二氟苯磺酸分子离子峰。

4. 2,6-二氟氯苯的合成（水解）：在装有搅拌器、温度计、回流冷凝管的 250mL 四口瓶中，加入 3-氯-2,4-二氟苯磺酸的混合液 50g、50%硫酸溶液 125mL，加热至约 148℃，反应 4h，反应液为玫瑰红色。减压蒸馏到无油珠馏出为止。向馏出液中加入 30mL 乙醚，萃取有机相，用无水氯化钙干燥，分馏，得到有刺激气味的无色油状液体 2,6-二氟氯苯，平均收率 29.8%，纯度>95%。GC-MS 谱图中，$m/z=147.9$，对应的是 2,6-二氟氯苯分子离子峰。

【参考文献】

[1] 陈茜玲. 2,6-二氟氯苯的合成 [D]. 南京：南京理工大学，2006.

桥式四氢双环戊二烯

【基本信息】 英文名：tetrahydrodicyclopentadiene；缩写：THDCPD；CAS 号：2825-83-4；分子式：$C_{10}H_{16}$；分子量：136；熔点：75℃；沸点：192.5℃，闪点：40.6℃，密度 1.0g/cm^3，用作高能燃料，也是合成医药、农药、兽药的中间体。制备反应式如下：

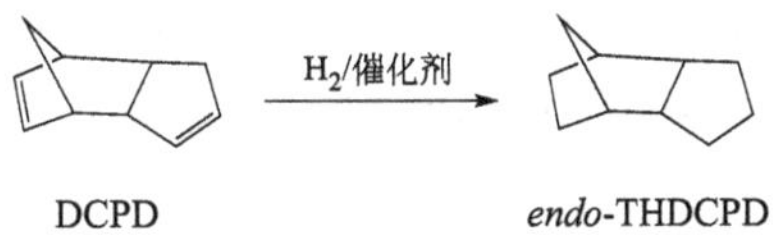

【合成方法】

1. 改性镍催化剂的制备：在装有搅拌器、温度计、蒸馏装置的反应瓶中，加入 200 目壳多糖 28（质量）份、富勒烯 1 份、200 目蜂窝陶瓷 36.4 份和 252 份混合溶剂（体积比为 7∶1 的无水乙醇和去离子水），加热至 65℃，搅拌 30min，保温 75min。冷却至室温，得到载体分散液。再加入五水偏硅酸钠 0.4 份、氧化亚镍 5 份和四氧化三铁 2 份，搅拌 30min，减压浓缩，烘干，得到改性镍催化剂。

2. 加氢反应：在加氢压力釜中，加入上述制备的改性镍催化剂（占反应器容积的

55%)、双环戊二烯和环戊烷（双环戊二烯含量55%），控制加氢釜的入口温度150℃、压力2MPa，回流比为6，氢油比为10，控制温度在260℃，加氢物料管外有伴热且伴热不低于40℃，进行加氢反应，所得化合物原料含量90%。将化合物精馏，塔板数≥30，升温至180℃，待双环戊二烯蒸出后，在180℃下全回流。常压收集189～193℃馏分，加入甲醇，抽滤，得到桥式四氢双环戊二烯，纯度99.2%。双环戊二烯损失率3.1%。

备注：文献［2］采用自制的含钠超稳Y-型分子筛添加氧化铝干胶制成条形颗粒载体，经干燥、焙烧，制得含钠稳Y-型条形颗粒载体，浸入柠檬酸和醋酸镍溶液，室温晾干、干燥、焙烧，得到的催化剂对双环戊二烯加氢，可提高桥式四氢双环戊二烯的选择性。

【参考文献】

［1］鲁少飞，张怀敏，杨正大，等.一种双环戊二烯加氢制备桥式四氢双环戊二烯的方法：CN109232163A［P］.2019-01-18.

［2］高安军，赵会吉，鲁长波，等.一种提高桥式四氢双环戊二烯异构选择性的催化剂制备方法：CN108212199A［P］.2018-06-29.

金刚烷

【基本信息】 化学名：三环［3.3.1.1］癸烷；英文名：adamantane；CAS号281-23-2；分子式：$C_{10}H_{16}$；分子量：136；白色晶体；熔点：269.6～270℃（封管）；沸点：185.55℃；密度：1.07g/cm^3，升华热：69.63kJ/mol；不溶于水。高度对称的笼状烃，新一代精细化工原料。

endo-THDCPD —无水$AlCl_3$→ *exo*-THDCPD —无水$AlCl_3$→ ADH

【合成方法】

1.桥式四氢环戊二烯（*endo*-THDCPD）异构化为挂式四氢环戊二烯（*exo*-THDCPD）的合成：在干燥的三口瓶中，加入*endo*-THDCPD 136g（1mol）、无水三氯化铝32.04g（M=133.5，0.24mol）、1,2-二氯乙烷（0.3mol），在30℃搅拌反应0.5h，得到*exo*-THDCPD，收率98.7%。

2.金刚烷（ADH）的合成：在上述*exo*-THDCPD溶液中，补加无水三氯化铝42.72g（0.32mol）和助催化剂水0.75g（41.5mmol），升温至80℃，搅拌反应5h，蒸出溶剂和水，升华，得到金刚烷117.5g（0.864mol），收率86.4%。

【参考文献】

［1］余丽品.金刚烷合成的研究［D］.南京：南京工业大学，2006.

［2］李同信，王雪梅，任志新等.金刚烷的制备和应用的研究进展［J］.石油化工，1992，21（1）：55-62.

第二章

醇类化合物

(*E*)-2,3-二溴-2-丁烯-1,4-二醇

【基本信息】 英文名：*Trans*-2,3-dibromo-2-butene-1,4-diol；CAS号：21285-46-1；分子式：$C_4H_6Br_2O_2$；分子量：245.9；熔点：112～114℃；沸点：318.1℃，酸度系数(pK_a)：12.81；密度：2.252g/cm^3。具有显著的除草、杀菌、杀虫活性，广泛应用于生物杀灭剂等药物的合成，可用作电子化学助焊剂。合成反应式如下：

$$HOCH_2C\equiv CCH_2OH \xrightarrow{Br_2} (E)\text{-}HOH_2C(Br)C{=}C(Br)CH_2OH$$

【合成方法】

在装有搅拌器、温度计和滴液漏斗的250mL三口瓶中，加入12.9g（0.15mol）2-丁炔-1,4-二醇、60mL蒸馏水和3.09g（30mmol）溴化钠，搅拌溶解。冰水浴冷却，缓慢滴加入26.4g（0.165mol）溴，调节滴加速度，控制温度在3～10℃以内。滴加完毕，继续搅拌反应1h。加热至75～80℃，使固体完全溶解，自然冷却至室温，析出浅黄色晶体，过滤。滤饼加入到150mL蒸馏水中，加热溶解，加入1g活性炭脱色，热过滤。滤液浓缩至40mL，冷却至3℃析晶，过滤，固体在60℃真空干燥，得到白色结晶（*E*）-2,3-二溴-2-丁烯-1,4-二醇30.3g，收率82.1%，熔点：112.5～115℃。

【参考文献】

[1] 洪丹燕，费文祥，陈书升，等.（*E*）-2,3-二溴-2-丁烯-1,4-二醇的合成[J].精细化工中间体，2013，43（3）：15-17.

[2] 杨锁成.一种2,3-二溴-1,4-丁烯二醇的制备方法及其制品：CN102249861A[P].2011-11-23.

1,2-戊二醇

【基本信息】 英文名：1,2-pentanediol；CAS 号：5343-92-0；分子式：$C_5H_{12}O_2$，分子量：104；无色透明液体；沸点：206℃/101325Pa；闪点：104.4℃；密度：0.971g/cm^3。溶于乙醇、乙醚和乙酸乙酯等。避光、阴凉、干燥处密封保存。

【合成方法】

1. 2-溴代正戊酸的合成：

$$Me(CH_2)_3CO_2H \xrightarrow{Br_2} Me(CH_2)_2CHBrCO_2H$$

在装有搅拌器、温度计、滴液漏斗、溴化氢导气管和吸收装置的 500mL 四口瓶中，加入 105g（1.0mol）正戊酸、2mL 三氯化磷，搅拌，升温至 80℃，滴加 80g（1mol）溴，约需 2h 滴加完。保温至反应液褪色，继续保温反应 2h。提高真空度，通入氮气，吹扫出残余的 HBr 和少量溴。用玻璃弹簧丝填充的塔进行减压蒸馏，收集 125～130℃/2.67kPa 馏分，得到浅黄色透明油状液体产品 2-溴代正戊酸 162g，含量 95%，收率 85%。

备注：溴以微过量为宜，否则会生成多取代溴化物，影响收率。

2. 2-羟基正戊酸的合成：

$$Me(CH_2)_2CHBrCO_2H \xrightarrow{NaOH/水} Me(CH_2)_2CHOHCO_2Na \xrightarrow{HCl} Me(CH_2)_2CHOHCO_2H$$

在装有搅拌器、温度计的 500mL 三口瓶中，加入 90.5g（0.5mol）2-溴代正戊酸和 187g 32%的氢氧化钠溶液，搅拌，加热回流 4h。浓缩，滤除 NaBr，冷却，加入 150mL 异丙醚。搅拌，用浓盐酸中和至 pH 为 5，静置分层，分出有机层。水层用异丙醚萃取 3 次，合并有机相，用无水硫酸镁干燥。真空蒸出溶剂，加入 250mL 二甘醇二甲醚，直接进入下一步反应。重结晶后产物熔点 33～34℃。

3. 1,2-正戊二醇的合成：

$$Me(CH_2)_2CHOHCO_2H \xrightarrow[NaBH_4/AlCl_3]{二甘醇二甲醚} Me(CH_2)_2CHOHCH_2OH$$

在装有搅拌器、温度计和滴液漏斗的 500mL 三口瓶中，在上述 2-羟基正戊酸溶液中加入 22g（0.5mol）$NaBH_4$，搅拌溶解，慢慢滴加 100mL 含三氯化铝的二甘醇二甲醚溶液（2.5mol/L），控制温度低于 50℃。滴毕，在室温搅拌 2h，在沸水浴上保温反应 2h。冷却，搅拌下将反应液倒入含有 350mL 浓盐酸的 500g 碎冰水中。加入 250mL 异丙醚，搅拌，静置。分出有机层，水层用异丙醚萃取 3 次，合并有机相，水洗，用无水硫酸镁干燥。用玻璃弹簧丝填充的塔进行减压精馏，在 70℃以前的馏分为异丙醚；在 100～110℃/2.67kPa 馏分为二甘醇二甲醚；在 120～125℃/1.33kPa 馏分为无色透明液体产品 1,2-正戊二醇 41g，含量 92%～95%。水解、还原两步反应收率 73%～75%，三步反应总收率可达 64%。

备注：用 $LiAlH_4$ 还原，收率更高，但成本太高。

【参考文献】

[1] 丁小兵. 1,2-戊二醇的合成 [J]. 安徽化工，2002，28（5）：22-23，21.

1,5-戊二醇

【基本信息】 英文名：1,5-pentanediol；CAS 号：111-29-5；分子式：$C_5H_{12}O_2$；分

子量：104；无色黏稠液体；熔点：−18℃；沸点：238～239℃；密度：0.9941g/cm^3；闪点 129℃。味苦，能与水、甲醇、乙醇、乙酸乙酯混溶，25℃乙醚中的溶解度为 11%。用于制造聚酯、聚醚和香料等，本品对中枢神经有一定抑制作用。

【合成方法】

一、文献［1］中的方法（以四氢糠醇为原料加氢还原）

$$\text{(四氢呋喃环)}-CH_2OH \xrightarrow{H_2/\text{催化剂}} HO\text{/\/\/\/}OH$$

1. 催化剂的制备：将适量的活性炭（AC）和配制好的 $RhCl_3$ 的溶液置于烧杯，室温浸渍 12h。在 110℃烘箱干燥 3h。按 Mo/Rh 摩尔比为 0.15 的量加入 $(NH_4)_6Mo_7O_{24}$ 溶液，室温浸渍 12h。在 110℃烘箱干燥 3h，用氢气在 550℃还原 3h，钝化 1h，得到 Rh-MoOx/AC（Mo/Rh 摩尔比＝0.15）。

2. 1,5-戊二醇的合成：在带有搅拌器的 100mL 不锈钢压力釜中，加入 1g 四氢糠醇、19g 蒸馏水和 0.1g 催化剂 Rh-MoO_x/AC，关闭压力釜，用氮气置换空气 3 次，再用氢气置换氮气 3 次。升温至 140℃，釜内压力维持在 8MPa，搅拌反应 10h。冷却，静置分层，GC 分析，四氢糠醇转化率 64.3%，产物选择性 100%。

3. GC 的分析条件：气化室温度：240℃；柱温：120℃。保留 5min 后，以 20℃/min 速率升至 240℃，保留 5min。检测器温度：230℃；载气流速：氮气，30mL/min；燃气流速：氢气，30mL/min；助燃气流速：空气，300mL/min。

备注：催化剂套用会使催化活性下降，副产物增加，例如二次套用，原料转化率 60.1%，1,5-戊二醇的选择性 99.1%，一元醇选择性 0.9%。

二、文献［2］中的方法（以 1,5-戊二酸二甲酯为原料加氢还原）

$$MeO_2C(CH_2)_3CO_2Me \xrightarrow{H_2/\text{催化剂}} HO\text{/\/\/\/}OH$$

在小型固定床反应器中进行，在其中装入 4mL 粒径为 0.42～0.84mm 的 YJYCH 催化剂（辽阳石化分公司自制），检测气密性符合要求后，对催化剂还原后，调整温度 215℃，再通入原料进行加氢反应。用泵将原料 1,5-戊二酸二甲酯（辽阳石化分公司自己生产）送入混合器与氢气混合（氢酯摩尔比＝96.0），经预热器预热后，进入反应器，与催化剂接触并发生加氢反应，液体空速（LHSV）为 0.36h^{-1} 时，反应压力为 5.0MPa，从反应器出来的混合物进入冷却器。冷却后，进入分离器，氢气放空，分离出粗产品，精制。1,5-戊二酸甲酯的转化率为 98.7%，选择性为 97.7%。

【参考文献】

［1］韩立峰. 四氢糠醇制备 1,5-戊二醇的催化剂及工艺研究［D］. 常州：常州大学，2015.

［2］李民，黄集钺，王秀丽，等. 1,5-戊二酸甲酯加氢制备 1,5-戊二醇的工艺条件［J］. 石化技术与应用，2007，25（4）：310-312.

2,2,2-三氟乙醇

【基本信息】 又称：三氟乙醇；英文名：2,2,2-trifluoroethanol；CAS 号：75-89-8；

分子式：$C_2H_3F_3O$；分子量：100；具有醇的气味的无色液体；熔点：－44.6℃；沸点：73.6℃；闪点：13℃；密度：1.325g/cm³，能与水和多种有机溶剂混溶。是一种化工、医药中间体。

$$\gamma\text{-丁内酯} \xrightarrow{KOH/H_2O} HOCH_2(CH_2)_2CO_2K \xrightarrow[220℃/3.5MPa]{F_3CCH_2Cl} F_3CCH_2OH$$

【合成方法】

1. γ-羟基丁酸钾盐的合成： 在装有搅拌器和回流冷凝管的500mL三口瓶中，加入52.4g（0.77mol）82%氢氧化钾、290g γ-丁内酯和10mL水，搅拌，冷却至50℃左右（放热），直至氢氧化钾完全溶解。得到γ-羟基丁酸钾盐溶液。

2. 三氟乙醇的合成： 将γ-羟基丁酸钾盐溶液加入到1L高压釜中，再加入91.3g（0.77mol）2,2,2-三氟氯乙烷，充入1MPa氮气，密闭。搅拌加热至220℃，反应4.5h。反应过程中，内压为3.5～4.0MPa。反应毕，冷却至室温，得到三氟乙醇混合液。冷却至0℃，静置0.5h，析出固体盐，过滤，将滤液加入到装有精馏装置的500mL三口瓶中，再加入10g盐酸，使未反应的γ-羟基丁酸钾盐闭环，转化成γ-丁内酯。加热精馏，收集70～80℃馏分，得到三氟乙醇60.6g（0.606mol），收率78.7%，纯度>97%。精馏时，沸点卡得严些，纯度可达到99%。

【参考文献】

［1］张未星，齐志奇. 2,2,2-三氟乙醇的合成与应用［J］. 浙江化工，2001. 32（4）：12-15.

2,3-二氟苯甲醇

【基本信息】 英文名：2,3-difluorobenzyl alcohol；CAS号：75853-18-8；分子式：$C_7H_6OF_2$；分子量：144；无色液体；沸点：101.45℃；闪点：94℃，密度：1.282g/cm³。本品是液晶等有机合成中间体。

$$\text{邻二氟苯} \xrightarrow[②\ HCHO]{①\ BuLi} \text{2,3-二氟苯基}-CH_2OH$$

【合成方法】

在装有搅拌器、温度计和滴液漏斗的100mL三口瓶中，加入12.5g（11mL，0.11mol）邻二氟苯和100mL四氢呋喃，搅拌溶解，在高纯氮气保护下，冷却至－78℃，滴加入50mL 2.15mol/L（0.11mol）丁基锂溶液，反应液变为黄色黏稠状浑浊液，继续搅拌反应2.5h，备用。

在反应瓶中，将多聚甲醛加热到180～200℃，用氮气流缓慢将解聚生成的甲醛带入上述反应液中。当反应液出现白色结块时，立即停止通入甲醛。进行搅拌，自然升至室温。加入氯化铵水溶液，用乙醚萃取，水洗，用无水硫酸钠干燥。旋蒸出溶剂，剩余物减压蒸馏，收集70～75℃/650Pa馏分，得到无色透明液体2,3-二氟苯甲醇9.5g（0.066mol），收率60%，纯度98.3%。MS：$m/z=144$［M^+］。

【参考文献】

［1］胡刚，唐洪，徐寿颐. 邻二氟苯衍生反应的研究［J］. 清华大学学报（自然科学版），1999，39（10）：89-92.

2,3,5,6-四氟苯甲醇

【基本信息】 英文名：2,3,5,6-tetrafluorobenzyl alcohol；CAS 号：4084-38-2；分子量：180.1；熔点 32～38℃；沸点：220～225℃；闪点：2℃。本品是合成新型菊酯杀虫剂四氟苯菊酯的重要中间体。

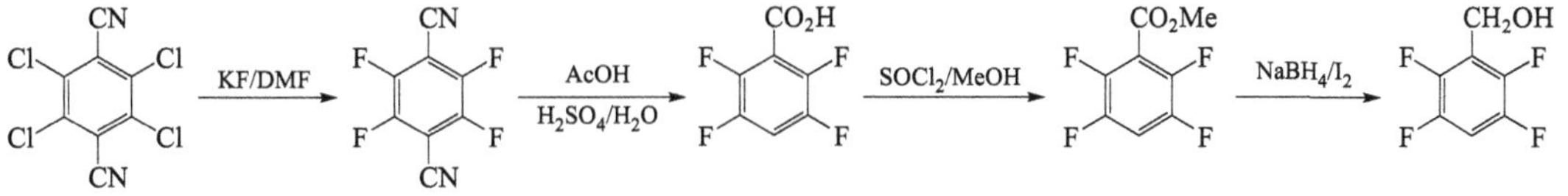

$\xrightarrow{KF/DMF}$ $\xrightarrow[H_2SO_4/H_2O]{AcOH}$ $\xrightarrow{SOCl_2/MeOH}$ $\xrightarrow{NaBH_4/I_2}$

【合成方法】

1. 2,3,5,6-四氟对苯二甲腈的合成： 在装有搅拌器、温度计、回流冷凝管和导气管干燥的 150mL 三口瓶中，加入 70mL 干燥过新蒸的 DMF、5g（19mmol）2,3,5,6-四氯对苯二甲腈、0.02g 十六烷基三甲基溴化铵、0.02g 2,4-二硝基甲苯。在氮气保护下，快速加入干燥、研磨的无水氟化钾 8.8g（0.15mol），搅拌升温至 110℃，反应 4h。减压蒸出溶剂 DMF，冷却至室温，边搅拌边将反应液倒入冷水中，析出大量沉淀，静置后抽滤。用蒸馏水洗涤滤饼，烘干，得到白色针状结晶 2,3,5,6-四氟对苯二甲腈 2.67g，收率 90.3%，含量 98.3%，熔点 188～190℃。MS：m/z＝199.9。元素分析：$M(C_8F_4N_2)$＝200；实测值(计算值)(%)：C 48.01（48.02），N 13.98（14.01）。

2. 2,3,5,6-四氟苯甲酸的合成： 在装有搅拌器、温度计和回流冷凝管的 150mL 三口瓶中，加入 3.68g（0.019mol）2,3,5,6-四氟对苯二甲腈、20mL 浓硫酸、20mL 冰醋酸和 4mL 蒸馏水，搅拌，加热至回流，反应 4h。冷却至室温，边搅拌边将反应液缓慢倒入 100mL 冰水中，用乙醚 150mL×3 萃取，用氯化钙干燥。蒸出乙醚，减压蒸出过量乙酸，加入乙醚和活性炭脱色，冷却结晶，得到白色针状产物 2,3,5,6-四氟苯甲酸 3.3g，收率 92.5%，熔点 143～145℃。MS：m/z＝194.1 [M^+]。元素分析：$M(C_7H_2F_4O_2)$＝194；实测值（计算值)(%)：C 43.28（43.30），H 1.02（1.04）。

3. 2,3,5,6-四氟苯甲酸甲酯的合成： 在装有搅拌器、回流冷凝管和尾气吸收装置的 100mL 两口瓶中，加入 2,3,5,6-四氟苯甲酸 3.28g（0.017mol）、氯化亚砜 10mL 和 1 滴 DMF，搅拌，加热回流至无氯化氢和二氧化硫气体产生，约 1.5h 反应完毕。减压蒸出过量氯化亚砜至尽。冷却至室温，加入干燥过的氯仿，备用。在装有搅拌器、温度计和滴液漏斗的 150mL 三口瓶中，加入干燥过的甲醇 20mL 和三乙胺 0.5mL，冷却至 5～10℃，缓慢滴加上述制备的氯仿溶液，滴毕，常温搅拌 30min。蒸出氯仿和甲醇，所得褐色固体，用活性炭脱色，用氯仿重结晶，得到白色针状晶体 2,3,5,6-四氟苯甲酸甲酯 3.07g，收率 87.2%，熔点 56～59℃。MS：m/z＝208.0 [M^+]。元素分析：$M(C_8H_4F_4O_2)$＝208；实测值（计算值)(%)：C 46.11（46.15），H 2.02（2.08）。

4. 2,3,5,6-四氟苯甲醇的合成： 在装有搅拌、温度计和滴液漏斗的 150mL 三口瓶口瓶中，加入 0.2g（5.26mmol）硼氢化钠和 30mL 四氢呋喃，搅拌，冷却至 0℃以下，滴加入 0.5g（2.0mmol）碘和 20mL 四氢呋喃的溶液，保温反应 3h。再滴加入 0.4g（2.0mmol）2,3,5,6-四氟苯甲酸甲酯和 10mL 四氢呋喃的溶液，30min 滴完，继续搅拌，升温回流反应 1h。冷却至室温，搅拌下，缓慢加入稀盐酸，用乙酸乙酯萃取，用稀氢氧化钠溶液洗有机层，用氯化钙干燥，蒸出乙酸乙酯。所得褐色液体，加入氯仿和活性炭脱色，得到无色液体产物2,3,5,6-四氟苯甲醇0.19g，收率52.3%。MS：m/z=180.1［M^+］。元素分析：M($C_7H_4F_4O$)=180；实测值（计算值)(%)：C 46.60（46.64），H 1.65（1.68）。四步反应总收率：29.6%。

【参考文献】

［1］康渝，屈伟月，杨骏.2,3,5,6-四氟苯甲醇的合成［J］.有机化学，2005，25（9）：1125-1128.

第三章
酚类化合物

2-氨基-4-氯-5-硝基苯酚

【基本信息】 英文名：2-amino-4-chloro-5-nitrophenol；CAS 号：6358-07-2；分子式：$C_6H_5ClN_2O_3$；分子量：188.57；橙色粉末；熔点：225℃；沸点 402.4℃/101325Pa；闪点：197.2℃；密度：1.655g/cm^3。本品是除草剂、染料、感光材料成色剂和医药等重要的中间体。合成反应式如下：

$$\mathbf{1}\ \xrightarrow{Ac_2O}\ \mathbf{2}\ \xrightarrow{-H_2O}\ \mathbf{3}\ \xrightarrow[H_2SO_4]{HNO_3}\ \mathbf{4}\ \xrightarrow[②\ H^+]{①\ NaOH/H_2O}\ \mathbf{5}$$

【合成方法】

1. 酰化反应： 在 1000L 搪瓷釜中，加入 400kg 乙酸和 186kg 乙酸酐，冷却至 20℃，搅拌下，分批加入化合物 **1** 250kg，在 20～30℃搅拌反应 0.5h，薄层色谱（TLC）监测反应完毕。可根据反应情况，适当加入乙酸酐或化合物 **1**。反应结束，离心过滤，水洗，干燥，得到黄色粉末产物 **2** 309kg，平均收率 96%，纯度 98.5%，熔点 175～177℃。母液可循环使用 5 次，收率、纯度、颜色不降低。

2. 闭环反应： 在装有搅拌器和回流冷凝管的 2000L 搪瓷釜中，加入 1000kg 氯苯和 10kg 脱水催化剂 MTS，搅拌下，慢慢加入化合物 **2** 600kg，加热回流，分水反应 10～15h。反应结束，常压蒸出大部分氯苯后，减压蒸馏，收集 150℃/0.09MPa 馏分。冷却，粉碎，得到白色晶体产物 **3** 500kg，收率 90%，纯度 96%，熔点 52～54℃（文献值：54～56℃）。

3. 硝化反应： 在装有搅拌器、热电偶和滴液漏斗的 2000L 搪瓷釜中，加入 1550kg 浓硫酸，冷却至10℃，搅拌下加入化合物**3** 323kg。全部溶解后，冷却至0～5℃，滴加380kg混酸（40%硝酸、48%硫酸和12%水），滴毕，保温反应1h。搅拌下，将反应物慢慢倒入冰水中，料温不得超过15℃。离心过滤，水洗至中性，抽干，干燥，得到黄白色固体产物**4** 359kg，收率89%，纯度97.5%，熔点136～137℃。

4. 2-氨基-4-氯-5-硝基苯酚（5）的合成：在装有搅拌器、热电偶和滴液漏斗的3000kg不锈钢釜中，加入2t水，搅拌下加入上述化合物**4**和494kg 40%氢氧化钠水溶液，加热至60～70℃，搅拌反应2h，得到红色溶液。稍降温后，滤除不溶物，打入酸化釜，用8%盐酸中和至pH为5。冷至20℃，离心过滤，水洗，过滤，反复操作至无氯离子检出。抽干，干燥，得到产物2-氨基-4-氯-5-硝基苯酚（**5**）290kg，收率92.8%，纯度98.7%，熔点224～225℃，熔点与文献值相同。

精制：98%粗品与80%甲醇水溶液比为1∶10进行重结晶。加入2%活性炭，加热至60℃后，进行压滤。滤液冷至约5℃，离心过滤，干燥，得到鲜亮的橘黄色结晶产品，纯度>99%。母液循环使用几次后，回收甲醇。粗品总收率>70%，精品总收率64%。

【参考文献】

[1] 吴振刚，劳风云. 2-氨基-4-氯-5-硝基苯酚的生产工艺［J］. 山东化工，2009，38（8）：1-3.

2-氨基-4-氯-6-硝基苯酚

【基本信息】 英文名：2-amino-6-chloro-4-nitrophenol；CAS号：6358-08-3；分子式：$C_6H_5ClN_2O_3$；分子量：188.57；棕色固体粉末；熔点：158～162℃；沸点：约308℃；酸度系数pK_a：6.06；储存条件：避光、密封、阴凉干燥处。本品是重要的染料中间体，合成反应式如下：

OH（苯酚） —$CuCl_2$→ 对氯苯酚（OH，Cl） —HNO_3/H_2SO_4→ 4-氯-2,6-二硝基苯酚（OH，O_2N，NO_2，Cl） —$SnCl_2$/HCl→ 产物（OH，O_2N，NH_2，Cl）

【合成方法】

1. 对氯苯酚的合成：在装有搅拌器、温度计、回流冷凝管的250mL三口瓶中，加入反应量的苯酚28.2g（M=94，0.3mol）、氯化铜50.8g（0.3mol）和8.5mol/L盐酸100mL，加热至110℃，回流13h。反应结束后，冷却，用苯萃取，蒸出溶剂苯，剩余物进行精馏，收集各组分。对氯苯酚∶邻氯苯酚>10∶1，精馏后，得到对氯苯酚19.74g（0.21mol），收率>70%，纯度>99.8%。

2. 4-氯-2,6-二硝基苯酚的合成：在装有搅拌器、温度计、滴液漏斗的250mL三口瓶中，加入4g（0.0426mol）对氯苯酚、150mL二氯甲烷，搅拌溶解，滴加60mL硝酸，加热至40℃回流，在回流过程中，每隔8h补加适量二氯甲烷。回流32h后，加入6mL浓硫酸，继续回流16h，同样每隔8h补加适量二氯甲烷。用TLC监测反应完毕。静置分层，分出有机相，减压蒸出溶剂，得到产物4-氯-2,6-二硝基苯酚90.94g（M=218.6，0.416mol），收率97.7%，熔点接近已知样品。

3. 2-氨基-4-氯-6-硝基苯酚的合成：在装有搅拌器、温度计、回流冷凝管的250mL三口瓶中，加入 2.18g（0.01mol）4-氯-2,6-二硝基苯酚、6.77g 氯化亚锡（预先溶于盐酸）、80mL 无水乙醇和 20mL 浓盐酸，加热至 80℃，回流 8h。反应结束，将反应液放入冰箱 12h，析出白色固体。过滤，滤饼溶于水，用 50%氢氧化钠水溶液调节 pH 至 12。析出固体后，过滤，用二氯甲烷溶解滤饼。滤出不溶物，旋蒸出溶剂，得到产物 2-氨基-4-氯-6-硝基苯酚 1.11g（5.9mmol），收率 58.8%。

【参考文献】

[1] 韩充. 2-氨基-4-氯-6-硝基苯酚的合成 [D]. 青岛：青岛科技大学，2013.

2-溴-4-甲基苯酚

【基本信息】 英文名：2-bromo-4-methylphenol；CAS 号：6627-55-0；分子式：C_7H_7BrO；分子量：187；熔点：56～57℃；沸点：213～214℃；闪点：>110℃，密度：1.547g/cm^3。可溶于乙醚，稍溶于水。本品是合成药物和香料的中间体。

Me—C₆H₄—OH $\xrightarrow[-15\sim-10℃/8h]{Br_2}$ 2-Br-4-Me-C₆H₃—OH

【合成方法】

在装有搅拌器、温度计和滴液漏斗的 500mL 三口瓶中，加入 110.2g（1.0mol）对甲基苯酚和 240mL 四氯化碳，搅拌溶解。用冰盐浴冷却至－15～－10℃，快速搅拌下，慢慢滴加溴 58mL（1.1mol），约 1.5h 滴完，进行搅拌反应 8h。反应放出的 HBr 气体，用 10%氢氧化钠水溶液吸收。反应结束，减压蒸出溶剂四氯化碳，再减压蒸馏，蒸出残留的溴，得到无水透明液体产物 2-溴-4-甲基苯酚 134g（0.7166mol），收率 71.66%，纯度 99%。

【参考文献】

[1] 孙艳红，王玉岩，刘林谦，等. 邻溴对甲基苯酚的合成 [J]. 化工科技，2004，12（5）：18-20.

3-溴-4-三氟甲氧基苯酚

【基本信息】 英文名：3-bromo-4-(trifluoromethoxy) phenol；CAS 号：886496-88-4 或 1214385-56-4；分子式：$C_7H_4BrF_3O_2$；分子量：257；沸点：233.5℃/101.325kPa；闪点：95℃；密度：1.779g/cm^3。是合成新型医药、农药和染料的中间体。合成反应式如下：

2（2-OCF₃-苯胺）$\xrightarrow{混酸}$ 3（NO₂, NH₂, OCF₃）$\xrightarrow{重氮化}$ 4（NO₂, Br, OCF₃）$\xrightarrow{Fe/AcOH}$ 5（NH₂, Br, OCF₃）$\xrightarrow[水解]{重氮化}$ 1（OH, Br, OCF₃）

【合成方法】

1. 2-三氟甲氧基-5-硝基苯胺（3）的合成： 在装有搅拌器、温度计、滴液漏斗的 2L 四口瓶中，加入 98%硫酸 748g，冰水浴冷却下滴加入 225g（1.27mol）2-三氟甲氧基苯胺，滴毕，加热至 40～50℃搅拌全溶。再冷却至 0℃，滴加由 98%硫酸 108g 和 95%硝酸 89g 组成的混酸，控制温度在0～5℃。滴毕，保温反应3h，用TLC监测反应完全。无须分离，直接用于下一步反应。取少量反应液，用5%氢氧化钠水溶液中和至pH为9，缓慢倒入冰水中，析出黄色沉淀。抽滤，滤饼用乙醇重结晶，得到浅黄色针状结晶2-三氟甲氧基-5-硝基苯胺（**3**）（M=177），熔点65～66℃。元素分析：$M(C_7H_5F_3N_2O_3)$=222；计算值（实测值）(%)：C 37.8（36.4），H 2.25（3.01），N 12.6（12.4）。

2. 2-三氟甲氧基-5-硝基溴苯（4）的合成： 在装有搅拌器、温度计和滴液漏斗的2L三口瓶中，加入上述硝化产物**3**的反应液，冷却至0～5℃，滴加入80g（1.16mol）亚硝酸钠与160mL水的溶液。滴毕，保温反应30min，有少量固体不溶物，所得重氮化溶液低温保存，备用。在另一2L四口瓶中，加入40% HBr 500mL和铜粉80g（1.26mol），升温至80℃，搅拌，滴加至上述重氮盐溶液中。滴毕，保温反应30min后，继续水蒸气蒸馏，蒸出粗产品，得到浅褐色油状物产品**4** 160g（M=286，0.56mol），含量97.5%。

3. 3-溴-4-三氟甲氧基苯胺（5）的合成： 在装有搅拌器、温度计和滴液漏斗的2L三口瓶中，加入480mL水和720mL 95%乙醇，搅拌，加入铁粉225g（4.0mol）、11mL乙酸、17.1g氯化铵，加热回流5h。滴加化合物**4**粗品160g（0.56mol），滴毕，同温反应2h，TLC监测反应完全。用5%氢氧化钠水溶液调节pH至8～9，加入95%乙醇600mL，继续搅拌10min，趁热过滤，用95%乙醇20mL×2洗涤滤饼。合并滤液和洗液，常压蒸出乙醇后，经水汽蒸馏，得到深蓝色油状物**5** 125g（M=256，0.49mol），收率85.7%，含量98.2%。

4. 3-溴-4-三氟甲氧基苯酚（1）的合成： 在装有搅拌器、温度计和滴液漏斗的1L四口瓶中，加入105mL（2mol）98%硫酸与500mL水的溶液和化合物**5** 102.5g（0.40mol），搅拌，升温至80℃，保温反应0.5h。慢慢滴加入30g（0.43mol）亚硝酸钠与60mL水的溶液。滴毕，保温反应0.5h，得到澄清透明的重氮液，备用。

在另一2L四口瓶中，加入水110mL和98%硫酸105mL（2mol），搅拌混溶。加入五水硫酸铜100g（0.4mol），升温至120℃，搅拌、回流状态下，滴加上述所得重氮液。滴毕，回流反应约1h。冷却至室温，静置分层，分出有机相，水层用甲苯100mL×2萃取，合并有机相，用5%氢氧化钠溶液调节pH>11。静置分层，取出水层，用100mL甲苯萃取，合并有机相，用浓盐酸调至弱酸性，分出黄色油状粗产品**1** 85g，含量96.4%。粗品精馏，收集130～135℃/10kPa馏分，冷却后，得到浅黄色块状结晶产品3-溴-4-三氟甲氧基苯酚（**1**）70.5g（0.2743mol）。以原料2-三氟甲氧基苯胺计，总收率21.6%，含量99.83%，熔点51.5～53℃。MS：m/z=256（分子离子峰，也称基峰）。

【参考文献】

[1] 陈炳和. 3-溴-4-三氟甲氧基苯酚的合成［J］. 化工进展，2007，26（12）：1795-1797.

[2] 赵昊昱. 3-氯-4-三氟甲氧基苯胺的制备［J］. 中国医药工业杂志，2005，36（11）：666-667.

2-氯-3,5-二氟苯酚

【基本信息】 英文名：2-chloro-3,5-difluorophenol；CAS号：206986-81-4；分子式：$C_6H_3ClF_2O$；分子量：164.5；白色针状晶体；熔点：45～46℃。药物中间体，用于合成三唑类的后叶催产素拮抗剂。反应式如下：

Br_2　$NaNO_2/H_2SO_4$，CuCl/HCl　Mg/THF　$PhCOOBu^t$　HCl/H_2O

【合成方法】

1. 2-溴-4,6-二氟苯胺的合成： 在装有搅拌器、温度计和滴液漏斗的 2L 四口瓶中，加入 540mL 水和 240mL 36%盐酸，搅拌，在低于 30℃下加入 129g（1.0mol）2,4-二氟苯胺，在 20～45℃滴加入 160g（1.0mol）溴。随着反应的进行，出现大量灰色固体颗粒。滴毕，保温 0.5h，GC 监测反应完全。抽滤，水洗滤饼 3 次，用 95%乙醇溶解滤饼，用饱和碳酸氢钠溶液调节 pH 至 8～9。减压蒸出溶剂，精馏，收集 75～80℃/5kPa 馏分，得到 2-溴-4,6-二氟苯胺 152.3g，收率 73.2%，含量 99.97%，熔点 41.8～42.6℃。MS：m/z=207。

2. 1-溴-2-氯-3,5-二氟苯的合成： 在装有搅拌器、温度计和滴液漏斗的 2L 四口瓶中，加入 1L 水，搅拌下加入 208g（1.0mol）2-溴-4,6-二氟苯胺和 310mL 浓硫酸，控制温度在 80℃以下。加毕，升温至 80～90℃，保温 0.5h。成盐后，降温至 0～5℃，滴加 72g（1.0mol）亚硝酸钠与 100mL 水的溶液。控制滴速，不产生大量红棕色 NO_2 气体为宜。滴毕，保温 0.5h，滤除少量杂质，低温保存，备用。在另一 5L 三口瓶中，加入 79.2g（0.8mol）氯化亚铜和 520mL 浓盐酸，搅拌，升温至 70～90℃，滴加上述重氮盐溶液。滴毕，在 80℃保温反应 1.5h。降温至 50℃，静置分层，倒掉上面水层。加入 1L 水，进行水蒸气蒸馏，所得油状粗品进行精馏，收集 62～64℃/5kPa 馏分，得到浅黄色针状晶体产物 1-溴-2-氯-3,5-二氟苯 145.8g，收率 64.1%，含量 99.2%，熔点 23.5～24.6℃，MS：m/z=226（分子离子峰）。

3. 2-氯-3,5-二氟苯基叔丁醚的合成： 在装有搅拌器、温度计、滴液漏斗和氮气导管的干燥的 2L 四口瓶中，加入 6.6g（0.275mol）镁屑和 50mL 四氢呋喃（THF），用氮气置换系统里的空气。强烈搅拌下，滴加 57g（0.25mol）1-溴-2-氯-3,5-二氟苯和 600mL THF 的溶液量的 1/10，加入一粒碘，电吹风加热引发反应发生。引发成功后，加热至约 66℃，保持微回流状态，滴加剩余的溶液（9/10）。控制滴加速度，保持微回流。随着滴加，反应液呈浑浊棕红色且颜色越来越深。滴毕，保温 1h，得到 2-氯-3,5-二氟苯基溴化镁。用冰盐水浴冷却至－10～5℃，缓慢滴加 55g（0.285mol）过氧化苯甲酸叔丁酯和 100mL THF 的溶液。反应剧烈放热，控制滴加速度，维持反应液温度－5℃。滴毕，缓慢升至室温，保温 1h，得到 2-氯-3,5-二氟苯基叔丁醚和苯甲酸的混合物。室温滴加 10%盐酸 600mL，使反应液 pH＜2，洗去溴化镁。用甲苯 50mL×3 萃取，用 10%氢氧化钠水溶液调有机相的 pH 至 11 左右，用水洗去副产物苯甲酸钠。分出油层，用无水硫酸钠干燥，减压蒸出溶剂，得到 2-氯-3,5-二氟苯基叔丁醚粗品 41.1g，收率 92.37%。

4. 2-氯-3,5-二氟苯酚的合成： 在装有搅拌器、温度计和滴液漏斗的 250mL 四口瓶中，加入 70mL 水、30mL 浓盐酸和 41.1g 2-氯-3,5-二氟苯基叔丁醚，升温至 90℃左右，回流 3.5h。用 GC 跟踪醚水解反应完全。冷却至室温，分取油层，水层用甲苯 15mL×3 萃取，用无水硫酸钠干燥，精馏，收集 75～80℃/5kPa 馏分，降温后，得到白色针状晶体产物 2-

氯-3,5-二氟苯酚 25.68g，含量 99.81%，熔点 44.5～45.6℃，以 1-溴-2-氯-3,5-二氟苯计收率 62.4%。以 2,4-二氟苯胺计总收率 29.3%。

【参考文献】

[1] 赵昊昱，吴朝华．2-氯-3,5-二氟苯酚的合成［J］．化学试剂，2010，32（8）：759-761.

3-氟-4-氰基苯酚

【基本信息】 英文名：3-fluoro-4-cyanophenol；CAS 号：82380-18-5；分子式：C_7H_4FNO；分子量：137；白色针状晶体；熔点：123～126℃；沸点：261℃；闪点：126.4℃；密度：1.45g/cm^3。本品是合成含氟液晶材料、医药、农药、香料、油墨的原料和中间体。

【合成方法】

一、文献［1］中的方法（以间氟苯酚为原料）

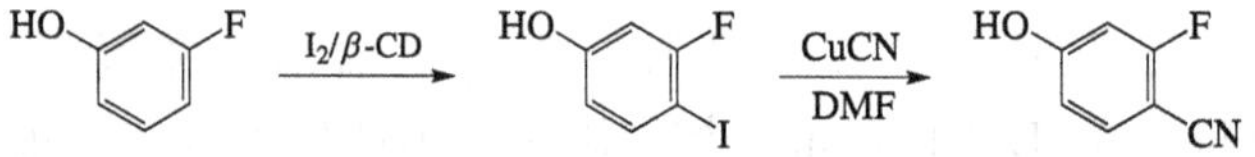

1. 3-氟-4-碘苯酚的合成： 以间氟苯酚为原料。在装有搅拌器、温度计和滴液漏斗的三口瓶中，按比例加入间氟苯酚（M=112，0.5mol）、定位剂 β-环糊精（β-CD）（M=1134，1mol）和氢氧化钠，搅拌溶解，冷却至 0～5℃，滴加 KI 溶液，滴毕，搅拌 2～5h。加入氯仿和浓盐酸，调节 pH 至 2～3，搅拌使 β-环糊精沉淀，抽滤，静置分层。分出有机相，用氯仿萃取水相多次，合并有机相，干燥，减压蒸出溶剂，剩余物静置结晶，所得浅黄色晶体用乙醇重结晶，得到 3-氟-4-碘苯酚，收率 93.6%，熔点 92.3～92.6℃。

2. 3-氟-4-氰基苯酚的合成（Rosenmund-Braun 芳香腈合成反应）： 在装有搅拌器、温度计和滴液漏斗的三口瓶中，按比例加入 3-氟-4-碘苯酚、氰化亚铜、催化剂三氯化铁和 N，N-二甲基甲酰胺（DMF），加热到 120℃，反应 3～8h，用 TLC（展开剂：正己烷∶乙酸乙酯=1.5∶1）监测反应完全。减压蒸出溶剂 DMF，加热水和浓盐酸，搅拌，用乙醚萃取多次。减压蒸出乙醚，所得粗产品用甲苯重结晶，得到晶体 3-氟-4-氰基苯酚，收率 75.2%，纯度约 100%，熔点 122.4～123.4℃（文献值：123～125℃）。元素分析，实测值（计算值）（%）：C 61.17（61.32），H 2.86（2.94），N 10.32（10.22）。

二、文献［2］中的方法（以间氟苯基甲醚为原料）

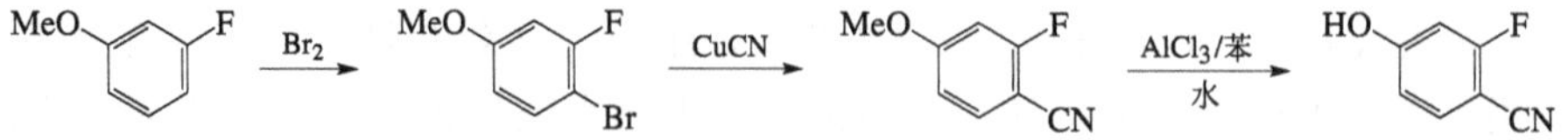

1. 溴化： 在装有搅拌器、温度计、回流冷凝管、滴液漏斗和 HBr 气体吸收装置的三口瓶中，按一定比例加入氯仿、间氟苯甲醚，控制温度在 25～30℃，滴加溴，约 1.5～2h 滴加完。滴加过程中，反应系统保持负压，将产生的 HBr 气体抽到真空系统进行吸收。加毕，搅拌 30min 后，升温回流 3h。减压蒸出溶剂氯仿后，进行精馏，收集 100～120℃/88kPa 馏分，得到产物 4-溴-3-氟苯甲醚。

2. 氰化： 在装有搅拌器、温度计、冷凝管的三口瓶中，按一定比例加入 4-溴-3-氟苯甲醚、干燥的氰化亚铜和干燥的 DMF，升温（约 160℃）回流反应 6～8h。减压蒸出溶剂 DMF，经氯化钠盐水煮洗→甲苯萃取→氯化钠水洗→回收甲苯→结晶→过滤→晾干后，得到白色结晶产物 3-氟-4-氰基苯甲醚，熔点 62℃，含量＞98%。

3. 脱甲基： 在装有搅拌器、温度计、回流冷凝管的三口瓶中，按一定比例加入 3-氟-4-氰基苯甲醚、无水三氯化铝和苯，加入甲苯 30mL，缓慢升温至 40℃。加入一定量的水进行水解，经升温回流→降温结晶→离心→脱色→结晶→过滤→干燥后，得到白色针状晶体 3-氟-4-氰基苯酚，含量≥99%，熔点 123℃。三步总收率≥70%。

三、文献［3］中的方法（以 2,4-二氟苯甲腈为起始原料）

2,4-二氟苯甲腈 —BuONa→ 2-氟-4-丁氧基苯甲腈 —H_2O/H_2SO_4→ 3-氟-4-氰基苯酚

1. 2-氟-4-丁氧基苯甲腈的合成： 在装有搅拌器、温度计的三口瓶中，加入 69.5g（M＝139，0.5mol）2,4-二氟苯甲腈、208.5g 二氧六环，在 20℃分 4 次加入 57.6g（M＝96，0.6mol）正丁醇钠，反应 4h，得到 2-氟-4-丁氧基苯甲腈 91.68g（M＝193，0.475mol），收率 95%，纯度 77%。

2. 3-氟-4-氰基苯酚的合成： 加入 30%硫酸水溶液 1.14kg（M＝98，343g，3.5mol），在 20℃缓慢滴加 2-氟-4-丁氧基苯甲腈 91.68g（0.475mol）与甲苯 92g 的溶液。滴毕，保温反应 4h。分液，浓缩，在－10℃用 367g 甲醇重结晶，抽滤，干燥，得到 3-氟-4-氰基苯酚 47.95g（0.35mol），两步总收率 70%，纯度 99.2%。

【参考文献】

［1］庄新杰. 液晶材料中间体 3-氟-4-氰基苯酚的合成及工业化研究［D］. 青岛：青岛科技大学，2004.

［2］刘鹏，张萍. 3-氟-4-氰基苯酚的研制［J］. 河北化工，2005（3）：38，40.

［3］段军，周维江，白世康，等. 一种 3-氟-4-氰基苯酚的制备方法：CN108774155A［P］. 2018-11-09.

3-氟-4-硝基苯酚

【基本信息】 英文名：3-fluoro-4-nitrophenol；CAS 号：394-41-2；分子式：$C_6H_3FNO_3$；分子量：156；浅黄色固体；熔点：92～95℃。本品是合成杀虫剂、抗菌剂、抗抑郁药、液晶等材料的重要中间体。

间氟苯胺 —$NaNO_2$/H_2SO_4→ 重氮盐（$N_2^+HSO_4^-$）—H_2SO_4/$CuSO_4$→ 间氟苯酚 —HNO_3/AcOH→ 3-氟-4-硝基苯酚

【合成方法】

1. 间氟苯酚的合成：

重氮化：在装有搅拌器、温度计的 500mL 三口瓶中，加入 20g（0.18mol）间氟苯胺和

90mL 水，快速搅拌下加入 32mL 浓硫酸。冰水浴冷却至 0℃，慢慢滴加 13.5g（0.2mol）亚硝酸钠和 28mL 水的溶液。滴毕，温度维持 0～3℃，继续搅拌 0.5h。

水解：在装有搅拌器、温度计和水蒸气蒸馏装置的 500mL 三口瓶中，加入 25g 五水硫酸铜、100mL 水和 100mL 浓硫酸，升温至 110～125℃。边分批加入重氮液，边进行水蒸气蒸馏。馏出液用二氯甲烷萃取，用无水硫酸镁干燥，蒸出溶剂，得到棕红色液体产物间氟苯酚 16g，收率 85.7%，含量 95%。

2. 3-氟-4-硝基苯酚的合成： 在装有搅拌器、温度计和滴液漏斗的 500mL 三口瓶中，加入 10g（0.09mol）间氟苯酚和 11mL 冰醋酸，搅拌溶解。冷却至 0℃，在 30min 内，滴加 11.5mL 65%硝酸和 30mL 乙酸的溶液。滴毕，在 0℃继续搅拌 45min。加入 190mL 水，用氢氧化钠稀溶液调节 pH 至 3～4，进行水蒸气蒸馏，直到馏出液透明。釜底液用乙醚 80mL×3 萃取，依次用饱和碳酸氢钠水溶液和饱和氯化钠水溶液各 50mL×2 洗涤。再将乙醚溶液倒入 160mL 2mol/L 的碳酸钠水溶液中，析出沉淀，过滤，滤饼用乙酸乙酯洗涤。然后将滤饼溶于水，酸化，用乙醚萃取，依次用饱和碳酸氢钠水溶液和饱和氯化钠水溶液各 50mL×2 洗涤。干燥，蒸出溶剂，得到浅黄色固体产物 3-氟-4-硝基苯酚 3.2g，收率 23%，纯度 99.6%，熔点 90.5～92.5℃。

【参考文献】

[1] 夏文娟. 3-氟-4-硝基苯酚的合成研究 [D]. 天津：天津大学，2008.

[2] 张天永. 3-氟-4-硝基苯酚的合成研究 [J]. 精细化工，2008，25（5）：505-507，510.

2,3-二氟苯酚

【基本信息】 英文名：2,3-difluorophenol；CAS 号：6418-38-8；分子式：$C_6H_4F_2O$；分子量：130；白色晶体；熔点：34～36℃，沸点：70～72℃/5.3kPa；闪点：70℃。本品可合成液晶材料、抗霉剂等。合成反应式如下：

2,3,4-三氟苯胺（NH_2，F，F，F） —重氮化/水解→ 2,3-二氟苯酚（OH，F，F）

【合成方法】

1. 重氮盐的制备： 在装有搅拌器、温度计、滴液漏斗和回流冷凝管的聚乙烯材质的 1L 三口瓶中，加入 50%硫酸 360g（1.386mol），在 30℃搅拌下滴加 60g（0.408mol）2,3,4-三氟苯胺。当滴加到一半多时，升温至 55℃，为使三氟苯胺硫酸盐溶解，加快滴速。滴毕，冷却至 20℃以下，滴加 30%亚硝酸钠水溶液 346g。控制滴速，使反应液的温度保持在 20℃以下，制成重氮盐溶液，用淀粉-KI 试纸确定反应终点。加热至 50℃搅拌 2h，冷却，过滤，得到橙黄色透明溶液。

2. 重氮盐的水解： 在聚乙烯材质的 1L 三口瓶中，加入 50%次磷酸 212.6g（次磷酸 106.3g，0.805mol）溶液和 0.45g 铜粉催化剂，搅拌升温至 50℃，滴加已制备好的重氮盐溶液。控制滴速，使反应液温度为 50～55℃。滴毕，冷却至室温，继续搅拌 0.5h。用二氯甲烷 100mL×3 萃取，干燥，减压蒸出溶剂，进行精馏，得到白色固体产品 2,3-二氟苯酚

32.5g（0.25mol），收率 61.3%，纯度 99.6%，熔点 33.8～35.6℃。

【参考文献】

［1］李娜，李同信，刘非. 2,3-二氟苯酚的合成［J］. 化工生产与技术，2006，13（5）：8-9.

［2］深井靖，武之直人，下田光者. ジフルオロフエノg ール类の制造法：特开平 11-49715［P］，1999-02-23.

3,5-二氟苯酚

【基本信息】 英文名：3,5-diflourophenol；CAS 号：2713-34-0；分子式：$C_6H_4F_2O$；分子量：130；白色或浅黄色结晶；熔点：54～57℃；沸点：65～68℃/133.3Pa；闪点：70.6℃；密度：1.248g/cm^3。本品是一种医药中间体。合成反应式如下：

3,5-二氟苯胺（F, F, NH_2）$\xrightarrow{\text{重氮化/水解}}$ 3,5-二氟苯酚（F, F, OH）

【合成方法】

在装有搅拌器、温度计、冷凝管和滴液漏斗的 1L 三口瓶中，加入 3,5-二氟苯胺 24.7g、冰醋酸 130g，于 30℃水浴中搅拌全溶，再加入 80mL 去离子水，搅拌下慢慢滴加浓硫酸 60g，滴加过程，温度不超过 45℃。随着硫酸的滴加，溶液由浑浊逐渐变为乳白液。冰盐水浴冷却至 0～5℃，强搅拌下滴加入 17g 亚硝酸钠与 56mL 去离子水的溶液。控制滴加速度（0.8mL/min），使溶液的温度保持在 0～5℃，反应液逐渐变为黄色。滴毕，搅拌 30min，使固体全溶，直至溶液透明。加入 150mL 乙醚，搅拌 30min，静置，析出固体重氮盐，抽滤，烘干。

在装有搅拌器、温度计和滴液漏斗的 1L 三口瓶中，加入 50mL 去离子水，慢慢加入浓硫酸 100mL，搅拌溶解。加热至 140℃，分四次加入 20g 重氮盐（当心不要将硫酸溅出），搅拌至固体全溶。随着重氮盐的加入，溶液温度升高，在反应瓶壁上有白色针状结晶凝结。搅拌反应 6h，冷却至室温，用 150mL 乙醚萃取，干燥，在 34.7℃蒸出乙醚。冷却，析出白色针状结晶，过滤，干燥，得到产物 3,5-二氟苯酚，收率 93%。用乙醚重结晶，含量 99.2%，熔点 53.7～57.5℃。

【参考文献】

［1］陈瑾. 3,5-二氟-4-氰基苯酚合成新工艺研究［D］. 石家庄：河北科技大学，2012.

2,6-二甲基-4-氰基苯酚

【基本信息】 英文名：2,6-dimethyl-4-cyanophenol；CAS 号：4198-90-7；分子式：C_9H_9NO；分子量：147；浅棕色结晶；熔点：123～127℃；沸点：310.6℃；闪点：141.7℃；密度：1.13g/cm^3。本品是合成新型抗艾滋病药——依曲韦林（Etravirine）和抗鼻炎病毒药物——普来可那利（Pleconaril）的中间体。合成反应式如下：

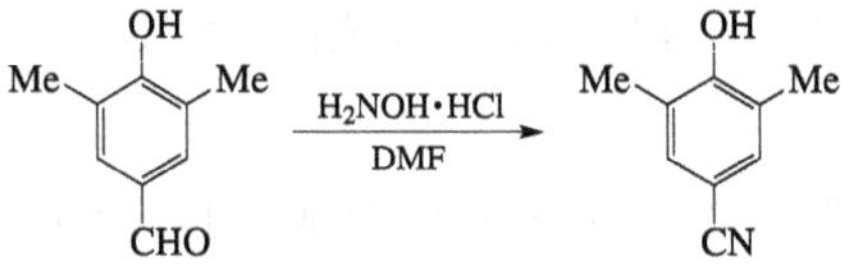

【合成方法】

在装有搅拌器、温度计和回流冷凝管的干燥的500mL三口瓶中，加入24g（0.16mol）3,5-二甲基-4-氰基苯甲醛、13.5g（0.194mol）盐酸羟胺和80mL DMF，搅拌，加热至105℃，保温6h，TLC［展开剂：石油醚（90～120℃）和乙酸乙酯体积比为9∶1］监测反应完全。冷却至80℃以下，搅拌下，将反应液慢慢倒入800mL冷水中，析出固体。抽滤，水洗数次，在80℃干燥，得到产品2,6-二甲基-4-氰基苯酚21.5g，收率91.4%，含量98.3%，熔点122～125.5℃。

【参考文献】

［1］郑土才，吾国强．3,5-二甲基-4-羟基苯甲腈的合成研究［J］．现代化工，2010，30（3）：44-43，47.

1,1,2,2-四(4-羟基苯基)乙烷

【基本信息】 英文名：1,1,2,2-tetrakis（4-hydroxyphenyl）ethane；CAS号：7727-33-5；分子式：$C_{26}H_{22}O_4$；分子量：398.45；灰白色粉末；熔点：＞250℃（分解）；储存条件：低温（0～10℃）。本品是制备多功能环氧树脂的原料，环氧树脂可用于涂料和电子元器件。制备反应式如下：

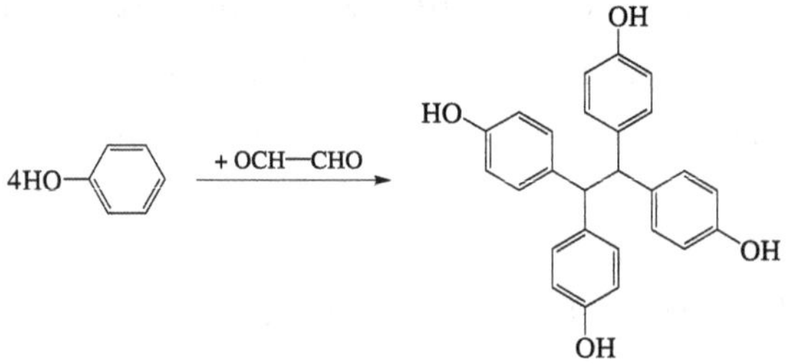

【合成方法】

在装有搅拌器、温度计、滴液漏斗的100mL三口瓶中，放入丙酮15g、苯酚47g、40%乙二醛14.5g和高氯酸锂5.5g，冰水浴冷却至15℃以下。搅拌下慢慢滴加96%硫酸10.25g，大约需要1.5h。滴毕，在20～24℃继续反应2.5～3h，过滤所得48.6g湿产品，用400mL水洗4～5次，呈中性，干燥得产品36.3g，用丙酮重结晶，得1,1,2,2-四（4-羟基苯基）乙烷产品17g，收率44.5%，纯度97%，熔点＞250℃（分解）。

备注：反应放大时，瓶底有黏稠物，过滤难，应优化条件，降低此类物质生成。

【参考文献】

［1］Li S M K. Process for preparing tetraphenolic compounds：US5012016［P］．1991.

1-溴-6-氰基-2-萘酚

【基本信息】 英文名：1-bromo-6-cyano-2-naphthol；分子式：$C_{11}H_6BrNO$；分子量：

248；粉红色固体；熔点：180℃（分解）。本品是 HIV-1 逆转录酶抑制剂和丝氨酸水解酶等药物的重要中间体。合成反应式如下：

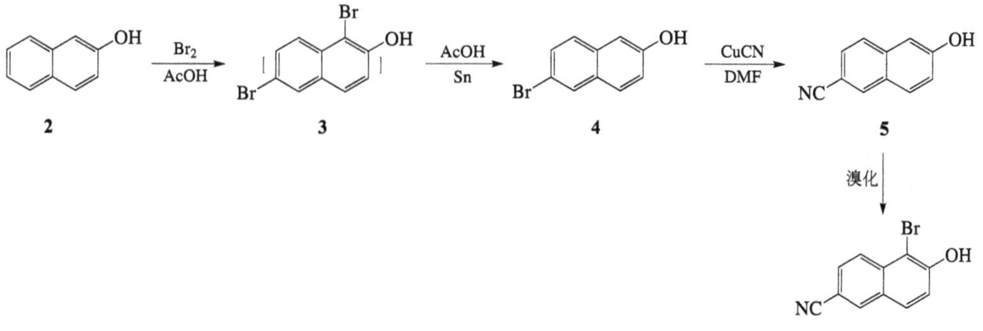

【合成方法】

1. 6-溴-2-萘酚（4）的合成（一锅法）： 在装有搅拌器、温度计、回流冷凝管和滴液漏斗的 2L 四口瓶中，加入 144.2g（1mol）2-萘酚（**2**）和 500mL 冰醋酸，搅拌，室温滴加 319.62g（2mol）溴，约 40min 滴加完毕。加入 150mL 水，升温至 120℃，固体完全溶解。冷至 100℃，搅拌下分 3 次加入 160g 锡粒，第一次和第二次各加入 30g，第三次加入 100g。加毕，继续加热回流 3h。趁热倒出上层清液，在空气中自然冷却，析出大量针状结晶，放置 4h 后过滤。滤液减压蒸出一半体积，倒入 2L 水中，滤出固体。合并 2 次滤饼，用体积比为 1∶2 的乙酸-水溶液重结晶，干燥，得到白色结晶粉末 **4** 198.53g，收率 89%，熔点 124～125.5℃。

2. 6-氰基-2-萘酚（5）的合成： 在装有搅拌器、温度计、回流冷凝管和氮气通管的 500mL 三口瓶中，加入 66.9g（0.3mol）化合物 **4** 和 180mL DMF，搅拌溶解。氮气保护下加入 40.3g（0.45mol）新制备的氰化亚铜，加热回流 7h，TLC 监测反应至原料消失。冷却至室温，过滤，用少量 DMF 洗涤滤饼。合并滤液和洗液，将其倒入 5%硫酸亚铁水溶液中，搅拌，过滤。冷水 100mL×3 洗涤滤饼，干燥，得到浅黄色固体化合物 **5** 46.29g，收率 91.2%，熔点 165.7～167.4℃（文献值：164～166℃）。

3. 1-溴-6-氰基-2-萘酚（1）的合成： 具体方法如下。

（1）方法一（以溴为溴化剂）：在装有搅拌器、温度计、滴液漏斗的 500mL 三口瓶中，加入 16.9g（0.1mol）化合物 **5** 和 200mL 冰醋酸，搅拌，室温滴加 16g（0.1mol）溴和 30mL 冰醋酸的混合液，约 1h 滴完。滴毕，升温至 40℃，继续反应 1h。冷却至室温，过滤，冷水洗涤滤饼至中性，干燥，得到粉红色固体 1-溴-6-氰基-2-萘酚（**1**）22.3g，收率 89.8%，熔点 180℃（分解）。

（2）方法二（以 NBS 为溴化剂，适合实验室制备）：在装有搅拌器、温度计、滴液漏斗的 500mL 三口瓶中，加入 16.9g（0.1mol）化合物 **5** 和 200mL 乙腈，搅拌，30min 内分批加入 18.33g（0.103mol）*N*-溴代琥珀酰亚胺（NBS），室温搅拌 2h，升温至 60℃继续搅拌反应 2h。冷却至室温，过滤，滤液减压蒸出大部分溶剂。剩余物倒入 100mL 水中，用乙酸乙酯 100mL×3 萃取，水洗萃取液，用无水硫酸钠干燥，减压蒸出溶剂，得到粉红色固体 1-溴-6-氰基-2-萘酚（**1**）24.6g（0.099mol），收率 99.2%，熔点 180℃（分解）。

【参考文献】

［1］朱园园，古双喜，段婷，等. 1-溴-6-氰基-2-萘酚的合成［J］. 精细化工，2014，31（1）：110-112，116.

(*E*)-白藜芦醇

【基本信息】 化学名：（*E*）-3，4′，5-三羟基二苯乙烯；英文名：*trans*-3，4′，5-trihydroxystilbene；CAS 号：501-36-0；分子式：$C_{14}H_{12}O_3$；分子量：228；熔点：256～257℃。本品存在于葡萄、虎杖和花生中，具有良好的抗氧化、捕捉自由基、延缓人体机能老化，预防肿瘤、动脉粥样硬化，降低血小板聚集等作用。

【合成方法】

一、文献［1］中的方法

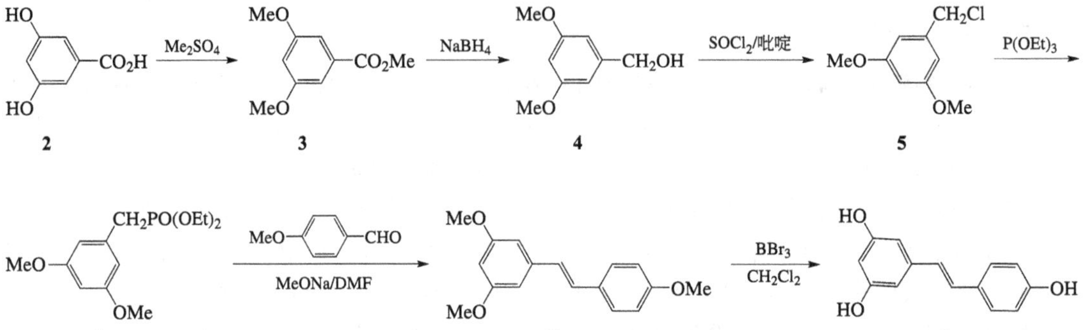

1. 3,5-二甲氧基苯甲酸甲酯（3）的合成： 在装有搅拌器、温度计、滴液漏斗、回流冷凝管的 500mL 四口瓶中，加入 18.5g（0.12mol）3,5-二羟基苯甲酸、62g（0.45mol）碳酸钾、220mL 丙酮，搅拌，滴加 40mL（0.42mol）硫酸二甲酯，约 20min 滴完，加热回流 4h 左右，用 TLC 监测反应至 3,5-二羟基苯甲酸反应完全。冷却至室温，过滤，滤液浓缩，蒸出丙酮。加入 120mL 水，用乙醚 180mL×3 萃取，用饱和食盐水 120mL×2 洗涤，用无水硫酸钠干燥，蒸出乙醚，加入 350mL 甲醇，搅拌溶解。慢慢滴加入 180mL 蒸馏水，析出大量白色晶体，静置 2h，过滤，干燥，得到化合物 **3** 22.3g，收率 94.7%，熔点 41.8～42.3℃（文献值：38～42℃）。

2. 3,5-二甲氧基苯甲醇（4）的合成： 在装有搅拌器、温度计、滴液漏斗的 500mL 四口瓶中，加入 20g（0.1mol）3,5-二甲氧基苯甲酸甲酯（**3**）、200mL 四氢呋喃，搅拌，加入 19.3g（0.5mol）硼氢化钠，在 25℃下搅拌反应约 7h，TLC 监测反应至化合物 **3** 完全消失。缓慢滴加入 10%盐酸至无气泡产生且分层现象消失，旋蒸出溶剂，加入 300mL 蒸馏水，搅拌溶解。用乙酸乙酯 200mL×3 萃取，用水 50mL×3 洗涤，用无水硫酸钠干燥，旋蒸出溶剂，得到白色固体 **4** 15.5g，收率 90.4%，熔点 45.8～46.7℃。

3. 3,5-二甲氧基氯苄（5）的合成： 在装有搅拌器、温度计、滴液漏斗的 500mL 四口瓶中，加入 42g（0.25mol）化合物 **4**、200mL 二氯甲烷、5g 吡啶，搅拌，冰水浴冷却。控制温度低于 20℃，滴加入 60g（0.5mol）氯化亚砜与 60mL 二氯甲烷的溶液，滴毕，在 20～22℃反应 6h。TLC 监测反应至化合物 **4** 消失，加入 100mL 冰水，搅拌 5min，静置分层。分出有机相，用水 150mL×3 洗涤。水相用二氯甲烷 30mL×2 萃取，合并有机相，用无水硫酸钠干燥，滤除干燥剂，滤液蒸出二氯甲烷。加入 80mL 甲醇，加热至 50℃，搅拌溶解，缓慢降温至−2～0℃析晶，在室温静置 5h，抽滤，干燥，得到化合物 **5** 39.2g，收率

84.1%，熔点 45.2～48.4℃（文献值：47～48℃）。

4. 3,5-二甲氧基苯甲基膦酸二乙酯（6）的合成：在装有搅拌器、温度计、回流冷凝管的 500mL 四口瓶中，加入 74.6g（0.4mol）化合物 **5**、254.8g（1.4mol）亚磷酸三乙酯，加热至 160℃，搅拌反应 6h，减压蒸出未反应的亚磷酸三乙酯，得到橙红色油状物 **6**，直接用于下一步反应。

5.（*E*）-3,4′,5-三甲氧基二苯乙烯（7）的合成：向上述制备的化合物 **6** 中加入 250mL DMF，搅拌，降温至 0℃，加入 108g（0.6mol）30%甲醇钠的甲醇溶液，搅拌反应 30min。滴加入 65.3g（0.47mol）对甲氧基苯甲醛，控制温度在 25℃左右，反应 4～5h，用 TLC 监测反应至化合物 **6** 消失。将反应物倒入 400mL 冰水中，用乙酸乙酯 400mL×3 萃取，用饱和亚硫酸氢钠溶液 400mL×4 洗涤，干燥，过滤，滤液减压蒸出溶剂，剩余物用体积比为 5∶1 的甲醇-水溶液重结晶，干燥，得到白色晶体（7）93.4g，收率 86.5%，熔点 54.4～56.2℃（文献值：54～56℃）。

6.（*E*）-白藜芦醇（1）的合成：在装有搅拌器、温度计、回流冷凝管的 500mL 四口瓶中，加入 33.8g（0.125mol）化合物 **7**、125mL 二氯甲烷，搅拌，冰水浴冷却至 10℃，缓慢滴加 187.5g（0.75mol）三溴化硼与 125mL 二氯甲烷的溶液，控制温度不高于 25℃。滴毕，在（25±3）℃反应 4h，TLC 监测反应结束。倒入冰水中，静置分层。分出有机相，水层用二氯甲烷 200mL×3 萃取，合并有机相，用无水硫酸钠干燥，滤除干燥剂，旋蒸出溶剂，得到浅黄色固体粗产物，用体积比为 1∶3 的丙酮-石油醚溶解后，经 200 目硅胶柱（洗脱剂：1∶1 的丙酮-石油醚）纯化，蒸出溶剂，得到（*E*）-白藜芦醇（**1**）2.8g，收率 76.5%，纯度 98.62%，熔点 255.2～257.6℃（文献值：256～257℃）。

二、文献［2］中的方法

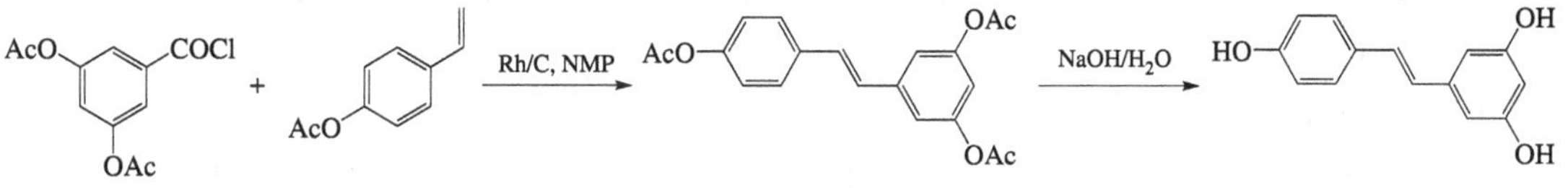

1. 3,4′,5-三苯甲酰氧基 1,2-二苯乙烯（3）的合成：在装有搅拌器、温度计、回流冷凝管的干燥的 250mL 三口瓶中，用氮气置换空气，充满氮气后，依次加入 3,5-二苯甲酰氧基苯甲酰氯 10g（M＝380.78，26.26mmol）、对苯甲酰氧基苯乙烯 7.07g（M＝224.25，31.51mmol）、四氢呋喃 120mL、N-甲基吡咯烷酮（NMP）19.31g（M＝99.13，194.8mmol）和 2.5mg 10%Rh/C，搅拌，升温至 67℃，回流反应 12h。冷却至室温，过滤，用乙酸乙酯充分洗涤滤饼至无产物，合并滤液和洗液，得到浅黄色溶液。用稀盐酸和去离子水洗涤，干燥，滤除干燥剂，减压蒸出溶剂。加入正己烷，搅拌，冷冻析晶，过滤，干燥，得到类白色固体产物 **3** 13.66g，收率 99%。无须纯化，用于下一步反应。

2.（*E*）白藜芦醇（1）的合成：在装有搅拌器、温度计、滴液漏斗、回流冷凝管的干燥的 500mL 三口瓶中，用氮气置换空气，充满氮气后，依次加入 70mmol **3** 和 200mL 乙醇，搅拌溶解，冷却至 0～5℃，滴加氢氧化钾 12.54g 与 80mL 水的溶液，约 30min 滴加完毕。滴毕，升温回流，搅拌反应 1h。加入活性炭 1.5g，继续回流 1h。冷却至室温，滤除活性炭，用少量水洗活性炭。合并滤液和洗液，在 45℃水浴温度下减压浓缩，剩余物加入

40mL水，搅拌。用二氯甲烷20mL×2萃取，水相冷却至室温，用浓盐酸调节pH至2～3，析出固体，过滤，用水充分洗涤，抽干，用异丙醚重结晶，得到（*E*）白藜芦醇（**1**），收率90%，纯度99%。

【参考文献】

[1] 李丹.（*E*）-白藜芦醇化学全合成［J］.精细化工中间体，2011，41（6）：37-40.

[2] 金燕华，张伟强.一种制备白藜芦醇的合成方法：CN106631703A［P］.2017-05-10.

2′-羟基查尔酮

【基本信息】 化学名：1-(2-羟基苯基)-3-苯基-2-丙烯-1-酮；英文名：2′-hydroxychalcone；CAS号：1214-47-7；分子式：$C_{15}H_{12}O_2$；分子量：224.25；黄色针状晶体；熔点：86～88℃；密度：1.191g/cm^3；查尔酮类化合物是存在于甘草、红花等植物中的天然化合物，具有广泛的生物活性。合成反应式如下：

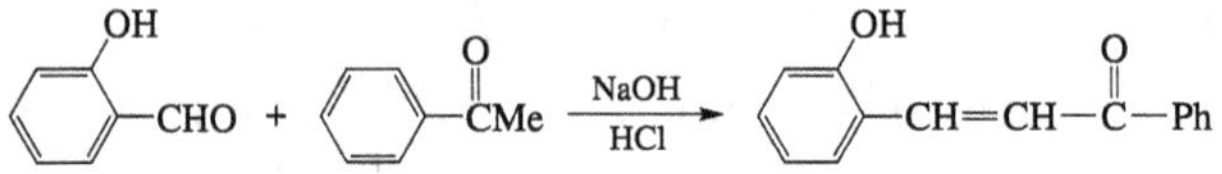

【合成方法】

在装有搅拌器、温度计的100mL三口瓶中，加入2.4mL（20mmol）苯乙酮、20mL 95%乙醇，搅拌混合，加入40mL 20%氢氧化钾溶液。剧烈搅拌下，滴加20mL含有2.83mL（28mmol）水杨醛的95%乙醇溶液，滴毕，室温搅拌反应6h。反应液逐渐由黄色变成红色，反应一定时间后，析出沉淀。反应结束，用稀盐酸调节pH到中性，抽滤，滤饼在110℃烘干，再用乙酸乙酯重结晶，抽滤，干燥，得到金黄色菱形晶体2′-羟基查尔酮3.47g，收率77.4%，熔点156～159℃。元素分析，实验值（计算值）(%)：C 79.58（80.26），H 5.33（5.35）。

【参考文献】

[1] 李艳云，尹振晏.2-羟基查尔酮的合成［J］.北京石油化工学院学报，2013，21（3）：58-61.

第四章

醚类化合物

4-溴-3-甲基苯甲醚

【基本信息】 英文名：2-bromo-5-methoxytoluene；CAS 号：27060-75-9；分子式：C_8H_9BrO；分子量：201.06；液体；沸点：111～112℃/2.0kPa；闪点：>113℃；密度：1.424g/cm^3。本品是荧烷类压敏、热敏染料的中间体。合成反应式如下：

$$\text{3-MeC}_6\text{H}_4\text{OMe} \xrightarrow{Br_2} \text{4-Br-3-MeC}_6\text{H}_3\text{OMe}$$

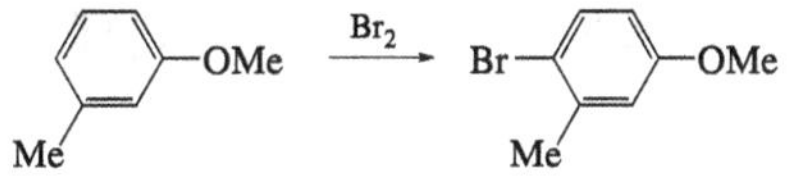

【合成方法】

在装有搅拌器、温度计和滴液漏斗的三口瓶中，加入 15.5g（M=122，0.127mol）间甲基苯甲醚，保持温度在 20～40℃，滴加入 20g 溴（0.125mol）与 100mL 2-氯丙烷的溶液。滴毕，保温继续反应 80min，浓缩，蒸出溶剂，得到产物 4-溴-3-甲基苯甲醚。色谱分析：4-溴-3-甲基苯甲醚（BMBE）含量 98.9%，间甲基苯甲醚（MBE）含量 0.7%，多溴代副产物含量 0.4%。

【参考文献】

[1] 王凯，骆广生，谢沛．一种合成 4-溴-3-甲基苯甲醚的方法：CN108218676A [P]. 2018-06-29.

4-溴-3,5-二甲基苯甲醚

【基本信息】 英文名：2-bromo-5-methoxy-1,3-dimethylbenzene；CAS 号：6267-34-1；分子式：$C_9H_{11}BrO$；分子量：215.09；液体；沸点：259.5℃；闪点：113.3℃；密度：1.326。本品是一种有机合成中间体。合成反应式如下：

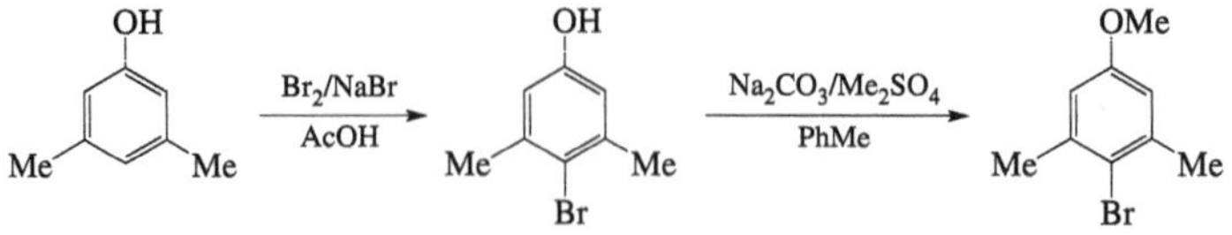

【合成方法】

1. 4-溴-3,5-二甲基苯酚的合成： 在装有搅拌器、温度计和滴液漏斗的1L三口瓶中，加入500mL 99%乙酸、10.3g（0.1mol）99%溴化钠和122g（0.1mol）99.5%的3,5-二甲基苯酚，常温搅拌20min。全溶后，用冰水浴冷却至20℃，滴加入176g（1.1mol）溴与100mL乙酸的溶液，保持滴加温度20～23℃，约30min滴加完毕。检测原料3,5-二甲基苯酚小于2%时，反应完成。减压蒸净乙酸，加入500mL 30℃的水，析出大量固体。室温搅拌1h，过滤，用水200mL×3洗涤滤饼，烘干，得到粗产品约210g。将其加入到1L三口瓶中，再加入650mL 60～90℃石油醚，加热回流30min。降温至10℃，过滤，干燥滤饼，得到4-溴-3,5-二甲基苯酚160g，收率79.6%，纯度99.2%，熔点79.9～80.1℃。

2. 4-溴-3,5-二甲基苯甲醚合成： 在装有搅拌器、温度计、回流冷凝管和滴液漏斗的5L三口瓶中，加入4-溴-3,5-二甲基苯酚20.1g（0.1mol）、甲苯150mL和无水碳酸钠42.4g（0.4mol），搅拌升温至60℃，滴加硫酸二甲酯63.5g（0.5mol）。反应放热，控制滴加温度低于90℃，约30min滴加完毕。在90℃继续搅拌1h后，升温至120℃，回流8h。分析产物含量为98%时，反应结束。降至室温，用500mL水洗涤，分出有机相，进行精馏（266.6Pa），得到产物4-溴-3,5-二甲基苯甲醚210g，收率97%，含量98.5%。

【参考文献】

[1] 郝志凤，徐银吉. 溴化钠在合成4-溴-3,5-二甲基苯甲醚中的应用 [J]. 化工中间体，2010，6（2）：26-27.

4-碘-2-甲基苯甲醚

【基本信息】 英文名：4-iodo-1-methoxy-2-methylbenzene；CAS号：75581-11-2；分子式：C_8H_9IO；分子量：248；沸点：247.77℃/8.0kPa；闪点：247.7℃；密度：1.634g/cm^3。本品是一种医药中间体。

【合成方法】

一、文献［1］中的方法

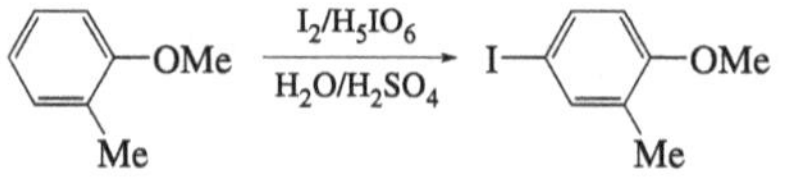

在装有温度计、回流冷凝管和搅拌器的250mL三口瓶中，加入150mL乙酸、8.9g（0.073mol）邻甲基苯甲醚、7.1g（0.0286mol）碘和2.5g（0.011mol）高碘酸，再加入30mL水和4.5mL硫酸。搅拌加热，在66～70℃反应12h。冷却，过滤，回收乙酸重复使用。用50mL饱和亚硫酸氢钠水溶液洗涤，过滤，水洗3次。过滤，用100mL乙醇重结晶，得到产品4-碘-2-甲基苯甲醚16.5g（0.06656mol），收率91.2%，熔点76～78℃。

备注：① 不重结晶，纯度也可达到98%以上，但色相稍差点。

② 文献［2］用 BTMA ICl_2［$PhCH_2$（CH_3）$_3N^+ICl_2^-$］和 $ZnCl_2$，室温反应，收率97%。但 BTMA ICl_2 是不常用试剂，需要制备。本实验不用该试剂，得到了较高收率，是个创新。

文献［2］还合成了如下化合物：

原　料	产　物	BTMA ICl_2/$ZnCl_2$	反应时间/h	收率/%
苯甲醚	4-碘苯甲醚	1.1	3	92
3-甲基苯甲醚	4-碘-3-甲基苯甲醚	1.0	0.5	94
3-甲基苯甲醚	4,6-二碘-3-甲基苯甲醚	2.1	24	96
4-甲基苯甲醚	2-碘-4-甲基苯甲醚	1.1	6	94
2,3-二甲基苯甲醚	4-碘-2,3-二甲基苯甲醚	1.1	0.5	96
2,4-二甲基苯甲醚	6-碘 2,4-二甲基苯甲醚	1.1	8	91
2,5-二甲基苯甲醚	4-碘 2,5-二甲基苯甲醚	1.1	0.5	98
2,6-二甲基苯甲醚	4-碘 2,6-二甲基苯甲醚	1.1	8	96
3,4-二甲基苯甲醚	6-碘 3,4-二甲基苯甲醚	1.1	0.5	92
3,5-二甲基苯甲醚	2,4-二碘 3,5-二甲基苯甲醚	2.1	1	98

二、文献［3］中的方法（氧化铝担载 $CuCl_2$ 催化法）

$$\text{(2-Me-C}_6\text{H}_4\text{-OMe)} \xrightarrow[CuCl_2/Al_2O_3]{I_2/H_5IO_6} \text{I-(3-Me-C}_6\text{H}_3\text{-OMe)}$$

在装有温度计、回流冷凝管和搅拌器的500mL三口瓶中，加入邻甲基苯甲醚12g（M=122，98.4mmol）、碘8g（0.0315mol）、高碘酸9.6g（0.04898mol）、$CuCl_2/Al_2O_3$ 9g和四氯化碳300mL，搅拌加热回流，反应3h。冷却至60℃，滤除催化剂，用四氯化碳2mL×20洗涤催化剂，合并有机相，用10%硫代硫酸钠水溶液洗涤，水洗，无水硫酸钠干燥，减压蒸出四氯化碳，用甲醇重结晶，过滤，用少量甲醇洗结晶1～2次，得到白色结晶产品4-碘-2-甲基苯甲醚17g（68.58mmol），收率69.7%，熔点69～70℃。

催化剂的制备：氯化铜26g溶于40mL水中，加入5g Al_2O_3，搅拌，蒸发至干，得到浅黄色固体（无水）催化剂。

文献［3］还合成了如下化合物（催化剂：$CuCl_2/Al_2O_3$）：

原　料	产　物	反应条件	收率/%
1,2-二甲苯	4-碘-1,2-二甲苯	80℃/10h	96
1,3-二甲苯	4-碘-1,3-二甲苯	60℃/4h	91
1,4-二甲苯	2-碘-1,4-二甲苯	80℃/10h	87
1,3,5-三甲苯	2-碘-1,3,5-三甲苯	60℃/0.5h	96
1,2,4-三甲苯	1-碘-2,4,5-三甲苯	60℃/3h	97
苯甲醚	4-碘苯甲醚	80℃/3h	87
3-甲基苯甲醚	4-碘-3-甲基苯甲醚	60℃/1h	93
4-甲基苯甲醚	2-碘-4-甲基苯甲醚	80℃/4h	89
1,3-二甲氧基苯甲醚	4-碘-1,3-二甲氧基苯甲醚	70℃/0.3h	96
1,2-二甲氧基苯甲醚	4-碘-1,2-二甲氧基苯甲醚	0℃/0.3h	80

【参考文献】

［1］Hathaway B A，White K L，McGill M E. Comparison of iodination of methoxylated benazldehydes and related coppounds using iodine/siver nitrate and iodine/perodic acid [J]. Synthetic Comunications，2007，37：3855-3860.

[2] Kajigaeshi S，Kakinami T，Moriwaki M，et al. Iodination of aromatic eters by use of benzyltrimethylammonium dichloroiodate and zinc chloride [J]. Chemistry Letters，1988 (5)：795-798.

[3] Kodomari M，Amanokura N，Takeuchi K，et al. Diret iodination of aromatic compounds with iodine and alumina-supported copper（Ⅱ）chloride or sulfate [J]. Bull. Chem. Soc. Jpn.，1992，65（1）：306-308.

胡椒环

【基本信息】 化学名：1,2-亚甲基二氧基苯；英文名：1,2-methyllenedioxybenzene；CAS号：274-09-9；分子式：$C_7H_6O_2$；分子量：122；无色液体；熔点：−18℃，沸点：172～173℃；闪点：55℃；蒸气压：1.6kPa/25℃；密度：1.064g/cm^3；水中溶解度：2g/L；在−20℃储存。本品是医药、农药、香料中间体，可用于医药黄连素合成。

CH_2Cl_2/KOH

【合成方法】

在装有搅拌器、温度计、滴液漏斗、回流冷凝管的500mL三口瓶中，加入20g邻苯二酚、100mL二氯甲烷、75mL二甲基亚砜，搅拌，慢慢滴加50%氢氧化钾水溶液。升温至80～95℃，回流反应4～5h，TLC监测反应完全。蒸出溶剂，进行水蒸气蒸馏，得到粗产品，水洗至中性，用无水硫酸钠干燥，得到无色油状液体胡椒环10.4g，收率57.2%。

【参考文献】

[1] 董新荣，李辉，杨建奎，等. 胡椒环的合成 [J]. 化工技术与开发，2006，35（1）：7-9.

胡椒基丁醚

【基本信息】 俗名：胡椒基丁醚（piperomyl butoxide）；化学名：3,4-亚甲二氧基-6-正丙基苄基正丁基二缩乙二醇醚；CAS号：51-03-6；分子式：$C_{19}H_{30}O_5$；分子量：338.49；无色无味液体；沸点：180℃/133.2Pa；闪点：171℃；密度：1.059g/cm^3；不溶于水，溶于二氯二氟甲烷等有机溶剂。本品是联合国粮食及农业组织唯一认可的高效、无毒、广谱的农药增效剂，国际公认最好的除虫菊酯增效剂之一。合成反应式如下：

丙酰化 还原 氯甲基化 醚化

【合成方法】

1. 胡椒基乙基酮的合成（Friedel-Crafts 酰基化反应）：

丙酰氯
无水氯化锌

在装有搅拌器、温度计、滴液漏斗、回流冷凝管（连接 HCl 气吸收装置）的 250mL 四口瓶中，加入 40g（0.294mol）无水氯化锌、100mL 二氯甲烷，搅拌，冷却至 5℃，滴加胡椒环 24g（0.197mol），约 15min 滴毕。在此温度，继续滴加丙酰氯 22g（0.237mol），30min 滴毕，保温继续搅拌 24h。分析监测反应至原料胡椒环反应完全。将反应液缓慢倒入 200mL 冰水中，搅拌溶解，滤除少量黑色不溶物。静置分层，对上层水相进行处理，回收催化剂氯化锌；下层黄色有机相用饱和碳酸钠水溶液洗至无气泡冒出。用清水洗至中性，旋蒸出溶解的二氯甲烷，得到剩余物 33.5g。加入 100mL 水，加热，进行水蒸气蒸馏。蒸出 1g 有机相，经 GC 分析，只含胡椒环和产物时，冷却至室温后，用冰水浴冷却，析出黄色固体，过滤，烘干，得到黄色固体胡椒基乙基酮（CAS 号：28281-49-4）32.1g，收率 91.6%，熔点 37.5～38.6℃。

备注：氯化锌的回收，在装有搅拌器、温度计、回流冷凝管的 500mL 三口瓶中，加入分出的水溶液，加热蒸馏，直到无液体馏出。冷却至室温，加入 50mL 氯化亚砜，加热回流 2h。少量二氧化硫尾气用稀碱液吸收。减压蒸出剩余的氯化亚砜，冷却，得到氯化锌 36.8g，干燥器内保存，循环使用。

2. 胡椒基正丙烷的合成（Wolff-Kishner-黄鸣龙还原法）：

$H_2NNH_2 \cdot H_2O$　　NNH_2　　KOH

腙

在装有搅拌器、温度计、滴液漏斗、分水器和回流冷凝管的 500mL 四口瓶中，加入甲苯 100mL、胡椒基乙基酮 32.1g（约 0.18mol）、85%水合肼 21g（0.357mol），搅拌，加热回流 3.5h，再分水反应 1h。冷却至室温，加入 1.2g PEG-400 和 20g（0.357mol），再升温回流 12h，GC 监测反应至腙完全分解。将反应物慢慢倒入 200mL 冷水中，搅拌溶解，静置分层。分出上层黄色有机相，用饱和食盐水洗至中性，旋蒸出溶剂甲苯，得到黄色油状物胡椒基正丙烷 26.8g，收率 90.6%。MS：EI 为 70eV，$m/z=164$ $[M^{+}+20]$。

3. 胡椒基正丙烷的 Blanc 氯甲基化：

① 多聚甲醛/盐酸
② PCl_3

在装有搅拌器、温度计、滴液漏斗和回流冷凝管的 250mL 四口瓶中，加入环己烷 50mL、多聚甲醛 9g（0.3mol）、38%盐酸 30mL（0.371mol），搅拌溶解，再加入胡椒基正丙烷 25g（0.152mol）。升温至 70℃，先滴加数滴三氯化磷，使盐酸溶液饱和，再慢慢滴加入三氯化磷共计 8mL。室温搅拌反应约 6h，GC 监测反应至胡椒基正丙烷反应完全。静置分层，分出有机相，用饱和碳酸钠水溶液洗至无气泡冒出，再用清水洗至中性。静置分层，分出有机相，直接用于下一步醚化反应。

4. 胡椒基丁醚的合成（Willamson 醚化反应）：

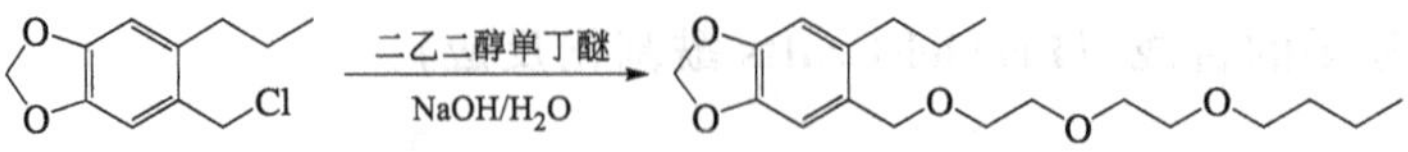

在装有搅拌器、温度计、滴液漏斗、分水器和回流冷凝管的 250m 四口瓶中，加入上述氯甲基化反应液、二乙二醇单丁醚 30g（0.185mol）、氢氧化钠 10g（0.25mol）和水 10mL，加热回流 3.5h 后，共沸分水约 1h。分水完毕，继续搅拌反应 1h。用 GC 监测反应至氯甲基化物反应完全。冷却至室温，加入稀盐酸，调节 pH 为 7～8，静置分层。分出有机相，旋蒸出溶剂环己烷，剩余物进行减压蒸馏，收集 230℃/1.33kPa 前馏分氯甲基化物（循环再利用），再收集 230～250℃/1.33kPa 馏分，得到浅黄色黏稠液体产物胡椒基丁醚 47.3g，收率 91.8%，纯度 97.8%。总收率 76.2%。MS：EI 为 70eV，m/z＝338［M^+＋10］。

【参考文献】

［1］王帅. 杀虫剂增效剂胡椒基丁醚的合成研究［D]. 杭州：浙江大学，2011.

2,2-二氟胡椒环

【基本信息】 英文名：2,2-difluoro-1,3-benzodioxole；CAS 号：1583-59-1；分子式：$C_7H_4F_2O_2$；分子量：158；无色液体；沸点：129～130℃；密度：1.4g/cm^3。本品是合成农用杀菌剂氟咯菌腈和多沙唑嗪的关键中间体。

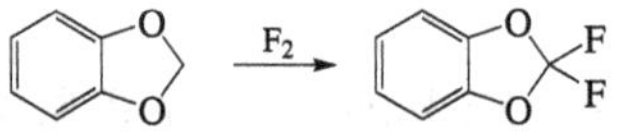

【合成方法】

选用碳化硅材质的微通道反应器，其中有 4 个反应模块，模块后连接气-液分离器。模块降温至－20℃，用进料泵将 100g 胡椒环、900g 乙腈和 1g 三氟乙酸的混合液打入反应器模块，控制物料在模块中的停留时间为 20s，并连续均匀地泵入 10%氟-氮的混合气，使氟与胡椒环的摩尔比为 2.2。物料由模块进入气-液分离器，气体处理后回收；液体水洗后精馏，得到产物 2,2-二氟胡椒环，收率 90%，含量 99%。

【参考文献】

［1］张建功，毛明珍，王威，等. 一种二氟胡椒环的制备方法：CN108383825A［P]. 2018-08-10.

5-氯甲基-2,2-二氟胡椒环

【基本信息】 英文名：5-(chloromethyl)-2,2-difluoro-1,3-benzodioxole；CAS 号：476473-97-9；分子式：$C_8H_5ClF_2O_2$；分子量：206.57；浅黄色油状液体；沸点：70～74℃/66.7Pa。本品为医药中间体。合成反应式如下：

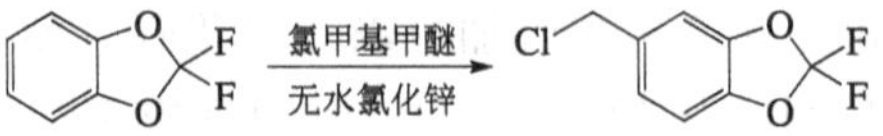

【合成方法】

在装有搅拌器的 250mL 三口瓶中，加入 2,2-二氟胡椒环 10g（0.063mol）、氯甲基甲醚

105mL（1.386mol）、二氯甲烷 100mL、无水氯化锌 17.2g（0.126mol），室温搅拌 3h，TLC 监测反应至完全。将反应液倒入 500mL 冰水中，搅拌 10min。用二氯甲烷 100mL×3 萃取，依次用水 200mL×3、饱和食盐水 350mL 洗涤，干燥，旋蒸至干，得到浅黄色油状产物 2,2-二氟-5-氯甲基胡椒环粗品 15g，纯度 90.14%。将粗品进行减压精馏，收集 70～74℃/66.7kPa 馏分 11.7g，收率 90%。^{19}F NMR（DMSO）：δ=−49.228 和−49.309。

【参考文献】

［1］赵开全，王晓辉. 一种 2,2-二氟-5-氯甲基胡椒环的制备方法：CN105218510A［P］. 2016-01-06.

2,3-二氢吡喃

【基本信息】 英文名：2,3-dihydropynan；CAS：110-87-2；分子式：C_5H_8O；分子量：84；无色液体；熔点：−70℃（文献值）；沸点：86℃（文献值）；密度：0.922g/cm³（25℃文献值）；水溶解性：20g/L（20℃）。用作医药中间体，合成 1,5-二氯戊烷，进而可合成庚二胺、庚二酸，并用于生产合成纤维等。制备反应式如下：

CH₂OH 3A分子筛 280~300℃

【合成方法】

将经 500℃活化的 3A 分子筛装入 ϕ250mm×1000mm 的硬质玻璃管中，加热到 280～300℃，慢慢滴加入 102g（1mol）四氢糠醇，滴加速度 30～40mL/h，产物经冷凝后，进入接受瓶。上部为浅绿色油状物，下层为水。反应完毕后，分出油层，弃去水层。分馏油层，收集 70～100℃馏分，所得粗品中含有少量水（约 0.5mL），弃去水层，油层用无水硫酸钠干燥后，精馏，收集 84～86℃馏分，得到 2,3-二氢吡喃 56.9g，收率 67.6%。

【参考文献】

［1］刘天麟，郭虎森，刘准. 3A 分子筛脱水法制备 2,3-二氢吡喃［J］. 化学试剂，1985（4）：224.

青蒿素

【基本信息】 英文名：artemisinine；CAS 号：63968-64-9；分子式：$C_{15}H_{22}O_5$；分子量：282.34；无色针状晶体；熔点：156～157℃（水煎后分解）；闪点：（172.0±27.9）℃；在丙酮、乙酸乙酯、氯仿、苯及冰醋酸中易溶，在乙醇、甲醇、乙醚及石油醚中可溶解，在水中几乎不溶。主要适应症：疟疾、红斑狼疮。合成反应方程式如下：

H_2, Pd/C　Na_2MoO_4 / H_2O_2　O_2, $Cu(F_3CSO_3)_2$

青蒿酸　二氢青蒿酸　二氢青蒿酸过氧化氢　青蒿素

【合成方法】

1. 二氢青蒿酸的合成： 在1.5L压力釜中，加入100g（0.43mol）青蒿酸、800mL氯仿和1.5g Pd/C催化剂，用氢气置换釜中空气，充入氢气至100kPa，室温搅拌反应过夜。用硅藻土过滤，氯仿洗涤滤饼。合并滤液和洗液，减压蒸出溶剂氯仿，得到99g（0.42mol）固体产物二氢青蒿酸，收率98%。

备注：青蒿酸（artimisinic acid）(CAS号：80286-58-4)，分子式为$C_{15}H_{22}O_2$，分子量为234，白色结晶粉末，熔点129～131℃，密度1.02g/cm^3，溶于甲醇、乙醇、DMSO等有机溶剂。

2. 青蒿素的合成： 在装有搅拌器、温度计、滴液漏斗的1L三口瓶中，加入100g（0.42mol）二氢青蒿酸、600mL乙腈，搅拌溶解。再加入125g（0.52mol）钼酸钠催化剂，降温至0℃，搅拌下缓慢滴加入30%过氧化氢150mL（约1.32mol）。滴毕，继续反应24h，过滤，用二氯甲烷200mL×3萃取，用无水硫酸钠干燥。滤除干燥剂，将滤液倒入装有搅拌器、温度计和氧气导管的三口瓶中，冷却至0℃，加入200g（0.55mol）三氟甲基磺酸铜，通入氧气。TLC监测反应至反应完毕。过滤，用二氯甲烷洗滤饼，合并有机相，减压蒸出溶剂，所得固体用甲醇-水重结晶，过滤，干燥，得到固体产物青蒿素77g（0.27mol），收率65%。

【参考文献】

[1] 宋德成.一种青蒿素的制备方法：CN107793429A [P]. 2018-03-18.

青蒿琥酯

【基本信息】 英文名：artesunate；CAS号：88495-63-0；分子式：$C_{19}H_{28}O_8$；分子量：384.4；白色结晶粉末；熔点：132～135℃；沸点：431.1℃。本品是目前唯一抗疟水溶性青蒿素衍生物，我国卫生部批准上市的抗疟新药，适用于脑型疟及各种危重疟疾的抢救。储存条件：密封、避光，4℃储存。合成反应式如下：

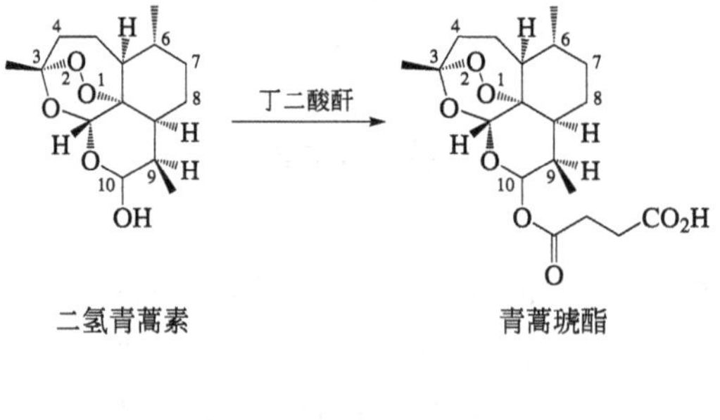

丁二酸酐

二氢青蒿素　　青蒿琥酯

【合成方法】

一、文献［1］中的方法

在装有搅拌器的2L三口瓶中加入100g（0.35mol）二氢青蒿素和800mL氯仿，搅拌溶解，加入80g（0.79mol）三乙胺、15g（0.12mol）4-二甲氨基吡啶（DMAP），室温搅拌30min。分4次加入40g（0.4mol）丁二酸酐，用TLC监测反应结束。加入饱和氯化铵水溶液，调节反应液pH至中性。分出水相，用氯仿100mL×2萃取，用饱和食盐水洗涤，用无水硫酸镁干燥，减压蒸出溶剂，所得固体用丙酮重结晶，过滤，用乙醚洗涤滤饼，得到粗品。粗品加入甲醇，加热回流至溶解，停止加热。搅拌下，加入纯水，至不再析出结晶，过滤，在 50℃真空下干燥，得到青蒿琥酯精品，纯度 99.38%。

二、文献［2］中的方法［以青蒿素（CAS 号：63968-64-9）为原料］

在不锈钢反应釜中，加入青蒿素 5kg（$M=282$，17.73mol）、1,3-二氧六环 75L，搅拌溶解，冷却至 5℃，在 30min 内分批加入硼氢化钾 3kg，加完，在 10℃以下反应 90min，TLC 监测反应完全。控制温度在 10℃以下，加入丁二酸，调节 pH 到 7 左右，终止还原反应。再加入丁二酸酐 10kg 和 DMAP 500g，在 35℃反应 2.5h，TLC 监测反应完全。在 45℃，减压浓缩至无溶剂馏出。加入二氯甲烷 50L 和 0.1%盐酸 100L，调节 pH 为 4，搅拌，萃取 15min。分出有机相，水层用 50L 二氯甲烷萃取一次，合并有机相，用无水硫酸钠干燥。减压浓缩结晶，过滤，干燥，所得粗品用 20L 丙酮加热溶解，适当浓缩，结晶，得到精品青蒿琥酯 6.4kg（16.6493mol），收率 93.9%，含量>99%。

【参考文献】

［1］宋德成.一种青蒿琥酯的制备方法：CN107793427A［P］. 2018-03-13.

［2］彭学东，张梅，赵金召，等.以青蒿素为原料一锅法制备青蒿琥酯的简单工艺：CN102887908A［P］. 2013-05-08.

溴代二氢青蒿素

【基本信息】 化学名：(3*R*,5*aS*,6*R*,8*aS*,9*R*,12*S*,12*aR*)-八氢-3-溴代亚甲基-6*H*-二甲基-3,12-桥氧-12*H*-吡喃并［4,3-*j*］-1,2-苯并二塞平-10(3*H*)醇；英文名：bromodihydroartemisinin；分子式：$C_{15}H_{23}BrO_5$；分子量：363.24；白色结晶粉末。青蒿素及其衍生物除了抗疟，还有抗癌活性。对血癌、乳腺癌细胞的选择性是其它化学疗法的 100 倍，即杀癌细胞而不伤害其周围的健康细胞。二氢青蒿素能有效抑制实体肿瘤细胞的增殖。合成反应式如下：

青蒿素 —KBH_4→ 二氢青蒿素 —Br_2→ 溴代二氢青蒿素

【合成方法】

1. 青蒿素的提取： 将 5t 黄花青蒿用 8 倍乙醇回流浸取，冷却，滤出浸取液。将浸取液注入硅胶色谱柱，直到流完。用石油醚洗脱，洗至黄色流出液变成无色清液。或用硅胶 G 薄层板检测有浅蓝色荧光斑点时，改用乙酸乙酯与石油醚为 1∶9 的混合液洗脱。收集洗脱液，薄层板检测无蓝色荧光斑点。将洗脱液浓缩，静置过夜析晶，过滤，所得粗产品用 30 倍 50%乙醇重结晶，得到针状晶体青蒿素。

2. 二氢青蒿素的合成： 青蒿素 10kg 溶于 300mL 甲醇，搅拌下，加入 4kg 季铵盐 Et_4NCl，充分搅拌后，加入 4kg 硼氢化钾和 1.65kg 磷酸二氢钠，室温搅拌反应，析出结晶。将反应液倒入冰水中，搅拌，静置，过滤，蒸馏水洗涤滤饼 3 次，干燥，得到白色结晶粉末二氢青蒿素。

备注：二氢青蒿素（CAS 号：81496-82-4），分子式 $C_{15}H_{24}O_5$，分子量 284.35，储存温度 2～8℃。

3. 溴代二氢青蒿素的合成： 在氮气干燥的反应釜中，加入 28434kg（$M=284.34$，100mol）二氢青蒿素和 1000L 氯仿，搅拌溶解后，加入 14kg 二氧化锰，搅拌均匀。升温至 40～60℃，以 16L/min 的速度导入液溴 100mol，搅拌 60min 后，过滤。滤液加入 1000～5000L 10％硫代硫酸钠水溶液进行洗涤，分出有机层，用 5000～15000L 10％碳酸氢钠水溶液洗涤，用无水硫酸钠干燥，减压浓缩，得到白色结晶，用正己烷洗涤，干燥，得到白色结晶溴代二氢青蒿素，分子量 363.24，测定溴含量 22.72％（计算值：22％）。

【参考文献】

[1] 石雁羽，杨大陆，饶水元，等. 溴代二氢青蒿素的制备方法：CN1680391A [P]. 2005-10-12.

第五章

醛类化合物

对氯苯甲醛

【基本信息】 英文名：4-chlorobenzaldehyde；CAS 号：104-88-1；分子式：C_7H_5ClO；分子量：140.57；无色片状结晶；熔点：47.5℃，沸点：(213.7±13)℃/101325Pa；闪点：87.8℃。难溶于水，易溶于乙醇、乙醚等有机溶剂。能随水蒸气挥发。本品是合成医药、农药、染料的中间体。

【合成方法】

一、文献［1］中的方法

$$Cl-C_6H_4-Me \xrightarrow{Cl_2/PCl_3} Cl-C_6H_4-CHCl_2 \xrightarrow[\text{锌盐}]{H_2O} Cl-C_6H_4-CHO$$

1. 对氯苄叉二氯的合成： 在装有搅拌器、温度计、回流冷凝管、氯气导管和氯化氢吸收装置的 250mL 四口瓶中，加入 126.5g（1mol）对氯甲苯、4.7g（34.2mmol）三氯化磷，搅拌，加热至 155℃，通入氯气。保持温度 160～170℃，通氯 10～12h，用减量法计算通氯量。所得粗产品进行减压精馏，收集 103～113℃/1.4kPa 馏分，得到对氯亚苄基二氯 159g，收率 81.5%。

2. 对氯苯甲醛的合成： 在装有搅拌器、温度计、回流冷凝管、氮气导管和氯化氢吸收装置的 250mL 四口瓶中，加入 30g（0.153mol）对氯亚苄基二氯、3g 锌盐催化剂和适量水，搅拌，加热回流，水解反应 5h 后，进行水蒸气蒸馏。馏出液用乙醚萃取 3 次，用无水硫酸钠干燥，蒸出乙醚，减压蒸馏，收集 110～113℃/2.7kPa 馏分，得到白色结晶对氯苯甲醛 19.8g，收率 92.9%，熔点 45～47℃。

二、文献［2］中的方法（催化氧化法）

Cl—⟨苯环⟩—Me —空气/催化剂→ Cl—⟨苯环⟩—CHO

在装有空气插底管和液封出口的 80mL 梨形三口瓶中，加入 15mL（16.5g，0.13mol）对氯甲苯、45mL（47.25g）乙酸和原料质量 3%的催化剂［$Co(AcO)_2 \cdot 4H_2O$∶KBr∶$MnSO_4$＝2∶1∶1（质量比）］，常压下通入空气，空气流速为 1.0L/min。升温至 80℃，反应 5 h。对氯甲苯的转化率 33.3%，对氯苯甲醛的选择性 60.1%。精馏，回收乙酸。剩余物进行水蒸气蒸馏，蒸出原料对氯甲苯和产物对氯苯甲醛，收集固体产物，常温干燥，得到 3.65g（0.026mol）对氯苯甲醛。瓶底剩余的是对氯苯甲酸。对氯苯甲醛的理论收率 20%，实际收率 19.6%，纯度 99.9%，白色片状结晶，熔点 46～47℃。

用氧气氧化，原料浓度 60%，内压 0.3MPa，80℃反应 15h，对氯甲苯的转化率 70.9%，对氯苯甲醛的选择性 58.3%，总收率 34%。本方法适合工业生产。

【参考文献】

［1］ 刘晓燕. 对氯苯甲醛合成新工艺［J］. 安徽化工，1994（3）：38-39.

［2］ 王雪艳. 对氯苯甲醛合成工艺研究［D］. 南京：南京理工大学，2001.

2-氟-6-碘苯甲醛

【基本信息】 英文名：2-fluoro-6-iodobenzaldehyde；CAS 号：146137-72-6；分子式：C_7H_4FIO；分子量：249.9；熔点：36～40℃；沸点：257.7℃/101325Pa；闪点：110℃；蒸气压：1.87Pa/25℃；密度：1.962g/cm^3。制备反应式如下：

3-氟碘苯 —$(i\text{-}Pr)_2NLi$→ 2-氟-6-碘苯基锂 —DMF→ 2-氟-6-碘苯甲醛

【合成方法】

1. 二异丙基氨基锂溶液的配制： 在装有搅拌器、温度计和导气管的 1L 三口瓶中，加入干燥过的 THF 350mL 和二异丙胺 93.4g（M＝101，0.925mol），通入高纯氮气，搅拌，在 0℃以下滴加 353mL 2.5mol/L 正丁基锂（M＝64，56.5g，0.8825mol）的正己烷溶液，得到含 94.4g（0.883mol）二异丙基氨基锂的溶液，备用。

2. 2-氟-6-碘苯甲醛的合成： 在装有搅拌器、温度计和滴液漏斗的 5L 三口瓶中，加入 440mL THF 和 186.5g（0.84mol）3-氟碘苯，通入高纯氮气，冷却至－78℃，滴加上述制备的含 94.4g（0.883mol）二异丙基氨基锂的溶液，约 10min 滴加完。将液氮直接加入到反应瓶内使瓶内温度达到－78℃，在氮气下继续搅拌 15min 后，滴加 N,N-二甲基甲酰胺（DMF）78mL（73.1g，1mol），滴加到最后，生成稠厚沉淀。在此温度下，快速滴加 202mL 冰醋酸和 1683mL 水，反应 10min。分出有机相，用乙醚或异丙醚 840mL×2 萃取，用饱和食盐水 670mL 洗涤 1 次。用无水硫酸钠干燥，滤除干燥剂，减压蒸出溶剂，加入 60mL 石油醚在－10℃以下结晶，得到白色产品 2-氟-6-碘苯甲醛 167g（0.668mol），收率 79.5%，含量 99%，熔点 37～38℃。

【参考文献】

[1] Bridges A J, Lee A, Schwartz C E, et al. The synthesis of three 4-substituted benzo [b] thiophene-2-carboxamidines as potent and selective inhibitors of urokinase [J]. Bioorganic and Medicinal Chemistry, 1993, 1 (6): 403-410.

对氟间苯氧基苯甲醛

【基本信息】 英文名：*p*-fluoro-*m*-phenoxybenzaladehyde；CAS 号：68359-57-9；分子式：$C_{13}H_9O_2F$；分子量：216；浅黄色透明液体；沸点：154～158℃/5.065kPa。本品用作合成拟除虫菊酯的中间体，用于合成氟氯氰菊酯、氟氯苯菊酯、烃菊酯等农药。合成反应式如下：

PhOH (**1**) —NaOH→ PhONa (**2**) —**3** (Br, Me, F 取代苯)→ **4** (Me, OPh, F) —Cl_2→ **5** (CH_2Cl, OPh, F) + **6** ($CHCl_2$, OPh, F) —$2(CH_2)_6N_4$→ **7** (CHO, OPh, F)

【合成方法】(Sommelet 反应)

1. 化合物 5 和 6 的合成：①在装有搅拌器、温度计、滴液漏斗和导气管的 250mL 三口瓶Ⅰ中，加入二氧化锰 22g，搅拌，滴加浓盐酸 50mL。②在装有搅拌器、温度计、滴液漏斗和导气管的 250 mL 三口瓶Ⅱ中，加入对氟间苯氧基甲苯（**4**）10.1g（0.05mol）、2.05mmol 过氧化苯甲酰、0.65mol 四氯化碳，搅拌。连接两反应瓶的气体导管，并同时加热。③当反应瓶Ⅱ的温度升到 72℃时，开始回流。向反应瓶Ⅰ中滴加浓盐酸，所产生氯气导入反应瓶Ⅱ中。控制盐酸滴速为 6 滴/min，制备氯气的最佳温度是 60～80℃。随着氯化反应的进行，反应液的沸点不断提高，回流减缓，需不断调整反应温度，最佳控制在 72～76℃。用 TLC 监测反应至原料完全消失，反应结束，约需 3h。保温 0.5h 后冷却至室温，滤除催化剂，旋蒸出溶剂，得到棕色油状化合物 **5** 和 **6** 的混合物 14.22g。无须纯化，用于下一步反应。如果有瓶装氯气，可直接通入，不必如此费事制造氯气。

2. 对氟间苯氧基苯甲醛（7）的合成：在装有搅拌器、温度计、滴液漏斗和回流冷凝管的 250mL 三口瓶中，加入 23.65g（0.1mol）**5** 和 **6** 的混合物［以 **5** 为基准计算］和 56g（0.4mol）六亚甲基四胺和 100mL 乙酸的溶液，快速搅拌，加热至 104～108℃，回流反应 4h。用 TLC 监测反应至终点。冷却至室温，滴加 40mL37%盐酸，加热回流 15min。冷却至室温，用甲苯 40mL×3 萃取，合并有机相，依次用 5%碳酸钠水溶液和纯水各 40mL×2 洗涤，用无水硫酸镁干燥，旋蒸出溶剂，减压精馏，收集 154～158℃/5.065kPa 馏分，得到浅黄色透明液体对氟间苯氧基苯甲醛（**7**）13.71g，两步反应总收率 86.87%，含量 98.3%。元素分析：M=216；实验值（计算值）(%)：C 72.61（72.22），H 4.38（4.20）。

【参考文献】

[1] 赵文献，王敏灿，刘澜涛，等. 对氟间苯氧基苯甲醛的合成［J］. 精细化工，2005，22（9）：696-698，704.

2,4-二氟苯甲醛

【基本信息】 英文名：2,4-difluorobenzaldehyde；CAS 号：1550-35-2；分子式：$C_7H_4F_2O$；分子量：142；无色透明液体；熔点：2～3℃；沸点：65～66℃/2.27kPa；闪点：55℃。是一种用途广泛的有机合成中间体，可用于医药、农药、染料及含氟功能材料的合成。合成反应式如下：

$$\text{2,4-F}_2\text{C}_6\text{H}_4 \xrightarrow[\text{HCl/60℃/1.4MPa}]{\text{CO/AlCl}_3} \text{2,4-F}_2\text{C}_6\text{H}_3\text{CH=O:AlCl}_3 \xrightarrow{\text{H}_2\text{O/60℃}} \text{2,4-F}_2\text{C}_6\text{H}_3\text{CHO}$$

【合成方法】

在装有搅拌器、热电偶和导气管的高压釜中，加入 57g（0.5mol）间二氟苯、66.7g（0.5mol）三氯化铝，搅拌成浆，加入 5 滴浓盐酸，封闭釜盖。用氮气置换釜内空气，加热至 60℃，通入一氧化碳至 1.4MPa，如此吹洗釜内氮气 3 次。最后通入一氧化碳至 1.5MPa，保持此压力反应 20h。冷却至室温，将反应液倒入 300mL 冰水中，搅拌，再加入 300mL 环己烷。分出有机相，水洗 3 次，用无水硫酸镁干燥，减压蒸出环己烷和未反应的间二氟苯。继续蒸出产物 2,4-二氟苯甲醛 47.5g，收率 66.9%，含量 98.81%。质谱最大峰 142，表明是目标化合物。水层回收三氯化铝。

【参考文献】

[1] 王丽华，赵国志，周凤军. 2,4-二氟苯甲醛的合成 [J]. 化工学报，2005，56（3）：474-476.

三氟乙醛

【基本信息】 英文名：trifluoroacetaldehyde；CAS 号：75-90-1；分子式：C_2HF_3O；分子量：98；无色气体；沸点：−18.8℃。性质不稳定，易聚合。能被水或乙醇迅速吸收，形成稳定的三氟乙醛水合物（CAS 号：421-53-4）或三氟乙醛缩半乙醇（CAS 号：433-27-2）。是重要的三氟甲基化试剂，广泛应用于合成树脂、橡胶、涂料、医药和农用杀虫剂领域。合成反应式如下：

$$F_3CCH_2OH \xrightarrow[O_2/4h]{SnO_2/V_2O_5/ZrO} F_3CCHO$$

【合成方法】

1. 催化剂的制备： 偏钒酸铵 117g（1mol）、氯化亚锡和草酸铵按一定比例溶于水，加入 616.1g（5mol）氧化锆浸渍过夜，搅拌蒸发，120℃烘干，500℃焙烧 3h，冷却至室温，将催化剂 SnO_2-V_2O_5/ZrO 放入干燥器备用。

2. 三氟乙醛的合成： 将装有催化剂的管式固定床反应器加热至 290℃，通过恒流进料泵以 0.33g（3.3mmol）/min 的速度打入三氟乙醇，同时以 0.865L（38.6mmol）/min 的流速通入氧气，反应 4h。反应后冷凝收集产物，尾气排空。三氟乙醇转化率 89.06%，三氟乙醛选择性 97.14%，三氟乙醛产率 86.51%。

【参考文献】

[1] 杨春燕，沈悦欣，陈君琴，等. 三氟乙醇催化氧化合成三氟乙醛 [J]. 工业催化，2007，17 (8)：59-61.

2-甲氧基-5-碘苯甲醛

【基本信息】 英文名：5-iodo-2-methoxybenzaldehyde；CAS 号：42298-41-9；分子式：$C_8H_7IO_2$；分子量：262；熔点：140～146℃；沸点：314.5℃/101325Pa；密度：1.78g/cm^3。制备反应式如下：

CHO MeO — I_2/H_5IO_6 / $AcOH/H_2SO_4$ → CHO MeO I

【合成方法】

在装有温度计、回流冷凝管和搅拌器的 1000mL 三口瓶中，加入 700mL 乙酸、40g (M=136，0.294mol) 邻甲氧基苯甲醛、32g (0.126mol) 碘和 9g (M=227.9，0.0395mol) 高碘酸，再加入 140mL 水和 20mL 硫酸，搅拌，加热，在 68～70℃反应 5～6h，放置过夜。过滤，用 100mL 饱和亚硫酸氢钠水溶液洗涤 1 次，过滤，用 80mL 水洗涤 3 次。过滤，压干，用 95%乙醇重结晶，得到白色结晶 2-甲氧基-5-碘苯甲醛 59g (0.225mol)，收率 76.5%，熔点 140～142℃。用乙醇重结晶，纯度可达 98%以上。滤液还可回收部分产品，收率还会开高一些。

【参考文献】

[1] Hathaway B A，White K L，McGill M E. Comparison of iodination of methoxylated benzaldehydes and related compounds using iodine/silver nitrate and iodine/periodic acid [J]. Synthetic Communications，2007，37 (21)：3855-3860.

2-碘-5-甲氧基苯甲醛

【基本信息】 英文名：2-iodo-5-methoxybenzaldehyde；CAS 号：77287-58-2；分子式：$C_8H_7IO_2$；分子量：262；熔点：114～115℃；密度：1.78g/cm^3。合成反应式如下：

CHO OMe — I_2/H_5IO_6 / $AcOH/H_2SO_4$ → CHO I OMe

【合成方法】

在装有温度计、回流冷凝管和搅拌器的 250mL 三口瓶中，加入 100mL 乙酸、5.77g (42.4mol) 邻甲氧基苯甲醛、4.71g (18.56mol) 碘和 1.4g (M=227.9，6.14mmol) 高碘酸，再加入 20mL 水和 3mL 硫酸。搅拌加热，在 65～70℃反应 16h。冷却，过滤，用 18mL 饱和亚硫酸氢钠水溶液洗涤 1 次，过滤，用水洗涤 3 次。过滤，抽干，用 95%乙醇重结晶，得到白色结晶 2-碘-5-甲氧基苯甲醛 6.53g (24.93mmol)，收率 58.8%，熔点 114～115℃。

【参考文献】

[1] Hathaway B A，White K L，McGill M E. Comparison of iodination of methoxylat-

ed benzaldehydes and related compounds using iodine/silver nitrate and iodine/periodic acid [J]. Synthetic Communications，2007，37（21）：3855-3860.

3-氟-4-甲氧基苯甲醛

【基本信息】 英文名：3-fluoro-4-methoxybenzaldehyde，CAS 号：351-54-2；分子式：$C_8H_7FO_2$；分子量：154；熔点：34～35℃；沸点：129～132℃/1.47kPa；闪点：>110℃；蒸气压：0.08Pa/25℃；密度：1.192g/cm^3。本品对空气敏感，吞食有害，刺激眼睛、呼吸系统和皮肤，不慎接触眼睛，立即用大量水冲洗并求医。是有机合成中间体，也是抗肿瘤药物 Tyrphostins 和选择性环氧化酶-2（COX-2）抑制剂 Cimicoxib 的重要中间体。合成反应式如下：

【合成方法】

在装有搅拌器、温度计、滴液漏斗的 100mL 三口瓶中，加入六次甲基四胺 2.5g（17.84mmol）、三氟乙酸 9mL，搅拌，加热至 80～84℃，滴加邻氟苯甲醚 1.12g（1mL，8.92mmol）和 9mL 三氟乙酸的混合液，约 30min 滴完，在该温度下继续反应 1h。常压浓缩回收溶剂，稍冷后加入 45mL 水，继续搅拌 10h。加入碳酸钾调节 pH 为 7，用乙醚 50mL×3 萃取，用水 50mL×3 洗涤，用无水硫酸镁干燥，蒸净乙醚，得到黄色固体产物 3-氟-4-甲氧基苯甲醛 1.2g，收率 87.3%，熔点 33～34℃（文献值：31℃）。

【参考文献】

[1] 王保杰，刘秀杰，李桂珠，等. 3-氟-4-甲氧基苯甲醛的简易合成 [J]. 沈阳药科大学学报，2006，23（10）：648-649.

3-羟基-4-甲氧基苯甲醛

【基本信息】 英文名：3-hydroxy-4-methoxybenzaldehyde；CAS 号：621-59-0；分子式：$C_8H_8O_3$；分子量：152；白色固体；熔点：113～115℃；沸点：179℃/2.0kPa；闪点：119.9℃；密度：1.23g/cm^3。本品俗名异香兰素（isovanillin），用作香料、香精、食品及化妆品的添加剂。由于分子中含有羟基和醛基，是合成多种药物、天然产物的中间体。合成反应式如下：

【合成方法】

1. 3-溴-4-羟基苯甲醛（1）的合成： 在装有搅拌器、温度计、回流冷凝管和滴液漏斗的 500mL 三口瓶中，加入 12.2g（0.1mol）对羟基苯甲醛、250mL 氯仿，搅拌加入少量助溶剂，缓慢加入至全溶。冰水浴冷却至 0℃，缓慢滴加 5.8mL（0.105mol）溴与 100mL 氯仿的溶液。滴毕，继续反应6h。减压蒸出溶剂，剩余物用碳酸氢钠水溶液中和至pH为6，加入水500mL，煮沸，趁热过滤，滤液冷却结晶，过滤，干燥，得到白色晶体3-溴-4-羟基苯甲醛（**1**）117.3g，收率86.1%，熔点124.7～125℃（文献值：123～125℃）。

2. 3-溴-4-甲氧基苯甲醛（2）的合成：在装有搅拌器、温度计、回流冷凝管和滴液漏斗的500mL四口瓶中，加入10.05g（0.05mol）化合物**1**、50mL二氯甲烷和20mL 0.5mol/L氢氧化钠的混合液。在氮气保护下，慢滴加入0.05mol硫酸二甲酯，45min滴完。同时分批多次滴加2.5mol/L氢氧化钠水溶液16mL，使反应液保持碱性。反应温度控制在55～60℃，4h后，反应结束。冷却至室温，用饱和碳酸氢钠水溶液调反应液的pH约为9，分液，分离出未反应的原料。水相用二氯甲烷50mL×2萃取，合并有机相，干燥。滤除干燥剂，常压蒸出溶剂，真空干燥，得到白色结晶3-溴-4-甲氧基苯甲醛（**2**）9.15g，收率85.1%，熔点51～51.2℃（文献值：50～54℃）。

3. 异香兰素（3）的合成：在装有搅拌器、温度计、回流冷凝管和滴液漏斗的500mL四口瓶中，加入200mL水和少量DMF，搅拌，再加入化合物**2** 10.75g（0.05mol）、固体氢氧化钠6g（0.15mol）和氯化亚铜0.3g。在氮气保护下，搅拌，加热至130℃，回流反应4h。反应毕，趁热滤除催化剂，冷却至室温，用1mol/L盐酸调pH为3～4，析出大量白色沉淀，过滤，所得粗产品用水重结晶，得到白色固体异香兰素（**3**）6.5g，收率85.5%，熔点112.5～113.4℃。三步反应总收率62.9%。

【参考文献】

[1] 殷建平，王芳斌，黄可龙，等. 3-羟基-4-甲氧基苯甲醛的合成 [J]. 精细化工，2006，23（5）：460-452. 520.

3,4-二甲氧基苯甲醛

【基本信息】 英文名：3,4-dimethoxybenzaldehyde；CAS号：120-14-9；分子式：$C_9H_{10}O_3$；分子量：166；白色或淡黄色片状结晶；熔点：40～43℃；沸点：281℃；闪点：>110℃；水溶性：0.1g/100mL；有香荚兰果实的香味，有甜味。本品是合成抗过敏药曲尼司特、降压药哌唑嗪等多种药物的中间体。合成反应式如下：

$$\mathbf{1}\ (\text{4-Me-C}_6\text{H}_4\text{OH}) \xrightarrow[\text{NaOH}]{Me_2SO_4} \mathbf{2}\ (\text{4-Me-C}_6\text{H}_4\text{OMe}) \xrightarrow{Br_2} \mathbf{3}\ (\text{3-Br-4-OMe}) \xrightarrow[\text{CuCl/DMF}]{\text{MeONa/MeOH}} \mathbf{4}\ (\text{3,4-(OMe)}_2) \xrightarrow[\text{MeOH}]{O_2/\text{NaOH}} \mathbf{5}\ (\text{CHO, 3,4-(OMe)}_2)$$

【合成方法】

1. 3-溴-4-甲氧基甲苯（3）的合成：在装有搅拌器、温度计的500mL三口瓶中，加入5mol/L氢氧化钠水溶液150mL、对甲酚54g（0.5mol）、硫酸二甲酯63g（0.5mol），加热至沸，反应4h。冷却至室温，分出有机相，水相用甲苯200mL×3萃取。合并有机相，水洗至中性，用无水硫酸镁干燥。将干燥的溶液加入装有搅拌器、温度计、滴液漏斗的250mL三口瓶中，冷却至－10℃，滴加入溴80g（0.5mol），控制滴加温度在0～10℃。滴毕，在0～5℃继续搅拌1h，减压蒸出溶剂甲苯，得到3-溴-4-甲氧基甲苯（**3**）粗产品103g。

2. 3,4-二甲氧基甲苯（4）的合成：在装有搅拌器、温度计的1000mL三口瓶中，加入

30%甲醇钠-甲醇溶液 540mL、化合物**3** 103g 与 DMF 的溶液和 5g 新制备的氯化亚铜，加热至沸，搅拌回流 4h。冷却至室温，搅拌 12h。搅拌下，将反应物倒入 600mL 饱和食盐水中，用甲苯 450mL×3 萃取。合并有机相，水洗，用无水硫酸镁干燥，减压蒸馏，得到 3,4-二甲氧基甲苯（**4**）65g。

3. 3,4-二甲氧基苯甲醛（5）的合成：在装有搅拌器、温度计、回流冷凝管和氧气导管的 1000mL 三口瓶中，加入化合物**4** 61g、甲醇 150mL、氢氧化钠 32g 和适量醋酸钴催化剂及醋酸铜助催化剂，加热至 60～65℃，通入氧气，反应 10h。冷却，加入适量水，蒸出甲醇。用乙醚 400mL×3 萃取，用无水硫酸镁干燥，蒸出乙醚，得到 3,4-二甲氧基苯甲醛（**5**）58g 收率 70%，含量>98.5%，熔点 43～45℃（文献值：44℃）。

【参考文献】

[1] 任群翔，孟祥军，李荣梅，等. 3,4-二甲氧基苯甲醛的合成 [J]. 化学试剂，2003，25（1）：40，42.

3,4,5-三甲氧基苯甲醛

【基本信息】 英文名：3,4,5-trimethoxybenzaldehyde；CAS 号：86-81-7；分子式：$C_{10}H_{12}O_4$；分子量：196；白色至微黄色针状晶体；熔点：74～75℃；密度：1.133g/cm^3；避光，密闭保存。本品是磺胺类药物增效剂三羟甲基丙烷（TMP）的中间体。合成反应式如下：

$$\text{4-HOC}_6\text{H}_4\text{CHO} \xrightarrow{Br_2} \text{3,5-Br}_2\text{-4-HOC}_6\text{H}_2\text{CHO} \xrightarrow[\text{MeOH/DMF}]{\text{MeONa}} \text{3,5-(MeO)}_2\text{-4-HOC}_6\text{H}_2\text{CHO} \xrightarrow[\text{DMF}]{\text{NaOH}} \text{3,5-(MeO)}_2\text{-4-HOC}_6\text{H}_2\text{CHO}$$

【合成方法】

1. 3,5-二溴-4-羟基苯甲醛的合成：在装有搅拌器、温度计的 250mL 三口瓶中，加入 100mL 溶剂邻二氯苯和 25g（0.2049mol）对羟基苯甲醛，搅拌溶解。在 35～45℃滴加 34.4g 溴素，滴加速度以红色不停留为宜，约 1h 滴完。继续搅拌 2h，冷却至室温，过滤，用水洗涤滤饼至中性，烘干，得到 3,5-二溴-4-羟基苯甲醛 54.4g（0.19423mol），收率 94.8%，熔点 180～182℃。

备注：溴的回收　反应中生成的 HBr 和 NaBr，在甲氧基化反应后的溶液中，加入硫酸，NaBr 转化成 HBr。将两步反应生成的 HBr 和理论量的氯气通入反应器，用水冷却反应器。将生成的溴和 HCl 混合气通入用冰盐水冷却到 265K 的冷阱，溴凝成液体，回用。

2. 丁香醛的合成：在装有搅拌的 100mL 两口瓶中，加入 3,5-二溴-4-羟基苯甲醛 28.0g（0.10mol）、DMF50mL 和氯化亚铜 1.3g，加热，搅拌均匀，反应液呈红黑色，备用。在装有搅拌、温度计和滴液漏斗的干燥 250mL 四口瓶中，加入 50mL 甲醇钠-甲醇溶液，加热至 85～95℃，搅拌滴加上述备用混合液。同时，蒸出大部分甲醇（含少量 DMF）。滴毕，在 95～100℃反应 4h 后，减压蒸出 DMF。加入 50mL 水，煮沸。冷却后，析出丁香醛钠盐。过滤，将所得黄色结晶溶于 500mL 热水中，趁热滤去少量不溶物。冷却后，用盐酸酸化，过滤，得到丁香醛 15.4g，熔点 110～112℃。母液用乙醚萃取，干燥，蒸出溶剂，得到

1.1g 丁香醛，合计 16.5g（0.09066mol），收率 90.7%。

3.3,4,5-三甲氧基苯甲醛的合成： 在装有搅拌器、温度计、滴液漏斗的 100mL 两口瓶中，加入丁香醛钠盐 20g（0.098mol）、碳酸钠 5.3g 和少量水，搅拌溶解。滴加硫酸二甲酯 37.8g（0.3mol），用 10%氢氧化钠溶液调节 pH 至 9～10，在 45～60℃反应 3h，生成白色沉淀。冷却，过滤，水洗，干燥，得到 3,4,5-三甲氧基苯甲醛 18.6g（0.095mol），收率 96.8%，熔点 71～73℃。

粗品用乙醇重结晶，得针状结晶 3,4,5-三甲氧基苯甲醛，熔点 74～76℃。

【参考文献】

[1] 戴勇. 3,4,5-三甲氧基苯甲醛的合成工艺改进 [J]. 盐城工学院学报（自然科学版），2007，20（4）：1-3.

5-氰基-2-甲氧基苯甲醛

【基本信息】 英文名：5-cyano-2-methoxybenzaldehyde；CAS 号：21962-53-8；分子式：$C_9H_7NO_2$；分子量：161；浅灰黄色固体；熔点 113.5～116.5℃。制备反应式如下：

CHO OMe —Br_2→ Br, CHO, OMe —CuCN→ NC, CHO, OMe

【合成方法】

1. 5-溴-2-甲氧基苯甲醛的合成： 2-甲氧基苯甲醛（邻茴香醛）2.6g（20mmol）和溴素 3.8g（24mmol）在冰醋酸中反应，所得部分粗产品 0.927g 溶于 18～20mL 绝对乙醇中，过滤溶液，加入 10mL 水，放置在室温。分离出物料 0.776g，用 202mL 无水乙醇和 5mL 水重结晶，再用 80%乙醇洗涤，在空气中干燥，得到浅灰黄色结晶 5-溴-2-甲氧基苯甲醛 0.573g（2.7mmol），熔点 113.5～116.5℃，收率 14%。

2. 5-氰基-2-甲氧基苯甲醛的合成： 5-溴-2-甲氧基苯甲醛与 CuCN 在 DMF 中回流，得到粗产品 129mg，在氧化铝（Anspec F-254，T 型）上，用体积比为 50∶50 的己烷/EtOAc 进行 TLC 制备，分离出浅灰黄色固体产物 5-氰基-2-甲氧基苯甲醛，熔点 118～119.5℃。

【参考文献】

[1] Laali K K，Koser G F，Subramanyam S，et al. Substituent control of intramolecular hydrogen bonding in formyl-protonated *o*-anisaldehydes：a stable ion and semiempirical MO investigation [J]. Journal of Organic Chemistry，2002，58（6）：1385-1392.

[2] Stazi F，Palmisano G，Turconi M，et al. Statistical experimental design-driven discovery of room-temperature conditions for palladium-catalyzed cyanation of aryl bromides [J]. Tetrahedron Letters，2005，46（11）：1815-1818.

3-乙氧基-4-甲氧基苯甲醛

【基本信息】 英文名：3-ethoxy-4-methoxybenzaldehyde；CAS 号：1131-52-8；分子式：$C_{10}H_{12}O_2$；分子量：180；熔点：51℃；沸点：155℃/1.33kPa；闪点：113℃；密度：

$1.088g/cm^3$。合成反应式如下：

$$\text{3-HO-4-MeO-}C_6H_3\text{-CHO} \xrightarrow[KI/K_2CO_3]{EtBr} \text{3-EtO-4-MeO-}C_6H_3\text{-CHO}$$

【合成方法】

在压力釜中，加入 45.6g（0.3mol）异香兰素、100mL 乙醇，搅拌溶解，再加入 2.3g 碘化钾、55g 碳酸钾和 37.6g（0.345mol）溴乙烷，封闭压力釜，用氮气置换空气 3 次，搅拌，加压到内压为 0.5MPa，加热到 85℃，反应 5h。冷却至室温，降压。蒸出溶剂和未反应的溴乙烷，加入 200mL 水，用甲苯萃取 3 次，旋蒸出溶剂，得到棕红色油状产物，收率 97.26%。

【参考文献】

［1］华丽，罗志臣，张华，等. 3-乙氧基-4-甲氧基苯甲醛的合成［J］. 江西化工，2018，140（6）：154-155.

4-苄氧基-2-甲氧基苯甲醛

【基本信息】 英文名：4-benzyloxy-2-methoxybenzaldehyde；CAS 号：58026-14-5；分子式：$C_{15}H_{14}O_3$；分子量：242.27；黄色结晶；熔点：89～90℃。本品是合成片螺素系列药物的关键中间体，也是合成治疗癌症和银屑病药物的重要原料。合成反应式如下：

$$\text{3-MeO-}C_6H_4\text{-OH} \xrightarrow{PhCH_2Cl} \text{3-MeO-}C_6H_4\text{-OCH}_2\text{Ph} \xrightarrow[\text{V-H反应}]{DMF/POCl_3} \text{OHC-}C_6H_3(\text{2-MeO})\text{-OCH}_2\text{Ph}$$

【合成方法】

1. 间苄氧基苯甲醚的合成： 在装有机械搅拌、温度计、回流冷凝管和滴液漏斗的 250mL 三口瓶中，加入 10.8g（0.11mol）碳酸钾、3.2g（0.01mol）四丁基溴化铵、30mL 80%的乙醇和 12.4g（0.1mol）间甲氧基苯酚，搅拌、加热至全溶，缓慢滴加 12.7g（0.11mol）氯化苄，滴毕，加热回流 3h。冷却至室温，用乙醚 15mL×3 萃取，合并乙醚液，用无水硫酸镁干燥。浓缩，剩余物进行柱色谱纯化，蒸出溶剂，得到浅黄色液体间苄氧基苯甲醚 19.7g，收率 92.06%。

2. 4-苄氧基-2-甲氧基苯甲醛的合成： 在装有机械搅拌、温度计、回流冷凝管和滴液漏斗的 250mL 三口瓶中，加入 30mL 1,2-二氯乙烷，冰水浴冷却下，加入 7.6mL 三氯氧磷。降温至 10℃以下，缓慢滴加 4.6mL DMF 和 8.5mL 间苄氧基苯甲醚的混合溶液。滴毕，在室温下搅拌 1h，升温至 70～75℃，继续反应 3h。减压蒸出溶剂，剩余物倒入 200mL 冰水中。搅拌下，滴加 5mol/L 氢氧化钠水溶液，调节 pH 至 6。放冰箱冷却 30min，析出黄褐色固体，抽滤，水洗 3 次。所得粗产品用无水乙醇重结晶，得到黄色结晶 4-苄氧基-2-甲氧基苯甲醛，收率 89.36%，熔点 89～90℃。

【参考文献】

［1］卢永仲，黄菊，陈清林，等. 4-苄氧基-2-甲氧基苯甲醛的合成［J］. 鲁东大学学报（自然科学版），2011，27（3）：253-255.

洋茉莉醛

【基本信息】 又名：胡椒醛；化学名：3,4-亚甲基二氧苯甲醛；英文名：piperonyl aldehyde；CAS号：120-58-0；分子式：$C_8H_6O_3$；分子量：150；白色晶体；熔点：35℃；沸点：263℃；闪点：＞110℃。微溶于水，在甲醇中的溶解度为0.1g/mL。有草花香气。密闭避光保存。合成反应式如下：

邻苯二酚 $\xrightarrow[KOH]{CH_2Cl_2}$ 胡椒环 $\xrightarrow[\text{浓硫酸}]{OCH-CO_2H}$ 3,4-亚甲二氧基苯乙醇酸（CHOHCO₂H） $\xrightarrow[ZnCl_2]{\text{过氧化物}}$ 洋茉莉醛（CHO）

【合成方法】

1. 胡椒环的合成： 在100mL压力釜中，加入3.75g邻苯二酚、3.28g四丁基溴化铵、2mL 5%氢氧化钾水溶液和25mL二氯甲烷，充入氮气至压力为0.4MPa，升温至90℃，快速搅拌反应4h。反应液进行水蒸气蒸馏，馏出液水洗至中性，用无水硫酸镁干燥，蒸出溶剂，得到淡黄色油状液体产物胡椒环3.95g，收率95%。

2. 3,4-亚甲二氧基苯乙醇酸的合成： 将1.67g 40%的乙醛酸放入烧杯中，在冰水浴冷却下，搅拌，慢慢滴加入1.42g浓硫酸，得到备用溶液。在装有机械搅拌、温度计和滴液漏斗的200mL三口瓶中，加入1.0g胡椒环，冰水浴冷却至0℃，搅拌，滴加上述备用溶液。滴毕，在10℃搅拌反应12h。再冷却至0℃，快速搅拌下，滴加100mL蒸馏水，滴毕，继续搅拌3～4h。过滤，水洗滤饼，阴干，得到1.49g白色固体产物3,4-亚甲二氧基苯乙醇酸，熔点157.5～158.5℃，收率94%。

3. 洋茉莉醛的合成： 在装有机械搅拌、温度计和回流冷凝管的三口瓶中，加入1.96g（M=194，0.01mol）3,4-亚甲二氧基苯乙醇酸、0.15mmol氯化锌催化剂、0.02mol过氧化物、二氯甲烷和水，搅拌，加热至40℃，回流反应60min。反应毕，冷却至室温，分出有机层，用二氯甲烷萃取水层3次，合并有机相，依次用氢氧化钠稀溶液、饱和食盐水洗涤，用无水硫酸镁干燥，滤除干燥剂，蒸出溶剂，得到浅黄色晶体产物洋茉莉醛1.4g（9.3mmol），收率93.3%，熔点36～37℃。

【参考文献】

[1] 徐淑飞，贺丽娜，王兰花，等. 食用香料洋茉莉醛的合成新工艺研究［J］. 食品研究与开发，2013，34（23）：20-22.

新洋茉莉醛

【基本信息】 又名：α-胡椒基丙醛；化学名：2-甲基-3-(3,4-亚甲二氧苯基）丙醛；英文名：helional；CAS号：1205-17-0；分子式：$C_{11}H_{12}O_3$；分子量：192；无色液体；沸点：125℃/700Pa，97～98℃/80Pa；闪点：104℃；密度：1.163g/cm^3。本品刺激眼睛、呼吸系统和皮肤，操作时注意防护。用于化妆品、洗涤剂。合成反应式如下：

洋茉莉醛（CHO） $\xrightarrow[KF/Al_2O_3]{MeCH_2CHO}$ CH=C(Me)CHO $\xrightarrow{H_2/\text{催化剂}}$ CH₂CH(Me)CHO

【合成方法】

1. 亚胡椒基丙醛的合成（Claisen-Schmidt 缩合反应）： 在装有搅拌器、温度计和滴液漏斗的 250mL 的三口瓶中，加入 0.3mol 洋茉莉醛和 100mL 95%乙醇，搅拌溶解，加入 14g 催化剂 KF/Al_2O_3。升温至 60～75℃，强烈搅拌下滴加 0.42mol 丙醛，滴毕，反应 4h。蒸出乙醇，精馏，收集 97～98℃/80Pa 馏分，得到亚胡椒基丙醛，收率 80.3%。

备注：① 催化剂 0.5mol/100g KF/Al_2O_3 的制备　29g（0.5mol）KF 溶于去离子水，加入 100g 氧化铝，搅拌 1h，滤除水，得到 100g KF/Al_2O_3。

② 催化剂 KF/Al_2O_3 的再生　用过 7 次以后需要再生。用过的 100g KF/Al_2O_3 催化剂与 200mL 95%的乙醇搅拌 24h，滤除乙醇，晾干。在 500℃焙烧 8h，冷却至室温，即可。可再生 7 次。

2. 亚胡椒基丙醛催化加氢合成新洋茉莉醛： 在装有搅拌器、温度计的 250mL 的压力釜中，加入 10g 亚胡椒基丙醛和 50mL 95%乙醇，搅拌溶解，在 20～30℃、压力 0.07MPa、转速 600r/min 下，分次加入 0.3g（亚胡椒基丙醛质量的 3%）P-2Ni-Cu（Cu 含量 10%）催化剂，每间隔一次，加入第一次加入量的 10%。平均收率 83.4%。反应 6～7h，蒸出乙醇，精馏，收集 124～126℃/700Pa 馏分，得到新洋茉莉醛，精馏总收率＞85%，含量＞96%。选择加氢总收率 0.85×0.834＝70.9%。

备注：催化剂 P-2Ni-Cu 的制备　精确称量金属盐，配成乙醇溶液，用 $NaBH_4$ 还原。

【参考文献】

[1] 黄宗凉. 新洋茉莉醛的合成研究 [D]. 天津：天津大学，2002.

第六章

酮类化合物

2,4-二羟基二苯甲酮

【基本信息】 英文名：2,4-dihydroxybenzophenone；CAS 号：131-56-6；分子式：$C_{13}H_{10}O_3$；分子量：214；熔点：142～147℃；沸点：194℃/133.3Pa；闪点：125℃。不溶于水，主要用于塑料等作为光稳定剂，能有效保护有机玻璃和布料，防止布料等因光照变质，也用作合成其它紫外线吸收剂的中间体。生产反应式如下：

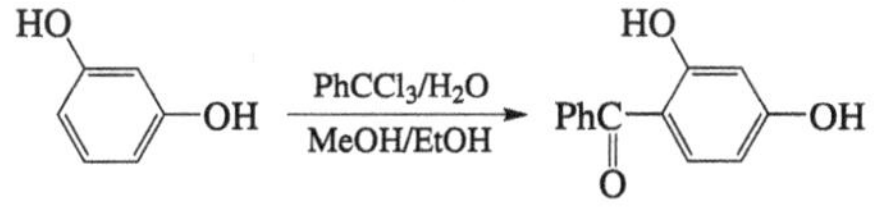

$$\text{间苯二酚 (HO, OH)} \xrightarrow[\text{MeOH/EtOH}]{PhCCl_3/H_2O} PhC(=O)\text{-}C_6H_3(OH)_2$$

【合成方法】

在反应釜内，加入 500kg 水，升温至 35～38℃，投入间苯二酚 100kg，搅拌 5～8min，使其溶解。加入甲醇 50kg 和乙醇 100kg，蒸汽加热到 50～60℃，加入三氯甲苯 500kg，在 45～55℃反应 4h。冷却，放料。当温度降到 20～30℃时，离心分离，得到产物 2,4-二羟基二苯甲酮，收率 99.2%，纯度 98.5%。将上述产品溶于甲苯，用磷酸去杂质，用活性炭、白土脱色，得到浅黄色或类白色精品，收率 99%，纯度>99%。

【参考文献】

[1] 赵定春，袁明翔，孙大明. 2,4-二羟基二苯甲酮的生产方法：CN101628865A [P]. 2010-01-20.

3,4-二羟基二苯甲酮

【基本信息】 英文名：3,4-dihydroxybenzophenone；CAS 号：10425-11-3；分子式：

$C_{13}H_{10}O_3$；分子量：214；白色晶体粉末；熔点：144～148℃。用作医药和感光材料中间体。合成反应式如下：

$$\text{1,2-}(MeO)_2C_6H_4 \xrightarrow[AlCl_3]{PhCOCl} \text{3,4-}(MeO)_2C_6H_3COPh \xrightarrow[180℃/2h]{\text{吡啶盐酸盐}} \text{3,4-}(HO)_2C_6H_3COPh$$

【合成方法】

1. 3,4-二甲氧基二苯甲酮的合成： 在装有搅拌器、温度计、滴液漏斗的干燥的100mL三口瓶中，加入二硫化碳50mL、邻二甲氧基苯14g（0.1mol）和三氯化铝17g（0.13mol），搅拌，加热至回流。滴加苯甲酰氯14g（0.1mol）。滴毕，继续回流4h。冷却后，用冰水20mL×2萃取，合并水层，用浓盐酸调节pH至1，析出大量沉淀。过滤，用稀盐酸洗涤滤饼，干燥，所得浅灰色固体用无水乙醇重结晶，得到白色针状晶体3,4-二甲氧基二苯甲酮17.7g，收率73%，熔点102～104℃。

2. 3,4-二羟基二苯甲酮的合成： 在装有搅拌器、空气冷凝管和温度计的50mL茄形瓶中，加入3,4-二甲氧基二苯甲酮8g（0.03mol）和吡啶盐酸盐12g（0.1mol），搅拌，升温至180℃，熔融反应2h。冷却至室温，加入3mol/L盐酸80mL，用乙酸乙酯40mL×3萃取，合并萃取液，用活性炭脱色，减压蒸出溶剂。剩余物放入冰箱过夜，析出白色结晶，过滤，干燥，得到3,4-二羟基二苯甲酮5.8g，收率82%，熔点133～135℃。

【参考文献】

[1] 廖洪利，吴秋业，臧志和，等. 3,4-二羟基二苯甲酮的制备[J]. 中国医药工业杂志，2008，39（9）：14-15.

4,4′-二羟基二苯甲酮

【基本信息】 英文名：4,4′-dihydroxybenzophenone；CAS号：611-99-4；分子式：$C_{13}H_{10}O_3$；分子量：214；熔点：217～222℃。不溶于水，是医药、农药、染料、紫外吸收剂等的中间体。合成反应式如下：

$$\text{4-HOC}_6H_4CO_2H \xrightarrow[H_2SO_4]{Ac_2O} \text{4-AcOC}_6H_4CO_2H \xrightarrow[\text{吡啶}]{SOCl_2} \text{4-AcOC}_6H_4COCl \xrightarrow[\text{吡啶}]{\text{苯酚}} \text{4-AcOC}_6H_4CO_2Ph \xrightarrow[EtOH]{28\%\text{氨水}}$$

$$\text{4-HOC}_6H_4CO_2Ph \xrightarrow[\text{Fries重排}]{AlCl_3} \text{4-HOC}_6H_4COC_6H_4OH\text{-4}$$

【合成方法】

1. 对乙酰氧基苯甲酸的合成： 在装有搅拌器、温度计的干燥的250mL三口瓶中，加入4-羟基苯甲酸69g（M=138，0.5mol）、乙酸酐102g（1mol）和催化剂氨基磺酸3.45g，搅拌，加热至80℃，反应1h，用三氯化铁试液检验反应液呈微淡紫色即为反应终点。降至室温，加入100mL水，充分搅拌析晶，抽滤，洗涤滤饼，得到粗产品，用乙醇重结晶，得到白色晶体对乙酰氧基苯甲酸83g（M=180，0.461mol），收率92.2%，熔点192～194℃。

2. 对乙酰氧基苯甲酰氯的合成： 在装有搅拌器、温度计、冷凝管的100mL三口瓶中，加入对乙酰氧基苯甲酸 28g（0.16mol）、氯化亚砜 40mL（0.55mol）和吡啶 3 滴，缓慢升温至 70～75℃，搅拌反应 3h，至无气泡逸出。蒸出过量氯化亚砜，减压蒸馏，收集 140～141℃/10kPa 馏分，得到浅黄色油状产物对乙酰氧基苯甲酰氯 29g（0.15mol），收率 93.75%。加入 60mL 无水二氯甲烷，混匀后密封备用。

3. 对乙酰氧基苯甲酸苯酯的合成： 在装有搅拌器、温度计、滴液漏斗的 300mL 三口瓶中，加入苯酚 15g（0.16mol）、吡啶 23g（0.16mol）和二氯甲烷 200mL。在冰水浴冷却下，搅拌 5min 后，慢慢滴加对乙酰氧基苯甲酰氯的二氯甲烷溶液。滴毕，室温搅拌反应 8h。加入 3mol/L 盐酸 60mL，搅拌，分出有机相，依次用 5%碳酸氢钠水溶液 50mL、水 50mL 洗涤。用无水硫酸钠干燥，减压蒸出溶剂，剩余物用乙醇和活性炭脱色，结晶，得到白色结晶产物对乙酰氧基苯甲酸苯酯 39g，收率 95%，熔点 81～83℃。

4. 对羟基苯甲酸苯酯的合成： 在装有搅拌器、温度计、滴液漏斗的 300mL 三口瓶中，加入甲醇 100mL、对乙酰氧基苯甲酸苯酯 30g（0.12mol），在 0～5℃下，滴加 28%氨水 30mL。滴毕，室温搅拌反应 4h。将反应液倒入 450mL 冰水中，用二氯甲烷 70mL×3 萃取，合并有机相，用无水硫酸钠干燥，滤除干燥剂，减压蒸出溶剂。剩余油状物用乙醇重结晶，得到白色结晶产物对羟基苯甲酸苯酯 17.8g，收率 92%，熔点 184～185℃。

5. 4,4'-二羟基二苯甲酮的合成： 在装有搅拌器、温度计、滴液漏斗的 300mL 三口瓶中，加入二硫化碳 200mL、对羟基苯甲酸苯酯 21.5g（0.1mol）、三氯化铝 25g（0.19mol），搅拌溶解。升温回流反应 8h。冷却至室温，加入 5%盐酸 200mL，搅拌后过滤，用 20%碳酸氢钠水溶液和水洗涤滤饼，用乙醇-水（1∶4）重结晶，得到白色结晶产物 4,4'-二羟基二苯甲酮 18.6g，收率 85%，熔点 219～220℃。

【参考文献】

[1] 阮启蒙，伍杰，束怡，等. 4,4'-二羟基二苯甲酮的合成 [J]. 中国医药工业杂志，2005，36（4）：197-198.

[2] 孔祥文，刘晓普，田力文，等. 4-乙酰氧基苯甲酸的绿色合成 [J]. 实验技术与管理，2012，29（10）：37-38，50.

2,3,4-三羟基二苯甲酮

【基本信息】 英文名：2,3,4-trihydroxybenzophenone；CAS 号：1143-72-2；分子式：$C_{13}H_{10}O_4$；分子量：230；浅黄色结晶粉末；熔点：139～141℃；沸点：439.7℃/101.325kPa；闪点：233.9℃；蒸气压：3.23×10^{-6}Pa/25℃；密度：1.431g/cm^3。用作有机中间体，用于微电子集成电路（IC）工业的光致抗蚀剂、医药中间体、紫外光吸收剂等。合成反应式如下：

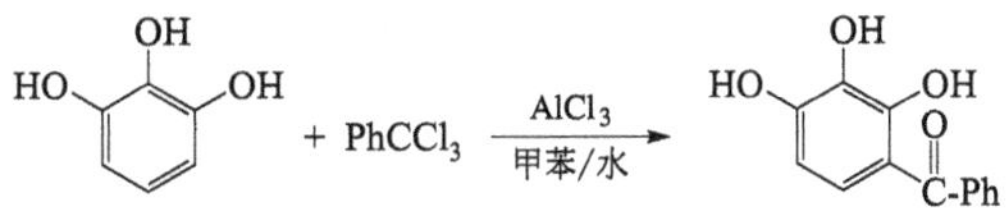

【合成方法】

在装有搅拌器、温度计、滴液漏斗和氮气导管的 1L 三口瓶中，在氮气保护下加入 63g（0.5mol）焦性没食子酸、6g 三氯化铝、200mL 蒸馏水和 100mL 甲苯，搅拌溶解。升温至约 40℃，剧烈搅拌下，滴加入 80mL（1.14mol）三氯甲苯。待有沉淀出现时，撤去热源，靠反应热维持反应。约 1h 滴加完毕，继续搅拌反应 2h，有大量红色沉淀生成。停止搅拌，慢慢冷却至室温，放冰箱过夜。过滤，用冷却饱和食盐水洗至淡黄色。抽干，干燥，得到红色粗产物。在装有搅拌器、冷凝管及分水器的 2L 三口瓶中，加入 1L 甲苯和 30mL 30%～35%次亚磷酸水溶液，回流分水 0.5h。冷却至室温，加入上述粗产物，回流反应 0.5h，溶液呈黄色，并有深色油状物生成。停止加热，稍冷倾出上层清液。剩余物加入 200mL 甲苯，搅拌回流 10min，稍冷，倾出上层清液。如此再重复一次，合并清液，减压蒸出部分溶剂，加入活性炭和硅藻土各 50g，搅拌回流 5min。趁热过滤，冷却，有黄色结晶析出，放入冰箱过夜。过滤，用石油醚洗涤，真空干燥，得到黄色针状结晶 2,3,4-三羟基二苯甲酮 98.6g，收率 86%，含量>99%，熔点 141～142℃。

【参考文献】

[1] 胡先明，胡泉源，周小波，等. 2,3,4-三羟基二苯甲酮的合成方法：CN1313272A [P]. 2001-09-19.

2,4,4′-三羟基二苯甲酮

【基本信息】 英文名：2,4,4′-trihydroxybenzophenone；CAS 号：1470-79-7；分子式：$C_{13}H_{10}O_4$；分子量：230；浅黄色粉末；熔点：195～197℃。多羟基二苯甲酮是紫外吸收剂，广泛应用于塑料、树脂、涂料、合成橡胶、感光材料及化妆品行业。

COOH（对羟基苯甲酸）—$POCl_3$ / 无水$ZnCl_2$→ COCl（对羟基苯甲酰氯）—间苯二酚（HO, OH） / 无水$ZnCl_2$→ 2,4,4′-三羟基二苯甲酮（HO, OH, OH）

【合成方法】

在装有搅拌器、温度计、滴液漏斗的干燥的 250mL 三口瓶中，加入 11g（M=110，0.1mol）间苯二酚、15.2g（M=138，0.11mol）对羟基苯甲酸、22g 无水氯化锌，搅拌均匀。加入 19mL 三氯氧磷和 25mL 环丁砜，搅拌均匀，加热至 65～70℃，反应 2h，直至反应体系有很少量氯化氢气体放出。慢慢滴加 20mL 水，搅拌全溶。将反应物倒入 800mL 冰水中，充分搅拌均匀。静置 30min 以上，抽滤，水洗，干燥，得到粗产品。将此粗产品加入水中，加热溶解，加入活性炭，煮沸 30min。趁热过滤，滤液冷却后，析出大量黄色晶体，抽滤，洗涤，干燥，得到黄色结晶产物 2,4,4′-三羟基二苯甲酮 16.89g（0.07343mol），收率 73.43%，熔点 195～197℃。元素分析：C 67.78%，H 4.38%；计算值：C 67.76%，H 4.34%。紫外吸收范围：265～392nm；最大吸收峰：335nm。

【参考文献】

[1] 胡应喜，刘霞，涂露寒. 2,4,4′-三羟基二苯甲酮的合成 [J]. 石油化工高等学校学报，2006，19（3）：45-47，87.

2,3,4,4′-四羟基二苯甲酮

【基本信息】 英文名：2,3,4,4′-tetrehydroxybenzophenone；CAS 号：31127-54-5；

分子式：$C_{13}H_{10}O_5$；分子量：246；熔点：199～204℃；易溶于甲醇、乙醇、丙酮，微溶于水，不溶于苯、氯仿和石油醚。本品广泛用于微电子集成电路工业的光致抗蚀剂、医药中间体、紫外吸收剂、树脂稳定剂、染料等。反应式如下：

$$\text{HO-C}_6\text{H}_4\text{-COOH} + \text{1,2,3-(HO)}_3\text{C}_6\text{H}_3 \xrightarrow[\text{Cl}_2\text{CHCHCl}_2]{\text{BF}_3/\text{Et}_2\text{O}} \text{HO-C}_6\text{H}_4\text{-C(=O)-C}_6\text{H}_2\text{(OH)}_3$$

【合成方法】

在装有搅拌器、温度计、滴液漏斗的干燥的 100mL 三口瓶中，加入 12.6g（0.1mol）焦性没食子酸、15.18g（0.11mol）对羟基苯甲酸与 50mL 1,1,2,2-四氯乙烷，搅拌混合，慢慢滴加三氟化硼乙醚溶液 25mL。滴毕，加热至 110℃，反应 10h，析出黄色结晶。冷却，加碱中和后，滤出结晶，水洗至中性，溶剂重结晶，60℃减压蒸干，得到黄色针状结晶 2,3,4,4′-四羟基二苯甲酮 20.77g，收率 82%，熔点 218～220.8℃。EI-MS：$m/z=246$，$M(C_{13}H_{10}O_5)=246$。

【参考文献】

［1］欧阳文. 2,3,4,4′-四羟基二苯甲酮合成改进研究［D］. 长沙：湖南中医药大学，2006.

甲氧基丙酮

【基本信息】 英文名：methoxyacetone；CAS 号：5857-19-3；分子式：$C_4H_8O_2$；分子量：88；熔点：78℃；沸点：118.9℃；闪点：25℃；密度：0.957g/cm^3。用作优质溶剂和农药中间体，可生产异丙草胺。合成反应式如下：

$$\text{环氧丙烷} + \text{MeOH} \xrightarrow{\text{OH}^-} \text{MeCH(OH)CH}_2\text{OMe} \xrightarrow{\text{H}_2\text{O}_2} \text{MeC(=O)CH}_2\text{OMe}$$

【合成方法】

1. 1-甲氧基-2-丙醇的合成： 在装有搅拌器、温度计、滴液漏斗和回流冷凝管的 250mL 三口瓶中，加入 125g 甲醇和 0.6g 氢氧化钠，搅拌溶解，冷却至室温，滴加 45g 环氧丙烷，约 30min 滴完。缓慢升温至 66～70℃，回流反应 5h，冷却，精馏，收集 118～120℃馏分，即为 1-甲氧基-2-丙醇，收率 95.01%，含量 96.32%。

2. 甲氧基丙酮的合成： 在装有搅拌器、温度计、滴液漏斗和回流冷凝管的 250mL 三口瓶中，加入 14mL 1-甲氧基-2-丙醇、13mL 水和 0.5g Pt/C 催化剂，搅拌，缓慢升温至 80℃。滴加 32mL 30%过氧化氢，滴加速度为 5 滴/min，滴毕，继续反应 2～3h。冷却，过滤，回收催化剂，滤液蒸馏，收集 92～94℃馏分，得到甲氧基丙酮与水的共沸物，其中甲氧基丙酮含量 78.68%。脱水后，含量 99.16%，收率 98.32%。

【参考文献】

［1］杨桂秋，于春睿，于秀兰，等. 甲氧基丙酮的合成［J］. 沈阳化工大学学报，2004，18（2）：97-99.

胡椒烯丙酮

【基本信息】 英文名：4-(1,3-benzedioxole)-3-benten-2-one；CAS号：3160-37-0；分子式：$C_{11}H_{10}O_3$；分子量：190；白色晶体或浅黄色棱柱状晶体胡椒烯丙酮；熔点111℃。本品是合成胡椒基丙酮和多种药物的中间体。合成反应式如下：

洋茉莉醛 —$Me_2CO/H_2O/NaOH$, C_6H_6→ 胡椒烯丙酮

【合成方法】

Claisen Schmidt反应：在装有搅拌器、温度计、滴液漏斗和回流冷凝管的250mL三口瓶中，加入1mol洋茉莉醛、400mL苯、147mL丙酮和200mL水，加热至50℃，搅拌下，缓慢滴加50%氢氧化钠水溶液20g，保温搅拌7h。冷却至室温，放置2h以上，再搅拌0.5h，冷却静置析晶。离心过滤，依次用冷水、约57mL冷乙醇洗涤滤饼，在50℃真空下干燥，得到浅黄色冷柱状晶体胡椒烯丙酮，平均收率95.1%，含量99.6%，熔点112～113℃（文献值：111℃）。

备注：母液可回收再利用，此工艺无废水排放。

【参考文献】

［1］蓝文祥，唐道琼，桑启洪，等.胡椒烯丙酮的绿色合成新方法［J］.渝州大学学报（自然科学版），2001，18（3）：56-60.

胡椒基丙酮

【基本信息】 俗名：胡椒基丙酮（piperonylacetone）；化学名：4-(3,4-亚甲基双氧)苯基-2-丁酮；英文名：4-(1,3-benzodioxol-5-yl)-2-butanone；CAS号：55418-52-5；分子式：$C_{11}H_{12}O_3$；分子量：192；不溶于水，白色晶体粉末；熔点：51℃；沸点：165℃/1.6kPa；闪点：＞100℃。本品是一种名贵的香料，用于花香型增效剂，香气温和，也用于多种药物的合成。合成反应式如下：

—H_2, 5%Pd/C→

【合成方法】

1. 5%Pd/C催化剂的制备：① 活性炭处理。将优质粉状活性炭用10%硝酸煮沸2～3h，清水洗净，在100～110℃烘干，备用。② 催化剂制备。将上述制备的93g活性炭悬浮于1.2 L水中，加热至80℃，搅拌下加入8.2g氯化钯、20mL盐酸和50mL水。快速搅拌下，加入8mL 37%甲醛水溶液，再加入30%氢氧化钠水溶液，使石蕊试纸呈蓝色。继续搅拌5min，过滤，用纯水250mL×10洗涤，在空气干燥后，在KOH上干燥（烘干会着火），得到93～98g 5%Pd/C催化剂。

2. 胡椒基丙酮的合成：在压力釜中，加入胡椒烯丙酮1.9kg（M=190，10mol）、5%Pd/C催化剂15g、乙醇600mL，封闭压力釜，用氢气置换釜内空气3次。搅拌，通入氢气，

加热至120℃，控制压力为1.5MPa，反应3h。冷却至室温，放空氢气，滤出催化剂（回收循环使用），滤液放置冰箱冷冻析晶，过滤，用乙醇洗涤滤饼。滤液再冷冻析晶，过滤，洗涤。合并两次得到的晶体，在40℃减压干燥，得到无色晶体胡椒基丙酮1647.36g（8.58mol），收率>85.8%，含量98.9%，熔点48～53℃。

【参考文献】

[1] 蓝文祥，谭群，巫建国. 胡椒基丙酮的绿色合成方法 [J]. 重庆大学学报（自然科学版），2001，24（3）：146-149.

5，7-二羟基黄酮

【基本信息】 又名：白杨素（chrysin）；英文名：5，7-dihydroxyflavone；CAS号：480-40-0；分子式：$C_{15}H_{10}O_4$；分子量：254；熔点：285～286℃；沸点：491.9℃；闪点：192.5℃；蒸气压：3.56×10^{-8}Pa/25℃；密度：1.443g/cm^3。存在于黄芩等植物中，具有抗炎、抗菌、抗氧化、抗肿瘤等多种生理活性，是合成抗癌、降血脂、防心脑血管疾病、抗菌、消炎等药物的原料。合成反应式如下：

MeO, OMe, OMe —MeCOCl / $AlCl_3$→ **1** —$PhCO_2Me$ / MeONa→ **2** —HBr→ **3**

【合成方法】

1. 中间体1的合成： 在装有搅拌器、温度计、滴液漏斗的干燥的1.5L三口瓶中，加入1，3，5-三甲氧基苯168g、无水三氯化铝132g、干燥的二氯甲烷900mL，搅拌溶解。降温至5℃，搅拌，滴加乙酰氯86g，约20min滴完。升温至25℃，反应3.5h。搅拌下将反应液倒入2L 5%冰水盐酸中，搅拌30min，静置分层。分出有机相，用稀碳酸氢钠水溶液洗至中性，然后用饱和食盐水洗涤，干燥。减压浓缩，冷却，干燥，得到中间体**1** 199.5g，收率95%。

2. 中间体2的合成： 在装有搅拌器、温度计、滴液漏斗、回流冷凝管和分馏柱的干燥的500mL三口瓶中，加入含有13.5g甲醇钠的67.5g甲醇溶液，加热至回流，蒸出甲醇，得到固体甲醇钠。在氮气保护下，依次加入中间体**1** 42g、苯甲酸甲酯33g和干燥的甲苯300mL，搅拌，缓慢加热升温，反应2.5h后，温度达到104℃，不再变化。TLC监测反应完全。冷却至室温，加入420mL水，搅拌，静置分层。分出有机相，水洗至中性，干燥，减压蒸出甲苯至干，加入84mL甲醇，冷却，过滤，干燥，得到黄色固体中间体**2** 54.6g。收率87%。

3. 5′，7′-二羟基黄酮3的合成： 在装有搅拌器、温度计、滴液漏斗、回流冷凝管的三口瓶中，加入中间体**2** 31g、四丁基溴化铵4.7g、新蒸的40%溴氢酸600mL，加热回流24h，TLC监测反应至原料消失。冷却，倒入1.0L饱和亚硫酸氢钠水溶液，析出沉淀，过滤，滤饼用600mL甲醇和1.5g活性炭脱色精制，得到黄色固体5′，7′-二羟基黄酮（**3**）30g，收率92%。

【参考文献】

[1] 肖金霞，郭文华，肖红，等. 一种5,7-二羟基黄酮的合成方法：CN102127044A [P]. 2011-07-20.

5,7-二羟基-4′-苄氧基黄烷酮

【基本信息】 英文名：5,7-dihydroxy-4′-benzyloxyflavanone；分子式：$C_{22}H_{18}O_5$；分子量：362；熔点：>300℃；具有高效、低毒、快速杀灭钉螺的活性。制备反应式：

$$PhCH_2O-C_6H_4-CH=CHCO_2H + 1,3,5-(HO)_3C_6H_3 \xrightarrow[AlCl_3]{POCl_3} \text{5,7-二羟基-4′-苄氧基黄烷酮}$$

【合成方法】

在装有搅拌器、温度计、回流冷凝管的100mL三口瓶中，加入对苄氧基肉桂酸3g（M=254，0.0118mol）、间苯三酚1.5g（0.012mol）、三氯氧磷24mL、无水三氯化铝6g，搅拌，在70℃回流3h，冷却至室温，将反应物分批分散到300g碎冰中，抽滤，水洗至中性，烘干，得产品5,7-二羟基-4′-苄氧基黄烷酮4g（0.1105mol），收率93.64%，熔点>300℃。

【参考文献】

[1] 李文新，覃章兰，黄天宝. 5,7-二羟基-4′-苄氧基黄烷酮的合成和应用：CN1296948 [P]. 2001-05-30.

[2] 覃章兰，李文新，黄天宝，等. 杀灭钉螺新药物的研究——5,7-二羟基-4′-苄氧基黄烷酮的合成及生物活性 [J]. 武汉大学学报（理学版），2000，46（6）：706-708.

4′-甲氧基-5,7-二羟基异黄酮及其配合物

【基本信息】 英文名：5,7-dihydrox-4′-methoxyisoflavone；CAS号：491-80-5；分子式：$C_{16}H_{12}O_5$；分子量：284；白色晶体粉末；熔点：210～213℃；沸点：340～355℃/66.6Pa；λ_{max}：263nm/乙醇；密度：1.12g/cm³；溶于甲醇、乙醇、DMSO等溶剂；储存条件：0～6℃。本品具有类似雌激素的作用，能抑制胆固醇的升高，还具有抗真菌和抗肿瘤作用。对人体内的激素水平具有双向调节作用，还有抗癌、解痉、降血脂的作用。

【合成方法】

1. 4′-甲氧基-5,7-二羟基异黄酮（1）的合成：合成反应如下。

$$1,3,5-(HO)_3C_6H_3 + p-MeOC_6H_4CH_2CN \xrightarrow[HCl]{\text{干燥乙醚}} 2,4,6-(HO)_3C_6H_2COCH_2C_6H_4OMe \xrightarrow[MeSO_2Cl]{BF_3 \cdot Et_2O/DMF} \mathbf{1}$$

在装有搅拌器、温度计的250mL三口瓶中，加入间苯三酚20g、对甲氧基苯乙腈30mL和干燥乙醚100mL，降温至0℃，通入干燥的HCl气体3h，反应液由浅黄色清液变成金黄色浑浊液。放入冰箱冷冻3h，用无水乙醚洗涤固体2次后，加入500mL 1%硫酸，加热回

流 3h。冷却，静置过夜，析出固体，抽滤，固体用 75%乙醇重结晶，干燥，得到浅黄色脱氧安息香 30.7g，收率 76.3%，熔点 194.2～196.7℃。干燥保存，备用。

在装有搅拌器、温度计、滴液漏斗的 250mL 三口瓶中，加入脱氧安息香 5.5g、新蒸 $BF_3 \cdot Et_2O$ 20mL，控制温度在 10℃以下，搅拌，滴加入干燥的 DMF 80mL，得到混合液Ⅰ。另在装有搅拌器、温度计、滴液漏斗的 150mL 三口瓶中，加入干燥的 DMF 60mL 和甲基磺酰氯 30mL，加热至 55℃，搅拌反应 30min，得到浅黄色混合液Ⅱ。室温下，在 30min 内将混合液Ⅱ缓慢滴加到混合液Ⅰ中，在 30℃搅拌反应 4h。用 TLC 监测反应（展开剂为氯仿：甲醇：乙酸＝15：1：0.05）至脱氧安息香点（$R_f \approx 0.24$）基本消失，异黄酮（**1**）点（$R_f \approx 0.37$）不变化，停止反应。加入与反应液等体积的氯化氢甲醇溶液，升温至 70℃，搅拌水解 20min。旋蒸出大部分甲醇和 DMF 后，用乙酸乙酯萃取，水洗 2 次，用无水硫酸镁干燥，过滤，滤液减压蒸干，用 75%乙醇重结晶，得到浅黄色固体 4′-甲氧基-5,7-二羟基异黄酮（**1**）4.9g，收率 86.1%，熔点 213.3～215.7℃，吸收峰波长 $\lambda = 262$nm。干燥保存，备用。

2. 4′-甲氧基-5,7-二羟基异黄酮-锌（2）的合成：在装有搅拌器、温度计、滴液漏斗的 250mL 三口瓶中，加入化合物 **1** 0.284g（1mmol）和适量乙醇，搅拌溶解，滴加入三乙胺调节 pH 至 7～8，加热至 40℃，搅拌 1h。用 2000r/min 离心机离心 5min，吸取清液。搅拌下，滴加入含 0.22g（1mmol）$Zn(OAc)_2 \cdot 2H_2O$ 的无水乙醇溶液。升温至 60℃，反应至出现固体，再继续搅拌 6h。降至室温，过滤，用乙醇洗涤数次，干燥，得到浅黄色固体 4′-甲氧基-5,7-二羟基异黄酮-锌（**2**）0.11g，收率 40.3%。EI-MS：$m/z = 631.2$ [M^-]，该配合物由 2 个配位体 [（**1**），$M = 284$] 和一个锌配位而成。

3. 4′-甲氧基-5,7-二羟基异黄酮-锰（3）的合成：方法同 **2** 的合成，金属盐改为 $Mn(OAc)_2 \cdot 2H_2O$，反应后，乙醇洗涤数次，得到棕色固体 4′-甲氧基-5,7-二羟基异黄酮-锰（**3**），收率约 42.1%。EI-MS：$m/z = 619.8$ [M^-]。

4. 4′-甲氧基-5,7-二羟基异黄酮-铜（4）的合成：方法同 **2** 的合成，滴加 0.22g（$M =$ 217.65，1mmol）$Cu(OAc)_2 \cdot 2H_2O$ 的无水乙醇溶液后，立即有固体析出，在 40℃反应 1h，过滤，滤液升温放置数天，析出深绿色沉淀，过滤，抽滤，用无水乙醇洗涤数次，干燥，得到深绿色固体粉末 **4** 0.25g，收率 80.1%。EI-MS：$m/z = 628.1$ [M^-]。

5. 4′-甲氧基-5,7-二羟基异黄酮-钴（5）的合成：方法同 **2** 的合成，金属盐改为 $Co(OAc)_2 \cdot 2H_2O$，反应后，过滤后，将透明滤液放置在空气中，几天后，得到棕色固体粉末 4′-甲氧基-5,7-二羟基异黄酮-钴（**5**），收率约 68.2%。EI-MS：$m/z = 908.4$ [M^-]。该配合物由 3 个配体 **1** 和一个钴离子（$M = 59$）配位而成。

6. 4′-甲氧基-5,7-二羟基异黄酮-镍（6）的合成：方法同 **5** 的合成，金属盐改为 $Ni(OAc)_2 \cdot 2H_2O$，反应，过滤，将透明滤液放置在空气中，几天后，得到黄色固体粉末 4′-甲氧基-5,7-二羟基异黄酮-镍（**6**），收率约 76.5%。EI-MS：$m/z = 623.4$ [M^-]。

7. 4′-甲氧基-5,7-二羟基异黄酮-硒（7）的合成：在装有搅拌器、温度计、滴液漏斗和氮气导管的 100mL 三口瓶中，加入配体 **1** 0.7g（2.5mmol）、干燥过的吡啶 15mL，搅拌溶解，在 40℃反应 1h。搅拌下，滴加 0.4mL（2.5mmol）氯氧化硒与 5mL 吡啶的溶液。在氮气保护下，升温至 60℃，反应 12h。用 TLC 监测反应（展开剂为氯仿：甲醇：乙酸＝15：1：0.05）至原料点（$R_f \approx 0.37$）基本消失，并出现新点，停止反应。冷却，加入与反应液等量的无水乙醇，析出浅黄色固体，放置过夜。过滤，用乙醇洗滤饼数次，真空干燥，得到4′-甲氧基-5,7-二羟基异黄酮-硒配合物0.37g，收率46.1%。EI-MS：$m/z=645.3$ [M^-]。

以上配合物不溶于水和乙醚等极性小的有机溶剂，溶于甲醇、乙醇、吡啶和DMSO等有机溶剂。

【参考文献】

[1] 陈翔. 4′-甲氧基-5,7-二羟基异黄酮及槲皮素金属配合物的合成及抗肿瘤活性研究[D]. 温州：温州医科大学，2009.

7,4′-二羟基-6,3′-二甲酰基异黄酮及其4-甲基苯胺类席夫碱

【基本信息】 7,4′-二羟基-6,3′-二甲酰基异黄酮英文名：7,4′-dihydroxy-6,3′-diformylisoflavone；分子式：$C_{17}H_{10}O_6$；分子量：310；黄色晶体；熔点：258～261℃；溶于THF和热氯仿，难溶于水。

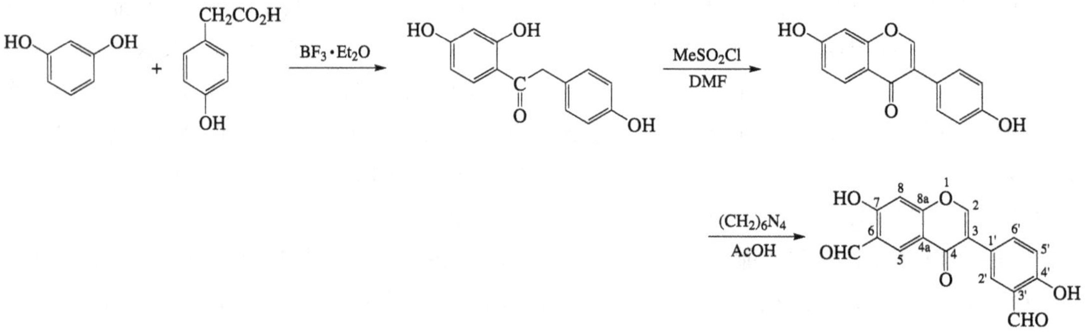

【合成方法】

1. 7,4′-二羟基异黄酮（大豆苷元）的合成： 在装有搅拌器、温度计、滴液漏斗的500mL三口瓶中，加入间苯二酚11g（0.1mol）、对羟基苯乙酸15.2g（0.1mol），混合均匀，缓慢加入三氟化硼乙醚溶液80mL，搅拌，升温至70～80℃，反应6h以上，冷却至室温。搅拌下，加入干燥的DMF 80mL，在50～60℃，滴加24mL甲磺酰氯与40mL DMF的溶液。滴毕，升温至70℃反应6h。搅拌下，将反应物倒入冰水中，生成黄色沉淀，静置，过滤，水洗，干燥，用无水乙醇重结晶2次，得到白色固体7,4′-二羟基异黄酮8.5g，收率33.2%，熔点319～322℃（文献值：320℃）。

2. 7,4′-二羟基-6,3′-二甲酰基异黄酮的合成： 在装有搅拌器、温度计、滴液漏斗的500mL三口瓶中，依次加入7,4′-二羟基异黄酮10g、六次甲基四胺54g和冰醋酸160mL，搅拌均匀，加热至100℃，反应6h。其间，不断摇动，使固体完全溶解。加入70mL浓盐酸，继续加热10min。冷却至室温，将反应液倒入600mL冰水中，放置过夜，生成黄色沉淀，过滤，水洗，干燥，得到黄色粗品。将其溶于120mL 25%氢氧化钠水溶液中，搅拌30min，滤除不溶物。

在装有搅拌器、冷凝管、滴液漏斗和尾气吸收装置的250mL三口瓶中，加入上述滤液，再加入120mL 25%亚硫酸氢钠水溶液，搅拌溶解，缓慢滴加浓盐酸，当反应液的pH为5时，有沉淀生成，继续滴加浓盐酸，直至pH为3，室温搅拌1h。抽滤，水洗，干燥，将所

得到的浅黄色固体进行柱色谱纯化，洗脱剂为氯仿：石油醚＝8：2，得到黄色粉末固体，用无水乙醇和氯仿混合溶剂重结晶，得到黄色晶体7,4′-二羟基-6,3′-二甲酰基异黄酮1.6g，收率26.2%，熔点258～261℃。$C_{17}H_{10}O_6$元素分析，实测值（计算值）(%)：C 64 (65)，H 3.35 (3.23)。

3. 7,4′-二羟基-6,3′-二甲酰基异黄酮-4-甲基苯胺类席夫碱的合成： 合成反应式如下。

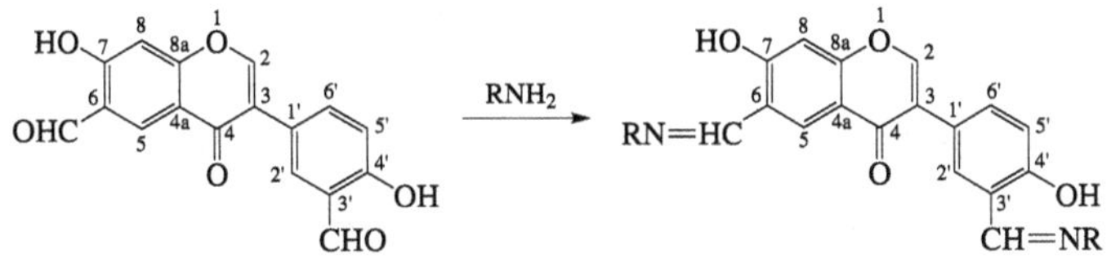

在装有搅拌器、冷凝管、滴液漏斗的100mL三口瓶中，加入7,4′-二羟基-6,3′-二甲酰基异黄酮0.3g（1mmol）、氯仿50mL和1滴冰醋酸作催化剂，搅拌，加热回流至溶解。滴加入0.235g（2.2mmol）4-甲基苯胺与50mL氯仿的溶液（不溶者可直接加入）。加毕，继续回流反应3h。蒸出部分溶剂，冷却析晶，过滤，用氯仿重结晶，得到黄色晶体7,4′-二羟基-6,3′-二甲酰基异黄酮-4-甲基苯胺类席夫碱，收率79%，熔点195～198℃，$M(C_{31}H_{24}O_4N_2)=488$，元素分析，实测值（计算值）(%)：C 75.99 (76.22)，H 4.82 (4.92)，N 5.54 (5.74)。本品微溶于乙醇和氯仿，易溶于DMSO，难溶于水。其结构式如下：

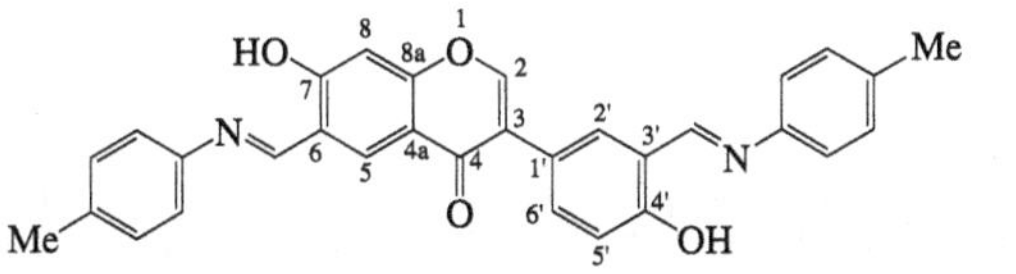

【参考文献】

[1] 刘全礼. 7,4′-二羟基-6,3′-二甲酰基异黄酮及其芳胺类希夫碱衍生物的合成与表征[D]. 呼和浩特市：内蒙古医科大学，2006.

5-甲基-7-甲氧基异黄酮

【基本信息】 英文名：5-methyl-7-methoxyisoflavone；分子式：$C_{17}H_{14}O_3$；分子量：266.29；CAS号：82517-12-2；白色结晶粉末；熔点：117～119℃；沸点：349.5℃；密度：1.23g/cm^3；难溶于水，能溶于醇和DMSO。本品是野生老鹳草提取物，是可以改善人体体重的食品添加剂，效果优于依普黄酮。

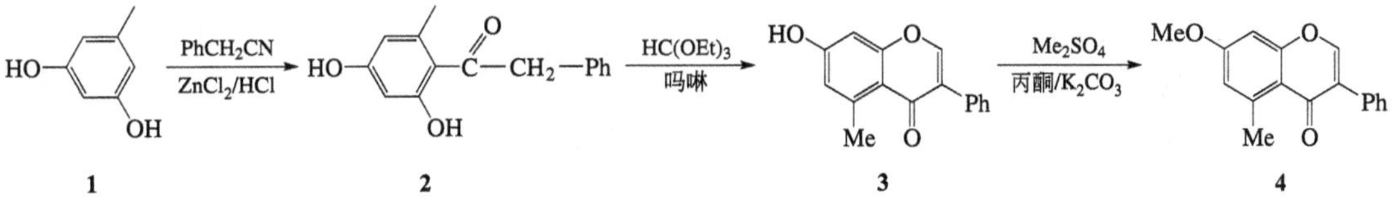

【合成方法】

1. 2,4-二羟基-6-甲基脱氧安息香（2）的合成： 在装有搅拌器、温度计、导气管的干燥的250mL四口瓶中，加入100mL无水乙醚、20g（0.15mol）新熔过的氯化锌、31g（0.25mol）3,5-二羟基甲苯、29.5g（0.25mol）苯乙腈，搅拌。冰水浴冷却至－2～0℃，通入干燥的氯化氢气体10h，静置过夜，得到黄色黏稠混合物。除去上层乙醚，加水300mL，搅拌，滴加50mL体积分数30%的盐酸，于90℃水解2h。冷却，下层油状物固化，过滤，水洗，干燥，得到黄色固体产物**2** 34.5g，收率55.3%，纯度97%，熔点136～141℃（文献值：148℃）。

2. 5-甲基-7-羟基异黄酮（3）的合成：在装有搅拌器、温度计、蒸馏装置的干燥的100mL四口瓶中，加入14mL（0.084mol）原酸三乙酯、14g（0.056mol）化合物**2**、3mL（0.01mol）吗啉、60mL DMF，搅拌溶解。加热至120℃，搅拌反应2h，并及时蒸出生成的乙醇。在80～100℃减压蒸出溶剂和多余的原酸三乙酯，冷却，加水20mL，搅拌，析出土黄色固体。过滤，水洗，用乙醇重结晶，干燥，得到浅黄色固体**3** 12.4g，收率87%，含量99.5%，熔点241～242℃（文献值：241℃）。

3. 5-甲基-7-甲氧基异黄酮（4）的合成：在装有搅拌器、温度计、蒸馏装置的干燥的100mL四口瓶中，加入75mL丙酮、10.5g（0.042mol）化合物**3**、13.3g（0.106mol）硫酸二甲酯和13g（0.1mol）碳酸钾，搅拌溶解，加热回流15h。蒸出丙酮，加水析出产物，过滤，水洗，用95%乙醇150mL×2重结晶，用活性炭脱色，干燥，得到白色针状晶体5-甲基-7-甲氧基异黄酮（4）6.3g，收率56.8%，含量99.4%，熔点118～119℃。

【参考文献】

［1］钱洪胜，陈利民，胡惟孝，等.5-甲基-7-甲氧基异黄酮的合成［J］.应用化学，2005，22（2）：224-226.

6,7,4′-三羟基异黄酮(T2)水溶性衍生物

【基本信息】 大豆异黄酮及其衍生物可明显抑制宫颈癌细胞的增殖，但其水溶性和脂溶性均较差，因此在体内难以吸收，生物利用率较低。为了改进其溶解性，在6,7,4′-三羟基异黄酮（T2）基础上，合成了水溶性好的3′-磺酸铵-4′-铵氧基-6,7-羟基异黄酮［T2-SO_3(NH_4)$_2$］。

HO HO O O OH T2 —浓硫酸→ HO HO O O SO_3H OH T2-SO_3H·$2H_2O$ —浓氨水→ HO HO O O SO_3NH_4 ONH_4 T2-$SO_3(NH_4)_2$

【合成方法】

1. 3-磺酸基-6,7,4′-三羟基异黄酮（T2-SO_3H·$2H_2O$）的合成：在装有搅拌器、温度计的100mL三口瓶中，加入5g（T2）和25mL浓硫酸，超声振荡溶解后，在25℃，反应12h。TLC监测反应结束。将反应液滴加到0℃冰水中，控温搅拌30min，抽滤。滤饼与50mL乙腈混合，搅拌洗涤，抽干，干燥，得到（T2-SO_3H·$2H_2O$）7.1g，收率96%，熔点＞300℃。ESI-MS：$m/z=349$［M－1］$^-$。

2. 3′-磺酸铵-4′-铵氧基-6,7-羟基异黄酮［T2-$SO_3(NH_4)_2$］的合成：在装有搅拌器、温度计的100mL三口瓶中，加入5g（T2-SO_3H·$2H_2O$）和30mL浓氨水，避光，强烈搅拌24h。加入50mL丙酮，过滤，用丙酮洗涤滤饼至中性，真空干燥，得到3′-磺酸铵-4′-铵氧基-6,7-羟基异黄酮［T2-$SO_3(NH_4)_2$］3.8g，收率75%，ESI-MS：$m/z=349$［M－

$2NH_4]^+$。元素分析（%）：C 45.8，H 4.41，N 7.33。

水溶性比较

化合物	质量/g	最少溶剂量/mL	溶解度	溶解性	溶液 pH
T2	2	2000.0	<0.1	不溶	6～7
T2-$SO_3H\cdot 2H_2O$	2	4.0	50	溶解	2～4
T2-$SO_3(NH_4)_2$	2	0.2,橙色清液	1000	易溶	7～8

【参考文献】

[1] 袁少隆，李蓉．6,7,4′-三羟基异黄酮（T2）水溶性衍生物的合成及其对宫颈癌细胞抑制作用的研究 [J]．重庆医学，2017，46（1）：33-35，39.

6,7,4′-三羟基异黄酮及其过渡金属配合物

【基本信息】 6,7,4′-三羟基异黄酮英文名：6,7,4′-trihydroxyisoflavone；CAS 号：17817-31-1；分子式：$C_{15}H_{10}O_5$；分子量：270.24；不溶于水、极性小的乙醚等，溶于甲醇和 DMSO；λ_{max}＝261nm，配合物吸收峰红移。黄酮结构具有高的超离域度、完整的大 π 键共轭体系、强配位氧原子和合适的空间构型，可与金属离子螯合成配合物。这类配合物具有较强的抗炎、抗肿瘤活性。

【合成方法】

1. 6,7,4′-三羟基异黄酮（1）的合成： 合成反应式如下。

HO, OH, OH + CH_2CO_2H, OH —BF_3Et_2O→ HO, OH, OH, O, OH —BF_3Et_2O/DMF, $MeSO_2Cl$→ OH, HO, 7, 8, 1, O, 2, 3, 6, 5, 4, O, 2′, 3′, 1′, 4′, 6′, 5′, OH

在装有搅拌器、温度计、滴液漏斗和氮气导管的 100mL 三口瓶中，在氮气保护下加入 2.84g（0.02mol）对羟基苯乙酸、2.25g（0.02mol）邻苯三酚和 20mL 新蒸的 BF_3Et_2O 溶液，减压蒸馏，收集 90℃/－0.09MPa 馏分，加热至 80℃，反应 3h。TLC 监测反应至脱氧安息香点（R_f≈0.17，展开剂：乙酸乙酯∶石油醚＝1∶2）不再变化。冷却至 10℃，滴加 30mL 干燥过的 DMF，形成混合液Ⅰ。在另一装有搅拌器、温度计、滴液漏斗的 100mL 三口瓶中，加入 54mL DMF，冷却至 10℃，滴加入 14mL $MeSO_2Cl$。滴毕，加热至 55℃，搅拌 30min，形成混合液Ⅱ。室温下，将Ⅱ滴加入Ⅰ中，在 30℃反应 4h。TLC 监测反应至脱氧安息香点基本消失，异黄酮（**1**）点（R_f≈0.08）不再变化。加入等量的氯化氢甲醇溶液，在 70℃恒温 20min。旋蒸出大部分溶剂甲醇和 DMF 后，搅拌下将反应液倒入 200mL 冰水中，静置过夜，析出大量棕黄色沉淀，抽滤，干燥，得到粗产品 2.4g，收率 46.3%，用 75%乙醇重结晶，得到白色纯品 6,7,4′-三羟基异黄酮（**1**），熔点 280～282℃。EI-MS：m/z＝286.8 [M^-]。干燥保存。

2. 6,7,4′-三羟基异黄酮-硒（2）的合成： 在装有搅拌器、温度计、滴液漏斗和氮气导管的 100mL 三口瓶中，加入 **1** 0.9g（3.3mmol）和干燥的吡啶 20mL，搅拌溶解，滴加

0.5mL（3.3mmol）氯氧化硒（$SeOCl_2$）与5mL干燥吡啶的溶液。滴毕，氮气保护下加热至80℃，反应6h，TLC（展开剂：乙酸乙酯：石油醚=1：2）监测反应至**1**点消失（R_f≈0.08），析出浅棕色固体。过滤，用乙醇反复洗涤滤饼，再用蒸馏水洗去无机硒，真空冷冻干燥，得到棕黄色6,7,4′-三羟基异黄酮-硒（**2**）0.51g，收率44.44%，熔点160～161℃（分解）。EI-MS：m/z=363.7［M^+］。

3. 6,7,4′-三羟基异黄酮-锌（3）的合成：在装有搅拌器、温度计、滴液漏斗和氮气导管的100mL三口瓶中，加入配体**1** 0.27g（1mmol）和适量的无水乙醇，搅拌溶解，滴加三乙胺，调节pH至7～8。滴毕，在氮气保护下升温至60℃，反应至**1**完全溶解。搅拌下，滴加0.22g（1mmol）$Zn(AcO)_2 \cdot 2H_2O$与无水乙醇的溶液，在氮气保护下升温至60℃，反应至出现沉淀，再继续反应6h。过滤，用乙醇洗涤滤饼数次，干燥，得到黄色固体0.16g，收率53.2%，熔点>300℃。EI-MS：m/z=601.0［M^-］。

4. 6,7,4′-三羟基异黄酮-铜（4）的合成：在装有搅拌器、温度计、滴液漏斗和氮气导管的100mL三口瓶中，加入配体**1** 0.27g（1mmol）和适量的无水乙醇，搅拌溶解，滴加三乙胺，调节pH至7～8。滴毕，在氮气保护下升温至60℃，反应至**1**完全溶解。搅拌下，滴加0.168g（1mmol）$CuCl_2 \cdot 2H_2O$与无水乙醇的溶液，在氮气保护下升温至60℃，反应至出现沉淀，再继续反应4h。过滤，弃去滤饼，滤液在室温放置数天，析出棕绿色沉淀，抽滤，用乙醇洗涤滤饼数次，干燥，得到粉末状棕绿色固体**4** 0.19g，收率63.3%，熔点>300℃。EI-MS：m/z=600.1［M^-］。

5. 6,7,4′-三羟基异黄酮-锰（5）的合成：合成方法同化合物**3**，把$Zn(AcO)_2 \cdot 2H_2O$换成等物质的量的$Mn(AcO)_2 \cdot 2H_2O$，反应结束，滤出棕褐色固体，用乙醇洗涤滤饼数次，干燥，得到棕褐色固体**5** 0.16g，收率54.1%，熔点>300℃。EI-MS：m/z=591.1［M^-］。

6. 6,7,4′-三羟基异黄酮-镍（6）的合成：合成方法同化合物**4**，将$CuCl_2 \cdot 2H_2O$换成等物质的量的$NiCl_2 \cdot 6H_2O$，反应结束，过滤，弃去滤饼，所得黄色透明溶液静置在空气中数天后，得到棕色沉淀，过滤，干燥，得到棕色粉末**6** 0.16g，收率约53.8%，熔点>300℃。EI-MS：m/z=595.3［M^-］。

7. 6,7,4′-三羟基异黄酮-钴（7）的合成：合成方法同化合物**4**，将$CuCl_2 \cdot 2H_2O$换成等物质的量的$CoCl_2 \cdot 2H_2O$，反应结束，过滤，弃去滤饼，所得棕色透明溶液静置在空气中，得到棕色沉淀，过滤，干燥，得到棕色粉末**7** 0.15g，收率约53.8%，熔点>300℃。EI-MS：m/z=594.1［M^-］。

备注：配体**1**与金属形成的配合物，抗肿瘤活性有一定程度的提高。

【参考文献】

［1］唐丽君. 7,8,4′-三羟基异黄酮与过渡金属的合成及抗菌、抗炎、抗肿瘤活性，与DNA作用研究［D］. 温州：温州医科大学，2010.

1-氯蒽醌

【基本信息】 英文名：1-chloroanthraquinone；CAS号：82-44-0；分子式：$C_{14}H_7ClO_2$；分子量：242.5；浅黄色针状结晶；熔点：162℃；易升华。不溶于水，可溶于乙酸、硝基苯、浓硫酸、戊醇和热苯等。主要用于染料和有机合成等领域。合成反应式如下：

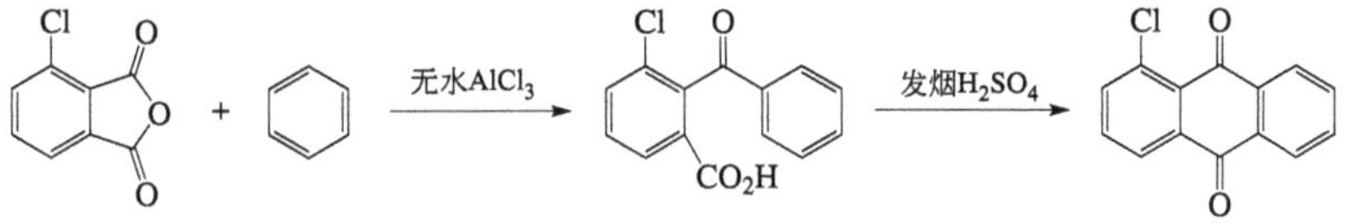

【合成方法】

1. 2-苯甲酰基-3-氯苯甲酸的合成：在装有搅拌器、温度计、回流冷凝管的250mL四口瓶中，加入无水三氯化铝60.7g（0.45mol）和苯160mL，搅拌下，升温至45℃，缓慢加入98%的3-氯苯酐27.85g（0.1526mol），溶液呈橙黄色，回流反应1.5h。反应完毕，冷却至室温，搅拌下将反应液倒入冰水中，析出白色固体。抽滤，洗涤，干燥，得到白色固体2-苯甲酰基-3-氯苯甲酸38.04g（M=260.5，0.146mol），收率95.7%，纯度95.16%。

精制：将2-苯甲酰基-3-氯苯甲酸溶于乙酸乙酯，表面用氯苯封闭，随着乙酸乙酯的挥发，溶液逐渐析出结晶。析晶完毕，过滤，干燥，得到2-苯甲酰基-3-氯苯甲酸，纯度98.3%，熔程226.1～232.6℃（文献值：224～228℃）。MS：m/z=259.59 $[M-H]^+$。

2. 1-氯蒽醌的合成：在装有搅拌器、温度计、回流冷凝管的50mL四口瓶中，加入20mL 20%发烟硫酸，搅拌下加入40g纯度为93.45%的2-苯甲酰基-3-氯苯甲酸（纯品37.38g，0.1435mol），升温至120℃，搅拌反应2h。冷却至室温，将反应液倒入800mL冰水中，抽滤，洗涤，干燥，得到1-氯蒽醌粗品33.4g，收率95.3%。将其溶于热苯中，冷却，析出结晶，过滤，干燥，得到浅黄色针尖形结晶1-氯蒽醌33.4g（0.138mol），收率96.2%，纯度99.1%。差热扫描量热法（DSC）显示，熔程163.7～167.6℃（文献熔点：162℃）。MS：m/z=240.88 $[M-H]^+$。

【参考文献】

[1] 江苏娜. 1-氯蒽醌合成研究［D］. 扬州：扬州大学，2011.

第七章
羧酸及其衍生物

2-氨基-6-氯苯甲酸

【基本信息】 英文名：2-amino-6-chlorobenzoic acid；CAS：2148-56-3；分子式：$C_7H_6ClNO_2$；分子量：171.58；浅黄色结晶粉末；熔点：158～160℃；沸点：250℃；密度：1.325g/cm^3；酸度系数 pK_a：0.97；易溶于水，可溶于甲醇。是合成治疗多发性硬化症拉喹莫德的中间体。合成反应式如下：

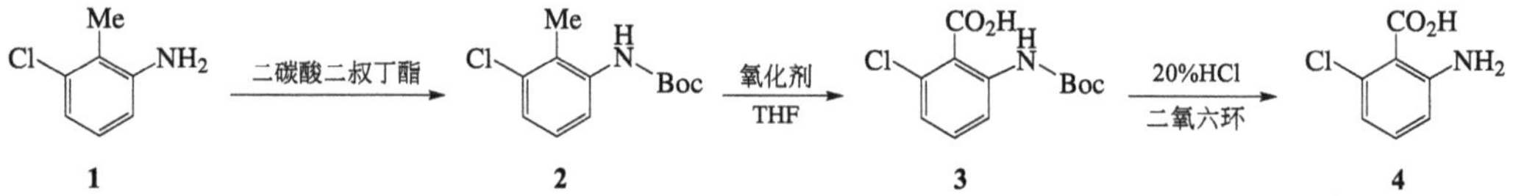

【合成方法】

1. 氧化剂的制备： 将三氯化铁 5.2g（M=162，0.032mol）、新制的二氧化锰 27.82g（M=86.94，0.32mol）、重铬酸钾 169g（M=294.2，0.574mol）以摩尔比 1∶10∶18 的比例混匀，在氩气保护下，在真空干燥箱中，于 180℃活化 1h，得到三氯化铁/二氧化锰/重铬酸钾氧化剂 202g。

2. 化合物 1 的合成： 将 3-氯-2-甲基苯胺 14.15g（M=141.5，0.1mol）、二碳酸二叔丁酯 30.52g（M=218，0.14mol）和 72.5mL 氟苯搅拌均匀，升温至 50℃，搅拌反应 2h，得到化合物 **1**。

3. 2-氨基-6-氯苯甲酸的合成： 将氧化剂 202g、水 17g、THF 84.9mL 混合均匀，通入氩气，反应压力 709.275Pa，升温至 155℃进行反应，得到化合物 **2**。将化合物 **1** 滴加到化合物 **2** 中，滴加时间为 7min。滴毕，控制温度在 175℃，反应压力 101.325Pa，进行反应 8h。冷却，得到化合物 **3**。加入 20％盐酸 36.6mL（4.15g，0.22mol）和二氧六环 109.8mL

的混合物，控制反应温度在90℃，常压反应1h，冷却，得到化合物**4**。加入氯仿27.45mL，搅拌，静置，分出有机相，水洗，干燥，旋蒸出溶剂，得到产物，收率99.5%，纯度99.2%。

【参考文献】

[1] 谭回，李维平. 拉喹莫德中间体2-氨基-6-氯苯甲酸的合成方法：CN110092727A [P]. 2019-08-16.

2-氨基-3-三氟甲基苯甲酸

【基本信息】 英文名：2-amino-3-(trifluoromethyl) benzoic acid；CAS号：313-12-2；分子式：$C_8H_6NO_2F_3$；分子量：205；熔点：157～160℃；沸点：299.8℃/101.325kPa；闪点：135.1℃；蒸气压：0.069Pa/25℃；密度：1.41g/cm^3。用于合成抗微生物剂苯并异噻唑酮和二硫基二（苯酰胺类）的中间体。本品刺激眼睛、呼吸系统和皮肤，操作时注意防护。合成反应式如下：

$$\mathbf{1}\xrightarrow[NH_2OH\cdot HCl]{Cl_3CCHO\cdot H_2O}\mathbf{2}\xrightarrow{H_2SO_4}\mathbf{3}\xrightarrow{H_2O_2}\mathbf{4}$$

【合成方法】

1. 化合物2的合成： 在装有搅拌器、温度计的1L三口瓶中，加入10mL（0.08mol）邻三氟甲基苯胺、15.2mL 36.5%浓盐酸（0.18mol）以及74g（0.52mol）无水硫酸钠、15.9g（0.096mol）水合三氯乙醛与250mL水的溶液，随后加入18.4g（0.26mol）盐酸羟胺与70mL水的溶液，逐渐升温至54℃，保持10min后升温至100℃，保持2min。搅拌冷却，分出水层，得到红棕色晶体。

2. 化合物3的合成： 在装有搅拌器、温度计的100mL三口瓶中，加入50mL浓硫酸，搅拌，分批加入化合物**2**，加热至80℃，保温20min。冷却，将反应液倒入400mL碎冰中，析出棕黄色固体，过滤，干燥，得到化合物**3** 14.6g，以化合物**1**计，收率84.88%。

3. 化合物4的合成： 在装有搅拌器、温度计和滴液漏斗的100mL三口瓶中，加入化合物**3** 32g（0.0093mol）、40mL（0.05mol）5%氢氧化钠水溶液，搅拌，冷却，滴加30%过氧化氢水溶液。滴毕，反应10min，升温至50℃，保温1h。过滤，滤液用浓硫酸酸化至pH为4，析出黄色沉淀，过滤，干燥，得到浅黄色固体产物2-氨基-3-三氟甲基苯甲酸（**4**）1.2g，收率63.2%，熔点148～150℃。

【参考文献】

[1] 李雯，尤启冬. 2-氨基-3-三氟甲基苯甲酸的合成 [J]. 郑州大学学报（工学版），2004，25（3）：29-32.

3-溴-5-氯苯甲酸

【基本信息】 英文名：3-bromo-5-chlorobenzoic acid；CAS号：42860-02-6；分子式：

$C_7H_4BrClO_2$；分子量：235.46；白色晶体；熔点：190～192℃；沸点：332℃/101.325Pa；闪点：154.6℃；密度：1.809g/cm^3。用于磷酸二酯酶4（PDE4）和毒草碱样乙酰胆碱受体（mAChRs）抑制剂的合成，也用于合成治疗Ⅱ型糖尿病的药物。合成反应式如下：

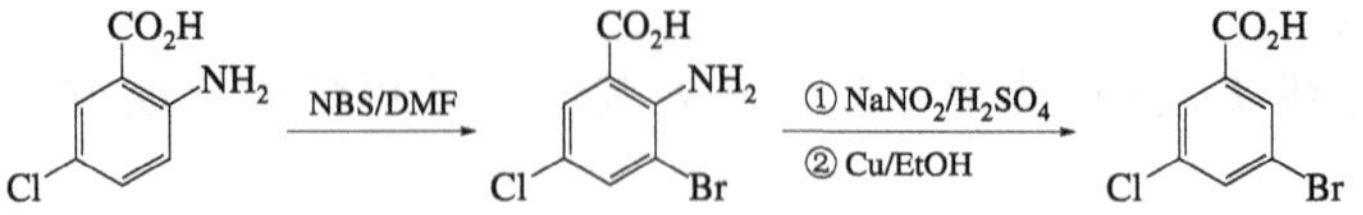

【合成方法】

1. 2-氨基-3-溴-5-氯苯甲酸的合成： 在装有搅拌器、温度计、滴液漏斗和回流冷凝管的250mL四口瓶中分别加入8.6g（0.05mol）2-氨基-5-氯苯甲酸和15mL DMF，加热搅拌溶解，在45℃分批加入8.9g（0.05mol）*N*-溴代琥珀酰亚胺（NBS），加毕，继续在45℃搅拌反应1h。搅拌下，将反应液倒入冷水中，析出粉红色固体，过滤，用水10mL×2洗涤滤饼，干燥，得到粗品13.5g。用无水乙醇重结晶，干燥，得到白色晶体9.8g，收率77.8%，含量99.5%，熔点225.6～227.8℃（文献值：225～228℃）。

2. 3-溴-5-氯苯甲酸的合成： 在装有搅拌器、温度计、滴液漏斗和回流冷凝管的250mL四口瓶中，依次加入2-氨基-3-溴-5-氯苯甲酸11.2g、98%浓硫酸12mL（0.045mol），搅拌溶解，在5℃下缓慢滴加30%亚硝酸钠（*M*=69，3.73g，0.054mol）水溶液12.4g，滴毕，保温反应30min。在另一装有搅拌器、温度计和回流冷凝管的250mL四口瓶中，加入2.4g（0.04mol）铜粉和50mL乙醇，加热回流，搅拌下滴加上述备用反应液，30min滴完，继续回流1h。稍冷后，将反应装置改为蒸馏装置，蒸出大部分乙醇，冷却后倒入冰水中，析出黄色固体9.8g。用无水乙醇重结晶，得到白色晶体3-溴-5-氯苯甲酸7.2g，收率%，含量99.6%，熔点190～192℃（文献值：198～190℃）。总收率41.7%。

【参考文献】

[1] 陈群. 3-溴-5-氯苯甲酸的合成[J]. 精细石油化工，2017，34（6）：26-29.

5-溴-2-氯苯甲酸

【基本信息】 英文名：5-bromo-2-chlorobenzoic acid；CAS号：21739-92-4；分子式：$C_7H_3BrClO_2$；分子量：234.455；白色结晶粉末；熔点：158～160℃。本品是合成抗糖尿病药物达格列净、艾格列净及其它抗病毒药物和肾素抑制剂的重要原料。刺激眼睛、呼吸系统和皮肤，操作时应注意防护，不慎与眼睛接触，立即用大量清水冲洗，并看医生。合成反应式如下：

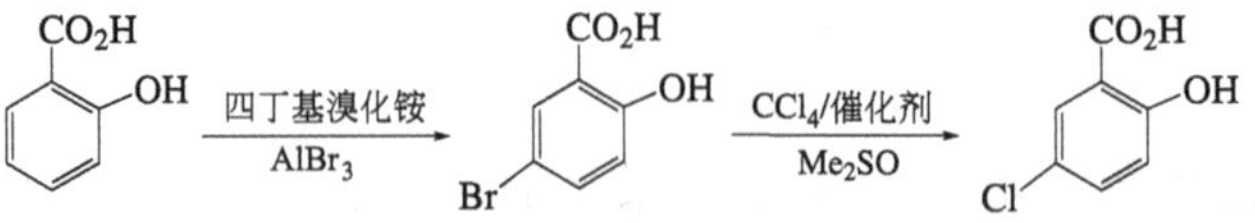

【合成方法】

1. 2-羟基-5-溴苯甲酸的合成： 在装有搅拌器、温度计和氧气导管的5L四口瓶中，依次加入12.2g（0.1mol）偏钒酸钠、26.7g（0.1mol）三溴化铝和338g（1.05mol）四丁基溴化铵，充入氧气，再加入138g（1.0mol）水杨酸、2L 1,4-二氧六环和1.8g水，加热至80℃，搅拌反应8min。反应过程适当补充氧气，HPLC监测反应结束，2-羟基-5-溴苯甲酸和 2-羟基-3-溴苯甲酸比例约为 24∶1。冷却至室温，加入 1mol/L 盐酸，搅拌，用乙酸乙酯 1L×2 萃取，分出有机相，依次用水和饱和食盐水洗涤，减压蒸出溶剂，加入体积比为 1∶5 的乙醇和四氢呋喃混合溶液，加热至 70℃，搅拌溶解。缓慢冷却至室温，搅拌析晶，过滤，干燥，得到白色固体 2-羟基-5-溴苯甲酸 202g，收率 93.1%，纯度 99.3%。

2. 5-溴-2-氯苯甲酸的合成：在 1L 压力釜中，加入 2.64g（0.01mol）六羰基钼、217g（1.0mol）2-羟基-5-溴苯甲酸、185g（1.2mol）四氯化碳和 250mL 二甲基亚砜，加热至 150℃，搅拌反应 6h。HPLC 监测反应结束，减压蒸出溶剂，加入 250mL 乙腈，升温至 70℃，搅拌溶解。加入中性氧化铝，进行热过滤。滤液冷却至室温，析出黄色固体。过滤，滤饼加入体积比为 1∶3 的乙醇-水混合溶剂 564mL，加热搅拌溶解。缓慢冷却至 60℃，析出少量结晶后，冷却至 50℃，保温 1h，再冷却至 28℃，搅拌 3h。过滤，用冷水洗涤 2 次，得到白色固体 217g，收率 92.1%，纯度 99.9%。

【参考文献】

[1] 胡国宜，胡锦平，俞梦龙，等. 5-溴-2-氯苯甲酸的合成方法：CN108250060A [P]. 2018-07-06.

4-氯-2,5-二氟苯甲酸

【基本信息】 英文名：4-chloro-2,5-difluorobenzoic acid；分子式：$C_7H_3ClF_2O_2$；分子量：192.5；白色固体；熔点：156.3～157.6℃。本品是一种医药中间体，可用于合成促进胰岛素分泌、抑制血液中血糖浓度升高的药物，也用于蛋白质激酶抑制剂的中间体和异噻唑衍生物，后者是抗癌药的中间体。合成反应式如下：

F, F, NH_2 —$NaNO_2$/HCl, Cu/HCl→ F, F, Cl —Br_2/I_2, $FeCl_3$→ Br, F, F, Cl —Mg/CO_2, THF→ —HCl→ COOH, F, F, Cl

【合成方法】

1. 2-氯-1,4-二氟苯的合成：在装有搅拌器、温度计、滴液漏斗和回流冷凝管的 2L 四口瓶中，加入 129g（1.0mol）2,5-二氟苯胺、400mL 盐酸和 1L 水，升温至 80～90℃，搅拌 1h 成盐后，降温至 0～5℃。滴加 72g（1.04mol）亚硝酸钠和 100mL 水的溶液，滴速控制在不产生大量棕红色二氧化氮气体为宜。滴毕，保温反应 0.5h，滤除少量固体杂质，低温保存。

在装有搅拌器、温度计、滴液漏斗和回流冷凝管的 5L 四口瓶中，加入浓盐酸 520mL，搅拌下加入铜粉 38.1g（0.6mol），升温至 70～90℃，滴加入上述制备的重氮盐，滴毕，在 80℃反应 1.5h。降温至 50℃左右，分层后倒出上层水溶液。另加水 1L，进行水蒸气蒸馏，所得油状粗产品，用无水硫酸镁干燥。分馏，收集 125～130℃馏分，得到无色透明液体 2-氯-1,4-二氟苯 81.3g，收率 54.7%，纯度 99.23%。MS：$m/z=148$ [M^+]，$M(C_6H_3ClF_2)=148.5$。

2. 2,5-二氟-4-氯溴苯的合成（Sandmeyer 反应）：在装有搅拌器、温度计、滴液漏斗的 2L 四口瓶中，加入 2-氯-1,4-二氟苯 148.5g（1mol）、无水三氯化铁 4g 和碘 1g，搅拌，升温至 50℃，加入少量经浓硫酸干燥的溴，如有 HBr 气放出，说明反应被引发。控温 30℃左右，滴加溴素 186g（1.163mol），滴毕，保温反应 5h。GC 分析表明，此时原料剩 1%，二溴物 1%～2%，2,5-二氟-4-氯溴苯含量约 95%。降至室温，依次用水 500mL×3、饱和亚硫酸氢钠水溶液 250mL×3 洗去过量溴，用无水硫酸镁干燥。减压蒸馏，收集 28～32℃/10kPa 馏分，冷却，得到无色针状晶体 2,5-二氟-4-氯溴苯 185.7g，收率 81.6%，纯度 99.1%，熔点 52.1～53.8℃。MS：$m/z=228$ [M^+]。

3. 4-氯-2,5-二氟-苯甲酸的合成： 在装有搅拌器、温度计、滴液漏斗和干燥管的 2L 四口瓶中，加入 THF 400mL，强搅拌下，加入 2,5-二氟-4-氯溴苯 11.5g（0.05mol）、镁屑 24.5g（1.05mol）和碘 2g，电吹风加入引发成功后，在 25～30℃滴加 2,5-二氟-4-氯溴苯 216.5g（0.95mol）和 600mL THF 的溶液。滴毕，保温反应 2h。用冰盐水浴降温至 0℃以下，缓慢通入二氧化碳气体，剧烈放热。当温度不再上升时，换成冰水浴，在 10℃以下，继续通入二氧化碳气体 0.5h。在此温度下，用 10%盐酸调节 pH 至低于 1，静置分层。分出有机相，水相用甲苯 50mL×3 萃取，合并有机相，减压蒸出大部分溶剂。用 5%氢氧化钠水溶液溶解剩余固体。用甲苯 70mL×3 萃取，除去有机杂质。用 10%盐酸调节 pH 至低于 1，析出固体，抽滤，水洗，烘干，得到白色固体 4-氯-2,5-二氟-苯甲酸 133.7g，收率 69.1%，纯度 99.16%，熔点 156.3～157.6℃。MS：$m/z=192$ [M^+]。

【参考文献】

[1] 赵昊昱. 4-氯-2,5-二氟苯甲酸的合成 [J]. 化学世界，2011，52（1）：30-32，45.

2,3-二氯苯甲酸

【基本信息】 英文名：2,3-dichlorobenzoic acid；CAS 号：50-45-3；分子式：$C_7H_4Cl_2O_2$；分子量：191；白色结晶；熔点：168.3℃。是合成抗癫痫药拉莫三嗪的中间体，密封、避光、干燥保存。合成反应式如下：

2,3-二氯苯胺 $\xrightarrow{NaNO_2/HCl}$ 重氮盐（N_2^+） $\xrightarrow[CuSO_2]{CH_2=NOH}$ 2,3-二氯苯甲醛肟（CH=NOH） $\xrightarrow{HCl}$ 2,3-二氯苯甲醛（CHO） $\xrightarrow{KMnO_4}$ 2,3-二氯苯甲酸（COOH）

【合成方法】

1. 2,3-二氯苯甲醛的合成： 在装有搅拌器、温度计和回流冷凝管的 500mL 三口瓶中，加入 2,3-二氯苯胺 16.2g（0.1mol）、60mL 水和 30mL 浓盐酸，生成白色固体，搅拌加热溶解，生成橙色透明溶液。用冰盐水浴冷至 0～5℃，析出粉红色沉淀。控制温度为 0～5℃，滴加含有 7g 亚硝酸钠和 10mL 水的溶液，滴毕，继续搅拌 15min。加入 9.8g 水合醋酸钠和 16mL 水的溶液，至溶液呈中性，冷却待用。另在装有搅拌器、温度计和回流冷凝管的 1L 三口瓶中，加入 4.6g 多聚甲醛、10.5g 盐酸羟胺和 68mL 水，搅拌加热至固体全部溶解。加入 20.4g 水合醋酸钠，回流 15min，制得 2,3-二氯苯甲醛肟溶液。加入 2.6g 硫酸铜水合物、0.4g 亚硫酸钠、32g 水合醋酸钠、12.5g 碳酸钠和 72mL 水的溶液。快速搅拌，在 10～15℃下滴加上述重氮盐溶液。继续搅拌 1h，加入 92mL 浓盐酸，回流 2h。水蒸气蒸馏，收集馏出液约 800mL。冷却后过滤，得到淡黄色 2,3-二氯苯甲醛粗品。在装有搅拌器、温度计和回流冷凝管的 100mL 三口瓶中，加入 36mL 40%亚硫酸氢钠水溶液，搅拌加热至 60℃。滴加 2,3-二氯苯甲醛粗品和四氢呋喃的溶液，其间有白色固体生成。滴毕，搅拌

0.5h，关闭冷凝水，继续搅拌1h。放置过夜，析出大量白色固体，抽滤，用无水乙醚洗涤滤饼，将固体放入250mL三口瓶中，加入100mL水和16mL浓硫酸，搅拌加热回流2h，水蒸气蒸馏，得到白色晶体2,3-二氯苯甲醛7.9g（45.14mmol），收率45.6%，熔点66.4～67.2℃，含量>99%。

备注：2,3-二氯苯甲醛（CAS号：6334-18-5），$M(C_7H_4Cl_2O)=175$，熔点60～64℃。

2. 2,3-二氯苯甲酸的合成： 在装有搅拌器、温度计、滴液漏斗和回流冷凝管的100mL四口瓶中，加入2,3-二氯苯甲醛8.7g（0.05mol）和100mL水，搅拌加热至70～80℃，在20min内滴加11.3g高锰酸钾和225mL水的溶液。滴毕，加热搅拌1h，加入10%氢氧化钾水溶液，至反应液pH为11～12。过滤，用热水洗涤滤饼，合并滤液和洗液，冷却，过滤，用盐酸酸化滤液，至无固体析出，抽滤，得到2,3-二氯苯甲酸粗品。将该粗品溶于150mL5%氢氧化钠水溶液，加入1g活性炭，煮沸10min，热过滤。用浓盐酸酸化滤液至pH为2，析出白色固体，冷却后过滤，干燥，得到白色产品2,3-二氯苯甲酸9g，收率94.2%，熔点167.9～168.8℃。

【参考文献】

[1] 廖齐，邓洪. 2,3-二氯苯甲酸的合成研究 [J]. 精细化工中间体，2006，36（4）：18-20.

氟代苯甲酸

【基本信息】

（1）邻氟苯甲酸　英文名：2-fluorobenzoic acid；CAS号：445-29-4；熔点：122～125℃。

（2）间氟苯甲酸　英文名：3-fluorobenzoic acid；CAS：455-38-9；熔点：122～124℃。

（3）对氟苯甲酸　英文名：4-fluorobenzoic acid；CAS号：456-22-4；熔点：184℃。

三者分子式均为$C_7H_4FO_2$，分子量均为139。广泛应用于医药、农药、染料、液晶等的合成。

F-C₆H₄-Cl + CO_2 + $2e^-$ —电解法→ F-C₆H₄-COOH + Cl^-

【合成方法】

1. 实验室合成（小试）： 插入阳极镁棒（$\phi=1.5$）和圆筒形镀锌不锈钢阴极（有效面积54cm^2），两级间距0.3cm。将50mL DMF、2.6mL邻氟氯苯和0.5g四丁基溴化铵加入到电解槽中，搅拌溶解。控制温度约5℃，通入二氧化碳20min后，通过YJ32-2型晶体管直流稳压器通电电解，保持电流恒定在1.08A（电流密度2A/dm^2），电解1.3h。将电解液转入250mL蒸馏瓶中，减压蒸干，得到棕黑色固体。加入6mol/L盐酸50mL，搅拌使固体全溶。用乙醚30mL×3萃取，合并有机相，干燥，蒸出乙醚，所得棕黄色粗品用乙醇-水重结晶，得到白色结晶邻氟苯甲酸。以间氟氯苯和对氟氯苯为原料，分别得到间氟苯甲酸和对氟苯甲酸。

2. 放大实验： 在放大实验中，为了减小体积，增大电极面积，改用阴阳电极交错式平板电极。极板面积为6.25dm^2，（2.5dm×2.5dm），总有效阴极面积25dm^2。在保证电流密度不变的同时，提高了反应效率，缩短了反应时间。

将DMF 1L、邻氟氯苯790mL和四丁基溴化铵150g加入到电解槽中，通入CO_2，控制内温 5℃，调节电压和质量补加电解质，控制电流 50A 左右（电流密度 2A/dm^2），电解 8h。后处理同小试。小试和放大实验数据见下表：

产物名称	外观	熔点/℃	小试收率/%	放大收率/%
邻氟苯甲酸	白色固体	123～124	80	78
间氟苯甲酸	白色固体	123	75	76
对氟苯甲酸	白色固体	184～185	82	83

【参考文献】

[1] 毛震，于成广，张金军，等. 电化学法一步合成邻、间、对氟苯甲酸 [J]. 精细化工，2007，24 (6)：584-586，591.

2,3-二氟苯甲酸

【基本信息】 英文名：difluorobenzoic acid；CAS 号：4519-39-5；分子式：$C_7H_4F_2O_2$；分子量：158；白色晶体粉末；熔点：164℃。本品是一种医药、农药、液晶材料中间体。合成反应式如下：

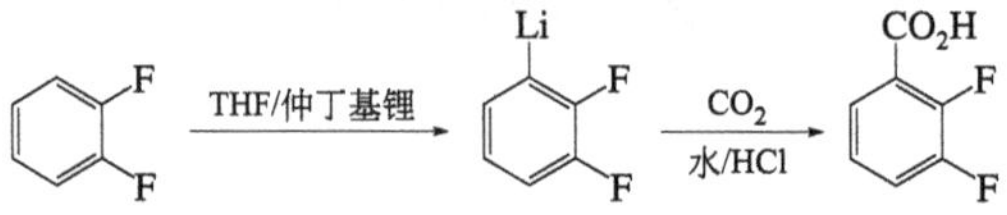

【合成方法】

在装有搅拌器、温度计、滴液漏斗和导气管的三口瓶中，在氮气保护下，将四氢呋喃和仲丁基锂按质量比 4∶1 加入到反应器中，温度控制在−75～−70℃，滴加入邻二氟苯，邻二氟苯与仲丁基锂摩尔比为 1.2∶1，1h 滴完，在−75～−70℃搅拌反应 4h，得到含 2,3-二氟苯苯锂的反应液。控温在−65～−60℃，向反应液通入 CO_2，通入 CO_2 量与锂试剂的摩比为 1.5∶1，保温反应 4h。加水水解，水的加入量与锂试剂的物质的量之比为 1.5∶1，水解温度为 15～20℃。蒸馏回收溶剂后，在 20～22℃用 10%盐酸酸化，盐酸量与锂试剂的摩尔比为 2∶1，保温反应 3h。降温至 0℃，抽滤，所得晶体用 pH 为 4 的缓冲溶液洗涤，再用水洗，干燥，得到 2,3-二氟苯苯甲酸，收率 90%，纯度 99.8%。

备注：① 2,3-二氟苯甲酸与氯化亚砜反应，得到 2,3-二氟苯甲酰氯，沸点：85～87℃。

② 2,3-二氟苯甲酰氯与甲醇在苯中反应，得到 2,3-二氟苯甲酸甲酯，沸点：94℃/1.87kPa。

③ 2,3-二氟苯甲酰氯与浓氨水反应，用苯结晶，得到 2,3-二氟苯甲酰胺，熔点 110～111℃。

【参考文献】

[1] 白世康，周维江，段军，等. 一种 2,3-二氟苯甲酸的制备方法：CN108658759A [P]. 2018-10-16.

2,4-二氟苯甲酸

【基本信息】 英文名：2,4-difluorobenzoic acid；CAS 号：1583-58-0；分子式：

$C_7H_4F_2O_2$；分子量：158；白色结晶；熔点：158℃。是合成抗真菌药伏立康唑（Voriconazole）和4-氟水杨酸的中间体。合成反应式如下：

$$\text{PhMe} \xrightarrow[H_2SO_4]{HNO_3} \text{2,4-}(O_2N)_2C_6H_3Me \xrightarrow[EtOH]{Fe/HCl} \text{2,4-}(H_2N)_2C_6H_3Me \xrightarrow[\text{② 加热}]{\text{① }NaNO_2/HBF_4} \text{2,4-}F_2C_6H_3Me \xrightarrow[H_2O/PTC]{KMnO_4} \text{2,4-}F_2C_6H_3CO_2H$$

【合成方法】

1. 2,4-二硝基甲苯的合成： 在装有搅拌器、温度计、滴液漏斗和回流冷凝管的500mL三口瓶中，加入11mL（0.1mol）甲苯，控制温度45℃，滴加由浓硝酸23mL（0.33mol）和浓硫酸24mL（0.43mol）配制成的混酸。滴毕，加热至85℃，反应30min，趁热倒入500mL冰水中，搅拌，静置，抽滤，用冷水洗涤滤饼。滤饼用水蒸气进行蒸馏，用50mL乙醇重结晶，真空干燥，得到2,4-二硝基甲苯13.3g，收率73.1%。

2. 2,4-二氨基甲苯的合成： 按文献［2］方法制得2,4-二氨基甲苯，收率72.1%，熔点97.5℃。

3. 2,4-二氟甲苯的合成： 在装有搅拌器、温度计、滴液漏斗和回流冷凝管的250mL三口瓶中，加入2,4-二氨基甲苯6.1g（0.05mol）和浓盐酸36mL，搅拌，冰水浴冷却下，加入40%氟硼酸32mL。在−5℃下，滴加亚硝酸钠7.6g（0.11mol）与12mL水的溶液。滴毕，继续搅拌1h。抽滤，依次用冰水20mL×2、无水乙醇和无水乙醚各15mL×2洗涤滤饼。抽干，放入盛有无水氯化钙的干燥器中干燥2h。在150mL圆底烧瓶中，加入上述制备的重氮盐10g，用酒精灯小心加热分解至瓶内产生大量烟雾，维持此温度，至无烟雾产生，并使溢出物经直形冷凝管和多级冷井冷却，并将接收管插入盛有乙醚的接收瓶中。反应后，用乙醚萃取，合并乙醚液，用无水氯化钙干燥，分馏，收集113～117℃馏分，得到2,4-二氟甲苯5.3g，收率82.8%。

4. 2,4-二氟苯甲酸的合成： 在装有搅拌器、温度计、滴液漏斗和回流冷凝管的250mL三口瓶中，依次加入水100mL、吡啶100mL、2,4-二氟甲苯5g（0.04mol）、高锰酸钾13g（0.082mol）及适量三甲基苄基氯化铵，搅拌，升温至70℃，反应4h。反应结束，减压蒸出吡啶至干，加水溶解，过滤。滤液用酸调节pH至2，析出沉淀，过滤。用90%乙醇重结晶，得到2,4-二氟苯甲酸4.2g，收率66.4%，熔点185℃。

【参考文献】

［1］张精安．2,4-二氟苯甲酸的合成研究［J］．中国医药工业杂志，2000，31（10）：468-469.

［2］段长强．现代化学试剂手册．(第一分册)：通用试剂［M］．北京：化学工业出版社，1988.

2,6-二氟苯甲酸

【基本信息】 英文名：2,6-difluorobenzoic acid；分子式：$C_7H_4F_2O_2$；分子量：158；白色针状晶体；熔点：158～160℃。溶于乙醇、乙醚、丙酮和热水，微溶于冷水。是合成多种医药、农药的中间体。合成反应式如下：

$$\text{2,6-}Cl_2C_6H_3CN \xrightarrow{KF/DMF} \text{2,6-}F_2C_6H_3CN \xrightarrow{OH^-} \text{2,6-}F_2C_6H_3COOH$$

【合成方法】

1. 2,6-二氟苯腈的合成：在装有搅拌器、温度计和回流冷凝管的 250mL 三口瓶中，加入 38g（M=172，0.221mol）2,6-二氯苯腈、无水氟化钾 30.8g（M=58.1，0.53mol）、100mL 干燥的 DMF（沸点：145℃）和聚醚催化剂（1.326mmol），搅拌，加热回流，反应 10h。冷却至室温，过滤，用 DMF 洗净滤饼，合并滤液和洗液，减压蒸馏，得到 2,6-二氟苯腈，收率 93.1%。

2. 2,6-二氟苯甲酸的合成：在装有搅拌器、温度计、滴液漏斗和回流冷凝管的 250mL 三口瓶中，加入 20%氢氧化钠（8g，0.2mol）水溶液 40g，加热至 105～110℃，滴加入 2,6-二氟苯腈 13.9g（M=139，0.1mol），控制温度在 90℃，反应 8～9h。趁热倒入烧杯中，冷却，滴加 70%硫酸，调节 pH 至 1～2，产品分步析出，过滤，烘干，重结晶，干燥，得到 2,6-二氟苯甲酸，收率 93.5%，纯度 99.7%，熔点 157～159℃。

【参考文献】

[1] 梁飞，肖友军，曾台彪，等. 2,6-二氟苯甲酸合成工艺研究 [J]. 化工生产与技术，2006，13（5）：10-12.

2,4,5-三氟-3-甲氧基苯甲酸

【基本信息】 英文名：2,4,5-trifluoro-3-methoxy benzoic acid；CAS 号：11281-65-5；分子式：$C_8H_5F_3O_3$；分子量：206；白色至淡黄色晶体粉末；熔点：105～112℃，沸点：284.3℃/101.325kPa；闪点：125.7℃。密闭、阴凉、干燥环境中保存。本品是合成加替沙星、莫西沙星等氟喹诺酮类抗生素的中间体。合成反应式如下：

2 →(KF, DMF) 3 →(① KOH ② H_2SO_4) 4 →(H_2O, △) 5 →(MeOH, H_2SO_4) 6 →(Me_2SO_4) 7 →(① 30%NaOH, pH 12~13 ② pH 1~2) 1

【合成方法】

1. *N*-苯基四氟邻苯二甲酰亚胺（3）的合成：在装有搅拌器、温度计、回流冷凝管的 500mL 四口瓶中，依次加入 *N*-苯基四氯邻苯二甲酰亚胺（**2**）72.2g（0.2mol）、氟化钾 55.8g（0.96mol）、DMF 300mL，搅拌，加热升温至 150℃，反应 4h。冷却至室温，抽滤，用 30mL DMF 洗滤饼。滤液在搅拌下缓慢加入冰水 900mL，抽滤，水洗滤饼，用冰醋酸重结晶，得到浅黄色固体产品 *N*-苯基四氟邻苯二甲酰亚胺 54.3g，收率 88%，含量 96.7%，熔点 204～206℃。

2. 4-羟基-3,5,6-三氟邻苯二甲酸（4）的合成：在装有搅拌器、温度计、回流冷凝管的 500mL 四口瓶中，加入化合物 **3** 44.2g（0.16mol）、水 300g，搅拌，室温滴加 30%氢氧化钾水溶液 112g（0.6mol）。滴毕，升温反应，水蒸气蒸馏蒸去生成的苯胺，反应 10h，用 HPLC 监测反应完全。冷却至室温，用浓硫酸调节 pH 至 4～5。用 4-甲基-2-戊酮 150mL×2 萃取，用无水硫酸钠干燥，减压蒸出溶剂至干，得到类白色固体产物 2-羟基-3,5,6-三氟邻苯二甲酸（**4**）34.7g，收率 96%，含量 98%。直接用于下一步反应。

3. 3-羟基-2,4,5-三氟苯甲酸（5）的合成：在 500mL 高压釜中，加入化合物 **4** 48.2g（0.2mol）、水 300mL，用氮气置换空气 3 次，关闭阀门。搅拌，升温至 120℃，反应 2h。冷却至室温，缓慢泄压后，倒出物料，减压蒸出水至干，得到类白色固体产物 3-羟基-2,4,5-三氟苯甲酸（**5**）32.4g，收率 94%，含量 96%。直接用于下一步反应。

4. 3-羟基-2,4,5-三氟苯甲酸甲酯（6）的合成：在装有搅拌器、温度计、滴液漏斗和回流冷凝管的 500mL 四口瓶中，加入化合物 **5** 40g（0.2mol）、甲醇 70.4g（2.0mol），搅拌，滴加浓硫酸 88g。滴毕，加热回流反应 4h。冷却至室温，用甲苯 100mL×2 萃取，用水 50mL×2 洗涤，得到化合物 **6** 的甲苯溶液。直接用于下一步反应。

5. 2,4,5-三氟-3-甲氧基苯甲酸（1）的合成：在装有搅拌器、温度计、回流冷凝管和 2 个滴液漏斗的 500mL 四口瓶中，加入上述化合物 **6** 的甲苯溶液、水 200mL，控制反应温度 20～30℃，水相 pH 为 9～10，一边滴加 30%氢氧化钠溶液，一边滴加硫酸二甲酯 37.8g（0.3mol）。滴毕，同温反应 7h，HPLC 监测反应至完全。再滴加 30%氢氧化钠溶液，维持反应液 pH 为 12～13，升温回流反应 1h。冷却，分液，水层用浓盐酸调节 pH 至 1～2，过滤，干燥，得到白色结体 2,4,5-三氟-3-甲氧基苯甲酸（**1**）38.5g，含量 98.3%，熔点 114～115℃，后两步反应收率 86%。

【参考文献】

[1] 黄生建. 2,4,5-三氟-3-甲氧基苯甲酸的合成 [J]. 山东化工，2013，42（1）：11-12.

3-三氟甲基苯甲酸

【基本信息】 英文名：3-(trifluoromethyl)benzoic acid；CAS 号：454-92-2；分子式：$C_8H_4F_3O_2$；分子量：189；熔点：104～106℃；沸点：237.7℃/101.325kPa；闪点：102.9℃；蒸气压：3.21Pa/25℃。本品是重要的医药、农药、液晶中间体。该化合物刺激眼睛、呼吸系统和皮肤，操作时，穿戴防护服、口罩和眼罩。合成反应式如下：

F_3C–Ph —氯甲基化→ 3-(CH_2Cl)-F_3C–Ph —Cl_2→ 3-(CCl_3)-F_3C–Ph —$NaOH/H_2O$→ 3-(CO_2H)-F_3C–Ph

【合成方法】

1. 氯甲基化：在装有搅拌器、温度计、回流冷凝管和滴液漏斗的 500mL 三口瓶中，加入三氟甲基苯 100g（M=146，0.6849mol）、三聚甲醛 86.3g（M=90，0.959mol）和 80%硫酸 50g，搅拌 20min 使溶解，缓慢滴加 96g（M=116.5，0.824mol）氯磺酸。加热至 40～45℃，搅拌反应 3h。冷却至 20℃，静置分层，分出下层废酸液。水洗上层料液，用氨水调至中性，减压蒸出前馏分三氟甲基苯 33g（可直接回用）和精制间(三氟甲基)氯化苄 109.2g（M=194.5，0.5616mol），收率 82%。

2. 侧链氯化：在装有搅拌器、温度计、回流冷凝管、氯气导入管和 HCl 气体导出管的 250mL 四口瓶中，加入 100g（0.5155mol）间(三氟甲基)氯化苄和 1g 偶氮型引发剂，加热至60℃，通入干燥的氯气，反应温度保持在65～70℃，反应18h。产生的HCl气体导入水吸收装置。用GC监测反应至原料消失，停止通氯。冷却至室温，减压蒸馏，前馏分为1-(三氯甲基)-3-(三氟甲基)苯130.3g（263.5mol，0.4945），收率95.9%，含量98%。

3. 水解：在装有搅拌器、温度计、回流冷凝管的1L四口瓶中，加入1-(三氯甲基)-3-(三氟甲基)苯50g和氢氧化钠水溶液，搅拌，加热回流12h。冷却至室温，用盐酸调节pH至3～4，析出白色固体，抽滤，水洗，在60℃真空干燥，得到白色粉末状产品3-三氟甲基苯甲酸34.3g，收率91.9%。用四氯化碳重结晶后，含量99.7%，熔点105.2～105.6℃。

【参考文献】

[1] 彭天成，马德，左识之，等. 间-(三氟甲基)苯甲酸的合成 [J]. 精细化工，2003，20（6）：371-373.

三氟甲基苯甲酸

【基本信息】 三氟甲基苯甲酸分为2-三氟甲基苯甲酸、3-三氟甲基苯甲酸、4-三氟甲基苯甲酸，英文名分别为2-(trifluoromethyl)benzoic acid、3-(trifluoromethyl)benzoic acid、4-(trifluoromethyl)benzoic acid，分子式$C_8H_4F_3O_2$，分子量189。三氟甲基苯甲酸是医药、农药的重要中间体。

（1）2-三氟甲基苯甲酸　CAS号：433-97-6；浅黄色晶体粉末；熔点：107～110℃；沸点：247℃/101.325kPa；闪点：247～254℃；密度：3.375g/cm^3。

（2）3-三氟甲基苯甲酸　CAS号：454-92-2；熔点：104～106℃；沸点：237.7℃/101.325kPa；闪点：102.9℃；蒸气压：3.21Pa/ 25℃。

（3）4-三氟甲基苯甲酸　CAS号：455-24-3；白色至浅灰色；熔点：219～220℃；沸点：247℃/100.39kPa。

下文介绍的是牺牲阳极法的电化学合成方法，以三氟甲基卤代苯为原料，在无隔膜电解槽中进行电化学羧化。

【合成方法】

1. 溶剂DMF的处理：用4A分子筛浸泡两周，减压精馏。

2. 无隔膜电解槽：阳极为镁板（纯度≥99.9%）；阴极为镀锌不锈钢板。恒电流电解，电流密度为2A/dm^2，通电量为2.2mol（电子）/mol（原料）。

3. 试剂：三氟甲基卤代苯纯度≥99%，化学纯。

4. 电解羧化反应式：阳极反应　$Mg \longrightarrow Mg^{2+} + 2e$

阴极反应　$RX + CO_2 + 2e \longrightarrow RCO_2^- + X^-$

5. 电解合成实验：在电解槽中，加入三氟甲基卤代苯0.03mol、DMF 60mL、四丁基溴化铵0.6g，搅拌，冰水浴冷却至5℃左右，通入二氧化碳气体，保持鼓泡即可。20min后，待二氧化碳达到饱和时，通电电解。电流强度0.5A，电流密度2.2A/dm^2左右，电解4h，全部过程反应温度保持在10℃以下。反应结束，将反应液进行减压蒸馏至干。剩余物加入20mL 6mol/L盐酸酸化，溶解后，用乙醚30mL×3萃取，合并乙醚层，干燥，蒸出乙醚至干，得到棕黑色或棕黄色粗品，用乙醇-水重结晶，干燥，得到纯品。所得结果见下表：

反应产物名称	电流效率/%	收率/%	产品外观	产物熔点/℃	文献熔点/℃
3-溴三氟甲苯	84	80	白色絮状晶体	102～104	105～106
4-氯三氟甲苯	88	72	浅黄色晶体	210～212	219～220
2-氯三氟甲苯	84	77	浅黄色晶体	105～109	109～113

【参考文献】

[1] 王继东，丁绍民，宋华付.电化学法合成邻-、间-、对-三氟甲基苯甲酸 [J].精细化工，2000，17 (Z1)：82-83.

曲尼司特

【基本信息】 化学名：2-{[3-(3,4-二甲氧苯基)-1-氧代-2-丙烯基]氨基}苯甲酸；英文名：2-{[3-(3,4-dimethoxyphenyl)-1-oxo-2-propenyl]amino}benzoic acid；CAS号：53902-12-8；分子式：$C_{18}H_{17}NO_5$；分子量：327.34；浅黄色或白色结晶粉末；熔点：211～213℃。易溶于DMF，溶于吡啶、二氧六环，微溶于甲醇、乙醇、丙酮、氯仿，不溶于水、苯、环己烷。用于预防和治疗支气管哮喘和过敏性鼻炎。合成反应式如下：

CHO / OMe / OMe —$CH_2(CO_2H)_2$→ CH=CHCO₂H / OMe / OMe —$SOCl_2$→ CH=CHCOCl / OMe / OMe —(NH₂, CO₂H 邻氨基苯甲酸)→ CH=CHCONH— / HO₂C / OMe / OMe

【合成方法】

1. 3,4-二甲氧基肉桂酸的合成（Knoevenagel 缩合反应）： 在装有磁子搅拌、温度计、回流冷凝管的50mL三口瓶中，加入藜芦醛2.04g（12.3mmol）、丙二酸2.4g（23.0mmol）、吡啶9.5mL和哌啶0.2mL，搅拌均匀。加热至78℃，回流2h，溶液呈黄色。反应结束，降至室温，搅拌下将反应液慢慢滴加到9.5mL浓盐酸和12g碎冰的混合液中，析出白色固体。抽滤，所得粗产品，用8mL 95%乙醇和12mL水重结晶，抽滤，用红外灯干燥，得到白色针状结晶3,4-二甲氧基肉桂酸0.87g（4.2mmol），收率34.2%，熔点181～184℃。

2. 3,4-二甲氧基肉桂酰氯的合成： 在装有磁子搅拌、温度计、回流冷凝管（顶部装有氯化钙干燥管）的50mL三口瓶中，加入3,4-二甲氧基肉桂酸1g和氯化亚砜3mL，搅拌，加热回流50min，溶液呈红色。减压蒸出过量氯化亚砜，加入5mL氯仿，得到3,4-二甲氧基肉桂酰氯的氯仿溶液。

3. 曲尼司特的合成： 在装有磁子搅拌、温度计、回流冷凝管和滴液漏斗的100mL三口瓶中，加入0.86g（6.3mmol）邻氨基苯甲酸、3mL吡啶和8mL氯仿，在冰水浴冷却下，滴加上述制备的3,4-二甲氧基肉桂酰氯的氯仿溶液。滴毕，加热回流2.5h。减压蒸出氯仿，搅拌下，将剩余物倒入水中，析出红色油状物。将分出的油状物滴加到含有几滴盐酸的乙醇溶液中，析出黄色固体。抽滤，滤饼用红外灯干燥，得到黄色固体曲尼司特0.7g（2.1mmol），收率33.3%，熔点204～206℃。三步反应总收率11.4%。

【参考文献】

[1] 任明星，史凤阁，李雪婧，等.曲尼司特的合成 [J].化学工程师，2018，32 (10)：58-59.

3,5-二氧代环己烷羧酸

【基本信息】 英文名：3,5-dioxocyclohexane carboxylic acid；CAS 号：42858-60-6；分子式：$C_7H_8O_4$；分子量：156；白色固体；熔点：178～179℃；沸点：401.5℃/101.325kPa；密度：1.398g/cm^3。不溶于水，溶于有机溶剂。本品是制备植物生长调节剂（4-环丙基-甲酰基 3,5-二氧环己基羧酸乙酯）的中间体。合成反应式如下：

OH; HOOC; OH —[H] 催化剂→ COOH; O; OH ⇌ COOH; O; O

【合成方法】

在装有冷凝管、温度计、搅拌器的 3L 三口瓶中，加入 2L 水、500g（3.25mol）3,5-二羟基苯甲酸、100g（4.95mol）无水甲酸钠，搅拌，加热至 100℃（95～105℃），使其溶解，加入 3g 10%Pd/C。每 2h 加入 50g 无水甲酸钠和 1g 10%Pd/C，保持此温度到反应完毕。反应后期，每隔 1h 取样进行色谱分析，基本无原料峰时，为反应终点，约需 8～10h。趁热滤除催化剂。冰水浴冷却滤液，缓慢加入浓盐酸至 pH 约 3。冷却至 5℃以下，析出白色固体，抽滤，滤饼用母液洗涤。母液用氯化钠饱和，又析出产品，干燥，得到白色固体产品 3,5-二氧代环己烷羧酸 505g（3.24mol），分离收率 99.7%，熔点 176～178℃。

备注：① 本实验采用转移加氢法，氢供体是甲酸钠，用量由终点决定。

② 过滤出的 Pd/C 催化剂，经水和 95%乙醇洗后可重复使用 3～4 次。

③ 文献［3］：先浸渍 Co 后浸渍 Pd 改性 Pd-Co/C 催化剂的转化率和选择性都很高，收率可达 94%以上，Pd 含量只有 3%，降低了成本。

液相色谱分析条件：波长 254nm，流速是 1mL/min，因为液相谱图只有两个成分，一个是原料，一个是产品，所以可以明显看出原料是否反应完全。原料的保留时间比产品长。原来做的原料大约 5.4min 出峰，产品 4.9min 出峰。流动相是甲醇和水（40%），再加点质子。也可用 40%乙腈和水作流动相。

【参考文献】

［1］苗笑娟. 植物生长调节剂抗倒酯的合成研究［D］. 大连：大连理工大学，2014.

［2］郑纯智，张继炎，王日杰. 3,5-二羟基苯甲酸转移加氢制备 3,5-二氧代环己烷羧酸［J］. 精细化工，2004，21（4）：313-317.

［3］郑纯智，张国华，文颖频，等. Co 改性的 Pd/C 催化剂在转移加氢中的应用研究［J］. 高校化学工程学报，2010，24（2）：358-363.

3,5-二羟基环己基甲酸

【基本信息】 英文名：3,5-dihydroxy-cyclohexanecarboxylic acid；分子式：$C_7H_{12}O_4$；分子量：160。是合成维生素 D 的中间体。合成反应式如下：

HO; HO; $-CO_2Me$ —H_2/13.17MPa, Rh/Al_2O_3→ HO; HO; $-CO_2Me$ —① 碱水解 ② 酸中和→ HO; HO; $-CO_2H$

【合成方法】

在 1L 压力釜中，加入含量 97%的 3,5-二羟基苯甲酸甲酯 57.6g（$M=168$，净重 55.87g，0.3326mol）和 5% Rh/Al_2O_3 与含有 0.1%乙酸的 400mL 甲醇的悬浮液。通入氢气，氢气压力达到 13.17 MPa，温度升到 80～85℃，在升温过程中压力降低。当压力降低 9.12MPa 时，将氢压升到 13.17MPa。在 80～85℃和 13.17MPa 反应 12h，反应完成。然后，温度升到 150℃，相应的压力升到约 13.17MPa，继续反应 36h，滤出催化剂，浓缩滤液，残余物用 EtOAc/异辛烷重结晶，得到 31.1g（$M=174$，0.179mol）3,5-二羟基环己基甲酸甲酯。收率 53.74%，熔点 135.9℃。用碱水解，再酸中和便得到 3,5-二羟基环己基甲酸 28.3g（0.177mol），收率 99%。

【参考文献】

[1] Jean-Claude P，Maurits V，Philippe M，et al. Precursors of the A-ring of vitamin D and method and intermediates for the preparation thereof：US6191292 [P]. 2001-02-20.

调环酸及调环酸钙

【基本信息】（1）调环酸　化学名：3,5-二氧代-4-丙酰基环己烷羧酸；英文名：3,5-dioxo-4-propionylcy-clohexanecarboxylic scid；分子式：$C_{10}H_{12}O_5$；分子量：212；固体；熔点：＞300℃；20℃水中溶解度：168mg/L。植物生长调节剂，用于大麦、水稻、小麦和草皮。实际用的是调环酸钙。

（2）调环酸钙　化学名：3,5-二氧代-4-丙酰基环己烷羧酸钙盐；英文通用名称：pro-hexadionecalcium；CAS 号：127277-53-6；分子式：$(C_{10}H_{11}O_5)_2\cdot Ca$；分子量：462；白色晶体粉末；熔点：＞360℃；蒸气压：1.355×10^{-5} Pa/20℃；闪点：243.1℃。原药外观为米色或浅黄色无定形固体，无气味。在 20℃水中溶解度为 168mg/L，在酸性介质中易分解，在碱性介质中稳定，热稳定性好。储存条件：0～6℃。合成反应式如下：

【合成方法】

1. 丙酮基丁二酸二乙酯的合成：在 1L 压力釜中，加入顺丁烯二酸二乙酯 160mL（171g，1.00mol）、丙酮 590mL（8.00mol）和催化剂二乙胺 5mL（0.05mol），封闭压力釜，慢慢升温至 150℃，恒温反应 20h。抽出反应液进行后处理，常压蒸出丙酮（沸点：56.6℃），在 57℃无液体流出后，抽真空，升温，收集 128℃/2.0kPa 馏分，得到黄色透明液体产品丙酮基丁二酸二乙酯 211.14g（$M=230$，0.918mol），收率 91.8%，GC 含量 95.5%。

2. 3-钠氧基-5-氧代-3-环己基羧酸乙酯的合成（Claisen 分子内缩合）： 在装有搅拌器、温度计、滴液漏斗、冷凝管和分液漏斗的 250mL 四口瓶中，加入 110mL 甲苯，搅拌加热，同时加入 3.3g（0.14mol）金属钠，搅拌至钠分散均匀。冷却至 60℃，加入 2mL 无水乙醇，搅拌 30min，升温至 80℃，滴加丙酮基丁二酸二乙酯（CAS 号：1187-74-2）25g（0.1087mol），同时分出蒸出的乙醇。滴毕，升温至 110℃，保温反应 6h。自然冷却，用甲苯洗涤化合物，过滤，干燥，得到产物 3-钠氧基-5-氧代-3-环己基羧酸乙酯 21.8g（M=206，0.1058mol），收率 97.3%，含量 95%。

3. 3,5-二氧代-4-丙酰基环己基羧酸乙酯的合成： 在装有搅拌器、温度计、滴液漏斗的 250mL 三口瓶中，加入 3-钠氧基-5-氧代-3-环己基羧酸乙酯 20g（0.097mol）、甲苯 110mL 和 4-N,N 二甲基吡啶（DMAP）0.3g（2.7mmol）。搅拌，升温至 50℃，滴加丙酰氯 10mL（0.115mol），滴毕，保温继续反应 4h。抽滤，用甲苯洗涤滤饼，合并滤液和洗液，得到红褐色液体 3-丙酰基-5-氧代-3-环己基羧酸乙酯。加入 DMAP 1.1g（9.1mmol），升温至 110℃，反应 4h。蒸出溶剂，得到红褐色黏性固体 3,5-二氧代-4-丙酰基环己基羧酸乙酯 19g（M=216，0.088mol），收率 90.7%。

4. 稠环酸钙的合成： 在装有搅拌 500mL 三口瓶中，加入 3,5-二氧代-4-丙酰基环己基羧酸乙酯 19g（0.088mol）和 100mL 乙醚，室温搅拌 30min，滴加入 100mL 乙醇和 7g（0.095mol）氢氧化钙混合液，约 30min 滴完。过滤，得到土黄色固体稠环酸钙 36.6g（0.0792mol），收率 90%，含量 95%。

【参考文献】

［1］周颖. 植物生长调节剂调环酸钙的合成工艺及其新剂型 WDG 的研究［D］. 杭州：浙江工业大学，2006.

［2］冯已. 调环酸钙合成工艺研究及其类似物合成［D］. 郑州：郑州大学，2011.

［3］叶向阳，楼文成. 调环酸及其类似物的合成［J］. 农药，1995，34（4）：20-22.

对苄氧基肉桂酸

【基本信息】 英文名：3-benzyloxycinnamic acid；CAS 号：6272-45-3；分子式：$C_{16}H_{14}O_3$；分子量：254.28；白色粉末或淡黄色结晶粉末；熔点：206～208℃。不溶于水，溶于乙醇等有机溶剂。本品是医药和液晶材料中间体。合成反应式如下：

$$HO-C_6H_4-CHO \xrightarrow{PhCH_2Cl} PhCH_2O-C_6H_4-CHO \xrightarrow{丙二酸} PhCH_2O-C_6H_4-CH{=}CHCO_2H$$

【合成方法】

1. 对苄氧基苯甲醛的合成： 在装有搅拌器、温度计的 2L 三口瓶中，加入对羟基苯甲醛 204g（1.672mol）、氯化苄 211.5g（1.672mol）、碳酸钠 180g、丙酮 600mL，搅拌并加热至回流（温度 66～68℃），反应 12～13h，冷却，过滤。固体用水洗涤 2～3 次后，用乙醇洗涤，干燥，得产品对苄氧基苯甲醛 296g（1.396mol），收率 83.5%，熔点 64～65℃。如果产品颜色较深，可用乙醇或石油醚/乙醚重结晶。用溴苄替代氯苄，收率可提高到 90%。

对苄氧基苯甲醛放大实验：在 100L 的反应釜中，加入对羟基苯甲醛 10kg（82mol）、氯化苄 10.37kg（82mol）、用 21kg 水洗 2 次，20kg 乙醇洗涤，乙醇重结晶得到产品对苄氧基苯甲醛 14.8kg（69.81mol），收率 85.1%，熔点 64～65℃。

2. 对苄氧基肉桂酸的合成：在装有搅拌器、温度计和回流分水器的 2L 三口瓶中，加入对苄氧基苯甲醛 400g（1.887mol）、丙二酸 380g（3.654mol）、吡啶 1L、乙二胺 3～4mL，搅拌加热回流（温度 116～120℃），分离出吡啶和水，不再滴出后，温度升至 120～125℃，回流 1.5h。降温至 105～110℃，趁热倒入烧杯中，析出结晶。冷却至室温，放置过夜，过滤，压干，依次用新吡啶和乙酸各淋洗 2 次，得到粗品 410g。用丙酮-苯或丙酮-乙酸重结晶，得到白色结晶产物对苄氧基肉桂酸 365g（1.435mol），收率 76.2%，纯度 98%，熔点 204～206℃。

备注：① 回收的吡啶不必精制可以重复使用。

② 反应过程若出现固体，需加入一定量新吡啶，使其溶解。

③ 吡啶的沸点 115.5℃，与水的共沸点 94℃，含水量 42%。

【参考文献】

[1] Garnelis T，Athanassopoulos C M，Papaioannou D，et al. Very short and efficient syntheses of the spermine alkaloid kukoamine A and analogs using isolable succinimidyl cinnamates [J]. Chemistry Letters，2005，34 (2)：264-265.

[2] 李文新，覃章兰，黄天宝. 5,7-二羟基-4′-苄氧基黄烷酮的合成和应用：CN1296948 [P]. 2001-05-30.

4-(*N*-甲酰基-*N*-甲基)氨基苯甲酸

【基本信息】 英文名：4-(*N*-methylformamido) benzoic acid；CAS 号：51865-84-0；分子式：$C_9H_9NO_3$；分子量：179.173；白色或浅黄色结晶性粉末；熔点：218～220℃；沸点：397.3℃/101.325kPa；闪点：194℃；蒸气压：6.69×10^{-5}Pa/25℃；密度：1.305g/cm^3。本品溶于醇、有机酸、酮类等有机溶剂，是合成甲氨蝶呤的中间体。合成反应式如下：

COOH / NH_2 —甲基化→ COOH / NHMe —甲酸，回流→ COOH / MeNCHO

【合成方法】

1. 对甲氨基苯甲酸的合成：在 3L 三口瓶中，将 240g（1.752mol）对氨基苯甲酸溶于氢氧化钠水溶液中（85g NaOH＋520g 水），并与 260g 37%甲醛（96g，3.2mol）混合。在 94℃将此溶液滴加到 360g（5.54mol）锌粉、420g NaOH 与 700g 水的体系中，约需 3h。滴加完后，再滴加 240g 37%甲醛，并补加 40g 锌粉。反应共 10h 左右。滤除锌粉，滤液在低温（冰箱）中放置，析出结晶。滤出的结晶溶于水，过滤，得澄清液。用稀盐酸中和至 pH 为 3，即得白色沉淀，水洗 2 次，过滤，干燥，粉碎，得产品对甲氨基苯甲酸 224g，收率 84.7%。

2. 4-(*N*-甲酰基-*N*-甲基) 氨基苯甲酸的合成：将 100g（0.66mol）对甲氨基苯甲酸溶于 1000mL 甲酸中，在 110℃无水回流 3h，蒸干，加入甲基异丁基酮 266g，搅拌溶解。慢慢冷却至 12℃，保温 1h，过滤，用 119g 甲基异丁基酮淋洗，70℃真空干燥，得到白色结晶产品 4-(*N*-甲酰基-*N*-甲基）氨基苯甲酸 114.7g（0.64mol)，收率 97%，熔点 218℃。

【放大实验】

1. 对甲氨基苯甲酸的合成：具体步骤如下。

（1）合成对甲氨基苯甲酸钠：将 80kg 对氨基苯甲酸完全溶于 188.3kg 15%氢氧化钠水溶液（28.3kg NaOH 溶于 160kg 水）中。待混合液温度降至室温后，加入 80kg 36%甲醛，混合均匀，用泵将物料打入高位计量槽。向反应釜内加入 220kg 去离子水，搅拌下加入 140kg 氢氧化钠。当釜内温度升至 85℃时，加入 80kg 锌粉。此过程要关注搅拌速度，既要防止搅拌速度过快反应液溅出，又要防止搅拌速度过慢碱和锌粉结块。边搅拌边升温。当温度升至 93℃时，开始滴加高位计量槽中的原料溶液。当原料液滴加到 1h 后，补加锌粉 40kg。此时可能出现“涨锅”现象，立即停止加热，并向釜内加入 50～60L 去离子水，扑灭气泡。然后继续升温至 93～94℃，3～3.5h 滴加完毕。然后，继续缓慢滴加 37%甲醛溶液 80kg，滴加速度控制在约 4～4.5h 滴加完毕。

反应 5h 后，第一次取样，此后每隔 1h 取一个样。处理后，用液相色谱检测对氨基苯甲酸的含量。当其色谱含量小于 0.3%时，停止加热。当反应体系温度降到 60℃左右时，停止搅拌。滤除未反应的锌粉，滤饼用适量（每次 15～20L）热水洗涤。滤液用泵送到冷凝釜，进行结晶，并滤出对氨基苯甲酸钠。

（2）合成对甲氨基苯甲酸：在装有搅拌的拉缸中，加入 300kg 去离子水，搅拌下加入湿滤饼对氨基苯甲酸钠。待全部溶解后，将溶液过滤得到透明澄清液，将其泵入中和釜中。

将桶装盐酸泵入高位计量槽，再加入水配成 10%盐酸溶液。也可先配成 10%盐酸，在泵入高位槽。搅拌下，向中和釜滴加 10%盐酸（若釜内溶液过于黏稠，可加入去离子水进行调节)，调节 pH 至 3，析出大量白色固体。离心分离出产物，每批物料用去离子水淋洗 2～3 次，调节 pH 至 6。在 80～90℃干燥至水分小于 1%，将对甲氨基苯甲酸装桶，备用。

2. 4-(*N*-甲酰基-*N*-甲基）氨基苯甲酸的合成：将 80kg 对甲氨基苯甲酸与 70kg 94%甲酸加入到搪瓷釜中，边搅拌边加热，在温度升至 110℃左右回流 2h。在 2～3h 内加入甲基异丁基酮 213kg，并保持体系温度不低于 105℃。反应结束后，将物料转移到冷却釜。搅拌下，体系温度降至 60℃，加大搅拌速度，使温度慢慢降到 30℃（注意过快降温会导致黏稠浆的形成，不利于出料)。再降温到 12℃，在 12℃保持 1h。离心过滤，用 95kg 经冷却的甲基异丁基酮淋洗，70℃真空干燥。

【参考文献】

［1］Cosulich D B，Smith J J M. Analogs of pteroylglutamic acid；N（10)-alkylpteroic acid and derivatives［J］. Journal of the American Chemical Society，1948，70（5）：1922-1926.

［2］Enrico C. Process for the production of *p*-(*N*-methyl)-aminobenzoyl-L-glutamic acid：US4211883［P］. 1980-07-08.

［3］陈文政，刘毅. 甲氨蝶呤侧链合成新工艺［J］. 中国医药工业杂志，1992，23（2）：49-51.

左旋肉碱

【基本信息】 左旋肉碱（L-carnitine)，又称维生素 BT；化学名：(*R*)-3-羟基-4-三甲铵基丁酸；英文名：（*R*）-3-hydroxy-4-（trimethylammonio）butyrate；CAS 号：541-15-1；分子式：$C_7H_{15}NO_3$；分子量：161。本品能促使脂肪转化为类氨基酸，促进消化、降血脂、减肥，可治疗心血管病等，用途广泛。合成反应式如下：

TMSCl/Et_3N　NaCN　$Me_3N \cdot HCl$　强碱性阴离子交换树脂

Cl^- $Me_3N^+CH_2CH(OH)CH_2CO_2H$ (5)　$Me_3N^+CH_2CH(OH)CH_2CO_2^-$ (6)

【合成方法】

在装有搅拌器、温度计、滴液漏斗的 500mL 三口瓶中，在 0℃加入 117.45g（0.15mol）奎宁、200mL 四氢呋喃，搅拌溶解。加入 23.7g（0.3mol）吡啶，滴加 23.8g（0.22mol）三甲基氯硅烷，搅拌反应 1h。过滤，滤液减压蒸出溶剂，得到白色固体奎宁衍生物 **2** 59.4g，收率 100%。

将 40g（0.1mol）**2** 加入到 9.3g（0.1mol）消旋环氧氯丙烷中，回流反应 3h。降至室温，过滤，得到白色固体奎宁衍生物季铵盐 **3** 46g，收率 94%。将奎宁衍生物季铵盐 **3** 39g（0.08mol）加入到 150mL 体积比为 9∶1 的甲醇-水溶液中，升温至 60℃，加入 7.9g（0.16mol）氰化钠，反应 3h 手性开环，过滤，滤液减压蒸出溶剂，得到类白色固体（*R*）-2-羟基丁腈季铵盐（**4**）38g，收率 89%。将 26.7g（0.05mol）化合物 **4** 加入到 150mL 乙酸乙酯中，升温至 65℃，加入 14.8g（0.075mol）30%三甲胺水溶液，反应 6h。冷却至 5℃以下，过滤，得到白色固体（*R*）-2-羟基-3-氰基丙基三甲胺氯化物。将其加入到 25mL 浓盐酸中，升温至 90℃，反应 4h。降温至 10℃以下，抽滤，用 30%氢氧化钠水溶液调节 pH 至 3，减压蒸出水。加入 90mL 去离子水，搅拌溶解后，通过强碱性阴离子交换树脂除去氯离子。浓缩至干，加入 30mL 体积比为 9∶1 的甲醇-水重结晶，得到白色针状晶体左旋肉碱 6.2g，收率 77%。

【参考文献】

[1] 张龑，熊澍维. 一种左旋肉碱的新型制备方法：CN106316873A [P]. 2017-01-11.

左旋肉碱酒石酸盐

【基本信息】 英文名：L-carnitine-L-tartrate；CAS 号：36687-82-8；分子式：$C_{11}H_{18}NO_8$；分子量：292；pH：3.0～4.5；比旋度：$[\alpha]_D^{20}=-11°\sim-9.5°$。左旋肉碱酒石酸盐是左旋肉碱的稳定形式，作用相同，但左旋肉碱含量只有 32%，酒石酸占 68%，常用作营养保健、食品和饲料添加剂。合成反应式如下：

$$MeN^+CH_2\overset{OH}{C}HCH_2CO_2^- + HO_2C\text{-}CH(OH)\text{-}CH(OH)\text{-}CO_2H \xrightarrow[58℃]{甲醇/水} MeN^+CH_2\overset{OH}{C}HCH_2CO_2^- \cdot HO_2C\text{-}CH(OH)\text{-}CH(OH)\text{-}CO_2H$$

【合成方法】

在装有搅拌器的 500mL 单口瓶中，加入 50g（M=161，0.31mol）左旋肉碱和 300mL 甲醇，25℃搅拌溶解，再加入除味剂活性炭，搅拌 1h，抽滤，得到左旋肉碱的甲醇溶液。在装有搅拌器、温度计的 1L 四口瓶中，加入左旋肉碱溶液、10mL 水，搅拌升温至 58℃，滴加入 46.5g（M=150，0.31mol）L-酒石酸和 190mL 甲醇的溶液，45min 滴完。升温至 66℃，反应 2.5h。冷却至 58℃，加入 0.5g 左旋肉碱酒石酸盐，搅拌析晶 2.5h。降温至 0℃，搅拌析晶 4h，抽滤，用 100mL 甲醇洗涤滤饼，45℃干燥 7h，得到无味左旋肉碱酒石酸盐 82.2g（0.2815mol），收率 90.8%，纯度 99.68%。

【参考文献】

［1］张卫军，刘素娜，李洋，等.一种左旋肉碱酒石酸盐的制备方法. CN109096129［P］. 2018-12-28.

3,5-二氧代环己基羧酸乙酯

【基本信息】 英文名：ethyl 3,5-cyclohexanedione-1-carboxylate；CAS 号：27513-35-5；分子式：$C_9H_{12}O_4$；分子量：184；浅黄色固体；熔点：74～77℃；沸点：125～130℃/53.2Pa。本品是植物生长调节剂。合成反应式如下：

$$\text{3-羟基-5-氧代-3-环己烯甲酸(-COOH)} \xrightarrow[SOCl_2回流]{无水乙醇/Et_3N} \text{3-EtO-5-氧代-环己烯(-COOEt)} \xrightarrow[H^+]{水解} \text{3-HO-5-氧代-环己烯(-COOEt)}$$

【合成方法】

1. 3-乙氧基-5-羰基-2-环己烯羧酸乙酯的合成： 在装有冷凝管（上边装有尾气接收装置和无水氯化钙干燥管，尾气 HCl 导入碱溶液吸收瓶）、分水器、温度计、搅拌器的 250mL 四口瓶中，依次加入 2.34g（0.015mol）3,5-二氧代环己烷羧酸、40mL 无水乙醇，在冰水浴中冷却，搅拌下加入 6.3mL（0.045mol）三乙胺，搅拌 10min。将 2.25mL（0.03mol）氯化亚砜冷却至 0～4℃，慢慢滴加到反应瓶中，约需 1h。所生成的 HCl 导入碱溶液吸收瓶。滴加完氯化亚砜后，升温至 50℃，反应 2h。TLC 监测反应至终点（展开剂为乙酸乙酯：石油醚=2：1）。滤出固体三乙胺盐酸盐，所得黄色溶液，加入二氯甲烷，倒入冷水中，分出下层有机相，用无水硫酸钠干燥，浓缩，不经纯化，直接进行下一步水解反应。用稀 $NaHCO_3$ 水溶液和饱和氯化钠水溶液洗涤浓缩液，用无水硫酸钠干燥，减压蒸馏，收集 165～170℃/0.266kPa 馏分，得到无色液体产品 3-乙氧基-5-羰基-2-环己烯羧酸乙酯。

2. 3,5-二氧代环己烷羧酸乙酯的合成： 在装有搅拌器、温度计的 50mL 反应瓶中，加入 3-乙氧基-5-羰基-2-环己烯羧酸乙酯 1.7g（M=211，3mmol）、0.12mol/L 盐酸 12mL，在 20℃搅拌 11h。用 TLC 监测原料点消失为反应终点（展开剂同上）。加入氯化钠至饱和，有黄色固体析出，静止后过滤，得到固体。滤液用乙酸乙酯或二氯甲烷萃取 3 次，用无水硫酸钠干燥，蒸出溶剂得到黄色黏稠液体，冷却放置后固化，得到浅黄色固体产品 3,5-二氧代环己烷羧酸乙酯 0.54g（2.93mmol），收率 98%，含量 96.5%，熔点 74～77℃。

【参考文献】

[1] 苗笑娟. 植物生长调节剂抗倒酯的合成研究 [D]. 大连：大连理工大学，2014.

[2] 魏宝敏，周文明，杨新娟，等. 3,5-二氧代环己烷羧酸乙酯的合成方法改进 [J]. 西北农林科技大学学报（自然科学版），2006，34（5）：144-146.

抗倒酯

【基本信息】 俗名：抗倒酯（trinexapac-ethyl）；化学名：4-环丙基（羟基）亚甲基-3,5-二酮环己基羧酸乙酯；英文名：4-(cyclopropyl-alpha-hydroxymethylene)-3,5-dioxo-cyclohexanecarboxylic acid ethyl ester；CAS 号：95266-40-3；分子式：$C_{13}H_{16}O_5$；分子量：252；白色固体；熔点：32～36℃；沸点：355.44℃；蒸气压：1.6×10^{-3}Pa/20℃；闪点：150.8℃；密度：1.215g/cm^3，酸度系数 pK_a：4.7/25℃。合成反应式如下：

HO, COOEt + COCl —Et_3N / 二氯甲烷→ C—O, COOEt —DMAP→ HO, C=, COOEt

【合成方法】

1. 3-环丙甲酰氧基-5-氧代-3-环己烯基羧酸乙酯的合成： 在装有温度计和磁子搅拌的 100mL 三口瓶中，依次加入经分子筛干燥的二氯乙烷 50mL、3,5-二氧代环己基羧酸乙酯 4g（0.02mol)、三乙胺 3.2mL（0.0231mol)。搅拌，冰浴冷却，滴加入环丙基甲酰氯 2.4g（0.023mol)。滴加完毕，升温至室温，搅拌反应过夜（约 15h)，用 TLC 监测反应至终点（展开剂为乙酸乙酯：石油醚=2：1)。抽滤除去三乙胺盐酸盐，用 10mL 二氯乙烷洗滤饼，合并滤液，用 50mL 1mol/L 盐酸洗涤 2 次，干燥，浓缩，得到黄色油状液体产品 3-环丙甲酰氧基-5-氧代-3-环己烯基羧酸乙酯 4.8g。不用纯化直接用于下一步反应。

2. 抗倒酯的合成： 将上述 4.8g（0.019mol）3-环丙甲酰氧基-5-氧代-3-环己烯基羧酸乙酯溶于 30mL 二氯乙烷中，加入催化剂 4-二甲氨基吡啶（DMAP）0.3g（2.4mmol)，加热回流 5h。用 TLC 监测反应至终点（展开剂同上)。用 40mL 1mol/L 盐酸洗涤反应液 2 次，分液出有机相，干燥，浓缩后得到黄棕色液体粗产品 5.1g。将该粗产品在硅胶柱进行层析提纯（淋洗液为乙酸乙酯：石油醚=1：1)，得到抗倒酯 3.46g（0.0137mol)，两步反应总收率 68.5%。HPLC 检测含量 94.2%，熔点 35.4℃。

【参考文献】

[1] 苗笑娟. 植物生长调节剂抗倒酯的合成研究 [D]. 大连：大连理工大学，2014.

[2] 高敏. 抗倒酯的合成工艺研究 [D]. 杭州：浙江大学，2006.

3,4-二羟基苯甲酸乙酯

【基本信息】 英文名：ethyl 3,4-dihydroxy-benzoate；CAS 号：3943-89-3；分子式：$C_9H_{10}O_4$；分子量：182；白色或浅棕色晶体粉末；熔点：132～134℃；沸点：275.56℃；

密度：1.248g/cm^3；不溶于水，溶于乙醇；酸度系数 pK_a=8.19。存在于鳞始蕨科植物乌蕨、冬青等植物的叶片中，是抗氧化剂，可用作食品添加剂、医药中间体等。合成反应式如下：

$$\text{4-Me-1,2-(OH)}_2\text{C}_6\text{H}_3 \xrightarrow[\text{TBAB/HCl}]{\text{KMnO}_4} \text{3,4-(OH)}_2\text{C}_6\text{H}_3\text{CO}_2\text{H} \xrightarrow{\text{EtOH/TsOH}} \text{3,4-(OH)}_2\text{C}_6\text{H}_3\text{CO}_2\text{Et}$$

【合成方法】

1. 3,4-二羟基苯甲酸的合成： 在装有搅拌器、温度计、回流冷凝管的 250mL 三口瓶中，依次加入 12.41g（0.1mol）4-甲基邻苯二酚、100mL 蒸馏水、34.33g（0.22mol）高锰酸钾、1.61g（M=322，5mmol）催化剂四叔丁基溴化铵（TBAB）和几粒沸石，加热到 120℃，回流反应 3h，当回流不出现油珠时，停止加热。趁热抽滤，用少量热水洗涤滤饼 3 次，合并滤液，用冰水浴冷却，用过量浓盐酸酸化。减压蒸馏，收集 250～252℃馏分，得到 3,4-二羟基苯甲酸 14.75g，收率 95.7%，熔点 198～200℃（文献值：197～200℃）。

备注：3,4-二羟基苯甲酸，又名原儿茶酸（CAS 号：99-50-3），分子式为 $C_7H_6O_4$，分子量为 154，具有抗炎、祛痰、平喘作用，可用作食品添加剂等。

2. 3,4-二羟基苯甲酸乙酯的合成： 在装有搅拌器、温度计、回流冷凝管和分水器的 250mL 三口瓶中，依次加入 14.75g（0.0958mol）3,4-二羟基苯甲酸、6.7mL（0.115mol）无水乙醇，搅拌下慢慢加入 10g（M=172，5.8mmol）催化剂对甲基苯磺酸（TsOH），搅拌混合均匀，加入几粒沸石。加热到 90℃，回流反应 3h，直至不再出水，再延长 10～15min。加入 25mL 苯，搅拌，趁热滤除催化剂。将滤液迅速倒入冷水中，析出固体，过滤，用 5%碳酸钠水溶液和水洗涤滤饼，干燥，得到粗产品 17.55g。干燥后将其进行蒸馏，收集 133～135℃馏分，得到 3,4-二羟基苯甲酸乙酯纯品 16.49g（0.0906mol），收率 94.6%，熔点 132～135℃（文献值：131～136℃）。

【参考文献】

[1] 周石洋，陈玲. 3,4-二羟基苯甲酸乙酯合成工艺研究 [J]. 西华大学学报（自然科学版），2014，33（6）：73-77.

山梨酸甲酯

【基本信息】 俗名：山梨酸甲酯（methyl sorbate）；化学名：（E,E）-2,4-六烷二烯酸甲酯；英文名：2,4-hexadienoic acid methyleste；CAS 号：689-89-4 或 1515-80-6；分子式：$C_7H_{10}O_2$；分子量：126；熔点：15℃（文献值）；沸点：180℃；密度：0.968g/cm^3。合成反应式如下：

$$\text{MeCH}=\text{CHCH}=\text{CHCO}_2\text{H} + \text{MeOH} \xrightarrow[\text{回流 4h}]{\text{盐酸/BF}_3} \text{MeCH}=\text{CHCH}=\text{CHCO}_2\text{Me}$$

【合成方法】

在装有搅拌器、回流冷凝管和分水器的 50mL 三口瓶中，加入 11.2g（M=112，0.10mol）山梨酸、无水甲醇 16g（0.5mol）和 0.02mol 催化剂（其中盐酸 0.01mol，BF_3 0.01mol）。水浴加热至微沸，回流 4h。反应结束，冷却至室温，将反应液倒入 200mL

水中，用 50mL 乙醚萃取，分出有机层。依次用浓度 10mg/L 的碳酸氢钠溶液和水洗涤至中性，减压蒸出乙醚，得到浅黄色油状液体产物山梨酸甲酯 9.1g（0.072mol），收率 72%，熔点 6℃。

【参考文献】

［1］黄志良，战宇，宁正祥，等. 山梨酸酯的合成与抗菌作用研究［J］. 华南农业大学学报，2002，23（3）：84-86.

山梨酸乙酯

【基本信息】 化学名：(*E*,*E*)-2,4-六烷二烯酸乙酯；英文名：(*E*,*E*)-2,4-hexadienic acid ethylester 或 ethylsorbate；CAS 号：2396-84-1；分子式：$C_8H_{12}O_2$；分子量：140；无色液体；熔点：−22℃；沸点：195～196℃，82～83℃/1.73kPa；密度：0.956g/cm^3。本品是低毒、高效的食品防腐剂。

【合成方法】

1. 对甲苯磺酸催化法（文献［1］中的方法）：

$$\text{MeCH}=\text{CHCH}=\text{CHCO}_2\text{H} + \text{EtOH} \xrightarrow[\text{环己烷/回流 4h}]{\text{对苯甲磺酸}} \text{MeCH}=\text{CHCH}=\text{CHCO}_2\text{Et}$$

在装有搅拌器、回流冷凝管和分水器的 50mL 三口瓶中，加入 5.6g（0.05mol）山梨酸、无水乙醇 11g（0.24mol）、催化剂对甲苯磺酸 1.4g 和带水剂环己烷 15mL，搅拌均匀。升温至回流，不断带出水，反应 4h，无水带出时，反应完毕。冷却至室温，依次用 5%碳酸氢钠水溶液、水洗涤至中性。分出油层，用无水硫酸镁干燥，蒸馏，收集 90℃馏分，得到无色或淡黄色液体产物山梨酸乙酯 5.25g（0.0375mol），收率 75%，纯度 98%。

2. 氯化亚锡催化法（文献［2］中的方法）：

$$\text{MeCH}=\text{CHCH}=\text{CHCO}_2\text{H} + \text{EtOH} \xrightarrow[\text{环己烷/110℃ 3h}]{\text{氯化亚锡}} \text{MeCH}=\text{CHCH}=\text{CHCO}_2\text{Et}$$

在装有搅拌器、温度计、冷凝管、干燥管的三口瓶中，在三口瓶和冷凝管之间装入干燥的 4A 分子筛，然后向三口瓶内加入催化剂氯化亚锡 2.0g、山梨酸 11.2g（0.1mol）、乙醇 18.4g（0.1mol）和环己烷 10mL，搅拌加热升温至 110℃，反应 3h 后，趁热滤除氯化亚锡。降温至 60℃，取样测酸值。水洗，用活性炭脱色，真空脱水、脱醇，得到浅黄色液体山梨酸乙酯精品 13.51g（0.0965mol），收率 96.5%。

【参考文献】

［1］梁红冬，陈建，范伟婷. 山梨酸乙酯的合成研究［J］. 广东石油化工学院学报，2013，23（1）：8-10.

［2］邓继勇，周原，王焕龙. 山梨酸乙酯的非酸催化合成［J］. 广西化工，2000（3）：7-8.

山梨酸苯丙氨酸乙酯

【基本信息】 英文名：ethyl *N*-[1-oxo-2,4-hexadien-1-yl]-L-phenylalaninate；分子式：$C_{17}H_{21}O_3$；分子量：273。本品对肠杆菌、枯草芽孢杆菌、金黄色葡萄球菌和牛奶酸败

混合菌的最低抑菌浓度分别为 2.50mmol/L、2.75mmol/L、2.00mmol/L 和 2.50mmol/L，其抑菌效果优于山梨酸。

【合成方法】

一、文献［1］中的方法

1. 苯丙氨酸乙酯盐酸盐的合成：

$$PhCH_2CH(NH_2)COOH \xrightarrow[SOCl_2]{无水乙醇} PhCH_2CH(NH_2)CO_2Et \cdot HCl$$

在装有搅拌器、低温温度计、回流冷凝管的 100mL 三口瓶中，加入无水乙醇 30mL（23.7g，0.515mol），冰盐浴冷却，加入 16.5g（0.1mol）苯丙氨酸和 38.1g（0.32mol）氯化亚砜，冰盐浴下搅拌反应 1h。加热到 60℃，回流 4h，直至固体完全消失，旋蒸出剩余的乙醇和氯化亚砜，得到苯丙氨酸乙酯盐酸盐 21.62g（0.094mol），收率 94%。

2. 山梨酰氯的合成：

$$MeCH{=}CHCH{=}CHCOOH \xrightarrow{SOCl_2} MeCH{=}CHCH{=}CHCOCl$$

在装有搅拌器的 100mL 三口瓶中，加入摩尔比为 1∶3 的苯丙氨酸乙酯盐酸盐和氯化亚砜，室温搅拌 1h，减压旋蒸出剩余的氯化亚砜，得到山梨酰氯。

3. 山梨酸苯丙氨酸乙酯的合成：

$$MeCH{=}CHCH{=}CHCOCl + PhCH_2CH(NH_2)CO_2Et \cdot HCl \longrightarrow MeCH{=}CHCH{=}CH\overset{\overset{O}{\|}}{C}NH\overset{\overset{CH_2Ph}{|}}{C}HCO_2Et$$

在装有搅拌器、温度计、回流冷凝管的 100mL 三口瓶中，加入摩尔比为 1∶1 的苯丙氨酸乙酯盐酸盐和山梨酰氯，冰水浴冷却反应 3h，室温反应 4h。旋蒸出低沸点物，得到山梨酸苯丙氨酸乙酯粗产品。用乙酸乙酯对粗产品进行萃取，再用 20g/L 的氢氧化钠溶液洗涤。最后用硅胶柱色谱（洗脱液为石油醚∶乙酸乙酯＝2∶1）纯化，得到浅黄色固体纯品山梨酸苯丙氨酸乙酯，熔点 69.8～72.2℃。

二、文献［2］中的方法（钇改性 Cu-HMS 催化剂催化法）

1. 钇改性 Cu-HMS 催化剂的制备： 将 5g $Cu(NO_3)_2 \cdot 3H_2O$ 加入到 100mL 乙醇中，超声波处理 1h。加入 3mL 正硅酸四乙酯，磁力搅拌下加热至 80℃，反应 4h。再进行微波处理 2h。加入 30mL 含有 2mL 十二胺的乙醇溶液，在 50℃搅拌 3h。所得产物，离心水洗，110℃干燥 12h。在马弗炉里，在体积比为 4∶1 的氮气-二氧化碳气氛下，0.1kPa 下煅烧 4h。冷却后，在 0.1mol/L 的硫酸钇溶液里浸渍 8h 后，用去离子水洗涤并旋蒸出水，得到催化剂。

2. 山梨酸苯丙氨酸乙酯的合成： 在装有搅拌器、温度计和回流冷凝管的 250mL 三口瓶中，加入 100mL 无水乙醇、33g（M＝165，0.2mol）苯丙氨酸、60g（0.5mol）氯化亚砜，搅拌 4h。加入 1.2g 纳米 Y-Cu-HMS 催化剂，冰盐水浴冷却下进行反应后，再继续加热回流 4h。旋蒸出乙醇和过量氯化亚砜，回收催化剂，得到中间体苯丙氨酸乙酯盐酸盐。在另一装有搅拌器、温度计的 250mL 三口瓶中，加入 11g（0.0982mol）山梨酸和 33g（0.277mol）氯化亚砜，室温搅拌反应 4h，旋蒸出过量氯化亚砜，得到山梨酰氯。按摩尔比为 1∶1 将山梨酰氯和苯丙氨酸乙酯盐酸盐混合，在冰盐水浴冷却下搅拌反应 3h，室温反应

4h。旋蒸出低沸点物，剩余物用乙醇重结晶，得到山梨酸苯丙氨酸乙酯 53g（0.1941mol），收率 97.1%，纯度 99.6%。

【参考文献】

［1］曾广翔，陆惠邦，孙胜玲，等. 山梨酸苯丙氨酸乙酯的合成及抑菌活性［J］. 食品工业科技，2013，34（24）：321-325.

［2］李昌侠，冯卓远，李照国. 一种防腐剂中间体山梨酸苯丙氨酸乙酯的合成工艺：CN106631847A［P］. 2018-09-28.

(*Z*)-8-十二烯基乙酸酯

【基本信息】 俗名梨小食心虫信息素；英文名：(*Z*)-8-dodecenyl acetate；CAS 号：28079-04-1；分子式：$C_{14}H_{26}O_2$；分子量：226；密度：0.88g/cm^3；储存条件：2～8℃。梨小食心虫信息素对梨小食心虫等多种害虫具有引诱效果，*Z*/*E* 摩尔比为 95∶5，引诱活性最佳。其化学结构如下：

【合成方法】

一、文献［1］中的方法

1. 2-壬炔-1-醇的合成：

$$n\text{-}C_6H_{13}Br + HC\equiv CCH_2OH \xrightarrow[\text{液氮}]{2LiNH_2} n\text{-}C_6H_{13}C\equiv CCH_2OH$$

将 10.6g 金属锂溶于 3L 液氨中，生成氨基锂，再与 48g 2-丙炔-1-醇反应，生成其锂盐。丙炔-2-醇锂盐与 100g 溴代正己烷反应，得到 2-壬炔-1-醇，熔点 129～134℃，收率 70%。

2. 8-壬炔-1-醇的合成：

$$n\text{-}C_6H_{13}C\equiv CCH_2OH \xrightarrow[APA]{Na/NH_3} HC\equiv C(CH_2)_7OH$$

在装有搅拌器、温度计、滴液漏斗的 1L 四口瓶中，在干冰-丙酮浴中冷却至−40℃，倒入 480mL 液氨，搅拌下，加入少许硝酸铁，继续搅拌 2～3min。慢慢加入 13.8g 金属钠，加完后，继续反应半到 1h。保持温度 40℃，滴加 400mL 1,3-丙二胺（APA），滴毕，继续搅拌反应 1.5h。撤去冷浴，使液氨挥发出去，最后减压抽出残余的氨。在 30～35℃滴加 23.7g 2-壬炔-1-醇，滴毕，继续反应约 30h，用 GC 或 TLC 监测反应至完毕。减压蒸出过量 1,3-丙二胺。冷却后，将反应液倒入含有氯化钠的冰水中，用乙醚萃取，用水和饱和食盐水洗涤至中性，用无水硫酸钠干燥，回收乙醚后，减压蒸馏，收集 112～116℃/1.60kPa 馏分，得到 8-壬炔-1-醇 21.2g，收率 81%。

3. 2-[(8-壬炔) 氧基]-四氢吡喃的合成：

$$HC\equiv C(CH_2)_7OH + \text{(二氢吡喃)} \xrightarrow{HCl} HC\equiv C(CH_2)_7O\text{–(四氢吡喃-2-基)}$$

在装有搅拌器、温度计、滴液漏斗的 150mL 三口瓶中，加入 38g 8-壬炔-1-醇和 0.2mL

浓盐酸，搅拌，在干冰-丙酮浴中冷却至−40℃，然后放入冰盐水浴中，升温至0～10℃，滴加38g二氢吡喃烯，滴毕，在30℃继续反应4h。加入乙醚，然后加入5%碳酸氢钠水溶液，使乙醚液呈碱性。用饱和食盐水洗涤，用无水硫酸钠干燥，蒸出乙醚后，减压蒸馏，收集119～129℃/1.60kPa馏分，得到2-[(8-壬炔)氧基]-四氢吡喃56.4g，收率92%，纯度>98%。ESI-MS：$m/z=224$ [M^+]。

4. 2-[(8-十二碳烯)氧基]-四氢呋喃的合成：

$$HC\equiv C(CH_2)_7O\text{—THP} \xrightarrow[n\text{-}C_4H_9Li/THF/HMPA]{n\text{-}C_3H_7Br} n\text{-}C_3H_7C\equiv C(CH_2)_7O\text{—THP}$$

在装有搅拌器、温度计、滴液漏斗的250mL三口瓶中，加入11.5g 2-[(8-壬炔)氧基]-四氢吡喃、50mL四氢呋喃，搅拌，冰盐水浴冷却至5～10℃，滴加入30mL 2mol/L正丁基锂的乙醚溶液。滴毕，保持10～15℃，再滴加入90mL含7.56g溴丙烷的六甲基磷酰三胺溶液。滴毕，在20～25℃反应1h。将反应物倒入含氯化铵的冰水中，用乙醚萃取，用水、饱和食盐水洗涤，用无水硫酸钠干燥，蒸出乙醚和低沸点物后，减压蒸馏，收集102～116℃/26.7Pa馏分，得到8.9g 2-[(8-十二碳烯)氧基]-四氢呋喃，收率67%。ESI-MS：$m/z=266$ [M^+]。

5. 8-十二碳烯-1-醇乙酸酯的合成：

$$n\text{-}C_3H_7C\equiv C(CH_2)_7O\text{—THP} \xrightarrow{AcCl/AcOH} n\text{-}C_3H_7C\equiv C(CH_2)_7OC(=O)Me$$

在装有搅拌器、温度计、滴液漏斗的250mL三口瓶中，加入27g 2-[(8-十二碳烯)氧基]-四氢呋喃、120mL冰醋酸和12mL乙酰氯。升温至60℃，搅拌反应6h，处理后减压蒸馏。收集98～106℃/40.0Pa馏分，得到8-十二碳烯-1-醇乙酸酯20.1g，收率88%。ESI-MS：$m/z=225$ [$M^+ +1$]。

6. 顺-8-十二碳烯-1-醇乙酸酯的合成：

$$n\text{-}C_3H_7C\equiv C(CH_2)_7OC(=O)Me \xrightarrow{H_2/P\text{-}2Ni} n\text{-}C_3H_7CH=CH(CH_2)_7OC(=O)Me \quad (Z)$$

在装有搅拌器、温度计和氢气导管的350mL三口瓶中，加入540mg醋酸镍、80mL95%乙醇，搅拌溶解。在氢气流下，加入40mL含100mg硼氢化钠的95%乙醇溶液、0.5mL乙二胺和30mL含18g 8-十二碳烯-1-醇乙酸酯的95%乙醇溶液。室温搅拌氢化，吸收计算量的氢气后，停止反应。按常规处理后，减压蒸馏，收集95～98℃馏分，得到16.9g顺-8-十二碳烯-1-醇乙酸酯，收率94%，纯度97%。ESI-MS：$m/z=225$ [$M^+ +1$]。元素分析：分子式为$C_{14}H_{26}O_2$；计算值（%）：C 74.29，H 11.58；实验值（%）；C 73.79，H 11.49。

二、文献[2]中的方法（*Z*/*E*摩尔比为25∶75）

1. 1,8-(*Z*)-十七碳二烯（2）的合成：

$$\underset{\mathbf{1}}{Me(CH_2)_7CH=CH(CH_2)_7COOH} \xrightarrow[Ac_2O]{Pd(Ph_3)_2Cl_2/PPh_3} \underset{\mathbf{2}}{Me(CH_2)_7CH=CH(CH_2)_5CH=CH_2}$$

在装有搅拌器、温度计和氮气导管的100mL三口瓶中，加入0.5mg（0.008mmol）Pd

$(PPh_3)_2Cl_2$ 和 104.8mg (0.4mmol) PPh_3，通入氮气，在 250℃，滴加 11.28g (40mmol) 油酸与 8.16g (80mmol) 乙酸酐的化合物，同时蒸出产物。减压蒸出馏出液中的乙酸酐和乙酸，将剩余物倒入水中，用乙醚 20mL×3 萃取，用饱和碳酸氢钠水溶液洗涤，用无水硫酸钠干燥，所得粗品经硅胶层析柱纯化，得到无色液体产物 1,8-(*Z*)-十七碳二烯 (**2**) 8.12g，收率 86%。EI-MS：$m/z=236$ [M^+，14]。

2. 8-(*Z*)-十七碳二烯-1-醇 (3) 的合成：

$$\underset{\mathbf{2}}{Me(CH_2)_7CH{=}CH(CH_2)_5CH{=}CH_2} \xrightarrow[\text{②}H_2O_2/NaOH]{\text{①}Ca(BH_4)_2} \underset{\mathbf{3}}{Me(CH_2)_7CH{=}CH(CH_2)_7OH}$$

在装有搅拌器、回流冷凝管和氮气导管的 100mL 三口瓶中，加入 7.08g (30mmol) 化合物 **2** 和 28mL (0.25mol/L) 硼氢化钙的 THF 溶液，搅拌加热回流下，滴加 3mL (30mmol) 乙酸乙酯。回流 8h 后，冷却至室温，加入少量甲醇。搅拌下，加入 4mL 10mol/L 氢氧化钠水溶液和 4mL (9.8mol/L) 过氧化氢水溶液，室温搅拌 2h。分出有机层，用碳酸钾饱和水层，用乙酸乙酯 25mL×2 萃取，合并有机相，用无水硫酸钠干燥，过滤，减压蒸出溶剂，所得粗品经硅胶层析柱纯化 [淋洗剂：正己烷：乙酸乙酯=10：1 (体积比)]，得到油状液体产物 8-(*Z*)-十七碳二烯-1-醇 (**3**) 5.72g，收率 75%，纯度 99%。EI-MS：$m/z=254$ [M^+，6.0]。

3. 8-(*Z*)-十七碳二烯-1-醇乙酸酯 (4) 的合成：

$$\underset{\mathbf{3}}{Me(CH_2)_7CH{=}CH(CH_2)_7OH} \xrightarrow[\text{吡啶}]{Ac_2O} \underset{\mathbf{4}}{Me(CH_2)_7CH{=}CH(CH_2)_7OC(=O)Me}$$

在装有搅拌器、回流冷凝管和氮气导管的 100mL 三口瓶中，加入 4.57g (18mmol) 化合物 **3**、1mL 吡啶和 15mL 乙酸酐，搅拌，加热至 80℃，反应 2h。冷却至室温，加入 15mL 水，搅拌，分出有机层，用乙酸乙酯 10mL×3 萃取水层。合并有机相，用无水硫酸钠干燥，过滤，减压蒸出溶剂，所得粗品经硅胶层析柱纯化，得到 5.22g 无水油状液体产物 8-(*Z*)-十七碳二烯-1-醇乙酸酯 (**4**)，收率 97.9%。EI-MS：$m/z=296$ [M^+，2.5]。

4. 8-乙酰氧基辛醛 (5) 的合成：

$$\underset{\mathbf{4}}{Me(CH_2)_7CH{=}CH(CH_2)_7OC(=O)Me} \xrightarrow[\text{②}Zn/\text{水}]{\text{①}O_3} \underset{\mathbf{5}}{O{=}CH(CH_2)_7OC(=O)Me}$$

在装有搅拌器、回流冷凝管和氮气导管的 100mL 三口瓶中，加入 4.44g (15mmol) 化合物 **4** 和 20mL 二氯甲烷，搅拌，冷却至−30℃以下，通入 O_3 (20mL/min) 至尾气使 KBr 淀粉溶液变蓝时，停止通入臭氧。通入氮气 5min 后，加入 4g 锌粉、3mL 乙酸和 10mL 水，在 0℃搅拌 1h，室温搅拌 8h。分层有机层，用乙酸乙酯 10mL×3 萃取水层，合并有机相，用无水硫酸钠干燥，所得粗品经硅胶色谱柱纯化，得到无水油状液体产物 8-酰氧基辛醛 (**5**) 2.12g，收率 75.9%。EI-MS：$m/z=186$ [M^+，3.2]。

5. 8-(*Z*/*E*)-十二碳二烯-1-醇乙酸酯 (6) 的合成：

$$\underset{\mathbf{5}}{O{=}CH(CH_2)_7OC(=O)Me} \xrightarrow[NaH/DMSO]{Me(CH_2)_3P^+Ph_3Br^-} \underset{\mathbf{6}(Z/E)}{Me(CH_2)_2CH{=}CH(CH_2)_7OC(=O)Me}$$

在装有搅拌器、温度计、回流冷凝管和氮气导管的 50mL 三口瓶中，在无水氮气保护下加入 10mL 干燥的 DMSO 和 0.19g（8mmol）NaH，搅拌，加热至 50～60℃。NaH 全溶后，冷却至室温，加入 2g（5mmol）正丁基三苯基溴化鏻，室温搅拌 1h。加入 0.93g（5mmol）化合物 **5**，在 0℃搅拌 1h，加入水终止反应。用正己烷 5mL×3 萃取，合并有机相，用饱和食盐水洗涤，用无水硫酸钠干燥，过滤，减压蒸出溶剂，所得粗品经硅胶色谱柱纯化［石油醚：乙酸乙酯＝10：1（体积比）］，得到 8-(*Z*/*E*)-十二碳二烯-1-醇乙酸酯（**6**）0.9g，收率 80%，顺反异构体摩尔比为 25：75。EI-MS：m/z＝226［M^+，3］。

【参考文献】

［1］仲同生，林国强. 梨小食心虫性信息素顺-8-十二碳烯-1-醇乙酸酯及其反式异构体的合成［J］. 化学学报，1982，40（4）：381-385.

［2］刘复初，李雁武，林军，等. 梨小食心虫性信息素的新法合成［J］. 高等学校化学学报，2003，24（6）：1040-1042.

二硝巴豆酸酯

【基本信息】 商品名：消螨普和敌螨普；化学名：2-(1-甲基庚基)-4,6-二硝苯基-2-丁烯酸酯 和 2-(1-甲基庚基)-2,6-二硝苯基-2-丁烯酸酯混合物；英文名：2,4-dinitro-6-octylphenyl crotonate and 2,6-dinitro-4-octylphenyl crotonate；CAS 号：39300-45-3；分子式：$C_{18}H_{24}N_2O_6$；分子量：364.39；深红色黏稠液体，有刺激气味；熔点：－22.5℃；沸点：138～140℃/6.67Pa，＞200℃时分解；蒸气压：75MPa/25℃；难溶于水，20℃水中溶解度＜0.008g/L，溶于甲醇、乙腈等。有 2 种异构体：异构体①2,6-二硝基-4-异辛基苯基巴豆酸酯，约占 30%，杀菌活性最强；异构体②2,4-二硝基-6-异辛基苯基巴豆酸酯，约占 70%，杀菌活性较强。主要用于防治苹果、葡萄、烟草、蔷薇、菊花、黄瓜、啤酒花的白粉病，也可用于处理种子。

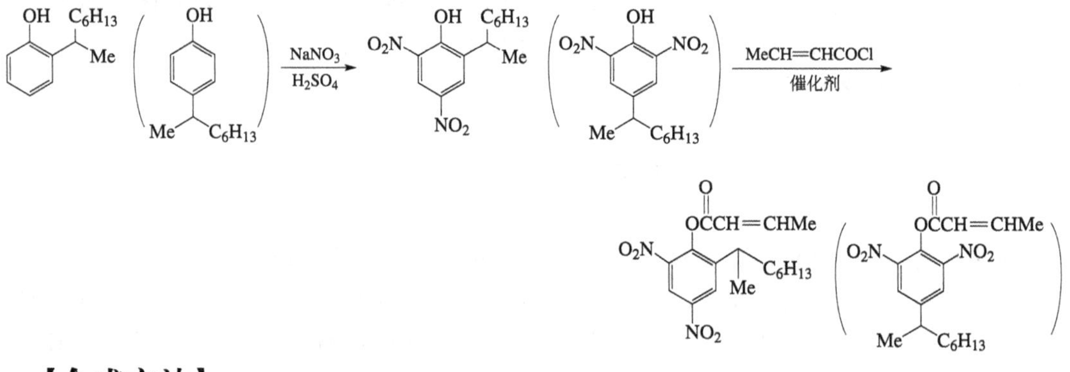

【合成方法】

1. 2,4-二硝基-6-异辛基苯酚和 2,4-二硝基-4-异辛基苯酚的合成： 在装有搅拌器、温度计、冷凝管和滴液漏斗的 250mL 四口瓶中，加入 98%浓硫酸 60g，加热至 30～45℃，搅拌下，滴加入邻/对异辛基苯酚混合物 41.6g（M＝364，0.1143mol），保温反应 2h，反应结束，装入滴液漏斗备用。向反应瓶中加入 40%硝酸钠（M＝63，0.34286mol）水溶液 54g，升温至 60℃，搅拌下缓慢滴加上述反应混合液，滴毕，在 80～90℃反应 2h。反应结束，降至室温，分出下层废酸，用热水 100g×2 洗涤有机相，静置分层。分出有机相，减压蒸馏，脱尽水分，降至室温，得到2,4-二硝基-6-异辛基苯酚和2,4-二硝基-4-异辛基苯酚混合物58.6g，收率92.8%，含量93.8%。

2. 2-丁烯酰氯的合成： 在装有搅拌器、温度计、冷凝管的三口瓶中，加入丁烯酸129g、石油醚200mL和催化剂4-二甲氨基吡啶6g，搅拌，在30～40℃通入光气250～260g，通毕，保温反应1h。减压蒸出溶剂石油醚，得到2-丁烯酰氯140.6g，收率85.6%，含量95.4%。

3. 二硝巴豆酸酯的合成： 在装有搅拌器、温度计、冷凝管和滴液漏斗的250mL四口瓶中，加入2,4-二硝基-6-异辛基苯酚和2,4-二硝基-4-异辛基苯酚混合物50.5g（含量93.8%），石油醚50mL、三乙胺0.5g，搅拌，在40～50℃滴加2-丁烯酰氯23g（含量96.4%），保温反应6h。加入甲苯50mL、水100mL，搅拌，分出有机相，用热水100g×2洗涤，减压蒸出溶剂，得到二硝巴豆酸酯53.5g，收率85.2%，含量92.8%。总收率79%。

【参考文献】

[1] 徐守林. 杀螨杀菌剂二硝巴豆酸酯的合成 [J]. 现代农药，2011，10 (2)：14-16.

(*R*)-(＋)-碳酸丙烯酯

【基本信息】 英文名：(*R*)-(＋)-propylene carbonate；CAS号：16606-55-6；分子式：$C_4H_6O_3$；分子量：102；沸点：240℃；闪点：132℃；比旋度：＋2°；密度：1.189g/cm^3。碳酸丙烯酯是一种高沸点溶剂，对酸性气体有特殊的亲和性，工业上用于脱除产生的各种废气（如CO_2、H_2S等）。手性碳酸丙烯酯在制药业有着广泛应用。本品刺激眼睛、呼吸系统和皮肤，操作时应注意防护。

【合成方法】

1. (*S*,*S*)-Salen配体（5）的合成：

(1) 将环己二胺拆分为**3**：合成反应式如下

HO　OH / HO_2C **2** CO_2H ; AcOH/H_2O ; **4** (OHC, OH, *t*-Bu, *t*-Bu) ; K_2CO_3/H_2O/EtOH

1　　**3**　　**5**

将D-(—)酒石酸150g（0.99mol）和400mL水加入到1L烧杯中，强烈搅拌溶解后，缓慢滴加外消旋环己二胺240mL（1.94mol），滴加速度使体系温度升到70℃。保持此温度，直到滴加完毕。加入冰醋酸100mL（1.75mol），控制滴速使温度升到90℃。随着冰醋酸的加入，生成白色沉淀。滴毕，搅拌下冷却至室温，继续搅拌2h。用冰水浴冷却至5℃以下，保温2h。抽滤，用5℃水100mL淋洗滤饼，再用甲醇100mL×5淋洗，干燥，得到白色颗粒状固体(*S*,*S*)-环己基二胺的酒石酸盐（**3**）160g，收率99%。

(2) (*S*,*S*)-Salen配体（**5**）的合成：在装有搅拌器、温度计、回流冷凝管和滴液漏斗的2L四口瓶中，加入化合物**3** 29.7g（0.112mol）、碳酸钾31.2g（0.225mol）和蒸馏水150mL，搅拌溶解后，加入600mL乙醇。加热至75～80℃，出现回流，滴加53.7g（0.225mol）3,5-二叔丁基水杨醛（**4**）和250mL乙醇的溶液，滴加时间需要30min以上。

滴毕，用 50mL 乙醇冲洗漏斗。搅拌回流 2h 后，用冰水浴冷却至 5℃以下，搅拌下，加入 150mL 水，保温搅拌 1h。抽滤，用 100mL 乙醇淋洗滤饼，将其溶于 100mL 二氯甲烷。依次用水 300mL×2、盐水 100mL 洗涤，用无水硫酸钠干燥，减压蒸出溶剂，得到黄色粉末状产物（*S*,*S*)-Salen 配体（**5**）56.47g，收率 92%。

2. (*S*,*S*)-Salen Co（Ⅱ）(7) 的合成：

$$\mathbf{5}\xrightarrow[\text{Co(AcO)}_2\cdot 4H_2O]{\mathbf{6}}(S,S)\text{-Salen Co(II)}\ \mathbf{7}$$

在装有搅拌器、温度计、氮气导管和滴液漏斗的 500mL 四口瓶中，加入（*S*,*S*)-Salen 配体（**5**）10.9g（20mmol）和二氯甲烷 80mL，搅拌溶解，在氮气保护下，缓慢滴加四水醋酸钴 5.98g（24mmol）和 80mL 甲醇的溶液，迅速生成砖红色沉淀。用 20mL 甲醇冲洗滴液一侧瓶壁，室温搅拌 15min，0℃搅拌 30min。抽滤，用 0℃的甲醇 75mL×2 淋洗滤饼，真空干燥，得到红色固体产物（*S*,*S*)-Salen Co(Ⅱ)(**7**) 11.6g，收率 96%。

3. (*R*)-碳酸烯丙酯（12）的合成：

$$\mathbf{8}\xrightarrow[H_2O]{\mathbf{7}\ (S,S)\text{-Salen Co(II)}}\mathbf{9}+\mathbf{10}\xrightarrow[\text{EtONa}]{\mathbf{11}\ O{=}C(OEt)_2}\mathbf{12}$$

（1）（*R*)-丙二醇（**10**）的合成：在装有搅拌器、温度计、滴液漏斗的 100mL 三口瓶中，加入 0.833g（2mmol)（*S*,*S*)-SalenCo（Ⅱ）和甲苯 18.4mL，搅拌溶解。加入 8.7g（0.145mol）乙酸，开口于空气中搅拌 0.5h，对催化剂进行活化，使 Co^{2+} 氧化成 Co^{3+}，显示催化活性，反应液由砖红色变为深褐色。减压蒸出溶剂甲苯，加入 40g（0.69mol）环氧丙烷。用冰水浴冷却至 0℃，缓慢滴加 5.58g（0.31mol）水，至少需要 0.5h 以上滴加完毕。升至室温，搅拌 14h。常压蒸出（*S*)-环氧丙烷，减压蒸出（*R*)-丙二醇，收率 99%。

（2）（*R*)-碳酸烯丙酯（**12**）的合成：在装有搅拌器、温度计和蒸馏装置的 100mL 三口瓶中，加入 38g（0.5mol)（*R*)-丙二醇、5.4g（0.06mol）碳酸二甲酯和新制备的乙醇钠 2.72g（0.04mol)，搅拌，加热至 100℃，反应 12h。反应过程中，不断蒸出产生的乙醇，减压精馏，分别蒸出收集碳酸二甲酯、丙二醇和（*R*)-碳酸烯丙酯（**12**)，（*R*)-碳酸烯丙酯（**12**）收率 88%，对映体过量值 99%。

【参考文献】

［1］丁华平，陈宇，吉祥，等.（*R*)-碳酸丙烯酯的合成研究［J］. 徐州工程学院学报（自然科学版），2013，28（3）：42-46.

4-氯乙酰乙酸乙酯

【基本信息】 英文名：ethyl 4-chloroacetoacetate；CAS 号：638-07-3；分子式：$C_6H_9ClO_3$；分子量：164.5；无色液体；沸点：103℃；熔点：−8℃；密度：1.218g/cm^3；

闪点：96℃；水中溶解度：47.5g/L（20℃）。是一种医药、农药中间体。合成反应式如下：

$$H_2C=C-O(-C=O) \xrightarrow[HCl]{Cl_2/催化剂} ClHC=C-O(-C=O) \xrightarrow{EtOH/催化剂} ClCH_2-\overset{O}{\overset{\|}{C}}-CH_2CO_2Et$$

【合成方法】

一、文献［1］中的方法

在装有搅拌器、温度计、滴液漏斗和氯气导管的干燥的四口瓶中，加入500mL干燥的四氯化碳，冰水浴冷却至0℃左右，依次加入150g（M=84，1.786mol）双乙烯酮、0.3g吡咯烷酮和0.6g己内酰胺。内温保持−5～0℃左右，缓慢通入氯气，控制通入速度不超过40 g/h，维持温度低于3℃。产生的HCl气体通入水或氢氧化钠水溶液吸收，当有氯气逸出时，反应完成，停止通氯。反应结束，去掉冰水浴，换上加热套。慢慢滴加100mL无水乙醇，缓慢加热至溶液回流，反应1h。用15％碳酸钠水溶液中和至pH为7～8，去掉水层。油层常压蒸出四氯化碳后，加入0.5g喹啉，减压蒸馏，得到4-氯乙酰乙酸乙酯230g（1.398mol）左右，收率78.3％，含量98％。

二、文献［2］中的方法

在反应器中，加入乙酰乙酸乙酯，用冰水浴冷却至5℃，滴加1.1倍摩尔量的磺酰氯，滴毕，缓慢升温至20℃，反应4h，缓慢抽真空，将残留酸气抽入碱液吸收装置。酸气排尽后，减压精馏，得到无色液体4-氯乙酰乙酸乙酯，收率83％，纯度＞99％。

【参考文献】

［1］翟煜翥.4-氯乙酰乙酸乙酯的合成［J］.辽宁化工，2001，30（6）：240，242.

［2］杨青，张浩.一种2-氯乙酰乙酸乙酯的制备方法：CN105061210A［P］.2015-11-18.

N-(3,4-二甲氧基苯乙基)-2-(3,4-二甲氧基苯乙基)乙酰胺

【基本信息】 英文名：*N*-(3,4-dimethoxyphenethyl)-2-(3,4-dimethoxyphenyl) acetamide；CAS号：139-76-4；分子式：$H_{20}H_{25}NO_5$；分子量：359。本品是盐酸罂粟碱的重要中间体。

【合成方法】

1.3,4-二甲氧基苯乙腈（3）的合成：

邻苯二酚 $\xrightarrow[Et_3BnN^+Cl^-]{Me_2SO_4}$ **1**（邻苯二甲醚）$\xrightarrow[HCl]{(CH_2O)_n}$ **2**（3,4-二甲氧基苄氯，CH_2Cl）$\xrightarrow{30\%NaCN}$ **3**（3,4-二甲氧基苯乙腈，CH_2CN）

（1）邻苯二甲醚（**1**）的合成：在装有搅拌器、温度计、滴液漏斗和氮气导管的3L四口瓶中，室温通入氮气下，加入硫酸二甲酯532g（M=126，4.22mol）、甲苯370mL、邻苯二酚185g（M=110，4.68mol）、纯水370mL、三乙基苄基氯化铵2g，搅拌，控制温度在30℃以下，滴加10％液碱，调节pH至11～12。在控制温度20～30℃反应2～3h，用TLC监测反应（展开剂：石油醚/乙酸乙酯=3/1）。反应结束，室温静置分层，分出有机相，用

甲苯萃取水层1次，合并有机相，得到甲苯溶液含邻苯二甲醚220g，收率95%，纯度>98.5%。无须纯化，直接用于下一步反应。

(2) 3,4-二甲氧基氯苄 (**2**) 的合成：在装有搅拌器、温度计的2L四口瓶中，加入36%盐酸263mL (3.08mol)、上述邻苯二甲醚甲苯溶液 (约300mL，含量75%，0.54mol)，搅拌，冷却至15℃以下，分3次加入多聚甲醛24g (0.79mol)，每间隔0.5~1h加1次。加毕，在10~20℃反应3~5h。反应结束，分出甲苯层，用60mL饱和食盐水洗涤，甲苯层含二甲氧基氯苄60%~65%，含邻苯二甲醚20%~25%。无须纯化，直接用于下一步反应。

(3) 3,4-二甲氧基苯乙腈 (**3**) 的合成：在装有搅拌器、温度计、滴液漏斗的2L四口瓶中，加入上一步的二甲氧基氯苄的甲苯溶液约300mL (约0.40mol)、三乙胺1.8mL、碘化钠25g、30%氰化钠水溶液100mL (0.70mol)，搅拌，升温至85~90℃，反应3~4h，用TLC监测反应 (展开剂：石油醚/乙酸乙酯=3/1)。反应结束，降至室温，加入150mL水，搅拌，静置分层。分出甲苯层，用水100mL×2洗涤，确保氰化钠洗净。减压蒸出甲苯后，收集<130℃/266.6Pa馏分未反应的邻苯二甲醚20~25g；再收集130~140℃/266.6Pa主馏分3,4-二甲氧基苯乙腈 (**3**) 50g，纯度95.6% (含3,4-二甲氧基苯甲醇2%~5%)，收率52%。以上三步反应用"一锅法"合成 (**3**) 总收率49.4%。LC-MS：m/z=178.1 $[M+H]^+$ (M=177)。

2. 3,4-二甲氧基苯乙酸 (4) 的合成：

在装有搅拌器、温度计的250mL四口瓶中，依次加入含氢氧化钠7g (0.175mol) 的水溶液63mL、3,4-二甲氧基苯乙腈20g (0.113mol)，搅拌，升温回流3h。降温至20℃以下，加入乙酸乙酯40mL，搅拌15min，静置分层。分出的水层加入到反应瓶中，冰水浴冷却至10℃以下，控制在该温度，滴加入6mol/L盐酸40mL (0.24mol)。反应液变浑浊后加入晶种，调节pH至1，析出固体后在0~10℃保温2h。过滤，用40mL水洗涤滤饼，在50℃下减压干燥，得到3,4-二甲氧基苯乙酸 (**4**)，收率85%~90%，纯度98.7%。LC-MS：m/z=197.1 $[M+H]^+$ (M=196)。

3. 3,4-二甲氧基苯乙胺 (5) 的合成：

在加氢釜中，依次加入12%氨乙醇溶液125mL、Raney Ni 7.5g、3,4-二甲氧基苯乙腈25g (0.14mol)，依次用氮气、氢气置换反应釜各3次，升温至60℃进行加氢反应，搅拌速度控制550~700r/min，压力控制在1.0MPa，保温反应0.5h。降至室温，排空氢气，过滤反应液，常压蒸出滤液中的乙醇后，减压蒸馏，收集130~135℃/666.6Pa馏分，得到3,4-二甲氧基苯乙酸 (**4**)(M=181)，收率95%~98%，纯度97.9%。催化剂重复使用3次，催化活性基本不变。

4. *N*-(3,4-二甲氧基苯乙基)-2-(3,4-二甲氧基苯乙基)乙酰胺 (6) 的合成

在装有搅拌器、温度计的 250mL 四口瓶中，依次加入 3,4-二甲氧基苯乙胺（**5**）17g（0.094mol）和 3,4-二甲氧基苯乙酸（**4**）18g（0.092mol），减压到－0.08～－0.1MPa，搅拌，升温至 140～150℃，保温反应 2h。降温至 70℃，加入乙醇 97mL，升温至固体全部溶解，自然降温 2h，冰水浴控温在 0～5℃，保温析晶 2h。过滤，用 38mL 乙醇洗涤滤饼，在 50℃下减压干燥，得到产物（**6**），收率 85%～90%，纯度＞98%。LC-MS：$m/z=360.3$ $[M+H]^+$。

【参考文献】

［1］郭卫锋. 盐酸罂粟碱关键中间体的合成研究［D］. 杭州：浙江大学，2016.

N-(2,4,6-三溴苯基)马来酰亚胺

【基本信息】 英文名：*N*-(2,4,6-tribromophenyl) maleimide；分子式：$C_{10}H_4Br_3NO_2$；分子量：409.7；熔点：135～140℃；溶于丙酮、丁酮、氯仿、二氯乙烷、二氧六环等溶剂。是反应型阻燃剂，具有热分解温度高、阻燃效果好、加工性能好、力学性能好、不喷霜、抗紫外线、低烟无毒、阻燃性能稳定等优点。合成反应式如下：

【合成方法】

在装有搅拌器、温度计、回流冷凝管和分水器的干燥的四口瓶中，在氮气保护下加入等当量的马来酸酐和 2,4,6-三溴苯胺、催化剂 P_2O_5 和磷钼酸以及溶剂二甲苯（沸点 142℃），搅拌，在石蜡浴上加热至微回流，反应 13h。趁热滤除杂质，滤液减压浓缩，冷却结晶，过滤，用乙醇重结晶，用乙醇全溶滤饼，滴加入蒸馏水至析出红色黏稠油状物粘附瓶壁，趁热过滤，冷却结晶，得到白色或类白色粉末产物，熔点 140～142℃，收率 92.3%。

【参考文献】

［1］王彦林，赵忠波. 阻燃剂 *N*-(2,4,6-三溴苯基) 马来酰亚胺的合成研究［J］. 盐业与化工，2008，37（1）：9-11.

N-(2,4,6-三氯苯基)马来酰亚胺

【基本信息】 英文名：*N*-(2,4,6-trichlorophenyl) maleimide；CAS 号：13167-25-4；分子式：$C_{10}H_4Cl_3NO_2$；分子量：276.5；白色至米黄色结晶；熔点：128～130℃；密度：

1.66g/cm^3。不溶于水，溶于氯仿、甲苯、二甲苯、乙醇等。用作高分子材料耐热改进剂、橡胶硫化交联剂、光学感光材料以及长效低毒防污涂料等。

【合成方法】

一、文献［1］中的方法

$$\text{2,4,6-三氯苯胺} + \text{顺酐} \xrightarrow[137℃/2h]{SnCl_2} N\text{-(2,4,6-三氯苯基)马来酰亚胺}$$

在装有搅拌器、温度计的250mL三口瓶中，加入2,4,6-三氯苯胺120g（0.611mol）、顺酐90g（0.92mol）、$SnCl_2$ 7g，搅拌加热到约137℃，反应2h。稍冷，加入到400mL二甲苯中，搅拌，过滤，滤液蒸出溶剂，加入甲醇500mL重结晶，冷冻，滤出产品*N*-(2,4,6-三氯苯基）马来酰亚胺114g（0.412mol），收率67.4%，类白色结晶，熔点128～130℃，纯度≥97%。

备注：用本品制备的水性涂料，具有较好的抗菌和抑病毒作用，参见文献［1］。

二、文献［2］中的方法

$$\text{2,4,6-三氯苯胺} + \text{顺酐} \xrightarrow{RT} N\text{-(2,4,6-三氯苯基)马来酰亚胺酸} \xrightarrow[-H_2O]{催化剂} N\text{-(2,4,6-三氯苯基)马来酰亚胺}$$

1. *N*-(2,4,6-三氯苯基）马来酰亚胺酸的合成：在干燥的烧杯中，加入19.6g（99.75mmol）2,4,6-三氯苯胺和适量乙酸乙酯，搅拌至全部溶解，倒入滴液漏斗中。

在装有搅拌器和滴液漏斗的三口瓶中，加入9.8g（74.24mmol）顺丁烯二酸酐和适量乙酸乙酯，室温搅拌溶解，滴加上述配制的2,4,6-三氯苯胺乙酸乙酯溶液，滴毕，继续搅拌1h，冷却，抽滤，真空干燥12h，得到*N*-(2,4,6-三氯苯基)马来酰亚胺酸。

2. *N*-(2,4,6-三氯苯基）马来酰亚胺的合成：在装有搅拌器、温度计和滴液漏斗的三口瓶中，加入7.3g（24.8mmol）*N*-(2,4,6-三氯苯基）马来酰亚胺酸、脱水剂乙酸酐10mL、催化剂无水乙酸钠1.1g和阻聚剂对苯二酚0.15g，加热到55℃，反应80min。反应结束，倒入蒸馏水中，搅拌后静置12h，抽滤，用蒸馏水洗涤滤饼，真空干燥12h，所得粗品用无水乙醇重结晶2次，得到白色晶体产品*N*-(2,4,6-三氯苯基）马来酰亚胺6.2g（22.43mmol），熔点129～131℃，收率90.5%。

【参考文献】

［1］桂芳，张卓然，郑丛龙，等.几种纳米水性涂料的抗菌及抗病毒作用研究［J］.中国粉体技术，2005，11（1）：33-35.

［2］张颖朦，李晓萱.*N*-(2,4,6-三氯苯基）马来酰亚胺的合成研究［J］.精细石油化工进展，2011，12（6）：53-55.

乙草胺

【基本信息】 化学名：2′-乙基-6′-甲基-*N*-(乙氧基甲基)-2-氯代乙酰替苯胺；英文

名：2′-ethyl-6′-methyl-*N*-(ethoxymethyl)-2-chloroacetanilide；CAS 号：34256-82-1；分子式：$C_{14}H_{20}ClNO_2$；分子量：269.77；浅棕色液体；熔点：<0℃；沸点：> 200℃；闪点：>68℃；蒸气压：133.3Pa；密度：1.1g/cm^3；水中溶解度：223mg/L。是酰胺类除草剂，用于玉米、大豆、花生、棉花、马铃薯等的除草。0～6℃下储存，合成反应式如下：

$$\text{2-Et-6-Me-}C_6H_3NH_2 \xrightarrow[-H_2O]{CH_2O} \text{2-Et-6-Me-}C_6H_3N{=}CH_2 \xrightarrow{ClCH_2COCl} \text{2-Et-6-Me-}C_6H_3N(CH_2Cl)C(O)CH_2Cl \xrightarrow{EtOH} \text{2-Et-6-Me-}C_6H_3N(CH_2OEt)C(O)CH_2Cl$$

【合成方法】

在装有搅拌器、温度计、滴液漏斗、回流冷凝管及分水器的四口瓶中，加入 1.5mol 甲醛、二甲苯，搅拌，加热至约 80℃，缓慢滴加入 1.0mol 2-甲基-6-乙基苯胺，滴毕，回流 2h。减压共沸脱水至无水流出。冷却至室温，慢慢滴加入 1.15mol 氯乙酰氯和二甲苯的混合溶液，30～35 搅拌反应 1h。将反应液升温至 50℃，缓慢加入 5mol 乙醇，搅拌反应 0.5h，通入氨气至 pH 为 8～9。过滤，减压脱除溶剂，得到乙草胺原油，收率 86%，含量≥93.9%。在文献［2］中，将甲叉亚胺滴入氯乙酰氯中，乙醇用 4mol 更好，乙草胺的收率和含量均有提高。

【参考文献】

［1］秦瑞香，刘福胜，于世涛，等. 乙草胺合成新工艺的研究［J］. 化学世界，2004，45(3)：134-137.

［2］陈玉亭. 甲叉法制备乙草胺的新工艺研究［D］. 济南：山东大学，2016.

比卡鲁胺

【基本信息】 俗名：比卡鲁胺（bicalutamide)；化学名：*N*-[4-氰基-3-(三氟甲基)苯基]-3-(4-氟苯硫酰基)-2-甲基-2-羟基丙酰胺；英文名：4-cyano-3-trifluoromethyl-*N*-(3-*p*-fluorophenylsulfonyl-2-hydroxy-2-methylpropionyl) aniline；CAS 号：90357-06-5；分子式：$C_{18}H_{14}F_4N_2O_4S$；分子量：430.37。本品是非甾体类抗雄性激素药物，适合用于晚期前列腺癌的联合治疗。

【合成方法】

1. 中间体 3-三氟甲基-4-氰基苯胺的合成：

$$\underset{M=225}{\text{2-Br-}C_6H_4CF_3} \xrightarrow{HNO_3/H_2SO_4} \underset{M=270}{\text{4-Br-3-}CF_3\text{-}C_6H_3NO_2} \xrightarrow[HCl]{SnCl_2\cdot 2H_2O} \underset{M=240}{\text{4-Br-3-}CF_3\text{-}C_6H_3NH_2} \xrightarrow{CuCN/DMF} \underset{M=180}{\text{4-CN-3-}CF_3\text{-}C_6H_3NH_2}$$

（1）3-三氟甲基-4-溴-硝基苯的合成：在装有搅拌器、温度计和滴液漏斗的 5L 三口瓶中，加入 1.8kg 2-溴三氟甲基苯和 896mL 浓硫酸，搅拌，冰盐水浴冷却至 6～10℃，滴加混酸（593g 发烟硝酸和 640mL 浓硫酸），控制温度低于 25℃。滴毕，于 20～25℃反应 2h。搅拌下，将反应液缓慢倒入盛有 7.2kg 碎冰的塑料桶中，放置在 4～8℃冷库中析晶。析出大量浅黄色固体，过滤，用冰水洗涤，抽干。取一半湿粗品，放置于 10L 容器中，加入 5.4L 95%乙醇重结晶，室温搅拌溶解后，放置在 4～8℃冷库中析晶过夜，过滤，用 95%冷乙醇洗涤滤饼，抽干，在室温真空干燥6h，得到类白色结晶3-三氟甲基-4-溴-硝基苯1.9053kg，收率88.3%，熔点41.2～43.2℃。用TLC检查杂质［展开剂：氯仿：丙酮=3：1（体积比)]，只1个斑点，R_f=0.59，说明产品纯度较高。

（2）4-溴-3-三氟甲基苯胺的合成：在装有搅拌器、温度计和滴液漏斗的5L三口瓶中，加入1.65L无水乙醇和927g $SnCl_2 \cdot 2H_2O$，搅拌溶解，加入712.5mL浓盐酸。加热至40～50℃，滴加入405g 3-三氟甲基-4-溴-硝基苯与825mL无水乙醇的溶液，滴毕，继续保温反应0.5h。冷却至室温，搅拌下将反应液慢慢倒入4.675kg 40.1%的氢氧化钠水溶液中，反应放出大量热，有浅黄色油珠和白色沉淀产生。将反应液进行水蒸气蒸馏，先收集含乙醇较多的无色透明馏出液，再收集乳白色浑浊馏出液。将先收集的无色透明馏出液减压蒸馏，回收乙醇，剩余物与后收集的乳白色浑浊液合并，加入800mL氯仿，搅拌溶解。分出水层，用氯仿100mL×3萃取，合并氯仿液，用无水硫酸钠干燥。过滤，用氯仿洗涤滤饼，合并滤液和洗液，减压浓缩至干，回收氯仿。向剩余物中加入1.8L石油醚（60～90℃），加热搅拌溶解，冷却至室温，在放入4～8℃冷库析晶过夜。过滤，用少量石油醚洗涤滤饼，抽干，在室温真空干燥，得到类白色结晶4-溴-3-三氟甲基苯胺321.4g，收率89.3%，熔点47.1～48.7℃。用TLC检查杂质［展开剂：氯仿：石油醚：乙酸乙酯=2：1：2（体积比)]，只有1个斑点，R_f=0.43，产品纯度较高。

（3）3-三氟甲基-4-氰基-苯胺的合成：在装有搅拌器、温度计和滴液漏斗的3L三口瓶中，加入800mL DMF和960g 4-溴-3-三氟甲基苯胺，搅拌溶解，加入440g氰化亚铜，加热至160℃左右回流反应2h。降温至80～90℃，将反应液边搅拌边加入到3.776kg氰化钠与8.2L水的溶液中，析出棕黑色沉淀。用氯仿7.2L×3萃取，依次用10%氰化钠水溶液9.6L×2、水7.2L、饱和氯化钠水溶液4.8L洗涤氯仿层溶液，用4kg无水硫酸钠干燥，过滤，用少量氯仿洗涤滤饼，合并氯仿液，浓缩至干，回收氯仿。剩余物加入50%乙醇水溶液和336g活性炭，加热回流脱色30min，趁热过滤，自然冷却至室温，再放入4～8℃冷库中析晶。过滤，用冷的50%乙醇洗涤滤饼，抽干，在80℃真空干燥，得到类白色结晶3-三氟甲基-4-氰基-苯胺624.3g，收率83%，熔点143.1～144.5℃，用TLC检查杂质［展开剂：甲苯：乙酸乙酯=1：1（体积比)]，只有1个斑点，R_f=0.49，说明产品纯度较高，可用于下一步反应。

2. *N*-[4-氰基-3-(三氟甲基) 苯基]-2-甲基-2-丙烯酰胺的合成：

$$H_2C{=}C(Me)COCl + H_2N\text{-}C_6H_3(CF_3)\text{-}CN\ (M{=}186) \longrightarrow H_2C{=}C(Me)C(O)\text{-}NH\text{-}C_6H_3(CF_3)\text{-}CN\ (M{=}254)$$

在装有搅拌器、温度计和滴液漏斗的干燥的10L三口瓶中，加入1.25L DMF和744g α-甲基丙烯酰胺，搅拌溶解，用冰盐水浴冷却至低于0℃，滴加465g 3-三氟甲基-4-氰基-苯胺和625mL DMF的溶液。滴毕，升至室温，在25℃反应10h。搅拌下，将反应液倒入25L水中，用乙醚2.5L×3萃取。依次用饱和碳酸氢钠水溶液1.25L×2、饱和氯化钠水溶液1.25L洗涤萃取液，用无水硫酸钠干燥，过滤，用乙醚洗涤滤饼，合并有机相，蒸出乙醚，减压蒸馏至干，剩余物用加入2：1的乙酸乙酯和60～90℃石油醚混合溶剂3.5L，搅拌加热溶解。降至室温后，再放入4～8℃的冷库中析晶，过滤，用上述混合溶剂洗涤滤饼，抽干。得到类白色湿粗品，加入2L上述混合溶剂，加热溶解，依照上述结晶处理方法，得到白色结晶。在80℃真空干燥，得到产品*N*-[4-氰基-3-(三氟甲基) 苯基]-2-甲基-2-丙烯酰胺

487.7g，收率76.8%，熔点140.8～142.1℃。用TLC检查杂质［展开剂：氯仿：丙酮：甲醇=2：2：1（体积比）］，只有1个斑点，R_f=0.52，说明产品纯度较高，可用于下一步反应。

3. *N*-［4-氰基-3-（三氟甲基）苯基］-2,3-环氧-2-甲基丙烯酰胺的合成：

$$H_2C{=}C(Me)C(O)NH\text{-}C_6H_3(CF_3)CN\ (M=254)\xrightarrow[\text{2,6-二叔丁基-4-甲基苯酚}]{m\text{-}ClC_6H_4CO_3H}\text{环氧化物}\ (M=270)$$

在装有搅拌器、温度计、回流冷凝管和滴液漏斗的干燥的10L三口瓶中，加入三氯乙烷13.5L、*N*-［4-氰基-3-（三氟甲基）苯基］-2-甲基-2-丙烯酰胺457.2g和2,6-二叔丁基对甲基苯酚9g，搅拌，加热至回流。缓慢分次加入间氯过氧化苯甲酸1.0962kg，搅拌。继续回流15h。反应结束，冷却，析出白色固体，过滤，用少量二氯甲烷洗涤滤饼，抽干，所得白色晶体是副产物间氯苯甲酸。合并滤液，依次用饱和亚硫酸氢钠水溶液4.5L×3、饱和氯化钠水溶液4.5L×3洗涤。分取有机层，用无水硫酸钠干燥，过滤，用少量二氯甲烷洗涤滤饼，合并滤液和洗液，减压蒸出溶剂至尽，得到浅黄色粗品，加入1.26L乙酸乙酯-石油醚（1：1）混合溶剂，加热溶解，冷却至室温后放入4～8℃冷库析晶，过滤，用冷混合溶剂洗涤滤饼，抽干，在80℃真空干燥，得到产品绿黄色固体*N*-［4-氰基-3-（三氟甲基）苯基］-2,3-环氧-2-甲基丙烯酰胺407.8g，收率83.9%，熔点148.4～149.38℃。用TLC检查杂质［展开剂：丙酮：石油醚：甲醇=10：5：1（体积比）］，只有1个斑点，R_f=0.59，说明产品纯度较高，可用于下一步反应。

4. *N*-［4-氰基-3-（三氟甲基）苯基］-3-［（4-氟苯基）硫基］-2-羟基-2-甲基丙烯酰胺的合成：

$$\text{环氧化物}\ (M=270)\xrightarrow[\text{NaH/THF}]{4\text{-}FC_6H_4SH}4\text{-}FC_6H_4SCH_2C(Me)(OH)C(O)NH\text{-}C_6H_3(CF_3)CN\ (M=398)$$

在装有搅拌器、温度计、回流冷凝管和滴液漏斗的10L三口瓶中，加入1.667L四氢呋喃和46.7g氢化钠，搅拌，冰盐水浴冷却至低于0℃，滴加130g对氟苯硫酚和823mL四氢呋喃的溶液，控制温度低于5℃，滴毕，继续反应15min。控制温度低于25℃，滴加*N*-［4-氰基-3-（三氟甲基）苯基］-2,3-环氧-2-甲基丙烯酰胺270g和四氢呋喃2.5L的溶液。滴毕，自然升至室温，在25℃反应15h。反应结束，加入去离子水10L，用乙醚6.5L×3萃取，用无水硫酸钠干燥，过滤，用少量乙醚洗涤滤饼，合并乙醚溶液，浓缩至干，回收乙醚。剩余物加入5L甲苯-石油醚（60～90℃）2：1的混合溶剂，搅拌加热溶解，冷却至室温，放4～8℃冷库析晶，过滤，用上述混合溶剂洗涤滤饼，抽干，再加入5L上述混合溶剂和50g活性炭，回流脱色30min。趁热过滤，冷却至室温析晶，过滤，用少量混合溶剂洗滤饼，抽干，在80℃真空干燥，得到类白色结晶*N*-［4-氰基-3-（三氟甲基）苯基］-3-［（4-氟苯基）硫基］-2-羟基-2-甲基丙烯酰胺325.2g，收率81.7%，熔点115.3～116.4℃。用TLC检查杂质［展开剂：乙酸乙酯：石油醚=6：1（体积比）］，只有1个斑点，R_f=0.46，说明产品纯度较高，可用于下一步反应。

5. 比卡鲁胺的合成：

M=398　　　　M=430.5

在 50L 搪瓷釜中，加入 29L 二氯甲烷和 238.8g N-[4-氰基-3-(三氟甲基) 苯基]-3-[(4-氟苯基) 硫基]-2-羟基-2-甲基丙烯酰胺，搅拌溶解，分 4 次缓慢加入间氯过氧苯甲酸 326.8g。加毕，用 1L 二氯甲烷冲洗加料器，25℃反应 16h。反应结束，依次用 10%亚硫酸钠水溶液 9L×2、10%碳酸钠水溶液 9L×3、饱和氯化钠水溶液 9L×2 洗涤。分出有机相，用 900g 无水硫酸钠干燥，过滤，用少量二氯甲烷洗涤滤饼，抽干，合并二氯甲烷溶液，减压蒸干。所得浅黄色固体，加入到盛有 3L 无水乙醇的 10L 单口瓶中，加热溶解，冷却至室温，置于 4～8℃冷库析晶，过滤，用少量乙醇洗涤滤饼，抽干，于 80℃真空干燥，得到白色晶体比卡鲁胺 220.8g，收率 85.5%，熔点 193.5～194.5℃。用 TLC 检查杂质 [展开剂：丙酮：石油醚=5：1（体积比)]，只有 1 个斑点，R_f=0.42，说明产品纯度较高（纯度>99%)。对 $C_{18}H_{14}F_4N_2O_4S$ 进行元素分析，实测值（计算值)(%)：C 50.06 (50.23)，H 3.19 (3.28)，N 6.42 (6.51)，分子量为 430.38。

【参考文献】

[1] 顾孝红. 比卡鲁胺的合成工艺路线研究 [D]. 北京：北京化工大学，2006.

丙草胺

【基本信息】 俗名：丙草胺（pretilachlor)；化学名：2-氯-N-(2,6-二乙基苯基)-N-(2-丙氧基乙基) 乙酰胺；英文名：2-chloro-N-(2,6-diethylphenyl)-N-(2-propoxyethyl) acetamide；CAS 号：51218-49-6；分子式：$C_{17}H_{26}ClNO_2$；分子量：311.85；熔点：25℃；密度：1.076g/cm^3/20℃；储存条件：0～6℃。本品是酰胺类除草剂。

H_2C—CH_2 (O) —MeCH₂CH₂OH / 催化剂/160℃→ $HOCH_2CH_2OC_3H_7$ —2,6-二乙基苯胺 / 催化剂/200℃→ 2,6-二乙基苯基-$NHCH_2CH_2OC_3H_7$ —$ClC(O)CH_2Cl$→ 2,6-二乙基苯基-N($CH_2CH_2OC_3H_7$)-C(O)-CH_2Cl

【合成方法】

1. 乙二醇单丙醚的合成： 在装有搅拌器、温度计的 500mL 不锈钢反应釜中，冷却至 0℃以下，加入正丙醇 360g (6mol)、环氧乙烷 66g (1.5mol) 和催化剂丁氧基铝 7.89g，用氮气置换釜内空气后密闭，加热至 160℃，反应 2h。减压蒸出未反应的正丙醇，继续减压蒸馏，得到乙二醇单丙醚 128g，收率 82%。

2. 2,6-二乙基苯胺基乙基丙基醚的合成： 在装有搅拌器、温度计的 500mL 三口瓶中，加入 2,6-二乙基苯胺 75g (0.5mol)、乙二醇单丙醚 104g (1mol) 和特制催化剂，加热至 200℃，在氢气存在下，反应 12h。反应结束，减压蒸馏，先回收未反应的乙二醇单丙醚，得到 2,6-二乙基苯胺基乙基丙基醚 105g，收率 89%。

备注：在制备催化剂时，将硅胶加入到 H_2PtCl_4 和 $SnCl_2 \cdot 2H_2O$ 溶液中，在 90℃真空干燥 2h 后，用 $COCl_2 \cdot 2H_2O$ 处理，并在 350℃下焙烧，得到催化剂。

3. 丙草胺的合成：在装有搅拌器、温度计的 500mL 三口瓶中，加入 2,6-二乙基苯氨基乙基丙基醚 117.5g，搅拌，缓慢分批加入 62g 氯乙酰氯，约需 2h 滴加完毕。升温至 100℃，反应 4h。反应结束，减压蒸馏，得到丙草胺 140g，收率 80%。

【参考文献】

[1] 蒋小军. 丙草胺的合成工艺 [J]. 辽宁化工，2000，29 (2)：112-113.

精异丙甲草胺

【基本信息】 俗名：精异丙甲草胺 [(*S*)-metolachlor]，也称 (*S*)-异丙甲草胺；化学名：2-氯-*N*-(2-乙基-6-甲基苯基)-*N*-[(1*S*)-2-甲氧基-1-甲基乙基] 乙酰胺；英文名：2-chloro-*N*-(2-ethyl-6-methylphenyl)-*N*-[(1*S*)-2-methoxy-1-methylethyl] acetamide；CAS 号：178961-20-1；分子式：$C_{15}H_{22}ClNO_2$；分子量：283.8；亮黄色液体；熔点：61.1℃；沸点：334℃；闪点：190℃。本品属于选择性芽前除草剂，用于玉米、大豆、花生等田间防治杂草。合成反应式如下：

【合成方法】

1. 化合物 4 的合成：在装有搅拌器、滴液漏斗和分水器的 500mL 四口瓶中，依次加入 150mL 苯、75mL (0.52mol) 化合物 **2**、13.73g (*M*=88，1.56mol) 甲氧基丙酮及 10mg 催化剂三氟化硼，搅拌，降温至 88℃，反应 10h。GC 监测反应至原料 **3** 低于 0.5%时，停止反应。减压蒸出溶剂，真空浓缩，得到油状液体化合物 **4** 93.6g，收率 88.2%。

2. 化合物 5 的合成：在 500mL 高压釜中，加入化合物 **4** 350g (1.7mol) 和 (1*S*)-二苯基膦-(2*R*)-二 (3,5-二甲基苯基) 膦二茂铁-铱催化剂，封闭压力釜。通入氢气置换釜内空气 3 次，在 50℃/7.5MPa 压力下，反应 5h。当原料转化率达到 99%时，停止反应。减压蒸馏，得到化合物 **5** 445g，收率 93%，酰化产物对映体过量 (ee) 值 82%。

3. 精异丙甲草胺 (1) 的合成：在装有搅拌器、滴液漏斗的 500mL 四口瓶中，加入 200mL 苯、43g (0.22mol) 化合物 **5**、34g 碳酸钠，搅拌，在水浴冷却下，滴加入 29.83g (*M*=113，0.264mol) 氯乙酰氯和 180mL 苯的溶液。滴毕，在 20～30℃继续反应 3.5h。GC 监测反应至完毕。加入 180mL 水，搅拌 30min，静置分层。分出有机相，用无水硫酸镁干燥，过滤，滤液浓缩，得到化合物 **1**，即精异丙甲草胺 69g，对映体过量 (ee) 值 82%，收率 97.2%，纯度 98%。指标均达到联合国粮农组织指标要求。

备注：对映体过量 (ee) 值检测采用 Waters 液相色谱，Waters996PAD 检测器，手性柱为 AY-H 4.6×250nm，5μm；流动相为 95%正己烷-5%乙醇；流速为 1.0mL/min；波长为 230nm；溶剂为正己烷。$ee=(S-R)/(S+R)\times100\%$。

【参考文献】

［1］景闻华. 除草剂精异丙甲草胺的合成工艺研究［D］. 杭州：浙江工业大学，2017.

2-甲硫基-1-苯基乙酮苯甲酰腙类化合物

【基本信息】 英文名：methylthio-1-phenyl ethanonebenzoylhydrone；分子式：$C_{16}H_{15}ClN_2OS$；分子量：318.5；白色固体；熔点：135.1～136℃。合成反应式如下：

Cl-C6H4-CO-CH2-SMe —(PhCONHNH2)→ Cl-C6H4-C(=NNHCOPh)-CH2-SMe

【合成方法】

在装有回流冷凝管的 25mL 反应瓶中，加入 10mL 无水乙醇、12g（7.5mmol）苯甲酰肼、0.78g（7.5mmol）2-甲硫基-1-(4-氯苯基）乙酮和少量冰醋酸，慢慢升温至回流，反应 3h。减压蒸出溶剂，得到黄色固体粗产品。用体积比为 4∶1 的石油醚和乙酸乙酯混合溶剂重结晶，得到白色固体产品 2-甲硫基-1-苯基乙酮苯甲酰腙 1.91g，收率 80%，熔点 135.1～136℃。

备注：参考文献中用此方法合成 11 种化合物，列出了熔点、收率、质谱和元素分析数据。

【参考文献】

［1］黄明智，黄可龙，陈灿，等. 2-甲硫基-1-苯基乙酮苯甲酰腙类化合物的合成和生物活性［J］. 农药学学报，2004，6（3）：67-70.

2,4-二氯苯甲醛乙酰腙

【基本信息】 英文名：2,4-dichlorobenzaldehyde acylhydrazone；分子式：$C_9H_8Cl_2N_2O$；分子量：231；熔点：196℃。酰腙类化合物广泛应用于杀虫剂、杀菌剂和除草剂等的合成。合成反应式如下：

$MeCO_2Et + H_2NNH_2 \cdot H_2O \longrightarrow MeCONHNH_2$ —(2,4-二氯苯甲醛 OHC-C6H3Cl2)→ $MeCONHN{=}HC$-C6H3Cl2

【合成方法】

1. 乙酰肼的合成： 在装有搅拌器、回流冷凝管、滴液漏斗的反应瓶中，加入过量 105.6g（1.2mol）乙酸乙酯，升温至沸腾，滴加入 62.5g（1mol）80%水合肼，滴毕，继续回流反应 7h。冷却，安装蒸馏装置，常压蒸出 78℃以下低沸点物，减压蒸出大部分水，冷却结晶，过滤，置于干燥箱中干燥，得到白色针状结晶乙酰肼 55.5g（0.75mol），收率 75%，熔点 65.1～66.5℃。

2. 2,4-二氯苯甲醛乙酰腙的合成： 在装有搅拌器、回流冷凝管、滴液漏斗的 50mL 反应瓶中，加入 3.55g 2,4-二氯苯甲醛 8.9（$M=175$，50.86mmol）、2.5g（$M=74$，33.78mmol）乙酰肼和 30mL 乙醇溶剂，加热至 80～84℃，回流 5h。冷却，析出结晶，过滤，干燥，得到粗产品 3.98g（17.23mmol），收率 51%，熔点 192～194℃。用乙醇重结晶

3次，熔点196℃。

【参考文献】

［1］张程程.2,4-二氯苯甲醛乙酰腙及其中间体的合成与生产工艺［D］.苏州：苏州科技学院，2013.

芳香醛邻苯二甲酰腙

【基本信息】 酰腙类化合物不仅具有广泛的生理活性和药物活性，而且具有优良的非线性光学活性，是用途广泛的精细化工中间体。其合成反应式如下：

ArCHO + *p*-TolSO$_2$Na + (N-氨基邻苯二甲酰亚胺) N—NH$_2$ $\xrightarrow[\text{MeOH/H}_2\text{O}]{\text{H}_2\text{NSO}_3\text{H}}$ N—NH—CH(Ar)SO$_2$*p*-Tol $\xrightarrow[\text{H}_2\text{O/CH}_2\text{Cl}_2]{\text{NaHCO}_3}$ N—N=CHAr

【合成方法】

在装有搅拌器、回流冷凝管、滴液漏斗的50mL反应瓶中，依次加入25mL水、15mL甲醇、10mmol芳香醛、2.31g（13mmol）对甲基苯亚磺酸钠、2g（20mmol）氨基磺酸和1.62g（10mmol）*N*-氨基邻苯二甲酰亚胺，搅拌溶解后，室温搅拌4h。过滤，分别用水10mL×2和环己烷10mL洗涤滤饼后，溶于50mL二氯甲烷，再加入50mL饱和碳酸氢钠水溶液，搅拌2h。分出有机相，水相用30mL二氯甲烷萃取，合并有机相，用无水硫酸钠干燥，旋蒸出溶剂，用乙酸乙酯-正己烷体积比为1∶3的溶液重结晶，得到片状结晶产品。同法合成的化合物形态、熔点和收率如下表：

代号	Ar—	形态	熔点/℃	收率/%
Ia	苯基	白色片状晶体	156～157	78
Ib	4-甲苯基	亮黄色片状晶体	187～188	83
Ic	4-甲氧基苯基	亮黄色片状晶体	185～186	85
Id	2-氯苯基	白色片状晶体	191～192	76
Ie	2-呋喃基	亮黄色片状晶体	165～166	71

【参考文献】

［1］任星华，李振江，万婧，等.合成芳香醛邻苯二甲酰腙化合物的简便方法［J］.精细化工，2007，24（7）：710-713.

3,5-二(*N*-乙酰氨基)-2,4,6-三碘苯甲酰氯

【基本信息】 英文名：3,5-bis（*N*-acetamino）2,4,6-triiodobenzoyl chloride；分子式：$C_{11}H_8ClI_3O_3$；分子量：604.5；棕黄色针状晶体；熔点：108～111℃。本品是靶向造影剂的中间体，其中3,5-二(*N*-乙酰氨基)-2,4,6-三碘苯基（造影基）的三个原子量大的碘原子，可产生密度差异，为造影基团，其钠盐是静脉造影剂。合成反应式如下：

AcHN I / I—〔苯环〕—CO_2H / AcHN I —$SOCl_2$→ AcHN I / I—〔苯环〕—COCl / AcHN I

泛影酸　　泛影酰氯

【合成方法】

1. 泛影酸的纯化： 将3,5-二(*N*-乙酰氨基)-2,4,6-三碘苯甲酸（泛影酸）溶于0.5mol/L氢氧化钠水溶液中，滤除悬浮物。加入2mol/L盐酸调节pH至5，析出白色沉淀，抽滤。依次用蒸馏水、乙醇、氯仿和无水苯洗涤，真空干燥，得到白色细粉状固体，熔点343～346℃。

2. 3,5-二(*N*-乙酰氨基)-2,4,6-三碘苯甲酰氯的合成： 在装有搅拌器、温度计、回流冷凝管（管口上端装有氯化钙干燥管，并连接一导管至计泡装置和气体吸收装置）的250mL三口瓶中，加入586g（1.0mol）纯化后的泛影酸、596mL新蒸的氯化亚砜，搅拌，升温至70℃，反应16h。减压蒸出过量氯化亚砜，得到棕红色固体。在冰水浴冷却下，溶于2.5L氯仿中，依次分别用冰水、饱和碳酸氢钠水溶液、1mol/L碳酸钠水溶液、清水各100mL×3洗涤，用氯化钙干燥数小时，减压蒸出氯仿，得到棕黄色针状晶体3,5-二(*N*-乙酰氨基)2,4,6-三碘苯甲酰氯，收率84%，熔点108～111℃。

【参考文献】

［1］翟慕衡，张年荣，张德兴，等.3,5-二-(*N*-乙酰氨基)-2,4,6-三碘苯甲酰氯的合成及表征［J］.安徽师范大学学报（自然科学版），2004，27（2）：169-171.

3-甲氧基-双环[4.2.0]辛烷-1,3,5-三烯-7-酰氯(±)

【基本信息】 英文名：3-methoxy-bicyclo［4.2.0］octa-1,3,5-triene-7-carbonyl chloride（±）；CAS：65754-47-4；分子式：$C_{10}H_9ClO_2$；分子量：196.5。合成反应式如下：

MeO-C₆H₄-CHO —氰乙酸→ MeO-C₆H₄-CH=C(CN)COOH —$NaBH_4$→ MeO-C₆H₄-CH_2CHCO_2H(CN) —脱羧→

MeO-C₆H₄-CH_2CH_2CN —Br_2→ MeO-C₆H₃(Br)-CH_2CH_2CN —-HBr→ MeO-C₆H₃(苯炔)-CH_2CH_2CN —环化→

MeO-苯并环丁烯-CN —KO H/H_2O→ MeO-苯并环丁烯-CO_2H —$SOCl_2$→ MeO-苯并环丁烯-COCl

【合成方法】

1. α-氰基-β-(4-甲氧基）肉桂酸的合成： 将甲氧基苯甲醛136.1g（*M*=136，1.0mol）、氰基乙酸85g（1.0mol）、醋酸铵15g、吡啶140mL和苯780 mL搅拌混合，加热回流，用分水器分出计算量的水，冷却，得到黄色结晶α-氰基-β-(4-甲氧基）肉桂酸的吡啶盐232.4g，收率82.3%。用10%盐酸酸化，用甲醇重结晶，得到灰黄色针状结晶α-氰基-β-(4-甲氧基）肉桂酸164g（*M*=203，0.81mol），收率80%，熔点235℃（文献值：226℃）。

2. α-氰基-β-(4-甲氧苯基）丙酸的合成： 将α-氰基-β-(4-甲氧基）肉桂酸26g

(0.128mol) 溶于 300mL 甲醇和 100mL 碳酸氢钠水溶液中，在 18℃搅拌，小量分次加入 $NaBH_4$ 15g，约需 1h。加完后，在室温继续搅拌 0.5h，蒸出溶剂。剩余物用水稀释，用乙醚洗涤。水层用 10%HCl 酸化，用乙醚提取，水洗，用无水硫酸钠干燥，蒸出乙醚，得到无色棱柱形产物 *α*-氰基-*β*-(4-甲氧苯基) 丙酸 21.3g (*M*=205，0.104mol)，收率 81.2%。用苯重结晶，熔点 82℃。

3. 对甲氧基苯丙腈的合成： 将上述化合物 *α*-氰基-*β*-(4-甲氧苯基) 丙酸 270g (1.32mol) 溶于 600mL *N*,*N*-二甲基乙酰胺中，加热到 150℃，反应 3.5h，将此混合物倒入水中，分出油状物，用乙醚提取，水洗提取液，用无水硫酸钠干燥，蒸出溶剂，得到无色油状物对甲氧基苯丙腈 186.6g (*M*=161，1.16mol)，收率 88%，沸点 125～132℃/106.66Pa (文献值：127℃/106.66Pa)。

4. 3-溴-4-甲氧苯基丙腈的合成： 将 150.3g 溴滴加到对甲氧基苯丙腈 152g (0.944mol)、醋酸钠 154g 和乙酸 950mL 的混合物中，室温搅拌 7.5h 后，倒入水中。用乙醚提取油相，用碳酸钠水溶液、10%NaOH 水溶液和水洗涤，用无水硫酸钠干燥，蒸出溶剂，得到无色油状物 3-溴-4-甲氧苯基丙腈 199.4g (*M* = 240，0.831mol)，收率 88%，沸点 168～174℃/533.29Pa。

5. 1-氰基-5-甲氧基苯并环丁烯的合成： 在装有搅拌器的 2L 三口瓶中，加入 1L 液氨、25g 金属钠和少量 $FeCl_3 \cdot 6H_2O$ 催化，搅拌溶解，生成 $NaNH_2$ 溶液。分批加入 3-溴-4-甲氧苯基丙腈 15g (0.0625mol)，搅拌 3.5h，蒸发出过量氨。再分批加入 20g 氯化铵、200mL 水和氯仿，一起振荡，分出有机相，用 5%盐酸和水洗涤，用无水硫酸钠干燥，蒸馏得到无色油状产物 1-氰基-5-甲氧基苯并环丁烯 7.7g (*M*=159，0.04843mol)，收率 79%，沸点 105～109℃/100Pa (文献值：101～105℃/80Pa)。

6. 5-甲氧基苯并环丁烯-1-羧酸的合成： 将化合物 1-氰基-5-甲氧基苯并环丁烯 7.7g (48.43mmol) 溶于 37.2mL 饱和乙醇 KOH 溶液中，室温放置 20h，用 8mL 水稀释，混合物回流 3h，倒入水中，用乙醚洗涤，水层用 6mol/L HCl 酸化，用乙醚提取，水洗，用硫酸钠干燥，蒸出乙醚，产物用苯、正己烷结晶，得到无色菱形结晶 5-甲氧基苯并环丁烯-1-羧酸 7.5g (*M*=178，42.13mmol)，收率 87%，熔点 99.5℃。

7. 5-甲氧基苯并环丁烯-1-酰氯的合成 (参考对联苯二甲酰氯的合成)： 将 5-甲氧基苯并环丁烯-1-羧酸 147g (0.826mol)、1,2-二氯乙烷 750mL、三乙基苄基氯化铵 0.138g (0.6mmol) 搅拌回流，加入氯化亚砜 63.5 mL (0.875mol)，回流 16h，热过滤，用乙醚洗涤，用硫酸钠干燥，蒸出乙醚，得到产品 5-甲氧基苯并环丁烯-1-酰氯 129.85g (0.661mol)，收率 80%。

【参考文献】

[1] Kametani T, Kajiwara M, Fukumoto K. Studies on the syntheses of heterocyclic compounds—DXL Ⅶ: Synthesis of a yohimbane derivative by thermolysis [J]. Tetrahedron, 1974, 30 (9): 1053-1058.

2-三氟甲基苯甲酰氯

【基本信息】 英文名：2-trifluoromethylbenzoyl chloride；CAS 号：312-94-7；分子

式：$C_8H_4ClF_3O$；分子量：208.5；粉色或黄色液体；熔点：−22℃；沸点：72℃/933.26Pa；闪点：95.56℃；密度：1.416g/cm³。本品是制备杀虫剂氟酰胺的中间体。合成反应式如下：

$$\text{2-}ClC_6H_4CF_3 \xrightarrow{Mg/Et_2O/I_2} \text{2-}ClMgC_6H_4CF_3 \xrightarrow{CO_2/HCl} \text{2-}HO_2CC_6H_4CF_3 \xrightarrow[CH_2Cl_2/DMF]{\text{草酰氯}} \text{2-}ClOCC_6H_4CF_3$$

【合成方法】

1. 2-三氟甲基苯甲酸的合成： 在装有搅拌器、温度计、滴液漏斗和导气管的250mL四口瓶中，通入干燥氮气并加热5～10min，在氮气保护下，依次加入50mL钠丝干燥过的无水乙醚、3.6g（0.15mol）镁屑、小粒碘引发剂。边搅拌边滴加入部分2-氯-三氟甲基苯。加热回流约3～5min。格氏反应发生后撤去热浴，继续滴加2-氯-三氟甲基苯，共滴加16.88g（M=180.5，0.0935mol），控制滴速，使反应体系保持微沸状态（35～37℃）。滴毕，继续回流反应0.5h，使格氏反应进行完全。撤去温水浴，用冰盐水浴冷却至−5℃以下，关闭氮气阀，通入干燥的二氧化碳气体，控制通气速度，使反应温度控制在−2～2℃，至不再吸收二氧化碳为止。在冰盐水浴冷却搅拌下，慢慢滴加入18%盐酸，使过量镁屑溶解。分出有机层，蒸出乙醚，冷却，加入1.5倍5%氢氧化钠溶液使反应体系呈碱性。滤除不溶物。加入滤液体积分数18%的盐酸至pH约为2，析出白色晶体粗产品。冷却静置至产品析出完全，抽滤，用去离子水洗涤滤饼至滤液无氯离子。抽干，红外灯下干燥，得到白色固体2-(三氟甲基)苯甲酸16g（M=190，0.0842mol），收率90%，熔点107～110℃。

2. 2-三氟甲基苯甲酰氯的合成： 在装有搅拌器、温度计、回流冷凝管的500mL四口瓶中，加入3mL二氯甲烷、36.72mg（0.29mmol）草酰氯、50mg（0.26mmol）2-三氟甲基苯甲酸和4滴DMF，搅拌溶解，室温搅拌1h，加热回流1h，减压浓缩，得到2-三氟甲基苯甲酰氯95.6mg，收率100%。

【参考文献】

[1] 张宪军，南震. 3,5-双三氟甲基苯甲酸的合成研究 [J]. 有机氟工业，2006，18(2)：7-9.

[2] Bischoff A，Subramanya H，Sundaresan K，et al. Piperazine derivatives as inhibitors of stearoyl-CoA desaturase：US20100160323 [P]. 2010-06-24.

3,5-二(三氟甲基)-苯甲酰氯

【基本信息】 英文名：3,5-bis(trifluoromethyl)benzoylchloride；CAS号：785-56-8；分子式：$C_9H_3ClF_6O$；分子量：276.56；无色至微黄色液体；熔点：5～10℃；沸点：65～67℃/1.6kPa，闪点：72℃；密度：1.526g/cm³。本品用途广泛，可合成以其为结构特征的神经激肽拮抗药物和含氯除草剂。

【合成方法】

1. 1,3-二溴-5,5-二甲基乙内酰脲（二溴海茵）的合成：

$$NH_4HCO_3 + NH_3 + NaCN + Me_2CO \longrightarrow \text{5,5-二甲基乙内酰脲} \xrightarrow{Br_2} \text{1,3-二溴-5,5-二甲基乙内酰脲}$$

在装有搅拌器、温度计、回流冷凝管的 1L 四口瓶中，加入 26g（M=49，0.53mol）氰化钠和 50mL 水，搅拌溶解，再加入 120g（M=79，1.52mol）碳酸氢铵、118mL 25%氨水和 37mL（M=58，0.504mol）丙酮，加热至 55～60℃，剧烈搅拌下反应 3h。升温至 90℃，继续反应 3h，直至碳酸氢铵分解完毕。冷却至室温，备用。在 2L 反应瓶中，进入 1L 水和 42g 氢氧化钠，搅拌溶解后，将上述备用反应液倒入瓶中。控制温度，慢慢滴加 178g 溴，约 30min 滴完。保温继续搅拌反应 1.5h，放置过夜，室温下析晶，过滤，水洗至中性，干燥，得到浅黄色晶体 1,3-二溴-5,5-二甲基乙内酰脲（CAS 号：77-48-5）127g，收率>88%，熔点 197～199℃。

2. 3,5-二(三氟甲基) 溴苯的合成：

二溴海茵 + 1,3-二(三氟甲基)苯 $\xrightarrow{H_2SO_4}$ 3,5-二(三氟甲基)溴苯

在装有搅拌器、温度计、回流冷凝管和滴液漏斗的 500mL 三口瓶中，加入 96%硫酸 246g，冷却至 4℃左右，加入 86g（M=214，0.4mol）1,3-二（三氟甲基）苯，在 4℃下慢慢加入 56g（0.196mol）1,3-二溴-5,5-二甲基乙内酰脲，控制温度在 15℃，反应 2～4h。TLC 监测反应至 1,3-二三氟甲基苯原料点消失，反应完毕。将反应液慢慢倒入 1L 冰水中，搅拌，放置分层。分出有机层，用 2%硫代硫酸钠水溶液洗涤 2 次，蒸馏，收集沸点 154℃馏分，得到无色液体 3,5-二(三氟甲基)-溴苯 56.25g（M=293，0.192mol），纯度≥99%，收率>98%。

3. 3,5-二(三氟甲基)-苯甲酸的合成：

$$F_3C\text{-}C_6H_3(CF_3)\text{-}Br \xrightarrow{Mg/Me_2O/I_2} F_3C\text{-}C_6H_3(CF_3)\text{-}MgBr \xrightarrow[-7\sim-2^\circ C]{H_2SO_4/CO_2} F_3C\text{-}C_6H_3(CF_3)\text{-}CO_2H$$

在装有搅拌器、温度计、滴液漏斗和导气管的 250mL 四口瓶中，通入干燥氮气并加热 5～10min，在氮气保护下，依次加入 50mL 钠丝干燥过的无水乙醚、3.6g（0.15mol）镁屑、小粒碘引发剂。搅拌，滴加部分 3,5-二(三氟甲基)-溴苯。加热至回流约 3～5min。格氏反应发生后撤去热浴，继续加入 3,5-二(三氟甲基)-溴苯，共计 27.4g（M=293，0.0935mol），控制滴速，使反应体系保持微沸（35～37℃）状态。滴毕，继续回流反应 0.5h，使格氏反应进行完全。撤去温水浴，用冰盐水浴冷却至−5℃以下，关闭氮气阀，通入干燥的二氧化碳气体，控制通入速度，使反应温度在−2～2℃，至不再吸收二氧化碳为止。在冰盐水浴冷却搅拌下，慢慢滴加 18%盐酸，使过量镁屑溶解。分出有机层，蒸出乙醚，冷却，加入 1.5 倍 5%氢氧化钠溶液使反应体系呈碱性。滤除不溶物。加入滤液体积分数 18%的盐酸至 pH 约为 2，析出白色晶体粗产品。冷却静置至产品析出完全，抽滤，用去离子水洗涤滤饼至滤液无氯离子。抽干，红外灯下干燥，得到白色晶体 3,5-二(三氟甲基)-苯甲酸 20g（M=258，77.5mmol），收率 82.9%，含量 99%，熔点 142～143℃。

4. 3,5-二(三氟甲基)-苯甲酰氯的合成：

$$F_3C\text{-}C_6H_3(CF_3)\text{-}CO_2H \xrightarrow{SOCl_2} F_3C\text{-}C_6H_3(CF_3)\text{-}COCl$$

在装有搅拌器、温度计、滴液漏斗和回流冷凝管的250mL四口瓶中，加入3,5-二(三氟甲基)-苯甲酸5.2g（M＝258，0.02mol）和1,2-二氯乙烷20mL，搅拌，加热至约60℃，反应液完全溶解。当加热至83℃时，在1h内滴加入氯化亚砜7.2g（0.06mol）。滴毕，保温反应3～4h，直至无HCl和$SOCl_2$逸出为止。控制反应液保持微沸。反应结束，减压蒸馏，收集65～67℃/1.6kPa馏分，得到3,5-二(三氟甲基)-苯甲酰氯4.624g（0.01672mol），收率83.6%。

【参考文献】

[1] 张宪军，南震. 3,5-双三氟甲基苯甲酸的合成研究［J］. 有机氟工业，2006，18（2）：7-9.

[2] 王耀翔，李菊清，周孝瑞. 3,5-双三氟甲基苯甲酰氯的合成［J］. 浙江科技学院学报，2006，18（3）：189-191.

酒石酸卡巴拉汀

【基本信息】 化学名：(*S*)-*N*-乙基-*N*-甲基氨基甲酸-3-［(1-二甲氨基）乙基］苯酯酒石酸盐；英文名：3-[(1*S*)-1-(dimethylamino)ethyl]phenyl ester；CAS号：129101-54-8；分子式：$C_{18}H_{28}N_2O_8$；分子量：400.42；白色至米黄色粉末；熔点：123～125℃；$[\alpha]_D^{20}$＝＋4.7°（c＝5，乙醇）；水中溶解度：15mg/mL；储存条件：－20℃。用于治疗中、轻度阿尔茨海默病。

【合成方法】

一、文献［1］中的方法

1. 3-［1-(二甲氨基）乙基］苯酚（5）的合成：

$$\mathbf{2}\xrightarrow[NaHCO_3]{NH_2OH\cdot HCl}\mathbf{3}\xrightarrow[NaOH]{Ni\text{-}Al}\mathbf{4}\xrightarrow[HCO_2H]{HCHO}\mathbf{5}$$

（1）3-羟基苯乙酮肟（**3**）的合成：在装有搅拌器、温度计和滴液漏斗的250mL三口瓶中，加入3-羟基苯乙酮10g（73.4mmol）、盐酸羟胺7.66g（110.2mmol）和水30mL，搅拌，升温至70～75℃，滴加入饱和碳酸氢钠水溶液11.1g（132.2mmol）。滴毕，升温至75～80℃，反应1.5h，TLC监测反应至完全。放冷，用乙酸乙酯100mL×3萃取，用无水硫酸钠干燥，旋蒸至干，得到黄色黏性物3-羟基苯乙酮肟10.8g，收率98%。MS：m/z＝151.0［M^+］。

（2）3-(1-氨基乙基）苯酚（**4**）的合成：在装有搅拌器、温度计和滴液漏斗的500mL三口瓶中，加入3-羟基苯乙酮肟10.8g（71.5mmol）、乙醇110mL和15%氢氧化钠110g，冰水浴冷却下，分批加入Al/Ni合金16.5g，约0.5h加完。在室温下，搅拌1.5h，抽滤，滤除固体，滤液旋蒸浓缩，加入浓盐酸，调节pH至约为1。乙醚100mL×3萃取，水层用碳酸氢钠调节pH高于8.4，形成粥状物，抽滤，滤液久置，析出晶体1.5g。滤饼干燥后，用索式提取器提取（乙酸乙酯），提取液旋蒸至干，所得黄色固体用乙酸乙酯洗涤，得到淡黄色固体产物3-(1-氨基乙基）苯酚6.1g。合并产物共计7.6g，收率78%，熔点176～179℃。MS：m/z＝138.0［M^+］。

（3）3-[1-(二甲氨基)乙基]苯酚（**5**）的合成（Eschweiler-Clarke 反应）：在装有搅拌器、温度计和滴液漏斗的 100mL 三口瓶中，加入 3-(1-氨基乙基）苯酚 1.6g（11.68mmol)、甲酸 20mL（466.7mmol)、37%甲醛 20mL（274.05mmol)，搅拌加热回流过夜，旋蒸，回收甲酸。剩余物加入 60mL 水，用碳酸氢钠调节 pH 高于 8.4，用乙酸乙酯萃取，用无水硫酸钠干燥，旋蒸浓缩，用硅胶柱色谱纯化［淋洗液：乙酸乙酯：石油醚：三乙胺=300：150：12（体积比)］。得到浅黄色固体 3-[1-(二甲氨基)乙基］苯酚 1g，收率 52%，熔点 90～92℃。MS：m/z=166.5［M^+］。

2. 甲乙氨基甲酰氯（9）的合成：

$$\underset{\mathbf{6}}{\text{PhCHO}} \xrightarrow{\text{EtNH}_2} \underset{\mathbf{7}}{\text{PhCH}{=}\text{NEt}} \xrightarrow{\text{MeI}} [\text{PhCH}{=}\text{N}^+\text{EtMe}]\text{I}^- \xrightarrow{\text{NaOH}} \underset{\mathbf{8}}{\text{MeNHEt}} \xrightarrow{\text{O}{=}\text{C(OCCl}_3)_2} \underset{\mathbf{9}}{\text{MeEtNCOCl}}$$

（1）苯亚甲基乙胺（**7**）的合成：在装有搅拌器、温度计和滴液漏斗的 500mL 三口瓶中，加入苯甲醛 178.6g（1.68mmol)，搅拌，用冰水浴冷却至内温 5℃以下，慢慢滴加无水乙胺 72.8g（1.68mmol)。保持温度在 15℃以下，滴毕，室温搅拌 30min，静置 1h。加入苯，回流分水后，蒸出苯，减压蒸馏，收集 90～92℃/4.0kPa 馏分，得到产物苯亚甲基乙胺 177.6g，收率 79.5%。

（2）甲基乙基胺（**8**）的合成：在 1L 压力釜中，加入苯亚甲基乙胺 119.8g（0.9mol）和碘甲烷 140.5g（0.99mol)，升温至 100℃，搅拌反应 24h。降温至 50℃，将棕黑色油状反应物倒入 180mL 水中，用水 50mL×3 洗出釜内剩余物，合并于母液中。加热回流 30min，冰水浴冷却至室温，用乙醚 100mL×2 洗涤，用水 50mL×2 洗涤乙醚层，洗涤后的水层合并到原母液中。在 100℃加热 20min，以除去残留的乙醚。

在装有搅拌器、温度计和滴液漏斗的 500mL 三口瓶中，加入 50%氢氧化钠溶液 120g，升温至 110℃，滴加上述母液，约 1.5h 滴加完毕，进行搅拌反应 30min。蒸馏，收集 30～70℃馏分，得到粗品胺。

在装有搅拌器、温度计和精馏柱的 250mL 三口瓶中，加入 25g 固体 KOH，滴加粗品胺，加热分馏，收集 34～35℃馏分，得到甲基乙基胺 43.4g，收率 81.7%。MS：m/z=60.1［$M+H^+$］。

（3）甲乙氨基甲酰氯（**9**）的合成：在装有搅拌器、温度计和滴液漏斗的 250mL 三口瓶中，加入三光气 10.7g（0.036mol）和氯仿 25mL，冰水浴冷却却至 10℃以下，搅拌，滴加甲基乙基胺 5.9g（0.1mol)、三乙胺 11.1g（0.11mol）和氯仿 25mL 的溶液。滴毕，升至室温，反应过夜。抽滤，蒸出溶剂，减压精馏，收集 59～60℃/2.0kPa 馏分，得到产品甲乙氨基甲酰氯 8.4g，收率 69.1%。MS：m/z=144［$M+Na^+$］。

3. *N*-乙基-3-[(1-二甲氨基）乙基]-*N*-甲基氨基甲酸苯酯（10）的合成：

MeEtNCOCl (**9**) + 3-[1-(二甲氨基)乙基]苯酚 (**5**, HO, NMe$_2$) $\xrightarrow[\text{THF}]{\text{NaH}}$ **10** (MeEtN–C(=O)–O–C$_6$H$_4$–CH(CH$_3$)NMe$_2$)

在装有搅拌器、温度计和滴液漏斗的 50mL 三口瓶中，加入 3-[1-(二甲氨基）乙基］苯酚 1.65g（0.01mol)、60%NaH 0.42g（0.0105mol）和 THF 15mL，搅拌均匀。加入甲乙氨基甲酰氯 1.28g（0.0105mol)，室温搅拌 2h。回收 THF 后，加入乙醚，真空干燥提取，水洗，蒸出乙醚，真空干燥，得到黄色液体 *N*-乙基-3-[(1-二甲氨基）乙基]-*N*-甲基氨基甲酸苯酯（卡巴拉汀）2.34g，收率 93.6%。MS：$m/z=273$ [M+Na^+]。

4. (*S*)-*N*-乙基-3-[(1-二甲氨基) 乙基]-*N*-甲基氨基甲酸苯酯 (11) 的合成：

在装有搅拌器、温度计和滴液漏斗的 100mL 三口瓶中，加入 40mL 甲醇-水（2∶1）、（±）*N*-乙基-3-[(1-二甲氨基) 乙基]-*N*-甲基氨基甲酸苯酯 4g（0.016mol）、无水 D-(+)-对甲基二苯甲酰酒石酸 [D-(+)-DTTA] 6.2g（0.016mol），加热回流溶解。冷却，析出白色晶体，重复结晶 3 次，得到卡巴拉汀的 DTTA 盐 3.3g，收率 32.4%，熔点 161～163℃，$[\alpha]_D^{20}=+71.3°$。

再用 25mL 甲醇-水（2∶1）重结晶，得到固体盐 1.92g，收率 18.8%，熔点 166～168℃，$[\alpha]_D^{20}=+79.2°$（$c=1$，乙醇）。

将所得卡巴拉汀的 DTTA 盐 1g（1.57mol）溶液二氯甲烷，加入 1mol/L 氢氧化钠水溶液 5mL，剧烈振荡萃取。将二氯甲烷层水洗 2 次，用无水硫酸镁干燥，旋蒸，真空干燥，得到无色液体产物 (S)-*N*-乙基-3-[(1-二甲氨基) 乙基]-*N*-甲基氨基甲酸苯酯 0.34g，收率 86.6%，$[\alpha]_D^{20}=-27.2°$（$c=1$，乙醇）。

5. 酒石酸卡巴拉汀的合成：

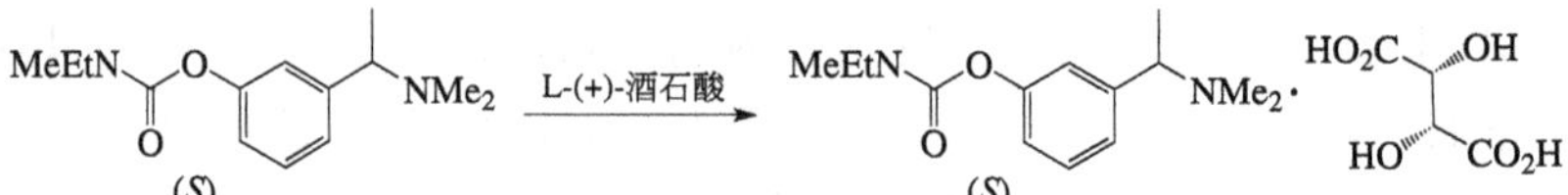

将 (S)-*N*-乙基-3-[(1-二甲氨基) 乙基]-*N*-甲基氨基甲酸苯酯 0.89g（3.56mol）、L-(+)-酒石酸 0.54g（3.6mol）和乙醇 20mL，加热溶解。搅拌澄清后，加入 250mL 乙酸乙酯，析出沉淀。冷却至 5℃，抽滤，用少量乙酸乙酯洗涤，干燥，得到产物酒石酸卡巴拉汀 0.95g，收率 67%，熔点 124～126℃。

二、文献 [2] 中的方法

1. 外消旋卡巴拉汀 (13) 的合成与拆分：

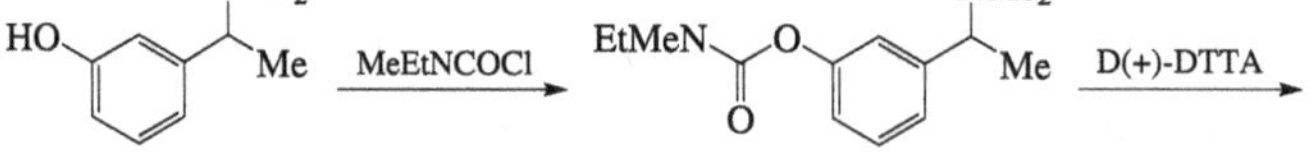

(1) 外消旋卡巴拉汀 (**13**) 的合成：在装有搅拌器、温度计和滴液漏斗的反应釜中，加入 9.7kg 四氢呋喃和 979.7g（$M=152$，6.4454mol）3-[1-(2-二甲氨基) 乙基] 苯酚，室温搅拌溶解，冷却至 20℃以下，加入氢化钠 185.63g（7.7345mol）。冷却至 0～10℃，滴加 *N*-乙基-*N*-甲基氨基甲酰氯 665.2g（$M=86$，7.7345mol），控制温度在 10℃以下。滴毕，

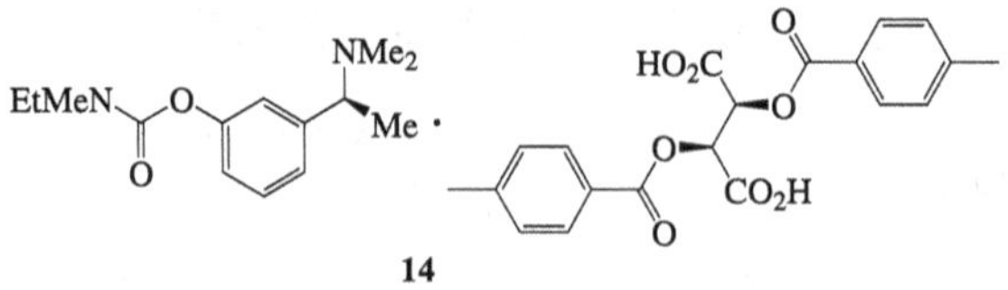

于 20～30℃搅拌反应 16～24h，TLC（展开剂：二氯甲烷：甲醇＝8：1）监测反应至 3-[1-(2-二甲氨基)乙基]苯酚反应完全。后处理，得到油状物外消旋卡巴拉汀（**13**）1395g（M＝235，5.9362mol），收率 92.1％。

（2）外消旋卡巴拉汀（**13**）的拆分：在装有搅拌器、温度计、滴液漏斗和回流冷凝管的反应釜中，加入上述所得油状物 1395g、D-(＋)-对甲基二苯甲酰酒石酸 1506g 和 67％甲醇水溶液 13.8L，搅拌，加热回流至溶液澄清。冷却至 0～10℃，搅拌析晶 60h，过滤，在 60℃下鼓风干燥 8h，得到白色固体 **14** 1127g。将其和水 3.5L 加入到三口瓶中，搅拌至澄清，用 30％氢氧化钠水溶液调节 pH 至 10.2，加入 1.8L 二氯甲烷，搅拌，分出有机相，用纯水 1L×2 洗涤，在 50℃减压浓缩，得到油状物卡巴拉汀（**15**）398g，收率 89.8％。

2. 重酒石酸卡巴拉汀（16）的合成：

EtMeN C(=O) O-苯基-CH(NMe$_2$)Me (**15**) + HO$_2$C-CH(OH)-CH(OH)-CO$_2$H ⟶ **16**

在装有搅拌器、温度计和回流冷凝管的三口瓶中，加入卡巴拉汀（**15**）398g、2L 异丙醇和 239g L-(＋)-酒石酸，搅拌，加热回流至澄清。冷却至 0～20℃，搅拌析晶 4h，过滤，在 60℃鼓风干燥 12h，得到白色固体重酒石酸卡巴拉汀粗品 512g，收率 80.4％。向粗品 512g 中加入 2050mL 异丙醇，加热回流至溶液澄清。冷却至 0～20℃，搅拌析晶 8h，过滤，在 60℃鼓风干燥 12h，得到重酒石酸卡巴拉汀（**16**）纯品 456g，收率 89.1％，纯度 99.8％。

【参考文献】

[1] 冯金，陈卫民，孙平华. 重酒石酸卡巴拉汀的合成 [J]. 南方医科大学学报，2007 (2)：177-180.

[2] 庄惠祥，杜丰，蔡孙均. 一种重酒石酸卡巴拉汀的合成工艺：CN104072391A [P]. 2015-11-18.

对氨基苯甲酰-L-谷氨酸

【基本信息】 英文名：*N*-(*p*-aminobenzoyl)-L-glutamic acid；CAS 号：4271-30-1；分子式：$C_{12}H_{11}N_3O_4$；分子量：266；白色粉末；熔点：170～172℃；比旋度：$[\alpha]_D^{20}$＝－15.5°～－14.5°（c＝2，0.1mol/L HCl）。溶于水，不溶于醚。是合成抗贫血药叶酸的中间体。合成反应式如下：

O_2N-C$_6$H$_4$-COCl + L-谷氨酸 $\xrightarrow{NaOH/HCl}$ **2** $\xrightarrow{H_2/催化剂}$ **1**

【合成方法】

1. *N*-对硝基苯甲酰-L-谷氨酸（2）的合成：在装有搅拌器、低温温度计、回流冷凝管的 2L 三口瓶中，加入谷氨酸钠 195g（1.15mol）、水 700mL，搅拌溶解，用 30％氢氧化钠水溶液调节 pH 到 8。冷却至 15℃，在 0.5h 内滴加含 30％对硝基苯甲酰氯 180g（0.97mol）的甲苯溶液 600g，控制温度低于 20℃，同时补加 30％氢氧化钠水溶液，维持 pH 为 8～9。

滴毕，同温反应40min，静置分层。分出的有机层，用水120g×2萃取，合并水相，用盐酸调节pH至1～1.5，析出白色固体，过滤，干燥，得到产物*N*-对硝基苯甲酰-L-谷氨酸（**2**）275.6g（*M*＝296，0.93mol），收率95.9%，熔点112～113℃。

2. *N*-对氨基苯甲酰-L-谷氨酸（1）的合成：将化合物**2**、水、催化剂和助溶剂加入到加氢瓶中，在50℃搅拌0.5h，在65℃搅拌2h。冷却，过滤，滤液在搅拌下用浓盐酸调节pH到3，析出结晶。冷却至10℃，过滤，干燥，得到类白色产物**1**，收率97%，纯度98%，熔点170～173℃。

【参考文献】

［1］刘敏，沈建伟，林亚静．对氨基苯甲酰谷氨酸的合成［J］．山东化工，2015（13）：17.

对甲氨基苯甲酰谷氨酸二乙酯

【基本信息】 英文名：diethyl *N*-[4-(methylamino) benzoyl]-L-glutamate；CAS号：2378-95-2；分子式：$C_{17}H_{24}N_2O_5$；分子量：336；白色固体；熔点：90～91℃。是新型抗肿瘤药物蛋氨酸酶抑制剂重要中间体。

【合成方法】

1. *N*-[4-(*N*-苄基-*N*-甲基-氨基）苯甲酰］基-L-谷氨酸二乙酯（2）的合成：合成反应式如下。

$$H_2N-C_6H_4-CONH-CH(COOEt)CH_2CH_2COOEt \xrightarrow[NaCNBH_3]{PhCHO/H_2CO} (Bn)(Me)N-C_6H_4-CONH-CH(COOEt)CH_2CH_2COOEt$$

1 → 2

在装有搅拌器、滴液漏斗的100mL三口瓶中，加入0.33g（1mmol）对氨基苯甲酰基-2-谷氨酸二乙酯、5mL乙醇，搅拌溶解。室温搅拌，加入207μL（2mmol）苯甲醛，搅拌至溶液由浑浊变清，少量多次加入0.15g（*M*＝62.8，2.4mmol）$NaCNBH_3$，再加入1.0mL乙酸，立即放出氢氰酸气体（通入双氧水中），室温搅拌2h。用TLC监测反应到原料点消失后，滴加0.76mL（10mmol）38%甲醛水。室温搅拌1h，加入70mL乙醚和乙酸乙酯（1∶1）混合液，搅拌溶解。依次用10%氢氧化钠30mL×2和饱和食盐水30mL×2洗涤，分出有机层，用无水硫酸钠干燥，蒸干，剩余物为浅黄色油状物。用乙醚/石油醚重结晶，得到白色棉状固体产物（2）0.41g，收率95%，熔点67～68℃。ESI-TOF：*M*＋1＝427.5。

2. *N*-[4-(甲氨基）苯甲酰基]-L-谷氨酸二乙酯（3）的合成：合成反应式如下。

$$(Bn)(Me)N-C_6H_4-CONH-CH(COOEt)CH_2CH_2COOEt \xrightarrow[10\%Pd/C]{H_2} MeHN-C_6H_4-CONH-CH(COOEt)CH_2CH_2COOEt$$

2 → 3

在装有搅拌器的加氢瓶中，加入0.40g（*M*＝426 0.94mmol）化合物**2**、10mL乙醇、0.04g 10%Pd/C和1mol/L盐酸1mL，在室温0.3MPa氢气压力下搅拌3h，TLC监测反应至原料点消失。用硅藻土滤除催化剂，滤液溶于20mL乙酸乙酯，依次分别用5%碳酸氢钠和水20mL×2洗涤，用无水硫酸钠干燥，蒸干，剩余物为浅黄色油状液体。用乙酸乙酯/石油醚重结晶，得到白色固体产物**3** 0.32g，收率93%，熔点89～91℃。ESI-TOF：*M*＋1＝337.2。

【参考文献】

［1］田超，周受辛，王彪，等．对甲氨基苯甲酰谷氨酸二乙酯的合成方法［J］．北京大学学报（医学版），2008，40（4）：443-445.

对甲氨基苯甲酰谷氨酸二钠

【基本信息】 英文名：disodium *p*-methylaminobenzoyl-glutamate；分子式：$C_{13}H_{14}NO_5Na_2$；分子量：310。本品是合成抗肿瘤药物和治疗风湿性关节炎药物甲氨蝶呤的侧链，需求量比较大。合成反应式如下：

$$\text{MeN(CHO)}-C_6H_4-CO_2H \xrightarrow{SOCl_2} \text{MeN(CHO)}-C_6H_4-COCl \xrightarrow{\text{L-谷氨酸/MgO}} \text{MeHN}-C_6H_4-CONHCH(CH_2CH_2CO_2Na)CO_2Na$$

【合成方法】

1. 4-(*N*-甲酰基-*N*-甲基）氨基苯甲酰氯的合成： 4-(*N*-甲酰基-*N*-甲基）氨基苯甲酸45g（*M*=179，0.25mol）与 $SOCl_2$ 180mL 在三口瓶中回流 10h，减压蒸出过量 $SOCl_2$，加入无水苯 270mL，搅拌均匀，得到 4-(*N*-甲酰基-*N*-甲基）氨基苯甲酰氯的苯溶液，待用。

2. 对甲氨基苯甲酰谷氨酸二钠的合成： 将 MgO 17.7g（1.18mol）和 L-谷氨酸 64.9g（1.18mol）溶于 450mL 去离子水中，于 70℃搅拌 1h，冷却至 30℃，滴加上述 4-(*N*-甲酰基-*N*-甲基）氨基苯甲酰氯的苯溶液，约需 15min 滴加完，室温搅拌过夜。滤除氧化镁，使反应液分离，去掉苯层。用浓盐酸调水层至 pH 为 1.0，析出黏稠油状物，放置过夜。滤除油状物，放入405mL 3mol/L 氢氧化钠水溶液中，于 40～45℃水解 1h。再用浓盐酸调节 pH 至 6，减压浓缩至干。室温下用甲醇 15L 溶解，搅拌 4h，滤除固体氯化钠，滤液减压回收甲醇，蒸干后得到黏稠物，用乙酸乙酯-甲醇（9∶1）洗脱，经硅胶柱色谱分离。蒸出洗脱液，得到半固体状对甲氨基苯甲酰谷氨酸。加入 100mL 回收去离子水，用 30%氢氧化钠水溶液调节 pH 至 9.0，减压浓缩至干，研碎得到白色粉末对甲氨基苯甲酰谷氨酸二钠 57g（*M*=310，0.1839mol），收率 73.6%。

【参考文献】

［1］陈文政，刘毅．甲氨蝶呤侧链合成新工艺［J］．中国医药工业杂志，1992，23（2）：49-51.

硫普罗宁

【基本信息】 俗名：硫普罗宁（tiopronin）；化学名：*N*-(2-巯基丙酰)甘氨酸；英文名：*N*-(2-Mercaptopropionyl) glycine；CAS 号：1953-02-2；分子式：$C_5H_9NO_3S$；分子量：163.2；白色晶体；熔点：93～98℃；密度：1.249g/cm^3；储存于－20℃惰性气氛条件下。用于病毒性肝炎、酒精性肝炎、药物性肝炎、重金属中毒性肝炎、脂肪肝及肝硬化早期治疗；降低放疗、化疗的毒副作用，升高白细胞并加速肝细胞的恢复。合成反应式如下：

$$\text{MeCHClCOCl} \xrightarrow{H_2NCH_2CO_2H} \underset{\mathbf{2}}{\text{MeCHClCONHCH}_2\text{CO}_2\text{H}} \xrightarrow{Na_2S_2} \underset{\mathbf{3}}{[\text{MeCH(S-)CONHCH}_2\text{CO}_2\text{H}]_2} \xrightarrow{Zn} \underset{\mathbf{1}}{2\,\text{MeCH(SH)CONHCH}_2\text{CO}_2\text{H}}$$

【合成方法】

1. α-氯代丙酰甘氨酸（2）的合成： 在装有搅拌器、滴液漏斗的 500mL 四口瓶中，加入 15g（0.2mol）甘氨酸、8%氢氧化钠水溶液 70mL，冰盐水浴冷却下，搅拌溶解。在 5～10℃，剧烈搅拌下滴加入 2-氯丙酰氯 26g（0.2mol）和 8%氢氧化钠水溶液，调节 pH 至 8～9。约 1.5h 滴完，继续保持冰盐水浴冷却，搅拌反应 3h。用盐酸调节 pH 至 1，盐析。用乙酸乙酯萃取，用无水硫酸钠干燥过夜，过滤，滤液浓缩析晶，过滤，干燥，得到白色针状晶体 α-氯代丙酰甘氨酸（**2**）28g，收率 84%，熔点 103～104℃。

2. 硫普罗宁（1）的合成：在装有搅拌器的 250mL 三口瓶中，加入 $Na_2S \cdot 9H_2O$ 50.5g（0.21mol）和纯净水 35mL，搅拌，加热溶解。加入硫 8.1g（0.25mol），剧烈搅拌 1h，得到红色二硫化钠溶液，备用。在装有搅拌器的 500mL 三口瓶中，加入化合物 **2** 28g（0.17mol）、氢氧化钠 5g（0.12mol）和蒸馏水 90mL，搅拌溶解。滴加上述二硫化钠溶液，约 2h 滴完。滴毕，控制温度在 45～50℃，继续搅拌 12h。酸化至 pH 为 1，过滤，滤液在剧烈搅拌下，分批加入锌粉 8g（0.125mol），在 45～50℃继续搅拌 3h。过滤，滤液浓缩，用乙酸乙酯萃取，滤除不溶物，用无水硫酸钠干燥。浓缩析晶，过滤，干燥，得到白色晶体硫普罗宁 18.3g，收率 66.5%，含量>98%，熔点 96～97℃。

【参考文献】

[1] 罗愉城，张珩，杨艺虹，等. 硫普罗宁合成工艺的改进 [J]. 精细化工中间体，2007，37（5）：43-45.

D-半胱氨酸盐酸盐

【基本信息】 英文名称：D-cysteine hydrochloride anhydrous；CAS 号：32443-99-5；分子式：$C_3H_7NO_2S \cdot HCl$；分子量：157.5；白色粉末；熔点：185℃（分解）。是手性药物第三代头孢抗生素——头孢米诺钠的重要中间体。本品刺激眼睛、呼吸系统和皮肤，操作时需穿戴防护服和眼镜，不慎与眼睛接触，用大量清水冲洗。密封储存在阴凉、通风处。

L-半胱氨酸 + L-TA —冰醋酸/丙酮，水杨酸→ D-DMT-L-TA —Et_3N/H_2O，pH=5/回流→ D-半胱氨酸

【合成方法】

1. D-2,2-二甲基四氢噻唑-4-羧酸-L-酒石酸（D-DMT-L-TA）的合成：在装有搅拌器、回流冷凝管、滴液漏斗的 100mL 三口瓶中，加入 6g L-酒石酸、4.8g L-半胱氨酸和 15mL 冰醋酸和 20mL 丙酮，搅拌溶解。加热回流 30min 后，加入 0.32mL 水杨酸，回流 2～12h。在冰水浴冷却下搅拌 30min，过滤，用滤液洗涤滤饼 3 次，再用丙酮洗至滤液无色。在红外灯下干燥，得到 8.1g D-DMT-L-TA，收率约 55%，熔点 145～146℃，$[\alpha]_D^{20}=+81.7$（$c=0.5$，甲醇）。

2. D-半胱氨酸的合成：在装有搅拌器、回流冷凝管、滴液漏斗的 100mL 三口瓶中，加入 6.2g D-DMT-L-TA 和蒸馏水 40mL，搅拌，加热回流 1.5h，浓缩至 10mL。用三乙胺调节 pH 到 5.0，加入 20mL 甲醇，搅拌 10min。过滤，干燥，得到 2g D-半胱氨酸，收率 83.3%，熔点 220～222℃，$[\alpha]_D^{20}=+16.5$（$c=2.0$，H_2O）。

备注：D-半胱氨酸（CAS 号：921-01-7），分子式为 $C_3H_7NO_2S$，分子量为 121。D-半胱氨酸

盐酸盐一水合物（CAS 号：207121-46-8），分子式为 $C_3H_{10}ClNO_3S$，分子量为 175.5。

【参考文献】

[1] 喻明军，蒋立建，吴刘洋，等. L-半胱氨酸不对称转化制备 D-半胱氨酸新工艺 [J]. 应用化工，2007，36 (5)：488-490.

甲基多巴

【基本信息】 俗名：甲基多巴（methyldopa）；化学名：2-氨基-3-(3,4-二羟基苯基)-2-甲基-丙酸；英文名：3-hydroxy-α-methyl-L-tyrosine；CAS 号：555-30-6；分子式：$C_{10}H_{13}NO_4$；分子量：211.2；熔点：300℃；密度：1.354g/cm^3。可溶于热水、稀酸和稀碱，微溶于冷水和丙酮等有机溶剂。左旋甲基多巴是一种心血管药物，用于治疗高血压，包括肾病引起的高血压。合成反应式如下：

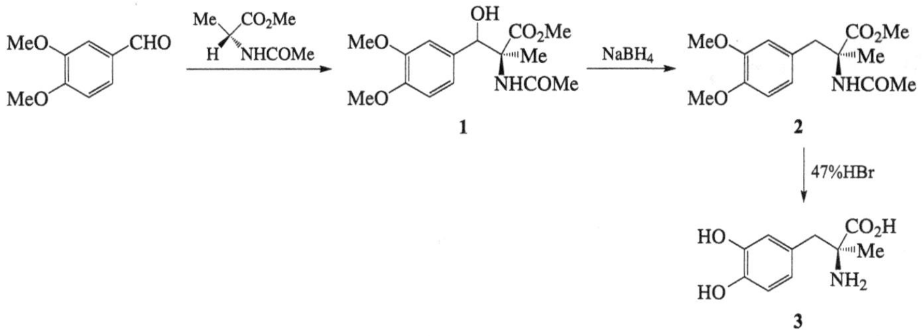

【合成方法】

1. 化合物 1 的合成： 在装有搅拌器、温度计的 250mL 三口瓶中，加入干燥的 DMF 150mL、3,4-二甲氧基苯甲醛 16.6g (0.1mol)、甲醇钠 5.4g (0.1mol)，搅拌完全溶解。冷水浴冷却至约 20℃，分批加入 2-乙酰氨基丙酸甲酯 14.5g (0.1mol)，维持温度搅拌反应 1.5h。加入冷水，析出沉淀，过滤。用冷水洗涤滤饼数次，得到化合物 **1** 粗品，直接用于下一步反应。

2. 化合物 2 的合成： 在装有搅拌器的 250mL 三口瓶中，加入上述制备的化合物 **1**、二氯甲烷 150mL，搅拌溶解，再加入对甲基苯磺酰氯 19.1g (0.1mol)、三乙胺 10.1g (0.1mol)，搅拌 2h 后，加入硼氢化钠 4g，继续反应 4h。加入冷水，充分搅拌，分出有机相，减压蒸出溶剂，得到中间体 **2** 粗品。

3. 甲基多巴 (3) 的合成： 在装有搅拌器、温度计的 250mL 三口瓶中，加入中间体 **2**、150mL 47%氢溴酸水溶液，升温至约 60℃，搅拌，加热回流 4h。蒸出 110mL 氢溴酸，过滤，滤液浓缩至干。加入冷水溶解，在冷水浴冷却下，用氨水调节 pH 至 4.5，析出大量白色固体，过滤。用少许二氯甲烷洗涤滤饼，得到粗产品 20.8g，收率 98.5%。向粗品中加入 30mL 1mol/L 盐酸、1g 活性炭，搅拌，加热至甲基多巴粗品溶解，维持温度搅拌 0.5h。趁热过滤，滤液冷却至室温，用氨水调节 pH 至 4.5，析出大量白色固体，过滤，用少量冷水洗涤滤饼，干燥，得到甲基多巴 (**3**) 纯品 17.7g，收率 85%，含量 99.6%。

【参考文献】

[1] 帅放文，王向峰，章家伟. 一种甲基多巴的合成方法：CN105693541B [P]. 2017-12-22.

第八章 胺类化合物

盐酸金刚烷胺

【基本信息】 俗名：盐酸金刚烷胺；英文名：(1-adamantanamine hydrochloride)；化学名：三环［3.3.1.$1^{3,7}$］癸烷-1-胺盐酸盐；CAS 号：665-66-7；分子式：$C_{10}H_{18}ClN$；分子量：187.5；白色结晶性粉末；熔点：＞360℃（分解）。易溶于水，微溶于乙醇，极微溶于丙酮，不溶于苯和乙醚。无臭，味苦。本品可用作抗病毒药，也可作为抗震颤麻痹药，可促进多巴胺释放。

【合成方法】

一、文献［1］中的方法

Br → (H_2NCONH_2) → NH_2 → (HCl) → $NH_2 \cdot HCl$

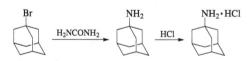

1. 溴代金刚烷的精制： 将 100g 溴代金刚烷粗品溶于 500g 乙醇，搅拌溶解，加入一定量保险粉（连二亚硫酸钠），在超声波中充分溶解。抽滤，向滤液中加入活性炭，充分搅拌，抽滤，滤液浓缩，抽滤，得到米黄色溴代金刚烷晶体。

2. 盐酸金刚烷胺的合成： 将研磨混合均匀的 15g 溴代金刚烷纯品和 10g 尿素混合物放入装有搅拌器、温度计的 100mL 三口瓶中，再加入 40mL 豆油。当油浴加热到 140℃时，将三口瓶放入油浴中，继续将油浴加热到 160℃，开始反应。由于是放热反应，内温迅速上升到 180～190℃。在达到最高温保持一段时间后，内温下降，反应结束。油浴温度在 160℃继续保持 15min 后，冷却至室温，将反应物转移到烧杯中，加入 115mL 2mol/L 盐酸，加热溶解。冷却至 50℃，过滤，滤饼加入 45mL 2mol/L 盐酸，煮沸 20min，冷却至 50℃，过滤，合并滤液，静置分层。分出下层水相，加入活性炭，煮沸 15～20min，趁热过滤。滤液浓缩，析出大量结晶，过滤。滤液浓缩，放入冰箱结晶，过滤，所得结晶合并，得到盐酸金刚烷胺粗品 11.52g，收率 88%，含量 99.95%。

3. 盐酸金刚烷胺的纯化：将所得粗品加入水溶解，用活性炭脱色，过滤，干燥，滤液浓缩近干，析出大量晶体，加入适量丙酮，使晶体完全析出，抽滤，用丙酮充分洗涤滤饼，干燥，得到白色闪亮晶体盐酸金刚烷胺 10.47g，收率 80%。

二、文献［2］中的方法

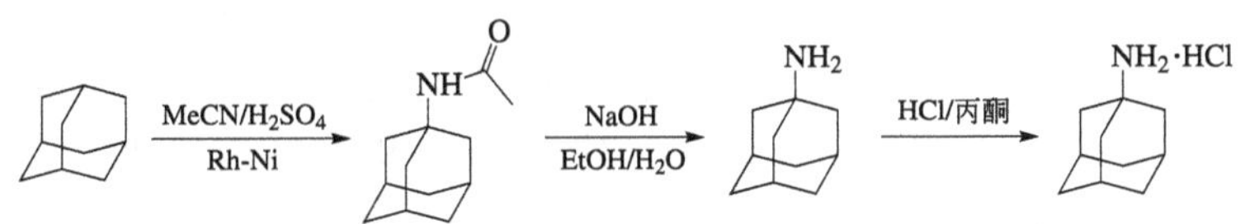

1. 催化剂的制备：将 4 份模板剂 P123 用 60 份无水乙醇溶解，加入 30%～65%的硝酸，调节 pH 至 2～3，加入 6 份异丙醇铝，搅拌至完全溶解，加入 6 份醋酸镍、1.5 份硝酸铑，搅拌 5～10h，干燥，500℃焙烧 3h，研磨，过筛，用 40%～80%氢气和 20%～50%氮气混合气进行还原［空速 2000～5000mL/(g·h)］，得到规整介孔的镍铑双金属催化剂——Ni-Rh/Al_2O_3。

备注：“模板剂 P123” 见参考文献［3］。

2. 1-乙酰氨基金刚烷的合成：在装有搅拌器、温度计、滴液漏斗的三口瓶中，加入 35mL 发烟硫酸，冷却至 3℃以下，搅拌下滴加入 2.46g 乙腈。滴毕，加入 0.01g 镍铑双金属催化剂和 6.13g 金刚烷，升温至 15℃，反应 3h。冷却，以 0.5mL/min 的滴速，缓慢滴加冷却至−18℃的 140mL 28%的氯化钠溶液。滴毕，用二氯甲烷 100mL×3 萃取，依次用饱和碳酸氢钠水溶液、饱和氯化钠水溶液各 100mL 洗涤，干燥，旋蒸出溶剂，得到 1-乙酰氨基金刚烷 8.43g，收率 97%。

3. 金刚烷胺的合成：在装有搅拌器、温度计、回流冷凝管的 100mL 三口瓶中，加入 1-乙酰氨基金刚烷 9.7g 和 40mL 无水乙醇，搅拌溶解，加入 20g 氢氧化钠、10mL 水、0.49g β-环糊精、0.97g 十七酸钠，加热回流 12h。冷却至室温，用二氯甲烷 50mL×2 萃取，干燥，旋蒸出溶剂，得到金刚烷胺 7.3g，收率 96.5%。

4. 盐酸金刚烷胺的合成：在装有搅拌器、温度计、滴液漏斗的三口瓶中，加入 50mL 2mol/L 盐酸和 7.56g 金刚烷胺，搅拌，加热至全部溶解，蒸发至出现白色固体，冷却，丙酮析晶，过滤，合并所得晶体，干燥，得到盐酸金刚烷胺 8.78g，收率 93%。

【参考文献】

［1］邵桂真，杨梅，吴春丽. 盐酸金刚烷胺的合成工艺［J］. 化工中间体，2009，5 (7)：55-56.

［2］赵旭萌. 一种盐酸金刚烷胺的合成方法：CN109265357A［P］. 2019-01-25.

［3］张波，王晶. 不同模板剂对介孔氧化铝孔径调节作用［J］. 功能材料与器件学报，2007，13 (2)：150-154.

3-氯-4-(三氟甲氧基)苯胺

【基本信息】 英文名：3-chloro-4-(trifluoromethoxy)aniline；CAS 号：64628-73-5；

分子式：$C_7H_5ClF_3NO$；分子量：211.5；深蓝色油状物；沸点：107～109℃/10kPa；密度：1.454g/cm^3。本品是医药、农药中间体。合成反应式如下：

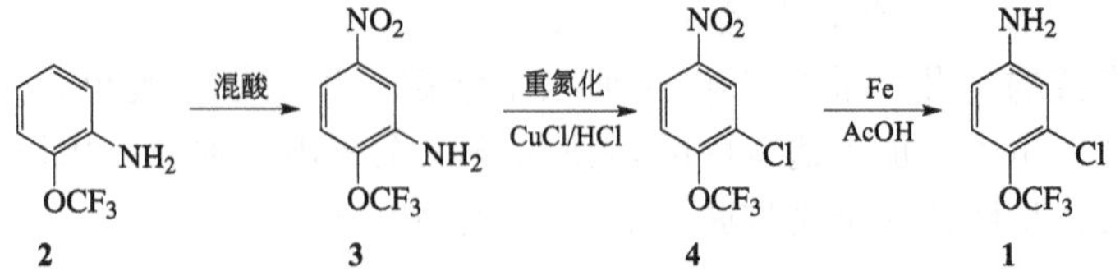

【合成方法】

1. 2-三氟甲氧基-5-硝基苯胺（3）的合成： 在装有搅拌器、温度计和滴液漏斗的2L四口瓶中，加入98%硫酸748g，搅拌，冰水浴冷却，滴加化合物**2** 225g（1.27mol），在40～50℃搅拌至全溶。冷却至0℃，滴加混酸［由98%硫酸108g和95%硝酸89g（1.41mol）组成］197g，滴加过程控制温度在0～5℃。滴毕，保温反应3h，TLC监测反应完成。无须分离，直接用于下一步反应。取少量反应液，用5%氢氧化钠水溶液调节pH至9，缓慢倒入冰水中，析出黄色颗粒。抽滤，滤饼用乙醇重结晶，得到淡黄色针状结晶产物2-三氟甲氧基-5-硝基苯胺（**3**），熔点65～66℃。元素分析：$M(C_7H_5F_3N_2O_3)=222$；计算值（实测值）(%)：C 37.7（36.4），H 2.3（3.1），N12.5（12.4）。

2. 2-三氟甲氧基-5-硝基氯苯（4）的合成： 在装有搅拌器、温度计和滴液漏斗的2L四口瓶中，加入上述制备的硝化产物**3**的溶液，冷却至0～5℃，滴加亚硝酸钠70g（1.01mol）与140mL水的溶液。滴毕，保温反应30min，所制得的重氮液备用。在另一2L四口瓶中，加入30%盐酸234g（1.3mol）和CuCl 129g（1.3mol），在40～50℃，搅拌，滴加上述所制得的重氮液中。滴毕，升温，水蒸气蒸馏，分出浅黄色油状粗产物**4**，含量97.7%。

将粗产物减压精馏，收集120～123℃/10kPa馏分，得到浅黄色油状产物2-三氟甲氧基-5-硝基氯苯（**4**）140g，收率52.3%，含量99%。元素分析：$M(C_7H_3ClF_3NO_3)=241.5$；计算值（实测值）(%)：C 34.8（35.0），H 1.3（1.9），N 5.9（6.1）。

3. 3-氯4-三氟甲氧基苯胺（1）的合成： 在装有搅拌器、温度计和滴液漏斗的2L四口瓶中，加入水480mL和95%乙醇720mL，搅拌，加入铁粉225g（4.0mol）、乙酸11mL和氯化铵17.1g。加热回流1.5h后，滴加化合物**4** 241.6g（1.0mol），同温反应2h，TLC监测反应至结束。用5%氢氧化钠水溶液调节pH为8～9，加入95%乙醇600mL，继续搅拌10min，趁热过滤。用95%乙醇20mL×2洗涤滤饼，合并滤液和洗液，常压蒸出乙醇，剩余物减压蒸馏，收集107～109℃/10kPa馏分，得到深蓝色油状产物**1** 180.7g，收率85.4%，含量99%。元素分析：$M(C_7H_5ClF_3NO)=211.5$，计算值（实测值）(%)：C 39.6（38.7），H 2.5（3.5），N 6.5（6.4）。

【参考文献】

［1］赵昊昱. 3-氯-4-三氟甲氧基苯胺的制备［J］. 中国医药工业杂志，2005，36（11）：666-667.

1,3,5-三氨基-2,4,6-三硝基苯

【基本信息】 英文名：2,4,6-trinitro-1,3,5-benzenetriamine；CAS号：3058-38-6；分子式：$C_6H_6N_6O_6$；分子量258。黄色结晶粉末，室温稳定，高温升华，溶于浓硫酸，几

乎不溶于有机溶剂。高温略溶于 GMF 和 DMSO，本品是耐热钝感炸药，对枪击、碰撞、摩擦等刺激，非常钝感，是美国能源部批准的唯一单质高能钝感炸药。

【合成方法】

一、文献［1］中的方法（以 TNT 为原料）

1. 1,3,5-三硝基苯的合成：

$$\text{TNT (2,4,6-}(O_2N)_3C_6H_2Me) \xrightarrow{HNO_3} 2,4,6\text{-}(O_2N)_3C_6H_2CO_2H \xrightarrow[85℃]{NaOH} 1,3,5\text{-}(O_2N)_3C_6H_3$$

（1）三硝基甲苯（TNT）的纯化：在装有搅拌器和回流冷凝管的三口瓶中，加入 1 份 TNT、9.5 份乙醇和 0.5 份甲苯，搅拌，加热回流 15min，溶液变成橙红色。趁热过滤，滤液冷却，析出浅黄色针状晶体。

（2）2,4,6-三硝基苯甲酸（TNBA）的合成：在装有搅拌器、温度计、回流冷凝管和废气导管的 100mL 三口瓶中，加入 2.3g（$M=227$，0.01mol）TNT 和 21mL 硝酸，搅拌加热至完全溶解，保温 70℃。在 1h 内，分批加入氯酸钾 3.06g（$M=122.5$，0.025mol），有大量黄绿色气体产生，用 40%氢氧化钠水溶液吸收。加毕，升温至 75℃，回流反应 2h。将反应液倒入盛有碎冰的烧杯中，搅拌，析出大量白色固体，抽滤，用 10%硫酸溶液洗涤滤饼，干燥，得到白色固体 2,4,6-三硝基苯甲酸 3.23g（$M=257$，12.56mmol），收率 62.8%。

（3）1,3,5-三硝基苯（TNB）的合成：在装有搅拌器、温度计、回流冷凝管和滴液漏斗的 100mL 四口瓶中，加入 25mL 蒸馏水，加热至 35℃，加入 2,4,6-三硝基苯甲酸 2.6g（10mmol），搅拌，恒温下加入 15%氢氧化钠水溶液，使褪色。趁热过滤，用热蒸馏水冲洗，滤饼是 TNT，可循环使用。在装有搅拌器、温度计、回流冷凝管和滴液漏斗的 100mL 四口瓶中，加入上述滤液，缓慢升温至 85℃，反应 3h。冷却，过滤，滤液加入硫酸后，无沉淀析出，说明反应完全；否则，继续反应。滤饼用乙醇重结晶，过滤，干燥，得到黄色固体 1,3,5-三硝基苯（TNB）1.58g（$M=213$，7.42mmol），收率 74.2%。MS：$m/z=212$（$M-H^+$）。

2. 1,3,5-三氨基-2,4,6-三硝基苯（TATB）的合成：

$$1,3,5\text{-}(O_2N)_3C_6H_3 + \text{ATA (4-amino-1,2,4-triazole)} \xrightarrow[DMSO]{MeONa} 1,3,5\text{-}(H_2N)_3\text{-}2,4,6\text{-}(O_2N)_3C_6$$

（1）4-氨基-1,2,4-三氮唑（ATA）的纯化：将 4.5g ATA 粗品溶于 10mL 乙醇，搅拌加热至 60℃，使其完全溶解。加入无水乙醚 12.5mL，冷却，析出白色针状固体 ATA 2.87g，收率 63.9%，熔点 82～83℃。

（2）1,3,5-三氨基-2,4,6-三硝基苯（TATB）的合成：在装有搅拌器、温度计的 100mL 四口瓶中，加入甲醇钠 0.7344g（$M=54$，13.6mmol）、60mL DMSO，搅拌溶解，再加入 1,3,5-三硝基苯（TNB）0.297g（1.3mmol）和 2.79g（33.2mmol）ATA，搅拌溶解后升温至 70℃，反应 4h。搅拌下，将反应液倒入 200mL 冷的稀盐酸淬灭反应，颜色由棕红色变为黄色，出现黄色沉淀，静置过夜。用 0.45μm 有机滤膜过滤，用蒸馏水洗涤滤饼，干燥，重结晶，得到黄色固体 1,3,5-三氨基-2,4,6-三硝基苯 0.2748g（M=258，1.065mmol），收率 81.9%。

二、文献［2］中的方法（以间硝基苯胺为原料）

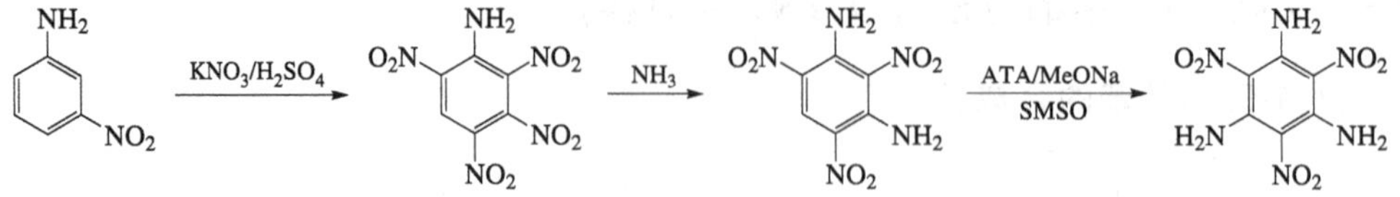

1. 2,3,4,6-四硝基苯胺的合成：在装有搅拌器、温度计的 250mL 三口瓶中，加入 100mL98%硫酸，搅拌下加入 15g 硝酸钾，升温至 50～60℃，分批加入 5g（M=138，0.03623mol）间硝基苯胺。加毕，升温至 80℃，在 80～85℃反应 10min。抽滤，水洗，调节 pH 到中性，干燥。用硝基甲烷重结晶，得到黄色产物 2,3,4,6-四硝基苯胺（CAS 号：3698-54-2）6.83g（M=273，0.025mol），收率 69%，熔点 281～282℃。MS：m/z=273［M^+］。

2. 1,3-二氨基-2,4,6-三硝基苯的合成：在装有搅拌器、温度计和氨气导管的 250mL 三口瓶中，加入 120mL 乙腈，搅拌，在 20℃加入 8.5g（0.03114mol）2,3,4,6-四硝基苯胺，同温通入氨气。控制在 20℃，反应 3h。生成黄色固体产物，过滤，洗涤，调节 pH 为中性。过滤，干燥，所得粗产品用乙酸酐重结晶，得到褐色固体产物 1,3-二氨基-2,4,6-三硝基苯 6.206g（M=273，0.02273mol），收率 73%。MS：m/z=243［M^+］。

3. 1,3,5-三氨基-2,4,6-三硝基苯的合成：在装有搅拌器、温度计和氨气导管的 100mL 三口瓶中，加入 0.6g（11.1mol）甲醇钠和 30mL DMSO，室温搅拌，加入 0.25g（1.08mmol）1,3-二氨基-2,4,6-三硝基苯和 0.4g（5.10mmol）ATA，搅拌溶解，升温至 35℃，反应 4.5h。搅拌下，将反应液倒入 200mL 冷稀盐酸中淬灭反应，放置过夜。用 0.45μm 有机滤膜过滤，用蒸馏水洗涤滤饼，干燥，精制，得到黄色固体产物 1,3,5-三氨基-2,4,6-三硝基苯 0.23g（0.895mol），收率 85.2%。用 DSC 表征，最大放热峰 379℃。

【参考文献】

［1］盛宽. 1,3,5-三氨基-2,4,6-三硝基苯的合成［D］. 南京：南京理工大学，2009.

［2］王乃兴，刘艳红，李海波. 1,3,5-三氨基-2,4,6-三硝基苯的合成方法［P］. CN 101333170A. 2008-12-31.

2,3,4-三氟苯胺

【基本信息】 英文名：2,3,4-trifluorobenzenamine；CAS 号：3862-73-5；分子式：$C_6H_4F_3N$；分子量：147；熔点：14～15℃；沸点：92℃/6.4kPa；闪点：68.3℃；密度：1.393g/cm^3。本品是合成第三代喹诺酮类抗生素的重要中间体。合成反应式如下：

【合成方法】

1. 2,3,4-三氯硝基苯的合成：在装有搅拌器、温度计的 100mL 三口瓶中，加入三氯苯 9.08g（0.05mol），加热熔融，再降温到约 40℃，控制温度低于 50℃，滴加入发烟硝酸与硫酸摩尔比为 2∶1 的混酸（其中发烟硝酸 0.065mol）。0.5h 滴加完毕，升温至 55～60℃，反应 2h。反应结束，降至室温，用乙醚萃取，水洗 3 次，用无水硫酸钠干燥，抽滤。滤液减压蒸出溶剂，剩余物进行柱色谱分离，蒸出溶剂，得到黄色固体 2,3,4-三氯硝基苯 10.9g，收率 95.6%，熔点 55～56℃。

2. 2,3,4-三氟硝基苯的合成：在装有搅拌器、温度计和回流冷凝管的 100mL 三口瓶中，加入干燥的 DMF 25mL、无水氟化钾 4.64g（M=58，0.08mol）、四甲基氯化铵催化剂 1g 和 2,3,4-三氯硝基苯 45.2g（M=226.5，0.2mol），搅拌，加热至 150℃，回流反应 6h。反应结束，减压蒸出溶剂，加入水，进行水蒸气蒸馏。馏出物用 60～90℃石油醚萃取，旋蒸出溶剂，减压精馏，收集 92～93℃/2.7kPa 馏分，得到浅黄色液体 2,3,4-三氟硝基苯 31g（M=177，0.0175mol），收率 87.5%。

3. 2,3,4-三氟苯氨的合成：在装有搅拌器、温度计和滴液漏斗的 100mL 三口瓶中，加入 2,3,4-三氟硝基苯 53.12g（0.3mol）、还原铁粉 41.9g（0.75mol）、水 100mL，缓慢升温至微回流。搅拌，滴加入浓盐酸 4.5mL，约 30min 滴完，继续搅拌回流 3h。冷却，用 15% 氢氧化钠水溶液调节 pH 至 8～9。水蒸气蒸馏，馏出物分出有机相，用无水氯化钙干燥，精馏，收集 84～96℃/0.09MPa 馏分（文献值：92℃/6.4kPa），得到无色液体 2,3,4-三氟硝基苯氨 31.69g，收率 71.8%，含量>98%。

【参考文献】

［1］陆云强. 2,3,4-三氟苯胺合成工艺研究［D］. 长沙：中南大学，2009.

［2］周桑琪. 2,3,4-三氟苯胺的合成［J］. 江苏化工，1994，22（1）：21，45.

4-*n*-戊基苯胺

【基本信息】 英文名：4-*n*-amylanline 或 4-pentylaniline；CAS：33228-44-3；分子式：$C_{11}H_{17}N$；分子量：163；沸点：130℃；闪点：>110℃；密度：0.919g/cm^3；微溶于水。本品是合成精细化学品的中间体。合成反应式如下：

$$Me(CH_2)_4Ph \xrightarrow[Ac_2O]{HNO_3} Me(CH_2)_4\text{—}C_6H_4\text{—}NO_2 \xrightarrow[Pd/C]{H_2} Me(CH_2)_4\text{—}C_6H_4\text{—}NH_2$$

【合成方法】

1. 1-(4-硝基苯）戊烷的合成：在装有搅拌器、温度计和滴液漏斗的 100mL 三口瓶中，加入 100mL 乙酸酐和 14.8g（M=148，0.1mol）戊基苯，搅拌，冷却至 0～10℃，滴加入 3.9g（0.062mol）浓度 100%硝酸与 10mL 乙酸酐的溶液。滴毕，室温搅拌 2h 后，倒入冰中。用乙醚萃取，依次用碳酸氢钠水溶液和水洗涤，再用无水硫酸镁干燥，蒸出溶剂，剩余物经硅胶柱（淋洗液：石油醚∶二氯甲烷=3∶1）纯化，得到油状产物 1-(4-硝基苯）戊烷 9.47g（M=193，0.049mol），收率 49%，分子式为 $C_{11}H_{15}NO_2$。

2. 4-*n*-戊基苯胺的合成：在装有搅拌器、温度计和氢气导管的 100mL 三口瓶中，加入 1-(4-硝基苯）戊烷 9.65g（0.05mol）、500mL 乙醇和 10%Pd/C 催化剂 0.1g，搅拌，通入氢气，直至不再吸收氢气为止。滤除催化剂，滤液减压蒸出溶剂，所得粗产品经硅胶柱（淋洗液：氯仿）纯化，得到油状产物 4-*n*-戊基苯胺 7.68g（0.047mol），收率 94%。

【参考文献】

［1］Hartmann R W，Batzl C . Synthesis and evaluation of 4-alkylanilines as mammary tumor inhibiting aromatase inhibitors [J]. European Journal of Medicinal Chemistry，1992，27 (5)：537-544.

N-硝基-2,4,6-三氯苯胺

【基本信息】 英文名：*N*-nitro-2,4,6-trichloroaniline；分子式：$C_6H_3Cl_3N_2O_2$；分子量：241.5；白色结晶；熔点：138.5℃。本品是植物生长调节剂，对大麦、小麦、棉花和大豆有矮化和健壮作用。

【合成方法】

1. 2,4,6-三氯苯胺的合成： 合成反应式如下。

$$PhNH_2 \xrightarrow{HCl} PhNH_2\cdot HCl \xrightarrow{Cl_2} \text{2,4,6-}Cl_3C_6H_2NH_2\cdot HCl \xrightarrow{H_2O} \text{2,4,6-}Cl_3C_6H_2NH_2$$

在装有搅拌器、温度计和氯气导管的100mL三口瓶中，加入新蒸的苯胺47g（M=93，0.505mol）和氯仿500mL，控制温度在15～30℃，搅拌下通入干燥的氯化氢，生成大量白色沉淀。反应3h后，反应液变成白色黏稠状悬浊液。充分反应后，通入干燥的氯气，反应物逐渐变为黄色。生成的HCl气体和过量氯气导入尾气吸收装置。反应8h后，停止通入氯气，继续搅拌反应1h。滤出沉淀，用少量氯仿洗涤，抽干，真空干燥，得到浅黄色固体粉末。在盛有1L水的3L烧杯中，边搅拌，边加入上述粉末，加毕，继续搅拌反应3h。过滤，水洗至中性，真空干燥，所得粗产品用四氯化碳重结晶，得到白色针状晶体2,4,6-三氯苯胺66g（M=196.5，0.336），收率66.5%，熔点77～78℃（文献值：78.5℃）。

2. 乙酰硝酸酯的合成： 在装有搅拌器、温度计、滴液漏斗和回流冷凝管的50mL三口瓶中，加入乙酸酐15mL，冰水浴冷至10～12℃，搅拌，滴加入8mL发烟硝酸，控制温度低于18℃，滴毕，继续反应0.5h，得到乙酰硝酸酯$MeCOONO_2$。

3. *N*-硝基-2,4,6-三氯苯胺的合成： 合成反应式如下。

$$\text{2,4,6-}Cl_3C_6H_2NH_2 \xrightarrow{MeCOONO_2} \text{2,4,6-}Cl_3C_6H_2NHNO_2$$

在装有搅拌器、温度计、滴液漏斗和回流冷凝管的100mL三口瓶中，加入25g 2,4,6-三氯苯胺和150mL冰醋酸，搅拌溶解，再加入5mL乙酸酐，以除去体系中的水。冰水浴冷却至14℃，滴加上述乙酰硝酸酯，滴毕，继续反应1h。将反应液倒入2L冰水中，生成大量橙色沉淀，抽滤，用大量冰水充分洗涤。将其溶于5%氢氧化钠水溶液中，加入活性炭煮沸脱色，抽滤。滤液滴加入2mol/L盐酸至酸性（pH=4），生成大量白色沉淀，抽滤，用水洗去残余盐酸，于120℃干燥。所得粗产品用无水乙醇重结晶，得到白色针状晶体*N*-硝基-2,4,6-三氯苯胺27.6g，收率90%，熔点137～138℃（文献值：138.5℃）。

【参考文献】

[1] 李雪刚，陈长水，谢九皋. *N*-硝基-2,4,6-三氯苯胺的合成研究 [J]. 精细化工中间体，2003，33 (2)：14-15.

3-氯-2-羟丙基三甲基氯化铵

【基本信息】 英文名：(3-Chloro-2-hydroxypropyl) trimethyl-ammonium chloride；CAS号：3327-22-8；分子式：$C_6H_{15}Cl_2NO$；分子量：188；类白色粉末；熔点：191～193℃；闪点：＞110℃。本品也称阳离子化剂QA-188，广泛用于造纸、纺织、水处理和日用化工等工业。合成反应式如下：

$$ClCH_2-\underset{\diagdown O \diagup}{CH-CH_2} + Me_3N\cdot HCl \longrightarrow ClCH_2\underset{OH}{\underset{|}{C}}HCH_2N^+Me_3Cl^-$$

【合成方法】

在装有搅拌器、温度计和滴液漏斗的三口瓶中，加入50g（0.524mol）三甲胺盐酸盐和150mL水，加热到36℃，滴加60g（50mL，0.649mol）环氧氯丙烷，在34～36℃反应2～3h，调节pH到5.5～6.5。反应结束，减压蒸出水，得到固体湿产品80g，用丙酮洗涤，干燥，得到3-氯-2-羟丙基三甲基氯化铵68g（0.362mol），收率69.1%。可不脱水，直接用作纤维素纤维的固色剂。

备注：① 也可与乙醇回流，冷却结晶，得到纯品。

② 用于棉纤维固色剂的处理方法：白布50g、阳离子试剂15g、水500mL和氢氧化钠8g，在50℃搅拌2.5h。用水冲洗后，用20mL乙酸在480mL水的溶液（pH≈4）煮沸30min，水洗，晾干即可。

【参考文献】

[1] 李同信，王雪梅，李萌，等. 3-氯-2-羟丙基三甲铵氯化物的合成及其固色作用[J]. 精细化工，1993，10（2）：19-21.

[2] Haruo M. Plant growth regulating agent. JPH02231402 [P]. 1999-09-13.

第九章

联苯、三联苯类化合物

4-甲基-4′-戊基联苯

【基本信息】 英文名：4-methyl-4′-pentyl-1，1′-biphenyl；CAS 号：64835-63-8；分子式：$C_{18}H_{22}$；分子量：238.37；沸点：350.5℃/101325Pa；闪点：177.2℃；密度：0.94g/cm^3。本品是新型联苯类液晶材料。

【合成方法】

1. 4-甲基苯三氮烯的合成：

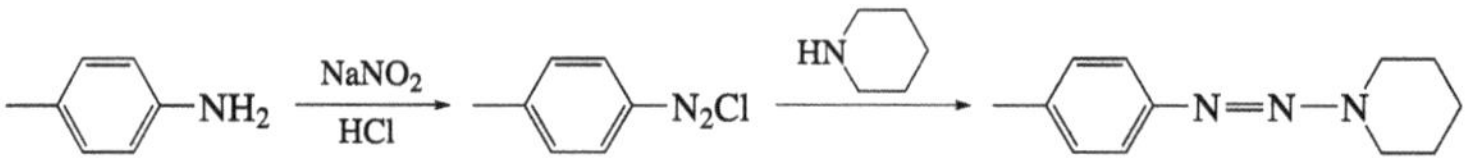

$$\text{4-}CH_3C_6H_4NH_2 \xrightarrow[HCl]{NaNO_2} \text{4-}CH_3C_6H_4N_2Cl \xrightarrow{\text{HN(哌啶)}} \text{4-}CH_3C_6H_4\text{-N=N-N(哌啶)}$$

在装有搅拌器、温度计、滴液漏斗的 500mL 四口瓶中，加入 300mL 1mol/L 盐酸、21.4g（0.2mol）对甲苯胺，冷却至 0℃，15min 后，滴加 13.8g（0.2mol）亚硝酸钠与 100mL 水的溶液。30 min 滴毕，继续搅拌 1h。滴加 8.8g（0.22mol）哌啶，20min 滴完，继续搅拌 1h。过滤，用乙醇溶解滤饼，用无水硫酸镁干燥，蒸出大部分溶剂，析晶，过滤，得到固体 4-甲基苯三氮烯 36g，收率 88.5%，熔点 39～40℃。

2. 4-甲基联苯的合成：

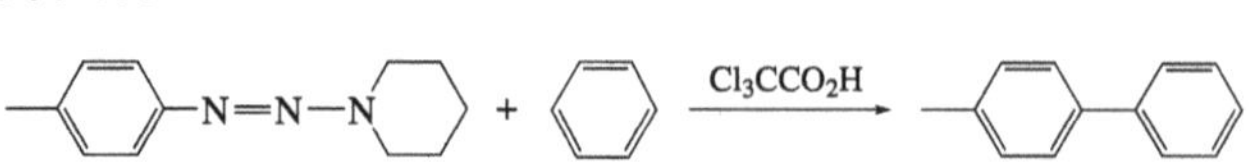

$$\text{4-}CH_3C_6H_4\text{-N=N-N(哌啶)} + C_6H_6 \xrightarrow{Cl_3CCO_2H} \text{4-}CH_3C_6H_4\text{-}C_6H_5$$

在装有搅拌器、温度计、滴液漏斗和回流冷凝管的 500mL 四口瓶中，加入 4-甲基苯三氮烯 12.2g（0.06mol）、250mL 无水苯，搅拌，升温至 65～70℃，滴加 19.6g（0.12mol）三氯乙酸与 50mL 苯的溶液。30min 滴完，继续反应 3h。降至室温，加入 300mL 5%碳酸钠水溶液洗涤，分出苯层，用无水硫酸镁干燥。蒸出溶剂苯，用乙醇重结晶，得到 4-甲基联苯 5.8g（M=168，0.0345mol），收率 57.5%，纯度 99%，熔点 46～47℃。

3. 4-甲基-4′-(1-戊酮）联苯的合成：

$$\xrightarrow[AlCl_3/CH_2Cl_2]{C_4H_9COCl}$$

在装有搅拌器、温度计、滴液漏斗和回流冷凝管的 250mL 四口瓶中，加入 50mL 二氯甲烷，冷却至 5～9℃，加入三氯化铝 10.3g（0.077mol），搅拌 15min。滴加 4-甲基联苯 10g（0.059mol）与 30mL 二氯甲烷的溶液，30min 滴毕，继续搅拌反应 2h。加水终止反应，分出有机相，水洗 2 次，干燥，蒸出溶剂。用乙醇重结晶，得到 4-甲基-4′-(1-戊酮）13.4g，收率 90%，熔点 90～92℃。

4. 4-甲基-4′-戊基联苯的合成：

$$\xrightarrow[NaOH/二甘醇]{H_2NNH_2\cdot H_2O}\ CH_2C_4H_9$$

在装有搅拌器、温度计、滴液漏斗和回流冷凝管的 250mL 四口瓶中，加入二甘醇 50mL、水合肼 5g（0.1mol）、4-甲基-4′-(1-戊酮）10g（0.12mol），搅拌，缓慢升温至 150℃，回流 2h。常压蒸馏 1h，加入氢氧化钠 4.8g（0.12mol），升温至 195～200℃，反应 3h。降温至 40℃以下，用石油醚萃取，分出有机相，水洗至中性，蒸干，所得粗产品经硅胶柱分离，用乙醇重结晶，得到 4-甲基-4′-戊基联苯纯品 6.7g，收率>70%，纯度>99.9%，熔点 48～49℃。

【参考文献】

［1］李德宝，习文兵，朱绪成，等. 从对甲基苯胺合成 4-甲基-4′-戊基联苯的方法. CN103449957A［P］. 2013-12-18.

2-氰基-4′-甲基联苯

【基本信息】 英文名：2-cyano-4′-methylbiphenyl；CAS 号：114772-53-1；分子式：$C_{14}H_{11}N$；分子量：193；白色或类白色结晶性粉末；熔点：49℃；沸点：>320℃；闪点：>320℃；密度：1.17g/cm³。本品是新型抗高血压药沙坦类药物的重要中间体。密封、避光保存。合成反应式如下：

$$+\ ClMg\ \xrightarrow[THF]{催化剂}$$

【合成方法】

1. 甲氧基二氯合锌酸的合成： 在装有搅拌器、温度计、滴液漏斗的 1L 三口瓶中，加入 500mLTHF 和 30g 氯化锌，搅拌，在 10～30℃滴加 7.05g 甲醇。滴毕，室温继续搅拌 1h。减压蒸出溶剂，得到白色固体助催化剂甲氧基二氯合锌酸，收率 100%。可不经浓缩，直接用于偶联反应。

2. 2-氰基-4′-甲基联苯的合成： 在装有搅拌器、温度计、滴液漏斗和氮气导管的 5L 三口瓶中，加入 1kg THF、300g 邻氯苯腈、22g 甲氧基二氯合锌酸和 35g 二（三苯基膦）二氯化镍，室温搅拌 15min。用氮气置换空气 3 次。在氮气保护下，滴加 1.16kg 30%对甲基苯基氯化镁的 THF 溶液，反应液变为黑色。控制内温 28～32℃，3～4h 滴完，保温反应 30min。加入 2%盐酸淬灭反应，调节 pH 至 5～6，搅拌 10min，静置分层。分出有机相，水层用甲苯 100kg 萃取，合并有机相，减压回收溶剂。将浓缩液打入蒸馏釜，进行精馏。加热至 80～100℃，控制真空度为 0.06～0.095MPa。收集顶温 80～95℃的副产物 4,4′-二甲基联苯，之后，打开产品出料阀，调内温到 180～195℃，收集顶温 160～170℃/0.06～0.095MPa 馏分，得到 2-氰基-4′-甲基联苯 371g，收率 90%，纯度 99.8%。水相浓缩到体积的 1/3，冷却至 0℃，过滤得到固体氯化镁，纯度>98%。

【参考文献】

[1] 练雄东，全云刚，李功勇，等. 一种 2-氰基-4′-甲基联苯的制备方法：CN108623497A [P]. 2018-10-09.

4-溴-4′-羟基联苯

【基本信息】 英文名：4-bromo-4′-hydroxybiphenyl；CAS 号：29558-77-8；分子式：$C_{12}H_9BrO$；分子量：249.1；白色粉末；熔点：164～166℃；沸点：(355.5±17)℃；密度：1.471g/cm^3；酸度系数 pK_a：9.70±0.15。部分溶于水，可溶于甲醇。本品是合成液晶材料的关键中间体。合成反应式如下：

HO—C₆H₄—Ph →(Ac₂O/浓硫酸) AcO—C₆H₄—Ph →((CF₃CO)₂O/Br₂/FeCl₃) AcO—C₆H₄—C₆H₄—Br →(NaOH) HO—C₆H₄—C₆H₄—Br

【合成方法】

1. 乙酸 4′-溴-4-联苯酯的合成： 在装有搅拌器、温度计和滴液漏斗的 250mL 三口瓶中，加入 10.6g（0.05mol）乙酸 4-联苯酯、100mL 四氯化碳、1g 三氯化铁和 10mL 三氟乙酸酐，搅拌，降温至 0℃。滴加入 2.5mL 溴，滴毕，在此温度搅拌 10h，室温搅拌 2h。将反应物倒入 200mL 冰水中，加入饱和亚硫酸氢钠水溶液至溶液变成无色。分出有机相，干燥，旋蒸出溶剂，所得固体用正己烷重结晶，干燥，得到白色固体乙酸 4′-溴-4-联苯酯 9.8g，收率 68%，熔点 126～127℃。MI-MS：$m/z=290$ [M$^+$]；乙酸 4-联苯酯的二溴产物 MI-MS：$m/z=368$ [M$^+$]。

2. 4-溴-4′-羟基联苯的合成： 在装有搅拌器、温度计和滴液漏斗的 250mL 三口瓶中，加入 14.5g（0.05mol）乙酸 4′-溴-4-联苯酯、15g 氢氧化钠、150mL50%乙醇溶液，搅拌，加热回流 5h。旋蒸出乙醇，所得固体用稀盐酸中和至 pH 为 6～7，抽滤，水洗，干燥，用无水乙醇重结晶，干燥，得到 4-溴-4′-羟基联苯 11.41g，收率 92%，熔点 164～165℃。MI-MS：$m/z=249$ [M$^+$]。

【参考文献】

[1] 李瑞军，左秀锦，任国度. 4-溴-4′-羟基联苯的合成 [J]. 液晶与显示，2001，16 (4)：285-288.

4,4′-二(溴甲基)联苯

【基本信息】 英文名：4,4′-bis (bromomethyl)-1,1′-biphenyl；CAS 号：20248-86-

6；分子式：$C_{14}H_{12}Br_2$；分子量：340；熔点 169～173℃；沸点：399.8℃；闪点：228.9℃；密度：1.591g/cm³；用途：医药中间体。合成反应式如下：

$$HOH_2C-C_6H_4-C_6H_4-CH_2OH \xrightarrow[CH_2Cl_2]{CBr_4/Ph_3P} BrH_2C-C_6H_4-C_6H_4-CH_2Br$$

【合成方法】

在冷却至−10℃的磺化瓶中，加入含 2.14g 4,4′-联苯二甲醇和 5.5g 三苯基磷的二氯甲烷 60mL，搅拌悬浮，在氩气保护下，加入 7.3g 四溴甲烷，处理 3min 后，再搅拌 16h，同时逐渐升温至 10℃。在旋转蒸发仪上浓缩后，和热苯研磨成粉，过滤，滤液浓缩，得到 12.67g 粗产品，和甲苯经过硅胶低压色谱（0.5bar），得到 2.6g 4,4′-二（溴甲基）联苯，收率 76%。用 50mL 丙酮重结晶，得到无色结晶纯品 1.78g，熔点 172.8℃。

【参考文献】

[1] Boller A，Germann A，Petrzilka M，et al. Coloring substance-containing liquid crystal mixtures：US4613208 [P]. 1986-09-23.

4,4′-二(氯甲基)联苯

【基本信息】 英文名：4,4′-bis(chloromethyl)-1,1′-biphenyl；CAS 号：1667-10-3；分子式：$C_{14}H_{12}Cl_2$；分子量：251.51；白色结晶粉末；熔点 126℃。本品是合成联苯类双苯乙炔型荧光增白剂 CBS-X、CBS-127 的中间体，也可用于医药、树脂中间体。本品可引起皮肤灼伤，操作时注意防护。

【合成方法】

一、文献 [1] 中的方法

$$C_6H_5-C_6H_5 + (H_2CO)_n \xrightarrow[SOCl_2]{ZnCl_2/HOAc} ClH_2C-C_6H_4-C_6H_4-CH_2Cl$$

将联苯 30.8g（0.2mol）、多聚甲醛 16.6g（0.55mol）、无水氯化锌 16.7g（0.12mol）、环己烷 77mL 装入四口瓶中，加热到 40℃，滴加 20mL $SOCl_2$，在 40～45℃搅拌反应完全，用 TLC 监测反应。抽滤，滤饼用碳酸氢钠水溶液中和到 pH 为 6～7，用水洗去滤饼中的盐，过滤，烘干，得到二（氯甲基）联苯粗品。用乙醇重结晶，得到无色纯品 23g，收率 46%，熔点 130～135℃。此法收率低些。

二、文献 [2] 中的方法

$$HOH_2C-C_6H_4-C_6H_4-CH_2OH \xrightarrow{SOCl_2/PhMe} ClH_2C-C_6H_4-C_6H_4-CH_2Cl$$

将 4,4′-联苯二甲醇 21.44g 置于 100mL 甲苯中，搅拌溶解后，冰水冷却下滴加氯化亚砜 75g，继续搅拌反应 0.5h。减压回收溶剂和过量氯化亚砜，残余物用石油醚（60～90℃）和乙醇洗涤，80℃真空干燥，得白色固体产品 23.7g，收率 94.8%，纯度>98%，熔点 135～137℃。

【参考文献】

[1] 许晓航，涂宾中，许遵乐. 4,4′-二（氯甲基）联苯和 4,4′-联苯二甲醛的合成 [J].

染料与染色，2003，40（6）：342-344.

［2］葛洪玉，马卫兴．4,4′-二（氯甲基）联苯合成新工艺［J］．染料与染色，2006，43（6）：42-43.

4-烷基联苯腈

【基本信息】

（1）对乙基联苯腈　英文名：4-cyano-4′-ethylbiphenyl；CAS 号：58743-75-2；分子式：$C_{15}H_{13}N$；分子量：207；液晶单体。

（2）对丙基联苯腈　英文名：4-cyano-4′-propylbiphenyl；CAS 号：58743-76-3；分子式：$C_{16}H_{15}N$；分子量：211；白色晶体；熔点：65～66℃；沸点：367.5℃；闪点：177℃；密度：1.05g/cm^3。

（3）对 *n*-丁基联苯腈　英文名：4-cyano-4′-*n*-butylbiphenyl；CAS 号：52709-83-8；分子式：$C_{17}H_{17}N$；分子量：235；熔点：118～119℃。本品用做液晶合成中间体。合成反应式如下：

BrMg—C₆H₄—Ph —(RBr)→ R—C₆H₄—Ph —(I_2/HIO_3)→ R—C₆H₄—C₆H₄—I —(CuCN)→ R—C₆H₄—C₆H₄—CN

(a) R=—Et; (b) R=—*n*-C_3H_7;
(c) R=—*n*-Bu

【合成方法】

1. 对烷基联苯的合成：

（1）格氏试剂的配制：在装有搅拌器、温度计、回流冷凝管、滴液漏斗、导气管的干燥的 100mL 三口瓶中，加入镁屑 1.32g（55mmol）、THF 15mL 和几粒碘，在氮气保护下，搅拌，滴加 11.65g（50mmol）对溴联苯与 25mL THF 的溶液 5mL，加热回流。待碘的颜色褪去后，缓慢滴加剩余的 20mL 对溴联苯溶液。搅拌回流 1h，镁屑消失后，停止加热。冷却至室温，缓慢滴加 10mL 四甲基乙二胺。

（2）对乙基联苯的合成：在装有搅拌器、温度计、回流冷凝管、滴液漏斗的 100mL 三口瓶中，加入溴乙烷 4.36g（40mmol）、三氯化铁 0.4g 和 THF 25mL，在－5～0℃缓慢滴加入上述格氏试剂，滴毕，同温反应 0.5h。将反应液倒入 80mL 20%盐酸水溶液中，搅拌，分出有机相，用甲苯 15mL×3 萃取水层，合并有机相。减压蒸出溶剂，乙醇重结晶，得到白色固体对乙基联苯 7.28g，收率 92%。同法制备对丙基联苯，收率 88.5%；对丁基联苯，收率 85.2%。

2. 4-烷基-4′-碘联苯的合成：在装有搅拌器、温度计、滴液漏斗、回流冷凝管的 100mL 三口瓶中，依次加入冰醋酸 30mL、无水乙醇 8mL、对乙基联苯 9.1g（50mmol）、碘 4.5g、碘酸 3.5g、乙酸乙酯 3mL、水 10mL 和 98%浓硫酸 2mL，搅拌，加热回流 10h。冷却，加入饱和亚硫酸氢钠水溶液，搅拌洗涤，过滤，水洗滤饼至中性，干燥，用 1,4-二氧六环重结晶，得到淡黄色固体 4-乙基-4′-碘联苯 9.61g，收率 81%，熔点 156～157℃。同法制备 4-丙基-4′-碘联苯 9.61g，收率 79.8%，熔点 130～131℃；4-丁基-4′-碘联苯，收率 80.2%，熔点 118～119℃。

3. 4-烷基-4′-氰基联苯的合成：在装有搅拌器、温度计、回流冷凝管的 50mL 三口瓶中，加入4-乙基-4′-碘联苯3.08g（10mmol）、氰化亚铜1.1g和DMF 12mL，搅拌回流反应9h，用TLC监测反应至完全。冷却，过滤将1.6mL 25%氨水加入到滤液中，继续搅拌15min。分出有机层，用甲苯10mL×3萃取水层，合并有机相。用水洗至中性，蒸出溶剂，用石油醚重结晶，得到白色固体产物4-乙基-4′-氰基联苯，收率85.1%，熔点73～74℃。同法制备4-丙基-4′-氰基联苯，收率84.5%，熔点65～66℃；4-丁基-4′-氰基联苯，收率85%，熔点118～119℃。

【参考文献】

［1］未本美，张智勇，王龙彪，等.4-烷基-4′-氰基联苯的合成新方法［J］.化学世界，2008，49（3）：169-171.

4,4′-联苯二甲醇

【基本信息】 英文名：4,4′-biphenyldimethanol或4,4′-bis（hydroxymethyl）biphenyl；CAS号：1667-12-5；分子式：$C_{14}H_{14}O_2$；分子量：214；熔点：191～192℃；沸点：416.3℃；闪点：204.6℃；密度：1.174g/cm^3。本品主要用做合成阻燃性聚合物的单体和液晶聚合物的单体和其它联苯衍生物。本实验采用两步法，得到高纯度4,4′-联苯二甲醇，合成反应式如下：

$$ClH_2C-C_6H_4-C_6H_4-CH_2Cl \xrightarrow[\text{回流 35h}]{H_2O/MeCN} HOH_2C-C_6H_4-C_6H_4-CH_2OH$$

【合成方法】

在装有搅拌器、温度计和回流冷凝管的250mL三口瓶中，加入4,4′-二（氯甲基）联苯5g（M=251，0.02mol）、乙腈50mL和蒸馏水50mL，搅拌下，加热至79℃，保温回流35h，TLC监测反应，反应结束蒸出溶剂。剩余物真空干燥后，用二氯甲烷重结晶，得到无色固体产物4.19g（196mmol），收率98.4%，纯度99.2%，熔点187～188℃。MS：m/z=241（100%）。

【参考文献】

［1］来国桥，方奇，任晓莉，等.4,4′-二（氯甲基）联苯在乙腈/水中的水解反应［J］.高校化学工程学报，2006，20（6）：1013-1016.

［2］Randell D R，Hyde T G. Fire-retardant chlorine-containing polymer compositions：GB 1551966［S］.1979-09-05.

对联苯二甲基二甲醚

【基本信息】 英文名：4,4′-bis(methoxymethyl)-1,1′-biphenyl；CAS号：3753-18-2；分子式：$C_{16}H_{18}O_2$；分子量：242；白色晶体；熔点：49～50℃；沸点：350℃。本品用于高分子合成，尤其是液晶聚合物的合成。合成反应式如下：

$$ClH_2C-C_6H_4-C_6H_4-CH_2Cl \xrightarrow{KOH/MeOH} MeOH_2C-C_6H_4-C_6H_4-CH_2OMe$$

【合成方法】

将 0.1mol 4,4′-二（氯甲基）联苯、0.4mol KOH 置于 150mL 甲醇中，搅拌回流 4h。用浓盐酸中和，过滤，滤液在 80℃下用泵抽真空蒸发至干，剩余物进行分馏，收集 154～156℃/26.7Pa 馏分，得到产品 0.075mol，收率 75%，熔点 47～49℃。

【参考文献】

［1］ Randell D R，Hyde T G. Fire-retardant chlorine-containing polymer compositions. GB 1551966 ［S］，1979-09-05.

4,4′-联苯二甲醛

【基本信息】 英文名：4,4′-biphenyldicarboxaldehyde；CAS 号：66-98-8；分子式：$C_{14}H_{10}O_2$；分子量：210.23；熔点：148℃；黄色晶体粉末；沸点：(391.7±35.0)℃/101325Pa。本品是合成 4,4′-二取代苯乙烯基荧光物质的重要中间体。合成反应式如下：

$$ClH_2C-C_6H_4-C_6H_4-CH_2Cl \xrightarrow[H_2O]{N_4(CH_2)_6} OHC-C_6H_4-C_6H_4-CHO$$

【合成方法】

将 6.8g（4.8mmol）六次甲基四胺溶于 90mL 乙醇中，加热至 40℃，加入 3g（1.2mmol）4,4′-二（氯甲基）联苯，搅拌，在 45～50℃反应 1.5h，用 TLC 监测反应至完全。过滤，用少量乙醇淋洗滤饼 2 次，晾干后放入烧瓶。加入 40mL 50%乙酸，搅拌加热回流 10h。趁热过滤，滤液冷却，放置过夜，滤出固体，用乙醇重结晶，干燥，得到无色晶体 4,4′-联苯二甲醛 1.68g，收率 67%，熔点 137～138℃。

【参考文献】

［1］ 许晓航，涂宾中，许遵乐. 4,4′-二（氯甲基）联苯和 4,4′-联苯二甲醛的合成 ［J］. 染料与染色，2003，40（6）：342-344.

4′-溴甲基-2-联苯甲酸叔丁酯

【基本信息】 英文名：4′-(bromomethyl)biphenyl-2-carboxylate *tert*-butyl；CAS 号：114772-40-6；分子式：$C_{18}H_{19}BrO_2$；分子量：347.25；白色晶体；熔点：102℃；沸点：436.992℃/101325Pa；密度：1.278g/cm^3。本品是合成抗高血压药替米沙坦（Telmisartan）的中间体。合成反应式如下：

$$\underset{\mathbf{2}}{2\text{-}(CO_2CMe_3)C_6H_4-C_6H_4-CH_3} \xrightarrow[\text{光照}]{Br_2/H_2O_2/CH_2Cl_2} \underset{\mathbf{1}}{2\text{-}(CO_2CMe_3)C_6H_4-C_6H_4-CH_2Br}$$

【合成方法】

在装有搅拌器、温度计的 500mL 四口瓶中，加入 4′-甲基-2-联苯甲酸叔丁酯（**2**）50g（0.19mol）、二氯甲烷 250mL，搅拌溶解后，加入 50mL 水，加热至 40℃。光照下，在

5min 内滴加溴素 16.5g（0.1mol），反应液变为红色。加入 27.5%的双氧水 10g（0.08mol），保温反应 1h。再加入 27.5%的双氧水 10g（0.08mol），保温反应 1h，反应液变为浅黄色。冷却至室温，加入 10%亚硫酸钠溶液 50mL，分出有机相，用 100mL 水洗涤，干燥，浓缩至干。加入丙酮 60mL，加热至 50℃，搅拌溶解，冷却至 0℃，搅拌 30min，过滤，用 50mL 丙酮洗涤滤饼，干燥，得到白色晶体 4′-溴甲基-2-联苯甲酸叔丁酯 47.5g，收率 73.4%，纯度≥99%，熔点 106～108℃。

原料回收：将两次丙酮结晶后的母液合并，其中含有原料 **2** 23.8%、产物 **1** 45.5%、其它副产物 26.3%。浓缩至干，加入甲苯 100mL，升温至 50℃，搅拌溶解，加入氯化铵 8g（0.15mol）和锌粉 4g（0.06mol），保温反应 40min，过滤，滤液用 50mL 水洗涤，浓缩至干。剩余物经柱色谱（乙酸乙酯：正己烷=1：20）纯化，得到原料 **2** 10.1g，纯度 98%。母液中 **2** 的理论量是 13.3g（26.6%），收率约 76%。

【参考文献】

［1］涂国良，黄盛平．4′-溴甲基-2-联苯甲酸叔丁酯的制备［J］．中国医药工业杂志，2014，45（5）：415-416.

对正戊基联苯甲酸

【基本信息】 又称：4-正戊基联苯-4′-羧酸；英文名：4-pentyl-4′-biphenylcarboxylicacide；CAS 号：59662-47-4；分子式：$C_{18}H_{20}O_2$；分子量：268；白色固体；沸点：425.6℃；闪点：199℃；密度：1.075g/cm^3；于 18～26℃环境中保存。本品是合成液晶的中间体。合成反应式如下：

$$C_5H_{11}\text{-}C_6H_4\text{-}C_6H_5 \xrightarrow[AlCl_3]{AcCl} C_5H_{11}\text{-}C_6H_4\text{-}C_6H_4\text{-}COAc \xrightarrow{NaOH/Br_2} C_5H_{11}\text{-}C_6H_4\text{-}C_6H_4\text{-}CO_2H$$

【合成方法】

1. 4-戊基-4′-乙酰基联苯的合成： 在装有搅拌器、温度计、回流冷凝管的 2L 三口瓶中，加入 600g（M=224，2.68mol）4-戊基联苯、220g（2.8mol）AcCl、适量干燥的硝基苯，搅拌溶解，加入 392g 无水 $AlCl_3$ 催化剂，加热至 40～45℃反应，处理后，得到 4-戊基-4′-乙酰基联苯 515.25g（2.28mol），收率 85%。

2. 对正戊基联苯甲酸的合成： 在装有搅拌器、温度计、回流冷凝管的 20L 三口瓶中，加入 4-戊基-4′-乙酰基联苯 515.25g（2.28mol）和 3L 二氧六环，搅拌溶解。加入含 2kg（50mol）氢氧化钠的 7.5L 水溶液，冷却至 10～15℃，滴加 1.8kg（11.25mol）溴，在 37～40℃搅拌反应 3h，加入 250g 亚硫酸氢钠，用 2.8L 浓盐酸中和，过滤，用 6L 乙酸重结晶，干燥，得到对正戊基联苯甲酸 514.56g（1.915mol），收率 84.2%。元素分析，计算值（实验值）(%)：C 80.6（80.3），H 7.5（7.6），O 11.9（12.1）。沸点 177℃。

【参考文献】

［1］Takashi I，Hideo S，Shigeru S，et al. *p*-Cyanophenyl-4-alkyl-4′-biphenylcarboxylate，Verfahren zu ihrer Herstellung und flüssige Kristallgemische，worin sie enthalten sind：DE2545121A［P］. 1976-4-22.

对羟基联苯羧酸

【基本信息】 对羟基联苯羧酸，也称 4′-羟基联苯基-4-羧酸；英文名：4′-hydroxybiphenyl-4-carboxylic acid；CAS 号：58574-03-1；分子式：$C_{13}H_{10}O_3$；分子量：214；亮黄色到浅褐色固体；熔点：295℃（分解）；沸点：420.4℃；闪点：222.2℃。本品是一种医药材料中间体。合成反应式如下：

HO–C₆H₄–Ph —Cu/NaOH(aq), β-环糊精→ HO–C₆H₄–C₆H₄–CO_2H

【合成方法】

将 0.51g（3mmol）4-羟基联苯、0.05g（0.8mmol）铜粉以及 4g（3mmol）β-环糊精·$12H_2O$ 加入到 30mL 质量分数 20%的氢氧化钠水溶液中，搅拌至 4-羟基联苯和 β-环糊精·$12H_2O$ 溶解后，加入 2.5mL 四氯化碳，在氮气保护下升温至 80℃，搅拌反应 10h。反应结束，滤除铜粉，滤液冷却后，用盐酸中和至酸性，用乙酸乙酯萃取。水层冷后析出 β-环糊精，简单处理可重复使用。有机相用饱和碳酸氢钠水溶液萃取，萃取液酸化后析出沉淀，再用乙酸乙酯萃取，减压蒸出溶剂，得到淡黄色粉末粗产品 4′-羟基联苯基-4-羧酸 0.54g，收率 84%。

【参考文献】

[1] 王恩举，肖晓辉. 在 β-环糊精存在下由 4-羟基联苯一步合成 4′-羟基-4-联苯羧酸[J]. 海南师范大学学报（自然科学版），2009，22（4）：408-410.

联苯-4-乙酸

【基本信息】 英文名：4-biphenylacetic acid；CAS 号：5728-52-9 或 3572-52-9；分子式：$C_{14}H_{11}O_2$；分子量：211.24；白色结晶粉末；熔点：163～165℃。主要用途：消炎镇痛药联苯乙酸乙酯的中间体。本品刺激眼睛、呼吸系统和皮肤，操作时佩戴手套、防护镜或面具。吞食有毒，感到不适，立即就医。合成反应式如下：

联苯 —Ac_2O, $AlCl_3$→ 4-乙酰基联苯 —(S), 吗啉→ 硫代吗啉酰胺 —NaOH→ —HCl→ 联苯-4-乙酸（–CH_2–C(=O)–OH）

【合成方法】

1. 联苯乙酮的合成： 在装有搅拌器、温度计、滴液漏斗和冷凝管（顶部有干燥管）的三口瓶中，加入联苯 24g（0.16mol）、三氯化铝 48g（0.36mol）和新蒸的二硫化碳 140mL，搅拌，加热回流，滴加入乙酸酐 18.5g（0.18mol），继续反应 2h。冷却至室温，加入碎冰和盐酸，用 250mL 氯仿萃取。脱色，减压蒸出溶剂，用乙醇重结晶，得到联苯乙酮 27～28g，收率 89%～92%，熔点 116～118℃，重结晶后，熔点 118～120℃。

2. 联苯乙酸的合成： 将联苯乙酮 3.29g（0.02mol）、硫 1.05g（0.033mol）和吗啉 6.5g（0.075mol）加热回流 4h，加入甲醇 25mL，加热溶解，用活性炭脱色，冷却析出结晶，抽滤，干燥，得到硫代酰胺粗品 4.9g，收率 78.8%。将 19mL 70%乙醇和 3.75mL 50%NaOH 加入到上述硫代酰胺中，回流 2h，冷却，过滤。滤液减压蒸出溶剂，用稀盐酸酸化，得到联苯-4-乙酸粗产品 1.9g，收率 89.6%。重结晶后收率 80%，熔点 157～158℃。

【参考文献】

[1] 李光华，胡绍渝. 非甾体抗炎新药联苯乙酸的合成 [J]. 中国医药工业杂志，1991，22（6）：250-251.

4,4′-联苯二甲酸

【基本信息】 英文名：4,4′-biphenyldicarboxylic acid；CAS 号：787-70-2；分子式：$C_{14}H_{10}O_4$；分子量：242；熔点：300℃；闪点：252.9℃；密度：1.355g/cm^3。可溶于 DMSO，可用作中间体。

【合成方法】

一、文献 [1] 中的方法 [以 4,4′-二（氯甲基）联苯为原料]

$$ClH_2C-C_6H_4-C_6H_4-CH_2Cl \xrightarrow{N_4(CH_2)_6} OHC-C_6H_4-C_6H_4-CHO \xrightarrow{H_2O_2} HO_2C-C_6H_4-C_6H_4-CO_2H$$

1. 4,4′-联苯二甲醛的合成： 将 4,4′-二（氯甲基）联苯 25g（M=242，0.1mol）、六次甲基四胺 49g（0.35mol）和氯仿 250mL 加热回流 5h，减压蒸出溶剂，加入 50%乙酸水溶液 200mL，加热回流 3.5h，冷却至室温，过滤，滤饼用乙醇重结晶，得到淡黄色片状结晶，真空干燥得到产品 4,4′-联苯二甲醛 15.6g（M=210，0.743mol），收率 74.3%，纯度>98.5%（HPLC），熔点 139～141℃。元素分析（$C_{14}H_{10}O_2$），计算值（分析值）(%)：C 80.00（79.93），H 4.76（4.73）。

2. 4,4′-联苯二甲酸的合成： 将 4,4′-联苯二甲醛 21g（0.1mol）和四丁基溴化铵 0.2g 加入 250mL 冰醋酸中，搅拌加热到 80℃，溶液呈淡黄色。在 80℃慢慢滴加 30%过氧化氢 60mL，在 80～85℃继续搅拌 8h。冷却至室温，过滤，滤饼用水、乙醇洗涤，60℃真空干燥，得到白色固体产品 19.3g，收率 80.4%，熔点>300℃，含量≥98%。

二、文献 [2] 中的方法（以联苯为起始原料）

$$Ph-Ph \xrightarrow[H_2O_2/\text{浓硫酸}]{I_2/\text{二氯乙烷}} I-C_6H_4-C_6H_4-I \xrightarrow{CO} HO_2C-C_6H_4-C_6H_4-CO_2H$$

在 80℃，将过氧化氢/浓硫酸缓慢滴加到联苯、I_2 和 1,2-二氯乙烷的混合物中，滴毕，继续反应 4h，得到 4,4′-二碘联苯，收率 83%。加入水，在 250℃通入 9.8MPa CO，反应后得到 4,4′-联苯二甲酸，收率 92%。可回收 92kg NaI，加水电解得到 95%通用碘，循环碘可制得 82%二碘联苯。

三、工业生产法（对二甲基联苯的催化氧化法）

将对二甲基联苯 11.3g、醋酸钴 0.1g、醋酸锰 0.2g、溴化钠 0.012g、冰醋酸 5mL 加入高压釜中，设定温度 190℃，加热至 60℃后开始通氧气，充至 2.2MPa（此时温度开始上升，可升到约 195～230℃）。加热并不停连续通氧至不再吸氧为止，保温 5h（温度 190℃），降温至 35℃放料过滤，所得固体用水洗涤至滤液无色，得浅黄色粗品约 19.2g，将粗品用含 8g 氢氧化钠的 800mL 水溶解，加入 27g 活性炭，80℃下搅拌 30min，过滤，滤液 pH 调节到 1～2，产品析出，过滤，洗涤至中性得到成品 4,4′-联苯二甲酸 15g，纯度>99%。

联苯二甲酸 HPLC 分析方法：流动相为 0.02mol/L 四丁基溴化铵：乙腈=60：40；流速为 1.0mL/min；波长为 227nm；色谱柱为 Diamonsil C18 200mm×4.6mm，5μm；进样量为 10μL；浓度为 0.5mg/mL。样品溶液配制：0.5mg 样品逐滴加入 0.2%氢氧化钾水溶液中，超声溶解至溶液透明，加入 0.1%磷酸，调节 pH 至约 6～7，用流动相稀释到 1mL。

【参考文献】

[1] 葛洪玉，马卫兴. 4,4′-联苯二甲酸的合成 [J]. 兰州理工大学学报，2007，33 (3)：69-71.

[2] Kazunorijp Y. Production of aromatic carboxylic acid or its ester：JPS63104942 [P]. 1988-05-10.

对联苯二甲酸二甲酯

【基本信息】 英文名：dimethyl 4,4′-biphenyl dicarboxylate；CAS 号：792-74-5；分子式：$C_{16}H_{14}O_4$；分子量：270.28；熔点：212～214℃；密度：1.173g/cm^3。本品对水稍微有害，无政府许可，不得将废水排入环境和污水系统中。

【合成方法】

一、文献 [1] 中的方法 (4,4′-联苯二甲酸的酯化)

HOOC–C₆H₄–C₆H₄–COOH $\xrightarrow{+CH_3OH/H_2SO_4}$ MeOOC–C₆H₄–C₆H₄–COOMe

将 10g（M=242，0.0413mol）4,4′-联苯二甲酸、280mL 甲醇、6g 硫酸放入 200mL 压力釜中，加热到 172℃反应 3h，冷却后过滤，回收甲醇。用 20mL 5%碳酸氢钠洗涤，水 60mL×2 洗涤，用 20mL 甲醇洗涤，干燥，得 4,4′-联苯二甲酸二甲酯 10.7g（M=270，0.0396mol），收率 96%，纯度 98%。将其溶于氯仿，用 5%碳酸氢钠水溶液洗涤 2 次，蒸出溶剂，所得产品纯度可达 99%以上。为了结晶得更好，可用乙腈重结晶。

备注：① 如果原料联苯二酸颜色不好，所得产品二甲酯也有颜色，且不易处理。应预先处理：取 8g 黄色联苯二酸，加入 160mL 水和 40mL 30%NaOH 水溶液，搅拌溶解。加热，用 3g 活性炭脱色，冷却后滤去活性炭，母液用 10mL 盐酸酸化，得白色联苯二酸。

② 文献 [1] 在反应体系中加入少许吡啶也很好：在 200mL 反应釜中，加入 10g 联苯二酸、80g 甲醇、1g 浓硫酸、1g 吡啶，120℃反应 2h，冷却后水洗，甲醇洗，干燥，得到对联苯二甲酸二甲酯结晶 10.6g，收率 95.7%，纯度 99.1%（含原料联苯二酸 0.1%）。

二、文献 [3] 中的方法 [以 4,4′-二 (乙酰基) 联苯为原料]

将 4.2g KOH 和 518g 碳酸钾溶于 600mL 水中，在 60℃加入含有 535g 次氯酸钙和 1.85L 水的溶液，搅拌，滤出碳酸钙沉淀，在 25～30℃将滤液加入到 90g 4,4′-二（乙酰基）联苯溶于 1.5L 甲醇的混合物中，约需 64min。搅拌该悬浮液 1h，过滤，用 1mL 水洗涤固体，合并滤液，剩下的沉淀分别用 1L 3mol/L 盐酸和 1L 水洗涤，用 1L 苯在 Soxhlet 萃取器中萃取固体，干燥，得到对联苯二甲酸二甲酯 67.3g，收率 90%，纯度 98%，熔点 216～217℃。

反应滤液用浓盐酸酸化，得到 20.1g 联苯二甲酸。

【参考文献】

[1] Keiji H. Preparation of highly pure 4,4′-biphenyldicarboxylic acid dimethyl ester: JP06211744 [P]. 1994-08-02.

[2] Gorsich R D. Manufacture of esters: US3109017 [P]. 1963-10-29.

[3] Yunick R P. Synthesis of dimethyl bibenzoate: US3383402 [P]. 1968-05-14.

4′-溴甲基联苯-2-羧酸甲酯

【基本信息】 英文名：methyl 4′-bromomethyl-biphenyl-2-carboxylate；CAS 号：1332-26-3 或 11472-38-2；分子式：$C_{15}H_{13}BrO_2$；分子量：305；熔点：56℃；沸点：414℃；密度：1.374g/cm^3。本品是生产降压药沙坦类药物的中间体。合成反应式如下：

Me–(C₆H₄)–(C₆H₄)–CN **1** →(NaOH / HCl)→ Me–(C₆H₄)–(C₆H₄)–HO_2C **2** →(MeOH)→ Me–(C₆H₄)–(C₆H₄)–MeO_2C **3** →(NBS / 氯仿)→ BrH_2C–(C₆H₄)–(C₆H₄)–MeO_2C **1**

【合成方法】

1. 4′-甲基联苯-2-羧酸 (2) 的合成： 在装有搅拌器、温度计、滴液漏斗的 100mL 三口瓶中，加入 2-氰基-4′-甲基联苯 10g (0.052mol)、乙二醇 18mL、氢氧化钠 4.14g (0.1mol)、水 2g，搅拌，加热至 100℃，反应 10h。加入水 37g，搅拌 30min，滴加入浓盐酸 11.9g，析出固体。抽滤，干燥，得到白色固体 4′-甲基联苯-2-羧酸 (**2**) 10g，收率 90%，熔点 149℃。

2. 4′-甲基联苯-2-羧酸甲酯 (3) 的合成： 在装有搅拌器、温度计和导气管的 1L 三口瓶中，加入甲醇 500mL，搅拌下通入干燥的氯化氢气至饱和，加入化合物 **2** 30g，室温搅拌 20h。浓缩，剩余物加入二氯甲烷，搅拌溶解，碱洗，用无水硫酸钠干燥，旋蒸出溶剂，得到类白色固体 **3** 28.53g，收率 90%，熔点 80℃。

3. 4′-溴甲基联苯-2-羧酸甲酯 (1) 的合成： 在装有搅拌器、温度计和导气管的 1L 三口瓶中，加入化合物 **3** 30.19g (0.133mol)、二氯甲烷 800mL、NBS 23.8g (0.1339mol)，加热回流反应 4h，浓缩至干，得到黄色固体 4′-溴甲基联苯-2-羧酸甲酯 (**1**) 34.9g，收率 86%，纯度 99%，熔点 50℃。

【参考文献】

[1] 林迎明，曲有乐，周淑晶. 4′-溴甲基-2-联苯甲酸甲酯的合成 [J]. 黑龙江医药科学，2006，29 (1)：40.

4,4′-联苯二甲酸二(氯乙基)酯

【基本信息】 英文名：bis(2-chloroethyl) 4,4′-biphenyldicarboxylate；分子式：

$C_{18}H_{16}Cl_2O_4$；分子量：367；熔点：101～102℃。合成反应式如下：

$$HO_2C-C_6H_4-C_6H_4-CO_2H \xrightarrow[BnEt3NCl]{1,2\text{-二氯乙烷}} ClH_2CH_2CO_2C-C_6H_4-C_6H_4-CO_2CH_2CH_2Cl$$

【合成方法】

在一个干燥的、装有搅拌器的 15mL 三口瓶中，加入 4,4′-联苯二甲酸 0.5g（M＝242，2.07mmol）、1,2-二氯乙烷 7mL（0.0885mol）和三乙基苄基氯化铵（$BnEt_3NCl$）0.38g（1.7mmol），搅拌，加热回流，反应 16h，热过滤，滤液浓缩，得到白色固体 0.32g（0.872mmol），收率 42.12%。该固体通过硅胶柱（1.3cm×20cm，Merck35-70Mesh）进行纯化，甲苯作为淋洗液。主要成分在第 2 和第 3 个 50mL 流分中。所得白色固体用己烷/THF（10∶1）重结晶，得到无色针状结晶 4,4′-联苯二甲酸二（氯乙基）酯，熔点 101～102℃。元素分析，计算值（实验值）(%)：C 58.89（58.70），H 4.36（4.37），Cl 19.3（20.00）。

【参考文献】

[1] Burdett K A. An improved acid chloride preparation via phase transfer catalysis [J]. Chemlnform，1991，1991（6）：441-442.

4,4′-联苯二甲酰氯

【基本信息】 英文名：biphenyldicarbonylchloride；CAS：2351-37-3；分子式：$C_{14}H_8Cl_2O_2$；分子量：279；白色或微黄色固体；熔点：181～182℃；密度：1.344g/cm^3。可溶于热甲苯，可用作液晶材料的中间体。合成反应式如下：

$$HO_2C-C_6H_4-C_6H_4-CO_2H \xrightarrow{SOCl_2} ClOC-C_6H_4-C_6H_4-COCl$$

【合成方法】

一、文献［1］中的方法

1. 实验室方法：在装有搅拌器、温度计、尾气缓冲瓶及吸收瓶（用碱液吸收尾气）的 1L 玻璃三口瓶中，加入 4,4′-联苯二羧酸约 150g（M＝242，0.62mol）和 $SOCl_2$ 约 300g（2.52mol）。开动搅拌，如果搅不起来，可以多加点 $SOCl_2$。随着反应的进行，固体会越来越少，搅拌也变得容易。反应产生大量的 HCl 和 SO_2 气体，先经水吸收后，再用碱液吸收。缓慢升温，当水吸收瓶出现大量气泡时，说明反应开始了，尽量在较低温度进行反应，反应太快，大量气体会把上部的弯管接头冲开，故弯管接头要用夹子固定，反应体系必须有放气的通道，防止管路堵住。最容易堵塞部位是通碱液的管路出口处，要用粗的玻璃管。

反应稳定进行 1h 后，如果气泡产生的速度变慢，而瓶中还有很多固体，就缓慢升温。直到所有的固体溶解，不再产生气体，反应结束。最终温度在 50℃左右。如果尚有挂壁固体，摇晃反应液，将挂壁的固体洗下来，再搅拌 10min 左右，反应结束。此反应无须中途检测，如有不溶性固体，说明有原料剩余，有气体发生，说明反应还在进行。若有原料剩余，但气体已不产生了，可升温，或加入少量吡啶或少量 DMF 做催化剂。反应结束后，降温，同时侧管通入氮气防止倒吸。旋蒸出 $SOCl_2$，可循环使用。减压时要用缓冲瓶和碱液来保护水泵。$SOCl_2$ 基本除尽后，加入 300mL 甲苯，再减压蒸掉。如此反复操作两三次，至

产品没有明显 $SOCl_2$ 气味。得到白色或微黄色产品 4,4′-联苯二甲酰氯 167.8g (0.60mol),收率 97%,纯度 97%以上。产品密封冰箱保存。

2. 工业生产注意事项: 工业生产基本与实验室方法相同。投料时,为防止结块,可加入一定量甲苯,析出产物。过滤,得到产品。母液中含有产品和 $SOCl_2$,可回收再用。利用沸点不同(氯化亚砜沸点 79℃,甲苯沸点 110.6℃),先蒸出氯化亚砜,再冷却滤出产品,甲苯可循环利用。工业生产收率基本上为 100%,产品无须提纯。如果需要高纯产品,可用甲苯重结晶提纯。

二、文献[2]中的方法[三乙基苄基氯化铵($BnEt_3NCl$)相转移催化法]

在装有搅拌器和氮气导管的干燥的三口瓶中,加入 4,4′-联苯二羧酸 200g (0.826mol)、二氯乙烷 1.512L 和 $BnEt_3NCl$ 0.275g (1.2mmol)。立即加入 127mL (1.75mol) $SOCl_2$,回流 16h,趁热过滤,以除去难处理的固体。滤液放置让产物结晶,过滤,用乙醚洗涤,干燥,得到白色结晶 4,4′-联苯二甲酰氯 210.4g,收率 91%,熔点 184~185℃。

该法所用氯化剂氯化亚砜兼作溶剂,产品从 $SOCl_2$ 中结晶,提高了纯度。

【参考文献】

[1] Burdett K A. An improved acid chloride preparation via phase transfer catalysis [J]. Chemlnform, 1991, 1991 (6): 441-442.

[2] Ferguson C C. Automatic Feed Requlator: US486668 [P]. 1892-11-22.

4-庚基-4′-甲酰胺基联苯

【基本信息】 英文名:4-heptylbiphenyl-4′-carboxamide;分子式:$C_{20}H_{25}NO$;分子量:295;熔点:216~218℃。本品是制备烷基氰基二联苯液晶的中间体。合成反应式如下:

$$C_6H_{13}C(=O)-C_6H_4-Ph \xrightarrow[KOH]{H_2NNH_2} C_7H_{15}-C_6H_4-Ph \xrightarrow[H_3N\cdot H_2O]{(COCl)_2/AlCl_3} C_7H_{15}-C_6H_4-C_6H_4-C(=O)NH_2$$

【合成方法】

1. 4-庚基二联苯的合成: 在装有搅拌器、温度计、回流冷凝管的 500mL 三口瓶中,加入 51g (0.2mol) 庚酰基联苯、26g 85%水合肼、24.6g KOH 粉末和 200mL 一缩二乙二醇,加热至 130℃,反应 5h 后,在 2.5h 内缓慢升温至 220℃,回流反应至无氮气放出。冷却至室温,加入水 100mL、苯 50mL,搅拌 10min。分出有机相,水层用苯萃取 2 次,合并有机相,水洗 2 次,98%硫酸洗 1 次,再水洗至中性,用无水硫酸钠干燥 24h。旋蒸出苯,减压蒸馏,收集 186~188℃馏分,得到无色透明液体 4-庚基二联苯 41.9g,收率 71%,熔点 28~30℃。

2. 4-庚基-4′-甲酰胺基联苯的合成: 在装有搅拌器、温度计、滴液漏斗、氯化氢气体导出管和吸收装置的 500mL 三口瓶中,加入 25.4g (0.1mol) 4-庚基二联苯、16.4g (0.12mol) 无水三氯化铝和 200mL 二硫化碳,冰水浴冷却下缓慢滴加 20g (0.16mol) 草酰氯。滴毕,在 20℃反应,缓慢加热,保持氯化氢气体逸出。升温至 38℃后,不再产生氯化氢。冷却至室温,搅拌下将反应液倒入 150mL 冰水中,加入 10mL 浓盐酸。分出有机相,依次用稀盐酸和水洗涤,用无水硫酸钠干燥,旋蒸出溶剂,加入 100mL 浓氨水,剧烈搅拌 0.5h。过滤,水洗滤饼,真空干燥,用 1,4-二氧六环重结晶,得到 4-庚基-4′-甲酰胺基联苯

21.5g，收率73%，熔点216～218℃。MS：$m/z=295$ [M^+]。

【参考文献】

[1] 李晓莲.4-庚基-4′-甲酰胺基二联苯的合成研究 [C]//全国精细化工青年科技学术交流会.中国化工学会，1998.

3,3′,5,5′-四甲基联苯胺

【基本信息】 英文名：3,3′,5,5′-tetramethylbenzidine；CAS号：54827-17-7；分子式：$C_{16}H_{20}N_2$；分子量：240；白色或浅黄色粉末；熔点：167～171℃。本品是一种新型安全的色原试剂，具有检测灵敏度高、稳定性好等优点，使用安全，不致癌、不突变等，价格便宜。合成反应式如下：

NH_2 →(HCl) $NH_2\cdot HCl$ (1) →(Br_2) Br, $NH_2\cdot HCl$ (2) →(NaOH) Br, NH_2 (3) →(Pd/C/AcOH, H_2NNH_2) H_2N, NH_2 (4)

【合成方法】

1. 2,6-二甲基苯胺盐酸盐（1）的合成： 在装有搅拌器、温度计和滴液漏斗的100mL三口瓶中，加2,6-二甲基苯胺7g（58mmol），冰水浴冷却下，慢慢滴加20%盐酸，至pH为2，滴毕，室温搅拌反应30min。减压蒸干，剩余物烘干，得到白色固体2,6-二甲基苯胺盐酸盐8.84g，收率97.04%。

2. 4-溴-2,6-二甲基苯胺盐酸盐（2）的合成： 在装有搅拌器、温度计和滴液漏斗的100mL三口瓶中，加入化合物**1** 7.9g（50mmol）、环己烷70mL和四氢呋喃2mL，加热回流，慢慢滴加溴11.2g（70mmol），滴毕，反应2.5h。用TLC [展开剂：石油醚∶乙酸乙酯=4∶1（体积比）] 监测反应完毕。冷却至室温，抽滤，用少量环己烷洗滤饼2次。抽干，干燥，得到棕黄色固体4-溴-2,6-二甲基苯胺盐酸盐11.27g，收率95.1%。

3. 4-溴-2,6-二甲基苯胺（3）的合成： 在装有搅拌器、温度计和滴液漏斗的250mL三口瓶中，加入化合物**2** 11.27g（48mmol）和水50mL，搅拌溶解，升温，滴加10%氢氧化钠水溶液，至pH为10～11。冰水浴冷却，析出大量紫色固体，过滤，真空干燥，得到紫色固体4-溴-2,6-二甲基苯胺8.96g，收率94.01%，熔点48～49℃（文献值：47.3～48℃）。

4. 3,3′,5,5′-四甲基联苯胺： 在装有搅拌器、温度计和滴液漏斗的100mL三口瓶中，依次加入10%氢氧化钠水溶液50mL、甲酸1.61g（35mmol）、水合肼1.75g（35mmol）、5%Pd/C催化剂0.5g，室温搅拌20min，加入化合物**3** 10g（$M=200$，50mmol），升温至75℃，搅拌反应9h。用TLC [展开剂：石油醚∶乙酸乙酯=4∶1（体积比）] 监测反应完毕。趁热过滤，滤液冷却，用二氯甲烷50mL×2萃取，用无水硫酸钠干燥，减压蒸干。剩余物加入20mL石油醚，搅拌，冷却，析出固体，过滤，用少量石油醚洗涤，干燥，得到浅黄色固体**4** 6.48（0.027mol），收率54%，熔点168～169℃。四步总收率46.9%。

【参考文献】

[1] 黄斌，阳军，沈华平，等. 3,3′,5,5′-四甲基联苯胺的合成研究 [J]. 精细与专用化学品，2011，19 (2)：17-19.

烯丁基负性三环液晶单体

【基本信息】 烯丁基负性三环液晶单体，与烷基相比，端烯基对液晶的 N-I（向列相 N 与各向同性 I 之间的相变）温度影响较大，链烯基的双键在奇数位时，液晶化合物具有较高的清亮点和弹性常数；在偶数位时，则相反。双键的位置对 K_{33}/K_{11} 值影响较大，在奇数位时，K_{33}/K_{11} 值较大。在双键的位置引入烯基还可降低黏度（尤其是旋转黏度），而且黏度随温度的变化率低。这类液晶单体可应用于中高档混合液晶中。

【合成方法】

1. (反,反)-4-[4-(3-烯丁基)-2,3-二氟苯]-4′-正丙基-1,1′-双环己烷 (A) 的合成：

(1)（反)-4-(2,3-二氟苯基)-4′-正丙基-1,1′-双环己基-3-烯（**A-1**）

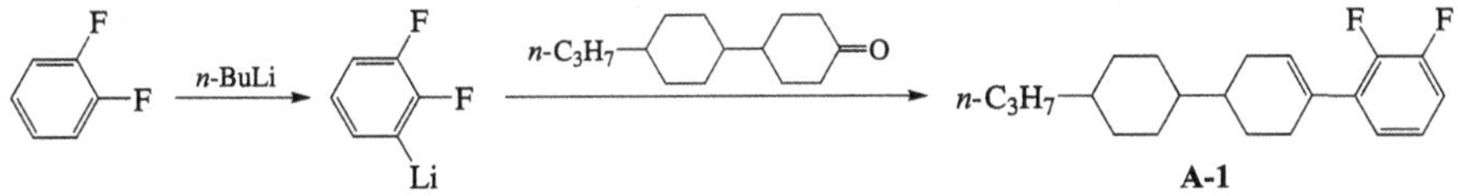

在装有搅拌器、温度计、滴液漏斗和导气管的 250mL 三口瓶中，加入 11.4g (0.1mol) 邻二氟苯、50mL THF，用氮气置换瓶内空气，降温至－60℃，搅拌下滴加入 2.5mol/L 的正丁基锂溶液 44mL (0.11mol)，控制滴加温度在－60～－50℃。滴毕，在此温度下搅拌 1h 后，滴加 22.2g 4-(4′-正丙基环己基) 环己基酮与 50mL 四氢呋喃的溶液，控制滴加温度在－60～－50℃。滴毕，让反应液自动升至室温，搅拌下将其倒入 100g 冰水和 10mL 盐酸中。分出有机相，水相用甲苯 50mL×2 萃取，合并有机相，用水洗至中性。转移到三口瓶中，加入 1g 对甲苯磺酸，搅拌下蒸出低沸点溶剂。蒸至 105℃时发生脱水反应，脱水 4h 结束反应。减压进一步蒸出液体物质至干，剩余物用 100mL 石油醚重结晶 2 次，得到白色晶体（**A-1**）22.3g，收率 70%，纯度 99.1%。

(2)(反,反)-4-(2,3-二氟苯基)-4′-正丙基-1,1′-双环己烷（**A-2**）的合成

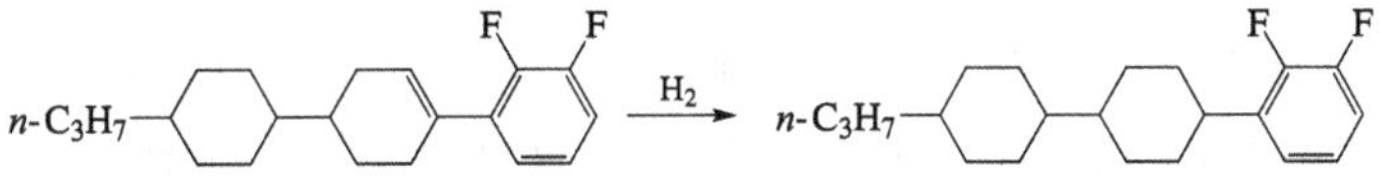

在装有搅拌器和氢气导管的 500mL 三口瓶中，加入 22.3g 化合物 **A-1**、50mL 甲苯、50mL 乙醇和 6g Raney Ni，常压加氢 6h。滤除催化剂，减压蒸出溶剂，剩余物用乙醇重结晶 3 次，得到白色晶体 **A-2** 10.7g，收率 48%，纯度 99%。

(3)（反,反)-2,3-二氟-4-(4′-正丙基-1,1′-双环己基-4-)苯甲醛（**A-3**）的合成

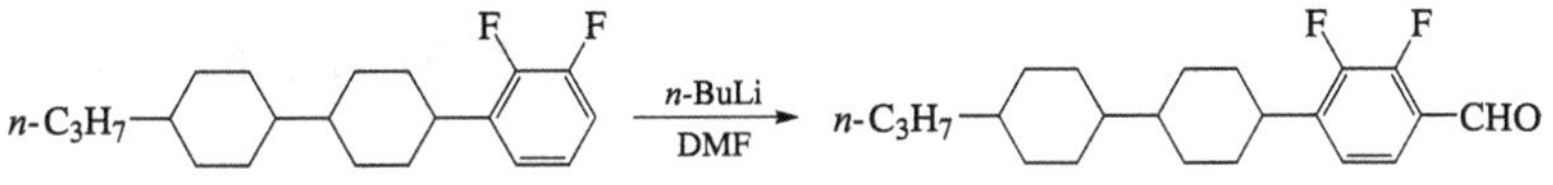

在装有搅拌器、温度计、滴液漏斗和导气管的 250mL 三口瓶中，加入 10.7g 中间体（**A-2**）、50mL THF，用氮气置换瓶内空气后降温至－60℃，缓慢滴加入 2.5mol/L 正丁基

锂溶液 15mL（0.037mol）。滴毕，维持−60～−50℃搅拌 1h 后，滴加 2.9g（0.04mol）DMF。此反应是放热反应，滴加过程需控制在−75～−65℃，滴毕，在−65℃搅拌反应 1h。自然升温至−50℃，搅拌下倒入 6mL 盐酸和 100mL 水的溶液中，搅拌，静置分层。分出有机相，水层用 50mL 二氯甲烷萃取，合并有机相，水洗至中性，干燥，减压蒸出溶剂，得到 **A-3** 11g，收率 94.6%，纯度 96.2%。

（4）（反，反）-2,3-二氟-4-(4′-正丙基-1,1′-双环己基)-4-苯甲醇（**A-4**）的合成

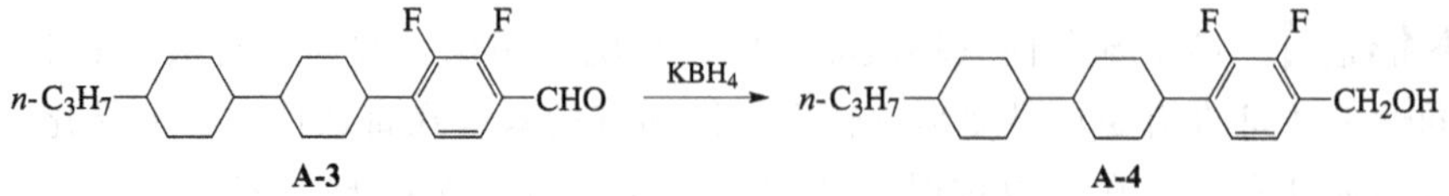

KBH_4

A-3 **A-4**

在装有搅拌器、温度计、滴液漏斗和导气管的 250mL 三口瓶中，加入 11g 中间体 **A-3**、100mL THF，室温搅拌溶解，滴加入 1.7g 硼氢化钾与 10mL 水的溶液，放热反应，控制在 30℃以下。滴毕，室温搅拌 6h 后，缓慢倒入 2mL 浓盐酸和 100mL 水中，分解过量的硼氢化钾。分出有机相，水层用乙酸乙酯 50mL×2 萃取，合并有机相，水洗至中性，用无水硫酸钠干燥，减压蒸出溶剂，得到 **A-4** 10.5g，收率 95%，纯度 95.6%。

（5）（反，反）-4-(4-氯甲基-2,3-二氟苯基)-4′-正丙基-1,1′-双环己烷（**A-5**）的合成

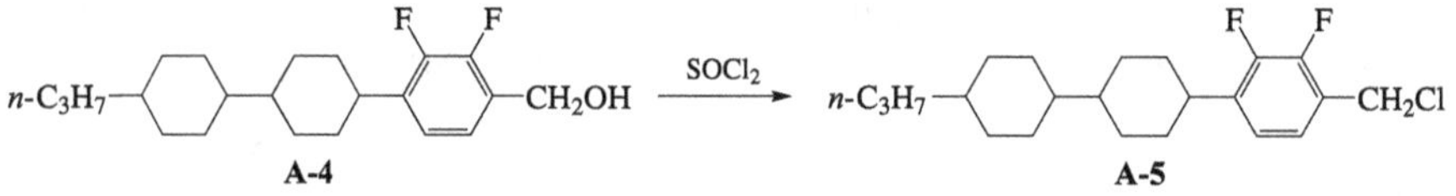

$SOCl_2$

A-4 **A-5**

在装有搅拌器、温度计的 250mL 三口瓶中，加入 10.5g 中间体 **A-4**、50mL 甲苯、402g 氯化亚砜和 2 滴 DMF，加热至 50℃，搅拌反应 5h。减压蒸出溶剂和过量氯化亚砜，剩余物用无水乙醇和石油醚各 20mL 的混合溶剂重结晶，干燥，得到 **A-5** 8.5g，收率 77%，纯度 98.5%。

（6）（反，反）-4-[4-(3-烯丁基)-2,3-二氟苯]-4′-正丙基-1,1′-双环己烷（**A**）的合成

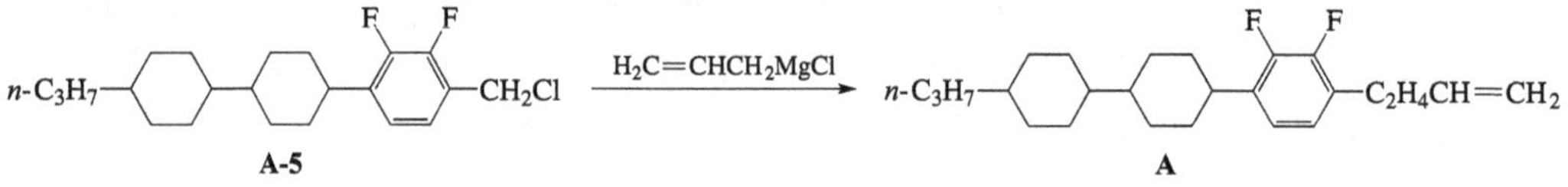

$H_2C{=}CHCH_2MgCl$

A-5 **A**

在装有搅拌器、温度计和氮气导管的 250mL 三口瓶中，加入 2.4g 新制镁屑和 30mL THF，用氮气置换瓶内空气，搅拌，滴加少许烯丙基氯，引发反应后，降温至 0℃以下，滴加入 6.1g 烯丙基氯和 20mL THF 的溶液。滴毕，继续反应 2h，得到烯丙基氯的格氏试剂，备用。在另一装有搅拌器、温度计、回流冷凝管和滴液漏斗的 250mL 三口瓶中，加入 8.5g 中间体（**A-5**）、20mLTHF，搅拌，加热至回流。滴加上述格氏试剂，滴毕，继续回流反应 6h。冷却，将反应液倒入 10mL 盐酸和 50mL 水的溶液中，搅拌后静置分层。分出有机相，水层用甲苯 20mL×2 萃取，合并有机相，水洗至中性。干燥，减压蒸出溶剂，剩余物溶于少量石油醚，过硅胶柱，除去不溶物。所得粗产品用无水乙醇和石油醚各 20mL 的混合溶剂重结晶，干燥，得到白色晶体 **A** 7.4g，收率 89.1%，纯度 99.9%。

2. 4-(3-烯丁基)-2′,3′-二氟-4″-正丙基-1,1′,4′,1″-三联苯（B）的合成：

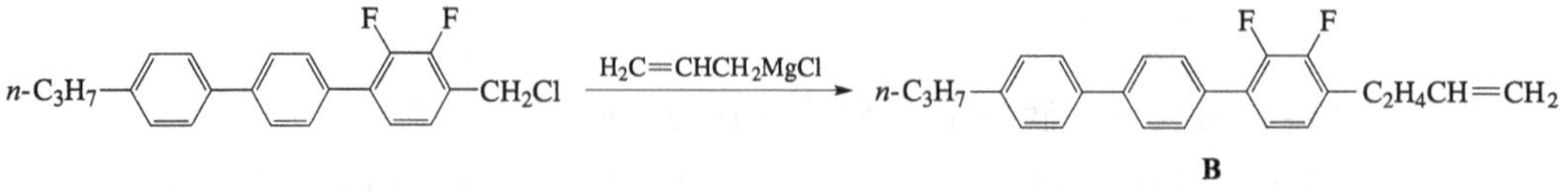

$H_2C{=}CHCH_2MgCl$

B

在另一装有搅拌器、温度计、回流冷凝管和滴液漏斗的 250mL 三口瓶中，加入 7.1g 4-氯甲基-2′,3′-二氟-4″-正丙基-1,1′,4′,1″-三联苯和 20mL THF，加热至回流，滴加 0.1mol 烯丙基氯的格氏试剂（如前述制法），滴毕，继续回流 2h。冷却后，倒入 10mL 盐酸和 50mL 水的混合液中，搅拌，分出有机相，水层用甲苯 20mL×2 萃取，合并有机相。水洗至中性，干燥，减压蒸出溶剂，剩余物用 140mL 90～120℃的石油醚溶解，经硅胶柱纯化后，用无水乙醇和石油醚各 20mL 的混合溶剂重结晶，干燥，得到白色晶体 B 5.9g，收率 82%，纯度 99.7%。MS：m/z=360 [M^+，41]。

3.（反）-4-(4-正丙基环己基)-2′，3′-二氟-4′-(3-烯丁基）联苯（C）的合成：

合成方法同化合物 **B**。MS：m/z=368 [M^+，28]。

n-C_3H_7–(环己基)–(苯基)–(2,3-二氟苯基)–CH_2Cl $\xrightarrow{H_2C=CHCH_2MgCl}$ n-C_3H_7–(环己基)–(苯基)–(2,3-二氟苯基)–$C_2H_4CH=CH_2$ (**C**)

【参考文献】

[1] 员国良，郑成武，华瑞茂. 含链端烯基负性液晶单体的合成及其性能研究 [J]. 液晶与显示，2013，28（4）：510-515.

4-对正戊基-4′-氰基三联苯

【基本信息】 英文名：4-cyano-4′-pentylterphenyl；CAS 号：54211-46-0；分子式：$C_{24}H_{23}N$；分子量：325；熔点：128～130℃；沸点：508.7℃；密度：1.08g/cm^3；最大波长（λ_{max}）：300nm（溶剂：乙腈）。本品属芳香腈型液晶化合物。

【合成方法】

1. 正戊基酰氯的合成：

在装有回流冷凝管的 500mL 单口瓶中，加入 108mL 正戊酸、150mL 氯化亚砜和适量沸石，加热回流至无 HCl 气体放出。常压蒸馏，收集 120～125℃馏分，得到正戊基酰氯，收率 100%。

2. 正戊酰基三联苯的合成（Friede-Crafts 反应）：

Ph–(苯基)–Ph $\xrightarrow{正戊酰氯}$ n-$C_4H_9C(=O)$–(苯基)–(苯基)–Ph

在装有搅拌器、温度计、回流冷凝管和滴液漏斗的 2L 三口瓶中，加入三联苯 46g、硝基苯 350mL、无水三氯化铝 29.4g，室温搅拌下，在 1h 内滴加入正戊酰氯 24.1g，滴毕，室温搅拌 2h。升温至 55℃，再搅拌 2h 或更长时间，冷却过夜。加入 100mL 浓盐酸和 250mL 水，进行水蒸气蒸馏，除去硝基苯。析出褐色固体粉末。过滤，水洗滤饼，干燥，用 1,4-二氧六环重结晶，得到正戊酰基三联苯，收率 80%，熔点 177～178℃。

3. 正戊基三联苯的合成：

n-$C_4H_9C(=O)$–(苯基)–(苯基)–Ph $\xrightarrow{水合肼}$ n-C_5H_{11}–(苯基)–(苯基)–Ph

在装有搅拌器、温度计、回流冷凝管和滴液漏斗的 1L 四口瓶中，加入正戊酰基三联苯

53.4g、二甘醇300mL、氢氧化钾28.4g、90%水合肼40mL，加热至110℃，保温反应2h。蒸出低沸点物，缓慢加热至回流，回流过夜。冷却，滤出的固体溶于氯仿，加水，振荡，静置分层。分出有机相，水层用氯仿萃取，合并有机相，用无水硫酸钠干燥。蒸出溶剂，用正庚烷重结晶，得到白色固体正戊基三联苯，收率60%，熔点174～176℃。

4. 4-对正戊基4′-碘三联苯的合成：

n-C_5H_{11} —Ph $\xrightarrow{I_2/碘酸}$ n-C_5H_{11} —I

在装有搅拌器、温度计、回流冷凝管的250mL三口瓶中，加入10mL四氯化碳和13.2g碘，搅拌溶解，再加入正戊基三联苯30g、1,4-二氧六环30mL、冰醋酸60mL、水20mL、98%浓硫酸4mL、碘酸21.9g，搅拌，加热至85℃，回流过夜。冷却，用饱和亚硫酸钠除去过量碘，溶液变为浅黄色。过滤，水洗滤饼至中性，干燥，用1,4-二氧六环重结晶，得到棕色固体4-对正戊基4′-碘三联苯，收率55%，熔点263～266℃。

5. 4-对正戊基4′-氰基三联苯的合成：

n-C_5H_{11} —I $\xrightarrow{CuCN}$ n-C_5H_{11} —CN

在装有搅拌器、温度计、回流冷凝管的250mL三口瓶中，加入4-对正戊基4′-碘三联苯24g、氰化亚铜7.2g、N,N-二甲基甲酰胺120mL，搅拌，加热至150℃，反应10h。冷却至室温，加入饱和氨水80mL，搅拌1h。过滤，水洗滤饼至中性，干燥，用氯仿重结晶。过硅胶柱（洗脱剂：乙醚∶石油醚=1∶9）进行纯化，得到4-对正戊基4′-氰基三联苯，收率60%，熔点130～132℃。

【参考文献】

[1] 王榆元，雷飞，李歆，等. 4-正戊基-4′-氰基三联苯的合成研究[J]. 山西大学学报（自然科学版），2002，25（1）：40-42.

对正戊氧基三联苯甲酸

【基本信息】 英文名：4″-(pentyloxy)-1,1′：4′,1″-terphenyl-4-carboxylic acid；CAS号：158938-08-0；分子式：$C_{24}H_{24}O_3$；分子量：360；沸点：557.9℃；密度：1.117g/cm^3；本品是第三代棘白菌素的半合成抗真菌药物阿尼芬净的中间体。合成反应式如下：

Br, Br (2) $\xrightarrow{①Mg/I_2/THF;\ ②B(OMe)_3/③盐酸}$ $(HO)_2B$, $B(OH)_2$ (3) + EtO_2C, Br (4) + n-C_5H_{11}-O, Br (5)

$\xrightarrow{Pd(dppf)Cl_2/Na_2CO_3,\ 二氧六环/EtOH}$ n-C_5H_{11}—O, CO_2Et (6) $\xrightarrow{①4N\ NaOH/二氧六环;\ ②HCl/EtOH}$ n-C_5H_{11}—O, CO_2H (1)

【合成方法】

1. 1,4-苯二硼酸（3）的合成： 在装有搅拌器、温度计、滴液漏斗和氮气导管的2L三口瓶中，在氮气保护下加入THF 200mL、镁屑15g（0.62mol）、碘1g（0.004mol），搅拌，缓慢滴加含有1,4-二溴苯68.4g（0.29mol）的THF溶液300mL。滴毕，在25～30℃反应3h。干冰-丙酮浴降温至－70℃，缓慢滴加硼酸三甲酯78.5mL（0.72mol）和THF 300mL的溶液，滴毕，于－70～－65℃反应1h。慢慢升至室温，搅拌12h。加入2.5mol/L盐酸950mL，快速搅拌15min，过滤，用正已烷300mL×3洗涤滤饼，真空干燥，得到白色固体1,4-苯二硼酸40.7g，收率84.6%，熔点>350℃（分解）。

2. 对正戊氧基三联苯甲酸乙酯（6）的合成（Suzuki偶联）： 在装有搅拌器、温度计、滴液漏斗和氮气导管的1L三口瓶中，在氮气保护下，加入150mL二氧六环、50mL乙醇，搅拌混合，加入1,4-苯二硼酸20g（0.1206mol）、4-戊氧基溴苯13.6g（0.056mol）搅拌溶解，再加入2mol/L碳酸钠溶液72mL（0.144mol）。反应液超声5min后，在氮气保护下，加入Pd(dppf) Cl_2 5.08g（6.99mmol），加热回流反应5h，滴加含有4-溴苯甲酸乙酯11.5g（0.0504mol）的二氧六环-乙醇（8∶1）溶液25mL，继续回流反应4h。冷却，过滤，依次用甲苯50mL、甲基叔丁基醚53mL、水50mL、甲基叔丁基醚18mL洗涤滤饼，P_2O_5 真空干燥，得白色固体产品对正戊氧基三联苯甲酸乙酯43.1g，收率90.2%。

3. 对正戊氧基三联苯甲酸的合成： 在装有搅拌器、温度计、滴液漏斗和氮气导管的1L三口瓶中，在氮气保护下，搅拌下加入对正戊氧基三联苯甲酸乙酯16g（0.0412mol）、二氧六环160mL和4mol/L氢氧化钠溶液41.2mL，搅拌混合，加热回流1.5h。冷却，过滤，水洗至中性。滤饼加入100mL乙醇中，用盐酸调节pH至1，加热回流15min。过滤，水洗滤饼至中性，用15mL乙醇淋洗，P_2O_5 真空40℃干燥，得白色固体产品对正戊氧基三联苯甲酸14.6g，收率98.6%。MS：$m/z=360$。

【参考文献】

［1］苗宇，关永霞. 4″-正戊氧基-1,1′:4′,1″-三联苯-4-甲酸的合成［J］. 药学研究，2013，32（8）：492-492.

第十章
含硼、氮、磷、硫、硅的化合物

2,6-二甲基苯硼酸

【基本信息】 英文名：2,6-dimethylphenylboromic acid；CAS 号：100379-00-8；分子式：$C_8H_{11}BO_2$；分子量：149.98；白色结晶粉末；熔点：105℃（分解）；沸点：299.9℃；密度：1.07g/cm³；储存温度：0～6℃。本品是重要的医药、农药和精细化学品中间体。合成反应式如下：

$$\text{2,6-}(CH_3)_2C_6H_3Br \xrightarrow[30℃]{Mg/THF/B(OC_4H_9)_3} \text{2,6-}(CH_3)_2C_6H_3B(OC_4H_9)_2 \xrightarrow{H^+} \text{2,6-}(CH_3)_2C_6H_3B(OH)_2$$

【合成方法】

在装有搅拌器、温度计、滴液漏斗和氮气导管的干燥的 250mL 四口瓶中，加入 2.92g (0.12mol) 镁屑和 1 小粒碘，滴加 18.5g（0.1mol）2,6-二甲基溴苯、35.5g（0.15mol）硼酸正丁酯和 70mL 干燥的 THF 溶液。搅拌，在 25℃缓慢开始反应，碘的颜色逐渐消失。反应液升至 30℃时，调大滴速，约 1h 滴完，滴毕，保温反应 1h。搅拌下将反应液倒入 100mL 冷却的 4%盐酸中，搅拌 0.5h，静置分层。分出有机相，水层用乙醚 100mL×3 萃取，合并有机相，用无水硫酸钠干燥，减压浓缩。剩余物加入 50mL 水，用 5%氢氧化钠水溶液调节 pH 至 10。在 40～50℃减压蒸出丁醇等低沸点馏分，趁热过滤。滤液用 4%盐酸调节 pH 至 2，析出结晶，冷却，抽滤，干燥，得到 2,6-二甲基苯硼酸 12.3g，收率 83.2%，熔点 115～116℃。用碱溶液重结晶后，熔点 121～121.5℃。

【参考文献】

[1] 邓燕，张永强，何农跃，等. 一锅法简便合成 2,6-二甲基苯硼酸 [J]. 信阳师范学院学报（自然科学版），2011，24（3）：394-396.

4-甲基联苯硼酸

【基本信息】 英文名：4′-methyl-4-biphenylboronic acid；CAS 号：393870-04-7；分子式：$C_{13}H_{13}BO_2$；分子量：212.05，沸点：393.8℃/101325Pa；密度：1.15g/cm^3，酸度系数 pK_a：8.62。可用作医药合成中间体。如果吸入，请将患者移到空气新鲜处；如果皮肤接触，应脱去污染的衣着，用肥皂水和清水彻底冲洗皮肤，如有不适感，立即就医。

合成反应式如下：

$HN(CH_2CO_2H)_2$ (1) —[CH_2O / HCO_2H]→ $MeN(CH_2CO_2H)_2$ (2) —[Br–C6H4–B(OH)2 (3), PhMe/DMSO]→ 4

—[Me–C6H4–B(OH)2, (2-biphenyl)PCy2/Pd(OAc)2]→ 5 —[TMF/NaOH/H_2O]→ Me–(C6H4)2–B(OH)2 (6)

【合成方法】

1. *N*-甲基亚胺二乙酸（2）的合成： 在装有聚四氟乙烯搅拌器、回流冷凝管、滴液漏斗的 1L 三口瓶中，加入亚胺二乙酸 100.5g（0.7552mol）、甲醛 84.5mL（92.1g，1.13mol），搅拌，加热至 90℃，回流 30min，以约 3mL/min 的滴速滴加入甲酸 57mL（69.5g，1.51mol），约需 20min 滴完。滴毕，再回流 1h。搅拌下，用 1h 将反应液冷至 23℃，然后倒入 4L 锥形瓶中，搅拌下，以约 12.5mL/min 的滴速，滴加 750mL 绝对乙醇，约需 1h 滴完。生成无色结晶粉末，抽滤，用绝对乙醇 200mL×4 洗涤滤饼，合并沉淀，用 200mL 绝对乙醇洗沉淀，抽滤 10min。在 23℃/266.6Pa 真空干燥 12h，得到在空气中稳定的白色粉末 *N*-甲基亚胺二乙酸（**2**）98.3g（0.6681mol），收率 88%。

2. 4-溴苯硼酸甲基亚胺二乙酸酯（4）的合成： 在装有聚四氟乙烯搅拌器、回流冷凝管和分水器的 500mL 三口瓶中，加入 4-溴苯硼酸（**3**）24.99g（0.1244mol）和 *N*-甲基亚胺二乙酸（**2**）18.31g（0.1244mol）和新制备的 5%体积分数的二甲基亚砜的甲苯溶液 125mL，搅拌，加热回流 6h，反应液变暗，黄褐色固体悬浮在无色清亮的溶液中。分出 2.1mL 水，随着搅拌 1h，冷却至 23℃。在 40℃/2.0kPa 条件下旋蒸浓缩，得到黄褐色块状固体。加入丙酮 15mL，剧烈搅拌，得到白色固体在黄褐色液体里的悬浮液。每 25mL 悬浮液加入 150mL 乙醚，缓慢搅拌，生成另一部分的白色沉淀。用烧结漏斗抽滤，滤饼在 23℃/133.3Pa 真空干燥 4h，得到空气稳定的白色固体粉末 4-溴苯硼酸甲基亚胺二乙酸酯（**4**）36.3g，收率 94%。

3. 4-(对甲基苯基）苯硼酸甲基亚胺二乙酸酯（5）的合成： 在装有聚四氟乙烯搅拌器、回流冷凝管和导气管的干燥的 500mL 三口瓶中，加入醋酸钯 361mg（1.61mmol）和（2-联苯）二环己基膦 1.16g（3.31mmol），封死设备，用氩气减压（133.3Pa）置换 5 次。加入四氢呋喃 400mL，形成浅橘黄色溶液。加热至 70℃，搅拌回流 20min，催化剂溶液变得无色，在氩气保护下 10min 冷却至 23℃。制备催化剂的同时，在装有搅拌器、干燥的冷凝管和分水器的 2L 三口瓶中，在氩气下，加入化合物 **4** 25g（80.15mmol）、无水磷酸钾

51.06g（240.5mmol），用氩气减压（133.3Pa）置换5次，加入400mL THF。催化剂被抽到这个2L三口瓶中，搅拌，生成黄色悬浮液。加热至70℃，搅拌回流6h，搅拌冷却20min。加入1L饱和氯化铵水溶液，析出两层，底层无色透明，上层黄色透明。将其倒入新配制的THF-乙醚（1∶1）200mL×2溶液中，分液，水层用400mL THF-乙醚（1∶1）溶液萃取，合并有机相，用饱和氯化钠水溶液150mL洗涤，用无水硫酸镁干燥。在40℃/2.67kPa旋蒸出溶剂，剩余溶剂在23℃/133.3Pa下减压蒸出。得到黄色固体粗品。加入120mL丙酮，剧烈搅拌成浆液。取4等份，加入800mL乙醚，剧烈搅拌，在亮黄色溶液中，析出类白色固体。抽滤，真空干燥5min，再23℃/133.3Pa下减压干燥，得到类白色固体粉末19.86g（61.46mmol），收率77%。加入丙酮100mL，搅拌，加热至60℃，直到体积减少到60mL。冷却，取4等份，随着搅拌加入400mL乙醚，抽滤，真空干燥5min，在23℃/133.3Pa下减压干燥，得到白色粉末**5** 17.3g（53.53mmol），收率67%。

4. 4-甲基联苯硼酸（6）的合成：在装有聚四氟乙烯搅拌的1L三口瓶中，加入化合物**5** 10.11g（31.27mmol）、THF 220mL和1mol/L氢氧化钠水溶液93.5mL（93.5mmol），在23℃剧烈搅拌10min，反应液分成两相，即无色清亮底层和黄色清亮上层。加入饱和氯化铵溶液250mL，强烈搅拌5min。用乙醚50mL×4萃取，水层用1∶1 THF和乙醚溶液萃取，合并有机相，用无水硫酸镁干燥。在40℃/2.67kPa旋蒸浓缩，剩余溶剂在40℃/2.67kPa用乙腈50mL×3旋蒸共沸、然后降至23℃/133.3Pa，旋蒸共沸12h。得到类白色粉末4-甲基联苯硼酸（**6**）6.24g（29.4mmol），收率94%。

【参考文献】

[1] Ballmer S G，Gills E P，Burke M D，et al. B-protected halboronic acids for iterative cross-coupling [J]. Organic Synthese，2009，86：344-359.

双(2,2′-二羟基-1,1′-联苯)硼酸及其铵盐

【基本信息】 英文名：bis-2,2′-dihydroxy-biphenylboric acid；分子式：$C_{24}H_{17}BO_4$；分子量：378.8。白色固体，其一水合物熔点157℃，微溶于石油醚，溶剂多数为极性、弱极性有机溶剂。

是合成以2,2′-二羟基-1,1′-联苯硼酸为配体的硼螺［6.6］化合物的前体，合成反应式如下：

2 (2,2′-二羟基联苯, OH / HO) —H_3BO_3/苯, 回流→ [硼螺环阴离子]$^-$ H^+

【合成方法】

1. 双（2,2′-二羟基-1,1′-联苯）硼酸的合成：在装有搅拌器、温度计、回流冷凝管、分水器和油鼓泡计的50mL三口瓶中，加入1.87g（10mmol）2,2′-二羟基-1,1′-联苯、0.31g（5mmol）碾细的硼酸和25mL苯，搅拌下加热回流3h。冷却至室温析晶，抽滤，用少量苯洗涤滤饼，干燥，得到产物双（2,2′-二羟基-1,1′-联苯）硼酸1.65g，熔点153～155℃，用苯重结晶后，熔点157℃。元素分析，$M(C_{24}H_{17}BO_4 \cdot H_2O) = 379.8 + 18 = 397.8$，实验值（计算值）(%)：C 70.85（72.39），H 4.78（4.81），B 2.65（2.71）。本品

是一种螯合型硼酸，无碱存在下，不太稳定，必需制备成有机胺的盐。

2. 双（2,2′-二羟基-1,1′-联苯）硼酸二异丙铵盐的合成：在装有搅拌器、温度计、回流冷凝管、分水器和油鼓泡计的 50mL 三口瓶中，加入 0.39g 双（2,2′-二羟基-1,1′-联苯）硼酸、10mL 苯，搅拌加热溶解，加入 0.15mL（0.1073g）二异丙胺，再搅拌几分钟。冷却静置析晶，倾倒出清液，用少量苯洗涤结晶，减压干燥，得到双（2,2′-二羟基-1,1′-联苯）硼酸二异丙铵盐 0.5g，熔点 310～312℃，硼含量 2.08%，对 $C_{30}H_{32}BNO_4\cdot1/2C_6H_6$ 中 B 的计算值为 2.08%。用甲醇重结晶，得到无色针状晶体，熔点 292℃，B 含量为 2.05%，对 $C_{30}H_{32}BNO_4\cdot MeOH\cdot H_2O$ 中 B 的计算值为 2.03%。

H^+ $\xrightarrow{(Me_2CH)_2NH}$ $H^+\cdot(Me_2CH)_2NH$

【参考文献】

［1］单自兴，朱全锋. 双（2,2′-二羟基-1,1′-联苯）硼酸的改良制法与性质［J］. 武汉大学学报（自然科学版），1996，42（4）：404.

联硼酸频哪醇酯

【基本信息】 英文名：bis (pinacolato) diboron；CAS 号 73183-34-3；分子式：$C_{12}H_{24}B_2O_4$；分子量：253.6；白色粉末；熔点：137～140℃；密度：0.98g/cm³。溶于四氢呋喃、二氯甲烷、甲苯和庚烷，不溶于水，对水敏感，储存在 0～6℃。用作精细化工、医药中间体和催化剂等。合成反应式如下：

$$Me_2NH \xrightarrow{BCl_3} B(NMe_2)_3 \xrightarrow{BCl_3} ClB(NMe_2)_2 \xrightarrow{Na} (Me_2N)_2B{-}B(NMe_2)_2 \xrightarrow{HO-CMe_2/HO-CMe_2} \text{B–B}$$

【合成方法】

1. 三（二甲氨基）硼烷的合成：将 200mL 石油醚（60～90℃）倒入 500mL 细口瓶中，在冰水浴冷却下，通入 60g（0.5115mol）三氯化硼。在另一 500mL 细口瓶中加入 250mL 石油醚（60～90℃），在冰水浴冷却下，通入 151g（3.36mol）二甲胺，倒入 1L 三口瓶中，冷却至－25℃，慢慢滴加上述制备的三氯化硼石油醚溶液。滴加过程中，保持温度 0～10℃，滴毕，继续搅拌约 3h，放置过夜，常压蒸馏至 75℃，回收溶剂，剩余物为三(二甲氨基)硼烷 63g（0.4412mol），收率 86.3%。

2. 氯代双(二甲氨基)硼烷的合成：向 100mL 石油醚中，在冰水浴冷却下通入 BCl_3 39g（0.3325mol）。在装有搅拌器、温度计的 500mL 三口瓶中，加入 100mL 石油醚和三(二甲氨基)硼烷 90g（0.6303mol），冷至－50～－70℃，滴加上述三氯化硼石油醚溶液，约 45min 滴加完。在 0℃搅拌 1h，常压蒸出溶剂，再减压蒸馏，收集 70～80℃馏分，得到产品氯代双(二甲氨基)硼烷 76.2g（0.5673mol），收率 90%。

3. 双联二（二甲氨基）硼烷的合成：在装有搅拌器、温度计和回流冷凝管的 250mL 三口瓶中，加入 50mL 无水苯、19g（0.826mol）金属钠，加热回流至钠熔融，搅拌下慢慢滴加 76.2g（0.5673mol）氯代双(二甲氨基)硼烷溶于 50mL 甲苯的溶液，回流反应 4h。冷却，过滤，滤液减压蒸馏至 70℃，蒸出溶剂后，再减压精馏，收集 112℃/1.33kPa 馏分，得到产品双联二(二甲氨基)硼烷 46g（0.3912mol），收率 69%（在 70～100℃/1.33kPa 馏分中有部分产品）。

4. 双频哪醇联硼酸酯的合成： 在装有搅拌器的 1L 三口瓶中，加入 30g（*M*=117.6，0.2551mol）双联二（二甲氨基）硼烷和 50mL 石油醚（60～90℃），在低于 30℃搅拌下再加入 32g（*M*=118，0.517mol）频哪醇溶于 175mL 无水甲醇的溶液。再搅拌 1h 后，在冰水浴上冷却至−2℃，搅拌下慢慢滴加盐酸的乙醚溶液，搅拌 4h，过夜。蒸干，用乙醚重结晶，得到产品双频哪醇联硼酸酯 68.3g（0.23mol），收率 90%，熔点 140～142℃。

备注：三氯化硼（CAS 号 10294-34-5）是无色发烟液体或气体，不可燃，有刺激性酸味，易潮解，分子量 117.3，沸点 12.5℃，密度 1.43g/cm^3，溶于苯、二硫化碳。遇水生成氯化氢和硼酸，放出大量热，在湿空气中因水解生成烟雾。对眼睛、皮肤、黏膜和上呼吸道有强烈的腐蚀作用。吸入后可因喉、支气管的痉挛和水肿、化学性肺炎、肺水肿而致死。中毒表现有烧灼感、咳嗽、喘息、喉炎、气短、头痛、恶心和呕吐。慢性影响：具有神经毒性。

【参考文献】

[1] Nöth H，Meister W. Über Subverbindungen des Bors. Hypoborsäure-tetrakis-dialkylamide und Hypoborsäure-ester [J]. Chem. Ber.，1961，94，509-514（CA55：13156h）.

[2] 李猛，吕宏飞，徐虹，等. 双联频哪醇硼酸酯的合成 [J]. 黑龙江科学，2012，3（3）：31-34.

2,4-二硝基氟苯

【基本信息】 英文名：2,4-dinitrofluorobene；CAS 号：70-34-8；分子式：$C_6H_3FN_2O_4$；分子量：186；浅黄色结晶或油状液体；熔点：26℃；沸点：296℃，178℃/2.73kPa；密度：1.482g/cm^3。溶于苯、乙醚、乙醇、丙二醇，不溶于水。本品是重要的化工中间体，可制成 2,4-二氯氟苯，后者是环丙沙星、培氟沙星、二氟沙星等喹诺酮类抗菌剂的起始原料。合成反应式如下：

2,4-二硝基氯苯（Cl，NO_2，NO_2） $\xrightarrow[\text{自由基阻聚剂R}]{\text{KF/DMSO}}$ 2,4-二硝基氟苯（F，NO_2，NO_2）

【合成方法】

在装有搅拌器、温度计和回流冷凝管的 1L 三口瓶中，加入 165g（2.845mol）氟化钾、360mL 二甲基亚砜（DMSO）和 0.15g 自由基阻聚剂 R，搅拌，加热至 120℃，加入 300g 2,4-二硝基氯苯（*M*=202.5，1.4815mol）。加毕，在 110～120℃反应 3h，用 TLC 监测反应至反应完毕。冷却至室温，抽滤，滤出氟化钾残渣。滤液用 600mL 水洗涤，静置分层。水层回收 DMSO 重复使用，回收率 50%～70%。油层用水 500mL×2 洗涤，干燥，减压蒸馏，收集 110～120℃/266.6Pa 馏分，得到黄色油状液体 2,4-二硝基氟苯 249.9g（1.3435mol），收率 90.7%，含量 96.5%。红外光谱与标准谱图一致。

【参考文献】

[1] 戴江，王珏. 2,4-二硝基氟苯合成的改进 [J]. 浙江化工，1994，25 (3)：30-32.

2,3,4-三氟硝基苯

【基本信息】 英文名：2,3,4-trifluornitrobenzene；CAS 号：771-69-7；分子式：$C_6H_2F_3NO_2$；分子量：177；沸点：92℃/2.67kPa；闪点：93.3℃；密度：1.541g/cm³。本品用于合成氧氟沙星、盐酸洛美沙星和左氟沙星等第三代喹诺酮抗生素药物。合成反应式如下：

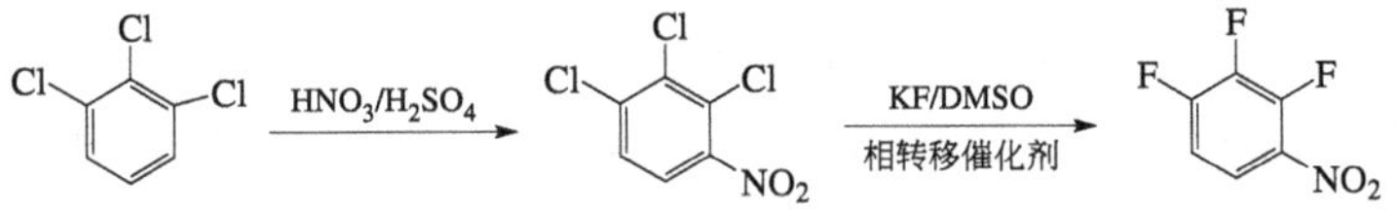
Cl
Cl
Cl
HNO_3/H_2SO_4
Cl
Cl
Cl
NO_2
KF/DMSO
相转移催化剂
F
F
F
NO_2

【合成方法】

1. 2,3,4-三氯硝基苯的合成： 在装有搅拌器、温度计、回流冷凝管和滴液漏斗的 500mL 四口瓶中，加入 1,2,3-三氯苯 181.5g (M=181.2，1mol)，加热至 45℃，搅拌下，慢慢滴加 95%硝酸 66.15g (M=63，1.05mol) 和 98%硫酸 60g (0.6mol) 配制的混酸。滴加温度控制在 70℃以下。滴加完毕，升温至 80℃，继续反应 2h。反应结束，冷却，抽滤，水洗，抽干，干燥，得到 2,3,4-三氯硝基苯 132g (M=132，1mol)，收率 100%。

2. 2,3,4-三氟硝基苯的合成： 在装有搅拌器、温度计、回流冷凝管和滴液漏斗的 500mL 四口瓶中，加入 DMSO 400mL，无水 KF 261.5g (4.5mol)、三乙基苄基氯化铵 1g 和 2,3,4-三氯硝基苯 132g (1mol)，加热回流 10h。反应结束，减压蒸出溶剂，剩余物减压精馏，收集 92～93℃/266.9Pa 馏分，得到产物 2,3,4-三氟硝基苯 106.2g (0.6mol)，收率 60%，纯度 99%。

【参考文献】

[1] 徐兆瑜. 2,3,4-三氟硝基苯合成工艺新进展 [J]. 化工科技市场，2008，31 (1)：24-26.

3-氯-4-三氟甲氧基苯腈

【基本信息】 英文名：3-chloro-4-(trifluoromethoxy) benzonitrile；CAS 号：129604-26-8；分子式：$C_8H_3ClF_3NO$；分子量：221.5；白色晶体；熔点：39～41℃。本品是医药、农药中间体。密封在容器里，储存在阴凉、干燥、通风的地方。合成反应式如下：

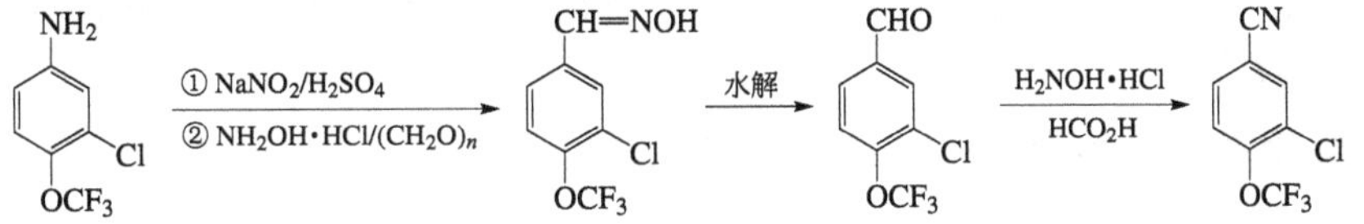
NH_2
Cl
OCF_3
① $NaNO_2/H_2SO_4$
② $NH_2OH·HCl/(CH_2O)_n$
CH=NOH
Cl
OCF_3
水解
CHO
Cl
OCF_3
$H_2NOH·HCl$
HCO_2H
CN
Cl
OCF_3

【合成方法】

1. 3-氯-4-三氟甲氧基苯甲醛的合成：

(1) 重氮盐的制备：在装有搅拌器、温度计和滴液漏斗的 2L 四口瓶中，加入 500mL

水和 340g 98%硫酸，搅拌加热完全溶解后，加入 211.6g（1.0mol）3-氯-4-三氟甲氧基苯胺，搅拌 15min 成盐。降温至 0～5℃，缓慢滴加入 72g（1.04mol）亚硝酸钠溶于 110mL 水的溶液，至淀粉-KI 试纸变蓝。如果过量，用尿素分解。保温反应 30min，用 40%醋酸钠水溶液（332g AcONa・$3H_2O$ 溶于 167mL 水）调节 pH 至 3～5（刚果红试纸变色），备用。

（2）甲醛肟的制备：在装有搅拌器、温度计的 5L 四口瓶中，加入 500mL 水、97g（1.4mol）盐酸羟胺和 42g（1.4mol）多聚甲醛，搅拌升温溶解后，加入 250g AcONa・$3H_2O$，回流 10min，充分溶解后，降温至 60℃，备用。

（3）水解：向上述甲醛肟溶液的 5L 三口瓶内，加入 37.5g 五水硫酸铜、3g 硫酸钠、3g 氯化铵和 600mL 水，搅拌溶解，滴加已制备好的重氮盐溶液，滴加速度以不起泡为准，保持温度在 50～60℃。滴毕，保温 30min，加入 30%盐酸 700mL，加热回流，TLC 监测反应结束。水蒸气蒸馏，将所得红棕色油状物粗品进行减压精馏，得到浅黄色透明液体产物 3-氯-4-三氟甲氧基苯甲醛 85.6g，收率 38.1%，含量 99.1%。元素分析，$M(C_8H_4ClF_3O_2)=224.5$，计算值（实测值）(%)：C 42.8（43.7），H 1.8（2.6）。

2. 3-氯-4-三氟甲氧基苯腈的合成：在装有搅拌器、温度计和滴液漏斗的 2L 四口瓶中，加入 94%甲酸 600g、3-氯-4-三氟甲氧基苯甲醛 224.5g（1.0mol）、甲酸钠 81.6g（1.2mol）和盐酸羟胺 83.4g（1.2mol），缓慢升温：60～70℃→80℃→90℃→100℃，各保温 1h（使反应平稳进行）。升温回流至原料转化完全（TLC 监测反应）。降温，减压蒸馏，回收浓度为 90.2%的甲酸 420g（可循环使用 3 次）后，抽滤，得到类白色粉末粗品，含量 95.1%。用工业酒精重结晶，得到白色结晶 3-氯-4-三氟甲氧基苯腈 183.1g，收率 82.6%，含量 99.2%。元素分析，$M(C_8H_3ClF_3NO)=221.5$，计算值（实测值）(%)：C 43.4（44.2），H 1.4（1.6），N 6.3（6.5）。总收率 31.5%。

【参考文献】

[1] 赵昊昱. 3-氯-4-三氟甲氧基苯甲腈的合成 [J]. 精细石油化工，2005（3）：52-59.

间、对三氟甲基苯腈

【基本信息】

（1）间三氟甲基苯腈　英文名：3-(trifluoromethyl)-benzonitrile；CAS 号：368-77-5；熔点：14.5℃；沸点：189℃/101325Pa；闪点：72.2℃；蒸气压：77.6Pa/25℃；密度：1.29g/cm^3。本品吸入、皮肤接触及吞食有害，若发生事故或感觉不适，立即就医。

（2）对-三氟甲基苯腈　英文名：4-(trifluoromethyl)-benzonitrile；CAS 号：455-18-5；分子式：$C_8H_4F_3N$；分子量：171；白色晶体；熔点：37～41℃；沸点：80～81℃/2.67kPa；闪点：71℃；密度：1.278g/cm^3。二者都是重要的医药、农药中间体。

【合成方法】

1. 对三氟甲基苯腈的合成：

$$F_3C-C_6H_4-Cl \xrightarrow[Ph_3P/NiCl_2/\text{乙腈}]{KCN/Zn} F_3C-C_6H_4-CN$$

在装有搅拌器、温度计和滴液漏斗的 500mL 三口瓶中，在氮气保护下，加入三苯基磷 6.6g（25mmol）、乙腈 200mL、无水氯化镍（2.4g $NiCl_2\cdot 6H_2O$，在 100℃真空下干燥 6～9h，呈黄色）12.97g（0.01mol），搅拌，加热至80～82℃，回流反应10min，溶液呈墨绿色。降至室温，加入锌粉4.3g（0.06mol），搅拌反应至生成橘黄色沉淀。升温至45℃，反应13min。加入对氯三氟甲基苯122.4g（0.68mol），搅拌5min，加入氰化钾44.2g（0.68mol），溶液变为黄绿色。在此温度继续搅拌反应，GC监测反应15h后，原料转化率82.7%，氢化去除卤化物三氟甲苯0.4%，4,4-二(三氟甲基)联苯0.8%。加入无水碳酸钾，搅拌5min，过滤，滤液减压蒸馏，得到白色晶体对三氟甲基苯腈。

2. 间三氟甲基苯腈的合成：

$$\text{3-}F_3C\text{-}C_6H_4\text{-}Cl \xrightarrow[Ph_3P/NiCl_2/\text{乙腈}]{KCN/Zn} \text{3-}F_3C\text{-}C_6H_4\text{-}CN$$

反应条件同上，用间氯三氟甲基苯替代对氯三氟甲基苯，GC监测反应，反应结束后间氯三氟甲基苯转化率87%，去除卤化物三氟甲苯0.6%，3,3-二(三氟甲基)联苯1.2%。

【参考文献】

[1] 刘刚. 间、对三氟甲基苯腈的工艺改进［J］. 中国科学院大学学报，2003，20（1）：103-106.

3-乙氧基-4-甲氧基苯腈

【基本信息】 英文名：3-ethoxy-4-methoxybenzonitrile；CAS号：60758-86-3；分子式：$C_{10}H_{11}NO_2$；分子量：177.2g/cm^3；熔点：70℃；沸点：281.9℃/101325Pa；闪点：109.2℃；密度：1.09g/cm^3。本品是合成治疗磷酸二酯酶抑制剂的重要原料。合成反应式如下：

$$\text{3-HO-4-MeO-}C_6H_3\text{-CHO} \xrightarrow[K_2CO_3]{EtBr/KI} \text{3-EtO-4-MeO-}C_6H_3\text{-CHO} \xrightarrow[\text{② HAc}]{\text{① }NH_2OH\cdot HCl} \text{3-EtO-4-MeO-}C_6H_3\text{-CN}$$

【合成方法】

1. 3-乙氧基-4-甲氧基苯甲醛的合成： 在装有搅拌器的高压釜中，加入45.6g（0.3mol）异香兰素和100mL无水乙醇，搅拌溶解，再加入2.3g碘化钾、55g碳酸钾和37.6g（0.345mol）溴乙烷。用氮气置换釜内空气数次，加压到0.5MPa，搅拌，加热到85℃，反应5h。冷却至室温，蒸馏回收未反应的溴乙烷和溶剂乙醇，加入200mL水，用甲苯150mL×3萃取，干燥，旋蒸出溶剂，得到棕红色油状液体产物3-乙氧基-4-甲氧基苯甲醛（CAS号：1131-52-8）52.5g（M=180，0.292mol），收率97.26%。

2. 3-乙氧基-4-甲氧基苯腈的合成： 在装有搅拌器、温度计、滴液漏斗的250mL四口瓶中，加入10.4g（0.15mol）盐酸羟胺和11.5mL（0.2mol）乙酸，搅拌溶解，缓慢加热到70～80℃，慢慢滴加含有18g（0.1mol）3-乙氧基-4-甲氧基苯甲醛的乙酸溶液，约30min滴加完毕保温反应4h。反应结束，冷却至室温，加入甲苯和水各40mL，搅拌使固体尽量溶解，抽滤，滤液室温静置，分出有机相，用水40mL×2洗涤，干燥，减压蒸出溶剂和未反应的物料，所得油状物加入异丙醇，升温至60℃，充分溶解，加入适量活性炭，搅拌脱色，趁热过滤，滤液冷却至室温，析出固体，抽滤，滤饼真空干燥，得到白色固体产物3-乙氧基-4-甲氧基苯腈，收率 91.56%，纯度 99.4%。

【参考文献】

[1] 张思科，岳金方，王雪源，等. 3-乙氧基-4-甲氧基苯腈的合成 [J]. 精细石油化工，2018，35 (5)：21-24.

间三氟甲基苯乙腈

【基本信息】 英文名：3-(trifluoromethyl) phenylacetonitrile；CAS 号：2338-76-3；分子式：$C_9H_6F_3N$；分子量：185；无色或淡黄色液体；沸点：92～93℃/533.29Pa；闪点：49℃；蒸气压：5.5Pa/25℃；密度：1.18g/cm^3/20℃。本品不溶于水，易溶于乙醇等有机溶剂。本品是医药、农药、燃料中间体。

$$C_6H_5CF_3 \xrightarrow[HSO_3Cl/H^+]{(CH_2O)n} 3\text{-}CF_3C_6H_4CH_2Cl \xrightarrow[PTC]{NaCN} 3\text{-}CF_3C_6H_4CH_2CN$$

【合成方法】

1. 间三氟甲基氯苄的合成：在装有搅拌器、温度计和滴液漏斗的 100L 反应釜中，加入 8kg 85%硫酸、29.8kg (200mol) 98%三氟甲基苯和 9kg (294mol) 固体甲醛（熔点 64～67℃），搅拌，于 15～25℃下，滴加 26.5kg (223mol) 98%氯磺酸。滴毕，在 40℃反应 2h。静置分层，弃去底层酸水，分出的有机相用水 40kg×2 洗涤后，用 10%氢氧化钠水溶液中和至 pH 为 6，静置分层。分出有机相，抽入 50L 蒸馏釜中，减压蒸馏。收集 50～55℃/0.092 MPa 前馏分三氟甲基苯 11kg，含量 96%，可重复使用。再收集 75～80℃/0.099MPa 馏分间三氟甲基氯苄 17kg，收率 66.7%，含量 97.5%；剩余液可制得 3,3′-二(三氟甲基)苯甲烷 2.8kg。

备注：反应生成的副产物氯甲基甲醚，易挥发，有刺激臭味，是强致癌物质，设备必须密闭，气体必须吸收，操作人员需穿防护服、戴口罩。

2. 间三氟甲基苯乙腈的合成：在装有搅拌器、温度计和滴液漏斗的 50L 反应釜中，加入 17kg (85mol) 97.5%间三氟甲基氯苄和 16kg (111mol) 33%氰化钠水溶液，搅拌，升温至 45℃，反应 12h 左右。用 GC 监测反应，待杂质含量低于 3%、原料转化 99%时反应完成。静置分层，除去水相，分出有机相，依次用 1kg 无水氯化钙和 500g 无水硫酸钠干燥，搅拌 10min。抽滤，减压蒸馏，收集 94～97℃/0.099MPa 馏分，得到 15.3kg 产品，总含量 99.5%。其中，间三氟甲基苯乙腈 94.6%，邻三氟甲基苯乙腈 1.5%，对三氟甲基苯乙腈 3.4%，收率 91.81%。

【参考文献】

[1] 周琴. 间三氟甲基苯乙腈的合成 [J]. 上海化工，2013，38 (8)：13-16.

水杨醛吖嗪

【基本信息】 又名：1,2-二水杨醛腙；英文名：salicylaldehyde azine；CAS 号：959-36-4；分子式：$C_{14}H_{12}N_2O_2$；分子量：240；熔点：213℃；沸点：399.1℃；闪点：256℃。

本品是重要的席夫碱，其与金属的配合物有杀菌、抗癌等生物活性。合成反应式如下：

$$2\ \text{(2-羟基苯甲醛, 邻-OH-C}_6\text{H}_4\text{CHO)} \xrightarrow{NH_2NH_2\cdot H_2O} \text{(2-HOC}_6\text{H}_4\text{)CH=N—N=CH(C}_6\text{H}_4\text{OH-2)}$$

【合成方法】

在装有搅拌器、温度计、冷凝管和分水器的100mL三口瓶中，加入50mL苯，冷却后，加入16mL（18.3g，0.15mmol）水杨醛和8mL 80%水合肼，搅拌均匀，加热至60℃，回流分出水约7～7.5mL，约需50～60min，至不再出水为止。升温至90℃，把苯尽量蒸出，约回收36mL苯。趁热把反应物倒入烧杯，搅拌。此时溶液pH为8～9，用2mL 50%硫酸中和至pH为3。过滤，用水30mL×2洗涤滤饼，干燥，得到黄色固体水杨醛吖嗪16.7g，滤液回收产品0.1g左右，共计16.8g产物，收率93.3%，纯度>99%，熔点213～214℃。

另一种制备方法：在小烧杯中，加入80%水合肼0.78mL（0.28g，40mmol）和20mL无水乙醇，搅拌，加入水杨醛8.6mL（9.8g，80mmol）与40mL无水乙醇的溶液。析出黄色沉淀，抽滤，滤饼用四氢呋喃重结晶，真空干燥，得水杨醛吖嗪8g（33.3mmol），收率83.3%，纯度99%，熔点213～214℃。也可用甲苯或DMF重结晶。

【参考文献】

[1] 李冬青，谭明雄，罗接. *N*,*N*′-双水杨醛缩连氮的合成，抗氧化性及抑菌性研究[J]. 玉林师范学院学报，2013，34（5）：37-40.

[2] 刘胜利，陈勇，戴静芳，等. 希夫碱*N*,*N*′-双水杨醛缩连氮的合成与晶体结构研究[J]. 合成化学，2004，12（3）：219-221.

N,*N*′-二异丙基碳二亚胺

【基本信息】 英文名：1,3-diisopropylcarbodiimide；CAS号：693-13-0；分子式：$C_7H_{14}N_2$；分子量：126；无色至淡黄色液体；熔点：210～212℃（分解）；沸点：145～148℃；闪点：33.9℃，密度：0.815g/cm^3/20℃。合成反应式如下：

$$Me_2CHNH_2 + CS_2 \longrightarrow Me_2CH_2NHC(S)NHCHMe_2 \xrightarrow{Et_2NCl} Me_2CHN{=}C{=}NCHMe_2$$

【合成方法】

1. 氯代乙二胺的合成：合成反应式如下。

$$Et_2NH + NaClO \longrightarrow Et_2NCl$$

在装有搅拌器、温度计和滴液漏斗的2L三口瓶中，加入90g（1.2mol）乙二胺和200mL四氯化碳，搅拌，降温至15℃以下，滴加750g 15%的次氯酸钠溶液，反应30min后，分出水层，用100mL×2四氯化碳萃取，合并有机相，用无水硫酸镁干燥，备用。

2. *N*,*N*′-二异丙基硫脲的合成：在装有搅拌器、温度计和滴液漏斗的1L三口瓶中，加入400mL二甲苯和120g（2.0mol）98%的异丙胺。降温至5℃以下，滴加入80g（1.0mol）95%的二硫化碳，控制温度在5～15℃，加完后在10℃保温1h。慢慢升温至115～120℃，回流脱出硫化氢2h。降温至10℃以下，过滤，用100mL二甲苯洗涤2次，干燥，得到*N*，*N*′-二异丙基硫脲151.7g，收率94.8%，熔点140～141℃。

3. N,N′-二异丙基碳二亚胺的合成：在装有搅拌器、温度计和滴液漏斗的 1L 三口瓶中，加入 151.7g（0.948mol）N,N′-二异丙基硫脲和 400mL 四氯化碳，搅拌，控制温度在 35～36℃，在 0.5h 内慢慢滴加第一步制备的氯代乙二胺四氯化碳溶液。滴加完毕，反应 1h，过滤，滤液浓缩回收溶剂，减压蒸出产品 113.5g（0.9mol），收率 95%，纯度 99%。总收率 90%。

备注：氯代二乙胺可循环使用。将上述滤饼溶于 200mL 水中，滤除不溶物，滤液加入 200mL 四氯化碳，补加 9g 二乙胺，在低于 15℃滴加 750g15%的次氯酸钠。反应 30min 后，分出水层，用四氯化碳 100mL×2 萃取，合并有机相，用无水硫酸镁干燥，直接循环使用，收率>90%。

【参考文献】

[1] 赵丽华. N,N′-二异丙基碳二亚胺的合成 [J]. 山东化工，2006，35（3）：1-2，4.

1-(4-硝基苯基)-3-(甲基苯) 三氮烯

【基本信息】 英文名：1-(4-nitrophenyl)-3-(methylbenzene)triazene；分子式：$C_{13}H_{12}N_4O_2$；分子量：256；棕黄色粉末；熔点 137～139℃。三氮烯试剂是测定镉、汞、铜、镍、钴等金属离子的优良试剂，1-(4-硝基苯基)-3-(甲基苯) 三氮烯与镉（Ⅱ）在 Triton X-100 存在下，在 pH 为 11 时形成 4∶1 橙黄色配合物，表观摩尔吸光系数为 2.13×10^6 L/(mol·cm)，可有效地用于废水中镉（Ⅱ）的测定。合成反应式如下：

$$O_2N-C_6H_4-NH_2 \xrightarrow[HCl]{NaNO_2} O_2N-C_6H_4-N_2^+Cl^- \xrightarrow[NaCO_3/pH4\sim5]{H_2N-C_6H_4-Me} O_2N-C_6H_4-N{=}N-NH-C_6H_4-Me$$

【合成方法】

在装有搅拌器、温度计、回流冷凝管和滴液漏斗的 100mL 三口瓶中，加入 1.38g（0.01mol）对硝基苯胺和 10mL 1mol/L 盐酸，搅拌溶解，冰水浴冷至 2℃，慢慢滴加 5mL 含有 0.7g 亚硝酸钠的水溶液，搅拌反应 2h。滴加入 1.07g（0.01mol）对甲基苯胺与 10mL 无水乙醇的溶液，用饱和碳酸钠水溶液调节 pH 至 4～5，继续搅拌反应 2h。再用饱和碳酸钠水溶液调节 pH 为 7～8，在室温搅拌反应 1h。倒入大量冰水中，静置过夜，抽滤，依次用沸水、50%乙醇洗滤饼数次，用 80%乙醇重结晶 2 次，干燥，得到棕黄色粉末 1-(4-硝基苯基)-3-(甲基苯) 三氮烯 1.85g，收率 72%，熔点 137～139℃。

【参考文献】

[1] 黄晓东. 1-(4-硝基苯基)-3-(甲基苯)-三氮烯的合成及与镉（Ⅱ）的显色反应 [J]. 闽江学院学报，2011，32（2）：101-104.

2-羧基-4′-硝基苯基重氮氨基偶氮苯

【基本信息】 英文名：2-carboxyl-4′-nitrylaminobenzenediazoaminoazobenzene；分子式：$C_{19}H_{14}N_6O_4$；分子量：390；棕红色固体；熔点：178～181℃。本品难溶于水，微溶于乙醇，能溶于热丙酮，易溶于二甲基甲酰胺，在 Triton X-100 存在下，pH<7 时，溶液

显橙黄色，随着 pH 增大，颜色逐渐加深，当 pH>12 时，溶液呈墨绿色。三氮烯类试剂是分光光度分析法测定镉、汞、银、镍等金属离子的高灵敏度显色剂。

【合成方法】

1. 4′-硝基-4-氨基偶氮苯的合成：

$$NaHSO_3 \xrightarrow[60\sim65℃]{HCHO} HOCH_2SO_3Na \xrightarrow[60\sim65℃]{PhNH_2} PhNHCH_2SO_3Na \xrightarrow[AcONa]{O_2N-C_6H_4-N_2^+Cl^-} \xrightarrow[70\sim75℃]{NaOH} O_2N-C_6H_4-N{=}N-C_6H_4-NH_2$$

装有搅拌器、温度计、滴液漏斗和回流冷凝管的 50mL 三口瓶中，加入 15mL 水、3mL 37%甲醛和 4.2g（0.04mol）亚硝酸钠，升温至 60～70℃。搅拌 0.5h 后，滴加入 1.8g（0.02mol）苯胺，滴毕，继续反应 1h。得到浅黄色苯氨基甲基磺酸钠溶液。在另一装有搅拌器、温度计、滴液漏斗的 50mL 三口瓶中，加入 2.8g 对硝基苯胺、30mL 18%盐酸，搅拌，冰水浴冷却下，滴加 10mL 含有 1.4g（0.02mol）亚硝酸的溶液。滴毕，继续反应 20min，用淀粉-KI 试纸检测，得到黄色重氮盐溶液。冰水浴冷却下，抽滤，备用。

在 0～5℃，将重氮盐溶液滴加入上述苯氨基甲基磺酸钠溶液中，同时用浓度 300g/L 的醋酸钠溶液调节 pH 到 5，反应 4h。加入 20g 氢氧化钠，加热至 70～75℃，水解 1.5h，静置过夜，抽滤，水洗滤饼，用 95%乙醇重结晶，干燥，得到红色晶体 4′-硝基-4-氨基偶氮苯，熔点 208～210℃。用 TLC 监测反应（展开剂：环己烷∶氯仿∶丙酮=4∶3∶1），只有一个点，R_f=0.43。

2. 2-羧基-4′-硝基苯基重氮氨基偶氮苯的合成：

$$2\text{-}HO_2C-C_6H_4-NH_2 \xrightarrow[0\sim5℃]{ONOSO_3H} 2\text{-}HO_2C-C_6H_4-N_2^+SO_3H^- \xrightarrow[pH=5/0\sim5℃]{O_2N-C_6H_4-N{=}N-C_6H_4-NH_2} O_2N-C_6H_4-N{=}N-C_6H_4-N{=}N-C_6H_4-CO_2H$$

（1）重氮盐的制备：在装有搅拌器、温度计的 50mL 三口瓶中，加入 1.5mL 浓硫酸，冷却至 0～5℃，搅拌下，缓慢加入 0.55g（0.04mol）邻氨基苯甲酸，搅拌溶解，得到棕黄色黏稠液体 A。另在一装有搅拌器、温度计和滴液漏斗的 50mL 三口瓶中，加入 0.28g（0.04mol）亚硝酸钠和 1.5mL 浓硫酸，加热至 70℃，搅拌溶解后，用冰水浴冷却，得到白色黏稠液体 B。在冰水浴冷却下，将 A 缓慢滴加入 B 中，滴毕，继续搅拌 45min，得到棕红色黏稠状液体重氮盐。

（2）2-羧基-4′-硝基苯基重氮氨基偶氮苯的合成：在装有搅拌器、温度计和滴液漏斗的 100mL 三口瓶中，加入丙酮和乙醇各 10mL，搅拌下加入 0.7g（4mmol）4′-硝基-4-氨基偶氮苯，冰水浴冷却至 0～5℃，缓慢滴加重氮盐溶液。滴毕，用饱和醋酸钠溶液调节 pH 至 5，继续搅拌反应 1h。静置过夜，抽滤，用水、50%乙醇洗涤滤饼，用丙酮重结晶 2 次，得到棕红色固体 2-羧基-4′-硝基苯基重氮氨基偶氮苯纯品，熔点 178～181℃，经 TLC 监测反应（展开剂：石油醚∶丙酮∶乙醚=3∶1∶1），只有 1 个点，R_f=0.61。

【参考文献】

[1] 王贵芳，王晓瑾. 2-羧基-4′-硝基苯基重氮氨基偶氮苯的合成及其与镉（Ⅱ）的显色反应 [J]. 分析实验室. 2010，29（5）：54-57.

多硝基-氮杂金刚烷

【基本信息】 这类化合物具有较高热稳定性和能量密度，可用作含能材料。本小节介绍3,5,7-三硝基-1-氮杂金刚烷和2,4,4,8,8-五硝基-2-氮杂金刚烷的合成。

（1）3,5,7-三硝基-1-氮杂金刚烷　英文名：3,5,7-trinitro-1-azaadamantane；分子式：$C_9H_{12}N_4O_6$；分子量：272；白色针状晶体；熔点：275.2～277.9℃。本品不仅是一种潜在的耐热、钝感含能材料，而且这类结构还具有一定的生理活性，可用于合成抗肿瘤药物。

（2）2,4,4,8,8-五硝基-2-氮杂金刚烷　英文名：2,4,4,8,8-pentanitro-2-azaadamantane；分子式：$C_9H_{10}N_6O_{10}$；分子量：362；白色固体；熔点：204℃；在254℃有强放热峰，热稳定性比较好。硝基金刚烷及其衍生物具有密度大、热值高、热稳定性好、钝感等特点，是潜在的高能量、高密度材料。

【合成方法】

1. 3,5,7-三硝基-1-氮杂金刚烷（4）的合成：

NO_2 NO_2 1 —HNO_3/H_2SO_4→ O_2N NO_2 NO_2 2 —① $NaBH_4$/酒石酸 ② HCHO, pH=8→ O_2N CH_2OH HOH_2C NO_2 O_2N CH_2OH 3 —$NH_3\cdot H_2O$→ N O_2N NO_2 O_2N 4

（1）间三硝基苯（TNB）(**2**)的合成：在装有搅拌器、温度计、回流冷凝管的250mL三口瓶中，加入5g（0.03mol）间二硝基苯（**1**）和57.5g 20%发烟硫酸，搅拌至固体全部溶解。冰水浴冷却下，缓慢滴加19.25g 95%硝酸，滴毕，常温搅拌10min。加热至150℃，回流反应24h。冰水浴降温，补加含有28.75g 20%发烟硫酸和9.5g 95%硝酸的混酸，再升温至150℃进行反应。反应结束，将反应物倒入200mL冰水中，析出固体，抽滤，水洗滤饼，干燥，得到白色固体。将其溶于100mL二氯甲烷中，用饱和碳酸氢钠水溶液80mL×2洗涤，用无水硫酸钠干燥有机相，过滤，旋蒸出溶剂，得到间三硝基苯4.48g，收率70.7%，熔点117.8～119.5℃（文献值：118～119℃）。

（2）1,3,5-三羟甲基-1,3,5-硝基环己烷（**3**）的合成（一锅法）：在装有搅拌器、温度计、滴液漏斗的250mL三口瓶中，在冰水浴冷却下，依次加入水和甲醇各50mL、硼氢化钠3g（79mmol），搅拌溶解。缓慢滴加4g（19mmol）间三硝基苯和12mL THF的溶液，控制温度在0℃，1h滴加完毕。滴毕，加入5g（33.3mmol）酒石酸和40mL水的溶液，同温搅拌30min。加入4g（28.9mmol）碳酸钾，pH为8。常温滴加38%甲醛溶液36mL，1h滴完，加热至40℃，反应12h，逐渐析出固体。冷却至室温，抽滤，用水和甲醇洗涤滤饼，干燥，得到粉红色固体粉末1,3,5-三羟甲基-1,3,5-硝基环己烷4.9g，收率83.5%。

（3）3,5,7-三硝基-1-氮杂金刚烷（**4**）的合成：在装有搅拌器、温度计、滴液漏斗的500mL三口瓶中，加入2.75g（8.9mmol）1,3,5-三羟甲基-1,3,5-硝基环己烷和275mL冷水，搅拌悬浮。冷却至0℃，缓慢滴加2mL氨水和3mL水的溶液，4h滴加完毕。在室温搅拌反应3d，反应液变成深棕色。过滤，水洗滤饼，滤饼和滤纸一起烘干，用丙酮萃取，滤除不溶物。滤液加入活性炭3g，煮沸15min，过滤，滤液旋蒸出丙酮，得到棕黄色固体粗产品，用二氯甲烷重结晶，得到白色针状结晶0.88g，收率36.5%，熔点275.2～277.9℃

（文献值：276～278℃）。元素分析，$M(C_9H_{11}N_4O_6)=271$，计算值（分析值）(%)：C 39.71(39.75)，H 4.44(4.51)，N 20.58(20.54)。其 TG-DSC 曲线表明：分解温度 250～340℃，失重率 94%，说明热稳定性良好。

2. 双环［3.3.1］壬烷-2,6-二烯（8）的合成：

$H_2C(CO_2Et)_2$ + HCHO ①N-甲基哌嗪，甲苯 ②MeONa/MeOH ③6mol/L HCl → 5 (MeO$_2$C, OH, CO$_2$Me, MeO$_2$C, HO, CO$_2$Me) HCl/AcOH → 6 TsNHNH$_2$ / MeOH → 7 (TsHNN, NNHTs) n-BuLi/TMEDA / (i-Pr)$_2$NH → 8

（1）Meerwein's 酯（**5**）的合成：在装有搅拌器、温度计、回流冷凝管的 1L 三口瓶中，依次加入 228mL（1.5mol）丙二酸二乙酯、37.5g（1.25mol）多聚甲醛、4.2mL（0.038mol）N-甲基哌嗪和 200mL 甲苯，升温至 100℃，反应 8h，再在 120℃反应 10h，并用分水器除去生成的水。冷却至室温，减压蒸出溶剂和催化剂，得到浅黄色油状液体。冷却至室温。快速加入 57.4g（1.06mol）甲醇钠和 400mL 无水甲醇的溶液，常温反应 30min，生成大量白色固体。升温至 65℃，回流反应 12h，固体逐渐溶解，得到浅黄色悬浊液。用冰盐水浴冷却 2h，加入 200mL 乙醚助析。抽滤，用冰冷的乙醚和甲醇各 100mL 的混合溶剂洗涤，得到白色固体。将其溶于 400mL 水中，用 6mol/L 盐酸调节 pH 至 4～5，析出大量白色固体。抽滤，水洗滤饼，干燥，得到粉红色固体 Meerwein's 酯（**5**）101g，收率 70%，熔点 153.5～153.9℃（文献值：163～164℃）。

（2）双环［3.3.1］壬烷-2,6-二酮（**6**）的合成：在装有搅拌器、温度计、滴液漏斗的 1L 三口瓶中，依次加入 101g（0.26mol）Meerwein's 酯（**5**）和 240mL 冰醋酸，搅拌，加热至 120℃完全溶解。缓慢滴加 6mol/L 盐酸 165mL（0.95mol），滴毕，继续反应 12h。冷却至室温，减压蒸出溶剂，得到浅黄色固体。用 300mL 二氯甲烷和 200mL 水萃取，分出下层有机相，依次用饱和碳酸氢钠水溶液 100mL、饱和食盐水 50mL 洗涤，用无水硫酸钠干燥有机相，减压蒸出溶剂，得到白色固体双环［3.3.1］壬烷-2,6-二酮（**6**）31.2g，收率 78%，熔点 139.4～140.5℃。

（3）腙化合物 **1** 的合成：将化合物 **6** 2.25g（14.82mmol）溶于 60mL 甲醇中，加入对甲苯磺酰肼 6.6g（35.5mmol），加热回流 4h。冷却，抽滤，得到浅黄色固体，用少量乙醇洗涤，真空干燥，得到白色固体腙化合物 **7** 6.75g，收率 93%。

（4）双环［3.3.1］壬烷-2,6-二烯（**8**）的合成：在装有搅拌器、温度计、滴液漏斗和氮气导管的 250mL 三口瓶中，依次加入 15.6mL（15.6mmol）i-Pr_2NH、四甲基乙二胺 57mL（493mmol），冷却至 0℃，在氮气保护下，缓慢滴加 1.6mol/L 的 n-BuLi 正己烷溶液 45mL（72mmol）。再缓慢加入化合物 **7** 6.75g（13.81mmol），约 15min 加完，加料过程有大量气泡产生。加料完毕，常温搅拌 15h。冷却至 0℃，缓慢滴加 50mL 水，淬灭反应。分出有机相，依次用 10%盐酸 100mL、饱和碳酸氢钠水溶液 80mL、饱和食盐水 80mL 洗涤，用无水硫酸钠干燥，滤除干燥剂，在 40℃减压蒸馏，得到浅黄色油状液体 **8** 1.16g，收率 70%。

3. 2-叔丁氧羰基-2-氮杂金刚烷-4,8-二醇（11）的合成：

$\xrightarrow[CH_2Cl_2]{m\text{-CPBA}}$ 9 $\xrightarrow{NH_3/MeOH}$ 10 $\xrightarrow[MeOH]{(Boc)_2O/Et_3}$ 11

8　　9　　10　　11

（1）2,3；6,7-二环氧双环［3.3.1］壬烷（**9**）(环氧化)：在装有搅拌器、温度计、滴液漏斗和氮气导管的 250mL 三口瓶中，加入 5.76g（28.76mmol）间氯过氧苯甲酸、60mL 二氯甲烷，在 0℃搅拌 10min 后，缓慢滴加含化合物 **8** 1.42g（11.8mmol）的二氯甲烷溶液 60mL，滴毕，继续反应 10h。慢慢滴加 10%亚硫酸氢钠水溶液 40mL，搅拌至水相不再使淀粉-KI 试纸变蓝。分出有机相，用 5%碳酸氢钠水溶液 80mL 洗涤，分出有机相，水相用二氯甲烷 80mL×2 萃取，合并有机相，用无水硫酸钠干燥，滤除干燥剂，减压蒸出溶剂，得到白色黏稠液体。用中性氧化铝色谱分离［洗脱液：石油醚：乙醚＝5：1（体积比)］，得到白色固体 1.26g，收率 70%，熔点 171.6～173.2℃（文献值：173～174℃）。

（2）2-氮杂金刚烷-4,8-二醇（**10**）的合成：在厚壁 35mL 耐压瓶中，依次加入化合物 **9** 0.8g（5.26mmol)、甲醇 5.5mL、饱和氨气的甲醇溶液 6mL（制备：在 0℃向甲醇通入氨气 1h)，密封后，升温至 120℃，反应 18h，有白色固体析出。反应结束，冷却至室温，抽滤，所得固体用乙醇重结晶，得到白色晶体 0.7g，收率 79%，熔点 322.4～323.9℃（文献值：321℃）。

（3）2-叔丁氧羰基-2-氮杂金刚烷-4,8-二醇（**11**）的合成：在装有搅拌器、温度计、回流冷凝管的 250mL 三口瓶中，加入化合物 **10** 3.66g（21.64mmol)、三乙胺 30mL（0.216mol)、二碳酸二叔丁酯 10mL（43.29mmol）和甲醇 80mL，加热回流 12h。反应结束，减压蒸馏，硅胶柱色谱分析［洗脱剂：石油醚：乙酸乙酯＝2：1（体积比)］纯化，得到白色固体 5.41g，收率 92%，熔点 201.7～203.0℃。元素分析，$M(C_{14}H_{23}NO_4)$＝269.34，计算值（分析值)(%)：C 63.43（62.51)，H 8.61（8.66)，N 5.20（5.17)。

4. 2,4,4,8,8-五硝基-2-氮杂金刚烷（14）的合成：

11 $\xrightarrow[CH_2Cl_2]{(COCl)_2/DMSO}$ 12 $\xrightarrow[\text{④ }N_2O_2/USEA/CH_2Cl_2/Na_2SO_4]{\text{① }TFA/CH_2Cl_2\text{ ② }Ac_2O\text{ ③ }H_2NOH\cdot HCl/AcONa/MeOH}$ 13 $\xrightarrow[\text{20\%发烟硫酸}]{HNO_3}$ 14

11　　12　　13　　14

（1）2-叔丁氧羰基-2-氮杂金刚烷-4,8-二酮（**12**）的合成：在装有搅拌器、温度计、滴液漏斗和导气管的 2L 三口瓶中，在氮气保护下依次加入草酰氯 5.2mL（60mmol）和二氯甲烷 50mL，冷却至－78℃，缓慢滴加 8.7mL（0.122mol）DMSO 和 50mL 二氯甲烷的溶液，滴毕，继续搅拌反应 30min。接着缓慢滴加化合物 **11** 4.1g（15.24mmol）和二氯甲烷 100mL 的溶液，反应体系呈浑浊状。滴毕。继续低温下搅拌反应 2h。在低温下缓慢滴加三乙胺 33.8mL（0.244mmol)，滴毕，继续搅拌反应 1h。反应结束，缓慢升至室温，加入水

60mL 淬灭反应。用二氯甲烷 100mL×3 萃取，用无水硫酸钠干燥，滤除干燥剂，减压蒸出溶剂，得到浅黄色固体。硅胶柱色谱分离［洗脱剂：石油醚∶乙酸乙酯＝2∶1（体积比）］纯化，得到白色固体 3.62g，收率 90%，元素分析，$M(C_{14}H_{19}NO_4)=265.31$，计算值(分析值)(%)：C 63.38（63.42），H 7.22（7.31），N 5.28（5.25）。

（2）2-乙酰基-4,4,8,8-四硝基-2-氮杂金刚烷（**13**）的合成：在装有搅拌器、温度计和导气管的 100mL 三口瓶中，在氮气保护下依次加入化合物 **12** 1g（3.77mmol）、二氯甲烷 10mL 和三氟乙酸 10mL，搅拌，室温反应 2h。减压蒸出溶剂，所得到浅黄色固体溶于 20mL 乙酸酐，搅拌反应 12h。减压蒸馏，将所得到的黄色泡沫状物溶于 30mL 甲醇，加入盐酸羟胺 1.59g（22.9mmol）和醋酸钠 2.5g（30.56mmol），室温反应 2h。反应结束，加入饱和食盐水 40mL，用乙酸乙酯 40mL×3 萃取，用无水硫酸钠干燥，滤除干燥剂，减压蒸出溶剂，得到微黄色泡沫状粗产物。

在装有搅拌器、温度计、滴液漏斗、氮气导管和尾气吸收装置的 250mL 三口瓶中，在氮气保护下依次加入粗产物、尿素 6.23g（38.02mmol）、无水硫酸钠 5g 和二氯甲烷 120mL，搅拌加热至 50℃（反应放出的高毒性 NO_2 气体用氢氧化钠水溶液吸收），在 5min 内滴加入五氧化二氮 6.16g（25.35mmol）与二氯甲烷 30mL 的溶液。其间，反应体系变绿色，并逐渐退至无色。反应结束，搅拌下将反应液倒入 200mL 冰冷的碳酸氢钠水溶液中，静置分层。分出有机相，用 200mL 饱和食盐水洗涤，用无水硫酸钠干燥，滤除干燥剂，减压蒸出溶剂。所得浅黄色固体，用硅胶柱色谱分离［洗脱剂：石油醚∶乙酸乙酯＝10∶1（体积比）］纯化，得到白色固体 **13** 0.487g，收率 36%。ESI-MS：$m/z=360.04$ $[M+H]^+$。元素分析，$M(C_{11}H_{13}N_5O_9)=359.25$，计算值（分析值）(%)：C 36.78（36.83），H 3.65（3.69），N 19.49（19.45）。

（3）2,4,4,8,8-五硝基-2-氮杂金刚烷（**14**）的合成：在装有搅拌器、温度计、滴液漏斗、氮气导管和尾气吸收装置的 250mL 三口瓶中，在冰水浴冷却下，加入发烟硝酸和 20%发烟硫酸各 2mL，搅拌，加入化合物 **13** 200mg（0.56mmol），升温至 80℃反应 20h。反应结束，冷却至室温，搅拌下倒入 30mL 冰水中，生成白色沉淀，过滤，水洗滤饼，干燥，得到白色固体 **14** 0.16g，收率 80%。ESI-MS：$m/z=396.63$ $[M+Cl]^-$。元素分析，$M(C_9H_{10}N_6O_{10})=362.21$，计算值（分析值）(%)：C 29.84（29.86），H 2.78（2.83），N 23.20（23.15）。其 TG-DSC 曲线显示，熔点为 204℃，254℃有强放热峰，说明该化合物很稳定。

【参考文献】

［1］侯天骄. 多硝基氮杂金刚烷合成研究［D］. 南京：南京理工大学，2018.

4-AA

【基本信息】 化学名：(3*S*,4*R*,1′*R*)-4-乙酰氧基-3-(1′-叔丁基二甲基硅醚基)-氮杂环-2-丁酮；英文名：(3*S*,4*R*,1′*R*) -4-acetoxy-3-[1-(*tert*-butyldimethylsilyloxy)ethyl]azetidin-2-one；CAS 号：76855-69-1；分子式：$C_{13}H_{25}NO_4Si$；分子量：287.427；白色固体；熔点：107～109℃；比旋度：$[\alpha]_D^{20}=+51°$（$c=1$，氯仿）。本品是合成碳青霉烯和青霉烯类药物的关键中间体。本品刺激眼睛和皮肤，操作注意防护。本品远离氧化剂并于 2～8℃保存。

【合成方法】

1. (2*R*,3*R*)-2,3-环氧丁酸（1）的合成：

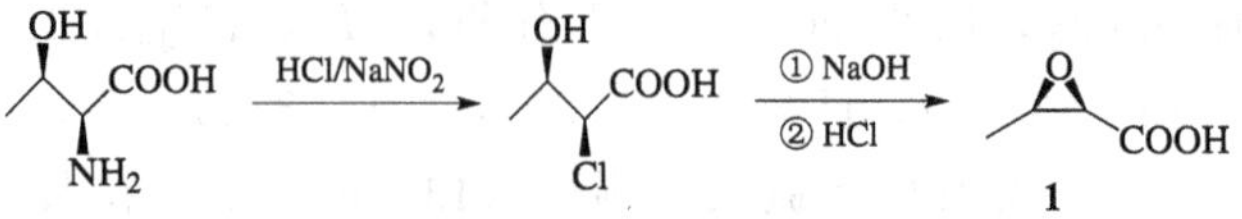

在装有搅拌器、温度计、滴液漏斗和氮气导管的三口瓶中，加入 L-苏氨酸 100g（0.42mol）和 7.5mol/L 的盐酸 200mL（1.5mol），降温至 0～10℃，分批加入固体亚硝酸钠 45g（0.65mol），约 5h 加完。剧烈搅拌，通入氮气排出生成的 NO、NO_2，尾气用 10% 氢氧化钠水溶液吸收。加毕，室温滴加 40% 氢氧化钠水溶液 140g（1.4mol）。滴毕，在 40℃搅拌反应 2h。冷却至 0℃，用浓盐酸 35mL（0.42mol）调节 pH 至 2，用乙酸乙酯 150mL×3 萃取，用饱和食盐水洗涤，用无水硫酸钠干燥，减压蒸出溶剂，得到无色油状产品 **1** 36g，收率 85%。$[\alpha]_D^{20}=-10.0°$（$c=1.0$，甲醇）。

2. *N*-(对甲氧基苯基)-2-氨基乙酸乙酯（2）的合成：

在装有搅拌器、温度计、滴液漏斗和氮气导管的 1L 三口瓶中，在氮气保护下加入对甲氧基苄胺 68.6g（0.5mol）、三乙胺 101g（1mol）和四氢呋喃 300mL。冰水浴冷却，搅拌，滴加氯乙酸乙酯 63.7g（0.52mol），生成大量白色固体。滴毕，室温搅拌过夜。抽滤，用 THF 洗涤滤饼，合并有机相，用无水硫酸钠干燥，滤除干燥剂。减压蒸出溶剂，减压精馏，收集 144℃/133.3Pa 馏分，得到 78g 化合物 **2**，收率 70%，纯度 97%。EI-MS：$m/z=233$ $[M]^+$。

3. *N*-(对甲氧基苄基)-*N*′-[(2′*R*,3′*R*)-2′,3′-环氧丁酰基]-2-氨基乙酸乙酯（3）的合成：

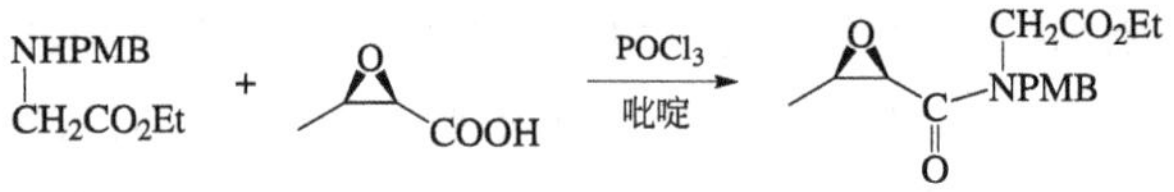

在装有搅拌器、温度计、滴液漏斗的 1L 三口瓶中，加入（2*R*,3*R*)-环氧丁酸 23.8g（0.22mol）和氯仿 300mL，搅拌溶解，再加入吡啶 59.4g（0.75mol）。冰盐水浴冷却至 −5℃以下，慢慢滴加三氯氧磷 33.2g（0.22mol）。反应 10min 后，加入 40g（0.18mol）化合物 **2** 的氯仿（200mL）溶液，反应 1h，加入 1mol/L 盐酸 250mL，搅拌后分液。依次用饱和碳酸氢钠水溶液、水和饱和食盐水各 250mL 洗涤有机相，用无水硫酸钠干燥，减压蒸出溶剂，得到 51g 化合物 **3**，收率 89%，纯度 93%。EI-MS：$m/z=307$ $[M]^+$。

4. (2*S*,3*S*)-*N*-(对甲氧基苄基)-3-[(*R*)-1′-乙羟基]-2-氮杂环丁酮酸乙酯（4）的合成：

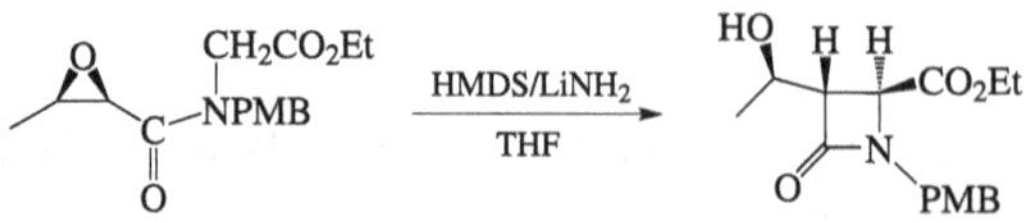

在装有搅拌器和回流冷凝管的 200mL 三口瓶中，加入 7.8g（25mmol）和 100mL 二氯甲烷，搅拌溶解后，加入 1.14g（50mmol）氨基锂后，再加入六甲基二硅胺烷（HMDS）1.1mL（50mmol）。加热回流 2h 后，加入 1mol/L 盐酸 50mL，搅拌，分出有机相。依次用饱和碳酸氢钠水溶液 250mL、饱和食盐水溶液洗涤，用无水硫酸钠干燥，减压蒸出溶剂，得到 7.0g 化合物 120g，收率 90%，纯度 86%。MS：$m/z=307$ [M]+。

5. (2*S*,3*S*)-*N*-(对甲氧基苄基)-3-[(*R*)-1′-叔丁基二甲基硅氧乙基]-2-氮杂环丁酮酸乙酯（5）的合成：

在装有搅拌器的 1L 三口瓶中，加入 21.5g（70mmol）化合物 **4**、叔丁基二甲基氯硅烷（TBDMSCl）14g（92mmol）、咪唑 7.3g（107mmol）和 DMF 300mL，室温搅拌反应 10h。加入乙酸乙酯 600mL，依次用 1mol/L 盐水 150mL、水 150mL×3 和饱和食盐水 150mL 洗涤，用无水硫酸钠干燥，减压蒸出溶剂，得到 27.4g 化合物 **5**，收率 93%。EI-MS：$m/z=364$，121。

6. (2*S*,3*S*)-*N*-(对甲氧基苄基)-3-[(*R*)-1′-叔丁基二甲基硅氧乙基]-2-氮杂环丁酮酸（6）的合成：

在装有搅拌器和滴液漏斗的 250mL 三口瓶中，加入 16g（38mmol）化合物 **5** 和 3∶1 的甲醇/二氯甲烷混合液 100mL。搅拌，滴加 1mol/L 氢氧化钠水溶液 45mL（45mmol），室温搅拌 1h。减压蒸出溶剂，加入水 100mL。用乙酸乙酯洗涤水层，用 1mol/L 盐酸调节 pH 到 2，析出大量白色固体。过滤，所得粗产物用石油醚重结晶，得到 11.2g 化合物 **6**，收率 75%，熔点 107～110℃。EI-MS：$m/z=279$。

7. (3*R*,4*R*)-*N*-(对甲氧基苄基)-3-[(*R*)-1′-叔丁基二甲基硅氧乙基]-4-乙酰氧基氮杂环丁酮（7）的合成：

在装有搅拌器和氮气导管的 500mL 三口瓶中，氮气气氛下加入 39.3g（0.1mol）化合物 **6**、10mL DMF 和 300mL 乙酸。加热至 60℃，搅拌下慢慢加入四乙酸铅粉末 75g（0.11mol），溶液呈浅黄色。反应 2h 后，加入乙二醇 5mL 淬灭反应。浓缩，加入 300mL 水和 500mL 乙酸乙酯，搅拌后分出有机层，用 250mL 饱和食盐水洗涤，用无水硫酸钠干燥，滤除干燥剂。减压蒸出溶剂，得到 33g 化合物 **7**，收率 81%。EI-MS：$m/z=364$，222，304，121。

8. 4-AA 即（3*R*,4*R*)-3-[(*R*)-1′-叔丁基二甲基硅氧乙基]-4-乙酰氧基氮杂环丁酮（8）的合成：

在装有搅拌器和回流冷凝管的 500mL 三口瓶中，加入 10g（24.5mmol）化合物 **7**、150mL 乙腈和 150mL 水。加热至沸，加入过硫酸钾 6.8g（25.2mmol）和磷酸二氢钾粉末 8.7g（50mmol），溶液呈橙色。内温保持 75℃微沸状态，反应 2h。冷却至 0℃，滤除生成的对甲氧苯甲酸，加入饱和碳酸氢钠溶液，调节 pH 至 8，用乙酸乙酯 100mL×3 萃取。合并有机相，用无水硫酸钠干燥，减压蒸出溶剂，所得粗品经硅胶柱纯化（洗脱剂：乙酸乙酯：石油醚=1：2），得到 5g 4-AA（**8**），收率 71%，对映体过量（ee）值 91%。EI-MS：$m/z=286$。八步反应总收率 20%。

【参考文献】

[1] 戴乐. 碳青霉烯和青霉烯类药物关键中间体 4-AA 的工业化合成研究 [D]. 厦门：复旦大学，2007.

普乐沙福

【基本信息】 俗名：普乐沙福（plerixafor）；化学名：1,1′-[1,4-亚苯基二(亚甲基)]-二-1,4,8,11-四氮杂环十四烷；英文名：1,1′-[1,4-phenylenebis (methylene)]bis-1,4,8,11-tetraazacyclotetradecan；CAS 号：110078-46-1；分子式：$C_{28}H_{54}N_8$；分子量：502；白色固体粉末；熔点：126～129℃；常温易吸潮。美国健赞公司（Genzyme Corporation）开发，小分子单抗靶向药物。

【合成方法】

1. 化合物 3 的合成：

$CH_2{=}CHCOOMe$ (**1**) $\xrightarrow{H_2NCH_2CH_2NH_2}$ $H_2NCH_2CH_2NH{-}C(=O){-}CH_2{-}C(=O){-}NHCH_2CH_2NH_2$ (**2**) $\xrightarrow{MeOOCCH_2COOMe}$ **3**

（1）化合物 **2** 的合成：在装有搅拌器、温度计、滴液漏斗的 250mL 三口瓶中，加入 72mL（$M=60$，64.8g，1.1mol）乙二胺，快速搅拌，缓慢匀速滴加 7.1mL（$M=86$，0.079mol）丙烯酸甲酯，5min 内滴加完毕。滴毕，升温至 68℃，搅拌反应 3.5h。减压浓缩，除去过量乙二胺，得到浅黄色透明黏稠液体。抽真空状态下，加热至 70℃，搅拌 1h，进一步除去乙二胺。得到透明油状液体 13.4g，收率 97.6%。

（2）化合物 **3** 的合成：在装有搅拌器、温度计、滴液漏斗和回流冷凝管的 1L 三口瓶中，加入 350mL 无水甲醇，搅拌下，加入 6.65g（0.038mol）化合物 **2**，加毕，搅拌 5min。滴加 6.4mL（0.042mol）丙二酸二甲酯与 20mL 甲醇的溶液，滴毕，加热回流 20h。浓缩至 35mL，冷却至 15℃析晶，抽滤，得到白色晶体。将母液继续浓缩至 15mL，进行柱色谱[洗脱剂：二氯甲烷：甲醇=4：1（体积比）] 纯化，旋蒸出溶剂，得到粉红色固体粉末，用体积比为 3：2 的甲醇-正己烷重结晶，干燥，得到化合物 **3** 3.82g，收率 37.1%。

2. 化合物 4 的合成（Hofmann 烷基化反应）：

3 $\xrightarrow[\text{DIPEA/MeCN}]{\text{1,4-bis(bromomethyl)benzene}}$ **4**

在装有搅拌器、温度计、回流冷凝管的250mL三口瓶中，加入150mL乙腈，搅拌下依次加入3.55g（14.7mmol）化合物**3**、1.76g（6.8mmol）对二（溴甲基）苯、14.5mL（0.088mmol）*N*,*N*-二异丙基乙胺、0.12g（0.668mmol）碘化钾，加热回流，反应35h。静置冷却至室温，过滤，滤饼真空干燥，所得固体用体积比为1∶5的二甲基亚砜-乙醇混合液重结晶，干燥，得到白色粉末**4** 3.4g，收率79.7%。

3. 化合物5的合成：

$NaBH_4/AcOH$，二噁烷

4 **5**

在装有搅拌器、温度计、回流冷凝管的250mL三口瓶中，依次加入90mL二噁烷，2.89g（76.16mmol）硼氢化钠、1.6g（2.72mmol）化合物**4**，搅拌下滴加4.64g（76.16mmol）冰醋酸。滴毕，加热回流反应42h。冷却至室温，用稀盐酸调节pH至2，旋蒸浓缩至干。加入水，搅拌溶解，用氢氧化钠水溶液调节pH至12，旋蒸出溶剂，用二氯甲烷50mL×3萃取，用无水硫酸钠干燥过夜。滤除干燥剂，旋蒸至干，用体积比为11∶1的丙酮-水混合溶剂重结晶，得到产品**5** 1.13g，收率81.7%，纯度91.8%，熔点123～129℃。总收率23.6%。

4. 化合物5的精制： 将含量约92%的化合物**5**粗品溶于易溶溶剂四氢呋喃，在快速搅拌（3000r/min）下，将此溶液倒入反溶剂丙酮中（THF∶丙酮=1∶6），得到化合物**5**，纯度99.33%，结晶收率82.4%。

【参考文献】

[1] 李鹏坤.普乐沙福的合成与精制工艺研究[D].郑州：郑州大学，2018.

9-苯基吖啶及其衍生物

【基本信息】 英文名：9-phenylaridine；CAS号：602-56-2；分子式：$C_{19}H_{13}N$；分子量：255；黄色粉末；熔点：184℃；沸点：411.1℃；闪点：179.8℃；密度：1.181g/cm^3。本品是一种光引发剂，应用于不饱和树脂及其单体组成的光固化材料中。合成反应式如下：

$(HO)_2B$ 催化剂

【合成方法】

在装有搅拌器、温度计的250mL三口瓶中，依次加入9-氯吖啶21.4g（$M=213$，0.1mol）、苯硼酸14.6g（0.12mol）、$Pd(PPh_3)_4$催化剂0.11g、甲苯100g、碳酸钠2g、去离子水18g，加热到40℃，反应3h。冷却至25℃，加入100g甲醇洗涤分散，抽滤，所得粗品用 80g 甲苯精制，干燥，得到产物 9-苯基吖啶 24.7g（$M=255$，0.09863mol），收率 96.6%，含量 99.65%。元素分析，计算值（分析值）(%)：C 89.38（89.35），H 5.13（5.11），N 5.48（5.49）；$M(C_{19}H_{13}N)=255$；ESI：255.31。同法合成了如下化合物：

品名	分子式	分子量	ESI	产品重/g	收率/%	含量/%
9-(3-甲苯基)吖啶	$C_{20}H_{15}N$	269	269.33	21.6	96.9	99.69
9-(3-乙烯苯基)吖啶	$C_{21}H_{15}N$	281	281.34	27.1	96.5	99.58
9-(3-乙炔苯基)吖啶	$C_{21}H_{13}N$	279	279.31	27.1	97.1	99.66
9-(3-异丙苯基)吖啶	$C_{22}H_{19}N$	297	297.39	28.9	97.3	99.57
9-(4-甲苯基)吖啶	$C_{20}H_{15}N$	269	269.37	26.0	96.8	99.62

【参考文献】

[1] 陈潇，袁晓冬. 一种 9-苯基吖啶类化合物的制备方法：CN110423220A [P]. 2019-11-08.

2′-二环己基膦-2,4,6-三异丙基联苯

【基本信息】 英文名：2′-dicyclohexylphosphino-2,4,6-triisopropylbiphenyl；CAS 号：564483-18-7；分子式：$C_{33}H_{49}P$；分子量：476.72；白色粉末；熔点：187～190℃。主要作为催化剂应用于 Suzuki、Heck、Negishi 等偶联反应中，在液晶材料、光功能配合物等物质的合成中有广泛的应用。

i-C3H7 i-C3H7 Br i-C3H7 Cl Br → i-C3H7 i-C3H7 Cl i-C3H7 $\xrightarrow[BuLi]{Cp_2PCl}$ i-C3H7 i-C3H7 Cp_2P i-C3H7

【合成方法】

在装有搅拌器、温度计、滴液漏斗和氮气导管的 1L 三口瓶中，在氮气保护下加入 200mL THF 和 31g 2,4,6-三异丙基溴苯，搅拌，冷却至 0℃，滴加 20g 邻氯溴苯，滴毕，继续反应 1h，生成 2′-氯-2,4,6-三异丙基联苯。在 0℃，滴加入 2.5mol/L 正丁基锂 42L，滴毕，继续反应 1h。接着滴加 26.7g 二环己基氯化膦，自然升至室温，反应 2h。冰水浴冷却下，滴加入饱和氯化铵水溶液淬灭反应。分出有机相，旋蒸脱出溶剂，用甲醇重结晶，过滤，干燥，得到白色固体 2′-二环己基膦-2,4,6-三异丙基联苯 45g，收率 90%，纯度>98%。

【参考文献】

[1] 饶志华，宫宁瑞. 2′-二环己基膦-2,4,6-三异丙基联苯的制备方法：CN105273006A [P]. 2017-09-19.

二烯丙基苯基氧膦

【基本信息】 英文名：diallylphenylphosphine oxide；分子式：$C_{12}H_{15}OP$；分子量：206；浅黄色固体；熔点：49℃。本品是环氧树脂的无卤阻燃剂，稳定性好，不易水解，磷含量高，在阻燃的同时，还能提高环氧树脂的耐水性，适合用于电子电器领域。

【合成方法】

1. 烯丙基氯格氏试剂的制备：

$$CH_2=CHCH_2Cl + Mg/THF \longrightarrow CH_2=CHCH_2MgCl$$

在装有搅拌器、温度计、滴液漏斗、回流冷凝管和氮气导管的250mL四口瓶中，用高纯氮气置换瓶内空气3次，在高纯氮气保护下加入7.2g镁屑（0.3mol）和120mL新蒸的四氢呋喃，搅拌下缓慢滴加含有19.1g（0.25mol）新蒸的烯丙基氯的THF溶液，滴加速度保持体系微沸，滴毕，在36℃继续反应3h，得到烯丙基氯格氏试剂。

2. 二烯丙基苯基氧膦的合成：

$$PhPOCl_2 + 2CH_2=CHCH_2MgCl \longrightarrow PhPO(CH_2CH=CH_2)_2$$

在上述制备的烯丙基氯格氏试剂中，缓慢滴加23.4g（0.12mol）苯基磷酰二氯与15mL THF的溶液，滴毕，在25℃搅拌12h。加入10%硫酸淬灭反应，分出有机相，依次用10%碳酸氢钠和水各洗涤3次。用无水硫酸镁干燥，旋蒸出溶剂，固体在60℃真空干燥，得到浅黄色二烯丙基苯基氧膦，收率53%，熔点49℃。

【参考文献】

[1] 张丽丽，许苗军，李斌，等. 二烯丙基苯基膦的合成与表征[J]. 化学与黏合，2012，34（3）：1-3，46.

福莫司汀

【基本信息】 俗名：福莫司汀（fotemustine）；化学名：1-[3-(2-氯乙基)-3-亚硝基脲]-乙基磷酸二乙酯；英文名：diethyl(1-(3-(2-chloroethyl)-3-nitrosoureido)ethyl)phosphonate；CAS号：92118-27-9；分子式：$C_9H_{19}ClN_3O_5P$；分子量：315.7；淡黄色冻干粉末；熔点：85℃；沸点：188℃；闪点：40℃；密度：1.4g/cm^3。易溶于乙醇和水，对光敏感。本品是一种抗肿瘤药，法国施维雅公司开发，商品名"武活龙"。合成反应式如下：

$$(EtO)_3P{=}O \xrightarrow{AcCl} (EtO)_2P(O)Ac \xrightarrow{H_2N\cdot HCl} (EtO)_2P(O)C(Me){=}NOH \xrightarrow[HCl]{HCO_2H/Zn} (EtO)_2P(O)CH(Me)NH_2\cdot HCl$$

$$\xrightarrow{ClCH_2CH_2N=C=O} (EtO)_2P(O)CH(Me)NHC(O)NHCH_2CH_2Cl \xrightarrow{NaNO_2/HCO_2H} (EtO)_2P(O)CH(Me)NHC(O)N(NO)CH_2CH_2Cl$$

【合成方法】

1. 乙酰磷酸二乙酯的合成： 在装有搅拌器的250mL三口瓶中，加入磷酸三乙酯86g（0.4725mol）、乙酰氯7.85g（0.1mol），室温搅拌反应18h，减压蒸馏，收集82～84℃/665Pa馏分，得到浅黄色油状液体产品乙酰磷酸二乙酯14.5g，收率80.5%。

2. α-羟基亚氨基乙基磷酸二乙酯的合成： 在装有搅拌器的250mL三口瓶中，加入乙酰磷酸二乙酯9.0g（0.05mol）、盐酸羟胺4.17g（0.06mol）、氢氧化钠2.4g（0.06mol）、水100mL。室温搅拌24h，用二氯乙烷萃取，干燥，浓缩，得到淡红色油状产物α-羟基亚氨基乙基磷酸二乙酯7.1g，收率72%。

3. α-氨基乙基磷酸二乙酯的合成： 在装有机械搅拌、冷凝管和温度计的100mL三口瓶中，加入α-羟基亚氨基乙基磷酸二乙酯4.9g（0.025mol）、无水甲酸60mL、锌粉1.95g（0.03mol）。搅拌，升温至50～60℃，反应3h。冷却，过滤，滤液浓缩至30mL，甲醇稀释，通氯化氢气体至饱和，放置过夜。浓缩反应液，用二氯甲烷萃取，干燥，过滤，滤液浓缩，得到红色油状产物 α-氨基乙基磷酸二乙酯 4.7g，收率 87%。

4. 福莫司汀的合成：在装有机械搅拌、冷凝管和温度计的 100mL 三口瓶中，加入 α-氨基乙基磷酸二乙酯 4.36g（M=286.5，15.2mmol）、二氯甲烷 40mL。冷却至 10℃，加入 2-氯乙基异氰酸酯 3.2g（M=105.5，30mmol），搅拌反应 2h 后，加入无水甲醇 50mL，分批加入亚硝酸钠 4.2g（60mmol），搅拌 1.5h。加水稀释反应液，用二氯甲烷萃取，用饱和碳酸氢钠溶液洗涤有机相，干燥，浓缩，过滤，得到土黄色固体，用异丙醇重结晶，得到白色粉末状固体产品 3.7g（11.73mmol），收率 77.2%，熔点 93～95℃。

【参考文献】

[1] 张万金，罗艳，张燕梅. 福莫司汀的合成 [J]. 化工时刊，2005，19（4）：15-17.

环磷酰胺

【基本信息】 化学名：*P*-[*N*,*N*-双（β-氯乙基）]-1-氧-3-氮-2-磷杂环己烷-*P*-氧化物-水合物；英文名：cyclophosphamide monohydrate；CAS 号：6055-19-2；分子式：$C_7H_{15}Cl_2N_2O_2P \cdot H_2O$；分子量：279；白色晶体，失去结晶水即液化。本品是一种抗肿瘤药，用于恶性淋巴瘤、多发性骨髓瘤、乳腺癌、小细胞肺癌、卵巢癌、神经母细胞瘤、视网膜母细胞瘤、尤因肉瘤、软组织肉瘤以及急性白血病和慢性淋巴细胞白血病等的治疗。对睾丸肿瘤、头颈部鳞癌、鼻咽癌、横纹肌瘤、骨肉瘤也有一定疗效。也是一种免疫抑制剂，用于各种自身免疫性疾病，如严重类风湿性关节炎、全身性红斑狼疮、儿童肾病综合征、多发性肉芽肿、天疱疮以及溃疡性结肠炎、特发性血小板减少性紫癜等。本药滴眼液可用于翼状胬肉术后、角膜移植术后蚕蚀性角膜溃疡等。合成反应式如下：

$$POCl_3 + H_2NCH_2CH_2CH_2OH \xrightarrow[C_2H_4Cl_2]{Et_3N} \text{(2-氯-2-氧代-[1,3,2]氧氮磷杂环己烷)} \xrightarrow[NH_3/Et_3N]{ClCH_2CH_2Cl} \text{环磷酰胺 } (P(=O)N(CH_2CH_2Cl)_2)$$

【合成方法】

在装有搅拌器、温度计和滴液漏斗的 1L 三口瓶中，加入二氯甲烷 500mL，搅拌，缓慢加入三氯氧磷 60g，冷却至−5℃，滴加 3-氨基丙醇 30g 和三乙胺 60g 的混合物。滴毕，进行反应 18h，得到 2-氯-2-氧代-[1,3,2] 氧氮磷杂环己烷溶液。将该溶液转移到压力釜中，加入 60g 三乙胺，控制温度在 20℃，连续通入氨气，保持压力不低于 0.05MPa，反应 2h。反应结束，将反应液转移到 1L 反应瓶中，加入 200mL 冰水，搅拌 30min 后，分出有机相，加入 10%盐酸 200mL，分出有机相。控制水浴温度在 50℃，减压浓缩至干。加入纯水 80mL，升温至 40℃溶解。降温至低于 5℃，析晶 5h，抽滤，干燥，得到白色晶体产物环磷酰胺 92.6g，收率 90.6%，含量 99.1%。

【参考文献】

[1] 赵孝杰，苏曼. 一种环磷酰胺的合成方法：CN107936061A [P]. 2019-08-06.

香豆素-7,8-(*N*-叔丁基环磷酰胺)

【基本信息】 英文名：coumarin-7,8-(*N*-*tert*-butyl cyclophosphoramide)；分子式：$C_{18}H_{23}Cl_2N_2O_4P$；分子量：433；浅黄色固体，熔点：141～142℃。香豆素类化合物具有抗癌、抗菌、抗凝血、止血、平喘、祛痰等多种生物活性，为了提高 7-羟基香豆素的生物活性，将具有抗肿瘤疗效的环磷酰胺通过 Mannich 反应，将二者结合在一起，制备出香豆素-7,8-(*N*-叔丁基环磷酰胺)。合成反应式如下：

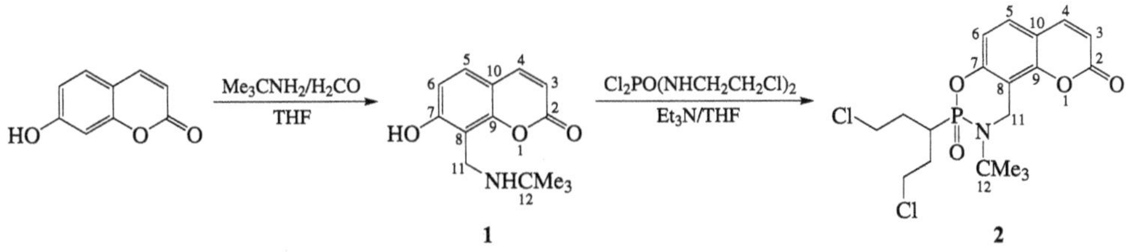

【合成方法】

在装有搅拌器、温度计和滴液漏斗的 100mL 三口瓶中，加入 0.486g（3mmol）7-羟基香豆素和 50mL THF，搅拌溶解，加入 0.45mL（6mmol）甲醛溶液和 0.63mL（6mmol）叔丁胺，搅拌下加热回流 12h。冷却至 0℃，过滤，得到化合物 **1** 粗品，经柱色谱分离纯化，得到化合物 **1** 纯品，熔点 148～149℃。

在装有搅拌器、温度计和滴液漏斗的 100mL 三口瓶中，加入化合物 **1** 0.247g（1mmol）、磷酰二氯氮芥 0.259g（1mmol）和 15mL 干燥的 THF，搅拌溶解。室温滴加入 0.3mL 三乙胺与 5mL 干燥的四氢呋喃溶液，30min 滴完。室温反应 2h 后，加热回流 2h。滤除不溶物，滤液浓缩，剩余物进行柱色谱分离纯化，得到浅黄色固体产物香豆素-7,8-(*N*-叔丁基环磷酰胺)(**2**)，熔点 141～142℃，经 ^{1}H NMR 和 ^{13}C NMR 证明是反应式中所示的化合物 **2**，即 Mannich 反应发生在 7-羟基香豆素的 8 号碳位点上。

【参考文献】

[1] 陈晓岚，周亚东，袁金伟，等. 新型香豆素-7,8-环磷酰胺衍生物的合成与 NMR 研究 [J]. 波谱学杂志，2009，26（3）：301-307.

异环磷酰胺

【基本信息】 俗名：异环磷酰胺（isocyclophosphamide）；化学名：3-(2-氯乙基)-2-[(2-氯乙基) 氨基] 四氢-2*H*-1,3,2-噁嗪磷-2-氧化物；英文名：3-(2-chloroethyl)-2-[(2-chloroethyl) amino] tetrahydro-2*H*-1,3,2-oxazaphosphorine-2-oxide；CAS：3778-73-2；分子式：$C_7H_{15}Cl_2N_2O_2P$；分子量：261；结晶固体；熔点：48℃；沸点：336.1℃；闪点：157.1℃；密度：1.33g/cm^3。易溶于水和乙醇，在氯仿中溶解，略溶于丙酮。本品是广谱抗肿瘤药物，用于治疗恶性淋巴瘤、肺癌、乳腺癌、睾丸肿瘤、食道癌、骨及软组织肉瘤、非小细胞肺癌、头颈部癌、宫颈癌、白血病、精原细胞睾丸癌、非霍奇金淋巴瘤、卵巢癌及复发性难治性实体瘤等。合成反应式如下：

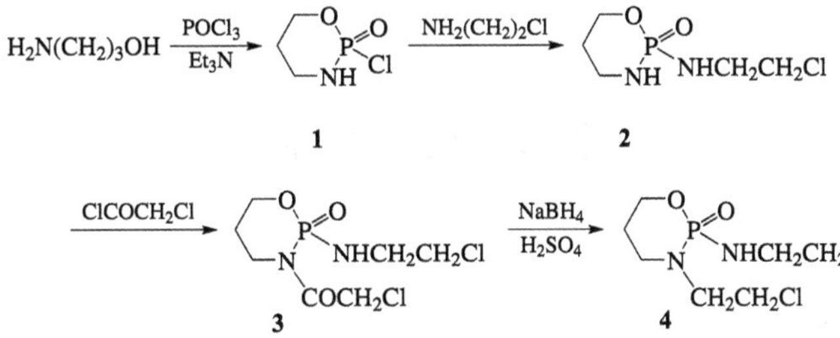

【合成方法】

1. 2-氯四氢-2*H*-1,3,2-噁嗪磷-2-氧化物（1）的合成：在装有搅拌器、温度计和滴液漏斗的100mL三口瓶中，加入三氯氧磷5.68g（0.037mol）、二氯甲烷25mL，充分搅拌，在5～10℃，慢慢滴加2.78g（0.037mol）正丙醇胺和25mL二氯甲烷的溶液。滴毕，室温搅拌反应3h。过滤，滤液浓缩，加入四氢呋喃40mL。过滤，滤液浓缩，经硅胶柱色谱分离［展开剂：氯仿∶甲醇=10∶1（体积比）］纯化，得到白色固体产物2-氯四氢-2*H*-1,3,2-噁嗪磷-2-氧化物4.1g，收率71.3%，熔点80～83℃。

2. 2-[(2-氯乙烷)氨基]四氢-2*H*-1,3,2-噁嗪磷-2-氧化物（2）的合成：在装有搅拌器、温度计和滴液漏斗的100mL三口瓶中，加入氯乙胺盐酸盐2.5g（0.022mol）、二氯甲烷75mL，搅拌均匀。冷却至0℃，慢慢滴加入2-氯四氢-2*H*-1,3,2-噁嗪磷-2-氧化物2.5g（0.016mol）和三乙胺2.22g（0.022mol）与二氯甲烷35mL的溶液。滴毕，室温搅拌反应3h。过滤，滤液浓缩，加入四氢呋喃50mL。过滤，滤液浓缩，硅胶柱色谱分离［展开剂：氯仿∶甲醇=5∶1（体积比）］纯化，得到白色固体产物2-[(2-氯乙烷)氨基]四氢-2*H*-1,3,2-噁嗪磷-2-氧化物2.4g，收率75.2%，熔点108～110℃。

3. 3-(2-氯乙酰基)-2-[(2-氯乙烷)氨基]四氢-2*H*-1,3,2-噁嗪磷-2-氧化物（3）的合成：在装有搅拌器和滴液漏斗的100mL三口瓶中，加入2-[(2-氯乙烷)氨基]四氢-2*H*-1,3,2-噁嗪磷-2-氧化物1.98g（0.02mol）和四氢呋喃30mL，室温搅拌，滴加入氯乙酰氯1.12g（0.01mol）和四氢呋喃20mL的溶液。滴毕，室温搅拌2h，将反应液浓缩。用硅胶柱色谱分离［展开剂：丙酮∶氯仿=3∶1（体积比）］纯化，所得粗品用丙酮-乙醚重结晶（先用丙酮溶解，再加入大量乙醚，混合均匀），得到白色固体产物3-(2-氯乙酰基)-2-[(2-氯乙烷)氨基]四氢-2*H*-1,3,2-噁嗪磷-2-氧化物2.1g，收率76.6%，熔点87～88℃。

4. 3-(2-氯乙烷)-2-[(2-氯乙烷)氨基]四氢-2*H*-1,3,2-噁嗪磷-2-氧化物（4）的合成：在装有搅拌器、温度计和滴液漏斗的100mL三口瓶中，加入3-(2-氯乙酰基)-2-[(2-氯乙烷)氨基]四氢-2*H*-1,3,2-噁嗪磷-2-氧化物4g（0.015mol）、硼氢化钠1.6g（0.042mol）和无水四氢呋喃100mL，氮气保护下，室温搅拌溶解。冷却至6℃，慢慢滴加浓硫酸1.57g（0.016mol）和80mL乙醚的溶液。滴毕，氮气保护下，室温搅拌反应12h。加入甲醇70mL，直至反应液不再产生气泡。过滤，滤液浓缩，加入二氯甲烷12mL和水8mL，分出水层，用二氯甲烷12mL×3萃取，合并有机相，用无水硫酸镁干燥，过滤，浓缩，乙醚重结晶，得到白色固体产品3-(2-氯乙烷)-2-[(2-氯乙烷)氨基]四氢-2*H*-1,3,2-噁嗪磷-2-氧化物2.78g，收率73.2%，熔点48～51℃，纯度99%。EI-MS：$m/z=261$ $[M]^+$。

【参考文献】

［1］祁昕欣.异环磷酰胺的合成［D］.长春：吉林大学，2007.

［2］路海滨，米浩宇，祁昕欣，等.异环磷酰胺的合成［J］.中国医药工业杂志，2009，40（7）：483-485.

邻氨基苯硫酚

【基本信息】 英文名：2-aminothiophenol；CAS号：137-07-5；分子式：C_6H_6NS；分子量：124.18；针状结晶或浅黄色液体；熔点：26℃；沸点：234℃/常压；闪点：79℃。

溶于乙醇和乙醚，不溶于水，密封避光保存。本品广泛应用于医药、染料和橡胶助剂的合成，主要用作磷地尔的中间体。合成反应式如下：

$$\text{(2-Cl-C}_6\text{H}_4\text{-NO}_2) \xrightarrow[\text{HCl/pH=5\sim6}]{\text{H}_4\text{NHS/NaOH}} \text{(2-SH-C}_6\text{H}_4\text{-NH}_2)$$

【合成方法】

在装有搅拌器、温度计、滴液漏斗和回流冷凝管的 100mL 三口瓶中，在氮气保护下，加入 157.5g（1mol）邻氯硝基苯、100mL 水，搅拌，加热至 80℃。在 3h 内，滴加 1.5mol 30%硫氢化铵水溶液，然后在 1h 内再滴加入 1.5mol 30%硫氢化铵水溶液。滴加完毕，用 30min 加入 8g（0.2mol）氢氧化钠，升温至 80～85℃，反应 3h。进行水蒸气蒸馏，蒸出副产物邻氯苯胺。加入 2.5mol 亚硫酸氢钠和 80mL 二甲苯，搅拌，用盐酸中和至 pH 为 5～6。分出有机相，干燥，蒸出二甲苯，得到邻氨基苯酚，收率 85.6%，纯度>99%。

【参考文献】

[1] 张为民. 邻氨基苯硫酚制备方法的改进 [J]. 上海化工，1995，20（4）：13-14.

二正辛基亚砜

【基本信息】 英文名：1-octylsulfinyloctane；CAS 号：1986-89-6；分子式：$C_{16}H_{34}OS$；分子量：274.5；熔点：71℃；沸点：399.9℃/101325Pa；闪点：195.6℃；蒸气压：4.08×10^{-4}Pa/25℃；密度：0.908g/cm^3。本品是有机合成中间体。合成反应式如下：

$$(C_8H_{17})_2S \xrightarrow[\text{无水乙醇}]{H_2O_2/NaOH} (C_8H_{17})_2S{=}O$$

【合成方法】

在装有搅拌器、滴液漏斗和回流冷凝管的 100mL 三口瓶中，加入 2.6g 二辛基硫醚和 40mL 无水乙醇，搅拌下慢慢滴加入约 4g 过氧化氢和 20mL 无水乙醇的溶液。加热回流 1.5h 后，将反应液倒入 100mL 水中。抽滤，水洗滤饼数次，晾干后真空干燥，得到 2.6g 产品二正辛基亚砜，收率 94%，熔点 70～70℃。红外光谱在 1040cm^{-1} 处有磺酰基特征吸收峰，TLC 显示单点。

【参考文献】

[1] 曾润生，邹建平. 一种合成亚砜的简便方法 [J]. 苏州大学学报（自然科学版），1998，14（2）：84-86.

二苯基亚砜

【基本信息】 英文名：diphenyl sulfoxide；CAS 号：945-51-7；分子式：$C_{12}H_{10}OS$；分子量：202.27；白色晶体粉末；熔点：69～71℃；沸点：206～208℃/1.73kPa；闪点：206～208℃/1.73kPa；溶于水和大多数有机溶剂。本品是医药、农药合成中间体。

【合成方法】

一、文献［1］中的方法（以苯为原料）

$$2\,PhH + SOCl_2 \xrightarrow{\text{无水}AlCl_3} Ph-S(=O)-Ph + 2\,HCl\uparrow$$

在装有搅拌器、温度计、滴液漏斗的干燥的500mL三口瓶中，加入干燥过的纯苯（3.01mol）和无水三氯化铝（0.95mol），在40℃匀速滴加入氯化亚砜（0.5mol），滴毕，保温反应3h，得到二苯基亚砜的苯溶液。搅拌下，将其滴加到900mL水中进行水解，控制温度在70℃以下。滴毕，在60℃保温30min。加热共沸（控温≤100℃）蒸出剩余的苯，将苯蒸净后，自然降温至60℃，抽滤，干燥，得到二苯基亚砜92g，收率91%。

二、文献［2］中的方法（以二苯基硫醚为原料）

$$PhSPh + H_2O_2(\text{过量}) \xrightarrow[EtOH]{H_2O_2} Ph-S(=O)-Ph$$

在装有搅拌器、滴液漏斗和回流冷凝管的100mL三口瓶中，加入1.7g二苯基硫醚和40mL无水乙醇，搅拌下慢慢滴加11g过氧化氢和20mL无水乙醇的溶液。加热回流2.25h后，将反应液倒入80mL水中。用乙醚萃取2次，乙醚层用无水硫酸镁干燥，晾干后真空干燥，蒸出乙醚，再真空干燥，得到1.8g品二苯基亚砜，收率97%，熔点67～68℃。红外光谱在1044cm^{-1}处有特征吸收峰，TLC检测显示单点。文献［2］同法合成了15种亚砜化合物，见下表：

品　　名	反应时间/h	收率/%	熔点/℃	文献熔点值/℃
二辛基亚砜	1.5	94	70～71	71～72
二庚基亚砜	1.5	93	68～70	70
二癸基亚砜	2.0	95	78～79	79～80
二己基亚砜	1.5	89	60～61	60
二(2-乙基己基)亚砜	1.5	94	18～19	18.5～19.5
二苄基亚砜	1.5	93	132～133	132～133
二(十二烷基)亚砜	2.0	90	87～88	89～90
二叔丁基亚砜	1.0	84	64～65	53.5～65
苄基苯基亚砜	1.5	83	118～120	122～123
二环己基亚砜	2.0	98	82～84	85～87
二(苯亚磺酰基)乙烷	1.5	90	116～118	120～121
1,4-二硫六环二亚砜	1.5	66	＞200(分解)	235～250
二苯基亚砜	2.25	97	67～68	70～71
十二烷基亚磺酰基乙酸	1.5	83	74～75	76
α-甲亚磺酰基乙酰苯胺	1.5(0℃/4.5h)	70	140～141	141～143

【参考文献】

[1] 王兵，王传宝.一种二苯基亚砜的合成方法：CN110642761A [P]. 2020-01-03.

[2] 曾润生，邹建平.一种合成亚砜的简便方法 [J]. 苏州大学学报（自然科学版），1998，14 (2)：84-86.

2-苯基-1-(4-甲亚砜基苯基)乙酮

【基本信息】 英文名：2-phenyl-1-[4-(methylsulfinyl) phenyl] etanone；分子式：$C_{15}H_{14}O_2S$；分子量：258；熔点：103～105℃。合成反应式如下：

$\xrightarrow[\text{RT/6h}]{30\%\ H_2O_2}$

【合成方法】

将 12.1g (50mmol) 2-苯基-1-(4-甲硫基苯基) 乙酮悬浮于 100mL 乙酸中，搅拌下滴加 8.5g (75mmol) 30%H_2O_2 水溶液，室温反应 6h。分次少量加入碳酸氢钠饱和水溶液，用二氯甲烷萃取，水洗，用无水硫酸钠干燥，减压蒸出溶剂，得到粗品，用甲醇重结晶，得到白色针状结晶产品 10.7g (41.5mmol)，收率 83%，熔点 103～105℃。

【参考文献】

[1] 赵丽琴，张涛，李松.硫醚氧化的通用方法 [J]. 化学世界，2000 (9)：500-501.

亚砜类药物

【基本信息】 首先合成手性四齿氮配体，并与 Mn(OTf) 催化过氧化氢将硫醚氧化成亚砜，进而合成了六种亚砜类药物：(*S*)-奥美拉唑、(*S*)-兰索拉唑、(*S*)-泮托拉唑、(*S*)-雷贝拉唑、(*R*)-莫达菲尼和 (*R*)-舒林酸。

【合成方法】

1. 手性四齿氮配体的合成：

$\xrightarrow[\text{P}(t\text{-Bu})_3]{Cs_2CO_3}$ 1 $\xrightarrow[\text{MeOH}]{30\%\text{KOH}}$ 2

$\xrightarrow[\text{HOBt/DCC/TMF}]{H_2NCH(Ph)CH_2OH}$ 3 $\xrightarrow[\text{MeCN}]{PPh_3/CCl_4/Et_3N}$ 4

(1) 化合物 **1** 的合成：在装有搅拌器、温度计和回流冷凝管的 100mL 三口瓶中，加入 50mL 甲苯、22.5mg (0.1mmol) 醋酸钯和 72mg (0.3mmol) 三叔丁基膦，搅拌

10min。依次加入 2.36g（10mmol）邻二溴苯、3.63g（24mmol）2-氨基苯甲酸甲酯和 10.1g（31mmol）碳酸铯，加热回流反应 24h。冷却至 25℃，加入 50mL 饱和氯化铵水溶液和 200mL 二氯甲烷，搅拌，分出有机相。水层用二氯甲烷 60mL×2 萃取，合并有机相，干燥，浓缩。剩余物经柱色谱（乙酸乙酯∶石油醚＝1∶5）纯化，得到化合物 **1** 1.47g，收率 39％。

（2）化合物 **2** 的合成：在装有搅拌器、温度计和回流冷凝管的 250mL 三口瓶中，依次加入 40mL 甲醇、3.46g（9.2mmol）化合物 **1** 和 40mL 30％KOH 水溶液，加热回流 10h。冷却至室温，加入 200mL 水，用 6mol/L 盐酸调节 pH 至 4～5，用乙酸乙酯 120mL×3 萃取，用水和饱和食盐水洗涤，干燥，浓缩。剩余物经柱色谱分离（乙酸乙酯∶石油醚＝1∶1）纯化，得到化合物 **2** 3.1g，收率 96.9％。

（3）化合物 **3** 的合成：在装有搅拌器、温度计的 50mL 三口瓶中，依次加入 800mg（2.3mmol）化合物 **2**、2.08g（10.1mmol）*N*,*N'*-二环己基碳二亚胺、0.684g（5.1mmol）1-羟基苯并三唑、0.694g（5.1mmol）(*S*)-2-氨基-2-苯乙醇和 50mL 干燥的四氢呋喃，降温至－5℃，搅拌 1h。在 25℃搅拌 12h，浓缩，柱色谱（乙酸乙酯）纯化得到化合物 **3** 1.2g，收率 88.8％。

（4）手性四齿氮配体 **4** 的合成：在装有搅拌器、温度计和回流冷凝管的 50mL 三口瓶中，加入 1.29g（2.2mmol）化合物 **3**、2.31g（8.8mmol）三苯基膦、0.89g（8.8mmol）三乙胺和 1.36g（8.8mmol）四氯化碳，在 25℃搅拌 12h。浓缩，溶于 50mL 二氯甲烷，水洗，干燥，蒸出溶剂，柱色谱分离（淋洗剂：乙酸乙酯∶石油醚＝1∶3）纯化，得到白色固体手性四齿氮配体 **4** 0.9g，收率 74.4％。

2. (*S*)-奥美拉唑的合成：合成反应式如下。

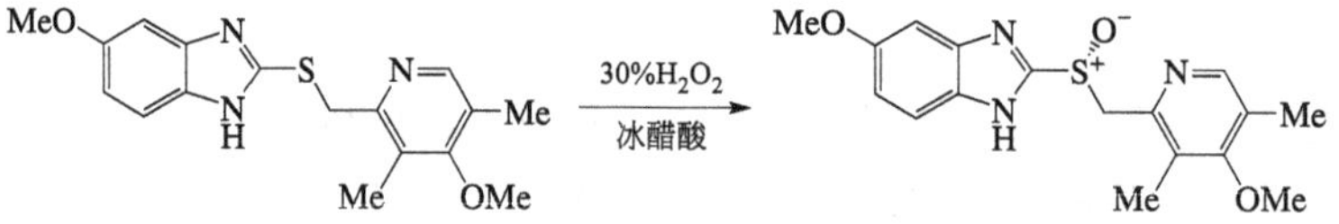

MeO　N　S　N　Me　H　Me　OMe　**5**　$\xrightarrow[\text{冰醋酸}]{30\%H_2O_2}$　MeO　N　O^-　S^+　N　Me　H　Me　OMe　**6**

在装有搅拌器、温度计和回流冷凝管的 100mL 三口瓶中，在 25℃依次加入 1.5mg（0.0042mmol）$Mn(OTf)_2$、2mg（0.0042mmol）配体 L2 和 3mL 二氯甲烷，搅拌 3h。加入 0.42mmol 硫醚 **5**、冰醋酸 2.1mmol 和 30％冰醋酸 0.92mmol，冷却至 0℃，搅拌 1h。分出有机相，干燥，手性高效液相色谱测得对映体过量（ee）值，柱色谱纯化得到液体产物 (*S*)-奥美拉唑，计算收率。

备注：$Mn(OTf)_2$ 为二(三氟甲基磺酸)锰，M＝353。

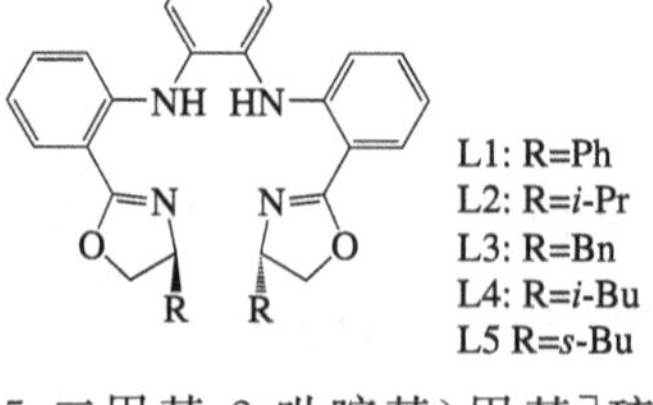

NH　HN　N　O　R　N　O　R
L1: R=Ph
L2: R=*i*-Pr
L3: R=Bn
L4: R=*i*-Bu
L5 R=*s*-Bu

以 5-甲氧基-{[(4-甲氧基-3,5-二甲基-2-吡啶基)甲基]硫基}-1*H*-苯并咪唑为底物，对反应条件进行优化，结果表明：以二氯甲烷为溶剂、L2 配体（R＝*i*-Pr）、过氧化氢与 **5** 的摩尔比为 2∶1～2.2∶1、0℃反应，结果最好，收率 80％～85％，对应的对映体过量（ee）值为＞97％～99％。相同方法合成下表中药物：

药物名称	CAS号	收率/%	ee值/%	$[\alpha]_D^{25}$
(*S*)-奥美拉唑	119141-88-7	~83	~98	−152(c=0.1,$CHCl_3$)
(*S*)-兰索拉唑	138530-95-7	89	98	−199.7(c=1.0,丙酮)
(*S*)-泮托拉唑	102625-70-7	86	96	−95(c=0.3,MeOH)
(*S*)-雷贝拉唑	117976-89-3	88	95	−135.0(c=0.05,$CHCl_3$)
(*R*)-莫达菲尼	112111-43-0	95	98	79(c=1.0,$CHCl_3$)
(*R*)-舒林酸	190967-68-1	90	99	52.2(c=1.0,MeOH)

【参考文献】

[1] 高爽，戴文，李军，等.一种催化不对称氧化硫醚制备手性亚砜类药物的方法：CN104447692A [P]. 2015-03-27.

二甲基砜

【基本信息】 英文名：methyl sulfone；CAS号：67-71-0；分子式：$C_2H_6O_2S$；分子量：94；白色针状结晶，有奇臭味；熔点：107～109℃；沸点（常压）：238℃；闪点：143℃；密度：1.16g/cm^3。微溶于水，与低级芳烃混溶。溶于乙醚、丙酮、甲醇。能与环烷、烯烃和石蜡部分混溶。可用作高温溶剂、有机合成原料、食品添加剂和保健品原料，气相色谱固定液和分析试剂等。合成反应式如下：

$$Me_2S + H_2O_2 \longrightarrow Me_2SO \xrightarrow{H_2O_2} Me_2SO_2$$

【合成方法】

1. 二甲基亚砜的合成： 在装有搅拌器、冷凝管、滴液漏斗和温度计的1L四口瓶中，加入2.0mol二甲基硫醚，用水浴控制温度在35～40℃，滴加2.05mol过氧化氢，滴加速度控制反应温度不超过40℃，使二甲基硫醚（沸点：37.5℃）回流即可。反应30min后，没有回流现象，反应液无分层，说明氧化完全。此时，将剩余的过氧化氢全部加入到反应瓶中。

2. 二甲基砜的合成： 将上述反应瓶中的反应液，加热到106℃，开始沸腾，保持沸腾状态进行反应。温度升到120℃时，停止加热，靠自身反应放热维持在120℃，可延续15min。当温度下降时可加热保持恒温，反应30min。降至室温，析出结晶，过滤，于60℃鼓风干燥1h，得到产品二甲基砜，纯度99.92%，熔点107.8℃。

备注：干燥时在60℃为宜，温度过高，二甲基砜升华较快，影响收率。

【参考文献】

[1] 韩光军.二甲基硫醚直接生产二甲基砜新工艺研究 [J].河北化工，2002 (6)：21.

硫醚氧化成砜的新方法

【基本信息】 砜类化合物具有广谱生物活性，在杀菌、杀虫、除草、抗病毒、抗HIV-1等药物中，具有良好作用，广泛地用于医药和农药的合成。两个系列化合物的反应式如下：

$$R^1—S—R^2 \xrightarrow[\text{回流5h}]{H_2O_2/NaWO_4} R^1—SO_2—R^2\ (\mathbf{1})；\quad R—N\text{(硫代吗啉)} \xrightarrow[\text{回流5h}]{H_2O_2/NaWO_4} R—N\text{(硫代吗啉-1,1-二氧化物)}\ (\mathbf{2})$$

【合成通法】

在装有搅拌器、温度计的三口瓶中，加入硫醚 2mmol、丙酮 30mL 和二水合钨酸钠 100mg，搅拌溶解，缓慢滴加 30%双氧水 1.03g（10mmol），加热至 55℃，回流 5h，TLC 监测反应完毕。减压蒸出丙酮，加入 NaS_2O_3 饱和溶液 30mL，用乙酸乙酯 25mL×2 萃取，用无水硫酸镁干燥，浓缩，经硅胶柱色谱分离［洗脱剂：石油醚：乙酸乙酯=10：1～6：1（体积比）］纯化，得到化合物 $\mathbf{1}_{a\sim c}$ 和 $\mathbf{2}_{b\sim d}$。物性和收率见下表：

代号	化合物的取代基	状态	熔点/℃	收率/%
$\mathbf{1}_a$	R^1：Ph—；R^2：Me—	白色固体	86.9～87.5	98.9
$\mathbf{1}_b$	R^1：Ph—；R^2：Ph—	白色固体	122.3～123	99.3
$\mathbf{1}_c$	R^1：ClPh—；R^2：Me—	白色固体	99.6～100.5	96.9
$\mathbf{2}_b$	R：$PhCH_2$—	白色固体	137.8～139.2	74.9
$\mathbf{2}_c$	R：$TNSO(CH_2)_6$—	黄色黏稠固体	—	72.2
$\mathbf{2}_d$	R：青蒿素基	白色固体	123～123.4	70.2

备注：青蒿素基的结构如下。

【参考文献】

［1］徐建，李学强，姚新波，等. 硫醚氧化成砜的新方法［J］. 合成化学，2014，22（4）：526-528.

邻溴苯磺酰氯

【基本信息】 英文名：2-bromobenzenesulphonyl chloride；CAS 号：2905-25-1；分子式：$C_6H_4BrClO_2S$；分子量：255.52；浅黄色晶体；熔点：49～52℃；沸点：98～100℃/66.6Pa；闪点：127～128℃/133Pa；蒸气压：0.13Pa/25℃。本品是重要的农药和医药中间体，该物质对环境可能有危害，对水体应给予特别注意。合成反应式如下：

$$\text{2-BrC}_6H_4SH \xrightarrow[\text{② }ClCH_2OMe]{\text{① }NaOH/EtOH} \text{2-BrC}_6H_4SCH_2OMe \xrightarrow[H_2O]{Cl_2/CH_2Cl_2} \text{2-BrC}_6H_4SO_2Cl$$

【合成方法】

1. 1-溴-苯基-2-甲氧基甲基硫醚的合成： 在装有搅拌器、滴液漏斗的 500mL 四口瓶中，加入 40g（1.0mol）氢氧化钠和 200mL 无水乙醇，搅拌溶解。冰水浴冷却下，搅拌，缓慢滴加94.5g（0.5mol）邻溴苯硫酚，控制温度不超过50℃，滴毕，搅拌0.5h，冷却至室温。搅拌下，滴加43.5g（0.54mol）氯甲基甲醚，控制温度不超过50℃，滴毕，加热回流3h。加水溶解，用浓盐酸调节pH至7，用二氯甲烷300mL×3萃取，水洗，用无水硫酸镁干燥，直接用于下一步反应。将上述溶液蒸出溶剂后，进行减压蒸馏，得到无色液体99g，收率85%，沸点130～135℃/0.67kPa。

2. 邻溴苯磺酰氯的合成： 在装有搅拌器、氯气导管的250mL三口瓶中，加入1/51-溴-苯基-2-甲氧基甲基硫醚溶液，冷却至0℃，加入100mL二氯甲烷和5.4g（0.3mol）水。搅拌下，通入氯气约1h，TLC（展开剂：甲苯）监测反应结束。通入空气除去残存的氯气。分出有机相，用无水硫酸镁干燥。滤除干燥剂，旋蒸出溶剂，所得浅黄色液体，加入20mL乙醚，搅拌加热溶解，冷却析晶，过滤，干燥，得到浅黄色晶体23g，收率90%，熔点50～52℃。

【参考文献】

[1] 郭峰，吉民，华维一．邻溴苯磺酰氯的合成［J］．化学试剂，2004，26（4）：237-238.

5-溴-2-氟苯磺酰氯

【基本信息】 英文名：5-bromo-2-fluorobenzenesulfonyl chloride；CAS号：339370-40-0；分子式：$C_6H_3BrClFO_2S$；分子量：273.5。磺酰氯化合物是合成染料、药物、除草剂和杀虫剂等重要的中间体。合成反应式如下：

$$\text{5-Br-2-F-C}_6\text{H}_3\text{NH}_2 \xrightarrow[\text{HCl}]{\text{NaNO}_2} \text{5-Br-2-F-C}_6\text{H}_3\text{N}_2^+\text{Cl}^- \xrightarrow[\text{CuCl}]{\text{SOCl}_2/\text{H}_2\text{O}} \text{5-Br-2-F-C}_6\text{H}_3\text{SO}_2\text{Cl}$$

【合成方法】

1. 重氮盐的制备： 在装有搅拌器、滴液漏斗的500mL三口瓶中，加入30g 5-溴-2-氟苯苯胺和50mL浓盐酸，搅拌混合，降温至－5℃，慢慢滴加入19.7g亚硝酸钠的水溶液，保存在－5℃备用。

2. 5-溴-2-氟苯磺酰氯的合成： 在装有搅拌器、滴液漏斗的三口瓶中，加入157.5mL水，降温至－5℃，慢慢滴加入52.5mL氯化亚砜和26.25mL水的溶液。滴毕，同温继续反应10min后，加入1.17g氯化亚铜，升至室温，继续反应10min。降至－5℃，缓慢滴加上述制备的重氮盐，滴毕，同温继续反应30min，生成大量黄色沉淀。抽滤，干燥，得到黄色固体产物56g，收率86.5%。MS：$m/z=297$［M＋23］。

【参考文献】

[1] 张蕊，赵春深，王明扬，等．5-溴-2-氟苯磺酰氯的合成研究［J］．广东化工，2016，43（1）：18.

2-氟-6-三氟甲基苯磺酰氯

【基本信息】 英文名：2-fluoro-6-(trifluoromethyl)benzene-1-sulfonyl chloride；CAS号：405264-04-2；分子式：$C_7H_3ClF_4O_2S$；分子量：262.6；沸点：251℃；闪点：105℃；

密度：1.603g/cm^3。本品是合成五氟磺草胺的关键中间体之一。

$$F_3C\text{-}C_6H_3(NH_2)\text{-}F \xrightarrow[HCl]{NaNO_2} F_3C\text{-}C_6H_3(N_2^+Cl^-)\text{-}F \xrightarrow[H_2O]{SOCl_2} F_3C\text{-}C_6H_3(SO_2Cl)\text{-}F$$

【合成方法】

在装有搅拌器、滴液漏斗的100mL三口瓶中，加入3mL 37%浓盐酸，搅拌，滴加入2g 2-氟-6-三氟甲基苯胺，快速搅拌30min，使生成的盐酸盐碎成小颗粒。降温至－15℃，缓慢滴加0.39g 40%亚硝酸钠水溶液，滴加过程控制温度在－12℃以下，滴毕，继续保温搅拌反应1h，制得重氮盐溶液。在装有搅拌器、滴液漏斗的100mL三口瓶中，加入冰水，缓慢滴加5mL氯化亚砜，滴速以逸出气泡为宜。滴毕，加入0.1g氯化亚铜，搅拌1min。冰盐水浴冷却下，滴加入上述重氮盐溶液，滴毕，同温继续搅拌反应30min。换成冰水浴，再搅拌30min，静置至室温，用二氯甲烷50mL×3萃取。用饱和碳酸氢钠水溶液调节pH至中性，分出油层，干燥，旋蒸出溶剂，得到深棕色油状液体产物2-氟-6-三氟甲基苯磺酰氯，收率79%，含量96.3%。

【参考文献】

［1］吴昌梓.2-氟-6-三氟甲基苯磺酰氯的合成［J］.江西化工，2018（6）：97-98.

2-[(二苯甲基)硫基]乙酰胺

【基本信息】 英文名：2-[(diphenylmethyl)thio]acemide；CAS号：68524-30-1；分子式：$C_{15}H_{15}NOS$；分子量：257；本品为白色结晶性粉末，用作药品的中间体。本品是制备莫达非尼的重要中间体。莫达非尼对中枢神经系统有药学活性，可用于治疗神经系统非洲锥虫病、帕金森病、尿失禁、阿尔茨海默病、局部缺血和中风等。合成反应式如下：

$$Ph_2CHOH \xrightarrow{HSCH_2CO_2H} Ph_2CHSCH_2CO_2H \xrightarrow{MeOH} Ph_2CHSCH_2CO_2Me \xrightarrow{NH_3} Ph_2CHSCH_2CONH_2$$

【合成方法】

1. 二苯甲基硫代乙酸的合成： 在装有搅拌器、温度计和回流冷凝管的500mL三口瓶中，加入二苯甲醇40g和冰醋酸42g，搅拌，升温至64℃，加入巯基乙酸25g，继续升温至90℃，反应2h，用TLC监测反应至完全。冷却至20℃，过滤，水洗滤饼，在55℃真空干燥，得到二苯甲基硫代乙酸54.4g，收率97.14%，纯度99.8%。

2. 二苯甲基硫代乙酰胺的合成： 在装有搅拌器、温度计、滴液漏斗、回流冷凝管和氨气导管的500mL三口瓶中，加入二苯甲基硫代乙酸40g、甲醇85mL，搅拌溶解，缓慢滴加浓硫酸8mL。滴毕，升温至65℃，回流反应3h，用TLC监测反应至完全，得到二苯甲基硫代乙酸二苯甲基硫代乙酸甲酯溶液。冰水浴冷至25℃，通入氨气，密闭，室温搅拌26h，用TLC监测反应至完全。降温至20℃，过滤，用10℃水洗滤饼，在55℃真空干燥，得到二苯甲基硫代乙酰胺35g，收率87.8%，纯度99.5%。总收率85.2%。

【参考文献】

［1］杨继斌，余毅，查正华，等.二苯甲基硫代乙酰胺的制备方法：CN101440053A［P］.2013-04-03.

莫达非尼

【基本信息】 俗名：莫达非尼（modafinil）；化学名：2-[(二苯甲基)亚硫酰基]乙酰胺；英文名：2-[(diphenylmethyl) sulfinyl]-acetamide；CAS 号：68693-11-8；分子式：$C_{15}H_{15}NO_2S$；分子量：273；白色或类白色结晶粉末；熔点：164～166℃；沸点：559.135℃/101325Pa；闪点：291.955℃；密度：$1.284g/cm^3$。无味无臭，略溶于甲醇，微溶于乙醇或乙酸乙酯，几乎不溶于水。本品是一种新型种属兴奋 α1 受体激动剂，适用于抑郁症患者，主要用于治疗自发性嗜睡症和发作性睡眠症。合成反应式如下：

$$Ph_2CHOH \xrightarrow[F_3CCO_2H]{HSCH_2CO_2H} Ph_2CHSCH_2CO_2H \xrightarrow{H_2O_2} Ph_2CH\overset{\overset{O}{\|}}{S}CH_2CO_2H$$

$$\xrightarrow{SOCl_2} Ph_2CH\overset{\overset{O}{\|}}{S}CH_2COCl \xrightarrow{浓氨水} Ph_2CH\overset{\overset{O}{\|}}{S}CH_2CONH_2$$

【合成方法】

1. 2-(二苯甲硫基) 乙酸的合成： 将 370g（M＝184，2.01mol）二苯甲醇、巯基乙酸 140mL（186.2g，M＝92，2.02mol）和三氟乙酸 2L 放入圆底烧瓶中，室温搅拌 1h。减压浓缩至干，得到白色固体 2-(二苯甲硫基) 乙酸 518g（M＝258，2.01mol），收率 100%，熔点 123～124℃，纯度 98.5%。

备注：分析条件如下，ODS 色谱柱，4.6mm×250mm，5μm；流动相为乙腈 10mmol/L 磷酸钾缓冲盐 [用磷酸（25∶75）调节 pH 至 3]；检测波长为 210nm，流速为 1mL/min，柱温为 30℃。

2. 2-[(二苯甲基)亚硫酰基]乙酸的合成： 将 500g（1.8mol）2-(二苯甲硫基) 乙酸溶于 3L 甲醇，加入 764mL 异丙醇和 30mL 浓硫酸的混合液，搅拌 5min。室温滴加 30%双氧水 554mL（5.4mol），滴毕，再反应 3h。加入饱和食盐水 3L，用二氯甲烷 1L×3 萃取，合并有机相，减压浓缩至干。剩余物加入 1mol/L 氢氧化钠水溶液 3.75L，搅拌，在加入浓盐酸约 400mL，调节 pH 至 1～2，析出白色固体。过滤，干燥，得到白色固体产品 2-[(二苯甲基)亚硫酰基]乙酸 484g，收率 92%，熔点 148～149℃，纯度 99.4%。HPLC 分析同上。

将 500g（1.8mol）2-(二苯甲硫基) 乙酸溶于 3L 甲醇，加入 764mL 异丙醇和 30mL 浓硫酸的混合液，搅拌 5min。室温滴加 30%双氧水 554mL（5.4mol），滴毕，再反应 3h。加入饱和食盐水 3L，用二氯甲烷 1L×3 萃取，合并有机相，减压浓缩至干。剩余物加入 1mol/L 氢氧化钠水溶液 3.75L，搅拌，再加入浓盐酸约 400mL，调节 pH 至 1～2，析出白色固体。过滤，干燥，得到白色固体产品 2-[(二苯甲基) 亚硫酰基] 乙酸 484g（M＝292.5，1.655mol），收率 91.94%，熔点 148～149℃，纯度 99.4%。HPLC 分析同上。

3. 2-[(二苯甲基)亚硫酰基]乙酰氯的合成： 2-[(二苯甲基)亚硫酰基] 乙酸 274g（0.94mol）溶于 2L 无水二氯甲烷中，冰水浴控制温度低于 5℃，滴加入 180g（1.5mol）氯化亚砜与 2L 无水二氯甲烷的溶液。加毕，加热回流反应 6h，减压回收溶剂和多余的氯化亚砜，剩余物为淡黄色油状物 2-[(二苯甲基) 亚硫酰基] 乙酰氯。冷却至室温，加入无水二氯甲烷，混匀，直接用于下一步反应。

4. 莫达非尼的合成： 在冰水浴冷却下，将上述 2-[(二苯甲基) 亚硫酰基] 乙酰氯的二氯甲烷溶液滴加到1L浓氨水中，滴加过程，控制温度低于5℃。滴毕，逐渐升至室温，反应8h。加入1mol/L盐酸6L，调节pH至6～7。分出有机层，用1L二氯甲烷萃取水层，合并有机相，用无水硫酸钠干燥，过滤，减压回收二氯甲烷。剩余物用甲醇重结晶，得到白色固体产物莫达非尼244g（0.894mol），两步收率95.4%，纯度99.7%，熔点165～166℃。

【参考文献】

[1] 全继平，甘勇军，周辉，等.莫达非尼的合成［J].中国医药工业杂志，2010，41（11）：801-802，809.

二(三氟甲基磺酰)亚胺锂

【基本信息】 英文名：bistrifluoromethanesulfonimide lithium salt；CAS号：90076-65-6；分子式：$(CF_3SO_2)_2NLi$；分子量：287；白色晶体粉末；熔点：230℃；分解温度：360℃。吸潮，易溶于水、醇、丙酮和醚类，不溶于正己烷、苯、甲苯等。其电化学稳定性较高，作为锂离子二次电池的电解质，稳定电压约为5V。易溶于有机溶剂，解离度大，离子迁移率高，电导率高，是目前稳定性最好的锂电池有机电解质锂盐。合成反应式如下：

$$CF_3SO_3H \xrightarrow{PCl_5} CF_3SO_2Cl \xrightarrow{2NH_3} CF_3SO_2NH_2 \xrightarrow[Et_3N]{CF_3SO_2Cl} \xrightarrow{NaOH} \xrightarrow{H_2SO_3} (CF_3SO_2)_2NH \xrightarrow{LiCO_3} (CF_3SO_2)_2NLi$$

【合成方法】

1. 三氟甲基磺酰氯的合成： 在装有搅拌器、温度计、滴液漏斗、低温冷凝管和气体吸收装置的250mL三口瓶中，加入100g（0.48mol）五氯化磷，搅拌，滴加60g（0.4mol）三氟甲基磺酸。滴毕，用1h缓慢加热至100～105℃，同时用-15℃乙醇冷却的冷凝管收集蒸出液，收集瓶用冰水盐浴冷却。约加热2h，收集无色液体61g，自然升至室温。30min后蒸馏，分别收集15～30℃和80℃馏分，分别得到三氟甲基磺酰氯45.1g（M=168.5，收率61.8%）和三氟甲基磺酐12g。

2. 三氟甲基磺酰胺的合成： 在装有搅拌器、温度计和氨气导管的干燥的50mL三口瓶中，冷却至-5℃，加入10g（0.06mol）三氟甲基磺酰氯，搅拌下通入干燥的氨气，保持温度-5～0℃。通氨结束，升至室温，搅拌3h。滤除副产物氯化铵。滤液减压蒸出溶剂，剩余物在50℃减压干燥，得到白色片状晶体三氟甲基磺酰胺（CAS号：421-85-2）8.4g（M=149，0.0564mol），收率94%，熔点117～119℃。

3. 二（三氟甲基磺酰）亚胺三乙胺盐酸盐的合成： 在装有搅拌器、温度计、滴液漏斗的干燥的500mL三口瓶中，加入6g（0.04mol）三氟甲基磺酰胺、干燥的乙腈50mL、三乙胺8g，搅拌溶解，冷却至-5℃，滴加入7g三氟甲基磺酰氯的乙腈溶液20mL，保持滴加温度-5℃～0℃。滴毕，升至室温，搅拌3h。过滤，滤液蒸出溶剂，得到二（三氟甲基磺酰）亚胺三乙胺盐酸盐和三乙胺盐酸盐。

4. 二（三氟甲基磺酰）亚胺钠的合成： 将得到的二（三氟甲基磺酰）亚胺三乙胺盐酸盐和三乙胺盐酸盐加入到300mL含有30g（0.75mol）氢氧化钠的水溶液中，搅拌50min，过滤。滤液减压蒸出三乙胺和水，用异丙醚100mL×3萃取，用无水硫酸镁干燥。滤除干燥剂，减压蒸出异丙醚，剩余物减压干燥，得到浅黄色固体二（三氟甲基磺酰）亚胺钠粗品

90g，收率 88.4%。

5.二（三氟甲基磺酰）亚胺锂的合成： 将二（三氟甲基磺酰）亚胺钠粗品 90g（0.297mol）加入到 400mL 硫酸中，搅拌溶解。在 100℃减压（2kPa）蒸馏，将蒸出的二（三氟甲基磺酰）亚胺（CAS 号：82113-65-3）用含 50g（0.675mol）碳酸锂的 250mL 水的悬浮液吸收。蒸馏完毕，过滤吸收液，滤除过量碳酸锂。减压蒸出滤液中的水，加入 250mL 异丙醚，搅拌，过滤，减压蒸出异丙醚，得到二（三氟甲基磺酰）亚胺锂和异丙醚（1∶1）的络化物。将其减压蒸干，得到白色固体二（三氟甲基磺酰）亚胺锂 75g，收率 90.9%，熔点 230～231℃（文献值：230℃）。元素分析，（$M(C_2F_6NO_4S_2Li)=287$，实验值（计算值）(%)：C 8.33（8.36），F 39.73（39.72），O 22.38（22.30），N 4.82（4.87），S 22.27（22.30），Li 2.45（2.44）。

【参考文献】

［1］张健.二（三氟甲磺酰）亚胺锂和苯氧菌酯的合成工艺研究［D］.济南：山东师范大学，2010.

2-(氰基甲硫基)乙酸及其钾盐、酰氯

【基本信息】 英文名：2-(cyanomethylthio)acetic acid；CAS 号：55817-29-3；分子式：$C_4H_5NO_2S$；分子量：131；沸点：329℃；闪点：152.78℃；密度：1.358g/cm^3。本品可用作头孢美唑侧链。

【合成方法】

一、文献［1］中的方法［2-(氰基甲硫基）乙酸钾（CAS 号：52069-54-2）的合成］

$$NCCH_2Cl + HSCH_2COOH \longrightarrow NCCH_2SCH_2COOH \xrightarrow{KOH} NCCH_2SCH_2COOK$$

在装有搅拌器、温度计的三口瓶中，加入 100mL 水，冷却至 10℃，加入 13.2g 氢氧化钠，搅拌至全溶。在 20min 内，分批加入 15g（0.163mol）巯基乙酸，在 30℃搅拌 30min。在 30min 内，分批加入 13.55g（0.18mol）氯乙腈。在 35℃搅拌 1h。降温至 20℃，加入 70mL 乙酸乙酯，搅拌 20min，静置分层。分出水层，加入 7.8g 氯化钠，用 20%盐酸调节 pH 到 1.8～2.2。依次用 90mL 和 35mL 乙酸乙酯萃取，有机相在低于 30℃的真空中浓缩至 25mL。蒸干得到 2-(氰基甲硫基）乙酸。在另一干燥的反应瓶中，加入 99%乙醇 75mL 和 85%氢氧化钾 9.5g，搅拌至全溶。该溶液加入到上述浓缩液中，控制温度 32℃，慢慢结晶。搅拌 15min，再加入 6.0mL 氢氧化钾乙醇溶液，搅拌 20min。加入剩余的氢氧化钾乙醇溶液，调节 pH 到 7.9～8.1。结晶完成，降温至 0℃，过滤，用 0℃乙醇 40mL 洗涤，抽干后，用 30mL 丙酮洗涤，干燥，得到白色结晶 2-(氰基甲硫基）乙酸钾 18.75g（0.11mol)(注意防潮)，收率 68%。此实验放大 10 倍，收率为 72.9%。

二、文献［2］中的方法（以巯基乙酸甲酯为原料）

1. 2-(氰基甲硫基）乙酸甲酯的合成： 在装有搅拌器、滴液漏斗和回流冷凝管的 500mL 三口瓶中，加入 31.8g（$M=106$，0.3mol）巯基乙酸甲酯和 300mL 2mol/L（0.6mol）氢氧化钠溶液，搅拌加热，滴加含 22.6g（$M=75.5$，0.3mol）氯乙腈的 30mL 异丙醇溶液，

回流反应 60min。冷却，蒸出溶剂，剩余物加入 300mL 水。用苯萃取 2 次，合并有机相，用活性炭脱色，用无水硫酸镁干燥，蒸出溶剂，减压蒸出产品，得到 32.5g 2-(氰基甲硫基)乙酸甲酯（M=145，0.224mol），收率 74.7%，沸点 132～134℃。

2. 2-(氰基甲硫基) 乙酸的合成： 14.5g（0.1mol）2-(氰基甲硫基）乙酸甲酯溶于异丙醇，在冷却下滴加到溶有 6.7g（0.12mol）氢氧化钾的 40mL 异丙醇溶液中，50℃搅拌 4h，20℃搅拌 2h。抽滤，滤饼用氯仿洗涤，干燥，得到 2-(氰基甲硫基）乙酸钾 15.4g（M=169，0.091mol），收率 91%，熔点 203～205℃（分解）。将钾盐溶于水，加入 0.12mol 的盐酸，用苯萃取，蒸出苯至干，得到 2-(氰基甲硫基）乙酸 11.4g（0.087mol），收率 87%。

3. 2-(氰基甲硫基) 乙酰氯的合成： 将 30g（0.1774mol）2-(氰基甲硫基）乙酸钾悬浮在甲苯中，滴加 5 滴三乙胺，冷却到 0℃。在此温度搅拌下，慢慢滴加含有 76.7g（M=58，1.32mol）草酰氯的甲苯 150mL，剧烈放出气体停止后，室温搅拌 5h。过滤，在室温下减压浓缩滤液。剩余物减压蒸馏，得到 2-(氰基甲硫基）乙酰氯 19.8g（0.151mol），收率 85.2%，沸点 110～115℃。

【参考文献】

[1] Breuer H，Treuner U. Cyanomethylthioacetylcephalosporin intermediates：US4111978A [P]. 1978-05-09.

[2] 田铁牛，赵有贵，王荣耕. 2-(氰基甲硫基）乙酸 [J]. 精细与专用化学品，2006，14（10）：10-11.

泰必利

【基本信息】 俗名：泰必利（tiapride）；化学名：*N*-[2-(二乙基氨基)乙基]-2-甲氧基-5-(甲基磺酰基)苯甲酰胺；英文名：*N*-[2-(diethylamino)ethyl]-2-methoxy-5-methylsulfonylbenzamide；CAS 号：51012-32-9；分子式：$C_{15}H_{24}N_2O_4S$；分子量：328；熔点：120℃；沸点：498.1℃/101325Pa；闪点：255.1℃；密度：1.15g/cm^3。用于老年痴呆症，对于顽固性偏头痛、神经性头痛疗效也很好。合成反应式如下：

$$\text{5-(ClSO}_2\text{)-2-MeO-C}_6\text{H}_3\text{CO}_2\text{H} \xrightarrow{Na_2SO_3} \text{5-(NaSO}_2\text{)-2-MeO-C}_6\text{H}_3\text{CO}_2\text{H} \xrightarrow{Me_2SO_4} \text{5-(MeSO}_2\text{)-2-MeO-C}_6\text{H}_3\text{CO}_2\text{H}$$

$$\xrightarrow[\text{浓硫酸}]{\text{无水甲醇}} \text{5-(MeSO}_2\text{)-2-MeO-C}_6\text{H}_3\text{CO}_2\text{Me} \xrightarrow{H_2NCH_2CH_2NEt_2} \text{5-(MeSO}_2\text{)-2-MeO-C}_6\text{H}_3\text{CONHCH}_2\text{CH}_2\text{NEt}_2$$

【合成方法】

1. 4-甲氧基-3-羧基苯磺酰氯的合成： 在装有搅拌器、温度计的 200mL 三口瓶中，加入 83g（0.714mol）氯磺酸，冷却至 0℃，分批加入邻甲氧基苯甲酸 21.3g，约 1h 加完。慢慢升温，待气泡变少，在 70℃反应 1h。降温至 0℃，将料液滴加到 200g 冰中，过滤，水洗滤饼，抽滤，干燥，得到白色固体产物 4-甲氧基-3-羧基苯磺酰氯 10g，收率 80%，熔点 135～140℃。

2. 2-甲氧基-5-甲磺酰基苯甲酸的合成： 在装有搅拌器、温度计的200mL三口瓶中，加入41g亚硫酸钠、27.5g碳酸氢钠和150mL水，搅拌均匀。升温至60℃，分次加入4-甲氧基-3-羧基苯磺酰氯，加毕，升温至80℃，反应2h，放置10h。加入水25mL、碳酸氢钠28g和硫酸二甲酯50g。慢慢升温至95～100℃，反应20h。加热水150mL，过滤。用盐酸调节pH至1～2，降温，待结晶完全，过滤，水洗滤饼，干燥，得到产品2-甲氧基-5-甲磺酰基苯甲酸25g，收率65%，熔点190～192℃。

3. 2-甲氧基-5-甲磺酰基苯甲酸甲酯的合成： 在装有搅拌器、温度计的250mL三口瓶中，加入2-甲氧基-5-甲磺酰基苯甲酸38.9g（M=230，0.1693mol）和150mL无水甲醇，搅拌，升温至30℃。在10min左右，滴加入8mL浓硫酸。滴毕，升温至68℃开始回流，保温反应6h。降温至40℃，将反应液慢慢倒入200g冰水中，搅拌，静置0.5h。抽滤，冰水洗涤至pH为7，抽滤，干燥，得到2-甲氧基-5-甲磺酰基苯甲酸甲酯44.4g（M=244，0.182mol），收率93%。

4. 泰必利的合成： 在装有搅拌器、温度计和滴液漏斗的250mL三口瓶中，加入2-甲氧基-5-甲磺酰基苯甲酸甲酯10.6g（M=244，0.04344mol）、乙二醇35mL，搅拌，升温至85℃，溶解。保温，在15min内，滴加完6.5mL（5.38g，M=116，0.04634mol）N,N-二乙基乙二胺。滴毕，升温至120℃，反应2h。降至室温，加水80mL，用40%氢氧化钠溶液调节pH至9，抽干，干燥，得到泰必利12.9g（0.03933mol），收率90.54%。

【参考文献】

[1] 李绍华. 泰必利合成工艺的研究 [J]. 天津药学，1993，5（3）：3-5.

[2] 术德刚，吴凯云. 泰必利合成工艺改进 [J]. 山东医药工业，2003，22（1）：6-7.

2-甲硫基-4-三氟甲基苯甲酸甲酯

【基本信息】 英文名：2-methylthio-4-trifluoromethylbenzoic acid methyl ester；分子式：$C_9H_6F_3NO_4$；分子量：249；米黄色固体；熔点：49～50℃。本品用于合成除草剂异噻唑草酮。合成反应式如下：

F_3C-C₆H₄-Br →(浓硝酸/浓硫酸) 4-Br-3-NO_2-C₆H₃-CF_3 →(CuCN) 2-NO_2-4-CF_3-C₆H₃-CN →(MeSNa) 2-SMe-4-CF_3-C₆H₃-CN →(KOH/H_2O) 2-SMe-4-CF_3-C₆H₃-CO_2H →(MeOH/浓硫酸) 2-SMe-4-CF_3-C₆H₃-CO_2Me

【合成方法】

1. 4-溴-3-硝基-三氟甲基苯的合成： 在装有搅拌器、温度计、滴液漏斗的250mL四口瓶中，加入22.5g（0.1mol）对溴三氟甲基苯，搅拌升温至80℃，缓慢滴加6.4g（0.1mol）浓硝酸和10g（0.1mol）浓硫酸的混酸，约在30min内滴完。滴毕，继续在80℃搅拌反应8～9h，TLC监测反应至原料点消失。降温至60℃，加入13g水，搅拌，静置分层。分出的水层用乙酸乙酯萃取，合并有机相，依次用水、饱和碳酸氢钠、水洗涤，用无水硫酸钠干燥，过滤，浓缩，得到黄色油状物4-溴-3-硝基-三氟甲基苯25.8g，收率95.4%。MS：m/z=270（64.21%）。

2. 2-硝基-4-(三氟甲基）苯甲腈的合成： 在装有搅拌器、温度计、滴液漏斗的100mL

四口瓶中，加入12g（0.044mol）4-溴-3-硝基-三氟甲基苯、4.4g（0.049mol）氰化亚铜和32mL DMF，搅拌混合，加热至140℃，反应1.5h。冷却至室温，加入水和乙酸乙酯各30mL，搅拌，静置分层。分出的水层用乙酸乙酯30mL×3萃取，合并有机相，用80mL盐酸洗涤，用无水硫酸钠干燥，浓缩至干，得到黄色固体产物2-硝基-4-(三氟甲基）苯甲腈8g，收率83.3%，熔点44～47℃。MS：$m/z=216$ [M^+]。

3. 2-甲硫基-4-三氟甲基苯腈的合成： 在装有搅拌器、温度计、滴液漏斗的250mL四口瓶中，加入21.6g（0.10mol）2-硝基-4-(三氟甲基）苯甲腈、34g丙酮，搅拌溶解，室温下滴加43.6g（0.109mol）20%甲硫醇钠，约4h滴完。继续反应1～2h，TLC监测反应至完全。用冰水浴冷却至0～5℃，析出黄色固体，过滤，水洗滤饼，干燥，得到黄色固体产物2-甲硫基-4-三氟甲基苯腈20.4g，收率94%，熔点78～81℃。MS：$m/z=217$ [M^+]。

4. 2-甲硫基-4-三氟甲基苯甲酸（CAS号：142994-05-6）的合成： 在装有搅拌器、温度计、滴液漏斗的250mL四口瓶中，加入12.8g（0.059mol）2-甲硫基-4-三氟甲基苯腈、13.2g（0.236mol）氢氧化钾、6.5mL水和65mL甘油，搅拌加热至126℃，反应3h，TLC监测反应至原料点消失。降温至30℃，用30%盐酸调节pH至2～3，过滤，用120mL水洗滤饼，干燥，得到白色固体产品2-甲硫基-4-三氟甲基苯甲酸13.3g，收率95%，熔点178～182℃。MS：$m/z=236$ [M^+]。

5. 2-甲硫基-4-三氟甲基苯甲酸甲酯的合成： 在装有搅拌器、温度计、滴液漏斗的250mL四口瓶中，加入23.6g（0.1mol）2-甲硫基-4-三氟甲基苯甲酸、160mL甲醇、18mL浓硫酸，搅拌，加热至67～70℃，回流2h，TLC监测反应至原料点消失。蒸出部分甲醇，冷却，析出橙黄色固体。过滤，依次用水、饱和碳酸氢钠水溶液和水洗滤饼，干燥，得到米黄色固体产物2-甲硫基-4-三氟甲基苯甲酸甲酯19.9g，收率79.6%，熔点49.8～50.1℃。MS：$m/z=250$ [M^+]。

【参考文献】

[1] 牛纪凤，廖道华，汤阿萍，等. 2-甲硫基-4-三氟甲基苯甲酸甲酯的合成 [J]. 农药，2013，52（6）：402-404，407.

二甲基叔丁基氯硅烷

【基本信息】 英文名：*tert*-butyldimethylsilyl chloride；CAS号：18162-48-6；分子式：$C_6H_{15}ClSi$；分子量：150.72；白色结晶粉末；熔点：86～89℃；沸点：124～125℃。本品是烷基化试剂、有机合成保护剂、医药中间体。合成反应式如下：

$$Me_3CCl + Mg/THF \longrightarrow Me_3CMgCl \xrightarrow[\text{催化剂}]{Me_2SiCl_2} t\text{-}C_4H_9(Me_2)SiCl$$

【合成方法】

在装有搅拌器、温度计、滴液漏斗、回流冷凝管和导气管的干燥的500mL三口瓶中，在氮气保护下，加入12.2g镁屑、46.3g氯代叔丁烷、250mL干燥的四氢呋喃，室温搅拌反应。必要时，加入几粒碘引发反应，生成格氏试剂。降至室温，加入催化剂硫氰化钠0.35g，滴加二甲基二氯硅烷64.5g，加热至60℃，回流反应3h以上。加入100mL正己烷，冷却，过滤。滤液常压蒸馏，收集124～126℃馏分，得到二甲基叔丁基氯硅烷59g，收率78%。

【参考文献】

［1］高淑捧.有机硅保护剂——二甲基叔丁基氯硅烷的合成方法［J］.河北化工，2000（2）：10-11.

三甲基氯硅烷

【基本信息】 英文名：trimethyl chlorosilane；CSA 号：75-77-4；分子式：C_3H_9ClSi；分子量：108.64；无色、易挥发、易燃溶液；熔点：−40℃；沸点：57.3℃；密度：0.857g/cm^3。无水稳定，遇水分解。溶于苯、乙醚和四氯乙烯，易燃、有毒。本品是重要的活性基团保护剂及引入三甲基硅基的试剂。合成反应式如下：

$$(Me_3Si)_2O + 2HCl \xrightarrow[PhMe]{Bu_4N^+Br^-} Me_3SiCl$$

【合成方法】

在装有搅拌器、导气管、冷凝管和温度计的 1L 四口瓶中，加入 400g 80％的六甲基二硅氧烷和 300mL 甲苯，搅拌下加入 1g 催化剂四丁基溴化铵，降温至 5℃以下开始通入氯化氢气体，控制通气速度和温度，至不再吸收为止，通入氯化氢约 160g。降温至 0℃，分去盐酸层，有机相用无水硫酸钠在 0℃干燥过夜，滤去干燥剂，用 50mL 甲苯洗涤滤饼。合并有机相，通入干燥氮气赶走过量氯化氢气体，常压蒸馏，收集 57～58.5℃馏分，得产品三甲基氯硅烷 410g，收率 95.65％，纯度≥99％。

【参考文献】

［1］赵丽华，延锦丽.相转移催化法合成三甲基氯硅烷［J］.山东化工，2007，36（6）：9-10.

三甲基叠氮硅烷

【基本信息】 英文名：azidotrimethylsilane；CAS 号：4648-54-8；分子式：$C_3H_9N_3Si$；分子量：115.21；清亮无色至浅黄色液体；熔点：−95℃；沸点：92～95℃；闪点：23℃；密度：0.876g/cm^3。对潮气敏感，遇水分解，在冰箱储藏。本品是重要的化工原料，广泛应用于胺化剂、叠氮化剂和含氮化合物的合成。合成反应式如下：

$$Me_3SiCl + NaN_3 \xrightarrow[DCM]{PEG400/NaI} Me_3SiN_3$$

【合成方法】

在四口瓶中，加入 32.5g（0.5mol）叠氮化钠、130mL 二氯甲烷、0.33g 碘化钠、0.65g 聚乙二醇 400，搅拌，控制温度 20～22℃，缓慢滴加三甲基氯硅烷，3h 滴毕，保温反应 3h，GC 监测反应至完全。选择性 95.7％。

GC 分析条件：色谱仪为 Agilent GC7809，色谱柱为 HP-130m×0.32mm×0.25m，柱温为 $40℃ \xrightarrow{5min} 40℃ \xrightarrow{2℃/min} 150℃ \xrightarrow{5min} 150℃$。进样口温度 150℃，FID 检测器，检测温度 200℃。

【参考文献】

［1］陈明龙，汪祝胜，赵思，等.三甲基叠氮硅烷的合成工艺研究［J］.浙江化工，2018，49（4）：33-36.

第十一章
呋喃、吡咯、吡唑、咪唑等杂环类化合物

2-呋喃丙烯酸

【基本信息】 英文名：(*E*)-3(2-furyl)acrylic acid；CAS 号：539-47-9；分子式：$C_7H_6O_3$；分子量：138；熔点：139～141℃；沸点：286℃；闪点：286℃；密度：1.2667g/cm^3；水溶解性：2g/L；酸度系数 pK_a：4.39。溶于乙醇、二氯甲烷、乙醚、苯和乙酸，不溶于二硫化碳。本品是治疗血吸虫病药物呋喃丙胺的中间体，还用于制备庚酮二酸、庚二酸、乙烯呋喃等，储存于 30℃以下。合成反应式如下：

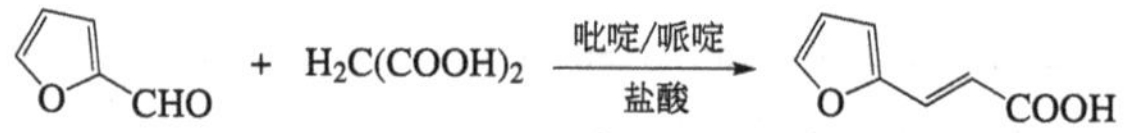

呋喃-2-CHO + $H_2C(COOH)_2$ $\xrightarrow[\text{盐酸}]{\text{吡啶/哌啶}}$ 呋喃-2-CH=CH-COOH

【合成方法】

在装有搅拌器、温度计、回流冷凝管的 100mL 三口瓶中，加入 2-呋喃甲醛 10g (0.104mol)、吡啶 50mL 和丙二酸 23.8g (0.229mol)，搅拌，加入 1.82mL 哌啶。升温至 90℃，反应 3h。冷却后，将反应液倒入 200mL 2mol/L 盐酸中，搅拌，抽滤，水洗滤饼，干燥，得到白色针状固体产物 2-呋喃丙烯酸 13.08g (0.1mol)，收率 96%，熔点 139～140℃。

【参考文献】

[1] 王慧敏，孔祥灏，许东卫. 香料 2-呋喃丙烯酸正丙酯的合成研究 [J]. 河南化工，2003 (6)：16-17.

达芦那韦

【基本信息】 化学名：{(1*R*,5*S*,6*R*)-2,8-二氧双环 [3.3.0]癸烷-6-基}-*N*-[(2*R*,3*R*)-4-[(4-氨基苯基)磺酰基-(2-甲基丙基)氨基]-3-羟基-1-苯-丁基-2-基]氨基甲酸酯；CAS

号：206361-99-1；分子式：$C_{27}H_{37}N_3O_7S$；分子量：547；白色固体；熔点：74～76℃；密度：1.34g/cm³。是一种用于艾滋病治疗的非肽类抗逆转病毒蛋白酶抑制剂，可降低血中HIV病毒载体，增加CD4细胞计数，降低感染艾滋病的概率。合成反应式如下：

1　2　乙醇　冷却/沉淀　达芦那韦乙醇化物

达芦那韦

【合成方法】

在装有搅拌器、温度计、回流冷凝管的1L三口瓶中，加入4-氨基-*N*-[(2*R*,3*S*)-3-氨基-2-羟基-4-苯基丁基]-*N*-(2-甲基丙基)-苯磺酰胺39.2g（0.1mol）和乙醇170mL，在20℃搅拌15min后，加入碳酸2,5-二氧-1-吡咯烷基[(3*R*,3*aS*,6*aS*)-六氢呋喃［2,3-*b*]呋喃-3-基]酯26.6g（0.098mol）。在30～60min内升温至50℃，搅拌反应2h。在30min内加热至78℃回流，搅拌10min。在4.5h内冷至−5℃，析出达芦那韦结晶，过滤，用乙醇40mL×2洗涤滤饼。将滤饼溶于212mL乙醇中，缓慢加热至78℃回流，再缓慢冷却至62℃，加入120mL达芦那韦单乙醇晶种，保温90min。在2h内冷却至50℃，再在30min内冷却至15℃，保温搅拌1～12h。过滤，用乙醇60mL×2洗滤饼，在40℃真空干燥12h，得到达芦那韦单乙醇55.2g，收率93%。在反应体系中，乙醇会与化合物**1**反应生成少量副产物**3**（<0.5%）。反应式如下：

1　+ EtOH　3

【参考文献】

［1］斯塔佩斯 A E，罗宾森 S B. 用于制备达芦那韦的简化方法：CN110291091A［P］. 2019-09-27.

氟咯菌腈

【基本信息】 俗名：氟咯菌腈（fludioxonil）；化学名：4-(2,2-二氟-1,3-苯并二氧-4-基)吡咯-3-腈；英文名：4-(2,2-difluoro-1,3-benzodioxol-4-yl) pyrrole-3-carbonitrile；CAS号：131341-86-1；$C_{12}H_6F_2N_2O_2$；分子量：248；白色晶体；熔点：199.8℃；密度：1.54g/cm³；溶解度（g/L）：丙酮190，乙醇44，正辛烷20，甲苯2.7，水0.0018。本品防治小麦腥黑穗病、雪腐病、雪霉病、纹枯病、根腐病、全蚀病、颖枯病、秆黑粉病；大麦条纹病、网斑病、坚黑穗病；玉米青枯病、茎基腐病、猝倒病；棉花立枯病、红腐病、炭疽病、黑根病、种子腐烂病；大豆和花生立枯病、根腐病（镰刀菌引起）；水稻恶苗病、胡麻叶斑病、早期叶瘟病、立枯病；油菜黑斑病、黑胫病；马铃薯立枯病、疮痂病；蔬菜枯萎病、炭疽病、褐斑病、蔓枯病。适用于小麦、大麦、玉米、棉花、大豆、花生、水稻、油菜、马铃薯、蔬菜等作物。用量少，毒性极弱，有效期长，被美国环保局评为零风险产品。

合成反应式如下：

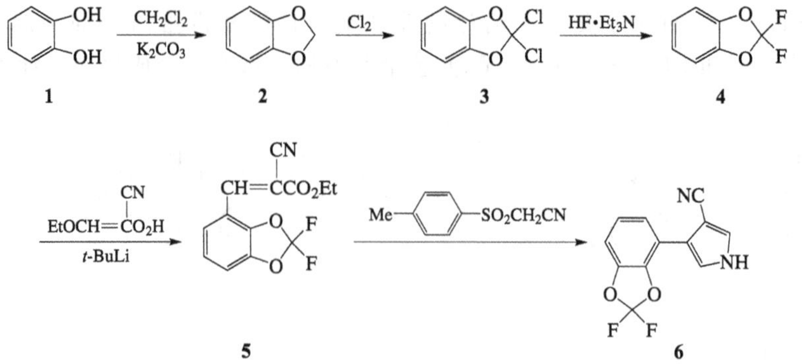

【合成方法】

1. 邻苯二酚缩甲醛（2）的合成： 在装有搅拌器、温度计、滴液漏斗和回流冷凝管（顶部装有干燥管）的500mL四口瓶中，加入55g（0.5mol）邻苯二酚、82.8g（0.6mol）无水碳酸钾和200mL二甲基亚砜，升温至120℃，搅拌下滴加入50mL（1.0mol）二氯甲烷，约2h滴完后，继续反应4h。冷却至室温，滤除固体杂质，用二甲基亚砜50mL×2洗涤滤饼，合并滤液和洗液，加入水100mL，进行水蒸气蒸馏。收集98～103℃馏分，静置分层。分出有机相，用无水硫酸钠干燥，得到无色透明液体邻苯二酚缩甲醛（**2**）51.6g，收率84.6%，含量95.7%。元素分析，$M(C_7H_6O_2)=122$，实测值（计算值）(%)：C 68.83（68.85），H4.98（4.92）。

2. 2,2-二氯邻苯二酚缩甲醛（3）的合成： 在装有搅拌器、温度计、回流冷凝管和导气管的250mL四口瓶中，加入24.4g（0.2mol）(2)、1g偶氮二异丁腈和100mL氯苯，搅拌，通入氮气。加热至120℃，通入氯气，用GC监测反应至原料**2**反应完全。用氮气赶出残余氯气，蒸出氯苯，进行精馏，收集120～125℃馏分，得到无色透明液体2,2-二氯邻苯二酚缩甲醛（**3**）29.9g，收率70.5%，含量90%，$M(C_7H_4Cl_2O_2)=191$。MS：$m/z=190$［M^+］。

3. 2,2-二氟邻苯二酚缩甲醛（4）的合成（S_N2亲核取代反应）： 在装有搅拌器、温度计、滴液漏斗、回流冷凝管和导气管的250mL四口瓶中，在氮气保护下，加入96.7g（0.4mol）氟化氢三乙胺溶液，室温滴加入58.2g（0.2mol）化合物**3**，1h滴完，室温搅拌反应6h。将反应液倒入100mL冰水中，搅拌30min，用二氯甲烷100mL×3萃取，水洗至中性。用无水硫酸钠干燥，常压蒸出二氯甲烷，减压蒸馏，收集40～45℃馏分，得到无色透明液体2,2-二氟邻苯二酚缩甲醛（**4**）25.3g，收率76.1%，含量95%，$M(C_7H_4F_2O_2)=158$。MS：$m/z=158$［M^+］。

4. 2-氰基-3-(2,2-二氟苯并-1,3-间二氧杂环戊烯-4-基)-2-丙烯酸酯（5）的合成： 在装有搅拌器、温度计、滴液漏斗和回流冷凝管和导气管的250mL四口瓶中，在氮气保护下，加入15g（0.04mol）叔丁基锂的正己烷溶液，降温至－70℃，滴加入3.9g（0.04mol）化合物**4**，保温反应3h。在－70℃，1h内滴加入含8.2g（0.05mol）乙氧基亚甲基-2-氰基乙酸乙酯的50mL四氢呋喃溶液，保温反应0.5h，升至室温，反应2～3h。反应结束，水洗至pH为7，用乙酸乙酯萃取，用无水硫酸镁干燥，减压浓缩，得到白色固体产物**5** 7.8g，收率69.8%，含量96.3%。

5. 氟咯菌腈（6）的合成： 在装有搅拌器、温度计、回流冷凝管和导气管的250mL四口瓶中，在氮气保护下，加入 5.6g（0.02mol）化合物 **5**、20mL 二氯甲烷，降温至 −5℃，加入 1.3g（0.024mol）氢氧化钾，搅拌全溶，滴加入含有 4.3g（0.022mol）对甲基苯磺酰乙腈的 20mL 二氯甲烷溶液，升温搅拌反应 1h。水解、过滤，水洗，重结晶，得到白色固体氟咯菌腈（**6**）4.7g，收率 88.8%，含量 97.5%。元素分析，实测值（计算值）(%)：C 58.86（58.07）；H 2.42（2.44）。MS：$m/z=248$ [M^+]。五步反应总收率≥28.13%。

【参考文献】

[1] 黄晓瑛，尚宇，王列平，等. 杀菌剂咯菌腈的合成及表征 [J]. 农药，2014，53（9）：633-635.

N-甲基四氢吡咯

【基本信息】 英文名：1-methylpyrrolidine；CAS 号：120-94-5；分子式：$C_5H_{11}N$；分子量：85；无色液体；沸点：80～81℃（文献值），218～221℃分解；闪点：−17℃；易溶于水，溶于醇、乙醚、氯仿等有机溶剂；密度：0.81g/cm^3/20℃。本品常用作医药中间体，主要用于制备抗生素头孢吡肟。合成反应式如下：

吡咯烷(NH) + 甲酸/甲醛 —浓盐酸→ N-甲基吡咯烷(NMe)

【合成方法】

将 88% 的甲酸 123g（净重 108.24g，2.255mol）和 36% 的甲醛 133g（净重 47.88g，1.496mol）放入三口瓶中，搅拌均匀，滴加四氢吡咯 36g（0.507mol），控制温度 50℃，滴加速度视产生烟雾为宜，约 2h 滴完。在 100～105℃回流 10h，之后加入浓盐酸 200mL，搅拌 30min。蒸出酸水约 185mL，降至室温，滴加碱液 200mL，调节 pH 至 14，液面出现油层，底部有盐析出。常压蒸出产品 *N*-甲基四氢吡咯 42.5g（0.5mol），收率 98.6%，含量≥99%。

【参考文献】

[1] Georg，Wittig，Tycho，et al. Ein Beitrag zur α′、β-Eliminierung Ⅳ. Mitteilung über den modifizierten Hofmann-Abbau [J]. Justus Liebigs Annalen Der Chemie，1960，632：85-103.

左舒必利

【基本信息】 俗名：左舒必利[(*S*)-(−)-sulpiride]；化学名：(*S*)-(−)-*N*-[甲基-(1-乙基-2-吡咯烷基)]-2-甲氧基-5-(氨基磺酰基)-苯甲酰胺；英文名：(*S*)-*N*-[(1-ethylpyrrolidin-2-yl)methyl]-2-methoxy-5-sulfamoylbenzamide；CAS 号：23672-07-3；分子式：$C_{15}H_{23}N_3O_4S$；分子量：341；熔点：183～186℃；密度：1.236g/cm^3；储存条件：2～8℃。本品为一种抗精神病药，治疗神经分裂症，也用于顽固性呕吐、消化性溃疡及脑外伤后的眩晕头痛。合成反应式如下：

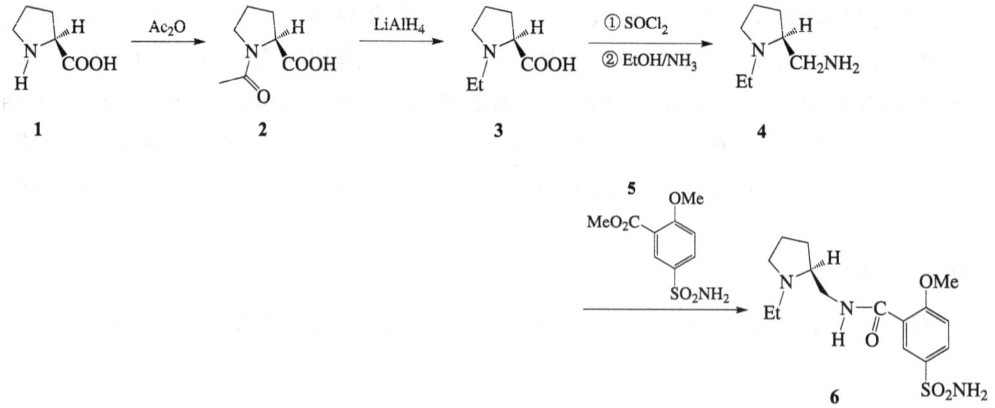

【合成方法】

1. L-*N*-乙酰基-脯氨酸（2）的合成： 在装有搅拌器、温度计的 500mL 三口瓶中，加入 L-脯氨酸（**1**）115g（1.0mol）和水 30mL，搅拌溶解，滴加入乙酸酐 215g（2.1mol），自动升温至 25～35℃。滴毕，加热至 70～90℃，搅拌反应 30min。冷却至 0～4℃，静置析晶，抽滤。冰水洗涤滤饼，滤液浓缩，加入异丙醇 30mL，搅拌，又析出 1/3～1/2 的结晶。抽滤，合并固体，干燥，得到产物 **2** 145g，收率 91.7%，熔点 87～88℃（文献值：86～87℃）。

2. L-*N*-乙基-2-吡咯烷甲醇（3）的合成： 在装有搅拌器、温度计和滴液漏斗的 10L 三口瓶中，加入 141g（0.89mol）化合物 **2** 和 600mL THF，搅拌溶解。滴加含有四氢铝锂 134g（3.5mol）的 4.5L 四氢呋喃溶液。滴毕，加热回流 24h。冷却至 0℃，加入含 4%水的四氢呋喃 900mL 和 20%氢氧化钠水溶液 112mL，搅拌，析出沉淀。过滤，滤饼是未反应的 L-*N*-乙酰基-脯氨酸，滤液减压蒸出 THF，剩余物减压蒸馏，收集 100～105℃/6.66kPa 馏分，得到液体产物 L-*N*-乙酰基-脯氨酸（**3**）92g（*M*=129，0.713mol），收率 79%。

3. L-*N*-乙基-2-胺甲基吡咯烷（4）的合成： 在装有搅拌器、温度计和滴液漏斗的 10L 三口瓶中，加入化合物 **3** 90g（0.69mol）和二氯甲烷 2L，搅拌溶解。冷却下，滴加氯化亚砜 60g（0.5mol），室温搅拌 6h 后，加热回流 2h。蒸馏至干，加入饱和（10%）氨的乙醇溶液 850mL，室温搅拌 12h。减压蒸出乙醇和氨，提高真空度减压蒸馏，收集 150～151℃/6.66kPa 馏分，得到浅黄色液体 L-*N*-乙基-2-胺甲基吡咯烷（**4**）(CAS 号：26116-12-1) 60g（*M*=128，0.469mol），收率 66%，纯度 99%。

4. 左舒必利（6）的合成： 在装有搅拌器、温度计和滴液漏斗的 1.5L 三口瓶中，依次加入化合物 **4** 56g（0.55mol）、2-甲氧基-5-氨磺酰基苯甲酸乙酯 116g（0.55mol），搅拌，加热至 100℃，反应 1h 后，加热回流 4h，减压蒸出乙醇。冷却至室温，加入 1mol/L 盐酸 800mL，搅拌溶解，滤除不溶物。滤液加入水 500mL，用碳酸钠中和。冷却析晶，抽滤，用少量乙醇洗涤滤饼，将滤饼溶于 95%乙醇并加热回流。冷却析晶，过滤，抽干，干燥，得到白色固体左舒必利（**6**）122g，收率 81%，含量 99.6%，熔点 185～187℃（文献值：186～188℃）。元素分析，实验值（计算值）(%)：C 12.37（12.30），H 6.69（6.79），N 12.37（12.30），$M(C_{15}H_{23}N_3O_4S)=341$。MS：$m/z=341$。以 L-脯氨酸计，总收率为 35.6%。

备注：必需用光学纯度大于 99%的 L-脯氨酸为原料，制备的左舒必利光学活性高于 98%，右旋舒必利为 1.7%。

【参考文献】

[1] 李劲.左舒必利和更昔洛韦的合成研究 [D].上海：华东理工大学，2005.

马来酸依那普利

【基本信息】 俗名：马来酸依那普利（enalapril maleate）；CAS 号：76095-16-4；化学名：*N*-[(*S*)-1-(乙氧羰基)-3-苯丙基]-L-丙氨酰-L-脯氨酸马来酸盐；分子式：$C_{24}H_{32}N_2O_9$；分子量：492；沸点：765.3℃/101325Pa；闪点：416.7℃；蒸气压：1.67×10^{-22}Pa/25℃。用于原发性高血压、肾性高血压、充血性心力衰竭等的治疗。合成反应式如下：

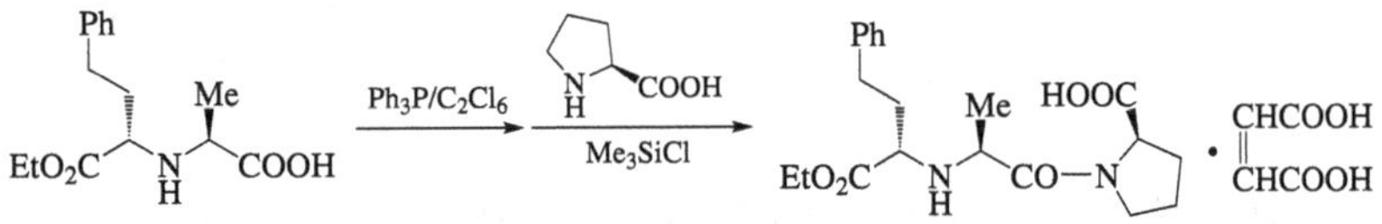

Ph_3P/C_2Cl_6；Me_3SiCl

【合成方法】

在装有搅拌器的 100mL 反应瓶中，依次加入 2.7g（9.6mmol）三苯基膦、2.5g（40mmol）六氯乙烷和 40mL 二氯甲烷，室温搅拌 1h 后，加入 *N*-(1*S*)-乙氧羰基-3-苯丙基-L-丙氨酸 2.7g（*M*=280，10mmol），继续反应 2h，备用。

在另一装有搅拌器、温度计的 250mL 反应瓶中，加入二氯甲烷 40mL、L-四氢吡咯-2-羧酸 1.5g（*M*=127，11.8mmol）和三甲基氯硅烷 1.64mL（13mmol）。室温搅拌 1h 后，加入上述备用反应液，继续反应 2h。升温至 40℃，在此温度减压蒸干，加入水 40mL 和乙酸乙酯 20mL，用 20%氢氧化钠溶液调节 pH 至 7.8。分出有机相，用乙酸乙酯 10mL×2 萃取水层。水层加入氯化钠 12g 和乙酸乙酯 20mL，用 6mol/L 盐酸调节 pH 到 4.25，分出有机相，用乙酸乙酯 10mL×3 萃取水层，合并有机相，用 5g 无水硫酸镁干燥 1h 后，滤出干燥剂，加入含澄清的顺丁烯二酸 1.2g（0.01mol）的乙酸乙酯溶液 20mL，析出大量白色沉淀。在 0～5℃冷藏 1h，过滤，在 40～50℃真空干燥，得到马来酸依那普利 3g（0.0061mol）收率 63.5%，熔点 144～145℃。

【参考文献】

[1] 高玉生，金锦花，徐立刚.马来酸依那普利的合成 [J].中国医药工业杂志，1999，30 (7)：293.

(*S*)-1-(2-氯乙酰基)吡咯烷-2-甲腈

【基本信息】 英文名：(*S*)-1-(2-chloroacetyl) pyrrolidine-2-carbonitrile；CAS 号：207557-35-5；分子式：$C_7H_9ClN_2O$；分子量：172.5。本品是合成抗糖尿病新药维格列汀的关键中间体。合成反应式如下：

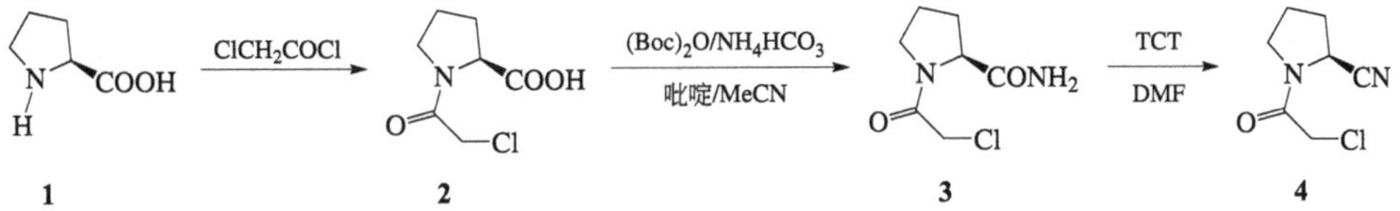

1 → ($ClCH_2COCl$) → 2 → ($(Boc)_2O/NH_4HCO_3$；吡啶/MeCN) → 3 → (TCT；DMF) → 4

【合成方法】

1. (*S*)-1-(2-氯乙酰基）吡咯烷-2-甲酸（2）的合成： 在装有搅拌器、温度计和回流冷凝管的250mL三口瓶中，依次加入10g（0.087mol）脯氨酸、100mL四氢呋喃、10mL（0.132mol）氯乙酰氯，搅拌混合，加热回流2.5h。冷却，加入水20mL，搅拌20min，再加入20mL饱和食盐水，搅拌，用200mL乙酸乙酯萃取。水层用乙酸乙酯10mL×2萃取，合并有机相，用无水硫酸钠干燥，减压蒸出溶剂，剩余油状物用异丙醚重结晶，得到白色固体1-氯乙酰基吡咯烷-2-甲酸（**2**）15g，收率89.7%，熔点106～108℃。

2. 1-氯乙酰基吡咯烷-2-甲酰胺（3）的合成： 在装有搅拌的100mL两口瓶中，依次加入化合物**2** 4g（0.021mol）和乙腈40mL、二碳酸二叔丁酯5.6mL（0.026mol）和碳酸氢铵9.12g（0.12mol），搅拌均匀，再加入吡啶0.96mL（0.012mol）。室温搅拌1.5h，TLC监测反应结束。过滤，滤液减压蒸馏，得到油状物，用四氢呋喃重结晶，得到白色固体1-氯乙酰基吡咯烷-2-甲酰胺（**3**）3.3g，收率84%，熔点134～136℃（文献值：133～137℃）。

3. (*S*)-1-(2-氯乙酰基）吡咯烷-2-甲腈（4）的合成： 在装有搅拌的500mL两口瓶中，加入化合物**3** 4g（0.011mol）和DMF 40mL，搅拌溶解后，加入2g（0.011mol）三聚氯氰（TCT），加热至40℃进行反应，用TLC监测反应至完全。冷却至室温，加入水和乙酸乙酯各100mL，搅拌，分出有机相，水层用乙酸乙酯10mL×2萃取，合并有机相，用无水硫酸钠干燥，减压蒸出溶剂，剩余油状物用异丙醚重结晶，得到白色固体(*S*)-1-(2-氯乙酰基）吡咯烷-2-甲腈2.5g，收率70.1%，纯度96%，熔点62～63℃（文献值：65～66℃）。三步反应总收率52.8%。

【参考文献】

[1] 陶铸，邓瑜，彭俊，等. 维格列汀中间体(*S*)-1-(2-氯乙酰基）吡咯烷-2-甲腈的合成[J]. 化学研究与应用，2013，25（10）：1422-1425.

维格列汀

【基本信息】 俗名：维格列汀（vildagliptin）；化学名：(－)-(2*S*)-1-[[(3-羟基三环[3.3.1.1[3,7]]癸烷-1-基)氨基]乙酰基]吡咯烷-2-甲腈；英文名：(－)-(2*S*)-1-[[(3-hydroxytricyclo[3.3.1.1[3,7]]dec-1-yl)amino]acetyl]pyrrolidine-2-carbonitrile；CAS号：274901-16-5；分子式：$C_{17}H_{25}N_3O_2$；分子量：303.4；熔点：153～155℃。本品是诺华制药公司开发的一种口服药二肽基肽酶-Ⅳ抑制剂，2011年8月在中国上市。合成反应式如下：

$(Boc)_2O$/THF；$ClCO_2Et$/$NH_3·H_2O$；HCl/二氧六环；$ClCH_2COCl$/THF；$POCl_3$/DMF；R—NH_2/K_2CO_3/THF

COOH　Bu^tO—OC　**2**　$CONH_2$　**3**　HCl　**4**　**5**　CN　**6**　NHR　**1**　R=　OH

【合成方法】

1. (*S*)-*N*-叔丁氧羰基-吡咯烷-2-甲酸（2）的合成：在装有搅拌器、温度计和回流冷凝管的250mL三口瓶中，依次加入10g（86.96mmol）脯氨酸和饱和碳酸氢钠水溶液126mL，搅拌，冷却至0℃，滴加20.4mL（88.7mmol）二碳酸二叔丁酯与46mL THF的溶液，滴毕，室温反应20h。减压蒸出溶剂，冷却至0℃，用3mol/L盐酸调节pH至2，用乙酸乙酯100mL×3萃取，用无水硫酸镁干燥。减蒸出溶剂，得白色固体**2** 18g，收率96.3%。ESI-MS：$m/z=238$ $[M+Na]^+$。

2. (*S*)-*N*-叔丁氧羰基-吡咯烷-2-甲酰胺（3）的合成：在装有搅拌器、温度计和滴液漏斗的250mL三口瓶中，依次加入化合物**2** 15g（69.77mol）、三乙胺10mL、THF 128mL，搅拌，冷却至−15℃，滴加氯甲酸乙酯15mL（158.2mmol），滴毕，继续反应20min。在30～15℃，滴加氨水30mL，滴毕，保温反应1h，室温反应12h。减压蒸出溶剂，剩余物溶于260mL二氯甲烷，依次用饱和碳酸氢钠水溶液、水、饱和食盐水各50mL洗涤，用无水硫酸钠干燥，减压蒸出溶剂，用乙醚重结晶，得到白色固体14g，收率98%。

3. 化合物4的合成：在装有搅拌器、温度计和蒸馏装置的250mL三口瓶中，依次加入**3** 20g（93.46mmol）和4mol/L氯化氢的二氧六环溶液140mL，搅拌，室温反应12h。减压蒸出溶剂，得到白色固体**4** 14.02g，收率100%。ESI-MS：$m/z=116$ $[M+H]^+$。

4. 化合物5的合成：在装有搅拌器、温度计和滴液漏斗的250mL三口瓶中，加入化合物**4** 10g（66.67mmol）、无水THF 100mL和碳酸钾20g，搅拌，缓慢滴加氯乙酰氯5.5mL（73.34mmol），室温搅拌反应，TLC监测反应至完全。抽滤，滤液减压蒸出溶剂，得到白色固体**5** 10.6g，收率84%，熔点138～145℃。ESI-MS：$m/z=213$ $[M+Na]^+$。

5. 化合物6的合成：在装有磁子搅拌、温度计和滴液漏斗的50mL三口瓶中，加入化合物**5** 10g（52.63mmol）和干燥的DMF 20mL，搅拌，冷却至0℃，滴加三氯氧磷10mL（0.107mol）。滴毕，在0℃反应4～6h，TLC［展开剂：二氯甲烷：甲醇＝20：1（体积比）］监测反应至完全。搅拌下，将反应液慢慢倒入冰水中，用甲苯100mL×3萃取，用饱和食盐水洗涤，用无水硫酸镁干燥，减压蒸出溶剂，剩余物溶于20mL正己烷，冷却结晶，抽滤，干燥，得到白色固体**6** 7.6g，收率84%，熔点60～70℃。ESI-MS：$m/z=195$ $[M+Na]^+$。

6. 维格列汀（1）的合成：在装有搅拌器、温度计、滴液漏斗和回流冷凝管的500mL三口瓶中，依次加入3-氨基-1-金刚烷醇33g（0.2mol）、碳酸钾62g（0.45mol）和碘化钾1.3g（8mmol）、丙酮200mL，搅拌，在30℃下滴加含化合物**6** 26g（0.15mol）与丙酮60mL的溶液，滴毕，升温至50℃反应0.5h。TLC（二氯甲烷：甲醇＝10：1）监测反应至完全。抽滤，滤液减压蒸浓缩完全，加入120mL丙酮，搅拌30min，过滤，干燥，得到白色固体维格列汀粗品34g，经2-丁酮重结晶，得到维格列汀23g，收率51%，纯度99.8%，熔点150～153℃。ESI-MS：$m/z=304$ $[M+H]^+$。

【参考文献】

［1］陈仁杰，朱雄，贾本立，等.维格列汀的合成工艺改进［J］.合成化学，2015，23（7）：657-659.

达卡他韦及其二盐酸盐

【基本信息】

（1）达卡他韦（daclatasvir，BMS-790052） 化学名：*N*,*N*′-[[1,1′-联苯]-4,4′-二基双

[1*H*-咪唑-5,2-二基-(2*S*)-2,1-吡咯烷二基[(1*S*)-1-(1-甲基乙基)-2-氧代-2,1-乙烷二基]]]双氨基甲酸 C,C′-二甲酯；英文名：dimethyl(2*S*,2′*S*)-1,1′-((2*S*,2′*S*)-2,2′-(4,4′-(biphenyl-4,4′-diyl)bis(1*H*-imidazole-4,2-diyl))bis(pyrrolidine-2,1-diyl))bis(3-methyl-1-oxobutane-2,1-diyl)dicarbamate；CAS 号：1009119-64-5；分子式：$C_{40}H_{50}N_8O_6$；分子量：738；熔点：267℃。

(2) 达卡他韦二盐酸盐　分子式：$C_{40}H_{52}Cl_2N_8O_6$；分子量：811.8；白色粉末，溶于二甲基亚砜、甲醇、二氯甲烷和乙酸乙酯等。是丙型肝炎病毒（HCV）NS5A 抑制剂，与索非布韦（Sofosbuvir）联用，用于治疗 HCV 基因型慢性丙型肝炎感染的治疗。

【合成方法】

1. 4,4′-二（2-溴乙酰基）联苯（1）的合成：

联苯 + $BrCH_2COBr$ $\xrightarrow[CH_2Cl_2]{AlCl_3}$ $BrH_2CC(=O)$-联苯-$C(=O)CH_2Br$

Friedel-Crafts 酰化反应　　**1**

在装有搅拌器、温度计、滴液漏斗和尾气吸收装置的 250mL 四口瓶中，加入无水三氯化铝 7.68g（0.058mol）、二氯甲烷 50mL 和溴代乙酰溴 9.69g（M＝202，0.048mol），搅拌溶解。冰水浴冷却至－1～0℃，快速搅拌，滴加 4.2g（M＝210，0.02mol）联苯的二氯甲烷溶液。滴毕，缓慢升温，回流 4h，反应至无氯化氢气体逸出。蒸出部分溶剂，搅拌下将剩余物倒入盐酸冰水溶液（40g 浓盐酸和 200mL 冰水），充分搅拌，过滤，水洗，干燥，所得黄白色固体粗产物用甲苯重结晶，得到浅黄色针状晶体 4,4′-二（2-溴乙酰基）联苯（**1**）6.04g（M＝396，0.0153mol），收率 76.5%，熔点 225～226℃。ESI-MS：m/z＝396.9 $[M+H]^+$。

2. 化合物 2 的合成：

1 $\xrightarrow[E_3N/KI/MeCN]{\text{Boc-L-脯氨酸 (COOH)}}$ **2**

在装有搅拌器、温度计的 100mL 四口瓶中，加入 50mL 乙腈和 5.7g（0.026mol）Boc-L-脯氨酸，搅拌溶解，加入 5g（0.013mol）化合物 **1**。降温至 20℃，加入 3.62mL 三乙胺和少量碘化钾，升温至 35～40℃，搅拌反应 2.1h。反应毕，用 13%氯化钠水溶液 25mL×3 洗涤，分出有机相，旋蒸出溶剂，得到棕色黏稠液体产物 **2**。

3. 化合物 3 的合成：

2 $\xrightarrow[\text{甲苯}]{MeCO_2NH_4}$ **3**

将上述溶液 **2** 加入 53.75mL 甲苯和 19.5g（0.253mol）醋酸铵，升温至 90～95℃，搅拌反应 15h。反应完毕，降温至 70～80℃，加入 1.75mL 乙酸、10mL 正丁醇、20mL5%乙酸水溶液，搅拌，分出有机相。加入 5%乙酸水溶液 20mL、乙酸 7.5mL、正丁醇 5mL，搅拌，分出有机相。加入 5%乙酸水溶液 20mL，分出有机相。升温至 60℃，加入甲醇 22mL，加热到 70～75℃，回流 1h。冷却至室温，搅拌 2h，过滤。滤饼在 70℃真空干燥，得到产物 **3**

5.19g（7.79mmol），收率 66.1%，熔点 188～192℃。ESI-MS：m/z=625.3 [M+H]$^+$。

4. 化合物 4 的合成：

HCl/MeOH

在装有搅拌器、温度计的 100mL 四口瓶中，加入 5g（8mmol）化合物 **3** 和 50mL 甲醇，搅拌溶解后，加入 6.55mL（80mmol）6mol/L 盐酸。升温至 50℃，搅拌反应 5h。降温至 20℃，反应 18h，过滤，用 20mL 甲醇/水（体积比=90∶10）溶液和甲醇 20mL×2 洗涤滤饼，50℃真空干燥过夜，得到 3.78g（5.7mmol）产物 **4**，收率 82.5%，熔点 238～241℃，ESI-MS：m/z=425.05 [M−4Cl+H]$^+$。

5. 化合物 5 的合成：

$$Me_2CHCH(NH_2)COOH \xrightarrow[Na_2CO_3/H_2O]{ClCOOMe/THF} Me_2CHCH(NHCOOMe)COOH \; (\mathbf{5})$$

在装有搅拌器、温度计和滴液漏斗的 300mL 四口瓶中，加入 4.99g（43mmol）L-缬氨酸和 129mL 四氢呋喃，搅拌溶解，再加入溶有 4.35g（43mmol）碳酸钠和 75mL 水的溶液。室温搅拌下，滴加 4.44g（47mmol）氯甲酸甲酯，反应过夜。用盐酸调节 pH 至 2～3，分液，用乙酸乙酯萃取水层，合并有机相，用无水硫酸钠干燥，滤除干燥剂。滤液旋蒸出溶剂，得到白色固体产物 **5** 7.37g，收率 98.8%，熔点 108～109℃。ESI-MS：m/z=176 [M+H]$^+$。

6. 化合物 6 的合成：

MeOOCNH-CH(iPr)-COOH；DCC/HBOt/Et_3N/MeCN

在装有搅拌器、温度计和滴液漏斗的 300mL 四口瓶中，加入 3.02g（22.35mmol）羟基苯并三唑（HOBT）、3.77g（21.5mmol）*N*-甲氧羰基-L-缬氨酸、4.44g（21.5mmol）*N*,*N*-二环己基碳二亚胺（DCC）和 50mL 乙腈，搅拌溶解。在 20℃搅拌 1h，加入 5.1g（8.95mmol）化合物 **4**。降温至 0℃，滴加 3.62g（35.73mmol）三乙胺，约 30min 滴完。缓慢升温至 15℃，反应 15h。加入 30h 13%氯化钠水溶液，升温至 50℃，反应 1h。降温到 20℃，加入 25mL 醋酸异丙酯，过滤，滤液分别用 0.5mol/L 氢氧化钠溶液 60mL×2 和 30mL13%氯化钠溶液洗涤，分出有机相，旋蒸出溶剂。所得黏稠液体，加入 100mL 醋酸异丙酯，降温至 20℃，搅拌 1h。过滤旋蒸滤液，加入 35mL 乙醇，升温至 50℃，加入 16.6mL 含有 20.58mmol HCl 的乙醇溶液，加入 8.25mg（0.01mmol）化合物 **6** 的晶种，50℃下搅拌 3h。降温到 20℃，搅拌 23h，过滤，用 25mL 丙酮-乙醇（2∶1）混合液洗涤，70℃真空干燥，得到 5.54g（6.83mmol）化合物 **6**，收率 76.3%，熔点 266～268℃。ESI-MS：m/z=738.24 [M−2Cl+H]$^+$。

7. 化合物 6 晶种的合成：取 6g（10.5mmol）化合物 **4**、3.87g（22.1mmol）*N*-甲氧羰基-L-缬氨酸、4.45g（23.2mmol）DCC、0.289g（2.14mmol）羟基苯并三唑（HOBT）和 30mL 乙腈，搅拌溶解。加入 5.83mL（42.03mmol）三乙胺，升温至 30℃，反应 18h，加入 6mL 水，升温到 50℃，反应 5h。加入 32mL 乙酸乙酯和 30mL 水，搅拌，分液，有机层分别用 30mL 10%碳酸氢钠溶液、30mL 水、20mL 10%氯化钠溶液洗涤。分出有机相，用无水硫酸钠干燥，过滤，滤液旋蒸，过硅胶柱（淋洗液：4%甲醇-二氯甲烷溶液），得到固体。

将上述固体 0.3g，在 20℃溶于 10mL 异丙醇，加入 1.25mol/L 氯化氢的乙醇溶液 0.7mL，搅拌下加入 10mL 甲基叔丁基醚，升温至 40～50℃，反应 12h。降温至 20℃，搅拌一段时间，过滤，滤饼于 20℃真空干燥，得到化合物 **6** 的晶种。

【参考文献】

[1] 宋宝慧，姜迪，杜杨. 抗丙肝新药 Daclatasvir dihydrochloride 的合成 [J]. 中国新药杂志，2013 (22)：2679-2682.

[2] 宋宝慧. 抗丙肝新药 Daclatasvir dihydrochloride 的合成工艺研究 [D]. 南京：南京理工大学，2014.

4-硝基咪唑

【基本信息】 英文名：4-nitroimidazole；CAS 号：3034-38-6；分子式：$C_3H_3N_3O_2$；分子量：113；白色粉末；熔点：303℃（分解）；沸点：(404.8±18.0)℃/101325Pa；闪点：(198.6±21.2)℃；密度：1.6g/cm^3。本品是合成抗菌抗原虫菌素罗硝唑、心血管药物的中间体，也是生产多硝基咪唑高能炸药的原料和高分子聚合的催化剂等。合成反应式如下：

$$\text{咪唑} \xrightarrow{HNO_3/H_2SO_4} \text{4-硝基咪唑}$$

【合成方法】

1. 硫酸咪唑盐的合成：在装有搅拌器、温度计的 250mL 三口瓶中，加入 98%浓硫酸 22mL，用冰水浴控制在 25℃以下，搅拌下缓慢分次加入咪唑 13.6g（0.2mol），加完后，继续搅拌 30min，得到硫酸咪唑盐溶液。对其进行减压蒸馏，得到白色固体产品。

2. 4-硝基咪唑的合成：在装有搅拌器、温度计、滴液漏斗的 250mL 四口瓶中，加入上述制备的硫酸咪唑盐的溶液，用水浴控制温度在 45～55℃，缓慢滴加配制好的硝酸-硫酸混酸（44mL 10%硫酸和 12.8mL 硝酸），需 1.5～2h 滴加完毕，恒温反应 1h。搅拌下，将反应液倒入 550g 冰水中，用氨水调节 pH 至 3～4，析出沉淀，冷却，抽滤，水洗滤饼 2 次。真空干燥，得到白色固体 4-硝基咪唑 21.5g，收率 91%，纯度＞99%，熔点 309～311℃（分解）（文献值：310～311℃）。MS：m/z＝114.1。

【参考文献】

[1] 刘慧君，杨林，曹端林. 4-硝基咪唑的合成工艺及其热安定性 [J]. 中北大学学报（自然科学版），2006，27 (4)：331-334.

［2］马如燕，高永亮，等. 4-硝基咪唑的合成工艺研究［J］. 山西化工，2012，32（4）：1-4.

2-溴-4-硝基咪唑

【基本信息】 英文名：2-bromo-4-nitroimidazole；CAS号：65902-59-2；分子式：$C_3H_2BrN_3O_2$；分子量：192；白色固体；熔点232～236℃；密度：2.15g/cm^3；酸度系数pK_a：5.65。本品可用于合成多种药物、杀虫剂等。合成反应式如下：

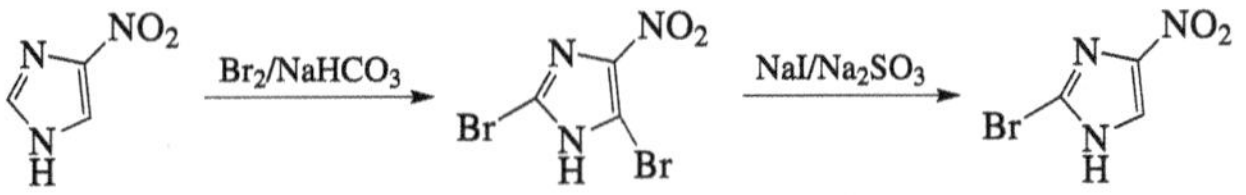

【合成方法】

1. 2,5-二溴-4-硝基咪唑的合成： 在装有搅拌器、温度计、滴液漏斗的100mL四口瓶中，依次加入20mL水、4g（35mmol）4-硝基咪唑、6.8g（64mmol）碳酸氢钠，在冰水浴冷却下，缓慢滴加13.5g（0.169mol）溴。滴完后，继续保温搅拌1h。升温至65℃，反应6h。冷却至室温，调节pH至2～3，析出沉淀，过滤，水洗滤饼，真空干燥，得到浅黄色粉末2,5-二溴-4-硝基咪唑（CAS号：6154-30-9）6g（$M=271$，22.12mmol），收率63.2%，熔点229～230℃。MS：$m/z=271.1$。

2. 2-溴-4-硝基咪唑的合成： 在装有搅拌器、温度计、滴液漏斗的100mL四口瓶中，依次加入25mL冰醋酸、5g（26mmol）2,5-二溴-4-硝基咪唑，搅拌下加入4.6g（30mmol）碘化钾和3.48g（27mmol）亚硫酸钠，升温至120℃，反应24h。旋蒸出溶剂，加入30mL水，搅拌溶解，用50mL乙酸乙酯萃取，干燥，旋蒸出溶剂，得到黄色粉末2-溴-4-硝基咪唑2.655g（13.83mmol），收率53.2%，熔点239～241℃。MS：$m/z=192.1$。

【参考文献】

［1］郭冬初，蔡亮，饶蕾蕾. 2-溴-4-硝基咪唑的合成［J］. 江西医药，2018，53（2）：151-152.

2-甲基-5-硝基咪唑

【基本信息】 英文名：2-methyl-4-nitroimidazole；CAS号：696-23-1；分子式：$C_4H_5N_3O_2$；分子量：127；熔点：251～255℃；沸点：235.85℃；闪点：195℃；密度：1.475g/cm^3；储存条件：冰箱。本品是合成甲硝唑、替硝唑等药物的中间体。合成反应式如下：

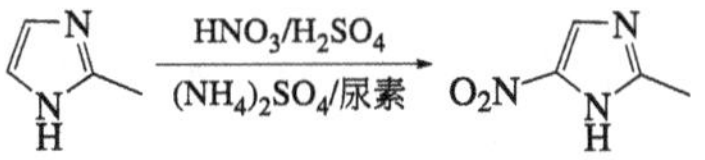

【合成方法】

在装有搅拌器、温度计的500mL三口瓶中，加入67%硝酸40mL，搅拌下加入1g尿素、10g硫酸铵。反应液降至室温后，慢慢加入20g 2-甲基咪唑。升温至70～90℃，滴加硫酸

9mL；升温至90～120℃，滴加硫酸18mL；升温至120～130℃，滴加硫酸9mL。滴毕，升温至140℃，反应1h。补加硫酸-硝酸体积比为2∶1的混酸10mL，继续反应2h。降至室温，加入200mL水，搅拌5min。用氢氧化钠溶液调节pH至3.8，冷却至30℃以下，过滤，水洗，干燥，得到2-甲基-5-硝基咪唑24.5g，收率90.7%，含量>99.5%，熔点252.5～254℃。

【参考文献】

［1］沙耀武. 2-甲基-5-硝基咪唑合成工艺改进［J］. 精细石油化工，2000（3）：23-24.

2,4,5-三硝基咪唑铵盐

【基本信息】 英文名：ammonium 2,4,5-trinitroimidazole；分子式：$C_3H_4N_6O_6$；分子量：220；黄色固体；熔点：254℃。本品含有“高氮”阳离子，具有高氮氢键键合能，生成焓高达616kJ/mol，其密度和热稳定性都优于2,4,5-三硝基咪唑。橘红色晶体，熔点254℃，分解温度308.311℃，具有很高的热稳定性。标准生成焓－86.02kJ/mol，理论密度1.84g/cm^3。爆炸反应式：$C_3H_4O_6N_6 \longrightarrow 2H_2O + CO_2 + 2CO + 3N_2$。合成反应式如下：

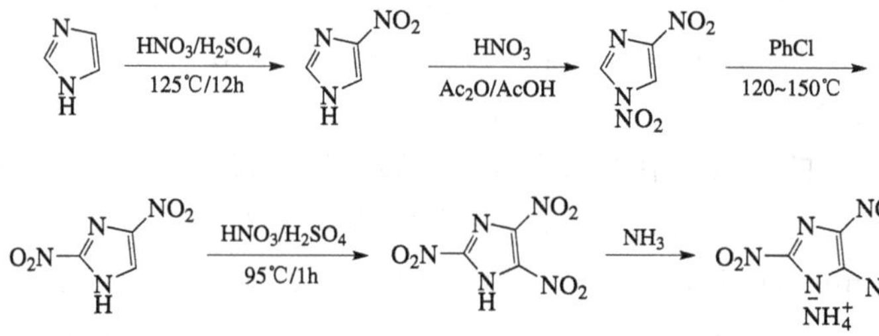

【合成方法】

1. 4-硝基咪唑的合成： 在装有搅拌器、温度计的100mL三口瓶中，加入5.3mL 98%硫酸，冰水浴冷至5℃以下，加入1.7g咪唑，搅拌溶解。当反应液透明时，搅拌，缓慢滴加3.4mL 68%硝酸。滴毕，升温至125℃，回流12h。冷却至室温，将反应液倒入碎冰中，析出白色固体。趁冷过滤，冰水洗涤，真空干燥，得到白色固体4-硝基咪唑2.12g。滤液用氢氧化钠稀溶液调节pH至3～4，析出白色固体，过滤，水洗，真空干燥，又得到产物0.15g，总收率80.3%，纯度98.3%，熔点208～310℃（文献值：309～311℃）。

2. 1,4-二硝基咪唑的合成： 在装有搅拌器、温度计的50mL三口瓶中，加入4-硝基咪唑4g、乙酸7.1mL和乙酸酐6.8mL，搅拌，温度控制在25℃，缓慢滴加3mL 98%发烟硝酸，在25℃反应10h。冷却至室温，倒入碎冰中，析出白色固体。趁冷快速过滤，冰水洗涤3次，除去痕量酸。在40℃真空干燥，得到白色固体产物1,4-二硝基咪唑4.24g。用二氯甲烷萃取滤液3次，旋蒸至干，得到产物1.02g，总收率94.1%。产物用体积比为1∶1甲醇-乙醇溶液重结晶，真空干燥，得到白色针状结晶产物，纯度99.6%，熔点90～92℃。

3. 2,4-二硝基咪唑的合成： 在装有搅拌器、温度计的100mL三口瓶中，加入3g 1,4-二硝基咪唑和30mL干燥的氯苯，在35～40℃搅拌15min，使之完全溶解。升温至125℃，回流10h。有沉淀析出，过滤，干燥，得到浅黄色固体2,4-二硝基咪唑2.8g，收率93.3%。用甲醇-乙醇混合溶液重结晶，产品纯度96.9%，熔点303℃。

4. 2,4,5-三硝基咪唑铵盐的合成：在装有磁子搅拌、温度计的100mL三口瓶中，加入3.2mL发烟硝酸，搅拌下，缓慢加入重结晶的10g（2.7mmol）2,4-硝基咪唑。完全溶解后，升温至85℃，回流反应5min。冷却至室温，慢慢滴加4.5mL 20%发烟硫酸。升温至95℃，回流15min。冷却至室温，将反应液倒入200g碎冰中。用氢氧化钠稀溶液和饱和碳酸钠溶液调节pH至0.5。用乙醚萃取5次，向乙醚溶液中滴加氨水，乙醚层浑浊，水层变成橘红色，搅拌，放置过夜。蒸出乙醚，旋蒸出水，干燥，得到橘红色2,4,5-三硝基咪唑铵盐1.14g，收率81.7%。用乙醇-水混合溶剂重结晶，得黄色固体2,4,5-三硝基咪唑铵盐，纯度96.3%，熔点254℃。

【参考文献】

[1] 张华燕. 2,4,5-三硝基咪唑铵盐的合成工艺及其性能研究 [D]. 南京：南京理工大学，2012.

N,*N*-羰基二咪唑

【基本信息】 英文名：*N*,*N*′-carbonyldiimidazole；CAS号：530-62-1；分子式：$C_7H_6N_4O$；分子量：162；白色晶体粉末；熔点：117～122℃；密度：1.303g/cm^3。本品接触空气易变质，遇水在几分钟内即水解，释放出CO_2。产品浓度50g/L的水溶液pH为7.7，溶于乙醇、醚、DMF等有机溶剂，中度溶于THF，对湿气敏感，与水反应。充入氩气，在2～8℃储存。本品是合成抗生素类药物的中间体，广泛用于生化合成基团的保护及蛋白质肽链的连接。作为合成三磷核苷、肽和酯类的缩合剂，以及合成酰基咪唑和吡藜酰胺的重要中间体。合成反应式如下：

2 咪唑（N、NH） + $COCl_2$ —三正丁胺 / 甲苯→ 咪唑基-N—C(=O)—N-咪唑基

【合成方法】

在装有搅拌器、温度计和导气管的干燥的500mL三口瓶中，加入经金属钠干燥的甲苯、三正丁胺（1mol）、咪唑（1mol），搅拌，加热至70℃，在20～30min通入光气（0.5mol）后，同温反应1.5h。冷却至20℃，反应45min。抽滤，用甲苯洗涤滤饼，在氮气保护下干燥，得到白色晶体产品*N*,*N*-羰基二咪唑，收率75%，含量99.5%，熔点117～118℃。

【参考文献】

[1] 涂昌位，臧阳陵，李萍，等. 医药中间体*N*,*N*′-羰基二咪唑的合成研究 [J]. 精细化工中间体，2001，31（2）：33-34.

奥扎格雷

【基本信息】 俗名：奥扎格雷（ozagrel）；化学名：(*E*)-3-[4-(1*H*-咪唑-1-基甲基)苯基]-2-丙烯酸；英文名：(*E*)-3-[4-(1*H*-imidazol-1-ylmethyl)phenyl]-2-propenoic acid；CAS号：82571-53-7；分子式：$C_{13}H_{12}N_2O_2$；分子量：228.25；白色粉末；熔点：223～224℃。本品是血栓素合成酶A_2（TXA_2）抑制剂，其钠盐具有强大的抗血栓作用，是世界上第一个上市的强力血栓素合成酶特性抑制剂。合成反应式如下：

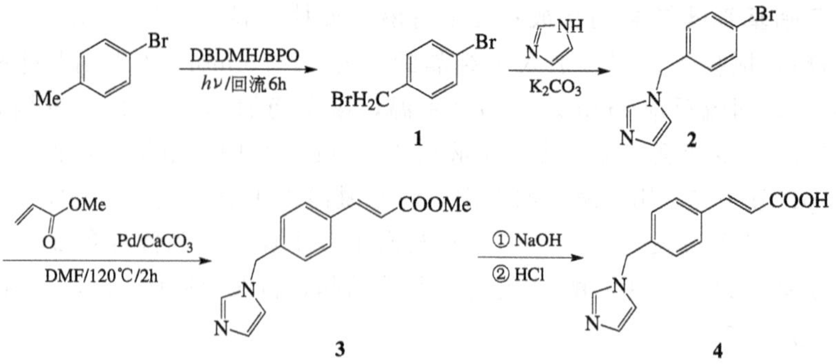

【合成方法】

1. 对溴溴苄（1）的合成： 在装有搅拌器、回流冷凝管的 250mL 三口瓶中，加入对溴甲苯 71.1g（0.1mol）、DBDMH 28.6g（0.1mol）、过氧化苯甲酰（BPO）2.42g（0.01mol）和二氯甲烷 60mL，搅拌，用 150W 钨灯照射，加热至回流，反应 6h。冷却，过滤，滤液减压浓缩，所得油状物用 95% 乙醇 42mL 重结晶，得到浅黄色晶体对溴溴苄 22.7g，收率 91%，纯度 98.5%，熔点 60～62℃。其中，DBDMH 为 1,3-二溴-5,5-二甲基海因（CAS 号：77-48-5），分子量 285.9。

2. 1-(4-溴苄基)-1*H*-咪唑（2）的合成： 在装有搅拌器、回流冷凝管的 100mL 三口瓶中，加入研细的碳酸钾 13.8g（0.1mol）、化合物 **1** 12.5g（0.05mol）、咪唑 7.5g（0.11mol）和丙酮 30mL，常温搅拌 1h，TLC（展开剂：石油醚：乙酸乙酯=20：3）监测反应至完全。滤液蒸出丙酮，剩余物用水 15mL×3 洗涤，用乙酸乙酯 30mL×3 重结晶，得到淡黄色晶体 **2** 9.4g，收率 79%，纯度 97.8%，熔点 74～76℃。

3. 奥扎格雷甲酯（3）的合成： 在装有搅拌器、回流冷凝管的 100mL 三口瓶中，加入化合物 **2** 3.57g（15mmol）、98% 含量的丙烯酸甲酯 2.58g（30mmol）、碳酸钾 4.14g（30mmol）、羟丙基-α-环糊精（α-HPCD）0.12g（0.1mmol）、DMF 30mL 和蒸馏水 60mL，搅拌均匀，加入 5% $Pd/CaCO_3$ 0.2g。升温至 120℃，反应 2h。冷却，过滤，滤液用氯仿 30mL×3 萃取，用 30mL 饱和氯化钠水溶液洗涤萃取液，用无水硫酸钠干燥，滤除干燥剂。浓缩后，用乙酸乙酯：石油醚为 3：1 的混合溶剂 40mL 重结晶，得到浅黄色固体产物奥扎格雷甲酯 2.8g，收率 81%，纯度 97.6%，熔点 115～118℃（文献值：116～118℃）。

4. 奥扎格雷（4）的合成： 在装有搅拌器、回流冷凝管的 50mL 三口瓶中，加入化合物 **3** 2.42g（0.01mol）和 30%氢氧化钠水溶液 7.26mL，升温至 60℃，搅拌反应 1h。冷却至室温，用乙酸乙酯 12mL×2 洗涤反应液后，用 6mol/L 盐酸调节 pH 至 5，析出固体，过滤。用二氯甲烷 24mL 重结晶，得到白色粉末状产物奥扎格雷 1.79g，收率 78.5%，纯度 98.6%，熔点 220～223℃。

【参考文献】

[1] 张立娟，李超，杨姣，等.奥扎格雷的合成新工艺 [J]. 中国医药工业杂志，2015，46（7）：674-676.

咪唑啉酮衍生物

【基本信息】 咪唑啉酮衍生物具有很高的农药活性，已开发出多种高活性优良除草剂，如咪草酯、灭草烟、咪草烟及灭草喹等。研究者试图开发活性更高、毒性更低的农药品种。合成反应式如下：

$$ArCH_2COOEt \xrightarrow{NaN_3} N_3CH_2COOEt\ (\mathbf{1}) \xrightarrow[EtONa]{ArCHO} ArCH{=}C(N_3)COOEt\ (\mathbf{2}) \xrightarrow{PPh_3}$$

$$ArCH{=}C(N{=}PPh_3)COOEt\ (\mathbf{3}) \xrightarrow{CS_2} ArCH{=}C(N{=}C{=}S)COOEt\ (\mathbf{4}) \xrightarrow{NH_3 \cdot H_2O} \mathbf{5} \xrightarrow[K_2CO_3]{RX} \mathbf{6}$$

【合成方法】

1. α-叠氮乙酸乙酯（1）的合成：在装有搅拌器、温度计、回流冷凝管和氮气导管的150mL三口瓶中，氮气保护下加入α-氯代乙酸乙酯21.3mL（0.2mol）、乙腈45mL、叠氮化钠15.6g（0.24mol），搅拌，加热至75℃，回流20h。冷却至室温，过滤，滤液用无水硫酸钠干燥3～4h。过滤，滤液在低于50℃真空中脱溶剂乙腈，得到琥珀色油状物**1**，收率90%～92%。

2. α-叠氮基芳基亚甲基乙酸乙酯（2）的合成：在装有搅拌器、温度计和氮气导管的干燥的100mL三口瓶中，氮气保护下加入无水乙醇20mL和钠丝0.76g（33mmol），搅拌，金属钠完全反应后，用冰水浴冷至−5℃以下，以1滴/(2～3)s的滴速滴加α-叠氮乙酸乙酯（**1**）4.3g（33mmol）、芳醛（ArCHO）(17mmol）和绝对乙醇4mL的混合液。滴毕，在冰水浴冷却下，加入30%氯化铵水溶液30mL，搅拌水解30min，析出固体，过滤，用水10mL×3洗涤滤饼。抽干，真空干燥一夜，得到浅黄色固体**2**，收率32%～61%。

3. 烯基膦亚胺（3）的合成：在装有搅拌器、温度计和回流冷凝管的100mL三口瓶中，加入化合物**2**（3.82mmol）和二氯甲烷15mL，搅拌溶解。加热回流下，滴加三苯基膦1g（3.8mmol）和二氯甲烷10mL的溶液，滴毕，继续回流2h。减压蒸出大部分溶剂，依次加入乙醚2mL、石油醚20mL重结晶，过滤，分别用乙醇和石油醚各10mL×3洗涤滤饼，干燥，得到固体**3**，收率71%～95%。

4. 异硫氰酸酯（4）的合成：在装有搅拌器、温度计的100mL三口瓶中，加入化合物**3**（5mmol）和二氯甲烷25mL，搅拌溶解。加入二硫化碳3mL，搅拌，加热回流28h。脱干未反应的二硫化碳（沸点：46.5℃），加入少量二氯甲烷溶解，再加入乙醚和石油醚体积比为1∶20的混合溶剂，析出灰白色三苯硫磷副产物，滤除。滤液再次脱干溶剂，尽量脱出CS_2。得到棕黄色油状液体**4**，无须分离，直接用于下一步反应。

5. 2-硫代-5-芳基亚甲基-4-咪唑啉二酮（5）的合成：将化合物**4**（5mmol）溶于15mL乙腈中，加入2mL（30mmol）浓氨水，搅拌，析出黄色固体。室温静置2h，过滤，用30%乙醇10mL×3洗涤滤饼，用乙醇重结晶，干燥，得到黄色晶体**5**，收率85%～92%。

本实验合成了如下中间体，结构式如下：

5a（Ph） 5b（2-呋喃基） 5c（4-Cl-C$_6$H$_4$） 5d（2,4-Cl$_2$-C$_6$H$_3$） 5e（2-Cl-C$_6$H$_4$）

5a 为 2-硫基-5-苯亚甲基-4-咪唑啉二酮，黄色结晶，收率 92%，熔点 272～274℃。MS：m/z=204 [M^+，100]。元素分析，$M(C_{10}H_8N_2OS)$=204，实验值（计算值)(%)：C 59.1 (58.81)，H 3.99 (3.95)，N 14.0 (13.72)。

5b 为 2-硫基-5-(2-呋喃亚甲基)-4-咪唑啉二酮，黄色结晶，收率 87%，熔点 264～265℃。MS：m/z=194 [M^+，100]。元素分析，$M(C_8H_6N_2OS)$=194，实验值（计算值)(%)：C 49.73 (49.48)，H 2.96 (3.11)，N 14.69 (14.42)。

5c 为 2-硫基-5-(4-氯苯亚甲基)-4-咪唑啉二酮，黄色结晶，收率 90%，熔点 286～287℃。MS：m/z=240 [M^+，27]，元素分析，$M(C_{10}H_7N_2OSCl)$=238.7，实验值（计算值)(%)：C 50.44 (50.32)，H 3.10 (2.96)，N 11.93 (11.74)。

5d 为 2-硫基-5-(2,4-二氯苯亚甲基)-4-咪唑啉二酮，黄色结晶，收率 86%，熔点 284～286℃。MS：m/z=274 [M^+，10]，元素分析，$M(C_{10}H_6N_2OSCl_2)$=273，实验值（计算值)(%)：C 44.19 (43.97)，H 2.42 (2.21)，N 10.44 (10.26)。

5e 为 2-硫基-5-(2-氯苯亚甲基)-4-咪唑啉二酮，黄色结晶，收率 86%，熔点 256～258℃。MS：m/z=240 [M^+，2]，元素分析，$M(C_{10}H_7N_2OSCl)$=238.7，实验值（计算值)(%)：C 50.57 (50.32)，H 3.18 (2.96)，N 12.01 (11.74)。

6. 2-烷硫基-3-烷基-5-芳基亚甲基-4*H*-咪唑啉-4-酮（6）的合成： 在装有搅拌器、温度计和回流冷凝管的 100mL 三口瓶中，加入化合物 **5** (4mmol)、卤代烷 (16mmol)、固体碳酸钾 2.22g (16mmol) 和 20mL 乙腈，在 20～70℃搅拌回流反应 2～8h。过滤，滤液减压蒸出溶剂乙腈，剩余物用二氯甲烷和石油醚混合溶剂重结晶，干燥，得到目标化合物 2-烷硫基-3-烷基-5-芳基亚甲基-4*H*-咪唑啉-4-酮 (**6**)(多为黄色晶体)，收率 45%～88%。

本实验合成了如下目的化合物，结构式如下：

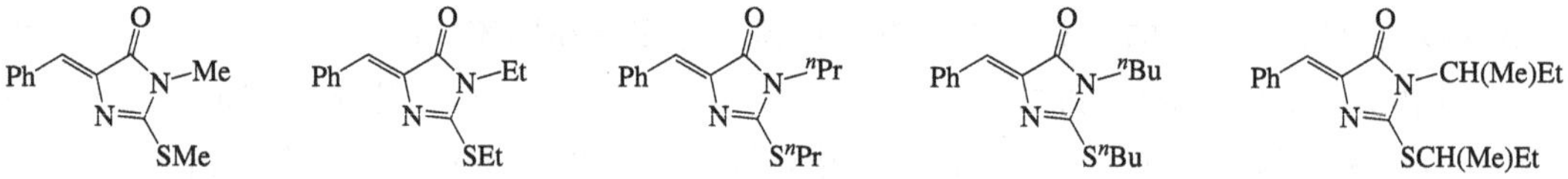

6a　**6b**　**6c**　**6d**　**6e**

6a 为 2-甲硫基-3-甲基-5-苯亚甲基-4*H*-咪唑啉-4-酮，黄色结晶，熔点 112～114℃，收率 78%。MS：m/z=232 [M^+，84]，元素分析，$M(C_{12}H_{12}N_2OS)$=232.3，实验值（计算值)(%)：C 61.81 (62.05)，H 5.44 (5.21)，N12.33 (12.06)。

6b 为 2-乙硫基-3-乙基-5-苯亚甲基-4*H*-咪唑啉-4-酮，黄色结晶，熔点 150～152℃，收率 72%。MS：m/z=260 [M^+，2]，元素分析，$M(C_{14}H_{16}N_2OS)$=260.4，实验值（计算值)(%)：C 64.88 (64.59)，H 5.90 (6.19)，N11.05 (10.76)。

6c 为 2-正丙硫基-3-正丙基-5-苯亚甲基-4*H*-咪唑啉-4-酮，黄色结晶，熔点 75～76℃，收率 69%。MS：m/z=288 [M^+，3]，元素分析，$M(C_{16}H_{20}N_2OS)$=288.4，实验值（计算值)(%)：C 66.91 (66.63)，H 7.17 (6.99)，N10.00 (9.71)。

6d 为 2-正丁硫基-3-正丁基-5-苯亚甲基-4*H*-咪唑啉-4-酮，黄色结晶，熔点 37～39℃，收率 65%。MS：m/z = 326 [M^+，25]，元素分析，$M(C_{18}H_{24}N_2OS)$=316.5，实验值（计算值)(%)：C 68.55 (68.32)，H 7.80 (7.64)，N 9.07 (8.85)。

6e 为 2-(*s*-丁硫基)-3-(*s*-丁基)-5-苯亚甲基-4*H*-咪唑啉-4-酮，浅黄色结晶，熔点 165～167℃，收率 45%。MS：m/z=326 [M^+，25]，元素分析，$M(C_{18}H_{24}N_2OS)$=316.5，实

验值（计算值）(%)：C 68.09 (68.32)，H 7.33 (7.64)，N 9.04 (8.85)。

【参考文献】

[1] 孙勇.新型咪唑啉酮及三氮唑取代噻吩并嘧啶酮衍生物的合成与性质 [D].武汉：华中师范大学，2009.

1,2,4-三氮唑

【基本信息】 英文名：1,2,4-triazole；CAS 号：288-88-0；分子式：$C_2H_3N_3$；分子量：69；白色结晶粉末；熔点：119～121℃；沸点：260℃；闪点：140℃；密度：1.15g/cm^3；水溶性：1250g/L；酸度系数 pK_a：2.27/20℃；pH 值：8 (10g/L 水，20℃)；储存条件：0～5℃，本品是重要的有机合成中间体，在医药、农药、染料和橡胶工业有广泛的应用。合成反应式如下：

$$3\,HCONH_2 + H_2NNH_2\cdot H_2O \longrightarrow \text{1,2,4-三氮唑} + 2\,H_2O + HCOOH + 2\,NH_3$$

【合成方法】

在装有搅拌器、温度计和滴液漏斗的 500mL 四口瓶中，加入 40mL (45g，1mol) 甲酰胺，加热至 175～180℃，搅拌下，滴加 85%水合肼 18.8g (M=32，16g，0.5mol)，滴毕，反应 50min。水的生成，使温度下降，当温度下降到 145℃时，滴加装置改为蒸馏装置，蒸出水。当温度升到原来温度时，蒸馏改为滴加，继续滴加水合肼，约 2h 滴毕。继续搅拌 50min。冷却，当冷却至 130～140℃时，有白色晶体析出，并生成大量白色糊状物。抽滤，得到 1,2,4-三氮唑粗品。将其加入 6mL 无水乙醇，搅拌加热至全溶，冷却，静置，过滤，干燥，得到白色针状结晶 1,2,4-三氮唑 30.55g (0.443mol)，收率 88.6%，熔点 119.5～120℃。

【参考文献】

[1] 吴平，任红，韦经伟，等.1,2,4-三氮唑的合成研究 [J].天津化工，2012，26 (2)：20-22.

3-氨基-1,2,4-三氮唑

【基本信息】 英文名：3-amino-1,2,4-triazole；CAS 号：61-82-5；分子式：$C_2H_4N_4$；分子量：84；熔点：157～159℃；闪点：101.9℃；密度：1.138g/cm^3。本品是一种用途广泛的有机合成中间体，也是用于人体蛋白质中色氨酸含量测定的特种生化试剂。由于它具有很强的螯合性、光敏性以及生物活性而被广泛用于抗菌素类药物、三唑类偶氮染料、感光材料、内吸性杀菌剂以及植物生长调节剂的合成与制备。此外，还可直接用作除草剂、润滑剂及金属缓蚀剂等。合成反应式如下：

$$H_2NNHC(=NH)NH_2\cdot H_2CO_3 \xrightarrow{HCOOH} \text{3-氨基-1,2,4-三氮唑}$$

【合成方法】

在装有搅拌器、温度计和回流冷凝管的 500mL 三口瓶中，加入甲酸 48.3g (10.5mol)，控制温度在30～40℃，搅拌，缓慢加入氨基胍碳酸氢盐134g（M=134，1.0mol），升温至110℃，反应6h。冷却至90℃，加入活性炭4g，搅拌脱色0.5h，滤除活性炭。滤液常压蒸馏，当内温升到115～117℃时，改为回流。回流3h后，改为减压蒸馏，物料慢慢析出固体。基本无水蒸出时，加入适量乙醇和去酸剂，加热回流。过滤，冷却析晶，过滤，干燥，得到白色固体3-氨基-1,2,4-三氮唑79.8g（0.95mol），收率95%，纯度99.5%，熔点156.5～156.8℃。

【参考文献】

[1] 沈建伟，刘敏.3-氨基-1,2,4-三氮唑的合成［J］.山东化工，2015，44（14）：25，34.

4-氨基-1,2,4-三氮唑（ATA）

【基本信息】 英文名：4-amino-1,2,4-triazole；CAS号：584-13-4；分子式：$C_2H_4N_4$；分子量：84；性状：易吸湿性针状结晶；熔点：82～83℃；溶解性：能溶于乙醇，易溶于盐酸，难溶于氯仿、石油醚。本品是医药、农药、染料合成的中间体。合成反应式如下：

$$HCOOH + H_2NNH_2 \cdot H_2O \xrightarrow{HCOOEt} OHC{-}NH{-}NH{-}CHO \xrightarrow[\text{多聚磷酸}]{H_2NNH_2 \cdot H_2O} \text{4-氨基-1,2,4-三氮唑}$$

【合成方法】

1. 甲酸乙酯的合成： 在装有搅拌器、温度计和蒸馏装置的250mL三口瓶中，加入11mL（0.25mol）甲酸、30mL（0.5mol）无水乙醇和1g硫酸氢钾，缓慢加热至65℃回流，收集36～40℃馏分，得到甲酸乙酯15.73g（M=74，0.2125mol），收率85%，纯度>98%，重复蒸馏可提高纯度。

2. *N*,*N*二甲酰基肼的合成： 在装有搅拌器、温度计和冷凝管的250mL三口瓶中，加入甲酸乙酯20mL、85%甲酸15mL（0.34mol），搅拌，常温滴加80%水合肼10mL（0.165mol）。滴毕，继续保温反应30min，升温至70℃，有水蒸出，保温反应2h。减压蒸至无液体馏出，抽真空1h，生成大量白色固体，抽滤，用无水乙醇洗涤，抽干，真空干燥，得到白色晶体*N*,*N*-二甲酰基肼25.43g（M=88，0.29mol），收率85%。MS：m/z=88［M^+］。

3. 4-氨基1,2,4-三氮唑的合成： 在装有磁子搅拌、温度计、滴液漏斗的250mL三口瓶中，加入12.1g *N*,*N*-二甲酰基肼和3g多聚磷酸，搅拌，缓慢滴加入10mL 80%水合肼。滴毕，保温反应30min。升温至115℃，回流反应2h。回流装置改为蒸馏装置，升温至150℃，保温3h，蒸出大量水。改为水泵减压蒸馏，真空度控制在55kPa，减压蒸馏1.5h，无水排出为止。冷却至室温，抽滤，用异丙醇重结晶，干燥，得到产物4-氨基1,2,4-三氮唑。MS：m/z=84［M^+］。

【参考文献】

[1] 朱莹莹.4-氨基-1,2,4-三氮唑的合成［D］.湘潭：湖南科技大学，2014.

6,7-二氢-6-巯基-5*H*-吡唑[1,2-α][1,2,4]三唑内鎓氯化物

【基本信息】 英文名：6,7-dihydro-6-mercapto-5*H*-pyrazolo [1,2-α] [1,2,4]-triazoliura chloride；CAS 号：153851-71-9；分子式：$C_5H_8ClN_3S$；分子量：177.5。本品是合成比阿培南的重要中间体。

【合成方法】

1. 1-甲酰肼-2-异丙基烯肼（2）的合成：

$$H_2NNH_2 \cdot H_2O \xrightarrow[MeCOMe]{HCOOEt/EtOH} \underset{\mathbf{2}}{HCONHN{=}CHMe_2}$$

在装有搅拌器、温度计、回流冷凝管和滴液漏斗的 500mL 三口瓶中，加入 75mL 乙醇、43mL（0.75mol）80%水合肼，冰水盐浴冷却至－5℃，滴加 73mL（0.9mol）甲酸甲酯。滴毕，在－5℃搅拌 30min，室温过夜。将反应液滴加到 100mL（0.15mol）丙酮中，约 30min 滴加完，室温搅拌 30min。减压蒸出溶剂，得到无色针状产物 1-甲酰肼-2-异丙基烯肼（**2**）72g（*M*＝100，0.72mol），收率 96%，熔点 68～69℃。

2. 4-溴-1,2-二甲酰基吡唑烷（6）的合成：

$$\underset{\mathbf{2}}{HCONHN{=}CHMe_2} \xrightarrow[K_2CO_3/AcOEt]{H_2C{=}CHCH_2Br} \mathbf{3} \xrightarrow{HCOOH} \mathbf{4} \xrightarrow[CH_2Cl_2/MeOH]{Br_2/LiBr/H_2O} \mathbf{5} \xrightarrow[AcOEt]{K_2CO_3} \underset{\mathbf{6}}{\text{Br-吡唑烷(NCHO)(NCHO)}}$$

在装有搅拌器、温度计、回流冷凝管和滴液漏斗的 500mL 三口瓶中，加入 56g（0.56mol）化合物 **2**、170mL 乙酸乙酯，搅拌混合，加入 63mL（0.73mol）烯丙基溴和 193g（1.4mol）碳酸钾。升温至 80℃，搅拌 5h。冷却至室温，过滤，滤液减压浓缩，得到黄色油状物 **3**，无须纯化，直接用于下步反应。在 80℃，将上述油状物 **3** 加入 100mL 88%甲酸，搅拌 15h。蒸出溶剂，得到深红色油状物 **4**。降温至 0℃，加入 150mL 二氯甲烷和 26.4g（0.252mol）$LiBr \cdot H_2O$ 的 50mL 甲醇溶液。再滴加 13mL（0.252mol）溴的 50mL 二氯甲烷溶液，在 0℃搅拌 30min。加入 25mL 饱和碳酸氢钠水溶液，产生大量气泡。分出有机相，用 25mL 饱和硫酸钠溶液洗涤。水层用二氯甲烷 50mL×3 萃取，合并有机相，用无水硫酸镁干燥 2h，蒸干溶剂，得到 80g 黄色油状物 **5**。加入 300mL 乙酸乙酯，搅拌，加入 77g（0.56mol）碳酸钾，加热至 35℃，反应 4h。过滤，滤液在 40℃用活性炭脱色。减压蒸干，得到浅黄色固体，在 40℃用乙酸乙酯重结晶，得到浅黄色固体产物 4-溴-1,2-二甲酰基吡唑烷（**6**）44.1g（*M*＝207，0.213mol），熔点 86～88℃。上述四步反应总收率为 38%。

3. 4-(乙酰硫基)-1,2-二甲酰基吡唑烷（7）的合成：

$$\underset{\mathbf{6}}{\text{Br-吡唑烷(NCHO)(NCHO)}} \xrightarrow[AcOEt]{MeCOSK} \underset{\mathbf{7}}{\text{AcS-吡唑烷(NCHO)(NCHO)}}$$

在上述 27.9g（0.135mol）化合物 **6** 中，加入 20g（0.175mol）硫代乙酸钾和 100mL 乙酸乙酯，搅拌，加热至 40℃，反应 6h。过滤，滤液在装有搅拌器、温度计、回流冷凝管和滴液漏斗的 500mL 三口瓶中，加入活性炭脱色，减压蒸干，得到浅黄色固体化合物 **7** 26g（*M*＝202，0.129mol），收率 95.6%。

4. 双（4-吡唑烷）二硫化物二盐酸盐（10）的合成：

AcS-(吡唑烷, NCHO/NCHO) **7** —KOH/MeOH, HCOOH→ HS-(吡唑烷, NCHO/NCHO) **8** —$FeCl_3 \cdot 6H_2O$, 空气/MeOH→ **9** —HCl, MeOH→ $\{$S-(吡唑烷, NCHO/NCHO)$\cdot HCl\}_2$ **10**

在装有搅拌器、温度计、回流冷凝管和滴液漏斗的500mL三口瓶中，加入26g（0.129mol）化合物**7**、70mL甲醇，搅拌，用冰水浴冷却至0℃，加入含7.2g（0.129mol）氢氧化钾的60mL甲醇溶液，在0℃搅拌30min。加入5.7mL（0.132mol）甲酸，搅拌10min，得到深棕色化合物**8**的溶液。

在0℃，向化合物**8**溶液中滴加入含0.35g（4mmol）$FeCl_3 \cdot 6H_2O$的15mL甲醇溶液。滴毕，室温搅拌，通入空气6h以上。过滤，滤液减压蒸干，得到浅棕色油状物**9**，加入少量甲醇和二氯甲烷，分出水层。有机层溶液直接用于下步反应。室温搅拌下，向化合物**9**的溶液中加入32mL（0.386mol）浓盐酸，搅拌6h，生成大量白色沉淀。过滤，得到白色固体**10**，滤液减压浓缩，再加入少量甲醇，在冰箱里冷冻2h，过滤又得到白色固体**10**，合并固体，得到产物**10** 29.25g（$M=391$，0.075mol），三步反应收率58.1%。熔点190～192℃。

5. 双(6,7-二氢-5*H*-吡唑[1,2-*α*][1,2,4]三唑内鎓-6-基)二硫二氯化物(11)的合成：

$\{$S-(吡唑烷, NCHO/NCHO)$\cdot HCl\}_2$ **10** —$EtOCH{=}NH\cdot HCl$, $NaOH/H_2O$→ $\{$S-(吡唑并三唑内鎓, Cl^-)$\}_2$ **11**

在装有搅拌器、温度计、回流冷凝管和滴液漏斗的250mL三口瓶中，在0℃加入3.91g（10mmol）化合物**10**、74.8g（120mmol）74.8%的氢氧化钠水溶液。搅拌，加入10.9g（100mmol）乙氧基甲亚胺盐酸盐，在0℃搅拌30min。用6mol/L盐酸调节pH至3，减压浓缩，产生大量白色固体。过滤，滤液蒸干，得到黄色黏稠固体。用甲醇溶解后，滤出白色沉淀，重复该操作一次。用甲醇重结晶，得到白色固体产物**11** 2.65g（$M=353$，7.5mmol），收率75%，熔点179～182℃。

6. 6,7-二氢-6-巯基-5*H*-吡唑［1,2-*α*］［1,2,4］三唑内鎓氯化物（1）的合成：

$\{$S-(吡唑并三唑内鎓, Cl^-)$\}_2$ **11** —Bu_3P/THF→ HS-(吡唑并三唑内鎓, Cl^-) **1**

在装有搅拌器、温度计、回流冷凝管和滴液漏斗的250mL三口瓶中，在0℃加入1.77g（5mmol）化合物**11**、10mL四氢呋喃，搅拌溶解，加入10mL水和2mL甲醇。搅拌下，加入2.02g（10mmol）正丁基膦，在室温搅拌1h。减压蒸出溶剂，剩余物用乙酸乙酯洗涤，减压浓缩，剩余物用大孔树脂Amber XAD-2柱分离，流动相是水，得到白色固体产物**1** 0.71g（4mmol），收率80%，熔点122～125℃。

【参考文献】

［1］石和鹏，郑忠辉，金洁，等. 比阿培南关键中间体的合成工艺改进［J］. 中国药物化学杂志，2005，15（1）：45-47.

利巴韦林

【基本信息】 利巴韦林（ribavirin），又称病毒唑；化学名：1-*β*-D-呋喃核糖基1*H*-1,

2,4-三氮唑-3-甲酰胺；英文名：1-β-D-ribofuranosyl-1H-1，2，4-triazole-3-carboxamide；CAS 号：36791-04-5；分子式：$C_8H_{12}N_4O_5$；分子量：244.2；白色固体；熔点：174～176℃；沸点：387.12℃；酸度系数 pK_a：12.95；密度：1.4287g/cm^3。本品是广谱抗病毒药，对许多 DNA 和 RNA 病毒有抑制作用。

【合成方法】

1. 草酸酰胺乙酯的合成：

$$EtO_2C—CO_2Et + NH_3/EtOH \longrightarrow EtO_2C—CONH_2$$

在装有搅拌器、温度计和滴液漏斗的 1L 三口瓶中，加入草酸二乙酯 146g（1.0mol）和 200mL 乙醇，冷却至－10℃，搅拌，缓慢滴加 4.6mol/L 乙醇氨溶液 217.4mL（1mol）。滴毕，室温搅拌 1h。抽滤，所得固体用乙醇重结晶，得到白色固体草酸酰胺乙酯 99.3g，收率 84.8%，纯度 98%，熔点 113～114℃。母液中含产品 15.2%，母液重复使用 5 次，收率稳定在 95%。

2. 2-肼基-2-氧代乙酰胺的合成：

$$EtO_2C—CONH_2 + H_2NNH_2 \cdot H_2O/EtOH \longrightarrow H_2NNHCO—CONH_2$$

在装有搅拌器、温度计、回流冷凝管、滴液漏斗的 1L 三口瓶中，加入草酸酰胺乙酯 58.5g（0.5mol）和 600mL 乙醇，加热至回流，搅拌溶解，缓慢滴加 80%水合肼 30.34mL（0.5mol）。滴毕，回流反应 30min，TLC 监测反应至原料点消失。冷却至室温，抽滤固体，干燥，得到 2-肼基-2-氧代乙酰胺 51g，收率 99%，含量>98%，熔点 232～233℃。母液可重复使用 5 次。

3. 1,2,4-三氮唑-3-甲酸甲酯的合成：

H2NNHCOCONH2 —(HCONH2, 150℃)→ [1,2,4-三氮唑-3-甲酰胺: N, CONH2, HN-N] —(HCl/MeOH, 55℃)→ [1,2,4-三氮唑-3-甲酸甲酯: N, COOMe, HN-N]

（1）1,2,4-三氮唑-3-甲酰胺的合成：在装有搅拌器、温度计、回流冷凝管的 1L 三口瓶中，加入 2-肼基-2-氧代乙酰胺 20.6g（0.2mol）、甲酰胺 60mL，升温至 150℃，反应 3h。降温析出固体，抽滤，得到白色固体 16.24g。将此固体溶于 100mL 氨水和 200mL 水的溶液中，搅拌 1h。过滤，滤液减压浓缩至干，干燥，得到白色固体 1,2,4-三氮唑-3-甲酰胺 150.1g，收率 67%，熔点 316～317℃。

（2）1,2,4-三氮唑-3-甲酸甲酯的合成：在装有搅拌器、温度计、回流冷凝管的 250mL 三口瓶中，加入 11.2g（0.1mol）1,2,4-三氮唑-3-甲酰胺和 200mL 甲醇，加热至回流，通入氯化氢气体至饱和，固体逐渐溶清。反应 5h 后，用 TLC 监测反应至完全。冷却至室温，滤除固体氯化铵，滤液减压蒸干，得到白色固体 13.8g，用甲醇重结晶，干燥，得到 1,2,4-三氮唑-3-甲酸甲酯 8.82g，收率 70%，熔点 196～197℃。ESI-MS：m/z＝128.05［M＋H］$^+$。HCl 与 1,2,4-三氮唑-3-甲酰胺摩尔比为 25∶1 时，收率>80%。

4. 三乙酰利巴韦林甲酯的合成：

[四乙酰核糖: AcO, O, OAc, AcO, OAc] + [1,2,4-三氮唑-3-甲酸甲酯: N, COOMe, HN-N] —(p-TsOH, 120~140℃)→ [三乙酰利巴韦林甲酯: AcO, O, N, N, AcO, OAc, COOMe]

在装有搅拌器、温度计、回流冷凝管的 250mL 三口瓶中，加入四乙酰核糖 31.8g（0.1mol）、对甲苯磺酸 0.52g（0.05mol）、1,2,4-三氮唑甲酯 13.86g（0.11mol），搅拌，升温至120℃，固体熔融，反应3h。降温至45～50℃，加入甲醇70mL，再降温至10～15℃，析晶2h。抽滤，干燥，得到白色固体三乙酰利巴韦林甲酯30.5g（$C_{15}H_{19}N_3O_9$，$M=385$，0.0792mol），收率72%，熔点104～105℃。ESI-MS：$m/z=386.12$ $[M+H]^+$。

5. 利巴韦林的合成：

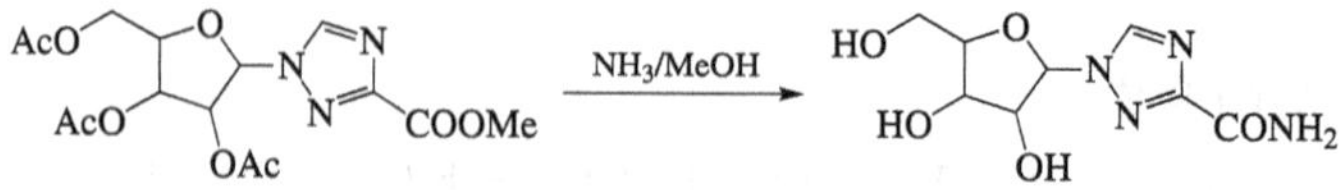

在装有搅拌器、温度计和氨气导管的100mL三口瓶中，加入三乙酰利巴韦林甲酯7.7g（0.02mol）和甲醇50mL，搅拌溶解，降温至0～5℃，通入氨气至饱和，室温搅拌反应24h。减压蒸出溶剂甲醇至干，用甲醇重结晶，得到白色固体4.08g，收率89.6%，熔点174～175℃，ESI-MS：$m/z=245.09$ $[M+H]^+$。

【参考文献】

[1] 周士正.利巴韦林新合成工艺研究[D].青岛：青岛科技大学，2018.

噁三唑类化合物

【基本信息】 噁三唑类化合物是一类NO供体化合物，在心血管、神经、免疫等系统发挥重要作用。本合成实验试图合成找出活性更高、毒性更低的药物。

【合成方法】

1. 3-(4′-氯苯基)-1,2,3,4-噁三唑-5-氯乙酰亚胺的合成：

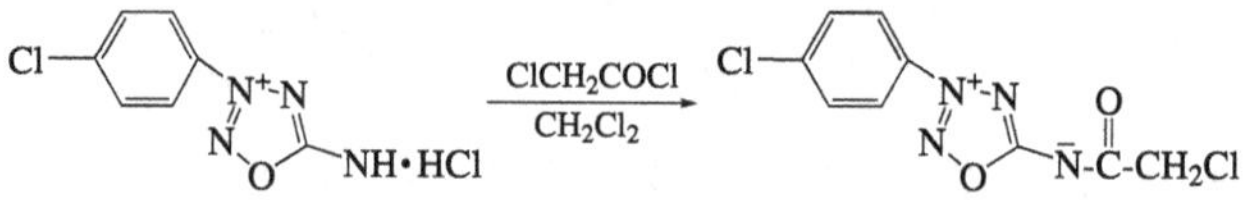

在装有搅拌器、温度计、滴液漏斗和氮气导管的100mL三口瓶中，在氮气保护下加入3-(4′-氯苯基)-1,2,3,4-噁三唑-5-亚胺盐酸盐0.3496g（1.5mmol）和25mL二氯甲烷，搅拌溶解，再加入0.33g（4.0mmol）碳酸氢钠和8mL水，搅拌均匀。冷却至0℃，滴加氯乙酰氯0.225g（2.0mmol）和25mL二氯甲烷的溶液，反应1.5h，用TLC（EA∶PE=3∶1）监测反应至完全。分出有机相，用水20mL×3洗涤，用无水硫酸镁干燥，过滤，减压浓缩。剩余物加入15mL乙醚，搅拌10min，过滤，干燥，得到浅黄色有光泽的固体粉末3-(4′-氯苯基)-1,2,3,4-噁三唑-5-氯乙酰亚胺311.3mg，收率76%。ESI-MS：$m/z=274$ $[M+1]^+$。

同法制备如下化合物：

品　名	ESI-MS：$m/z=x$ $[M+1]^+$
3-(4′-甲苯基)-1,2,3,4-噁三唑-5-氯乙酰亚胺	253.6
3-(2′,4′-二甲苯基)-1,2,3,4-噁三唑-5-氯乙酰亚胺	267.7
3-(4′-氟苯基)-1,2,3,4-噁三唑-5-氯乙酰亚胺	257.6
3-(2′,4′-二氯苯基)-1,2,3,4-噁三唑-5-氯乙酰亚胺	308.5

2. 3-(4′-氯苯基)-1,2,3,4-噁三唑-5-｛(3R，5R)-7-[2-(氟苯基)-5-异丙基-3-苯基-4-(苯胺羰基)吡咯-1-基]-3,5-二羟基庚酸酯基｝乙酰亚胺的合成：

在装有搅拌器、温度计、滴液漏斗和氮气导管的100mL三口瓶中，在氮气保护下加入阿托伐他汀钙0.433g（0.366mmol）与5mL *N*,*N*-二甲酰亚胺的溶液，搅拌均匀。滴加3-(4-氯苯基)-1,2,3,4-噁三唑-5-氯乙酰亚胺0.1g（0.366mmol）与5mL *N*,*N*-二甲酰亚胺的溶液，搅拌均匀，加入适量碘化钾催化剂催化反应，用TLC（EA∶PE＝2∶1）监测反应至完全，约需50h。用乙醚萃取，水洗，用无水硫酸镁干燥，过滤，浓缩，得到黄色固体223.3mg，收率76.7%。ESI-MS：m/z＝796.3 [M+1]$^+$。同法制备如下化合物：

品　名	ESI-MS：$m/z=x$ [M+1]$^+$
3-(2′,4′-二甲苯基)-1,2,3,4-噁三唑-5-｛(3*R*,5*R*)-7-[2-(氟苯基)-5-异丙基-3-苯基-4-(苯胺羰基)吡咯-1-基]-3,5-二羟基庚酸酯基｝乙酰亚胺	789.9
3-(2′,4′-二氯苯基)-1,2,3,4-噁三唑-5-｛(3*R*,5*R*)-7-[2-(氟苯基)-5-异丙基-3-苯基-4-(苯胺羰基)吡咯-1-基]-3,5-二羟基庚酸酯基｝乙酰亚胺	830.7

【参考文献】

[1] 陈宇瑛，薛雨，艾林，等.一种噁三唑类NO供体型他汀衍生物及其制备方法和应用：CN107043373A [P]. 2020-8-15.

1-溴-5-苯基四氮唑

【基本信息】 英文名：1-bromo-5-phenyl-tetrazole；分子式：$C_7H_5BrN_4$；分子量：225。本品是合成抗生素、抗高血压药物的中间体。合成反应式如下：

$$PhCN + NaN_3 \xrightarrow[DMF]{NH_4Cl} \text{5-苯基四氮唑} \xrightarrow[NaOH]{Br_2} \text{1-溴-5-苯基四氮唑}$$

【合成方法】

1. 5-苯基四氮唑的合成：在装有搅拌器、温度计和回流冷凝管的250mL三口瓶中，依次加入苯腈10.3g（M＝103，0.1mol）、叠氮化钠7.2g（M＝65，0.11mol）、氯化铵5.3g（0.1mol）和50mL DMF，搅拌，升温至120℃，反应20h。反应结束，减压蒸出DMF，将反应液倒入1L水中，搅拌，静置析晶，过滤，洗涤滤饼，干燥12h，得到有光泽的白色针状晶体5-苯基四氮唑（CAS号：18039-42-4）13.14g（M＝146，0.09mol），收率90%。

2. 1-溴-5-苯基四氮唑的合成：在装有搅拌器、温度计和滴液漏斗的250mL三口瓶中，依次加入水50mL、5-苯基四氮唑14.6g（0.1mol）和氢氧化钠3.84g（0.096mol），快速搅拌，溶液澄清后，慢慢滴加溴15.52g（0.097mol），30min滴完后，继续搅拌反应4h，生成沉淀。当溴的颜色由红色变为黄色时，停止反应。抽滤，水洗至滤液无色。滤饼用水重结晶，干燥，得到黄色固体粉末 1-溴 5-苯基四氮唑 12.3g，收率 54.6%。两步反应总收率 49.1%。

【参考文献】

[1] 魏先红，何宝娟，陈泳洲. 1-溴-5-苯基-四氮唑的合成 [J]. 精细化工中间体，2005，35 (3)：11-12，27.

1-甲基-5-巯基四氮唑

【基本信息】 英文名：5-mercapto-1-methyltetrazole；CAS 号：13183-79-4；分子式：$C_2H_4N_4S$；分子量：116；白色或微黄色结晶粉末；熔点：≥125℃。溶于水、氯仿、醚等，有刺激性气味。本品是头孢哌酮、头孢孟多等头孢类抗生素的主要中间体。

【合成方法】

1. 叠氮化钠的合成：

$$EtOH/NaNO_2 + HCl \xrightarrow[-(NaCl/H_2O)]{HCl} O{=}N{-}OEt \xrightarrow[NaOH]{H_2NNH_2 \cdot H_2O} NaN_3 + EtOH + 3H_2O$$

在装有搅拌器、温度计和滴液漏斗的 500mL 三口瓶中，加入 100g 乙醇和 14.7g 亚硝酸钠，搅拌，冷却至 0～5℃，滴加 30%硫酸 321.7g。滴加过程中生成亚硝酸乙酯气体。亚硝酸乙酯气体经水以除去夹带的无机酸，将该亚硝酸乙酯气体通入装有 94.8g 水合肼、64.4g 氢氧化钠和 240g 乙醇的三口瓶中。控制反应温度在 20℃，气体导入完毕，继续反应 2h。减压蒸出乙醇，剩余物抽滤，真空干燥，得到叠氮化钠，以亚硝酸钠计收率 81%，纯度≥99%。

2. 异硫氰酸甲酯的合成：

$$MeNH_2 + CS_2 + NaOH \xrightarrow{-H_2O} MeNHCS_2Na \xrightarrow{H_2O_2} MeNCS + Na_2SO_4 + H_2O$$

在装有搅拌器、温度计和滴液漏斗的 500mL 三口瓶中，加入 177g 二硫化碳，降温至 10℃，搅拌，滴加入 177g 甲胺水溶液和 294g 液碱，控制温度在 (10±2)℃，滴毕，室温反应 1h。缓慢升温，蒸出未反应的轻组分，再回流 1h。反应结束，滴加 700g 双氧水，滴加的同时，进行蒸馏。蒸汽温度控制在 100～105℃，冷凝管夹套中的冷凝水控制在约 40℃，使馏出液不凝固。蒸馏结束，馏出液冷却至 0～5℃，过滤，干燥，得到白色结晶异硫氰酸甲酯，以甲胺计，收率 68%，纯度≥96%。

3. 1-甲基-5-巯基四氮唑的合成：

MeNCS —NaN₃→ (1-甲基-5-巯基四氮唑结构式：N-N、N、N-Me、SH)

在装有搅拌器、温度计和滴液漏斗的 500mL 三口瓶中，加入复合溶剂和叠氮化钠 6.5g (M = 65，0.1mol)，搅拌，加热至 70℃，滴加入异硫氰酸甲酯 7.665g (M = 73，0.105mol)。滴毕，减压浓缩，回收溶剂。用盐酸酸化到 pH 为 2，降温，过滤，滤饼为 1-甲基-5-巯基四氮唑。滤液用溶剂萃取，可回收部分产品，共得产品 11.14g (0.096mol)，收率>96%。

【参考文献】

[1] 刘丽秀，鲁琳琳，王灏，等. 甲基巯基四唑合成工艺研究 [J]. 四川化工，2004，7 (3)：10-12.

1-磺酸甲基-5-巯基四唑二钠盐

【基本信息】 英文名：disodium 2,5-dihydro-5-thiooxo-1*H*-tetrazol-1-ylmethanesulfonate；CAS 号：66242-82-8；分子式：$C_2H_2N_4Na_2O_3S_2$；分子量：240；熔点：247℃（分解）。本品用于医药中间体、头孢菌素检测。在干燥、避光、密闭、0～10℃储存。

【合成方法】

1. 磺酸甲氨基二硫代甲酸乙酯钾盐的合成：

$$CS_2 + KO_3SCH_2NH_2 \xrightarrow{KOH} KO_3SCH_2NHC(=S)SK \xrightarrow{EtBr} KO_3SCH_2NHC(=S)SEt$$

在装有搅拌器、温度计、滴液漏斗的 1L 三口瓶中，加入 100mL 水和 99g（1.6mol）氢氧化钾，搅拌溶解。加入 88.8g（0.8mol）氨基甲磺酸，搅拌，在 30℃ 滴加 60.8g（0.8mol）二硫化碳，轻微放热。20min 滴毕，控制温度在 37℃，搅拌反应 7.5h，生成大量白色沉淀。在升温，加入 95％乙醇 200mL，常温搅拌下，加入溴乙烷 87.2g（0.8mol），在 37℃反应 9h。减压蒸出乙醇和部分水（馏出温度达 85℃）。冷却至室温，静置 30min，从底部分出黄油状物。加入 20mL 甲苯，搅拌 20min，分出甲苯萃取液。剩余物冷却至 0℃，保持 5h 后，抽滤，用少量冷水淋洗滤饼。滤饼加入到 50％乙醇水溶液中，加热至 80℃，加入 1g 活性炭，搅拌 10min，趁热过滤，滤液冷却至 0℃，保持 5h。过滤，用冰冷的 50％乙醇水溶液淋洗，抽干，烘干，得到白色片状晶体磺酸甲氨基二硫代甲酸乙酯钾盐 53g，收率 60％，熔点 226～228℃。

2. 1-磺酸甲基-5-巯基四唑二钠盐的合成：

$$KO_3SCH_2NHC(=S)SEt \xrightarrow{NaN_3} \text{1-}(CH_2SO_3K)\text{-5-SNa-tetrazole} \xrightarrow[MeONa]{氢离子交换} \text{1-}(CH_2SO_3Na)\text{-5-SNa-tetrazole}$$

在装有搅拌器、温度计、滴液漏斗的 1L 三口瓶中，加入上述制备的钾盐、500mL 蒸馏水和 14.1g（0.217mol）叠氮化钠，升温至 85℃，搅拌反应 8h。反应过程生成的乙硫醇挥发出来，要注意抽风，并用碱液吸收。反应结束，冷却至室温，将反应液通过氢型阳离子交换树脂柱进行氢离子交换。此时会逸出剧毒的 NH_3，设备必须密闭，抽风，抽出的毒气必须用碱液吸收。流出的反应液减压浓缩至干，加入 120mL 甲醇，搅拌溶解，滤除杂质。用 27％甲醇钠溶液调节 pH 至 8～10，减压浓缩至刚有固体析出，冷却至室温，析出大量白色结晶。过滤，用少量甲醇淋洗滤饼，100℃烘干，得到白色晶体产品 1-磺酸甲基-5-巯基四唑二钠盐 35g，收率 65％，纯度 99％，熔点 288～290℃。文献［2］做了一些改进，提高了收率。

【参考文献】

［1］杨忠愚，胡惟孝，王玉伟. 5-巯基-1*H*-四氮唑-1-甲基磺酸二钠盐的制造方法：CN1212963A［P］. 1999-04-07.

［2］李坤，吕瑞敏，于国珍，等. 1-磺酸甲基-5-巯基四唑双钠盐的合成［J］. 山东化工，2005，34（2）：36-37.

2-(1-氢-四唑)-4′-甲基联苯

【基本信息】 英文名：5-[4′-methyl (1,1′-biphenyl)-2-yl]-1*H*-tetrazole；分子式：$C_{14}H_{12}N_4$；分子量：236；白色结晶；熔点：144～149℃。本品是制备沙坦类药物的中间体。

【合成方法】

1. 二（三氟甲基磺酸）锌 [Zn（OTf）$_2$] 的合成：

$$Zn + 2\,CF_3SO_3H \xrightarrow{H_2O/回流} Zn(CF_3SO_3)_2 + H_2\uparrow$$

在装有搅拌器、温度计、回流冷凝管的 250mL 三口瓶中，加入含有 300g（2mol）三氟甲基磺酸的水溶液 51.2mL 和 70g（0.107mol）锌粉，搅拌，加热回流 2h。冷却至室温，滤除过量锌粉，在 0.098MPa 真空下蒸馏，得到白色固体粉末二（三氟甲基磺酸）锌 [Zn(OTf)$_2$]。

2. 2-(1-氢-四唑)-4′-甲基联苯的合成（Friedel-Crafts 反应）：

在装有搅拌器、温度计、回流冷凝管的 250mL 三口瓶中，加入水 150mL、2-氰基-4′-甲基联苯 9.6g（0.05mol）、叠氮钠 8.3g（0.125mol）、Zn(OTf)$_2$ 13.5g（0.038mol），加热至 100℃，回流 6.5h。反应结束，冷却至室温，滤除未反应的 2-氰基-4′-甲基联苯。用浓盐酸调节 pH 至 5，析出白色沉淀，过滤，干燥，得到白色晶体 10.8g，收率 91.6%，熔点 145～148℃（文献值：144～148℃）。

【参考文献】

[1] 常瑜，相会明，宋广慧. 2-(1-氢-四唑)-4′-甲基联苯的合成 [J]. 太原理工大学学报，2008，39（2）：189-191.

坎地沙坦酯

【基本信息】 俗名：坎地沙坦酯（candesartan cilexetil）；化学名：2-乙氧基-1-[[2′-(1*H*-四氮唑-5-基)[1,1′-联苯基]-4-基]甲基]-1*H*-苯并咪唑-7-甲酸-1-[[(环己氧基)羰基]氧基]乙酯；英文名：1-[[(cyclohexyloxy)carbonyl]oxy]ethyl 2-ethoxy-1-[[2′-(1*H*-tetrazol-5-yl)[1,1′-biphenyl]-4-yl]methyl]-1*H*-benzimidazole-7-carboxylate；CAS 号：145040-37-5；分子式：$C_{33}H_{34}N_6O_6$；分子量：610.66；白色或类白色结晶粉末；熔点：168～170℃。本品为血管紧张素Ⅱ AT1 受体拮抗剂，通过与血管平滑肌 AT1 受体结合而拮抗血管紧张素Ⅱ的血管收缩作用，从而降低末梢血管阻力，适用于治疗原发性高血压。储存条件：−20℃。

【合成方法】

1. 3-硝基-2-乙氧羰基苯甲酸乙酯（4）的合成：

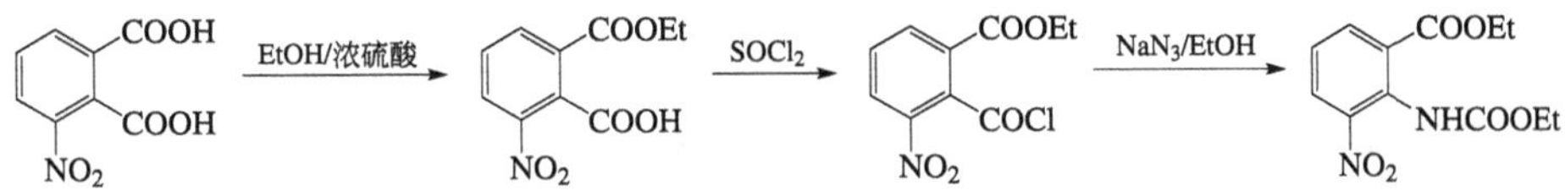

（1）3-硝基-2-羧基苯甲酸乙酯（**2**）的合成：在装有搅拌器、温度计和回流冷凝管的1L三口瓶中，加入无水乙醇500mL、3-硝基邻苯二甲酸（**1**）320g（1.5mol），搅拌，缓慢加入浓硫酸100g。加热回流，减压蒸出乙醇，剩余物加入10%碳酸钾水溶液500mL，搅拌。用二氯甲烷500mL×2萃取，用无水硫酸钠干燥过夜。旋蒸出二氯甲烷，冷却，过滤，干燥，得到**2** 300g，收率82%，熔点202～204℃。MS：m/z＝204.6［M+1］。

（2）3-硝基-2-乙氧羰基苯甲酸乙酯（**4**）的合成（Curtius重排）：在装有搅拌器、温度计、滴液漏斗和回流冷凝管的2L三口瓶中，加入1L甲苯、300g中间体**2**和300g氯化亚砜，加热回流4h。减压蒸出溶剂甲苯，加入300mL二氯甲烷，冷却至5℃，滴加含80g叠氮化钠的DMF溶液300mL，控制滴速，保持滴加温度在5～10℃。滴毕，保温搅拌反应3h。加热水，分出有机相，用无水硫酸钠干燥，蒸出溶剂。剩余油状物加入200mL乙醇，缓慢加热至90℃，回流10h。浓缩，回收乙醇，得到黄色结晶**4** 250g，收率83%。MS：m/z＝383［M+1］。

2. 2-乙氧基-1-{［2′-(1-苯甲基四唑-5-基)联苯基-4-基］甲基}苯并咪唑-7-羧酸乙酯(6)的合成：

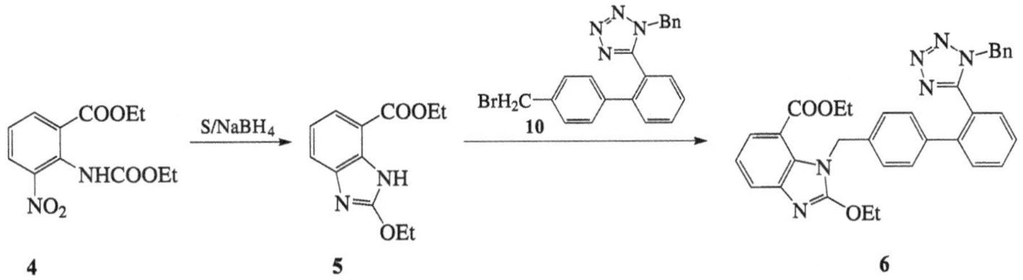

在装有搅拌器、温度计、滴液漏斗和回流冷凝管的2L三口瓶中，加入80g硫黄粉，冷至−10℃，滴加入含有250g **4**的800mL四氢呋喃溶液，控制温度在0℃以下。滴毕，缓慢升至室温，搅拌反应1.5h，得到化合物**5**。无须分离，直接加入N-(三苯基甲基)-5-(4′-溴甲基联苯-2-基）四氮唑（**10**）560g（1.0mol），加热回流反应1h。减压蒸出溶剂，加入水和二氯甲烷各200mL，分出有机相，水层用200mL二氯甲烷萃取，合并有机相，用无水硫酸钠干燥。减压蒸出溶剂，得到微黄色固体**6** 350g，收率78%。MS：m/z＝567.5［M+Na］。

3. 2-乙氧基-1-{［2′-(1-苯甲基四唑-5-基)联苯基-4-基］甲基}苯并咪唑-7-羧酸乙酯(7)的合成：

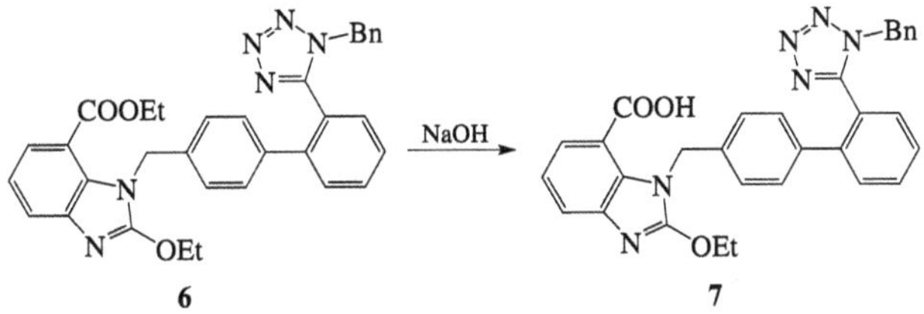

在装有搅拌器、温度计、滴液漏斗和回流冷凝管的 2L 三口瓶中，加入化合物 **6** 350g 和乙酸 800mL，搅拌溶解。加入 20%氢氧化钠水溶液 200g，在 30℃搅拌反应 10h。减压蒸出溶剂，加入水 300mL，用 10%盐酸调节 pH 至析出固体，抽滤，干燥，得到白色结晶 **7** 240g，收率 75%，熔点 171～173℃。MS：m/z=531.6 [M+1]。

4. 2-乙氧基-1-{[2′-(1-苯甲基四唑-5-基)联苯基-4-基]甲基}苯并咪唑-7-羧酸-1-{[(环己基氧)羰基]氧基}乙酯(9)的合成：

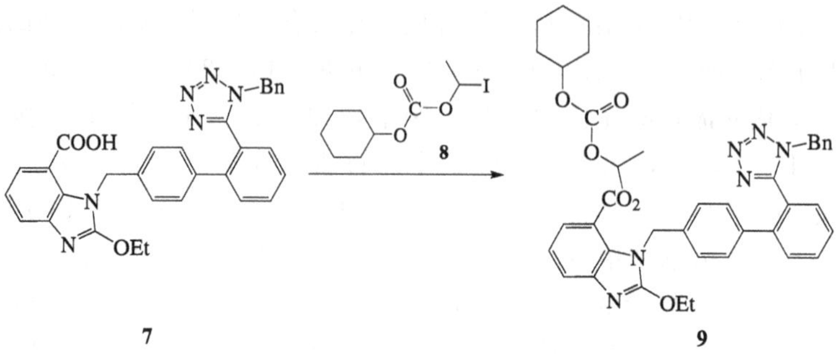

在装有搅拌器、温度计和蒸馏装置 3L 三口瓶中，加入化合物 **7** 240g、碳酸钾 80g 和 DMF 2L，30℃搅拌成盐后，加入 1-碘乙基环己基碳酸酯 90g、碘化钠 15g，升温至 70～80℃，搅拌反应结束后，蒸出溶剂。加入水 500mL，搅拌，用乙酸乙酯 100mL×2 萃取，用无水硫酸钠干燥，蒸出溶剂，得到中间体 **9** 260g。MS：m/z=723.3 $[M+Na]^+$。

5. 坎地沙坦酯（10）的合成：

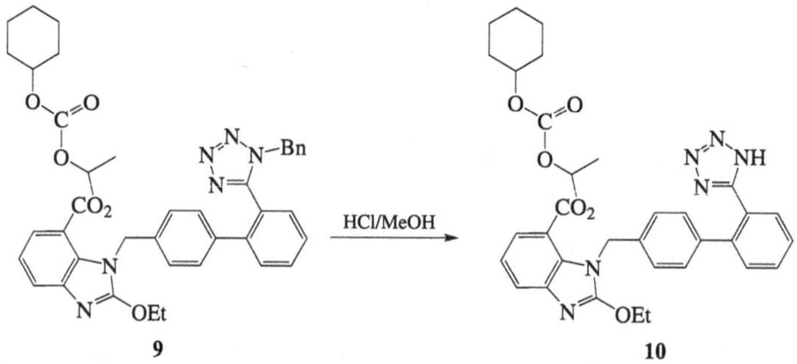

在装有搅拌器、温度计、滴液漏斗和回流冷凝管的 3L 三口瓶中，加入化合物 **9** 260g、1L 甲醇，搅拌，滴加入浓盐酸 300mL，30℃搅拌反应 4h。滤除固体三苯甲醚，滤液加入甲醇钠中和，蒸出溶剂，得到坎地沙坦酯粗品 180g。将 180g 粗品加入 1L 无水乙醇，搅拌，加热溶解。加入活性炭 40g 脱色，趁热抽滤。滤液在 5～10℃搅拌析晶，抽滤，干燥，得到精品坎地沙坦酯 150g，含量 99.4%。MS：m/z=633.4 $[M+Na]^+$。总收率 35%。

【参考文献】

[1] 吴奎伟，吴成军，孙铁民. 坎地沙坦酯的合成工艺研究 [J]. 中南药学，2014，12(8)：785-787.

头孢尼西钠

【基本信息】 俗名：头孢尼西钠（cefonicid sodium）；化学名：(6*R*,7*R*)-7-[(2*R*)-2-

羟基苯乙酰胺]-8-氧代-3-[[[1-磺酸甲基-1*H*-四唑-5-基]硫代]甲基]-5-硫杂-1-氮杂双环[4.2.0]辛-2-烯-2-羧酸二钠盐；英文名：disodium(6*R*,7*R*)-7-{[(2*R*)-2-hydroxy-2-phenylacetyl]amino}-8-oxo-3-({[1-(sulfonatomethyl)-1*H*-tetrazol-5-yl]sulfanyl} methyl)-5-thia-1-azabicyclo [4.2.0] oct-2-ene-2-carboxylate；CAS 号：61270-78-8；分子式 $C_{18}H_{16}N_6Na_2O_8S_3$；分子量：586.5；熔点：>160℃；储存条件：0～5℃。本品用于敏感菌引起的下呼吸道、尿路、皮肤组织、败血症、骨关节感染，也用于预防手术感染。

【合成方法】

1. 7-AMT 的合成：

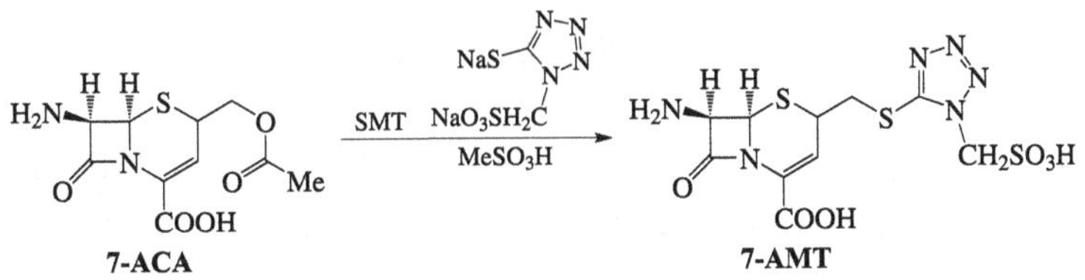

(反应式：7-ACA + SMT, MeSO₃H → 7-AMT)

在装有搅拌器、温度计和滴液漏斗的 250mL 三口瓶中，加入 90mL 甲磺酸和 30mL 二氯甲烷，搅拌，降温至 5℃以下，加入 19.4g (81mmol) 5-巯基-1,2,3,4-四氮唑-1-甲基磺酸双钠盐 (**SMT**)，搅拌 10min 后，加入 20g (74mmol) 7-ACA。加毕，升温至 25℃，反应 45min。降温至 5℃，滴加入 100mL 冰水和 160mL 丙酮，搅拌 15min。用 7mol/L 氨水调 pH 至 2.5～3.0，低温搅拌 2h 养晶。过滤，用水和丙酮各 50mL×2 洗涤滤饼，在 40℃真空干燥，得到类白色固体 **7-AMT** 28.7g，收率 95.6%，纯度 98.9%。

2. 头孢尼西酸的合成：

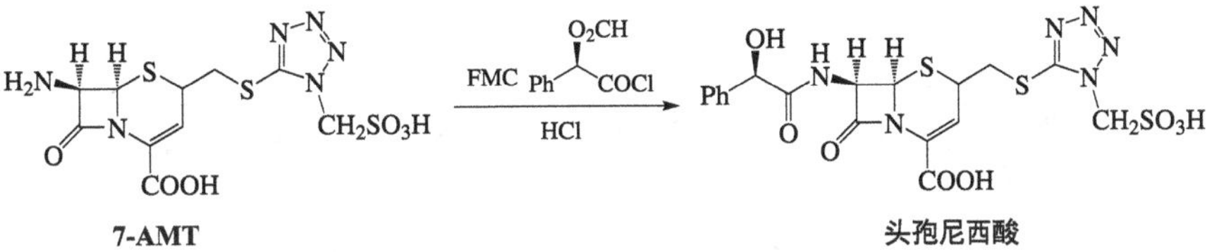

(反应式：7-AMT + FMC, HCl → 头孢尼西酸)

在装有搅拌器、温度计和滴液漏斗的 500mL 三口瓶中，加入 20g (49mmol) **7-AMT**、80mL 纯水和 60mL 四氢呋喃，搅拌，降温至 5℃以下。滴加入 7mol/L 氨水搅拌至溶液澄清，滴加 10.6g (53.4mmol) D-(+) 甲酰基扁桃腺氯 (FMC) 的四氢呋喃溶液，同时，用 7mol/L 氨水控制 pH 在 6.5～7.0。滴加完毕，同温反应 30min。用二氯甲烷 30mL×2 洗涤反应液，水相用浓盐酸调节 pH 至 0.9，在 30℃反应 10h。加入 2g 活性炭脱色 0.5h，过滤，纯水 10mL×2 洗涤滤饼。水相加氯化钠至饱和，用四氢呋喃 50mL×2 萃取，合并有机相，用无水硫酸镁干燥。滤除干燥剂，滤液减压浓缩成油状物。加入 50mL 丙酮和 150mL 乙醚，搅拌，冷却，静置析晶，抽滤，干燥，得到类白色固体头孢尼西酸 22.3g，收率 83.9%，纯度 97%。

3. 头孢尼西钠的合成：

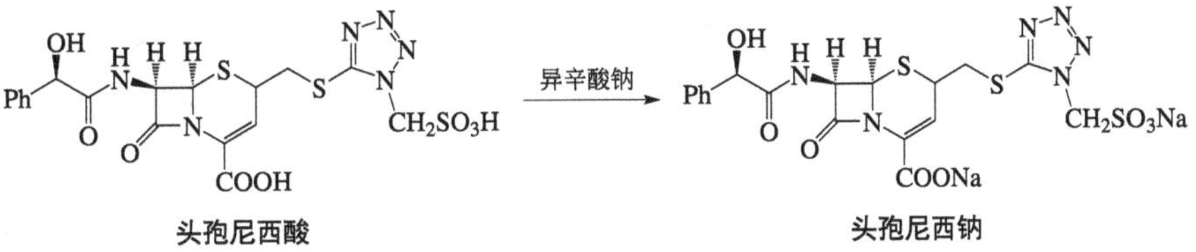

(反应式：头孢尼西酸 + 异辛酸钠 → 头孢尼西钠)

在装有搅拌器、温度计和滴液漏斗的 500mL 三口瓶中，加入 20g（36.7mmol）头孢尼西酸、50mL 乙醇和 100mL 丙酮，搅拌溶解，滴加含 16.6g 异辛酸钠的丙酮溶液。滴毕，同温搅拌 1h，过滤，用丙酮 30mL×2 洗涤滤饼，在 35℃真空干燥，得到头孢尼西钠 19.1g，收率 88.3%，纯度 99.1%，$[\alpha]_D^{20}=-42.0°$（$c=1$，甲醇）。四步反应总收率 70.8%。

【参考文献】

[1] 陈林，石克金，李江红，等. 头孢尼西钠的合成工艺改进 [J]. 中国抗生素杂志，2015，40（2）：100-102.

拉氧头孢钠

【基本信息】 化学名：（6*R*，7*R*）-7-[［2-羧基（4-羟基苯基）乙酰］氨基]-7-甲氧基-3-[（1-甲基-1*H*-四唑-5-基）硫代甲基]-8-氧代-5-氧杂-1-氮杂双环［4.2.0］辛-2-烯-2-甲酸二钠盐；英文名：（6*R*，7*R*）5-oxa-1-azabicyclo［4.2.0］oct-2-ene-2-carboxylicacid，7-[［（2*R*）-2-carboxy-2-（4-hydroxyphenyl）acetyl］amino]-7-methoxy-3-[［（1-methyl-1*H*-tetrazol-5-yl）thio］methyl]-8-oxo-sodium salt（1∶2）；CAS 号：64953-12-4；分子式：$C_{20}H_{18}N_6O_9SNa_2$；分子量：564；白色至淡黄色粉末；$[\alpha]_D^{20}=-32°\sim-40°$（水），本品是半合成的氧头孢烯类新型抗生素，对大肠埃希菌、流感杆菌、克雷伯菌、各种变形杆菌、枸橼酸杆菌、沙雷菌、拟杆菌等有良好的抗菌作用。2～8℃储存。

【合成方法】

1. 化合物 3 的合成：

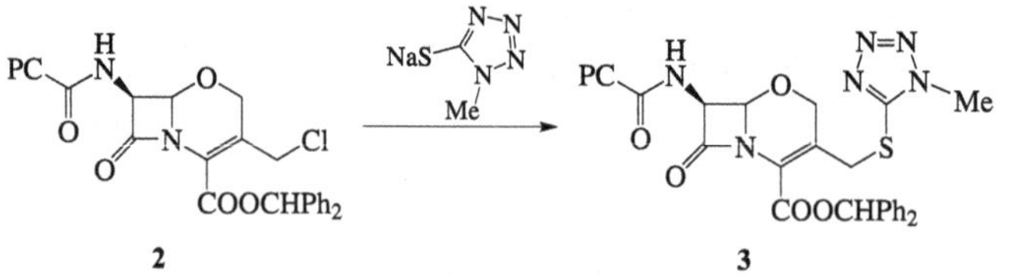

在装有搅拌器、温度计和氮气导管的 2L 三口瓶中，加入化合物 **2** 20g（39.8mmol）和 DMF 200mL，搅拌溶解。在氮气保护下，加入甲硫四氮唑钠 7.07g（47.76mmol），室温搅拌 20min。依次加入 400mL 水和 800mL 乙酸乙酯，搅拌溶解至澄清。静置分层，分出有机相，水相用乙酸乙酯 40mL×2 萃取，合并有机相，依次用水和饱和食盐水各 400mL 洗涤，用无水硫酸钠干燥。过滤，滤液减压蒸干，剩余物用甲醇重结晶，真空干燥，得到白色固体化合物 **3** 22g，收率 96%，纯度 98%，熔点 201～204℃（文献值：203～205℃）。

2. 化合物 5 的合成：

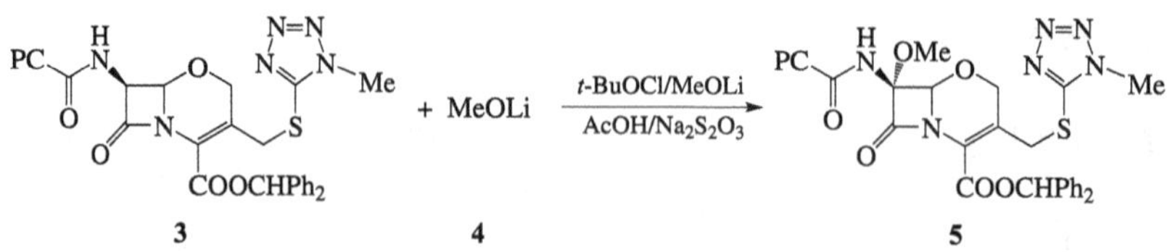

在装有搅拌器、温度计和氮气导管的 2L 三口瓶中，加入 22g（37.8mmol）化合物 **3** 和

330mL 无水二氯甲烷，氮气保护下，搅拌，降温至－55℃，加入 8.4mL（75.6mmol）*t*-BuOCl，同温反应至化合物 **3** 转化率高于 70%，滴加入 37mL 2mol/L 甲醇锂的甲醇溶液，TLC 监测至氯化中间体转化完全。用冰醋酸调节 pH 至 7，搅拌下将反应液倒入 120mL 0℃ 10%硫代硫酸钠水溶液中，搅拌 20min，静置分层，分出有机相，水相用二氯甲烷 20mL×2 萃取，合并有机相，依次用 2mol/L 盐酸、5%碳酸氢钠水溶液、水和饱和食盐水洗涤，用无水硫酸钠干燥。过滤，滤液减压蒸干，剩余物用乙醚重结晶，真空干燥，得到类白色固体化合物 **5** 18.5g，收率 90%，纯度 89%。

3. 化合物 6 的合成：

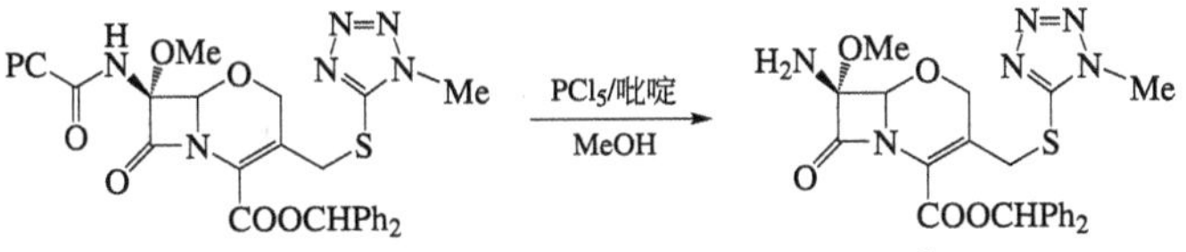

PCl_5/吡啶, MeOH: **5** → **6**

在装有搅拌器、温度计和氮气导管的 1L 三口瓶中，加入 18.53g（30.33mmol）和无水二氯甲烷 250mL，搅拌溶解。在氮气保护下，降温至 30℃，加入 4.62g（60.66mmol）吡啶和 12.65g（60.66mmol）三氯化磷，室温搅拌 2.5h。降温至－40℃，加入 200mL 无水甲醇，在 0℃搅拌 3h。再加入水 180mL，0℃搅拌 30min。减压浓缩，剩余物用 200mL 二氯甲烷溶解，依次用 2mol/L 盐酸、水和饱和食盐水洗涤，用无水硫酸钠干燥。过滤，滤液减压蒸干，剩余物用乙醚重结晶，真空干燥，用活性炭脱色，过滤，滤液减压蒸干，剩余物用二氯甲烷-甲醇体积比为 2∶1 的混合液重结晶，得到白色固体化合物 **6** 8.8g，收率 57%，纯度 92%。

4. 化合物 8 的合成：

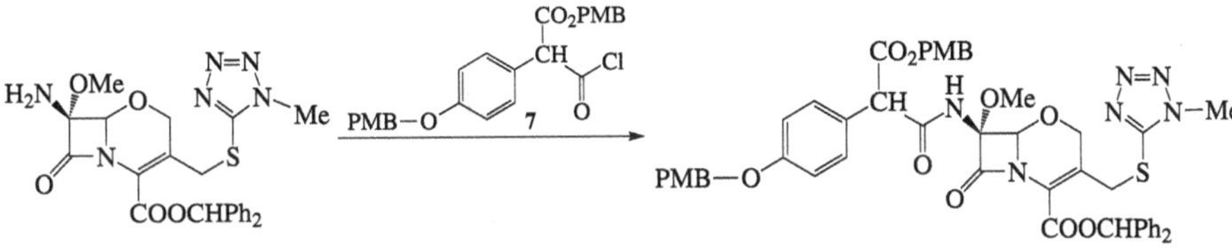

6 + **7** → **8**

在装有搅拌器、温度计、滴液漏斗和氮气导管的 1L 三口瓶中，加入 8.8g（17.3mmol）化合物 **6** 和 150mL 二氯甲烷，搅拌溶解。冷却至 0℃，加入 3.5g（43.25mmol）吡啶，搅拌 10min，滴加含 15.74g（34.60mmol）*α*-对甲氧苄氧甲酰-*α*-4-对-甲氧苄氧苯基乙酰氯的 150mL 二氯甲烷溶液，滴毕，在 0℃搅拌 1h。加入 200mL 水，搅拌 10min，减压浓缩。剩余物溶于 500mL 乙酸乙酯，依次用 2mol/L 盐酸、水、5%碳酸氢钠水溶液和饱和食盐水洗涤，用无水硫酸钠干燥。过滤，滤液减压蒸干，剩余物经柱色谱法提纯，得到白色泡状产物 **8** 15.45g，收率 95%，纯度 92%。

5. 化合物 9 的合成：

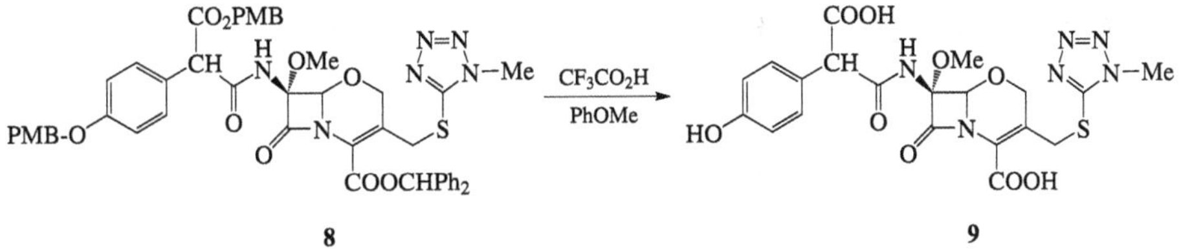

CF_3CO_2H, PhOMe: **8** → **9**

在装有搅拌器、温度计、滴液漏斗的500mL三口瓶中，加入15.45g（16.61mmol）化合物**8**和300mL二氯甲烷，搅拌溶解。冷却至0℃，加入31g（99.66mmol）苯甲醚和36mL三氟乙酸，搅拌30min，减压浓缩。剩余物冷却至0℃，加入500mL乙醚和200mL 5%碳酸氢钠水溶液，搅拌至溶液澄清。静置分层，分出有机相，水相用乙醚20mL×2萃取。水相用2mol/L盐酸调节pH至1.2，用二氯甲烷30mL×2萃取，再用乙酸乙酯100mL×4萃取，合并乙酸乙酯相，水洗，用无水硫酸钠干燥，用活性炭脱色。过滤，滤液减压蒸干，得到无定形粉末化合物**9** 7.34g，收率85%，纯度92%。直接用于下步反应。

6. 化合物1的合成：

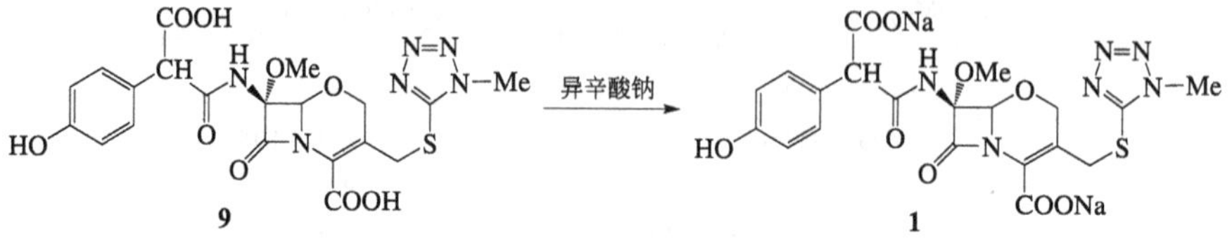

在装有搅拌器、温度计、滴液漏斗的500mL三口瓶中，加入7.34g（14.5mmol）化合物**9**和72mL无水乙醇，搅拌溶解。冷却至0℃，加入36mL（2mol）异辛酸钠的甲醇溶液，滴毕，搅拌30min。加入140mL乙酸乙酯，搅拌30min，过滤，滤饼真空干燥，得到白色粉末状拉氧头孢钠（**1**）6.69g，收率84%，纯度97.2%，(*R*)/(*S*)＝0.89～1.12（文献值：0.8～1.4）。6步反应总收率33.4%。

【参考文献】

[1] 米国瑞，张月成，赵继全.拉氧头孢钠的合成［J］.化学试剂，2012，34（7）：654-656，672.

2-乙酰基噻吩

【基本信息】 英文名：2-acetylthiophene；CAS号：88-15-3；分子式：C_6H_6OS；分子量：126；无色液体；熔点：10～11℃；沸点：213.5℃；94～96℃/1.73kPa；闪点：91℃；密度：1.1679；易溶于乙醚，与有机溶剂互溶。可用作溶剂、萃取剂，是制备医药、农药、香料等精细化学品中间体。本品应密封于阴凉、干燥处避光保存。

【合成方法】

1. 用乙酸酐做酰化试剂，磷酸做催化剂： 在装有搅拌器、温度计的500mL三口瓶中，加入乙酸酐102g（1mol）和噻吩84g（1mol），搅拌，升温到60℃，停止加热，温度维持在90℃以下，慢慢加入85%磷酸10g。然后加热到100～110℃，反应2～3h。冷却，加入200mL水，彻底洗涤，最后用10%碳酸钠溶液洗涤，液体产品通过12块塔板的柱子精馏，得到2-乙酰基噻吩118.44g，收率94%。

2. 3-甲基-4-碘-乙酰苯胺与噻吩反应：

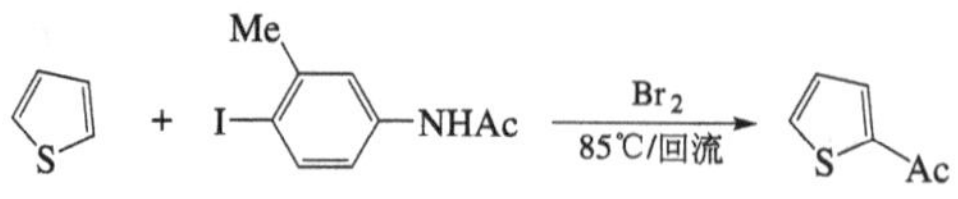

在装有搅拌器、温度计和回流冷凝管的三口瓶中，加入 7mol 的 3-甲基-4-碘-乙酰苯胺、5mol 噻吩、8mol 溴，加热升温至 85℃，回流 80min。降温至 15℃，将反应物倒入 15L 16%氯化钾溶液中，搅拌，加入质量分数 86%的四氢呋喃，搅拌，静置 50min，分出有机相，依次用 25%溴化钾溶液、85%三氟乙酸溶液、93%丁酮溶液洗涤，在 0.35kPa 减压蒸馏，收集 65℃馏分，用五氧化二磷脱水，得到 2-乙酰基噻吩 598.5g，收率 95%。

【参考文献】

[1] Howard D, Hartough, Kosak A I. Acylation studies in the tiophene and furan series. Ⅳ. strong inorgannic oxyacids as catalysts [J]. JACS, 1947, 69: 3093-3096.

[2] 严义达. 一种有机合成中间体 2-乙酰基噻吩的合成方法: CN108250178A [P]. 2018-07-06.

2-噻吩甲胺

【基本信息】 英文名：thienylmethylamine；CAS 号：27757-85-3；分子式：C_5H_7NS；分子量：113；沸点：194.5℃/101325Pa；密度：(1.1±0.1)g/cm^3。本品是重要的医药和农药中间体，可用于合成利尿剂阿左塞米和抗寄生虫药氯苯磺酸西尼铵以及新型含噻吩结构的农药。合成反应式如下：

$$\text{2-噻吩甲醛 (CHO)} \xrightarrow[\text{NaOH(aq)}]{H_2NOH\cdot HCl} \text{2-噻吩-CH=NOH} \xrightarrow{Zn/NaOH} \text{2-噻吩-}CH_2NH_2$$

【合成方法】

1. 2-噻吩甲醛肟的合成： 在装有搅拌器和温度计的 250mL 三口瓶中，加入 125mL 水和 2.1g 氢氧化钠，搅拌溶解，控制温度在 25℃，加入 5g (44.6mmol) 2-噻唑甲醛和 3.7g (52.8mmol) 盐酸羟胺。在 25℃搅拌 1h，TLC 监测至原料反应完毕，用乙酸乙酯 30mL×3 萃取，合并有机相，用饱和食盐水洗涤 1 次，用无水硫酸钠干燥，滤出固体硫酸钠，蒸出溶剂，剩余物用硅胶柱色谱纯化（洗脱剂：体积比为 10∶1 的乙酸乙酯与甲醇和适量三乙胺的混合液）。蒸出溶剂，得到白色固体产品 2-噻吩甲醛肟 4.8g，收率 85%，熔点 125～127℃。

2. 2-噻唑甲胺的合成： 在装有搅拌器和温度计的 50mL 反应瓶中，加入 30mL 5%氢氧化钠水溶液和 1g (7.9mmol) 2-噻吩甲醛肟，在室温搅拌下慢慢加入 7.7g (122mmol) 锌粉，约 10min 加完，室温搅拌 5h。TLC 监测反应至完成后，滤去固体物，滤液用乙酸乙酯 20mL×3 萃取，合并有机相，用 10mL 饱和食盐水洗涤 1 次，用无水硫酸钠干燥，滤出固体硫酸钠，蒸出溶剂，剩余物用硅胶柱色谱纯化，干法上柱（洗脱剂：体积比为 10∶1 的乙酸乙酯和甲醇和适量三乙胺的混合液）。蒸出溶剂，得到浅黄色液体产物 2-噻唑甲胺 0.67g，收率 75.3%。

【参考文献】

[1] 李仙芝，欧阳红霞，刘永杰，等. 2-噻吩甲胺的合成研究 [J]. 南昌大学学报（理科版），2011，35 (1)：75-78.

2-噻吩甲醛

【基本信息】 英文名：2-thenaldehyde；CAS 号：98-03-3；分子式：C_5H_4OS；分子量：112；一种类似杏仁气味的油状液体；易溶于乙醇、苯、乙醚，微溶于水；熔点：<10℃；沸点：198℃；闪点：77.8℃；密度：1.2g/cm^3；对空气敏感。用作广谱驱虫药噻嘧啶及药物先锋霉素的中间体。储存条件：2～8℃。合成反应式如下：

噻吩 —三光气/DMF→ 2-噻吩甲醛（S, CHO）

【合成方法】

在装有搅拌器、温度计和恒压滴液漏斗的 100mL 三口瓶中，加入 DMF（1.5mol）和噻吩（0.5mol），搅拌溶解。在 0℃慢慢滴加（0.35mol）三光气溶于 250mL 氯苯的溶液。滴毕，在 0℃在继续搅拌 1h，随着滴加，升温至 50℃，搅拌反应 3h，再升温到 75～80℃，反应 3h。冷却至 30℃，搅拌，加入冰水水解，剧烈放热。冷却，用稀氢氧化钠溶液调节 pH 到 5～6，分出有机相，水层用二氯甲烷萃取，用饱和食盐水洗涤，用无水硫酸钠干燥，滤除固体，滤液蒸出溶剂，减压蒸馏，得到浅黄色油状产物 2-噻吩甲醛 49.3g，收率 88%。

【参考文献】

[1] 邢俊德，苗茂谦，张照昱，等.一种 2-噻吩甲醛的合成方法：CN102627627A [P]. 2010-08-08.

2-氯噻吩-5-甲酸

【基本信息】 英文名：5-chloro-2-thiophenecarboxylic acid；CAS 号：24065-33-6；分子式：$C_5H_3ClO_2S$；分子量：162.5；奶黄色粉末；熔点：154～158℃。用于禽畜消炎抗菌药，主要用于治疗鸡、兔、羊球虫病（盲肠球虫），鸡霍乱及伤寒病，是合成利伐沙班的中间体。

【合成方法】

一、文献［1］中的方法（以噻吩为起始原料）

噻吩 —Cl_2→ Cl-噻吩 —Ac_2O→ Cl-噻吩-Ac —NaOCl→ Cl-噻吩-COOH

1. 2-氯噻吩的合成：在装有搅拌器、温度计、氯气导管和氯化氢回收装置的 150mL 四口瓶中，加入噻吩 20g（0.238mol）、二氯乙烷 50g，搅拌，升温至 35～40℃，通入氯气 20.28g（0.2856mol）。通氯毕，保温反应 4h，升温至 50～55℃再反应 2h。冷却至室温，加入 20g 饱和亚硫酸钠水溶液，再用碱液调节 pH 至中性。静置分层，分出有机层，干燥，减压浓缩至干，所得粗品进行减压精馏，得到 2-氯噻吩 26.8g，收率 95%。

2. 2-氯-5-乙酰基噻吩的合成：在装有搅拌器、温度计和回流冷凝管的 150mL 四口瓶中，加入 2-氯噻吩 10g、二氯乙烷 30g、乙酸酐 17g 和催化剂量的磷酸，加热回流 4h。冷却至室温，加入水 30g，用液碱调节 pH 至中性。静置分层，分出有机层，干燥，减压浓缩至干，得到 2-氯-5-乙酰基噻吩 13.1g，收率 97%。

3. 2-氯噻吩-5-甲酸的合成：在装有搅拌器、温度计、滴液漏斗和回流冷凝管的 150mL 四口瓶中，加入 2-氯-5-乙酰基噻吩 15g 和水 200g，升温至 40～45℃，滴加入约 11%次氯酸钠水溶液 50g。滴毕，继续保温反应 5h。冷却至室温，加入饱和亚硫酸钠水溶液 25g，用浓盐酸调节 pH 至 1，过滤，干燥，所得粗产品用甲苯重结晶，得到 2-氯噻吩-5-甲酸 15.1g，收率 93%。

二、文献［2］中的方法（以 2-噻吩甲醛为原料，一锅法）

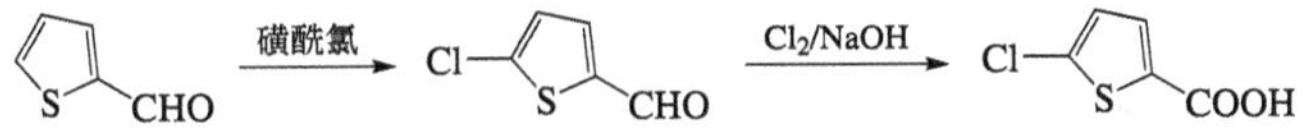

在装有搅拌器、温度计、滴液漏斗和回流冷凝管的 10L 四口瓶中，加入 2.8kg（25mol）2-噻吩甲醛，搅拌下降温至－5℃，缓慢通入 1.8kg（25mol）氯气，约需 3h 通完。在－5～0℃继续反应 2h，TLC 监测反应至原料点消失，生成 5-氯-2-噻唑甲醛。控制温度在－5～0℃，缓慢滴加冷却至 5℃的 11kg 20%氢氧化钠水溶液，约需 2h 滴完。控制温度在 15～30℃，慢慢通入 1.8kg（25mol）氯气，约需 4h 通完，TLC 监测反应至原料点消失。生成 5-氯-2-噻唑羧酸，纯度 92%。降温至 5～10℃，加入 10%亚硫酸钠水溶液，淬灭反应，至淀粉-KI 试纸不变颜色。加入 5kg 二氯甲烷，搅拌 30min，静置分层。分出有机相，装桶重复使用。水层滴加 3.65kg（30mol）30%盐酸，调节 pH 到 1～2，析出大量白色固体。抽滤，得到湿滤饼 2-氯噻吩-5-甲酸 3.6kg，纯度 96%。

在装有搅拌器、温度计和回流冷凝管的 20L 三口瓶，加入上述滤饼、10.8kg 乙醇和 3.6kg 水，加热回流至全溶，再继续保温 1h。自然降至室温后，再冷却至 10℃，抽滤，用 500g 75%的乙醇水溶液洗涤滤饼 1 次，减压干燥，得到 2-氯噻吩-5-甲酸 3.0kg（18.4615mol），收率 73.85%，纯度 98.8%。

【参考文献】

［1］苑文秋，蔡跃冬，陈航军. 一种 2-氯-5-噻吩甲酸的制备方法：CN102993164A［P］. 2013-03-27.

［2］汤文杰，林诗锐，等. 一种一锅法合成 5-氯噻吩-2-羧酸的方法：CN108840854A［P］. 2018-11-20.

2,5-二氯-3-噻吩羧酸

【基本信息】 英文名：2,5-dichlorothiophene-3-carboxylic acid；CAS 号：36157-41-2；分子式：$C_5H_2Cl_2O_2S$；分子量：197；熔点：147～151℃；沸点：296.6℃/101325Pa；闪点：133.2℃；密度：1.708g/cm^3。合成反应式如下：

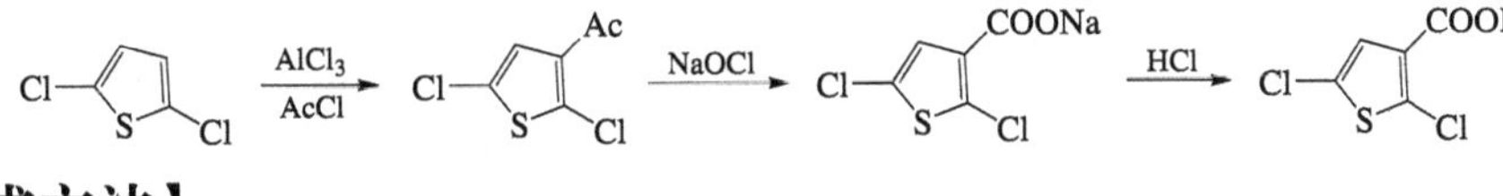

【合成方法】

1. 2,5-二氯-3-乙酰基噻吩的合成：在装有搅拌器、温度计和回流冷凝管的 250mL 四口瓶中，加入 13.2g（0.086mol）2,5-二氯噻吩和 13.2g（0.0168mol）乙酰氯与 33mL 二硫化碳的溶液，搅拌，在冰水浴上冷却至0～5℃。当反应液温度降到2℃时，慢慢加入16g无水三氯化铝，约40min加完。温度控制30℃，搅拌反应3h。将反应液倒入60g碎冰中，搅拌溶解。振荡分层后，分出下层有机相。用氯仿萃取上层水相，合并有机相，用40mL 2%碳酸钠水溶液洗涤，用无水硫酸钠干燥，蒸出溶剂，得到白色固体产品2,5-二氯-3-乙酰基噻吩15.6g，收率93%，熔点36～37.5℃（文献：38～38.5℃）。

2. 2,5-二氯-3-噻吩甲酸的合成： 在装有搅拌器、温度计和回流冷凝管的250mL四口瓶中，加入200mL新制的次氯酸钠，搅拌，加热升温至55℃，慢慢加入14g（0.072mol）2,5-二氯-3-乙酰基噻吩，约5min加完。剧烈搅拌，升温至82℃，反应2h。降温，有白色透明晶体析出。搅拌下，滴入约18mL盐酸，调节pH到1～2，保持0.5h以上，静置后析出粒状晶体，抽滤，用冰水洗涤滤饼除去盐酸，干燥，得到白色固体产物2,5-二氯-3-噻吩甲酸12.2g（0.06193mol），收率86%，熔点147～148℃。用氯仿为溶剂，石油醚3mL和乙酸乙酯2mL为展开剂，进行TLC分析，其R_f值为0.5。

【参考文献】

［1］徐宝财，阳文，季彩华，等. 2,5-二氯-3-噻吩甲酸的制备［J］. 精细石油化工，2001（4）：1-3.

3-(2-噻吩)丙烯酸

【基本信息】 英文名：(*E*)-3(thiophen-2-yl) acrylic acid；CAS号：1124-65-8或15690-25-2；分子式：$C_7H_6O_2S$；分子量：154；熔点：145～148℃；沸点：298.9℃/101325Pa；闪点：(134.6±20.4)℃；密度：1.346g/cm^3；酸度系数pK_a：4.34。溶于二氯甲烷和乙醚，储存于30℃以下。本品是多种药物的中间体。合成反应式如下：

S CHO + $H_2C(CO_2H)_2$ —吡啶/哌啶，盐酸→ S COOH

【合成方法】

在装有搅拌器、温度计、回流冷凝管的100mL三口瓶中，依次加入丙二酸23.8g（0.229mol）、50mL吡啶、2-噻吩甲醛11.65g（0.104mol）和1.80mL哌啶，搅拌。升温至90℃，反应5h。冷却，将反应液倒入200mL 2mol/L盐酸中，搅拌，抽滤，水洗滤饼，干燥，得到白色固体产物2-噻吩丙烯酸15.05g，收率94%，熔点145～146℃。

【参考文献】

［1］刘宝硕. 4-羟基-2-吡啶酮类化合物的合成研究［D］. 上海：东华大学，2013.

利伐沙班

【基本信息】 俗名：利伐沙班（rivaroxaban）；化学名：5-氯-*N*-({(5*S*)-2-氧代-3-[4-(3-氧代-4-吗啉基）苯基]-1,3-噁唑啉-5-基}甲基)-2-噻吩甲酰胺；英文名：5-chloro-*N*-({(5*S*)-2-oxo-3-[4-(3-oxomopholin-4-yl) phenyl]-1,3-oxazolidin-5-yl} methyl) thiopnene-2-carboxamide；CAS号：366789-02-8；分子式：$C_{19}H_{18}ClN_3O_5S$；分子量：435.5；类白色结晶粉末；熔点：228～229℃。溶于DMF，微溶于乙酸，极微溶于乙腈和二氯甲烷，几乎

不溶于甲醇、乙醇、丙酮、水、0.1mol/L 盐酸和氢氧化钠水溶液。用于择期髋关节或膝关节置换手术成年患者，以预防静脉血栓形成。在冰箱里储存。

【合成方法】

1. 4-苯基-3-吗啉酮的合成：

$$PhNHCH_2CH_2OH + O{=}C(CH_2Cl)_2 \xrightarrow{NaOH} \text{4-苯基-3-吗啉酮}$$

在装有搅拌器、温度计和回流冷凝管的 250mL 三口瓶中，加入 16.4g（0.12mol）2-苯胺基乙醇、16mL 乙醇和 40mL 水，搅拌升温至 40℃，慢慢滴加 40.7g（0.36mol）氯乙酰氯和 44.3mL 氢氧化钠水溶液（浓度：16.7mol/L），保持反应体系 pH 为 12～12.5。滴毕，在此温度和 pH 条件下搅拌 10min，冷却至 0℃，搅拌 30min，过滤。水洗滤饼 2 次，真空干燥，得到白色固体产品 4-苯基-3-吗啉酮 17.6g，收率 82.9%，熔点 113～114℃。

2. 4-(4-硝基苯基)-3-吗啉酮的合成：

$$\text{4-苯基-3-吗啉酮} \xrightarrow[H_2SO_4]{HNO_3} \text{4-(4-硝基苯基)-3-吗啉酮}$$

在装有搅拌器、温度计和回流冷凝管的 250mL 三口瓶中，加入 72.8g（0.74mol）浓硫酸和 17.7g（0.1mol）4-苯基-3-吗啉酮，搅拌溶解。降温至 −10℃，慢慢滴加 10.2g（0.11mol）65%硝酸，保温搅拌 4h。将反应液倒入 130mL 去离子水中，充分搅拌。用 35% 氨水调节 pH 到 7.0，过滤，水洗滤饼，真空干燥，得到黄色固体产物 4-(4-硝基苯基)-3-吗啉酮 19.3g，收率 86.9%，熔点 151～152℃。

3. *N*-苄氧羰基（3-吗啉酮）苯胺的合成：

$$\text{4-(4-硝基苯基)-3-吗啉酮} \xrightarrow[HCO_2NH_4]{10\%Pd/C} \text{4-(4-氨基苯基)-3-吗啉酮} \xrightarrow[ClCO_2CH_2Ph]{NaHCO_3} \text{4-(4-}NHCO_2CH_2Ph\text{苯基)-3-吗啉酮}$$

在装有搅拌器、温度计和回流冷凝管的 500mL 三口瓶中，加入 12g（0.054mol）、0.4g 10%Pd/C 和 150mL 丙酮。充分搅拌后，加入 17g（0.27mol）甲酸铵，升温至 50℃，搅拌 8h。用 TLC［展开剂：乙酸乙酯∶石油醚=1∶4(体积比)］监测反应至完成。过滤，滤液加入 80mL 水和 9.1g（0.11mol）碳酸氢钠。搅拌降温至 0℃，慢慢滴加 9.72g（0.057mol）氯甲酸苄酯。滴毕，自然升至室温，搅拌反应 4h。用 TLC（展开剂同上）监测反应至完成。将混合物倒入 500mL 冰水中，充分搅拌，过滤，真空干燥，得到类白色固体产物 *N*-苄氧羰基（3-吗啉酮）苯胺 15.7g，收率 89.2%，熔点 163.0～164.0℃。

4. 2-({(5*S*)-2-氧代-3-[4-(3-氧代)-4-吗啉基]-1,3-噁唑烷-5-基}甲基)-1*H*-异吲哚-1,3-二酮的合成：

$$\text{4-(4-}NHCO_2CH_2Ph\text{苯基)-3-吗啉酮} \xrightarrow[t\text{-BuOLi}]{\text{N-缩水甘油基邻苯二甲酰亚胺}} \text{产物}$$

在装有搅拌器、温度计和回流冷凝管的 250mL 三口瓶中，加入 9.78g（0.03mol）*N*-苄氧羰基（3-吗啉酮）苯胺、18mL *N*,*N*-二甲酰胺和 54mL 四氢呋喃。搅拌溶解，降温至 5℃以下，分批加入 4.8g（0.06mol）叔丁醇锂，保温搅拌 30min。加入 8.12g（0.041mol）

(*S*)-*N*-(2,3-环氧丙基) 邻苯二甲酰亚胺，室温搅拌 24h。TLC［展开剂：二氯甲烷：乙酸乙酯＝12：1（体积比）］监测反应至结束。加入 60mL 饱和氯化铵溶液，用热乙酸乙酯 200mL×2 萃取，分出有机相，依次用水、饱和食盐水洗涤。用无水硫酸钠干燥，滤除干燥剂，滤液浓缩析出结晶，真空干燥，得到类白色固体产物 2-({(5*S*)-2-氧代-3-[4-(3-氧代)-4-吗啉基]-1,3-噁唑烷-5-基}甲基)-1*H*-异吲哚-1,3-二酮 10.9g，收率 86.3%，熔点 218～219℃。

5. (*S*)-5-氯-*N*-({2-氧代-3-[4-(3-氧代-4-吗啉基)苯基]-1,3-噁唑啉-5-基}甲基)-2-噻吩甲酰胺(利伐沙班)的合成：

$\xrightarrow{H_2NNH_2 \cdot H_2O}$

$\xrightarrow{ClOC-(5-氯噻吩-2-基)}$

在装有搅拌器、温度计和滴液漏斗的 500mL 三口瓶中，加入 8.4g (0.02mol) 2-({(5*S*)-2-氧代-3-[4-(3-氧代)-4-吗啉基]-1,3-噁唑烷-5-基}甲基)-1*H*-异吲哚-1,3-二酮、250mL 甲醇和 12.5g (0.2mol) 80%水合肼。加热至 60℃，反应 1h。TLC［展开剂：二氯甲烷：乙酸乙酯＝12：1（体积比）］监测反应至结束。减压浓缩至干，加入 300mL 二氯甲烷和 100mL 水，充分搅拌溶解。分出有机相，用 100mL 水洗，用无水硫酸钠干燥，过滤。将滤液倒入 500mL 三口瓶里，加入 4.0g (0.04mol) 三乙胺。搅拌，降温至 0℃，慢慢滴加 4.35g (0.024mol) 5-氯噻吩-2-甲酰氯。保温搅拌反应 1h，升至室温反应 1h，TLC（展开剂：乙酸乙酯）监测反应至结束。加入 100mL 水，搅拌，分出有机相，用饱和碳酸氢钠溶液、水洗涤，用无水硫酸钠干燥，过滤，滤液浓缩至干，得到固体，用丙酮重结晶，得到白色固体产品利伐沙班 7.9g (0.01814mol)，收率 90.7%，纯度＞99%，熔点 230℃。

【参考文献】

[1] 杨银萍，王红波，马庆文. 利伐沙班的合成工艺改进［J］. 中国药物化学杂志，2013，23 (1)：26-29.

2-氨基噻唑

【基本信息】 英文名：2-aminothiazole；CAS 号：96-50-4；分子式：$C_3H_4N_2S$；分子量：100；黄色片状固体；熔点：86～91℃；沸点：117℃。微溶于冷水、乙醇和乙醚，蒸馏易分解。许多天然化合物含有噻唑环，主要用作医药、农药、染料中间体。由于该类农药具有内吸、广谱、高效，以及与其它杀虫剂无交互拮抗作用等特点，已成为当今世界新农药开发的热点之一。

【合成方法】

1. 高纯度氯乙醛的合成（因所含杂质影响 2-氨基噻唑的储存稳定性）： 将 99.9%的乙醇反复真空蒸馏，得到高纯度无水乙醇。将其放入氯化罐中，通入干燥的氯气，在 20～

30℃保温，直到罐内液体的密度达到 1.055～1.060g/cm^3 时，得到高纯度氯乙醛。

2. 2-氨基噻唑的合成：在装有搅拌器、温度计的 300mL 三口瓶中，加入 200mL 异丙醇和 20.6g（0.27mol）硫脲，搅拌，升温，使其溶解，保持温度 50℃以下，滴加上述氯乙醛 27.5g（0.35mol），温度低于 60℃，保温反应 2.5h。在 60℃加入 29g（0.35mol）碳酸氢钠，搅拌 3h。滤除生成的氯化钠和过量碳酸氢钠。减压蒸出溶剂，得到黄色固体，用少量去离子水冲洗，再用环己烷洗涤几次，得到 2-氨基噻唑 26g（0.255mol），收率 96%，熔点 92.5～93℃。

【参考文献】

［1］张泽江. 2-氨基噻唑合成新技术［J］. 四川化工，1997（S4）：16-18.

2-氨基-4-(β-氯乙基)噻唑盐酸盐

【基本信息】 英文名：4-(β-chloroethyl)-2-aminothiazole hydrochloride；分子式：$C_5H_8Cl_2N_2S$；分子量：199；熔点：166℃。合成反应式如下：

$$ClCH_2C(=O)CH_2CH_2Cl + H_2NC(=S)NH_2 \xrightarrow[NaOH]{H_2O} \text{4-}(ClH_2CH_2C)\text{-2-aminothiazole} \xrightarrow{HCl} \text{4-}(ClH_2CH_2C)\text{-2-aminothiazole}\cdot HCl$$

【合成方法】

1. α′,β-二氯甲乙酮的合成：在装有机械搅拌器、回流冷凝管和氯化钙干燥管的三口瓶中，加入 250mL 干燥的石油醚（沸点：40～60℃）和 13.3g 氯化铝粉末。通入乙烯到溶液 2h，此时溶液保持在回流温度（47℃）并且大部分氯化铝溶解。通过分液漏斗加入 11.3g 氯乙酰基氯，加完后反应物沸腾 30min。将混合物倒入 600mL 冰水中，搅拌至氯化铝分解。分出石油醚层，用总量 300mL 乙醚提取 3 次。合并提取液，用无水硫酸钠干燥，用干燥的空气流蒸发，减压精馏，收集 63～65℃/400Pa 馏分，得到产品 2.3g。

2. 2-氨基-4-(β-氯乙基）噻唑盐酸盐的合成：将 1.4g 硫脲溶于 25mL 水中，加入 2.8g 2′,3-二氯甲乙酮，水浴加热，回流 30min。频繁搅动，最后，二氯甲乙酮中的不溶物完全消失。减压蒸发溶液至 15mL，加入 20mL 0.1mol/L 氢氧化钠，使之成为碱性。用乙醚萃取，乙醚液用无水硫酸钠干燥，蒸出乙醚，剩余物结晶，得 1.4g 2-氨基-4-(β-氯乙基）噻唑，熔点 60℃。无须重结晶，可制备成其盐酸盐：将 0.5g 2-氨基-4-(β-氯乙基）噻唑溶于 20mL 干燥乙醚中，过滤。向 20mL 干燥乙醚中通入干燥的 HCl 至饱和，并加入到 2-氨基-4-(β-氯乙基）噻唑的乙醚液中，滤出结晶，用无水乙醚洗涤，在氯化钙上真空干燥，蜡封。产物 2-氨基-4-(β-氯乙基）噻唑盐酸盐重沉淀后的熔点为 166℃，开始在 144℃熔化，然后固化。

【参考文献】

［1］Carroll R H，Smith G B L. α′,β-Dichloromethylethyl ketone（1,4-dichlorobutanone-2）［J］. Journal of the American Chemical Society，1933（1）：370-373.

2-氨基-5-甲基噻唑

【基本信息】 英文名：2-amino-5-methylthiazole；CAS 号：7305-71-7；分子式：

$C_4H_6N_2S$；分子量：114；棕色粉末；熔点：93～98℃；沸点：222℃。密封储存在干燥阴凉处。本品是抗炎药美洛昔康（Meloxicam）的中间体。

【合成方法】

一、文献［1］中的方法（一锅法）

$$CH_3CH_2CH_2OH \xrightarrow[\text{硫脲}]{Cl_2/H_2O} \text{Me-(2-氨基噻唑-5-基)}$$

在装有搅拌器、温度计、导气管和尾气管（连接碱吸收瓶）的500mL三口瓶中，加入正丙醇74.6mL（1.0mol）和水3.2g（0.18mol）。在25℃搅拌下，缓慢通入氯气。当反应瓶增重到26.8g时，停止通氯气。通氯约2h，通入氯气22.72g（0.32mol）。加入硫脲6.9g（0.09mol）和水2.5mL，升温至75～80℃，反应5h，用TLC或硫酸铜试纸监测反应结束。反应完全后，浓缩，加入50mL水，搅拌，用2mol/L氢氧化钠溶液调节pH至12。用氯仿提取，提取液用无水硫酸镁干燥，减压蒸出溶剂，用氯仿重结晶，得到浅黄色针状晶体产品2-氨基-5-甲基噻唑5.6g（0.049mol），收率54%，熔点94～96℃。

二、文献［2］中的方法（丙醛为起始原料之一）

$$MeCH_2CHO \xrightarrow[AcONa]{Ac_2O} MeCH{=}CHO{-}C(O)Me \xrightarrow{Br/CCl_4} MeCHBrCHBrO{-}C(O){-}Me \xrightarrow{MeOH}$$

$$MeCHBrCH(OMe)_2 \xrightarrow{H^+} MeCHBrCHO \xrightarrow{\text{硫脲}} \text{Me-(2-氨基噻唑-5-基)}$$

1. α-溴丙醛缩二甲醇的合成：在装有搅拌器、温度计、回流冷凝管（上端有干燥管）的三口瓶中，加入58g（1mol）丙醛、153g（1.5mol）乙酸酐和16.4g（0.2mol）乙酸钠，加热至约130℃回流。反应完成后，冷却，分别用水和5%碳酸氢钠洗涤至中性。分出水，用无水硫酸钠干燥，过滤。将滤液放入装有搅拌器、温度计、回流冷凝管和恒压滴液漏斗的三口瓶中，再加入100mL四氯化碳。冷却至5℃，滴加溴与等量四氯化碳的溶液，至反应液不再褪色，滴加过程中温度控制在低于10℃。反应完毕后，加入500mL水，分出下层液体，干燥，蒸出四氯化碳后，蒸馏，得到产品α-溴丙醛缩二甲醇75.9g，收率41.5%。

2. α-溴丙醛的合成：在装有刺形蒸馏柱的三口瓶中，加入75.9g α-溴丙醛缩二甲醇和80mL浓盐酸，边加热边蒸出水、甲醇和α-溴丙醛。蒸完后，分出下层α-溴丙醛粗产品，再蒸馏，收集109～111℃馏分，得到α-溴丙醛纯品40.6g，收率71.4%。

3. 2-氨基-5-甲基噻唑的合成：在装有搅拌器、回流冷凝管的三口瓶中，加入40.6g（M=137，0.2964mol）α-溴丙醛和20g（0.2632mol）硫脲，加热回流1h。冷却，加入50%氢氧化钠水溶液，有油状物沉下来。冷却，油状物结晶，用乙醚溶解，抽滤去除硫脲。滤液蒸出乙醚，得到粗产品，用水重结晶，得到浅黄色针状晶体2-氨基-5-甲基噻唑20.6g（0.1807mol），收率68.7%，熔点94～96℃。2-氨基-5-甲基噻唑粗品用水或石油醚重结晶，得浅黄色针状晶体。此法收率较高，纯化较难。

三、文献［3］中的方法（1,2,3-三氯丙烷为起始原料之一）

$$ClCH_2CHClCH_2Cl \xrightarrow{NaOH} CH_2{=}CClCH_2Cl \xrightarrow{KSCN} CH_2{=}CClCH_2NCS \xrightarrow{NH_3\cdot H_2O}$$

$$CH_2{=}CClCH_2NHC(=S)NH_2 \xrightarrow{H_2SO_4} \text{2-氨基-5-甲基噻唑 (Me, NH}_2\text{)}$$

1. 2,3-二氯-1-丙烯的合成： 将 96g（2.4mol）氢氧化钠配成 10%的水溶液，在 100～110℃滴加到 295g（2.0mol）1,2,3-三氯丙烷中，约 1h 滴加完毕。常压蒸馏，收集 94℃馏分，得到无色液体 2,3-二氯-1-丙烯 188.7g，收率 85%。

2. 2-氯-2-丙烯基异硫氰酸酯的合成： 将 97.7g（1.01mol）硫氰酸钾在室温加入到 200mL 乙醇中，搅拌约 2h 后，加入 111g（1.0mol）2,3-二氯-1-丙烯，室温反应 2d。滤除无机物，浓缩母液至干，水洗 2 次，得到油状物。升温至 120℃，搅拌反应 4h。减压蒸馏，收集 70℃/1.3kPa 馏分，得到无色液体 2-氯-2-丙烯基异硫氰酸酯 109.9g，收率 78%。

3. *N*-(2-氯-2-丙烯基）硫脲的合成： 将 57.9g（0.343mol）2-氯-2-丙烯基异硫氰酸酯滴加到 44g（0.467mol）25%氨水中，升温至 80℃，反应 1h。降温到 0℃，析出大量晶体，抽滤，分别用水和少量氯仿洗涤滤饼，真空干燥，得到米黄色晶体 *N*-(2-氯-2-丙烯基）硫脲 43.6g，收率 75%，熔点 93～95℃。

4. 2-氨基-5-甲基噻唑的合成： 将 30g（0.2mol）*N*-(2-氯-2-丙烯基）硫脲加入到 245g 80%硫酸中，剧烈搅拌。升温至 90℃，反应 1.5h，冷却至室温，用氢氧化钠调节 pH 至 8，所得溶液用乙酸乙酯提取 3 次。用无水硫酸镁干燥，蒸出溶剂，得到固体粗产品。用乙酸乙酯重结晶，得到类白色固体产物 2-氨基-5-甲基噻唑 17.3g，收率 83%，熔点 94～96℃。此法工艺路线较长，但纯度较高，有利于合成药物。

【参考文献】

［1］张治国，张奕华，李雅静. 2-氨基-5-甲基噻唑合成工艺的改进［J］. 中国药物化学杂志，2003（1）：42-43.

［2］张荣华，李义久，倪亚明. 2-氨基-5-甲基噻唑的合成［J］. 精细化工，2000，17（1）：45-46.

［3］茹德新. 2-氨基-5-甲基噻唑的合成及应用研究［J］. 化学反应工程与工艺，2002，18（1）：94-96.

4-氯甲基噻唑-2-胺

【基本信息】 英文名：4-(chloromethyl)1,3-thiazol-2-amine；CAS 号：7250-84-2；分子式：$C_4H_5ClN_2S$；分子量 148.5；熔点：42.1～45.4℃；闪点 135℃；密度：1.455g/cm^3。因有机胺在空气中易变色，所以需要真空包装，或者制备成盐酸盐，现配现用。合成反应式如下：

$$H_2NC(=S)NH_2 + ClCH_2C(=O)CH_2Cl \longrightarrow \text{4-氯甲基噻唑-2-胺 (}H_2N\text{, }CH_2Cl\text{)}$$

【合成方法】

将 7.6g（0.1mol）硫脲溶于 250mL 干燥的丙酮（用无水硫酸钠干燥）中，超声 20min

使其全部溶解，备用。

在500mL三口瓶中，加入12.7g（0.1mol）1,3-二氯丙酮溶于干燥过的50mL丙酮的溶液，搅拌，升温至40℃。剧烈搅拌下，滴加备用的硫脲丙酮液，控制在2h内滴加完。滴加过程中，有油状物生成。控制滴加速度确保不析出固体。用TLC监测反应程度（展开剂：乙酸乙酯：石油醚＝1：1）。当薄层板前沿白色斑点（即1,3-二氯丙酮）消失时，反应完成。放置过夜，油状物结晶，过滤得到固体。加入200mL乙醇，剧烈搅拌，使产物溶解。滤除不溶物，旋蒸至干，得到黄色微红油状物，静置，析出结晶4-(氯甲基）噻唑-2-胺11g（0.0595mol），收率59.5%，熔点42.1～45.4℃。

如果有现成的2-氨基-4-氯甲基噻唑单盐酸盐，将其放在乙醇中，加热溶解，用适量水混合，冷却，滴加入氨水，生成沉淀，过滤，干燥，得到产品。用少量乙醇重结晶，干燥，得到2-氨基-4-氯甲基噻唑。

【参考文献】

［1］赵芳，肖军海，王应，等.芳酰胺基噻唑类衍生物的合成及其CCR4趋化抑制活性研究［J].中国药物化学杂志，2009，19（1）：1-6.

2-氨基-4-氯甲基噻唑单盐酸盐

【基本信息】 英文名：4-(Chloromethyl)-2-thiazolamine. hydrochloride（1：1）；CAS号：59608-97-8；分子式：$C_4H_5ClN_2S \cdot HCl$；分子量：185（148.5+36.5）；本品白色晶体；熔点：148～149℃；密度：1.455g/cm³。本品是一种医药中间体。合成反应式如下：

$$(H_2N)_2CS + (ClH_2C)_2CO \longrightarrow \underset{\mathbf{1}}{\text{4-(ClH}_2\text{C)-thiazol-2-yl-}NH_2\cdot HCl} + \underset{\mathbf{2}}{\text{2-amino-thiazol-4-yl-}CH_2SC(=NH)NH_2 \cdot 2HCl}$$

【合成方法】

在装有搅拌器、温度计和滴液漏斗的500mL三口瓶中，加入1,3-二氯丙酮18.3g（M=127，0.1441mol）和丙酮72mL，搅拌。将10.95g（0.1441mol）硫脲溶于360mL丙酮中，在氮气保护下快速滴加到上述1,3-二氯丙酮的丙酮溶液中。当滴加到1/4溶液时，出现一种清亮的油状物。约1h滴加完毕，再搅拌0.5h，放置过夜，生成白色结晶。滤出丙酮，加入140mL无水乙醇，搅拌0.5h，过滤出不溶物异硫脲（**2**）4.1g，熔点250～253℃。滤液用石油醚稀释，搅拌30min，出现固体。过滤，滤饼真空干燥，得到白色晶体产品2-氨基-4-氯甲基噻唑盐酸盐（**1**）15.5g（0.0838mol），收率58.15%，熔点138～140℃。用乙醇/乙酸乙酯重结晶，产品的熔点138～139℃（文献值：148～149℃）。

【参考文献】

［1］Sprague J M，Land A H，Ziegler C. Derivatives of 2-amino-4-methylthiazole［J]. Journal of the American Chemical Society，1946，68（11）：2155-2159.

2-氨基-4-羟甲基噻唑

【基本信息】 英文名：(2-aminothiazol-4-yl) methanol；CAS 号：51307-43-8；分子式：$C_4H_6N_2OS$；分子量：130；熔点：98～99℃；沸点：340℃；密度：1.475g/cm^3；酸度系数 pK_a：13.14；化学稳定性好，受紫外线作用分解；与盐酸生成等物质的量的稳定的加合物，与 SO_2 形成结晶加合物，熔点：138℃；沸点：145℃。

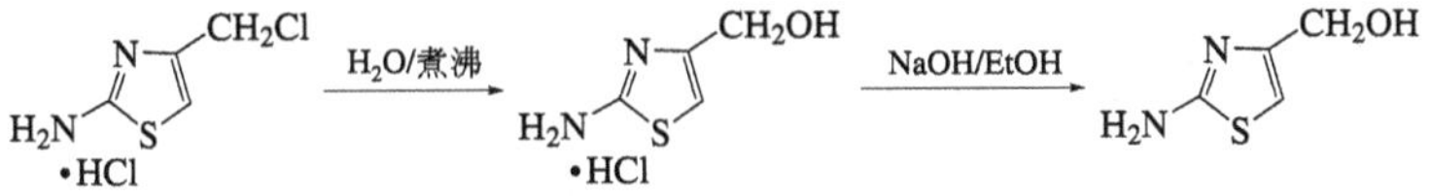

【合成方法】

1. 2-氨基-4-羟甲基噻唑盐酸盐的合成： 将 2g 2-氨基-4-氯甲基噻唑盐酸盐溶于 20mL 水，煮沸 10min，然后在蒸汽浴上蒸干，再溶于几毫升水中，再蒸干，重复三次后，剩余物与乙醇粉碎，再蒸干，留下 1.7g 褐色固体。该固体两次从异丙醚稀释的乙醇中沉淀，最后用乙醇重结晶，得到白色结晶 2-氨基-4-羟甲基噻唑盐酸盐 0.6g，熔点 161～163℃（起泡）。

2. 2-氨基-4-羟甲基噻唑的合成： 将乙醇氢氧化钠溶液加入到 4.5g 2-氨基-4-羟甲基噻唑盐酸盐中，直到溶液显微碱性，滤除氯化钠，溶液减压蒸干。剩余物用含有少量乙醇煮沸的苯萃取，过滤萃取液，滤液冷却，过滤，得到棕色结晶。溶液煮沸，用“Norit”活性炭脱色，放置结晶，过滤，得到 0.7g 白色结晶 2-氨基-4-羟甲基噻唑，熔点 98～99℃。

可进一步制备 2-乙酰氨基-4-羟甲基噻唑：将 0.7g 2-氨基-4-羟甲基噻唑溶于 1.2mL 乙酸酐和 5mL 冰醋酸中，温热 1.5h。用 6mL 水稀释，用氨水中和，过滤，干燥，得到 0.8g 结晶 2-乙酰氨基-4-羟甲基噻唑，熔点 145～148℃，用苯重结晶 2 次，得到白色晶体 2-乙酰氨基-4-羟甲基噻唑 0.25g，熔点 149～150℃。

【参考文献】

[1] Sprague J M, Land A H, Ziegler C. Derivatives of 2-amino-4-methylthiazole [J]. Journal of the American Chemical Society, 1946, 68 (11): 2155-2159.

2-氨基-4-氯噻唑-5-甲醛

【基本信息】 英文名：2-amino-4-chloro-5-thiazolecarboxaldehyde；CAS 号：76874-79-8；分子式：$C_4H_3ClN_2OS$；分子量：162.6；沸点：341.257℃/101325Pa；闪点：160.187℃；密度：1.659g/cm^3。本品用作医药和氰乙烯基染料中间体。合成反应式如下：

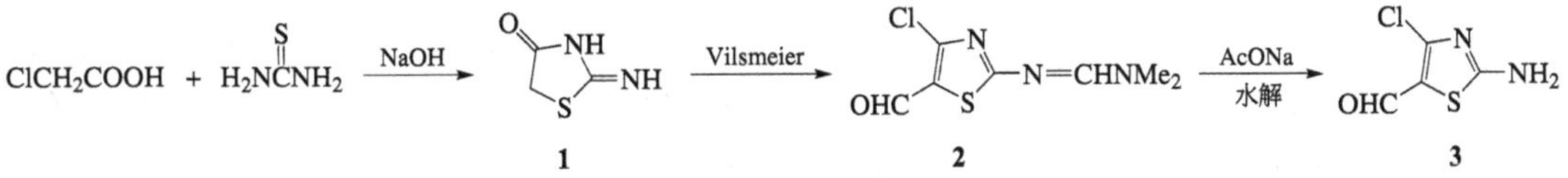

【合成方法】

1. 2-亚氨基噻唑-4-酮 (1) 的合成： 在 250mL 三口瓶中，加入 15.2g (0.2mol) 硫脲、18.9g (M=94.5，0.2mol) 氯乙酸和 60mL 95%乙醇，加热回流 4h。冷却至室温 (25℃)，用浓氨水中和至中性，过滤，将滤饼干燥，得到 2-亚氨基噻唑-4-酮 22.04g (M=116，

0.19mol)，收率95%。此外，用30mL水和22mL 30%氢氧化钠为介质，在80～90℃反应4h，冷却后过滤，得到产品2-亚氨基噻唑-4-酮，收率可达98%。

2. 缩合中间物（2）的合成： 在250mL三口瓶中加入35mL DMF，冷至<5℃，搅拌下，滴加14.5mL（26.1g，0.17mol）三氯氧磷，滴毕，搅拌5min，得到黄色溶液Vilsmeier试剂。再慢慢加入5.8g 2-亚氨基噻唑-4-酮。滴毕。缓慢升温至80～85℃，反应12h。反应完毕，冷至室温，将其倒入含有42g醋酸钠、60mL水和50g冰的溶液中，搅拌，冷却后析出黄色产物**2**，过滤，干燥，收率99%，熔点135℃。

3. 2-氨基-4-氯噻唑-5-甲醛（3）的合成： 上述制备的Vilsmeier试剂，慢慢滴加5.8g（0.05mol）2-亚氨基噻唑-4-酮，缓慢升温至80～85℃，反应12h后，将反应物倒入醋酸钠冰水溶液中。直接加热至50℃，水解3～4h，析出黄色固体，冷却后过滤，干燥，得到产物2-氨基-4-氯噻唑-5-甲醛7g（0.043mol），收率86%。

【参考文献】

[1] 贾俊. 2-氨基-4-氯-5-醛基噻唑合成工艺 [J]. 染料与染色，2011，48（6）：35-38.

2-氨基-5-噻唑甲醛

【基本信息】 英文名：2-aminothiazole-5-carboxaldehyde；CAS号：1003-61-8；分子式：$C_4H_4N_2OS$；分子量：128。

2-氨基噻唑-5-甲醛盐酸盐　英文名　2-aminothiazole-5-carbaldehyde hydrochloride；CAS号：920313-27-5；分子式：$C_4H_4N_2OS \cdot HCl$；分子量：164.5；溶于甲醇，微溶于乙醇，不溶于水。本品是有机合成中间体。

【合成方法】

1. 溴代丙二醛的制备（文献［1］中的方法）： 合成反应式如下。

$$(EtO)_2CHCH_2CH(OEt)_2 \xrightarrow{Br_2} (EtO)_2CHCHBrCH(OEt)_2 \xrightarrow[CCl_4]{H_2O/H^+} OHCCHBrCHO$$

在装有机械搅拌器、回流冷凝管、温度计和滴液漏斗的1L四口瓶中，加入220g（1mol）1,1,3,3-四乙氧基丙烷、300mL四氯化碳和少许（约5mmol）过氧化苯甲酰（BPO），然后加几滴溴（在通风橱中操作），溶液变深红色，边搅拌边加热到54℃时，反应液变无色。在56～65℃滴加全部溴170g（1.064mol），并保温2h，滴完溴后，溶液变为深红色，室温放置过夜。加入200mL饱和碳酸氢钠溶液，强搅拌后分出有机相，用少量水洗后用无水硫酸镁干燥，真空蒸出溶剂四氯化碳，得到液体粗产品2-溴-1,1,3,3-四乙氧基丙烷292g。

将2-溴-1,1,3,3-四乙氧基丙烷292g放入1L单口瓶中，加入20mL水和几滴浓硫酸，室温搅拌1h，未出现结晶，放置10天以上，出现结晶溴代丙二醛，过滤，滤液放置还有结晶析出。共得到溴代丙二醛（CAS号：2065-75-0）90g（M=151，0.596mol），收率60%，熔点134～138℃（分解）。

2. 2-氨基-5-噻唑甲醛的合成（文献［2］中的方法）： 将溴代丙二醛66g（M=151，0.437mol）加入硫脲33g（0.4342mol），剧烈搅拌回流1h，冷却至室温，过滤，干燥，得黄色固体2-氨基-5-噻唑甲醛溴酸盐85g（M=209，0.4067mol），收率93.7%。将2-氨基-5-

噻唑甲醛溴酸盐中和，便得到2-氨基-5-噻唑甲醛。该化合物在空气中易氧化变色，过滤后应迅速真空干燥。

【参考文献】

［1］董兆恒，王作全，刘骞峰，等.溴代丙二醛的合成［J］.合成化学，2001，9（2）：96-97.

［2］Wilson J R H，Sawhey I S. Thiazole derivatives：US5089512［P］. 1992-02-18.

2-氨基噻唑-4-(*N*-甲基吡啶)氯化物

【基本信息】 英文名：2-amine-thiazolyl-4-（*N*-methyl-pyridinium）chloride；分子式：$C_9H_{10}ClN_3S$；分子量：227.5；淡黄色棱柱形晶体；熔点207℃（分解）。合成反应式如下：

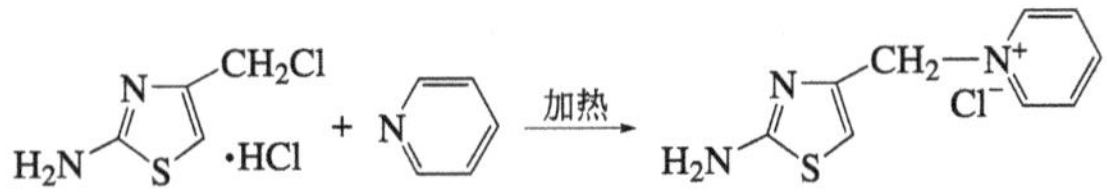

【合成方法】

在装有磁子搅拌的50mL三口瓶中，加入约10mL干燥的吡啶和1.85g 2-氨基-4-氯甲基噻唑单盐酸盐，在蒸汽浴上搅拌2～3h，放置析晶，过滤，用乙醚和绝对乙醇洗涤滤饼，从绝对乙醇中得到淡黄色菱柱形晶体2-氨基噻唑-4-(*N*-甲基吡啶）氯化物2.1g，熔点207℃（分解）。

【参考文献】

［1］Tewari J D，Misra A L. Notiz über einige quartäre Ammoniumsalze aus heterocyclischen Basen und 2-Amino-4-chlormethyl-thiazol［J］. Chemische Berichte，1953，86：857-858.

2-氨基噻唑-4-乙酸

【基本信息】 英文名：2-amino-4-thiazole acetic acid；CAS号：29676-71-9；分子式：$C_5H_6N_2O_2S$；分子量：158；白色固体；熔点：130℃。本品用于头孢类药物的合成，是头孢替安的中间体。合成反应式如下：

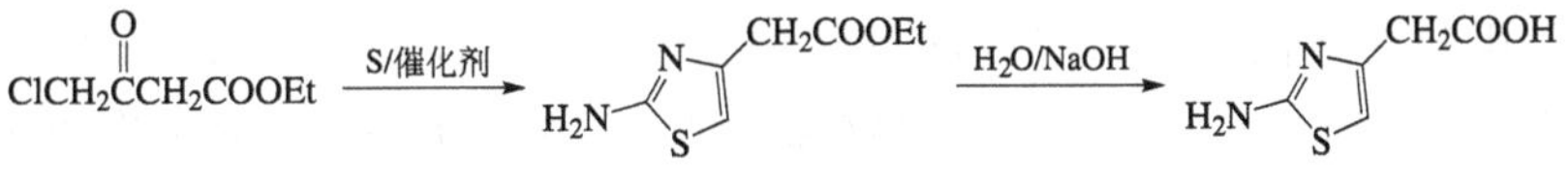

【合成方法】

1. 2-氨基噻唑-4-乙酸乙酯（CAS号：53266-94-7）的合成： 在装有搅拌器、温度计、回流冷凝管的500mL三口瓶中，加入4-氯乙酰乙酸乙酯40g（M=164.5，0.243mol）、环己烷300mL、吡咯烷20g（M=71，0.2817mol）和催化剂对甲苯磺酸一水合物（TsOH·H_2O）2g（0.01mol），加热回流反应5h。冷却至室温，过滤，滤液减压蒸出环己烷和吡咯烷，剩余物加入500mL无水吡啶和硫16g（0.5mol）。冷却至0℃，缓慢滴加21g（0.5mol）氰胺和50mL吡啶的溶液。滴毕，升温至80℃，反应1h，TLC监测反应至原料点消失。旋蒸出溶剂，加入蒸馏水100mL，用20%氢氧化钠水溶液调节pH至9～10。冷却至10℃，缓慢搅拌，析出大量固体。抽滤，用乙醇-水体积比为 1∶1 的混合溶剂重结晶，抽滤，用乙醚 50mL×3 洗涤滤饼，干燥，得到白色固体 2-氨基噻唑-4-乙酸乙酯 41g，收率 88.2%，熔点 92～94℃。元素分析，$M(C_7H_{10}N_2O_2S)=186$，实验值（计算值）(%)：C 45.11 (45.15)，H 5.43 (5.41)，N 15.07 (15.04)。

2. 2-氨基噻唑-4-乙酸的合成：在装有搅拌器、温度计、滴液漏斗的 500mL 三口瓶中，加入 2-氨基噻唑-4-乙酸乙酯 50g (0.268mol) 和甲醇 100mL，搅拌溶解。缓慢滴加 20%氢氧化钠水溶液 80mL，滴毕，于室温反应 5h，TLC [展开剂：PE∶EA=5∶1 (体积比)] 监测反应至原料点消失。减压蒸出溶剂甲醇，用稀盐酸调节 pH 至 5～6，降温至 5℃，缓慢搅拌析晶，过滤，滤饼用丙酮-水体积比为 1∶5 混合溶剂重结晶，干燥，得到白色固体 2-氨基噻唑-4-乙酸 39g，收率 91.83%，熔点 131～132℃。元素分析，$M(C_5H_6N_2O_2S)=158$，实验值（计算值）(%)：C 37.92 (37.97)，H 3.83 (3.82)，N 17.76 (17.71)。

【参考文献】

[1] 黄婷. 米拉贝隆中间体 2-氨基噻唑-4-乙酸的合成 [J]. 合成化学，2017，25 (5)：437-439.

2-氨基噻唑-4-乙酸甲酯及其盐酸盐

【基本信息】

(1) 2-氨基噻唑-4-乙酸甲酯　英文名：(2-amino-thiazol-4-yl)-acetic acid methyl ester；CAS：64987-16-2；分子式：$C_6H_8N_2O_2S$；分子量：172；白色固体；熔点：112～116℃；沸点：307.3℃/101325Pa；闪点：139.7℃；密度：1.353g/cm^3。

(2) 2-氨基噻唑-4-乙酸甲酯盐酸盐　CAS 号：76629-18-0；分子式：$C_6H_9ClN_2O_2S$；分子量：208.5；溶于水。本品用于制备嘌呤异羟肟酸衍生物。

【合成方法】

一、文献 [1] 中的方法

2-氨基噻唑-4-乙酸 (CH_2COOH) $\xrightarrow{SOCl_2/MeOH}$ 2-氨基噻唑-4-乙酸甲酯 (CH_2COOMe)

在装有搅拌器和回流冷凝管的 50mL 三口瓶中，加入 2.4g ($M=119$，20mmol) 氯化亚砜与 20mL 甲醇的溶液，冰水浴冷却下滴加 3g($M=158$，17.4mmol) 2-氨基噻唑-4-乙酸，冰水浴中的冰允许熔化。滴毕，化合物搅拌过夜。旋蒸出溶剂，剩余物加入水，搅拌溶解，用二氯甲烷 200mL×3 萃取，干燥。旋蒸出二氯甲烷，得到白色结晶固体 2-氨基噻唑-4-乙酸甲酯 2.5g，收率 83%，熔点 124～126℃。对 $C_6H_8N_2O_2S$ 的 ES-MS 检测，$m/z=173$ [M+H]。元素分析，实验值（计算值）(%)：C 41.63 (41.85)，H 4.64 (4.68)，N 16.24 (16.27)。

二、文献 [2] 中的方法

1. 4-氯乙酰乙酸甲酯的合成：

$$2ClCH_2COOMe \xrightarrow{Mg/THF} ClCH_2COCH_2CO_2Me$$

在装有搅拌器、回流冷凝管和氮气导管的 1L 三口瓶中，加入氯乙酸甲酯 325g（M＝108.5，3.0mol）和 500mL 四氢呋喃，在氮气保护下搅拌，分批加入镁屑 24.3g（1.0mol），每 20min 加入 2.4g，共需 3.5h 加完。在 30～35℃反应过夜，加热回流反应 2h。将反应混合物倒入 1L 冰水中并充分冷却，加入 50％硫酸溶液，调节 pH 至 2～3。分出有机相，水层用乙醚萃取，合并有机相，依次用水、饱和碳酸氢钠和饱和氯化钠水溶液洗涤，用无水硫酸镁干燥。减压浓缩，得到亮橙色液体粗产品 173g，通过 80cm 玻璃精馏柱减压精馏，收集 27℃/1.2kPa 馏分，得到氯代乙酸甲酯 97g（0.9mol），收率 30％。收集 65～68℃/(333～400)Pa 馏分，得到 55g 无色液体 4-氯代乙酰乙酸甲酯。剩余物通过韦氏柱进行精馏，收集 53～85℃/93.3Pa 馏分，又得到 4-氯代乙酰乙酸甲酯 2.7g。共得 4-氯代乙酰乙酸甲酯 57.7g（M＝150.5，0.3834mol），收率 36.51％。

2. 2-氨基噻唑-4-乙酸甲酯的合成：

$$ClCH_2COCH_2CO_2Me \xrightarrow[EtOH]{H_2NCSNH_2} \text{2-氨基-4-}(CH_2COOMe)\text{噻唑}\cdot HCl \xrightarrow{中和} \text{2-氨基-4-}(CH_2COOMe)\text{噻唑}$$

在装有搅拌器、回流冷凝管和氮气导管的 1L 三口瓶中，加入 2g（25mmol）硫脲和 75mL 乙醇，搅拌成悬浮液，在室温，加入 3.76g（M＝150.5，0.25mmol）4-氯代乙酰乙酸甲酯。升温至回流温度，搅拌反应 4h，反应液逐渐变成无色溶液。冷却，析出 2-氨基噻唑-4-乙酸甲酯的盐酸盐，过滤，乙醇洗涤滤饼，干燥，用异丙醇重结晶，干燥，得到 2-氨基噻唑-4-乙酸甲酯盐酸盐 3.18g，收率 61％，熔点 174℃，对 $C_6H_9ClN_2O_2S$ 元素分析，分析值（计算值）（％）：C 34.75（34.51），H 4.20（4.36），Cl 17.14（16.99），N 13.25（13.43），S15.38（15.37）。用 10％碳酸氢钠水溶液中和，再用苯重结晶，得到 2-氨基噻唑-4-乙酸甲酯 2.623g（15.25mmol），收率 61％，熔点 120℃。

同法合成出 2-氨基噻唑-4-乙酸乙酯，$M(C_7H_{10}N_2O_2S)$＝186，收率 83％，熔点 93℃。其盐酸盐 $C_7H_{11}ClN_2O_2S$ 的元素分析，分析值（计算值）（％）：C 37.68（37.74），H 5.11（4.99），Cl 16.17（15.93），N 12.51（12.58），S14.13（14.38）。

【参考文献】

[1] Muri E M F, Mishra H, Avery M A, John S. Williamson. Design and synthesis of heterocyclic hydroxamic acid derivatives as inhibitors of helicobacter pylori urease [J]. Synthetic Communications, 2003, 33 (12): 1977-1995.

[2] Campaigne E, Selby T P. Reactions of 4-Chloroacetoacetic esters with thioureas [J]. Journal of Heterocyclic Chemistry, 1980, 17 (6): 1255-1257.

2-氨基-4-甲基噻唑-5-甲酸乙酯

【基本信息】 英文名：ethyl 2-amino-4-methylthiazole-5-carboxylate；CAS 号：7210-76-6；分子式：$C_7H_{10}N_2O_2S$；分子量：186；类白色固体粉末；熔点：176～180℃；沸点：313.1℃；闪点：143.1℃；密度：1.283g/cm^3；不溶于水。主要用于合成抗肿瘤药物 5-噻唑酰胺类化合物。合成反应式如下：

$$EtO_2CCH(Cl)COCH_3 + H_2NC(S)NH_2 \xrightarrow[Na_2CO_3]{AcOEt/EtOH} \text{2-氨基-4-}(CO_2Et)\text{-5-甲基噻唑}$$

【合成方法】

在四口瓶中，加入含25%乙酸乙酯的乙醇溶液200mL、硫脲30.4g、碳酸钠1.5g，搅拌，升温至45℃，滴加入33g 2-氯乙酰乙酸乙酯，20～30min滴完。滴毕，升温至65℃，保温反应5h。常压蒸出大部分溶剂，冷却至室温，滤除未反应的硫脲，滤液加入500mL水，搅拌，用30%NaOH调节pH至9～10，搅拌0.5h，抽滤，真空干燥2h，得到产物2-氨基-4-甲基噻唑-5-甲酸乙酯36.7g，收率98.36%，熔点172～173℃。

【参考文献】

[1] 孙蓓，林泽欣. 2-氨基-4-甲基噻唑-5-甲酸乙酯的合成：CN108570017A [P]. 2018-09-25.

2-氨基噻唑-4-乙酰胺

【基本信息】 英文名：2-(2-amino-1,3-thiazol-4-yl) acetamide；CAS号：220041-33-8；分子式：$C_5H_7N_3OS$；分子量：157；白色固体；熔点：180～182℃；沸点：464.7℃/8.0kPa；蒸气压：1.16×10^{-6}Pa/25℃；闪点：234.4℃。产品溶于冷水，不溶于乙醇和丙酮；密度：1.455g/cm^3。本品可用作医药中间体。合成反应式如下：

$$\text{2-H}_2\text{N-thiazol-4-yl-CH}_2\text{COOEt} \xrightarrow{NH_4OH} \text{2-H}_2\text{N-thiazol-4-yl-CH}_2\text{CONH}_2$$

【合成方法】

在装有搅拌器、温度计的500mL三口瓶中，加入2-氨基-4-噻唑乙酸乙酯17.2g（M=186，0.0925mol），25%～28%氨水200mL（48g，2.824mol）在40～45℃水浴上（内温30～35℃）搅拌使固体完全溶解，约需1.5～2h，在25～28℃继续搅拌，清液慢慢变浑浊，反应2～3h后析出沉淀慢慢增多，放置1～2h后（或过夜）过滤，得产物2-氨基-4-噻唑乙酰胺12g（0.0764mol），收率82.6%。乙醇洗涤后熔点179～181℃，纯度99%。过滤后，回收氨水180mL可以循环使用。产品在滤液中有一定溶解度，回收的氨所做产品收率会增加，循环到第四次需补加一半新氨水。洗涤产品的乙醇需要减压蒸馏回收，常压蒸馏易变黑，且不能回收原料。

【参考文献】

[1] Georg J，Will S. Pyridine-2-carboxyamide derivatives：WO2007093542 [P]. 2007-08-23.

2-甲酰氨基噻唑-4-乙酸

【基本信息】 英文名：2-formamidothiazol-4-acetic acid；CAS号：75890-68-5；分子式：$C_6H_6N_2O_3S$；分子量：186.19。本品是合成第三代头孢产品头孢替安重要的中间体。合成反应式如下：

$$\text{4-CH}_2\text{CO}_2\text{Et-thiazol-2-yl-NH}_2 \xrightarrow[HCO_2H]{Ac_2O} \text{4-CH}_2\text{CO}_2\text{Et-thiazol-2-yl-NH-HC=O} \xrightarrow[HCl]{CH_3OH/NaOH} \text{4-CH}_2\text{CO}_2\text{H-thiazol-2-yl-NH-HC=O}$$

【合成方法】

1. 2-甲酰氨基噻唑-4-乙酸乙酯的合成：在装有搅拌器和温度计的 50mL 三口瓶中，加入乙酸酐 82.8mL，搅拌下加入甲酸 52.4mL，室温搅拌反应 30min。降温至 10℃，1h 内，分批加入 2-氨基噻唑-4-乙酸乙酯 31.5g，加入过程中使温度升到 40℃，保温反应 30min。用 HPLC 监测反应至原料残留低于 2%时，反应结束。降温至 25℃，滴加入氨水，调节 pH 至 3.0。静置 1h 析出固体，抽滤，用蒸馏水 200mL 洗涤滤饼，抽干，在 60℃真空干燥，得到 2-甲酰氨基噻唑-4-乙酸乙酯。

2. 2-甲酰氨基噻唑-4-乙酸的合成：在装有搅拌器和温度计的干燥的 500mL 三口瓶中，加入甲醇 100mL，慢慢加入前面合成的 2-乙酰氨基噻唑-4-乙酸乙酯，搅拌溶解，滴加入预先配制好的氢氧化钠水溶液 100mL，升温至 30℃，保温反应 1h。冷至 25℃以下，滴加 33%盐酸，调节 pH 至 4.0，静置析晶 1h，抽滤。用纯水洗滤饼，抽干，干燥，得到 2-甲酰氨基噻唑-4-乙酸，收率 70%，含量 98.7%。

【参考文献】

[1] 王晖，魏玉斌. 2-甲酰氨基噻唑-4-乙酸的合成 [J]. 黑龙江医药，2004，17 (4)：285-286.

4-(吗啉-4-甲基)-1,3-噻唑-2-胺

【基本信息】 英文名：4-(morpholinomethyl) thiazol-2-amine；CAS 号：3008-61-5；分子式：$C_8H_{13}N_3OS$；分子量：199；沸点：346.35/101325Pa；闪点：163.3℃；密度：1.312g/cm^3。

【合成方法】

1. 2-氨基-4-噻唑甲醇的合成：将 1,3-二氯丙酮 917mg (7.23mmol) 溶于 6mL 丙酮，以适当快的速度滴加到硫脲 550mg (7.23mmol) 溶于 30mL 丙酮的溶液中。混合物在室温搅拌过夜，滤除生成的固体，浓缩滤液，得到无色油状 2-氨基-4-噻唑甲醇单盐酸盐 524mg (M=166.5，2.84mmol)，收率 39.3%。

2. 4-(吗啉-4-甲基)-1,3-噻唑-2-胺的合成：合成反应式如下。

将 2-氨基-4-噻唑甲醇单盐酸盐 491mg (2.95mmol) 溶于 10mL 乙醇中，加入吗啡啉 (CAS 号：110-91-8) 1.155g (M=87，13.3mmol)。室温搅拌 48h，蒸出乙醇，剩余物溶于乙酸乙酯，滤除所生成的固体。滤液浓缩，剩余物用二氯甲烷/甲醇 (10：1) 结晶，得到浅黄色结晶 4-(吗啉-4-甲基)-1,3-噻唑-2-胺 487mg (2.447mmol)，收率 83%。

【参考文献】

[1] George D，Atteenweiler B，Eugene H，et al. Rhokinase inhibitors field of the invention：WO2008086047 [P]. 2008-07-17.

2-氨基-4-二乙氨甲基噻唑

【基本信息】 英文名：2-amino-4-diethylaminomethylthiazole；分子式：$C_8H_{15}N_3S$；分子量：185；白色针状固体；熔点：63.5～64.5℃。

【合成方法】

1. 2-氨基-4-氯甲基噻唑盐酸盐的合成： 在装有搅拌器、温度计的三口瓶中，加入25.4g（0.2mol）1,3-二氯丙酮、100mL丙酮，搅拌，快速滴加15.2g（0.2mol）噻唑溶于500mL丙酮的溶液。当滴加1/4溶液时，开始出现清亮的油状物。静置过夜，油状物固化成白色块状结晶，滤除丙酮。加入200mL无水乙醇，搅拌，滤除不溶物异噻唑，熔点250～253℃（分解）。加入300mL石油醚，快速搅拌，油状物很快结晶，过滤，干燥，得到结晶17～18g，熔点144～146℃。丙酮母液用石油醚再稀释并如上述再沉淀固体，又得到产品2-氨基-4-氯甲基噻唑盐酸盐3.8g，熔点144～145℃，总收率58.8%。所得两次产品用乙醇-乙酸乙酯混合液重结晶，熔点上升到148～149℃。元素分析，$M(C_4H_6Cl_2N_2S)=185$，实验值（计算值）（%）：Cl 38.55（38.32），N 15.06（15.14），S 17.24（17.33）。

2. 2-氨基-4-二乙氨甲基噻唑的合成： 将5.5g（$M=185$，0.03mol）2-氨基-4-氯甲基噻唑盐酸盐加入50mL乙醇中，剧烈搅拌下，滴加15g（0.206mol）二乙胺溶于15mL乙醇的溶液。约反应0.5h开始生成结晶。次日减压蒸出溶剂，剩余物溶于稀盐酸，用乙醚层覆盖，加入20%NaOH，使之成为强碱性。强振荡后分层，分出乙醚层，用无水硫酸钠干燥，蒸出乙醚。留下的油状物溶于15mL 6mol/L盐酸。溶液加入碱，使成为碱性，用乙醚提取。再蒸出乙醚，搅拌，留下的油状物一点点固化。用己烷重结晶，得到1.8g黏的棕色结晶。将其溶于20mL异丙醇，并用氯化氢饱和。冷却，沉淀出白色结晶2-氨基-4-二乙氨甲基噻唑盐酸盐2.3g，熔点206～207℃（分解）。用乙醇和乙酸乙酯重结晶，得到1.7g（$M=221.5$，7.7mmol）结晶，收率25.9%，熔点206～207℃。由2-氨基-4-二乙氨甲基噻唑盐酸盐制备2-氨基-4-二乙氨甲基噻唑，用己烷重结晶两次，得到白色针状结晶2-氯-4-氯甲基噻唑0.4g（2.162mmol），收率7.3%，熔点63.5～64.5℃。

【参考文献】

[1] Sprague J M，Land A H，Ziegler C. Derivatives of 2-amino-4-methylthiazole [J]. Journal of the American Chemical Society，1946，68（11）：2155-2159.

2-溴噻唑

【基本信息】 英文名：2-bromothiazole；CAS号：3034-53-5；化学式：C_3H_2BrNS；分子量：164；无色至浅橘棕色液体；沸点：171～174℃；闪点：63℃；密度1.82g/cm³；不溶于水；储存条件：2～8℃。合成反应式如下：

$$\text{thiazole} \xrightarrow[CCl_4]{NBS} \text{2-bromothiazole}$$

【合成方法】

将10g（$M=85$，0.11765mol）噻唑、21g（$M=178$，0.118mol）*N*-溴代琥珀酰亚胺（NBS）、

35mL 干燥的 CCl_4 在剧烈搅拌下加热到 67℃，加热 45min 后，冷却，过滤，用稀 NaOH 洗涤，蒸馏，收集 70～75℃/2.0kPa 馏分，得到 2-溴噻唑 2.41g（0.0147mol），收率 12.5%。

【参考文献】

［1］ Gol'dfarb Y L，Gromova，GP，Belenkii L I. Course of bromination of thiazole and 2-methylthiazole ［J］. Chemistry of Heterocyclic Compounds，1986，22（6）：663-666.

［2］ Kurkjy R P，Brown E V . The preparation of thiazole grignard reagents and thiazolyllithium compounds ［J］. Journal of the American Chemical Society，1952，74（24）：6260-6262.

4-溴噻唑

【基本信息】 英文名：4-bromothiazole；CAS 号：34259-99-9；分子式：C_3H_2BrNS；分子量：164；无色液体；沸点 197.4℃/101325Pa；闪点：73.2℃；蒸气压：71.3Pa/25℃；密度：1.857g/cm^3；酸度系数 pK_a：−0.05±0.10；最大波长（λ_{max}）：247nm（EtOH）。合成反应式如下：

锌粉/60℃，3h

【合成方法】

在装有搅拌器、温度计的 2L 三口瓶中，加入 2，4-二溴噻唑 200g（$M=243$，0.823mol）、冰醋酸 800mL，搅拌加热至水浴温度升至 50℃。原料溶解后，小量分批加入锌粉 105g（1.606mol）。此反应为放热反应，保持反应温度维持在 55～60℃，约 2h 加完锌粉后，在 60℃恒温反应 1h。用冰水浴冷却至 5℃，分批加入 10mol/L NaOH 约 900mL，保持温度 10℃以下。约 4h 加完，继续搅拌 0.5～1h，反应液呈糊状，静置后底部有灰白色絮状沉淀。反应液用异丙醚 300mL×4 萃取，合并有机相，用 200mL 饱和食盐水洗涤。用无水硫酸钠干燥后，旋蒸出溶剂异丙醚，减压精馏，收集 70～73℃/2.5kPa 馏分，所得无色或浅黄色油状液体产物 4-溴噻唑 74.24g（0.4527mol），收率 55%，纯度≥98%。

【参考文献】

［1］ Trybulski E J，Brabander H J. 2-，4- or 5-Substitued thiazole derivatives：US4990520A ［P］. 1999-02-05.

5-溴噻唑

【基本信息】 英文名：5-bromothiazole；CAS 号：3034-55-7；分子式：C_3H_2BrNS；分子量：164；沸点：197.4℃/101325Pa；密度：1.835g/cm^3。本品是一种化工中间体。合成反应式如下：

H_3PO_4/HNO_3，$NaNO_2$/50%次磷酸，-5℃，2h/室温，15h

【合成方法】

在装有搅拌器、温度计和滴液漏斗的 500mL 三口瓶中，加入 27.2g（$M=179$，

0.152mol）2-氨基-5-溴噻唑和 212mL 86%磷酸，搅拌混合，加入 43mL 浓硝酸。冷却至−10℃，慢慢滴加 15g 亚硝酸钠溶于 52mL 水的溶液，约 45min 滴加完毕，其间温度维持在−5～10℃。加完后，混合物在−5℃搅拌 30min。然后在 75min 内滴加 80mL 50%次磷酸并保持温度低于−5℃搅拌 2h，然后加热到室温搅拌 15h。该混合物慢慢倒入冷却的 161.5g NaOH 溶于 400mL 水的溶液中，加入冰控制反应温度。加入 5mol/L NaOH 溶液直到中性，所得混合物用二氯甲烷 400mL×3 萃取。合并有机相，用饱和 NaCl 水溶液洗涤，用无水硫酸钠干燥，通过硅藻土过滤，真空浓缩。将所得深棕色油状粗产品进行精馏，收集 70～80℃/2.67kPa 馏分，得到无色油状产品 5-溴噻唑 10.2g（0.0622mol），收率 40.92%。

【参考文献】

[1] Trybulski E J，Brabander H J. 2-，4- or 5-Substitued thiazole derivatives：US4990520A [P]. 1999-02-05.

[2] Uzelac E J，Rasmussen S C. Synthesis of brominated thiazoles via sequential bromination-debromination methods [J]. Journal of Organic Chemistry，2017，82 (11)：5947-5951.

4-溴-5-乙氧基-2-甲基噻唑

【基本信息】 英文名：4-bromo-5-ethoxy-2-methyl-1,3-thiazole；CAS 号：89502-01-2；分子式：C_6H_8BrNOS；分子量：222；沸点：120℃/1.47kPa。合成反应式如下：

EtO-(2-甲基噻唑) —NBS/CCl_4，过氧化苯甲酰→ 4-Br, 5-EtO-2-甲基噻唑

【合成方法】

在装有搅拌器和回流冷凝管的三口瓶中，加入 15g（*M*＝145，0.1mol）2-甲基-5-乙氧基噻唑和 50mL 干燥过的四氯化碳，搅拌使其溶解。再加入 18.8g（0.1056mol）NBS 和 2.5g 过氧化苯甲酰，化合物自动变热。自发反应消退以后，回流 1h，然后冷却，过滤。棕色滤液用冷的稀氢氧化钠溶液洗涤后，用石油醚稀释。将溶液通过氧化铝柱子，用苯洗脱。蒸出有机溶剂后，将所得黄色液体精馏几次，得到产物 2-甲基-4-溴-5-乙氧基噻唑 18.5g（0.0833mol），收率 80.5%，沸点：120℃/1.47kPa。

【参考文献】

[1] Tarbell D S，Hirschler H P，Carlin R B. 2-Methyl-5-ethoxythiazole and related compounds1 [J]. Journal of the American Chemical Society，1950，72 (7)：3138-3140.

2-溴-4-噻唑羧酸

【基本信息】 英文名：2-bromo-1,3-thiazole-4-carboxylic acid；CAS 号：5198-88-9；分子式：$C_4H_2BrNO_2S$；分子量：208；浅咖啡色固体；熔点：212～214℃；沸点：(350.0±15)℃/101325Pa；密度：2.1g/cm^3。微溶于乙酸乙酯、丙酮。合成反应式如下：

$BrCH_2C(O)CO_2Et$ —$H_2NC(O)NH_2$→ 2-H_2N-噻唑-4-CO_2Et —$NaNO_2$/DMSO，40%HBr→ 2-Br-噻唑-4-CO_2Et —K_2CO_3，MeOH→ 2-Br-噻唑-4-CO_2H

【合成方法】

1. 2-氨基噻唑-4-甲酸乙酯的合成：在装有搅拌器的干燥的 500mL 三口瓶中，加入 50g（0.21mol）溴代丙酮酸乙酯，搅拌下油浴加热到 120℃。连续加入 15.9g（0.21mol）硫脲，反应过程中出现固体，TLC 监测反应至结束。用冰水洗涤，所得固体用甲醇重结晶，得到白色固体 2-氨基噻唑-4-羧酸乙酯 31.4g（$M=172$，183mmol），收率 87%，纯度＞98%，熔点 172～174℃。ESI-MS：$m/z=172.03$ [M^+]。

2. 2-溴噻唑-4-甲酸乙酯的合成：在装有机械搅拌的 1L 三口瓶中，加入 300mL DMSO，加热到 60℃后，加入 19g（0.277mol）亚硝酸钠，搅拌至全溶。加入 12g（0.069mol）2-氨基-4-羧酸噻唑乙酯，溶解后慢慢滴加含有 56g（0.277mol）40%HBr 的 DMSO 350mL，用 TLC 监测反应至结束。加入大量冰水，生成固体，抽滤，所得粗品用乙酸乙酯重结晶，得到 2-溴噻唑-4-甲酸乙酯 13.8g（59mmol），收率 85%，纯度＞98%，熔点 68～69℃。ESI-MS：$m/z=236.08$ [M^+]。

3. 2-溴噻唑-4-甲酸的合成：在 250mL 干燥的单口瓶中，加入 10g（42mmol）2-溴噻唑-4-甲酸乙酯、150mL 甲醇和 5.85g（42mmol）无水碳酸钾，室温搅拌过夜，TLC 监测反应至结束。抽滤，旋蒸至干后，加入 2mol/L 盐酸，调节 pH 到 6，用乙醚结晶，得到浅咖啡色固体 2-溴噻唑-4-甲酸 8.3g（0.04mol），收率 95.2%，纯度＞98%，熔点 184℃（分解）。ESI-MS：$m/z=208.03$ [M^+]。

【参考文献】

[1] 张秀芹，杨晓云，杨真锐，等. 2-溴噻唑-4-甲酸合成方法的改进 [J]. 广州化工，2009，37（2）：94-95.

2,4-二溴噻唑

【基本信息】 英文名：2,4-dibromothiazole；CAS 号：4175-77-3；分子式：C_3HBr_2NS；分子量：243；白色结晶粉末；熔点：80～84℃，沸点：242.8℃/101325Pa，闪点：100.6℃。本品是一种农药中间体。合成反应式如下：

$$\text{2,4-二羟基噻唑} \xrightarrow{POBr_3} \text{2,4-二溴噻唑} + HBr + HPO_3$$

【合成方法】

在装有搅拌器、温度计、维氏分流柱的干燥的 2L 三口瓶中放入三溴氧磷 650g（熔点：56℃），加热熔融后，加入 2,4-噻唑烷二酮 85g（$M=117$，0.7265mol），搅拌，继续慢慢加热，放出的尾气用 NaOH 溶液吸收。温度升至 110～125℃，反应 3～3.5h。反应混合物逐渐变黏、颜色变深，最后变为呈深褐色的膏状物。降至室温后，用冰水浴冷却。少量多次将 1kg 碎冰投入反应瓶，水解反应混合物。水解过程有大量 HBr 逸出，需要进行尾气吸收。

水解完后，选用内径较粗的直形冷凝管进行水蒸气蒸馏。反应釜加热至 110℃，以提高蒸馏效率。为防止蒸出的产物凝结在冷凝管壁，视情况随时开关冷凝水。当无固体凝结在管壁时，继续蒸出 500mL 浑浊液。用异丙醚 300mL×3 萃取，将所得固体物溶于其中（视溶解情况可适当增加溶剂 400～600mL），用饱和食盐水 300mL×3 洗涤，用无水硫酸钠干燥。旋蒸出溶剂，得到白色结晶产品 2,4-二溴噻唑 109g（0.4486mol），收率 61.7%，纯度

≥98%，熔点 70～72℃。

备注：① 反应过程将回流冷凝管改为维氏分流柱，不易堵塞，保证气体顺利排出。

② 水蒸气蒸馏时，反应瓶要持续加热，以免瓶中水越来越多。

③ 冷凝管中有产物结晶时关闭冷凝水，产物熔化后再开通冷凝水。

④ 当三溴氧磷买不到时，可直接用赤磷、三溴化磷、五氧化二磷和溴素制备三溴氧磷，会降低成本。方法如下：在 2L 三口瓶中放入 96g 赤磷及 210mL 三溴化磷，搅拌均匀，慢慢滴加 222mL 液溴，在 3.5～4h 滴完。缓慢升温，30min 内升到 110℃，恒温 30min，降至室温，取出 210mL 液体三溴化磷下次备用。加入 180g 五氧化二磷，缓慢搅拌均匀，滴加 144mL 溴素。搅不动时，停止搅拌，继续滴加溴素，约 3h 滴完。升温至 60℃后，每 20min 升温 10℃，升至 120℃，恒温 1h，直到瓶中无较大固体，自然冷至 75℃，分次慢慢加入 2,4-噻唑烷二酮 180g，缓慢搅拌，温度升至 105℃，气流平稳后升至 120℃，恒温 2.5～3h，冷却至室温。水解同上。

【参考文献】

[1] Trybulski E J, Brabander H J. 2-, 4- or 5-Substitued thiazole derivatives: US4990520A [P]. 1999-02-05.

2,5-二溴噻唑

【基本信息】 英文名：2,5-dibromothiazole；CAS 号：4175-78-4；分子式：C_3HBr_2NS；分子量：243；熔点：45～49；沸点：242.8℃/101325Pa；闪点：110；密度：2.324g/cm^3。合成反应式如下：

2-氨基噻唑 —(Br_2/冰醋酸)→ 2-氨基-5-溴噻唑 —($NaNO_2/HNO_3$, $NaBr/CuSO_4/H_2O$)→ 2,5-二溴噻唑

【合成方法】

1. 2-氨基-5-溴噻唑的合成： 将 2-氨基噻唑 20g（0.2mol）溶于 200mL 冰醋酸中，温度控制在 65～70℃，在 20～30min 滴加溶有 32g（0.2 mole）溴的冰醋酸溶液 40mL，滴加速度使反应温度维持在 65～70℃（无须另外加热）。倾倒出上层清液，减压除去冰醋酸，剩余物溶于少量水，用浓氨水中和。过滤，水洗滤饼，干燥后得到 2-氨基-5-溴噻唑 20g，收率 56%，熔点 78℃（分解）。用苯重结晶，得精品 12g，收率 33%，熔点 93℃（分解），文献值 94～95℃。

2. 2,5-二溴噻唑的合成： 将 30mL 65%的浓硝酸加入到溶有 19.0g（0.106mol）2-氨基-5-溴噻唑的 150mL 80%磷酸的溶液中，并冷却至－5℃，滴加 11g（0.16mol）亚硝酸钠溶于 30mL 水的溶液中，滴加完后，继续搅拌 0.5h。搅拌下在 20min 内加入溶有 20g（0.08mol）硫酸铜和 55g（0.53mol）溴化钠的 100mL 水溶液，温度控制在 0℃左右。反应完后，升至室温。边冷却边用 NaOH 水溶液中和，水汽蒸馏。蒸出液用乙醚提取，干燥后蒸出乙醚，得到 2,5-二溴噻唑 29.2g。收率 72%，熔点 45～46℃。用甲醇重结晶，熔点 46～47℃。

【参考文献】

[1] 张秀芹，杨晓云，杨真锐，等. 2-溴噻唑-4-甲酸合成方法的改进 [J]. 广州化工，

2009，37（2）：94-95.

2-氯噻唑

【基本信息】 英文名：2-chlorothiazole；CAS 号：3034-52-4；分子式：C_3H_2ClNS；分子量：119.5；沸点：145℃；密度：1.378g/cm^3。本品刺激眼睛、呼吸系统和皮肤，操作时注意防护。合成反应式如下：

$$\text{2-氨基噻唑}\xrightarrow[H_3PO_4/0\sim5℃]{NaNO_2/HNO_3}\text{噻唑-2-}N_2^+X^-\xrightarrow{NaCl/CuSO_4}\text{2-氯噻唑}$$

【合成方法】

1. 2-氨基噻唑重氮盐的合成： 在 500mL 三口瓶加入 70mL 磷酸，搅拌下加入 20g（M=100，0.2mol）2-氨基噻唑，自动升温至 35～40℃，再加入 10mL 磷酸，使物料全部溶解。冷却至 0℃，慢慢滴加 30mL 硝酸。反应液用冰盐浴冷却至－5℃，在约 50min 将 16g 亚硝酸钠分 16 次加入到反应瓶中，在－5℃再搅拌 1h。

2. 2-氯噻唑的合成： 在 1L 三口瓶中，加入氯化钠 33.4g、硫酸铜 33.4g 和水 150mL，搅拌溶解，冷却至 10℃。搅拌下，慢慢滴加上述重氮盐溶液，保持温度低于 10℃，约需 1h 滴加完。滴毕，撤去水浴，室温搅拌 2h（或放置过夜）。用 40%NaOH 中和至 pH 为 7，水蒸气蒸馏至流出液澄清。用分液漏斗分出粗品 16g，含量 84.5%。用无水硫酸钠干燥，常压蒸馏含量可达 90%。将三次反应的粗品 48g 用韦氏分流柱精馏，收集 144～145℃馏分，得到 2-氯噻唑 38g/3＝12.7g（0.1063mol），精馏收率 79.17%，纯度＞98%。两步总收率 53.15%。

备注：① 水汽蒸馏时，有固体析出（1～1.3g），溶于乙醚，待分析。

② 前馏分含有产品，可集中蒸馏；残液 2～3g，沸点 141～146℃，含有一定量产品。

【参考文献】

[1] Ganapathi K，Venkataraman A. Chemistry of the thiazoles [J]. Proceedings of the Indian Academy of Sciences—Section A，1945，22（6）：362-378.

2-氯-5-氯甲基噻唑

【基本信息】 英文名：2-chloro-5-chloromethyl-1,3-thiazole；CAS 号：105827-91-6；分子式：$C_4H_3Cl_2NS$；分子量：168。本品为白色或棕黄色晶体，25℃以上时变成浅黄色液体，是合成高效农药噻虫胺、噻虫嗪、呋虫胺及医药利托那韦等的重要中间体，合成反应式如下：

$$CH_2{=}CHClCH_2Cl\xrightarrow{NH_4SCN}CH_2{=}CClCH_2NCS\xrightarrow{Cl_2}\text{2-氯-5-}CH_2Cl\text{噻唑}$$

【合成方法】

1. 1-异硫氰酸基-2-氯-2-丙烯的合成（文献［1］中的方法）： 在装有搅拌器、温度计和回流冷凝管的 500mL 三口瓶中，加入 2,3-二氯丙烯 150g、二氯甲烷 150g，硫氰酸铵 102g，升温至 50～60℃反应，冷凝管通入冷却盐水，保温反应 3h，检测终点，当 2,3-二氯丙烯含量低于0.2%后，冷却至10℃以下，过滤，用150g二氯甲烷洗涤滤饼，合并滤液和洗液，减压蒸出溶剂，得到1-异硫氰酸基-2-氯-2-丙烯180g（M=133.5），收率99.8%，含量99.5%。

2. 2-氯-5-氯甲基噻唑的合成（文献［2］中的方法）： 在装有搅拌器、温度计、氯气导管的反应釜中，加入267.2kg 1-异硫氰酸基-2-氯-2-丙烯（M=133.5）、550kg氯仿，搅拌，在17～23℃通入氯气53.5kg。过滤，滤饼加入100kg氯仿，升温至40℃，脱气赶出氯化氢气体，被碱液吸收装置吸收。釜内物料减压蒸出溶剂，得到2-氯-5-氯甲基噻唑299.3kg，收率88.9%，含量99.5%。

【参考文献】

［1］李伊黾，李琼．一种1-异硫氰酸基-2-氯-2-丙烯的合成方法：CN108892630A［P］．2018-11-27．

［2］王天钧，杨华平，杨金良．一种高品质2-氯-5-氯甲基噻唑的绿色合成方法：CN105949145A［P］．2018-04-27．

2,4-二氯-5-溴甲基噻唑

【基本信息】 英文名：dichloro-5-bromomethylthiazole；分子式：$C_4H_2BrCl_2NS$；分子量：247；浅黄色固体；熔点：46～47℃。本品是一种噻唑类杀虫剂。合成反应式如下：

$$\text{MeCHClCOOH} + \text{H}_2\text{NC(=S)NH}_2 \xrightarrow[\text{回流10h}]{\text{37\%盐酸}} \text{5-甲基-2,4-噻唑烷二酮} \xrightarrow[\text{Me}_4\text{NCl}]{\text{POCl}_3} \text{2,4-二氯-5-甲基噻唑} \xrightarrow[\text{CCl}_4]{\text{NBS}} \text{2,4-二氯-5-溴甲基噻唑}$$

【合成方法】

1. 5-甲基-2,4-噻唑烷二酮的合成： 在装有搅拌器、回流冷凝管的500mL四口瓶中，加入56g（0.5mol）96% 2-氯乙酸、38g（0.5mol）硫脲和150mL 37%盐酸，搅拌，加热回流10h。冷却，析出白色固体，过滤，用少量水洗涤滤饼2次，所得粗产品用水重结晶，真空干燥，得到白色固体产品5-甲基-2,4-噻唑烷二酮31g，收率47.2%，熔点49～50℃。

2. 2,4-二氯-5-甲基噻唑的合成： 在装有搅拌器、回流冷凝管的250mL四口瓶中，加入25g（0.19mol）5-甲基-2,4-噻唑烷二酮、10g四甲基溴化铵和190mL三氯氧磷。加热回流反应10h。冷却至室温，将反应液倒入水中，用二氯甲烷萃取2次，合并有机相，用无水硫酸镁干燥，过滤，蒸出溶剂，减压精馏，收集86～87℃/0.071Pa馏分，得到无色液体2,4-二氯-5-甲基噻唑25g，收率81.3%。

3. 2,4-二氯-5-溴甲基噻唑的合成： 在装有搅拌器、回流冷凝管的250mL四口瓶中，加入12g（0.07mol）2,4-二氯-5-甲基噻唑、12.8g（0.07mol）NBS、0.2g偶氮二异丁腈和150mL四氯化碳。搅拌混合，加热回流反应10h。冷却，过滤，分出有机层，滤液用四氯化碳萃取1次。合并有机相，用无水硫酸镁干燥，滤除干燥剂，滤液脱溶剂，剩余物用乙酸乙酯和石油醚重结晶，得到浅黄色固体2,4-二氯-5-溴甲基噻唑9.4g，收率53%，熔点46～47℃。

【参考文献】

［1］马云，王有名，周正洪．2,4-二氯-5-溴甲基噻唑的合成［J］．精细化工中间体，

2009，39（5）：7-8.

2-甲基-5-乙氧基噻唑

【基本信息】 英文名：5-ethoxy-2-methyl-1，3-thiazole；CAS 号：145464-87-5；分子式：C_6H_9NOS；分子量：143；沸点：102～103℃/5.07kPa。合成反应式如下：

EtO(C=O)CH₂NHC(=O)Me —P_2S_5→ 2-甲基-5-乙氧基噻唑（EtO, N, S, Me）

【合成方法】

一、文献［1］中的方法

在装有冷凝管和高效搅拌器的三口瓶中，加入 100g（M=145，0.69mol）N-乙酰甘氨酸乙酯和 100mL 甲苯（用钠丝干燥过），加热到回流。分小批量加入 200g（M=222，0.9mol）五硫化二磷，反应进行时，开始放出硫化氢。随着热量增加，放出硫化氢也增加，直到加完。五硫化二磷加完后，继续加热几小时。然后 在冰水浴上冷却，与 20%氢氧化钾水溶液混合。分出水层，用甲苯萃取几次，合并萃取液，用无水硫酸钠干燥。减压蒸出甲苯，剩余物精馏，得到 55g（0.3846mol）2-甲基-5-乙氧基噻唑，收率 55.74%，沸点 85～87/2.0kPa。

二、文献［2］中的方法

用 20g（M=145，0.138mol）N-乙酰甘氨酸乙酯与 40g（M=222，0.18mol）五硫化二磷反应。加热五硫化二磷时，避免局部过热，否则会使奶油状的反应物结块，使反应失控。当混合物太黏难以搅拌时，加入 10mL 氯仿。五硫化二磷加完后，继续加热几个小时。用 20%氢氧化钾水溶液处理反应物，用氯仿萃取几次，用碱洗涤氯仿溶液，干燥，蒸出溶剂，剩余物加入苦味酸乙醇溶液，生成苦味酸盐 33.5g（苦味酸盐分子式 $C_{12}H_{12}N_4O_8$，M=340，0.0985mol），收率 71.4%，用乙醇重结晶后，熔点 122℃。

将 22g 苦味酸盐用氢氧化锂分解，得到 7g 无色液体 2-甲基-5-乙氧基噻唑，沸点 102～103℃/5.07kPa，元素分析得知分子式为 C_6H_9NOS，证明是 2-甲基-5-乙氧基噻唑。

【参考文献】

［1］ Kurkjy R P，Brown E V . The preparation of thiazole Grignard reagents and thiazolyllithium compounds[1,2] ［J］. Journal of the American Chemical Society，1952，74（24）：6260-6262.

［2］ Tarbell D S，Hirschler H P，Carlin R B . 2-Methyl-5-ethoxythiazole and related compounds1 ［J］. Journal of the American Chemical Society，1950，72（7）：3138-3140.

4-甲基噻唑-5-甲醛

【基本信息】 英文名：4-methylthiazole-5-carboxaldehyde；CAS 号：82294-70-0；分子式：C_5H_5NOS；分子量：127；熔点：74～78℃；沸点：118℃/2.8kPa；本品可溶于水，

是制备第三代口服头孢妥仑酯的重要中间体。合成反应式如下：

H_2NCNH_2（O）$\xrightarrow{Me_2C=O}$ 2-氨基-4-甲基噻唑 $\xrightarrow{POCl_3/DMF}$ OHC-（2-氨基-4-甲基噻唑） $\xrightarrow[H_2SO_4]{NaNO_2}$ OHC-（4-甲基噻唑-2-N_2^+） $\xrightarrow[H_2SO_4]{NaH_2PO_4}$ OHC-（4-甲基噻唑）

【合成方法】

1. 2-氨基-4-甲基噻唑的合成： 在装有搅拌器的反应瓶中，加入 100mL 丙酮和 76.12g（1.0mol）硫脲，搅拌成悬浮液。加入 127g（1.0mol）碘，水浴加热至回流，反应 4h。减压蒸出丙酮，剩余物倒入冰水中。冰盐水浴冷却下，搅拌加入 200g（5.0mol）氢氧化钠，析出黄色絮状物。静置分层，分出上部油层，用乙醚 60mL×3 提取水层。合并提取液和油层，用氢氧化钠干燥，滤除固体物，滤液蒸出乙醚。剩余物减压蒸馏，收集 117～120℃/1.06kPa 馏分，得到浅黄色固体 2-氨基-4-甲基噻唑 60g（$M=114$，0.526mol），收率 52.6%，纯度 98%，熔点 44～45℃。

2. 2-氨基-4-甲基-5-噻唑甲醛的合成： 在装有搅拌器、温度计的三口瓶中，加入 57g（0.5mol）2-氨基-4-甲基噻唑和 110g DMF，用冰水浴进行冷却，内温控制在不超过 20℃条件下，缓慢滴加三氯氧磷 57.5g（0.5mol）。在 20℃搅拌 1h，升温至 60℃，反应 4h。冷却至室温，将反应液倒入 500g 碎冰中，搅拌，用 5mol/L 氢氧化钠水溶液调节 pH 到 6，用乙醚 200mL×3 提取，合并提取液，用饱和碳酸氢钠水溶液调节 pH 至中性。用无水硫酸钠干燥，滤除固体。滤液用水浴蒸出乙醚，得到白色固体粗产品 55.38g，收率 78%。用丙酮重结晶，得到 2-氨基-4-甲基-5-噻唑甲醛纯品 53.25g（$M=142$，0.375mol），收率 75%，熔点 123～125℃。

3. 4-甲基-5-噻唑甲醛的合成： 将 28.4g（0.2mol）2-氨基-4-甲基-5-噻唑甲醛溶于 45mL 水和 24mL 浓硫酸的溶液中，冷至－14～－12℃。在 45min 内，滴加 13.8g（0.2mol）亚硝酸钠溶于 45mL 水的溶液中。滴加完毕，在此温度继续搅拌 45min，得到 4-甲基-5-甲酰基-2-噻唑硫酸重氮盐。再在－5℃滴加入 100mL 含有 21.2g 次磷酸钠的水溶液。滴毕，在此温度继续搅拌 4h。用 42%氢氧化钠水溶液调节 pH 到 9～10。用二氯甲烷 50mL×2 提取，用无水硫酸钠干燥。常压蒸出二氯甲烷后，减压蒸馏，收集 120～122℃/600 Pa 馏分，得到白色固体产物 4-甲基-5-噻唑甲醛 19.9g（0.1567mol），收率 78.4%，熔点 235～236℃。

【参考文献】

[1] 李永伟，聂新永，田金如，等. 头孢妥仑酯侧链 4-甲基-5-噻唑甲醛的合成 [J]. 河北工业科技，2007，24（3）：129-130.

4-氯甲基噻唑盐酸盐

【基本信息】 英文名：4-(chloromethyl) thiazole hydrochloride；CAS 号：7709-58-2；分子式：$C_4H_4ClNS \cdot HCl$；分子量：133.5＋36.5＝170；熔点：186～192℃；闪点：83.8℃；密度：1.338g/cm^3。本品是一种医药中间体。合成反应式如下：

$HCNH_2$（O）$\xrightarrow[THF]{P_2O_5}$ $HCNH_2$（S）$\xrightarrow[Me_2CO]{(ClCH_3)_2O}$ 4-氯甲基噻唑（CH_2Cl）·HCl

【合成方法】

1. 硫代甲酰胺的合成：在装有搅拌器、温度计、冷凝管和干燥管的 250mL 三口瓶中，加入 50mL THF 和 4.5mL（5.1g，0.113mol）甲酰胺。开动搅拌，升温至 30～35℃，分批加入五硫化二磷 5g（0.0225mol），约需 0.5～1h 加完。室温搅拌反应 4～5h。抽滤，用少量 THF 洗涤滤饼，合并滤液和洗液，减压蒸出 THF，得到黄色黏稠液体粗产品。用 15mL 丙酮溶解，静置，滤去不溶物。减压蒸出丙酮，得到硫代甲酰胺 4.8g（$M=61$，0.0787mol），收率 69.64%，熔点 28～29℃。

2. 4-氯甲基噻唑盐酸盐的合成：在装有搅拌器的 250mL 三口瓶中 加入 4.8g（0.078mol）硫代甲酰胺和 50mL 丙酮，在 30～35℃搅拌下，分批加入含 7.6g（0.06mol）1,3-二氯丙酮的 30mL 丙酮溶液。反应 0.5h 后，出现白色沉淀，继续反应 6～8h。过滤，用少量丙酮洗涤滤饼 1～2 次，得淡黄色固体 8.2g。用 30mL 甲醇/乙酸乙酯（3∶2）混合液重结晶，得到浅黄色针状结晶产品 4-氯甲基噻唑盐酸盐 6.5g（0.03824mol），收率 64%。也可升华提纯，升华温度 167～168℃，收率会提高，但杂质分解物毒性较大。

备注：高纯度硫代甲酰胺熔点 28～29℃，加热分解出 H_2S、NH_3、HCN 等。反应温度不宜太高，常温也不宜久置，在冰箱存放。

【参考文献】

[1] 吕守茂，熊正维. 4-氯甲基噻唑盐酸盐的合成实验 [J]. 咸宁师专学报，1998，18（3）：50-51.

2-巯基噻唑

【基本信息】 英文名：2-mercaptothiazole；CAS 号：5685-05-2 或 82358-09-6；分子式：$C_3H_3NS_2$；分子量：117；熔点：79～80℃；沸点：194.7℃；闪点：71.5℃；酸度系数 pK_a：7.65；密度：1.382g/cm^3。本品是一种医药、农业和橡胶产品的中间体。

【合成方法】

一、文献 [1] 中的方法

2-氨基噻唑 ⟶ 2-氯噻唑 ⟶ 2-巯基噻唑（反应式：—NH_2 → —Cl → —SH）

在装有搅拌器、温度计、冷凝管和鼓泡器的 50mL 三口瓶中，放入 89% 2-氯噻唑 3.1g（$M=120$，纯品 2.76g，23mmol）、72%硫氢化钠 5.5g（纯品 3.96g，75mmol）、碘化钾 0.1g（0.6mmol）和含水甲醇 25mL。搅拌下加热到 70℃，保持此温度 24h。冷却到室温，用浓盐酸酸化，过滤，除去棕色固体。用旋转蒸发仪浓缩滤液，并把剩余物溶于 50mL 二氯甲烷中，用无水硫酸镁干燥，再用旋转蒸发仪浓缩，得到产物 2-巯基噻唑 2.3g（19.66mmol），收率 85.5%。

二、文献 [2] 中的方法

$H_2NC(=S)S^-NH_4^+$ + $ClCH_2CHO$ $\xrightarrow{\text{浓盐酸}}$ 2-巯基噻唑（—SH）

在装有搅拌器、温度计、冷凝管和滴液漏斗的 150mL 四口瓶中，依次加入 17.4g (0.1mol) 45%氯乙醛水溶液和 15.2g (0.15mol) 浓盐酸，在常温水浴条件下，搅拌，滴加 12.12g (0.1mol) 二硫代氨基甲酸铵与 12.12g 水的溶液，50min 滴完。滴毕，同温搅拌 1h 后，升温至 74℃，继续反应 2.5h。冷却至室温，用乙酸乙酯 50mL×3 萃取，用无水硫酸镁干燥，旋蒸出溶剂，重结晶，得到白色片状晶体 10.9g，收率 93.8%，熔点 75～76℃。

【参考文献】

[1] Charles B M. Preparation of 2-mercaptothiazole：GB2323595 [S]. 1998-09-30.

[2] 陈德海，张甜. 2-巯基噻唑的合成研究 [J]. 河南化工，2003 (10)：18-19.

2-巯基-4-甲基-5-噻唑乙酸

【基本信息】 英文名：2-mercapto-4-methyl-5-thiazoleacetic acid；CAS 号：34272-64-5；分子式：$C_6H_7NO_2S_2$；分子量：189；熔点：207℃（分解）；最大波长（λ_{max}）：320nm（水）。本品是合成第三代头孢菌素类抗生素的中间体。

【合成方法】

1. 二硫氨基甲酸铵的合成：

$$CS_2 + 2NH_3 \xrightarrow{\text{丁酮}} H_2NC(=S)SNH_2$$

在装有搅拌器和氨气导管的 500mL 三口瓶中，加入 38g (0.5mol) 二硫化碳和 200mL 乙酸乙酯，冷却至 10～15℃，剧烈搅拌下，通入干燥的氨气 2h，停止通氨气后，继续搅拌 0.5h，过滤，依次用乙酸乙酯 50mL×2 和乙醚 50mL×2 洗涤滤饼，阴凉处风干，得到浅黄色固体产物二硫氨基甲酸铵 47.2g，收率 85.8%。

2. 3-溴-4-氧代戊酸的合成：

$$MeC(=O)CH_2CH_2COOH \xrightarrow{Br_2/CH_2Cl_2} MeC(=O)CHBrCH_2COOH$$

在装有搅拌器、温度计和滴液漏斗的 500mL 三口瓶中，加入 38g (0.5mol) 4-氧代戊酸和 230mL 二氯甲烷，搅拌均匀，于室温下滴加入 80g (0.5mol) 溴素和 80mL 二氯甲烷的溶液。控制滴速，以边滴加边褪色为宜，约 2h 滴加完毕，室温继续搅拌 2h。用饱和氯化钠水溶液 100mL×2 洗涤，用无水硫酸镁干燥，旋蒸回收二氯甲烷，得到 3-溴-4-氧代戊酸粗品 85.3g，收率 87.5%，直接用于下一步反应。

3. 2-巯基-4-甲基-5-噻唑乙酸的合成：

$$MeC(=O)CHBrCH_2COOH \xrightarrow[EtOH/H_2O]{H_2NC(=S)SNH_2} \text{(2-NaS-4-Me-thiazol-5-yl)}CH_2CO_2Na \xrightarrow{HCl} \text{(2-HS-4-Me-thiazol-5-yl)}CH_2CO_2H$$

在装有搅拌器、温度计和滴液漏斗的 250mL 三口瓶中，加入 22g (0.2mol) 二硫氨基甲酸铵、60mL 95%乙醇、80mL 蒸馏水和 20g 无水乙酸钠，搅拌溶解。在 10℃滴加 41g (0.21mol) 3-溴-4-氧代戊酸与 20mL 95%乙醇的溶液，约 2h 滴完。滴毕，在室温继续搅拌 4h。用 10%盐酸调节 pH 至 1.5～2，冷冻析晶，过滤，用 50%乙醇水溶液 30mL 洗滤饼，干燥，得到 2-巯基-4-甲基-5-噻唑乙酸 22.3g，收率 59%，熔点 208.5～210℃。MS：m/z= 189 [M^+]。

【参考文献】
[1] 傅德才，楼杨通，李忠民. 头孢地嗪钠中间体 2-巯基-4-甲基-5-噻唑乙酸的合成 [J]. 中国药物化学杂志，2002，12 (2)：105-106.

美洛西康

【基本信息】 俗名：美洛西康（meloxicam）；化学名：4-羟基-2-甲基-*N*-(5-甲基-2-噻唑基)-2*H*-1，2-苯并噻唑-3-甲酰胺-1，1-二氧化物；CAS 号：71125-38-7；分子式：$C_{14}H_{13}N_3O_4S_2$；分子量：351；淡黄色或黄色粉末；熔点：255℃；密度：1.613g/cm^3。是德国 Boehringer Ingelheim 公司于 1996 年上市的非甾族体消炎镇痛药，对肠胃毒副作用较小，主要用于治疗关节炎和类风湿性关节炎。遮光密封保存。合成反应式如下：

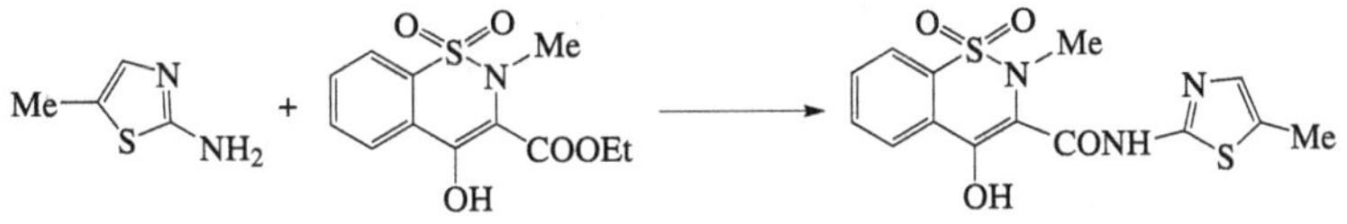

1 2 3

【合成方法】
在装有索氏提取器（内装 4A 分子筛）的反应瓶中，加入 26.9g（*M*=283，0.095mol）化合物 **2**、12.5g（*M*=114，0.11mol）2-氨基-5-甲基噻唑（**1**）和 800mL 甲苯。在氮气保护下，加热回流 24h，减压蒸出溶剂，冷却至室温。加入 1g 活性炭和二氯甲烷脱色，过滤，溶液放置室温结晶，得到微黄色结晶美洛西康 25g（0.0712mol），收率 74.9%，熔点 253～254℃。

【参考文献】
[1] 茹德新. 2-氨基-5-甲基噻唑的合成及应用研究 [J]. 化学反应工程与工艺，2002，18 (1)：94-96.

米拉贝隆

【基本信息】 俗名：米拉贝隆（mirabegron）；化学名：2-氨基-*N*-[4-[2-[[(2*R*)-2-羟基-2-苯基乙基] 氨基] 乙基] 苯基]-4-噻唑乙酰胺；英文名：(*R*)-2-(2-aminothiazol-4-yl)-4′-{2-[(2-hydroxy-2-phenylethyl) amino] ethyl} acetanilide；CAS 号：223673-61-8；分子式：$C_{21}H_{24}N_4O_2S$；分子量：396.5；熔点：138～140℃；储存条件：−20℃。本品用于治疗成年人急迫性尿失禁、尿急、尿频的膀胱过度活动症。

【合成方法】

1. 对氨基苯乙腈的合成：

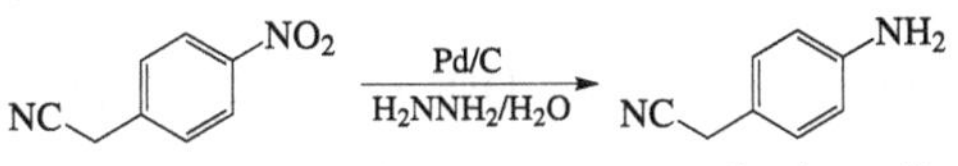

在装有搅拌器、温度计和滴液漏斗的 500mL 三口瓶中，依次加入 200mL 甲醇、32g (0.2mol) 对硝基乙腈和 3.2g 10%Pd/C，在氮气保护下，温度控制在 20～25℃，滴加 32g 水合肼，冒出大量气泡。滴毕，继续反应 2h，用 TLC（展开剂：石油醚：乙酸乙酯=7：1）监测反应至原料消失。抽滤，回收催化剂，滤液直接用于下一步反应。

2. 对氨基苯乙氨的合成：

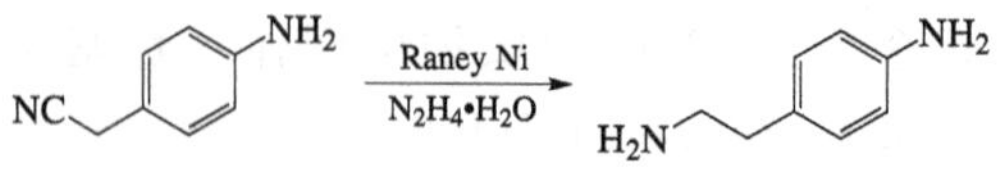

在装有搅拌器、温度计和滴液漏斗的 500mL 三口瓶中，依次加入上述制备的对氨基苯乙腈溶液、Raney Ni 3.2g，在氮气保护下，控温在 25℃，缓慢滴加水合肼 50g。滴毕，升温至 50～55℃，继续反应 5h。用 TLC（展开剂：PE∶EA=7∶1）监测反应至原料点消失。抽滤，回收催化剂，滤液浓缩，得到黄色液体产物对氨基苯乙氨 24g，两步收率 88.9%，纯度 98.7%。

3. (*R*)-2-[(4-氨基苯乙基) 氨基]-1-苯乙醇的合成：

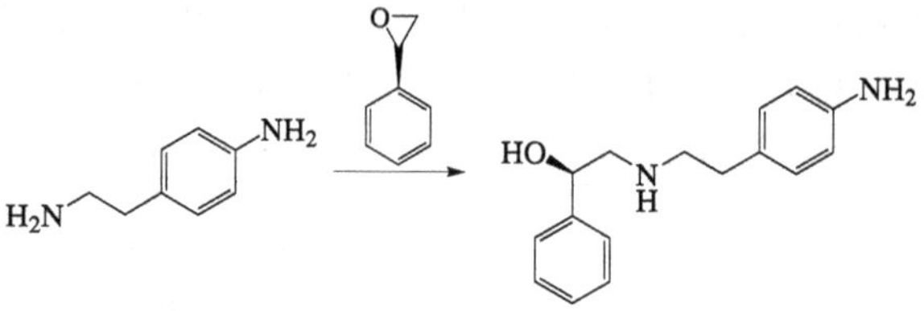

在装有搅拌器、温度计和滴液漏斗的 500mL 三口瓶中，依次加入乙腈 200mL、对氨基苯乙胺 23g（0.167mol）和（*R*)-氧化苯乙烯 20g（0.167mol），搅拌，加热至 70℃，反应 10h。用 TLC（展开剂：PE∶EA=7∶1）监测反应至原料点消失。减压蒸出溶剂乙腈，加入 70mL 正己烷，搅拌，冷却至 −5℃，析出大量固体。抽滤，用 20mL 冷甲苯洗涤滤饼，烘干，得到（*R*)-2-[(4-氨基苯乙基) 氨基]-1-苯乙醇 38.5g，收率 89.7%。ESI-MS：m/z = 257 $[M+H]^+$。

4. 米拉贝隆的合成：

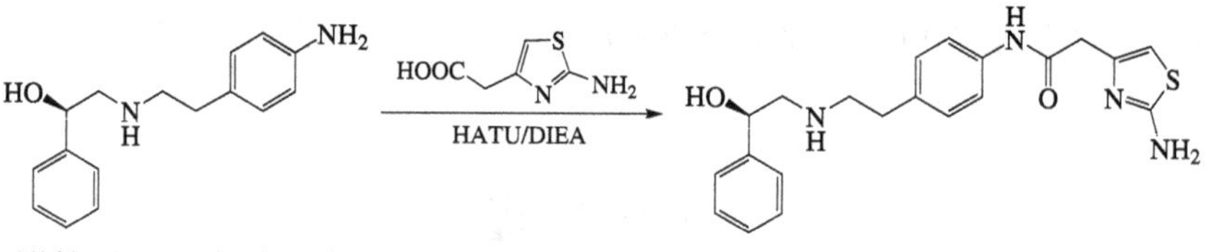

在装有搅拌器、温度计和滴液漏斗的 1L 三口瓶中，依次加入 DMF 250mL、(*R*)-2-[(4-氨基苯乙基) 氨基]-1-苯乙醇 20g（0.078mol）、2-氨基噻唑-4-乙酸 13.6g（0.086mol）、HATU 46g（0.12mol）和 DIEA 30g（0.234mol），室温搅拌 13h，用 TLC（展开剂：PE∶EA=5∶1）监测反应至（*R*)-2-[(4-氨基苯乙基) 氨基]-1-苯乙醇原料点消失。加入饱和氯化钠水溶液洗涤反应液，用二氯甲烷 200mL×3 萃取，合并有机相，用饱和氯化钠水溶液 100mL 洗涤 1 次。旋蒸出溶剂，所得粗品用 100mL 甲醇-水体积比为 3∶1 的混合溶剂重结晶，得到白色固体米拉贝隆 26g，收率 83.9%，纯度 99.51%，熔点 140～142℃。ESI-MS：m/z = 397 $[M+H]^+$。

备注：HATU 为 2-(7-氮杂苯并三氮唑)-*N*,*N*,*N*′,*N*′-四甲基脲六氟磷酸酯（CAS 号：148893-10-1），$M(C_{10}H_{15}OF_6N_6P)=380$；DIEA 为 *N*,*N*-二异丙基乙胺（CAS 号：7187-68-5），$M(C_8H_{19}N)=129$。

【参考文献】

[1] 毛龙飞，苑李双，颜茗彦，等. 米拉贝隆的合成研究 [J]. 化学研究与应用，2016，28 (4)：521-524.

利托那韦

【基本信息】 化学名：(2*S*，3*S*，5*S*)-5-[*N*-[*N*-[[*N*-甲基-N-[(2-异丙基-4-噻唑基)甲基]胺基]羰基]缬氨酸基]胺基]-2-[*N*-[(5-噻唑基)甲氧羰基]胺基]-1,6-二苯基-3-羟基己烷；英文名：1,3-thiazol-5-ylmethyl n-[(2*S*，3*S*，5*R*)-3-hydroxy-5-{[(2*S*)-3-methyl-2-[[methyl-[(2-propan-2-yl-1,3-thiazol-4-yl) methyl] carbamoyl] amino] butanoyl] amino]-1,6-diphenyl-hexan-2-yl} carbamate；CAS 号：155213-67-5；分子式：$C_{37}H_{48}N_6O_5S_2$；分子量：721；白色晶体；熔点：120～122℃。本品与洛匹那韦组成复方制剂，用于艾滋病的治疗。

【合成方法】

1. (2*S*，3*S*，5*S*)-2-(4-噻唑甲氧羰基)胺基-3-羟基-5-(叔丁氧羰基氨基)-1,6-二苯基己烷盐酸盐（4 盐）的合成：

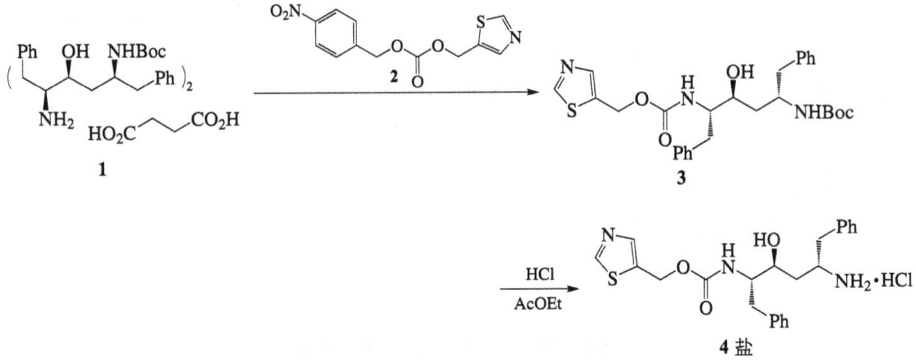

在装有搅拌器、温度计和滴液漏斗的 500mL 三口瓶中，加入 15g (33.86mmol)(2*S*，3*S*，5*S*)-2-氨基-3-羟基-(叔丁氧羰基氨基)-1,6-二苯基己烷丁二酸盐（**1**）、10.5g (37.23mol)[(5-噻唑基)甲基]-(4-硝基苯甲基)碳酸酯（**2**）、10.37g (103.69mmol) 碳酸氢钾、200mL 乙酸乙酯，室温搅拌，加入 35mL 蒸馏水，保持温度在 25～30℃至固体全溶，停止搅拌。分出有机相，留在反应瓶中，加热至 65℃反应 6～8h。TLC 监测反应至化合物 **1** 反应完全，得到化合物 **3** 的溶液。降至室温，缓慢加入 2.09g 浓氨水，于 25～30℃反应 3h。用 10%碳酸钾水溶液 160mL×3 洗涤，分出有机相。在 20℃搅拌下，滴加 12.7mL 浓盐酸，30min 滴完后，升温至 50℃，反应 100min。HPLC 监测反应至化合物 **3** 反应完全。降至室温，过滤，真空干燥，得到白色固体 **4** 14.8g，收率 97%，纯度>98%。

2. 利托那韦的合成：

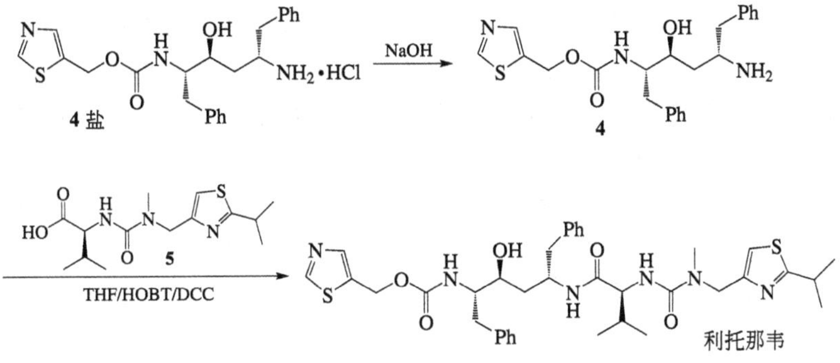

在装有搅拌器、温度计和滴液漏斗的 100mL 三口瓶中，加入 1.5g（3.35mmol）化合物（**4** 盐）、40mL 乙酸乙酯，室温搅拌下，缓慢滴加 10%氢氧化钠溶液 15mL，调节 pH 至 8.5～9.5。静置分层，分出有机相，用 25%氯化钠水溶液洗涤至中性，用无水硫酸镁干燥，滤除干燥剂，浓缩，得到黄色黏稠液体化合物 **4** 1.26g。

在装有搅拌器、温度计和滴液漏斗的 100mL 三口瓶中，在氮气保护下加入 1.15g（3.68mmol）*N*-{*N*-甲基-*N*[（2-异丙基-4-噻唑基）甲基]氨基羰基}缬氨酸（**5**）、20mL 四氢呋喃，搅拌溶解，加入 1.26g（3.07mmol）化合物 **4**、10mL THF 的溶液、0.59g（4.39mmol）1-羟基苯并三氮唑（HOBT），搅拌至全溶。降温至 5～10℃，缓慢滴加 0.82g（3.99mmol）二环己基碳二亚胺（DCC）与 14mL THF 溶液，20min 滴加完毕，加入 5mL THF，在 5～10℃搅拌 30min，室温反应 12h 以上。HPLC 监测反应至化合物 **4** 反应完全。将反应液移至 1L 单口瓶中，加入 100mL 乙酸乙酯、150mL 0.4mol/L 盐酸，室温搅拌 30min，加入 400mL 蒸馏水，继续搅拌 10min，静置分层。分出有机相，加入 200mL 5%碳酸氢钠水溶液，搅拌 30min。分出有机相，用饱和氯化钠水溶液 150mL×4 洗涤，用无水硫酸镁干燥，滤除干燥剂，浓缩，得到浅黄色黏稠液体利托那韦粗品 1.5g，收率 69.6%，纯度 96.3%。在氮气保护下，将粗品用 30mL 体积比为 1∶1 的乙酸乙酯-正庚烷重结晶，得到白色固体利托那韦 1.28g，收率 85.3%，纯度>99%，熔点 119～120℃（文献值：121.5～122.5℃）。总收率约 57%，纯度>99%。

【参考文献】

[1] 何彩玉，丁小娟，徐洪根，等. 利托那韦的合成工艺研究 [J]. 安徽医药，2015，19（1）：31-34.

5-氨基-1,2,3-噻二唑

【基本信息】 英文名：5-amino-1,2,3-thiadiazole；CAS 号：4100-41-8；分子式：$C_2H_3N_3S$；分子量：101；淡黄色或琥珀色针状晶体；熔点：137～138℃；微溶于二氯甲烷、四氯化碳，溶于乙醇、丙酮等有机溶剂，不溶于水。本品是重要的医药、农药中间体。合成反应式如下：

$$\mathrm{MeOC(=O)OMe} \xrightarrow{H_2NNH_2\cdot H_2O} \mathrm{H_2NNHCOOMe} \xrightarrow{ClCH_2CHO} \mathrm{ClCH_2CH{=}NNHCOOMe} \xrightarrow{SOCl_2} \text{5-氯-1,2,3-噻二唑} \xrightarrow{NH_3(l)} \text{5-氨基-1,2,3-噻二唑}$$

【合成方法】

1. 肼基甲酸甲酯的合成： 在装有搅拌器、温度计和回流冷凝管的 1L 三口瓶中，加入碳酸二甲酯 270g（3mol），分批加入 277g（3mol）85%水合肼，剧烈搅拌 20min，待乳浊液变成透明液体后，加热回流 4h，外标温度 100℃。滤液蒸出水和甲醇约一半后，冷却，该肼基甲酸甲酯溶液可直接用于下一步反应。纯化，减压精馏，收集 120～130℃/8kPa 馏分，冷却成固体，即为肼基甲酸甲酯，熔点 67～69℃。

2. 2-氯乙基亚肼基甲酸甲酯的合成： 在装有搅拌器、温度计和滴液漏斗的 1L 三口瓶中，加入 671g（0.867mol）10%氯乙醛，搅拌，冰水浴冷却至 0～5℃，缓慢滴加 90mL（0.85mol）肼基甲酸甲酯水溶液，维持内温 0～5℃，生成大量白色固体。滴毕，搅拌 10min，升至室温，继续搅拌 30min。抽滤，用 500mL 水洗滤饼 3 次，抽干，在红外灯下干燥，3 次得到 2-氯乙基亚肼基甲酸甲酯总量 360g（M＝150.5，2.392mol），收率 93.8%，熔点 137～138℃。

3. 5-氯-1,2,3-噻二唑的合成：在装有搅拌器、温度计和滴液漏斗的 1L 三口瓶中，加入 150mL（2.0mol）氯化亚砜，用冰水浴冷却至 5℃，缓慢滴加 197g（1.31mol）2-氯乙基亚肼基甲酸甲酯与 200mL 无水氯仿的溶液。不撤冰水浴，自然升至室温，快速搅拌 24h。随着反应的进行，反应液颜色逐渐加深至棕黄色。在冰水浴冷却下，缓慢滴加 10%氢氧化钠水溶液，调节 pH 至 6。水蒸气蒸馏，直到无油状物馏出，收集 1.5L 馏出物。分出下层氯仿层，水层用氯仿萃取 3 次，用无水硫酸镁干燥，蒸出溶剂，剩余物减压蒸馏，得到 87g 产物 5-氯-1,2,3-噻二唑，收率 55%，熔点 20～21℃，纯度 98.7%。

4. 5-氨基-1,2,3-噻二唑的合成：在装有搅拌器、温度计和滴液漏斗的 1L 三口瓶中，在干冰-甲醇浴冷却下，加入 250mL 液氨，缓慢加入 52g（0.43mol）5-氯-1,2,3-噻二唑，很快析出黄色固体。搅拌 4h 后，撤去干冰-甲醇浴，让氨气自然挥发，再搅拌 2h，减压抽尽剩余的氨。剩余物用乙酸乙酯 150mL×2 浸煮，合并有机相，加入 2g 活性炭脱色，滤除活性炭，滤液减压蒸干，用体积比为 4∶1 氯仿-乙醇的混合溶液重结晶，得到浅黄色或琥珀色产物 5-氨基-1,2,3-噻二唑 39.5g，收率 91%，纯度 98.1%，熔点 137～139℃。

【参考文献】

[1] 张大永. 5-氨基-1,2,3-噻二唑的合成 [J]. 南京师范大学学报（工程技术版），2005，5（2）：58-60.

2-氨基-1,3,4-噻二唑

【基本信息】 英文名：2-amino-1,3,4-thiadiazole；CAS 号：4005-51-0；分子式：$C_2H_3N_3S$；分子量：101；晶体或结晶粉末；熔点：181～182℃；密度：1.385g/cm^3；酸度系数 pK_a：3.2；溶于水、热甲醇。本品是重要的有机合成中间体，用于合成抗菌、抗结核、抗癌、抗炎等药物及除草剂、荧光传感分子等。合成反应式如下：

$$H_2NNHC(=S)NH_2 + HCOOH \xrightarrow{HBr} \text{2-氨基-1,3,4-噻二唑}$$

【合成方法】

在装有搅拌器、温度计和回流冷凝管的 100mL 三口瓶中，依次加入 2g（0.022mol）硫代氨基脲、88%甲酸 1.37g（0.0264mol）和溴氢酸 20mL，搅拌，油浴加热至 104℃，反应 4.6h。反应毕，降至室温，在冰水浴冷却下用 40%氢氧化钠水溶液调节 pH 至 7～8，析出固体。冰水浴冷却下，静置 30min，充分析晶。抽滤，用少量水洗涤滤饼，干燥，所得粗产品用 30%乙醇水溶液重结晶，干燥，得到纯品 2-氨基-1,3,4-噻二唑 16.5g（0.1638mol），收率 74.44%，熔点 192～194℃。元素分析，$M(C_2H_3N_3S)$＝101，实测值（计算值）（%）：C 23.74（23.75），H 3.00（2.99），N 41.53（41.55）。

【参考文献】

[1] 刘玉婷，梁钢涛，尹大伟. 2-氨基-1,3,4-噻二唑合成新工艺及优化 [J]. 陕西科技大学学报（自然科学版），2014，32（2）：60-63，73.

2-氨基-5-甲基-1,3,4-噻二唑

【基本信息】 英文名：2-amino-5-methyl-1,3,4-thiadiazole；CAS 号：108-33-8；分子式：$C_3H_5N_3S$；分子量：115。本品是医药、农药、染料的中间体。合成反应式如下：

$$H_2NNHC(=S)NH_2 + MeCOOH \xrightarrow{HBr} \text{Me-(1,3,4-thiadiazole)-}NH_2$$

【合成方法】

在装有磁子搅拌、温度计和回流冷凝管的 25mL 三口瓶中，依次加入 1g（0.011mmol）氨基硫脲、0.882mL（0.0154mmol）乙酸和 2.92mL 36%盐酸，搅拌，加热回流 3h。用 40%氢氧化钠水溶液调节 pH 至 8～9。用冰水浴冷却 15min，抽滤，洗涤，干燥，所得粗品用水重结晶，得到白色固体产品 5-甲基 2-氨基-1,3,4-噻二唑，收率 74.34%，熔点 202～204℃。FAB-MS：$m/z=115$。元素分析：实测值（计算值）（%）：C 30.88(31.28)，H 4.64(4.38)，S 36.71(36.49)。

【参考文献】

[1] 乐长高，邹小红，康文，等. 5-甲基-2-氨基-1,3,4-噻二唑的合成 [J]. 染料与染色，2001，38 (4)：29-30.

2-甲砜基-5-三氟甲基-1,3,4-噻二唑

【基本信息】 英文名：2-methylsulfonyl-5-(trifluoromethyl)-1,3,4-htiadiazole；CAS 号：27603-25-4；分子式：$C_4H_3F_3N_2O_2S_2$；分子量：232；白色或浅黄色鳞片状晶体；熔点：86～87℃。本品是重要的医药、农药中间体。合成反应式如下：

$$H_2NNH_2 \cdot H_2O \xrightarrow[MeBr]{CS_2} H_2NNH-C(=S)-SMe \xrightarrow{F_3CCOOH} F_3C\text{-(1,3,4-thiadiazole)-}SMe \xrightarrow{35\%H_2O_2} F_3C\text{-(1,3,4-thiadiazole)-}SO_2Me$$

MDTC　　TDA

【合成方法】

1. 二硫代肼基甲酸甲酯（MDTC）的合成： 在装有搅拌器、温度计和回流冷凝管的 1L 三口瓶中，加入 109.7g（1.50mol）叔丁胺、56.2g 水和 43.3g（0.47mol）甲苯，搅拌，缓慢加入 93.8g（1.50mol）80%水合肼。冷却至 5℃以下，在 1h 内滴加 114g（1.50mol）二硫化碳，保温反应 1h。在 5℃条件下，2h 内通入 156.7g（1.65mol）溴甲烷，自然升至室温，反应 1h。冷却至 0～5℃，过滤，依次用冰水、50%乙醇冰水、四氯化碳洗涤滤饼，抽干，在 40℃/2.67kPa 条件下，干燥过夜，得到白色晶体产物二硫代肼基甲酸甲酯 156.2g，收率 81%（以水合肼计），含量 99%，熔点 80～81.3℃。另外，从母液中可收回 3%～5%的 MDTC。

2. 2-甲硫基-5-三氟甲基-1,3,4-噻二唑（TDA）的合成： 在装有搅拌器、温度计、回流冷凝管和分水器的 1L 四口瓶中，加入 125g 甲苯、61.2g（0.5mol）MDTC、1g 催化剂，搅拌成浆状液，加入 114g（1.0mol）三氟乙酸。在无冷却条件下反应 15min，有放热现象。加热至 70℃，搅拌反应 3h 后，升温至约 115～116℃回流，在分水器分出生成的水和过量三

氟乙酸至无液体馏出，约需 15min。减压蒸馏，收集 98～100℃/500Pa 馏分，得到产物 2-甲砜基-5-三氟甲基-1,3,4-噻二唑（TDA）92g，收率 92.9%，含量 99.5%。

3. 2-甲砜基-5-三氟甲基-1,3,4-噻二唑（TDA 砜）的合成： 在装有搅拌器、温度计、回流冷凝管和分水器的 250mL 四口瓶中，加入 TDA 89g（0.45mol）、冰醋酸 6g、钨酸钠 0.0065mol、助催化剂 0.8g 和甲苯 150mL，搅拌，加热至 80～85℃，在约 4h 内滴加 104g 35%过氧化氢。滴毕，继续反应 7h。共沸除水，冷却，析出淡黄色固体，过滤，干燥，得到 103.5g 粗品。滤液减压蒸出溶剂，得到 3g 粗品。将粗品加入到 125mL 甲苯中，回流重结晶，过滤，干燥，得到白色晶体 2-甲砜基-5-三氟甲基-1,3,4-噻二唑（TDA 砜）98.5g，收率 95.1%，含量 99%，熔点 86～87℃。

【参考文献】

[1] 成四喜，杜升华. 2-甲砜基-5-三氟甲基-1,3,4-噻二唑的合成 [J]. 农药，2009，48（4）：247-248.

氟噻草胺

【基本信息】 俗名：氟噻草胺（flufenacet）；化学名：4′-氟-*N*-异丙基-2-[5-(三氟苷)-1,3,4-噻重氮-2-亚胺] 乙酰胺；英文名：4′-fluoro-*N*-isopropyl-2-[5-(trifluoromethyl)-1,3,4-thiadiazol-2-yloxy] acetanilide；CAS 号：142459-58-3；分子式：$C_{14}H_{13}F_4N_3O_2S$；分子量：363；白色固体；熔点：75～77℃；沸点：401.5℃/101325Pa，闪点：196.6℃；蒸气压：1.6×10^{-4}Pa/25℃；密度：1.416g/cm^3。本品属于酰胺芳氧类除草剂，通过抑制细胞分裂和和生长发挥作用，防除大多数一年生禾本科杂草。注意吞食有害，与皮肤接触可能致敏，操作时需要戴手套。

【合成方法】

1. 2-甲砜基-5-三氟甲基-1,3,4-噻二唑（TDA 砜）的合成：

$$H_2NNH_2\cdot H_2O \xrightarrow[KOH]{CS_2/EtOH} H_2NNHCS_2K \xrightarrow{Me_2SO_4} H_2NNHCS_2Me \xrightarrow[POCl_3]{F_3CCOOH} \text{F}_3\text{C-(1,3,4-噻二唑)-SMe} \xrightarrow{H_2O_2} \text{F}_3\text{C-(1,3,4-噻二唑)-SO}_2\text{Me}$$

（1）二硫代肼基甲酸钾的合成：在装有搅拌器、温度计、滴液漏斗的 500mL 四口瓶中，加入 150mL 乙醇、31.25g（0.5mol）85%水合肼和 19.6g（0.5mol）KOH，搅拌溶解，降温至 0℃左右，滴加 38g（0.5mol）二硫化碳。滴加过程中，温度不超过 20℃。约 1.5h 滴毕，继续同温搅拌反应 1h。抽滤，用少量冷乙醇洗涤滤饼，抽干，鼓风干燥，得到白色晶体产物二硫代肼基甲酸钾 138.1g，收率 98.2%。

（2）肼基硫代甲酸甲酯（MDTC）的合成：在装有搅拌器、温度计、滴液漏斗的 500mL 四口瓶中，加入 150mL 水，搅拌下加入 73.1g（0.5mol）二硫代肼基甲酸钾，降温至 0℃左右。滴加硫酸二甲酯，滴加过程保持温度不超过 20℃。约 1.5h 滴完，继续同温搅拌反应 2h。抽滤，用少量冰水洗涤滤饼，抽干，鼓风干燥，得到白色晶体粗产品（MDTC）59g，熔点 75～78℃。将 50g 粗产品（MDTC）加入到 120g 四氯甲烷与乙醇 3∶1 的混合溶剂中，加热回流，冷却至 0℃，过滤，干燥，得到白色晶体产品 57.9g，收率 94.8%，熔点 80.1～81.6℃。

（3）2-甲砜基-5-三氟甲基-1,3,4-噻二唑（TDAS）的合成：在装有搅拌器、温度计、滴液漏斗的500mL四口瓶中，加入200mL甲苯、61.6g（0.5mol）MDTC、57.6g（0.5mol）三氟乙酸，冷却至15℃。在30min内滴加306.6g（2mol）三氯氧磷，在3h内缓慢升温至80℃，搅拌反应5h，至无HCl气体放出。减压蒸出过量三氯氧磷。降温，加入150mL冰水，放出较多的HCl气体。用10%氢氧化钠水溶液中和至pH为6，静置分层。分出有机层，加入到另一装有搅拌器、温度计、滴液漏斗的500mL四口瓶中，再加入冰醋酸30g和甲苯200mL，搅拌，在25℃，在约5h内滴加194.3g 35%过氧化氢。升温至40℃，滴毕，加热回流带水，在80～85℃反应3h。冷却至0℃，析出晶体，过滤，干燥，得到白色鳞片状晶体2-甲砜基-5-三氟甲基-1,3,4-噻二唑（TDAS）74.5g（$M=232$，0.3211mol），收率64.2%，含量99.8%，熔点86～87℃。

2. 2-乙酰氧基-*N*-(4-氟苯胺)-*N*-异丙基乙酰胺（FOE-Ac）的合成：

KBH$_4$ 丙酮

FOE-Cl　　FOE-Ac

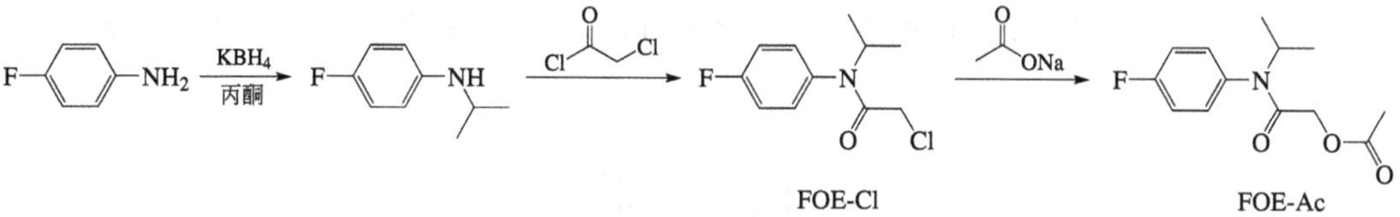

（1）*N*-异丙基-4-氟苯胺的合成：在装有搅拌器、温度计、滴液漏斗的1L四口瓶中，加入200mL甲苯、55.5g（0.5mol）4-氟苯胺、34.8g（0.6mol）丙酮和30g（0.5mol）冰醋酸，用冰水浴降温至20℃以下。分批加入27g（0.501mol）硼氢化钾，2h加毕，在冰水浴下继续反应0.5h，室温反应1h。降温至5～10℃，滴加水后，用50%氢氧化钠水溶液调节pH至7～8。分出甲苯层，水洗1次，用无水硫酸镁干燥，滤除干燥剂，减压蒸出溶剂，得到66.3g *N*-异丙基-4-氟苯胺（CAS号：70441-63-3），收率86.5%。

（2）2-氯-*N*-(4-氟苯胺)-*N*-异丙基乙酰胺（FOE-Cl）的合成：在装有搅拌器、温度计、滴液漏斗的1L四口瓶中，加入76.6g（0.5mol）*N*-异丙基-4-氟苯胺、500mL甲苯和68g（0.55mol）氯乙酰氯，在30℃滴加53g（0.5mol）碳酸钠水溶液，滴毕，反应3h。冷却后，加入200mL冰水洗涤，静置分层，分出有机相，用碳酸氢钠水溶液调节pH至8。分出水层，有机相干燥，减压蒸出溶剂，得到2-氯-*N*-(4-氟苯胺)-*N*-异丙基乙酰胺103.6g，收率90.2%。

（3）2-乙酰氧基-*N*-(4-氟苯胺)-*N*-异丙基乙酰胺（FOE-Ac）的合成：在装有搅拌器、温度计、回流冷凝管、滴液漏斗的1L四口瓶中，加入114.8g（0.5mol）2-氯-*N*-(4-氟苯胺)-*N*-异丙基乙酰胺、500mL甲苯和58.3g（0.55mol）乙酸钠和1g催化剂，缓慢升温至回流，反应3h。冷却，加入300mL水洗涤，除去生成的氯化钠。静置分层，分出有机层，干燥，减压蒸出溶剂，得到（FOE-Ac）111.2g，收率87.8%。

3. 氟噻草胺的合成：

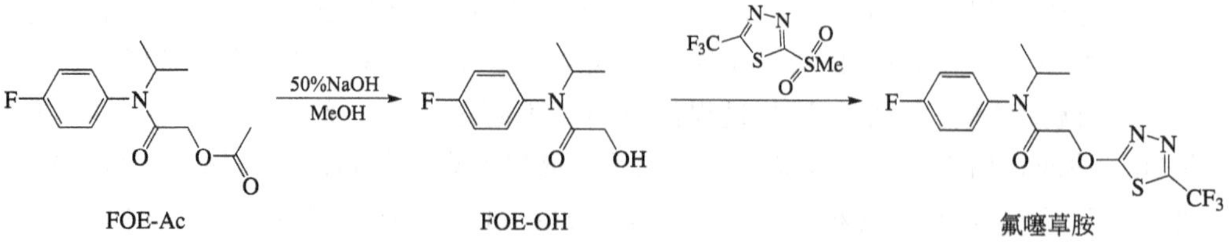

50%NaOH MeOH

FOE-Ac　　FOE-OH　　氟噻草胺

（1）2-羟基-*N*-(4-氟苯胺)-*N*-异丙基乙酰胺（FOE-OH）的合成：在装有搅拌器、温度计、回流冷凝管1L四口瓶中，加入126.6g（0.5mol）2-乙酰氧基-*N*-(4-氟苯胺)-*N*-异丙基乙酰胺、50mL 50%氢氧化钠水溶液、128g（4mol）甲醇，加热至回流，反应1h。加入水和甲苯各 300mL，搅拌，分出有机相，干燥。减压蒸出溶剂，得到黄色油状物。加入石油醚，冷冻，搅拌 1h，析出晶体，抽滤，真空干燥，得到黄色固体产物（FOE-OH）101.9g（0.483mol），收率 96.6%，纯度 99.3%，熔点 56～57℃。

（2）氟噻草胺的合成：在装有搅拌器、温度计、回流冷凝管的 1L 四口瓶中，加入 105.6g（0.5mol）99.3% 2-羟基-*N*-(4-氟苯胺)-*N*-异丙基乙酰胺、115.1g（0.5mol）99.8% 2-甲砜基-5-三氟甲基-1,3,4-噻二唑、500mL 甲苯，搅拌，降温至−2℃，在 100min 内滴加 120g（0.75mol）30%氢氧化钠水溶液，保温反应 3h。分出有机相，水层用甲苯 200mL×2 萃取，合并有机相，用盐酸调节 pH 至 7。干燥，减压蒸出溶剂，得到白色固体氟噻草胺 168.9g（0.4653mol），收率 93.06%，熔点 77～79℃。

【参考文献】

[1] 刘宝擅. 氟噻草胺的合成研究 [D]. 石家庄：河北科技大学，2013.

第十二章

吡啶及其衍生物

2-氨基-5-溴吡啶

【基本信息】 英文名：2-amino-5-bromopyridine；CAS 号：1072-97-5；分子式：$C_5H_5BrN_2$；分子量：174；白色结晶粉末；熔点：136～138℃；沸点：230.9℃/101325Pa；闪点：93.4℃；密度：1.71g/cm³。本品有刺激性，用于制备药物及其它精细化学品。合成反应式如下：

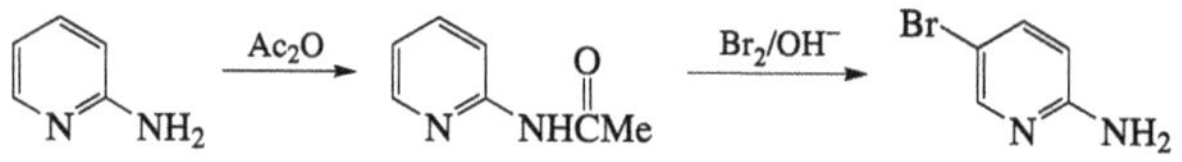

$$\text{2-氨基吡啶} \xrightarrow{Ac_2O} \text{2-NHCOMe-吡啶} \xrightarrow{Br_2/OH^-} \text{2-氨基-5-溴吡啶}$$

【合成方法】

在装有搅拌器、温度计、回流冷凝管、滴液漏斗的 100mL 四口瓶中，加入 9.41g（0.1mol）2-氨基吡啶和 16.32g（0.16mol）乙酸酐，搅拌加热至回流。用 TLC 监测反应至结束。降至 20℃以下，滴加 17.58g（0.11mol）液溴，滴毕，在 50℃反应 3h。冷却至室温，加入适量水，固体溶解后，滴加入 40%氢氧化钠 40mL，生成大量沉淀。继续搅拌 0.5h 后，抽滤，干燥，所得灰白色固体用无水乙醇重结晶，得到白色固体 2-氨基-5-溴吡啶 11.46g，收率 66.5%，熔点 135～136℃。

【参考文献】

[1] 方永勤，孙德鑫. 2-氨基-5-溴吡啶的合成 [J]. 精细石油化工，2010，27（4）：4-6.

2-氨基-3-氯-5-溴吡啶

【基本信息】 英文名：2-amino-5-bromo-3-chloropyridine；CAS 号：38185-55-6；分

子式：$C_5H_4BrClN_2$；分子量：207.46；熔点：94～96℃；沸点：232.551℃/101325Pa；闪点：94.444℃；密度：1.835g/cm³。合成反应式如下：

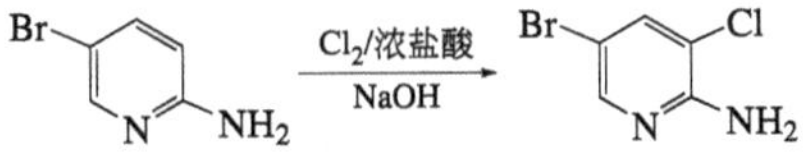

【合成方法】

将 2-氨基-5-溴吡啶 25g（$M=173$，0.1445mol）溶于 70g 浓盐酸中，在约 50℃慢慢引入氯气，通氯需要 8h。反应完成后，将反应液倒入冰水中，未反应的氯，用亚硫酸氢钠分解，同时加入冰。用 30%氢氧化钠溶液调节溶液的 pH 到 8，搅拌 1h。滤出沉淀，水洗。用环己烷重结晶，得到白色针状 2-氨基-3-氯-5-溴吡啶 28.5g（0.1374mol），收率 95.1%，熔点 94～96℃。

【参考文献】

［1］Mattern G. Process for the production of 2-amino-3-hydroxypyridine derivatives: US4033975［P］. 1977-07-05.

2-氨基-3-羟基-5-溴吡啶

【基本信息】 英文名：2-amino-3-hydroxy-5-bromopyridine；CAS 号：39903-01-1；分子式：$C_5H_5BrN_2O$；分子量：189；类白色至褐色固体；熔点：204～208℃。反应式如下：

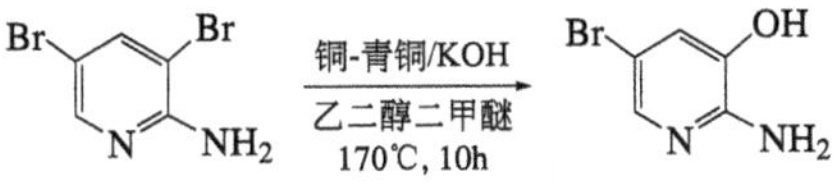

【合成方法】

在压力釜中，加入 4.5g（$M=248$，18.145mmol）2-氨基-3，5-二溴吡啶和 12g（0.1815mol）85%的氢氧化钾，混合后，加入 3g 乙二醇二甲醚、0.3g 铜-青铜、100mL 水，搅拌，氮气下在 170℃反应 10h。冷却，用浓盐酸中和，用氯化钠使之饱和，趁热用乙酸乙酯-四氢呋喃（9∶1）提取 3 次，合并有机相。用硅藻土过滤，用无水硫酸钠干燥，滤除干燥剂。蒸出溶剂，加入少量热乙酸乙酯，通过硅胶色谱柱纯化。蒸出乙酸乙酯，得到 2-氨基-3-羟基-5-溴吡啶 2.2g（11.64mmol），收率 64.15%，熔点 204～208℃。

【参考文献】

［1］Mattern G. Process for the production of 2-amino-3-hydroxypyridine derivatives: US4033975［P］. 1977-07-05.

2-氨基-3-羟基-5-氯吡啶

【基本信息】 英文名：2-amino-3-hydroxy-5-chloropyridine；CAS 号：40966-87-8；分子式：$C_5H_5ClN_2O$；分子量：144.5；熔点：198～201℃；沸点：383.7℃/101325Pa；密度：1.516g/cm³。合成反应式如下：

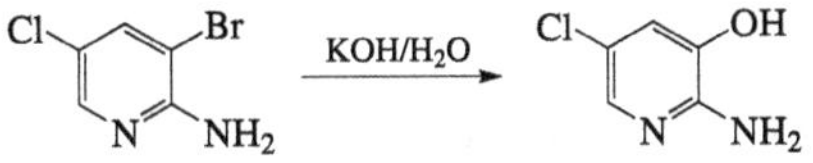

【合成方法】

在压力釜中，加入 12g（0.182mol）85%的氢氧化钾、200 份水，10.4g（M=207.5，50.12mmol）2-氨基-3-溴-5-氯吡啶和 0.5g 铜粉，在氮气保护下搅拌，升温至 170℃，反应 10h，接着用浓盐酸中和，蒸出大部分水，湿的残余物趁热用乙酸乙酯提取 2 次，合并提取液，用活性炭脱色，蒸出溶剂，得到固体产物 2-氨基-3-羟基-5-氯吡啶 5g（34.6mmol），收率 69%，熔点 196～201℃。

【参考文献】

[1] Mattern G. Process for the production of 2-amino-3-hydroxypyridine derivatives: US4033975 [P]. 1977-07-05.

3-氨基-2-氯-4-甲基吡啶

【基本信息】 英文名：3-amino-2-chloro-4-methylpyridine；CAS 号：133627-45-9；分子式：$C_6H_7ClN_2$；分子量：142.5；灰白色晶体；熔点：61～64℃；沸点：(283.3±35.0)℃/101325Pa；蒸气压：3.05Pa/25℃；闪点：(125.2±25.9)℃；密度：1.3g/cm^3。本品是合成抗艾滋病奈韦拉平（Nevirapine）药物的关键中间体。密封储存在阴凉、干燥处。合成反应式如下：

2 →[$(CF_3CO)_2O$, HNO_3] 3 →[$Na_2S_2O_5$] 4 →[H_2/Pd/C] 5 →[HCl/H_2O_2] 1

【合成方法】

1. *N*-硝基-4-甲基吡啶（3）的合成： 在装有搅拌器、温度计和滴液漏斗的 100mL 的四口瓶中，加入三氟乙酐 20mL（84mmol），冷却至 0℃，慢慢滴加化合物 **2** 3.3mL（34mmol），生成黄色固体。滴毕，搅拌反应 2h 后，滴加入 98%硝酸 3.8mL（72mmol）。反应温度升至室温，继续搅拌反应 10h，得到化合物 **3** 的溶液，直接用于下一步反应。

2. 3-硝基-4-甲基吡啶（4）的合成： 在装有搅拌器、温度计和滴液漏斗的 100mL 的四口瓶中，加入焦亚硫酸钠 6.4g（34mmol）和水 50mL，搅拌溶解，冰水浴冷却下，滴加上述化合物 **3** 的溶液，室温搅拌反应 24h。用 25%氢氧化钠水溶液调节 pH 至 6～7，用二氯甲烷 30mL×4 萃取，合并萃取液，用无水硫酸镁干燥，过滤，滤液旋蒸至干，得到浅黄色液体 3-硝基-4-甲基吡啶（**4**）粗品 3.8g，收率 81%，纯度 80.6%。

3. 2-氨基-4-甲基吡啶（5）的合成： 在装有搅拌器、温度计和氢气导管的 500mL 的加氢压力釜中，加入化合物 **4** 34g（0.2mol）、甲醇 200mL 和 5% Pd/C 1.8g（含水 54%），用高纯氢气置换釜内空气。在 70℃、0.4MPa 下搅拌反应 5h。冷却至室温，抽滤，回收催化剂。滤液减压蒸出溶剂，加入 50mL 水，搅拌下，用 30%氢氧化钠水溶液约 3mL 调节 pH 至 9～10，用乙酸乙酯 30mL×4 萃取，合并有机相，用无水硫酸镁干燥，过滤。滤液减压蒸干，得到浅黄色固体化合物 **5** 20.6g，收率 77%，纯度 98.1%，熔点 106～108℃（文献值：102～106℃）。

4. 2-氯-3-氨基-4-甲基吡啶（1）的合成： 在装有搅拌器、温度计和滴液漏斗的 250mL

的三口瓶中，加入化合物**5** 21.6g（0.2mol），冰水浴冷却下，缓慢滴加浓盐酸 72mL。搅拌澄清后，升温至 40℃，在 0.5～1h 内滴加入 30%双氧水 30mL，搅拌反应 2h。用 45%氢氧化钠水溶液约 25mL 调节 pH 至 3，用氯仿 100mL×4 萃取，合并有机相，用无水硫酸镁干燥，过滤。滤液减压蒸出溶剂，剩余物用石油醚 300mL 重结晶，得到浅黄色针状晶体产物 2-氯-3-氨基-4-甲基吡啶（**1**）24g，收率 85%，纯度 99.5%，熔点 69～70℃（文献：68～69℃）。

【参考文献】

［1］刘刚，孙林，陈玉静，等. 2-氯-3-氨基-4-甲基吡啶的合成［J］. 中国医药工业杂志，2015，46（6）：571-573.

［2］胡罕平. 2-氯-3-氨基-4 甲基吡啶的合成工艺［J］. 化工管理，2017（26）：47-48.

2-氨基-3-氯-4-三氟甲基吡啶

【基本信息】 英文名：2-amino-3-chloro-4-trifluoromet hylpyridine；CAS 号：79456-26-1；分子式：$C_6H_4ClF_3N_2$；分子量：196.5；浅黄色结晶；熔点：84～94℃；沸点：205℃；闪点：75.71℃；密度：1.507g/cm^3。合成反应式如下：

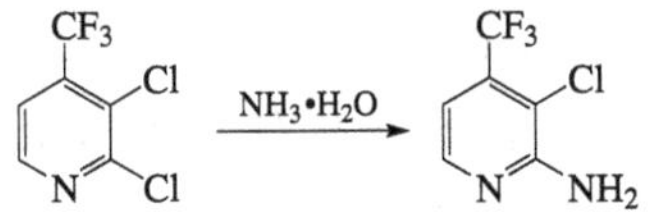

【合成方法】

在 50mL 压力釜中，加入 2,3-二氯-5-三氟甲基吡啶 6.5g（M=216，30mmol）和 28%氨水 20mL（0.51mol），加热至 100℃，反应 24h，在 125℃ 再反应 5h，釜内压力 202.65kPa。冷却后，收集生成的结晶 2-氨基-3-氯-4-三氟甲基吡啶 1.5g，熔点 90～92℃。用二氯甲烷萃取水层，又得到 3.4g，合计得到产物 4.9（24.9mmol），收率 83%。

【参考文献】

［1］Haga T，Fujikawa K I，Koyanagi T，et al. Some new 2-substituted 5-trifluoromet hylpyridines［J］. Heterocycles，1984，22（1）：117-124.

3-氨基-2-氯-4-三氟甲基吡啶

【基本信息】 英文名：3-amino-2-chloro-4-（trifluoromethyl）pyridine；分子式：$C_6H_4ClF_3N_2$；CAS 号：166770-70-3；分子量：196.5。本品是医药、农药重要的中间体。合成反应式如下：

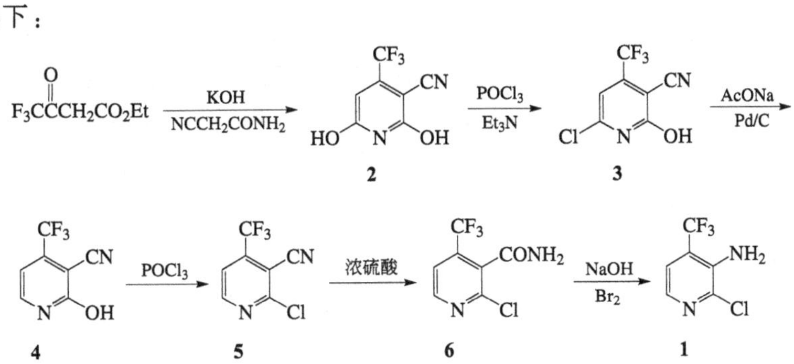

【合成方法】

1. 2,6-二羟基-3-氰基-4-三氟甲基吡啶（2）的合成：在装有搅拌器、温度计、回流冷凝管和滴液漏斗的500mL的四口瓶中，加入氰基乙酰胺30g（356.82mmol）、无水甲醇98mL和三氟乙酰乙酸乙酯65.7g（356.82mmol），加热至65℃，搅拌溶解。在54min内，滴加24.66g（369.39mmol）氢氧化钾与44mL无水甲醇的溶液。滴毕，加热回流8h。冰水浴冷却，抽滤，滤饼用250mL水加热溶解后，冷却至30℃。用浓盐酸调节pH至1，室温静置，抽滤，干燥，得到白色固体产物**2** 51.28g，收率70.41%，熔点276～278℃（文献值：277～279℃）。ESI-MS：m/z=205.0 $[M+H]^+$。

2. 2-羟基-6-氯-3-氰基-4-三氟甲基吡啶（3）的合成：在装有搅拌器、温度计和滴液漏斗的500mL的四口瓶中，加入300g（1.96mol）三氯氧磷和50g（0.245mol）化合物**2**，搅拌下滴加50g（0.49mol）三乙胺。加热至65℃，反应9h。减压蒸出70g三氯氧磷，搅拌，缓慢加入600mL冰水。抽滤，所得49.39g粗产品与170g石油醚搅拌，抽滤，得到类白色固体产物**3** 44.81g，收率82.2%，熔点198～200℃。ESI-MS：m/z=223.0 $[M+H]^+$。

3. 2-羟基-3-氰基-4-三氟甲基吡啶（4）的合成：在装有磁子搅拌的150mL的单口瓶中，加入10g（44.93mmol）化合物（3）、95mL乙醇和5mL水，搅拌溶解后，加入无水醋酸钠4.05g（49.43mmol）和10% Pd/C 0.5g，在35℃氢化22h。滤除催化剂，滤液减压浓缩至有固体析出，冷冻，过滤，得到浅绿色固体产物**4** 7.18g，收率85%，熔点203.3～203.7℃。ESI-MS：m/z=187.5 $[M-H]^+$。

4. 2-氯-3-氰基-4-三氟甲基吡啶（5）的合成：在装有磁子搅拌和温度计的50mL的三口瓶中，加入30mL三氯氧磷和化合物**4** 3.38g（17.97mmol），加热至80℃，反应1h。减压蒸出过量的三氯氧磷，冷却至室温，慢慢滴加到80mL冰水中。用4%氢氧化钠水溶液调节pH至8，用乙酸乙酯50mL×3萃取，合并有机相，用饱和氯化钠水溶液40mL×2洗涤，用无水硫酸钠干燥，抽滤。滤液减压蒸出溶剂，柱色谱纯化，得到无色油状物**5** 2.71g，收率73%。ESI-MS：m/z=204.9 $[M-H]^+$，229.0 $[M+Na]^+$。

5. 2-氯-4-三氟甲基烟酰胺（6）的合成：在装有磁子搅拌和温度计的50mL的三口瓶中，加入36mL浓硫酸和化合物**5** 4.83g（23.38mmol），加热至60～65℃，反应8h。冷却至室温，搅拌下将反应液慢慢加入到150mL冰水中，用乙酸乙酯50mL×4萃取。合并有机相，用饱和氯化钠水溶液40mL洗涤，无水硫酸钠干燥，过滤。滤液减压浓缩至干，得到白色固体产物**6** 3.72g，收率71%，熔点179～181℃。ESI-MS：m/z=225.0 $[M+H]^+$。

6. 3-氨基-2-氯-4-三氟甲基吡啶（1）的合成：在装有磁子搅拌、温度计和回流冷凝管的150mL的三口瓶中，加入4.26g（106.5mmol）氢氧化钠和45mL水，搅拌溶解后，冷却至0℃。加入3.34g（20.91mmol）溴，搅拌10min后，慢慢加入化合物**6** 4.27g（19.01mmol），在0℃搅拌10min。撤去冷浴，搅拌至温度升到室温。缓慢加热至50～60℃，搅拌反应30min，升温至80℃，反应1h。反应结束，进行水蒸气蒸馏，馏出液冷却，干燥，得到类白色固体产物3-氨基-2-氯-4-三氟甲基吡啶**1** 2.75g，收率73.6%，熔点52～54℃。ESI-MS：m/z=196.0 $[M-H]^+$。

【参考文献】

[1] 梁根浩. 2-氯-3-氨基-4-三氟甲基吡啶的合成方法研究[D]. 石家庄：河北医科大学，2014.

2-氨基-3-氯-5-三氟甲基吡啶

【基本信息】 英文名：2-amino-3-chloro-5-(trifluoromethyl) pyridine；CAS 号：79456-26-1；分子式：$C_6H_4ClF_3N_2$；分子量：196.56；白色固体；熔点：86～90℃；沸点：205℃；酸度系数 pK_a：1.79；密度：1.465g/cm³。本品是农药杀菌剂氟啶胺的中间体。合成反应式如下：

$$\text{2,3-二氯-5-三氟甲基吡啶} \xrightarrow[\text{KOH/DMSO}]{\text{MeCONH}_2} \text{3-氯-2-(NH—C(=O)—Me)-5-}F_3C\text{-吡啶} \xrightarrow{\text{KOH}} \text{2-}NH_2\text{-3-Cl-5-}F_3C\text{-吡啶}$$

【合成方法】

1. 3-氯-2-乙酰氨基-5-三氟甲基吡啶的合成：在装有搅拌器、温度计、滴液漏斗的1.5L三口瓶中，加入51.5g（0.02mol）氢氧化钾和330mL（4mol）二甲基亚砜（DMSO），搅拌，控制温度20℃，缓慢滴加42.7g（0.7mol）乙酰胺，再滴加100g（0.46mol）2,3-二氯-5-三氟甲基吡啶。滴毕，保温反应完全，加入500mL水，用盐酸调节pH至1～2，逐渐析出固体，搅拌1h，过滤，水洗，真空干燥，得到黄色粉末3-氯-2-乙酰基-5-三氟甲基吡啶108.5g，收率98.63%。

2. 2-氨基-3-氯-5-三氟甲基吡啶的合成：在装有搅拌器、温度计、滴液漏斗的三口瓶中，加入108.5g（0.45mol）3-氯-2-乙酰基-5-三氟甲基吡啶、273mL（6.8mol）甲醇、36g（0.9mol）氢氧化钠，加热至50℃，搅拌反应至完全。水泵减压蒸出部分溶剂，降至室温，过滤，水洗，干燥，得到黄色固体2-氨基-3-氯-5-三氟甲基吡啶88.9g，收率99.83%。

【参考文献】

[1] 姚晓龙，康永利，张文，等. 2-氨基-3-氯-5-三氟甲基吡啶的制备方法 [J]. 山东化工，2017，46（7）：20-21，24.

2-氨基-3-氰基吡啶

【基本信息】 英文名：2-amino-3-cyanopyridine；CAS 号：24517-64-4；分子式：$C_6H_5N_3$；分子量：120；白色或浅黄色晶状粉末；熔点：133～135℃。本品刺激皮肤、眼睛和黏膜，操作时注意防护。可用作化工中间体。合成反应式如下：

$$\text{2-Cl-3-CN-吡啶} + NH_3 \xrightarrow[\text{催化剂}]{\text{压力}} \text{2-}NH_2\text{-3-CN-吡啶} + NH_4Cl$$

【合成方法】

将60g（0.433mol）2-氯-3-氰基吡啶、*N*-甲基吡咯烷酮90g、1%Pd/C催化剂0.05g放入压力釜，封闭后通过导管加入液氨，开动搅拌，慢慢升温至115℃，反应24h。不再降压后继续反应2h。挥发掉过量氨，搅拌下，将反应物倒入500mL冰水中，过滤。将滤饼溶于250mL 8%硫酸中，过滤，滤除催化剂和原料（可循环使用）。用20%NaOH调滤液为碱性，析出产品，过滤，干燥，纯度98.2%。用乙醇重结晶，得到2-氨基-3氰基吡啶纯品33g（0.277mol），收率64%，纯度≥99%。

【参考文献】

［1］ Yuuzou K. Method for producing aminocyanopyrdine：JP2001302639A ［P］. 2001-10-31.

2-氨基-5-三氟甲基吡啶

【基本信息】 英文名：2-amino-5-(trifluoromethyl) pyridine；CAS 号：74784-70-6；分子式：$C_6H_5F_3N_2$；分子量：162；熔点：42.5℃；沸点：91℃/1.62kPa；闪点：104℃。本品刺激眼睛、呼吸系统和皮肤，操作时注意防护。合成反应式如下：

NH_3/压力釜

【合成方法】

在 5L 压力釜中，加入 2-氯-5-三氟甲基吡啶 1.3kg、甲醇 1.7kg、液氨 1.462kg，搅拌，升温至 120～135℃，压力控制在 2.0～3.5MPa，反应 16h，降温至 60℃，缓慢排压至 0.0MPa。通入空气赶出氨气至尽，约需 2h。反应液常压蒸出甲醇，降温至 50℃，用大量水洗涤，静置，分出粗产品。减压蒸馏，真空度达到－0.086MPa 时，加热升温至 140℃。当塔顶回流时，控制全回流 30min，按回流比 1∶8 减压蒸馏，色谱监测反应，当产品含量达到 99%以上时，接收馏分，这时回流比控制在 1∶4。当塔釜温度上升、塔顶温度下降时，调回流比为 1∶8，待产品含量低于 98%时，停止蒸馏。得到产品 2-氨基-5-三氟甲基吡啶，收率 85%，纯度>98%。

少量合成可用浓氨水，方法如下：将化合物 2-氯-5-三氟甲基吡啶 6.5g (30mmol) 和 28%氨水 20mL 放在 50mL 压力釜中，加热至 135℃，反应 24h。冷却后，用二氯甲烷萃取，用无水硫酸钠干燥，蒸出溶剂，得到产品 2-氨基-5-三氟甲基吡啶 3.65g (22.53mmol)，收率 75.1%，熔点 49.5～51.5℃。

【参考文献】

［1］ 王彬. 2-氨基-5-三氟甲基吡啶的制备方法：CN101081832A ［P］. 2007-12-05.

2-甲氨基-3-氯-5-三氟甲基吡啶

【基本信息】 英文名：3-chloro-*N*-methyl-5-(trifluoromethyl) pyridin-2-amine；CAS 号：89810-01-5；分子式：$C_7H_6ClF_3N_2$；分子量：210.5；白色粉末；熔点：38～40.5℃。本品可用作氟吡酰胺中间体。合成反应式如下：

$MeNH_2HCl$ / K_2CO_3/EtOH

【合成方法】

在装有磁力搅拌器、温度计的 50mL 三口瓶中，加入 2,3-二氯-5-三氟甲基吡啶 10.8g (*M*=216，50mmol)、甲氨基盐酸盐 6.8g (99.3mmol) 和无水碳酸钾 6.9g 溶于 50mL 乙醇的溶液，搅拌，升温至 60℃反应 7h，再升温至 90℃反应 1.5h，得到 2-甲氨基-3-氯-5-三氟甲基吡啶 8.8g (41.8mmol)，收率 83.6%，熔点 38～40.5℃。

【参考文献】

[1] Haga T，Fujikawa K I，Koyanagi T，et al. Some new 2-substituted 5-trifluoromethylpyridines [J]. Heterocycles，1984，22 (1)：117-124.

2-甲氨基-3-氰基吡啶

【基本信息】 2-(methylamino) nicotinonitrile；CAS 号：52583-87-6；分子式：$C_7H_7N_3$；分子量：133；熔点：86～88℃。合成反应式如下：

2-氯-3-氰基吡啶 —$MeNH_2$, 90℃, 1h→ 2-甲氨基-3-氰基吡啶 (CN, NHMe)

【合成方法】

将 2-氯-3-氰基吡啶和 5 倍质量的甲胺在油浴上加热至 90℃，反应 1h，然后在室温保持 4h。将此混合物倒入冰水中，生成沉淀，过滤，用水重结晶，得到产物 2-甲氨基-3 氰基吡啶，收率 87%，熔点 88～90℃。

【参考文献】

[1] Kwok R. Preparation of some tricyclic fused ring iminopyrido [3, 2-*E*] pyrimidines [J]. Journal of Heterocyclic Chemistry，1978，15 (5)：877-880.

2-乙氨基-5-三氟甲基吡啶

【基本信息】 英文名：2-ethylamino-5-(trifluoromethyl) pyridine；分子式：$C_8H_9F_3N_2$；分子量：190；熔点：75～77℃。合成反应式如下：

F_3C-吡啶-Cl —70%$EtNH_2$, EtOH/60℃, 5.5h→ F_3C-吡啶-NHEt

【合成方法】

在装有搅拌器、温度计和回流冷凝管的三口瓶中，加入 2-氯-5-三氟甲基吡啶 18.15g (0.1mol) 和 70%乙胺水溶液 50g 在 100mL 乙醇中的溶液，加热至 60℃反应 5.5h，得到结晶产品 2-乙氨基-5-三氟甲基吡啶 15.0g (0.079mol)，收率 78.95%，熔点 75～77℃。MS：$m/z=190$ [M^+]。

【参考文献】

[1] Haga T，Fujikawa K I，Koyanagi T，et al. Some new 2-substituted 5-trifluoromethylpyridines [J]. Heterocycles，1984，22 (1)：117-124.

4-二甲氨基吡啶(DMAP)

【基本信息】 英文名：4-dimethylaminopyridine；CAS：1122-58-3；分子式：$C_7H_{10}N_2$；分子量：122；类白色或黄色固体；熔点：83～86℃；沸点：211℃；闪点：110℃；酸度系数

pK_a：9.7/20℃。本品是一种高效催化剂。合成反应式如下：

$$\text{4-氰基吡啶} \xrightarrow[\text{HCl}]{\text{PhCH=CH}_2} \text{N-苯乙基-4-氰基吡啶鎓}Cl^- \xrightarrow{\text{HNMe}_2} \text{N-苯乙基-4-二甲氨基吡啶鎓}Cl^- \xrightarrow{\text{NaOH}} \text{4-二甲氨基吡啶} + \text{PhCH=CH}_2$$

【合成方法】

在装有搅拌器、温度计的三口瓶中，加入 5mL 水、6.24g（0.06mol）4-氰基吡啶、7.5g（0.072mol）苯乙烯和 9g（0.09mol）36.5%盐酸，搅拌，加热至 60℃反应 6h，TLC 监测反应至原料反应完全后，再反应 4h。加入 30%二甲胺水溶液 13.2g（3.96g，0.088mol），40℃反应 4h。加入 40%氢氧化钠水溶液 40g，加热至 90℃回流 2h。冷却至室温，滴加浓盐酸中和。静置分层，分出有机相苯乙烯，循环利用。水相用氢氧化钠水溶液调节 pH 至 7，用乙酸乙酯萃取，用无水硫酸钠干燥，减压浓缩到一定体积，冷冻析晶，过滤，重结晶，干燥得到 4-二甲氨基吡啶（DMAP）5.4g（0.04426mol），收率 73.8%，纯度 99.3%，熔点 110.0～111.6℃，紫外吸收波长为 268nm，元素分析，分析值（计算值）（%）：C 68.6（68.8），H 8.1（8.2），N 23.0（23.0）。

【参考文献】

[1] 刘善和. 4-二甲氨基吡啶的合成［J］. 精细化工，2014，31（9）：1165-1168.

2-溴吡啶

【基本信息】 英文名：2-bromo-pyridine；CAS 号：109-04-6；分子式：C_5H_4BrN；分子量：158；无色透明液体；沸点：192～194℃（文献值）；闪点：54℃，密度：1.657g/cm^3/25℃。能与乙醇、乙醚和吡啶混溶，微溶于水。对空气敏感，见光颜色变深。有毒和刺激性，易燃。用作医药、农药中间体，是合成心脏病类药物双异丙吡胺（磷酸丙吡胺）的原料。

【合成方法】

一、文献［1］中的方法（以 2-氨基吡啶为原料）

$$\text{2-氨基吡啶} \xrightarrow[-5^\circ C]{\text{HBr/Br}_2\text{/NaNO}_2} \text{2-溴吡啶}$$

在装有搅拌器、温度计、滴液漏斗和回流冷凝管的 250mL 三口瓶中，加入 48mL 40%氢溴酸，搅拌下分批加入 7.5g 2-氨基吡啶，冰盐浴冷却至－5℃，缓慢滴加入溴素 12mL（0.235mol），约 45min 滴完。滴完后，在 1.5h 内滴加入 20mL 10mol/L 的亚硝酸钠溶液，滴毕，在 0℃以下搅拌 30min。缓慢滴加 30mL 2.5mol/L 氢氧化钠水溶液，用乙醚 15mL×4 萃取，用 7.5g 氢氧化钾干燥一段时间，蒸出乙醚，减压蒸馏，收集 74～75℃/1.7kPa 馏分，得到 2-溴吡啶，收率 80.7%。

二、文献［2］中的方法（以 2-羟基吡啶为原料）

$$\text{2-羟基吡啶} \xrightarrow{P_2O_5/Bu_4N^+Br^-} \text{2-溴吡啶}$$

将2-羟基吡啶8.4075kg（88.5mol）、五氧化二磷30kg（211mol）、四丁基溴化铵33.2kg（103mol）和甲苯130L加入反应釜，搅拌加热至100℃，反应1h。冷却至室温，分出上层甲苯液。用甲苯50L萃取底层，合并有机相，依次用110L碳酸氢钠水溶液和50L饱和盐水洗涤，用无水硫酸镁干燥，真空浓缩，得到液体产物2-溴吡啶10.49kg（66.38mol），收率75%。

【参考文献】

［1］丁世环，龚艳明. 2-溴吡啶的合成工艺研究［J］. 广东化工，2013，40（18）：58-59.

［2］Kato Y，Okada S，Tomimoto K，et al. A facile bromination of hydroxyheteroarenes［J］. Tetrahedron Letters，2001，42（29）：4849-4851.

2-溴-3-氯吡啶

【基本信息】 英文名：2-bromo-3-chloropyridine；CAS号：96424-68-9；分子式：C_5H_3BrClN；分子量：192.5；无色针状晶体；熔点58～59℃。本品是合成杀虫剂、钠通道抑制剂、BACEI抑制剂和纤维细胞生长因子受体的重要中间体。合成反应式如下：

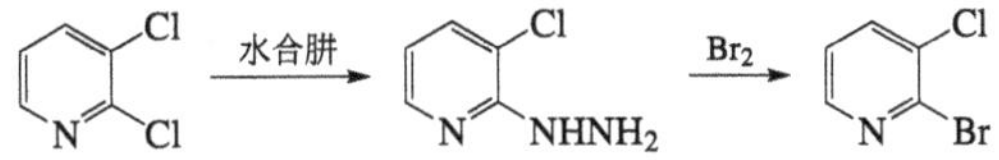

【合成方法】

1. 3-氯-2-肼基吡啶的合成： 在装有回流冷凝管的500mL单口瓶中，加入40g 2,3-二氯吡啶和240mL 80%水合肼，加热回流5h。冷却后抽滤，用20mL乙醇洗涤，干燥，得到白色固体产物3-氯-2-肼基吡啶37.7g，收率97%。MS：$m/z=144$［M+H］$^+$。

2. 2-溴-3-氯吡啶的合成： 在装有温度计、搅拌器和回流冷凝管的1L三口瓶中加入420mL氯仿和30g 3-氯-2-肼基吡啶，搅拌加热，在40℃下慢慢滴加21.7mL溴。滴毕，回流4h，冷却后慢慢倒入350mL饱和碳酸氢钠水溶液中，用乙酸乙酯250mL×2萃取，合并有机相，用无水硫酸镁干燥，蒸出溶剂。余物用正己烷重结晶，得到白色固体产物2-溴-3-氯吡啶27.6g，收率69%。MS：$m/z=193$［M+H］$^+$。

【参考文献】

［1］柴慧芳，曾晓萍，滕明刚，等. 2-溴-3-氯吡啶的合成研究［J］. 广州化工，2013，41（17）：51-52.

2-溴-5-氯吡啶

【基本信息】 英文名：2-bromo-5-chloropyridine；CAS号：40473-01-6；分子式：C_5H_3BrClN；分子量：192.5；浅棕色粉末；熔点：65～69℃；沸点：128℃/2.13kPa；微溶于水。合成反应式如下：

【合成方法】

将2,5-二氯吡啶7.4g（50mmol）、三甲基溴硅烷15g（13mL，0.1mol）和丙腈50mL

搅拌混合，加热回流 20h。倒入含有 50g 冰的 50mL 2mol/L 氢氧化钠水溶液中。用乙醚 50mL×3 萃取，合并有机相，分别用 50mL×3 水和 50mL 盐水洗涤，干燥，蒸出溶剂，用已烷重结晶，得到无色针状结晶产物 2-溴-5-氯吡啶 6.4g（33.25mmol），收率 66.5%。

【参考文献】

［1］ Schlosser M，Cottet F. Silyl-mediated halogen/halogen displacement in pyridines and other heterocycles［J］. European Journal of Organic Chemistry，2002，2002（24）：4181-4184.

2-溴-3-氯-5-三氟甲基吡啶

【基本信息】 英文名：2-bromo-3-chloro-5-(trifluoromethyl) pyridine；CAS 号：75806-84-7；分子式：$C_6H_2BrClF_3N$；分子量：260.5。本品是合成抗菌消炎药物和抗癌辅助药物的中间体。合成反应式如下：

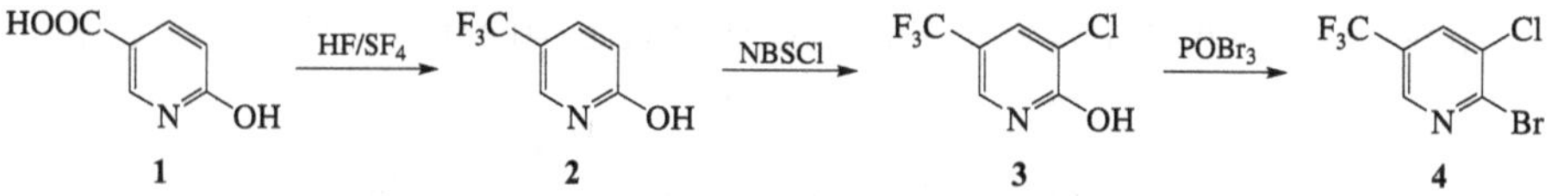

【合成方法】

1. 2-羟基-5-三氟甲基吡啶（2）的合成： 不锈钢压力釜中，加入 6-羟基烟酸 18.2g（0.13mol）、质量分数大于 95%的无水氟化氢 2.6mL（0.13mol）和四氟化硫 42.1g（0.39mol），搅拌，加热到 100℃，在 0.15MPa 下反应 12h，产生的气体用尾气吸收装置处理。将反应物转移到聚四氟乙烯容器里，加热到 40℃，除去痕量氟化氢。将剩余物倒入 150mL 水中，用饱和碳酸钠水溶液调节 pH 到 6.8～7.2，用氯仿萃取，干燥，滤除干燥剂，蒸出溶剂，得到 2-羟基-5-三氟甲基吡啶 15.3g（0.094mol），收率 72%。

2. 2-羟基-3-氯-5-三氟甲基吡啶（3）的合成： 将 2-羟基-5-三氟甲基吡啶 15.3g（0.094mol）和 *N*-氯代丁二酰亚胺 14.4g（0.108mol）加入到 50mL 无水 DMF/*N*-甲基吡咯烷酮里。常温搅拌反应 8h，将反应物慢慢加入到 250mL 水中，析出淡黄色沉淀。过滤，干燥，得到 2-羟基-3-氯-5-三氟甲基吡啶 17.1g（0.087mol），收率 92%。

3. 2-溴-3-氯-5-三氟甲基吡啶（4）的合成： 将 2-羟基-3-氯-5-三氟甲基吡啶 17.1g（0.087mol）加入到 150mL 三溴氧磷中，加热至 150℃，反应 6h。冷却至室温并缓慢加入到冰水中，在−5～0℃强烈搅拌 1h，用二氯甲烷萃取 3 次。合并有机相，干燥，滤除干燥剂，蒸出溶剂，得粗产品。用二氯甲烷-甲醇为洗脱剂过硅胶柱，洗脱梯度为 100∶1～20∶1（体积比），得到 2-溴-3-氯-5-三氟甲基吡啶 13.1g（0.05mol），收率 57.5%。

【参考文献】

［1］ 谢应波，张庆，张华，等. 一种用于合成抗癌辅助类药物的吡啶类医药中间体的制备方法：CN102875453A［P］. 2016-01-16.

5-溴-2-氟吡啶-3-甲醛

【基本信息】 英文名：5-bromo-2-fluoropyridine-3-carboxaldehyde；CAS 号：875781-15-0；

分子式：C_6H_3BrFNO；分子量：204；灰白色到淡黄色固体粉末；沸点：(258.2±35.0)℃；密度：1.778g/cm^3；酸度系数 pK_a：−4.59±0.2。合成反应式如下：

【合成方法】

将 5mL（35mmol）二异丙胺基锂溶于 40mL 无水 THF 溶液中，在氮气保护下冷却至 −78℃，加入含有正丁基锂的 2.5mol/L 的己烷溶液 12mL（30mmol）。在 −78℃搅拌 15h，再加入 5-溴-2-氟吡啶 5g（28mmol），在 −78℃搅拌 90h。快速加入 *N*-甲酰基哌啶 4mL（36mmol），强烈搅拌 1min。立即加入 10%柠檬酸水溶液淬灭反应。温热到室温，混合物分配在水和二氯甲烷两相中。用二氯甲烷萃取水相 3 次，合并有机相，用无水硫酸钠干燥，过滤，浓缩，所得粗品用环己烷重结晶，得到浅米色片状结晶产品 5-溴-2-氟吡啶-3-甲醛 2.993g（14.67mmol），收率 51.65%。

【参考文献】

［1］Arnold W D，Gosberg A，Li Z et al. Fused ring heterocycle kinase modulators：WO2006015124［P］. 2006-02-09.

2-溴-5-氰基吡啶

【基本信息】 又名：6-溴烟腈；英文名：2-bromo-5-cyanopyridine；CAS 号：139585-70-9；分子式：$C_6H_3BrN_2$；分子量：183；白色固体；熔点：136～140℃；沸点：261.6℃/101325Pa；闪点：112℃；蒸气压：1.47Pa/25℃。本品是治疗丙型肝炎和肝纤维化药物 3-环烷基氨基吡咯烷衍生物的中间体。合成反应式如下：

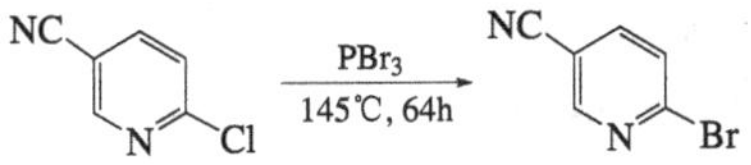

【合成方法】

在装有搅拌器、温度计和回流冷凝管的三口瓶中，加入 13.8g（0.1mol）6-氯烟腈和 150mL 三溴化磷，加热至 145℃，搅拌反应 32h。冷却，减压浓缩，加入 150mL 三溴化磷，在 145℃，再搅拌反应 32h。冷却，减压浓缩，冷却至室温，搅拌下加入冰水 500mL，用碳酸氢钠中和，用乙酸乙酯 250mL×3 萃取，用饱和食盐水洗涤，用无水硫酸镁干燥。减压蒸出溶剂，剩余物经柱色谱（淋洗液：己烷-乙酸乙酯）纯化，得到白色固体 6-溴烟腈 14.9g，收率 81%。MS：m/z=183.0 [M+H]$^+$，185.0 [M+H]$^+$。

【参考文献】

［1］伯吉斯 G. A method of treating liver fibrosis：CN103391931A［P］. 2013-11-13.

2-溴-6-氰基吡啶

【基本信息】 英文名：6-bromo-2-pyridinecarbonitrile；CAS 号：122918-25-6；分子式：$C_6H_3BrN_2$；分子量：183；熔点：100～104℃；沸点：269.7℃/101325Pa；闪点：

116.9℃；蒸气压：0.9Pa/25℃；密度：1.72g/cm^3。重要的有机合成中间体。合成反应式如下：

$$\text{2,6-二溴吡啶} \xrightarrow[\text{DMF}]{\text{CuCN}} \text{2-溴-6-氰基吡啶}$$

【合成方法】

2,6-二溴吡啶 11g（M=237，0.046mol）、DMF 60mL 和氰化亚铜 4.37g（0.0488mol），加热至 148℃，回流反应 2h。反应结束，冷却，加入 200mL 28%氨水，用二氯甲烷 300mL×3 萃取。合并有机相，用水 100mL×2 洗涤，用无水硫酸钠干燥。旋蒸出溶剂，得到土黄色粗品 5.0g。用 ϕ25mm×600mm 硅胶柱分离，先用石油醚（60～90℃）-乙酸乙酯（体积比为 10：1）洗出原料和副产品，再用石油醚（60～90℃）-乙酸乙酯（体积比为 5：1）洗出产品。减压蒸出溶剂，得到白色粉末 2-溴-6-氰基吡啶 1.17g（6.4mmol），收率 13.9%，熔点 101～104℃。

将 2-溴-6-氰基吡啶 1.4g（7.65mmol）、氢氧化钠 0.46g 和水 15mL，加热回流 1h，冷却，用 50mL 二氯甲烷分 3 次洗涤。分出水层，用浓盐酸酸化至 pH 为 2，析出结晶，过滤，减压干燥，得到 6-溴-2-吡啶羧酸（CAS 号：21190-87-4）1.17g（M=202，5.8mmol），收率 75.8%。

【参考文献】

[1] Shoichi M. Sulfonylurea compound, its production and herbicide containing the same: JP04253974 [P]. 1992-09-09.

2-溴-3-氰基-6-甲基吡啶

【基本信息】 英文名：2-bromo-3-cyano-6-methylpyridine；CAS 号：155265-57-9；分子式：$C_7H_5BrN_2$；分子量：197；沸点：(303.5±42.0)℃/101325Pa；密度：1.61g/cm^3；酸度系数 pK_a：−1.93±0.10。合成反应式如下：

$$\text{2-羟基-3-氰基-6-甲基吡啶} \xrightarrow[\text{PhMe/100℃, 1h}]{P_2O_5/Bu_4NBr} \text{2-溴-3-氰基-6-甲基吡啶}$$

【合成方法】

将 2-羟基-3-氰基-6-甲基吡啶 11.859kg（M = 134，88.5mol）、五氧化二磷 30kg（211.3mol）、四丁基溴化铵 33.2kg（103.1mol）和甲苯 130L 加入反应釜，搅拌加热至 100℃，反应 1h。冷却至室温，分出甲苯层。用 50L 甲苯萃取底层，合并有机相，依次用 110L 碳酸氢钠水溶液和 50L 饱和食盐水洗涤，用无水硫酸镁干燥，真空浓缩，得到产物 2-溴-3-氰基-6-甲基吡啶 13.076kg（66.376mol），收率 75%。

【参考文献】

[1] Kato Y, Okada S, Tomimoto K, et al. A facile bromination of hydroxyheteroarenes [J]. Tetrahedron Letters, 2001, 42 (29): 4849-4851.

2-溴-5-甲基吡啶

【基本信息】 英文名：2-bromo-5-methylpyridine；CAS 号：3510-66-5；分子式：

C_6H_6BrN；分子量：172；白色至浅黄色晶体；熔点：41～43℃；沸点：95～96℃/1.67kPa；闪点：103℃；密度：1.4964g/cm^3。本品是用途广泛的医药中间体。合成反应式如下：

$$\text{5-Me-2-NH}_2\text{-pyridine} \xrightarrow[\text{NaNO}_2]{48\%\text{HBr/Br}_2} \text{5-Me-2-Br-pyridine}$$

【合成方法】

在20～30℃强烈搅拌下，将粉末状2-氨基-5-甲基吡啶30g（0.277mol）分批加入到150mL 48%氢溴酸中，全部溶解后，冷却至－20～－15℃。在10min内，滴加冷却的溴40mL（0.778mol），维持温度在－20℃，搅拌90min。之后，滴加亚硝酸钠51g（0.739mol）和75mL水的溶液，滴毕，在1h内升温至15℃，继续搅拌45min。再冷却至－20～－15℃，慢慢加入氢氧化钠200g（5mol）与500mL水的溶液，加入过程中温度不得高过－10℃。加毕，升至室温，搅拌1h。用乙醚萃取，用无水硫酸钠干燥，蒸出乙醚。剩余物真空蒸馏，冷却，得到无色结晶2-溴-5-甲基吡啶44.5g，收率93%，熔点41℃。

【参考文献】

[1] Windscheif P M，Vögtle F. Substituted dipyridylethenes and -ethynes and key pyridine building blocks [J]. Synthesis，1994，1994（1）：87-92.

2-溴-6-甲基吡啶

【基本信息】 英文名：2-bromo-6-methylpyridine；CAS号：5315-25-3；分子式：C_6H_6BrN；分子量：172；无色透明至淡黄色液体；沸点：102～103℃/2.67kPa；闪点：97℃；密度：1.512g/cm^3；易溶于氯仿、乙酸乙酯，难溶于水。本品刺激眼睛、呼吸系统和皮肤，操作时穿戴防护服及护目镜，若不慎与眼睛接触，立即用大量清水冲洗并求医。合成反应式如下：

$$\text{6-Me-2-Cl-pyridine} \xrightarrow[\text{回流100h}]{\text{Me}_3\text{SiBr/丙腈}} \text{6-Me-2-Br-pyridine}$$

【合成方法】

在装有搅拌器、温度计、回流冷凝管的100mL三口瓶中，加入2-氯-6-甲基吡啶6.4g（5.5mL，50mmol）、三甲基溴硅烷15g（13mL，0.1mol）和丙腈50mL，搅拌混合，加热回流100h。倒入含有50g冰的50mL 2mol/L氢氧化钠水溶液中。用乙醚50mL×3萃取，合并有机相，分别用50mL×3水和50mL盐水洗涤，干燥，蒸出溶剂。精馏，收集74～75℃/933Pa馏分，得到2-溴-6-甲基吡啶4.1g（23.84mmol），收率47.7%。

【参考文献】

[1] Schlosser M，Cottet F. Silyl-mediated halogen/halogen displacement in pyridines and other heterocycles [J]. European Journal of Organic Chemistry. 2002，2002（24）：4181-4184.

2-溴-3-乙氧基吡啶

【基本信息】 英文名：2-bromo-3-ethoxypridine；CAS号：89694-54-2；分子式：

C_7H_8BrNO；分子量：202；黄色液体；沸点：210.3℃/101325Pa；闪点：81℃；密度：1.45g/cm^3。本品是一种医药中间体。

【合成方法】

将2-溴-3-羟基吡啶1.7g（*M*=174，9.8mmol）、碘乙烷3.12g（*M*=155.9，20mmol）和碳酸钾2.5g（18mmol）溶于2mL DMF中，加热至80℃/2h，真空蒸出溶剂，剩余物分配在乙酸乙酯和水中，水层用乙酸乙酯萃取，合并有机相，依次用水和饱和食盐水洗涤，用无水硫酸钠干燥，真空蒸出溶剂，得到2-溴-3-乙氧基吡啶2.0g（9.9mmol），收率92%。

【参考文献】

[1] Genin M J，Poel T J，Yagi Y，et al. Synthesis and bioactivity of novel bis (heteroaryl) piperazine (BHAP) reverse transcriptase inhibitors：structure-activity relationships and increased metabolic stability of novel substituted pyridine analogs [J]. Journal of Medicinal Chemistry，1996，39 (26)：5267-5275.

2-溴-3-异丙氧基吡啶

【基本信息】 英文名：2-bromo-3-(isopropoxy) pyridine；分子式：$C_8H_{10}BrNO$；分子量：216。合成反应式如下：

2-溴-3-羟基吡啶（OH，Br，N） —MeCHIMe，K_2CO_3/DMF→ 2-溴-3-异丙氧基吡啶（$OCHMe_2$，Br，N）

【合成方法】

将2-溴-3羟基吡啶1.7g（*M*=158，10.76mmol）、2-碘丙烷2mL（20mmol）和碳酸钾2.5g（18mmol）溶于2mL DMF中，加热至80℃/2h，真空蒸出溶剂，剩余物分配在乙酸乙酯和水中，分出有机相，水层用乙酸乙酯萃取，合并有机相，依次用水和饱和食盐水洗涤，用无水硫酸钠干燥，旋蒸出溶剂，得到2-溴-3-异丙氧基吡啶2.1g（9.722mmol），收率90.4%。

【参考文献】

[1] Genin M J，Poel T J，Yagi Y，et al. Synthesis and bioactivity of novel bis (heteroaryl) piperazine (BHAP) reverse transcriptase inhibitors：structure-activity relationships and increased metabolic stability of novel substituted pyridine analogs [J]. Journal of Medicinal Chemistry，1996，39 (26)：5267-5275.

2-溴-3-叔丁氧基吡啶

【基本信息】 英文名：2-bromo-3-tert-butyloxy-pyridine；分子式：$C_9H_{12}BrNO$；分子量：230。合成反应式如下：

2-溴-3-羟基吡啶（OH，Br，N） —$Cl_3C(NH)OCMe_3$，BF_3/Et_2O→ 2-溴-3-叔丁氧基吡啶（$OCMe_3$，Br，N）

【合成方法】

将 2-溴-3 羟基吡啶 0.5g（3.165mmol）溶于少量 THF 中，加入环己烷直到溶液混浊。依次加入三氯乙酰亚胺叔丁酯 2.1mL（3.785g，$M=218.5$，17.32mmol）和 BF_3/乙醚 0.06mL，反应混合物搅拌均匀，再加入三氯乙酰亚胺叔丁酯 1mL，室温搅拌过夜。加入固体碳酸氢钠，过滤，真空蒸出溶剂，所得白色固体在环己烷中研成粉末，用大量环己烷洗涤，过滤。滤液真空浓缩成无色液体，用乙酸乙酯/环己烷（1∶3）过柱子（2cm×40cm），得到液体产物 2-溴-3-叔丁氧基吡啶 0.52g（2.26mmol），收率 71.4%。

【参考文献】

[1] Genin M J，Poel T J，Yagi Y，et al. Synthesis and bioactivity of novel bis（heteroaryl）piperazine（BHAP）reverse transcriptase inhibitors：structure-activity relationships and increased metabolic stability of novel substituted pyridine analogs [J]. Journal of Medicinal Chemistry，1996，39（26）：5267-5275.

2-溴-6-叔丁氧基吡啶

【基本信息】 英文名：2-bromo-6-*tert*-butyloxy-pyridine；CAS 号：949160-14-9；分子式：$C_9H_{12}BrNO$；分子量：230；沸点：247.7℃/101325Pa；闪点：103.609℃；密度：1.335g/cm^3。合成反应式如下：

^{t}BuOH/二氧六环，回流 5h

【合成方法】

将装有冷凝管和搅拌器的三口瓶用干燥氩气吹扫后，加入绝对无水二氧六环 250mL、2,6-二溴吡啶 6g（$M=236.8$，25.34mmol）、叔丁醇钠 5g（$M=96$，52.08mmol），回流 5h，冷却至室温，加入少量水，过滤，常压蒸出溶剂，减压蒸出无色液体产品 2-溴-6-叔丁基氧吡啶 5.2g（24.33mmol），收率 96%。

【参考文献】

[1] Averin A D，Ulanovskaya O A，Pleshkova N A，et al. Pd-catalyzed amination of 2,6-dihalopyridines with polyamines [J]. Collection of Czechoslovak Chemical Communications，2007，72（5）：785-819.

6-溴吡啶-3-甲醛

【基本信息】 英文名：6-bromo-3-pyridinecarboxaldehyde；CAS 号：149806-06-4；分子式：C_6H_4BrNO；分子量：186；白色固体；熔点：100℃。本品是一种有机合成中间体。合成反应式如下：

【合成方法】

1. 2-溴-5-(二吗啉甲基) 吡啶的合成： 将2-溴-5-(二溴甲基) 吡啶1.8g (0.055mol) 和吗啉8mL (0.0917mol) 加入到一个开口反应瓶中，室温搅拌3d，将反应物倒入冰中，在5℃搅拌反应3h。抽滤，冷水洗涤滤饼，在盛有五氧化二磷的干燥器中干燥，得到微晶2-溴-5-(二吗啉甲基) 吡啶1.2g，收率63.9%，熔点115～117℃。MS-50 (HRMS，70eV，180℃) m/z=343.0721 (计算值：343.739)。

2. 6-溴-吡啶-3-甲醛的合成： 在装有搅拌器、温度计的50mL三口瓶中，加入2-溴-5-(二吗啉甲基) 吡啶0.77g (2.66mmol)、水3mL、48%溴氢酸3mL，搅拌加热30s，加入4.5g (0.1mol) $Na_2SO_4 \cdot 12H_2O$，过滤，滤液用二氯甲烷萃取，干燥。减压蒸出溶剂，剩余物用柱色谱纯化 (硅胶140～270目ASTM，甲醇/甲苯/乙酸乙酯/二氯甲烷体积比为1∶9∶19∶180)(R_f=0.69)，得到6-溴-吡啶-3-甲醛0.25g，收率60%，熔点100℃。

【参考文献】

[1] Windscheif P M，Vögtle F. Substituted dipyridylethenes and-ethynes and key pyridine building blocks [J]. Synthesis，1994，1994 (1)：87-92.

2,4-二溴吡啶

【基本信息】 英文名：2,4-dibromo-pyridine；CAS号：58530-53-3；分子式：$C_5H_3Br_2N$；分子量：237；白色粉末；熔点：38～40℃；沸点：238℃；闪点：>110℃。本品不溶于水，易潮湿，可用作医药中间体。

【合成方法】

一、文献 [1] 中的方法 (以2,4-二氯吡啶为原料)

将2,4-二氯吡啶7.4g (50mmol)、三甲基溴硅烷23g (20mL，0.15mol) 和丙腈50mL搅拌混合，加热回流20h。倒入含有50g冰的50mL 2mol/L氢氧化钠水溶液中。用乙醚50mL×3萃取，合并有机相，分别用50mL×3水和50mL饱和食盐水洗涤，干燥，蒸出溶剂，用己烷重结晶，得到无色针状产物2,4-二溴吡啶5.8g (24.5mmol)，收率49%。

二、文献 [2] 中的方法 (以2,4-二羟基吡啶为原料)

将2,4-二羟基吡啶2.7g (M=111，24.3mmol) 和三溴氧磷23g (M=287，80.14mmol) 放入反应瓶中，加热到125℃，反应4.5h后，将反应液慢慢倒入水中，用碳酸钠中和。用二氯甲烷萃取，合并有机相，干燥，真空蒸出溶剂。剩余物用Flash色谱 (二氯甲烷∶环己烷=40∶60) 纯化，得到白色固体产物2,4-二溴吡啶5.24g (22.1mmol)，收率 91%，熔点 35～36℃。同时得到 2,3,4-三溴吡啶（CAS 号：2402-91-7）0.698g（M=326，2.14mmol），收率 9.1%，乙醇重结晶，熔点 86℃。

【参考文献】

[1] Schlosser M，Cottet F. Silyl-mediated halogen/halogen displacement in pyridines and other heterocycles [J]. European Journal of Organic Chemistry，2002，2002（24）：4181-4184.

[2] Garcia R，Gomez J L A，Sicre C et al. Synthesis of 2,4-dibromopyridine and 4,4′-dibromo-2,2′-bipyridine effeciecient usage in selective bromine-substitution under palladium catalysis [J]. Heterocycles，2008，76（1）：57-64.

2,5-二溴吡啶

【基本信息】 英文名：2,5-dibromo-pyridine；CAS 号：624-28-2；分子式：$C_5H_3Br_2N$；分子量：237；白色或浅棕色晶状体粉末；熔点：94～95℃（升华）；沸点：235℃/102.92kPa，不溶于水，用作医药中间体。合成反应式如下：

吡啶 —[$NaNH_2$ / 还原铁粉]→ 2-氨基吡啶 —[Br_2/AcOH]→ 2-氨基-5-溴吡啶 —[48%HBr/$NaNO_2$ / Br_2/H_2O/NaOH]→ 2,5-二溴吡啶

【合成方法】

1. 2-氨基吡啶的合成： 在装有搅拌器、温度计和滴液漏斗的 250mL 三口瓶中，加入 100mL 甲苯和 30g（M=39，0.7692mol）研细的氨基化钠，在氮气保护下，加热至 115℃。在 1h 内，慢慢滴加 40.7mL（40g，0.505mol）干燥的吡啶，回流 8h 后，降至室温，滤出苯。所得固体加热到 70℃，缓慢滴加水，并剧烈搅拌，待固体溶解后趁热分液。将有机相旋蒸至干，得到褐色固体，将其在 210℃常压蒸馏提纯，所得馏分冷却变为白色固体。用甲苯重结晶，得到白色片状晶体 2-氨基吡啶（CAS 号：504-29-0）33.6g（0.35745mol），收率 70.8%，熔点 56～58℃。

2. 2-氨基-5-溴吡啶的合成： 在装有搅拌器、温度计和滴液漏斗的 150mL 三口瓶中，加入 8.46g（0.09mol）2-氨基吡啶和 15mL 冰醋酸，室温搅拌 30min 后，冷却至 10℃左右。在 40min 内，慢慢滴加 4.62g（0.09mol）溴与 15mL 乙酸的溶液，滴加过程控制温度低于 20℃。滴毕，室温反应 3h，加入水 50mL，搅拌，固体全溶后，慢慢滴加 40%氢氧化钠水溶液 36mL，有大量白色固体析出。反应 30min 后，抽滤，所得固体加到 20mL 石油醚中，回流 20min，趁热过滤除去杂质，所得固体用石油醚洗 2～3 次，得到白色固体产物 2-氨基-5-溴吡啶（CAS 号：1072-97-5）9.6g（0.0555mol），收率 61.7%，熔点 135～137℃。

3. 2,5-二溴吡啶的合成： 在装有搅拌器、温度计和滴液漏斗的 150mL 三口瓶中，加入 6.92g（0.04mol）2-氨基-5-溴吡啶和 20mL 氢溴酸，搅拌，室温反应 30min，冷却至 −10℃。在 30min 内，慢慢滴加 6mL（0.118mol）溴，滴加过程控制温度低于 0℃，滴毕，继续搅拌 10min。慢慢滴加饱和亚硝酸钠水溶液 6.9g（0.1mol），滴毕，在 0℃反应 3h。快速滴加饱和氢氧化钠溶液 15.1g（0.3775mol），搅拌 20min。用乙醚萃取 3 次，合并有机相，旋蒸至干，干燥，所得白色固体用巧思升华仪升华，得到白色晶体产物 2,5-二溴吡啶 7.58g（32mmol），收率 80%，熔点 95℃。

【参考文献】

［1］王江淮，杨长剑，彭化南，等. 2,5-二［4′-(9*H*-9-咔唑基) 苯基］吡啶的合成与表征［J］. 化学试剂，2008，30（4）：280-282，292.

3,5-二溴吡啶

【基本信息】 英文名：3,5-dibromopyridine；CAS 号：625-92-3；白色针状晶体；熔点：110～115℃；沸点：222℃；密度：2.04g/cm^3；酸度系数 pK_a：0.52；溶于氯仿、甲醇，不溶于水。本品是重要的医药中间体，是治疗中枢神经系统紊乱的重要原料。合成反应式如下：

4-氨基吡啶 —Br_2/AcOH→ 4-氨基-3,5-二溴吡啶 —$NaNO_2/H_2SO_4$, Sandmeyer重氮化→ 3,5-二溴-4-N_2OSO_3H吡啶 —Cu/EtOH→ 3,5-二溴吡啶

【合成方法】

1. 4-氨基-3,5-二溴吡啶的合成： 在装有搅拌器和温度计的 50mL 三口瓶中，加入 3.76g（40mmol）4-氨基吡啶和 60mL 乙酸，搅拌溶解。冷却至 0℃，滴加 12.8g（80mmol）溴素。滴毕，将反应液倒入 200mL 冰水中，用氢氧化钠水溶液中和至弱碱性。用二氯甲烷 30mL×3 萃取，用无水硫酸钠干燥，过滤，浓缩，用石油醚重结晶，得到 8.4g 白色固体产物 4-氨基-3,5-二溴吡啶 8.4g（33.33mmol），收率 83.3%，熔点 154～156℃。

2. 3,5-二溴吡啶的合成： 在装有搅拌器和温度计的 250mL 三口瓶中，加入 5.6g（50mmol）80%硫酸和 2.52g（10mmol）4-氨基-3,5-二溴吡啶。完全溶解后，升温至 70～80℃，滴加 0.69g（10mmol）亚硝酸钠水溶液，用淀粉-KI 试纸检测反应终点。当反应液使该试纸变蓝且不褪色时，停止滴加，再搅拌反应 0.5h。加入 1.28g（20mmol）铜粉后，滴加 20mL 乙醇，回流 2h。冷却后，用 50%氢氧化钠水溶液调节 pH 至弱碱性。用乙酸乙酯 20mL×3 萃取，用无水硫酸钠干燥，过滤，浓缩，用乙醇重结晶，得到 2.1g 白色固体 3,5-二溴吡啶（8.86mmol），收率 88.6%，熔点 112～113℃。总收率 73.8%。

【参考文献】

［1］林彦飞，王小英，吴巧玲，等. 3,5-二溴吡啶的合成研究［J］. 化学试剂，2010，32（3）：261-262.

［2］胡亚东，杨本梅. 一种 3,5-二溴吡啶的合成方法：CN106957259A［R］. 2017-07-18.

2-氯吡啶

【基本信息】 英文名：2-chloropyridine；CAS 号：109-09-1；分子式：C_5H_4ClN；分子量：113.5；熔点：−46℃；沸点：170℃/101325Pa；闪点：65℃；蒸气压：265.3Pa/25℃；密度：1.2g/cm^3。本品可用于医药、杀虫剂等的有机合成。合成反应式如下：

2-氨基吡啶 —$NaNO_2$/浓盐酸, HCl气, NaOH→ 2-氯吡啶

【合成方法】

在装有搅拌器、温度计、回流冷凝管和导气管的三口瓶中，加入 14.12g（0.15mol）2-氨基吡啶和浓盐酸，搅拌溶解后，冷却至 0～5℃，通入氯化氢气体，使其饱和。然后加入 13.46g（0.195mol）亚硝酸钠，每次加入亚硝酸钠后都要通入氯化氢气体。亚硝酸钠加完后，继续通入氯化氢气体 50min。用 TLC 检测（展开剂：甲醇：乙酸乙酯：石油醚＝1：3：2）反应至完成后，用氢氧化钠中和，用乙醚萃取，合并有机相，干燥，蒸出乙醚后，精馏，收集 167～168℃馏分，得到无色液体产品 2-氯吡啶 10.15g（0.0894mol），收率 59.6%。

【参考文献】

[1] 李再峰，罗富英. 合成 2-氯吡啶的改进方法 [J]. 化学世界，2000（9）：501-502.

2-氯-3-碘吡啶

【基本信息】 英文名：2-chloro-3-iodopyridine；CAS 号：78607-36-0；分子式：C_5H_3ClIN；分子量：239.4；白色结晶粉末；熔点：93～96℃；沸点：261.2℃/101325Pa；闪点：101.973℃；酸度系数 pK_a：－0.70；密度：2.052g/cm^3。本品对光敏感，是合成医药、农药重要的中间体，并且是合成磺酰脲类除草剂啶嘧磺隆的重要原料。合成反应式如下：

$$\text{2-氯-3-氨基吡啶} \xrightarrow[-4℃]{NaNO_2/HCl/H_2O} \text{2-氯吡啶-3-}N_2^+\cdot Cl^- \xrightarrow[\text{室温}]{KI/H_2O} \text{2-氯-3-碘吡啶}$$

【合成方法】

1. 重氮盐的合成： 装有搅拌器、温度计、滴液漏斗的 250mL 四口瓶中，加入 2.56g（0.014mol）2-氯-3-氨基吡啶、10mL（0.274mol）浓盐酸、6g 水，冷却至－4℃，搅拌，以 1～2 滴/s 的速度缓慢滴加 1.52g（0.022mol）亚硝酸钠与 40mL 水的溶液，滴毕，继续搅拌反应 15min。加入 0.18g 尿素以除去过量的亚硝酸钠。滤除少量絮状杂质，得到重氮盐，低温保存。

2. 2-氯-3-碘吡啶的合成： 装有搅拌器、温度计、滴液漏斗的 250mL 四口瓶中，加入 70mL 水、10.2g（0.068mol）碘化钠，搅拌溶解，缓慢滴加上述制备的重氮盐。滴毕，在 25℃恒温水浴中继续搅拌反应 12h。抽滤，重结晶，再抽滤，干燥，得到浅黄色 2-氯-3-碘吡啶 2.8g（0.0117mol），收率 83.5%，熔点 93～96℃。

【参考文献】

[1] 刘会君，韩超，杜益辉. 2-氯-3-碘吡啶的合成研究 [J]. 浙江化工，2009，40（8）：8-10.

5-氯-2-碘吡啶

【基本信息】 英文名：5-chloro-2-iodopyridine；CAS 号：244221-57-6 或 874676-81-0；分子式：C_5H_3ClIN；分子量：239.44；无色片状结晶；熔点：95～98℃（文献

值)；沸点：253.194℃/101325Pa；闪点：106.928℃；密度：2.052g/cm^3。合成反应式如下：

$$\text{5-氯-2-氯吡啶} \xrightarrow[\text{NaI/丙腈}]{Me_3SiCl} \text{5-氯-2-碘吡啶}$$

【合成方法】

将2，5-二氯吡啶7.4g（50mmol)、丙腈50mL、三甲基氯硅烷5.4g（6.3mL，50mmol）和碘化钠22g（0.15mol）搅拌混合，加热回流4d。倒入含有约50g冰的50mL 2mol/L氢氧化钠水溶液中，用乙醚50mL×3萃取，合并有机相，依次用水50mL×2和饱和50mL盐水洗涤。干燥，蒸出溶剂，用己烷重结晶，得到无色片状结晶产物5-氯-2-碘吡啶6.5g（27.15mmol），收率54.3%，熔点85～87℃。

【参考文献】

［1］Schlosser M，Cottet F. Silyl-mediated halogen/halogen displacement in pyridines and other heterocycles ［J］. European Journal of Organic Chemistry，2002，2002（24）：4181-4184.

3-氯-2-碘-5-三氟甲基吡啶

【基本信息】 英文名：3-chloro-2-iodo-5-(trifluoromethyl) pyridine；分子式：$C_6H_2ClF_3IN$；分子量：307.5。本品是一种重要的医药中间体。合成反应式如下：

$$\text{3-氯-2-羟基-5-三氟甲基吡啶} \xrightarrow[\text{回流12h}]{Bu_4NI/P_2O_5} \text{3-氯-2-碘-5-三氟甲基吡啶}$$

【合成方法】

在装有搅拌器、温度计和回流冷凝管的250mL三口瓶中，加入3g（15.187mmol）3-氯-2-羟基吡啶-5-三氟甲基吡啶和50mL甲苯，搅拌下加入11.22g（30.37mmol）四丁基碘化铵和4.31g（30.37mmol）五氧化二磷，加热回流反应12h。冷却至室温，滤出上层甲苯，下层用甲苯萃取3次并倒出。合并甲苯溶液，用饱和碳酸氢钠水溶液洗涤，用无水硫酸钠干燥，旋蒸出甲苯，柱色谱分离，得到无色液体3-氯-2-碘-5-三氟甲基吡啶2.01g（6.54mmol)，收率43%。MS：m/z=307.89［M+H］$^+$。

【参考文献】

［1］熊莺，黄筑艳，凡明，等. 3-氯-2-碘-5-三氟甲基吡啶的合成［J］. 广东化工，2015，42（17）：77.

5-氯-2，3-二氟吡啶

【基本信息】 英文名：5-chloro-2，3-difluoropyridine；CAS号：89402-43-7；分子式：$C_5H_2ClF_2N$；分子量：149.5；熔点：47～49℃；沸点：135～136℃；闪点：135℃；密度：1.442g/cm^3；可溶于大多数有机溶剂。本品是合成炔草酯等除草剂和杀虫剂的重要农药中间体。在2～8℃储存。

【合成方法】

一、文献［1］中的方法（18-冠醚-6 催化法）

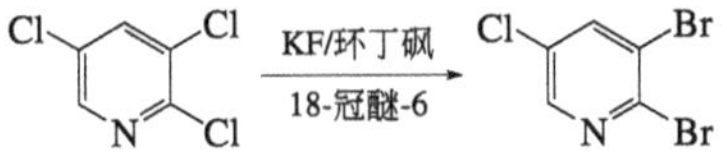

在装有机械搅拌、温度计、分水器和减压蒸馏装置的1L四口瓶中，加入800g环丁砜，在200℃/0.07MPa脱水到0.05%以下。在120℃加入96g（1.66mol）氟化钾、120g（0.67mol）2,3,5-三氯吡啶、2g 18-冠醚-6和3g碳酸钾。搅拌，升温至200℃，反应3h。升温并通入氮气鼓泡，约3h收集完产物。得到5-氯-2,3-二氟吡啶75g，收率69.4%，纯度92.7%。

二、文献［2］中的方法（用室温离子液体为溶剂）

1. 以2,3,5-三氯吡啶为原料：

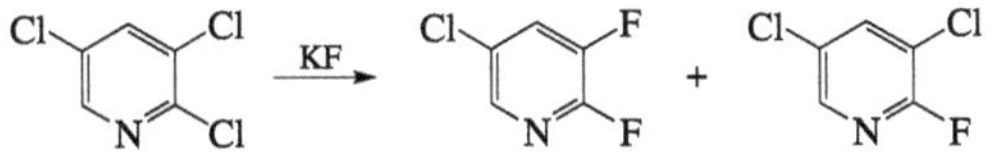

在100mL三口瓶中，加入2,3,5-三氯吡啶10.95g（0.06mol）、KF 6.97g（0.12mol）、CsF 3.04g（0.02mol）、碳酸钾0.5g和50mL室温离子液体，加热到200℃反应10h。冷却后减压蒸馏，收集86～127℃/20.0kPa馏分，以5∶1石油醚（60～90℃）-乙酸乙酯为淋洗液，进行柱色谱分离。得到5-氯-2,3-二氟吡啶3.6g（收率36.1%）和2-氟-3,5-二氯吡啶1.89g（收率21%）。

2. 以2-氟-3,5-二氯吡啶为原料：

在100mL三口瓶中，加入50mL室温离子液体、18.4g（0.122mol）CsF（使用前在200℃真空中干燥16h）、0.5g碳酸钾和13.3g（0.08mol）2-氟-3,5-二氯吡啶。减压下（约26.7kPa）加热6h，蒸出温度97～106℃/26.7kPa，油浴温度为139～144℃。反应过程中，缓慢蒸出产物，得到产物6.8g。放置过夜，再按上述方法反应3h，又收集到产物2.1g，用GC分析合并产物，其中含5-氯-2,3-二氟-吡啶7.4g（收率62%）和原料2-氟-3,5-二氯吡啶1.0g（收率21%，回收7.5%）。

备注：室温离子液体为1-甲基-3-丁基咪唑四硼酸盐[（Bmim）BF_4]，结构式如下。

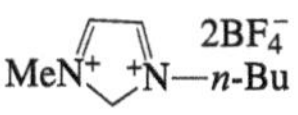

【参考文献】

［1］郑静，张浩，周红锋. 2,3-二氟-5-氯吡啶的合成［J］. 化学世界，2007（7）：425-427.

［2］钟平，张兴国，袁继新. 2,3-二氟-5-氯吡啶的合成方法：CN1830963A［P］. 2006-09-13.

3-氯-2-羟基-5-三氟甲基吡啶

【基本信息】 英文名：3-chloro-2-hydroxy-5-(trifluoromethyl) pyridine；CAS号：

76041-71-9 或 79623-37-3；分子式：$C_6H_3NOF_3Cl$；分子量：197.5；熔点：159～161℃；沸点：234.6℃/101325Pa；闪点：60℃；密度：1.56g/cm³。合成反应式如下：

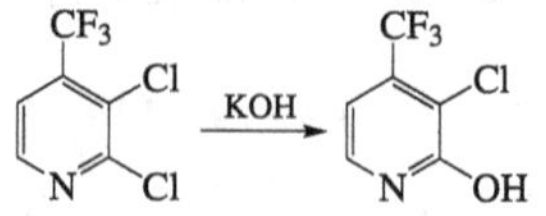

【合成方法】

将化合物 2,3-二氯-5-三氟甲基吡啶 4.5g（M=216，20.8mmol）加入到 2.7g 氢氧化钾溶于 100mL 叔丁醇的溶液中，搅拌下加热回流反应 1h。冷却后，用浓盐酸酸化，减压蒸馏，水洗馏出物，得到固体物。用乙醇重结晶，得到 3-氯-2-羟基-5-三氟甲基吡啶 3.1g（15.7mmol），收率 75.5%，熔点 165～166℃。MS：m/z=197［M^+］。

【参考文献】

［1］Haga T，Fujikawa K I，Koyanagi T，et al. Some new 2-substituted 5-trifluoromethylpyridines［J］. Heterocycles，1984，22（1）：117-124.

5-氯-2,4-二羟基吡啶

【基本信息】 俗名：吉莫斯特；英文名：5-chloro-2,4-dihydroxyptridine；CAS 号：103766-25-2；分子式：$C_5H_4ClNO_2$；分子量：145.54；类白色至白色结晶性粉末；熔点：274℃；沸点：281.9℃/101325Pa；闪点：124.3℃；蒸气压：0.054Pa/25℃；密度：1.56g/cm³；在冰箱储存。本品是抗癌药 S-1 组成成分之一，可抑制抗肿瘤药物替加氟的毒副作用。合成反应式如下：

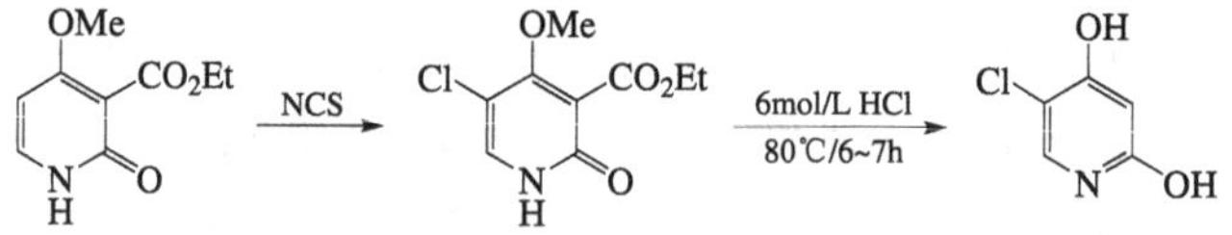

【合成方法】

1. 2-氢-4-氯-5-甲氧基-6-甲酸乙酯基吡啶酮的合成：在装有搅拌器、温度计的 150mL 三口瓶中，加入 2-氢-5-甲氧基-6-甲酸乙酯基吡啶酮 10g（50.7mmol）和 70mL 乙腈，搅拌溶解，加入 N-氯代丁二酰亚胺（NCS）17.2g（126.75mmol）。升温至 45℃反应 6h，溶液由浑浊变为澄清。用 TLC 监测反应至完毕。旋蒸出部分溶剂，加入 50mL 水，在冰水浴中静置，析出白色结晶。过滤，水洗滤饼，干燥，得到 2-氢-4-氯-5-甲氧基-6-甲酸乙酯基吡啶酮 8.9g，收率 76%。MS（ET）：m/z=216。

2. 5-氯-2,4 二羟基-吡啶的合成：在装有搅拌器、温度计的三口瓶中，加入 2-氢-4-氯-5-甲氧基-6-甲酸乙酯基吡啶酮 10g（43.3mmol）和 6mol/L 盐酸 50mL，搅拌成悬浮液，加热升温至 80℃，反应 6～7h，溶液变清。冷却，析出白色固体，过滤，水洗滤饼，干燥，得到 5-氯-2,4 二羟基吡啶（吉莫斯特）5g，收率 79.6%。MS：m/z=145。

【参考文献】

［1］朱勇，徐杰，吕敏杰. 5-氯-2,4-二羟基吡啶的合成方法：CN103086962A［P］. 2013-05-18.

3-氯-2-肼基-5-三氟甲基吡啶

【基本信息】 英文名：3-chloro-2-hydrazino-5-(trifluoromethyl) pyridine；CAS 号：89570-82-1；分子式：$C_6H_5ClF_3N_3$；分子量：211.57；熔点：90℃。

合成反应式如下：

F_3C–2,3-二氯吡啶 —水合肼→ F_3C–3-Cl–2-$NHNH_2$ 吡啶

【合成方法】

在装有搅拌器、温度计和冷凝管的三口瓶中，加入 2,3-二氯-5-三氟甲基吡啶 5g（M=202，24.75mmol）、100%水合肼 12.5g（M=50，0.25mol）和 40mL 乙醇，加热至 40℃，反应 24h，过滤，水洗，干燥，得到 3-氯-2-肼基-5-三氟甲基吡啶 4.2g（19.86mmol），收率 80.24%，MS：m/z=211 [M^+]。

【参考文献】

[1] Haga T，Fujikawa K I，Koyanagi T，et al. Some new 2-substituted 5-trifluoromethyl pyridines [J]. Heterocycles，1984，22 (1)：117-124.

2-氯-3-氰基吡啶

【基本信息】 英文名 2-chloro-3-cyanopyridine；CAS 号：6602-54-6；分子式：$C_6H_3ClN_2$；分子量：138.5；白色或类白色晶体粉末；熔点：104～106℃；沸点：112℃/133.3Pa；储存条件：2～8℃。本品可作为医药、农用化学品等的中间体。

【合成方法】

一、文献 [1] 中的方法

烟酰胺（3-$CONH_2$ 吡啶） —H_2O_2/冰醋酸→ N-氧化烟酰胺 —PCl_5,$POCl_3$→ 2-Cl-3-CN 吡啶

1. N-氧化烟酰胺（CAS 号：1986-81-8）的合成： 将 5g 烟酰胺溶于 50mL 冰醋酸中，搅拌下加入 6mL 30%H_2O_2，升温回流 4h，稍冷后加入 100mL 水，减压蒸出稀乙酸，向剩余浆状物中加入 20mL 水，倒入烧杯，冷却至 25℃以下，过滤，干燥，得到白色固体 N-氧化烟酰胺 4.56g（M=138，0.33mol)，收率 80.6%，熔点 293～296℃。

2. 2-氯-3 氰基吡啶的合成： 将 3g（0.217mol）N-氧化烟酰胺、7.8g 五氯化磷与三氯氧磷 10mL 混合，缓慢加热至回流，反应 2h。冷却，减压蒸出过量的三氯氧磷，剩余物稍冷后，迅速加入碎冰中进行水解，于 0℃过夜。过滤，所得固体加入 20mL 丙酮溶解，用活性炭脱色，用无水硫酸镁干燥，过滤，旋蒸出丙酮，冷空气干燥，得 2-氯-3 氰基吡啶 1.05g。母液用 KOH 溶液碱化后，用乙醚 20mL×3 萃取，用无水硫酸镁干燥，蒸出乙醚，得到浅黄色 2-氯-3 氰基吡啶粗产品约 0.42g，合计 1.47g（0.106mol)，收率 48.9%，熔点略低于 105℃，升华后所得纯品，熔点 105～107℃。

二、文献［2］中的方法

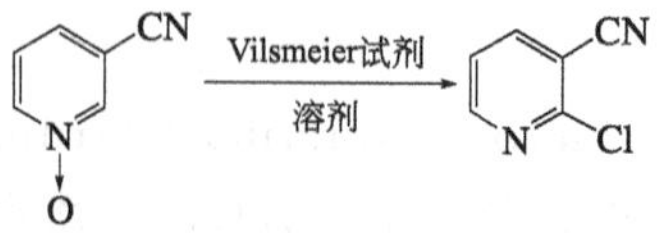

在装有搅拌器、温度计的四口瓶中，加入 *N*-甲基-*N*-苯基甲酰胺 15.12g 和硝基苯 31mL，搅拌，冰水浴冷却至 0℃，滴加含有双（三氯甲基）碳酸酯 11.9g 与硝基苯 12mL 的溶液，得到白色固体 Vilsmeier 盐。滴毕，加入原料 *N*-氧-3-氰基吡啶 10.8g，升温至 140℃，保温反应 10h，TLC 监测反应至完全。蒸出溶剂，趁热加水，搅拌冷却至室温，析出大量白色固体，过滤，水洗滤饼，干燥，得到 2-氯-3 氰基吡啶 9.6g，收率 78%，纯度 98.9%。

【参考文献】

［1］刘振香，蔡春.2-氯-3-氰基吡啶的合成［J］.精细化工中间体.2005，35（3）：28-30.

［2］苏为科，李坚军.2-氯-3-氰基吡啶的合成方法：CN101941943B［P］.2012-11-14.

2-氯-5-三氟甲基吡啶

【基本信息】 英文名：2-chloro-5-trifluoromethyl pyridine；CAS 号：52334-81-3；分子式：$C_6H_3ClF_3N$；分子量：181.5；熔点：29～33℃；沸点：152℃；闪点：65℃。不溶于水，易溶于四氯化碳、二甲苯等有机溶剂。本品可用作农药中间体，是合成高效除草剂吡氟禾草灵的中间体。

【合成方法】

一、文献［1］中的方法（催化氟化氢氟化法）

在装有氟化氢回收装置的 500mL 高密度聚乙烯反应器中，加入 100g（*M*＝231，0.4329mol）2-氯-5-三氯甲基吡啶和 180g 无水 HF，冷却至－20℃，搅拌下缓慢加入催化剂红色 HgO，反应一定时间后取样用 GC 分析。当转化率达到 99%时，反应完成，约需要 48h。移开冷浴，用 40℃水浴加热回收 HF，回收完毕，用二氯甲烷洗涤，滤出催化剂，滤液用无水硫酸镁干燥。常压蒸出二氯甲烷，得到 2-氯-5-三氟甲基吡啶 54.69g（0.299mol），收率 96%。改用 HgF_2 催化剂，转化率 100%，选择性 99%。

备注：① 滤渣与 10%NaOH 反应，得到再生催化剂 HgO。用 3 次回收的催化剂，对转化率和选择性影响很小，收率可达 86.39%。

② 无水 HF，无色透明液体，沸点 19.4℃，熔点－83.37℃，密度 0.987g/cm^3。化学性质极活泼，吸水性很强，具强腐蚀性、刺激性。一旦接触皮肤，立即脱去污染衣服，用大量清水冲洗 15min 并就医。

二、文献［2］中的方法（以氯苄为起始原料的全合成）

$$PhCH_2Cl \xrightarrow[\text{催化剂}]{NH_3} \underset{80\%}{PhCH_2NH_2} \xrightarrow[KOH]{MeCH_2CHO} \underset{98\%}{PhCH_2N{=}CHEt} \xrightarrow[Ac_2O]{Et_3N} \underset{O=CMe\ \ 89\%}{PhCH_2NC{=}CH_2Me}$$

$$\xrightarrow[DMF]{POCl_3} \underset{83.8\%}{\text{2-氯-5-甲基吡啶}} \xrightarrow[Cl_2/\text{催化剂}]{PhCH_2Cl} \underset{90\%}{\text{2-氯-5-三氯甲基吡啶}} \xrightarrow{HF/\text{催化剂}} \underset{83.5\%}{\text{2-氯-5-三氟甲基吡啶}}$$

1. 苄胺的合成：在2L的高压釜中，加入氯苄380g（M=126.5，3mol）、氨水600g、甲苯300g、硫酸铜3.8g、碘化钾3.8g，搅拌，升温至70℃，反应6h。降至室温，用30%氢氧化钠调节pH至10，分出甲苯溶液，用30%盐酸调节pH至3，静置分层。分出的甲苯可重复使用；分出的水溶液用30%氢氧化钠调节pH至10，静置分层，分出的油层进行蒸馏，得到苄胺258g（M=107.15，2.41mol），收率80.33%。

2. *N*-苄基-*N*-(丙烯基）乙酰胺的合成：在装有搅拌器、温度计的1L三口瓶中，加入321g（3.0mol）苄胺，盐水浴冷却至5℃，搅拌，加入丙醛174.1g，再加入60g氢氧化钾。静置，分出碱水71mL。加入30g氢氧化钾，静置过夜。将分出的油层放入3L三口瓶中，加入三乙胺150g，冰盐水浴冷却至5℃，滴加乙酸酐275.6g，在此温度搅拌10min。升温至25℃，保温3h。常压蒸出三乙胺，减压蒸出低沸物。得到浅红色液体产品*N*-苄基-*N*-(丙烯基）乙酰胺504.63g（M=189，2.67mol），收率89%。

3. 2-氯-5-甲基吡啶的合成：在装有搅拌器器、温度计的2L三口瓶中，加入87.7g DMF和450g氯苯，用冰盐水浴冷却至0～5℃，搅拌，滴加337.4g三氯氧磷，滴加温度控制在0～10℃。滴加完毕，再滴加含量80%的*N*-苄基-*N*-(丙烯基）乙酰胺236g（1.0mol）。滴加完毕，升温至100℃，反应16h。在3L的三口瓶中，加入1L水，将上述混合物滴加到水中，静置分层，油层滴加入30%氢氧化钠，调节pH至7，静置。分出油层，精馏，分出氯苄和氯苯。水层滴加30%氢氧化钠，调节pH至6～7，分出油层，蒸馏，得到2-氯-5-甲基吡啶106g（M=126.5，0.838mol），收率83.8%。

4. 2-氯-5-三氯甲基吡啶的合成：在装有搅拌器、温度计和导气管的500mL三口瓶中，加入283g（2.237mol）2-氯-5-甲基吡啶，依次加入三乙胺2.8g、过氧化苯甲酰2.8g、三氯化磷8.4g。升温至80℃，通入氯气16h，出现大量黄绿色气体，表明反应完毕。停止通氯气，温度在约80℃，通入氮气赶出氯气。继续冷却，析出晶体，过滤，干燥，得到白色晶体2-氯-5-三氯甲基吡啶463.1g（M=230，2.0135mol），收率90%。

5. 2-氯-5-三氟甲基吡啶的合成：在2L高压釜中，加入2-氯-5-三氯甲基吡啶486g（2.113mol）、五氯化锑14.6g，封闭压力釜，通入氟化氢400g。升温至180℃，釜内压力为18MPa，保温反应6h。冷却至60℃，放气减压。混合液用30%磷酸钠中和，用100mL乙酸乙酯萃取，用无水硫酸钠干燥，过滤，滤液蒸馏回收乙酸乙酯，减压蒸馏，得到无色透明液体2-氯-5-三氟甲基吡啶323g（1.7796mol），收率83.5%。

【参考文献】

［1］雷宏，吾国强，冯晓亮. 2-氯-5-三氟甲基吡啶的合成［J］. 化工生产与技术，2008，15（4）：1-2.

［2］陈娇领，江正平. 2-氯-5-三氟甲基吡啶的合成［J］. 浙江化工，2005，36（6）：19-20.

2,3-二氯-5-三氟甲基吡啶

【基本信息】 英文名：2,3-dichloro-5-(trifluoromethyl)pyridine；CAS 号：69045-84-7；分子式：$C_6H_2Cl_2F_3N$；分子量：216；无色透明液体，有薄荷香味；沸点：176℃；熔点：8～9℃；闪点：79℃；密度：1.549g/cm^3。是生产高效杀虫剂啶虫隆、啶蜱脲、高效除草剂盖草能和高效杀菌剂氟啶胺等的中间体。

【合成方法】

一、文献［1］中的方法（催化氟化法）

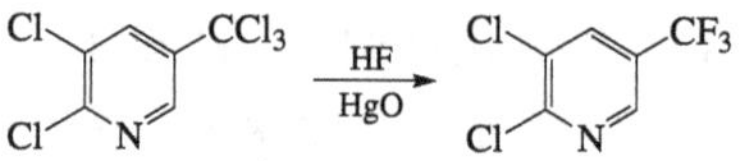

将 106.16g（M=265.5，0.4mol）2,3-二氯-5-三氯甲基吡啶和 180g 无水 HF（M=20，9mol）加入到聚乙烯反应器中，冷却至−20℃，搅拌下缓慢加入 HgO，温度控制在 35℃以下。加毕，再反应约 22h 至反应物呈灰白色，表示反应完成。过滤，滤液用碳酸氢钠水溶液中和，用二氯甲烷萃取，用无水硫酸钠干燥，过滤。滤液减压蒸出二氯甲烷，得到产品 2,3-二氯-5-三氟甲基吡啶 84.64g（0.392mol），转化率 100%，收率 98%。

二、文献［2］中的方法（以 2-氯-5-氯甲基吡啶为起始原料）

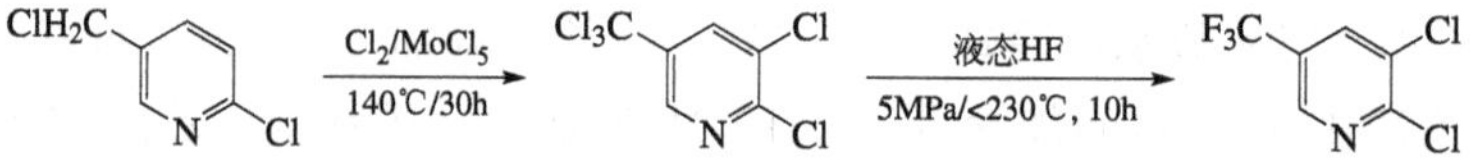

在装有搅拌器、温度计的 500mL 四口瓶中，加入 162g（M=162，1.0mol）2-氯-5-氯甲基吡啶（熔点 35～36℃），加热融化后，加入 8.1g 催化剂五氯化钼，搅拌，加热至 130℃时通入氯气。控制温度在 140℃，反应约 30h。反应结束，冷却，得到 2,3-二氯-5-三氯甲基吡啶 260.2g（M=265.5，0.98mol）。将其加入到内衬聚四氟乙烯的 1L 高压釜中，冷却下再加入液态 HF 40g。密封压力釜后，升温至 230℃左右，压力升至 5MPa，反应 10h，取样检测，当原料含量小于 1%时，停止反应。控制温度 50℃，用 100g 5%氢氧化钠水溶液洗涤 5 次后，减压蒸馏，控制温度 140～150℃，得到粗产品 205.2g（0.95mol），收率 100%。精馏，收集 80～120℃馏分，得到浅黄色液体产品 2,3-二氯-5-三氟甲基吡啶 179.3g（0.83mol），收率 83%，纯度 99.7%，总收率 75.83%。

【参考文献】

［1］ Fang A P. Liquid phase halogen exchange of (trichloromethyl) pyridines to (trifluoromethyl) pyridines：US4567273A［P］. 1986-01-28.

［2］ 吴发远，张爽，高金胜，等. 制备高效氟吡甲禾灵中间体 2,3-二氯-5-三氟甲基吡啶合成工艺的研究［J］. 中国西部科技，2011，10（15）：5-6.

4,4′-二氯-2,2′-联吡啶

【基本信息】 英文名：4,4′-dichloro-2,2′-bipyridine；CAS 号：1762-41-0；分子式：

$C_{10}H_6Cl_2N_2$；分子量：225；淡黄色粉末；熔点：129℃。合成反应式如下：

$$\xrightarrow[130℃/20h]{(Me_3Sn)_2/Pd(PPh_3)_4}$$

【合成方法】

将 $Pd(PPh_3)_4$ 0.32g（0.25mmol）和2-溴-4-氯吡啶0.48g（M=192.5，2.5mmol）与12.5mL二甲苯的混合物，在氩气下加入 Me_6Sn_2 276μL（M=327.4，0.436g，1.3mmol）。升温至130℃，搅拌反应20h，减压蒸出溶剂，剩余物用Flash硅胶色谱（淋洗剂：已烷：EtAcO=96：4）进行纯化，得到白色固体产物4,4′-二氯-2,2′-联吡啶0.394g（1.75mmol），收率70%，用已烷重结晶，熔点132℃。

【参考文献】

[1] Garcia B，Gomez J L A，Sicre C，et al. Synthesis of 2,4-dibomopyridine and 4,4′-Dibromo-2,2′-bipyridine effecient usage in selective bromine-substitution under palladium-catalysis [J]. Heterocycles，2008，76 (1)：57-64.

2,3,5-三氯吡啶

【基本信息】 英文名：2,3,5-trichloropyridine；CAS号：16063-70-0；分子式：$C_5H_2Cl_3N$；分子量：182.5；白色结晶；熔点：48～48.5℃；沸点：219℃；闪点：>110℃。易溶于乙醇和石油醚，溶于乙醚、丙酮、氯仿和苯，不溶于水。本品是制备杀虫剂、除草剂等的农药中间体。合成反应式如下：

$$\xrightarrow[8mol/L\ NaOH/50℃\ 5h]{Zn/Me_4N^+Br^-}$$

【合成方法】

在装有搅拌器、温度计、回流冷凝管的250mL三口瓶中，加入25.4g（0.1mol）五氯吡啶、50mL甲苯，搅拌溶解，加入相转移催化剂四甲基溴化铵0.77g（M=154，0.005mol）、125mL 8mol/L氢氧化钠水溶液。搅拌升温至50℃，加入22.75g（0.35mol）锌粉，保温反应6h。快速降至室温，抽滤，用甲苯洗滤饼3～4次，合并滤液和洗液，减压蒸出甲苯，纯化，干燥，得到2,3,5-三氯吡啶13.3g（0.07285mol），收率72.85%。

【参考文献】

[1] 余毅. 2，3,5-三氯吡啶合成工艺研究 [D]. 湘潭：湘潭大学，2007.

2-碘吡啶

【基本信息】 英文名：2-iodopyridine；CAS号：5029-67-4；分子式：C_5H_4IN；分子量：204.9；淡黄色液体；沸点：52℃；闪点：84.1℃；密度：1.958g/cm^3/25℃。

【合成方法】

将2-氯吡啶5.7g（4.7mL，50mmol）、丙腈50mL、三甲基氯硅烷5.4g（6.3mL，

50mmol）和碘化钠 22g（0.15mol）搅拌混合，加热回流 4d。倒入含有约 50g 冰的 50mL 2mol/L 氢氧化钠水溶液中，用乙醚 50mL×3 萃取，合并有机相，依次用水 50mL×2 和饱和 50mL 盐水洗涤。干燥，蒸出溶剂，精馏，收集 87～89℃/1.33kPa 馏分，得到液体产物 2-碘吡啶 4.2g（20.50mmol），收率 41%。用 2-溴吡啶 7.9g（4.9mL，50mmol）作原料，其它条件同上，回流时间可缩短至 50h。

【参考文献】

[1] Schlosser M，Cottet F. Silyl-mediated halogen/halogen displacement in pyridines and other heterocycles [J]. European Journal of Organic Chemistry，2002，2002（24）：4181-4184.

2-碘-5-三氟甲基吡啶

【基本信息】 英文名：2-iodo-5-trifluoromethylpyridine；CAS 号：100366-75-4；分子式：$C_6H_3F_3IN$；分子量：272.9；沸点：215.7℃/101325Pa；蒸气压：28.4Pa/25℃；闪点：84.3℃；密度：1.974g/cm^3。合成反应式如下：

F₃C-吡啶(3-Cl, 2-OH) —Pd/C/H₂, MeOH/氨水→ F₃C-吡啶(2-OH) —Bu₄N⁺I⁻, P₂O₅/甲苯→ F₃C-吡啶(2-I)

【合成方法】

1. 2-羟基-5-三氟甲基吡啶的合成： 在装有搅拌器的 500mL 单口瓶中，加入 2-羟基-3-氯-5-(三氟甲基）吡啶 35g（M=197.5，177.22mmol）和 270mL 甲醇，搅拌溶解。再加入 30mL 氨水和 3.5g Pd/C 催化剂，搅拌，室温通入氢气。用 TLC 监测反应至完全，滤除催化剂。减压蒸出溶剂，加入水，用乙酸乙酯 200mL×3 萃取，合并有机相，用无水硫酸钠干燥。减压蒸出溶剂，得到白色固体产物 2-羟基-5-三氟甲基吡啶 25.63g（0.1556mol），收率 87.82%。

2. 2-碘-5-三氟甲基吡啶的合成： 在装有搅拌器的 100mL 单口瓶中，加入 20mL 甲苯，搅拌下加入 2-羟基-5-三氟甲基吡啶 2g（12.27mmol）、四丁基碘化铵 9.06g（24.53mmol）和五氧化二磷 3.48g（24.53mmol），搅拌混合。加热回流，用 TLC 监测反应至完全，静置分层。分出甲苯层，下层用甲苯 50mL×3 萃取，合并有机相，用碳酸钠水溶液洗涤至碱性，用无水硫酸钠干燥，过滤，滤液减压浓缩，用柱色谱法纯化，得到黄色固体 2-碘-5-三氟甲基吡啶 2.4g（8.785mmol），收率 71.6%。

【参考文献】

[1] 葛秋平，赵春深，刘强，等. 2-碘-5-三氟甲基吡啶的合成 [J]. 广东化工，2015，42（23）：21，4.

2-碘-6-甲基吡啶

【基本信息】 英文名：2-iodo-6-methylpyridine；CAS 号：62674-71-9；分子式：C_6H_6IN；分子量：219；沸点：222.12℃；闪点：88.135℃；密度：1.81g/cm^3；酸度系数 pK_a：2.57±0.10（预测值）。

【合成方法】

与2-碘吡啶的合成方法类似：用2-氯-6-甲基吡啶6.4g（5.5mL，50mmol）或2-溴-6-甲基吡啶8.6g（5.6mL，50mmol）为原料，分别得到2-碘-6-甲基吡啶6.7g（30.6mmol），收率61%和9.0g（41.1mmol），收率82.2%，熔点10～13℃，沸点115～116℃/2.0kPa。

【参考文献】

[1] Schlosser M，Cottet F. Silyl-mediated halogen/halogen displacement in pyridines and other heterocycles [J]. European Journal of Organic Chemistry，2002，2002（24）：4181-4184.

4-碘-2-甲基吡啶

【基本信息】 英文名：4-iodo-2-methylpyridine；分子式：C_6H_6IN；分子量：218.9。本品是合成治疗甲状腺功能衰退症和抗癌药物的中间体。合成反应式如下：

$$\mathbf{1}\xrightarrow[NaNO_2/KI]{H_2SO_4/H_2O}\mathbf{2}$$

【合成方法】

在装有搅拌器、温度计的2L三口瓶中，加入化合物**1** 70g（0.6582mol）和50%硫酸水溶液700mL，室温搅拌10min，降温至−5℃，搅拌1h。缓慢滴加53.59g（0.6305mol）亚硝酸钠的饱和水溶液，滴毕，−5℃搅拌1h。再缓慢滴加入含161.18g（0.971mol）碘化钾的300mL水溶液，在−5℃搅拌2.7h，缓慢升至室温。用饱和碳酸钠水溶液调节pH至8～10，用乙酸乙酯500mL×3萃取，合并有机相，用无水硫酸钠干燥，滤除干燥剂。滤液旋蒸出溶剂，用丙酮重结晶，得到4-碘-2-甲基吡啶（**2**）80g，收率84.5%。MS：m/z=219.96 $[M+H]^+$。

【参考文献】

[1] 权文，李飞，赵春深. 4-碘-2-甲基吡啶的合成工艺研究 [J]. 化学研究与应用，2018，30（5）：851-854.

2-肼基-5-三氟甲基吡啶盐酸盐

【基本信息】 英文名：2-hydrazino-5-trifluoromethylpyriding hydrochloride；CAS号：1049744-89-9；分子式：$C_6H_7ClF_3N_3$；分子量：213.5。合成反应式如下：

$$\text{5-}F_3C\text{-2-Cl-pyridine}\xrightarrow[\text{乙醇/40℃, 24h}]{H_2NNH_2\cdot H_2O}\text{5-}F_3C\text{-2-}NHNH_2\cdot HCl\text{-pyridine}$$

【合成方法】

将2-氯-5-三氯甲基吡啶5g（M = 181.5，27.55mmol）和100%水合肼12.5g（0.25mol）倒入40mL乙醇中，加热至40℃，反应24h，过滤，水洗，干燥，得到2-肼基-5-三氟甲基吡啶4.4g（M=177，24.86mmol），收率90%，熔点62～66℃。

该化合物不稳定，即使在氮气气氛下，也渐渐变成焦油色结晶，其质谱峰除了 m/z 177 [M⁺] 外，在比 177 峰更高分子量区还有个小弱峰。所以将其用盐酸中和，转变成 2-肼基-5-三氟甲基吡啶盐酸盐。

【参考文献】

[1] Haga T, Fujikawa K I, Koyanagi T, et al. Some new 2-substituted 5-trifluoromethylpyridines [J]. Heterocycles, 1984, 22 (1): 117-124.

2-羟基-3-三氟甲基吡啶

【基本信息】 英文名：2-hydroxy-3-trifluoromethylpyridine；CAS 号：22245-83-6；分子式：$C_6H_4F_3NO$；分子量：163；熔点：152℃；沸点：223.7℃/101325Pa；闪点：89.1℃；蒸汽压：12.6Pa/25℃；密度：1.398g/cm³。本品是一种应用广泛的中间体，可用于烟碱类杀虫剂、拮抗剂 TRPVI、抗雄性激素类 A52 的合成。合成反应式如下：

2-氯烟酸（CO_2H, Cl）—[无水HF/SF_4, 氯仿]→ 2-氯-3-三氟甲基吡啶（CF_3, Cl）—[叔丁醇/KOH, 70℃, 8h]→ 2-羟基-3-三氟甲基吡啶（CF_3, OH）

【合成方法】

1. 2-氯-3-三氟甲基吡啶的合成： 在 1L 高压釜中，加入 36g (0.2mol) 2-氯烟酸和 200mL 氯仿，冷冻至−40℃，通入 40g (2mol) 无水氟化氢和 130g (1.2mol) SF_4，加毕，封闭。撤去冷冻机，自然升至室温，搅拌下慢慢加热至 60℃，反应 12h。用冰水浴冷却，开阀泄气，用碳酸钠水溶液吸收放出的气体。当釜内压力降到 0MPa 时，搅拌下，将反应液倒入 100mL 冰水中。分出有机相，水相用氯仿 50mL×2 萃取，合并有机相，用饱和碳酸钠水溶液中和。分出有机相，用无水硫酸镁干燥，过滤，滤液用水泵减压蒸出氯仿。用机械泵减压蒸馏，收集 34.0～35.5℃/0.09MPa 馏分，得到无色液体 2-氯-3-三氟甲基吡啶 27.6g (M=181.5, 0.152mol)，收率 76%，含量 98.3%。

2. 2-羟基-3-三氟甲基吡啶的合成： 在装有搅拌器、温度计和滴液漏斗的 100mL 四口瓶中，加入 40mL 叔丁醇、4.1g (0.07mol) 氢氧化钾，搅拌，加热至回流，反应 30min。降温后，加入 5g (0.027mol) 2-氯-3-三氟甲基吡啶，升温至 70℃，反应 8h。反应毕，减压蒸出叔丁醇，所得土黄色固体加入水 20g 和适量活性炭，加热至 60～70℃脱色。抽滤，滤液用浓盐酸中和至 pH 为 4，抽滤，水洗，干燥，得到白色固体 2-羟基-3-三氟甲基吡啶 3.9g (0.024mol)，收率 89%，含量 98.8%，总收率 67.6%。

【参考文献】

[1] 陈群. 2-羟基-3-三氟甲基吡啶的合成 [J]. 精细石油化工，2016，33 (5)：58-61.

2-羟基-6-三氟甲基吡啶

【基本信息】 英文名：2-hydroxy-6-(trifluoromethyl) pyridine；CAS 号：34486-06-1；分子式：$C_6H_4F_3NO$；分子量：163.1；灰白色粉末；沸点：223.7℃/101325Pa；闪点：89.1℃；密度：1.398g/cm³。本品是一种医药、化工中间体。合成反应式如下：

$$EtOCH{=}CH_2 \xrightarrow[\text{吡啶}/CH_2Cl_2]{(CF_3CO)_2O} EtOCH{=}CHC(O){-}CF_3 \xrightarrow[EtONa/EtOH]{HC{\equiv}C{-}C(O){-}NH_2} \text{(6-}F_3C\text{, 2-OH, 3-CN 吡啶)}$$

$$\xrightarrow{EtONa/EtOH} \text{(6-}F_3C\text{, 2-OH, 3-}CO_2H\text{ 吡啶)} \xrightarrow{\text{喹啉}} \text{(6-}F_3C\text{, 2-OH 吡啶)}$$

【合成方法】

1. 4-乙氧基-1,1,1-三氟-3-烯-2-酮的合成： 在装有搅拌器、温度计和滴液漏斗的 2L 三口瓶中，加入二氯甲烷 1.16L、吡啶 109g（1.39mol）、三氟乙酸酐 292g（1.39mol），搅拌，冰水浴冷却至－5℃，滴加乙烯基乙醚 100g（1.39mol），滴毕，控温在 0～10℃，搅拌反应 30min，自然升至室温，搅拌反应 15h。用 TLC 监测反应至原料点消失。加入盐酸，用水洗去吡啶。分出有机相，用碳酸钠水溶液和饱和氯化钠水溶液各 500mL 洗涤 2 次，用无水硫酸钠干燥。在 30℃减压浓缩，所剩褐色油状物，减压蒸馏，得到无色 4-乙氧基-1,1,1-三氟-3-烯-2-酮 191g，收率 82%。

2. 2-羟基-6-三氟甲基烟腈的合成： 在装有搅拌器、温度计和滴液漏斗的 2L 三口瓶中，加入 1L 无水乙醇、4-乙氧基-1,1,1-三氟-3-烯-2-酮 150g（0.89mol）、氰基乙酰胺 75g（0.89mol），冰水浴冷却至 0℃，滴加 21%乙醇钠-乙醇 432g（1.33mol），滴毕，室温搅拌 30min。加热至回流温度，反应 8h。用 HPLC 监控至原料少于 1%。滴加 2mol/L 盐酸，调节 pH 至 3，在 45℃减压浓缩至液体浑浊。冷却，析出黄色产物 2-羟基-6-三氟甲基烟腈 127g，收率 76%。

3. 2-羟基-6-三氟甲基烟酸的合成： 在装有搅拌器、温度计的 1L 三口瓶中，加入 120g（0.64mol）2-羟基-6-三氟甲基烟腈、76.6g（1.91mol）氢氧化钠和 766mL 70%乙醇水溶液，升至回流温度，反应 6h，用 TLC 监测反应至原料点消失。在 45℃减压浓缩至小体积，用盐酸调节 pH 至 3，加入 460mL 水，加热搅拌至澄清，继续搅拌 20min。降温析晶，过滤，干燥，得到 2-羟基-6-三氟甲基烟酸 121g，收率 92%。

4. 2-羟基-6-三氟甲基吡啶的合成： 在装有搅拌器、温度计和滴液漏斗的 1L 三口瓶中，加入喹啉 124g（0.97mol）、2-羟基-6-三氟甲基烟酸 100g（0.48mol），加热至 220℃，搅拌反应 4h，用 HPLC 监控至原料少于 1%，反应完毕。降至室温，依次加入 350g 甲苯、60g 50%氢氧化钠水溶液和 350mL 水，升温至 30～40℃，搅拌 30min。滤除黑色杂质，分出水相。甲苯层加入 30g 50%氢氧化钠水溶液和 170g 水洗涤 1 次，合并水相，用 260g 甲苯洗 1 次。用活性炭脱色，加入 35%盐酸 195g，调节 pH 至酸性，搅拌过夜，过滤，得到灰白色固体 2-羟基-6-三氟甲基吡啶 64g，收率 82%，纯度 98.2%。

【参考文献】

[1] 程立华，卜洪忠. 2-羟基-6-三氟甲基吡啶的合成 [J]. 广州化工，2016，44（9）：99-101.

2-羟基-6-三氟甲基烟腈

【基本信息】 又名：3-氰基-6-三氟甲基-2-吡啶酮；英文名：3-cyano-6-trifluoromethylpyrid-2-one；CAS 号：116548-04-0；分子式：$C_7H_3F_3N_2O$；分子量：188.11；熔点：210～211℃；密度：1.53g/cm^3。本品是合成高效除草剂氟啶嘧磺隆的重要中间体。合成反应式如下：

$$(CF_3CO)_2O + CH_2{=}CHOEt \xrightarrow[CH_2Cl_2]{\text{吡啶}} F_3C\overset{O}{\overset{\|}{C}}CH{=}CHOEt \xrightarrow{NH_3} F_3C\overset{O}{\overset{\|}{C}}CH{=}CHNH_2 \xrightarrow{NCCH_2CONH_2} \text{2-羟基-6-三氟甲基-3-氰基吡啶}$$

【合成方法】

1. 4-乙氧基-1,1,1-三氟-3-丁烯-2-酮的合成： 在装有搅拌器、温度计的 500mL 四口瓶中，加入 100mL 二氯甲烷、36g（0.5mol）乙烯基乙醚和 39.5g（0.6mol）吡啶，冰水浴冷却至－5℃以下，缓慢滴加 105g（0.5mol）三氟乙酸酐，控制反应温度不超过 0℃。用 TLC 监测反应，8h 反应结束。将反应液倒入冰水中，搅拌 30min，分出油层。水层用二氯甲烷萃取，合并有机相，用无水硫酸钠干燥。蒸出溶剂，减压蒸馏，收集 76℃/0.1MPa 馏分，得到浅黄色液体产品 4-乙氧基-1,1,1-三氟-3-丁烯-2-酮 76.4g，收率 91%。

2. 4-氨基-1,1,1-三氟-3-丁烯-2-酮的合成： 在装有搅拌器的 250mL 四口瓶中，加入 100mL 二氯甲烷、50.4g（0.3mol）4-乙氧基-1,1,1-三氟-3-丁烯-2-酮，冰水浴冷却至－5℃以下，缓慢通入底物 3 倍量的氨气。通完后，保温反应 3h。蒸出溶剂，减压蒸馏，收集 72℃/0.27MPa 馏分，得到浅黄色液体产品 4-氨基-1,1,1-三氟-3-丁烯-2-酮 38.1g，收率 91.4%。

3. 2-羟基-6-三氟甲基烟腈的合成： 在装有搅拌器的 250mL 四口瓶中，依次加入 50mL 无水乙醇、6g（72.0mol）氰基乙酰胺、15.4g 三乙胺，冰水浴冷却至 0℃，缓慢加入 10g（M=139，0.072mol）4-氨基-1，1,1-三氟-3-丁烯-2-酮。滴加完后，保温反应 0.5h，加热回流。用 TLC 监测反应，反应结束后，常压蒸出溶剂。加水，用 10%盐酸调节 pH 至 3～4，搅拌 0.5h，有浅黄色固体析出，冷却，过滤，得到浅黄色产品 2-羟基-6-三氟甲基烟腈 9.6g，收率 71%，熔点 210～213℃。三步反应总收率 59.2%。

【参考文献】

[1] 叶志祥，马鸿飞，李玉峰，等. 2-羟基-6-三氟甲基烟腈的合成 [J]. 今日农药，2017(1)：33-34.

2-巯基-5-(三氟甲基)吡啶

【基本信息】 英文名：5-(trifluoromethyl)-2（1H)-pyridinethione；CAS 号：76041-72-0；分子式：$C_6H_4F_3NS$；分子量：179；熔点：154～159℃（文献值）；沸点：252.7℃/101325Pa；闪点：106.6℃；密度：1.876g/cm^3。合成反应式如下：

$$\text{2-氯-5-三氟甲基吡啶} \xrightarrow[\text{回流3h/KOH/}H_2O]{\text{硫脲/乙醇}} \text{2-巯基-5-三氟甲基吡啶}$$

【合成方法】

将 2-氯-5-三氟甲基吡啶 4.0g（M＝181.5，22.0mmol）和硫脲 1.67g（22mmol）在 20mL 乙醇的溶液加热至回流，反应 3h 后，滴加 1.86g 氢氧化钾与 5mL 水的溶液，再加热反应 1h。冷却后，将其倒入稀碱水中，用二氯甲烷洗涤。水溶液用乙酸酸化，用二氯甲烷萃取，水洗有机相，用无水硫酸钠干燥，蒸出溶剂，得到 2-巯基-5-(三氟甲基) 吡啶 2.1g (11.73mmol)，收率 53.3%，熔点 147～150℃。MS：m/z=179 [M^+]。

【参考文献】

[1] Haga T, Fujikawa K I, Koyanagi T, et al. Some new 2-substituted 5-trifluoromethylpyridines [J]. Heterocycles, 1984, 22 (1): 117-124.

2,6-二(三氟甲基)吡啶

【基本信息】 英文名：2,6-bis (trifluoromethyl) pyridine；CAS 号：455-00-5；分子式：$C_7H_3NF_6$；分子量：215；白色晶体；熔点：56.6～57.5℃；沸点：150℃，82℃/2.4kPa；闪点：153℃；蒸气压：5.0kPa/25℃；密度：1.437g/cm^3。本品可用作医药中间体。本品刺激眼睛、呼吸系统和皮肤，操作时，注意防护。合成反应式如下：

KI/HI 回流24h；CF_3CO_2K DMF

【合成方法】

1. 2,6-二碘吡啶（CAS 号：53710-17-1）的合成： 在装有搅拌器、温度计、回流冷凝管的 100mL 三口瓶中，加入 3.7g (0.025mol) 2,6-二氯吡啶和 19mL 45% HI，搅拌下加入 5g (0.03mol) KI，加热至 110℃，回流 24h，TLC 监测反应至完全。用 50%KOH 水溶液碱化反应液，用二氯甲烷萃取，用无水硫酸钠干燥，减压浓缩。用 25mL 冰醋酸重结晶，得到白色晶体 2,6-二碘吡啶 4.5g，收率 56%，纯度 97%，熔点 183.0～185.5℃（文献值：184～188℃）。

2. 2,6-二（三氟甲基）吡啶的合成（Ullmann 反应）： 在装有搅拌器、温度计、回流冷凝管的 50mL 三口瓶中，加入 6.6g (20mmol) 2,6-二碘吡啶、3.8g (25mmol) 三氟乙酸钾、20mL DMF 和 5.7g (30mmol) CuI，在氮气保护下，加热至 140～145℃，回流 15h，TLC 监测反应完全。用乙醚萃取 3 次，用 50mL 饱和 KI 水溶液洗涤，用无水硫酸钠干燥，减压蒸出溶剂，收集 140～155℃馏分，得到 2.3g 固体。用 95%乙醇重结晶，得到 2.3g 2,6-二（三氟甲基）吡啶，收率 53%，纯度 95%，熔点 55.5～57℃，沸点 150℃。元素分析，$M(C_7H_3NF_6)$=215，实验值（计算值）(%)：C 39.18 (39.07)；H 1.22 (1.39)；N 6.35 (6.51)。MS (EI, 70eV)：m/z=215 [M]。

【参考文献】

[1] 阿布都热西提·阿布力克木，买里克扎提·买合木提，刘丛. 2,6-二（三氟甲基）吡啶的合成研究 [J]. 化学试剂，2007，29 (10)：637-638.

2-吡啶甲醇

【基本信息】 英文名：2-pyridine methanol；CAS 号：586-98-1；分子式：C_6H_7NO；分子量：109；清亮无色至黄色液体；熔点：5℃；沸点：220℃；112～113℃/2.13kPa；闪点：>117℃；密度：1.131g/cm^3；储存条件：2～8℃。本品作为非甾体抗炎药布洛芬酯、缓泻药比沙可啶的中间体及新开发的治疗心血管药物的中间体。合成反应式如下：

$$\text{2-甲基吡啶} \xrightarrow[\text{AcOH}]{30\%H_2O_2} \text{2-甲基吡啶氮氧化物} \xrightarrow{Ac_2O} \text{2-}CH_2OAc\text{吡啶} \xrightarrow[H_2O]{NaOH} \text{2-}CH_2OH\text{吡啶}$$

【合成方法】

1. 2-甲基吡啶氮氧化物的合成：在装有搅拌器、温度计、回流冷凝管的500mL三口瓶中，加入2-甲基吡啶102.5g、冰醋酸350mL、30％双氧水165mL，搅拌，加热至75℃，反应3h，在10min内补加30％双氧水88mL。在此温度搅拌反应9h。搅拌冷却至室温，反应液呈亮黄色。加入亚硫酸钠溶液，除去过氧化物，直到无气泡产生。旋蒸至无液体流出，冷却，加入氯仿100mL和10％碳酸钾水溶液100mL，抽滤除盐和其它杂质。滤液分层，分出有机相，水层用氯仿80mL×4萃取，合并有机相，用无水硫酸钠干燥，过滤，滤液蒸出氯仿后，进行减压精馏，收集118～123℃/666.6Pa馏分，得到无色透明油状液体2-甲基吡啶氮氧化物118.7g，收率98.82％，$n_D^{20}=1.5842$（文献值：$n_D^{20}=1.5818$）。

2. 2-吡啶甲基乙酸酯的合成：在装有搅拌器、温度计、回流冷凝管的500mL三口瓶中，加入乙酸酐210mL，搅拌，加热至回流，停止加热，滴加2-甲基吡啶氮氧化物118.7g，控制滴加速度，维持回流温度。约1h滴毕，继续搅拌反应15min。旋蒸出乙酸酐和生成的乙酸，减压蒸馏，收集97～101℃/666.6Pa馏分，得到浅黄色油状液体产物2-吡啶甲基乙酸酯127.2g，收率77.1％，$n_D^{20}=1.4992$（文献值：$n_D^{20}=1.4969$）。

3. 2-吡啶甲醇的合成：在装有搅拌器、温度计、回流冷凝管的500mL三口瓶中，加入2-吡啶甲基乙酸酯77.2g和10％氢氧化钠水溶液300mL，搅拌，加热回流10h。冷却至室温，加入氯仿300mL，搅拌，静置分层，分出有机相。水层用氯仿150mL×4萃取，合并有机相，干燥，旋蒸回收氯仿后，减压精馏，收集110～112℃/2.0kPa馏分，得到微黄色油状液体2-吡啶甲醇37.8g，收率68％，$n_D^{20}=1.5842$。

【参考文献】

[1] 左金福，肖虎，夏泽宽. 2-吡啶甲醇及2-吡啶甲醛的合成［J］. 齐鲁药事，2004，23（2）：40-41.

2-吡啶甲醛

【基本信息】英文名：pyridine-2-carboxaldehyde；CAS号：1121-60-4；分子式：C_6H_5NO；分子量：107；黄色液体；熔点：21～22℃；沸点：181℃；闪点：54.4℃；密度：1.126g/cm³；易溶于水，是缓泻药比沙可啶的中间体。本品有毒，接触皮肤致敏，引起遗传性基因损害。对水生生物有毒，对水体环境产生长期不良影响，切勿倒入下水道，使用前需要获得特别指示说明。操作时，注意防护，若发生事故或感不适，立即就医。合成反应式如下：

$$\text{2-}CH_2OAc\text{吡啶} \xrightarrow[\text{AcOH}]{30\%H_2O_2} \text{2-}CH_2OAc\text{吡啶氮氧化物} \xrightarrow{Ac_2O} \text{2-}CH(OAc)_2\text{吡啶} \xrightarrow{H^+/H_2O} \text{2-}CHO\text{吡啶}$$

【合成方法】

1. 2-吡啶甲基二醇［1,1］-二乙酸酯的合成：在装有搅拌器、温度计、回流冷凝管和滴液漏斗的500mL三口瓶中，加入2-吡啶甲基乙酸酯50g、30%双氧水50mL、冰醋酸105mL，搅拌，加热至70～80℃，反应3h。同温度，在30min内滴加30%双氧水27mL，继续控温反应9h。减压蒸出过量双氧水、水和乙酸，剩余物加入氯仿100mL和10%碳酸钾水溶液100mL，搅拌至无气泡产生。静置分层，分出有机相，水层用氯仿50mL×4萃取，合并有机相，旋蒸回收溶剂，剩余物用50mL乙酸酐溶解。慢慢滴加到75mL沸腾的乙酸酐中，滴毕，继续回流20min。减压精馏，收集155～158℃馏分，得到无色油状2-吡啶甲基二醇［1,1］-二乙酸酯35.3g，收率51.02%，n_D^{20}=1.4903（文献值：n_D^{20}=1.4872）。

2. 2-吡啶甲醛的合成：在装有搅拌器、温度计、回流冷凝管和滴液漏斗的500mL三口瓶中，加入2-吡啶甲基二醇［1,1］-二乙酸酯18.8g、水50mL、乙醇50mL和浓硫酸5mL，搅拌，加热至回流，反应30min，冷却。在冰水浴冷却下，用1mol/L氢氧化钠水溶液中和至中性，旋蒸出乙醇，冷却至室温。用氯仿100mL×2萃取，用无水硫酸镁干燥，蒸出氯仿后，减压蒸馏，收集71～73℃/1.87kPa馏分，得到无色液体2-吡啶甲醛8.5g，88.2%，n_D^{20}=1.5401（文献值：n_D^{20}=1.5343～1.5373）。

【参考文献】

［1］左金福，肖虎，夏泽宽．2-吡啶甲醇及2-吡啶甲醛的合成［J］．齐鲁药事，2004，23（2）：40-41.

2,6-吡啶二甲醛

【基本信息】 英文名：2,6-pyridinedicarboxaldehyde；CAS号：5431-44-7；分子式：$C_7H_5NO_2$；分子量：135；白色晶体；熔点：122℃；沸点：152～154℃/13.7kPa；密度：1.3124g/cm^3。其衍生物具有抗结核作用和抗癌活性，还可制备有机显影剂等。储存条件：2～8℃。合成反应式如下：

HO_2C-吡啶-CO_2H $\xrightarrow{SO_2Cl_2}$ ClOC-吡啶-COCl $\xrightarrow{MeOH}$ MeO_2C-吡啶-CO_2Me $\xrightarrow{NaBH_4}$ HOH_2C-吡啶-CH_2OH $\xrightarrow[CH_2Cl_2/-78℃]{(COCl)_2/Et_3t}$ OHC-吡啶-CHO

【合成方法】

1. 2,6-吡啶二甲酸二甲酯的合成：在装有搅拌器、温度计、回流冷凝管的500mL三口瓶中，加入200mL氯化亚砜和31g（0.19mol）2,6-吡啶二甲酸，加热至回流，反应10h。减压蒸出过量的氯化亚砜，加入无水甲醇250mL，回流1h，蒸出甲醇。冷却，析出固体，过滤，用冰乙醇洗滤饼，干燥，得到2,6-吡啶二甲酸二甲酯32g（M=195，0.164mol），收率86.4%，熔点122～126℃。

2. 2,6-吡啶二甲醇的合成：在装有搅拌器、温度计、滴液漏斗的500mL三口瓶中，加入3.3g（17mmol）2,6-吡啶二甲酸二甲酯和60mL无水乙醇，搅拌，在冰水浴冷却下，滴加4g（105mmol）硼氢化钠的无水乙醇溶液。滴毕，搅拌2h后，升至室温搅拌3h，再加热回流10h。蒸出溶剂，加入20mL丙酮，回流1h，蒸出丙酮。加入20mL碳酸钾溶液，回流1h。冷却至室温，用氯仿萃取，用无水硫酸钠干燥，蒸出溶剂，得到油状物。加入15mL乙酸乙酯，析出结晶，过滤，干燥，得到纯品 2,6-吡啶二甲醇 1.2g，收率 40%，熔点 116～117℃。

3. 2,6-吡啶二甲醛的合成：在装有搅拌器、温度计、滴液漏斗的 250mL 三口瓶中，加入 90mL 二氯甲烷和 5.2mL（62mmol）新制草酰氯，搅拌，冷却至－78℃，滴加 12mL DMSO 和 18mL 二氯甲烷的溶液。滴毕，在 15min 左右，滴加 3g（21.6mmol）2,6-吡啶二甲醇与 12mL 无水 DMSO 和 18mL 二氯甲烷的溶液，加毕，搅拌 20min。加入 30mL 三乙胺，缓慢升至室温，搅拌 2h。将反应液倒入 150mL 水中，分出水层，用二氯甲烷 100mL×3 萃取，合并有机相。用饱和食盐水 100mL×3 洗涤，用无水硫酸镁干燥，滤除干燥剂。减压蒸出溶剂，所得土黄色固体，真空升华，得到无色结晶 2,6-吡啶二甲醛 2.5g，收率 86%，熔点 124～127℃（文献值：124℃）。四步总收率 30%。

【参考文献】

[1] 冯志君，商永嘉. 2,6-吡啶二甲醛合成方法的改进 [J]. 阜阳师范学院学报（自然科学版），2007. 24（1）：29-30.

2,6-二氯-5-氟-3-吡啶甲酸

【基本信息】 英文名：2,6-dichloro-5-fluoronicotinic acid；CAS 号：82671-06-5；分子式：$C_6H_2Cl_2FNO_2$；分子量：210；沸点：(335.3±37.0)℃/101325Pa；熔点：152～155℃；密度：1.7g/cm^3。本品是制备第三代喹诺酮类药物重要的中间体，也可用于依诺沙星、氟啶酸、环丙氟啶酸等药物的合成。合成反应式如下：

$ClCH_2CO_2Et$ —(KF / DMF)→ FCH_2CO_2Et —($MeONa/HCO_2Et$ / $NCCH_2CONH_2$)→ 2,6-二羟基-5-氟-3-氰基吡啶 —($POCl_3/PCl_3$)→ 2,6-二氯-5-氟-3-氰基吡啶 —(H_2SO_4)→ 2,6-二氯-5-氟-3-吡啶甲酸

【合成方法】

1. 氟乙酸乙酯的合成：在装有搅拌器、温度计的 150mL 三口瓶中，加入 2g 四丁基溴化铵和 50mL 二甲基甲酰胺，搅拌升温至 120℃，加入 10g 研细烘干的氟化钾，搅拌 15min。待反应温度降至 100℃时，加入 16g 氯乙酸乙酯，搅拌加热回流 10h。将反应液进行精馏，收集 115～120℃馏分，得到产品氟乙酸乙酯 10.5g，收率 73.5%。

2. 2,6-二羟基-5-氟-3-氰基吡啶的合成：在装有搅拌器、温度计、滴液漏斗和回流冷凝管的 250mL 四口瓶中，加入 10.8g（0.2mol）甲酸钠和 50mL 甲苯。在氮气保护下，滴加 22.2g（0.3mol）甲酸乙酯。在低于 50℃温度下，搅拌 1h 后，加入 10.6g（0.1mol）氟乙酸乙酯，加毕，继续反应 5h。冷却至 10～20℃，加入 8.4g（0.1mol）氰基乙酰胺和 80mL 甲醇。升至室温，搅拌 8h，加入 14mL 冰醋酸和 180mL 水，搅拌后过滤，滤饼干燥，得到灰白色固体产物 2,6-二羟基-5-氟-3-氰基吡啶 12.47g（$M=154$），收率 81.2%，熔点 135～140℃。

3. 2,6-二氯-5-氟-3-氰基吡啶的合成：在装有搅拌器、温度计、滴液漏斗和回流冷凝管的 250mL 四口瓶中，加入 107.3g（0.7mol）$POCl_3$，在氮气保护下，加入 15.4g（0.1mol）2,6-二羟基-5-氟-3-氰基吡啶和少量三乙醇胺催化剂，升温至 80～90℃，反应 1h。加入 72.9g（0.35mol）PCl_3，加热回流反应 20h。冷却，减压蒸出过量 $POCl_3$，加入 150mL 二氯甲烷溶解。在冰水浴冷却下，滴加冰水，搅拌 1h。分出有机相，水层用 150mL 二氯甲烷

萃取3次，合并有机相，干燥，蒸出溶剂。用95%乙醇重结晶，得到浅黄色结晶产品2,6-二氯-5-氟-3-氰基吡啶13.75g，收率71.9%，熔点87～88℃。

4. 2,6-二氯-5-氟-3-吡啶甲酸的合成： 在装有搅拌器、温度计、滴液漏斗和回流冷凝管的250mL四口瓶中，加入28g（0.146mol）2,6-二氯-5-氟-3-氰基吡啶和26mL浓硫酸，加热至75℃，反应45min。冰水浴冷却下，加入130mL浓盐酸，加热回流1h。冰水浴冷却，析出大量白色固体，过滤，干燥，得到2,6-二氯-5-氟-3-吡啶甲酸22.1g（0.10524mol），收率72.08%，熔点154～155℃。

【参考文献】

[1] 谭珍友，刘安昌，肖庆，等. 2,6-二氯-5-氟-3-甲酸吡啶的合成［J］. 化学试剂，2008，30（1）：35-36.

炔草酯

【基本信息】 化学名：(*R*)-2-[4-(5-氯-3-氟-2-吡啶氧基）苯氧基］丙酸炔丙基酯；英文名：propynyl (*R*)-2-[4-[(5-chloro-3-fluoro-2-pyridinyl) oxy] phenoxy] propanoate；CAS号：105512-16-9；分子式：$C_{17}H_{13}ClFNO_4$；分子量：349.5；乳白色晶体；熔点：39.5℃；沸点：100℃/2.67Pa；蒸气压：2.9×10^{-3}Pa/25℃；密度：1.37g/cm^3；水溶性：242mg/L（25℃）；溶于乙醇、丙酮、乙醚、氯仿等，强碱条件下分解。本品属芳氧苯丙酸类除草剂，在土壤中很快降解。合成反应式如下：

【合成方法】

在装有搅拌器、温度计、回流冷凝管和滴液漏斗的100mL四口瓶中，加入(*R*)-(+)-2-(4-羟苯氧基）丙酸182g（0.1mol）、DMF 100mL、碳酸钾33.1g（0.24mol），搅拌，升温至80℃，滴加入氯丙炔8.2g（0.11mol）。滴毕，保温反应6h，得到(*R*)-(+)-2-(4-羟苯氧基）丙酸炔丙酯粗产品的溶液。升温至95℃，滴加入2,3-二氟-5-氯吡啶15g（0.1mol），滴毕，保温反应10h。降至室温，滤除固体杂质，滤液减压蒸出DMF。剩余物用95%乙醇重结晶，得到炔草酯29g，收率89%，含量97.4%，光学纯度99%。

【参考文献】

[1] 王述刚，蒋剑华，陈新春，薛谊. 炔草酯的合成工艺研究［J］. 现代农药，2016，15（4）：22-24.

2-溴吡啶-4-硼酸

【基本信息】 英文名：2-bromoptridin-4-ylboromic acid；CAS号：458532-94-0；分子式：$C_5H_5BBrNO_2$；分子量：201.8；白色粉末；熔点：176℃；不溶于水。在密闭、阴凉、干燥处储存。合成反应式如下：

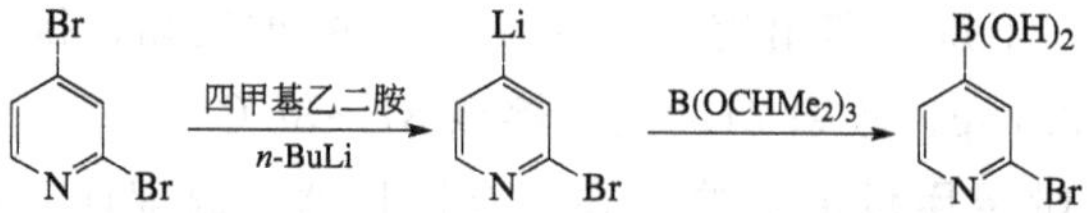

【合成方法】

将新蒸馏的四甲基乙二胺 2.464g（M=112，22mmol）和 150mL 无水乙醚搅拌，冷却至−10℃形成浆状物，滴加 2.5mol/L 的 n-BuLi（1.536g，M=64，24mmol）无水乙醚溶液 9.6mL，在此温度反应 20min。然后，冷却至−60℃，滴加 2,4-二溴吡啶 4.74g（M=237，20mmol）溶于 50mL 无水乙醚的溶液，生成杏黄色混合物，在此温度反应 30min。冷却至−70℃后，在 10min 内滴加三异丙硼酸酯 4.5g（M=187.8，24mmol）与 50mL 无水乙醚的溶液。温热到室温，反应 1h，慢慢加入 150mL 4%氢氧化钠水溶液淬灭反应。分出水层，滴加入约 70mL 3mol/L 盐酸，调节 pH 至 5～6，滴加过程保持内温低于 5℃。用乙酸乙酯萃取，干燥，蒸发有机层，剩余物用乙醚结晶，得到白色固体纯产物 2-溴-4-吡啶硼酸 2.74g（13.6mmol），收率 68%，熔点 225℃。

【参考文献】

［1］ Bouillon A，Lancelot J C，Collot V，et al. Synthesis of novel halopyridinylboronic acids and esters. Part 3：2，or 3-Halopyridin-4-yl-boronic acids and esters ［J］. Tetrahedron，2002，58（22）：4369-4373.

3-溴吡啶-4-硼酸

【基本信息】 英文名：3-bromo-4-pyridineboronic acid；CAS 号：458532-99-5；分子式：$C_5H_5BBrNO_2$；分子量：201.8。合成反应式如下：

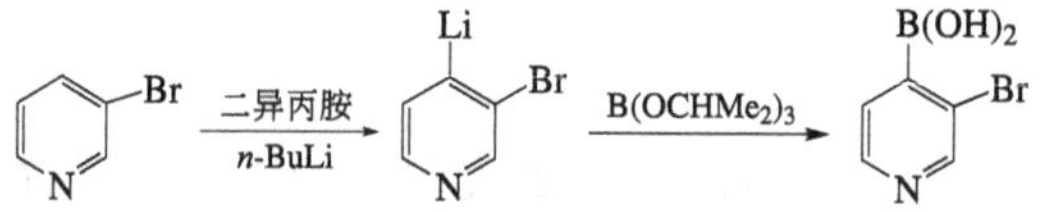

【合成方法】

将新蒸馏的二异丙胺 1.212g（M=101，1.2mmol）和 150mL 无水乙醚搅拌，冷至−10℃形成浆状物，滴加 2.5mol/L 的 n-BuLi（1.536g，M=64，24mmol）无水乙醚溶液 9.6mL，在此温度反应 30min。然后，冷却至−95℃，滴加 3-溴吡啶 3.16g（M=158，20mmol）与 50mL 无水乙醚的溶液。生成有颜色的混合物，继续在内温−95℃反应 45min 后，滴加三异丙硼酸酯 4.5g（M=187.8，24mmol）与 50mL 无水乙醚的溶液。该反应混合物温热到室温，再反应 1h，慢慢加入 4%氢氧化钠水溶液 150mL 淬灭反应。分出水层，滴加约 70mL 3mol/L 盐酸，调节 pH 至 5～6，滴加过程保持内温低于 5℃。用乙酸乙酯萃取，干燥，蒸出有机溶剂，剩余物用乙醚结晶，得到纯产物 3-溴吡啶-4-硼酸 1.29g（6.4mmol），收率 32%。

【参考文献】

［1］ Bouillon A，Lancelot J C，Collot V，et al. Synthesis of novel halopyridinylboronic acids and esters. Part 3：2，or 3-Halopyridin-4-yl-boronic acids and esters ［J］. Tetrahedron，2002，58（22）：4369-4373.

2-氯吡啶-4-硼酸

【基本信息】 英文名：2-chloro-4-pyridineboronic acid；CAS号：458532-96-2；分子式：$C_5H_5BClNO_2$；分子量：157.3；白色至黄褐色结晶粉末；熔点：155～163℃；沸点：355.2℃/101325Pa；闪点：168.6℃；密度：1.41g/cm^3。合成反应式如下：

【合成方法】

将新蒸馏的四甲基乙二胺2.55g（M=116，22mmol）和150mL无水乙醚在搅拌，冷却至-10℃形成浆状物，滴加入2.5mol/L的n-BuLi（M=64，1.6g，25mmol）无水乙醚溶液10mL，在此温度反应20min。然后，冷却至-60℃，滴加2-氯-4-溴吡啶3.85g（M=192.5，20mmol）与50mL无水乙醚的溶液，生成杏黄色混合物，在此温度反应30min。冷却至-70℃后，在10min内滴加三异丙硼酸酯4.5g（M=187.8，24mmol）溶于50mL无水乙醚的溶液。温热到室温，反应1h，慢慢加入150mL 4%氢氧化钠水溶液淬灭反应。分出水层，滴加约70mL 3mol/L盐酸，调节pH至5～6，滴加过程保持内温低于5℃。用乙酸乙酯萃取，干燥，蒸发有机层，用乙醚结晶，得到白色固体纯产物2-氯-4-吡啶硼酸2.01g（12.8mmol），收率64%，熔点210℃。

【参考文献】

[1] Bouillon A，Lancelot J C，Collot V，et al. Synthesis of novel halopyridinylboronic acids and esters. Part 3：2，or 3-Halopyridin-4-yl-boronic acids and esters [J]. Tetrahedron，2002，58（22）：4369-4373.

3-氯吡啶-4-硼酸

【基本信息】 英文名：3-chloro-4-pyridineboronic acid；CAS号：458532-98-4；分子式：$C_5H_5BClNO_2$；分子量：157.3。合成反应式如下：

【合成方法】

将新蒸馏的四甲基乙二胺2.55g（M=116，22mmol）和150mL无水乙醚搅拌，冷却至-10℃形成浆状物，滴加2.5mol/L的n-BuLi（M=64，1.6g，25mmol）无水乙醚溶液10mL，在此温度反应30min。然后，冷却至-95℃，滴加3-氯吡啶2.27g（M=113.5，20mmol）溶于50mL无水乙醚的溶液。生成有颜色的混合物，继续在内温-95℃反应45min后，滴加三异丙硼酸酯4.5g（M=187.8，24mmol）溶于50mL无水乙醚的溶液。将反应混合物温热到室温，再反应1h，慢慢加入150mL 4%氢氧化钠水溶液淬灭反应。分出水层，滴加入约 70mL 3mol/L 盐酸，调节 pH 至 5～6，滴加过程保持内温低于 5℃。用乙酸乙酯萃取，干燥，蒸出有机溶剂，剩余物用乙醚结晶，得到纯产物 3-氯吡啶-4-硼酸 1.195g（7.6mmol），收率 38%。

【参考文献】

[1] Bouillon A，Lancelot J C，Collot V，et al. Synthesis of novel halopyridinylboronic acids and esters. Part 3：2，or 3-Halopyridin-4-yl-boronic acids and esters [J]. Tetrahedron，2002，58（22）：4369-4373.

2-氯-5-三氟甲基-4-吡啶硼酸

【基本信息】 又名：L-(+)-青霉胺；英文名：[2-chlor *o*-5-(trifluoromethyl)-4-pyridinyl] boronic acid；CAS：1167437-28-6；分子式：$C_6H_4BNO_2F_3Cl$；分子量：225.36。吡啶硼酸与其它化合物可发生偶联反应，可将吡啶基团引入相应的化合物分子中，反应条件温和，收率高。合成反应式如下：

① C_4H_9Li ② $B(OC_4H_9)_3$ → $B(OC_4H_9)_2$ ； HCl/水解 → $B(OH)_2$

【合成方法】

在装有搅拌器、温度计和导气管的三口瓶中，加入（16.3mmol）2-氯-4-碘-5-三氟甲基吡啶、（19.56mmol）硼酸三丁酯及四氢呋喃，降温至－70℃，缓慢滴加含有（19.56mmol）正丁基锂的四氢呋喃溶液 10mL。反应液逐渐变成黑色时，继续保持低温反应 2h。自然升温至 0℃时，滴加入 10%盐酸进行水解，调节 pH 至 1.0。用 25%氢氧化钠水溶液调节 pH 至 13.0，分出有机相，再萃取水相中的有机物，合并水相。用正己烷去除水相中的有机杂质，用 10%盐酸调节 pH 至 9.0。加入 THF，再加入固体氯化钠至溶液饱和，搅拌 1h。分出有机相，旋蒸出溶剂，剩余固体纯化后，干燥，得 2-氯-5-三氟甲基-4-吡啶硼酸 3.05g，收率 83.11%，纯度 98.65%。

液相色谱分析条件：流动相为甲醇、水与三氟乙酸体积比为 50：50：3，波长 220nm，流速 0.5mL/min。

【参考文献】

[1] 刘国权，王闪闪，梁九娣，等. 5-三氟甲基-2-氯-4-吡啶硼酸的合成研究 [J]. 河北科技大学学报，2014，35（4）：330-333.

2-氟吡啶-4-硼酸

【基本信息】 英文名：2-fluoropyridine-4-boronic acid；CAS 号：401815-98-3；分子式：$C_5H_5BFNO_2$；分子量：140.9；白色粉末；熔点：212℃。本品是一种化工中间体，用于 Suzuki 等偶联反应，对水系有轻微危害，未经政府许可，不得排入下水道和周围环境。

【合成方法】

一、文献［1］中的方法

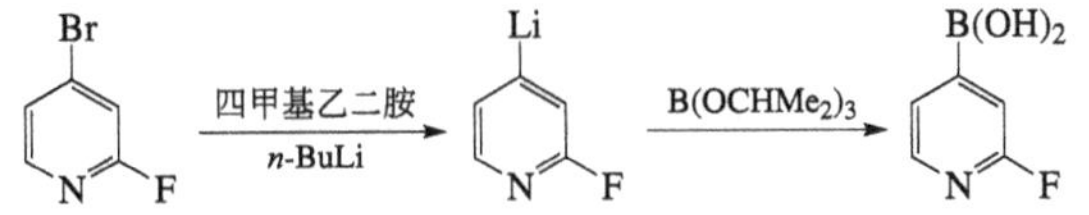

将新蒸馏的四甲基乙二胺 2.55g（$M=116$，22mmol）和 150mL 无水乙醚搅拌，冷却至-10℃形成浆状物，滴加 2.5mol/L 的 *n*-BuLi（$M=64$，1.4g，22mmol）无水乙醚溶液 9.6mL，在此温度反应 20min。然后，冷却至-60℃，滴加 2-氟-4-溴吡啶 3.5g（20mmol）溶于 50mL 无水乙醚的溶液，生成杏黄色混合物，在此温度反应 30min。冷却至-70℃，在 10min 内滴加入三异丙硼酸酯 4.5g（24mmol）溶于 50mL 无水乙醚的溶液。温热到室温，再反应 1h，慢慢加入 150mL 4%氢氧化钠水溶液淬灭反应。分出水层，滴加约 70mL 3mol/L 盐酸，调节 pH 至 5～6，滴加过程保持内温低于 5℃。用乙酸乙酯萃取，干燥，蒸发有机层，用乙醚结晶，得到纯的白色固体产物 2-氟-4-吡啶硼酸 1.8g（12.8mmol），收率 64%，熔点 200℃。

二、文献［2］中的方法

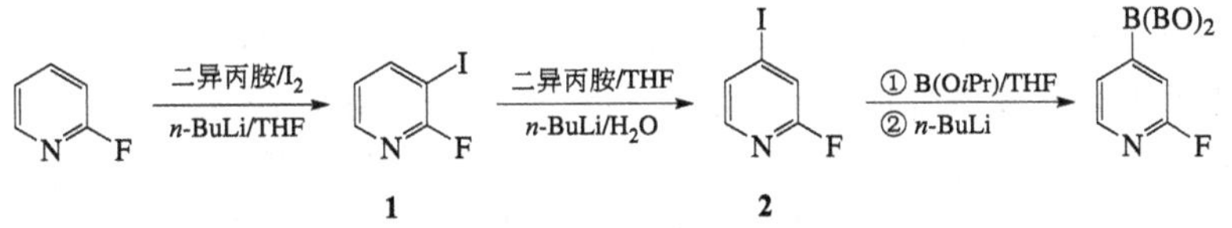

1. 中间体 1 的合成：在装有搅拌器、温度计、滴液漏斗和导气管的 1L 四口瓶中，在氮气保护下，加入 100mL 四氢呋喃、34.4g（0.34mol）二异丙胺，降温至-30℃，滴加 21.8g（0.34mol）正丁基锂，滴毕，继续搅拌 1h。控制温度低于-55℃，滴加 30g（0.46mol）2-氟吡啶，滴毕，保温搅拌反应 4h。加入 97g（0.31mol）碘，反应 2h。加入 150mL 亚硫酸氢钠水溶液淬灭反应。分出有机相，用 200mL 饱和氯化钠水溶液洗涤 1 次，浓缩，剩余物经柱色谱纯化，得到 2-氟-3-碘吡啶（**1**）44.8g，收率 65%，纯度 96.4%。

2. 中间体 2 的合成：在装有搅拌器、温度计、滴液漏斗和导气管的 1L 四口瓶中，在氮气保护下，加入 100mL 四氢呋喃、22.2g（0.22mol）二异丙胺，降温至-30℃，滴加 14.1g（0.22mol）正丁基锂，滴毕，继续搅拌 1h。控制温度低于-55℃，滴加粗产品 **1**，滴毕，保温搅拌反应 4h。滴加 14.4g（0.8mol）水，反应 0.5h。加入 100mL 饱和食盐水淬灭反应。分出有机相，用 200mL 饱和氯化钠水溶液洗涤 1 次，浓缩，剩余物经柱色谱纯化，得到 2-氟-4-碘吡啶（**2**）32.2g，收率 71.8%，纯度 98.2%。

3. 2-氟吡啶-4-硼酸的合成：在装有搅拌器、温度计、滴液漏斗和导气管的 1L 四口瓶中，在氮气保护下，加入中间体 **2** 和 32.6g（0.173mol）硼酸三异丙酯，控制温度低于-55℃，滴加 11.1g（0.173mol）正丁基锂，搅拌反应 0.5h。加入 50mL 饱和食盐水淬灭反应，加入氢氧化钠调溶液为碱性。分出水相，用盐酸调为弱酸性，用乙酸乙酯 100mL×2 萃取，干燥，减压浓缩，得到 2-氟吡啶-4-硼酸 15.7g，收率 77.6%，纯度 99%。

【参考文献】

［1］Bouillon A，Lancelot J C，Collot V，et al. Synthesis of novel halopyridinylboronic acids and esters. Part 3：2, or 3-Halopyridin-4-yl-boronic acids and esters [J]. Tetrahedron，2002，58 (22)：4369-4373.

[2] 胡超平，郑鹏. 2-氟吡啶-4-硼酸的制备方法：CN104478913A [P]. 2015-04-01.

3-氟吡啶-4-硼酸

【基本信息】 英文名：3-fluoropyridine-4-boronic acid；CAS 号：458532-97-3；分子式：$C_5H_5BFNO_2$；分子量：140.8；必须冷藏。3-氟吡啶-4-硼酸的一水合物 CAS 号：1029880-18-9；分子式：$C_5H_7BFNO_3$；分子量：158.8；是重要的医药中间体。合成反应式如下：

n-BuLi/二异丙胺/无水乙醚；三异丙硼酸酯/NaOH-H_2O/HCl

【合成方法】

将新蒸馏的二异丙胺 2.424g（M=101，24mmol）和 150mL 无水乙醚搅拌，冷却至−10℃形成浆状物，滴加 2.5mol/L 的 n-BuLi（25mmol）无水乙醚溶液 10mL，在此温度反应 30min。然后，冷却至−60℃，滴加 3-氟吡啶 1.94g（20mmol）溶于 50mL 无水乙醚的溶液。生成有颜色的混合物，继续在内温−60℃反应 45min 后，在−60℃滴加三异丙硼酸酯 4.7g（M=187.8，25mmol）溶于 50mL 无水乙醚的溶液。该反应混合物温热到室温，再反应 1h。所生成的溶液慢慢加 4%氢氧化钠水溶液 150mL，淬灭反应。分出水层，滴加约 70mL 3mol/L 盐酸，调节 pH 至 5～6，滴加过程保持内温低于 5℃。用乙酸乙酯萃取，干燥，蒸出溶剂，用乙醚重结晶，得到白色固体产物 3-氟吡啶硼酸 1.295g（9.3mmol），收率 46%，熔点 220℃。

【参考文献】

[1] Bouillon A，Lancelot J C，Collot V，et al. Synthesis of novel halopyridinylboronic acids and esters. Part 3：2, or 3-Halopyridin-4-yl-boronic acids and esters [J]. Tetrahedron，2002，58 (22)：4369-4373.

2-氟吡啶-4-硼酸频哪醇酯

【基本信息】 又名：2-[4-(氟) 吡啶]-4,4,5,5-四甲基-1,3-二氧硼烷；英文名：2-[4-(fluoro) pyridine]-4,4,5,5-tetramethyl-1,3-dioxaborolane；CAS 号：458532-86-0；分子式：$C_{11}H_{15}BFNO_2$；分子量：222.8；熔点：80～83℃；沸点：354.7℃/101325Pa；闪点：168.3℃；密度：1.34g/cm^3。合成反应式如下：

n-BuLi/TMEDA，醚，-60℃；B(Oi-Pr)$_3$，-70℃；频哪醇

【合成方法】

将新蒸馏的四甲基乙二胺 2.55g（M=116，22mmol）和 150mL 无水乙醚搅拌，冷却

至−10℃形成浆状物，滴加 2.5mol/L 的 *n*-BuLi（*M*=64，1.536g，24mmol）无水乙醚溶液 9.6mL，在此温度反应 20min。然后，冷却至−60℃，滴加 2-氟-4-溴吡啶 3.5g (20mmol) 溶于 50mL 无水乙醚的溶液，生成杏黄色混合物，在此温度反应 30min。冷却至−70℃后，在 10min 内加入三异丙硼酸酯 4.5g（*M*=187.8，24mmol）溶于 50mL 无水乙醚的溶液。在此温度反应 30min，温热到 10℃，再反应 2h。加入无水频哪醇（1.3e.q.）溶于 75mL 无水乙醚的溶液，反应 10min 后，加入冰醋酸（1.05e.q.）溶于 50mL 无水乙醚的溶液。反应 4h 后，通过硅藻土过滤，用 200mL 4%氢氧化钠水溶液浸取。分出水层，滴加约 90mL 3mol/L 盐酸，调节 pH 至 6，滴加过程保持内温低于 5℃。用乙醚萃取，干燥，蒸出乙醚，用无水乙醚重结晶，得到白色固体产物 2-氟-4-硼酸吡啶频哪醇酯 2.763g (12.4mmol)，收率 62%，熔点 60℃。

【参考文献】

[1] Bouillon A, Lancelot J C, Collot V, et al. Synthesis of novel halopyridinylboronic acids and esters. Part 3: 2, or 3-Halopyridin-4-yl-boronic acids and esters [J]. Tetrahedron, 2002, 58 (22): 4369-4373.

3-氟吡啶-4-硼酸频哪醇酯

【基本信息】 英文名：3-floropyridine-4-boronic acid pinacol ester；CAS 号：458532-88-2；分子式：$C_{11}H_{15}BFNO_2$；分子量：222.8。合成反应式如下：

【合成方法】

将新蒸馏的二异丙胺 2.424g（*M*=101，24mmol）和 150mL 无水乙醚搅拌，冷却至−10℃形成浆状物，滴加 2.5mol/L 的 *n*-BuLi（*M*=64，1.6g，25mmol）无水乙醚溶液 10mL，在此温度反应 30min。然后，冷却至−60℃，滴加 3-氟吡啶 1.94g（*M*=97，20mmol）溶于 50mL 无水乙醚的溶液。生成有颜色的混合物，继续在内温−60℃反应 45min 后，在−60℃滴加三异丙硼酸酯（*M*=187.8，4.7g，25mmol）溶于 50mL 无水乙醚的溶液。该反应混合物温热到 10℃，再加入无水频哪醇（1.3e.q.）与 75mL 无水乙醚的溶液。10min 后，加入冰醋酸（21mol）溶于 50mL 无水乙醚的溶液，再反应 4h。用硅藻土助滤剂过滤，用 200mL 5%氢氧化钠水溶液浸取。收集水层，滴加 3mol/L 盐酸约 90mL 进行酸化，调节 pH 至 6～7，滴加过程保持内温低于 5℃。用乙醚萃取，干燥，蒸发乙醚层，无水乙醚重结晶，得到白色固体产物 3-氟吡啶-4-硼酸频哪醇酯 2.45g（11mmol），收率 55%，熔点 126℃。

【参考文献】

[1] Bouillon A, Lancelot J C, Collot V, et al. Synthesis of novel halopyridinylboronic acids and esters. Part 3: 2, or 3-Halopyridin-4-yl-boronic acids and esters [J]. Tetrahedron, 2002, 58 (22): 4369-4373.

2-氯吡啶-4-硼酸频哪醇酯

【基本信息】 英文名：2-chloropyridine-4-boronic acid pinacol ester；CAS号：458532-84-8；分子式：$C_{11}H_{15}BClNO_2$；分子量：239.3；熔点：64.7～64.8℃；沸点：338.2℃/101325Pa；闪点：158.3℃；密度：1.14g/cm³。合成反应式如下：

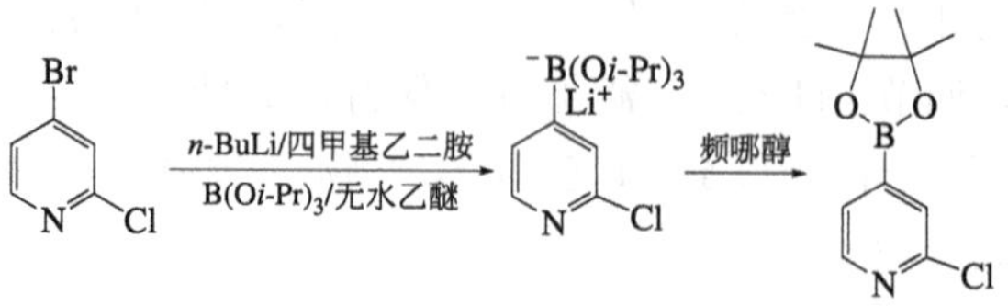

【合成方法】

将新蒸馏的四甲基乙二胺2.55g（M=116，22mmol）和150mL无水乙醚搅拌，冷却至−10℃形成浆状物，滴加9.6mL 2.5mol/L的n-BuLi（M=64，1.536g，24mmol），在此温度反应20min。然后，冷却至−60℃，滴加2-氯-4-溴吡啶3.85g（20mmol）溶于50mL无水乙醚的溶液，生成杏黄色混合物，在此温度反应30min。冷却至−70℃后，在10min内加入三异丙硼酸酯4.5g（M=187.8，24mmol）溶于50mL无水乙醚的溶液。在此温度反应30min，温热到10℃，再反应2h。加入无水频哪醇（1.3e.q.）溶于75mL无水乙醚的溶液，反应10min后，加入冰醋酸（1.05e.q.）溶于50mL无水乙醚的溶液。反应4h后，通过硅藻土过滤，用200mL 4%氢氧化钠水溶液浸取。分出水层，滴加约90mL 3mol/L盐酸，调节pH至6，滴加过程保持内温低于5℃。用乙醚萃取，干燥，蒸出乙醚，用无水乙醚重结晶，得到白色固体产物2-氯-4-硼酸吡啶频哪醇酯2.87g（12mmol），收率60%，熔点68℃。

【参考文献】

[1] Bouillon A，Lancelot J C，Collot V，et al. Synthesis of novel halopyridinylboronic acids and esters. Part 3：2，or 3-Halopyridin-4-yl-boronic acids and esters [J]. Tetrahedron，2002，58（22）：4369-4373.

3-氯吡啶-4-硼酸频哪醇酯

【基本信息】 英文名：3-chloropyridine-4-boronic acid pinacol ester；CAS号：458532-90-6；分子式：$C_{11}H_{15}BClNO_2$；分子量：239.3；熔点：103～108℃。合成反应式如下：

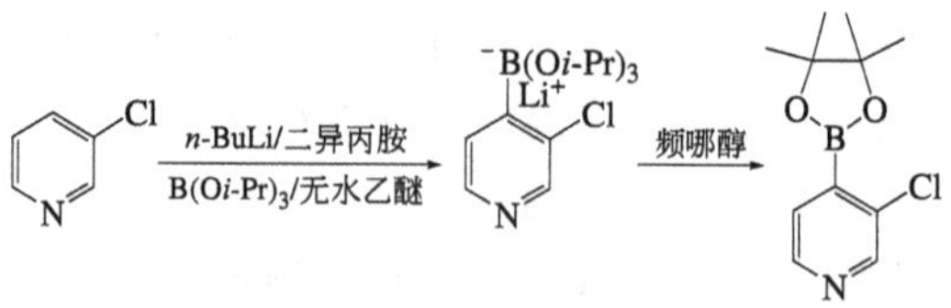

【合成方法】

将新蒸馏的二异丙胺2.424g（M=101，24mmol）和150mL无水乙醚搅拌，冷却至−10℃形成浆状物，滴加10mL 2.5mol/L的n-BuLi（M=64，1.6g，25mmol），在此温度反应30min。然后，冷却至−60℃，滴加3-氯吡啶2.27g（M=113.5，20mmol）溶于50mL无水乙醚的溶液。生成有颜色的混合物，继续在内温−60℃反应45min后，在−60℃滴加入三异丙硼酸酯 4.5g（M=187.8，24mmol）溶于 50mL 无水乙醚的溶液。该反应混合物温热到 10℃，再加入 26mmol 无水频哪醇与 75mL 无水乙醚的溶液。10min 后，加入冰醋酸（21mmol）溶于 50mL 无水乙醚的溶液，再反应 4h。用硅藻土助滤剂过滤，用 200mL 5%氢氧化钠水溶液浸取。收集水层，滴加约 90mL 3mol/L 盐酸进行酸化，调节 pH 至 6~7，滴加过程保持内温低于 5℃。用乙醚萃取，干燥，蒸发乙醚层，用无水乙醚重结晶，得到白色固体 3-氯吡啶-4-硼酸频哪醇酯 2.44g（10.2mmol），收率 51%，熔点 122℃。

【参考文献】

[1] Bouillon A，Lancelot J C，Collot V，et al. Synthesis of novel halopyridinylboronic acids and esters. Part 3：2，or 3-Halopyridin-4-yl-boronic acids and esters [J]. Tetrahedron，2002，58（22）：4369-4373.

2-溴吡啶-4-硼酸频哪醇酯

【基本信息】 又名：2-[4-(溴)吡啶]-4,4,5,5-四甲基-1,3-二氧硼烷；英文名：2-[4-(bromo)pyridine]-4,4,5,5-tetramethyl-1,3-dioxaborolane；CAS 号：458532-82-6；分子式：$C_{11}H_{15}BBrNO_2$；分子量：283.8；熔点：80～83℃；沸点：354.7℃/101325Pa；闪点：168.3℃；密度：1.34g/cm^3。合成反应式如下：

【合成方法】

将新蒸馏的四甲基乙二胺 2.55g（22mmol）和 150mL 无水乙醚搅拌，冷却至−10℃形成浆状物，滴加 9.6mL 2.5mol/L 的 n-BuLi（1.535g，24mmol），在此温度反应 20min。然后，冷却至−60℃，滴加 2,4-二溴吡啶 4.74g（20mmol）溶于 50mL 无水乙醚的溶液，生成杏黄色混合物，在此温度反应 30min。冷却至−70℃后，在 10min 内加入三异丙硼酸酯 4.5g（24mmol）溶于 50min 无水乙醚的溶液。在此温度反应 30min，温热到 10℃，再反应 2h。加入无水频哪醇（1.3e.q.）溶于 75mL 无水乙醚的溶液，反应 10min 后，加入冰醋酸（1.05e.q.）溶于 50mL 无水乙醚的溶液。反应 4h 后，通过硅藻土过滤，用 200mL 4%氢氧化钠水溶液浸取。分出水层，滴加约 90mL 3mol/L 盐酸，调节 pH 至 6，滴加过程保持内温低于 5℃。用乙醚萃取，干燥，蒸出乙醚，用无水乙醚重结晶，得到白色固体产物 2-溴-4-硼酸吡啶频哪醇酯 3.75g（13.2mmol），收率 66%，熔点 120℃。

【参考文献】

[1] Bouillon A，Lancelot J C，Collot V，et al. Synthesis of novel halopyridinylboronic acids and esters. Part 3：2，or 3-Halopyridin-4-yl-boronic acids and esters [J]. Tetrahedron，2002，58（22）：4369-4373.

3-溴吡啶-4-硼酸频哪醇酯

【基本信息】 英文名：3-bromopyridine-4-boronic acid pinacol ester；CAS 号：458532-92-

8；分子式：$C_{11}H_{15}BrNO_2$；分子量：283.8；储存条件：冷藏。合成反应式如下：

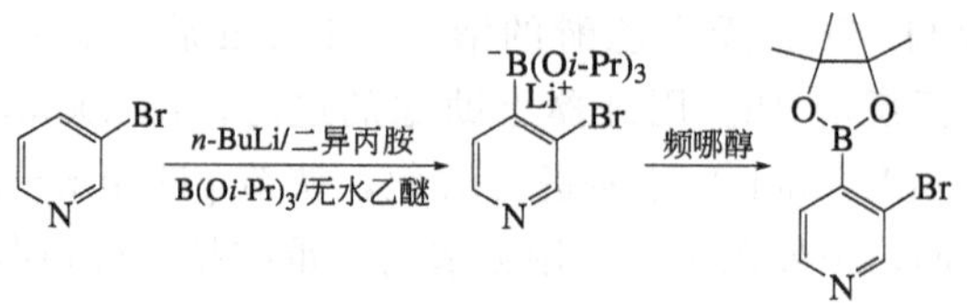

【合成方法】

将新蒸馏的二异丙胺 2.424g（M=101，24mmol）和 150mL 无水乙醚搅拌，冷却至 −10℃形成浆状物，滴加 10mL 2.5mol/L 的 n-BuLi（M=64，1.6g，25mmol），在此温度反应 30min。然后，冷却至 −60℃，滴加入 3-溴吡啶 3.16g（M=158，20mmol）溶于 50mL 无水乙醚的溶液。生成有颜色的混合物，继续在内温 −60℃反应 45min 后，在 −60℃滴加三异丙硼酸酯 4.5g（24mmol）溶于 50mL 无水乙醚的溶液。该反应混合物温热到 10℃，再加入无水频哪醇（1.3e.q.）与 75mL 无水乙醚的溶液。10min 后，加入冰醋酸（1.05e.q.）溶于 50mL 无水乙醚的溶液，再反应 4h。用硅藻土助滤剂过滤，用 200mL 5%氢氧化钠水溶液浸取。收集水层，滴加约 90mL 3mol/L 盐酸进行酸化，调节 pH 至 6～7，滴加过程保持内温低于 5℃。用乙醚萃取，干燥，蒸发乙醚，用无水乙醚重结晶，得到白色固体产物 3-溴吡啶-4-硼酸频哪醇酯 2.62g（9.6mmol），收率 48%，熔点 102℃。

【参考文献】

[1] Bouillon A，Lancelot J C，Collot V，et al. Synthesis of novel halopyridinylboronic acids and esters. Part 3：2，or 3-Halopyridin-4-yl-boronic acids and esters [J]. Tetrahedron，2002，58（22）：4369-4373.

2-氟-4-甲基吡啶-5-硼酸频哪醇酯

【基本信息】 英文名：2-fluoro-4-methyl-5-(4,4,5,5-tetramethyl-1,3,2-dioxaborolan-2-yl) pyridine；分子式：$C_{12}H_{17}BFNO_2$；分子量：236.8。本品是重要的医药中间体。合成反应式如下：

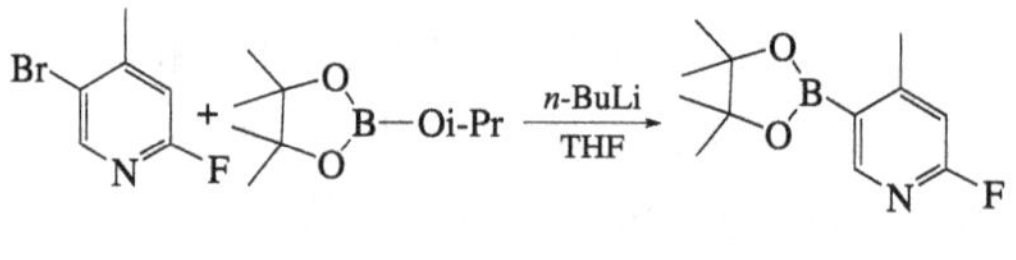

【合成方法】

在装有搅拌器、温度计和导气管的 500mL 三口瓶中，加入 20g 2-氟-4-甲基-5-溴吡啶和 100mL 干燥的四氢呋喃，在氮气保护下，降温至 −90℃，缓慢滴加 84.21mL 2.5mol/L 的正丁基锂的正己烷溶液，滴加过程控制温度低于 −85℃。滴毕，在 −90℃搅拌 1h。慢慢滴加 42.94mL 异丙醇硼酸频哪醇酯，滴毕，在 −90℃搅拌 10min，升温搅拌 5h。用 2mol/L 盐酸调至中性。用乙酸乙酯 80mL×3 萃取，用无水硫酸钠干燥，减压蒸出溶剂，经柱色谱纯化，得到白色固体 2-氟-4-甲基吡啶-5-硼酸频哪醇酯 15.47g，收率 62%。MS：m/z=238 [M+1]。

【参考文献】

[1] 吴省付，赵春深，乐意，等. 2-氟-4-甲基吡啶-5-硼酸频哪醇酯的合成工艺研究 [J]. 广东化工，2014，41（17）：8.

2(1*H*)-吡啶酮类化合物

【基本信息】 2（1*H*）-吡啶酮类化合物是重要的医药和农药中间体，下面介绍一种简便、环保的合成方法。制备工艺过程如下所示：

$$\text{ArCHO} + \text{乙酰乙酸乙酯} + \text{麦氏酸} \xrightarrow[\text{H}_2\text{O/MWI}]{\text{AcONH}_4} \mathbf{1}$$

$$\text{ArCHO} + \text{达咪酮} + \text{麦氏酸} \xrightarrow[\text{H}_2\text{O/MWI}]{\text{AcONH}_4} \mathbf{2}$$

【合成方法】

该类化合物合成通法如下：在 10mL Emrys^{TM} C reator 微波合成仪专用反应器中，加入芳香醛 1mmol、麦氏酸 1mmol、乙酰乙酸乙酯或达咪酮 1mmol 以及过量乙酸铵和水 1mL，充分混合后盖好瓶盖。把反应瓶放在 Emrys^{TM} C reator 微波合成仪中，先经自动预搅拌 20～50s，在 100℃用微波辐射（起初功率 100W，最大功率 200W）3～8min。取出冷却后，倒入 50mL 水中，抽滤，用少许乙醇洗涤滤饼，用 95%乙醇重结晶，得到 2（1*H*）-吡啶酮类化合物，数据见下表：

代号	Ar	辐射时间/min	收率/%	实测熔点/℃	文献熔点/℃
1a	C_6H_5	6	85	145～146	146～148
1b	4-ClC_6H_4	5	89	157～159	160～161
1c	2-ClC_6H_4	4	84	178～179	180～182
1d	4-$NO_2C_6H_4$	3	91	132～133	130～132
1e	3-$NO_2C_6H_4$	3	86	164～165	165～167
1f	3-MeO-4-OHC_6H_3	6	81	163～164	168～170
1g	3,4-$(MeO)_2C_6H_3$	8	86	140～141	140～141
1h	3,4-$OCH_2OC_6H_3$	5	84	148～149	145～146
2a	C_6H_5	7	89	209～211	211～213
2b	4-MeOC_6H_4	6	87	213～215	218～220
2c	3,4-$OCH_2OC_6H_3$	8	93	228～229	234～235
2d	4-ClC_6H_4	3	85	191～192	188～190
2e	2-ClC_6H_4	4	91	249～251	252～254
2f	4-BrC_6H_4	4	93	192～194	196～197
2g	4-$NO_2C_6H_4$	3	93	170～172	164～166

【参考文献】

［1］相艳，朱伟军. 微波辐射下水相中一锅法合成 2（1*H*）-吡啶酮及其衍生物［J］. 佳木

斯大学学报（自然科学版），2010，28（5）：753-755.

4-羟基-2-吡啶酮类化合物

【基本信息】 4-羟基-2-吡啶酮类化合物具有抗菌、抗真菌和抗肿瘤等多种生物活性，是天然产物和有机合成的热点之一。下文介绍12种该类化合物的合成。

【合成方法】

1. 4-甲氧基肉桂酰基叠氮（1）的合成：

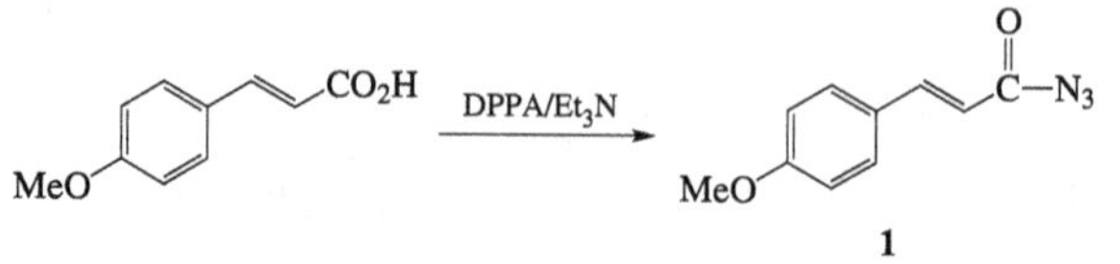

在装有搅拌器、温度计和滴液漏斗的100mL三口瓶中，加入5g（0.028mol）4-甲氧基肉桂酸和30mL乙酸乙酯，搅拌，在冰水浴冷却下，慢慢滴加3.71g（37mmol）三乙胺、10.06g（37mmol）DPPA和20mL乙酸乙酯的溶液。滴毕，继续反应9h，用TLC检测反应至结束。用饱和碳酸钠水溶液洗涤3次，用饱和氯化钠水溶液洗涤1次。分出有机相，水层用乙酸乙酯萃取1次，合并有机相，用无水硫酸镁干燥，过滤，在45℃减蒸馏至干，得到亮黄色固体产物4-甲氧基肉桂酰基叠氮（**1**）5.5g，收率96%，熔点82～83℃。

备注：DPPA为叠氮磷酸二苯酯（CAS号：26386-88-9），M（$C_{12}H_{10}N_3O_3P$）=275，沸点为157℃/26.7Pa。

2. 4-甲氧基肉桂异氰酸酯（2）的合成：

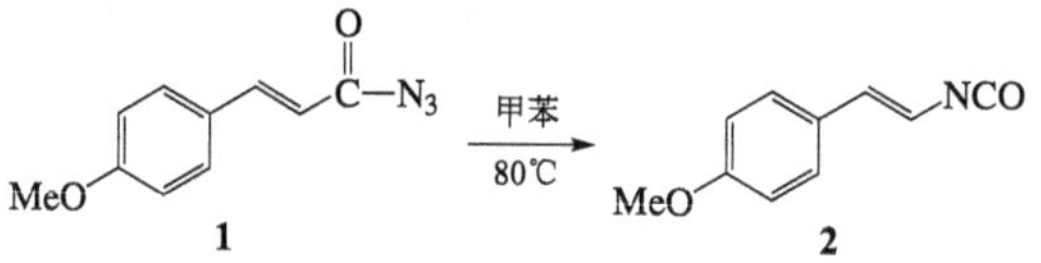

在装有搅拌器、温度计和滴液漏斗的100mL三口瓶中，加入4g（19.7mmol）4-甲氧基肉桂酰基叠氮（**1**）和50mL无水甲苯，搅拌溶解，加热至80℃，经Cutius重排，反应5h。用TLC监测反应至原料点消失，得到4-甲氧基肉桂异氰酸酯（**2**）甲苯溶液。由于所得异氰酸酯不稳定，无须纯化，直接用于下一步反应。

3. *N*-(4-甲氧基）苯乙烯基-2-氨甲酰基丙二酸二乙酯（3）的合成：

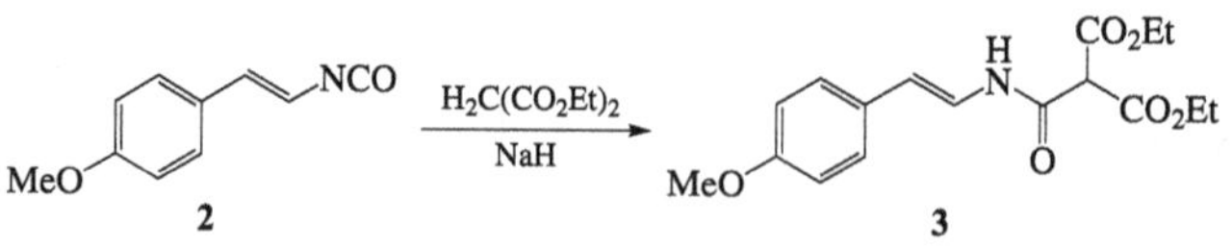

在装有搅拌器、温度计的三口瓶中，加入3.8g（23.8mmol）丙二酸二乙酯和80mL甲苯，搅拌溶解，在冰水浴冷却下，慢慢加入1.1g（27.6mmol）60%NaH，逸出大量气泡，溶液为黏稠状，搅拌30min。在冰水浴冷却下，将其慢慢滴加到上述制备好的4-甲氧基肉桂异氰酸酯甲苯溶液中，反应液由黄色变为红色，反应过夜。用饱和氯化铵淬灭反应，用饱和碳酸钠水溶液洗涤3次，再用饱和氯化钠水溶液洗涤1次。分出有机相，水层用乙酸乙酯萃取1次，合并有机相，用无水硫酸镁干燥，过滤，减压蒸出溶剂，所得粗产品经柱色谱纯化[洗脱液：石油醚：乙酸乙酯=60：1（体积比）]，得到浅黄色固体产物*N*-(4-甲氧基）苯乙烯基-2-氨甲酰基丙二酸二乙酯 3.57g，收率 54.1%，熔点 81～83℃。MS（EI，70eV）：$m/z=335$。

4. 4-羟基-5-(4′-甲氧基）苯基-2-吡啶酮-3-羧酸乙酯（4）的合成：

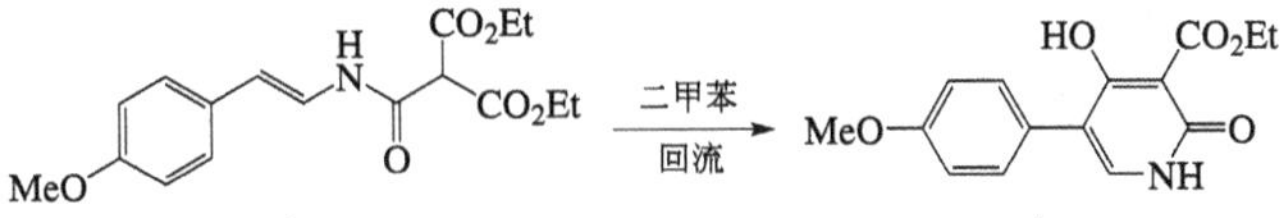

在装有磁子搅拌、回流冷凝管的 50mL 三口瓶中，加入 1g（2.99mmol）*N*-(4-甲氧基）苯乙烯基-2-氨甲酰基丙二酸（**3**）和 10mL 二甲苯，加热回流 12h。用 TLC 监测反应结束，冷却至室温，静置，析出产物，经柱色谱纯化［洗脱液：二氯甲烷：乙醇体积比＝30：1（体积比)］，得到黄色固体产物 4-羟基-5-(4′-甲氧基）苯基-2-吡啶酮-3-羧酸乙酯（**4**）0.2g，收率 23.5%，熔点 159～161℃，MS（EI-TOF，70eV）：$m/z=289$。HRMS：对 $C_{15}H_{15}NO_5$，分子量计算值为 289.0950，实测值为 289.0952。

5. 1-甲基-4-羟基-5-(4′-甲氧基）苯基-2-吡啶酮-3-羧酸乙酯（5）的合成：

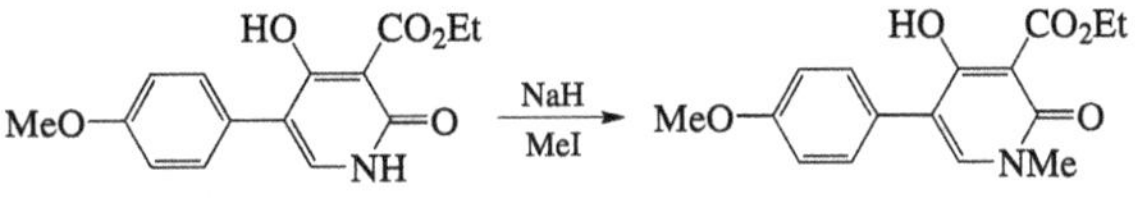

在装有磁子搅拌的 50mL 三口瓶中，加入 0.1g（0.35mmol）化合物 **4** 和 3mL DMF，搅拌溶解。在冰水浴冷却下，加入 0.04g NaH，搅拌 10min，加入 0.12g 碘甲烷，搅拌，用 TLC 监测反应至结束，1.5h 反应完全。加入饱和氯化铵溶液淬灭反应，用乙酸乙酯萃取 3 次，合并有机相，用饱和氯化钠水溶液洗涤 1 次。柱色谱纯化（洗脱液：二氯甲烷：乙醇＝30：1)，得到黄色固体 1-甲基-4-羟基-5-(4′-甲氧基）苯基-2-吡啶酮-3-羧酸乙酯（**5**）0.04g，收率 34.5%。

6. *N*-(4′-甲氧基苯乙烯基)-4-羟基-5-(4″-甲氧基苯基)-2-吡啶酮-3-甲酰胺（6）的合成：

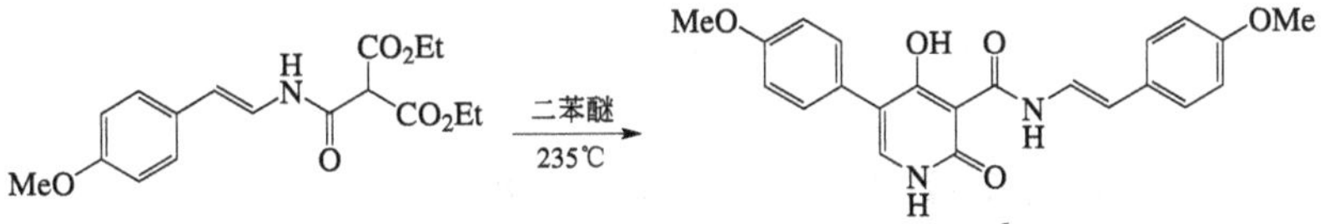

在装有磁子搅拌的 50mL 三口瓶中，加入 18mL 二苯醚，加热至 235℃，加入化合物 **3** 1.0g（6.5mmol），在 235℃反应 6min。冷却至室温，反应液为橙红色，静置，析出红色固体，过滤，用乙酸乙酯洗涤，干燥，得到产物 *N*-(4′-甲氧基苯乙烯基)-4-羟基-5-(4″-甲氧基苯基)-2-吡啶酮-3-甲酰胺（**6**）0.58g，收率 43.7%，熔点 259～261℃。MS（EI，70eV）：$m/z=392$。HRMS：对 $C_{22}H_{20}N_2O_5$，分子量计算值为 392.1372，实测值为 392.1377。

7. 4-氯肉桂酰基叠氮（8）的合成：

在装有搅拌器、温度计和滴液漏斗的 50mL 三口瓶中，加入 3g（16.5mmol）4-氯肉桂酸（**7**）和 15mL 乙酸乙酯，搅拌溶解，在冰水浴冷却下，滴加 2.3g（21.4mmol）三乙胺、

5.9g（21.4mmol）DPPA 和 20mL 乙酸乙酯的溶液。滴毕，继续反应 5h，用 TLC 监测反应至结束。用饱和碳酸钠水溶液洗涤 3 次，再用饱和滤钠洗涤 1 次。水层用乙酸乙酯萃取 1 次，合并有机相，用无水氯化镁干燥，过滤，在 45℃减压蒸馏至干。得到亮黄色固体产物 4-氯肉桂酰基叠氮（**8**）3.51g，收率 97%，熔点 85～87℃。

8. 4-氯肉桂异氰酸酯（9）的合成：

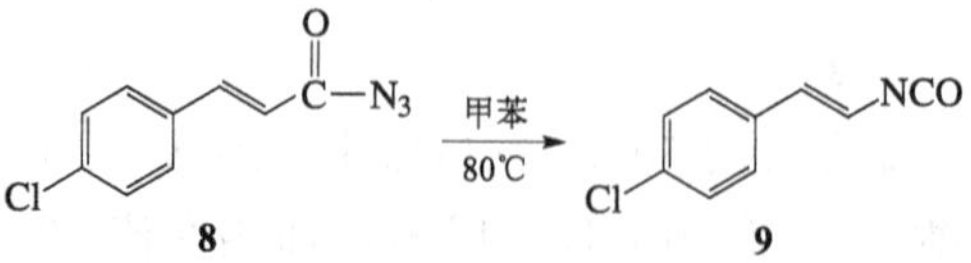

在装有搅拌器、温度计和滴液漏斗的 100mL 三口瓶中，加入 3.4g（16.5mmol）4-氯肉桂酰基叠氮（**8**）和 50mL 无水甲苯，搅拌溶解，加热至 80℃，反应 4h。TLC 监测反应至原料点消失，得到 4-氯肉桂异氰酸酯（**9**）甲苯溶液。由于所得异氰酸酯不稳定，无须纯化，直接用于下一步反应。

9. (*E*,*E*)-*N*-(4-氯）苯乙烯基-2′-氨甲酰基-3″-羟基-2-丁烯酸乙酯（10）的合成：

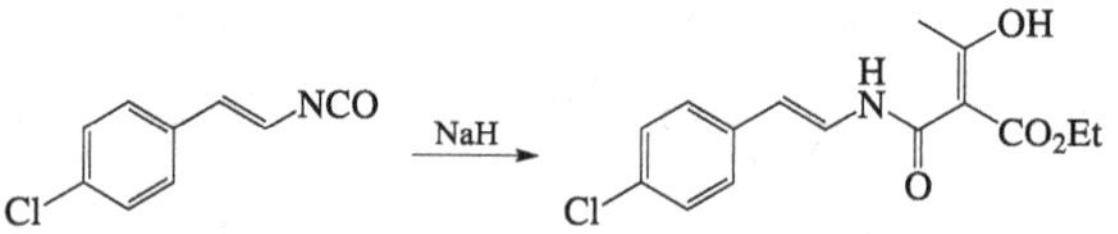

在装有磁子搅拌的 50mL 三口瓶中，加入 2.6g（13.9mmol）乙酰乙酸乙酯和 75mL 甲苯，搅拌溶解。在冰水浴冷却下，慢慢加入 0.92g（23.1mmol）60%NaH，有大量气泡逸出，溶液为黏稠状。在冰水浴冷却下，将其滴加到上述制备好的 4-氯肉桂异氰酸酯（**9**）甲苯溶液中，反应液由黄色变为红色，反应过夜。加入饱和氯化铵溶液淬灭反应，用饱和碳酸钠水溶液洗涤 3 次，再用饱和氯化钠水溶液洗涤 1 次。水层用乙酸乙酯萃取 1 次，合并有机相，用无水硫酸镁干燥，过滤，减压蒸出溶剂，所得粗产品经柱色谱纯化［洗脱液：石油醚：乙酸乙酯＝60：1（体积比）］，得到黄色固体粉末（*E*,*E*)-*N*-(4-氯）苯乙烯基-2′-氨甲酰基-3″-羟基-丁烯酸乙酯（**10**）3.1g，收率 61.5%，熔点 98～99℃。MS（EI，70eV）：$m/z=309$。

10. *N*-(4-氯）苯乙烯基-2′-氨甲酰基丙二酸二乙酯（11）的合成：

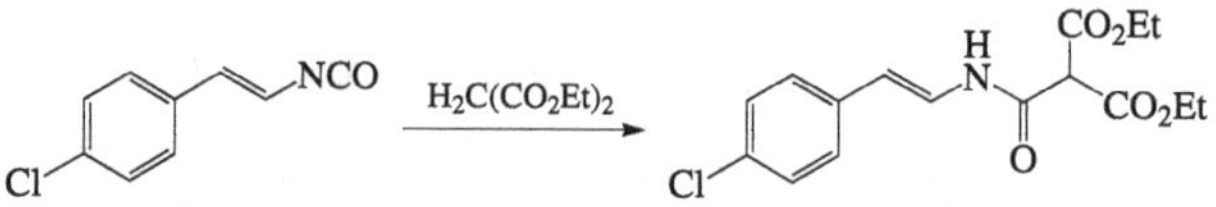

在装有搅拌器、温度计的三口瓶中，加入 4.2g（26.4mmol）丙二酸二乙酯和 80mL 甲苯，搅拌溶解，在冰水浴冷却下，慢慢加入 1.23g（30.8mmol）60%NaH，逸出大量气泡，溶液为黏稠状，加毕，继续搅拌 30min。在冰水浴冷却下，将其慢慢滴加到第 8 步中制备好的 4-氯肉桂异氰酸酯甲苯溶液中，反应液由黄色变为红色，反应过夜。用饱和氯化铵淬灭反应，饱和碳酸钠水溶液洗涤 3 次，再用饱和氯化钠水溶液洗涤 1 次。水层用乙酸乙酯萃取 1 次，合并有机相，用无水硫酸镁干燥，过滤，减压蒸出溶剂，所得粗产品经柱色谱纯化［洗脱液：石油醚：乙酸乙酯＝60：1（体积比）］，得到浅黄色固体产物 *N*-(4-氯)苯乙烯基-2-氨甲酰基丙二酸二乙酯（**11**）5.62g，收率 76.3%，熔点 95～96℃。MS（EI，70eV）：$m/z=339$。

11. 3-乙酰基-4-羟基-5-(4′-氯苯基)-2-吡啶酮（12）的合成：

在装有搅拌器、温度计的三口瓶中，加入0.6g（1.94mmol）(*E*,*E*)-*N*-(4-氯）苯乙烯基-2′-氨甲酰基-3″-羟基-丁烯酸乙酯（**10**）和3.5mL二苯醚，在硅油浴中加热至235℃，搅拌反应60min。冷却至室温，反应液颜色变深，静置，析出黄色固体，过滤，用少量乙酸乙酯洗涤滤饼，干燥，得到产物3-乙酰基-4-羟基-5-(4′-氯苯基)-2-吡啶酮（**12**）0.29g，收率56.4%，熔点269～270℃。MS（EI，70eV）：*m*/*z*＝263。

12. N-(4′-氯苯乙烯基)-4-羟基-5-(4″-氯苯基)-2-吡啶酮-3-甲酰胺（13）的合成：

在装有磁子搅拌的50mL三口瓶中，加入9mL二苯醚，加热至235℃，加入0.5g（1.47mmol）化合物**11**，在235℃反应6min。冷却至室温，反应液为橙红色，静置，析出浅红色固体，过滤，用乙酸乙酯洗涤，干燥，得到产物*N*-(4′-氯苯乙烯基)-4-羟基-5-(4″-氯苯基)-2-吡啶酮-3-甲酰胺（13）0.29g，收率48.8%，熔点280～281℃。MS（EI-TOF，70eV）：*m*/*z* ＝ 400，248，153，117，91。HRMS：对 $C_{22}H_{20}N_2O_5$，分子量计算值为392.1372，实测值为392.1377。

该文献用相似方法还合成了如下化合物：

名称	形态/熔点/℃	收率/%	MS(EI,70eV)*m*/*z*/%	分子量
4-甲基肉桂酰叠氮　(130)	亮黄色固体	91		
4-甲基肉桂异氰酸酯(136)	乙酸乙酯溶液未分离			
(*E*,*E*)*N*-(4-甲基)苯乙烯基-2′-氨甲酰基-3″-羟基-2-丁烯酸乙酯	灰色粉末，98～99	58.4	$C_{16}H_{19}N_2O_4$ 289	计算 289.1314 测定 289.1309
N-(4-甲基)苯乙烯基-2′-氨甲酰基丙二酸二乙酯(147)	浅黄色固体，97～98	53		
3-乙酰基-4-羟基-5-(4-甲基)苯基-2-吡啶酮(X01)	黄色固体 237～239	53.5	$C_{14}H_{13}NO_3$ 243	计算 243.0895，实测 243.0898
4-羟基-5-(4′-甲基)苯基-2-吡啶酮-3-羧酸乙酯(X08)	黄色固体 225～227	42	$C_{15}H_{15}NO_4$ 273	计算 273.1001，实测 273.0997
N-(4′-甲基苯乙烯基)-4-羟基-5-(4″-甲基苯基)-2-吡啶酮-3-甲酰胺(X12)	黄色固体	40.8	$C_{22}H_{20}N_2O_3$ 360	计算值 360.1474，实测值 360.1471
4-硝基肉桂酰叠氮(132)	亮黄色固体 116～117	86.7		
4-硝基肉桂异氰酸酯(138)				

续表

名称	形态/熔点/℃	收率/%	MS(EI,70eV)m/z/%	分子量
(*E*,*E*)-*N*-(4-硝基)苯乙烯基-2′-氨甲酰基-3″-羟基-2-丁烯酸乙酯	黄色固体粉末 178～180	68.4	$C_{15}H_{16}N_2O_6$ 320	计算值 320.1008，实测值 320.1011
N-(4-硝基)苯乙烯基-2′-氨甲酰基丙二酸二乙酯(149)	浅黄色固体，86～87	56.9	$C_{13}H_{10}N_2O_5$ 350	
3-乙酰基-4-羟基-5-(4-硝基)苯基-2-吡啶酮(X03)	黄色固体 >300	61.3	274	计算值 274.0590，实测值 274.0595
4-羟基-5-(4′-硝基)苯基-2-吡啶酮-3-羧酸乙酯(X09)	黄色固体 276-277	58.0	304	
N-(4′-硝基苯乙烯基)-4-羟基-5-(4″-硝基苯基)-2-吡啶酮-3-甲酰胺(X14)	黄色固体 294～295	53.7	$C_{20}H_{14}N_4O_7$ 422	计算值 422.0862，实测值 422.0867
2-呋喃丙烯酰基叠氮(133)	黄褐色固体	94.5		
2-呋喃丙烯异氰酸酯(139)	未分离用于下步反应			
(*E*,*E*)-*N*-呋喃乙烯基-2′-氨甲酰基-3″-羟基-2-丁烯酸乙酯(144)	暗红色固体 104～105	65.8	$C_{13}H_{15}NO_5$ 265	计算值 265.0950，实测值 265.0947
3-乙酰基-4-羟基-5-呋喃-2-吡啶酮(X04)	黄色固体 241～242	53.7	$C_{11}H_9NO_4$ 219	计算值 219.0532，实测值 219.0534
2-噻吩丙烯酰基叠氮 (134)	黄色固体	92.7		
2-噻吩丙烯异氰酸酯 (140)	未分离用于下步反应			
(*E*,*E*)-*N*-噻吩乙烯基-2′-氨甲酰基-3″-羟基-2-丁烯酸乙酯(145)	暗红色固体 93～95	70.3	$C_{13}H_{15}NO_4S$ 281	计算值 281.0722，实测值 281.0726
3-乙酰基-4-羟基-5-噻吩-2-吡啶酮(X05)	黄色固体 228～230	60.0	$C_{11}H_9NO_3S$ 235	计算值 235.0303，实测值 235.0302

【参考文献】

[1] 刘宝硕. 4-羟基-2-吡啶酮类化合物的合成研究 [D]. 上海：东华大学，2013.

6-甲基-2(1*H*)-吡啶酮

【基本信息】 英文名：6-methyl-2 (1*H*)-pyridone；分子式：C_6H_7NO；分子量：109；浅黄色晶体；熔点：137～141℃。本品是一种医药、农药等中间体。合成反应式如下：

$$\text{6-甲基-2-氨基吡啶} \xrightarrow[\text{NaNO}_2]{\text{H}_2\text{SO}_4} \xrightarrow[\text{水解}]{\text{盐酸}} \text{6-甲基-2(1H)-吡啶酮}$$

【合成方法】

在装有搅拌器、温度计和滴液漏斗的 100mL 三口瓶中，加入 2.16g (0.02mol) 2-氨基-6-甲基吡啶和 50mL 5%硫酸水溶液，搅拌溶解。在冰盐水浴中冷却至 0～5℃，边搅拌边滴加入 7mL 浓度为 4.97mol/L 的亚硝酸钠溶液。滴毕，恒温反应 3h。再在可见光下反应约

2h，直至不再产生气泡。用碳酸钠水溶液调节反应液的 pH 至 7，减压浓缩至干。用甲醇 35mL×3 洗涤剩余物，每次加入甲醇，都加热回流 20min 后过滤。合并滤液，用活性炭脱色，浓缩至干，用乙醇重结晶，得到浅黄色晶体产物 6-甲基-2（1*H*）-吡啶酮 2g，收率 91.7%，熔点 137～141℃。

【参考文献】

[1] 饶敏，童葆华，刘超，等. 6-甲基-2（1*H*）-吡啶酮的合成 [J]. 扬州大学学报（自然科学版），2012，15（3）：39-41.

6-甲基-4-(1*H*)吡啶酮-3-羧酸

【基本信息】 英文名：6-methyl-4-(1*H*)-pyridone-3-carboxylic acid；分子式：$C_7H_7NO_3$；分子量：153；浅黄色针状结晶；熔点：267～268℃。本品是合成第三代注射用头孢霉素头孢匹胺酸（cefpiramide）的中间体。合成反应式如下：

OH / Me / O / O —$Me_2NCH(OMe)_2$→ OH / CHNMe$_2$ / Me / O / O —NH_3→ O / CHNH$_2$ / Me / O / O —→ O / COOH / Me / N / H

1　2　3

【合成方法】

1. 3-(二甲基氨基亚甲基)-4-氧代-6-甲基-2-吡喃酮（2）的合成： 在装有搅拌器的 250mL 三口瓶中，加入 44g（0.37mol）*N*,*N*-二甲基甲酰胺二甲氧基缩醛和 100mL 二氧六环，搅拌溶解。加入 25g（0.2mol）4-羟基-6-甲基-2-吡喃酮（**1**）。室温搅拌至生成橘红色溶液，在冰箱冷却过夜。抽滤，用冷却的二氧六环洗涤滤饼，抽干，用异丙醇重结晶，得到橘红色针状结晶化合物 **2**，收率 65%，熔点 152～154℃。

2. 6-甲基-4-(1H)-吡啶酮-3-羧酸（3）的合成： 在装有搅拌器和温度计的三口瓶中，加入 5g（0.028mol）化合物 **2** 和 15.5mL 水，搅拌溶解，搅拌下加入 17.3g（0.028mol）浓氨水，立即析出固体，室温搅拌 30min。加入 2.5g（0.028mol）浓度为 500g/L 的二甲胺水溶液，加热至 50℃，搅拌反应 30min。冷却至 20℃，滴加 4mol/L 盐酸，调节 pH 至 2，在冰水浴中搅拌 1h，抽滤，用冰水洗涤滤饼，干燥，得到浅黄色针状固体 6-甲基-4-(1H)-吡啶酮-3-羧酸（**3**），收率 61%，熔点 264～265℃。MS：m/z=154 [M^++H]，176 [M^++Na]，329 [$2M^+$+Na]。

【参考文献】

[1] 李玉娟，王钝，于鑫，等. 6-甲基-4-(1*H*)-吡啶酮-3-羧酸的制备 [J]. 沈阳药科大学学报，2005，22（1）：17-18.

4-芳基-5-甲氧羰基-6-甲基-3,4-二氢吡啶-2-酮

【基本信息】 英文名：4-aryl-5-methoxylcarbonyl-6-methyl-3,4-dihydropyrid-2-one。本品是一种化工中间体。合成反应式如下：

ArCHO + $MeCOCH_2CO_2Me$ + [麦氏酸结构] $\xrightarrow[\text{微波}]{AcONH_4}$ [产物4结构: MeO_2C, Ar, N, O]

1　　2　　3 麦氏酸　　4

【合成方法】

在短颈圆底烧瓶中，加入 5mmol 芳香醛、0.58g（5mmol）乙酰乙酸甲酯、0.72g（5mmol）麦氏酸、0.54g（7mmol）乙酸铵。充分混匀后，放入微波炉中，装上回流冷凝管，用 285W 功率微波辐照 5～8min。取出，冷却，进行柱色谱纯化［洗脱剂：乙酸乙酯：石油醚＝1：2（体积比）］。得到固体目标化合物，结果见下表：

产物	Ar	辐照时间/min	收率/%	实测熔点/℃	文献熔点/℃
4a	C_6H_5	7	73	196～198	197～198
4b	3-$NO_2C_6H_4$	5	68	203～205	204～205
4c	4-ClC_6H_4	5	75	199～201	199～201
4d	3-MeO-4-HOC_6H_3	8	67	222～224	222～224
4e	4-$MeOC_6H_4$	7	65	189～190	188～189
4f	4-$NO_2C_6H_4$	6	64	223～225	224～225

备注：麦氏酸为丙二酸环（亚）异丙酯（CAS 号：2033-24-1），$M(C_6H_8O_4)=144$。

【参考文献】

［1］冯友建，章晓镜，徐锋. 利用微波技术合成 4-芳基-5-甲氧羰基-6-甲基-3,4-二氢吡啶-2-酮［J］. 应用化学，2004，21（4）：428-429.

第十三章 哒嗪、吡嗪、哌啶、嘧啶等化合物

3-氨基-6-溴哒嗪

【基本信息】 英文名：3-amino-6-bromopyridazine；CAS 号：88497-27-2；分子式：$C_4H_4BrN_3$；分子量：174；熔点：194℃；储存条件：2～8℃。本品可用作医药中间体。合成反应式如下：

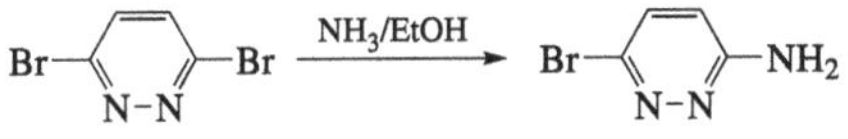

$$\text{3,6-二溴哒嗪 (Br–C}_4\text{H}_2\text{N}_2\text{–Br)} \xrightarrow{NH_3/EtOH} \text{Br–C}_4\text{H}_2\text{N}_2\text{–NH}_2$$

【合成方法】

将 3,6-二溴哒嗪 11.9g（0.05mol）和 28g 氨（1.65mol）加入 300mL 绝对乙醇的溶液中，搅拌，在 140～145℃反应 10h，混合物真空干燥，用水漂洗，乙醇结晶，得到 5.3g 浅黄色片状 3-氨基-6-溴哒嗪，收率 96%，熔点 204～206.5℃（分解）。用乙醇重结晶 2 次，得到黄色片状样品，熔点 205～206.5℃（分解）。

【参考文献】

[1] Mizzoni R H，Spoerri P E. Synthesis in the pyridazine Series. Ⅰ. pyridazine and 3,6-dichloropyridazine [J]. Journal of the American Chemical Society，1951，73 (4)：1873-1874.

3,6-二溴哒嗪

【基本信息】 英文名：3,6-dibromopyridazine；CAS 号：17973-86-3；分子式：$C_4H_2Br_2N_2$；分子量：238；白色片状晶体；熔点：116～117℃；沸点：327.491℃/101325Pa；闪点：151.862℃；密度：2.197g/cm^3。合成反应式如下：

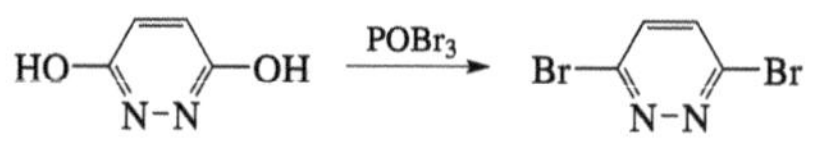

【合成方法】

将马来酰肼 23g（M=112，0.205mol）和 400g（1.394mol）熔融的三溴氧磷（熔点 50～53℃）搅拌并温和地回流 2h，减压蒸出过量三溴氧磷。用冰淬灭反应，用氨水中和，过滤，干燥，得到近乎黑色的固体 33g。在 150℃/66.7Pa 升华，得到 3,6-二溴哒嗪 26.6g（0.112mol），收率 54.6%，熔点约 105℃。用甲醇结晶 2 次，再升华得白色片状晶体 3,6-二溴哒嗪，熔点 115～116℃。升华后的残余物溶于甲醇，用活性炭脱色 2 次，用苯结晶得 6-溴-3-哒酮（CAS 号：51355-94-3）(3-bromo-1*H*-pyridazin-6-one)，白色针状晶体，熔点 157.5～158.5℃。

【参考文献】

[1] Steck E A，Brundage R P，Fletcher L T. Pyridazine derivatives. Ⅱ. 1 An improved synthesis of 3-aminopyridazine [J]. Journal of the American Chemical Society，1954，76 (12)：3225-3226.

3,4-二氯哒嗪

【基本信息】 英文名：3,4-dichloropyridazine；CAS：1677-80-1；分子式：$C_4H_2Cl_2N_2$；分子量：149；沸点：125℃/(400.0～533.3Pa)，密度：1.499g/cm^3；酸度系数 pK_a：−0.89。哒嗪衍生物在医药和农药中占有重要地位。合成反应式如下：

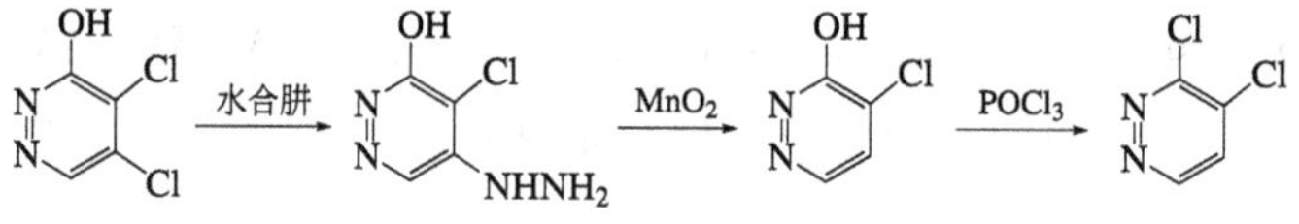

【合成方法】

1. 化合物 2 的合成：将 100g（0.61mol）化合物 **1** 溶于 800mL 异丙醇中，搅拌，慢慢加入 80%水合肼 33.5g（0.67mol），室温反应 6h。用 TLC 监测反应完全后，抽滤，用乙酸乙酯洗涤滤饼 2 次，干燥，得到化合物 **2** 90g（0.56mol），收率 92%。

2. 化合物 3 的合成：将 90g（0.56mol）化合物 **2** 加入到 1L THF 中，搅拌，冷却至 0～10℃，分批加入二氧化锰 195g（2.24mol），室温反应 8h。用 TLC 监测反应完全后，过滤，浓缩滤液，所得粗品用柱色谱纯化，得到化合物 **3** 纯品 28g（0.21mol），收率 37.5%。

3. 3,4-二氯哒嗪（4）的合成：将 25g（0.19mol）化合物 **3** 加入到 200mL 乙醇中，搅拌，加入三氯氧磷 73g（0.48mol），加热至 80℃回流 3h，用 TLC 监测反应完全后，冷却至室温，搅拌下将反应液倒入 200g 冰水中，用碳酸氢钠调节 pH 至 7～8，用乙酸乙酯 300mL×2 萃取，用饱和食盐水 400mL 洗涤，用无水硫酸钠干燥，浓缩，剩余物经柱色谱纯化，得到 3,4-二氯哒嗪（**4**）18g（0.12mol），收率 64%。

【参考文献】

[1] 李进飞，欧阳浩，黄良富，等. 一种 3,4-二氯哒嗪的新合成方法：CN104211644A [P]. 2014-12-17.

3,6-二氯哒嗪

【基本信息】 英文名：3，6-dichloropyridazine；CAS：141-30-0；分子式：$C_4H_2Cl_2N_2$；分子量：149；白色片状结晶；熔点：68℃；常压沸点：244.21℃；密度：1.65g/cm^3；酸度系数 pK_a：−1.18±0.10；极易溶于丙酮和氯仿，微溶于水和乙醚，在冰箱内保存。合成反应式如下：

HO–(pyridazine)–OH —$POCl_3$→ Cl–(pyridazine)–Cl

在装有搅拌器、温度计和回流冷凝管（上边连接氢氧化钠干燥管）的 500mL 三口瓶中。加入 61g（0.5mol）马来酰肼和 200mL 新蒸三氯氧磷，搅拌，在水浴上加热到内温 70℃（温度不宜更高，否则会形成黑色黏稠物），快速放出氯化氢气体停止后，再继续反应 1h，总计反应 3h 左右。减压蒸出过量三氯氧磷，浆状剩余物倒入烧杯中，冷却至−10℃。将反应物与 2mol/L 氨水和碎冰一起充分研磨，pH 保持在 8～11，温度控制在 0℃以下。滤除固体，用 1mol/L 氢氧化钠水溶液快速研磨后，用蒸馏水洗至 pH 为 7，空气干燥，得到 3,6-二氯哒嗪粗产品 45g（收率 60%），用石油醚（30～60℃）处理，得到 3,6-二氯哒嗪白色针状结晶纯品 28.6g，收率 38.1%，熔点 68～69℃（文献值：68～69℃）。

【参考文献】

[1] Coad P，Coad R A，Clough S，et al. Nucleophilic nbstitution at the pyridazine ring carbons. Ⅰ. Synthesis of Iodopyridazines [J]. Journal Organic Chemistry，1963，28，218-220.

氨基吡嗪

【基本信息】 英文名：aminopyrazine；CAS 号：5049-61-6；分子式：$C_4H_5N_3$；分子量：95；白色或浅黄色晶体；熔点：118～120℃；沸点：167.6℃；密度：1.103g/cm^3；酸度系数 pK_a：3.22；可溶于水。合成反应式如下：

2-氯吡嗪 (CAS号: 14508-49-7) —28%氨水, 200℃/20h→ 氨基吡嗪 (CAS号: 5049-61-6)

【合成方法】

氯吡嗪 0.5g（M=114.5，4.4mmol）和 28%浓氨水 25mL（0.65mol）在密封管中加热到 200℃，反应 20h，生成清亮溶液，冷却，加入 5g 氢氧化钠，搅拌，用乙醚萃取，干燥，蒸出乙醚至干，得到氨基吡嗪 0.33g（3.5mmol），收率 80%，熔点 118～120℃，与已知样混合，熔点未降低。

【参考文献】

[1] Erickson A E，Spoerri P E. Syntheses in the pyrazine series. the preparation and properties of the pyrazyl halides [J]. Journal of the American Chemical Society，1946，68（3）：400-402.

2,3,5,6-四氨基吡嗪

【基本信息】 英文名：2,3,5,6-tetraamonopyrazine；分子式：$C_4H_8N_6$；分子量：140；蓝绿色针状晶体。本品用于制备太阳能光电板和超级电容器、发光材料或器件、自保持薄膜、耐温材料及荧光染料等。合成反应式如下：

【合成方法】

1. 2,6-二氨基吡嗪-1-氧化物（3）的合成：在装有搅拌器、温度计、滴液漏斗的500mL三口瓶中，依次加入300mL无水乙醇、15g（0.1209mol）化合物**2**，搅拌溶解。冰水浴冷却至5℃，缓慢加入9g（0.1295mol）盐酸羟胺，滴加40mL三乙胺，控温在5～10℃。滴毕，在5℃反应1h，25℃反应3h。抽滤，用少量甲醇洗涤滤饼，真空干燥，得到白色固体**3** 9.2 g。收率60.3%，对$M(C_4H_6N_4O)=126$的RSI：$m/z=127.14$ $[M+H]^+$（计算值：127.05）。

2. 2,6-二氨3,5-二硝基吡嗪-1-氧化物（4）的合成：在装有搅拌器、温度计、滴液漏斗的250mL四口瓶中，加入80mL发烟硫酸，搅拌，缓慢加入10g（0.0793mol）化合物**3**，冰水浴冷却至5℃以下，搅拌30min，缓慢加入20g硝酸钾，在15℃以下反应1h，25℃反应5h。搅拌下，将反应液缓慢倒入250mL冰水中，冷却至室温。抽滤，用10%碳酸氢钠水溶液洗至中性，水洗，真空干燥，得到亮黄色固体（**4**）10.8g，收率63%，对$M(C_4H_4N_6O_5)=216$的RSI：$m/z=214.98$ $[M-H]^-$（计算值：215.02）。

3. 2,3,5,6-四氨基吡嗪（TAPA）的合成：在装有磁子搅拌的250mL高压釜中，依次加入5g（0.02315mol）化合物**4**、0.33g Pd/C催化剂、50mL甲醇、50mL蒸馏水，搅拌均匀，密封系统抽真空（0.2MPa/次），氮气置换釜内空气5次，检漏，用氢气置换氮气2次，控制氢气压力为0.8～1.2MPa，釜内温度为55℃，搅拌，反应至釜内压力不再变化，约需5h。在氮气保护下，将反应液倒入盛有250mL沸水的三口瓶中，回流搅拌15min，趁热过滤，滤液静置冷却析晶，过滤，真空干燥，得到蓝绿色针状晶体（TAPA）2.7g，收率84%。对$M(C_4H_8N_6)=140$的RSI：$m/z=199.06$ $[M+2H_2O+Na]^+$（计算值：199.09）。2,3,5,6-四氨基吡嗪（TAPA）总收率26.8%。

在氮气保护下，将其溶于浓盐酸和THF的混合液，搅拌30min，静置析晶，过滤，真空干燥，得到2,3,5,6-四氨基吡嗪（TAPA）的盐酸盐，以便保存。

【参考文献】

[1] 陈龙，杜杨. 2,3,5,6-四氨基吡嗪的合成 [J]. 精细化工，2018，35（6）：1068-1071，1080.

2-氨基-3,5-二溴吡嗪

【基本信息】 英文名：2-amono-3,5-dibromopyrazine；CAS号：24241-18-7；分子

式：$C_4H_3Br_2N_3$；分子量：253。白色或淡黄白色晶体；熔点：114～117℃；沸点：294.6℃/101325Pa；闪点：131.9℃；密度：2.287g/cm^3。合成反应式如下：

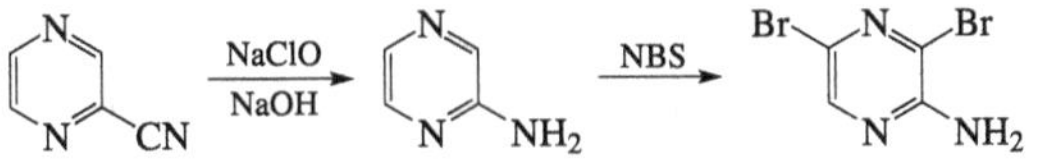

【合成方法】

1. 2-氨基吡嗪的合成：在装有搅拌器和温度计的500mL三口瓶中，加入水30mL、氢氧化钠30g（0.75mol），搅拌溶解，再加入次氯酸钠200mL。冷却至10℃，慢慢滴加2-氰基吡嗪20g（M=105，0.1905mol）。滴毕，搅拌反应1h后，升温至50℃，在50～60℃反应4h。用HPLC监测反应至完成，冷却至室温，用二氯甲烷200mL×5萃取，用无水硫酸钠干燥，过滤，在40℃减压浓缩，得到白色固体产品2-氨基吡嗪16.5g（M=95，0.1737mol），收率91.2%，含量99.3%。

2. 2-氨基-3,5-二溴吡嗪的合成：在装有搅拌器和温度计的250mL三口瓶中，加入DMSO 200mL、水5mL、2-氨基吡嗪5g（0.052mol），搅拌溶解，在冰盐水浴中冷却至5℃，分批加入N-溴代丁二酰亚胺（NBS）22g（M=178，0.123mol），约2h加完。室温搅拌反应12h。用HPLC监测反应至完成，将反应液倒入500mL冰水中。用乙酸乙酯200mL×3萃取，合并有机相，依次用5%碳酸钠300mL和水300mL各洗涤1次。用无水硫酸钠干燥，过滤，在50℃减压浓缩，得到黄色固体。用200mL无水乙醇重结晶，得到浅黄色针状结晶2-氨基-3,5-二溴吡嗪11g（0.0435mol），收率83.6%，含量99.1%。

【参考文献】

[1] 郑国祥，邓斌. 3,5-二溴-2-氨基吡嗪的合成［J］. 浙江化工，2013，44（11）：24，42.

2-溴吡嗪

【基本信息】英文名：2-bromopyrazine；CAS号：56423-63-3；分子式：$C_4H_3BrN_2$；分子量：159；无色油状液体；沸点：183℃，61℃/1.33kPa；闪点：92℃；密度：1.757g/cm^3。不溶于水，溶于乙醇、丙酮、乙醚、石油醚、苯和氯仿。本品用于合成2-甲氧基苯基吡嗪、二溴吡嗪等化合物。

【合成方法】

一、文献［1］中的方法（以2-氯吡嗪为原料）

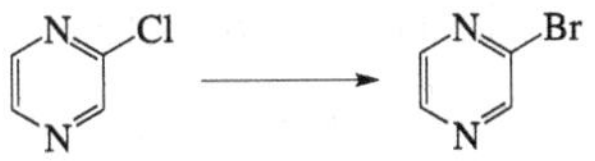

(CAS号: 14508-49-7)　(CAS号: 56423-63-3)

将2-氯吡嗪5.7g（50mmol）、三甲基溴硅烷15g（0.1mol）和丙腈50mL搅拌混合，加热回流50h。倒入含有50g冰的50mL 2mol/L氢氧化钠水溶液中。用乙醚50mL×3萃取，合并有机相，依次用50mL×3水和50mL盐水洗涤，干燥，蒸出溶剂，将所得无水油状物进行精馏，收集59～61℃/1.33kPa馏分，得到2-溴吡嗪2.4g（15.19mmol），收率30.4%。

二、文献［3］中的方法（以羟基吡嗪为原料）

将 20mL（0.203mol）PBr_3 和 40mL（0.36mol）$POBr_3$ 混合物加热到 50℃，搅拌下加入 19.2g（0.2mol）的羟基吡嗪，在此温度（50℃）下搅拌 10min。该糊状反应混合物冷却到 25℃时，慢慢倒入含有 750g 冰的 200mL 乙醚中。用 28%的氨水碱化该水解混合物后，用 10g Super-Cel 助滤剂进行过滤。静置分层，分出有机相，水层用 100mL 的乙醚萃取，合并乙醚液。用无水硫酸镁干燥后，通过一根 15in（1in=2.54cm）的柱子进行浓缩，剩余物用 12in 的 Vigreux 柱子进行两次分馏纯化，得到溴吡嗪 18.44g（0.1167mol），收率 58%。

【参考文献】

［1］ Schlosser M，Cottet F. Silyl-mediated halogen/halogen displacement in pyridines and other heterocycles［J］. European Journal of Organic Chemistry，2002，2002（24）：4181-4184.

［2］ Erickson A E，Spoerri P E. Syntheses in the pyrazine series. The preparation and properties of the pyrazyl halides［J］. Journal of the American Chemical Society，1946，68（3）：400-402.

［3］ Karmas G，Spoerri P E. 2-Bromopyrazines，2-cyanopyrazines and their derivatives［J］. Journal of the American Chemical Society，1956，78（10）：2141-2144.

2-氯吡嗪

【基本信息】 英文名：2-chloropyrazine；CAS：14508-49-7；分子式：$C_4H_3ClN_2$；分子量：114.53；无水油状液体，具有苦杏仁味；沸点：155.3℃；密度：1.283g/cm^3；不溶于水、稀酸，易溶于乙醇、乙醚、石油醚、苯、丙酮和氯仿等有机溶剂。在 150℃的氢氧化钠水溶液中水解成羟基吡嗪。有温和刺激气味，室温具有较高的蒸气压。本品是一种有机合成中间体。合成反应式如下：

$$\text{2-羟基吡嗪 (N, OH)} \xrightarrow[\text{90~95℃/40min}]{POCl_3/PCl_5} \text{2-氯吡嗪 (N, Cl)}$$

【合成方法】

在装有机械搅拌和回流冷凝管的 500mL 三口瓶中，加入 19.2g（0.2mol）羟基吡嗪和 120mL 三氯氧磷，搅拌使其悬浮。搅拌下，加入 43.7g（0.22mol）五氯化磷，该混合物加热到 90℃，并在 90～95℃维持 40min。固体逐渐溶解时，强烈放出氯化氢。反应混合物在冰浴上冷却，随着搅动慢慢加入 800g 碎冰，搅拌直到所有三氯氧磷完全水解。用氯仿提取该酸性溶液，用无水硫酸钠干燥。减压（6.67kPa）下蒸出氯仿，剩余油状物用 15mL 玻璃螺旋短柱蒸出。收集 62～63℃/4.13kPa 馏分，得到氯吡嗪 13.2g，收率 58%。文献［2］中用吡嗪醇的钠盐和 $POCl_3$ 反应收率很高：192g $POCl_3$ 和 1.8g 98%硫酸加热到 60～70℃，分批加入 125g 吡嗪醇钠（含 6%氯化钠，水<1%），混合物加热到 100～105℃，反应 2h，冷却至 30～40℃，加入含冰的 30%氢氧化钠，共沸蒸馏，得到 105g 氯吡嗪，纯度 98%，收率 90%。

【参考文献】

［1］ Erickson A E，Spoerri P E. Syntheses in the pyrazine series. The preparation and properties of the pyrazyl halides [J]. Journal of the Americon Chemical Society, 1946, 68 (3): 400-402.

[2] Jones C E. Watch regukator: US365688 [P]. 1887-06-28.

6-氟-3-羟基-2-吡嗪酰胺

【基本信息】 英文名：6-fluoro-3-hydroxypyrazine-2-carboxamide；CAS 号：259793-96-9；分子式：$C_5H_4FN_3O_2$；分子量：157；密度：1.78g/cm^3；酸度系数 pK_a：8.77。可用于治疗流感病毒感染性疾病。合成反应式如下：

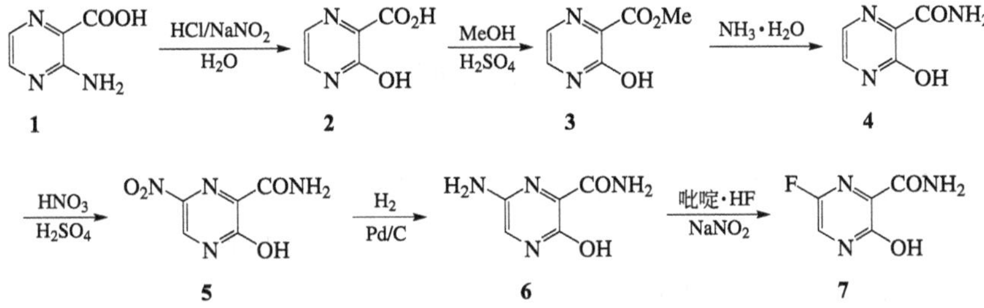

【合成方法】

1. 3-羟基-2-吡嗪甲酸（2）的合成： 在装有搅拌器、温度计和氮气导管的 500mL 三口瓶中，在氮气保护下，加入 14g（$M=139$，100.72mmol）2-氨基-3-吡嗪甲酸和 300mL 1mol/L 盐酸，搅拌溶解，加入 8.3g（$M=69$，120.3mmol）亚硝酸钠，冰水浴冷却搅拌 3h，TLC 监测反应至完全。搅拌下，将反应液倒入 5 倍体积的水中，析出固体，过滤，滤饼常温真空干燥，得到 2-羟基-3-吡嗪甲酸 12.7g（$M=139$，91.37mmol），收率 90.7%。

2. 3-羟基-2-吡嗪甲酸甲酯（3）的合成： 在装有搅拌器、温度计和氮气导管的 500mL 三口瓶中，在氮气保护下，加入 12.7g（91.37mmol）2-羟基-3-吡嗪甲酸和 150mL 无水甲醇，搅拌溶解。滴加入 15mL 浓硫酸，在 40℃搅拌反应 5h，TLC 监测反应至完全。加入反应液 5 倍体积的水和 3 倍体积的乙酸乙酯，搅拌 5min，分出有机相，用饱和食盐水洗涤，用无水硫酸钠干燥，旋蒸出溶剂，得到 2-羟基-3-吡嗪甲酸甲酯 12.8g（$M=154$，83.1mmol），收率 91%。

3. 3-羟基-2-吡嗪酰胺（4）的合成： 在装有搅拌器、温度计的 250mL 三口瓶中，加入 12.8g（83.1mmol）2-羟基-3-吡嗪甲酸甲酯和 50mL 甲醇，搅拌溶解，加入 100mL 氨水，室温搅拌反应 3h，TLC 监测反应至完全。过滤，干燥，得到 2-羟基-3-吡嗪酰胺 11.3g（$M=139$，81.3mmol），收率 97.8%。

4. 3-羟基-6-硝基-2-吡嗪酰胺（5）的合成： 在装有搅拌器、温度计的 250mL 三口瓶中，加入 2-羟基-3-吡嗪酰胺 11.3g（81.3mmol）和浓硫酸 100mL，搅拌溶解，冷却至 −5℃，加入 50mL 发烟硝酸，剧烈搅拌 1h。将反应液倒入 400mL 冰水中，搅拌 10min，用乙酸乙酯萃取 3 次，合并有机相，用饱和食盐水洗涤，用无水硫酸钠干燥，减压蒸出溶剂，得到化合物 **5** 11.3g（$M=184$，61.4mmol），收率 75.8%。

5. 6-氨基-3-羟基-2-吡嗪酰胺（6）的合成： 在装有搅拌器、温度计的 250mL 三口瓶中，加入 2-羟基-5-硝基-3-吡嗪酰胺 11.3g（61.4mmol）和 300mL 乙酸，搅拌溶解。加入 3g 5%Pd/C，通入氢气置换瓶内空气，在 10℃搅拌反应 3h。过滤，滤液旋蒸至干，用乙酸乙酯重结晶，得到化合物 **6** 6.1g（M=154，39.6mmol），收率 64.5%。

6. 6-氟-3-羟基-2-吡嗪酰胺（7）的合成： 在装有搅拌器、温度计的 250mL 三口瓶中，加入 5-氨基-2-羟基-3-吡嗪酰胺（**6**）6.1g（39.6mmol）和 120mL 吡啶氢氟酸盐，搅拌溶解，冷却至－20℃，加入 3.3g（47.9mmol）亚硝酸钠，搅拌 1h。搅拌下将反应液倒入 400mL 冰水中，用乙酸乙酯萃取 3 次，合并有机相，用饱和食盐水洗涤，用无水硫酸钠干燥，旋蒸出溶剂，得到 4.3g，收率 70%。

【参考文献】

［1］郑家晴，张涛，冯波，等. 6-氟-3-羟基-2-吡嗪酰胺的制备方法：CN102775358A［P］. 2012-11-14.

羟基吡嗪

【基本信息】 英文名：2-hydroxypyrazine；CAS 号：6270-63-9；分子式：$C_4H_4N_2O$；分子量：96；晶体；熔点：185～186℃；密度：1.28g/cm^3；酸度系数 pK_a：11.69。本品可用作磺胺类药物中间体。合成反应式如下：

$$H_2NCH_2CONH_2 + OHCCHO \longrightarrow \text{2-hydroxypyrazine (N, OH, N)}$$

【合成方法】

在装有搅拌器、温度计、滴液漏斗的 250mL 三口瓶中，加入 50mL 甲醇和 12mL 12.5mol/L 氢氧化钠水溶液，搅拌，冷却至－20℃，加入 7.4g（0.1mol）甘氨酰胺与 20mL 甲醇的溶液。再缓慢滴加 30g（0.15mol）30%乙二醛水溶液，滴加过程维持在－10℃以下。室温放置 2h，加入 15mL 乙酸，在水浴上减压蒸干，剩余物用丙酮萃取。蒸出丙酮，得到 8.1g 羟基吡嗪粗品，收率 84%，熔点 140～150℃。该化合物提纯困难，用大量活性炭和绝对乙醇重结晶 3 次，得到纯羟基吡嗪 4.6g，收率 48%，熔点 187～189℃，与已知样混合，熔点不变。

【参考文献】

［1］Jones R G . Pyrazines and related compounds；a new synthesis of hydroxypyrazines［J］. Journal of the American Chemical Society，1949，71（1）：78-81.

［2］Weijlard J，Tishler M，Erickson A E . Some new aminopyrazines and their sulfanilamide derivatives［J］. Journal of the American Chemical Society，1945，67（5）：802-806.

2-乙氧基吡嗪

【基本信息】 英文名：2-ethoxypyrazine；CAS 号：38028-67-0；分子式：$C_6H_8N_2O$；分子量：124.14；无色油状物，具有明显的醚味或像酯的味道；沸点：92℃/12.0kPa；密度：1.07g/cm^3；不溶于水和稀碱，但溶于烯酸、乙醇、乙醚、苯、石油醚和氯仿。本品用作日用、食用香精及医药中间体。合成反应式如下：

$$\text{2-氯吡嗪} \xrightarrow{EtONa} \text{2-乙氧基吡嗪} + NaCl$$

【合成方法】

将 1.6g（0.07mole）金属钠溶于 32mL 绝对乙醇中，制备成乙醇钠溶液。将含有 4g（0.035mol）氯吡嗪 8mL 绝对乙醇的溶液加入到乙醇钠溶液中，立即产生氯化钠沉淀。将溶液煮沸，回流 1h，然后减压蒸馏，除去大部分乙醇。余下的油状物用 25mL 水处理，用乙醚萃取，用无水硫酸钠干燥乙醚液，蒸出溶剂。所得粗产品，通过一个装有玻璃螺旋填料的短蒸馏柱进行分馏，收集 72～73℃/4.0kPa 的馏分，得到 2-乙氧基吡嗪 2.45g，收率 56%。

【参考文献】

[1] Erickson A E，Spoerri P E. Syntheses in the pyrazine series. The preparation and properties of the pyrazyl halides [J]. Journal of the American Chemical Society，1946，68（3）：400-402.

氰基吡嗪

【基本信息】 英文名：pyrazinecarbonitrile；CAS 号：19847-12-2；分子式：$C_5H_3N_3$；分子量：105；浅绿色透明液体；熔点：20℃；沸点：199℃；密度：1.174g/cm^3；闪点：96℃。本品可用作合成抗结核药物吡嗪酰胺的原料。合成反应式如下：

$$\text{2-溴吡嗪} \xrightarrow{CuCN/吡啶} \text{氰基吡嗪}$$

(CAS号: 56423-63-3)　　(CAS号: 19847-12-2)

【合成方法】

在装有搅拌器、温度计、回流冷凝管的三口瓶中，加入溴吡嗪 14g（0.088mol）、氰化亚铜 14g（0.157mol）和 40mL 无水吡啶，搅拌，加热回流反应 3h。冷却至室温，搅拌下，倒入冰冷的 300mL 6mol/L 盐酸中。加入 150mL 乙醚，搅拌 10min，加入 1L 冷水稀释，滤除棕色固体，用 150mL 乙醚洗涤。分出滤液的水层，用乙醚 100mL×3 萃取，合并乙醚液，用无水硫酸镁干燥，用 15in 柱子浓缩，用半微量 Vigreux 柱精馏，得到氰基吡嗪 2.7g（0.0257mol），收率 29.2%，沸点 116～117℃/101325Pa。

备注：文献 [2] 将甲基吡嗪进行氨氧化制备氰基吡嗪，原料易得，适于工业生产。

【参考文献】

[1] Karmas G，Spoerri P E . 2-Bromopyrazines，2-cyanopyrazines and their derivatives [J]. Journal of the American Chemical Society，1956，78（10）：2141-2144.

[2] 洪春. 2-氰基吡嗪的合成 [D]. 杭州：浙江大学，2006.

2,3,5,6-四甲基吡嗪

【基本信息】 俗名：川芎嗪；英文名：tetramethylpyrazine；CAS 号：1124-11-4；分子式：$C_8H_{12}N_2$；分子量：136；熔点：77～80℃；沸点：190℃；酸度系数 pK_a：3.2；溶

于热水、氯仿、稀盐酸，微溶于乙醚。本品是存在于伞形科植物川芎中的生物碱，用作食品香精和甜味增强剂以及扩张小动脉改善血循环的药物，是速效救心丸的主要成分。合成反应式如下：

$$2MeC(=O)-CHOHMe \xrightarrow{(NH_4)_2HPO_4} \text{2,3,5,6-四甲基吡嗪}$$

【合成方法】

在装有搅拌器的1L三口瓶中，加入200mL水、1g 3-羟基-2-丁酮和1g磷酸氢二铵，搅拌，室温静置24h，过滤，洗涤，干燥，得到2,3,5,6-四甲基吡嗪，收率50.6%，熔点78.2～79.1℃，ESI-MS：$m/z=137$ [M－H]⁻。

【参考文献】

[1] 赵伟，刘春波，王昆淼，等. 一种2,3,5,6-四甲基吡嗪的简便合成方法研究 [J]. 香料香精化妆品，2013（5）：17-18.

盐酸多奈哌齐

【基本信息】 俗名：盐酸多奈哌齐（donepezil · HCl）；化学名：1-苄基-4-[(5,6-二甲氧基-1-茚酮)-2-亚甲基]-哌啶盐酸盐；英文名：1-benzyl-4-[(5,6-dimethoxy-1-indanon)-2-yl] menthyl pyridine hydrochloride；CAS号：120011-70-3；分子式：$C_{24}H_{29}NO_3 \cdot HCl$；分子量：379＋36.5＝415.5；白色结晶；熔点：211～212℃；易溶于氯仿，溶于水和冰醋酸，微溶于乙醇和乙腈，几乎不溶于乙酸乙酯和正己烷。本品是美国食品药品监督管理局（FDA）批准用于治疗阿尔茨海默病的药物，适于轻中度阿尔茨海默病的治疗。

【合成方法】

1. 5,6-二甲氧基-2-(4-吡啶基)-亚甲基-1-茚酮的合成（Aldol 缩合反应）：

$$\text{5,6-二甲氧基-1-茚酮} + \text{4-吡啶甲醛 (CHO)} \xrightarrow{\text{对甲苯磺酸}} \text{5,6-二甲氧基-2-(4-吡啶基)-亚甲基-1-茚酮}$$

在装有搅拌器、温度计的250mL三口瓶中，加入甲苯130mL、5,6-二甲氧基-1-茚酮10g（0.05mol）、对甲苯磺酸13.8g（0.07mol）、4-吡啶甲醛7.8g（0.07mol），搅拌，升温至95～100℃，反应6h。冷却至30℃，抽滤，所得棕色固体加入到125mL 10%碳酸钠水溶液中，搅拌45min。抽滤，用蒸馏水17mL×3洗涤滤饼，80℃干燥，得到黄色固体5,6-二甲氧基-2-(4-吡啶基)-亚甲基-1-茚酮13.7g（0.049mol），收率95.2%，熔点208～210℃。

2. 1-苄基-4-(5,6-二甲氧基-1-茚酮-2-亚甲基)-吡啶的合成：

$$\text{5,6-二甲氧基-2-(4-吡啶基)-亚甲基-1-茚酮} \xrightarrow{PhCH_2Br} \text{吡啶鎓盐 } (N^+\text{-}CH_2Ph,\ Br^-)$$

在装有搅拌器、温度计和滴液漏斗的250mL三口瓶中，加入125mL乙腈、5,6-二甲氧基-2-(4-吡啶基)-亚甲基-1-茚酮2.5g（9mmol），搅拌加热溶解。反应液沸腾时，滴加溴苄1.4mL（12mmol），在85℃回流反应1h。反应结束，冷却至室温，抽滤，干燥，得到黄色絮状产物 1-苄基-4-(5,6-二甲氧基-1-茚酮-2-亚甲基)-吡啶 3.2g（8.35mmol），收率 92.8%，熔点 238～240℃。

3. 盐酸多奈哌齐的合成：

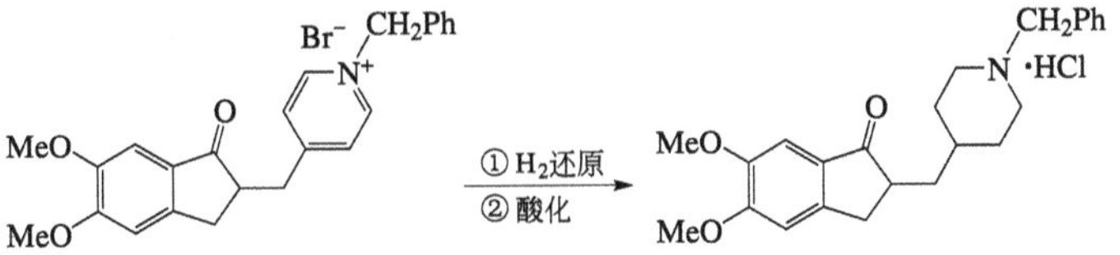

在装有搅拌器和氢气导管的 250mL 反应瓶中，加入 1-苄基-4-(5,6-二甲氧基-1-茚酮-2-亚甲基)-吡啶 10g、二氧化铂 1g 和甲醇 50mL，搅拌悬浮，在常温常压下通入氢气，反应 24h。滤除催化剂，滤液减压蒸出溶剂，剩余物用 5%碳酸氢钠水溶液洗涤，用二氯甲烷 100mL×3 萃取，干燥，滤液蒸出溶剂。剩余物加入乙醇 50mL 和浓盐酸 4g，搅拌，加热溶解，滤液蒸干。剩余物用 2∶1 乙醇-乙醚溶液 45mL 重结晶，过滤，干燥，得到白色晶体盐酸多奈哌齐，收率 86.8%，熔点 211～212℃。

【参考文献】

[1] 虞华. 盐酸多奈哌齐的合成研究 [D]. 南昌：南昌大学，2006.

N,*N'*-双(2,2,6,6-四甲基-4-哌啶基)-1.6-己二胺

【基本信息】 英文名：*N*,*N'*-bis-(2,2,6,6-tetramethyl-4-piperidine) hexamethylenediamine；CAS 号：61620-55-7；分子式：$C_{24}H_{50}N_4$；分子量：394；白色固体。哌啶类衍生物是一类受阻胺光稳定剂，能延长材料的使用寿命。是制备受阻胺型光稳定剂 Chimassorb944 的关键中间体。合成反应式如下：

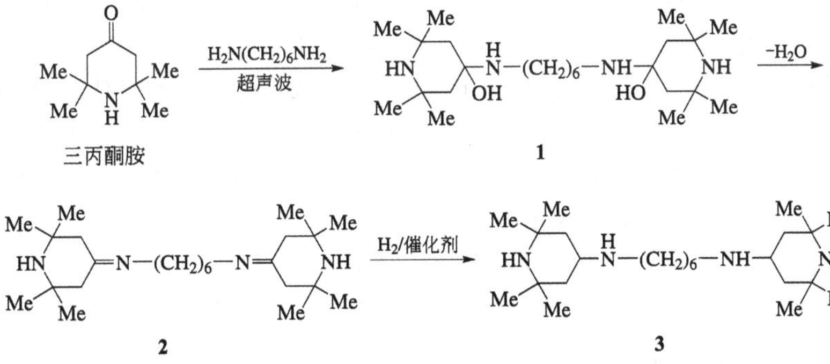

【合成方法】

1. 催化剂的制备： 在 30mL 锥形瓶中，加入含镍 0.4g 的 Ni-Al 合金 2g 和 10mL 水，加热至 50℃，快速搅拌下加入 0.4mL 含 0.2g NaOH 的水溶液，搅拌 1～1.5h，反应液渐变成灰色。搅拌下，再加入 6mL 含 0.4g NaOH 的溶液，50℃下搅拌 1h，直至反应液变成白色。用热水 15mL×4 洗涤催化剂，再用乙醇 15mL×3 洗涤，得到 T-4 骨架镍，浸入乙醇备用。

2. 中间体（2）的合成： 在装有搅拌器、温度计的 100mL 三口瓶中，加入纯化的 2,2,6,6-四甲基-4-哌啶酮（俗称三丙酮胺）22.5g（*M* = 155，0.145mol）和己二胺 7g（0.06mol），搅拌均匀，在 20～25℃，用超声波辐射 0.5h。之后，在 50～60℃/1.3kPa 减压脱水 2h，再在 80℃/133.3Pa 下减压蒸馏，以除去过量三丙酮胺，得到席夫碱 **2**，收

率 75.2%。

3. N，N′-二（2,2,6,6-四甲基-4-哌啶基）-1,6-己二胺（3）的合成：将上述得到的席夫碱 **2**、0.1g T-4 骨架镍加入到高压釜内，通入氢气至 1.9～2.0MPa，在 69℃反应 5h。反应结束，用热乙醇溶解产物，过滤，回收催化剂。母液旋蒸出溶剂，减压蒸馏，收集 160～162℃/67Pa 馏分，用丙酮重结晶，得到白色晶体 *N*,*N*′-双（2,2,6,6-四甲基-4-哌啶）-1,6-己二胺，收率 76.3%，熔点 60～61℃。

【参考文献】

［1］焦家俊，谭霖. *N*,*N*′-二（2,2,6,6-四甲基-4-哌啶基）-1,6-己二胺合成研究［J］. 功能高分子学报，2005（1）：154-157.

N,*N*′-双(2,2,6,6-四甲基-4-哌啶基)-*N*,*N*′-二醛基己二胺

【基本信息】 英文名：*N*,*N*′-bis（2,2,6,6-tetramethyl-4-piperidyl)-*N*,*N*′-diformylhexamethylenediamine；CAS 号：124172-53-8；分子式：$C_{26}H_{50}N_4O_2$；分子量：450。本品是一种紫外吸收剂、光稳定剂。合成反应式如下：

HN—(piperidyl)—NH—$(CH_2)_6$—NH—(piperidyl)—NH —甲酰胺/酸催化→ HN—(piperidyl)—N(CHO)—$(CH_2)_6$—N(CHO)—(piperidyl)—NH

【合成方法】

一、文献［1］中的方法

1. 固体超强酸催化剂的制备：搅拌下，将浓氨水滴加到 3mol/L 的三氯化铁溶液中，至 pH 为 8～9，过滤，水洗滤饼，在恒温箱中干燥至恒重。在 1mol/L 的硫酸溶液中浸渍 22h，滤出固体，在 600℃马弗炉中煅烧 1.5h，冷却，得到固体超强酸催化剂。

2. N,N′-二甲酰基-N,N′-二（2,2,6,6-四甲基-4-哌啶）-己二胺的合成：将 5kg *N*,*N*′-二（2,2,6,6-四甲基-4-哌啶）-己二胺、2L 二甲苯、1.5kg 甲酰胺和 200g 固体超强酸，加热至 100℃，反应 4h。滤除催化剂，滤液加入 2L 水，快速搅拌下，滴加 2mol/L 的氢氧化钠水溶液至不再有气泡冒出，约消耗氢氧化钠 350g。减压蒸出溶剂，降温，析出白色晶体。离心过滤，冷水洗涤滤饼，真空干燥，得到白色固体粉末 *N*,*N*′-二甲酰基-*N*,*N*′-二（2,2,6,6-四甲基-4-哌啶）-己二胺 5.6kg，收率 98%，纯度 99%。EI-MS：$m/z=450$［M^+］。

二、文献［2］中的方法

在装有搅拌器、温度计和导气管的三口瓶中，在氮气保护下，加入 100g *N*,*N*′-双（2,2,6,6-四甲基-4-哌啶基）-1,6-己二胺、50g 甲酰胺、15g 乙二酸、12.5g 磷酸，搅拌，升温至 140℃，回流反应 5h。以 30mL/min 的速率，在 1min 内加入水，搅拌，骤冷。过滤，水洗，干燥，得到 *N*,*N*′-双（2,2,6,6-四甲基-4-哌啶基）-*N*,*N*′-二醛基己二胺，收率 95%，纯度 99%。

【参考文献】

［1］李世昌，敖晓娟，谭卓华，等. 一种哌啶化合物及其制备工艺：CN105017131A［P］. 2018-01-16.

［2］陆园，郭林丹. N,N'-双（2,2,6,6-四甲基-4-哌啶基）-N,N'-二醛基己二胺的制备方法：CN105622489A［P］. 2016-06-01.

1-(2′-吡啶基)哌嗪

【基本信息】 英文名：1-(2′-pyridyl) piperazine；CAS 号：34803-66-2；分子式：$C_9H_{13}N_3$；分子量：163；透明无色至淡黄色液体；熔点：92～94℃；沸点：120～122℃/266.6Pa（文献值）；闪点：＞110℃；水溶性：＞500g/L(20℃)。合成反应式如下：

（反应式：2-溴吡啶 + 哌嗪 —无水Na_2CO_3，戊醇/回流→ 1-(2′-吡啶基)哌嗪）

【合成方法】

在装有搅拌器、温度计和 Dean-Stark 分水器的三口瓶中，加入 2-溴吡啶 41.8g（M=158，0.265mol）、无水哌嗪 43.7g（M=86，0.508mol）、无水碳酸钠 28g（0.26mol）和戊醇 70mL。搅拌，加热回流 8h，冷却至室温，滤除不溶物。滤液减压蒸出溶剂和未反应的哌嗪，减压蒸馏，收集 160～162℃/1.6kPa 馏分，得到浅黄色黏稠液体产品 1-(2′-吡啶基）哌嗪 26.1g（0.16mol），收率 60.5％，纯度 97.7％。

【参考文献】

［1］孙楠，孙雅泉，杨忠愚，等. 1-(2-吡啶基）哌嗪的合成［J］. 中国医药工业杂志，2001，32（3）：133-134.

4-Boc-1-[3′-(*N*-羟基脒基)-2′-吡啶基]哌嗪

【基本信息】 英文名：*tert*-butyl 4-[(3′-*N*-hydroxyamidino) pyridin-2′-yl] piperazine-1-carboxylate；分子式：$C_{14}H_{23}N_5O_3$；分子量：309。合成反应式如下：

（反应式：2-氯-3-氰基吡啶 —哌嗪，EtOH→ **1** —$O(CO_2CMe_3)_2$，Et_3N→ **2** —$H_2NOH{\cdot}HCl$，Et_3N/CH_2Cl_2→ **3**）

【合成方法】

1. 1-(3′-氰基-2′-吡啶）哌嗪（1）的合成：在装有搅拌器的 5L 三口瓶中，加入 200g（M=138.5，1.44mol）2-氯-3-氰基吡啶、3.2L 无水乙醇，搅拌溶解，加入 688g（8.0mol）无水哌嗪，室温搅拌反应 20h。旋蒸出大部分乙醇，加入 3L 水，用二氯甲烷萃取，用无水硫酸钠干燥，蒸出溶剂，剩余固体用无水乙醇重结晶，抽滤，干燥，得到淡黄色粉末 1-(3′-氰基-2′-吡啶）哌嗪（1）（CAS 号：151021-42-0）220g（M=188，1.17mol），收率 81％，熔点 97～98℃。

2. 4-Boc-1-(3′-氰基-2′-吡啶基）哌嗪（2）的合成：在装有搅拌器和滴液漏斗的 5L 三口瓶中，加入 160g（0.851mol）1-(3′-氰基-2-′吡啶）哌嗪和 3L 二氯甲烷，搅拌溶解，再加入 220g（M=218，1.0mol）二碳酸二叔丁酯，搅拌溶解，继续搅拌 0.5h，滴加 232mL 三乙胺，滴毕，反应过夜。水洗两次，用无水硫酸钠干燥。蒸出溶剂，用乙醇/石油醚重结晶，得到产物 4-Boc-1-(3′-氰基-2′-吡啶基) 哌嗪 (**2**) 200g (M=288, 0.6944mol), 收率 81.6%。

备注: ① Boc—为叔丁氧羰基, $Me_3COC(O)$—。

② 二碳酸二叔丁酯分子式为 $O(CO_2CMe_3)_2$。

3. 4-Boc-1-[3′-(*N*-羟基脒基)-2′-吡啶基] 哌嗪 (3) 的合成: 在装有搅拌器和温度计的 500mL 三口瓶中, 加入 26.5g 无水碳酸钠和 75mL 水, 搅拌溶解后, 加入 75.6g (0.2625mol) 4-Boc-1-(3′-氰基-2′-吡啶基) 哌嗪 (2)、18.24g (M=69.5, 0.2624mol) 盐酸羟胺和 300mL 无水乙醇, 搅拌, 加热至约 85℃, 反应 20h。过滤, 减压蒸干, 得到 4-Boc-1-[3′-(*N*-羟基脒基)-2′-吡啶基] 哌嗪 67.4g (0.2181mol), 收率 83.1%。

【参考文献】

[1] 石闯, 姜中兴, 曾艳, 等. 一种 *N*-羟基脒类化合物的制备方法: CN1405154A [P]. 2003-03-26.

1-(4′-甲基-2′-吡啶)哌嗪

【基本信息】 英文名: 1-(4′-methyl-2′-pyridyl) piperazine; CAS 号: 34803-67-3; 分子式: $C_{10}H_{15}N_3$; 分子量: 177; 沸点: 347℃/101325Pa; 闪点: 163.6℃; 密度: 1.059g/cm^3。合成反应式如下:

Me, N, Br + HN NH →(Na_2CO_3, 戊醇) Me, N, N, NH

【合成方法】

将 86.4 份 2-溴-4-甲基吡啶、85 份无水哌嗪、53 份碳酸钠和 120 份戊醇搅拌混合, 加热回流 5h, 并不断除去生成的水。过滤, 用丁醇洗涤滤饼。合并滤液和洗涤液, 真空浓缩。剩下的油状物, 真空精馏, 收集 161～163℃/1.07kPa 馏分, 得到 1-(4′-甲基-2′-吡啶) 哌嗪。

备注: ① 同法, 用 2-溴-5-甲基吡啶和无水哌嗪, 合成 1-(5′-甲基-2′-吡啶) 哌嗪 (CAS 号: 104395-86-0), 分子式为 $C_{10}H_{15}N_3$, 分子量为 177, 熔点为 76.5～78℃, 沸点为 347℃/101325Pa。

② 同法, 用 2-溴-3-甲基吡啶和无水哌嗪可以合成 1-(3′-甲基-2′-吡啶) 哌嗪, CAS 号为 111960-11-3, 分子式为 $C_{10}H_{15}N_3$, 分子量为 177, 沸点为 83℃/13.3Pa。

【参考文献】

[1] Jan J P A. 1-(Aroylalkyl)-4-(2′-pyridyl) piperazines: US2958694A [P]. 1960-11-01.

1-(6′-甲基-2′-吡啶)哌嗪

【基本信息】 英文名: 1-(6′-methyl-2′-pyridyl) piperazine; CAS 号: 55745-89-6; 分子式: $C_{10}H_{15}N_3$; 分子量: 177; 黏稠无色液体; 沸点: 164～166/2.27kPa。合成反应式如下:

【合成方法】

在装有搅拌器、温度计和回流冷凝管的500mL三口瓶中，加入2-溴-6-甲基吡啶50份、无水哌嗪60份、碳酸钠29份和戊醇80份，搅拌混合。加热回流5h，冷却后，用甲醇稀释，过滤，滤液蒸出溶剂，减压蒸馏，收集164～166/2.27kPa馏分，得到1-(6′-甲基-2′-吡啶)哌嗪。

备注：同法，2-甲基-4-溴吡啶和无水哌嗪反应，制备1-(2′-甲基-4′-吡啶)哌嗪（CAS号：98010-38-9），$M(C_{10}H_{15}N_3)=177$，沸点335.1℃/101325Pa，闪点156.5℃。

【参考文献】

［1］ Jan J P A. 1-(Aroylalkyl)-4-(2′-pyridyl) piperazines: US2958694A ［P］. 1960-11-01.

左羟丙哌嗪

【基本信息】 化学名：(S)-3-(4-苯基-1-哌嗪基)-1,2-丙二醇；英文名：(2S)-3-(4-phenyl-1-piperazinyl)-1,2-propanediol；CAS号：99291-25-5；分子式$C_{13}H_{20}N_2O_2$；分子量：236；白色晶体；熔点：98～100℃；$[\alpha]_D^{20}=-10°$（$c=1$，H_2O）。易溶于醇类、二氯甲烷等有机溶剂，难溶于水。本品是镇咳祛痰药。

【合成方法】

1. 二氯代乙二胺盐酸盐的合成：

$$(HOCH_2CH_2)_2NH+SOCl_2 \xrightarrow{CHCl_3} (ClCH_2CH_2)_2NH \cdot HCl$$

在装有搅拌器和回流冷凝管的150mL三口瓶中，加入32g（0.269mol）氯化亚砜和8mL氯仿，搅拌溶解。冰水浴冷却，在1.5h内缓慢滴加10.5g（0.1mol）二乙醇胺和10mL氯仿的溶液，生成灰白色胶状物。加热至40℃，胶状物溶解消失。升温至50℃，回流反应至析出白色固体。冷却，静置数小时至无氯化亚砜气体放出。用乙酸乙酯洗涤，过滤，干燥，得到白色结晶二氯代乙二胺盐酸盐15.88g，收率89.8%，熔点211～213℃（文献值：215～216℃）。

2. 1-苯基哌嗪的合成：

$$(ClCH_2CH_2)_2NH\cdot HCl \xrightarrow{PhNH_2} Ph-N\langle\rangle NH\cdot HCl \xrightarrow[\text{② AcOEt}]{\text{① NaOH, pH>12}} Ph-N\langle\rangle NH$$

在装有搅拌器和回流冷凝管的250mL三口瓶中，加入二（氯乙基）胺盐酸盐30.5g（0.171mol）、碳酸钾20g（0.19mol）、苯胺16g（0.172mol）和正丁醇120mL，搅拌，加热至135℃回流反应，用TLC（硅胶G-LMC，石油醚：乙酸乙酯=2：1）监测反应至结束。反应结束，冷却过夜，析出白色固体。用95%甲醇重结晶，滤除不溶物盐，滤液减压浓缩，得到白色结晶。将其溶于100mL水，用1mol/L氢氧化钠水溶液调节pH>11，用乙酸乙酯萃取，用去离子水洗至中性。滤液蒸出乙酸乙酯，减压精馏，收集120～128℃/（800～933Pa）馏分，得到淡黄色液体1-苯基哌嗪7.9g，收率64.8%。

3. 左羟丙哌嗪的合成：

$$\text{Ph—N}\langle\ \rangle\text{NH} \xrightarrow[\text{NaOH/EtOH}]{\text{ClCH}_2\text{CH(OH)CH}_2\text{OH}} \text{Ph—N}\langle\ \rangle\text{N—CH}_2\text{CH(OH)CH}_2\text{OH}$$

在装有搅拌器和回流冷凝管的 100mL 三口瓶中，加入 1-苯基哌嗪 20g（0.123mol）、L-3-1,2-丙二醇 13.5g（0.123mol）、氢氧化钠 5g 和 95%乙醇 50mL，搅拌，加热至 60℃反应，用 TLC 监测反应至结束，蒸出乙醇。加入丙酮，搅拌加热溶解，过滤，滤液冷却析晶，用丙酮重结晶，得到白色晶体左羟丙哌嗪 23.5g，收率 81.1%，熔点 98～99℃，$[\alpha]_D^{20}=-11°$（$c=1$，H_2O）。用丙酮重结晶 3 次，产品纯度 99%。

【参考文献】

[1] 阎智勇. 左羟丙哌嗪及羟丙哌嗪衍生物的合成 [D]. 长沙：中南大学，2009.

盐酸氟桂利嗪

【基本信息】 俗名：盐酸氟桂利嗪（flunarizine · dihydrochloride）；化学名：(*E*)-1-[双-(4-氟苯基) 甲基]-4-(2-丙烯基-3-苯基) 哌嗪；英文名：(*E*)-1-[Bis (p-fluorophenyl) methyl]-4-cinnamylpiperazinedihydrochchlorid；CAS 号：30484-77-6；分子式：$C_{26}H_{26}F_2N_2 \cdot 2HCl$；分子量：404+73=477；白色粉末，无臭，无味；熔点：204～210℃；闪点：263℃；略溶于甲醇或乙醇，微溶于氯仿，水中极微溶解，几乎不溶于苯。本品是选择性 Ca^{2+} 拮抗剂，用于治疗脑血供不足、椎动脉缺血、脑血栓形成等；用于耳鸣、脑晕、偏头痛预防；也可用于癫痫辅助治疗。

【合成方法】

1. 肉桂酸基哌嗪的合成：

$$\text{HN}\langle\ \rangle\text{NH}\cdot 6H_2O + \text{ClCH}_2\text{CH=CHPh} \xrightarrow[\text{甲苯}]{\text{KOH}} \text{HN}\langle\ \rangle\text{NCH}_2\text{CH=CHPh}$$

在装有搅拌器、温度计和滴液漏斗的 500mL 三口瓶中，依次加入六水哌嗪 19.4g（0.1mol）、甲苯 30mL、氢氧化钾 5.6g（0.1mol），搅拌，升温至 80～90℃，滴加入肉桂基氯 6.9mL（0.05mol），约需 0.5h 滴加完毕，同温继续反应 3h。用 30mL 水洗涤后，用 9%盐酸 30mL×3 萃取。酸层用 50%氢氧化钠调节 pH 到 13，用甲苯 20mL×3 萃取，用 30mL 水洗，干燥，减压蒸馏，收集 155～170℃/930Pa 馏分，得到浅黄色液体产物肉桂酸基哌嗪 7.3g，收率 72.3%。

2. 4,4′-二氟二苯甲酮的合成（文献 [2] 中的方法）：

（1）对氟苯甲酸的合成：

$$\text{F—C}_6\text{H}_4\text{—Me} + 3/2\,O_2 \xrightarrow[\text{溶剂}]{\text{催化剂}} \text{F—C}_6\text{H}_4\text{—COOH} + H_2O$$

在装有搅拌器、温度计和冷凝管的 100mL 三口瓶中，加入 22g（0.2mol）对氟甲苯、1.32g 钴-锰催化剂和 60mL 冰醋酸，搅拌，加热至 110℃，通过流量计以 0.5L/min 的速度通入氧气，反应 7h。反应结束，冷却结晶，过滤（母液重复使用），水洗滤饼，干燥，得到对氟苯甲酸（CAS 号：456-22-4），收率 92.0%～92.9%，熔点 184℃。

备注：以对氟甲苯为原料，采用电解一步法制备对氟苯甲酸，参见文献 [3]。

（2）对氟苯甲酰氯的合成：

$$\text{F-C}_6\text{H}_4\text{-COOH} \xrightarrow{SOCl_2} \text{F-C}_6\text{H}_4\text{-COCl} + SO_2\uparrow + HCl\uparrow$$

在装有搅拌器、滴液漏斗和冷凝管（上端连接酸气吸收装置，通入氢氧化钠水溶液）的150mL三口瓶中，加入22g（0.2mol）对氟苯甲酸，滴加50g（0.42mol）氯化亚砜，搅拌，加热至回流，反应液由白色变为黄色。反应至无气泡产生。蒸出剩余的氯化亚砜，得到无色产物对氟苯甲酰氯30.1g（0.19mol），收率95%，纯度99.2%。

（3）4,4′-二氟二苯甲酮的合成：

$$\text{PhF} + \text{F-C}_6\text{H}_4\text{-COCl} \xrightarrow[LiCl]{AlCl_3} \text{F-C}_6\text{H}_4\text{-C(=O)-C}_6\text{H}_4\text{-F}$$

在装有搅拌器、滴液漏斗和冷凝管（上端装有氯化钙干燥管，连接氯化氢气吸收装置，通入氢氧化钠水溶液）的150mL三口瓶中，加入17.2g（0.2mol）氟苯和溶剂，迅速加入无水三氯化铝37g（0.28mol）后，搅拌，慢慢滴加31.7g（0.2mol）对氟苯甲酰氯，约0.5h滴加完。反应液由红棕色变为黑色。滴毕，在水浴上温热至35℃，反应0.5h，至不再有氯化氢气体逸出为止，总反应时间为3h。将反应液倒入冰水中，搅拌，分液，用水400mL×3洗涤油层，减压蒸出溶剂。剩余物加入甲醇并用活性炭脱色，滤除活性炭，放置结晶，抽滤，烘干，得到产物4,4′-二氟二苯甲酮41.42g（0.19mol），收率95%，熔点103～105℃，纯度99.5%。放大实验收率提高2%～3%。

3. 4,4′-二氟二苯甲醇的合成：

$$\text{F-C}_6\text{H}_4\text{-C(=O)-C}_6\text{H}_4\text{-F} \xrightarrow{KBH_4} \text{F-C}_6\text{H}_4\text{-CH(OH)-C}_6\text{H}_4\text{-F}$$

在装有搅拌器和温度计的150mL三口瓶中，依次加入95%乙醇44mL、水16.5mL和氢氧化钠0.6g（0.015mol），搅拌，加热至40℃，加入4,4′-二氟二苯甲酮21.8g（0.1mol）和硼氢化钾1.9g（0.035mol），在40～50℃反应1.5h。静置分层，分出水层，醇层倒入5倍体积的水中，析出白色固体产物4,4′-二氟二苯甲醇21g，收率95.5%，熔点44～47℃。

4. 4,4′-二氟二苯基溴甲烷的合成：

$$\text{F-C}_6\text{H}_4\text{-CH(OH)-C}_6\text{H}_4\text{-F} \xrightarrow{45\%HBr} \text{F-C}_6\text{H}_4\text{-CH(Br)-C}_6\text{H}_4\text{-F}$$

在装有搅拌器和温度计的150mL三口瓶中，依次加入4,4′-二氟二苯甲醇11g（0.05mol）、48%溴氢酸30mL，搅拌，升温至90～95℃，反应2h。静置，分出水层，用无水硫酸钠干燥，过滤，得到粗产物4,4′-二氟二苯基溴甲烷13.3g，收率94%。

5. 氟桂利嗪的合成：

$$\text{F-C}_6\text{H}_4\text{-CH(Br)-C}_6\text{H}_4\text{-F} \xrightarrow[HCl]{\text{HN(C}_4\text{H}_8\text{)N-CH}_2\text{CH=CHPh}} (\text{F-C}_6\text{H}_4)_2\text{CH-N(C}_4\text{H}_8\text{)N-CH}_2\text{CH=CHPh} \cdot 2HCl$$

在装有搅拌器和温度计的150mL三口瓶中，依次加入甲苯60mL、肉桂酸基哌嗪10.1g（0.05mol）、粗品4,4′-二氟二苯基溴甲烷18.4g（0.065mol）、氢氧化钾3.7g（0.066mol）和聚乙二醇（PEG-400）1g，搅拌，加热回流4h。滤除固体，甲苯层加入水15mL和浓盐酸15mL，搅拌，析出浅黄色固体，用乙醇重结晶，得到白色针状结晶产物氟桂利嗪20.5g，收率86%，熔点250～251℃。

【参考文献】

[1] 王立升，李敬芬，周天明，等. 氟桂利嗪的合成工艺研究 [J]. 中国医药工业杂志，1997，28（10）：438-440.

[2] 宋夏辉，黄炜，罗少辉，等. 4,4′-二氟二苯甲酮的合成研究 [J]. 江西化工，2006，3（3）：107-110.

[3] 毛震，于成广，张金军，等. 电化学法一步合成邻、间、对氟苯甲酸 [J]. 精细化工，2007，24（6）：584-586，591.

马来酸桂哌齐特

【基本信息】 俗名：马来酸桂哌齐特（cinepazide maleate）；化学名：(*E*)-1-{4-[(3′,4′,5′-三甲氧基肉桂酰基）] 1-1 哌嗪} 乙酰吡咯啶顺丁烯二酸盐；英文名：1-[(1-pyrrolidinylcarbonyl) methyl]-4-(3，4，5-trimethoxycinnamoyl) piperazine maleate；CAS 号：26328-04-1；分子式：$C_{22}H_{31}N_3O_5 \cdot C_4H_4O_4$；分子量：533.58；白色晶体；熔点：171～173℃。本品是钙离子通道阻滞剂，缓解血管痉挛、降低血管压力、增加血流量。

【合成方法】

1. 3,4,5-三甲氧基肉桂酰氯（3）的合成（文献 [1] 和 [2] 中的方法）：

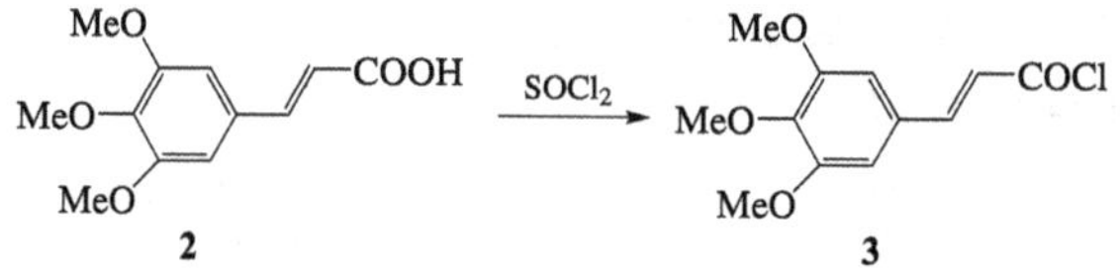

在装有搅拌器、温度计、冷凝管和滴液漏斗干燥的 250mL 四口瓶中，加入 238g（1mol）3,4,5-三甲氧基肉桂酸和二氯甲烷 1.3L，搅拌溶解，滴加入氯化亚砜 110mL（1.5mol）。滴毕，室温搅拌过夜，减压蒸出溶剂。加入 60～90℃ 石油醚 2L，机械搅拌，析出固体，抽滤，干燥，得到黄绿色固体粉末产物 3,4,5-三甲氧基肉桂酰氯（**3**）241.4g（*M*=256.5，0.941mol），收率 94.1%，熔点 118～120℃。将产物 **3** 9.45g 溶于 20mL 二氯甲烷，备用。

2. 1-(3,4,5-三甲氧基肉桂基）哌嗪（4）的合成：

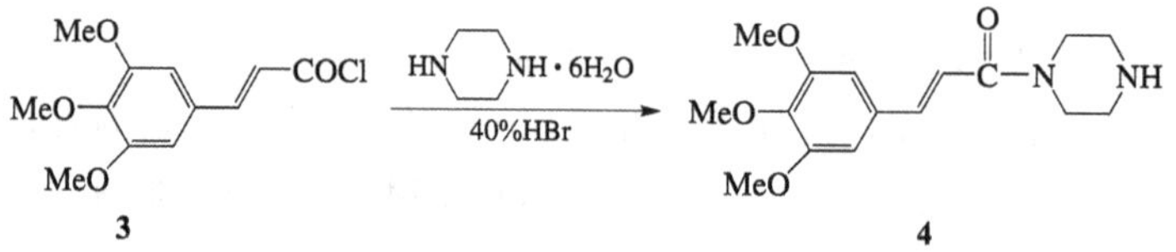

在装有搅拌器、温度计、冷凝管和滴液漏斗的干燥的 250mL 四口瓶中，加入 60mL 乙醇，搅拌，加入六水哌嗪 15.5g（80mmol）和 40% 氢溴酸溶液 16.2g（80mmol），搅拌 30min 后，降温至 0℃ 以下。在 2h 内滴加入上述 **3** 的二氯甲烷溶液，滴毕，室温搅拌反应 2h，加热回流 2h。趁热过滤，滤液减压浓缩近干，降至室温，加入 3mol/L 盐酸 90mL，搅拌 30min，用乙酸乙酯 100mL×2 萃取，水相用 5mol/L 氢氧化钠水溶液调节 pH 到 10～11。用乙酸乙酯 100mL×2 萃取，用无水硫酸钠干燥，浓缩，用乙酸乙酯重结晶，得到白色晶体产物 1-(3,4,5-三甲氧基肉桂基）哌嗪（**4**）7.19g，收率 58.69%，熔点 127～130℃。

3. 氯乙酰吡咯的合成（文献［2］中的方法）：

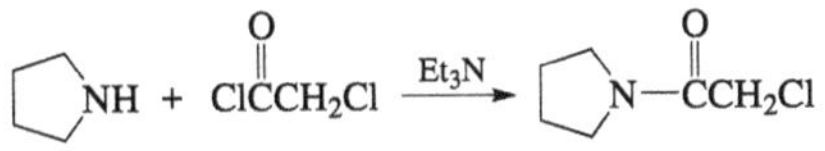

在装有搅拌器、温度计、滴液漏斗和回流冷凝管的2L四口瓶中，加入氯乙酰氯130mL（1.65mol）、二氯乙烷800mL，搅拌溶解，冷却至0℃，缓慢滴加四氢吡咯125mL（1.5mol）、三乙胺215mL（1.65mol）和二氯乙烷100mL的溶液。滴加温度不得超过0℃，滴毕，继续保温反应0.5h，加热回流2h。依次用水、饱和食盐水洗涤反应液，干燥，减压蒸出溶剂，剩余物冷却至室温固化，得到氯乙酰吡咯155g，收率70.3%，纯度98%，熔点43～45℃。

4. 桂哌齐特（5）的合成：

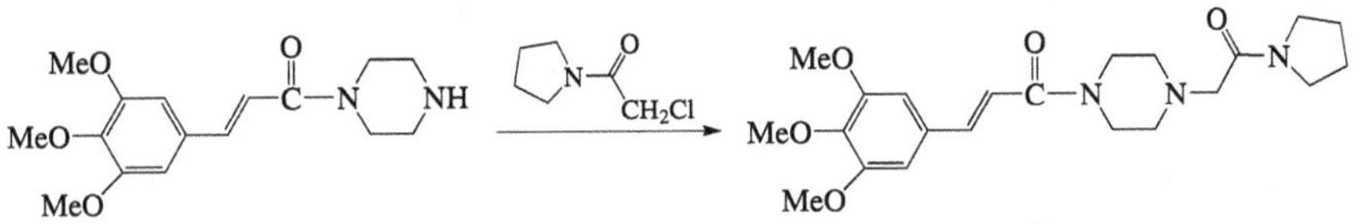

在装有搅拌器、温度计和滴液漏斗的干燥的250mL四口瓶中，依次加入20mL乙酸乙酯、3.06g（10mmol）中间体**4**、1.47g（10mmol）氯乙酰吡咯、2.2g（20mmol）碳酸钠，加热回流3h。浓缩近干，加入40mL二氯乙烷，搅拌溶解。用水30mL×2洗涤，干燥，浓缩，剩余物**5**加入45mL乙醇溶解。文献［2］得到白色结晶纯品，收率75%，熔点136～138℃。

5. 桂哌齐特马来酸盐（1）的合成：

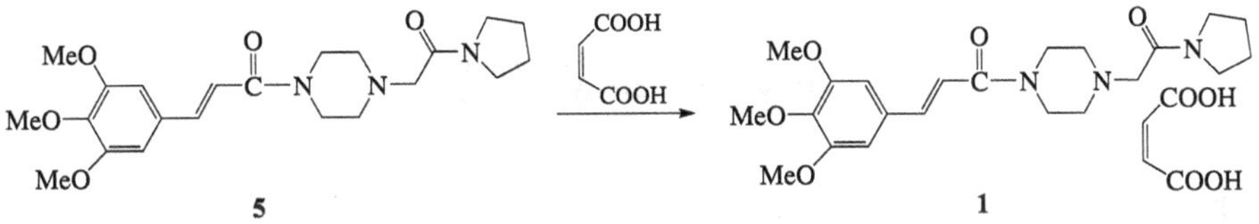

向上述化合物**5**的乙醇溶液中，慢慢加入含1.1g（10mmol）马来酸的5mL乙醇溶液，加毕，继续搅拌1h。析出大量白色沉淀，静置6h，过滤，滤饼在50℃真空干燥，得到产品**1** 4.71g，收率88.3%。将4g粗品用无水乙醇重结晶，得到桂哌齐特马来酸盐（**1**）精品3.68g，收率90%，熔点172～173℃。

【参考文献】

［1］付德才，刘畅，康钰，等. 马来酸桂哌齐特的新合成方法［J］. 中国药物化学杂志，2010，20（3）：190-191，194.

［2］刘文涛，郑德强，李帅，等. 马来酸桂哌齐特的合成工艺改进［J］. 食品与药品，2012，14（1）：35-37.

2-氨基嘧啶

【基本信息】 英文名：2-aminopyrimidine；CAS：109-12-6；无色针状晶体；熔点：127～128℃；闪点：103℃；沸点：158 ℃/18.6kPa；易溶于水，较难溶于乙醚、苯，易升华。储存条件：−20℃。本品可用作医药中间体、生化试剂。合成反应式如下：

$$H_2NC(=NH)NH\cdot HCl \xrightarrow[EtONa]{EtO_2CCH_2CO_2Et} \text{4,6-二羟基-2-氨基嘧啶} \xrightarrow{POCl_3} \text{4,6-二氯-2-氨基嘧啶} \xrightarrow[NaOH]{Zn/Zn(OH)_2} \text{2-氨基嘧啶}$$

【合成方法】

1. 4,6-二羟基-2-氨基嘧啶的合成： 在装有搅拌器、回流冷凝管的500mL四口瓶中，加入200mL乙醇钠溶液（1.3mol/L）、28.8g（30.3mL，0.18mol）丙二酸二乙酯和21.1g（0.2mol）盐酸胍，搅拌，加热回流4h，冷却，过滤。所得固体产品用5%乙酸酸化，过滤，水洗，干燥，得到4,6-二羟基-2-氨基嘧啶（CAS号：56-09-7）。

2. 4,6-二氯-2-氨基嘧啶的合成： 在装有搅拌器、回流冷凝管和250mL滴液漏斗的500mL四口瓶中，加入上述产品4,6-二羟基-2-氨基嘧啶、适量二氯甲烷和三乙胺，加热回流。慢慢滴加三氯氧磷31.0g（0.2mol），滴毕，继续回流2h。减压蒸出溶剂，加入150mL水，用10%氢氧化钠水溶液调节pH至8，过滤，水洗至中性，过滤，干燥，得到4,6-二氯-2-氨基嘧啶。

3. 2-氨基嘧啶的合成： 将4,6-二氯-2-氨基嘧啶、锌粉2.6g（0.04mol）、异丙醇80mL、30%氢氧化钠溶液60mL加入到反应瓶中，在77～80℃回流6h，蒸出溶剂，热过滤，用少量热水洗涤剩余物。滤液加入固体氢氧化钠，碱析1h。加入乙酸乙酯，分出胶状物，用盐酸调pH至8，分出油状物回收，析出白色晶体，在40～50℃烘干，得到2-氨基嘧啶8.2g，三步反应总收率43.1%。

【参考文献】

[1] 朱文明，杨阿明. 2-氨基嘧啶合成工艺的研究 [J]. 应用化工，2005，34（6）：360-361.

4-氨基-6-氯嘧啶

【基本信息】 英文名：4-amino-6-chloropyrimidine；CAS号：5305-59-9；分子式：$C_4H_4ClN_3$；分子量：129.5；熔点：220℃。本品是合成磺胺-6-甲氧嘧啶的中间体。合成反应式如下：

$$\text{4,6-二氯嘧啶} \xrightarrow{NH_3\cdot H_2O} \text{4-氨基-6-氯嘧啶}$$

【合成方法】

将4,6-二氯嘧啶50g（M=149，0.336mol）和280mL氨水放在500mL高压釜中，通氨气排空3次，加压至4MPa，升温至120℃，在此温度反应24h。冷却，用180mL乙酸乙酯萃取反应物，用100mL水洗涤，用无水硫酸镁干燥，蒸出溶剂，得到浅黄色固体产品4-氨基-6-氯嘧啶28.7g（0.2216mol），收率65.9%。

【参考文献】

[1] 陈建兵. 4-氨基-6-氯嘧啶的合成 [J]. 化学试剂. 2008，30（11）：863-864.

4-氨基-2-羟基嘧啶

【基本信息】 俗名：胞嘧啶；英文名：4-amino-2-hydroxy-pyrimidine（Cytosine）；

CAS号：71-30-7；分子式：$C_4H_5N_3O$；分子量：111；白色结晶粉末；100℃可失去结晶水，熔点为300℃（变成棕色），高于320℃时分解；水溶性：0.77g/100mL（20℃）。微溶于乙醇、氯仿，不溶于乙醚、烷烃。pH＝2时，最大吸收波长276nm，最小吸收波长238nm。合成反应式如下：

$$\text{尿嘧啶} \xrightarrow[\text{吡啶}]{P_2O_5/H_2O} \text{4-巯基-2-羰基嘧啶} \xrightarrow[100℃]{NH_3/MeOH} \text{胞嘧啶}$$

【合成方法】

1. 4-巯基-2-羰基嘧啶的合成： 在装有搅拌器、温度计、回流冷凝管和滴液漏斗的500mL三口瓶中，依次加入吡啶300mL、尿嘧啶30.2g（0.27mol），搅拌，降温至10℃以下，分次加入五硫化二磷20g（0.09mol）。加毕，室温搅拌30min。降温至15℃以下，缓慢滴加纯化水11.5mL，温度低于25℃。滴毕，搅拌反应1h后，升温回流6h。减压浓缩成浆状，加入氯仿60mL，搅拌0.5h。常压蒸干，加入水170mL，室温搅拌4h。抽滤，洗涤，干燥，得到4-巯基-2-羰基嘧啶31.9g（0.25mol），收率92.5%，纯度97%。

2. 胞嘧啶的合成： 在200mL压力釜中，加入100mL饱和氨甲醇和4-巯基-2-羰基嘧啶20.5g（0.16mol），搅拌溶解，密闭反应釜。升温至100℃，搅拌反应12h。降至室温，泄压，减压浓缩至干，加入水，冷却至10℃以下。抽滤，用少量甲醇洗涤，得到胞嘧啶粗产品，收率92%。胞嘧啶粗产品用5%氨水精制，干燥，得到白色固体胞嘧啶15.4g（0.1387mol），收率86.7%，纯度99.5%，以尿嘧啶计算总收率80.2%。

【参考文献】

[1] 霍利春，李春新，刘茵. 胞嘧啶合成新工艺[J]. 甘肃石油和化工，2012，26（2）：28-32.

[2] 马冠军. 胞嘧啶生产新工艺研究[D]. 新乡：河南师范大学，2013.

2-氨基-5-氟-4-羟基嘧啶

【基本信息】 英文名：2-amino-5-fluoro-4-hydroxypyrimidine；分子式：$C_4H_4FN_3O$；分子量：129。合成反应式如下：

$$\text{5-氟-1,3-二甲基嘧啶-2,4-二酮} \xrightarrow[CO_2]{\text{EtONa/盐酸胍}} \text{2-氨基-5-氟-4-羟基嘧啶}$$

【合成方法】

在装有搅拌器、温度计的50mL三口瓶中，加入150mL无水乙醇和金属钠2.5g，搅拌制备成乙醇钠溶液。加入盐酸胍15g（0.15mol），室温搅拌15min。滤除氯化钠沉淀，加入5-氟1,3-二甲基嘧啶-2,4-(1*H*，3*H*)-二酮2.4g（0.015mol），在氩气保护下，加热到沸腾，反应6h。用TLC监测反应，直到原料嘧啶消失。通入二氧化碳，溶液蒸发至半，滤除碳酸胍沉淀。减压蒸发滤液，剩余物溶于少量水中。该溶液通过装有KU-2阳离子的柱子，用水冲洗，收集 UV 区吸收的流分，并减压蒸发。TLC 显示，产品中含有杂质 1,3-二甲基尿嘧啶。通过硅胶色谱柱进行分离，淋洗液是 8∶1 的二氯甲烷-甲醇。合并含有目的产物的流分，蒸发，剩余物用水重结晶两次，得到无色结晶产物 2-氨基-5-氟-4-羟基嘧啶 245mg（1.9mmol），收率 12.66%，熔点 273～275℃。

【参考文献】

[1] Kheifets G M, Gindin V A, Studentsov E P. Tautomerism of 5-fluoro-4-hydroxy-2-methoxypyrimidine. Conditions for stabilization of the zwitterionic tautomer [J]. Russian Journal of Organic Chemistry, 2006, 42 (4): 580-590.

2-甲基-4-氨基-5-氰基嘧啶

【基本信息】 英文名：4-amino-2-methyl-5-pyrimidinecarbonitrile；CAS 号：698-29-3；分子式：$C_6H_6N_4$；分子量：134。本品是合成维生素 B_1 的关键中间体。合成反应式如下：

NH₂-MeC=NCN + H_2C=CCl-CN → [中间体] —MeONa/MeOH→ 产物

【合成方法】

在装有搅拌器、温度计、滴液漏斗的 1L 三口瓶中，加入 70g 四氢呋喃、8.8g（0.11mol）*N*-氰基乙醚和 8.8g（0.1mol）2-氯丙烯腈，在 25～30℃，搅拌反应 3h 后，加入 27%甲醇钠的甲醇溶液 25g，升温至 40～45℃，反应 2h。在 55～60℃反应 0.5h。趁热过滤，滤液冷却至 15～25℃，保温 1h 析晶。过滤，干燥，得到白色固体产物 2-甲基-4-氨基-5-氰基嘧啶 12.5g，收率 93.2%，纯度 99.5%。

【参考文献】

[1] 戚聿新，鞠立柱，张清华，等. 2-甲基-4-氨基-5-氰基嘧啶的环保制备方法：CN106008363B [P]. 2016-10-12.

2-氨基-4,6-二甲氧基嘧啶

【基本信息】 英文名：2-amino-4,6-dimethoxypyrimidine；CAS 号：36315-01-2；分子式：$C_6H_9N_3O_2$；分子量：155；熔点：94～96℃。本品用于合成除草剂苄嘧磺隆、吡嘧磺隆。合成反应式如下：

$HN{=}C(NH_2)_2 \cdot HNO_3$ —$H_2C(CO_2Et)_2$ / MeONa→ 2-氨基-4,6-二羟基嘧啶 —$POCl_3$ / 催化剂→ 2-氨基-4,6-二氯嘧啶 —MeONa / MeOH→ 2-氨基-4,6-二甲氧基嘧啶

【合成方法】

1. 2-氨基-4,6-二羟基嘧啶的合成： 在装有搅拌器、温度计和回流冷凝管的 100mL 三口瓶中，加入 10g（0.08mol）硝酸胍、12.8g（0.08mol）丙二酸二乙酯、26.8mL 无水甲醇和 32mL 27.5%甲醇钠溶液，搅拌，加热至 60℃，回流 2h。蒸出甲醇，加入水 50mL，搅

拌 30min 至完全溶解。用 6mol/L 盐酸调节 pH 至约为 6，静置，过滤，用水 50mL×3 洗涤滤饼，干燥，得到白色固体产物 2-氨基-4,6-二羟基嘧啶 10.2g，收率 98.7%，熔点 >300℃。

2. 2-氨基-4,6-二氯嘧啶的合成：在装有搅拌器、温度计和回流冷凝管的 100mL 三口瓶中，加入 5g（0.04mol）2-氨基-4,6-二羟基嘧啶、55mL 三氯氧磷，搅拌，加热至 55℃，滴加入氯化苄基三乙基胺。继续升温至 115～116℃，回流 3.5h。冷却至 55℃，减压蒸出过量三氯氧磷，升温至 69～70℃时，停止回流，降至室温，加入 40mL 冰水，控制温度低于 25℃，静置，过滤，用大量水洗滤饼至 pH 为 6.5～7，抽滤，干燥，得到浅黄色固体产物 2-氨基-4,6-二氯嘧啶 5.54g，收率 85%，熔点 222～223℃。

3. 2-氨基-4,6-二甲氧基嘧啶的合成：在装有搅拌器、温度计和回流冷凝管的 100mL 三口瓶中，加入 75mL 无水甲醇和 2.36g 金属钠，搅拌溶解后，加入 6.5g（0.04mol）2-氨基-4,6-二氯嘧啶，加热回流 4h。冷却，过滤，用甲醇洗涤滤饼。合并滤液和洗液，减压蒸出甲醇，加入水析出固体，过滤，干燥，得到浅黄色固体 2-氨基-4,6-二甲氧基嘧啶，收率 93%，熔点 94～95℃。

【参考文献】

[1] 李丽. 钴、铜和锌与 2-氨基-4,6-二甲氧基嘧啶配合物的研究 [D]. 西安：西北大学，2002.

4,6-二氨基-5-硝基嘧啶

【基本信息】 英文名：4,6-diamino-5-nitropyrimidine；CAS 号：2164-84-3；分子式：$C_4H_5N_5O_2$；分子量：155；沸点：461.7℃/101325Pa；闪点：232.8℃；蒸气压：1.44×10^{-6}/25℃；密度：1.68g/cm^3。本品是合成腺嘌呤的中间体。合成反应式如下：

Cl, N, N, $-NO_2$, Cl $\xrightarrow[EtOH]{NH_3/H_2O}$ NH_2, N, N, $-NO_2$, NH_2

【合成方法】

在装有搅拌器、温度计和回流冷凝管的 100mL 三口瓶中，加入 20mL 乙醇、128mL（0.665mol）20%氨水。用冰水浴控制温度，在 30～35℃，分批加入 4,6-二氯-5-硝基嘧啶 20g（M=194，0.103mol），约 15min 加完。加毕，升温回流 2h。冷却至室温，抽滤，依次用水、少量乙醇和石油醚洗涤，过滤，烘干，得到微黄色产品 4,6-氨基-5-硝基嘧啶 15.6g（0.10mol），收率 98%。

【参考文献】

[1] 陈卫彪. 阿德福韦的合成与工艺研究 [D]. 上海：华东师范大学，2010.

4,5,6-三氨基嘧啶硫酸盐

【基本信息】 英文名：4,5,6-triaminopyrimidine sulfate；CAS 号：49721-45-1；分子式：$C_4H_9N_5O_4S$（$C_4H_7N_5\cdot H_2SO_4$）；分子量：223；白色至黄色粉末；熔点：>300℃。

其水合物英文名：4，5,6-triaminopyrimidine sulfate hydrate；CAS 号：6640-23-9；分子式：$C_4H_{11}N_5O_5S$；分子量：241；熔点：>300℃（360～362℃）。

合成反应式如下：

$$\text{4,6-二氨基-5-硝基嘧啶}\xrightarrow[\text{MeCOOH}]{\text{Fe}}\text{4,5,6-三氨基嘧啶}\xrightarrow{H_2SO_4}\text{4,5,6-三氨基嘧啶}\cdot H_2SO_4$$

【合成方法】

在装有搅拌器、温度计的250mL三口瓶中，加入3.6g铁粉、150mL水和1g乙酸，搅拌升温至90℃，分批加入5g（32mmol）4,6-二氨基-5-硝基嘧啶，约30min加完。升温回流，补加2.8g铁粉，约90min加完，继续回流2h。反应结束，趁热滤除铁泥，滤液减压浓缩除去大部分水，用50%硫酸调节pH至3～4。冷却，过滤，用丙酮淋洗。减压烘干，得到固体产品4,5,6-三氨基嘧啶硫酸盐6.6g（29.6mmol），收率92.5%。

【参考文献】

［1］陈卫彪.阿德福韦的合成与工艺研究［D］.上海：华东师范大学，2010.

2-溴嘧啶

【基本信息】 英文名：2-bromopyrimidine；CAS 号：4595-60-2；分子式：$C_4H_3BrN_2$；分子量：159；类白色晶体粉末；熔点：55～57℃；沸点：62～64℃/200.0Pa；闪点：62～64℃/200.0Pa；密度：1.6448g/cm^3。本品与水混溶。合成反应式如下：

$$\text{2-氯嘧啶}\xrightarrow{Me_3SiBr/\text{丙腈}}\text{2-溴嘧啶}$$

【合成方法】

将2-氯嘧啶2.7g（50mmol）、三甲基溴硅烷15g（0.1mol）和丙腈50mL搅拌混合，加热回流1h。倒入含有50g冰的50mL 2mol/L氢氧化钠水溶液中。用乙醚50mL×3萃取，合并有机相，分别用50mL×3水和50mL盐酸洗涤，干燥，蒸出溶剂，余物用戊烷重结晶，得到无色针状产物2-溴嘧啶6.9g（43.40mmol），收率86.8%，熔点56～57℃。

【参考文献】

［1］Schlosser M，Cottet F. Silyl-mediated halogen/halogen displacement in pyridines and other heterocycles［J］. European Journal of Organic Chemistry，2002，2002（24）：4181-4184.

2,4-二溴嘧啶

【基本信息】 英文名：2,4-dibromopyrimidine；CAS：3921-01-5；分子式：$C_4H_2Br_2N_2$；分子量：238；熔点：66～68℃；沸点：316.64℃/101325Pa；闪点：145.3℃。本品用作医药、生物、化工中间体。

【合成方法】

一、文献［1］中的方法（尿嘧啶的溴化）

$$\text{尿嘧啶} \xrightarrow[150^{\circ}C/2h]{POBr_3\ (5e.q.)} \text{2,4-二溴嘧啶}$$

在装有搅拌器、温度计、冷凝管［冷凝管的顶部装有干燥管，再接苛性碱水溶液吸收（HBr）瓶，在碱液吸收瓶和干燥管中间必须有缓冲瓶］的 1L 三口瓶中，放入热熔（60℃）后的三溴氧磷 380g（1.2mol），再加入尿嘧啶 27g（M=112，0.2411mol），升温至 80℃开动搅拌，在 150℃反应 7h。其间有 HBr 逸出，釜内由白色尿嘧啶变为黄色固体，最后变为黑色固体，反应完后，冷却至室温，加入 5kg 冰水进行水解。水解温度低于 5℃，否则影响收率。水解后立即用碳酸氢钠中和至 pH 为 9，再用 1.5L 二氯甲烷分 3 次提取。合并提取液，用无水硫酸钠干燥，过滤，滤液常压蒸出溶剂，得粗产品 25g。用硅胶柱色谱法进行纯化，洗脱剂为 80∶20 的石油醚-乙酸乙酯。薄层板有 2 个点，第 2 个点为产品。合并含产品的流分，蒸出溶剂，得到白色固体 2,4-二溴嘧啶 27g（0.11354mol），熔点 64～66℃，收率 47.1%，纯度≥98%。

备注：①三溴氧磷熔点 56℃，沸点 189℃。有毒，对眼睛有刺激性，必须密闭加料。不慎与眼睛接触，立即用大量清水冲洗或就医。

② 三溴氧磷和尿嘧啶反应剧烈，易碳化，影响收率。反应温度不宜太高，把尿嘧啶研细分批加入，强烈搅拌，以减少碳化。

二、文献［2］中的方法（以 2,4-二氯嘧啶为原料）

1. 2,4-二溴嘧啶粗品的合成： 在装有搅拌器、温度计、回流冷凝管的三口瓶中，加入 250g（M=149，1.68mol）2,4-二氯嘧啶和 480mL 三溴化磷，搅拌均匀，加热回流 20min，HPLC 监测反应。当 2,4-二溴嘧啶（出峰时间 13.742min）含量达到 50%时，冷却至室温。再加入 320mL 三溴化磷，搅拌均匀，回流 20min，当 2,4-二溴嘧啶含量达到 70%时，冷却至室温，第三次加入 320mL 三溴化磷，搅拌均匀，回流反应至 2,4-二溴嘧啶含量达到 89%时，冷却至室温。用冰水淬灭反应，用 2.7kg 碳酸氢钠调节 pH 至 6，析出固体，过滤，得到白色针状晶体 2,4-二溴嘧啶粗品 340g（1.43mol），收率 85%，纯度 90%。杂质为 2-溴-4-氯嘧啶。

2. 2,4-二溴嘧啶粗品的纯化： 加热搅拌下，将 340g 2,4-二溴嘧啶粗品溶于 1L 95%乙醇中，降温至 30℃，析出深黄色固体原料 2,4-二氯嘧啶，过滤，回收原料循环使用。滤液降温至 0℃，析出白色针状晶体，过滤，得到产品 2,4-二溴嘧啶，纯度 95%。

参考文献［3］用 95%乙醇重结晶，收率 85%。

【参考文献】

［1］Decrane L，Plé N，Turck A. Metalation of bromocliazines. Diazines XL［J］. Journal of Heterocyclic Chemistry，2010，42（4）：509-513.

［2］Schomaker J M，Delia T J. Arylation of halogenated pyrimidines via a Suzuki coupling reaction［J］. Journal of Organic Chemistry，2001，66（21）：7125-7128.

[3] 于奕峰，杜曼，张越，等. 2,4-二溴嘧啶的制备方法和检测方法：CN103739556B [P]. 2015-07-22.

4,6-二溴嘧啶

【基本信息】 英文名称：4,6-dibromopyrimidine；CAS 号：36847-10-6；分子式：$C_4H_2Br_2N_2$；分子量：237.88；沸点：263.7℃/101325Pa。本品可用作医药、生物、化工中间体。合成反应式如下：

4,6-二氯嘧啶 —(PBr_3，回流6h)→ 4,6-二溴嘧啶

【合成方法】

在 25mL 三口瓶中加入 0.25g（1.68 mmol）4,6-二氯嘧啶和 10mL 三溴化磷，加热回流 6h。减压蒸出多余的三溴化磷（沸点 189℃），搅拌下小心加入冷水，过滤，干燥，得到白色固体 4,6-二溴嘧啶 0.16g，收率 41%，熔点 48～50℃。

【参考文献】

[1] Schomaker J M, Delia T J. Arylation of halogenated pyrimidines via a Suzuki coupling reaction [J]. Journal of Organic Chemistry, 2001, 66 (21): 7125-7128.

2-氯-4-羟基-5-氟嘧啶

【基本信息】 英文名：2-chloro-4-hydroxy-5-fluoropyrimidine；CAS 号：155-12-4；分子式：$C_4H_2ClFN_2O$；分子量：148.5；沸点：(301.9±22)℃；闪点：136.4℃；密度：1.6g/cm^3。本品是一种化工中间体。合成反应式如下：

5-Fu —($POCl_3$，$PhNMe_2$)→ 1 —(NaOH，水解)→ 2

【合成方法】

1. 2,4-二氯-5-氟嘧啶（1）的合成： 将干燥的 5-Fu 55.75g（0.43mol）分次加入三氯氧磷 120mL（1.79mol）中，温度保持在 25℃。加毕，升温至 95℃，滴加 *N*,*N*-二甲基苯胺 108.3mL（0.85mol），反应 15h。冷却至室温，滴加 10℃ 3mol/L 盐酸 225mL，保持温度 20～30℃。用二氯甲烷 200mL×2 萃取，用无水硫酸镁干燥，减压蒸馏。在－20℃过夜结晶，过滤，干燥，得到 2,4-二氯-5-氟嘧啶（1）50.1g，收率 70%，熔点 37～38℃。

2. 2-氯-4-羟基-5-氟嘧啶（2）的合成： 在装有搅拌器、温度计的三口瓶中，加入化合物 **1** 16g（0.1mol）和 2mol/L 氢氧化钠水溶液 48mL，搅拌，加热至 45℃，反应 4h。再加入 2mol/L 氢氧化钠水溶液 48mL，继续反应 6h。用浓盐酸调节 pH 至 2～3，析出沉淀，过滤，干燥。得到 2-氯-4-羟基-5-氟嘧啶（2）12.2g，收率 85.9%，熔点 169～170℃。

【参考文献】

[1] 黄海涛. 5-氟尿嘧啶衍生物的合成及其体外抗肿瘤活性研究 [J]. 中国药理学通报，2010，26 (11)：1481-1484.

2,4-二氯嘧啶

【基本信息】 英文名：2,4-dicloropyrimidine；CAS 号：3934-20-1；分子式：$C_4H_2Cl_2N_2$；分子量：149；白色到黄色再到浅灰色结晶粉末；熔点：58～61℃；沸点：101℃/3.07kPa。溶于水（部分）、甲醇、氯仿和乙酸乙酯，对湿气敏感。储存条件 20℃，用于生产药物盐酸阿糖胞甙。合成反应式如下：

$POCl_3$/叔胺

【合成方法】

将尿嘧啶、三氯氧磷、*N*,*N*-二甲苯胺放入反应釜，加热至 130℃，回流 45min，冷却，放入碎冰中，析出紫色固体。趁热未溶时过滤，用冰水洗涤，真空干燥，得到紫色粗品。用石油醚（沸程：60～90℃）脱色，重结晶，得到纯品 2,4-二氯嘧啶。收率 95%。参考文献 [1] 用三乙胺及其盐酸盐作催化剂。

【参考文献】

[1] Artur H. Preparation of chloropyrimidines：GB2287466 [S]. 1995-09-20.

4,6-二氯嘧啶

【基本信息】 英文名：4,6-dicloropyrimidine；CAS 号：1193-21-1；分子式：$C_4H_2Cl_2N_2$；分子量：149；白色或浅黄色结晶；熔点：65～67℃；沸点：176℃；溶于 95%乙醇。本品是合成嘧啶类化合物的中间体，主要用于磺胺类药的生产。合成反应式如下：

$POCl_3$/叔胺

【合成方法】

将 4,6-二羟基嘧啶 20g (0.05mol)、$POCl_3$ 70mL 和 1mL 三乙胺加入反应瓶，搅拌升温回流，反应 6h。冷却至室温，旋蒸回收过量的 $POCl_3$，剩余物加入 100mL 水，搅拌 1h。倒入 200mL 冰水中，搅拌 3h。乙醚提取 (50mL×3)，合并有机相，用 50mL 水洗，用无水硫酸镁干燥。滤除硫酸镁，滤液蒸出溶剂，得浅黄色固体 4,6-二氯嘧啶 23.8g，收率 90.%，熔点 66～68℃。

【参考文献】

[1] 陈建兵. 4-氨基-6-氯嘧啶的合成 [J]. 化学试剂. 2008，30 (11)：863-864.

2,4-二氯-5-氟嘧啶

【基本信息】 英文名：2,4-dichloro-5-fluoropyrimidine；CAS 号：2927-71-1；分子式：$C_4HCl_2FN_2$；分子量：167；白色至浅棕色结晶粉末；熔点：37～38℃；沸点：80℃/2.1kPa；闪点：106℃；不溶于水。本品是重要的化工中间体，用于合成医药（卡培他滨、伏立康唑等）、农药双氟磺草胺等。合成反应式如下：

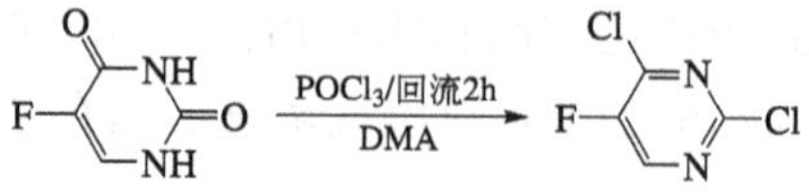

【合成方法】

在装有搅拌器、温度计、冷凝管和滴液漏斗的 2L 三口瓶中，加入 150g（1.0mol）5-氟尿嘧啶、1533.3g（10mol）三氯氧磷和 181.8g（1.5mol）缚酸剂 *N*,*N*-二甲基苯胺，搅拌加热溶解。在 116℃回流反应 2h。冷却，减压蒸出（40～60℃/0.09MPa）过量三氯氧磷。冰水浴冷却至 25℃以下，高速搅拌下，将剩余物滴加到 1kg 冰水中。因是放热反应，滴加速度保持反应温度不超过 25℃为宜。滴毕，保温搅拌 30min。抽滤，用蒸馏水 100mL×2 洗涤，室温干燥，得到类白色固体 2,4-二氯-5-氟嘧啶 156.7g，收率 93.8%，含量 99.8%，熔点 37～38℃。

【参考文献】

[1] 付永丰，郭宁，云志，等. 2,4-二氯-5-氟嘧啶的合成及废液回收处理利用 [J]. 化工学报，2015，66 (5)：1723-1729.

4,6-二氯-5-硝基嘧啶

【基本信息】 英文名：4,6-dichloro-5-nitropyrimidine；CAS 号：4316-93-2；分子式：$C_4HCl_2N_3O_2$；分子量：194；白色晶体；熔点：100～103℃。本品是一种医药中间体，可用于合成维生素 B_4。合成反应式如下：

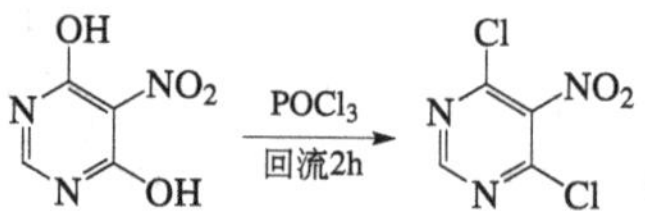

【合成方法】

在装有搅拌器、温度计和回流冷凝管的 100mL 三口瓶中，加入 33mL 三氯氧磷和 1mL 吡啶。加热至 70℃，分批加入 4,6-二羟基-5-硝基嘧啶 10g（*M*＝157，0.064mol），加毕，加热回流 2h，冷却至室温，减压蒸出大部分三氯氧磷（回收）。冷却，倒入 50mL 冰水中，析出固体，抽滤，依次用水、饱和碳酸氢钠溶液和石油醚洗涤滤饼，减压干燥，得到微黄色产品 4,6-氯-5-硝基嘧啶 12.4g（0.0639mol），收率 99.9%。

【参考文献】

[1] 陈卫彪. 阿德福韦的合成与工艺研究 [D]. 上海：华东师范大学，2010.

4,6-二氯-2-甲硫基嘧啶

【基本信息】 英文名：4,6-dichloro-2-(methylthio) pyrimidine；CAS：6299-25-8；分子式：$C_5H_4Cl_2N_2S$；分子量：195；白色至米黄色粉末；熔点：38～40℃。

合成反应式如下：

$$H_2NC(=S)NH_2 \xrightarrow[MeONa/MeOH]{H_2C(CO_2Et)_2} \text{4,6-二羟基-2-SNa-嘧啶} \xrightarrow[0℃]{Me_2SO_4} \text{4,6-二羟基-2-SMe-嘧啶} \xrightarrow[Et_3N]{POCl_3} \text{4,6-二氯-2-SMe-嘧啶}$$

【合成方法】

1. 2-硫代巴比妥酸钠的合成： 在装有搅拌器、温度计和滴液漏斗的 250mL 四口瓶中，加入 7.6g (0.1mol) 硫脲、17.6g (0.11mol) 丙二酸二乙酯和 20mL 甲醇，加热回流，慢慢滴加 19.8g (0.11mol) 30%甲醇钠的甲醇溶液，析出白色固体。滴毕，反应 5h。冷却至室温，抽滤，干燥，得到白色固体 2-硫代巴比妥酸钠 16.1g，收率 96.7%。

2. 4,6-二羟基-2-甲硫基嘧啶的合成： 在装有搅拌器、温度计和滴液漏斗的 250mL 四口瓶中，加 16.6g (0.1mol) 2-硫代巴比妥酸钠、120mL 水，搅拌溶解。在 0℃，慢慢滴加 15.2g (0.12mol) 硫酸二甲酯。滴毕，维持溶液的 pH 为 4～5，继续反应 4h。用 10%盐酸调 pH 至 1，静置，抽滤，干燥，得到白色固体产物 4,6-二羟基-2-甲硫基嘧啶 13.7g，收率 86.9%，含量 98.5%，熔点＞300℃。

3. 4,6-二氯-2-甲硫基嘧啶的合成： 在装有搅拌器、温度计和滴液漏斗的 250mL 四口瓶中，加入 15.8g (0.1mol) 4,6-二羟基-2-甲硫基嘧啶和 76.7g (0.5mol) 三氯氧磷，搅拌，室温滴加 15.2g (0.15mol) 三乙胺。滴毕，升温至 80℃，反应 4h，减压蒸出过量三氯氧磷（重复使用）。冰水浴冷却下，滴加 50mL 冰水，析出淡黄色固体，过滤，水洗，干燥，得到 16.9g 产品。水层用二氯甲烷 30mL×3 萃取，用无水硫酸镁干燥，减压浓缩，又得到产品 0.9g，合计得到 4,6-二氯-2-甲硫基嘧啶 17.8g，收率 91.5%，含量 99.6%，熔点 40.4～40.6℃。

GC 分析方法：氢火焰离子化检测器，固定相为 SE-54，柱温 180℃，柱前压 0.05MPa，进样体积：0.5μL，面积归一化法。

【参考文献】

[1] 方永勤，郭丽婷. 4,6-二氯-2-甲硫基嘧啶的合成 [J]. 常州大学学报（自然科学版），2011，23 (1)：15-18.

2,4,6-三氯嘧啶

【基本信息】 英文名：2,4,6-trichloropyrimidine；CAS 号：3764-01-0；分子式：$C_4HCl_3N_2$；分子量：183.5；熔点 23～25℃；沸点：210～215℃；闪电：＞110℃；颜色：无色至浅黄色；不溶于水。储存条件：冰箱。本品可用作医药和染料中间体。合成反应式如下：

HO, N, OH, HO —复配催化剂→ HO, N, OH, HO

(CAS号: 67-52-7)　　(CAS号: 3764-01-0)

【合成方法】

在装有蛇形冷凝管、磁子搅拌和温度计的 50mL 三口瓶中，加入 1.28g（$M=128$，0.01mol）巴比土酸（CAS 号：67-52-7）、1.7mL 复配催化剂（N,N-二乙基苯胺 1.4mL、N,N-二甲基苯胺 0.1mL、喹啉 0.2mL）、三氯氧磷 2.8mL。搅拌，加热至 138℃，反应 4h。用水蒸气加热，减压蒸馏，馏出物冷却析出固体，过滤，用水淋洗，得到白色块状固体产品 2，4,6-三氯嘧啶 1.674g（9.12mmol），收率 91.2%，含量：99.97%。

【参考文献】

[1] 秦淑琪，牛克彦，王建明，等. 环境友好高纯度 2,4,6-三氯嘧啶的制备方法：CN101550108A [P]. 2009-10-07.

2,4-二碘嘧啶

【基本信息】 英文名：2,4-diiodopyrimidine；CAS 号：262353-34-4；分子式：$C_4H_2I_2N_2$；分子量：331.9；沸点：365.115℃。本品可用作制备 4-氨基-6-碘嘧啶（CAS 号：53557-69-0）和 4-碘-6-甲氧基嘧啶（CAS 号：161489-05-0）等化合物的中间体。合成反应式如下：

Cl, N, N, Cl —HI / 10%NaOH→ I, N, N, I

【合成方法】

在 25mL 三口瓶中，加入 0.50g（3.34 mmol）2,4-二氯嘧啶、15mL 57%碘化氢水溶液，室温搅拌过夜，用冷的 10%氢氧化钠水溶液小心中和反应混合物，生成金色固体，过滤，冷水洗涤，干燥，得到产品 2,4-二碘嘧啶 0.91g，第二次得到 0.1g，合计 1.01g（3.0433mmol），收率 91.1%，熔点 125～126℃。

【参考文献】

[1] Schomaker J M，Delia T J. Arylation of halogenated pyrimidines via a Suzuki coupling reaction [J]. Journal of Organic Chemistry，2001，66 (21)：7125-7128.

2,4,6-三碘嘧啶

【基本信息】 英文名：2,4,6-triiodopyrimidine；CAS 号：374077-22-2；分子式：$C_4HI_3N_2$；分子量：457.7；本品可用作医药、农药中间体。合成反应式如下：

Cl, N, Cl, N, Cl —57%HI→ I, N, I, N, I

【合成方法】

在 100mL 三口瓶中装入 2,4,6-三氯嘧啶 5g（27.3mmol）和 40mL 57% HI 的水溶液，此橘黄色的两相体系最终变成了亮橘色浓浆。搅拌过夜，用水稀释，冰水浴冷却，过滤。用冷水充分洗涤滤饼，干燥，得到奶油状固体粗产品 11.3g（24.7mmol），收率 90%。粗产物用己烷重结晶，得到奶油色针状晶体产品 2,4,6-三碘嘧啶 7.9g，收率 63%，纯度≥98%，熔点 203～205℃。

【参考文献】

[1] Schomaker J M，Delia T J. Arylation of halogenated pyrimidines via a Suzuki coupling reaction [J]. Journal of Organic Chemistry，2001，66（21）：7125-7128.

5-氟-4-羟基-2-甲氧基嘧啶

【基本信息】 英文名：2-methoxy-5-fluorouracil；CAS 号：1480-96-2；分子式：$C_5H_5FN_2O_2$；分子量：144；白色粉状；熔点：204～208℃。本品是制备神经安慰剂泰必利的中间体。合成反应式如下：

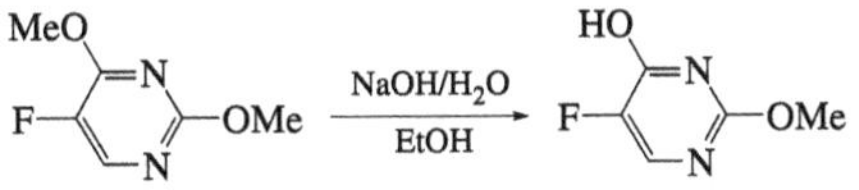

【合成方法】

在装有搅拌器、温度计的 150mL 三口瓶中，加入 5.6g（0.035mol）5-氟-2,4-二甲氧基嘧啶、乙醇 38mL 和 2mol/L 氢氧化钾溶液 56mL，搅拌，升温至 95～100℃，反应 10h。用 TLC 监测反应，直到 5-氟-2,4-二甲氧基嘧啶消失。减压浓缩到反应液体积剩 60mL。随着冷却，加入盐酸，调节 pH 至 4～5。冷却至 0℃，滤出沉淀，用冰水洗涤滤饼，干燥，得到无色结晶 3.74g，收率 74%，用乙醇重结晶，熔点 205～206℃。

【参考文献】

[1] Kheifets G M，Gindin V A，Studentsov E P . Tautomerism of 5-fluoro-4-hydroxy-2-methoxypyrimidine. Conditions for stabilization of the zwitterionic tautomer [J]. Russian Journal of Organic Chemistry，2006，42（4）：580-590.

5-氟-6-乙基-4-羟基嘧啶

【基本信息】 英文名：6-ethyl-5-fluoro-pyrimidin-4-ol；CAS 号：137234-87-8；分子式：$C_6H_7FN_2O$；分子量：142；熔点：112～114℃；沸点：180.724℃/101325Pa；闪点：63.1℃；密度：1.302g/cm^3。本品是抗真菌药伏立康唑的中间体。合成反应式如下：

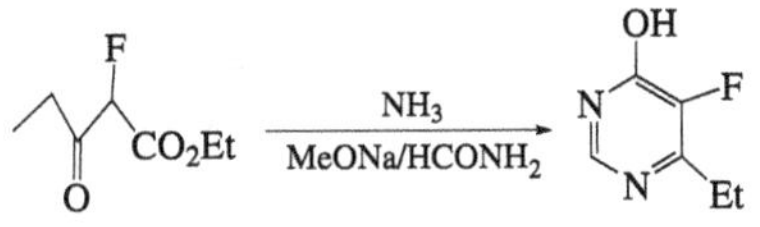

【合成方法】

搅拌下，缓慢将氨气通入到 α-氟代丙酰乙酸甲酯 16.2g（0.1mol）的 20mL 甲醇溶液中，控制温度不超过 30℃，直到氨气不再吸收，约 5h。减压蒸出低沸点物，得到淡黄色液体。

在氮气保护下，将甲酰胺 32g（0.7mol）加入到上述淡黄色液体中，搅拌均匀。滴加含有 0.5mol 甲醇钠的甲醇溶液，加热回流，搅拌反应 5h。TLC 监测反应至完全，用浓盐酸调节 pH 至 6，减压蒸出甲醇。剩余物加入 80mL 水，搅拌溶解，用乙酸乙酯 100mL×3 萃取，干燥，过滤，浓缩。剩余物用 15mL 丙酮结晶，得到产物 5-氟-6-乙基-4-羟基嘧啶 8.9g，收率 63%，熔点 109～113℃（文献值：112～114℃）。ESI-MS：$m/z=143.2$ $[M+H]^+$。

【参考文献】

[1] 唐鹤，李维金，陈少亭，等. 5-氟-6-乙基-4-羟基嘧啶的合成 [J]. 精细化工，2013，30（5）：595-596.

4,6-二羟基嘧啶

【基本信息】 英文名：4,6-dihydroxypyrimidine；CAS 号：1193-24-4；分子式：$C_4H_4N_2O_2$；分子量：112；黄色至橘黄色粉末；熔点：>300℃；沸点：209.87℃；密度：1.4421g/cm^3；水溶性：2.5g/L（20℃）；储存温度：<30℃。合成反应式如下：

$$CH_2(CO_2Me)_2 + HCONH_2 \xrightarrow{MeONa} \text{4,6-(ONa)}_2\text{-pyrimidine} \xrightarrow{HCl} \text{4,6-(OH)}_2\text{-pyrimidine}$$

【合成方法】

将 132g（1.0mol）丙二酸二甲酯和 117g（2.6mol）甲酰胺混合液加热到 50℃，滴加到 162g（3.0mol）甲醇钠和 539g 甲醇的溶液中，约 1h 滴完，回流 4h。冷却至室温，蒸出甲醇至干。加入一定量水，用盐酸调节 pH 至 2～3。抽滤，干燥滤饼，得到 4,6-二羟基嘧啶 91.94g（0.821mol），收率 82.1%，熔点 336～338℃。

【参考文献】

[1] 崔龙，韩清华，蒋登高. 4,6-二羟基嘧啶合成工艺条件的优化 [J]. 精细石油化工，2011，28（3）：18-20.

4,6-二羟基-5-硝基嘧啶

【基本信息】 英文名：4,6-dihydroxy-5-nitropyrimidine；CAS 号：2164-83-2；分子式：$C_4H_3N_3O_4$；分子量：157；灰黄色或浅棕色粉末；熔点：>300℃。本品是一种有机合成中间体。合成反应式如下：

$$\text{4,6-(OH)}_2\text{-pyrimidine} \xrightarrow[H_2SO_4]{HNO_3} \text{4,6-(OH)}_2\text{-5-}NO_2\text{-pyrimidine}$$

【合成方法】

在装有搅拌器、温度计和滴液漏斗的 100mL 三口瓶中，加入 9g 浓硫酸和 3g（0.027mol）4,6-二羟基嘧啶，控制温度在 30℃以下，滴加 3.1g 65%硝酸和 1.8g 浓硫酸的混合液，约 1h 滴加完。保温 30℃反应 1h 后，升温至 40℃，反应 1h。反应过程中溶液颜色由浅黄变为暗红色。冷却至室温，倒入 50mL 冰水中，析出固体，抽滤，水洗滤饼，减压干燥，得到产物 4,6-二羟基-5-硝基嘧啶 3.23g（0.0212mol），收率 78.5%。

【参考文献】

［1］陈卫彪.阿德福韦的合成与工艺研究［D].上海：华东师范大学，2010.

烟嘧磺隆

【基本信息】 俗名：烟嘧磺隆（Nicosulsuron）；化学名：2-(4,6-二甲氧基-2-嘧啶基氨基甲酰氨基磺酰基)-*N*,*N*-二甲基烟酰胺；英文名：2-(4,6-dimethoxypyrimidin-2-ylcarbamoylsulfamoyl)-*N*,*N*-dimethylnicotinamide；CAS 号：111991-09-4；分子式：$C_{15}H_{18}N_6O_6S$；分子量：410；白色结晶；熔点：172～173℃。本品是新一代广谱、高效、低毒、低残留的磺酰胺类除草剂，是目前最好的玉米田除草剂品种之一。合成反应式如下：

1 —($SOCl_2/Me_2NH$)→ 2 —($Na_2S/S/H^+$)→ 3 —(Cl_2/NH_3)→ 4 —($ClCOOEt$, K_2CO_3)→ 5 —(6)→ 7

【合成方法】

在装有搅拌器、温度计、回流冷凝管和滴液漏斗的 250mL 四口瓶中，依次加入 31.5g（0.2mol）2-氯烟酸和 81.5g（1.46mol）氯化亚砜。加热回流 4h，HPLC 检测 2-氯吡啶-3-甲酰氯含量 98.9%，降温，减压蒸出过量氯化亚砜。加入 100mL 二氯甲烷，搅拌，固体全部溶解后，冷却至 8℃，滴加 0.513mol 33%二甲胺水溶液，2h 滴加完毕。搅拌 4h，HPLC 检测化合物 **2** 含量 92%，停止加热。冷却至室温，加入浓盐酸调节 pH 至 2.8，过滤，滤液减压浓缩。剩余物加入 115mL 含有 48g（0.1mol）$Na_2S\cdot 9H_2O$ 和 25.6g（0.2mol）单质硫的水溶液，加热回流 20h。冷却至室温，滴加浓盐酸，调 pH 到 2.8。升温至 75℃，搅拌反应 35min。冷却至室温，析出浅黄色固体 **3**。加入 82mL 20%盐酸，冷却至室温，通入氯气至固体全溶。搅拌 30min，用二氯甲烷萃取，分出有机相。冷却至 0℃，通入氨气至 pH 为 9，立即有白色固体 **4** 生成。加入 100mL 水和 105mL 丙酮的混合液，冷却至 0℃，加入 11g（0.08mol）碳酸钾，搅拌溶解。控制温度在 5℃以内，滴加 13.6g（0.125mol）氯甲酸乙酯，30min 滴完，析出白色固体 **5**。滴毕，在室温搅拌反应 2h，过滤，将白色滤饼加入 100mL 甲苯中，搅拌溶解后加入 14g（0.09mol）4,6-二甲氧基-2-氨基嘧啶 **6**。搅拌，加热回流 6h，冷却至室温，过滤，干燥，得到黄色固体产品烟嘧磺隆 **7** 26.94g，总收率 86.3%，含量 98.2%。重结晶后，产品为白色。

【参考文献】

［1］于国权，孙霞林，丁华平，等.烟嘧磺隆原药的合成工艺：CN106749183A［P].

2017-05-31.

吡嘧黄隆

【基本信息】 俗名：吡嘧黄隆（pyrazosulfuron-ethyl）；化学名：5-[(4,6-二甲氧基-2-嘧啶基）氨基羰基氨基磺酰基]-1-甲基-1*H*-吡唑-4-羧酸乙酯；CAS号：93697-74-6；分子式：$C_{14}H_{18}N_6O_7S$；分子量414.4；白色结晶；熔点：180～181℃；蒸气压：0.014mPa/20℃，密度：1.44g/cm^3；20℃溶解性（g/L）：甲醇0.7、乙酸乙酯3.5、苯17、丙酮13.7、氯仿234、己烷0.2。本品可用于防除稻田多种杂草，防除效果超过苄嘧黄隆。

【合成方法】

1. 4-乙氧羰基-1-甲基吡唑-5-磺酰氯的合成：

$$NCCH_2CO_2Et \xrightarrow{HC(OEt)_3} EtOCH{=}C(CN)CO_2Et \xrightarrow{H_2NNHMe} \text{1-Me-5-}NH_2\text{-4-COOEt-pyrazole} \xrightarrow[AcOH/SO_2]{HCl/NaNO_2} \text{1-Me-5-}SO_2Cl\text{-4-COOEt-pyrazole}$$

（1）2-氰基-3-乙氧基丙烯酸乙酯的合成：在装有搅拌器、温度计的250mL三口瓶中，加入56.5g（0.5mol）氰基乙酸乙酯、115g（0.75mol）原甲酸三乙酯、4g乙酸酐和4g丙酸。搅拌，加热至120℃。在此温度减压蒸出乙醇，反应过程中补加乙酸酐4g。反应8h，回收剩余的原甲酸三乙酯，剩余物89.8g，主要含有两种物质，总含量99%。

（2）1-甲基-5-氨基-4-吡唑羧酸乙酯的合成：在装有搅拌器、温度计和滴液漏斗的100mL三口瓶中，加入上步合成的粗产品89.2g、甲苯200g，搅拌溶解。冷却至8～10℃，在2h内滴加35%甲基肼，反应2h。在1h内升温至60℃，旋蒸出乙醇、甲苯等。在3～4h后升温至70～75℃，维持2h后，加入200g甲苯。在70℃加水8g，洗除副产物的溶液，冷却，得到晶体产物1-甲基5-氨基-4-吡唑羧酸乙酯86.2g，含量88.6%。用甲苯重结晶，熔点100～102℃。

（3）4-乙氧羰基-1-甲基吡唑-5-磺酰氯的合成：在装有搅拌器、温度计的250mL三口瓶中，加入含量96.7%的1-甲基5-氨基-4-吡唑羧酸乙酯17.5g、乙酸33.8g、36.77%盐酸12.4g和78%硫酸水溶液37.7g。在低于15℃条件下，1h内滴加36.5%亚硝酸钠水溶液35g。10h后，滴加37.5%尿素3.2g，维持0.5h后，在0～5℃将该溶液滴加到40g二氧化硫和60g乙酸的溶液中。反应结束后，减压回收SO_2，用二氯乙烷100g×2萃取，用100mL水洗涤，干燥有机相，蒸出溶剂，得到产品4-乙氧羰基-1-甲基吡唑-5-磺酰氯23.8g，纯度68%，收率64.1%。

2. 吡嘧黄隆的合成：

$$\text{1-Me-5-}SO_2Cl\text{-4-COOEt-pyrazole} \xrightarrow[NaOCN]{\text{2-}H_2N\text{-4,6-(OMe)}_2\text{-pyrimidine}} \text{1-Me-4-COOEt-pyrazol-5-yl-}SO_2NHCONH\text{-(4,6-(OMe)}_2\text{-pyrimidin-2-yl)}$$

在装有搅拌器、温度计和滴液漏斗的500mL四口瓶中，加入27.2g（0.385mol）92%氰酸钠、120mL干燥的吡啶和120mL干燥的苯，搅拌混合。在3h内，滴加88.4g（0.35mol）4-乙氧羰基-1-甲基吡唑-5-磺酰氯和80mL苯的混合物。滴毕，在40～50℃继续搅拌反应 2h。再加入 54.3g（0.35mol）2-氨基-4,6-二甲氧基嘧啶，在 40～50℃搅拌反应 4h。减压蒸出吡啶，加入 100mL 水，用 5%硫酸调节 pH 至 4。用氯仿萃取，用无水硫酸镁干燥，过滤，蒸出溶剂，得到固体产品吡嘧黄隆 101.7g（0.24565mol），收率 70.2%。

【参考文献】

[1] 王宝玉，许景哲，姜日善. 吡嘧磺隆的合成 [J]. 延边大学学报（自然科学版），2002，28（3）：176-179.

双醚氯吡嘧黄隆

【基本信息】 俗名：双醚氯吡嘧黄隆（metazosulfuron）；英文名：3-chloro-*N*-[(4,6-dimethoxypyrimidin-2-yl) carbamoyl]-1-methyl-4-(5-methyl-5,6-dihydro-1,4,2-dioxazin-3-yl)-1*H*-pyrazole-5-sulfonamide；CAS 号：868680-84-6；分子式：$C_{15}H_{18}ClN_7O_7S$；分子量：475.5；熔点：约 185℃（分解）；密度：1.71g/cm^3；酸度系数 pK_a：11.95。本品是日产化学株式会社开发的磺酰脲类除草剂。

【合成方法】

1. 3-氯-4-{[(2-羟丙氧基) 氨基] 羰基} -1-甲基吡唑-5-磺酰基氨基甲酸乙酯的合成：

Cl, COOMe, N, N, Me, SO_2NH_2 —ClCOOEt→ Cl, COOMe, N, N, Me, SO_2NHCO_2Et —盐酸→ Cl, COOH, N, N, Me, SO_2NHCO_2Et

—$SOCl_2$→ Cl, COCl, N, N, Me, SO_2NHCO_2Et —$MeCHOHCH_2ONH_2 \cdot HCl$→ Cl, $CONHOCH_2CHOHMe$, N, N, Me, SO_2NHCO_2Et

（1）3-氯-1-甲基吡唑-4-甲酸甲酯-5-磺酰基氨基甲酸乙酯的合成：在装有搅拌器、温度计的 250mL 三口瓶中，加入 15g（0.0592mol）3-氯-1-甲基吡唑-4-甲酸甲酯-5-磺酰胺、100mL 二氯甲烷，搅拌溶解，加入 10g（0.099mol）三乙胺。搅拌 5min 后，冷却至 0℃，慢慢滴加入 8g（0.0737mol）氯甲酸乙酯。滴毕，室温搅拌 3h。TLC 监测反应结束后，用 30mL 1mol/L 盐酸洗涤。分出有机相，用无水硫酸钠干燥，旋蒸出溶剂，得到黄白色固体 3-氯-1-甲基吡唑-4-甲酸甲酯-5-磺酰基氨基甲酸乙酯，收率 93.4%。

（2）3-氯-1-甲基吡唑-5-磺酰基氨基甲酸乙酯-4-甲酸的合成：在装有搅拌器、温度计的 100mL 三口瓶中，加入 15g（0.0592mol）3-氯-1-甲基吡唑-4-甲酸甲酯-5-磺酰基氨基甲酸乙酯和 60g 5%氢氧化钠水溶液，室温搅拌 5h。降温至 0℃，用浓盐酸调节 pH 至 1，在 0℃继续搅拌 1h，过滤，用冰水洗涤滤饼，真空干燥，得到白色固体产品 3-氯-1-甲基吡唑-5-磺酰基氨基甲酸乙酯-4-甲酸 7g，收率 81.4%。

（3）3-氯-1-甲基吡唑-5-磺酰基氨基甲酸乙酯-4-甲酰氯的合成：在装有搅拌器、温度计的 100mL 三口瓶中，加入 7g（0.0225mol）3-氯-1-甲基吡唑-5-磺酰基氨基甲酸乙酯-4-甲酸和 30mL 氯化亚砜，搅拌，加热回流 4h。减蒸出过量氯化亚砜，得到 7g 黄白色固体产品 3-氯-1-甲基吡唑-5-磺酰基氨基甲酸乙酯-4-甲酰氯，收率 94.3%。

（4）3-氯-4-{[(2-羟丙氧基) 氨基] 羰基}-1-甲基吡唑-5-磺酰基氨基甲酸乙酯：在装有搅拌器、温度计和滴液漏斗的 100mL 三口瓶中，加入 6g（0.047mol）1-氨氧基丙-2-醇盐酸盐、10mL 四氢呋喃，搅拌，室温滴加入 2.4g 80% 氢氧化钠水溶液。滴毕，继续搅拌 5min。降温至 0℃，滴加 8g（0.0242mol）3-氯-1-甲基吡唑-5-磺酰基氨基甲酸乙酯-4-甲酰氯在 40mL 四氢呋喃的溶液。在 3℃搅拌 2h。用稀盐酸调节 pH 至 2，同温搅拌 1h，用 100mL 乙酸乙酯萃取，用无水硫酸钠干燥，浓缩，得到黄白色固体 3-氯-4-{[(2-羟丙氧基)氨基]羰基}-1-甲基吡唑-5-磺酰基氨基甲酸乙酯 8.6g，收率 92.4%。

2. 3-氯-4-(5-甲基-5,6-二氢-1,4,2-二噁嗪-3-基)-1-甲基吡唑-5-磺酰基氨基甲酸乙酯的合成：

Cl CONHOCH$_2$CHOHMe N N Me SO$_2$NHCO$_2$Et $\xrightarrow{SOCl_2}$ Cl Me O O N N N Me SO$_2$NHCO$_2$Et

在装有搅拌器、温度计和滴液漏斗的 100mL 三口瓶中，加入 6g（0.047mol）3-氯-4-{[(2-羟丙氧基)氨基]羰基}-1-甲基吡唑-5-磺酰基氨基甲酸乙酯和 40mL 甲苯，搅拌，室温滴加 3.1g（0.026mol）氯化亚砜，搅拌 5min。升温至 90℃，反应 4h。冷却至室温，加入 20mL 水淬灭剩余的氯化亚砜。用 60mL 乙酸乙酯萃取，合并有机相，用无水硫酸钠干燥，浓缩，得到固体产物 3-氯-4-(5-甲基-5,6-二氢-1,4,2-二噁嗪-3-基)-1-甲基吡唑-5-磺酰基氨基甲酸乙酯 7.3g，收率 85.1%。

3. 双醚氯吡嘧黄隆的合成：

Me O O N Cl N N Me SO$_2$NHCO$_2$Et → (H$_2$N, OMe, N, N, OMe) Me O O N Cl N N Me SO$_2$NHCONH N OMe N OMe

在装有搅拌器、温度计和回流冷凝管的 100mL 三口瓶中，加入 8g（0.0218mol）3-氯-4-(5-甲基-5,6-二氢-1,4,2-二噁嗪-3-基)-1-甲基吡唑-5-磺酰基氨基甲酸乙酯和 40mL 甲苯，搅拌溶解。在室温加入 3.5g（0.0226mol）2-氨基-4,6-二甲氧基嘧啶，加热回流 8h。蒸出甲苯，剩余物溶于 40mL 乙酸乙酯，加入 1mol/L 盐酸 20mL 洗涤，分出有机层，用无水硫酸钠干燥，浓缩，用正己烷重结晶，得到双醚氯吡嘧黄隆 8.8g（0.0185mol），收率 84.9%，熔点 175～176℃。

【参考文献】

[1] 高倩，廖道华，郭栋，等. 双醚氯吡嘧磺隆的合成 [J]. 农药，2014，53（7）：478-481.

5-氟尿嘧啶(5-Fu)

【基本信息】 英文名：5-fluoropyrimidine-2,4-dione；CAS 号：51-21-8；分子式：$C_4H_3FN_2O_2$；分子量：130；熔点：278～286℃；水溶性：12.2g/L（20℃）。5-Fu 是抗肿瘤药，对消化道肿瘤、乳腺癌、卵巢癌、绒毛膜上皮癌、子宫癌、肝癌、膀胱癌等均有一定疗效。

【合成方法】

1. 氟乙酸甲酯的合成：

$$ClCH_2CO_2Me + KF \xrightarrow{MeCONH_2} FCH_2CO_2Me$$

氟化钾的干燥：膨化氟化钾在150℃真空干燥15～20min，将结块的氟化钾捣碎倒出，研细。再在150℃干燥3h，备用。

在装有搅拌器、温度计和分馏柱的250mL两口瓶中，加入乙酰胺9.5g（0.19mol），加热熔融后，加入干燥的氟化钾14g（0.24mol），于150℃搅拌0.5h。加入氯乙酸甲酯16mL，快速升温，收集95～110℃馏分。当馏出口温度降到75℃时，减压蒸馏。合并得到的粗产品，进行精馏，收集102～110℃馏分，得到产品氟乙酸甲酯，收率45%，纯度>90%。

2. 2-甲氧基-5-氟尿嘧啶的合成：

$$FCH_2CO_2Me \xrightarrow[MeONa]{HCOOEt} NaOCH{=}CFCOOEt \xrightarrow{H_2NC(=NH)OMe \cdot 1/2H_2SO_4}$$ （2-甲氧基-5-氟尿嘧啶结构式）

在装有搅拌器、温度计和分馏柱的50mL两口瓶中，加入无水甲醇22mL，搅拌下加入金属钠屑0.9g（39mmol）。当钠屑消失后，减压蒸出甲醇。将所得固体捣碎成粉状，冷却。在氮气保护下加入无水甲苯。在低于10℃下，滴加90.5%甲酸乙酯2.65g（纯品2.4g，32.5mmol），再滴加氟乙酸甲酯1.3g（13mmol），约2min滴加完毕。室温搅拌20min，升温到35℃，搅拌6h，得到乳白或微黄色黏稠物。用冰盐水浴冷却，加入无水甲醇和*O*-甲基异脲硫酸盐2.236g（$M=172$，13mmol），升温搅拌5～9h。反应结束，减压蒸出甲醇至干。加入45～50℃水25mL，搅拌溶解（pH>9）后，滤除不溶物，用浓盐酸调节pH至4～5，冷却至室温后，放冰箱静置过夜，滤出结晶，用5mL冷水洗涤2次，干燥，得到浅黄色固体产品2-甲氧基-5-氟尿嘧啶（CAS号：1480-96-2）1.114g（$M=144$，7.74mmol），收率59.5%，熔点185～188℃。

3. 5-氟尿嘧啶的合成：

（2-甲氧基-5-氟尿嘧啶结构式） $\xrightarrow{HCl}$ （5-氟尿嘧啶结构式）

在装有搅拌器、温度计和分馏柱的50mL两口瓶中，加入2-甲氧基-5-氟尿嘧啶0.5g（3.47mmol）和20%盐酸12mL，升温至60℃，搅拌反应5h。旋蒸浓缩至干。加入10mL沸水溶解，冷却结晶，过滤，在105℃烘干2.5h，得到浅黄色粉末产物5-氟尿嘧啶0.344g（2.6456mol），收率76.2%，纯度>95%，熔点275～278℃（文献值：280～281℃）。

【参考文献】

[1] 赵金龙. 5-氟尿嘧啶合成工艺研究[D]. 武汉：武汉科技大学，2012.

5-氟尿嘧啶-1-基乙酸

【基本信息】 英文名：5-fluorouracil-1-yl acetic acid；分子式：$C_6H_5FN_2O_4$；分子量：188；白色晶体粉末；熔点：276℃。本化合物是对抗癌药5-氟尿嘧啶的改进。合成反应式如下：

$$\text{5-FU} \xrightarrow[\text{MeOH}]{\text{KOH}} \text{5-FU-K} \xrightarrow[\text{3mol/L HCl}]{\text{ClCH}_2\text{CO}_2\text{Et}} \text{5-FU-1-}CH_2CO_2H$$

1. 5-氟尿嘧啶单钾盐的合成：在装有搅拌器、温度计、回流冷凝管的 100mL 的三口瓶中，依次加入 5.2g（40mmol）5-氟尿嘧啶、100mL 干燥的甲醇和 2.24g（40mmol）氢氧化钾，室温搅拌 1h。减压蒸出甲醇和生成的水，得到白色 5-氟尿嘧啶单钾盐。UV 检测 λ_{max}（MeOH）：268nm（5-Fu，265nm）。

2. 5-氟尿嘧啶-1-基乙酸的合成：在装有搅拌器、温度计、回流冷凝管的 100mL 三口瓶中，依次加入 2.6g（$M=168.1$，0.0155mol）5-氟尿嘧啶单钾盐、25mL DMF 和 4.2mL（0.04mol）氯乙酸乙酯与 100mL DMF 的溶液，加热到 100℃，反应 4h。反应结束后，若有微量固体析出，为未反应的原料，将其滤除。滤液减压蒸出过量的水，剩余物用冰水浴冷却，静置析晶。过滤，洗涤，红外灯烘干，得到白色晶体 5-氟尿嘧啶-1-基乙酸 2.5g（0.0132mol），收率 85%，纯度 99.5%。UV 检测 λ_{max}（MeOH）：270nm。熔点 276℃。

【参考文献】

［1］常军，李成吾，富海涛，等. 5-氟尿嘧啶-1-基乙酸合成新方法［J］. 广州化工，2010，38（3）：68-69.

拉米夫定

【基本信息】 俗名：拉米夫定（lamivudine）；化学名：（2*R*）-羟甲基-（5*S*）-（胞嘧啶-1-基）-1,3-氧硫杂环戊烷；英文名：（2*R*）-hydroxymethyl-（5*S*）-（cytosine-1-yl）1,3-oxashiolane；CAS 号：134678-17-4；分子式：$C_8H_{11}N_3O_3S$；分子量：229；白色结晶粉末；熔点 160～162℃。本品是核苷类似物，抗病毒药物。

【合成方法】

1. 二羟基乙酸 L-薄荷酯（2）的合成：

$$OCHCO_2H + \text{L-menthol} \xrightarrow{p\text{-TSA}} \text{menthyl-}O\text{-}C(=O)\text{-}CH(OH)_2 \;(\mathbf{2})$$

在装有搅拌器、温度计、回流冷凝管及分水器的 250mL 四口瓶中，加入 19.8g（0.13mol）50%乙醛酸、62.4g（0.4mol）L-薄荷醇和 120mL 正己烷，搅拌混合，加入 0.1g 对甲苯磺酸。加热回流带水 4h。冷却至室温，水洗，用饱和碳酸钠溶液调节 pH 至 5。加入 14g 亚硫酸氢钠和 530mL 的水溶液，室温搅拌 24h。分液，水层在冰水浴冷却下，滴加 37%甲醛溶液 12mL。滴加过程中，逐渐析出固体。滴毕，继续搅拌 4h。过滤，水洗滤饼，真空干燥，得到白色固体二羟基乙酸 L-薄荷酯 24.6g，收率 79.8%，熔点 77～79℃（文献值：79～80℃）。

2.（2*R*，5*R*）-5-羟基-1,3-氧硫杂环戊烷-2-羧酸 L-薄荷酯（3）的合成：

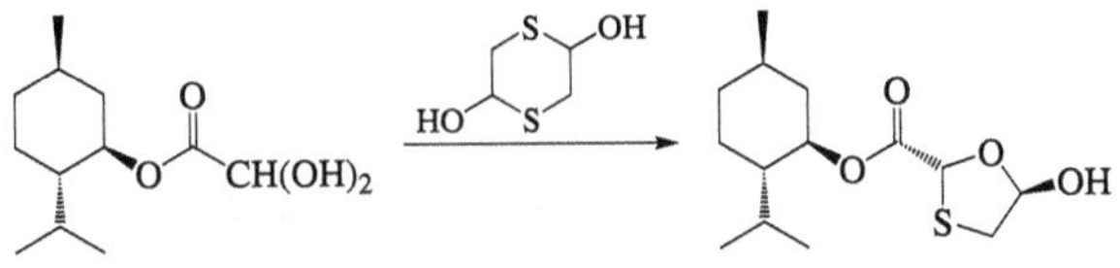

在装有搅拌器、温度计、滴液漏斗、回流冷凝管及分水器的 250mL 四口瓶中，加入 15g（0.06mol）二羟基乙酸 L-薄荷酯（**2**）、1.5mL 乙酸和 80mL 甲苯，搅拌混合。加入 4.95g（0.03mol）2,5-二噻唑烷-1,4-二醇，加热回流带水 6h。冷却至室温，滤除不溶物，将滤液浓缩至约 30mL。冷却至 0～5℃，滴加入 1mL 三乙胺与 80mL 正己烷的溶液。在冰水浴冷却下，搅拌 4h。过滤，干燥，得到白色固体产物（2*R*，5*R*）-5-羟基-1,3-氧硫杂环戊烷-2-羧酸 L-薄荷酯（**3**）16.32g，收率 87%，熔点 107～109℃。

3.（2*R*，5*R*）-5-甲磺酰氨基-1,3-氧硫杂环戊烷-2-羧酸 L-薄荷酯（4）的合成：

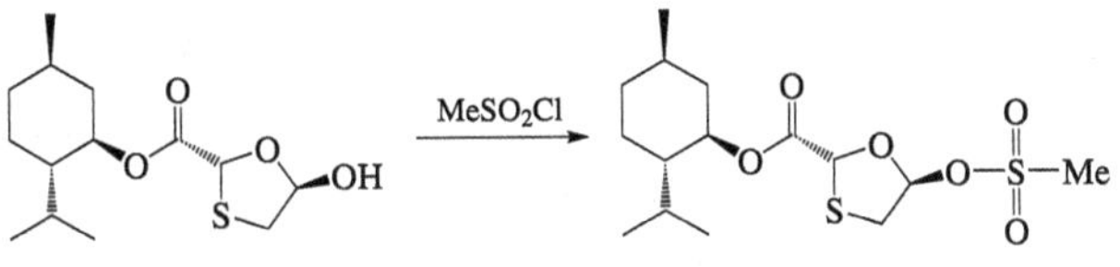

在装有搅拌器、温度计、滴液漏斗、回流冷凝管及分水器的 250mL 四口瓶中，加入 14.5g（0.05mol）化合物 **3**、80mL 二氯甲烷和 5.1g（7.1mL，0.05mol）三乙胺，搅拌混合。在冰水浴冷却下，滴加 5.8g（0.05mol）甲磺酰氯溶于 20mL 二氯甲烷中的溶液。滴毕，室温搅拌 1h，TLC 监测反应至完毕。水洗，分出有机层，用无水硫酸镁干燥，减压浓缩，得到略带黄色油状液体 **4**，直接用于下一步反应。

4.（2*R*，5*S*）-5-（胞嘧啶-1′-基）-1,3-氧硫杂环戊烷-2-羧酸 L-薄荷酯（5）的合成：

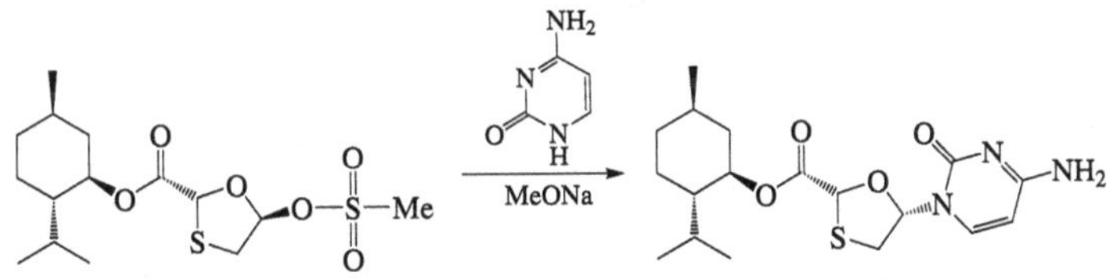

在装有搅拌器、温度计的 250mL 四口瓶中，加入 6.2g（*M*=111，0.056mol）胞嘧啶（CAS 号：71-30-7）和 80mL 无水 DMF，搅拌溶解后，加入 3.0g（0.055mol）甲醇钠，室温搅拌 0.5～1h。加入前一步制备的化合物 **4**，升温至 80℃，搅拌反应 2h。反应结束，减压蒸出溶剂，剩余物用二氯甲烷 40mL×3 萃取，水洗有机相，用无水硫酸钠干燥，减压蒸干，剩余物在室温搅拌下慢慢加入 50mL 石油醚，室温搅拌过夜。抽滤，依次用水、石油醚洗涤滤饼，干燥，得到类白色固体产物 **5** 11.3g，收率 77.9%，熔点 216℃（分解）。

5. 拉米夫定（1）的合成：

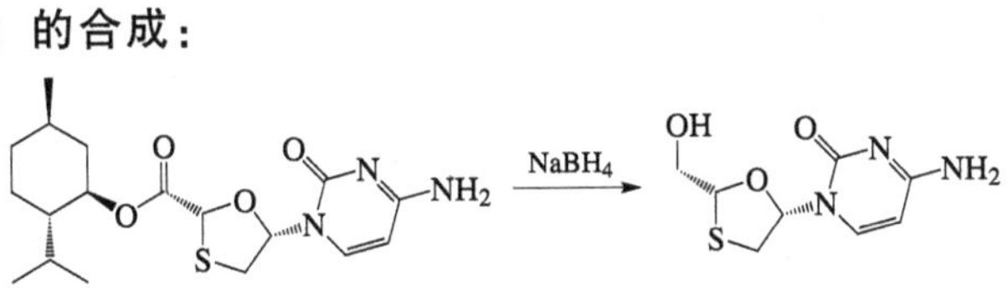

在装有搅拌器、温度计的250mL四口瓶中，加入11.3g化合物**5**和10mL乙醇，搅拌溶解，室温下慢慢分批加入1.1g硼氢化钠，有大量气泡逸出，室温搅拌6h。反应结束，加入0.5mL水。在40℃减压浓缩至干，所得固体加入100mL石油醚，回流0.5h，过滤，用石油醚洗涤滤饼。滤饼加入50mL无水乙醇，加热煮沸，趁热过滤，滤除不溶物。滤液浓缩至约20mL，搅拌下加入50mL乙酸乙酯，析出白色固体，过滤，固体用沸腾的乙醇重结晶，得到白色结晶粉末拉米夫定（**1**）5.3g，收率76.1%，熔点177～179℃。EI-MS：$m/z=229$ [M]。

【参考文献】

[1] 徐光富，江程. 拉米夫定的合成工艺研究 [J]. 化学试剂，2013，35 (3)：274-276.

恩曲他滨

【基本信息】 俗名：恩曲他滨（emtricitabine）；化学名：5-氟-1-(2*R*，5*S*)-[2-羟甲基-1,3-氧硫环-5-酰] 胞嘧啶；英文名：4-amino-5-fluoro-1-[(2*R*，5*S*)-2-hydroxymethyl-1,3-oxathiolan-5-yl]-2-(1*H*)-pyrimidinone；CAS号：143491-57-0；分子式：$C_8H_{10}FN_3O_3S$；分子量：247；熔点：136～140℃；最大吸收波长 λ_{max}：280nm（H_2O）；储存条件：−20℃冰箱。本品是由美国Gilead Siences公司研制成功的一种新型核苷类逆转录酶抑制剂，抗病毒类药物，对HIV-1、HIV-2及HBV均有抗病毒活性。

【合成方法】

1. 二羟基乙酸-1-蓋基酯的合成（超强酸催化法）：

HOOCCH(OH)₂ + [L-薄荷醇] —H_2SO_4/ZrO_2→ [OCCH(OH)₂ 酯] —$NaHSO_3$→ [OCCH(ONa)SO₃H] —H_2CO→ [OCCH(OH)₂ 酯]

在装有搅拌器、温度计、滴液漏斗、回流冷凝管及分水器的250mL四口瓶中，加入一水合乙醛酸2.76g（0.03mol）、L-薄荷醇11.7g（0.075mol）、固体超强酸 H_2SO_4/ZrO_2 0.05g和带水剂环己烷80mL，加热回流带水100min，计量水的体积。冷却至室温，滤除固体酸，水洗有机相。用碳酸钠水溶液调有机相的pH至4～5，去水，加入等物质的量的0.5mol/L亚硫酸氢钠水溶液，氮气保护下室温搅拌24h。分液，水相用环己烷洗2次，用稀碳酸钠水溶液调节pH至7～8，缓慢加入甲醛，使1-蓋基乙醛酸酯游离出来。过滤，水洗，干燥，重结晶，得到无色柱状产物二羟基乙酸-1-蓋基酯5.1g，收率78.5%，熔点79～81℃。超强酸可重复使用4次，母液和L-薄荷醇可套用5次。

2. (2*R*，5*R*)-5-羟基-1,3-氧硫杂环戊烷-2-羧酸-1-蓋基酯的合成：

[OCCH(OH)₂ 酯] —①回流脱水 ②2,5-二噻烷-1,4-二醇→ [5-羟基-1,3-氧硫杂环戊烷-2-羧酸酯]

在装有搅拌器、温度计、滴液漏斗和分水器的250mL三口瓶中，加入4.6g（0.02mol）二羟基乙酸-1-蓋基酯、1mL乙酸和30mL甲苯，加热回流脱水2h。冷却至室温，加入2,5-二噻烷-1,4-二醇1.6g（0.0105mol），80℃反应1h。冷却至室温，加入丙酮，过滤，冰水浴冷至 0～5℃，滴加 0.5mL 三乙胺与 30mL 正己烷的溶液。在冰水浴冷却下搅拌反应 8h。过滤，重结晶，干燥，得到白色晶体产物（2*R*，5*R*)-5-羟基-1,3-氧硫杂环戊烷-2-羧酸-1-蓋基酯 4.77g，收率 83.4%，熔点 98～100℃（文献值：110～112℃）。

3.（2*R*，5*S*)-5-(5-氟胞嘧啶-1-基)-1,3-氧硫杂环戊烷-2-羧酸-1-蓋基酯的合成：

$SOCl_2$　DMF　硅烷化5-氟胞嘧啶

(2*R*, 5*R*), (2*R*, 5*S*)　(2*R*, 5*S*)

在装有搅拌器、温度计、滴液漏斗的 250mL 四口瓶中，加入（2*R*，5*R*)-5-羟基-1,3-氧硫杂环戊烷-2-羧酸-1-蓋基酯 5.72g（0.02mol)、适量二氯甲烷溶剂、几滴甲磺酸和干燥的 DMF 1.7mL，冰水浴冷却下搅拌，滴加 1.5mL（0.021mmol）氯化亚砜和 30mL 二氯甲烷的溶液。滴毕，在 15℃继续反应 4h，低温蒸出过量氯化亚砜，得到氯化溶液。

在装有搅拌器、温度计、滴液漏斗和回流冷凝管的 250mL 四口瓶中，加入甲苯、甲磺酸催化剂、六甲基二硅胺烷 5.6mL（0.027mol)，加热回流 2h。减压蒸出过量六甲基二硅胺烷，重复 2 次，冷却，加入三乙胺 2.7mL，得到硅烷化碱基溶液。

室温下，将氯化液慢慢滴加到硅烷化碱基溶液中，滴毕，加热回流 6h。在 30℃滴加三乙胺水溶液 40mL。滴毕，继续反应 45min 后，滴加正己烷，室温搅拌过夜，过滤，水洗滤饼，重结晶，得到白色絮状固体产物（2*R*，5*S*)-5-(5-氟胞嘧啶-1-基)-1,3-氧硫杂环戊烷-2-羧酸-1-蓋基酯 5.11g，收率 64.5%，熔点 217～219℃。

4. 恩曲他滨的合成：

KBH_4

(2*R*, 5*S*)　(2*R*, 5*S*)

在装有搅拌器、温度计、滴液漏斗和回流冷凝管的 250mL 四口瓶中，加入 2.7g 磷酸二氢钾和 30mL 水，在 20℃搅拌 30min，加入（2*R*，5*S*)-5-(5-氟胞嘧啶-1-基)-1,3-氧硫杂环戊烷-2-羧酸-1-蓋基酯 2g（0.005mol）和无水乙醇 15mL，滴加含 25%氢氧化钠 0.04mL 的硼氢化钾（0.8g，0.015mol）和 4mL 水的溶液。室温搅拌反应 4h，静置，分液，取上层溶液，用盐酸调节 pH 至 4～5，再用氢氧化钠溶液调节 pH 至约为 7.0。用甲苯萃取 3 次，除去 L-薄荷醇，减压蒸干，剩余物加入无水乙醇，加热至 60～70℃，趁热过滤，除去无机盐。减压浓缩，用乙酸乙酯重结晶，得到白色固体产品恩曲他滨 0.97g，收率 79.4%，熔点 184～186℃。

【参考文献】

[1] 任志尧. 恩曲他滨合成研究 [D]. 贵阳：贵州大学，2008.

5-氮杂胞嘧啶

【基本信息】 俗名：5-氮杂胞嘧啶（5-azacytosine)；化学名：2-氨基-1,3,5-三嗪-2（1*H*)-酮；英文名：4-amino-1,3,5-triazin-2（1*H*)-one；CAS 号：931-86-2；分子式：

$C_3H_4N_4O$；分子量：112；白色固体；熔点：>300℃；密度：$1.86g/cm^3$。5-氮杂胞嘧啶可与核糖结合成5-氮杂胞苷，后者对白血病有很好的治疗作用。储存条件：－20℃。合成反应式如下：

$$NC{-}NH{-}\overset{NH}{\overset{\|}{C}}{-}NH_2 \xrightarrow{HCOOH} H_2^+N{=}C(NH_2){-}NH{-}C(=O)CH_3 \cdot HCO_2^- \xrightarrow{145℃/2h} \text{5-氮杂胞嘧啶}$$

【合成方法】

在装有搅拌器、温度计的250mL四口瓶中，加入无水甲酸134.8g（2.93mol），搅拌下分批加入氰基胍84g（1mol）。加毕，升温至118～120℃，反应稳定后，继续搅拌20min，生成白色黏稠状脒基脲甲酸盐。加入甲醇100mL，搅拌均匀，滤出沉淀，烘干，得到固体133g。将其研碎，摊成薄层，在145℃烘烤20min，得到粗产品82g。用TLC［展开剂：甲醇：氯仿＝3：7（体积比）］，在254nm波长荧光显色，主斑点的比移值为0.56，与标准样品相符。粗产品加入30倍体积的水，加热至70℃，加入适量盐酸至溶液变清。用活性炭脱色，趁热过滤。滤液用浓氨水中和至pH为6，冷却，静置，析出大量白色结晶。过滤，洗涤，烘干，得到5-氮杂胞嘧啶68.3g，收率61%，纯度98.5%，熔点>300℃。

【参考文献】

［1］张文生，申艳红，刘启宾，等.5-氮杂胞嘧啶的合成研究［J］.武汉大学学报（理学版），2003，49（4）：454-456.

第十四章 并杂环化合物

头孢匹罗

【基本信息】 俗名头孢匹罗（cefpirome）；化学名：1-[[(6*R*，7*R*)-7-[[(2*Z*)-2-(2-氨基-4-噻唑基)(甲氧亚氨基) 乙酰基] 氨基]-2-羧基-8-氧代-5-硫杂-1-氮杂二环 [4.2.0] 辛烯-3-基] 甲基]-6,7-二氢-5*H*-环戊烯并 [*b*] 吡啶内镓盐；英文名：5*H*-cyclopenta [*b*] pyridinium 或 1-[[(6*R*，7*R*)-7-[[(2*Z*)-2-(2-amino-4-thiazolyl)-2-(methoxyimino) acetyl] amino]-2-carboxy-8-oxo-5-thia-1-azabicyclo [4.2.0] oct-2-en-3-yl] methyl]-6,7-dihydro-inner salt；CAS 号：84957-29-9；分子式：$C_{22}H_{22}N_6O_5S_2$；分子量：514。其硫酸盐 CAS 号：98753-19-6；分子式：$C_{22}H_{22}N_6O_5S_2 \cdot H_2SO_4$；分子量：612；白色至微黄色结晶粉末；熔点：198～202℃（分解）。是第三、四代头孢菌素中，对革兰氏阳性细菌抗菌活性最强的抗生素。

【合成方法】

一、文献 [1] 和 [2] 中方法

1. 2,3-环戊烯并吡啶（CAS 号：533-37-9）的合成：具体方法如下。

（1）方法一（文献 [1] 中的方法）：合成反应式如下。

$$\text{环戊酮} + HC{\equiv}CCH_2NH_2 \xrightarrow[\text{乙醇/回流}]{\text{铜盐催化剂}} \text{2,3-环戊烯并吡啶}$$

在装有磁子搅拌、回流冷凝管和滴液漏斗的 50mL 三口瓶中，加入无水乙醇 15mL、环戊酮 0.42g（5mmol）、铜盐催化剂 0.15mmol。搅拌升温至 78℃，慢慢滴加丙炔胺 0.55g（10mmol）和 10mL 无水乙醇的溶液。用 TLC 监测反应过程，反应 5h 后，原料基本消失，滤除铜盐。加入乙酸乙酯，搅拌溶解，用 6mol/L 盐酸萃取 3 次，水相用固体氢氧化钠调节

pH 至 8。用乙酸乙酯萃取 3 次，用无水硫酸钠干燥，减压蒸出溶剂，低压蒸馏（沸点：87～88℃），得到黄色液体产物 2,3-环戊烯并吡啶 0.327g（*M*=119，2.75mmol），收率 55%。

（2）方法二（文献［2］中的方法：多相催化法）：合成反应式如下。

$$\text{环戊酮} + H_2C{=}CHCHO \xrightarrow{NH_3} \underset{65\%}{\text{2,3-环戊烯并吡啶}} + \underset{10\%\sim15\%}{\text{4-甲基吡啶}} + 2H_2O + H_2$$

将 10g TiO_2/Al_2O_3（自制）装入反应管中，上下两端填充石英砂。将环戊酮和烯丙醛的摩尔比为 1.0∶1.3 的混合液用进料泵打入液体蒸发器，进料速度为 0.6mL/(g·h)，经氮气稀释后进入反应管；另一路氨气也同时通入反应管。氮气和氨气流速由转子流量计测量。反应物进料量由液体计量器测量。

反应管在通入氮气下，升温至 420℃，通入氨气的同时打入反应物。反应产物气体经循环水冷凝成液体，收集后分层，产物主要在油层。GC 分析含量：2,3-环戊烯并吡啶＞65%，4-甲基吡啶 10%～15%。可利用后者的碱性，将二者分离。

2. 头孢噻肟酸的合成：在装有磁子搅拌、温度计的 50mL 三口瓶中，加入 1.0g（*M*=272，3.6765mmol）7-ACA 和 1.482g（*M*=350，4.234mmol）2-甲氧氨基-2-(2-氨基-4-噻唑基)-(*Z*)-硫代乙酸苯并噻唑酯（AE 活性酯）、15mL 二氯甲烷，搅拌溶解，加入 0.1mL DMF 催化剂和 0.56mL 三乙胺。在 25～30℃搅拌 2h，加入 7.4mL 去离子水，搅拌 5min，静置分层。分出有机相，加入 4mL 水洗涤，分出水相。合并水相，用二氯甲烷 3.6mL×2 洗涤，分出的水相加入 2.2mL 四氢呋喃。用稀盐酸调节 pH 至 3，析出白色结晶，静置 1.5h 养晶，过滤，用丙酮 2mL×2 洗滤饼，真空干燥，得到头孢噻肟酸 1.5056g（*M*=455，3.31mmol），收率 90%，纯度＞95%。

3. 头孢匹罗二氢碘酸盐的合成：合成反应式如下。

$$\text{头孢噻肟酸} \xrightarrow[\text{KI/HCl}]{\text{2,3-环戊烯并吡啶}} \text{头孢匹罗二氢碘酸盐}\ (\cdot 2HI)$$

头孢噻肟酸　　　　头孢匹罗二氢碘酸盐

在装有磁子搅拌、温度计且用高纯氮气置换了的 50mL 三口瓶中，加入 1mL（0.7mmol）三甲碘硅烷和 9mL 干燥的二氯甲烷，搅拌冷却至 5℃以下，加入 1mL（0.855mmol）2,3-环戊烯并吡啶，加入过程中，温度控制在 10℃以下。加入 0.455g（*M*=455，1.0mmol）头孢噻肟酸，加热回流 2h。冷却至 5℃以下，加入 2mL 2mol/L 盐酸和 0.6g 碘化钾的溶液，搅拌 30min，放在冰箱过夜，滤出沉淀，用丙酮洗涤，真空干燥，得到黄色固体产物头孢匹罗二氢碘酸盐 0.43g（*M*=769.8，0.558mmol），收率 65.3%，纯度 96%。

二、文献［3］中方法

1. 三甲基碘硅烷的合成：

$$Me_3Si{-}SiMe_3 + I_2 \xrightarrow[N_2]{CH_2Cl_2} 2Me_3SiI$$

在装有搅拌器、温度计、氮气导管和恒压滴液漏斗且用高纯氮气置换了的 250mL 三口瓶中，加入 50mL 二氯甲烷、34g（0.134mol）碘。在 25℃滴加 19.6g（0.134mol）六甲基二硅烷，温度控制在 25～30℃。滴加毕，继续搅拌 1.5h，得到三甲基碘硅烷。

2. 7-ACP 的合成：

$2Me_3SiI$ / $PhNEt_2$；DMF/HCl；CH_2OAc，CO_2H，Me_3SiN，CH_2I，CO_2SiMe_3，H_2N，CO_2^-，$\cdot HCl\cdot H_2O$

在装有搅拌器、温度计、氮气导管和恒压滴液漏斗且用高纯氮气置换了的 200mL 四口瓶中，加入 18.2g（0.067mol）7-氨基头孢烷酸（7-ACA）、45mL 二氯甲烷。搅拌冷却至－7℃左右，滴加 30g（0.2mol）*N*,*N*-二乙基苯胺，滴加过程温度会上升，控制在－5℃左右，搅拌 15min。在氮气保护下，滴加上述三甲基碘硅烷，温度控制在 0～5℃，滴毕，搅拌 2h。在此温度，滴加 31.86g（0.267mol）2,3-环戊烯并吡啶，在 4℃密闭保存过夜。次日升温至 14℃，搅拌 2.5h，得到棕青色透明溶液。在 1L 三口瓶中，加入 60mL DMF 和 30mL 浓盐酸，搅拌冷却至 0℃。慢慢加入上述棕青色透明溶液，搅拌反应 10mL。加入水 40mL，搅拌 10min 后，快速加入 500mL 丙酮，生成大量结晶。搅拌 1h 后，冰水冷却，抽滤，用 500mL 体积比为 5∶1 的丙酮和水的溶液分 3 次洗涤滤饼，真空干燥，得到白色结晶产品 7-ACP。

3. 头孢匹罗的合成：

7ACP　Et_3N　头孢匹罗

H_2SO_4　$\cdot H_2SO_4\cdot H_2O$

头孢匹罗硫酸盐

加入 30mL 四氢呋喃和 20mL 水，搅拌冷却至 0℃，加入 3.86g（M＝385，10mmol）7-ACP 盐酸盐、4.9g（14.8mol）AE 活性酯，搅拌，在 20～25min 之内滴加 1.18g 三乙胺和 10mL 四氢呋喃的溶液，滴加过程保持温度低于 5℃。滴毕，搅拌升温至 25℃，再反应 4h。用 30mL 乙酸乙酯分 2 次萃取，合并水相，用活性炭脱色。在 5℃，用 20%硫酸调节 pH 至 1～2，滤除固体。搅拌下，滴加入乙醇至出现大量结晶，继续搅拌 1h。冷却，抽滤，用乙醇淋洗滤饼，用硫酸常压干燥，得到白色结晶产品头孢匹罗硫酸盐 5.1g（M＝612，8.33mmol），收率 83.3%，熔点 198～200℃。

备注：AE 活性酯（CAS 号：80765-83-0），M（$C_{13}H_{10}N_4O_2S_3$）＝350，熔点 126～130℃。

【参考文献】

［1］程冬萍，于文博，夏成才，等．头孢匹罗的合成［J］．应用化工，2006，35（3）：183-184.

[2] 魏昭彬，王涛，王淑英，等. 2,3-环戊烯并吡啶的多相催化合成 [J]. 合成化学，2008，16 (2)：242-244.

[3] 胡应喜，刘霞，刘文涛，等. 头孢匹罗的合成工艺 [J]. 石油化工高等学校学报，2003，16 (3)：29-33.

比阿培南

【基本信息】 化学名：(−)6-[[(4*R*，5*S*，6*S*)-2-羧基-6-[(1*R*)-1-羟乙基]-4-甲基-7-氧代-1-氮杂双环 [3.2.0] 庚-2-烯-3-基] 硫]-6,7-二氢-5*H*-吡唑 [1,2-*a*] [1,2,4] 三唑-4-鎓内盐；CAS 号：120410-24-4；分子式：$C_{15}H_{18}N_4O_4S$；分子量：350。比阿培南是一种碳青霉烯类合成抗生素；内盐白色或类白色粉末。溶于水，不溶于一般有机溶剂。对肾脱氢肽酶比美洛培南更稳定，不需要合用酶抑制剂。抗革兰氏阴性菌，特别是抗绿脓杆菌的活性比亚胺培南强，对于革兰氏阳性菌的抗菌活性稍低于亚胺培南，抗厌氧菌的活性与亚胺培南相同。

【合成方法】

1. 1-甲酰基-2-异丙烯肼的合成：

$$H_2NNH_2 \cdot H_2O \xrightarrow[HCO_2Et]{MeC(O)Me} HC(O)NH{-}N{=}C(Me)_2$$

在装有搅拌器、温度计、回流冷凝管和滴液漏斗的 1L 四口瓶中，加入 80%水合肼 62.5g、乙醇 100mL，搅拌，降温至−5℃左右，滴加甲酸乙酯 97mL，约 1h 滴完。滴毕，在−5～0℃搅拌 30min 后，在室温搅拌反应 14h。然后滴加丙酮 147mL，约 30min 滴完。滴毕，室温搅拌 1h，浓缩至干，得到针状结晶，真空干燥，得到白色固体 1-甲酰基-2-异丙烯肼 92.6g，收率 92.6%，熔点 67～70℃。

2. 4-溴-1,2-二甲酰基吡唑烷的合成：

$$HC(O)NH{-}N{=}C(Me)_2 \xrightarrow{CH_2{=}CHCH_2Br} HC(O)N(CH_2CH{=}CH_2){-}N{=}C(Me)_2 \xrightarrow{HCOOH} HC(O)N(CH_2CH{=}CH_2){-}NHC(O)H$$

$$\xrightarrow{Br_2} HC(O)N(CH_2CHBrCH_2Br){-}NHC(O)H \xrightarrow{K_2CO_3} \text{1,2-(OHC)}_2\text{-4-Br-吡唑烷}$$

在装有搅拌器、温度计、回流冷凝管和滴液漏斗的 500mL 四口瓶中，加入 1-甲酰基-2-异丙烯肼 92.6g、乙酸乙酯 240mL、烯丙溴 104mL、无水碳酸钾 276.2g，加热至 80℃，反应 5h，冷却至室温，过滤，滤液浓缩至干，得到浅黄色油状物 1-甲酰基-1-烯丙基-2-异丙烯肼。

将该混合物投入 500mL 三口瓶中，加入甲酸 120mL，升温至 80℃，反应 15h，减压浓缩至干，得到浅褐色油状产物 1-烯丙基-1,2-二甲酰基肼。

在装有搅拌器、温度计、回流冷凝管和滴液漏斗的 2L 四口瓶中，加入上述制备的 1-烯丙基-1,2-二甲酰基肼、300mL二氯甲烷，降温至-5℃，加入46.9g溴化锂与300mL二氯甲烷的溶液。降温至-8℃，滴加36mL溴与150mL二氯甲烷的溶液，约30min滴完。滴毕，温度在0℃，搅拌10min后，依次加入饱和碳酸钠溶液300mL和饱和亚硫酸钠溶液200mL。搅拌10min后，分层。分出下层二氯甲烷层，水层用乙酸乙酯100mL×3萃取。合并有机相，用无水硫酸镁干燥，滤除硫酸镁，滤液减压蒸干，得到棕褐色产物1-(1,2-二溴丙基)-1,2-二甲酰基肼。

在装有搅拌器、温度计、回流冷凝管和滴液漏斗的1L四口瓶中，加入上述制备的油状产物1-(1,2-二溴丙基)-1,2-二甲酰基肼、乙酸乙酯400mL、无水碳酸钾141.7g。搅拌升温至40℃，反应6h。过滤，滤液减压蒸馏至约剩100mL，搅拌冷至-10℃，析出固体，继续搅拌2h，过滤，得到浅黄色固体产品4-溴-1,2-二甲酰基吡唑烷66.5g，熔点81～83℃，纯度98.16%。四步总收率40.2%。

3. 4-(乙酰硫基)-1,2-二甲酰基吡唑烷的合成：

(反应式：4-溴-1,2-二甲酰基吡唑烷 —MeCOSK→ 4-(乙酰硫基)-1,2-二甲酰基吡唑烷；结构式标注：OHC、OHC—N、Br、SAc)

在装有搅拌器、温度计、回流冷凝管和滴液漏斗的500mL四口瓶中，加入4-溴-1,2-二甲酰基吡唑烷60g、硫代乙酸钾50g（0.4382mol）、乙酸乙酯400mL。搅拌，升温至40℃，反应6h。过滤，滤液减压蒸至剩余100mL，搅拌降温至0℃，析出固体。继续搅拌2h，过滤，干燥，得到浅黄色固体产物4-(乙酰硫基)-1,2-二甲酰基吡唑烷47.1g，收率80.3%，熔点48～50℃，纯度97.42%。

4. 双（4-吡唑烷）二硫化物二盐酸盐的合成：

(反应式：4-(乙酰硫基)-1,2-二甲酰基吡唑烷 —KOH→ 1-甲酰基-4-巯基吡唑烷(HN, SH) —空气→ $\left(\text{S}-\right)_2$ 二硫化物(CHO, NH) —浓盐酸→ 二盐酸盐(CHO, NH, HCl)$_2$)

在装有搅拌器、温度计、回流冷凝管和滴液漏斗的500mL四口瓶中，加入4-(乙酰硫基)-1,2-二甲酰基吡唑烷20g、甲醇100mL，降温至0℃，滴加入5.5g氢氧化钾溶于40mL甲醇的溶液，约20min滴完。滴毕，在0℃继续搅拌反应10min，得到中间体1-甲酰基-4-巯基-吡唑烷的溶液。用无水甲酸调节pH至7，升至室温，加入0.16g三氯化铁溶于10mL甲醇的溶液。加毕，通入空气，反应2h。减压蒸馏至干，加入二氯甲烷120mL和活性炭1g，搅拌10min，过滤，滤液减压蒸干，得到浅黄色黏稠液体双［4-(1-甲酰基吡唑烷）二硫化物］。加入甲醇150mL，搅拌使其溶解，加入浓盐酸16.5mL，在室温搅拌6h，析出白色固体，过滤，干燥，得到双（4-吡唑烷）二硫化物二盐酸盐11.5g，熔点191～193℃，纯度90.636%。三步总收率93.3%。

5. 双（6,7-二氢-5*H*-吡唑［1,2-*a*］［1,2,4］三唑-6-基）二硫二氯化物的合成：

(反应式：双(4-吡唑烷)二硫化物二盐酸盐(NH, NH, HCl)$_2$ —EtOCH=NH·HCl→ 双(6,7-二氢-5H-吡唑[1,2-a][1,2,4]三唑-6-基)二硫二氯化物(N, N^+, Cl^-)$_2$)

在装有搅拌器、温度计、回流冷凝管和滴液漏斗的500mL四口瓶中，加入双（4-吡唑烷）二硫化物二盐酸盐14g、水210mL、碳酸钾10g，降温至10℃，加入乙氧亚甲基亚胺盐酸盐54.5g，在0℃搅拌10min。用6mol/L盐酸调节pH至2，减压蒸馏至干，剩余物溶于200mL甲醇，过滤，用甲醇洗涤滤饼2次。合并滤液和洗液，减压蒸干，所得固体用甲醇和乙醇（1∶2）混合液重结晶，得到白色固体产物双（6,7-二氢-5*H*-吡唑［1,2-*a*］［1,2,4］三唑-6-基）二硫二氯化物12.7g，收率71.9%，熔点182～185℃，纯度98.03%。

6. 侧链6,7-二氢-6-巯基-5*H*-吡唑并［1,2-*a*］［1,2,4］三唑鎓氯化物的合成：

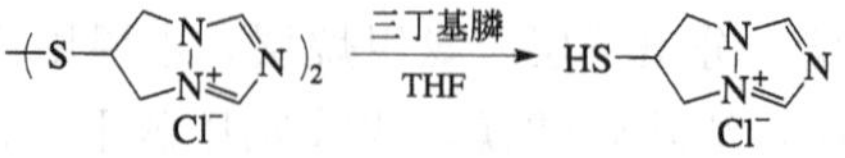

三丁基膦 / THF

1

在装有搅拌器、温度计、回流冷凝管和滴液漏斗的250mL四口瓶中，加入双（6,7-二氢-5*H*-吡唑［1,2-*a*］［1,2,4］三唑-6-基）二硫二氯化物10g、THF 50mL、三丁基膦11.4g，冷却至0℃，搅拌1h。升温至20℃，减压蒸出四氢呋喃，用乙酸乙酯60mL萃取水相一次。水相在50℃下减压蒸干，剩余物用DMF和丙酮重结晶，得到6,7-二氢-6-巯基-5*H*-吡唑并［1,2-*a*］［1,2,4］三唑鎓氯化物6.6g，收率65.6%，熔点125～128℃，纯度90.69%。

7. 比阿培南的合成：

（1）中间体6-[[(4*R*，5*S*，6*S*)-2-(4-硝基苄氧羰基)-6-[(1*R*)-1-羟乙基]-4-甲基-7-氧代-1-氮杂二环［3.2.0］庚-2-烯-3-基］硫基]-6,7-二氢-5*H*-吡唑并［1,2-*a*］［1,2,4］三唑-4-鎓氯化物的合成：合成反应式如下。

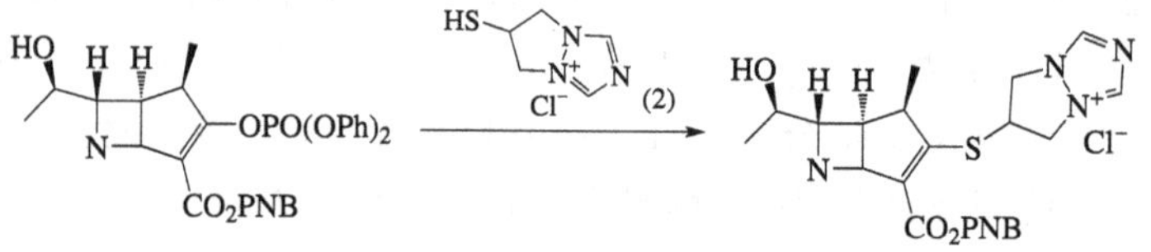

2 → 3 (2)

在装有搅拌器、温度计、回流冷凝管和滴液漏斗的250m四口瓶中，加入化合物**2** 6g、化合物**1** 2.3g、DMF 1.8mL、乙腈18mL、丙酮18mL，搅拌，冷却至0℃，缓慢滴加二异丙基乙胺2.1g，约20min滴完，在此温度继续反应2h，析出浅黄色固体。过滤，用二氯甲烷洗涤滤饼，得到化合物**3** 4.6g，收率88.1%，熔点165～170℃，纯度93.52%。

（2）比阿培南的合成：合成反应式如下。

H_2 / Pd/C

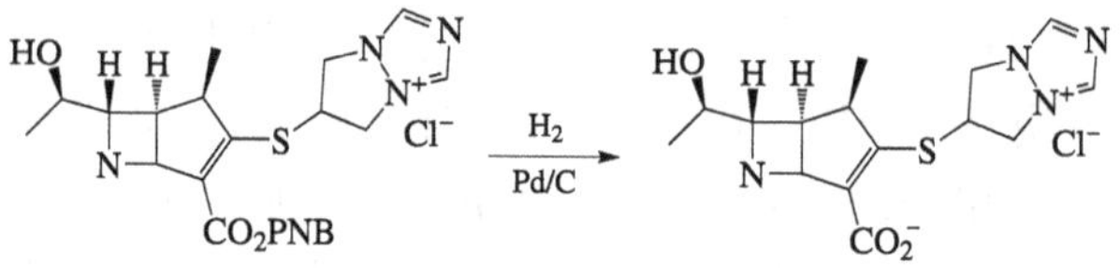

3 → 比阿培南

在装有搅拌器、温度计、回流冷凝管和滴液漏斗的1L四口瓶中，加入水150mL、异丙醇100mL、*N*-甲基吗啉6mL，搅拌，用乙酸调节pH至5.6。加入中间体（3）6g，溶解后，加入10%Pd/C 3g，通入氢气，在27℃反应2h。滤除催化剂，加入丙酮400mL，搅拌，析出固体，降温至0℃，搅拌2h，过滤，干燥，得到比阿培南3.4g，收率76.4%，熔点207～217℃，纯度99.75%。

【参考文献】

［1］李鹤.比阿培南的合成工艺［D］.南昌：南昌大学，2012.

多尼培南

【基本信息】 化学名：(+)-(4*R*，5*S*，6*S*)-6-[(1*R*)-1-羟基乙基]-4-甲基-7-氧代-3-

[[(3*S*,5*S*)-5-[(氨基磺酰氨基)-甲基] -3-吡咯烷基] 硫]-1-氮杂双环 [3.2.0] 庚-2-烯-2-甲酸；英文名：(+)-(4*R*,5*S*,6*S*)-6-[(1*R*)-1-hydro-xyethyl]-4-methyl-7-oxo-3-[[(3*S*, 5*S*)-5-[(sulfamoylamino)-methyl]-3-pyrrolidinyl] thio]-1-azabicyclo [3.2.0] hept-2-ene-2-carboxylic acid；CAS 号：148016-81-3；分子式：$C_{15}H_{24}N_4O_6S_2$；分子量：520；熔点：>186℃（分解）；储存条件：−20℃。本品是内酰胺类中碳青霉烯类抗生素。

【合成方法】

1. (2*S*，4*R*)-4-羟基-2-甲氧羰基吡咯烷盐酸盐（2）的合成：

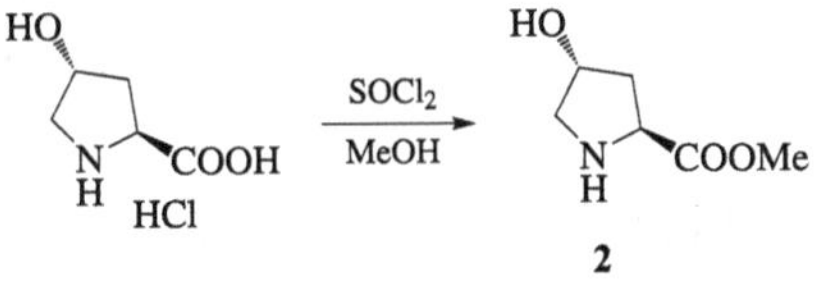

在装有搅拌器、温度计、回流冷凝管和滴液漏斗的 50mL 三口瓶中，加入 3.2g (24.5mmol) 反式-4-羟基-L-脯氨酸和 12mL 甲醇，搅拌混匀。冷却至 0℃，慢慢滴加氯化亚砜 1.8mL (25mmol)。滴毕，升至室温，搅拌 20min，再升温至 40℃搅拌 14h。冷却，析出白色结晶，滤出结晶，干燥，得到化合物 **2** 4.4g，收率 98.8%，熔点 164～165℃。

2. (2*S*，4*R*)-1-叔丁氧羰基-4-甲磺酰氧基-2-甲氧羰基吡咯烷（3）的合成：

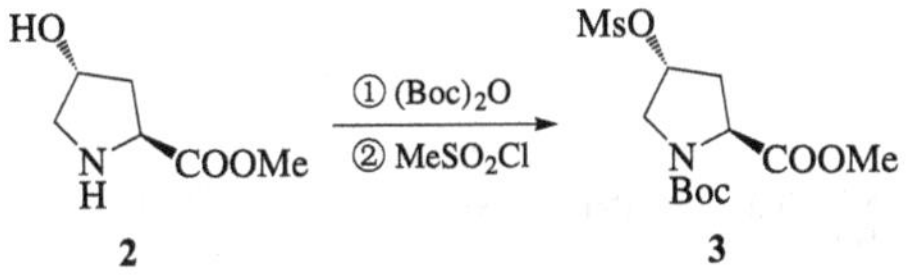

在装有搅拌器、温度计、回流冷凝管和滴液漏斗的 50mL 三口瓶中，加入 4.4g (24.2mmol) 化合物 **2**、二氯甲烷 27mL，搅拌溶解。冷却至 0℃，加入三乙胺 3.7mL (26.6mmol) 搅拌 5min 后，滴加 5.9g (27mmol)$(Boc)_2O$ [即 $(CO_2CMe_3)_2O$] 与 27mL 二氯甲烷的溶液，搅拌 1h。再加入三乙胺 3.7mL (26.6mmol)，滴加甲磺酰氯 2.0mL (25.5mmol)，在 8～10℃反应 2h。水洗、干燥、浓缩，得到 7.3g 白色结晶化合物 **3**，收率 93%，熔点 86～87℃。

3. (2*S*，4*R*)-1-叔丁氧羰基-4-甲磺酰氧基吡咯烷-2-甲醇（4）的合成：

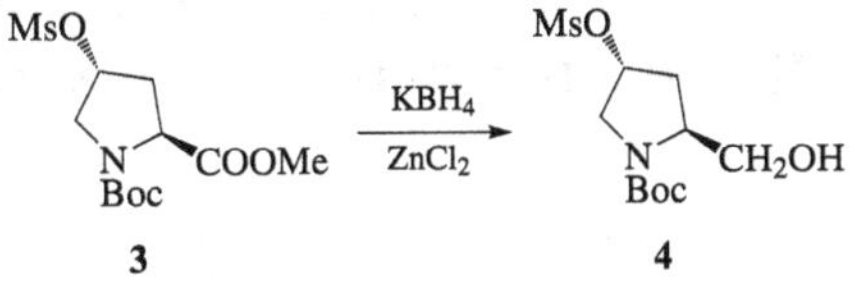

在装有搅拌器、温度计和回流冷凝管的 250mL 三口瓶中，加入 100mL 二噁烷、6.1g (44.8mmol) 无水氯化锌和 4.8g (89.6mmol) 硼氢化钾，室温搅拌 2h。加入 7.3g (22.4mmol) 化合物 **3**，慢慢升温至回流，反应 1.5h。冷却至室温，过滤，加入 8.5mL 5mol/L 盐酸淬灭反应。加入 100mL 水，用 150mL 乙酸乙酯萃取，用饱和食盐水洗涤有机相，干燥，浓缩，得到化合物 **4** 6.1g，收率 92.9%，熔点 95～96℃。

4. (2*S*，4*R*)-4-乙酰硫基-1-叔丁氧羰基吡咯烷-2-甲醇（5）的合成：

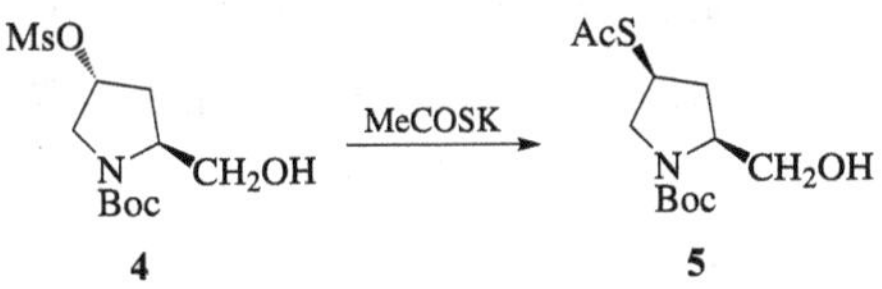

在装有搅拌器、温度计和回流冷凝管的 250mL 三口瓶中，加入 92mL DMF、6.1g（44.8mmol）化合物 **4** 和 4.6g（40mmol）硫代乙酸钾，搅拌溶解。加热至 65℃，反应 10h。冷却至室温，加入 100mL 水，用 150mL 乙酸乙酯萃取，水洗有机相，干燥，浓缩，得到黄色油状化合物 **5** 5.4g，收率 98.6%。

5.（2*S*，4*R*）-4-乙酰硫基-1-叔丁氧羰基-2-（*N*-叔丁氧羰基氨磺酰胺基）甲基吡咯烷（6）的合成：

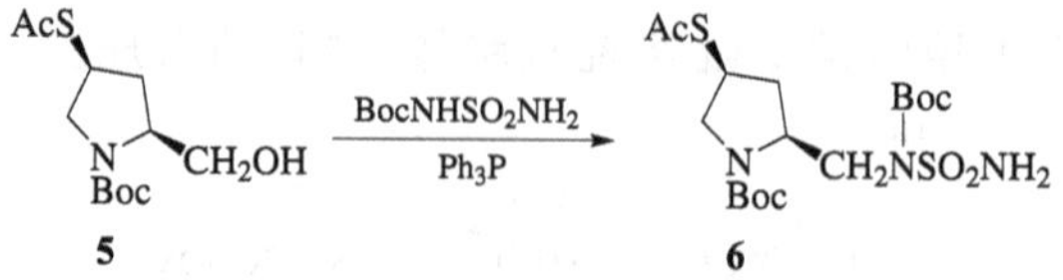

在装有搅拌器、温度计、回流冷凝管和滴液漏斗的 250mL 三口瓶中，加入 5.4g（19.7mmol）化合物 **5** 和 40mL TMF，搅拌溶解，加入 6.4g（32mmol）*N*-叔丁氧羰基氨磺酰胺。降温至 0℃，慢慢滴加偶氮二甲酸二乙酯 5.2g（29mmol）。滴毕，在 0～2℃反应 6h。加入 60mL 甲苯，浓缩后，再加入 80mL 甲苯，析出固体，过滤，浓缩滤液，剩余物用乙酸乙酯-石油醚（2∶1）重结晶，得到白色结晶产物 **6** 7.1g，收率 80%，熔点 118～119℃。

6.（2*S*，4*R*）-1-叔丁氧羰基-2-（*N*-叔丁氧羰基氨磺酰胺基）甲基-4-巯基吡咯烷（7）的合成：

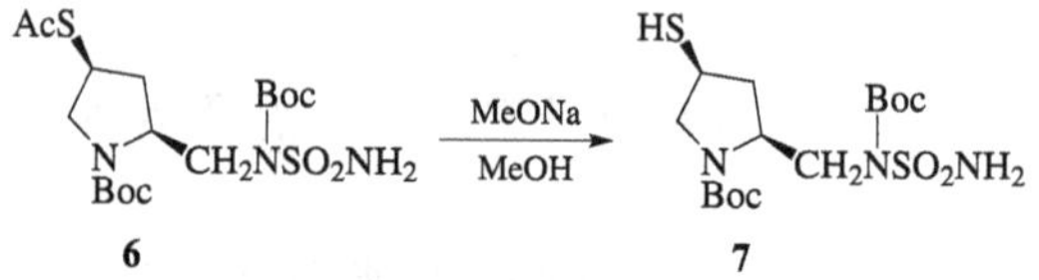

在装有搅拌器、温度计、回流冷凝管和滴液漏斗的 100mL 三口瓶中，加入 7.1g（15.7mmol）化合物 **6** 和 28.5mL 二氯甲烷，搅拌溶解。冷却至－30℃，滴加 4.92mol/L 甲醇钠的甲醇溶液 9.6mL（47.2mmol），在－20℃搅拌 30min。加入冰水 20mL，搅拌，静置分层。分出水层，加入甲苯 18mL，冷却下用浓盐酸 3.1mL 酸化。分出有机相，水洗、干燥、浓缩，剩余物经乙酸乙酯-环己烷重结晶，得到白色固体产物 **7** 4.9g，收率 75.4%，熔点 91～92℃。

7.（1*R*，5*S*，6*S*）-2-［（3*S*，5*S*）-1-叔丁氧羰基-5-（*N*-叔丁氧羰基氨磺酰胺基）甲基吡咯烷-3-基］硫基-6-［（1*R*）-1-羟乙基］-1-甲基-1-碳代-2-青霉烯-3-羧酸硝基苄酯（9）的合成：

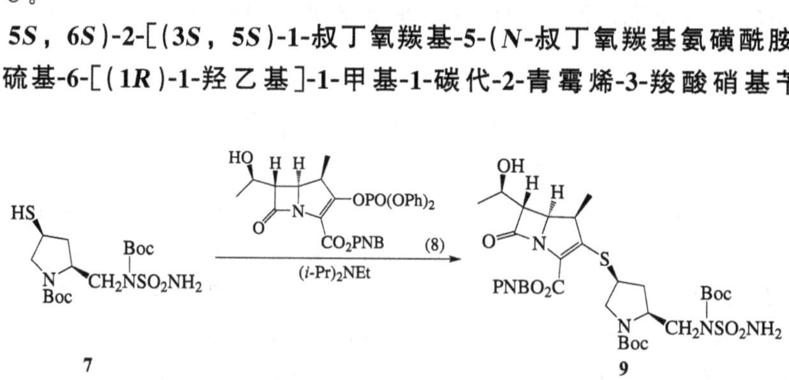

在装有搅拌器、温度计、回流冷凝管和滴液漏斗的 250mL 三口瓶中，加入 6.2g（9.7mmol）化合物 **8** 和 60mL 乙腈，冷却至 0℃，加入二异丙基乙胺 2.2mL（12.9mmol）和 4.9g（11.9mmol）化合物 **7** 与 42mL 乙腈的溶液，在 2℃搅拌 15h。加入 150mL 乙酸乙酯，搅拌，依次用水、饱和食盐水洗涤，干燥，浓缩，得到浅黄色泡沫状固体产物 **9** 6.8g，收率 87%。

8. 多尼培南（1）的合成：

在装有搅拌器、温度计、回流冷凝管和滴液漏斗的 250mL 三口瓶中，加入 6.8g (8.4mmol) 化合物 **9** 和二氯甲烷 96mL，搅拌溶解。加入苯甲醚 7.9mL 和硝基甲烷 16.1mL。冷却至−60℃，滴加 1mol/L 的三氯化铝与 67.3mL 硝基甲烷的溶液。在−40℃搅拌 2h。加入水 130mL，过滤，滤饼溶于 29.2mL THF 和 18.5mL 水的混合溶液，加入 10%钯碳 1.2g 和氯化镁 0.6g，室温 500kPa 氢气压力下，摇振 1.5h。滤除钯碳，滤液加入 THF 150mL，分出水层。向 THF 溶液加入 0.3g 氯化镁，静置，分出水层，再重复做一次。合并水相，在 0℃慢慢滴加甲醇 58mL。在−10℃搅拌 1h，过滤，滤饼用水-异丙醇重结晶，得到白色结晶产物 **1** 1.7g，收率 58.1%。经卡氏测水法和 TGA 测定分子中结晶水为 4.21%，$[\alpha]_D^{20}=+34°$（$c=1$，H_2O）。

【参考文献】

［1］张爱艳，朱雪焱，袁哲东. 多尼培南的合成［J］. 中国医药工业杂志，2006，37 (6)：361-363.

［2］石岳峻，陶敏杰，邓飞，等. 多尼培南的合成工艺改进［J］. 广州化工，2013，41 (21)：53-55.

美罗培南

【基本信息】 俗名：美罗培南（meropenen）；化学名：（4*R*，5*S*，6*S*)-3-{[(3S，5S)-5-(二甲基氨甲酰基)-3-吡咯烷］硫}-6-[(1*R*)-1-羟乙基]-4-甲基-7-氧-1-氮双环［3.2.0］庚-2-烯-2-羧酸；英文名：（4*R*，5*S*，6*S*)-3-[[(3S，5S)-5-[(dimeth-ylamino) carbonyl]-3-pyrrolidinyl] thio]-6-[(1R)-1-hydroxyethyl]-4-methyl-7-oxo-1-azabicyclo［3.2.0］hept-2-ene-2-carboxylic acid；CAS 号：96036-03-2；分子式：$C_{17}H_{25}N_3O_5S$；分子量：383（其三水合物 $M=437$）；白色或微黄色粉末；沸点：(627.4±55.0)℃；闪点：(333.2±31.5)℃；密度：1.4g/cm^3。本品是新一代广谱碳青霉烯抗生素，通过抑制细菌细胞壁的合成产生抗菌作用，治疗脑膜炎及肺炎。密闭储存在阴凉干燥处。

【合成方法】

1. (2*S*，4*R*)-2-羧基-4-羟基-1-(对硝基苄氧羰基）吡咯烷的合成：

氯甲酸对硝基苯酯

(对硝基苄氧基羰基, 简称PNZ)

在装有搅拌器、温度计和滴液漏斗的 250mL 三口瓶中，加入（2*S*，4*R*)-4-羟基吡咯烷-2-羧酸 27.5g（0.21mol）和 2mol/L 氢氧化钠溶液 30mL，搅拌，降温至 0～5℃，滴加入氯甲酸对硝基苯基酯 49.5g（0.23mol）与 40mL 二氯甲烷的溶液，同温搅拌反应 2h。加入

2mol/L 氢氧化钠水溶液 50mL，搅拌，分出水层，用 70mL 二氯甲烷洗涤，在 0～5℃加入浓硫酸 38g 进行酸化。过滤，水洗滤饼，减压干燥，得到（2*S*，4*R*）-2-羧基-4-羟基-1-(对硝基苄氧羰基）吡咯烷 60.7g，收率 93%，熔点 134～135.5℃。

2.（2*S*，4*R*）-4-羟基-2-(对甲氧基苄氧羰基)-1-(对硝基苄氧羰基）吡咯烷的合成：

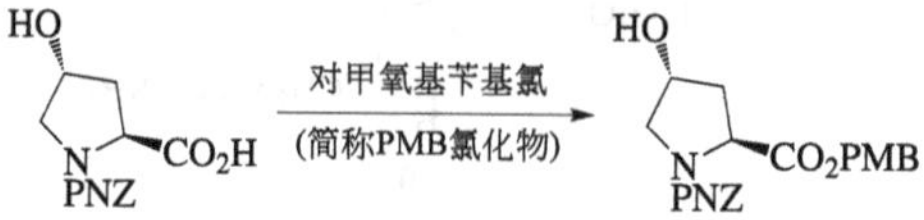
HO
CO2H
PNZ
对甲氧基苄基氯
(简称PMB氯化物)
HO
CO2PMB
PNZ

在装有搅拌器、温度计、滴液漏斗和氮气导管的 250mL 三口瓶中，加入（2*S*，4*R*）-2-羧基-4-羟基-1-(对硝基苄氧羰基）吡咯烷 15g（48mmol）、三乙胺 13.5mL（97mmol）与 150mL DMF 的溶液。搅拌，在室温氮气保护下，滴加对甲氧基苄基氯 13.6g（87mmol），升温至 70℃，搅拌反应 10h。冷却至室温，用 500mL 乙酸乙酯稀释，水洗，用无水硫酸钠干燥。减压蒸出溶剂，所得粗品用乙醚重结晶，得到（2*S*，4*R*）-4-羟基-2-(对甲氧基苄氧羰基)-1-(对硝基苄氧羰基）吡咯烷 18.2g，收率 88%，熔点 83～85℃。

3.（2*S*，4*R*）-4-乙酰硫基-2-(对甲氧基苄氧羰基)-1-(对硝基苄氧羰基）吡咯烷的合成：

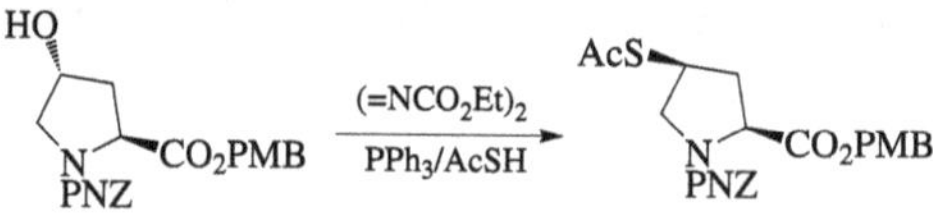
HO
CO2PMB
PNZ
(=NCO2Et)2
PPh3/AcSH
AcS
CO2PMB
PNZ

在装有搅拌器、温度计、滴液漏斗和氮气导管的 250mL 四口瓶中，加入（2*S*，4*R*）-4-羟基-2-(对甲氧基苄氧羰基)-1-(对硝基苄氧羰基）吡咯烷 8.6g（20mmol）和三苯磷 7.86g（30mmol）。搅拌，冷却至 0～5℃，在氮气保护下，滴加偶氮二甲酸二乙酯 5.22g（*M*＝174，30mmol）与 5mL THF 的溶液，同温搅拌反应 30min。在此温度，滴加硫代乙酸 2.28g（30mmol），在 0～5℃搅拌 1h 后，升至室温反应 3h。真空浓缩，得到棕色油状物，经硅胶色谱柱纯化，得到（2*S*，4*R*）-4-乙酰硫基-2-(对甲氧基苄氧羰基)-1-(对硝基苄氧羰基）吡咯烷 9.7g，收率 99%。

4.（2*S*，4*R*）-4-乙酰硫基-2-羰基-1-(对硝基苄氧羰基）吡咯烷的合成：

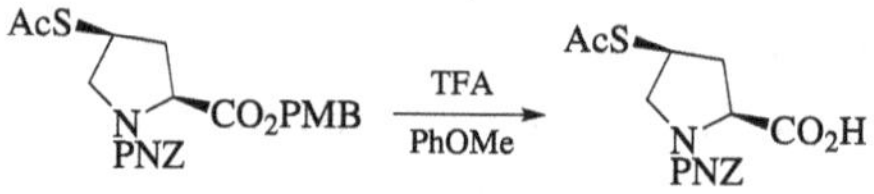
AcS
CO2PMB
PNZ
TFA
PhOMe
AcS
CO2H
PNZ

在装有搅拌器、温度计、滴液漏斗和氮气导管的 250mL 四口瓶中，加入（2*S*，4*R*）-4-乙酰硫基-2-(对甲氧基苄氧羰基)-1-(对硝基苄氧羰基）吡咯烷 9.76g（20mmol）、苯甲醚 4.32g（40mmol）和三氟乙酸（TFA）35mL（460mmol），室温搅拌 30min，真空浓缩，剩余物经硅胶色谱柱纯化，得到（2*S*，4*R*）-4-乙酰硫基-2-羰基-1-(对硝基苄氧羰基）吡咯烷 7.36g（*M*＝368，21mmol），收率 100%，熔点 107～109℃。

5.（2*S*，4*R*）-4-乙酰硫基-2-二甲基氨基甲酰基-1-(对硝基苄氧羰基）吡咯烷的合成：

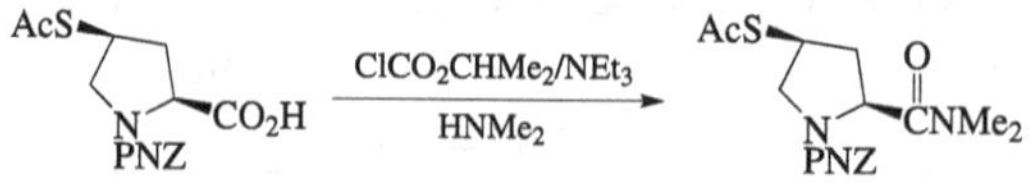
AcS
CO2H
PNZ
ClCO2CHMe2/NEt3
HNMe2
AcS
O
CNMe2
PNZ

在装有搅拌器、温度计、回流冷凝管和滴液漏斗的 250mL 三口瓶中，加入 6.4g（17.4mmol）（2*S*，4*R*）-4-乙酰硫基-2-羰基-1-(对硝基苄氧羰基）吡咯烷和 3.26g（32.3mmol）三乙胺与 80mL 无水四氢呋喃的溶液。降温至－10～5℃，在氮气保护下，滴加氯甲酸异丙酯 3.45g（28.1mmol），滴毕，继续反应 20min。然后，在－10～0℃，加入 39mL 二甲胺的四氢呋喃溶液（浓度：1mol/L）。继续反应 20min 后，将反应混合物倒入冷水中，用乙酸乙酯萃取。萃取液依次用稀盐酸和水洗涤，用无水硫酸钠干燥，减压蒸出溶剂，得到黄色油状物。经硅胶柱色谱纯化（洗脱剂：乙酸乙酯∶环己烷＝2∶1），得到（2*S*,4*R*)-4-乙酰硫基-2-二甲基氨基甲酰基-1-(对硝基苄氧羰基）吡咯烷 6.6g（*M*＝383，17.23mmol），收率 99%，熔点 115.5～119℃。

6.（2*S*，4*R*)-2-二甲基氨基甲酰基-4-硫基-1-(对硝基苄氧羰基）吡咯烷的合成：

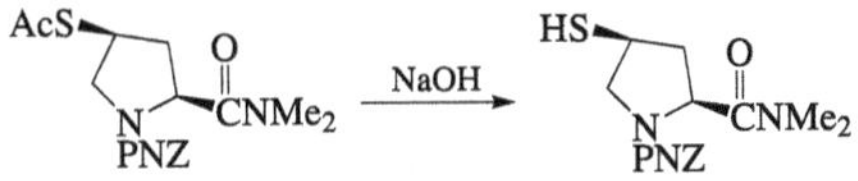

在装有搅拌器、温度计、回流冷凝管和滴液漏斗的 100mL 三口瓶中，加入（2*S*，4*R*)-4-乙酰硫基-2-二甲基氨基甲酰基-1-(对硝基苄氧羰基）吡咯烷 2.5g（6.33mmol）和甲醇 15mL，搅拌，降温至 0～5℃，滴加入 4mol/L 氢氧化钠 1.66mL，滴毕，同温搅拌反应 15min。加入 4mol/L 盐酸 1.74mL 后，用 65mL 乙酸乙酯稀释。分出有机相，用饱和食盐水洗涤，用无水硫酸钠干燥，减压蒸出溶剂，得到（2*S*，4*R*)-2-二甲基氨基甲酰基-4-硫基-1-(对硝基苄氧羰基）吡咯烷纯品 2.06g（5.836mmol），收率 92.2%。用乙酸乙酯-己烷（1∶1）重结晶，得到无色结晶，熔点 118～119.5℃。无须纯化，直接用于下一步反应。产物分子式：$C_{15}H_{19}N_3O_5S \cdot 1/4H_2O$；分子量：357.5。

7.（1*R*，5*R*，6*S*)-6-[（1*R*)-1-(叔丁基二甲基硅氧基）乙基]-2-[（3*S*，5*S*)-1-(对硝基苄氧羰基)-5-(二甲基氨基甲酰基）吡咯烷-3-硫基]-1-甲基碳青霉-2-烯-3-羧酸烯丙酯（3）的合成：

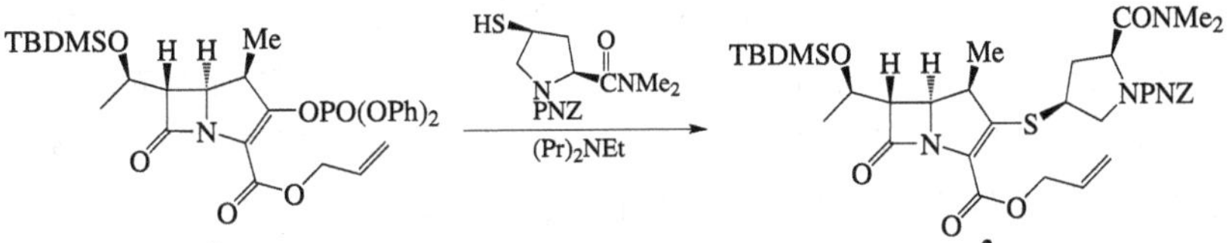

在装有搅拌器、温度计、回流冷凝管和滴液漏斗的 50mL 三口瓶中，加入原料（2）0.25g（0.41mmol）、无水乙腈 6mL，搅拌降温至 0℃，在氮气保护下加入二异丙基乙胺 0.11mL（0.62mmol）。反应 5min 后，加入（2*S*，4*R*)-2-二甲基氨基甲酰基-4-硫基-1-(对硝基苄氧羰基）吡咯烷 0.17g（0.47mmol）的乙腈溶液 2mL，继续反应 2.5h。加入 20mL 乙酸乙酯稀释，用饱和氯化钠溶液 5mL×3 洗涤，用无水硫酸钠干燥，减压浓缩，所得 0.4g 黄色油状物，经硅胶柱色谱分离（洗脱剂：乙酸乙酯∶丙酮＝3∶1)。得到化合物（1*R*，5*R*，6*S*)-6-[（1*R*)-1-(叔丁基二甲基硅氧基）乙基]-2-[（3*S*，5*S*)-1-(对硝基苄氧羰基)-5-(二甲基氨基甲酰基）吡咯烷-3-硫基]-1-甲基碳青霉-2-烯-3-羧酸烯丙酯 0.21g，收率 72%。

8.（1*R*，5*R*，6*S*)-2-[（3*S*，5*S*)-1-(对硝基苄氧羰基)-5-(二甲基氨基甲酰基）吡咯烷-3-硫基]-6-[（1*R*)-1-羟乙基]-1-甲基碳青霉-2-烯-3-羧酸烯丙酯（4）的合成：

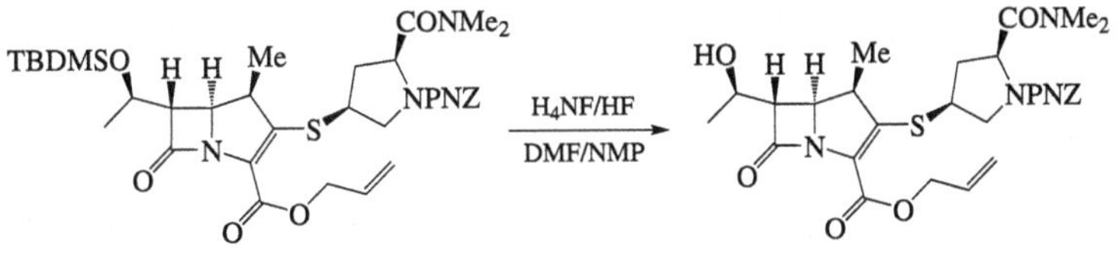

在装有搅拌器、温度计、回流冷凝管和滴液漏斗的50mL三口瓶中，加入化合物**3** 1.6g（2.23mmol）、DMF 12.8mL和*N*-甲基吡咯烷酮4.8mL。室温搅拌，加入酸式氟化铵0.5g（9.09mmol），反应72h。加入pH为7的0.1mol/L磷酸盐缓冲液40mL稀释，用乙酸乙酯100mL×2萃取。萃取液依次用0.1mol/L的磷酸缓冲液50mL和饱和氯化钠50mL×3洗涤，用无水硫酸钠干燥，减压浓缩，得到黄色油状物2.5g。经硅胶柱色谱分离（洗脱剂：乙酸乙酯：丙酮=3：1）。得到化合物（1*R*，5*R*，6*S*)-2-[(3*S*，5*S*)-1-(对硝基苄氧羰基)-5-(二甲基氨基甲酰基）吡咯烷-3-硫基]-6-[(1*R*)-1-羟乙基]-1-甲基碳青霉-2-烯-3-羧酸烯丙酯（**4**）1.33g，收率92%。

9.(1*R*，5*R*，6*S*)-2-[(3*S*，5*S*)-1-(对硝基苄氧羰基)-5-(二甲基氨基甲酰基）吡咯烷-3-硫基]-6-[(1*R*)-1-羟乙基]-1-甲基碳青霉-2-烯-3-羧酸钠（5）的合成：

在装有搅拌、温度计、回流冷凝管和滴液漏斗的50mL三口瓶中，加入化合物碳酸氢钠0.07g（0.83mmol）、5,5-二甲基环己1,3-二酮0.07g（0.5mmol）、水2mL。在氮气保护下，室温加入亚磷酸三乙酯0.05mL（0.27mmol）、乙酸钯（Ⅱ）0.01g（0.04mmol），反应5min。加入化合物**4** 0.46g（0.76mmol）的四氢呋喃溶液1mL，加热至35～37℃，反应45min。加入6mL水稀释，用二氯甲烷5mL×3洗涤，在32℃减压蒸出溶剂，得到淡黄色水溶液。经大孔树脂柱纯化，用水-丙酮（2：1）洗脱，干燥，得到淡黄色粉末产品（1*R*，5*R*，6*S*)-2-[(3*S*，5*S*)-1-(对硝基苄氧羰基)-5-(二甲基氨基甲酰基）吡咯烷-3-硫基]-6-[(1*R*)-1-羟乙基]-1-甲基碳青霉-2-烯-3-羧酸钠29g，收率65%。

10.美罗培南（1）的合成：

在氢化瓶中，加入（1*R*，5*R*，6*S*)-2-[(3*S*，5*S*)-1-(对硝基苄氧羰基)-5-(二甲基氨基甲酰基）吡咯烷-3-硫基]-6-[(1*R*)-1-羟乙基]-1-甲基碳青霉-2-烯-3-羧酸钠0.2g（0.34mmol）、四氢呋喃3mL和pH为7.15浓度为0.6mol/L的3-(*N*-吗啉代）丙烷磺酸（MOPS）6mL，再加入10%Pd/C 0.36g，室温加氢7h。滤出催化剂，用少量0.1mol/L的MOPS缓冲液洗涤。滤液减压蒸出溶剂四氢呋喃，用二氯甲烷5mL×3洗涤。减压蒸出溶剂，所得水溶液在5℃经大孔树脂柱纯化，用水-丙酮（1：1）洗脱，干燥，得到白色粉末产品美罗培南0.06g（0.1567mmol），收率46.1%。

【参考文献】

[1] 胡来兴，刘浚，金洁.美罗培南全合成的改进[J].中国医药工业杂志，2000（7）：4-6.

[2] Sunagawa M, Matsumura H, Inoue T, et al. A novel carbapenem antibiotic, SM-7338 structure-activity relationships. [J]. Journal of Antibiotics, 1990, 43 (5): 519-532.

二氢吡喃并[2,3-*c*]吡唑衍生物

【基本信息】 二氢吡喃并［2,3-*c*］吡唑衍生物具有软体动物杀灭活性，也可作为 Chkl 激酶抑制剂。合成反应式如下：

$$H_2NNH_2\cdot H_2O + R^1COCH_2CO_2Et + NCCH_2CN + \text{(R}^2\text{-C}_6\text{H}_4\text{CHO)} \xrightarrow[RT]{EtOH} \mathbf{5}$$

1　　2　　3　　4　　5

【合成方法】

在 100mL 锥形瓶中，加入 20mL 无水乙醇、水合肼 1.5mmol、乙酰乙酸乙酯（或丁酰乙酸乙酯）1mmol、取代苯甲醛 1mmol 和丙二腈 1mmol。将反应瓶放入盛有适量水的超声清洗器中，使反应物没入水面以下，室温下开启超声波，用 TLC 监测反应完全。抽滤，用乙醇重结晶滤饼，得到目标产物 **5**。反应时间和收率及所得化合物的物理性质见下表：

化合物名称	反应时间/min	收率/%	形态	熔点/℃	分子式	[M⁺+Na]
6-氨基-3-甲基-4-(4-甲基苯基)1,4-二氢吡喃并[2,3-*c*]吡唑-5-腈	30	86	白色固体	176～178	$C_{15}H_{14}N_4ONa$	289.1049
6-氨基-3-甲基-4-苯基-1,4-二氢吡喃并[2,3-*c*]吡唑-5-腈	30	84	白色固体	165～167	$C_{14}H_{12}N_4ONa$	275.0889
6-氨基-4-(4-氯苯基)-3-甲基-1,4-二氢吡喃并[2,3-*c*]吡唑-5-腈	18	91	黄色固体	179～181	$C_{14}H_{11}ClN_4ONa$	309.0502
6-氨基-4-(3-氯苯基)-3-甲基-1,4-二氢吡喃并[2,3-*c*]吡唑-5-腈	25	90	黄色固体	160～162	$C_{14}H_{11}ClN_4ONa$	309.0511
6-氨基-4-(2-氯苯基)-3-甲基-1,4-二氢吡喃并[2,3-*c*]吡唑-5-腈	35	90	黄色固体	150～152	$C_{14}H_{11}ClN_4ONa$	309.0525
6-氨基-4-(4-氟苯基)-3-甲基-1,4-二氢吡喃并[2,3-*c*]吡唑-5-腈	19	83	黄色固体	172～174	$C_{14}H_{11}FN_4ONa$	293.1227
6-氨基-4-(4-溴苯基)-3-甲基-1,4-二氢吡喃并[2,3-*c*]吡唑-5-腈	25	80	白色固体	188～189	$C_{14}H_{11}BrN_4ONa$	353.0050
6-氨基-4-(4-羟基苯基)-3-甲基-1,4-二氢吡喃并[2,3-*c*]吡唑-5-腈	36	75	白色固体	212～214	$C_{14}H_{12}N_4O_2Na$	291.0852
6-氨基-3-甲基-4-(4-硝基苯基)-1,4-二氢吡喃并[2,3-*c*]吡唑-5-腈	38	80	白色固体	194～196	$C_{14}H_{11}N_5O_3Na$	320.0771
6-氨基-4-(4-胡椒基)-3-甲基-1,4-二氢吡喃并[2,3-*c*]吡唑-5-腈	45	78	白色固体	202～204	$C_{15}H_{12}N_4O_3Na$	319.0771
6-氨基-4(3,4-二氯苯基)3-甲基-1,4-二氢吡喃并[2,3-*c*]吡唑-5-腈	25	89	白色固体	160～162	$C_{14}H_{10}Cl_2N_4ONa$	343.0120

续表

化合物名称	反应时间/min	收率/%	形态	熔点/℃	分子式	[M^++Na]
6-氨基-3-甲基-4-(噻吩 2-基)-1,4-二氢吡喃并[2,3-*c*]吡唑-5-腈	39	70	黄色固体	192～200	$C_{12}H_{10}N_4OSNa$	281.0467
6-氨基-3-甲基-4-(吡啶 4-基)-1,4-二氢吡喃并[2,3-*c*]吡唑-5-腈	50	77	黄色固体	210～212	$C_{13}H_{11}N_5ONa$	276.0831
6-氨基-3-甲基-4-(2-硝基-4,5-二甲氧苯基)-1,4-二氢吡喃并[2,3-*c*]吡唑-5-腈	55	70	黄色固体	210～212	$C_{16}H_{15}N_5O_5$	357.1078
6-氨基-3-丙基-4(2-硝基-5-氯)-1,4-二氢吡喃并[2,3-*c*]吡唑-5-腈	65	75	黄色固体	220～222	$C_{16}H_{14}ClN_5O_5$	359.0788
6-氨基-3-丙基-4(3,4-二甲氧苯基)-1,4-二氢吡喃并[2,3-*c*]吡唑-5-腈	65	77	白色固体	192～194	$C_{18}H_{20}N_4O_3$	340.1537

【参考文献】

[1] 王慧彦，邹毅，陶传洲. 超声作用下四组分一锅法合成二氢吡喃并 [2,3-*c*] 吡唑衍生物 [J]. 有机化学，2011，31 (12)：2161-2166.

MAP 和 MPP

【基本信息】 碳青霉烯类抗生素是 20 世纪 70 年代开发的一类β-内酰胺类抗生素，具有抗菌性强、抗菌谱广以及对内酰胺酶稳定、毒性较小等优点。

(1) MAP　化学名：(4*R*，5*S*，6*S*)-3-二苯磷酰氧基-6-(1-羟乙基)-4-甲基-7-氧代-1-氮杂双环 [3.2.0] 庚-2-烯-2-羧酸对硝基苄酯；CAS 号：90776-59-3；分子式：$C_{29}H_{27}N_2O_{10}P$；分子量：594。

(2) MPP　合成碳青霉烯类药物的关键中间体；化学名：(1*R*，5*S*，6*S*)-6-[(1*R*) 1-羟乙基]-1-甲基-2-二苯磷酰氧基碳青霉-2-烯-3-羧酸烯丙酯；分子式：$C_{25}H_{26}NO_8P$；分子量：499。

【合成方法】

1. MAP 的合成：

(1)(3*S*，4*S*)-3-[(*R*)-1-(叔丁基二甲基硅氧基) 乙基]-4-[(*R*)-1-甲酰基]-2-氮杂环丁酮 (4-BMA) 的合成：合成反应式如下。

4-AA　M_2溴丙螺环　(Zn / DMF)　中间体1　(H_2O_2 / LiOH)　中间体2(4-BMA)

在装有搅拌器、温度计、回流冷凝管、滴液漏斗和氮气导管的干燥的 250mL 三口瓶中，加入 15.67g 锌粉、50mL THF、乙酸酐 0.83mL。搅拌，加热至 65～67℃，回流 0.5h。冷却至 5～10℃，滴加配好的 M_2 (溴丙螺环) 混合液 (M_2 32.33g、三甲基氯硅烷 0.5mL、三乙胺 1mL 和 THF 75mL，溶液 pH 为 8)，控制温度 15℃，约 40min 滴完。在 10℃保温 0.5h，室温保温 0.5h。过滤，用 5mL THF 洗涤滤饼，滤液用饱和氯化钠 80mL×2 洗涤

（第一次洗液加入 1.5mL 冰醋酸，利于分层），得到中间体 **1** 的溶液，有机层低温保存，备用。

将上述中间体 **1** 溶液倒入装有搅拌器、温度计和滴液漏斗的 500mL 三口瓶中，降温至 3℃，用 3g 氢氧化锂和 30mL 水的溶液调节 pH 至 8。滴加双氧水 45mL，控制温度在 3℃左右，0.5h 滴加完毕。在 10℃反应 3h。同温，用 4mol/L 盐酸调节 pH 到 3 左右，加入甲苯 30mL，搅拌 10min，静置分层。分出有机相，用饱和食盐水 60mL×2 洗涤。冷却至 5℃，用 10%氢氧化钠调节 pH 到 8，滴加 15%亚硫酸钠至淀粉-KI 试纸不变色。加入水 30mL，搅拌 10min，过滤，分出水层，用乙酸乙酯 50mL×3 洗涤，常温抽出有机溶剂。水层降温至 15℃以下，搅拌，用 4mol/L 盐酸调节 pH 到 3 左右，析出白色固体，过滤，得到粗湿产品中间体 **2**（4-BMA）15.5g，收率 75%。

（2）中间体 **3** 的合成：合成反应式如下。

TBDMSO　4-BMA　CDI　O_2N—C₆H₄—$CH_2CO_2CH_2CO_2H$ + 1/2$MgCl_2$ ⟶ $PNBO_2CCH_2CO_2H{\cdot}1/2Mg$　中间体**3**　CO_2PNB

在装有搅拌器、温度计、滴液漏斗和氮气导管的 200mL 三口瓶中，加入丙二酸对硝基苄醇单酯 7.93g、二氯甲烷 15g 和无水氯化镁 1.98g，搅拌，室温滴加三乙胺 1.25g，调节反应液的 pH，耗时约 2h。滴毕，得到无水镁盐，备用。在另一装有搅拌器、温度计、滴液漏斗和氮气导管的 100mL 三口瓶中，在氮气保护下加入 4-BMA 10g、二氯甲烷 25g，搅拌，分批加入 5.38g CDI。升温回流 15min 后，加入上述备用镁盐。在 30℃左右，反应 7～8h。降温至 20℃，加入 10mL 水和 6.33mL 浓盐酸，搅拌 20min，静置分层。分出有机相，依次用饱和碳酸氢钠水溶液和饱和氯化钠水溶液洗涤，用无水硫酸镁干燥，得到中间体 **3** 溶液。

（3）中间体 **4** 和中间体 **5** 的合成：合成反应式如下。

中间体**3** —(对甲苯—SO_2N_3)→ 中间体**4** —(H^+)→ 中间体**5**

在上述中间体 **3** 的溶液中，于 10℃滴加对甲苯磺酰叠氮 6.8g。滴毕，升温至 50℃，搅拌反应 1～1.5h。控制温度在 45℃，减压浓缩，剩余物为棕黄色油状物。加入 30mL 异丙醇，搅拌，升温至 60℃溶液变清。再慢慢降温至 5～10℃，搅拌 1h，析出晶体。过滤，用 5℃异丙醇 5mL 洗涤滤饼，干燥，得到中间体 **4** 13.2g，收率 80%。

在装有搅拌器、温度计、滴液漏斗和氮气导管的 200mL 三口瓶中，加入 15g 中间体 **4**、丙酮 25mL 和水 10mL，搅拌溶解。加入 5mL 弱酸，在 50℃搅拌反应 10～11h。用 TLC 监测反应，待原料点消失后，加入 40%氢氧化钠水溶液，调节 pH 到中性。保持内温在 45℃，减压蒸出溶剂，剩余物加入 20mL 水，搅拌，过滤，干燥，得到 9.5g 中间体 **5**，收率 85%。

（4）中间体 MAP 的合成（第一步反应是分子内卡宾插入反应环合法）：合成反应式如下。

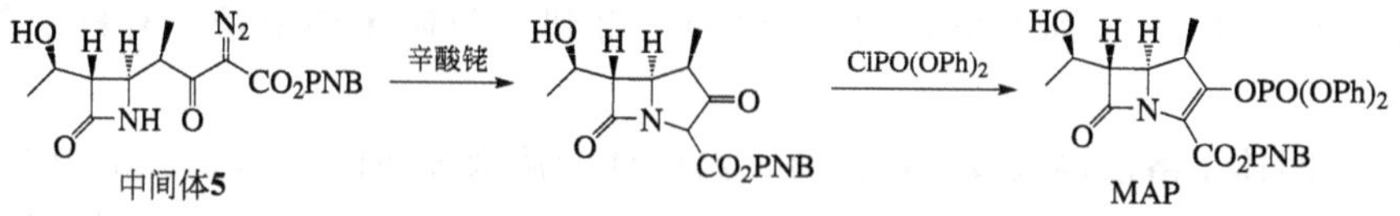

① 文献［1］方法：在装有搅拌器、温度计、滴液漏斗的干燥的200mL三口瓶中，加入12g中间体**5**、50mL乙酸乙酯和15mg辛酸铑，升温至70～75℃，保温20～30min。冷却，控制温度在－5℃以下，滴加8g二苯氧基磷酰氯和3.7g二异丙基乙胺。滴毕，保温1～2h反应完全。加入20mL水，搅拌0.5h，静置分层。分出有机层，加入5mL甲苯，控制温度5℃，搅拌析晶。保温2h后，过滤，用少量冰冷的乙酸乙酯淋洗滤饼，烘干，得到MAP产品13g，收率74%，熔点126～130℃。

② 文献［2］管道化连续环合和酯化工艺：在氮气保护下，在第1釜加入1份（3*S*，4*R*)-3-［(*R*)-1-羟乙基］-4-［(1*R*)-1-甲基-3-重氮-3-对硝基苄氧基甲酰-2-酮-丙基］-2-氮杂环丁酮、10份甲基叔丁基甲酮和0.001份辛酸铑二聚体，在20～30℃搅拌溶解，得到混合料Ⅰ；在氮气保护下，在第2釜加入0.7份氯磷酸二苯酯和0.36份*N*,*N*-二异丙基乙基胺，搅拌混合均匀，得到混合料Ⅱ。一级100L管道反应器夹套通入100℃水，进行预热；二级500L管道反应器通入冻盐水冷却至－10℃以下。

以1200L/h的速度用泵将混合料Ⅰ打入100℃的一级管道反应器，停留时间5min。在出口取样监测分析，待反应液化合物Ⅰ含量低于0.5%时，将反应液通入预冷器进行冷却。待出口温度低于30℃后，以1200L/h的速度，用第二原料泵将预冷的将混合料Ⅰ打入二级管道反应器，同时在－5℃以115.6L/h速度打入混合料Ⅱ，停留时间15min。用HPLC监测反应，当化合物Ⅱ含量小于0.5%后，将料液放入结晶釜，加入3倍料液的水，搅拌1h，压滤，得到MAP粗品，用乙酸乙酯溶解后，加入甲苯，以粗品∶乙酸乙酯∶甲苯质量比为1∶3∶6进行加入。缓慢冷却至0～5℃，搅拌养晶1h，压滤，在50℃真空干燥，得到粗品MAP，收率97.7%，纯度≥99%，光学纯度≥99%。

2. 中间体MPP的合成：

（1）中间体**6**的合成（类似Reformastky反应）：合成反应式如下。

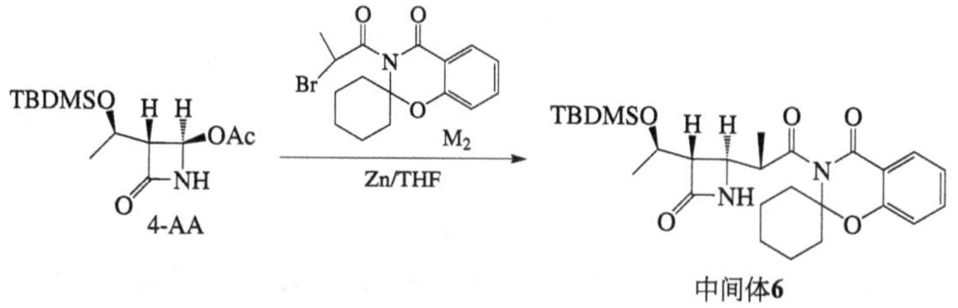

在装有搅拌器、温度计、滴液漏斗和氮气导管的干燥的500mL三口瓶中，加入5g（4-AA)、3.4g锌粉和50mL四氢呋喃，加热升温至65℃，搅拌反应5min。滴加8g M_2溶于20mL四氢呋喃的溶液，约15min滴完。回流0.5h后，冷却，加入磷酸盐缓冲液（pH为7）200mL进行稀释。用二氯甲烷100mL×2萃取，合并有机相，饱和盐水100mL×2洗涤，用无水硫酸镁干燥，减压旋蒸出溶剂，剩余黏稠油状物8.7g，收率90%。

将此黏稠油状物溶于200mL 65%乙醇水溶液中，加热到55℃，搅拌，使完全溶解。逐渐降温至25℃，约需0.5h。在5～10℃搅拌1h，过滤，用65%乙醇水溶液洗涤。在40℃真空烘干17h，得到白色固体中间体**6**。

（2）中间体**7**的合成：合成反应式如下。

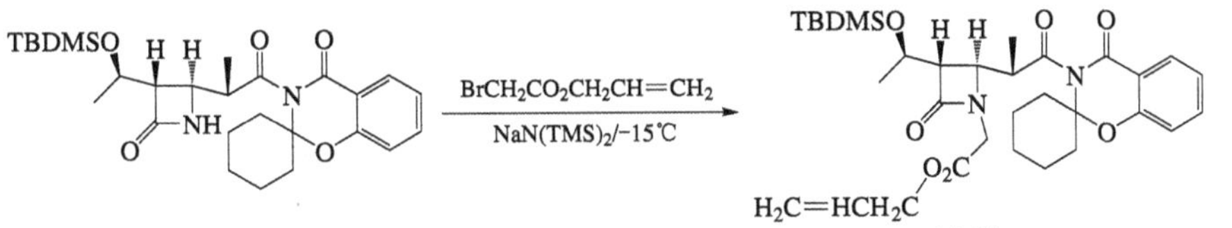

$BrCH_2CO_2CH_2CH{=}CH_2$

$NaN(TMS)_2$/−15℃

中间体**6**　　中间体**7**

在装有搅拌器、温度计和滴液漏斗的100mL三口瓶中，加入7.1g中间体**6**、溴乙酸烯丙酯2.94g和36mL THF，搅拌溶解。降温至−15℃，缓慢滴加浓度为1mol/L的二（三甲基硅基）氨基钠四氢呋喃溶液17mL，约需15min。在−15℃搅拌反应1h。加入10%柠檬酸水溶液100mL，用乙酸乙酯100mL×2萃取。合并有机相，依次用100mL水、100mL饱和碳酸氢钠和100mL水洗涤。用无水硫酸镁干燥，真空旋蒸溶剂，得到6.9g黄色黏稠油状中间体**7**，收率82.6%。不必纯化，可直接进入下一步反应。

（3）中间体**8**的合成（Dickmann反应）：合成反应式如下。

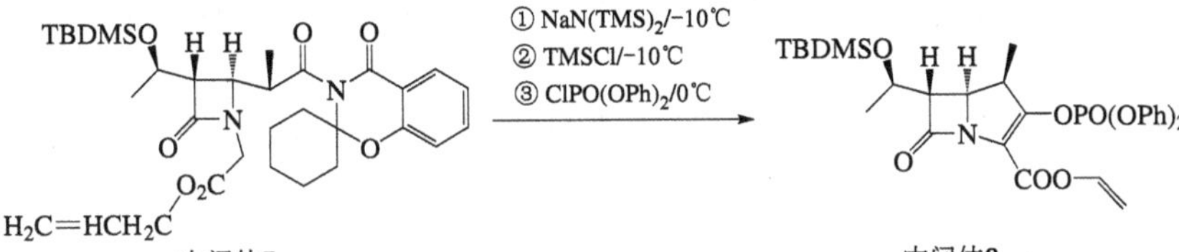

① $NaN(TMS)_2$/−10℃
② TMSCl/−10℃
③ $ClPO(OPh)_2$/0℃

中间体**7**　　中间体**8**

在装有搅拌器、温度计和滴液漏斗的100mL三口瓶中，加入34mL二（三甲基硅基）氨基钠，降温至−15～−10℃，慢慢滴加入15g中间体**7**溶于42mL THF中的溶液，约需10min。然后，加入2g三甲基氯硅烷，在−15～−10℃搅拌5min。加入二苯氧基磷酰氯4.54g，在−15～−10℃搅拌2min后，降温至0℃，搅拌反应2h。反应毕，加入pH为7的磷酸盐缓冲液100mL，搅拌数分钟后，用乙酸乙酯100mL×2萃取，合并有机相，用100mL饱和氯化钠溶液洗涤，用无水硫酸镁干燥，旋蒸出溶剂。所得黏稠剩余物，加入70mL正己烷，在20℃搅拌溶解，于5℃搅拌1h。过滤，滤液用适量活性炭在35～40℃搅拌脱色2h。过滤，滤液在真空下旋蒸出溶剂，得到7.02g透明黏稠油状物中间体**8**，收率85.2%。

（4）中间体MPP的合成：合成反应式如下。

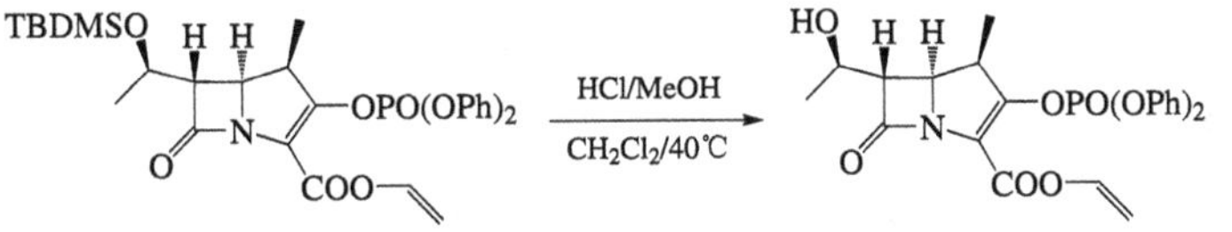

HCl/MeOH

CH_2Cl_2/40℃

中间体**8**　　MPP

在装有搅拌器、温度计和滴液漏斗的250mL三口瓶中，加入3.5g中间体**8**、120mL甲醇和50mL二氯甲烷。降温至0℃，慢慢滴加2mol/L盐酸20mL，约15min滴加完。滴毕，升温至50℃，搅拌反应12h。反应结束，自然冷却至室温，加入100mL水，搅拌。分出有机层，用100mL饱和食盐水洗涤，用无水硫酸镁干燥，滤除干燥剂，滤液在真空下旋蒸出溶剂，得到黄色黏稠油状物MPP 2.44g，收率85.7%。以上四步反应总收率54.3%。

3. 对硝基苯甲醇（CAS号：619-73-8）的合成：

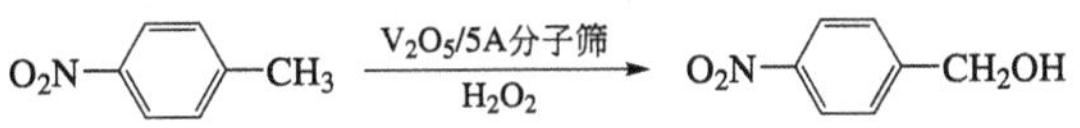

O_2N–C₆H₄–CH_3 →(V_2O_5/5A分子筛, H_2O_2) O_2N–C₆H₄–CH_2OH

（1）V_2O_5/5A 分子筛催化剂的制备：在 250mL 锥形瓶中，加入 10.93g（M＝117，93.4mmol）偏钒酸铵和去离子水，搅拌溶解，加入 5A 分子筛 91.5g，浸泡 5h。过滤，所得固体在 120℃ 干燥 2h，在 550℃ 煅烧 6h，冷却至室温，得到 V_2O_5/5A 分子筛催化剂 100g。用 Rigaku JY38S 型电感耦合等离子体（ICP）原子发射光谱仪测定 V_2O_5 含量为 8.5％。

（2）对硝基苯甲醇的合成：在装有搅拌器、温度计和滴液漏斗的 250mL 三口瓶中，加入 6g（0.0438mol）对硝基甲苯、20mL 乙酸酐，在室温搅拌溶解。分次滴加 35％双氧水 30mL，每隔 10min 滴加 3 滴，以防暴沸。滴毕，升温至 40℃，用 TLC（乙酸乙酯：石油醚＝1：1）监测反应至原料点消失，大约需要反应 4h。过滤，滤饼进行纯化处理，得到浅黄色固体产品对硝基苯甲醇 4.5g（M＝153，0.0294mol），收率 67.15％，熔点 92～95℃。

【参考文献】

[1] 周军荣.碳青霉烯类抗生素关键中间体母核 MAP 与 MPP 的合成 [D].兰州：兰州理工大学，2014.

[2] 徐旋，毛海舫，李洪明，等.培南类抗生素母核 MAP 的合成工艺及工业系统：CN108948086A [P].2018-12-07.

厄他培南钠

【基本信息】 俗名：厄他培南钠（ertapenem sodium）；化学名：（4*R*，5*S*，6*S*)-3-[(3*S*,5*S*)-5-[[(3-羧基苯基）氨基甲酰基］吡咯烷-3-基］硫-6-(1-羟基乙基)-4-甲基-7-氧代-1-氮杂双环［3.2.0］庚-2-烯-2-甲酸钠盐；英文名：(4*R*，5*S*，6*S*)-3-[[(3*S*，5*S*)-5-[[(3-carboxyphenyl) amino] carbonyl]-3-pyrrolidinyl] thio]-6-[(1*R*)-1-hydroxyethyl]-4-methyl-7-oxo-1-azabicyclo [3.2.0] hept-2-ene-2-carboxylic acid sodium salt（1：1）；CAS 号：153773-82-1；分子式：$C_{22}H_{24}N_3O_7S \cdot Na$；分子量：497.5；白色粉末；熔点：230～234℃（分解）；闪点：446℃；储存条件：惰性气体气氛干燥下，－20℃冷藏。本品是一种广谱碳青霉烯类抗生素。

【合成方法】

1. 硫内脂的合成：

HO / N PNZ / CO2H —Ph2POCl, DIPEA→ HO / N PNZ / COPPh2 (O) —MeSO2Cl, 吡啶→ Me—SO2 / N PNZ / COPPh2 (O) —Na2S→ S / O / N PNZ

硫内酯

在装有搅拌器、温度计和滴液漏斗的 20L 三口瓶中，加入 1kg PNZ-羟脯、5.4L 二氯甲烷，搅拌溶解。降温至－5℃，滴加 1.4L DIPEA（二异丙基乙胺）。滴毕，再滴加 0.8L 二苯磷酰氯，50min 后，控制温度－5℃，滴加 0.52L 吡啶。然后，滴加 0.4L 甲磺酰氯，溶液逐渐变成红色。反应 50min 后，在常温迅速加入九水硫化钠（Na_2S 2kg，水 5L）水溶液，搅拌过夜。次日，萃取，干燥，得到硫内酯溶液。固体收率 68％，纯度＞97％，熔点 118～120℃。ESI-MS：m/z＝309.6 $[M+1]^+$。

2. 厄他培南侧链的合成：

硫内酯　　厄他培南侧链

将上述硫内酯溶液抽滤，滤液浓缩，室温搅拌下依次加入 7L 冰醋酸、0.5kg 间氨基苯甲酸，溶液由浑浊变稍清，最后变混浊。搅拌过夜，次日抽滤，干燥，得到白色固体产物厄他培南侧链 0.81kg，四步反应总收率 56.6%，纯度>98%，熔点 239～240℃。ESI-MS：$m/z=446.7$ $[M+1]^+$。

3. 厄他培南缩合物的合成：

双环MAP　　厄他培南侧链　　厄他培南缩合物

在装有搅拌器、温度计和滴液漏斗的 10L 三口瓶中，加入无水乙腈 3.36L、双环 MAP 1kg（1.68mol）、厄他培南侧链 0.9kg（2.02mol），搅拌，降温至－30℃，滴加二异丙胺（DIPA）0.2kg（$M=101$，2mol），反应 3h。将反应液倒入磷酸二氢钠缓冲溶液中，析出白色固体，过滤，洗涤，干燥，得到白色固体厄他培南缩合物 1.33kg，收率 100%，纯度>99.2%，熔点 176～178℃。ESI-MS：$m/z=790.9$ $[M+1]^+$。

4. 厄他培南单钠盐的合成：

厄他培南缩合物　　厄他培南单钠盐

在 100mL 加氢釜中，加入四氢呋喃 22L、水 44L、厄他培南缩合物 1.33kg、10%Pd/C 0.2kg、碳酸氢钠 0.168kg（2.0mol），置换出空气后，降温至 0～5℃，在 1.013MPa 氢气压力下反应 3h，过滤，水洗催化剂，用盐酸调节 pH 到 7.5。通过大孔树脂柱纯化，浓缩，滴加入丙酮，析出白色固体，过滤，干燥，得到白色粉末产物厄他培南单钠盐 0.53kg，收率 64.5%，纯度>99%。ESI-MS：$m/z=496.4$ $[M+1]^+$。

【参考文献】

［1］史颖，李坤，赵学斌，等. 厄他培南钠的合成研究［J］. 中国抗生素杂志，2011，36（7）：519-522.

盐酸阿比朵尔

【基本信息】 俗名：盐酸阿比朵尔（arbidol・HCl）；化学名：6-溴-4-(二甲氨基甲

基)-5-羟基-1-甲基-2-(苯硫甲基)-1*H*-吲哚-3-羧酸乙酯盐酸盐；英文名：6-bromo-4-[(dimethylamino) methyl]-5-hydroxyl-2-[(phenylthio) methyl]-1*H*-indole-3-carboxylic acid ethyl ester monohydrochloride；CAS 号：131707-23-8；分子式：$C_{22}H_{26}BrClN_2O_3S$；分子量 513.9；白色结晶粉末；熔点：133～137℃；沸点：591.8℃；闪点：311.7℃；蒸气压：1.79×10^{-12} Pa/25℃。本品具有免疫调节功能和干扰素诱导作用，还有抗流感病毒活性。

【合成方法】

1. 5-乙酰氧基-6-溴-2-溴甲基-1-甲基-1*H*-吲哚-3-甲酸乙酯（4）的合成：

$$\mathbf{2}\xrightarrow{Ac_2O/AcOH}\mathbf{3}\xrightarrow{NBS/EA}\mathbf{4}$$

（1）5-乙酰氧基-1,2-二甲基-1H-吲哚-3-甲酸乙酯（**3**）的合成：在装有搅拌器、温度计、回流冷凝管的三口瓶中，加入 1,2-二甲基-5-羟基-3-吲哚甲酸乙酯 100g（0.43mol）、乙酸酐 105g（1.03mol）和乙酸 100g（1.67mol），搅拌，加热回流 2.5h。冷却析晶，抽滤，加入 600mL 纯水，再加入 21.6g 饱和碳酸氢钠水溶液，调节 pH 至 6，抽滤，干燥，得到深棕色固体 5-乙酰氧基-1,2-二甲基-1*H*-吲哚-3-甲酸乙酯（**3**）115.04g，收率 97.5%，纯度 92.02%。LC-MS：$m/z=276.1$ $[M+H]^+$。

（2）5-乙酰氧基-6-溴-2-溴甲基-1-甲基-1*H*-吲哚-3-甲酸乙酯（4）的合成：在装有搅拌器、温度计、回流冷凝管的 2L 四口瓶中，加入化合物 **3** 70g（0.25mol）、乙酸乙酯 630g（7.15mol），搅拌，加热至 50～55℃，固体全溶后，分批加入 *N*-溴代琥珀酰亚胺（NBS）固体。加毕，保温反应 2.5h，用 TLC 监测反应至完全。降温，析出大量固体。加入 476g（4.75mol）正己烷，搅拌析晶，置于冰箱过夜。在 0～5℃冷浴中，搅拌 1.5h。抽滤，用 112g 环己烷洗涤滤饼。所得固体与 700g 去离子水置于 1L 烧杯中，搅拌 1.5h，抽滤，用 140g 去离子水洗涤滤饼，干燥，得到浅棕色固体 5-乙酰氧基-6-溴-2-溴甲基-1-甲基-1*H*-吲哚-3-甲酸乙酯（**4**）80.24g，收率 72.8%，纯度 93.8%。LC-MS：$m/z=432.1$ $[M+H]^+$。

2. 盐酸阿比朵尔（1）的合成：

$$\mathbf{4}\xrightarrow[MeOH]{PhSNa/K_2CO_3}\mathbf{5}\xrightarrow[Me_2NH\cdot HCl]{AcOH/(HCHO)_n}\mathbf{6}\xrightarrow{IPA/HCl}\mathbf{1}\ (\cdot HCl\cdot H_2O)$$

（1）6-溴-5-羟基-1-甲基-2-苯基硫甲基-1*H*-吲哚-3-甲酸乙酯（**5**）的合成：在装有搅拌器、温度计、滴液漏斗的 1L 四口瓶中，加入 360g 无水甲醇、47.81g（0.45mol）碳酸钾和 32g（0.24mol）苯硫酚钠，搅拌，冷却至 0～5℃，分批加入 75g 化合物 **4**，搅拌反应 1h，升温至 25℃，反应 2h，TLC 监测反应至完全。滴加乙酸约 21g，调节 pH 至 6～7。将反应液倒入 1.2L 冰水中，析出大量固体。抽滤，用 360mL 去离子水洗涤滤饼，干燥，得到棕色固体 **5** 70.4g，收率 96.8%，纯度 92.9%。LC-MS：m/z=421.9 $[M+H]^+$。

（2）6-溴-5-羟基-4-二甲氨基甲基-1-甲基-2-苯基硫甲基-1*H*-吲哚-3-甲酸乙酯（**6**）合成：在装有搅拌器、温度计、回流冷凝管的 100mL 四口瓶中，依次加入 17.85g 冰醋酸、2.44g（0.03mol）二甲胺盐酸盐、0.9g 多聚甲醛和 8.4g 化合物 **5**，升温至 60～65℃，搅拌溶解，反应 2h，TLC 监测反应至完全。降温，搅拌下，加入 34mL 去离子水，析出大量固体，抽滤，用 80mL 去离子水洗涤滤饼。将所得固体与 42mL 无水乙醇置于锥形瓶，搅拌，用 0.37mol/L 氢氧化钾水溶液调节 pH 至 10，抽滤，用 80mL 去离子水洗涤滤饼，干燥，得到浅棕色固体 **6** 8.13g，收率 85.3%，纯度 95.97%。LC-MS：m/z=479.2 $[M+H]^+$。

（3）盐酸阿比朵尔（**1**）的合成：在装有搅拌器、温度计、回流冷凝管的 250mL 四口瓶中，加入 18g 化合物 **6** 和 182.5g 异丙醇，加热回流。冷却，用 12mol/L 盐酸调节 pH 至 1.0～2.0，固体全溶，降温，搅拌析晶，逐渐形成大量固体。抽滤，用 90mL 异丙醇洗涤滤饼，干燥，得到浅棕色粗产品 **1** 17.55g，收率 87.4%，纯度 98.56%。

在装有搅拌器、温度计、回流冷凝管的 250mL 四口瓶中，加入粗品 **1** 19.98g 和 160g 异丙醇，加热回流 1h。降温，搅拌析晶，抽滤，用 80g 异丙醇洗涤滤饼，红外灯下干燥，得到一次结晶浅棕色固体 16.42g，收率 82.2%。

在装有搅拌器、温度计、回流冷凝管的 250mL 四口瓶中，加入一次结晶 8g 和 32g 乙醇，升温至 68℃，搅拌溶解后，加入活性炭 0.8g，升温回流 0.5h，热过滤（滤膜 0.45μm），用 19.2g 乙醇洗涤滤饼，在 40℃减压蒸出溶剂至干。将所得固体和 92mL 体积比为 3∶1∶0.6 的丙酮-乙醇-水混合溶剂加入到 250mL 三口瓶中，加热回流，待固体全部溶解后，搅拌缓慢降温至 56℃，再冷却至 15℃，搅拌 15min。抽滤，用 16mL 体积比为 3∶1∶0.6 的丙酮-乙醇-水混合溶剂洗滤饼，干燥，得到类白色固体 **1** 6.28g，收率 77.5%，纯度 99.91%。LC-MS：m/z=479.2 $[M+H]^+$。

【参考文献】

[1] 王鸿岩，张卫军，郭春. 盐酸阿比朵尔合成工艺优化研究 [J]. 中国药物化学杂志，2018，28（4）：310-313.

苯并咪唑-2-甲醛

【基本信息】 英文名：1*H*-benzimidazole-2-carboxaldehyde；CAS 号：3314-30-5；分子式：$C_8H_6N_2O$；分子量：146；熔点：224℃；沸点：361.8℃；闪点：176.4℃；密度：1.368g/cm³；酸度系数 pK_a：10.61±0.1。苯并咪唑衍生物在抗癌、抗真菌、镇痛消炎、抗风湿、驱虫等方面有重要的药用价值，应用十分广泛。合成反应式如下：

NH₂ / NH₂ —羟基磷灰石, OCHCO₂H→ NH₂ / N–C(=O)–CHO —羟基磷灰石→ (苯并咪唑, N, NH) –CHO

【合成方法】

在装有搅拌器、温度计、回流冷凝管的 100mL 三口瓶中，加入 200 目催化剂羟基磷灰石粉末 0.008mol、水 100mL、邻苯二胺 0.1mol 和乙醛酸 0.11mol，搅拌，升温至 52℃，反应 6h。趁热过滤，滤液冷却至 2℃，析出结晶，过滤，在 35℃真空干燥过夜，得到白色晶体苯并咪唑-2-甲醛 11.9g，收率 81%，纯度 99.6%。MS：$m/z=146$ [M^+]。

【参考文献】

[1] 谢应波，张庆，张华，等. 苯并咪唑-2-甲醛的合成工艺：CN105198819A [P]. 2015-12-30.

2-氨基-4-氯苯并噻唑

【基本信息】 英文名：2-amino-4-chlorobenzothiazole；CAS 号：19952-47-7；分子式：$C_7H_5ClN_2S$；分子量：184.5；白色固体粉末；熔点：203～205℃。本品是除草剂、除草灵的中间体。合成反应式如下：

Cl NH2 —H4NSCN / HCl→ Cl NHCNH2 (S) —NaBr / 浓硫酸→ Cl N S NH2

【合成方法】

1. 邻氯苯基硫脲的合成： 在装有回流冷凝管、搅拌器、温度计的 500mL 三口瓶中，加入邻氯苯胺 127.5g（1mol）和 30mL 水，搅拌升温至 50℃，慢慢滴加 36%盐酸 121.7g，约 30min 滴加完毕。加入硫氰酸铵 92.5g（$M=74$，1.25mol），升温至 75℃，反应 4h。反应结束，冷却至室温，滴加氢氧化钠溶液，调节 pH 到 7 左右。过滤，洗涤，烘干，得到白色或浅黄色固体产品邻氯苯基硫脲 161.9g（0.868mol），收率 86.8%，熔点 143.5～144.8℃，纯度 99.3%。

2. 2-氨基-4-氯苯并噻唑的合成： 在装有回流冷凝管、搅拌器、温度计的 500mL 三口瓶中，加入邻氯苯基硫脲 9.33g（0.05mol）和浓硫酸 23.52g（0.24mol），升温至 75℃，搅拌全部溶解后，分批加入溴化钠 1.03g，保温反应 5h。反应结束后，将反应液倒入冷水中，用氢氧化钠调节 pH 至弱碱性。搅拌冷却至室温，抽滤，烘干，得到白色粉末固体产品 2-氨基-4-氯苯并噻唑 7g（0.038mol），收率 75.9%，熔点 199.6～201.1℃，纯度 98.8%。

【参考文献】

[1] 王华. 2-氨基-4-氯苯并噻唑的合成工艺研究 [D]. 合肥：合肥工业大学，2010.

2-氨基-6-甲氧基苯并噻唑

【基本信息】 英文名：2-amino-6-methoxybenzothiazole；CAS 号：1747-60-0；分子式：$C_8H_8N_2OS$；分子量：180；浅棕色无气味粉末；熔点：161～164℃；沸点（常压）：240℃；水溶性：<0.1g/100mL（21℃）。密封储存于阴凉、干燥、通风处；远离火源。合成反应式如下：

MeO NH2 —NaSCN/Br2 / AcOH→ Cl MeO N S NH2

【合成方法】

在装有机械搅拌、温度计和滴液漏斗的四口瓶中，加入 96%冰醋酸 43mL、分批加入对氨基苯甲醚 3.9g（0.0317mol）。搅拌至全溶后，分批加入 10.5g（0.13mol）硫氰酸钠。将 1.6mL 溴溶于 80mL 99.5%的冰醋酸中，搅拌 10min，使其全溶，滴加到上述四口瓶中。控制滴速为 8 滴/min，控制温度在 10～15℃。滴毕，升温至 25～30℃，反应 2h 后，升温至 35℃反应 2h，溶液呈紫黑色。再升温至 40℃反应 1h，用 TLC 监测反应过程。反应结束，滤除黄色滤渣。在水浴冷却下，用氨水中和滤液至 pH 为 7。静置，过滤，水洗滤饼，干燥，得到淡粉色固体粉末产品 2-氨基-6-甲氧基苯并噻唑 5.01g（0.02783mol），收率 87.8%，熔点 160.5～163.5℃，纯度 99%。

【参考文献】

[1] 路露，李国华，李效军. 2-氨基-6-甲氧基苯并噻唑的梯度控温合成工艺 [J]. 河北工业大学学报，2011，40（4）：29-31.

2-溴苯并噻唑

【基本信息】 英文名：2-bromobenzothiazole；CAS 号：2516-40-7；分子式：C_7H_4NSBr；分子量：214；白色或浅黄色结晶粉末；熔点：40℃；沸点：125℃/933.3Pa，闪点：>110℃；微溶于水。本品刺激眼睛，如有接触，用大量水冲洗。合成反应式如下：

【合成方法】

1. 苯并噻唑酮的合成：在装有搅拌器、温度计、回流冷凝管和分水器的 1L 四口瓶中，加入 125g（1.0mol）邻氨基苯硫酚、88g（1.467mol）尿素和 500g 氯苯，搅拌。在氮气保护下，逐渐加热至回流，有氨气放出时，开始计时，反应 5h。温度略有下降后加入 200g 水。进行水汽蒸馏，带出溶剂氯苯。蒸出大部分溶剂后，停止加热，用冰水浴降温至 10℃以下，析出固体。过滤，干燥滤饼，得到产品苯并噻唑酮 151g（1.0mol），收率约 100%。HPLC（乙腈：水=55：45，254nm）检测纯度>98%。可直接进行下步反应。

2. 2-溴苯并噻唑的合成：在装有搅拌器、温度计、回流冷凝管和分水器的 1L 四口瓶中，加入 130g P_2O_5和 500g 氯苯，搅拌下加入苯并噻唑酮 60g（0.3974mol），再加入四丁基溴化铵 140g（M=322，0.4348mol）。逐渐加热至回流，反应 5h。GC（在 80℃保持 1min，以 10℃/min 的速度升至 250℃）分析样品，产物含量>95%。降温至 20℃以下，下层变得黏稠，流动性很小。倾倒出上层氯苯溶液，再用约 200g 氯苯加热萃取一次。减压蒸出氯苯，收集 130～170℃/266.6～666.6Pa 馏分，得到 2-溴苯并噻唑 62g（0.29mol），收率 73%，纯度>98%，熔点 41～44℃。文献［1］用甲苯作溶剂，在 100℃反应 10h，收率 95%。

【参考文献】

[1] Kato Y，Okada S，Tomimoto K et al. A facile bromination of hydroxyheteroarenes [J]. Tetrahedron Letters，2001，42（29）：4849-4851.

2-溴-6-甲氧基苯并噻唑

【基本信息】 英文名：2-bromo-6-methoxybenzothiazole；CAS 号：2941-58-4；分子式：C_8H_6BrNOS；分子量：244。沸点：335.399℃/101325Pa，闪点：156.644℃；密度：1.667g/cm^3。本品是合成萤光虫荧光素及其它化学品的重要中间体。

【合成方法】

1. CuBr 的合成： 将 150g 硫酸铜晶体和 87.15g 溴化钠（$NaBr \cdot 2H_2O$，0.62mol）溶于 500mL 沸水中。搅拌下，在 5～10min 内将研细的亚硫酸钠加入到此热溶液中。反应液变成完全无色，表明反应完成。冷却，析出溴化亚铜沉淀，过滤。在漏斗上用含有硫酸的水洗涤，在 100～120℃干燥，得到 80g CuBr，备用。

2. 2-溴-6-甲氧基苯并噻唑的合成： 合成反应式如下。

在装有搅拌器、温度计的 100mL 三口瓶中，加入 6mol/L 的硫酸 10mL 和 95%的冰醋酸 7mL，搅拌均匀后，将 5.4g（0.03mol）2-氨基-6-甲氧基苯并噻唑分批缓慢加入到溶液中溶解。冰水浴冷却至 5℃以下，分批加入 2.4g（0.031mol）亚硝酸钠固体。控制加入速度，使温度不超过 5℃。维持此温度继续搅拌 2h。得到红棕色溶液加入 1.6g 尿素，以除去过量亚硝酸。

将 4.45g（0.031mol）溴化亚铜和 3.2g（0.03mol）溴化钠溶于 15mL 氢溴酸和 5mL 水的混合液中，并将其慢慢滴加到上述三口瓶中，控制温度低于 10℃。滴毕，升温至 40～45℃，在此温度反应 3h。反应结束，水蒸气蒸馏，直到流出液澄清为止。冷却馏出液，过滤，得到白色或浅黄色针状晶体产品，常温干燥，得到无色针状晶体纯品 2-溴-6-甲氧基苯并噻唑 1.84g（7.54mmol），收率 25.14%，熔点 53～55℃。

文献［2］用升华法（50℃/10^{-3}Pa）纯化产品，收率 79.3%，熔点 59～60.5℃。

【参考文献】

［1］路露，李国华，李效军，等. 新法合成 2-溴-6-甲氧基苯并噻唑［J］. 现代化工，2010（S2）：244-245.

［2］Suzuki N，Nomoto T，Toya Y，et al. Synthetic reactions in PEG：PEG-assisted synthesis of 2-cyano-6-methoxybenzothiazole，a key intermediate for the synthesis of firefly luciferin［J］. Bioscience Biotechnology and Biochemistry，1993，57（9）：1561-1562.

2-氯苯并噻唑

【基本信息】 英文名：2-chlorobenzothiazole；CAS 号：615-20-3；分子式：C_7H_4ClNS；分子量：169.5；浅黄色或黄棕色液体；熔点：21～23℃，沸点：141℃/4.0kPa，闪点：110℃；密度：1.371g/cm^2，微溶于水；储存条件：＜30℃。本品是除草剂苯噻草胺的中间体，可用于生产稻田除草剂。合成反应式如下：

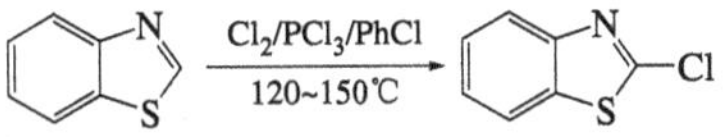

【合成方法】

在装有搅拌器、温度计、冷凝管、氯气导管和尾气吸收装置的 500mL 四口瓶中，加入 150g 苯并噻唑、150g 氯苯、3g 三氯化磷催化剂，加热至 80℃，开始以 1～2g/min 的速度通入氯气，反应维持在 120～150℃。通入氯气约 80g。用氮气赶出残存的氯气，减压蒸出氯苯和少量原料，留待重复使用。剩余物降温结晶，过滤，干燥，得到 2-氯基苯并噻唑 175g，收率 91%，含量 98%。

回收的氯苯溶液和滤液的重复使用：在装有搅拌器、温度计、冷凝管、氯气导管和尾气吸收装置的 500mL 四口瓶中，加入 150g 苯并噻唑、上次反应回收的氯苯溶液和过滤的母液和 1.5g 三氯化磷，加热至 80℃，开始以 1～2g/min 的速度通入氯气，反应维持在 120～150℃。保温反应，HPLC 监测反应至苯并噻唑含量低于 0.5%时，停止通氯，共通入氯气 82g。用氮气赶出残存的氯气，减压蒸出氯苯和少量原料，剩余物降温结晶，过滤，干燥，得到 2-氯基苯并噻唑 182g，收率 95%，含量 98.2%。过滤后的母液，减压蒸馏，得到 2-氯基苯并噻唑 2.26g，含量 99%，总收率 96%。回收的氯苯溶液可继续使用。

【参考文献】

[1] 钱圣利，韩邦友，周钱军，等. 一种 2-氯苯并噻唑的合成方法：CN109456282A [P]. 2019-03-12.

2-氯-6-甲氧基苯并噻唑

【基本信息】 英文名：2-chloro-6-methoxybenzothiazole；CAS 号：2605-14-3；分子式：C_8H_6ClNOS；分子量：199.5；熔点：54℃；沸点（常压）：133℃；闪点：110℃。本品是利鲁唑的衍生物，利鲁唑是治疗侧索硬化症的药物。该物质对环境有危害，对水体应给予特别关注。合成反应式如下：

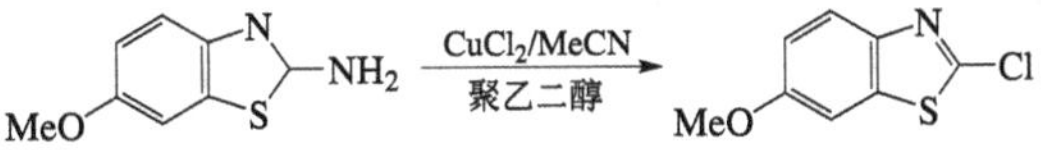

【合成方法】

将氯化铜 1.6g（12mmol）加热到 110℃进行干燥，放在反应瓶里，用包着特氟龙的磁子搅拌 1h，加入 5g 聚乙二醇（PEG200）和 150mL 乙腈溶剂。在氮气保护下，加入 2mL（M=117，15mmol）亚硝酸异戊酯（助溶剂），室温搅拌。将 2-氨基-6-甲氧基苯并噻唑 1.8g（M=180，10mmol）在 50mL 乙腈和 5g 聚乙二醇中超声溶解，在氩气保护下滴加到上述混合物中，约需 10min 滴完。在 65℃搅拌反应 3h。冷却到室温后，将混合物倒入 1L 20%盐酸中，用氯仿 200mL 萃取，干燥，蒸干。剩余物在 40℃减压升华进行纯化，得到无色针状产物 2-氯-6-甲氧基苯并噻唑 1.67g（8.37mmol），收率 83.7%，熔点 52.0～53.0℃。

【参考文献】

[1] Suzuki N，Nomoto T，Toya Y，et al. Synthetic reactions in PEG：PEG-assisted synthesis of 2-cyano-6-methoxybenzothiazole，a key intermediate for the synthesis of firefly luciferin [J]. Bioscience Biotechnology and Biochemistry，1993，57（9）：1561-1562.

2-氰基-6-甲氧基苯并噻唑

【基本信息】 英文名：2-cyano-6-methoxybenzothiazole；CAS 号：943-03-3；分子式：$C_9H_6N_2OS$；分子量：190；灰白色粉末；熔点：129～131℃；沸点：334.9℃/101325Pa；闪点：156.4℃；密度：1.36g/cm^3。本品刺激呼吸系统、眼睛和皮肤，应注意防护。常温常压下稳定，避免与氧化物接触，密封储存在阴凉、干燥处。合成反应式如下：

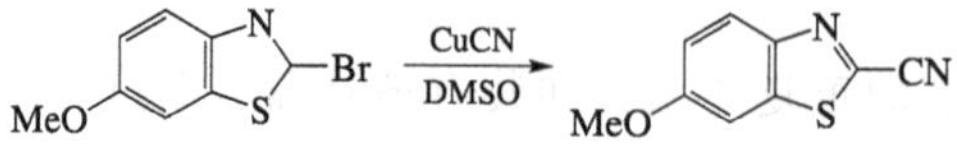

【合成方法】

将氰化亚铜 49mg（0.55mmol）溶于 5mL DMSO 中，在氩气保护下，升温至 100℃，搅拌 15min。冷却至 50℃，在氩气下将 122mg（0.5mmol）2-溴-6-甲氧基苯并噻唑与 5mL DMSO 的溶液滴加到氰化钠的 DMSO 溶液中。在 110℃搅拌 5h，冷却后加入 15mL 乙醚稀释，用 40mL 水洗。分出醚层，用 30mL 水洗，蒸干，剩下固体用硅胶柱 TLC［厚度 2.2mm，乙醚-石油醚（1∶2），R_f=0.6］纯化。用二氯甲烷-环己烷重结晶，得到无色针状产品 2-氰基-6-甲氧基苯并噻唑 67mg（0.3526mmol），收率 70.5%，熔点 128～131℃。

【参考文献】

[1] Suzuki N，Nomoto T，Toya Y，et al. Synthetic reactions in PEG：PEG-assisted synthesis of 2-cyano-6-methoxybenzothiazole，a key intermediate for the synthesis of firefly luciferin [J]. Bioscience Biotechnology and Biochemistry，1993，57（9）：1561-1562.

2-(*N*-环己胺)-6-三氟甲基氧苯并噻唑

【基本信息】 英文名：2-(*N*-cyclohexylamine)-6-trifluomethoxy-benzothiozole；分子式：$C_{14}H_{15}F_3N_2OS$；分子量：316。合成反应式如下：

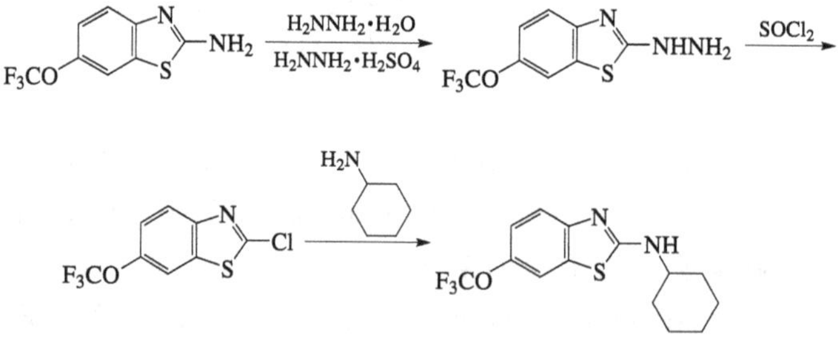

【合成方法】

1. 2-肼基-6-三氟甲基氧苯并噻唑的合成： 在装有搅拌器、温度计和回流冷凝管的 500mL 三口瓶中，依次加入乙二醇 350mL、2-氨基-6-三氟甲基氧苯并噻唑 23.42g（0.1mol）、硫酸肼 19.52g（0.15mol）和 82%水合肼 80mL。在氮气保护下，加热至 135℃，搅拌加热回流 4h，用 TLC 监测至反应完全。冷却至室温，析出大量白色晶体。加入适量冷水，抽滤，用冷水洗涤滤饼。真空干燥，得到鳞片状灰白色晶体 2-肼基-6-三氟甲基氧苯并噻唑 18.7g，收率 75%，熔点 206～208℃。

2. 2-氯-6-三氟甲基氧苯并噻唑的合成： 在装有搅拌器、温度计、滴液漏斗、回流冷凝管和尾气吸收装置的250mL四口瓶中，加入氯化亚砜120mL，升温至65℃，搅拌，慢慢滴加2-肼基-6-三氟甲基氧苯并噻唑12.45g（0.05mol）。滴毕（约1.5h），于60℃反应4h。减压蒸出多余的氯化亚砜，再加入适量二氯甲烷，溶解后蒸出溶剂，如此重复4～5次，直至将残余的氯化亚砜除尽。剩余物加入适量二氯甲烷溶解，水洗，用无水硫酸钠干燥。蒸出溶剂，冷却至室温，得到淡红色固体，用石油醚（60～90℃）重结晶，得到白色结晶产物2-氯-6-三氟甲基氧苯并噻唑10.7g，收率85%，熔点37～39℃。

3. 2-(*N*-环己胺)-6-三氟甲基氧苯并噻唑的合成： 在装有搅拌器、温度计、滴液漏斗、回流冷凝管和尾气吸收装置的100mL四口瓶中，加入2-氯-6-三氟甲基氧苯并噻唑1.27g（5mmol）、10mL环己胺，搅拌溶解。升温至45℃，反应过夜。减压蒸出未反应的环己胺。加入100mL二氯甲烷，搅拌溶解，水洗，用无水硫酸钠干燥，过滤，滤液蒸出溶剂，得到淡黄色固体。经硅胶柱色谱（洗脱剂：二氯甲烷）纯化，得到白色晶体2-(*N*-环己胺)-6-三氟甲基氧苯并噻唑12.69g（4.015mmol），收率80.3%，熔点96～97℃。

【参考文献】

［1］武祥龙，刘柳，李游嘉，等. 2-(*N*-环己胺)-6-三氟甲氧基苯并噻唑的合成及其晶体结构［J]. 合成化学，2016，24（4）：346-349.

混旋型萤火虫荧光素

【基本信息】 荧光素（Luciferin，源于拉丁语lucifer，意指“光明带来者”，词根是lux，“光明”之意，是一个通用名称，泛指所有在生物中能产生生物光的化合物） 荧光素是通过荧光素酶催化的氧化过程，使化合物进入激发态的中间体。该中间体不稳定，当衰变回到其基态时，以可见光的形式放出能量。有关化合物可能同时也是荧光素酶与发光蛋白的基质。天然萤火虫荧光素分子中含有1个手性碳原子，为D-萤火虫荧光素。合成时，需要D-型半胱氨酸，但目前尚无供应渠道，只得用混合型半胱氨酸合成混旋型萤火虫荧光素。分子式：$C_{11}H_8N_2O_3S_2$；分子量：280；D-荧光素CAS号：2591-17-5。天然萤火虫荧光素分子结构如下：

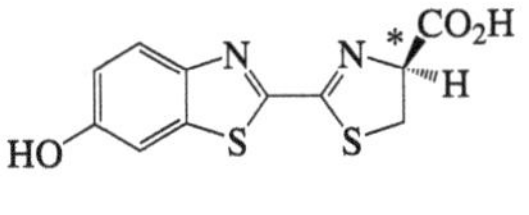

【合成方法】

1. 2-氰基-6-甲氧基苯并噻唑的合成：

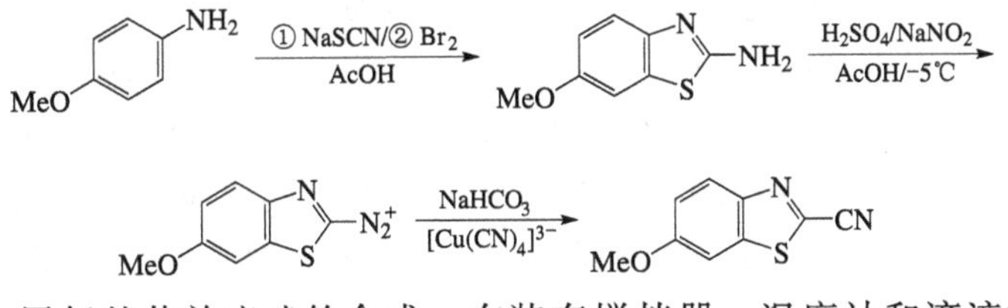

（1）2-氨基-6-甲氧基苯并噻唑的合成：在装有搅拌器、温度计和滴液漏斗的500mL三口瓶中，加入96%的冰醋酸288mL，用冰水浴冷至0℃，保持此温度，分10次慢慢加入对氨基苯甲醚19.6g（0.16mol），必须前一次投入的固体完全溶解再投入下一次原料。搅拌

下，将 8.16mL（0.16mol）液溴注入 120mL 100%冰醋酸中，将此溶液滴加到上述混合液中，控制滴速确保内温低于 30℃。滴加过程有白色固体生成，约 1h 滴完。搅拌下，自然升至室温，继续反应约 10h。用碳酸钠中和后的反应液，当 TLC（乙酸乙酯：石油醚=1：1）显示原料点消失，表示反应结束。过滤，用水 50mL×3 洗涤滤饼，合并滤液和洗液。在冰水浴冷却下，滴加氨水，调节 pH 到 7 过程中，有大量固体析出。滤出固体，用水 30mL×3 洗涤滤饼，干燥，得到固体产物 2-氨基-6-甲氧基苯并噻唑 25.8g，收率 89.7%，熔点 158～161℃。

（2）2-氰基-6-甲氧基苯并噻唑的合成：具体过程如下所述。

① 6-甲氧基苯并噻唑-2-重氮盐的合成：在装有搅拌器、温度计和滴液漏斗的 250mL 三口瓶中，加入 6mol/L 硫酸 20mL 和冰醋酸 28mL，冰水浴冷却下，搅拌均匀。慢慢加入 2-氨基-6-甲氧基苯并噻唑 3.6g（20mmol），搅拌冷却至 0℃。滴加入 2.7g（40mmol）亚硝酸钠在 20mL 的水溶液，控制滴速确保内温低于 5℃。约 1.5h 滴加完毕，得到褐红色重氮盐溶液。在冰水浴冷却下，继续搅拌反应 3h，并在此温度下保存，待用。

② 氰基配合物的合成：合成反应式如下：

$$\mathrm{CuCN}\xrightarrow[\mathrm{H_2O}]{\mathrm{H_2O\ \ KCN}}[\mathrm{Cu(CN)_4}]^{3-}$$

氰化亚铜 2.14g（24mmol）和水 8mL 在搅拌过程中，用冰水浴冷却。在充分搅拌下慢慢滴加氰化钾 4.6g（72mmol）溶于 8mL 水的溶液，控制滴速确保反应液温度低于室温（约 25℃）。滴加过程中，氰化亚铜粉末逐渐溶解，约 0.5h 滴完，混合液变澄清液。冰水浴保存，待用。

③ 2-氰基-6-甲氧基苯并噻唑的合成：将上述制备的铜氰配合物加入碳酸钠 120g（1.43mol），在冰水浴冷却下慢慢分批加入制备的重氮盐溶液，必须在前次加料冒泡结束后再加入下一批，约 3h 加完。保持冰水浴温度，继续搅拌 3h。用 50g 硅藻土助滤剂进行过滤，弃去滤液。用石油醚 200mL×3 洗涤硅藻土，合并洗脱液，用无水硫酸钠干燥，蒸出溶剂，得到红棕色固体。用硅胶柱（二氯甲烷：石油醚=1：1）纯化，得到黄色固体产物 2-氰基-6-甲氧基苯并噻唑 2.14g，收率 55.4%，熔点 126～128℃。

2. 混旋型萤火虫荧光素的合成：

（1）2-氰基-6-羟基苯并噻唑的合成：合成反应式如下。

MeO–(苯并噻唑)–CN $\xrightarrow[200℃]{\text{吡啶盐酸盐}}$ HO–(苯并噻唑)–CN $\xrightarrow[\mathrm{MeOH/H_2O/K_2CO_3}]{\mathrm{H_2N\text{–}CH(COOH)\text{–}CH_2\text{–}HS\cdot HCl\cdot H_2O}}$ HO–(苯并噻唑)–(噻唑啉)–COOH

① 吡啶盐酸盐的合成：将浓硫酸 5.73mL（0.5mol）滴加到 29.2g（0.5mol）氯化钠与 10mL 浓盐酸的混合液中，产生的氯化氢气经浓硫酸干燥，通入干燥过的吡啶 13mL（0.168mol）与 200mL 二氯甲烷的混合液中，转化为吡啶盐 20.0g（0.168mol），约需 4h。

② 2-氰基-6-羟基苯并噻唑的合成：将 2-氰基-6-甲氧基苯并噻唑 9.5g（50mmol）加入到吡啶盐酸盐二氯甲烷溶液中，搅拌至固体全部溶解后，加热至 50～60℃，全部蒸出二氯甲烷后，在氮气保护下升温至 200℃，固体全部溶解，再反应 1h。抽取样液中和后，用 TLC（乙酸乙酯：石油醚=1：1）监测反应过程，原料点消失后，在氮气保护下，自然冷却至室温（约 25℃）。加入饱和碳酸氢钠水溶液 50mL，调节 pH 接近 7。在调 pH 过程中，析出浅黄色固体。过滤，用水 50mL×3 洗涤滤饼，真空干燥。滤液用石油醚 50mL×3 萃取，合并有机相，用无水硫酸钠干燥，减压蒸出溶剂，得棕色固体。合并两次所得固体，用

硅胶柱（洗脱剂：二氯甲烷）色谱层析，得浅黄色产物2-氰基-6-羟基苯并噻唑7.8g，收率89.1%，熔点178～180℃。

（2）混旋型萤火虫荧光素的合成：在装有搅拌器、温度计的500mL三口瓶中，加入水100mL、甲醇200mL和半胱氨酸盐酸盐一水合物8.85g（50.5mmol），搅拌溶解。在氮气保护下，加入2-氰基-6-羟基苯并噻唑8.8g（50mmol），固体溶解后，迅速将反应瓶放在不透光的保护膜内。快速加入碳酸钾7.0g（50.5mmol），引发反应。在氮气气氛下，避光、室温条件下反应1h。经酸化的样液，用TLC（乙酸乙酯：石油醚=30：70）分析，原料点消失，反应完毕。加入1mol/L盐酸调节pH至接近3。避光、真空下30℃脱除甲醇。在此过程中，有黄色固体析出。过滤，用水20mL×3洗涤滤饼，干燥，得到目标产物混旋型萤火虫荧光素12.6g（45.7mmol），收率91.7%，熔点184～185℃。

【参考文献】

［1］王晓天. 混旋型萤火虫荧光素的合成［D］. 天津：天津大学，2005.

1,2-苯并异噻唑啉-3-酮

【基本信息】 英文名：1,2-benzisothiazolin-3-one；CAS号：2634-33-5；分子式：C_7H_5NOS；分子量：151.18；熔点：154～158℃；沸点：204.5℃/101325Pa；密度：1.217g/cm^3；溶于热水和部分有机溶剂；酸度系数pK_a：10.19±0.2；储存条件：-20℃。本品具有抗霉菌作用，用作工业杀菌、防腐、防酶剂。合成反应式如下：

（反应式：邻氯苯腈 —RSH/OH⁻→ 邻烷硫基苯腈 —Cl_2，有机溶剂/水→ 1,2-苯并异噻唑啉-3-酮）

【合成方法】

在装有搅拌器、温度计、回流冷凝管和氮气导管的1L四口瓶中，在氮气保护下加入100g氯苯、100g邻氯苯腈、219g十八硫醇、4g四丁基溴化铵，加热至65～70℃，滴加32%氢氧化钠水溶液98.7g，保温反应至完全。分出水相，得到邻十八硫基苯腈反应液381g。

在另一装有搅拌器、温度计、回流冷凝管和氯气导管的1L四口瓶中，加入邻十八硫基苯腈反应液381g、氯苯100g、水32g，搅拌，在20～30℃通入氯气53g，升温至60～65℃，反应1h。降温至20～30℃，加入水200g，用32%氢氧化钠水溶液调节pH至9～10，升温至60～65℃，分出有机相。水相降温至20～30℃，用31%盐酸调节pH至3～4，过滤，烘干，得到1,2-苯并异噻唑啉-3-酮102g，收率93.5%，纯度99%。

【参考文献】

［1］戴明本. 一种1,2苯并异噻唑啉-3-酮化合物的合成方法：CN107162998A［P］. 2017-09-15.

2-丁基-1,2-苯并异噻唑啉-3-酮

【基本信息】 英文名：2-butyl-1,2-benzisothiazolin-3-one；CAS号：4299-07-4；分

子式：$C_{11}H_{13}NOS$；分子量：207.3；淡黄色透明液体；热稳定性：＞300℃；密度：1.16g/cm^3；pH：2.5～3.5。本品能有效杀灭真菌、细菌及部分藻类，广泛用于弹性体、防水材料、人造革、胶黏剂等。合成反应式如下：

氟试剂
DMF/60℃

【合成方法】

在装有磁子搅拌、温度计的50mL三口瓶中，加入*N*-丁基-2-甲硫基苯甲酰胺2.23g（20mmol)、1-氯甲基-4-氟-1,4-二氮杂双环［2.2.2］辛烷二（四氟硼酸）盐（氟试剂）3.55g（20mmol）及20mL DMF，升温至60℃，剧烈搅拌反应6h。冷却至室温，水洗反应液，萃取，减压蒸馏，收集主馏分，得到2-丁基-1,2-苯并异噻唑啉-3-酮3.8g，收率92%。

【参考文献】

［1］杨科，陈中淼，张浩，等.一种2-丁基-1,2-苯并异噻唑啉-3-酮的新方法：CN108822055A［P］. 2018-11-16.

苯并异噻唑啉酮类化合物

【基本信息】 苯并异噻唑啉酮类化合物具有抗菌能力强、用量小、毒性低、溶解性好等优点，对细菌、真菌具有很强的抑制活性，广泛应用于工业、农业、医药等行业。对苯并异噻唑啉酮杀菌剂进行基团变化和修饰，试图研发出对海洋生物无损的绿色环保杀菌剂。本小节合成的是*N*-(取代苯基)-2-(苯并异噻唑啉-3-酮-2-基）甲酰胺。合成反应式如下：

$Cl_3COCOCCl_3$
甲苯/冰水浴
1a~1m
回流约4h
2a~2m

【合成方法】

1.取代苯异氰酸酯类（1a～1m）化合物的合成： 在装有搅拌器、温度计、滴液漏斗的三口瓶中，加入三光气0.01～0.03mol和适量溶剂，搅拌溶解，冰水浴冷却至0～5℃，缓慢滴加入含0.03mol取代苯胺和痕量引发剂的溶液，约需0.5h滴加完毕。滴毕，加热回流，反应3～6h。冷却，抽滤，减压蒸出溶剂，得到产品，中间体和产物物理常数见下表。

代号	取代基	外观	收率/%	代号	取代基	外观	收率/%	熔点/℃
1a	H	浅黄色液体	85.7	2a	H	白色片状晶体	62.0	181.2～182.7
1b	*m*-Me	浅黄色液体	77.1	2b	*m*-Me	白色针状晶体	40.1	179.0～181.5
1c	*o*-Me	浅黄色液体	74.3	2c	*o*-Me	白色针状晶体	82.5	167.2～163.8
1d	*p*-Me	无色液体	75.2	2d	*p*-Me	白色针状晶体	59.4	168.0～169.1
1e	*o*-OMe	浅黄色液体	92.4	2e	*o*-OMe	白色针状晶体	62.3	164.0～165.5

续表

代号	取代基	外 观	收率/%	代号	取代基	外 观	收率/%	熔点/℃
1f	*p*-OMe	浅黄色液体	75.2	2f	*p*-OMe	白色棒状晶体	50.7	182.0～183.0
1g	*m*-Cl	浅黄色液体	85.2	2g	*m*-Cl	白色针状晶体	62.2	197.0～198.6
1h	*m*-OEt	浅黄色液体	79.2	2h	*m*-OEt	白色针状晶体	57.2	187.2～187.9
1i	*o*-Cl	浅黄色液体	87.3	2i	*o*-Cl	白色针状晶体	60.7	182.2～183.5
1j	*m*-Br	浅黄色液体	85.6	2j	*m*-Br	白色固体	85.6	214.8～216.0
1k	*p*-Cl	浅黄色液体	70.4	2k	*p*-Cl	白色片状晶体	62.8	193.1～194.6
1l	*p*-Br	浅黄色液体	79.3	2l	*p*-Br	浅黄色晶体	69.3	224.0～225.5
1m	*p*-OEt	浅黄色液体	92.5	2m	*p*-OEt	白色絮状晶体	72.8	196.3～197.5

2. *N*-取代苯基-2-(苯并异噻唑啉-3-酮-2-基）甲酰胺类化合物的合成：在装有搅拌器、温度计、回流冷凝管（上接尾气吸收装置）、滴液漏斗的 100mL 三口瓶中，加入三光气 10～20mmol 和溶剂 10mL，搅拌，缓慢滴加 30mmol 芳香胺与 10mL 溶剂的溶液，滴毕，加热回流，反应 3～6h。反应完全后，加入 30mmol 苯并异噻唑啉酮和 5～20mL 溶剂，用 TLC 监测反应至结束。自然冷却至室温，抽滤，用 3.5mL 溶剂洗涤滤饼，在 50℃真空干燥，得到 *N*-芳香基-2-(苯并异噻唑啉-3-酮-2-基）甲酰胺（**2a**～**2m**）系列化合物，参数见下表。

代号	产物名称	产物元素分析/%
2a	*N*-苯基-2-(苯并异噻唑啉-3-酮-2-基)甲酰胺	C61.19(62.21),H3.75(3.73),N10.40(10.36)
2b	*N*-(3-甲苯基)-2-(苯并异噻唑啉-3-酮-2-基)甲酰胺	C63.37(63.36),H4.28(4.25),N9.87(9.85)
2c	*N*-(2-甲苯基)-2-(苯并异噻唑啉-3-酮-2-基)甲酰胺	C63.25(63.36),H4.24(4.25),N9.90(9.85)
2d	*N*-(4-甲苯基)-2-(苯并异噻唑啉-3-酮-2-基)甲酰胺	C63.35(63.36),H4.24(4.25),N9.89(9.85)
2e	*N*-(2-甲氧苯基)-2-(苯并异噻唑啉-3-酮-2-基)甲酰胺	C59.94(59.99),H4.18(4.03),N9.41(9.33)
2f	*N*-(4-甲氧苯基)-2-(苯并异噻唑啉-3-酮-2-基)甲酰胺	C60.09(59.99),H4.04(4.03),N9.34(9.33)
2g	*N*-(3-氯苯基)-2-(苯并异噻唑啉-3-酮-2-基)甲酰胺	C55.23(55.18),H3.02(2.98),N9.34(9.19)
2h	*N*-(3-乙氧苯基)-2-(苯并异噻唑啉-3-酮-2-基)甲酰胺	C61.09(61.13),H4.45(4.49),N8.84(8.91)
2i	*N*-(2-氯苯基)-2-(苯并异噻唑啉-3-酮-2-基)甲酰胺	C55.33(55.18),H3.32(2.98),N9.43(9.19)
2j	*N*-(3-溴苯基)-2-(苯并异噻唑啉-3-酮-2-基)甲酰胺	C48.17(48.15),H2.58(2.60),N8.05(8.02)
2k	*N*-(4-氯苯基)-2-(苯并异噻唑啉-3-酮-2-基)甲酰胺	C55.13(55.18),H3.12(2.98),N9.33(9.19)
2l	*N*-(4-溴苯基)-2-(苯并异噻唑啉-3-酮-2-基)甲酰胺	C48.19(48.15),H2.55(2.60),N8.02(8.02)
2m	*N*-(4-乙氧苯基)-2-(苯并异噻唑啉-3-酮-2-基)甲酰胺	C61.19(61.13),H4.55(4.49),N8.94(8.91)

【参考文献】

[1] 王向辉. 苯并异噻唑啉酮类衍生物的设计合成及其抑菌活性 [D]. 海口：海南大学，2009.

咪唑并[1,2-*b*]哒嗪

【基本信息】 英文名：imidazo [1,2-*b*] pyridazine；CAS 号：766-55-2；化学式：$C_6H_5N_3$；分子量：119；密度：1.29g/cm^3；熔点：208～210℃。本品是合成第四代头孢类抗菌素头孢唑兰（cefozopran）的中间体。合成反应式如下：

氨水 → 氯乙醛 → H_2 Pd/C ·HCl ·HCl

【合成方法】

1. 3-氨基-6-氯哒嗪的合成： 将 3,6-二氯哒嗪 55.2g（0.3705mol）、15%氨水 300mL（密度：0.9413g/cm^3）、氯化铵 32g 装入压力釜中，加热至 100～110℃，压力 0.405MPa，反应 23h。降温至 10℃，搅拌 1h，析出土黄色固体，过滤，用水 50mL×2 洗涤，干燥，得到 3-氨基-6-氯哒嗪 38g（*M*＝129.5，0.2934mol），收率 79.3%，熔点 208～210℃（文献值：210～211℃）。

2. 6-氯咪唑并［1,2-*b*］哒嗪的合成： 将 3-氨基-6-氯哒嗪 40g（*M*＝129.5，0.309mol），40%一氯乙醛水溶液 220mL（108.77g，*M*＝78.5，1.3856mol）和乙醇 415mL 置于 2L 三口瓶中，加热回流反应 3h。在减压浓缩物中加入无水乙醇 300mL，浓缩近干，加入少许无水乙醇，抽滤，干燥，得到白色固体产品 6-氯咪唑并［1,2-*b*］哒嗪 38g（*M*＝153.5，0.2476mol），收率 80%，纯度 99.8%，熔点 208～210℃（文献值：113～115℃）。

3. 咪唑并［1,2-*b*］哒嗪的合成： 将 6-氯咪唑并［1,2-*b*］哒嗪盐酸盐 60g（0.3909mol），甲醇 500mL、三乙胺 64g、5%Pd/C 12g［50%（质量分数）湿重］置于压力釜中，在压力釜中通入氢气，压力控制在 0.3～0.4 MPa，40℃搅拌 6h。滤除催化剂，减压蒸出甲醇，所得结晶溶于 150mL 纯水，用氯仿 140mL×3 提取，用 20g 无水硫酸镁干燥。减压蒸出溶剂，得到白色固体咪唑并哒嗪 38g（0.319mol），收率 81.6%，熔点 54～55℃，纯度≥99%。Pd/C 可重复使用 3 次。

【参考文献】

［1］陆宏国，徐云根，任东，等.咪唑并［1,2-*b*］哒嗪的制备［J］.中国医药工业杂志，2006，37（12）：809-810.

［2］陈春光，冯亚青，陈学玺.咪唑并［1,2-*b*］哒嗪的合成［J］.精细化工，2012，29（8）：783-786.

［3］张连第，郭成.咪唑并［1,2-*b*］哒嗪的合成研究［J］.江苏化工，2005，33（4）：48-50.

3-溴-6-氯咪唑并[1,2-*b*]哒嗪

【基本信息】 英文名：3-bromo-6-chloroimidazo［1,2-*b*］pyridazine；CAS 号：13526-66-4；分子式：$C_6H_3BrClN_3$；分子量：232.5；熔点：156℃；密度 2.03g/cm^3。本品是一种医药、材料中间体。合成反应式如下：

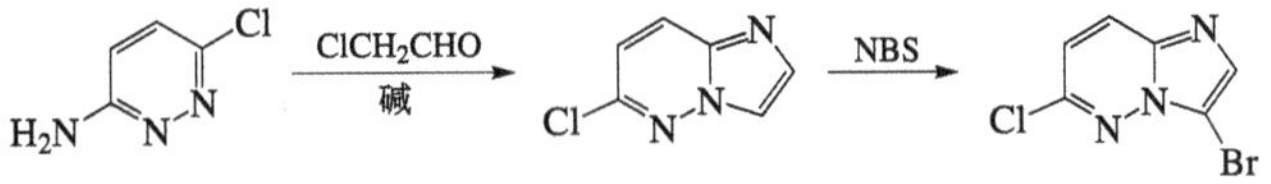

【合成方法】

在装有搅拌器、温度计的2L三口瓶中，加入3-氨基-6-氯哒嗪77.8g（0.6mol）、40%氯乙醛水溶液235.5g（1.2mol）、碳酸氢钠84g（1mol）和400mL DMF，搅拌，加热至150℃，反应0.5h。TLC监测反应至3-氨基-6-氯哒嗪反应完全，加入*N*-溴代丁二酰亚胺106.79g（0.6mol），搅拌反应0.6h，TLC和GC监测，确定中间体6-氯咪唑并［1,2-*b*］哒嗪反应完全。冷却至室温，抽滤，滤饼用水-乙醇重结晶，干燥，得到3-溴-6-氯咪唑并［1,2-*b*］哒嗪纯品，收率91.22%，纯度98.65%。

【参考文献】

［1］耿宣平，樊红莉，来新胜，等.3-溴-6-氯咪唑并［1,2-*b*］哒嗪的合成方法：CN104910162A［P］.2015-09-16.

腺嘌呤

【基本信息】 又名：6-氨基嘌呤；英文名：6-aminopurine；CAS号：73-24-5；分子式：$C_5H_5N_5$；分子量：135；白色结晶粉末；熔点：＞360℃；闪点：220℃。难溶于冷水［0.5g/L/（20℃）］，溶于沸水、酸和碱，微溶于乙醇，不溶于乙醚和氯仿，有强烈的咸味。用于生产腺苷、ATP/ADP、抗艾滋病新药及维生素B_4、植物生长激素6-苄基腺嘌呤等。属于有毒化学品，实验室和车间应有良好通风，操作人员应穿戴防护服。合成反应式如下：

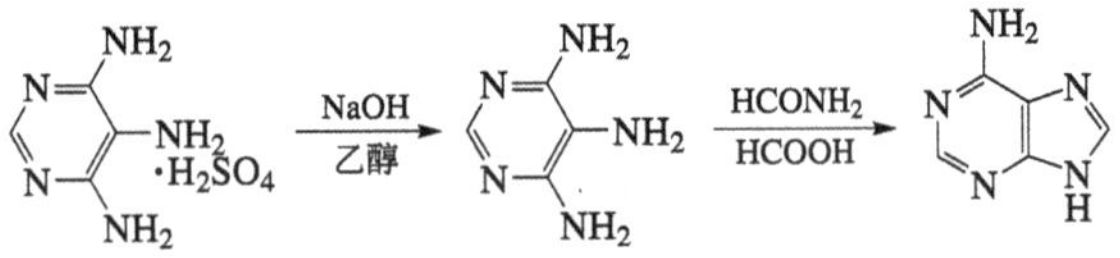

【合成方法】

在100mL三口瓶中，加入3g（24mmol）4,5,6-三氨基嘧啶硫酸盐，在氢氧化钠的乙醇溶液中游离出4,5,6-三氨基嘧啶，除去无机盐和乙醇后，加入26mL甲酰胺和2mL甲酸。在约160℃反应2h，冷却，过滤，滤液回收甲酰胺重复使用。固体依次用水、乙醇洗涤，然后加入2%硫酸，回流至全溶。滴加入氨水，调节pH至9～10，析出固体，冷却，过滤，依次用水、乙醇洗涤，减压烘干，得到固体产品腺嘌呤3.1g（23mmol），收率95.7%，熔点＞300℃。

【参考文献】

［1］陈卫彪.阿德福韦的合成与工艺研究［D］.上海：华东师范大学，2010.

阿德福韦酯

【基本信息】 俗名：阿德福韦酯（adefovir dipivoxil）；化学名：{［2-(6-氨基-9*H*-嘌呤-9-基）乙氧基］甲基}磷酸特丁酰氧（甲基）酯；英文名：{［2-(6-amino-9*H*-purine-9-

yl) ethoxy] methyl} phsphoric acid 2-(special E acyloxo methyl) ester；CAS 号：142340-99-6；分子式：$C_{20}H_{32}N_5O_8P$；分子量：501；熔点：98～102℃；储存条件：20℃。本品是美国 Gilead Sciences 公司开发的抗乙肝病毒药，商品名为 Hepsera。阿德福伟酯是临床上比较常用的抗乙肝病毒药物，可以有效抑制乙肝病毒的复制，起到控制病情的作用，是目前比较理想的抗乙肝病毒药物。

【合成方法】

1. 1-氯-2-氯甲氧基乙烷的合成：

$$ClCH_2CH_2OH+(CH_2O)_n \xrightarrow{HCl} ClCH_2CH_2OCH_2Cl$$

在装有搅拌器、温度计的 500mL 三口瓶中，加入氯乙醇 161g（2mol）和多聚甲醛 60g（2mol），内温升至 40℃，搅拌，通入干燥的 HCl 气体，反应 10h。冷却至室温，加入 100mL 水，分出有机相，水洗 3 次，用无水氯化钙干燥。减压蒸馏，收集 50～55℃/2kPa 馏分，得到产品 1-氯-2-氯甲氧基乙烷 178g，收率 69%。

2. 2-氯乙氧基甲基膦酸二乙酯的合成：

$$ClCH_2CH_2OCH_2Cl \xrightarrow{P(OEt)_3} ClCH_2CH_2OCH_2P(O)(OEt)_2$$

在装有搅拌器、温度计的 500mL 三口瓶中，加入 82g（0.636mol）1-氯-2-氯甲氧基乙烷，油浴加热至 90℃，搅拌下滴加 146g（0.70mol）亚磷酸三乙酯。滴毕，升温至 125℃，搅拌反应 4h。减压蒸馏，收集 120～124℃馏分，得到无色黏状液体产物 2-氯乙氧基甲基膦酸二乙酯 105g，收率 63.9%。

3. 9-[2-(二乙氧基膦酰甲氧) 乙基] 腺嘌呤的合成：

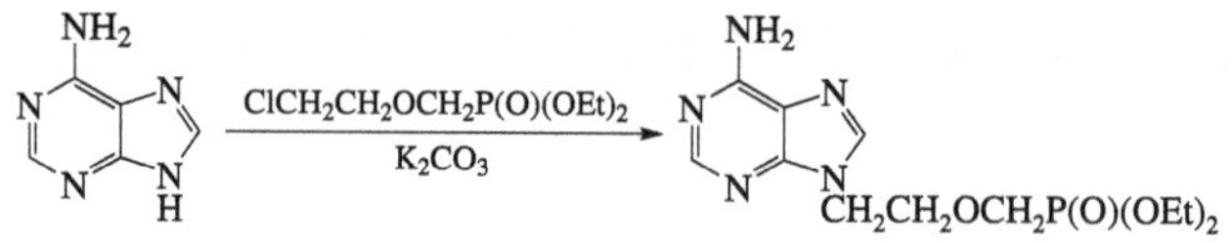

在装有搅拌器、温度计的 1L 三口瓶中，加入腺嘌呤 41g（0.3mol）、DMF 500mL 和无水碳酸钠 83g（0.6mol），加热到 100℃，滴加 93g（0.36mol）2-氯乙氧基膦酸二乙酯溶于 100mL DMF 的溶液，约 45min 滴完，在 100℃搅拌反应 8h。用 TLC 监测反应过程（展开剂：氯仿：甲醇=4：1）。反应结束，冷却至室温，过滤，用少量 DMF 洗涤滤饼，减压蒸出 DMF，得到黄色黏状固体。用少量氯仿溶解，过硅胶柱进行纯化（淋洗液：氯仿：乙醇=95：5），合并含产品的流分，减压蒸干，剩余物用 1：1 的石油醚-乙酸乙酯重结晶，得到白色固体产物 9-[2-(二乙氧基膦酰甲氧) 乙基] 腺嘌呤 60.5g，收率 56.5%，熔点 136.5～139℃。

4. 9-[2-(膦酰甲氧) 乙基] 腺嘌呤的合成：

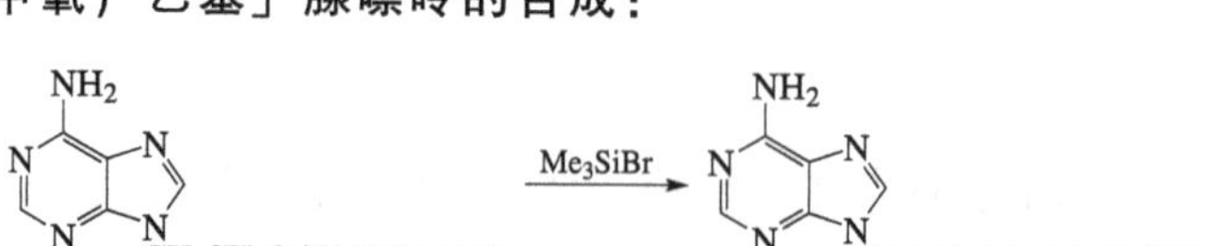

在装有搅拌器、温度计的 500mL 三口瓶中，加入 9-[2-(二乙氧基膦酰甲氧) 乙基] 腺嘌呤 54g（0.15mol）、三甲基溴硅烷 107.1g（0.70mol）和乙腈 300mL。室温搅拌 24h。用 TLC 监测反应过程（展开剂：氯仿：甲醇=4：1）。反应结束，过滤，用乙腈洗涤滤饼，减压蒸出溶剂。加入 300mL 水，升温至 40℃，加入 5g 活性炭脱色，搅拌 30min，滤除活性炭。冷却，剧烈搅拌下，加入 400mL 丙酮，析出白色固体。室温搅拌过夜，滤出固体，用丙酮 50mL×2 洗涤。用水重结晶，60℃真空干燥，得到白色固体产物 9-[2-(膦酰甲氧) 乙基] 腺嘌呤 31g，收率 75.7%，熔点>250℃。

备注：9-[(2-膦酰甲氧) 乙基] 腺嘌呤（阿德福韦）（CAS 号：106941-25-7），$M(C_8H_{12}N_5O_4P)=273$。类白色粉末，熔点>260℃，闪点 336.3℃，密度 1.88g/cm^3。

5. *N*,*N*′-二环己基-4-吗啉脒的合成：

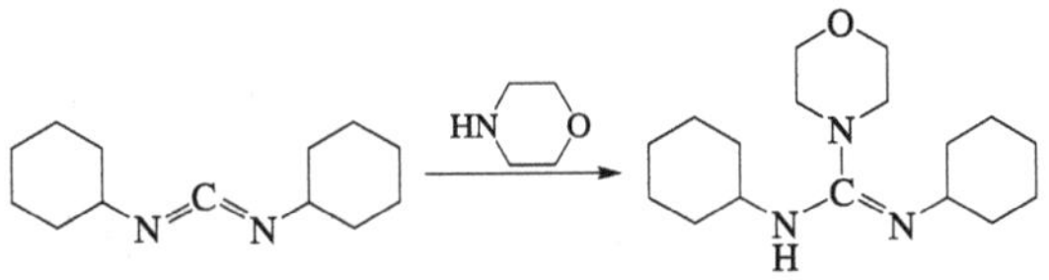

在装有搅拌器、回流冷凝管的 3L 三口瓶中，加入 *N*,*N*′-二环己基碳二亚胺 206g (1mol)、吗啉 500mL (5.57mol) 和叔丁醇 1L，加热回流反应 18h。减压蒸出叔丁醇和未反应的吗啉，加入 10%盐酸 500mL，搅拌溶解。过滤，滤液用 20%氢氧化钠溶液调节 pH 至 10，析出白色固体。减压浓缩至 100mL，在 5℃放置 2h，过滤，固体在 60℃减压干燥，得到类白色固体产物 *N*,*N*′-二环己基-4-吗啉脒 215g，收率 73.3%，熔点 105.5～107.0℃。

6. 阿德福伟酯的合成：

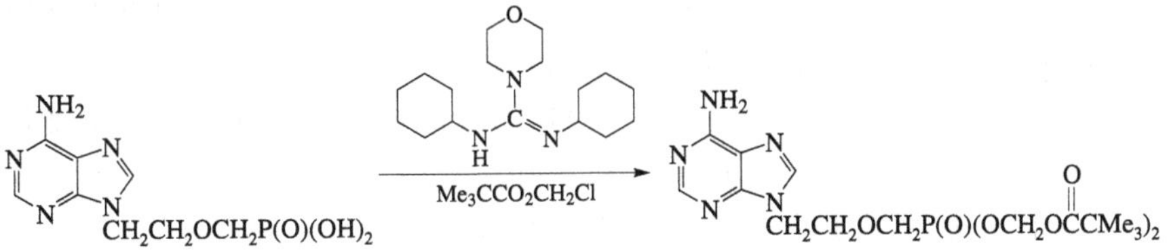

$Me_3CCO_2CH_2Cl$

在装有搅拌器、温度计、回流冷凝管的 3L 三口瓶中，加入 1.5L DMF、165g (0.604mol) 9-[2-(膦酰甲氧) 乙基] 腺嘌呤、354g (1.208mol) N,N′-二环己基-4-吗啉脒、三甲基乙酸氯甲酯 455g (3.203mol) 和 10mL 三乙胺。控制温度在 30～40℃，搅拌反应 24h。用 TLC 检测反应过程，展开剂：甲醇：二氯甲烷=5：95。反应毕，滤出不溶物，减压蒸出 DMF，加入甲醇制成溶液。通过硅胶柱纯化，洗脱剂：甲醇：二氯甲烷=5：95。收集含产品的流分，减压蒸干，得到黄色油状物。加入 1：1 的石油醚和乙酸乙酯溶液，加热溶解，加入 5g 活性炭，搅拌，趁热过滤，滤液冷却，析出结晶，过滤，抽干。滤饼用二氯甲烷、丙酮（95：5）溶液溶解，水浴在 40℃减压蒸干，得到白色固体产物阿德福伟酯 96g (0.1916mol)，收率 31.7%。

【参考文献】

[1] 张建中. 阿德福韦酯的合成优化研究 [D]. 南京：南京理工大学，2013.

丙炔氟草胺

【基本信息】 化学名：*N*-(7-氟-3,4-二氢-3-氧-(2-丙炔基)-2*H*-1,4-苯并噁嗪-6-基) 环己-1-烯-1,2-二羧酰亚胺；CAS 号：103361-09-7；分子式：$C_{19}H_{15}FN_2O_4$；分子量：354.33；熔点：201～204℃；密度：1.48g/cm^3。本品适于大豆、花生、果园等作物田间防除一年生阔叶杂草和部分禾本科杂草，对人低毒。

【合成方法】

1. 7-氟-6-硝基-2*H*-1,4-苯并噁嗪-3（4*H*)-酮（5）的合成：

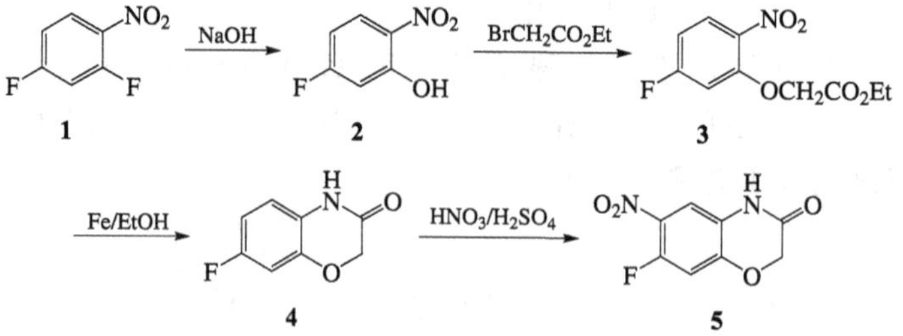

（1）2-硝基-5-氟苯酚（**2**）的合成：在装有搅拌器、温度计的250mL四口瓶中，加入16g（0.101mol）2,4-二氟硝基苯和100mL水，搅拌，加热升温至55℃，滴加入30%氢氧化钠水溶液40g，约30min滴毕。保温55℃，搅拌反应6h。用30mL二氯甲烷萃取未反应的原料，水相用盐酸调节pH至1～3，用二氯甲烷50mL×2萃取，用饱和食盐水洗涤有机相，干燥，蒸出溶剂，得到浅黄色液体产物2-硝基-5-氟苯酚13.3g，收率84%，熔点30℃。

（2）2-硝基-5-氟苯氧基乙酸乙酯（**3**）的合成：在装有搅拌器、温度计的250mL四口瓶中，加入13.3g（0.085mol）2-硝基-5-氟苯酚、200mL丙酮、15.2g（0.09mol）2-溴乙酸乙酯和2g无水碳酸钾，搅拌，加热至回流，反应6h。抽滤，滤液旋蒸浓缩，加入100mL乙酸乙酯，搅拌溶解。用水80mL×2洗涤，干燥，蒸出乙酸乙酯，得到黄色固体2-硝基-5-氟苯酚苯氧基乙酸乙酯19.1g，收率93%，熔点45℃。

（3）7-氟-2*H*-1,4-苯并噁嗪-3（4*H*)-酮（**4**）的合成：在装有搅拌器、温度计的500mL四口瓶中，加入100g（1.78mol）还原铁粉和55mL 5%乙酸溶液，搅拌，加热至80℃。滴加72.9g（0.3mol）2-硝基-5-氟苯酚苯氧基乙酸乙酯与200mL乙酸、65mL乙酸乙酯的混合溶液，1h滴毕后，回流反应5h。反应结束，趁热过滤，滤液用乙酸乙酯30mL×3萃取。合并有机相，依次用100mL水和60mL饱和碳酸氢钠水溶液洗涤，干燥，浓缩，冷却，析出白色固体，过滤，干燥，得到固体产物7-氟-2*H*-1,4-苯并噁嗪-3（4*H*)-酮34.5g，收率70.7%，熔点204℃。

（4）7-氟-6-硝基-2*H*-1,4-苯并噁嗪-3（4*H*)-酮（**5**）的合成：在装有搅拌器、温度计和滴液漏斗的250mL四口瓶中，加入150mL 80%硫酸，冷却至5～10℃，加入88g（0.52mol）7-氟-2*H*-1,4-苯并噁嗪-3（4*H*)-酮，在5～10℃滴加入60%硝酸72g，15min滴完，保温反应5h。搅拌下将反应混合物倒入600mL冰水中，析出大量黄色固体。抽滤，洗涤，干燥，得到浅黄色固体产物7-氟-6-硝基-2*H*-1,4-苯并噁嗪-3（4*H*)-酮95g，收率86.1%，熔点204℃。

2. 丙炔氟草胺（8）的合成：

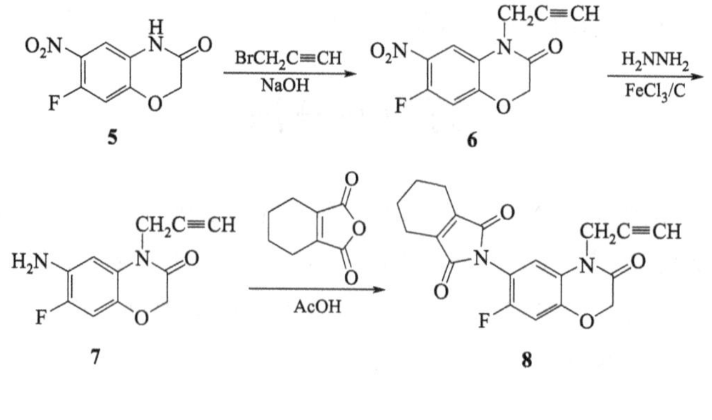

(1) 7-氟-6-硝基-4（2-炔丙基）2*H*-1,4-苯并噁嗪-3（4*H*)-酮（**6**）的合成：在装有搅拌器、温度计和滴液漏斗的250mL四口瓶中，加入80mL甲苯和9g（0.225mol）氢氧化钠，降温至0℃，分批加入32g（0.15mol）7-氟-6-硝基-2*H*-1,4-苯并噁嗪-3（4*H*)-酮，控制温度在5℃以下，30min加完。保温反应30min后，加入19.2g（0.16mol）3-溴丙炔，升至室温（约25℃)，反应6h。加入水150mL，用甲苯120mL×2萃取，合并有机相，水洗，干燥，浓缩，冷却过夜，析出黄色结晶7-氟-6-硝基-4（2-炔丙基）2*H*-1,4-苯并噁嗪-3（4*H*)-酮31.5g，收率84%，熔点109℃。

(2) 7-氟-6-氨基-4（2-炔丙基）2*H*-1,4-苯并噁嗪-3（4*H*)-酮（**7**）的合成：在装有搅拌、温度计和滴液漏斗的250mL四口瓶中，加入120mL乙醇和0.2g三氯化铁、0.4g活性炭和30g（0.12mol）7-氟-6-硝基-4（2-炔丙基）2*H*-1,4-苯并噁嗪-3（4*H*)-酮，搅拌，加热至80℃。滴加80%水合肼12g（0.3mol)，约3h滴完，继续回流5h。冷却，过滤，除去三氯化铁和活性炭。减压浓缩，剩余物用100mL乙酸乙酯溶解。用100mL水和50mL饱和碳酸氢钠水溶液洗涤，干燥，浓缩，冷却过夜，析出土黄色固体，抽滤，干燥，得到黄色固体产物7-氟-6-氨基-4（2-炔丙基）2*H*-1,4-苯并噁嗪-3（4*H*)-酮22.3g，收率93%，熔点180℃。

(3) 丙炔氟草胺（**8**）的合成：在装有搅拌器、温度计和滴液漏斗的250mL四口瓶中，边搅拌边加入22g（0.1mol）7-氟-6-氨基-4（2-炔丙基）2*H*-1,4-苯并噁嗪-3（4*H*)-酮、15.2g（0.1mol）3，4，5,6-四氢苯酐和40mL冰醋酸，加热回流2h。加入50mL水，用乙酸乙酯50mL×3萃取，合并有机相，分别用100mL水和50mL饱和碳酸氢钠水溶液洗涤，干燥，浓缩，冷却，析出白色结晶丙炔氟草胺26.5g，收率75%。熔点204℃。以2,4-二氟硝基苯计，总收率28%。

【参考文献】

[1] 刘安昌，陈涣友，姚珊，等.新型除草剂丙炔氟草胺的合成研究[J].世界农药，2011，33（2)：27-29.

鸟嘌呤

【基本信息】 俗名：鸟嘌呤（guanine)；化学名：2-氨基-6-羟基嘌呤；英文名：2-amino-6-hydroxy-1*H*-purine；CAS号：73-40-5；分子式：$C_5H_5N_5O$；分子量：151；白色正方形结晶或无定形粉末；熔点：360℃（633.15K)；沸点：591.4℃/101325Pa；蒸气压：1.15×10^{-11}Pa/25℃；密度：2.19g/cm^3；不可燃，溶于氨水、氢氧化钠水溶液、稀酸，微溶于醇、醚，几乎不溶于水。本品可用作抗病毒药物阿昔洛韦中间体。储存条件：2～8℃。

【合成方法】

1. 2,4,5-三氨基-6-羟基嘧啶硫酸盐的合成：

S
$H_2NCNH_2\cdot H_2O$
$NCCH_2CO_2Me$
①NaOMe/②HCl
ONa
N
H_2N N NH_2
$NaNO_2$/HCl
OH
NO
N
H_2N N NH_2
H_2/Ni
H_2SO_4
OH
NH_2
N
$\cdot H_2SO_4$
H_2N N NH_2

（1）2,4-二氨基-6-羟基嘧啶钠盐水溶液的合成：在装有搅拌器、回流冷凝管和滴液漏斗的2L三口瓶中，加入400g（0.2mol）28%甲醇钠的甲醇溶液，搅拌下加入126g（1.03mol）硝基胍。加热微回流下，滴加入99g（1.00mol）氰乙酸甲酯，约1h滴完。保温反应2h后，常压蒸出大部分甲醇，真空蒸干。稍冷，加入水到1L，得到2,4-二氨基-6-羟基嘧啶钠盐水溶液，直接用于下步反应。

（2）2,4-二氨基-5-亚硝基-6-羟基嘧啶的合成：在装有搅拌器、回流冷凝管和滴液漏斗的5L三口瓶中，加入上步反应得到的2,4-二氨基-6-羟基嘧啶钠盐水溶液，补加水到2.5L。搅拌，滴加15%盐酸，调节pH至7。加入69g（1.06mol）亚硝酸钠水溶液，冰水浴冷却至10～20℃，滴加15%盐酸，调节pH到1.5～2，约3h滴加完，保温0.5h（反应放出NO气体，须在通风橱中操作）。反应结束后，抽滤，用少量水洗涤滤饼，得到湿品2,4-二氨基-5-亚硝基-6-羟基嘧啶，直接用于下一步反应。

（3）2,4,5-三氨基-6-羟基嘧啶硫酸盐的合成：在装有搅拌器的5L三口瓶中，加入上一步制备的湿品2,4-二氨基-5-亚硝基-6-羟基嘧啶、1.6L水，搅拌打浆后，滴加约30%碱液37mL，调节pH至约为12，几乎全溶。将此溶液投入加氢釜中，并加入Raney Ni 3g。抽真空，用氮气、氢气置换后，加热到50℃。通入氢气，控制压力在304.0～506.6kPa。加氢过程放热，由室温自动升至70～80℃，反应2h，压力不再下降，继续反应0.5h。冷却至室温，放出氢气，用氮气置换，滤除催化剂。将反应液转移到装有搅拌器和滴液漏斗的三口瓶中。搅拌，滴加入50%硫酸，调节pH至0.5～1。冷却至30℃，抽滤，用少量水洗涤滤饼，烘干，得到2,4,5-三氨基-6-羟基嘧啶硫酸盐200g，以氰乙酸甲酯计，收率92%。

2. 鸟嘌呤粗品的合成：

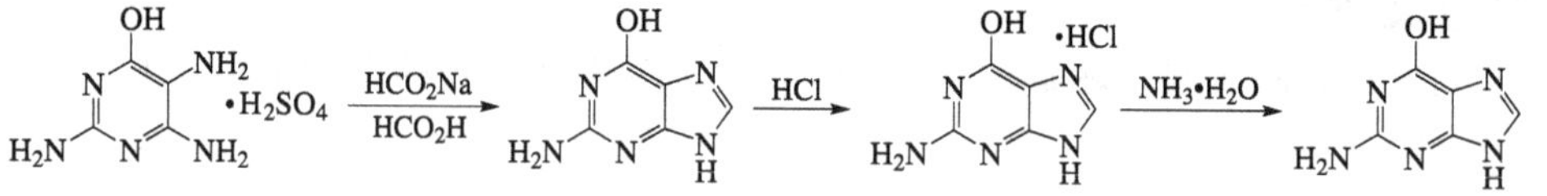

$\cdot H_2SO_4$ $\xrightarrow[HCO_2H]{HCO_2Na}$ $\xrightarrow{HCl}$ $\cdot HCl$ $\xrightarrow{NH_3\cdot H_2O}$

在装有机械搅拌和温度计的2.5L三口瓶中，加入280g 95%甲酸、160g无水甲酸钠，搅拌，加热到55℃溶解，加入200g（0.837mol）2,4,5-三氨基-6-羟基嘧啶硫酸盐。加热回流反应40h，减压蒸出甲酸，加入2L水。搅拌均匀，抽滤，水洗，得到鸟嘌呤粗品。

3. 鸟嘌呤盐酸盐的合成：在装有搅拌器和温度计的5L三口瓶中，加入2,4,5-三氨基-6-羟基嘧啶硫酸盐200g（0.837mol）、水1.8L、36%盐酸400g。搅拌加热到90℃溶解，加入20g活性炭，在90～95℃搅拌脱色1h，趁热过滤，滤液冷却至10℃，结晶，抽滤，得到白色鸟嘌呤盐酸盐湿品。

4. 鸟嘌呤精品的合成：在装有搅拌器的5L反应瓶中，加入3L去离子水，室温通入30g氨气。搅拌下，加入200g鸟嘌呤盐酸盐湿品，反应0.5h，用氨气调节溶液的pH至7.5。抽滤，水洗，抽干，烘干，得到精品鸟嘌呤113g，以2,4,5-三氨基-6-羟基嘧啶硫酸盐计收率90%，纯度99.3%，熔点>300℃。

【参考文献】

[1] 陈文华，唐健国. 鸟嘌呤的合成工艺改进 [J]. 广州化工，2011，39（24）：59-60.

9-(N-氨基-4-氟甲基-3-吡咯)-2,6 二氯嘌呤

【基本信息】 英文名：9-(N-amino-4-fuoromethyl-3-pyrrolidinyl)-2，6-dichloropurine；分子式：$C_{10}H_{11}Cl_2FN_6$；分子量：305。为筛选更高活性药物，改进已知药物药效、药理性质并降低毒副作用，设计合成了含氟氮杂核苷化合物。

【合成方法】

1. N-对硝基苯氧羰基-反-4-羟基-D-脯氨酸甲酯（7）的合成：

1 —HCl→ 2 —PNZ-Cl/Et$_3$t→ 3 —MeOH/H$^+$→ 4 —MsCl/Et$_3$N→ 5 —Et$_4$N$^+$Ac$^-$→ 6 —MeONa, H$^+$→ 7

(1) 顺-4-羟基-D-脯氨酸盐酸盐（**2**）的合成：在装有搅拌器、温度计和氯化氢气体导管的100mL三口瓶中，依次加入50mL二氯甲烷和13.1g（0.1mol）反-4-羟基脯氨酸，搅拌溶解，降温至0℃，慢慢通入氯化氢气体，直至饱和。蒸出溶剂至干，得到白色粉末产物**2** 15.4g，收率92%，熔点86～89℃，$[\alpha]_D^{25}=+35.5°$（c=1.0，MeOH)。立即密封保存。

(2) N-对硝基苯氧羰基-顺-4-羟基-D-脯氨酸（**3**）的合成：在装有搅拌器、温度计和滴液漏斗的100mL三口瓶中，加入100mL水、4.2g（0.025mol）化合物**2**和10.1g（0.1mol）三乙胺，搅拌混合，降温至－5℃，滴加30mL甲苯和5.4g（0.025mol）对硝基苯甲酰氯（PNZ-Cl）的混合溶液，滴加过程保持温度低于0℃。滴毕，保温搅拌1h。慢慢加浓盐酸至pH为1，析出沉淀，抽滤，水洗，在50℃真空干燥，得到类白色粉末状产物**3** 6.4g，收率93%，熔点55～58℃，$[\alpha]_D^{25}=+40.5°$（c=1.0，MeOH)。

(3) N-对硝基苯氧羰基-顺-4-羟基-D-脯氨酸甲酯（**4**）的合成：在装有搅拌器、温度计和回流冷凝管的250mL三口瓶中，加入200mL甲醇和15g（48mmol）化合物**3**，搅拌溶解，加入0.5mL浓硫酸，加热回流24h。冷却至室温，加入适量碳酸钠，调节pH到7，过滤，用甲醇洗涤滤饼，合并洗液和滤液，蒸出甲醇至干，得到类白色粉末产物**4** 15.3g，收率97.5%，熔点63～65℃。

(4) N-对硝基苯氧羰基-反-4-甲磺酰基-D-脯氨酸甲酯（**5**）的合成：在装有搅拌器、温度计和滴液漏斗的100mL三口瓶中，加入50mL二氯甲烷和3.2g（10mmol）化合物**4**，搅拌溶解。加入2g（20mmol）三乙胺，冷却至0℃，慢慢滴加1.3g（11mmol）甲磺酰氯（MsCl）和10mL二氯甲烷的溶液。滴毕，自然升至室温，加入50mL水，分出有机相。用二氯甲烷100mL×3萃取水相，合并有机相，依次用水、饱和食盐水洗涤，用无水硫酸钠干燥。回收溶剂至干，所得黑色油状物用硅胶柱纯化［洗脱剂：石油醚∶乙酸乙酯＝1∶1（体积比）］，得到浅黄色油状化合物**5** 3.4g，收率85%，$[\alpha]_D^{25}=+26.8°$（c=0.5，MeOH)。

（5）*N*-对硝基苯氧羰基-反-4-乙酰氧基-D-脯氨酸甲酯（**6**）的合成：在装有搅拌器、温度计、回流冷凝管和氮气导管的 100mL 三口瓶中，加入 2g（5mmol）化合物 **5**、1.13g（6mmol）四乙基乙酸铵、30mL 乙酸乙酯和 3mL DMF。在氮气保护下，升温回流 10h。冷却至室温，加入 20mL 水，搅拌，分出有机相。用乙酸乙酯 60mL×3 萃取水相，合并有机相，依次用水、饱和食盐水洗涤，用无水硫酸钠干燥，减压蒸出溶剂至干，所得黑色油状物经硅胶柱纯化［洗脱剂：石油醚∶乙酸乙酯＝1∶1（体积比）］，得到 1.37g 浅黄色油状化合物 **6**，收率 72%，$[\alpha]_D^{25}=+30°$（*c*＝0.5，MeOH）。

（6）*N*-对硝基苯氧羰基-反-4-羟基-D-脯氨酸甲酯（**7**）的合成：在装有搅拌器、温度计和滴液漏斗的干燥的 100mL 三口瓶中，加入 10mL 含 7mmol 甲醇钠的甲醇溶液，冷却至 0℃，加入 1.34g（3.5mmol）化合物 **6**，自然升至室温。用乙酸调节溶液 pH 至中性，反应在几分钟内完成。回收溶剂至干，所得粗产品经硅胶柱纯化［洗脱剂：石油醚∶乙酸乙酯＝2∶1（体积比）］，得到 0.76g 类白色粉末状产物 **7**，收率 66.3%，熔点 64～66℃，$[\alpha]_D^{25}=+60.8°$（*c*＝0.5，MeOH）。

2. 顺-4-(2,6 二氯-9*H*-嘌呤基)-D-脯氨醇（10）的合成：

$$\mathbf{7}\xrightarrow[\text{Ph}_3\text{P/DEAD}]{\text{2,6-二氯嘌呤}}\mathbf{8}\xrightarrow[\text{THF}]{\text{LiAlH}_4}\mathbf{9}\xrightarrow{\text{HCl/PTC}}\mathbf{10}$$

（1）*N*-对硝基苯氧羰基-顺-4-(2,6 二氯-9H-嘌呤基)-D-脯氨酸甲酯（**8**）的合成：在装有搅拌器、温度计和氮气导管的干燥的 100mL 三口瓶中，在氮气保护下加入 25mL 无水四氢呋喃、1.3g（4.8mmol）三苯基磷和 0.84g（4.8mmol）偶氮二乙酸二甲酯（DEAD），溶液呈淡黄色，搅拌冷却至 0℃。加入 0.76g（4mmol）2,6-二氯嘌呤和 1.29g（4mmol）化合物 **7**，自然升至室温，搅拌 2h。回收溶剂至干，所得浅黄色油状物经硅胶柱纯化［洗脱剂：石油醚∶乙酸乙酯＝2∶1（体积比）］，得到类白色粉末状化合物 **8**，收率 53%，熔点 93～94.5℃。

（2）N-对硝基苯氧羰基-顺-4-(2,6 二氯-9H-嘌呤基)-D-脯氨醇（**9**）合成：在装有搅拌器、温度计和氮气导管的干燥的 100mL 三口瓶中，加入 25mL 无水 THF 和 0.1g（2.5mmol）四氢铝锂，在氮气保护下搅拌冷却至 0℃。加入含 0.495g（1mmol）化合物 **8** 的 THF 溶液 10mL，搅拌过夜。回收溶剂至干，加入水和乙酸乙酯各 20mL。搅拌后分出有机相，用乙酸乙酯 60mL×3 萃取水层，合并有机相，经水、饱和食盐水洗涤后，用无水硫酸钠干燥，回收溶剂至干，得到 0.3g 淡黄色油状物 **9**，收率 65%，$[\alpha]_D^{25}=+10.3°$（*c*＝1.0，MeOH）。

（3）顺-4-(2,6 二氯-9H-嘌呤基)-D-脯氨醇（**10**）的合成：在装有搅拌器、温度计和氮气导管的干燥的 100mL 三口瓶中，加入 10mL 浓盐酸，搅拌下加入 20mL 乙酸乙酯和 0.03g

四丁基溴化铵，冷却至－15℃，加入含 0.47g（1mmol）化合物 **9** 的乙酸乙酯溶液 10mL，搅拌 2h，分出有机层。用乙酸乙酯 90mL×3 萃取水层，合并有机相，经水、饱和食盐水洗后，用无水硫酸钠干燥。减压蒸出溶剂至干，所得浅黄色油状物经硅胶柱纯化［洗脱液：石油醚：乙酸乙酯＝1：1（体积比）］。得到 0.24g 类白色粉状化合物 **10**，收率 81.9%，熔点 78～81℃，$[\alpha]_D^{25}=+18°$（c＝1.0，MeOH）。

3. 9-(*N*-氨基-4-氟甲基-3-吡咯)-2,6 二氯-9H-嘌呤（13）的合成：

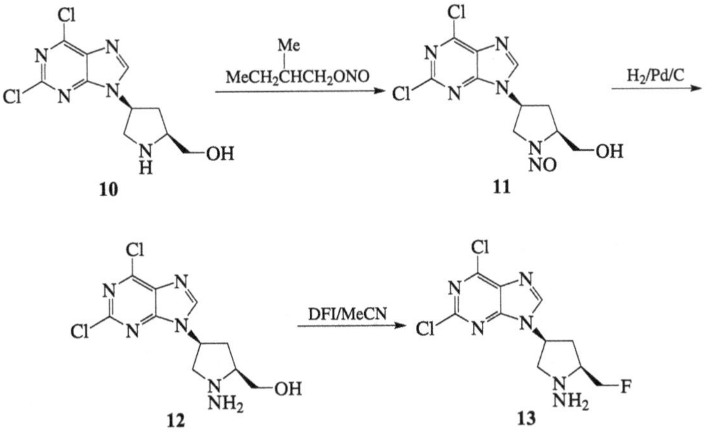

(1) *N*-对亚硝基-顺-4-(2,6 二氯-9*H*-嘌呤基)-D-脯氨醇（**11**）的合成：在装有搅拌器、温度计和氮气导管的干燥的 100mL 三口瓶中，加入 20mL 四氢呋喃和 0.29g（1mmol）化合物 **10**，搅拌溶解，加入 10mL 浓盐酸。冷却至－15℃，滴加含有 0.23g（2mmol）亚硝酸异戊酯的四氢呋喃溶液 10mL。自然升至室温，几分钟内完成反应。加入水和乙酸乙酯各 50mL。搅拌后分出有机相，用乙酸乙酯 90mL×3 萃取水层，合并有机相，经水、饱和食盐水洗涤后，用无水硫酸钠干燥，减压回收溶剂至干，得到 0.24g 粉红色粉末（11），收率 75%，熔点 105～107℃，$[\alpha]_D^{25}=+25°$（c＝1.0，MeOH）。

(2) *N*-氨基-顺-4-(2,6 二氯-9*H*-嘌呤基)-D-脯氨醇（**12**）的合成：在装有搅拌器和氮氢气导管的 100mL 加氢瓶中，加入 25mL 甲醇和 0.32g（1mmol）化合物（11），搅拌溶解。加入 7.5%Pd/C 15mg，室温通入氢气 5h。抽滤回收催化剂，用少量甲醇洗涤。滤液回收甲醇至干，得到 0.29g 类白色粉末化合物 **12**，收率 94.8%，熔点 67～68.5℃，$[\alpha]_D^{25}=+18°$（c＝0.5，MeOH）。

(3) 9-(*N*-氨基-4-氟甲基-3-吡咯)-2,6 二氯-9*H*-嘌呤（**13**）的合成：在装有搅拌器、温度计和氮气导管的干燥的 100mL 三口瓶中，在氮气保护下加入 25mL 无水乙腈、0.15g（0.49mmol）化合物 **12** 和 0.13g（0.95mmol）DFI。室温搅拌 5h，加入水和乙酸乙酯各 50mL。搅拌后分出有机相，用乙酸乙酯 90mL×3 萃取水层，合并有机相，经水、饱和食盐水洗涤后，用无水硫酸钠干燥，减压回收溶剂至干，所得浅黄色油状物经硅胶柱纯化［洗脱液：石油醚：乙酸乙酯＝1：1（体积比）］，得到 0.1g 类白色粉末 9-(*N*-氨基-4-氟甲基-3-吡咯)-2,6 二氯-9*H*-嘌呤（**13**），收率 67.1%，熔点 87～90℃，$[\alpha]_D^{25}=+25°$（c＝1.0，MeOH）。

备注：氟化剂 DFI 为 2，2-二氟-1，3-二甲基咪唑烷（CAS 号：220405-40-3），$M(C_5H_{10}F_2N_2)=136$。

【参考文献】

［1］李叶青，陆明，吕春绪，等. 9-(*N*-氨基-4-氟甲基-3-吡咯)-2,6-二氯嘌呤的简便合

成［J］．应用化学，2008，25（3）：345-349.

阿昔洛韦

【基本信息】 俗名：阿昔洛韦（acyclovir，简称ACV）；化学名：9-(2-羟乙氧基甲基）鸟嘌呤；英文名：2-amino-1，9-dihydro-9-［(2-hydroxyethoxy)-methyl］-6*H*-purin-6-on；CAS号：59277-89-3；分子式：$C_8H_{11}N_5O_3$；分子量：225；白色粉末；熔点：256～257℃；微溶于水（0.7mg/mL），不溶于氯仿、乙醚；储存温度：－20℃。本品用于单纯疱疹病毒所致的各种感染。

【合成方法】

1. 乙二醇单乙酸酯的合成：

$$HOCH_2CH_2OH \xrightarrow[p\text{-TsOH}]{MeC(OMe)_3} \text{(2-甲氧基-2-甲基-1,3-二氧戊环)} \xrightarrow{H_2O} HOCH_2CH_2OAc$$

在装有回流冷凝管的100mL三口瓶中，加入乙二醇5.0g（0.08mol）、原乙酸三甲酯9.6g（0.08mol）和对甲苯磺酸（*p*-TsOH）0.69g（0.004mol）。加热到75℃，回流反应2h，用TLC监测反应至完毕。冷却至室温，加入30mL水，搅拌16h，用乙酸乙酯30mL×3萃取，用30mL饱和食盐水洗涤，用无水硫酸钠干燥，过滤，浓缩得到粗产品，通过硅胶柱色谱（洗脱剂：乙酸乙酯∶石油醚＝1∶1）纯化，得到无色油状液体乙二醇单乙酸酯7.5g，收率90％。

2. 2-氧杂-1，4-丁二醇二乙酸酯的合成：

$$MeCOCl+(HCHO)_n \xrightarrow{ZnCl_2} MeCO_2CH_2Cl \xrightarrow[NaH/DMF]{HOCH_2CH_2OAc} AcOCH_2CH_2OCH_2OAc$$

（1）乙酸氯甲酯的合成：在装有搅拌器、回流冷凝管和恒压滴液漏斗的150mL三口瓶中，加入0.4g（3mmol）氯化锌，冰水浴冷却至0℃，搅拌，慢慢滴加55.5g（0.71mol）乙酰氯。滴毕，加热（油浴温度60～80℃）回流，有大量气体冒出。搅拌1h后，反应瓶底部有黏稠物生成，搅拌2h。冷却至0℃，通过碱性氧化铝层过滤（冒出很多气体）。滤液加入30mL水，室温搅拌30min。分出油层，依次用水、饱和食盐水各洗涤一次，得到油状产品乙酸氯甲酯60g，以乙酰氯计收率80％。产品直接用于下一步反应。

（2）2-氧杂-1，4-丁二醇二乙酸酯的合成：在装有搅拌器、回流冷凝管和恒压滴液漏斗的100mL三口瓶中，加入乙二醇单乙酸酯4.0g（0.038mol）、4.12g（0.038mol）乙酸氯甲酯和四氢呋喃30mL。冰水浴冷却下，慢慢分批加入氢化钠1.34g（0.057mol）。室温搅拌24h，用TLC监测反应至终点。反应结束，慢慢滴加几滴乙酸，淬灭氢化钠。旋蒸出四氢呋喃，用乙酸乙酯30mL×3萃取，用30mL饱和食盐水洗涤，用无水硫酸钠干燥，过滤，浓缩得到产品。用硅胶柱色谱（洗脱剂：乙酸乙酯∶石油醚＝5∶1）纯化，得到无色油状产品2-氧杂-1，4-丁二醇二乙酸酯5.93g，收率70％。

3. 阿昔洛韦的合成：

$$\text{N}^2\text{,9-二乙酰鸟嘌呤} \xrightarrow[p\text{-TsOH/PhMe/DMF}]{AcOCH_2CH_2OCH_2OAc} \text{9-}(CH_2OCH_2CH_2OAc)\text{-N}^2\text{-乙酰鸟嘌呤} \xrightarrow[MeOH]{NaCO_3/H_2O} \text{9-}(CH_2OCH_2CH_2OH)\text{-N}^2\text{-乙酰鸟嘌呤}$$

(1) N^2-乙酰-9-[(2-乙酰氧基乙氧基)-甲基] 鸟嘌呤的合成：在装有搅拌器、回流冷凝管和恒压滴液漏斗的500mL三口瓶中，加入N^2-9-二乙酰鸟嘌呤10.0g (42.5mmol)、2-氧杂-1,4-丁二醇二乙酸酯15.0g (85mmol)、对甲苯磺酸1g (5.8mmol) 和甲苯、N,N-二甲基甲酰胺各100mL。加热至112℃，回流24h，回流过程中，溶液由棕色黏稠状变为棕色溶液。用TLC (展开剂：二氯甲烷：甲醇=5：1) 监测反应，反应结束后，减压蒸出溶剂至干。用乙酸乙酯重结晶，得到N^2-乙酰-9-[(2-乙酰氧基乙氧基)-甲基] 鸟嘌呤5.6g，收率41.8%，熔点200～202℃。

(2) 阿昔洛韦的合成：在装有搅拌器、回流冷凝管和恒压滴液漏斗的250mL三口瓶中，加入N^2-乙酰-9-[(2-乙酰氧基乙氧基)-甲基] 鸟嘌呤10g (32.4mmol)、碳酸钠5.14g (48.5mmol)、甲醇和水各100mL。加热回流3h，TLC (展开剂：二氯甲烷：甲醇=5：1) 监测反应。反应结束，冷却至室温，用稀盐酸调节pH至6～7，过滤，所得产品用水重结晶，得到产品阿昔洛韦7.56g，收率90.1%，熔点251～253℃。

【参考文献】

[1] 赖焜民. 阿昔洛韦的合成 [D]. 南昌：南昌大学，2012.

2′-脱氧腺苷

【基本信息】 俗名：2′-脱氧腺苷 (2′-deoxyadenosine)；化学名：(2*R*，3*R*，5*R*)-5-(6-氨基-9*H*-嘌呤-9-基)-2-(羟甲基) 四氢呋喃-3-醇；CAS号：958-09-8；分子式：$C_{10}H_{13}N_5O_3$；分子量：251；白色粉末；熔点：187～189℃；沸点：394.4℃；密度：1.2938g/cm^3；溶于水和烧碱。本品是基因药物和基因工程研究的重要原材料，是很多抗病毒、抗肿瘤、抗艾滋病药物的中间体。

【合成方法】

一、文献 [1] 中的方法

NH2　HMDS 回流2h　NHSiMe3　RO—OAc / RO　催化剂　NHSiMe3 RO / RO　R:p-MeC6H4CO—　MeONa　NH2 HO / HO

1. N^6-单三甲基硅醚基嘌呤的合成： 在装有搅拌器、温度计和回流冷凝管的100mL三口瓶中，加入腺嘌呤10g (M=135，0.074mol) 和六甲基二硅胺烷 (HMDS) 32.2g (M=161，0.2mol)，搅拌，加热回流2h，得到N^6-单三甲基硅醚基嘌呤15g (M=207，0.0725mol)，收率97.9%。

2. 2′-脱氧腺苷的合成： 在装有搅拌器、温度计和回流冷凝管的250mL三口瓶中，加入N^6-单三甲基硅醚基嘌呤15g (0.0725mol)、1-乙酰氧基-3,5-二 (对甲基苯甲酰基)-2-脱氧核糖30g (0.072mol)、0.25g催化剂和150mL二氯甲烷的溶液，室温搅拌4h，得到35g中间体3′,5′-二 (对甲基苯甲酰基)-2′-脱氧-N^6-三甲基硅醚基嘌呤核苷。将上述35g (0.0713mol) 中间体溶于0.2mol甲醇钠溶液中，室温搅拌3h，析出2′-脱氧腺苷粗品，抽滤，用甲醇洗涤，用无水乙醇重结晶，过滤，干燥，得到 2′-脱氧腺苷 11.8g（0.047mol），收率 65.9%，熔点 191～192℃。总收率 65%。

二、文献［2］中的方法

TolO　O　OAc　TolO　2　RO　O　N　Cl　N　N　N　RO　3　NH3/MeOH　HO　O　N　NH2　N　N　N　HO　4

1 M=154.5　3 M=506.56　4 M=251.24

在装有搅拌器、回流冷凝装置的 5t 不锈钢反应釜中，加入 154kg 6-氯腺嘌呤（**1**）、412kg 1-乙酰基-3,5-二（对甲基苯甲酰基)-2-脱氧核糖（**2**）和 1.2kg 双对硝基苯酚磷酸酯的二氯甲烷溶液 800L，加热回流，并及时蒸出反应生成的乙酸。反应结束，减压蒸出溶剂，得到 3,5-二(对甲基苯甲酰基)-2-脱氧-6-氯嘌呤核苷（**3**）380～430kg，转化率 75%～80%。

将中间体 **3** 380kg 溶于 5 倍量的氨-甲醇溶液中，升温搅拌 3～6h，减压蒸干。加入 700L 蒸馏水，析出 2′-脱氧腺苷粗产品，抽滤。用乙醇重结晶，干燥，得到白色产物 2′-脱氧腺苷 228～257kg，收率 80%～90%。总收率 60%～70%。

【参考文献】

［1］路有昌，张换平. 2′-脱氧腺苷的合成［J］. 应用化工，2006，35（7）：564-565.

［2］渠桂荣，杨西宁，王东超，等. 化学合成法生产 2′-脱氧腺苷的工艺：CN101007830A［P］. 2007-08-01.

2′,3′-双脱氢-2′,3′-双脱氧腺苷

【基本信息】 英文名：2′,3′-didehydro-2′,3′-dioxyadenosines；分子式：$C_{10}H_{11}N_5O_2$；分子量：233；白色固体。本品是抗病毒药物，对 HIV 和 HBV 病毒具有较高活性。

【合成方法】

1. 5′-*O*-叔丁基二甲基硅烷腺苷（1）的合成：

NH2　N　N　N　N　O　HO　OH　HO　TBDMSCl　吡啶/RT　NH2　N　N　N　N　O　HO　OTBS　HO　1

将 1.5g（5.62mmol）腺苷溶于 12mL 吡啶，加入 1.02g（6.77mmol）叔丁基二甲基氯硅烷（TBDMSCl），室温搅拌 4h，慢慢加入适量水，用二氯甲烷萃取，用无水硫酸镁干燥，过滤，滤液旋蒸至干，柱分离［淋洗液：乙酸乙酯：甲醇＝40：1（体积比）］，得到白色固体产物 5′-*O*-叔丁基二甲基硅烷腺苷，收率 80%。

2. 5′-*O*-叔丁基二甲基硅烷基-2′,3′-*O*-硫羰基腺苷（2）的合成：

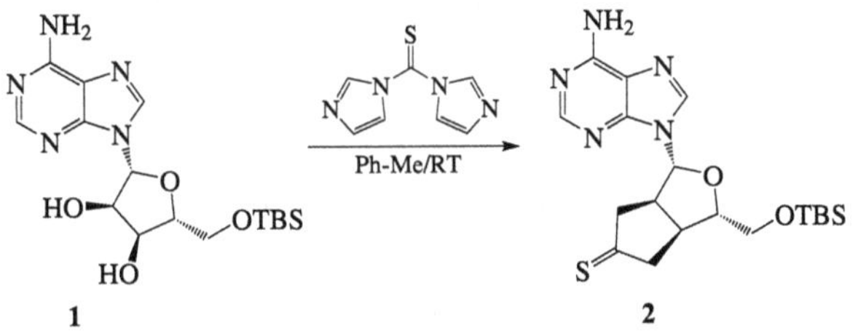

将 200mg（0.53mmol）5′-*O*-叔丁基二甲基硅烷腺苷（**1**）溶于 20mL 甲苯中，室温搅拌 30min，加入 150mg（0.84mmol）1,1-硫代羰基二咪唑，室温反应 7h，用水和二氯甲烷萃取，合并有机相，用无水硫酸镁干燥，过滤，滤液旋干，柱分离［淋洗液：乙酸乙酯∶石油醚＝1∶1（体积比）］，得到白色固体产物 5′-*O*-叔丁基二甲基硅烷基-2′,3′-*O*-硫羰基腺苷（**2**）208mg，收率 94％。

3. 5′-*O*-叔丁基二甲基硅烷基-2′,3′-双脱氢-2′,3′-双脱氧腺苷（3）的合成：

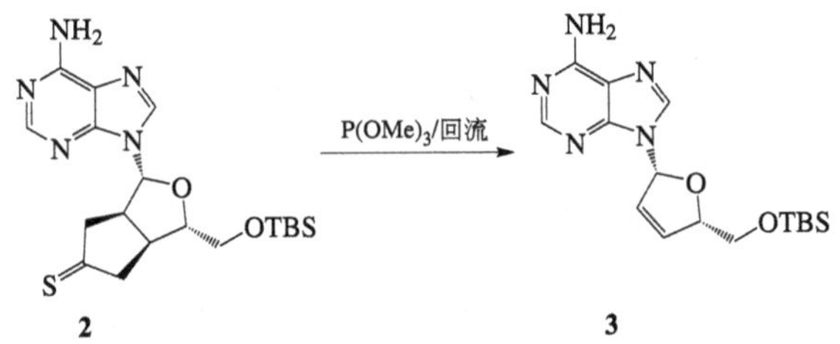

将 100mg 化合物 **2** 溶于 5mL 亚磷酸三甲酯，在氮气保护下，回流 3h，反应液旋蒸出亚磷酸三甲酯至干，剩余物经柱色谱分离［乙酸乙酯∶石油醚＝2∶1（体积比）］，得到白色固体产物（**3**）7.1mg，收率 82％。

4. 2′,3′-双脱氢-2′,3′-双脱氧腺苷（4）的合成：

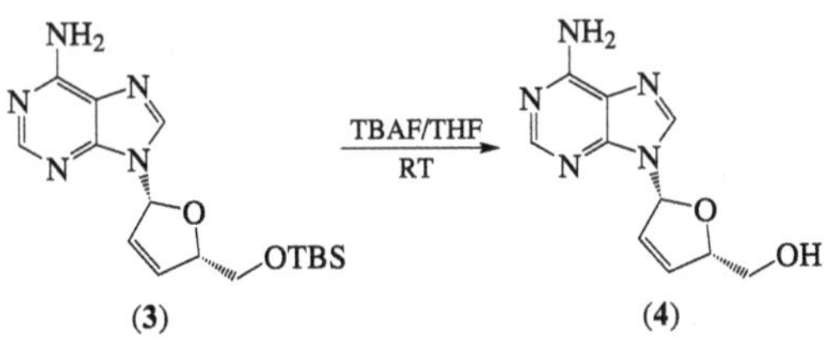

将 100mg（0.29mmol）化合物 **3** 溶于无水 THF 中，加入 136.24mg（0.522mmol）四丁基氟化胺（TBAF），室温反应 3h。用饱和氯化铵淬灭反应，用水和乙酸乙酯萃取，合并有机相，用无水硫酸镁干燥，过滤，滤液旋干，柱分离［淋洗液：乙酸乙酯∶甲醇＝20∶1（体积比）］，得到白色固体产物 2′,3′-双脱氢-2′,3′-双脱氧腺苷（**4**）55mg，收率 82％，$[\alpha]_D^{25}=+24.7°$（$c=0.5$，DMSO）。四步反应总收率 50.6％。

【参考文献】

［1］易娟，薛伟才，尚红霞. 2′,3′-双脱氢-2′,3′-双脱氧腺苷的合成［J］. 化学试剂，2013，35（3）：277-278，281.

［2］易娟. 2′,3′-双脱氢-2′,3′-双脱氧腺苷和虫草素的化学合成研究［D］. 广州：广东工业大学，2013.

虫草素

【基本信息】 俗名：虫草素（cordycepin）；又称：3′-脱氧腺苷；英文名：（3-deoxy-*b*-D-ribofuranosyl）adenine，CAS号：73-03-0；分子式：$C_{10}H_{13}N_5O_3$；分子量：251；白色粉末；熔点：225～229℃；$[\alpha]_D^{25}=-35.2°$（$c=0.10$，甲醇）；最大波长λ_{max}：260nm（EtOH）；储存条件：20℃。本品具有抗肿瘤、抑菌、抗病毒等多种生物活性。

【合成方法】

一、文献［1］中的方法

1. 化合物（3）的合成：

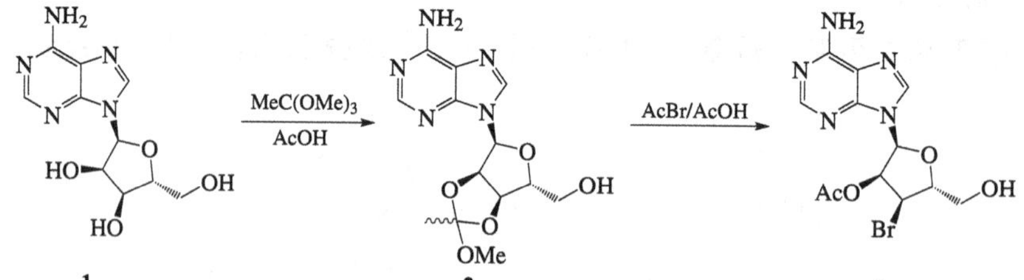

MeC(OMe)$_3$ / AcOH → AcBr/AcOH

1　　2　　3

在装有搅拌器、温度计和滴液漏斗的200mL三口瓶中，加入原料**1** 10g（37.5mmol）和冰醋酸75mL，水浴冷却，在氮气保护下，慢慢滴加原乙酸三甲酯14.4mL（112mmol）。滴毕，室温反应过夜，用TLC监测反应完成。冰水浴冷却下，搅拌15min，慢慢滴加乙酰溴7.6mL（93.7mmol），30min滴毕。在20℃反应6h，TLC监测反应完成。减压蒸出过量乙酰溴和大部分乙酸，剩余物加入80mL氯仿溶解。用饱和碳酸氢钠水溶液调节pH至7～8，依次用水和饱和食盐水洗涤，用无水硫酸钠干燥。蒸干溶剂后，用硅胶柱色谱［洗脱剂：二氯甲烷∶甲醇=15∶1（体积比）］纯化，得到黄色油状物**3** 6.26g，收率40.5%。MS：$m/z=414.416$ $[M+H]^+$。

2. 化合物4的合成：

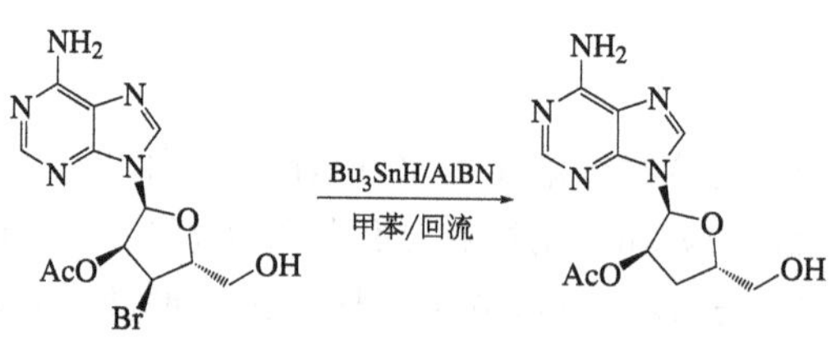

Bu_3SnH/AIBN / 甲苯/回流

3　　4

在装有搅拌器、温度计和滴液漏斗的200mL三口瓶中，加入化合物**3** 5.53g（13.4mmol）和无水甲苯67mL，搅拌溶解。加入引发剂偶氮二异丁腈（AIBN）0.44g（2.68mmol），室温反应10min。在氮气保护下，滴加三丁基氢化锡5.8g（20.1mmol），滴毕，在110℃回流2h，TLC监测反应完毕。冷却，倒入100mL轻石油醚中，析出浅黄色固体。过滤，用冰冷却过的轻石油醚洗涤，得到化合物**4**粗品3.87g，收率87%。直接用于下一步反应。

3. 虫草素的合成

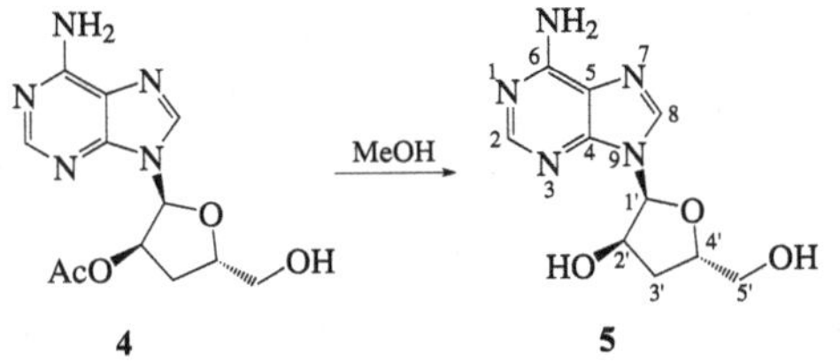

在装有搅拌器、温度计和滴液漏斗的 200mL 三口瓶中，依次加入无水甲醇和化合物 **4** 640mg（1.87mmol），搅拌溶解，加热回流反应 3h，TLC 监测反应完毕。慢慢冷却至室温，减压浓缩，经 Sephendex LH-20 柱色谱［洗脱剂：水∶甲醇＝10∶1（体积比）］纯化，得到微黄色固体虫草素 405mg，收率 85.1%，熔点 226～228℃，$[\alpha]_D^{25}=-35.2°$（$c=0.10$，甲醇）。

二、文献［2］中的方法

将 9-β-D-呋喃核糖糖基嘌呤 3.1g、原甲酸原甲酸三乙酯 2.5g、无水乙酸 15mL 投入 50mL 反应瓶，50℃保温反应 2h，减压至−0.08MPa，浓缩至干，得焦糖状物（A）3.4g。将其溶于 18mL 二氯甲烷中，在 0℃滴加乙酰溴 5.9g。滴毕，室温搅拌 10min，用饱和碳酸氢钠水溶液调节 pH 至 8，分出有机相。以质量比为 9∶1 的二氯甲烷-甲醇为洗脱剂经硅胶柱色谱纯化，得焦糖状物（B）2.7g。将其加入三乙基硅烷 25mL、三氟乙酸 12mL，加热回流 12h，减压至−0.08MPa，浓缩至干，加入饱和甲醇氨溶液 30mL，室温搅拌反应 12h。减压至−0.08MPa，浓缩至干，剩余物用乙醇重结晶，得到白色固体虫草素 1.5g。

【参考文献】

［1］刘君，丁杰，何巍，等. 虫草素的合成［J］. 合成化学，2015，23（5）：452-455.

［2］马志强，陈良，王振东. 虫草素的合成方法：CN108864233A［P］. 2018-11-23.

克拉屈滨

【基本信息】 化学名：2-氯-9-（2-脱氧-β-D-呋喃阿拉伯糖基）腺嘌呤；英文名：2-chloro-9-（2-deoxy-β-D-arabinofuranosyl）adenine；CAS 号：4291-63-8；分子式：$C_{10}H_{12}ClN_5O_3$；分子量：285.5。本品用于治疗多毛细胞白血病和 Walden-Strom 氏毛细胞白血病，效果显著，作为 2′-脱氧核苷类药的代表已列为一线药。

【合成方法】

一、文献［1］中的方法

1. 1-甲氧基-2-脱氧-3,5-二-*O*-对甲苯甲酰基-*α*,*β*-D-呋喃型核糖（4）的合成：

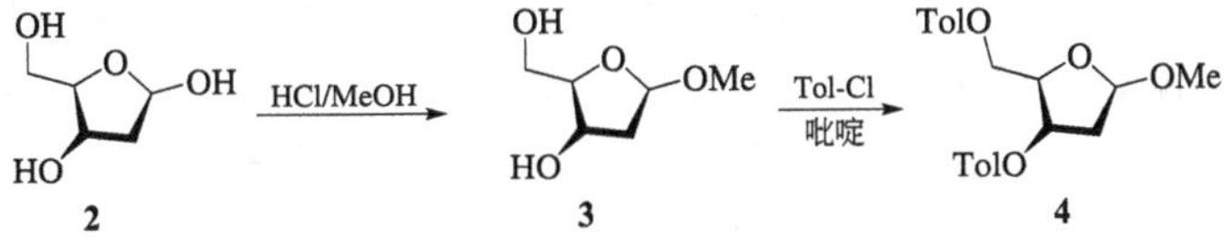

在装有搅拌器、温度计和滴液漏斗的干燥的250mL四口瓶中，依次加入化合物**2** 10g (74.5mmol)、甲醇120mL，搅拌溶解。加入1%氯化氢甲醇溶液20mL，室温搅拌25min。加入固体碳酸氢钠2.5g，调节pH至7.0，过滤，滤液减压蒸出溶剂甲醇，加入吡啶50mL×3。浓缩至浆状，加入60mL吡啶，搅拌溶解。冷却至0℃，滴加对甲基苯甲酰氯（Tol-Cl）22mL（160mmol），滴毕，室温搅拌过夜。加入冰水150mL，用二氯甲烷50mL×3萃取，合并有机相，依次用饱和碳酸氢钠水溶液和2mol/L盐酸洗涤，用无水硫酸镁干燥，过滤，滤液浓缩，剩余物加入50mL甲醇，搅拌溶解。经柱色谱分离，得到晶种，析晶，过滤，干燥，得到产物**4** 18.8g，收率65.6%。不分离，用于下一步反应。

2. 2-氯-2-脱氧-3,5-二-*O*-对甲苯甲酰基-*α*-D-顺-呋喃核糖（5）的合成：

TolO ... OMe (4) —HCl/AcOH→ TolO ... Cl (5)

在装有搅拌器、温度计和滴液漏斗的100mL三口瓶中，依次加入化合物**4** 5g (13mmol)、乙酸16mL，搅拌溶解，滴入饱和氯化氢乙酸溶液25mL和乙酰氯2mL。不再出现白色固体后，停止搅拌。加入1.5倍体积的无水乙醚，搅拌1～2h，过滤，干燥，得到白色粉末产物**5** 3.56g，收率70.4%，熔点114～118℃。

3. 2-氯-6-氨基嘌呤（7）的合成：

6 —NH_3 / 甲酰胺→ **7**

在装有搅拌器、温度计、滴液漏斗和氨气导管的250mL四口瓶中，依次加入甲酰胺100mL、化合物**6** 10g（72.5mmol），搅拌，通入氨气，缓慢升温至100℃，反应6h。放冷，过滤，用甲酰胺洗涤滤饼（甲酰胺母液可重复使用）后，将滤饼放入200mL 1mol/L氢氧化钠溶液中，搅拌10min，过滤，用1mol/L氢氧化钠溶液洗滤饼。合并滤液和洗液，用乙酸调至中性，析出固体，过滤，水洗滤饼，干燥，得到黄色粉末状产物**7** 7.6g，收率84.7%。直接用于下一步反应。

4. 2-氯-2′-脱氧-3′,5′-二-*O*-对甲苯甲酰基嘌呤（9）的合成：

7 —MeONa / MeOH→ [**8**] Na^+ —**5**, N_2/无水丙酮→ **9**

在装有搅拌器的1L四口瓶中，依次加入甲醇钠7.2g（133mmol）、甲醇300mL，搅拌溶解。加入含化合物**7** 22.5g（133mmol）的260mL甲醇溶液，室温搅拌20min。蒸出甲醇，加入350mL丙酮，浓缩至干。剩余浆状物加入1.3L丙酮，在氮气保护下，加入化合物**5** 22.9g（58.9mmol），搅拌反应，TLC监测反应至化合物**5**消失。过滤，滤液浓缩，剩余物用乙醇重结晶，得到白色粉末产物**9** 20.9g，收率69.1%，熔点184～188℃。

5. 克拉屈滨（1）的合成：

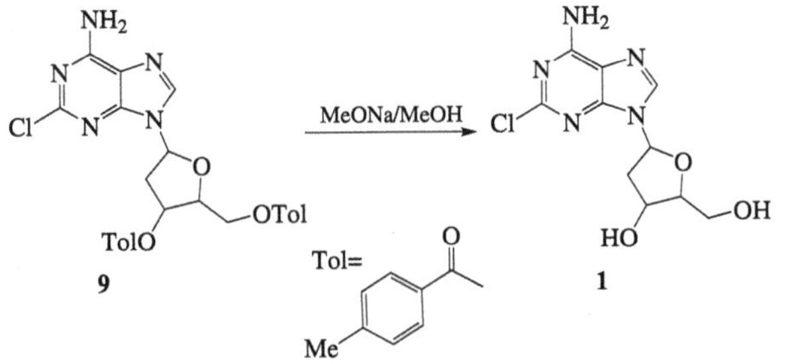

9　　　1

在 100mL 三口瓶中，加入甲醇钠 0.44g（8.1mmol）、甲醇 75mL，磁子搅拌溶解，加入化合物 **9** 1g（1.9mmol），室温搅拌 1.5h。用乙酸调到中性，过滤，滤液浓缩。剩余物用 4mL 正己烷研磨，倾去上层清液。剩余物用 95%乙醇 15mL 重结晶，干燥，得到白色粉末产物 **1** 0.37g，收率 66.7%，熔点 208～212℃。

二、文献［2］中的方法

1. 6-氯-2′-脱氧-3′,5′-二-*O*-对氯苯甲酰基-*β*-D-呋喃基嘌呤核苷（11）合成：

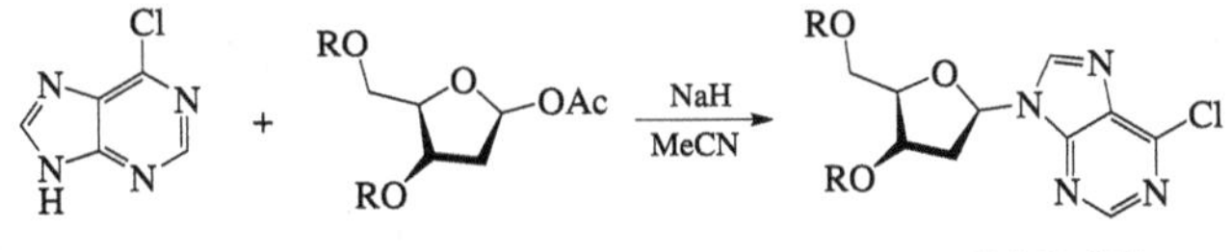

R:p-$ClC_6H_4CO^-$

10　　　11

在装有搅拌器、温度计和导气管的干燥的三口瓶中，在氮气保护下，加入 6-氯嘌呤（**3**）3.85g（0.025mol）和干燥过的无水乙腈，搅拌溶解，迅速加入 1.25g 氢化钠，反应液变黄，搅拌 30min。分次加入干燥的粉末状 3,5-二-对氯苯甲酰基-2-脱氧-D-呋喃核糖基氯 10g（0.026mol），约 30min 加完后，继续搅拌 15h。过滤，滤液减压蒸干，得到油状物，经柱色谱［洗脱剂：甲苯∶丙酮＝9∶1（体积比）］分离，得到淡黄色油状物 **11**，收率 72%。

2. 6-氯-2′-脱氧-3′,5′-二-*O*-(对氯苯甲酰基)-*β*-D-呋喃基嘌呤核苷（12）的合成：

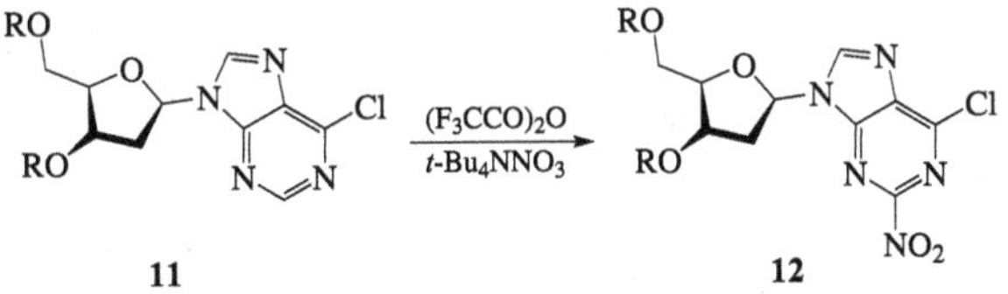

11　　　12

将四丁基硝酸铵 10.1g（33mmol）溶于 50mL 无水二氯甲烷，冷却至 0℃，加入三氟乙酸酐 4.6mL（33mmol），搅拌 20min。加入化合物 **11** 12.1g（22mmol），保持 0℃反应 5h。加入饱和碳酸钠溶液 100mL，搅拌，分出有机相，水相用二氯甲烷 20mL×2 萃取，合并有机相，用 1g 无水硫酸钠干燥。真空度为 0.011MPa 减压蒸出溶剂，得到淡黄色油状物 **12** 10.56g，收率 81%。

3. 2,6-二氯-2′-脱氧-3′,5′-二-*O*-(对氯苯甲酰基)-*β*-D-呋喃基嘌呤核苷（13）的合成：

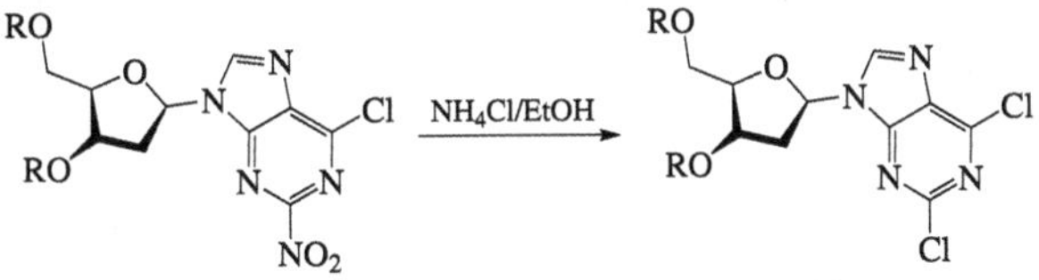

12　　　13

在装有搅拌器、温度计和回流冷凝管的 100mL 三口瓶中，加入 20mL 无水乙醇、5.9g（10mmol）化合物 **12** 和氯化铵 0.8g（15mmol），搅拌溶解，加热回流反应 10h。减压蒸出溶剂，用无水乙醇重结晶，得到白色固体产物 **13** 4.77g，收率 82%，熔点 210～212℃。

4. 克拉屈滨（1）的合成：

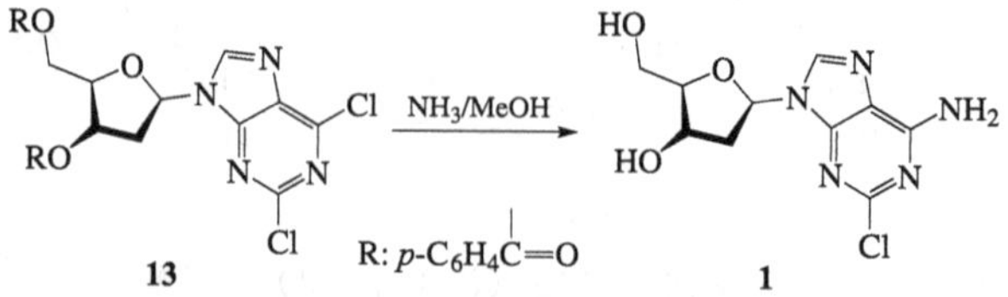

$$\mathbf{13} \xrightarrow{NH_3/MeOH} \mathbf{1} \quad (R: p\text{-}C_6H_4C{=}O)$$

在高压釜中，依次加入饱和 NH_3/甲醇溶液 200mL 和化合物 **13** 5.82g（10mmol），加热至 50℃，压力约 1.2MPa，反应 10h。降温，释放压力。减压蒸出溶剂，用水重结晶，干燥，得到白色固体产物克拉屈滨（**1**）2.6g，收率 91%，熔点 306～310℃（分解）。

【参考文献】

[1] 陈莉莉，岑均达. 克拉屈滨的合成 [J]. 中国医药工业杂志，2005，36（7）：387-389.

[2] 夏然，孙莉萍，渠桂荣，等. 抗白血病药物克拉屈滨的合成 [J]. 应用化学，2016（33）：1274-1278.

[3] 蒋忠良，李乾坤，齐湘兵，等. 2′-脱氧腺苷全合成研究 [J]. 同济大学学报（自然科学版），2007，35（9）：1264-1268.

氟达拉滨

【基本信息】 俗名：氟达拉滨（fludarabine）；化学名：9-β-D-呋喃阿糖基-2-氟-9*H*-嘌呤-6-胺；英文名：9-β-D-arabinofuranosyl-2-fluoroadenine；CAS 号：21679-14-1；分子式：$C_{10}H_{12}FN_5O_4$；分子量 285；沸点：747.3℃/101325Pa；闪点：405.8℃；蒸气压：2.5×10^{-21}Pa/25℃；密度 2.17g/cm^3。本品刺激眼睛、呼吸系统和皮肤，操作时注意防护。本品是抗肿瘤剂，治疗慢性淋巴细胞白血病，有效率 80%以上。合成反应式如下：

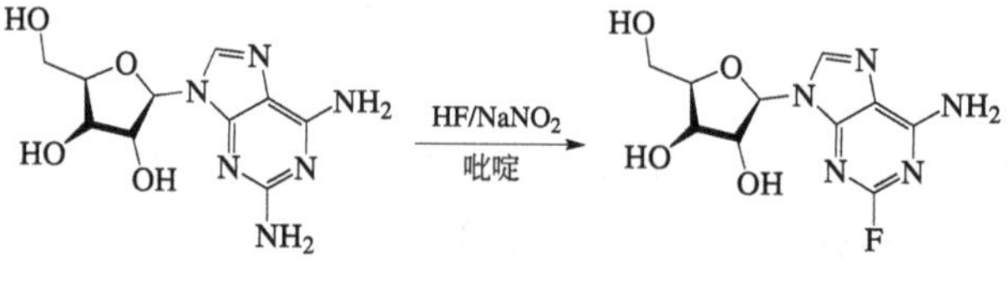

$$\text{2-氨基阿糖腺苷} \xrightarrow[\text{吡啶}]{HF/NaNO_2} \text{氟达拉滨}$$

【合成方法】

将 2-氨基阿糖腺苷 5.64g（20mmol）、吡啶 10mL、HF 3.96g（40mmol）和亚硝酸钠 5.52g（80mmol）加入到反应瓶中，磁子搅拌，室温反应 10h。TLC 监测反应至原料点消失。在旋转薄膜蒸发器上回收溶剂，用乙醇带吡啶（100mL×2），用水重结晶，得到氟达拉滨 4.56（16mmol），收率 80%。

【参考文献】

[1] 夏然，孙莉萍，杨西宁，等. 抗白血病药物氟达拉滨的简便合成 [J]. 精细石油化工，2016，33（1）：30-33.

2,4-二氨基-6-溴甲基蝶啶

【基本信息】 英文名：6-bromomethyl-2,4-pteridinediamine；CAS 号：59368-16-0；分子式：$C_7H_7BrN_6$；分子量：255；黄色固体；熔点：>195℃（分解），沸点：520.7℃/101325Pa；闪点：238.7℃；蒸气压：8.1×10^{-9}Pa/25℃；密度：1.954g/cm^3。本品是合成抗肿瘤药物的中间体。其溴酸盐（CAS 号：52853-40-4），分子式为 $C_7H_8Br_2N_6$，分子量为 336，熔点>195℃（分解）。本品是合成抗肿瘤药物甲氨基蝶呤及其衍生物的中间体。

【合成方法】

1. 2,4-二氨基-6-羟甲基蝶啶的合成：

2,4,5,6-四氨基嘧啶·HCl + O=C($CH_2OH)_2$ —半胱氨酸盐酸盐, O_2→ 2,4-二氨基-6-羟甲基蝶啶（CH_2OH）

在装有搅拌器、温度计和氧气导管的 500mL 三口瓶中，加入磨成粉的 2,4,5,6-四氨基嘧啶盐酸盐 4.64g（21.8mmol）和水 130mL，搅拌，加热升温至 70℃。加入 3.44g（21.8mmol）L-半胱氨酸盐酸盐、56g 氯化铵和 30mL 浓氨水与 50mL 水的溶液，冷却至 5℃左右。搅拌下，通入氧气 15min 后，加入 1,3-二羟基丙酮 3.92g（43.6mmol），在 5℃反应 20min。除去冷浴，继续通入氧气，常温搅拌反应 2d。抽滤，依次用水和乙醇各 40mL 洗涤滤饼，干燥，得到粗产品。将粗品溶于 12mL 乙酸和 120mL 水的混合溶液，加热至 78℃，趁热抽滤。滤液冷至 45℃，用浓氨水调节 pH 至 5.2～5.3，冷藏，抽滤，水洗滤饼，干燥，得到 2,4-二氨基-6-羟甲基蝶啶 3.02g，收率 72.1%。将 1,3-二羟基丙酮与 2,4,5,6-四氨基嘧啶盐酸盐摩尔比为 2.5∶1 时，通氧反应 60h，得到 2,4-二氨基-6-羟甲基蝶啶，收率 75.4%。

2. 2,4-二氨基-6-溴甲基蝶啶的合成：

2,4-二氨基-6-羟甲基蝶啶（CH_2OH）—HBr/AcOH→ 2,4-二氨基-6-溴甲基蝶啶（CH_2Br）

在装有搅拌器、温度计、滴液漏斗和氮气导管的 500mL 三口瓶中，在氮气保护下加入 2,4-二氨基-6-羟甲基蝶啶 3.84g（20mmol）和 95%乙酸 50mL，室温避光搅拌下，缓慢滴加 30%溴化氢的乙酸溶液 100mL，滴毕，室温避光搅拌反应 48h。反应结束，将反应液慢慢滴入 200mL 二氯甲烷中，过滤，用甲醇-乙醚溶液洗涤滤饼，真空干燥，得到黄色固体 2,4-二氨基-6-溴甲基蝶啶 4.72g，收率 93%。

【参考文献】

[1] 梁江辉.(S)-1-乙基-2-氨甲基吡咯烷和 2,4-二氨基-6-溴甲基蝶啶的合成 [D]. 天津：天津大学，2013.

甲氨基蝶呤

【基本信息】 俗称：甲氨基蝶呤（methotrexate）；化学名：*N*-[4-[[(2,4-二氨基-6-蝶啶)

甲基]甲氨基]苯甲酰]-L-谷氨酸；英文名：(*S*)-2-[4-[[(2,4-diaminopteridin-6-yl)methyl](methyl)amino]benzamido]pentanedioic acid；CAS号：59-05-2；分子式：$C_{20}H_{22}N_8O_5$；分子量：454。

甲氨基蝶呤二钠盐 CAS号：7413-34-5；分子式：$C_{20}H_{20}N_8Na_2O_5$；分子量：498。本品为抗肿瘤辅助药物，主要通过对二氢叶酸还原酶的抑制达到阻碍肿瘤细胞的合成，抑制肿瘤细胞的生长和繁殖的目的。广泛应用于癌症化疗，但毒副作用较强。需要密封储存于0～6℃的阴凉干燥环境。合成反应式如下：

1的硫酸盐 $\cdot H_2SO_4$ + 2 $\xrightarrow{HCl}$ 3 MTX

【合成方法】

在装有搅拌器、温度计并连接pH计的1L三口瓶中，加入24.2g（*M*=238，0.1017mol）化合物**1**的硫酸盐、15.9g（36.6mmol）化合物**2**和270mL水，搅拌溶解。加热到50℃，用12mol/L盐酸约9mL盐酸调节pH到2。将26.6g（*M*=295，0.09mol）1,1,3-三溴丙酮（TBA），溶于27mL乙醇，将该溶液的一半滴入上述反应混合物中。用20%氢氧化钠水溶液调节溶液的pH为2，维持反应温度在50℃。15min后，加入剩余一半的TBA乙醇溶液，继续反应直到消耗约45mL 20%氢氧化钠水溶液。滴加速度小于1mL/min，约需3～3.5h。精制后，得到甲氨基蝶呤3g（6.6mmol），收率18%，纯度98%。

备注：2,4,5,6-四氨基嘧啶（**1**）的硫酸盐（CAS号：6392-28-9），$M(C_4H_{10}N_6O_4S)$=238。棕色至黄褐色，熔点>300℃，沸点204～206℃。是抗肿瘤药物甲氨蝶呤的中间体，放在冰箱储存。

【参考文献】

[1] 刘毅，陈文政. 甲氨蝶呤的合成工艺[J]. 中国医药工业杂志，1991，22(11)：520-523.

[2] Singh B，Schaefer F C. Process for the preparation of high purity methotrexate and derivatives thereof：US4374987[P]. 1983-02-22.

新型甲氨蝶呤衍生物

【基本信息】 甲氨蝶呤（MTX）是临床应用的抗癌药，长期使用产生的耐药性、本身的毒副作用及现有的制备方法对环境有不利影响，下文对甲氨蝶呤进行结构改造，将甲氨蝶呤6-位取代基转移到4-位上，设计并合成了四种化合物。以其中一种化合物2-氨基-4-[N-(对氨基苯甲酰谷氨酸二甲酯)基]-6-甲基蝶啶为代表介绍合成方法。

【合成方法】

1. 2,6-二氨基-4-氯-5-对氯苯偶氮嘧啶（1）的合成：

$\xrightarrow[H_2O,\ RT]{NaNO_2/HCl}$ 1

按文献［2］方法合成，熔点 268～270℃。

2. 2,6-二氨基-4-［*N*-(对氨基苯甲酰谷氨酸二甲酯）基］-5-对氯苯偶氮嘧啶（2）的合成：

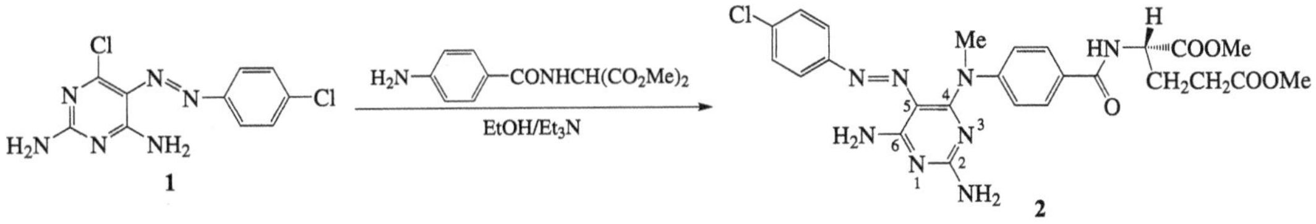

在装有搅拌器、温度计和回流冷凝管的 150mL 三口瓶中，加入 60mL 无水乙醇、化合物 **1** 2.3g（6.57mmol)、对氨基苯甲酰谷氨酸二甲酯 2.3g（7.8mmol)，搅拌，用三乙胺调节 pH 至 9。加热回流，用 TLC 监测反应到原料点消失，慢慢冷却，析出固体。过滤，干燥，得到黄色固体产物 **2** 3.72g，收率近乎 99%，熔点 182～183℃。该化合物：$M(C_{24}H_{25}ClN_8O_5)$＝540.5。ESI-MS：m/z＝563.5［M＋Na］$^+$；对 $M(C_{24}H_{25}ClN_8O_5 \cdot HCl \cdot 0.5H_2O)$＝586.5，进行元素分析%，实验值（计算值）(%)：C 49.01 (49.1)，H 4.53 (4.64)，N 19.22 (19.1)。

3. 2-氨基-4-［*N*-(对氨基苯甲酰谷氨酸二甲酯）基］-6-甲基蝶啶（5）的合成：

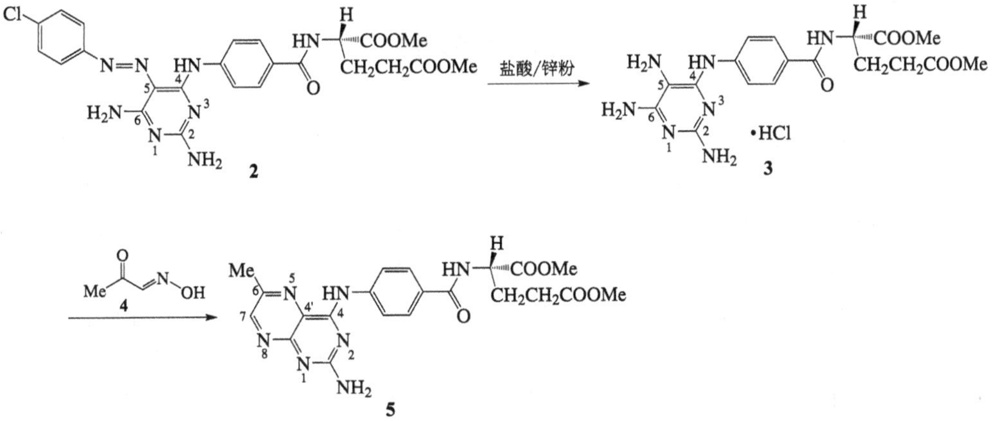

在装有搅拌器、温度计的 100mL 三口瓶中，加入 15mL 乙醇和 10mL 5%盐酸，搅拌混合，再加入化合物 **2** 1.27g（2.35mmol)，搅拌升温至 70℃。搅拌下，少量分批加入锌粉 1.12g（17.5mmol)，约需 15min 加毕。继续搅拌反应 1h 后，冷却，过滤，将滤液真空浓缩至干。剩余物加入到 15mL 15%HCl-乙醚的混合液中，搅拌，静置分层，分出的底层黄色油状物为 2,5,6-三氨基-4-［*N*-(对氨基苯甲酰谷氨酸二甲酯)-基］嘧啶盐酸盐。

在另一装有搅拌器、温度计、滴液漏斗和回流冷凝管的 100mL 三口瓶中，加入无水甲醇 15mL 和上述制备的油状物，搅拌溶解。在氮气保护下，搅拌加热回流，慢慢滴加化合物 **4** 0.42g（4.83mmol）和 6mL 甲醇的混合液。滴毕，回流 5h。真空蒸出甲醇，剩余物经硅胶柱色谱［氯仿：甲醇＝20：1（体积比)］纯化，得到粗产品，经乙醚-乙醇混合液重结晶，得到浅黄色固体产物 **5** 0.24g，收率 23%，熔点 200～202℃。ESI-MS：m/z＝541［M＋H］$^+$。元素分析，$M(C_{21}H_{23}N_7O_5)$＝453.5，分析值（计算值）(%)：C 55.61 (55.62)，H 5.08 (5.11)，N 21.40 (21.62)。该文献还合成了如下新型甲氨蝶呤衍生物：

(1) 2-氨基-4-［*N*-(对氨基苯甲酰谷氨酸二乙酯）基］-6-对甲基苯基蝶啶　收率 30%，熔点 235～237℃。ESI-MS：m/z＝558.3［M＋H］$^+$。元素分析，$M(C_{29}H_{31}N_7O_5)$＝

557.6，分析值（计算值）（%）：C 62.06（62.46），H 5.59（5.6），N 17.52（17.58）。

（2）2-氨基-4-[N-(对氨基苯甲酰谷氨酸二乙酯）基]-6-对甲氧基苯基蝶啶　收率 40%，熔点 237～239℃。ESI-MS：$m/z=574.2$ $[M+H]^+$。元素分析，$M(C_{29}H_{31}N_7O_6)=$ 573.6，分析值（计算值）（%）：C 60.53（60.7），H 5.51（5.45），N 17.27（17.09）。

（3）2-氨基-4-[N-(对甲氨基苯甲酰谷氨酸二乙酯）基]-6-对甲氧基苯基蝶啶　收率 45%，熔点 193～195℃。ESI-MS：$m/z=588.2$ $[M+H]^+$。元素分析，$M(C_{30}H_{33}N_7O_6)=$ 587.3，计算值（%）：C 61.3，H 5.66，N 16.69；分析结果：C 61.20，H 5.40，N 16.79。

【参考文献】

[1] 唐锋，郑国海，姚其正，等. 新型甲氨蝶呤衍生物的合成 [J]. 化学学报，2006，64(3)：249-254.

[2] Fröhlich L G，Kotsonis P，Traub H，et al. Inhibition of neuronal nitric oxide synthase by 4-amino pteridine derivatives：structure-activity relationship of antagonists of (6R)-5,6,7,8-tetrahydrobiopterin cofactor [J]，Journal of Medicinal Chemistry，1999，42(20)：4108-4121.

唑嘧磺草胺

【基本信息】 化学名：N-(2,6-二氟苯基)-5-甲基-1,2,4-三唑并 [1,5-a] 嘧啶-2-磺酰胺；英文名：N-(2,6-Difluorophenyl)-5-methyl-1,2,4-triazol [1,5-a] pyrimidine-2-sulfonamide；CAS 号：98967-40-9；分子式：$C_{12}H_9F_2N_5O_2S$；分子量：325；灰白色至浅褐色固体；熔点：250～251℃；闪点：93℃；密度：1.77g/cm³，蒸气压：373.3×10^{-10}Pa；水中溶解度：pH=2.5 时，49mg/L，pH=7 时，5.6kg/L；有机溶剂溶解度：丙酮中<1.6mg/100mL，甲醇中<0.4mg/100mL，不溶于二甲苯和正己烷；储存条件：0～6℃。本品是超高效三唑并嘧啶磺酰胺类除草剂，用于防除杂交玉米和大豆农田的阔叶杂草。

【合成方法】

1. 5-氨基-3-苄硫基-1,2,4-三唑的合成：

$$\text{5-氨基-3-巯基-1,2,4-三唑 (HS, NH}_2\text{)} \xrightarrow{PhCH_2Cl/NaOH} \text{5-氨基-3-苄硫基-1,2,4-三唑 (PhH}_2\text{CS, NH}_2\text{)}$$

在装有搅拌器、温度计和回流冷凝管的 100mL 三口瓶中，加入 1.16g（0.01mol）5-氨基-3-巯基-1,2,4-三唑（AMZ）、10mL 4%氢氧化钠水溶液和 20mL 乙醇，搅拌，完全溶解后，升温至 60～70℃，滴加入 1.52g（0.012mol）氯苄，滴毕，继续反应 10min。减压浓缩至析出白色固体，加入 25mL 蒸馏水。冷却至 0℃，收集生成的油状凝固物，用 20mL 氯仿处理，得到白色固体 5-氨基-3-苄硫基-1,2,4-三唑，收率 70.4%，熔点 109～110℃（文献值：109～111℃）。

2. 4,4-二甲氧基-2-丁酮的合成：

$$\text{MeCOMe} \xrightarrow[HCOOMe]{MeONa} \text{MeC(=O)CH=CHONa} \xrightarrow{MeOH/H_2SO_4} \text{MeC(=O)CH}_2\text{CH(OMe)}_2$$

在装有搅拌器、温度计、滴液漏斗和回流冷凝管的250mL四口瓶中，用高纯氮气置换系统内空气后，加入110mL（0.5mol）28%甲醇钠溶液，升温至约40℃，搅拌下滴加入40mL（0.55mol）丙酮和93mL（1.5mol）甲酸甲酯的混合液，约4h滴毕后，继续反应1h。得到黄色乳浊液丁酮烯醇钠溶液。在另一装有搅拌器、温度计、滴液漏斗和回流冷凝管的500mL四口瓶中，用高纯氮气置换系统内空气，加入30mL甲醇和100%硫酸，使pH为0～1。控制温度在30℃，滴加100%硫酸和上述制备的丁酮烯醇钠溶液，使pH为0～1。约2h滴毕，继续在30℃反应4h。滴加新配制的10%甲醇钠溶液，调溶液至微碱性。过滤，滤液分馏，收集72～74℃/2.67kPa馏分，得到浅黄色液体4,4-二甲氧基-2-丁酮48.7g，收率71.9%。

3. 5-甲基-2-苄硫基-1,2,4-三唑并［1,5-*a*］嘧啶的合成：

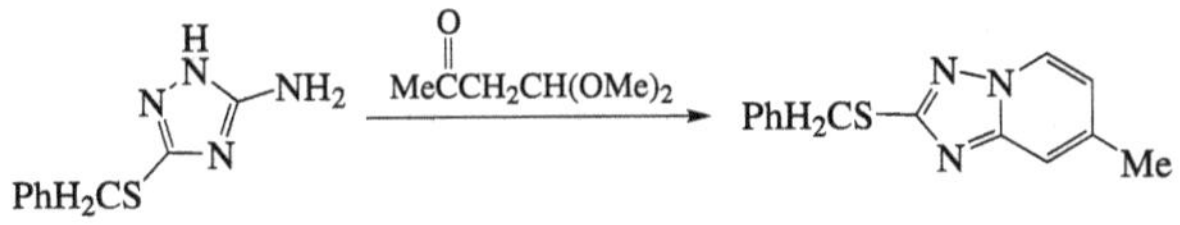

在装有搅拌器、温度计、滴液漏斗和回流冷凝管的250mL四口瓶中，加入60mL无水乙醇和金属钠0.27g，搅拌全溶后，加入5g（0.0225mol）5-氨基-3-苄硫基-1，2,4-三唑，室温搅拌15min。滴加入3.18g（0.0242mol）4,4-二甲氧基-2-丁酮与50mL无水乙醇的溶液，室温反应70h。过滤，干燥，得到白色固体5-甲基-2-苄硫基-1,2,4-三唑并［1,5-*a*］嘧啶4.8g，收率83.5%，熔点131.0～131.2℃（文献值：128.5～130.0℃）。室温反应90h，收率可达85.3%。

4. 5-甲基-1,2,4-三唑并［1,5-*a*］嘧啶-2-磺酰氯的合成：

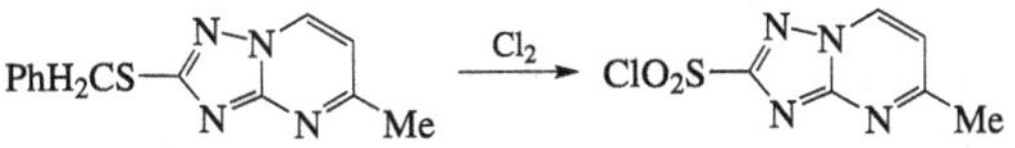

在装有搅拌器、温度计和氯气导管的250mL四口瓶中，加入30mL乙酸和30mL水，搅拌混合，再加入5.12g（0.02mol）5-甲基-2-苄硫基-1,2,4-三唑并［1,5-*a*］嘧啶，冷却至−10℃，搅拌下通入氯气10min，停止通氯气后，继续搅拌5min。反应结束，加入30mL水，过滤，减压干燥滤饼，得到浅黄色固体5-甲基-1,2,4-三唑并［1,5-*a*］嘧啶-2-磺酰氯3.42g，收率73.5%。加入适量二氯甲烷，减压蒸馏，可有效减少苄基残留物。

备注：通氯时间不宜延长，易生成副产6-氯5-甲基-1,2,4-三唑并［1,5-*a*］嘧啶-2-磺酰氯。

5. 唑嘧磺草胺的合成：

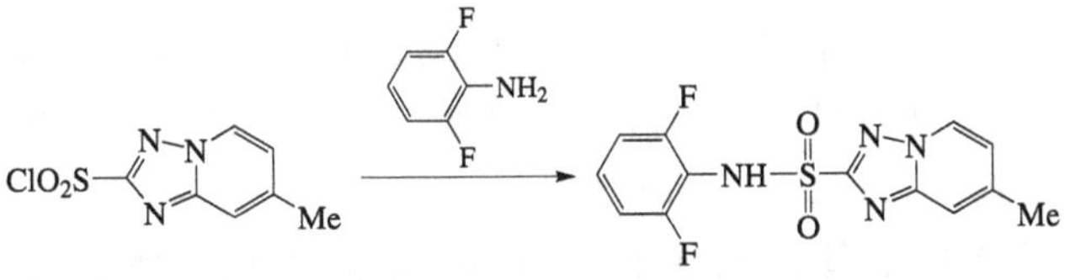

在装有搅拌器、温度计的三口瓶中，加入2.58g（0.02mol）2,6-二氟苯胺、10mL吡啶，搅拌溶解，再加入5.11g（0.022mol）5-甲基-1,2,4-三唑并［1,5-*a*］嘧啶-2-磺酰氯，在30℃搅拌15h以上。减压蒸馏后，加入120mL 0.5mol/L氢氧化钠水溶液，充分搅拌，过滤。向滤液滴加9%盐酸，析出固体，抽滤，干燥，得到黄色固体产物唑嘧磺草胺4.83g，收率73.3%。

【参考文献】

［1］张帅. 唑嘧磺草胺的合成［D］. 哈尔滨：黑龙江大学，2012.

2-氨基-5,8-二甲氧基[1,2,4]三唑并[1,5-*c*]嘧啶

【基本信息】 英文名：5,8-dimethoxy-[1,2,4] triazolo [1,5-*c*] pyrimidin-2-amine；CAS号：219715-62-5；分子式：$C_7H_9N_5O_2$；分子量：195；灰白色粉末；熔点：190～195℃；密度：1.61g/cm^3。本品是合成五氟草胺的中间体。

【合成方法】

一、文献［1］中的方法（以甲氧基乙酸甲酯、甲酸乙酯和尿素为起始原料）

$MeOCH_2CO_2Me$ —(HCO_2Me, H_2NCONH_2)→ —($POCl_3$)→ —($NH_3 \cdot H_2O$)→ —($SCNCO_2Et$)→ —($H_2NOH \cdot HCl$)→ —(MeONa, MeOH)→

1. 2,4-二羟基-5-甲氧基嘧啶的合成： 在装有搅拌器、温度计、回流冷凝管和滴液漏斗的500mL四口瓶中，加入甲氧基乙酸甲酯52g（0.5mol）、甲醇钠54g（1.0mol）和甲苯150mL，在低于30℃温度下滴加76g（M=74，1.03mol）甲酸乙酯，约3h滴完。滴毕，升温搅拌反应10h。减压蒸出甲苯，得到黏稠液体。加入150mL乙醇和45g尿素，加热回流5h。冷却，加水100mL，用浓盐酸调节pH至4～5，析出大量沉淀。过滤，干燥，得到白色固体产物2,4-二羟基-5-甲氧基嘧啶48.9g，收率57.6%。

2. 2,4-二氯-5-甲氧基嘧啶的合成： 在装有搅拌器、温度计、回流冷凝管和滴液漏斗的250mL四口瓶中，加入2,4-二羟基-5-甲氧基嘧啶14.2g（0.1mol）、*N*,*N*-二甲基苯胺18.15g（0.15mol）和五氯化磷8.88g，加热搅拌溶解。滴加三氯氧磷46g（0.3mol），约2h滴毕，升温至110℃，回流反应6h。冷却，搅拌下将反应物倒入冰水中，过滤，干燥，得到棕色固体产物2,4-二氯-5-甲氧基嘧啶14.6g，收率81.6%，熔点68～69℃。

3. 2-氯-4-氨基-5-甲氧基嘧啶的合成： 在装有搅拌器、温度计、回流冷凝管的500mL四口瓶中，加入2,4-二氯-5-甲氧基嘧啶53.7g（0.3mol）、25%氨水250mL和乙腈150mL，搅拌，加热回流15h。蒸出溶剂，冷却析晶，过滤，干燥，得到白色固体2-氯-4-氨基-5-甲氧基嘧啶47.19g，收率98.6%，熔点184℃。

4.（2-氯-5-甲氧基嘧啶-4-基）氨基-硫代羰基-氨基-甲酸乙酯的合成： 在装有搅拌器、温度计、回流冷凝管的500mL四口瓶中，加入2-氯-4-氨基-5-甲氧基嘧啶47.85g（0.3mol）、*N*-乙氧基羰基异硫氰酸酯47.16g（0.36mol）和150mL乙腈，搅拌，加热回流10h。蒸出乙腈，剩余物用乙酸乙酯重结晶，过滤，干燥，得到黄色固体（2-氯-5-甲氧基嘧啶-4-基）氨基-硫代羰基-氨基-甲酸乙酯58.47g，收率67.1%，熔点150～154℃。

5. 2-氨基-5-氯-8-甲氧基［1,2,4］三唑并［1,5-*c*］嘧啶的合成： 在装有搅拌器、温度计、回流冷凝管的1L三口瓶中，加入盐酸羟胺50.4g（0.6mol）、三乙胺72.72g（0.6mol）和水180mL，搅拌10min。加入（2-氯-5-甲氧基嘧啶-4-基）氨基-硫代羰基-氨基-甲酸乙酯

52.2g（0.18mol）和乙腈 540mL，加热回流 24h。冷却，过滤，水洗滤饼，干燥，得到灰白色固体 2-氨基-5-氯-8-甲氧基［1,2,4］三唑并［1,5-*c*］嘧啶 34.8g，收率 97.2%，熔点>250℃（文献值：251℃）。

6. 2-氨基-5,8-二甲氧基［1,2,4］三唑并［1,5-*c*］嘧啶的合成：在装有搅拌器、温度计、回流冷凝管的 1L 三口瓶中，加入 2-氨基-5-氯-8-甲氧基［1,2,4］三唑并［1,5-*c*］嘧啶 40g（0.2mol）、25%甲醇钠 86.4g（0.4mol）和乙腈 40mL，加热回流 48h。冷却，过滤，干燥，得到灰白色固体 2-氨基-5,8-二甲氧基［1,2,4］三唑并［1,5-*c*］嘧啶 35.1g，收率 90%，熔点 190～195℃。

二、文献［2］中的方法（以硫氰酸钠和氯甲酸苯酯为起始原料）

$ClCO_2Ph$ + NaSCN ⟶ PhOC(=O)N=C=S ⟶ (4-氨基-2,5-二甲氧基嘧啶, H_2N, MeO, OMe) NHC(=S)NHC(=O)OPh ⟶ (H_2NOH) NHC(=NOH)NHC(=O)OPh ⟶ 2-NH_2-5,8-二(OMe)三唑并嘧啶

1. 苯氧基羰基异硫氰酸酯的合成：在装有搅拌器、温度计和滴液漏斗的 1L 四口瓶中，加入硫氰酸钠 126.4g（1.56mol）、水 202g、甲苯 186g 和 *N*,*N*-二甲基甲酰胺 8.9g，搅拌溶解。在 25℃，滴加 187.8g（1.2mol）氯甲酸苯酯，约 0.5h 滴完，继续同温反应 2.5h。静置分层，分出有机相，依次用水和饱和碳酸氢钠水溶液各 50mL 洗涤。直接投入下一步反应。

2. 4-[4-(2,5-二甲氧基嘧啶基)]-3-硫代尿酸苯酯的合成：在装有搅拌器、温度计和滴液漏斗的 2L 四口瓶中，加入 4-氨基-2,5-二甲氧基嘧啶 116.7g 和甲苯 188g，加热至 70～75℃，滴加入上述苯氧基羰基异硫氰酸酯，约 1h 滴完，继续保温搅拌 2h，用 HPLC 监测反应结束。降至室温，过滤，用乙醇 50mL×2 洗涤滤饼，在 60℃ 干燥，得到目标产物 234.9g，收率 92%，含量 98.1%。MS(HPLC，ESI)：*m*/*z* 335［M+H］。

3. 2-氨基-5,8-二甲氧基［1,2,4］三唑并［1,5-*c*］嘧啶的合成：在装有搅拌器、温度计和滴液漏斗的 2L 四口瓶中，加入上述制备的 2,4-[4-(2,5-二甲氧基嘧啶基)]-3-硫代尿酸苯酯 234.9g（0.69mol）、乙醇 294g、水 202g 和盐酸羟胺 61.3g（0.88mol），加热至 40℃，滴加 30%氢氧化钠水溶液 111.7g，约 0.5h 滴完，继续保温反应 2h。升温至 50℃，反应 2h，用 HPLC 监测反应至结束。降温至 0℃，缓慢搅拌 0.5h，过滤，用 50%乙醇 150g×2 洗涤滤饼，干燥，得到白色固体产物 2-氨基-5,8-二甲氧基［1,2,4］三唑并［1,5-*c*］嘧啶 11.34g，含量 98.5%。MS(HPLC，ESI)：*m*/*z*196［M+H］。三步反应总收率 76.4%。

【参考文献】

［1］张富青，邹晓东，陈露，等. 五氟磺草胺中间体 2-氨基-5,8-二甲氧基［1,2,4］三唑［1,5-*c*］嘧啶的合成研究［J］. 现代农药，2013，12（6）：17-19.

［2］凌云，殷巍，黄碧波，等. 五氟草胺的中间体 2-氨基-5,8-二甲氧基［1,2,4］三唑并［1,5-*c*］嘧啶的合成方法：CN105294697A［P］. 2016-02-03.

2-巯基-5,7-二甲基-[1,2,4]三唑并[1,5-*c*]嘧啶

【基本信息】 英文名：2-merpto-5,7-dimethyl-1,2,4-triazolo [1,5-*c*] pyrimidine；分子式：$C_7H_8N_4S$；分子量：180；白色针状晶体；熔点：245～246℃。三唑并嘧啶类除草剂具有极低毒性、易降解、低残留等特性。

【合成方法】

1. 5-氨基-3-巯基-1,2,4-三唑的合成：

$H_2NC(=NH\cdot H_2CO_3)NHNH_2 \xrightarrow[H_2O]{NH_4SCN} H_2NC(=NH\cdot HSCN)NHNH_2 + NH_3\uparrow + H_2O + CO_2\uparrow \xrightarrow{HCl} H_2NC(=NH\cdot HCl)NHNH_2 \xrightarrow[\triangle]{NaOH}$ 5-氨基-3-巯基-1,2,4-三唑

在装有搅拌器、温度计和冷凝管的 500mL 三口瓶中，加入氨基胍碳酸盐 138g（M=136，1.015mol）、硫氰酸铵 92g（M=76，1.21mol）和水，搅拌溶解，慢慢加热至无气泡（氨气和二氧化碳）冒出后，减压蒸出水，尽量抽干。升温至 108℃，溶液透明后降温至 98℃，将冷凝管改为滴液漏斗，慢慢滴加 36%盐酸 184mL，约 2h 滴毕，继续反应 1h。升温至 110℃，缓慢滴加 56g（1.3 倍）氢氧化钠配制的 40%水溶液。滴毕，回流反应 1.5h，冷却至室温，滴加浓盐酸至 pH 为 3～4，过滤，所得浅灰白色固体用水-乙醇重结晶，干燥，得到白色晶体 5-氨基-3-巯基-1,2,4-三唑 99.14g（M=116，0.8546mol），收率 84.2%，熔点 297～301℃。

2. 2-巯基-5,7-二甲基 [1,2,4] 三唑并 [1,5-*c*] 嘧啶的合成：

5-氨基-3-巯基-1,2,4-三唑 $\xrightarrow{MeCOCH_2COMe}$ 2-巯基-5,7-二甲基[1,2,4]三唑并嘧啶

在装有搅拌器、温度计和冷凝管的 500mL 三口瓶中，加入 5-氨基-3-巯基-1,2,4-三唑 11.6g（0.1mol）、冰醋酸 300mL 和乙酰丙酮 11g（M=100，0.11mol），搅拌，加热至 120℃，回流 10h，生成黄色固体。反应结束，减压蒸出溶剂，冷却至室温，过滤，水洗滤饼，干燥，所得黄色针状结晶，用乙酸重结晶，得到白色针状产物 2-巯基-5,7-二甲基 [1,2,4-] 三唑并 [1,5-*c*] 嘧啶 14.13g（0.0785mol），收率 78.5%，熔点 243.5～245.5℃（文献值：245～246℃）。

【参考文献】

[1] 管有志. 新型三唑并嘧啶除草剂的合成工艺研究 [D]. 合肥：合肥工业大学，2009.

双氟磺草胺

【基本信息】 俗名：双氟磺草胺（florasulam）；化学名：2′,6′-二氟-5-甲氧基-8-氟 [1,2,4] 三唑并 [1,5-*c*] 嘧啶-2-磺酰苯胺；英文名：2′,6′-difluoro-5-ethoxy-8-fluoro [1,2,4] triazolo [1,5 -*c*] pyrimidine-2-sulfonanilide；CAS 号：145701-23-1；分子式：$C_{12}H_8F_3N_5O_3S$；分子量：359；熔点：220～221℃（分解）；储存条件：0～6℃。本品是乙酰乳酸酶（ALS）抑制剂，用于麦类作物、草坪、牧场等地阔叶杂草的防除。本品对水生生物有极高毒性，可能对水体产生长期不良影响。

【合成方法】

1. 3-苄硫基-8-氟-5-甲氧基-1,2,4-三唑并［1,5-*c*］嘧啶的合成：

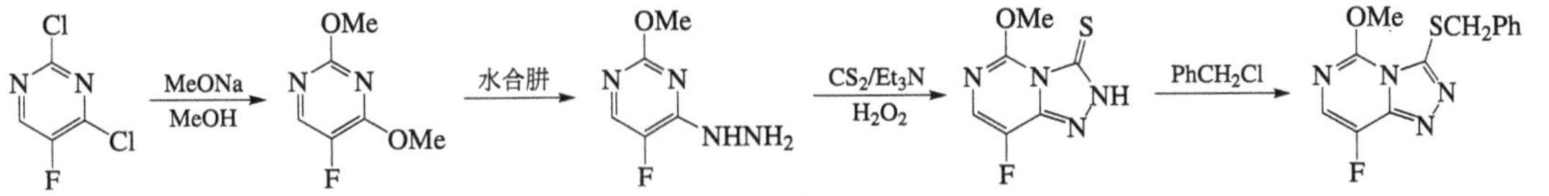

（1）2,4-二甲氧基-5-氟嘧啶的合成：在装有搅拌器、温度计、回流冷凝管和滴液漏斗的三口瓶中，加入计量的甲醇钠/甲醇溶液，搅拌，室温下滴加2,4-二氯-5-氟嘧啶的甲苯溶液。温度控制在20～50℃，约30min滴完。升温至60～80℃，回流1～3h。冷却至室温，滤除固体氯化钠。减压蒸出溶剂，得到白色固体2,4-二甲氧基-5-氟嘧啶，收率95.3%，熔点38～41℃。

（2）2-甲氧基-4-肼基-5-氟嘧啶的合成：在装有搅拌器、温度计、回流冷凝管和滴液漏斗的500mL三口瓶中，加入110.6g（0.70mol）2,4-二甲氧基-5-氟嘧啶、84g（2.10mol）80%水合肼和210mL甲醇。搅拌，加热至70℃，回流3～6h。冷却至0℃，过滤，用100mL冷甲醇洗涤滤饼，干燥，得无色针状结晶2-甲氧基-4-肼基-5-氟嘧啶106.1g，收率96%，熔点187～189℃。

（3）8-氟-5-甲氧基-1,2,4-三唑并［4,3-*c*］嘧啶-3（2*H*）硫酮的合成：在装有搅拌器、温度计、回流冷凝管和氮气导管的500mL三口瓶中，加入47.4g（0.3mol）2-甲氧基-4-肼基-5-氟嘧啶、141g甲醇、30.6g（0.3mol）三乙胺和34.2g（0.45mol）二硫化碳。在氮气保护下，搅拌，冷却至约15℃，将30%过氧化氢37.6g（0.33mol）注射到反应体系中。保持温度15℃，约1h加完，升温至30℃，继续反应1h。滤除固体硫，用盐酸酸化滤液，过滤，干燥，得到固体产物8-氟-5-甲氧基-1,2,4-三唑并［4,3-*c*］嘧啶-3（2*H*）硫酮56.5g，收率94.2%，熔点164℃（分解）。

（4）3-苄硫基-8-氟-5-甲氧基-1,2,4-三唑并［4,3-*c*］嘧啶的合成：在装有搅拌器、温度计、回流冷凝管和滴液漏斗的250mL四口瓶中，加入40g（0.2mol）8-氟-5-甲氧基-1,2,4-三唑并［4,3-*c*］嘧啶-3（2*H*）硫酮、100g甲醇、和41.2g（0.206mol）20%氢氧化钠水溶液。室温搅拌，滴加入25.3g（0.2mol）氯化苄，约30min滴完。加热至60～70℃，蒸出甲醇，加入60g水，搅拌30min，冷却至5℃左右，过滤，干燥，得到固体产物3-苄硫基-8-氟-5-甲氧基-1,2,4-三唑并［4,3-*c*］嘧啶55.2g，收率95%，熔点123～126℃。

2. 2′,6′-二氟-5-甲氧基-8-氟［1,2,4］三唑并［1,5-*c*］嘧啶-2-磺酰苯胺合成：

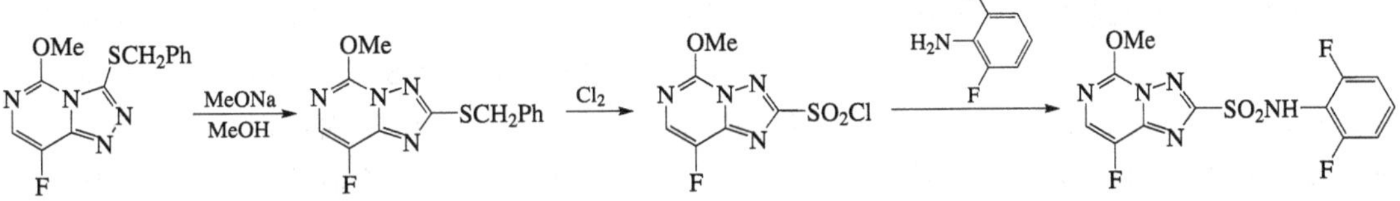

（1）2-苄硫基-8-氟-5-甲氧基-1,2,4-三唑并［1,5-*c*］嘧啶的合成：在装有搅拌器、温度计、回流冷凝管的250mL四口瓶中，加入43.5g（0.15mol）3-苄硫基-8-氟-5-甲氧基-1,2,4-三唑并［4,3-*c*］嘧啶、2.9g（0.016mol）30%甲醇钠的甲醇溶液和130g甲醇。室温搅拌反应3h，溶液变稠，加入130mL水，用盐酸酸化。搅拌下冷至5℃左右，过滤，干燥，得到固体产品2-苄硫基-8-氟-5-甲氧基-1,2,4-三唑并［1,5-*c*］嘧啶41.4g，收率95.2%，熔点111～115℃。

（2）2-氯磺酰基-8-氟-5-甲氧基-1,2,4-三唑并［1,5-*c*］嘧啶的合成：在装有搅拌器、温度计、回流冷凝管和氯气导管的250mL四口瓶中，加入29g（0.1mol）2-苄硫基-8-氟-5-甲氧基-1,2,4-三唑并［1,5-*c*］嘧啶、二氯甲烷和水各200mL，搅拌下冷却至0～5℃，慢慢通入氯气28.4g（0.4mol）。通完后，在0～5℃继续搅拌反应30min。分出有机相，用无水硫酸镁干燥，过滤，滤液脱溶剂，得到黄色蜡状固体产品2-氯磺酰基-8-氟-5-甲氧基-1,2,4-三唑并［1,5-*c*］嘧啶25.4g，收率97%，熔点76～80℃。

（3）2′,6′-二氟-5-甲氧基-8-氟［1,2,4］三唑并［1,5-*c*］嘧啶-2-磺酰苯胺合成：在装有搅拌器、温度计、回流冷凝管和滴液漏斗的250mL四口瓶中，加入25.8g（0.2mol）2,6-二氟苯胺、130g 1,2-丙二醇，搅拌。升温至30～40℃，滴加13.4g（0.05mol）2-氯磺酰基-8-氟-5-甲氧基-1,2,4-三唑并［1,5-*c*］嘧啶和15g二氯甲烷的溶液，约3.5h滴加完。保温进行反应6h，冷却至20℃左右，过滤，依次用甲醇20mL×2和水50mL洗涤滤饼，干燥，得到固体2′,6′-二氟-5-甲氧基-8-氟［1,2,4］三唑并［1,5-*c*］嘧啶-2-磺酰苯胺16.4g（0.0457mol），收率91.4%，含量97%，熔点218～223℃。

【参考文献】

［1］张梅凤，唐永军，刘伟.除草剂双氟磺草胺的合成［J］.农药，2012，51（4）：249-250，256.

曲匹地尔

【基本信息】 俗名：曲匹地尔（trapidil）；又名：唑嘧胺；化学名：5-甲基-7-二乙胺基-1,2,4-三唑［1,5-*a*］嘧啶；英文名：*N*,*N*-diethyl-5-methyl-［1,2,4］triazolo［1,5-*a*］pyrimidin-7-amine；CAS号：15421-84-8；分子式：$C_{10}H_{15}N_5$；分子量：205.26；白色结晶粉末；熔点：102～103℃；密度：1.21g/cm^3。临床主要用于治疗和预防冠心病、心绞痛、心肌梗死等病症。合成反应式如下：

$H_2NNHC(=NH \cdot H_2SO_4)—NH_2$ →（$HCO_2H/MeCOCH_2CO_2Et$；$POCl_3$/PCC-HOBT/AcOH）→ **2**（OH, Me）→（$POCl_3$；$HNEt_2$）→ **1**（NEt_2, Me）

【合成方法】

1. 5-甲基-7-羟基-1,2,4-三氮唑并［1,5-*a*］嘧啶（2）的合成： 在装有磁子搅拌、温度计、冷凝管和滴液漏斗的500mL四口瓶中，加入氨基碳酸胍137g（0.75mol）、三氯氧磷9g（*M*=153.5，0.05863mol）和甲酸30g（0.57mol），搅拌加热至80℃，反应2h。补加甲酸18g（0.34mol），升温至110～120℃，反应2h。浓缩出水分，出现固体时，降温至50℃，加入缩合剂PCC-HOBT 15g。控制温度在50～55℃，滴加入乙酰乙酸乙酯90g（1.15mol）和冰醋酸160mL的溶液，30min滴完。升温至100～110℃，反应1.5h，TLC（展开剂：氯仿∶乙醇=1∶0.5）监测反应至氨基碳酸胍斑点消失。静置5h，过滤，用乙醇洗涤滤饼，真空干燥，得到浅红色晶体化合物**2** 125g，收率90%，纯度99.1%，熔点282～283℃。

2. 5-甲基-7-二乙氨基-1,2,4-三氮唑并［1,5-*a*］嘧啶（1）的合成： 在装有磁子搅拌、温度计、冷凝管和滴液漏斗的300mL四口瓶中，加入化合物**2** 30g（0.21mol）和三氯氧磷40g（0.26mol），加热至回流。当反应液澄清时，降温至50℃，加入二氯甲烷45mL，搅拌

30min，静置分层1h。分出水层，用20%氢氧化钠水溶液调节pH至中性。搅拌30min，静置30min，过滤，得5-甲基-7-二乙胺基-1,2,4-三氮唑并［1,5-*a*］嘧啶（**1**）粗品。滤液用二氯甲烷萃取2次，浓缩，剩余物与粗品**1**一起加入到1L三口瓶中，再加入乙二胺38g（0.52mol），室温搅拌1h。用20%氢氧化钠水溶液调节pH至9～10，用乙酸乙酯-DMF（1∶0.65）500mL×1、300mL×2、100mL×3萃取，合并萃取液，减压浓缩至体积的一半时，冷却结晶。过滤，滤饼用乙酸乙酯-DMF混合液重结晶，干燥，得白色结晶**1**，收率83%，总收率75%，纯度99.6%，熔点102～103℃。

【参考文献】

［1］付金广.曲匹地尔合成工艺的研究［J］.山东化工，2014，43（8）：15-16.

五氟磺草胺

【基本信息】 化学名：2-(2,2-二氟乙氧)-*N*-{5,8-二甲氧（1,2,4）三唑-［1,5-*c*］嘧啶-2-基}-6-三氟甲基-苯磺胺；英文名：2-(2,2-difluoroethoxy)-*N*-{5,8-dimethoxy（1,2,4］triazolo［1,5-*c*］pyrimidin-2-yl}-6-(trifluoromethyl) benzenesulfonamide；CAS号：219714-96-2；原药为浅褐色固体；熔点：212℃；蒸气压：9.55×10^{-14}Pa/25℃；水中溶解度（mg/L，19℃）：5.7（pH=5）、410（pH=7）、1460（pH=9）。在pH为5～9的水中稳定。本品是一种高效、无毒的三唑并嘧啶磺酰胺类除草剂，广泛应用于水稻田除草。

【合成方法】

1. 2-氨基-5,8-二甲氧基［1,2,4］三唑并［1,5-*c*］嘧啶（5）的合成：

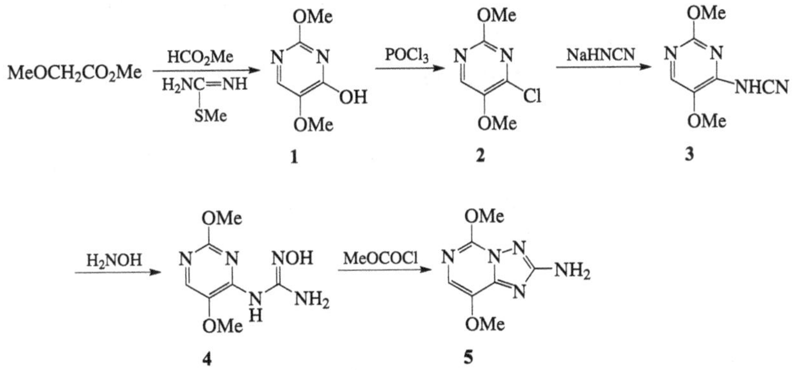

（1）4-羟基-2,5-二甲氧基嘧啶（**1**）的合成：在装有搅拌器、温度计的500mL三口瓶中，室温加入14.6g（0.14mol）甲氧基乙酸甲酯、160mL甲酸甲酯和12.4g（0.23mol）甲醇钠，在15℃搅拌22h，得到3-羟基-2-甲氧基-丙烯酸甲酯的钠盐。室温加入27.8g（0.1mol）甲基异硫脲，加热至40℃，搅拌8h，TLC监测反应至原料点消失。蒸出甲醇，加入水，用37%的盐酸调节pH到约为5，室温搅拌2h，析出产物，过滤，减压干燥，得到白色固体4-羟基-2,5-二甲氧基嘧啶14.8g，收率95%，纯度97%。

（2）4-氯-2,5-二甲氧基嘧啶（**2**）的合成：在装有搅拌器、温度计、滴液漏斗的500mL四口瓶中，加入15.6g（0.1mol）4-羟基-2,5-二甲氧基嘧啶和150mL甲苯，搅拌溶解，加入19.9g（0.13mol）三氯氧磷。加热至80℃，在1h内滴加20.2g三乙胺的二氯乙烷溶液，TLC监测反应至原料点消失。蒸出二氯乙烷，在80℃搅拌30min。将反应液倒入冰水中，在35℃搅拌12h。调节pH至约为5，分出有机相，水层用甲苯多次萃取，合并有机相，浓缩，过滤，干燥，得到白色固体产物4-氯2,5-二甲氧基嘧啶16.3g，收率93.3%，纯度95%。

（3）4-氰胺基-2,5-二甲氧基嘧啶（**3**）的合成：在装有搅拌器、温度计的100mL三口瓶中，加入7.8g（121.53mmol）氰胺一钠和34.2g *N*-甲基吡咯烷酮，搅拌悬浮。室温加入10g（54.9mmol）4-氯2,5-二甲氧基嘧啶。室温搅拌65h，加入3.55g（59.11mmol）冰醋酸。反应完后，加入冰水87.1g，再加入10.3g氯化钠。抽滤，水洗滤饼3次，真空干燥，得到浅黄色固体产物4-氰胺基-2,5-二甲氧基嘧啶（**3**）9.4g，收率71%，纯度97%，熔点164～171℃。

（4）4-羟基胍基-2,5-二甲氧基嘧啶（**4**）的合成：在装有搅拌器、温度计的250mL三口瓶中，加入60mL乙酸乙酯、10g（$M=180$，55.6mmol）4-氰胺基-2,5-二甲氧基嘧啶、5.1g（73.15mmol）盐酸羟胺，搅拌30min后，加入三乙胺7.6g（74.8mmol）。升温至55℃，搅拌3.5h。冷却至室温，加入60mL蒸馏水，搅拌，静置20min，抽滤，干燥，得到浅棕色固体产物4-羟基胍基-2,5-二甲氧基嘧啶（**4**）10.34g（$M=213$，0.04854mol），收率87.3%，纯度95.7%，熔点159～168℃。

（5）2-氨基-5,8-二甲氧基［1,2,4］三唑［1,5-*c*］嘧啶（**5**）的合成：在装有搅拌器、温度计的100mL三口瓶中，加入6g（28mmol）4-羟基胍基-2,5-二甲氧基嘧啶和24g乙酸乙酯，搅拌成悬浮液，加入氯甲酸丙酯3.7g（34mmol）和三乙胺3.4g（34mmol），先升温至48℃，接着升至65℃，随着温度上升，浆料黏度下降，颜色由白色变成乳白色。反应2h后，加入20mL蒸馏水，搅拌2h。抽滤，干燥，得到乳白色固体产品2-氨基-5,8-二甲氧基［1,2,4］三唑［1,5-*c*］嘧啶（**5**）（CAS号：219715-62-5）3.784g（$M=195$，0.0194mol），收率69.3%，纯度95%，熔点201～203℃。

2. 2-(2,2-二氟乙氧基)-6-三氟甲苯磺酰氯的合成：

（1）化合物**6**的合成：在装有搅拌器、温度计、滴液漏斗的干燥的100mL三口瓶中，在氮气保护下，依次加入30mL二氯甲烷、14.1mL（154.2mmol）3,4-2*H*-二氢呋喃、1mL 1,4-二氧六环（4mol/L，HCl），搅拌，加入10g（61.69mmol）间三氟甲基苯酚，室温搅拌，TLC监测反应至原料点消失。用饱和碳酸氢钠水溶液洗涤2～3次，分出有机相，用20g氯化钙干燥1h，过滤，蒸出溶剂，得到微黄色透明液体14.3g（$M=246$，58.13mmol），收率94%。

（2）化合物**7**的合成：在装有搅拌器、温度计、滴液漏的斗干燥的100mL三口瓶中，在氮气保护下，依次加入THF、四甲基乙二胺（TMEDA）、*N*-乙基二异丙基胺（DIEA）、8g（32.52mmol）化合物**6**，室温搅拌20min。用液氮降温至－70℃，慢慢滴加含有*n*-BuLi

14.4mL 的 2.5mol/L 的 THF 溶液。滴加完毕，移去冷源，在 0℃搅拌反应 2.5h。再冷却至－70℃，滴加 5.36g（35.78mmol）二丙基二硫醚，室温搅拌反应 8h，TLC 监测反应至原料 **6** 的点消失。用稀盐酸调至中性，用乙酸乙酯萃取，蒸出溶剂，得到淡黄色固体 **7** 8.64g（26.99mmol），收率 83%，纯度 98%。

（3）化合物 **8** 的合成：在装有搅拌器、温度计、回流冷凝管的 100mL 三口瓶中，加入 5g（15.63mmol）化合物 **7** 和 35mL 甲醇，搅拌溶解。加入 20mL 10%盐酸，加热回流 10h 进行水解。用 TLC 监测反应至化合物 **7** 的点消失。减压蒸出溶剂，剩余物用二氯甲烷萃取，水洗数次，分出下层有机相，用 10g 硫酸镁干燥 1h，滤除干燥剂，真空蒸干，得到白色固体 **8** 3.65g，收率 99%，纯度 99%。

（4）2-(2,2-二氟乙氧基)-6-三氟甲基-1-丙硫基苯（**9**）的合成：具体步骤如下。

① 2,2-二氟乙氧基（4-甲苯基）磺酸酯（**10**）的合成：合成反应式如下。

Me–C₆H₄–SO_2Cl $\xrightarrow{F_2CHCH_2OH}$ Me–C₆H₄–$SO_2OCH_2CHF_2$

10

在装有搅拌器、温度计的 100mL 三口瓶中，加入 1.17g（M＝82，14.27mmol）二氟乙醇、10mL 吡啶，搅拌下缓慢加入对甲基苯磺酰氯 3g（M＝190.5，15.8mmol），温度升至 30℃。在室温搅拌，用 TLC 监测反应至完全。倒出上层反应液，剩余物用乙酸乙酯 5mL×2 萃取，合并反应液和萃取液，用冷的稀盐酸调节 pH＜5。分层有机相，水洗 3 次后用饱和食盐水洗涤，用无水硫酸镁干燥 1.5h。滤除干燥剂，用乙酸乙酯洗涤滤饼 2 次，合并滤液和洗液，减压蒸出溶剂，得到黄色油状液体 2,2-二氟乙氧基（4-甲苯基）磺酸酯（**10**）。

② 2-(2,2-二氟乙氧基)-6-三氟甲基-1-丙硫基苯（**9**）的合成：在装有搅拌器、温度计、滴液漏斗、回流冷凝管的 100mL 三口瓶中，在氮气保护下，加入 2,2-二氟乙氧基（4-甲苯基）磺酸酯（**10**）7.5g（31.78mmol）和 50mL DMF，搅拌，缓慢加入 8.77g（63.56mmol）碳酸钾。滴加 5g（21.19mmol）化合物 **8** 与 10mL DMF 的溶液，于 80℃回流反应。用 TLC 监测反应至化合物 **8** 反应完全。冷却至室温，过滤，用 DMF 20mL×2 洗涤滤饼，合并滤液和洗液。减压蒸出大部分溶剂，用 25mL 乙酸乙酯溶解剩余物，水洗 2 次，用 10g 无水硫酸镁干燥 1h。旋干，得到浅黄色固体 **9** 5.09g（16.95mmol），收率 90%，纯度 93.5%。

（5）2-(2,2-二氟乙氧基)-6-三氟甲苯磺酰氯的合成：在装有搅拌器、温度计和氯气导管的 100mL 三口瓶中，加入 2.7g（9mmol）化合物 **9**、50mL 85%甲酸，搅拌，持续通入氯气，保持反应温度 40℃，TLC 监测反应至完全。减压蒸出大部分溶剂，剩余物用乙酸乙酯萃取，水洗 2 次，用 50mL 饱和食盐水洗涤 1 次，用 10g 无水硫酸镁干燥 1h，减压蒸出溶剂，得到白色固体 2-(2,2-二氟乙氧基)-6-三氟甲苯磺酰氯 2.71g，收率 93%，纯度 99%。

3. 五氟磺草胺的合成：

OMe N N N N NH₂ OMe **11** ＋ F_3C Cl–S(O)(O) F ⟶ OMe N N N N NH S(O)(O) F_3C OCH_2CHF_2 OCH_2CHF_2

在装有搅拌器、温度计、滴液漏斗、回流冷凝管的100mL三口瓶中，在氮气保护下，加入0.6g（3.1mmol）2-氨基-5,8-二甲氧基［1,2,4］三唑并［1,5-*c*］嘧啶（**11**）和20mL干燥过的THF，搅拌，加入6mL浓度为1.3mol/L的双三甲基硅基氨基锂的THF溶液，室温搅拌30min。加入1.21g（3.7mmol）2-(2,2-二氟乙氧基)-6-三氟甲基苯磺酰氯，室温搅拌6h，TLC监测反应至化合物**11**消失。用10%盐酸调反应液至弱酸性，抽滤，水洗滤饼3次，紫外灯下干燥，得到浅褐色固体粉末五氟磺草胺1.12g，收率75.3%，纯度97%。

【参考文献】

［1］徐思田.新型除草剂五氟磺草胺的改进合成研究［D].常州：常州大学，2015.

8-氟-5-甲氧基-1,2,4-三唑并[4,3-*c*]嘧啶-3(2*H*)-硫酮

【基本信息】 英文名：8-fluoro-5-methoxy-2*H*-［1,2,4］triazolo［4,3-*c*］pyrimidine-3-thione；分子式：$C_6H_5FN_4OS$；分子量：200。本品是合成除草剂双氟磺草胺的重要中间体。合成反应式如下：

$$\text{5-氟尿嘧啶} \xrightarrow{POCl_3} \text{2,4-二氯-5-氟嘧啶} \xrightarrow{MeONa} \text{2,4-二甲氧基-5-氟嘧啶} \xrightarrow{H_2NNH_2} \text{2-甲氧基-4-肼基-5-氟嘧啶} \xrightarrow{CS_2/H_2O} \text{产物}$$

【合成方法】

1. 2,4-二甲氧基-5-氟嘧啶的合成： 在装有搅拌器、温度计、滴液漏斗和回流冷凝管的250mL四口瓶中，加入13g（100mmol）5-氟嘧啶、50mL二甲苯、30mL三氯氧磷，搅拌均匀，缓慢加热升温至105℃，反应3～4h。反应结束，减压蒸出回收过量三氯氧磷和二甲苯。剩余物加入到200mL冰水中，搅拌，冷却至室温。分出有机层，水层用二氯甲烷萃取3次，合并有机相，调节pH至6～7。用50mL盐水洗涤，用无水硫酸钠干燥，减压浓缩。在装有搅拌器、温度计、滴液漏斗和回流冷凝管的250mL四口瓶中，加入10.8g（200mmol）甲醇钠和50mL甲醇，搅拌混合。冷却至0℃，滴加上述浓缩液，滴毕，继续搅拌反应30min。升温回流，用TLC监测反应至原料消失。减压蒸出溶剂，剩余物加入50mL盐水，过滤，所得粗产品用体积比为1∶3的乙醇-水重结晶，得到2,4-二甲氧基-5-氟嘧啶13.3g，收率81.3%，熔点49～51℃。

2. 2-甲氧基-4-肼基-5-氟嘧啶的合成： 在装有搅拌器、温度计、滴液漏斗和回流冷凝管的250mL四口瓶中，加入15.8g（0.1mol）2,4-二甲氧基-5-氟嘧啶、15g（0.3mol）80%水合肼、50mL甲醇，加热回流反应，用TLC监测反应结束。冷却至0～5℃，析出固体，过滤，用30mL冷甲醇洗涤滤饼，干燥，得到产物2-甲氧基-4-肼基-5-氟嘧啶14.2g，收率92.1%，熔点188～120℃。

3. 6-氟-5-甲氧基-1,2,4-三唑并［4,3-*c*］嘧啶-3（2*H*）-硫酮的合成： 在装有搅拌、温度计、滴液漏斗和回流冷凝管的250mL四口瓶中，在氮气保护下加入15.8g（0.1mol）2-甲氧基-4-肼基-5-氟嘧啶、50mL甲醇、10.2g三乙胺，在冰水浴冷却下，滴加11.4g（0.15mol）二硫化碳，滴毕，搅拌20min。注射12.5g（0.11mol）30%过氧化氢，在5～10℃搅拌反应。反应结束后，滤除固体硫，滤液用稀盐酸酸化，析出固体，过滤，干燥，得到产物6-氟-5-甲氧基-1,2,4-三唑并［4,3-*c*］嘧啶-3（2*H*)-硫酮18.8g，收率94.1%，熔点

163～166℃。

【参考文献】

[1] 刘敬，沈小娟，吴晓伟，等. 8-氟-5-甲氧基-1,2,4-三唑并［4,3-*c*］嘧啶-3（2*H*）-硫酮的合成［J］. 广东化工，2013，40（4）：7-8.

4-氯噻吩并[3,2-*d*]嘧啶

【基本信息】 英文名：4-chlorothieno［3,2-*d*］pyrimidine；CAS 号：16269-66-2；分子式：$C_6H_3ClN_2S$；分子量：170.5；熔点：125℃；沸点：285.674℃/101325Pa；闪点：126.572℃；密度：1.531g/cm^3。噻吩并嘧啶的衍生物是一类具有抗菌、抗肿瘤、抗滤过性病原体等生物活性的稠环化合物，本品是制备酪氨酸蛋白激酶抑制剂新型抗癌药的中间体。合成反应式如下：

$HSCH_2CO_2Et$ （2）→（① $H_2C=CClCN/EtONa/EtOH$；② HCl）→ 3（$NH_2\cdot HCl$，CO_2Et）→（$HCONH_2$，140℃）→ 4 →（$POCl_3$）→ 1（Cl）

【合成方法】

1. 3-氨基噻吩-2-甲酸乙酯盐酸盐（3）的合成： 在装有搅拌器、温度计、滴液漏斗的2L 三口瓶中，加入 120g（1.0mol）巯基乙酸乙酯、1L 乙醇，搅拌溶解，再加入 136g（2.0mol）乙醇钠，搅拌完全溶解后，在冰水浴冷却下，在 3h 内缓慢滴加 88g（1.0mol）2-氯丙烯腈与 100mL 乙醇的溶液。滴毕，在 20～25℃搅拌过夜。用 TLC 监测反应至完毕，浓缩，加入 500mL 冰水，搅拌后用乙酸乙酯 300mL×3 萃取，用无水硫酸镁干燥，过滤。滤液通入氯化氢气体，生成大量白色固体 **3**，过滤，真空干燥，收率 86%。直接用于下一步反应。

2. 噻吩并［3,2-*d*］嘧啶-4（3*H*）-酮（4）的合成： 将 14.5g（70mmol）化合物 **3** 溶于 15mL 甲酰胺，缓慢加热至 140℃，反应 5h。冷却，加入 30mL 蒸馏水，搅拌，生成大量白色沉淀，过滤，用水 30mL×2 洗涤滤饼，真空干燥，得到白色固体化合物 **4** 9.8g，收率 92%。

3. 4-氯噻吩并［3,2-*d*］嘧啶（1）的合成： 将化合物 **4** 2.28g（15mmol）溶于 50mL 甲苯，再加入 2mL（22.5mmol）三氯氧磷和 0.3mL（22.5mmol）三乙胺，加热至 100℃进行反应，用 TLC 监测反应至原料点消失。旋蒸出大部分溶剂，冰水浴冷却下加入碳酸氢钠水溶液，用乙酸乙酯 30mL×3 萃取，用饱和食盐水洗涤 3 次，用无色硫酸镁干燥，浓缩。剩余物经硅胶柱色谱纯化（洗脱液：石油醚∶乙酸乙酯＝10∶1），得到黄色固体 4-氯噻吩并［3,2-*d*］嘧啶（**1**），收率 65%。

【参考文献】

[1] 蒋达洪，蔡德娇. 4-氯噻吩并［3,2-*d*］嘧啶的合成［J］. 化工进展，2011，30（11）：2532-2535.

洛匹那韦

【基本信息】 俗名：洛匹那韦（lopinavir）；化学名：（2*S*）-*N*-{（2*R*，4*S*，5*S*）-5-

[[2-(2,6-二甲基苯氧基) 乙酰] 氨基]-4-羟基-1,6-二苯基-己-2-基}-3-甲基-2-(2-氧代-1,3-二氮杂环己-1-基) 丁酰胺；英文名：(2*S*)-*N*-{(2*S*, 4*S*, 5*S*)-5-[[2-(2,6-dimethylphenoxy) acetyl] amino]-4-hydroxy-1, 6-diphenyl-hexan-2-yl}-3-methyl-2-(2-oxo-1, 3-diazinan-1-yl) butanamide；CAS 号：192725-17-0；分子式：$C_{37}H_{48}N_4O_5$；分子量：628.8；白色结晶；熔点：124～127℃；沸点：924.1℃/101325Pa；闪点：512.7℃；旋光度：$[\alpha]_D^{20}=-27°\sim-20°$ (c=0.4，甲醇)；密度：1.163g/cm^3。本品是艾滋病蛋白酶抑制剂，抗逆转录病毒药物。合成反应式如下：

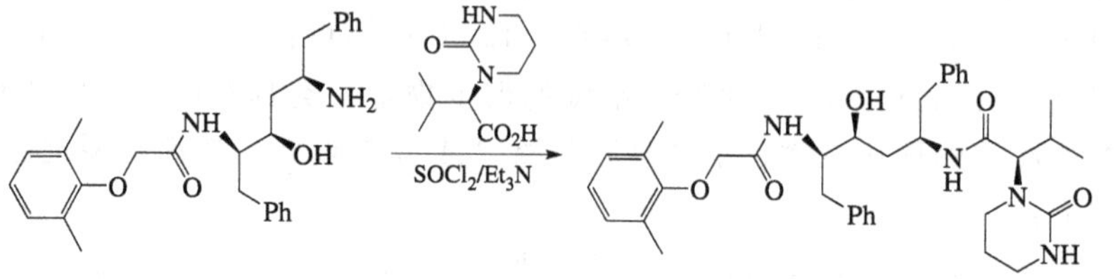

$SOCl_2/Et_3N$

【合成方法】

在装有搅拌器、温度计、滴液漏斗和回流冷凝管的 2L 三口瓶口瓶中，加入 20g (0.1mol)(2*S*)-(1-四氢嘧啶-2-酮)-3-甲基丁酸、100mL 二氯甲烷，搅拌，冰水浴冷却至 10℃以下，滴加入 13.9g (0.11mol) 氯化亚砜，滴毕，在 0～10℃反应 1h 后，加热回流反应 1h，得到 (2*S*)-(1-四氢嘧啶-2-酮)-3-甲基丁酰氯溶液。降温至 0～20℃，加入三乙胺 25.3g (0.25mol)，控制温度在 10℃以下，加入 *N*-[(1*S*, 2*S*, 4*S*)-4-氨基-2-羟基-5-苯基-1-(苯基甲基) 戊基]-2-(2,6-二甲基苯氧基) 乙酰胺 424g (0.095mol)，加毕，在 0～10℃反应 1h，在室温反应 4h，得到洛匹那韦反应液。加入 10%碳酸氢钠溶液 50g，搅拌 1h。分出有机相，依次用纯水、25%氯化钠各 50g 洗涤，减压浓缩。剩余的油状物加入乙酸乙酯和正庚烷各 300mL，搅拌加热回流溶解，降温至 20～25℃，保温搅拌 1h。再冷却至 10℃，保温搅拌 2h，过滤。滤饼在 50℃真空干燥 12h，得到洛匹那韦 53.7g，收率 90.1%，纯度 ≥99.5%。

【参考文献】

[1] 熊玉友，汪守军，张超，等. 一种一锅法制备洛匹那韦的方法：CN108218791A [P]. 2018-06-29.

索非布韦

【基本信息】 俗名：索非布韦 (sofosbuvir)；化学名：2-{(*S*)-[(2*R*, 3*R*, 4*R*, 5*R*)-5-(2,4 二氧代-3,4 二氢嘧啶-1-2*H*-基)-(4-氟代-3-羟基-4-甲基四氢呋喃-2-基) 甲氧基]-(苯氧基) 膦酰基氨基} 丙酸异丙酯，英文名：2-{(*S*)-[(2*R*, 3*R*, 4*R*, 5*R*)-5-(2,4-dioxo-3, 4-dihydro-2*H*-pyrimidin-1-yl)-4-fluoro-3-hydroxy-4-methyltetrahydrofuran-2-ylmethoxy] (phenoxy) phosphorylamino}propionic acid isopropyl ester；CAS 号：1190307-88-0；分子式：$C_{22}H_{29}FN_3O_9P$；分子量：529；密度：1.4g/cm^3。本品是由美国制药企业 Pharmasset 研制，美国 Gilead 公司开发上市的抗丙肝病毒药物。

【合成方法】

1. *N*-[(*S*)-(2,3,4,5,6-五氟苯氧基)苯氧基膦酰基]-L-丙酸异丙酯（5）的合成：

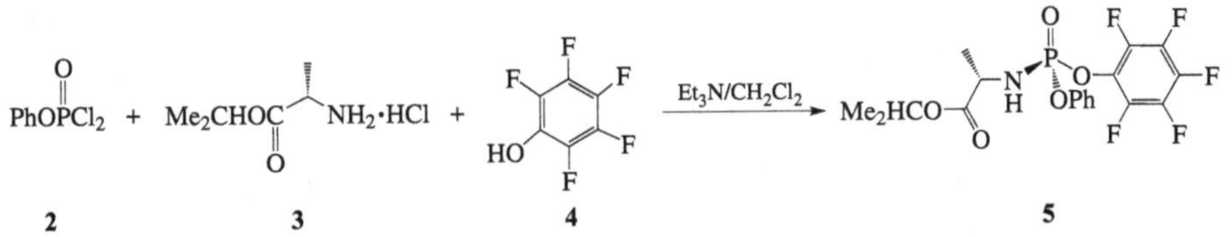

2　3　4　5

在装有搅拌器、温度计、滴液漏斗和氮气导管的150mL三口瓶中，在氮气保护下，加入4g（24mmol）化合物**3**、25mL无水二氯甲烷，搅拌溶解，置于－70℃冷阱中，搅拌15min，缓慢滴加7mL三乙胺，再慢慢滴加5g（23.8mmol）化合物**2**与25mL无水二氯甲烷的溶液，滴毕，同温搅拌反应30min。缓慢升温至0℃，继续搅拌反应3h。加入30mL无水二氯甲烷与4.4g（23.9mmol）化合物**4**的溶液，再缓慢滴加3.6mL三乙胺，0℃搅拌5h，析出白色固体三乙胺盐酸盐。过滤，用15mL无水二氯甲烷洗涤滤饼，合并滤液和洗液，旋蒸出溶剂，剩余物用75mL异丙醚溶解，滤除不溶物三乙胺盐酸盐。用异丙醚12.5mL×2洗涤滤饼，合并滤液和洗液，旋蒸出溶剂，得到白色固体粗品（为一对非对映异构体）。用体积比为1∶4的乙酸乙酯-正己烷重结晶，真空干燥，得到单一构型的白色固体**5** 3.44g，收率32.02%，熔点130.1～131.7℃。MS：m/z＝454.2 $[M+H]^+$。

2. (2′*R*)-2′-脱氧-2′-氟-2′-甲基尿苷（8）的合成：

6　7　8

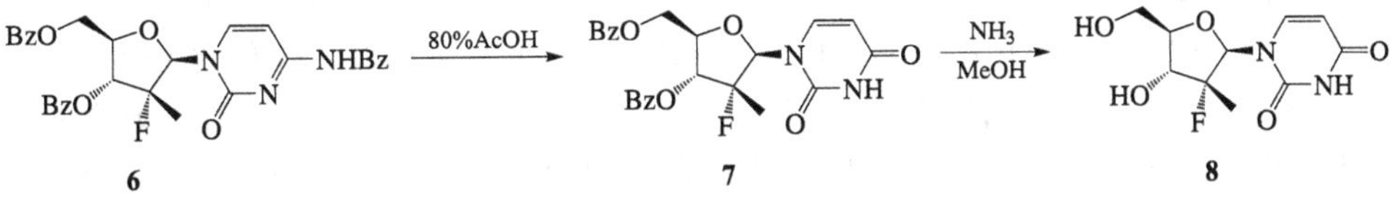

(1)(2′*R*)-2′-脱氧-2′-氟-2′-甲基尿苷-3′,5′-二苯甲酸酯（**7**）的合成：在装有搅拌器、温度计、回流冷凝管和氮气导管的250mL三口瓶中，在氮气保护下，加入3g（5.6mmol）化合物**6**和150mL体积分数80%乙酸水溶液，搅拌，得浑浊白色悬浮液。加热至120℃回流至溶液清澈透明，反应23h。用TLC监测反应至完全。冷却至室温，加入6mL水，搅拌3h，析出白色固体，抽滤，用1mL水洗涤滤饼3次，真空干燥，得到白色固体粉末**7** 2.2g，收率89.6%。MS：m/z＝491.2 $[M+Na]^+$，507.2 $[M+K]^+$。

(2)(2′*R*)-2′-脱氧-2′-氟-2′-甲基尿苷（**8**）的合成：在装有搅拌器、温度计和氨气导管的100mL三口瓶中，在氮气保护下，依次加入1.5g（3.2mmol）化合物**7**和52.5mL甲醇，搅拌，得浑浊白色悬浮液。匀速通入氨气，室温搅拌反应18h，用TLC监测反应至完全。旋蒸出溶剂，得到无色油状物，加入3mL乙酸乙酯，室温搅拌3h，析出白色固体。抽滤，用1mL乙酸乙酯洗涤滤饼，真空干燥，得到白色固体**8** 0.65g，收率78.09%。MS：m/z＝261.1 $[M+H]^+$，238.1 $[M+Na]^+$。

3. 索非布韦（1）的合成：

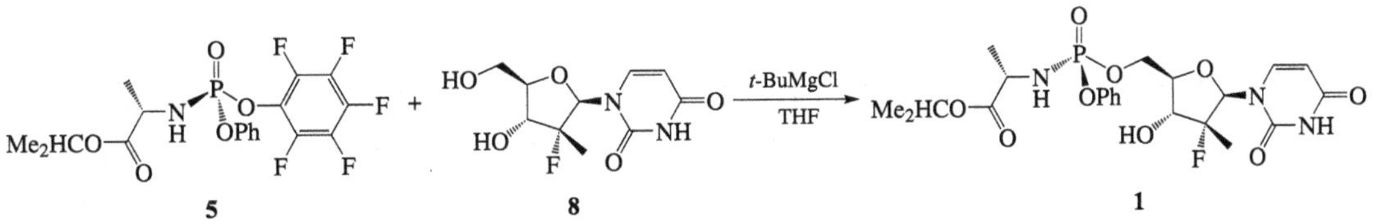

5　8　1

在装有搅拌器、温度计和氮气导管的100mL三口瓶中，在氮气保护下，依次加入5g

(11mmol) 化合物**8**和75mL无水THF，在氮气保护下，搅拌冷却至−5℃，搅拌30min。缓慢滴加1mol/L的叔丁基氯化镁与无水THF 40mL的溶液，搅拌30min，升温至20℃，搅拌30min。冷却至5℃，缓慢加入10.45g (50mL) 化合物**5**与无水THF的溶液，保温反应20h。冷却至−5℃，用2mol/L盐酸淬灭反应。加入100mL甲苯，升温至20℃，搅拌30min。分出有机相，水层用20mL×2搅拌萃取。合并有机相，依次用1mol/L盐酸、水、5%碳酸钠水溶液、水、饱和氯化钠水溶液洗涤，用无水硫酸钠干燥过夜。滤除干燥剂，滤液浓缩，所得固体溶于20mL二氯甲烷，搅拌18h，滴加20mL异丙醚，搅拌4h。静置过夜析晶，抽滤，滤饼与80mL二氯甲烷加热回流，旋蒸浓缩至剩余20mL液体，室温静置20h析晶，抽滤，干燥，得到化合物**1** 6.8g，收率66.8%，纯度99.6%，熔点100.7～101.3℃。MS：m/z=530.2 $[M+H]^+$。

【参考文献】

[1] 黄敏，樊印波，曹宇，等.索非布韦的合成工艺改进 [J].沈阳药科大学学报，2016，33 (5)：355-357，363.

西多福韦

【基本信息】 俗名：西多福韦 (cidofovir)；化学名：(*S*)-1-[3-羟基-2-(膦酰基甲氧基) 丙基] 胞嘧啶；英文名：(*S*)-1-[3-hydroxy-2-(phosphonomethoxy) propyl] cytosine；CAS号：113852-37-2；分子式：$C_{18}H_{14}N_3O_6P$；分子量：279.2；白色蓬松粉末；熔点：260℃ (分解)；沸点：6.09.5℃/101325Pa。由美国Gilead公司开发的一种开环膦酸核苷类抗病毒新药物，用于抗艾滋病患者由巨细胞病毒引起的视网膜炎，可能成为治疗多种疾病的广谱抗病毒药物。

【合成方法】

1. (*S*)-*N*′-[(3-羟基-2-二乙基磷酸酯甲氧基) 丙基] 胞嘧啶 (5) 的合成：

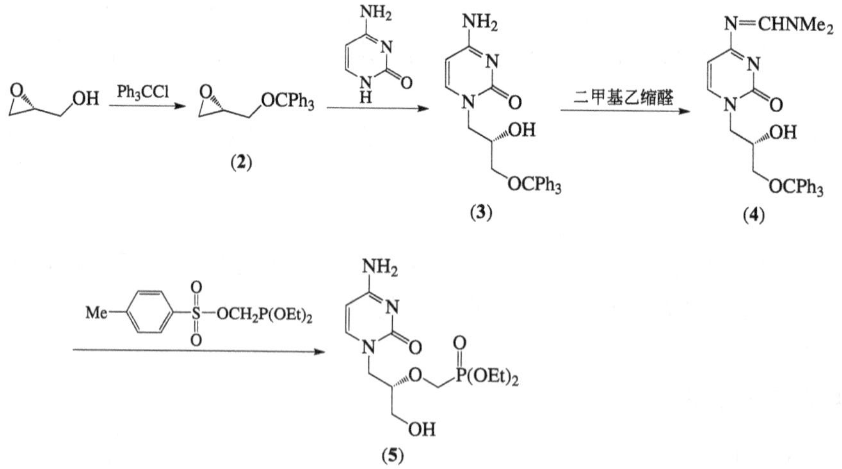

Ph_3CCl　二甲基乙缩醛

(2)　(3)　(4)　(5)

(1) 三苯甲基 (*R*)-缩水甘油醚**2**的合成：在装有搅拌器、温度计、滴液漏斗的1L三口瓶中，加入100g (0.3mol) 三苯基氯甲烷和500mL二氯甲烷，搅拌溶解，加入2g (15mmol) 二甲氨基吡啶和60mL三乙胺，搅拌下，滴加22g (0.3mol)(*R*)-缩水甘油与50mL二氯甲烷的溶液，室温搅拌反应3h，析出大量白色固体。滤除固体，滤液用300mL饱和生理盐水洗涤，用无水硫酸钠干燥，浓缩后，用无水乙醇重结晶，干燥，得到白色固体三苯甲基（*R*)-缩水甘油醚（**2**）81g，收率 71%，熔点 88～90℃。MS：m/z=317{[M+1]$^+$，100}。

(2)(*S*)-*N*′-[(2-羟基-3-三苯氧基甲氧基）丙基]胞嘧啶（**3**）的合成：在装有搅拌器、温度计的 500mL 三口瓶中，加入 100g（0.26mol）化合物 **2**、100mLDMF，搅拌溶解，加入 36g（0.32mol）胞嘧啶和 10g（0.03mol）碳酸铯（Cs_2CO_3），升温至 110℃，搅拌反应 6h，TLC（展开剂：乙酸乙酯：甲醇=3：1）监测反应至完全。搅拌下，将反应液缓慢倒入 400mL 冰水中，滤出沉淀，用丙酮洗涤，干燥，得到白色固体 **3** 112g，收率 82%，熔点 248～250℃。MS：m/z=428{[M+1]$^+$，100}。

(3)(*S*)-*N*′-[(3-羟基-2-二乙基磷酸酯甲氧基）丙基]胞嘧啶（**5**）的合成：在装有搅拌器、温度计、滴液漏斗的 250mL 三口瓶中，加入 20g（41mmol）化合物 **3** 和 80mL DMF，搅拌溶解，升温至 55℃，滴加入 12.5mL（10g，82mmol）二甲基乙缩醛（DMA），搅拌反应 3h，TLC（展开剂：二氯甲烷：甲醇=15：1）监测反应至完全。减压蒸出溶剂和过量 DMA，加入 50mL DMF，搅拌溶解，分批加入 1.9g（48mmol）NaH，有气体产生，搅拌反应 2h，生成化合物 **4**。在冰水浴冷却下，滴加入 15g（47mmol）对甲苯磺酰氧甲基磷酸二乙酯与 30mL DMF 的溶液，约 1.5h 滴完，室温搅拌反应 6h，用 TLC（乙酸乙酯：甲醇=5：1）监测反应完全。加入少量冰块，用乙酸乙酯萃取，用无水硫酸钠干燥，浓缩。加入 50mL80%乙酸，在 90℃反应 3h，冷却至室温。加入 20mL 水，搅拌 1h，滤除白色固体。滤液浓缩，经柱色谱分离（洗脱剂：二氯甲烷：甲醇=6：1），得到黄色油状物 **5** 9.8g，收率 61%。MS：m/z=336{[M+1]$^+$，100}。

2. (*S*)-*N*′-[(3-羟基-2-磷酸基甲氧基）丙基]胞嘧啶（1）的合成：

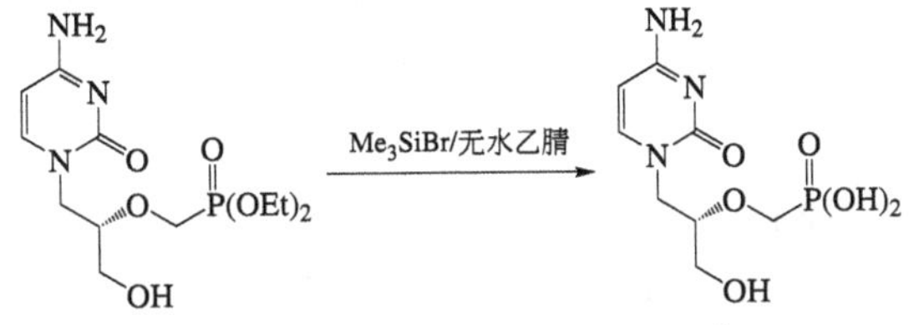

在装有搅拌器、温度计、滴液漏斗和氮气导管的 250mL 三口瓶中，加入 16g（48mmol）化合物 **5** 和 120mL 无水乙腈，搅拌，冰水浴冷却，在氮气保护下，滴加 48mL（73g，48mol）三甲基溴化硅。滴毕，冷却至室温，搅拌反应 20h。减压蒸出溶剂，剩余物溶于 100mL 水，用二氯甲烷 50mL×2 洗涤，水层浓缩至 30mL，加入 90mL 乙醇，冷却静置，析出浅黄色固体，过滤，用活性炭脱色，用水重结晶，得到白色针状结晶 **1** 8.6g，收率 65%，纯度 99.5%，熔点 261℃（分解）[文献值：260℃（分解）]。元素分析，分子式为 $C_{18}H_{14}N_3O_6P\cdot 2H_2O$，实验值（计算值）(%)：C 30.52（30.48），H 5.70（5.76），N 12.54（13.33）。

【参考文献】

[1] 蒋兴凯，何小羊，郭焕芳，等. 广谱抗病毒药物西多福韦的合成 [J]. 解放军药学学报，2009，25（5）：395-397.

2-溴喹啉

【基本信息】 英文名：2-bromoquinoline；CAS 号：2005-43-8；分子式：C_9H_6BrN；

分子量：208；熔点：48～49℃；沸点：115℃/40.0Pa；闪点：>110℃。合成反应式如下：

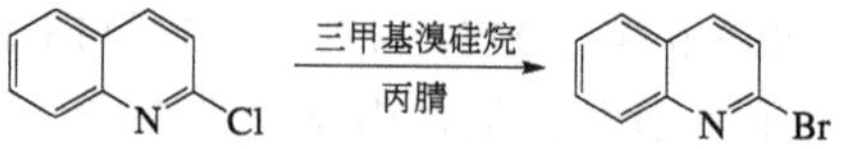

【合成方法】

将2-氯喹啉8.2g（50mmol）、三甲基溴硅烷15g（0.1mol）和丙腈50mL搅拌混合，加热回流1h。倒入含有50g冰的50mL 2mol/L氢氧化钠水溶液中。用乙醚50mL×3萃取，合并有机相，分别用50mL×3水和50mL盐水洗涤，干燥，蒸出溶剂，剩余物用丙酮重结晶，得到无色针状产物2-溴喹啉8.6g（41.35mmol），收率82.7%。

【参考文献】

[1] Schlosser M, Cottet F. Silyl-mediated halogen/halogen displacement in pyridines and other heterocycles [J]. European Journal of Organic Chemistry, 2002, 2002 (24): 4181-4184.

6-溴喹啉

【基本信息】 英文名：6-bromoquinoline；CAS号：5332-25-2；分子式：C_9H_6BrN；分子量：208；淡黄色液体；熔点：19℃；沸点：116 ℃/799.9Pa；闪点：>110℃；酸度系数 pK_a：4.18±0.10；密度：1.538g/cm^3（25℃）。本品是一种医药、农药中间体。合成反应式如下：

【合成方法】

在装有回流冷凝管的反应瓶中，加入硫酸亚铁8g（0.05mol）、丙三醇69mL（0.94mol）、对溴苯胺40g（0.23mol）、硝基苯14mL（0.14mol）和浓硫酸40mL（0.73mol），加热回流8h，用TLC监测反应至完毕。冷却后，用50%氢氧化钠水溶液慢慢调节pH至5～6，抽滤，滤饼用乙酸乙酯50mL×3洗涤，合并有机相，用无水硫酸钠干燥，过滤，滤液蒸出溶剂，剩余物减压蒸馏，收集160～162℃/2.5kPa馏分，得到浅黄色黏稠液体产物6-溴喹啉26.2g（0.126mol），含量98%，收率54.8%。

【参考文献】

[1] 孙青斌，徐桂清，李伟. 6-溴喹啉合成工艺研究 [J]. 广州化工，2011，39（15）：115-116.

4-溴-7-氯喹啉

【基本信息】 英文名：4-bromo-7-chloroquinoline；CAS号：98519-65-1；分子式：C_9H_5BrClN；分子量：242.5；无色针状结晶；熔点：102～103℃；沸点：331.348℃/101325Pa；闪点：154.194℃；密度：1.673g/cm^3。合成反应式如下：

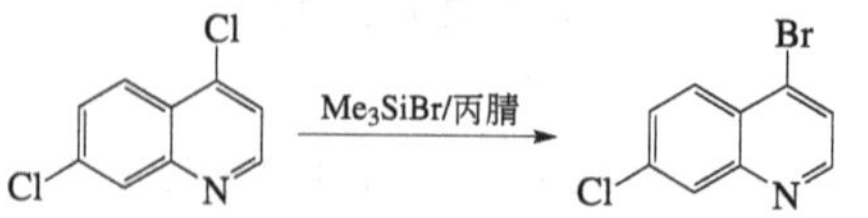

【合成方法】

将 4,7-二氯喹啉 9.9g（50mmol）、三甲基溴硅烷 5.4g（6.3mL，50mmol）和丙腈 50mL 搅拌混合，加热回流 1h。倒入含有 50g 冰的 50mL 2mol/L 氢氧化钠水溶液中。用乙醚 50mL×3 萃取，合并有机相，分别用 50mL×3 水和 50mL 盐水洗涤，干燥，蒸出溶剂，剩余物用己烷重结晶，得到无色针状产物 4-溴-7-氯喹啉 9.9g（40.82mmol），收率 81.7%，熔点 102～103℃。

【参考文献】

[1] Schlosser M，Cottet F. Silyl-mediated halogen/halogen displacement in pyridines and other heterocycles [J]. European Journal of Organic Chemistry，2002，2002（24）：4181-4184.

2-碘喹啉

【基本信息】 英文名：2-iodo-quinoline；CAS 号：6560-83-4；分子式：C_9H_6IN；分子量：255；熔点：52～53℃；沸点：320.7℃/101325Pa；闪点：147.8℃；密度：1.837g/cm^3。本品是一种有机合成中间体。

【合成方法】

2-氯喹啉 8.2g（50mmol）、三甲基氯硅烷 5.4g（6.3mL，50mmol）和碘化钠 15g（0.1mol）混合，加热回流 20h。倒入含有约 50g 冰的 50mL 2mol/L 氢氧化钠水溶液中，用乙醚 50mL×3 萃取，合并有机相，依次用水 50mL×2 和饱和盐水 50mL 洗涤。干燥，蒸出溶剂，用己烷重结晶，得到无色针状产物 2-碘喹啉 10.9g（42.76mmol），收率 85.5%，熔点 53～54℃。

【参考文献】

[1] Schlosser M，Cottet F. Silyl-mediated halogen/halogen displacement in pyridines and other heterocycles [J]. European Journal of Organic Chemistry，2002，2002（24）：4181-4184.

四氢罂粟碱

【基本信息】 英文名：1-(3，4-dimethoxybenzyl)-6，7-dimethoxy-1，2，3，4-tetrahydroisoquinoline；CAS 号：50896-90-7；分子式：$C_{20}H_{25}NO_4$；分子量：343.4。

四氢罂粟碱盐酸盐　英文名：1-(3，4-dimethoxybenzyl)-6，7-dimethoxy-1，2，3，4-tetrahydroisoquinoline hydrochloride；CAS 号：6429-04-5；分子式：$C_{20}H_{26}ClNO_4$；分子量：379.88；白色结晶粉末状；熔点：217～219℃；是合成神经肌肉阻滞剂顺苯磺阿曲库铵的中间体。合成反应式如下：

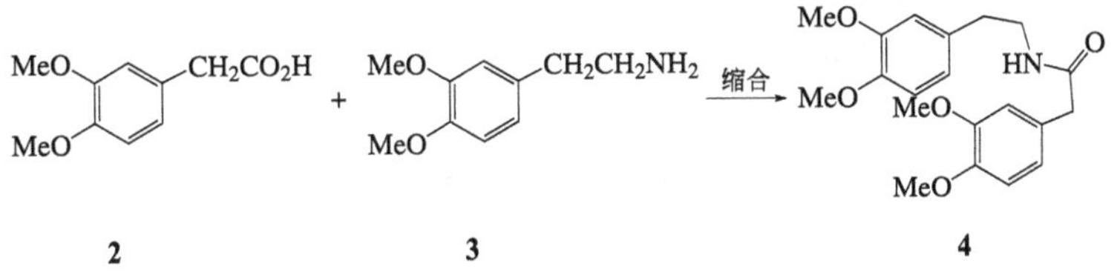

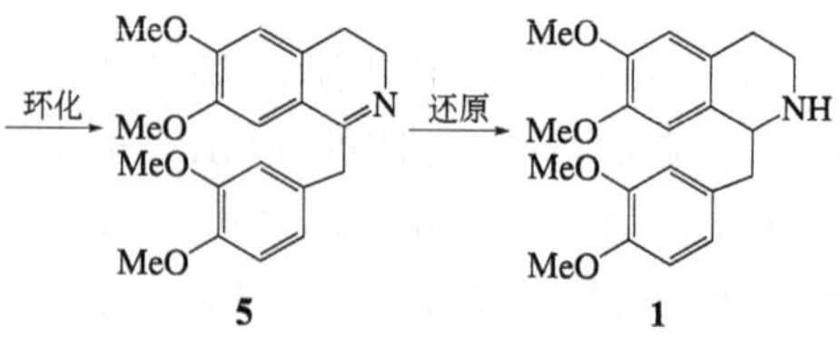

【合成方法】

1. 化合物 4 的合成：在装有搅拌器、温度计、回流冷凝管和分水器的 2L 三口瓶中，加入 3,4-二甲氧基苯乙胺（**3**）74g（M=181，0.409mol）、3,4-二甲氧基苯乙酸（**2**）77.6g（M=196，0.396mol）和二甲苯 1.2L，搅拌，加热回流，分出生成的水，反应 15h 结束。降至室温，加入 200mL 石油醚析晶，过滤，洗涤，得到粗品，用异丙醇-石油醚重结晶，过滤，干燥，得到化合物 **4** 127.9g（M=359，0.3563mol），收率 90%，熔点 122～124℃（文献值：118～120℃）。

2. 化合物 5 的合成：在装有搅拌器、温度计、回流冷凝管的 2L 三口瓶中，加入化合物 **4** 105.8g（0.2948mol）、苯 1L、三氯氧磷 260mL，在氮气保护下，加热回流 5h。减压蒸出溶剂，加入 1L 乙酸乙酯和 600mL 水，搅拌全溶，分出有机相，蒸出溶剂，加入甲醇 600mL，用于下一步反应。

3. 四氢罂粟碱（1）的合成：在氮气保护下，将上述溶液加入 100 mL 水，搅拌溶解后，分四次加入 $NaBH_4$ 共 20g，室温搅拌过夜。减压蒸出溶剂，剩余油状物加入 6mol/L 氢氧化钠水溶液 100mL，搅拌，用乙醚 100mL×3 萃取，用无水硫酸钠干燥，过滤，滤液减压蒸出溶剂，得到红棕色油状物四氢罂粟碱（**1**）91g（0.2653mol），收率 90%，含量 96%。用浓盐酸调节 pH 至 1，得到四氢罂粟碱盐酸盐，熔点 218℃（文献值：217～219℃）。

【参考文献】

[1] 六成，李志杰，包海鸽. 四氢罂粟碱合成［J］. 内蒙古石油化工，2014，40（1）：10-11.

3,4-二氢罂粟碱及其盐酸盐

【基本信息】

（1）3,4-二氢罂粟碱（3,4-dihydropapaverine）　英文名：1-(3,4-dimethoxybenzyl)-3,4-dihydro-6,7-dimethoxyisoquinoline；CAS 号：6957-27-3；分子式：$C_{20}H_{23}NO_4$；分子量：341.4；熔点：98～99℃；沸点：482.6℃/101325Pa；闪点：196.9℃；密度：1.15g/cm^3；酸度系数 pK_a：6.12。

（2）3,4-二氢罂粟碱盐酸盐　CAS 号：5884-22-0；分子式：$C_{20}H_{24}ClNO_4$。本品是制备罂粟碱的中间体。合成反应式如下：

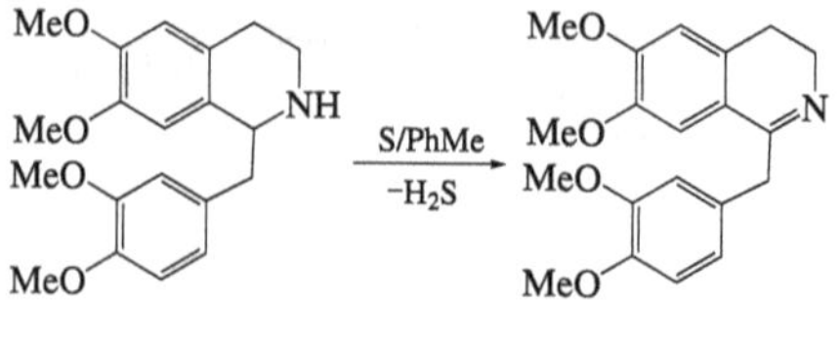

【合成方法】

1. 3,4-二氢罂粟碱的合成：在 800L 反应釜中，加入 40kg 1,2,3,4-四氢罂粟碱［其中含（*S*）-型 86.5%，（*R*）-型 13.5%］、250L 甲苯和 8kg 硫黄粉，搅拌，加热回流 4.5h，所产生的硫化氢气体用 40%氢氧化钠水溶液吸收。降至室温，滤除未反应的硫黄粉，滤液加入 5%盐酸 250mL，调节 pH 至 1。分出酸层，用 40%氢氧化钠水溶液调节 pH 至 10，用氯仿 300mL×2 萃取，用无水硫酸钠干燥，浓缩，得到 3,4-二氢罂粟碱 39.2kg，纯度 96.7%。

2. 3,4-二氢罂粟碱盐酸盐的合成：在装有搅拌器、温度计和回流冷凝管的三口瓶中，加入 10g 1,2,3,4-四氢罂粟碱［其中含（*S*）-型 86.5%，（*R*）-型 13.5%］、2g 硫黄粉和 60mL 正丁醇，搅拌，加热回流 10h。降至室温，减压蒸出溶剂，剩余油状物用饱和氯化氢-乙醇溶液处理，冷却结晶，得到 10.6g 3,4-二氢罂粟碱盐酸盐，熔点 158～160℃。

【参考文献】

［1］吴仰波，朱兵，王保成，等. 3,4-二氢罂粟碱及其盐酸盐的制备方法：CN101544603A［P］. 2009-03-01.

罂粟碱及其盐酸盐

【基本信息】

（1）罂粟碱（papaverine） 英文名：1-(3,4-dimethoxybenzyl)-6,7-dimethoxyisoquinoline；CAS 号：58-74-2；白色结晶性粉末；熔点 146℃～148℃；分子式：$C_{20}H_{21}NO_4$；分子量：339。

（2）罂粟碱盐酸盐 CAS 号：61-25-6；分子式：$C_{20}H_{22}ClNO_4$；分子量：375.5；熔点：226℃；闪点：172.2℃；无臭，在氯仿中溶解，在水中略溶，在乙醇中微溶，在乙醚中几乎不溶。本品是罂粟中一种主要的生物碱，属异喹啉衍生物，用于治疗脑、心及外周血管痉挛所致的缺血以及肾、胆或胃肠道等内脏痉挛。合成反应式如下：

MeO, MeO, MeO, MeO, N·HCl —NaOH→ MeO, MeO, MeO, MeO, N —Raney Ni / 三甲苯→ MeO, MeO, MeO, MeO, N —HCl→ MeO, MeO, MeO, MeO, N·HCl

【合成方法】

在装有搅拌器、温度计、滴液漏斗和氮气导管的反应釜中，在氮气保护下，加入 2.5kg 3,4-二氢罂粟碱盐酸盐、7.5kg 水，搅拌，升温溶清后，滴加 1kg 液碱，调节 pH 至 12～13，再加入 7.5kg 均三甲苯萃取。有机相加入 500g Raney Ni，加热到 150℃，反应 4h。过滤，得到罂粟碱湿品 2.5kg，纯度 99.5%。在氮气保护下，将所得罂粟碱加入 37%盐酸 1.5kg、水 1.3kg、无水乙醇 10.3kg 的混合液，升温溶清后，加入 50g 活性炭脱色，过滤，滤液冷却析晶，得到盐酸罂粟碱 2.1kg，总收率 74.5%，纯度 99.8%。

【参考文献】

［1］张柯华，张继旭，郭卫锋，等. 一种罂粟碱及盐酸罂粟碱的制备方法：CN105541714A［P］. 2016-05-04.

1-溴异喹啉

【基本信息】 英文名：1-bromoisoquinoline；CAS 号：1532-71-4；分子式：C_9H_6BrN；分子量：208；浅黄色至浅棕色固体；熔点：42～46℃；沸点：306.3℃/101325Pa；闪点：145.1℃；蒸气压：0.102Pa/25℃；密度：1.564g/cm^3。合成反应式：

Me_3SiBr/丙腈

【合成方法】

将 1-氯异喹啉 8.2g（50mmol）、三甲基溴硅烷 15g（0.10mol）和丙腈 50mL 搅拌混合，加热回流 100h。倒入含有 50g 冰的 50mL 2mol/L 氢氧化钠水溶液中。用乙醚 50mL×3 萃取，合并有机相，分别用 50mL×3 水和 50mL 盐水洗涤，干燥，蒸出溶剂，用己烷重结晶，得到无色针状结晶产物 1-溴异喹啉 7.6g（36.54mmol），收率 73%，熔点 41～43℃。

【参考文献】

［1］ Schlosser M，Cottet F. Silyl-mediated halogen/halogen displacement in pyridines and other heterocycles ［J］. European Journal of Organic Chemistry，2002，2002（24）：4181-4184.

6-溴异喹啉

【基本信息】 英文名：6-bromoisoquinoline；CAS 号：34784-05-9；分子式：C_9H_6BrN；分子量：208；白色晶体粉末；熔点：44～48℃；闪点：＞110℃。本品是一种医药中间体。合成反应式如下：

$H_2NCH_2CH(OEt)_2$ / PhMe → MS1 → EtOH / $NaBH_4$ → MS2 → P_2O_5 / H_2SO_4

【合成方法】

1. 对溴苯甲亚氨基乙缩醛（MS1）的合成： 在装有回流冷凝管和分水器的 5L 四口瓶中，依次加入 1850mL 甲苯、266g（$M=133$，2.0mol）氨基乙缩醛、370g（$M=185$，2.0mol）对溴苯甲醛。加热回流 8h，同时分出生成的水。旋蒸出甲苯，得到棕红色液体产品对溴苯甲亚氨基乙缩醛（含少量甲苯，不影响下一步反应）572g（$M=300$，1.907mol）。

2. 对溴苯甲氨基乙缩醛（MS2）的合成： 在 10L 四口瓶中，依次加入 4.6L 乙醇、572g（1.907mol）对溴苯甲亚氨基乙缩醛（MS1），搅拌混合，分批加入 161.7g（$M=37.81$，4.277mol）硼氢化钠，室温搅拌反应 12h。加入 302mL 水，淬灭多余的硼氢化钠。旋蒸出乙醇，用乙酸乙酯萃取，干燥，旋蒸出溶剂后，得到对溴苯甲氨基乙缩醛（MS2）548g（$M=302$，1.8146mol），收率 95.15%。

3. 6-溴异喹啉的合成： 在装有搅拌器、温度计的 10L 四口瓶中，加入 2690mL 浓硫酸，搅拌下分批加入 1003.8g 五氧化二磷。加毕，升温至 70℃。将 548g（1.81mol）对溴苯甲氨基乙缩醛（MS2）与1730mL二氯甲烷溶液，加热至70℃，滴加到上述硫酸和五氧化二磷溶液中，滴毕，反应1h。将反应液倒入冰中，用氢氧化钠溶液调至碱性，乙酸乙酯萃取，干燥，旋蒸出溶剂，得到6-溴异喹啉350g（1.68mol），理论产量416g，产率84.1%。

【参考文献】

[1] 王建红.6-溴异喹啉的合成[J].化工中间体，2013（11）：48-49.

1-碘异喹啉

【基本信息】 英文名：1-iodoisoquinoline；CAS号：19658-77-6；分子式：C_9H_6IN；分子量：254.9；无色针状结晶；熔点：41.5～42.3℃；沸点：336.8℃/101325Pa；闪点：157.5℃；蒸气压：0.029Pa/25℃；密度：1.837g/cm^3。合成反应式如下：

NaI/Me_3SiCl；回流20h/NaOH水溶液

【合成方法】

将1-氯异喹啉8.2g（50mmol）、三甲基氯硅烷5.4g（6.3mL，50mmol）和碘化钠15g（0.10mol）搅拌混合，加热回流20h。倒入含有约50g冰的50mL 2mol/L氢氧化钠水溶液中，用乙醚50mL×3萃取，合并有机相，依次用水50mL×2和饱和盐水50mL洗涤。干燥，蒸出溶剂，用己烷重结晶，得到无色针状产物2-碘异喹啉10.3g（40.4mmol），收率80.8%，熔点75～76.5℃。

【参考文献】

[1] Schlosser M，Cottet F. Silyl-mediated halogen/halogen displacement in pyridines and other heterocycles [J]. European Journal of Organic Chemistry，2002，2002（24）：4181-4184.

2,3-二溴喹喔啉

【基本信息】 英文名：2,3-dibromoquinoxaline；CAS号：23719-78-0；分子式：$C_8H_4Br_2N_2$；分子量：288；无色针状晶体；熔点：172～174℃；沸点：418℃/101325Pa；闪点：167.9℃；密度：1.115g/cm^3。合成反应式如下：

三甲基溴硅烷；丙腈

【合成方法】

将2,3-二氯喹喔啉2.0g（$M=199$，10mmol）和三甲基溴硅烷4.5g（$M=153$，29.4mmol）在10 mL丙腈中回流50h，TLC监测反应，当反应完成后，产物用乙酸乙酯重结晶，得到无色针状结晶产物2,3-二溴喹喔啉2.8g（9.72mmol），收率97.2%，熔点172～174℃。

【参考文献】

[1] Schlosser M，Cottet F. Silyl-mediated halogen/halogen displacement in pyridines

and other heterocycles [J]. European Journal of Organic Chemistry, 2002, 2002 (24): 4181-4184.

2,3-二氯喹喔啉

【基本信息】 英文名：2,3-dichloroquinoxaline；CAS 号：2213-63-0；分子式：$C_8H_4Cl_2N_2$；分子量：199；类白色至浅棕色针状晶体；熔点：152～154℃；沸点：325.69℃；密度：1.4994g/cm^3。本品是制备喹喔啉系列、米诺膦酸的医药中间体。合成反应式如下：

邻苯二胺 + 草酸 —盐酸→ 2,3-二羟基喹喔啉 —$SOCl_2$/DMF→ 2,3-二氯喹喔啉

【合成方法】

1. 2,3-二羟基喹喔啉的合成： 在 1L 三口瓶中，加入邻苯二胺 100g (0.925mol)，搅拌下滴加 4mol/L 盐酸 500mL，搅拌至固体溶解。在冰水浴冷却下，滴加含草酸 91.6g (1.018mol) 与 4mol/L 盐酸 250mL 的溶液，控制滴加速度使反应温度低于 10℃。滴毕，升温至 100℃，回流反应 3h，反应过程不断析出白色针状晶体。用 TLC 监测反应至完全，冷却至室温，抽滤，水洗滤饼至中性，干燥，得到白色针状晶体 2,3-二羟基喹喔啉 147.8g，收率 98.2%，熔点>300℃。ESI-MS：m/z=163.1 [M+H]$^+$，185.1 [M+Na]$^+$。

2. 2,3-二氯喹喔啉的合成： 在装有搅拌器、温度计和回流冷凝管的 200mL 三口瓶中，加入 90mL (147.6g，1.24mol) 氯化亚砜和 1mL DMF，搅拌，缓慢加入 2,3-二羟基喹喔啉 30g (M=162，0.185mol)。升温至 78℃，回流 3h，反应过程中，反应液逐渐由黄色浑浊液变为黄色澄清液，用 TLC 监测反应至完全。减压蒸出大部分氯化亚砜，搅拌下将剩余物倒入 300g 碎冰中，析出大量米白色结晶。过滤，水洗滤饼至中性，干燥，得到米白色晶体粉末产物 2,3-二氯喹喔啉 34.9g (0.1754mol)，收率 94.8%，纯度 100%，熔点 148～150℃。

【参考文献】

[1] 陈浩，赵晓妍，白玫，等. 磷脂酰肌醇-3-激酶 (PI3K) 抑制剂 XL765 的合成 [J]. 中国药物化学杂志，2011，21 (4)：290-294.

2,3-二氯喹喔啉-6-羧酰氯

【基本信息】 英文名：2,3-dichloro quinoxaline-6-carbonyl chlorine；CAS 号：17880-88-5；分子式：$C_9H_3Cl_3N_2O$；分子量：261.5；沸点：374.4℃/101325Pa；闪点：180.3℃；密度：1.658g/cm^3。合成反应式如下：

对氨基苯甲酸 + 草酸二乙酯 → 1 (4-HO_2C-C_6H_4-NH—$COCO_2Et$) —混酸→ 2 (3-硝基) —H_2, Pd/C催化剂→ 3 (6-HO_2C-2,3-二羟基喹喔啉) —三光气/DMF→ 4 (6-ClOC-2,3-二氯喹喔啉)

【合成方法】

1. 中间体 1 的合成：将 6.85g 对氨基苯甲酸和 27g 草酸二乙酯混合，在油浴上加热到 180℃，搅拌反应 15h，冷却至室温。用 100mL 乙醚纯化结晶物，在空气中晾干，得到中间体 **1** 11.7g，熔点 257～260℃。

2. 中间体 2 的合成：以 87%的硫酸 55g 为溶剂，搅拌下加入 11.6g 中间体 **1**，混合均匀。用冰水浴控制温度 10℃，滴加 9.6g 混酸，反应 1h 后，将反应物倒入 100mL 冰水中。过滤，干燥，得到 12.9g 中间体 **2**，收率 92%，熔点 217～221℃。

3. 2,3-二羟基喹喔啉-6-羧酸（3）的合成：将 58.4g 化合物 **2** 与 98%的乙醇 400mL 混合，放入 1L 高压釜，并加入 1g 10%Pd/C。通入氢气，在 75℃/2.5MPa 下反应，氢气压力不再下降为止。冷却出料，滤出催化剂，用稀氢氧化钠溶液调至中性，过滤，洗涤，干燥，得到 2,3-二羟基喹喔啉-6-羧酸 23g，熔点 310～315℃。

4. 2,3-二氯喹噁啉-6-羧酰氯（4）的合成：将 1.5g（M=206，7.28mmol）2,3-二羟基喹喔啉-6-羧酸和 15mL 三氯乙烯、0.6mL 二甲基甲酰胺混合。回流下滴加 4.5g（M=297，15.15mmol）三光气与 10mL 三氯乙烯的溶液，2h 滴加完毕，继续回流反应 4h。滤除不溶物，减压蒸出过量溶剂，剩余物加入 12mL 环己烷，回流 20min，蒸出 7mL 环己烷，趁热过滤，除去不溶物。冰水浴冷却滤液，析出浅黄色晶体，过滤，真空干燥，得到浅黄色产物 2,3-二氯喹噁啉-6-羧酰氯 1.57g（M=261.5，6mmol），重结晶后为白色固体，收率 82.4%，熔点 113～113.5℃。

【参考文献】

[1] 吕延文. 2,3-二氯喹喔啉-6-羧酰氯的合成新工艺 [J]. 染料与染色，2004，41（4）：220-221.

[2] 吕延文. 2,3-二氯喹喔啉-6-羧酰氯的制备 [J]. 化学世界，2004，45（11）：588-589.

2,3-二羟基喹喔啉

【基本信息】　英文名：2,3-dihydroxyquinoline；CAS 号：15804-19-0；分子式：$C_8H_6N_2O_2$；分子量：162；白色晶体；熔点：＞300℃；沸点：288.82℃；密度：1.326g/cm^3；酸度系数 pK_a：10.66；储存条件：2～8℃。本品是合成抗肿瘤、抗真菌等药物的中间体，也可制备荧光衍生剂、聚酯纤维染料，还是有机保焊预浸液的主成分。合成反应式如下：

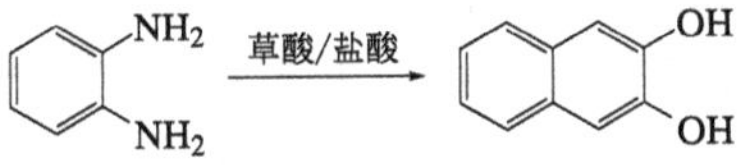

【合成方法】

在装有搅拌器、温度计和滴液漏斗的 1.5L 三口瓶中，加入一定量邻苯二胺，搅拌下滴加 4mol/L 盐酸 500mL，使固体完全溶解。冰水浴冷却下，滴加入含草酸的 2mol/L 盐酸 250mL，控制滴速使反应液温度低于 10℃。滴毕，升温至 100℃，回流反应 3h，反应过程中逐渐析出白色针状结晶，HPLC 监测反应至完全。冷却至室温，静置，抽滤，水洗滤饼至中性，干燥，得到白色针状晶体 2,3-二羟基喹喔啉，收率 96%，含量 99.5%。

【参考文献:】

[1] 高学民，黄栋，高阳. 2,3-二羟基喹喔啉的合成及性能研究 [J]. 化工管理，2017 (35)：191.

6-羟基-2,3-二氢-4-喹啉酮

【基本信息】 英文名：6-hydroxyl-2,3-dihydro-4-quinolinone；分子式：$C_9H_9NO_2$；分子量：163。本品是重要的医药、农药中间体，可合成多种喹诺酮类药物。合成反应式如下：

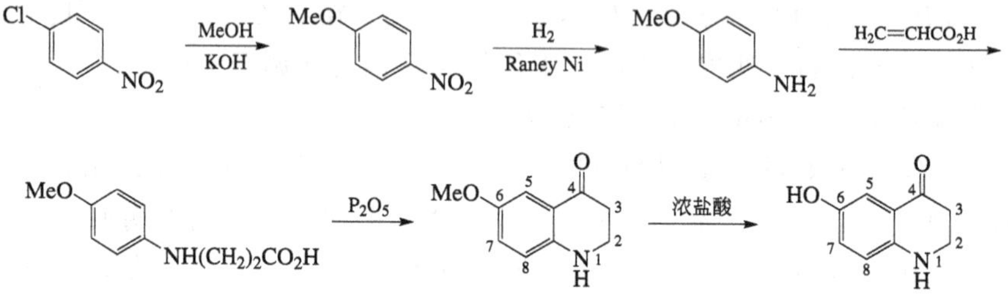

【合成方法】

1. 4-硝基苯甲醚的合成： 在装有搅拌器、温度计和回流冷凝管的 100mL 三口瓶中，加入 5g（31.7mmol）4-硝基氯苯、5.4g（9.6mmol）氢氧化钾和 13mL（0.313mol）甲醇，加热至（65±2)℃，快速搅拌，反应 5h，有不少 KCl 挂在瓶壁上。减压蒸出过量甲醇，稍冷，加入水，搅拌，冷却至室温，过滤，水洗滤饼至中性，干燥，得到白色固体 4-硝基苯甲醚 4.5g（0.02942mol），收率 92.8%，熔点 52～53℃。

2. 4-甲氧基苯胺的合成：

（1）W-6 型骨架镍催化剂的制备：在装有搅拌器、温度计和回流冷凝管的 250mL 三口瓶中，加入 13g 氢氧化钠和 50mL 去离子水，搅拌溶解，浓度约 20%。加热至（50±2)℃，每次 1g 分批加入铝镍合金粉 10g，其中的铝与氢氧化钠反应，放出氢气。约需 1.5～2h 加完，保持（50±2)℃，继续搅拌 1h。倾出上层水溶液，用 40～50℃去离子水 40mL×5 洗涤至 pH 为 7，每次倾出水溶液时，要保留少许溶液，以保护骨架镍不被空气氧化。再用无水乙醇 20mL×5 洗涤，最后加入无水乙醇覆盖骨架镍，密封保存。根据经验，催化剂一周后可能失活，每次不要做太多。也要注意，乙醇挥发后，裸露骨架镍易着火。

（2）4-甲氧基苯胺的合成：在装有磁子搅拌的 100mL 高压釜中，加入 4-硝基苯甲醚 5g（0.0327mol）、催化剂 50% Raney Ni 乙醇 0.8g，用氮气置换釜内空气，再用氢气置换氮气 5 次。充氢气到所需压力，关闭阀门，搅拌，升温至 50℃。当压力降到 0.6～0.8MPa 时，再充氢气到所需压力，关闭阀门反应。当压力不再下降时，加氢反应完成。冷却至室温，泄压，迅速抽滤，回收催化剂。滤液减压蒸出水和乙醇，得到 4-甲氧基苯胺 4.58g（0.0299mol），收率 91.5%，纯度 99%，熔点 56～57℃。

3. 3-(4-甲氧基苯胺）丙酸的合成： 在装有磁子搅拌、温度计和氮气导管的 100mL 三口瓶中，加入 4-甲氧基苯胺 3g（24mmol）、乙酸 1.7mL（26.8mmol）和水 10mL，搅拌 1h。在氮气保护下，滴加丙烯酸 1.8mL（36mmol），滴毕，升温至 45℃，搅拌 8h。用甲苯萃取，水相加入乙酸，调节 pH 到弱酸性。处理后，用柱色谱分离［淋洗液：乙酸乙酯：环己

烷=2∶1（体积比）]，R_f=0.25（原料4-甲氧基苯胺的R_f=0.67），合并产品含量>95%的流分，旋蒸出溶剂，得到白色固体粉末产物3-(4-甲氧基苯胺）丙酸，收率55%，纯度98%，熔点86.5~87.2℃。MS：m/z=195。

4. 6-甲氧基-2,3-二氢-4-喹啉酮的合成：在装有磁子搅拌、温度计的50mL三口瓶中，加入3-(4-甲氧基苯胺）丙酸1.5g（7.6mmol)、多聚磷酸2.7g，加热至100℃，搅拌反应4h，TLC监测反应至结束。调节反应液pH到中性，处理后的溶液进行柱色谱分离[淋洗液：乙酸乙酯∶环己烷体积比=1∶1（体积比）]，R_f=0.61。合并产物含量>95%的流分，旋蒸出溶剂，得到带有绿色荧光的黄色固体产物6-甲氧基-2,3-二氢-4-喹啉酮，收率46.5%，纯度98.3%，熔点111.3~112℃。

5. 6-羟基-2,3-二氢-4-喹啉酮的合成：在装有磁子搅拌、温度计和回流冷凝管的50mL三口瓶中，加入6-甲氧基-2,3-二氢-4-喹啉酮3g（16.94mmol）和浓盐酸20mL，加热至120℃，搅拌反应6h。冷却，加入浓醋酸钠溶液，搅拌，析出黄色固体，过滤，干燥，得到黄色固体产物6-羟基-2,3-二氢-4-喹啉酮，收率83%，熔点161~163℃（文献值：163~164℃)。6-羟基-2,3-二氢-4-喹啉酮总收率23%。

【参考文献】

[1] 曹敌. 6-羟基-2,3-二氢-4-喹啉酮的合成[D]. 大连：大连理工大学，2007.

6-羟基-3,4-二氢-2(1*H*)喹啉酮

【基本信息】 英文名：6-hydroxyl-3.4-dihydro-2-(1*H*)quinolinone；CAS号：54197-66-9；分子式：$C_9H_9NO_2$；分子量：163；熔点：229~237℃；沸点：424.5℃/8.0kPa；闪点：210.5℃；密度：1.282g/cm^3。本品具有抗血小板、抗血栓形成、抗血管增生活性和抗心绞痛作用，是合成西洛他唑等药的重要中间体。合成反应式如下：

MeO–C₆H₄–NH₂ —[Bmim]Cl·AlCl₃, −HCl→ MeO–C₆H₄–NH–C(O)CH=CH₂ —[Bmim]Cl·AlCl₃, −HCl→ 6-甲氧基-3,4-二氢-2(1H)喹啉酮

【合成方法】

1. 离子液体的制备：在装有磁子搅拌、温度计的三口瓶中，依次加入纯化的1-甲基咪唑和等物质量的1-氯丁烷，搅拌，升温至85℃，回流24h。冷却，静置分层。倾出上层液体，下层粗产品用乙酸乙酯洗涤，旋蒸得到白色晶体氯代1-丁基-3-甲基咪唑([Bmim]Cl)。按不同物质的量之比，分别准确称取无水三氯化铝和[Bmim]Cl，在氮气保护下，将三氯化铝分批慢慢加入到[Bmim]Cl中，搅拌至完全溶解，得到不同配比的透明离子液体[Bmim]Cl·$AlCl_3$。同法配制离子液体[Bmim]Cl·$ZnCl_2$和[Bmim]Cl·$FeCl_3$。

2. 6-羟基-3,4-二氢-2（1*H*）喹啉酮的合成：在装有磁子搅拌、温度计和滴液漏斗的500mL三口瓶中，依次加入4-甲氧基苯胺1.23g（10mmol)、[Bmim]Cl·$AlCl_3$离子液体8.82g（20mmol)，加热至50℃，搅拌下缓慢滴加丙烯酰氯0.95g（10.5mmol)，约30min滴完，在50℃继续搅拌2h，升温至110℃，搅拌反应1h，完成分子内Friedel-Crafts烷基化反应。冷却至室温，用甲苯萃取，剩下的离子液体可重复使用。萃取液旋蒸出甲苯，所得粗产品用甲醇重结晶，得到白色结晶6-羟基-3,4-二氢-2（1H）喹啉酮1.46g，收率89.6%，熔点236~237℃。元素分析，实测值（计算值）(%)：C 66.2（66.24)，H 5.58（5.57)，

N 8.6 (8.58)。离子液体在此反应中，既是催化剂，也是反应介质，可重复使用。

【参考文献】

[1] 袁加程，刘长春. 离子液体中 6-羟基-3,4-二氢-2（1*H*）-喹啉酮的合成 [J]. 精细化工，2014，31（5）：603-606.

7-羟基-3,4-二氢-2(1*H*)喹啉酮

【基本信息】 英文名：3,4-dihydro-7-hydroxy-2(1*H*)quinolinone；CAS 号：22246-18-0；分子式：$C_9H_9NO_2$；分子量：163；白色或类白色固体；熔点：233～237℃。本品是合成抗精神病药阿立哌唑重要的中间体。合成反应式如下：

$$\text{HO-C}_6\text{H}_4\text{-NH}_2 \xrightarrow[\text{OH}^-]{\text{MeOCH}_2\text{CH}_2\text{COCl}} \text{HO-C}_6\text{H}_4\text{-NHCOCH}_2\text{CH}_2\text{OH} \xrightarrow{\text{BF}_3} \text{7-羟基-3,4-二氢-2(1H)喹啉酮}$$

【合成方法】

1. *N*-(3-羟基苯基)-3-羟丙酰胺的合成： 在装有磁子搅拌、温度计和滴液漏斗的 500mL 三口瓶中，加入 54g 间氨基苯酚、95%乙醇 175mL，冷却至－5℃，搅拌下滴加 65.5g 3-甲氧基丙酰氯和饱和碳酸氢钠的溶液，控制溶液的 pH 为 7.5～8。滴毕，在 20℃继续搅拌 1h。加入氢氧化钠溶液，在 30℃水解反应 2h。加入浓盐酸酸化至 pH 为 2～3，缓慢加入水，析出晶体。抽滤，水洗滤饼至中性，鼓风干燥，得到白色晶体 *N*-(3-羟基苯基)-3-羟丙酰胺 84g，收率 94%，熔点 132～134℃。

2. 7-羟基-2,3-二氢-2（1*H*）喹啉酮的合成： 在装有磁子搅拌、滴液漏斗、回流冷凝管和分水器的 500mL 三口瓶中，加入 *N*-(3-羟基苯基)-3-羟丙酰胺 76g、甲苯 300mL，搅拌，加热至 60℃，滴加三氟化硼乙醚液 6mL，加热回流分水至溶液澄清。减压蒸出溶剂回收甲苯，得到玫红色固体。加入水和少量乙醇，用氢氧化钠溶液调节溶液至碱性，加入活性炭脱色。用浓盐酸调节 pH 为 2，析出晶体，抽滤，干燥，得到浅黄色粉末状晶体 7-羟基-2,3-二氢-2（1*H*）喹啉酮 58.9g，收率 86%，纯度 98.5%，熔点 228～234℃。元素分析（C、H、N）实测值与计算值偏差低于 0.28%，MS-SI 符合结构特征。

【参考文献】

[1] 奚小金，谢军民，王淑芬. 7-羟基-3,4-二氢-2（1*H*）喹啉酮的合成 [J]. 化工时刊，2008，22（11）：26-27.

3-氨基-1*H*-吡唑并[3,4-*b*]吡啶

【基本信息】 英文名：1*H*-pyrazolo [3,4-*b*] pyridin-3-amine；CAS：6752-16-5；分子式：$C_6H_6N_4$；分子量：134；熔点：189～192℃；沸点：406.7℃。合成反应式如下：

$$\text{2-氯-3-氰基吡啶} \xrightarrow{\text{H}_2\text{NNH}_2\cdot\text{H}_2\text{O}} \text{3-氨基-1H-吡唑并[3,4-b]吡啶}$$

【合成方法】

在 500mL 三口瓶中加入 56g（$M=138.5$，0.4043mol）2-氯-3-氰基吡啶、120mL（99.1g，1.98mol）80%水合肼和 180mL 乙醇，搅拌，油浴慢慢加热，升温至 86℃开始沸腾，回流 2.5～3.0h。回流变小后降温至 65～70℃，将反应物慢慢倒入装有 200mL 乙醇的 500mL 烧杯中，不断搅拌，放置冷却析晶。彻底冷却后过滤，用 60～80mL 乙醇淋洗滤饼，晾干，得浅黄色固体产品 3-氨基-1*H*-吡唑并［3,4-*b*］吡啶 51g。减压蒸馏回收乙醇，又得产品约 3g，合计得产品 54g（0.403mol），收率 99.63%，纯度 98.1%，熔点 184～185℃。

备注：滤液下层是水合肼，分离出来可循环使用，加入新水合肼 100mL 即可。如果需要，产品可用乙醇重结晶。

【参考文献】

［1］Lynch B M，Khan M A，Teo H C，et al. Pyrazolo［3,4-*b*］pyridines：syntheses，reactions，and nuclear magnetic resonance spectra［J］，Canadian Journal of Chemistry，1988，66（3）：420-428.

3-溴-1*H*-吡唑并[4,3-*b*]吡啶

【基本信息】 英文名：3-bromo-1*H*-pyrazolo［4,3-*b*］pyridine；CAS 号：633328-33-3；分子式：$C_6H_4BrN_3$；分子量：198；沸点：366.9℃/101325Pa；密度：1.894g/cm^3，酸度系数 pK_a：8.76±0.40。合成反应式如下：

F, CHO, N —H_2NNH_2→ —NaOH/Br→ H, N, N, N, Br

【合成方法】

将 3-氟-2-吡啶甲醛 50.0g（0.40mol）和 100mL 无水肼的混合物加热到 110℃并搅拌过夜。反应液倒入冰水中，用乙酸乙酯萃取，合并有机相，干燥，浓缩，得到油状粗产品 25g。溶于 500mL 2mol/L NaOH，滴加到含溴 30g（0.185mol）的 2mol/L 250mL NaOH 溶液中，室温搅拌 4h。加入 3g 亚硫酸氢钠，再加入 300mL 2mol/L HCl，析出固体，过滤，空气干燥，得到产品 3-溴-1*H*-吡唑并［4,3-*b*］吡啶 33g（0.166mol），收率 41.7%。

【参考文献】

［1］Zhu H Y，Desai J A，Cooper A B，et al. Novel compounds that are ERK inhibitors. US2009118284［P］. 2009-05-07.

5-溴-1*H*-吡唑并[4,3-*b*]吡啶

【基本信息】 英文名：5-bromo-1*H*-pyrazoio［3,4-*b*］pyridine；CAS 号：875781-17-2；分子式：$C_6H_4BrN_3$；分子量：198。合成反应式如下：

Br, CHO, N, F —① $Me_2COHCOHMe_2$ ② H_2NNH_2→ Br, O, O, N, $HNNH_2$ → Br, N, N, N, H

【合成方法】

在装有搅拌器、温度计和 Deank-Stark 冷凝管的三口瓶中，加入 5-溴-2-氟吡啶-3-甲醛 13.66g（M=204，66.96mmol）、频哪醇 8.75g（M=118，74.15mmol）、对甲苯磺酸一水合物 1.5g（7.89mmol）和无水苯 400mL，搅拌溶解。加热回流并蒸出溶剂直到蒸馏液清亮，维持体积大约 200mL。用乙酸乙酯 300mL 稀释混合物，用饱和碳酸氢钠和氯化钠溶液洗涤，用无水硫酸钠干燥，过滤，浓缩。剩余物溶解在 400mL 乙醇和 25mL 二异丙基乙胺的混合物中。然后加入 15mL（0.48mol）无水肼，所生成的混合物搅拌回流 4h。混合物浓缩至干，剩余物分配在水层和甲苯层中。分出有机相，用饱和食盐水洗涤 2 次，用无水硫酸钠干燥，过滤，浓缩。剩余物溶于 700mL 无水乙醚中，在剧烈搅拌下，慢慢加入 2mol/L 含 HCl 的无水乙醚 70mL。滤出沉淀，用乙醚和己烷洗涤，真空干燥。

在 50～65℃，将以上固体物溶于 500mL 水、200mL 乙醇和 50mL 浓盐酸的混合物中。在室温搅拌 16h 后，用碳酸氢钠中和到 pH 为 8。滤出生成的沉淀，水相用乙酸乙酯提取 3 次，合并有机相，用饱和食盐水洗涤，用无水硫酸钠干燥，过滤，浓缩，剩余物和所得沉淀用乙醇结晶，得到米黄色到淡绿橄榄色结晶 5-溴-1*H*-吡唑并［4，3-*b*］吡啶 6.615g（33.41mmol），收率 49.9%。

【参考文献】

［1］ Arnold W D，Gosberg A，Li Z，et al. Fused ring heterocycle kinase modulators：WO2006015124［P］. 2006-02-09.

5-溴-3-碘-1*H*-吡唑并[3，4-*b*]吡啶

【基本信息】 英文名：5-bromo-3-iodo-1*H*-pyrazolo［3，4-*b*］pyridine；CAS 号：875781-18-3；分子式：$C_6H_3BrIN_3$；分子量：323.9；沸点：(409.1±40.1)℃/101325Pa，闪点：(201.2±27.3)℃；密度：2.559g/cm³。合成反应式如下：

$$\text{5-溴-1}H\text{-吡唑并[4,3-}b\text{]吡啶} \xrightarrow{N\text{-碘代丁二酰亚胺}} \text{5-溴-3-碘-1}H\text{-吡唑并[3,4-}b\text{]吡啶}$$

【合成方法】

将 5-溴-1*H*-吡唑并［4，3-*b*］吡啶 3g（M=198，15.2mmol）和 *N*-碘代丁二酰亚胺 3.6g（M=224.9，16mmol）溶于 100mL 无水二氯甲烷中，搅拌，加热回流 6h。冷却至室温，用 300mL THF 稀释，用 100mL 饱和硫代硫酸钠和饱和食盐水洗涤所生成的溶液，用无水硫酸镁干燥，过滤，浓缩。剩余物用 1∶1 的二氯甲烷-乙醚处理，再用乙醚处理，真空干燥，得到米褐色固体产物 5-溴-3-碘-1*H*-吡唑并［3，4-*b*］吡啶 3.795g（11.72mmol），收率 77.1%。

【参考文献】

［1］ Arnold W D，Gosberg A，Li Z，et al. Fused ring heterocycle kinase modulators：US20100036118A1［P］. 2010-02-11.

2,3-环戊烯并吡啶

【基本信息】 英文名：2,3-cyclopenteno pyridine；CAS 号：533-37-9；分子式：C_8H_9N；分子量：119；熔点：117℃；沸点：87～88℃/1.47kPa；闪点：67℃；密度：1.018g/cm³；酸度系数 pK_a：6.19。本品用作第四代头孢药物头孢匹罗的中间体。

【合成方法】

一、文献［1］中的方法（多相催化法）

$$\mathbf{1}\ (\text{环戊酮}) \xrightarrow[\text{NH}_3]{\mathbf{2}\ \text{CH}_2{=}\text{CHCHO}} \mathbf{3}\ (>65\%) + \mathbf{4}\ (10\%\sim15\%) + 2\text{H}_2\text{O} + \text{H}_2$$

1. 催化剂的制备： 将 γ-Al_3O_3 加入到计算量的 $TiCl_4$ 无水乙醇中，搅拌，旋蒸出溶剂，剩余物在120℃干燥后，在500℃焙烧4h，制得复合载体 TiO_2-Al_2O_3，TiO_2 含量为5.6%。将 TiO_2-Al_2O_3 依次用 $Mg(NO_3)_2\cdot6H_2O$ 和 NH_4F 的水溶液浸渍，120℃干燥后，于700℃马弗炉中焙烧4h，得到 Mg-F/TiO_2-Al_2O_3 催化剂，其中 Mg 为1.0%，F 为3.4%。

2. 2,3-环戊烯并吡啶的合成： 将催化剂10g装入反应管中，催化剂上下两端填充石英砂，将原料 **1** 和 **2** 按摩尔比为1.0∶1.3混合后，用液体进料泵打入液体蒸发器，经氮气稀释后，进入反应管；另一路氨气同时通入反应管。氮气和氨气流速由转子流量计计量，反应物进料量由液体计量器计量。在通氮气条件下将反应管升温至420℃，通入氨气的同时打入反应物，进料速度为0.6mL/(g·h)。反应产物用气体循环冷凝水冷却成液体进行收集。气相色谱分析结果：产物 **3** 的含量>65%，4-甲基吡啶（**4**）含量为10%～15%。可用精馏法分离，此法简单易行，收率较高。

二、文献［2］中的方法（以1-氨基-2-氰基环戊烯为起始原料）

$$\mathbf{5} \xrightarrow{\text{Ac}_2\text{O}} \mathbf{6} \xrightarrow{\text{NaNH}_2} \mathbf{7} \xrightarrow[\text{H}_2\text{SO}_4]{\text{NaNO}_2} \mathbf{8} \xrightarrow{\text{PhPOCl}_2} \mathbf{9} \xrightarrow[\text{Pd/C}]{\text{H}_2} \mathbf{10}$$

1. 1-氰基-2-乙酰氨基环戊烯（6）的合成： 在装有搅拌器、温度计和蒸馏装置的2L三口瓶中，加入108g（1.0mol）1-氨基-2-氰基环戊烯（**5**）和700mL乙酸酐，室温搅拌过夜。减压浓缩至原体积的1/3，冷却至0℃析晶，过滤，用石油醚重结晶，干燥，得到白色晶体 **6** 132.1g，收率88.1%，熔点123～124℃（文献值：124℃）。

2. 4-氨基-6,7-二氢-5H-环戊烯并［*b*］吡啶-2-酮（7）的合成： 在装有搅拌器、温度计和蒸馏装置的2L三口瓶中，加入溶有47.8g（1.23mol）钠氨的1L液氨的溶液，在4min

内加入75.1g（0.5mol）化合物**6**，室温搅拌4h，反应液由深灰色逐渐变为浅灰色。用氯化铵中和至中性，氨气挥发完后，加入250mL水，加热至90℃，搅拌反应30min。冷却至0℃，过滤，用活性炭脱色30min后，所得灰色固体用2L水重结晶，得到白色针状固体，在110℃真空干燥，得到化合物**7** 45.9g，收率96%，熔点320～321℃。

3. 4-羟基-6,7-二氢-5*H*-环戊烯并［*b*］吡啶-2-酮（8）的合成：在装有搅拌器、温度计和蒸馏装置的2L三口瓶中，加入60g（0.4mol）化合物**7**和700mL 15%硫酸水溶液，搅拌溶解。慢慢滴加30.4g（0.44mol）亚硝酸钠与80mL水的溶液，控制反应温度在30～50℃。用淀粉-KI试纸监测反应结束，在50℃继续搅拌至不再有气泡产生。用氢氧化钠中和至较强碱性，在60℃搅拌40min，用浓盐酸中和至pH为7.5，搅拌20min。在剧烈搅拌下，滴加冰醋酸，使溶液的pH保持5.5左右。旋蒸出溶剂，剩余物用300mL甲醇进行连续逆流萃取1h，减压浓缩至原体积的1/5。放置冰箱过夜析晶，过滤，干燥，得到白色固体化合物（**8**）55.4g，收率91.6%，熔点304℃。

4. 2,4-二氯-6,7-二氢-5*H*-环戊烯并［*b*］吡啶（9）的合成：在装有搅拌器、温度计的500mL三口瓶中，加入65g（0.43mol）化合物**8**和101.4g（0.52mol）苯基膦酰二氯，加热至180℃，搅拌反应4h。冷却至室温，搅拌下缓慢倒入1L冰水中，用饱和碳酸钠水溶液调节pH至8，用二氯甲烷500mL×3萃取，用无水硫酸钠干燥，过滤，旋蒸出溶剂，减压蒸馏，收集144～146℃/3.3kPa馏分，得到浅棕色液体**9** 66.1g，收率81.8%。

5. 6,7-二氢-5*H*-环戊烯并［*b*］吡啶（10）的合成：在装有搅拌器、温度计的2L压力釜中，加入60g（0.32mmol）化合物**9**、44.9g（0.8mol）氢氧化钾、2g 5%Pd/C和1L 95%乙醇，用氢气置换釜内空气后，通入氢气反应6h，反应过程保持50℃/300kPa。过滤，滤液减压蒸出溶剂，减压精馏，收集120～122℃/3.3kPa馏分，得到无色液体**10** 33.6g，收率88.2%，纯度97.3%。

【参考文献】

［1］魏昭彬，王涛，王淑英，等. 2,3-环戊烯并吡啶的多相催化合成［J］. 合成化学，2008，16（2）：242-244.

［2］冯泽旺，孙成辉，赵信岐. 6,7-二氢-5*H*-环戊烯并［*b*］吡啶的合成工艺改进［J］. 化学试剂，2007，29（10）：621-622.

噁唑[4,5-*b*]吡啶-2(3*H*)-酮

【基本信息】 英文名：3*H*-oxazolo［4,5-*b*］pyridin-2-one；CAS号：60832-72-6；分子式：$C_6H_4N_2O_2$；分子量：136.11；熔点：211～212℃。本品是合成甲基吡啶磷重要的中间体。合成反应式如下：

2-氨基-3-羟基吡啶（OH, NH_2, N） —三光气→ 噁唑[4,5-*b*]吡啶-2(3*H*)-酮（O, O, N, N, H）

【合成方法】

将118.8g（*M*=297，0.4mol）双三氯甲基碳酸酯溶于300g二氯乙烷中。在装有搅拌器、温度计和滴液漏斗的三口瓶中，加入110g（1mol）2-氨基-3-羟基吡啶、276.5g（3.5mol）吡啶，在40℃慢慢滴加上述双三氯甲基碳酸酯的二氯乙烷溶液。滴加过程中，逐

渐有浅黄色固体析出。滴加完后，保温反应 1h。回收溶剂，残余物加入适量水，析出固体物，过滤，水洗滤饼两次，烘干，得到噁唑［4,5-*b*］吡啶-2（3*H*)-酮 128.9g（0.95mol），收率 94.8%，熔点 211～212℃。

备注：双三氯甲基碳酸酯（CAS 号：32315-10-9），*M*（$C_3Cl_6O_3$）=297，熔点 78～79℃。

【参考文献】

［1］吴茂祥，高冬寿. 一种噁唑吡啶酮类化合物的合成方法：CN1803802A［P］. 2006-07-19.

［2］孟纪文，于海军，赵永涛. 噁唑［4,5-*b*］吡啶-2（3*H*）酮的合成［J］. 精细化工中间体，2013，43（6）：20-21.

异噁唑并[5,4-*b*]吡啶-3-胺

【基本信息】 英文名：isoxazolo［5,4-*b*］pyridin-3-amine；CAS 号：92914-74-4；分子式：$C_6H_5N_3O$；分子量：135；沸点：336.6℃/101325Pa；熔点：212～214℃；闪点：157.4℃；密度：1.421g/cm^3。合成反应式如下：

CN, N, Cl —($H_2NOH \cdot HCl$ / NaOEt)→ NOH, NH_2, N, Cl —(乙醇/KOH)→ NH_2, N, N, O

CAS号: 6602-54-6　　CAS号: 468068-58-8　　CAS号: 92914-74-4

【合成方法】

1. 羟胺的合成： 在 100mL 三口瓶中加入 0.72g（*M*=69.5，0.0104mol）羟胺盐酸盐和 20mL 无水乙醇，搅拌下加入 1.36g（*M*=68，0.02 mol）金属钠，反应完后，滤去白色沉淀。

2. 2-氯-*N*-羟基-3-吡啶羧酰胺的合成： 在 250mL 三口瓶中，加入 1.55g（*M*=154.5，10mmol）2-氯-3 氰基吡啶和 50mL 无水乙醇，冷却至 5℃以下，滴加上述制备的羟胺乙醇溶液（0.1mol），搅拌回流 6h，冷却，过滤，得到粗产品，用冷水洗涤，用乙醇重结晶，得到白色晶体 2-氯-*N*-羟基-3-吡啶羧酰胺（CAS 号：468068-58-8）1.55g（*M* = 171.5，9.04mmol），收率 90.4%，熔点 141～143℃。

3. 异噁唑并［5,4-*b*］吡啶-3-胺的合成： 在 250mL 三口瓶中，加入 1.55g（9.04mmol）2-氯-*N*-羟基-3-吡啶羧酰胺、50mL 乙醇和 0.56g（0.01mol）KOH，加热回流 6h。冷却，滤出粗产品，用冷水洗涤，用乙醇重结晶，得到白色结晶异噁唑并［5,4-*b*］吡啶-3-胺 0.91g（6.7mmol），收率 74%，熔点 209～210℃。

【参考文献】

［1］Poreba K，Wietrzyk J，Opolski A . Synthesis and antiproliferative activity in vitro of new 3-substituted aminoisoxazolo［5,4-*b*］pyridines.［J］. Acta Poloniae Pharmaceutica，2003，60（4）：293.

6-溴-3*H*-噁唑并[4,5-*b*]吡啶-2-酮

【基本信息】 英文名：6-bromo-3*H*-oxazolo［4, 5-*b*］pyridin-2-one；CAS 号：

21594-52-5；分子式：$C_6H_3BrN_2O_2$；分子量：215；清亮无色至琥珀色液体；熔点：229～230℃；密度：1.928g/cm^3。本品是制备低毒有机磷杀虫剂甲基吡啶磷的中间体。合成反应式如下：

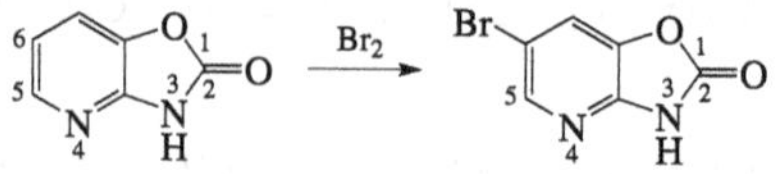

【合成方法】

噁唑［4,5-*b*］吡啶-2（3*H*）-酮 5g（*M*=136，36.76mmol）溶于 100mL DMF，搅拌，慢慢滴加溴 1.28mL（25.58mmol）。在室温反应 2h，加入 50mL 水，过滤，用水 100mL×3 洗涤滤饼，在 70℃ 真空干燥，得到黄色固体 6-溴-3*H*-噁唑［4,5-*b*］吡啶-2-酮 4.5g（20.93mmol），收率 90%。

纯化：在装有回流冷凝管的 250mL 两口圆底烧瓶中，加入粗黄色产品 10g、乙醇 230mL 和活性炭 2.5g，搅拌，加热回流 30min，趁热过滤，滤液倒入 300mL 烧杯中，室温结晶，得浅黄色结晶 6-溴-3*H*-噁唑［4,5-*b*］吡啶-2-酮 8.7g（40.5mmol），收率 87%，纯度>99%，熔点 230～231℃（文献值：234℃）。

【参考文献】

［1］Guillaumet E G，Viaud M C，Savelon L，et al. 1,3-dihydro-2*H*-pyrrolo［2,3-*b*］pyridin-2-one and oxazolo［4,5-*b*］pyridin-2-(3*H*)-one compounds：US5618819［P］. 1997-04-08.

［2］Spada A P，Studt W L，Campbell H F，et al. Pyridooxazinone-pyridone compounds，cardiotonic compositions including the same，and their uses：US4822794［P］. 1989-04-18.

［3］Guillaumet G，Flouzat C，Bonnet J. Oxazolopyridine compounds：US5084456［P］. 1992-01-28.

3-甲基-6-溴-3*H*-噁唑［4,5-*b*］吡啶-2(3*H*)-酮

【基本信息】 英文名：3-methyl-6-bromo-3*H*-oxazolo［4,5-*b*］pyridin-2-one；分子式：$C_7H_5BrN_2O_2$；分子量：229。合成反应式如下：

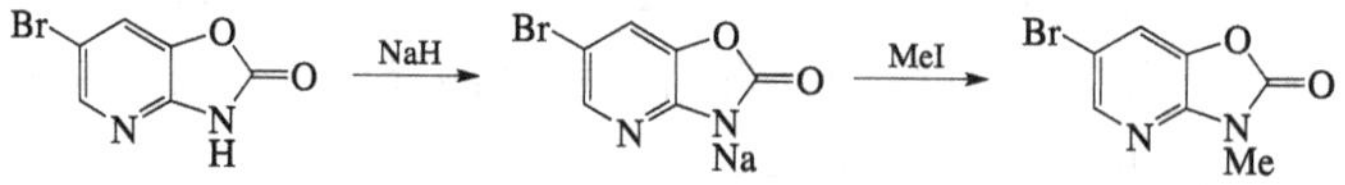

【合成方法】

在装有搅拌器、温度计、滴液漏斗和回流冷凝管的 100mL 三口瓶中，加入 DMF 10mL 和 6-溴噁唑并［4,5-*b*］吡啶-2（3*H*）酮 530mg（*M*=215，2.465mmol），搅拌溶解，再加入氢化钠（80%在油中）66mg（2.20mmol），室温搅拌 1h。然后，滴加碘甲烷 426mg（*M*=141.9，3mmol）与 0.5mL DMF 的溶液，滴毕，升温回流 2h。冷却，减压蒸出溶剂，剩余物加入水，用二氯甲烷萃取，分出有机相，用无水硫酸镁干燥。过滤，蒸出溶剂，所得粗产品用硅胶色谱柱纯化（淋洗液：二氯甲烷）。得到纯产品 3-甲基-6-溴噁唑并［4,5-*b*］吡啶-2（3*H*）-酮 479.8mg（2.095mmol），收率 85%，熔点 125～127℃。

【参考文献】

[1] Guillaumet E G, Viaud M C, Savelon L, et al. 1,3-Dihydro-2*H*-pyrrolo [2,3-*b*] pyridin-2-one and oxazolo [4,5-*b*] pyridin-2-(3*H*)-one compounds: US5618819 [P]. 1997-04-08.

6-溴-3-(氰甲基)-噁唑并[4,5-*b*]吡啶-2(3*H*)-酮

【基本信息】 英文名：6-bromo-3-(cyanomethyl) oxazolo [4,5-*b*] pyridin-2-one；分子式：$C_8H_4BrN_3O_2$；分子量：229；合成反应式如下：

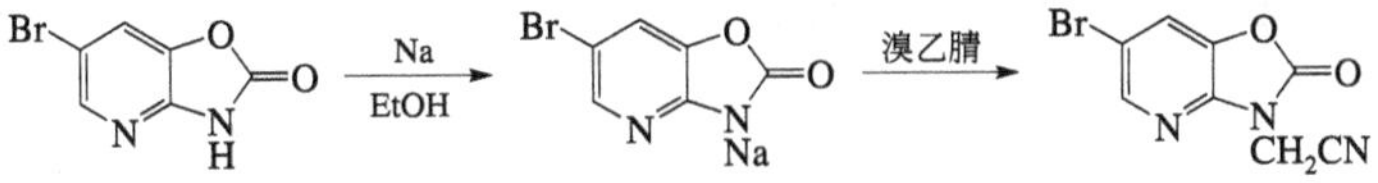

【合成方法】

在装有搅拌器、温度计、滴液漏斗和回流冷凝管的100mL三口瓶中，加入金属钠28mg (1.2mmol)、无水乙醇6mL，搅拌溶解，加入6-溴噁唑并 [4,5-*b*] 吡啶-2 (3*H*)-酮 215mg (*M*=215，1.0mmol)。室温搅拌1h，减压蒸出乙醇，剩余物溶于6mL DMF中，滴加溴乙腈0.1mL (172.2mg，*M*=120，1.435mmol) 溶于少量DMF中的溶液，加热回流2h。冷却，减压蒸出溶剂，剩余物加入水，用二氯甲烷萃取，用无水硫酸钠干燥，过滤，滤液蒸出溶剂，经硅胶柱色谱纯化（淋洗液：二氯甲烷）。得到6-溴-3-(氰甲基)-噁唑并 [4,5-*b*] 吡啶-2 (3*H*)-酮 187.8mg (0.82mmol)，收率82%，熔点127～129℃。

【参考文献】

[1] Guillaumet E G, Viaud M C, Savelon L, et al. 1,3-Dihydro-2*H*-pyrrolo [2,3-*b*] pyridin-2-one and oxazolo [4,5-*b*] pyridin-2-(3*H*)-one compounds: US5618819 [P]. 1997-04-08.

3-苄基-6-溴噁唑并[4,5-*b*]吡啶-2(3*H*)-酮

【基本信息】 英文名：3-benzyloxy-6-bromooxazolo [4,5-*b*] pyridin-2 (3*H*)-one；分子式：$C_{13}H_9BrN_2O_2$；分子量：305。合成反应式如下：

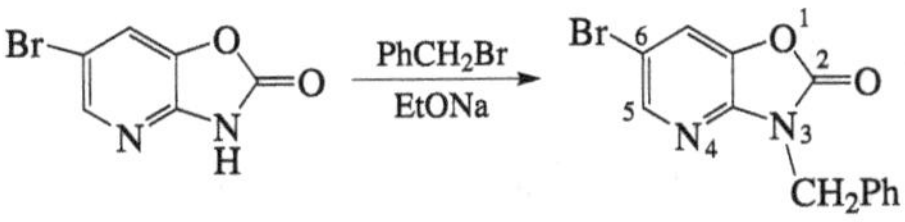

【合成方法】

在100mL三口瓶中，加入10mL二甲基甲酰胺（DMF）和6-溴恶唑并 [4,5-*b*] 吡啶-2 (3*H*) 酮 430mg (*M*＝215，2.0mmol)，搅拌溶解，再加入含56mg (2.4mmol) 钠和12mL无水乙醇的溶液，室温搅拌1h后，减压浓缩至干，剩余物溶于12mL DMF。滴加苄基溴513mg (3mmol) 溶于0.5mL DMF的溶液，滴毕，升温回流2h。冷却，减压蒸出溶剂，剩余物加入水，用二氯甲烷萃取，有机相用无水硫酸镁干燥。过滤，蒸出溶剂，所得粗产品用硅胶柱色谱纯化，蒸出溶剂，用二氯甲烷洗涤。得到纯产品3-苄基-6-溴噁唑并 [4,5-*b*] 吡啶-2 (3*H*) 酮 414.8mg (1.36mmol)，收率60%，熔点78～80℃。

【参考文献】

[1] Guillaumet E G, Viaud M C, Savelon L, et al. 1,3-Dihydro-2*H*-pyrrolo [2,3-*b*] pyridin-2-one and oxazolo [4,5-*b*] pyridin-2-(3*H*)-one compounds: US5618819 [P]. 1997-04-08.

6-氯噁唑并[4,5-*b*]吡啶-2(3*H*)-酮

【基本信息】 英文名：6-chlorooxazolo [4,5-*b*] pyridin-2 (3*H*)-one；CAS 号：35570-68-4；分子式：$C_6H_3ClN_2O_2$；分子量：170.5；熔点：188～189℃；密度：1.8g/cm^3。本品是制备优良的杀虫剂甲基吡啶磷的关键中间体。

【合成方法】

一、文献 [1] 中的方法

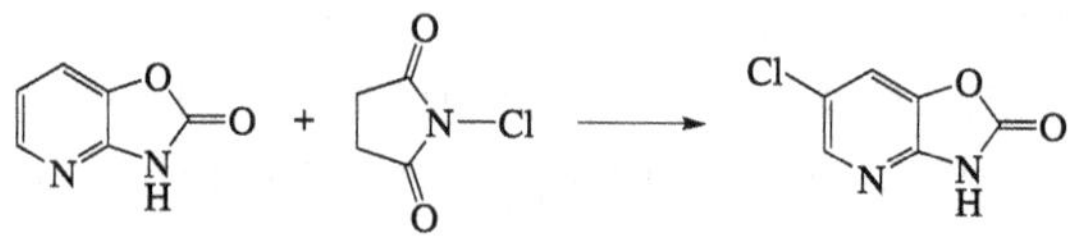

在装有冷凝管、温度计和搅拌器的 2.5L 三口瓶中，加入乙腈 1L 和冰醋酸 300mL，搅拌，加入噁唑 [4,5-*b*] 吡啶-2 (3*H*)-酮 41g，全溶解后，分批次加入 *N*-氯代丁二酰亚胺 47g，加热至 60℃，反应 6h，用 TLC 确定反应终点。反应完成后，蒸出大部分溶剂，加入水 500mL，抽滤，得 6-氯噁唑并 [4,5-*b*] 吡啶-2 (3*H*)-酮粗品 49g，用二氯甲烷和乙酸乙酯重结晶，得到纯品 6-氯噁唑并 [4,5-*b*] 吡啶-2 (3*H*)-酮 38g，收率 74%，纯度 98.8%，熔点 185～187℃。

放大实验：在 100L 反应釜中，加入 DMF 9L，搅拌，加入噁唑 [4,5-*b*] 吡啶-2 (3*H*)-酮 10kg (73.53mol)，搅拌至全部溶解。缓慢滴加 *N*-氯代丁二酰亚胺 12.16kg (91.1mol) 与 30L DMF 的溶液，控制反应温度不超过 40℃。滴加完后，室温搅拌过夜，用 TLC 确定反应终点。反应完成后，冷却，慢慢加入水 39L，搅拌 1h。过滤，用水洗涤两次滤饼，真空干燥，得粗产品 11.8kg。粗品用二氯甲烷和乙酸乙酯重结晶，得到纯品 6-氯噁唑并 [4,5-*b*] 吡啶-2 (3*H*)-酮 11.1kg (65.1mol)，收率 88.54%，纯度 99.5%，熔点 184～186℃。

二、文献 [2] 中的方法

将 272g (2.0mol) 噁唑 [4,5-*b*] 吡啶-2 (3*H*)-酮溶于 2L DMF 中，25℃通入氯气 148g (2.6mol)，约需 2～3h。室温搅拌，倒入水中，过滤，干燥，得到 6-氯噁唑 [4,5-*b*] 吡啶-2 (3*H*)-酮 300g (1.76mol)，收率 88%，熔点 187～188℃。

【参考文献】

[1] 韩猛，曹惊涛，等. 6-氯-3*H*-噁唑并 [4,5-*b*] 吡啶-2-酮的一步合成：CN103709175A [P]. 2014-04-09.

[2] 吴茂祥，高冬寿，黄当睦. 一种甲基吡啶磷的合成方法：CN1386741A [P]. 2002-12-25.

3-羟甲基噁唑并[4,5-*b*]吡啶-2(3*H*)-酮

【基本信息】 英文名：3-hydroxymethyloxazolo［4,5-*b*］pyridin-2（3*H*)-one；分子式：$C_7H_6N_2O_3$；分子量：166；熔点：约 130℃。合成反应式如下：

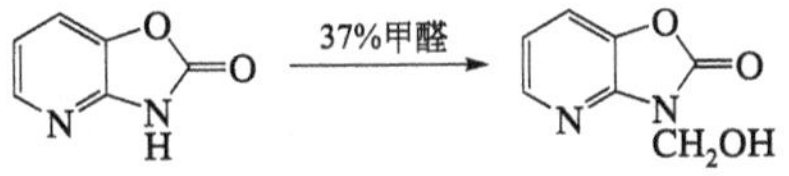

【合成方法】

将 272g（2.0mol）噁唑并［4,5-*b*］吡啶-2（3*H*)-酮悬浮在 250mL（3.29mol）37%甲醛和 1500mL 水中，搅拌，在室温放置 0.5h，在 60℃反应 0.5h，冷却，过滤，水洗，在 40℃干燥，得到 3-羟甲基噁唑并［4,5-*b*］吡啶-2（3*H*)-酮 320g（1.928mol），收率 96.4%，熔点 130℃。

【参考文献】

［1］Rüfenacht K，Kristinsson H. Arbeiten über phosphorsureund thiophosphorsureester mit einem heterocyclischen substituenten. 10. und letzte Mitteilung. Aza-analogie II：Derivate von oxazolo［4,5-*b*］pyridin-2（3*H*)-on，einem aza-analogen von benzoxazol-2（3*H*)-one［J］. Helvetica Chimica Acta，1976，59（5）：1593-1612.

6-硝基噁唑并[4,5-*b*]吡啶-2(3*H*)-酮

【基本信息】 英文名：6-nitrooxazolo［4,5-*b*］pyridin-2（3*H*)-one；CAS 号：21594-54-7；分子式：$C_6H_3N_3O_4$；分子量：181；熔点 200～220℃（文献值：约 180℃）。合成反应式如下：

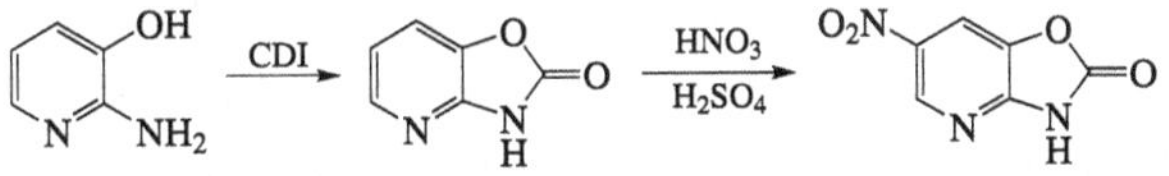

【合成方法】

1. 噁唑并［4,5-*b*］吡啶-2（3*H*)-酮的合成： 将 *N*,*N*′-羰基二咪唑 97.2g（*M*=162，0.6mol）分批加入到 2-氨基-3-吡啶醇 44g（0.4mol）和 600mL 四氢呋喃的溶液中，搅拌，加热回流 1h，浓缩，加入 500mL 二氯甲烷稀释，用 1.5mol/L 氢氧化钠水溶液 200mL×3 萃取，水层用 2mol/L 盐酸调节 pH 至 5，过滤，水洗，干燥。得到灰色固体噁唑并［4,5-*b*］吡啶-2（3*H*)-酮 43g（*M*=136，0.316mol），收率 79%。

2. 6-硝基噁唑并［4,5-*b*］吡啶-2（3*H*)-酮的合成： 在−5～5℃，将 408g（3.0mol）噁唑并［4,5-*b*］吡啶-2（3*H*)-酮加入到 1.2L 浓硫酸中，冷却至 0～10℃，加入发烟硝酸 600mL。在室温放置 6d 后，倒入 4.5kg 冰水中，过滤，用 5L 乙醇/水（1∶1）重结晶，得到产品 6-硝基噁唑并［4,5-*b*］吡啶-2（3*H*)-酮 223g（1.232mol），收率 41.1%，熔点 200～220℃。

【参考文献】

［1］Dunn R，Nguyen T M，Xie W，et al. 3′ Substituted compounds having 5-HT6 receptor affinit：WO2009023844［P］. 2009-02-19.

甲基吡啶磷

【基本信息】 俗名：甲基吡啶磷（azametjiphos）；化学名：(*S*)-[6-氯-2 氧代-噁唑并[4,5-*b*] 吡啶-3-甲基] *O*,*O* 二甲基硫代磷酸酯；英文名：(*S*)-[(6-chloro-2-oxooxazolo [4,5-*b*] pyridin-3yl) methyl] *O*,*O*-dimethyl phosphorothioate；CAS 号：35575-96-3；分子式：$C_9H_{10}ClN_2O_5PS$；分子量：324.5；白色或类白色结晶性粉末；熔点：88～93℃；闪点：213.1℃；密度：1.57g/cm^3；有异臭味，微溶于水，易溶于甲醇、二氯甲烷等有机溶剂。本品是广谱杀虫剂、杀螨剂，持效性好。合成反应式如下：

Cl_2 → H_2CO → $SOCl_2$ → $(MeO)_2P(=O)—S^{-+}NH_4$

【合成方法】

1. 6-氯噁唑并 [4,5-*b*] 吡啶-2 (3*H*)-酮的合成： 将 300g (*M*=136，2.2mol) 噁唑并[4,5-*b*] 吡啶-2 (3*H*)-酮溶于 2.25L DMF 中，在 25℃，2h 内通入氯气 148g。之后，在室温搅拌反应 1h，将反应液倒入 4.5L 冰水中。过滤，洗涤，干燥，得到 6-氯噁唑并 [4,5-*b*] 吡啶-2 (3*H*)-酮 318g (*M*=170.5，1.8651mol)，收率 84.8%。

2. 3-羟甲基-6-氯噁唑并 [4,5-*b*] 吡啶-2 (3*H*)-酮的合成： 在装有搅拌器、温度计的 3L 三口瓶中，依次加入 240g 37%甲醛水溶液、202.5g (1.1877mol) 6-氯噁唑并 [4,5-*b*] 吡啶-2 (3*H*)-酮和 1.2L 水，室温搅拌 1.5h 后，升温至 60℃，反应 2h。冷却至室温，过滤，冰水洗涤滤饼，在 40℃真空干燥，得到 3-羟甲基-6-氯噁唑并 [4,5-*b*] 吡啶-2 (3*H*)-酮 204.9g (*M*=172.5，1.187mol)，收率 100%，熔点 137～138℃。

3. 3-氯甲基-6-氯噁唑并 [4,5-*b*] 吡啶-2 (3*H*)-酮的合成： 在装有搅拌器、温度计的 1L 三口瓶中，依次加入 370mL 甲苯、70g (0.4058mol) 3-氯羟甲基-6-氯噁唑并 [4,5-*b*] 吡啶-2 (3*H*)-酮和 40mL 亚硫酰氯，升温至 50℃，搅拌反应 5h。用水泵抽出反应液中的气体。减压蒸出甲苯，水洗剩余物，过滤，干燥，得到 3-氯甲基-6-氯噁唑并 [4,5-*b*] 吡啶-2 (3*H*)-酮 70g (*M*=219，0.32mol)，收率 78.9%，熔点 105～106℃。

4. 甲基吡啶磷的合成： 在装有搅拌器、温度计和冷凝管的 3L 三口瓶中，依次加入 1.08L 甲醇、493g (2.25114mol) 3-氯甲基-6-氯噁唑并 [4,5-*b*] 吡啶-2 (3*H*)-酮和 432g (*M*=159，2.717mol) *O*,*O*-二甲基硫代磷酸铵 (CAS 号：1066-97-3)，搅拌溶解。加热至沸腾，搅拌回流 15min。将反应混合物倒入 1.62L 水中，旋蒸出大部分甲醇和水，剩余物用 1.08L 甲醇和 270mL 水重结晶，过滤，干燥，得到晶体甲基吡啶磷 447g (1.38mol)，收率 61.2%，熔点 89～90℃。

【参考文献】

[1] 吴茂祥，高冬寿，黄当睦. 一种甲基吡啶磷的合成方法：CN1386741A [P]. 2002-12-25.

第十五章
金属配合物

环戊基苯膦配体及其镍、钯、铂配合物

【基本信息】 三环戊基膦　英文名：tricyclopentylphosphine；CAS 号：7650-88-6；分子式：$C_{15}H_{27}P$；分子量：238.35；无色液体；沸点：332.7℃；闪点：210℃；密度：0.986g/cm^3，对空气敏感。环戊基苯膦配体与镍、钯、铂的配合物与烷基氯化铝配合，可作为丙烯二聚的催化剂。

【合成方法】

1. 配位体的合成： 以三环戊基膦为例，合成反应式如下。

$$RMgBr + PCl_3 \xrightarrow{THF} R_3P(R:环戊基和/或 Ph)$$

在装有搅拌器、滴液漏斗和氮气导管的干燥的三口瓶中，在高纯氮气保护下加入 3mol 环戊基溴化镁-四氢呋喃和过量四氢呋喃，搅拌下加入 1mol 三氯化磷的正庚烷溶液，加热至回流，反应 2～3h。冷却，过滤，旋蒸出溶剂 THF 和正庚烷，减压蒸出三环戊基膦。同法制备二环戊基苯膦和环戊基二苯磷。

2. 配合物的合成： 以 $NiCl_2[(C_5H_9)_3P]$(**1**) 的制备为例。

在装有搅拌器、滴液漏斗和氮气导管的 100mL 三口瓶中，在高纯氮气保护下加入 6.3g 三环戊基膦和 10mL 四氢呋喃，搅拌下，滴加入 5.5g $NiCl_2 \cdot 6H_2O$ 与 35mL 无水乙醇的溶液，立即生成紫红色结晶。滴毕，搅拌反应 1h，过滤，用少量乙醇洗涤滤饼 2 次，真空干燥，得到 $NiCl_2[(C_5H_9)_3P]_2$ (**1**) 6g，收率 75%，熔点 149～152℃，$M(C_{30}H_{54}Cl_2P_2Ni)=605.69$。元素分析，实测值（计算值）(%)：C 58.84 (59.43)，H 9.10 (8.92)，P 10.03 (10.23)，Ni 9.32 (9.69)。

其它配合物及元素分析见下面两表：

代号	化合物	颜色	收率/%	熔点/℃	备注
2	$NiCl_2[(C_5H_9)_2PPh]_2$	橙红色	36	211～213	—
3	$NiCl_2[(C_5H_9)PPh_2]_2$	紫红色	56	158～160	—
4	$NiBr_2[(C_5H_9)_3P]_2$	棕褐色	14	198～201	反应溶剂甲醇，溶于乙醇，部分溶于甲醇
5	$NiBr_2[(C_5H_9)_2PPh]_2$	棕红色	19	146	反应溶剂乙醇，−5℃结晶
6	$NiBr_2[(C_5H_9)PPh_2]_2$	绿色	60	130	反应溶剂甲醇
7	$NiI_2[(C_5H_9)_3P]_2$	棕色	30	135	溶剂正丁醇-乙醇，−5℃结晶，不溶乙醇微溶乙醚
8	$NiI_2[(C_5H_9)_2PPh]_2$	褐色	20	140	反应溶剂、结晶温度同 **7**。
9	$NiI_2[(C_5H_9)PPh_2]_2$	褐色	67	142	反应溶剂、结晶温度和溶解情况同 **7**。
10	$PdCl_2[(C_5H_9)_3P]_2$	黄色	55	169～170	氯化钯悬浮在苯中，滴加三环戊基膦
11	$PdCl_2[(C_5H_9)_2PPh]_2$	黄色	33	280～283	反应溶剂甲醇，滴加 K_2PdCl_4 水溶液
12	$PdCl_2[(C_5H_9)PPh_2]_2$	黄色	75	220～221	反应溶剂甲醇，滴加 K_2PdCl_4 水溶液
13	$PtCl_2[(C_5H_9)_3P]_2$	白色粉末	26	325～317	反应溶剂乙醇-水，重结晶溶解 DMF
14	$PtCl_2[(C_5H_9)_2PPh]_2$	黄色	31	283.6	反应溶剂乙醇-水
15	$PtCl_2[(C_5H_9)PPh_2]_2$	黄色	84	222～224	反应溶剂乙醇-水

代号	分子式	元素分析/%							
		C		H		P		Ni	
		实测值	计算值	实测值	计算值	实测值	计算值	实测值	计算值
1	$C_{30}H_{54}Cl_2P_2Ni$	58.84	59.43	9.10	8.98	10.03	10.02	9.32	9.68
2	$C_{32}H_{46}Cl_2P_2Ni$	62.31	61.76	7.47	7.45	9.73	9.96	9.22	9.43
3	$C_{34}H_{38}Cl_2P_2Ni$	63.98	64.41	6.23	6.00	9.73	9.71	9.03	9.20
4	$C_{30}H_{54}Br_2P_2Ni$	51.33	51.83	7.81	7.83	9.02	8.91	8.12	8.44
5	$C_{32}H_{46}Br_2P_2Ni$	54.22	54.04	6.33	6.52	8.44	8.71	8.21	8.26
6	$C_{34}H_{38}Br_2P_2Ni$	55.63	56.16	5.59	5.27	8.61	8.25	8.02	8.07
7	$C_{30}H_{54}I_2P_2Ni$	45.32	45.66	6.84	6.90	7.69	7.85	7.13	7.44
8	$C_{32}H_{46}I_2P_2Ni$	47.23	47.73	5.71	5.76	7.58	7.69	7.02	7.29
9	$C_{34}H_{38}I_2P_2Ni$	50.20	49.73	4.62	4.67	7.22	7.54	7.10	7.15
10	$C_{30}H_{54}Cl_2P_2Pd$	55.61	55.09	8.67	8.32	9.58	9.47	15.93	16.27
11	$C_{32}H_{46}Cl_2P_2Pd$	57.30	57.37	7.03	6.92	9.14	9.25	15.73	15.88
12	$C_{34}H_{38}Cl_2P_2Pd$	59.23	59.53	5.56	5.58	8.82	9.03	15.41	15.51
13	$C_{30}H_{54}Cl_2P_2Pt$	48.13	48.52	7.21	7.33	8.49	8.34	26.03	26.27
14	$C_{32}H_{46}Cl_2P_2Pt$	51.12	50.66	6.13	6.11	8.32	8.17	25.31	25.71
15	$C_{34}H_{38}Cl_2P_2Pt$	52.41	52.72	5.02	4.95	8.20	7.99	25.01	25.19

【参考文献】

[1] Ramsden H E. Process for preparing organo-phosphines: US2912465 [P]. 1959-11-10.

[2] 李同信，宋永瑞. 镍（Ⅱ）、钯（Ⅱ）、铂（Ⅱ）-环戊基苯基膦配合物的合成及表征[J]. 化学学报，1991，49（2）：158-163.

双膦配体及其镍配合物

【基本信息】 双配位叔膦镍（Ⅱ）配合物与烷基氯化铝复配是丙烯二聚反应催化剂，不同配体对丙烯二聚反应的活性和二聚产物的组成会产生明显的影响。合成反应式如下：

$$2PPh_3+ClCH_2(CH_2)_nCH_2Cl\xrightarrow{LiAlH_4/Li}Ph_2P(CH_2)_nPPh_2\xrightarrow{NiCl_2\cdot 6H_2O}\begin{matrix}NiCl_2(dPPe)\\NiCl_2(dPPb)\\NiCl_2(dPPh)\end{matrix}$$

$n=2$, dPPe; $n=4$; dPPb; $n=6$, dPPh

【合成方法】

1. 双膦配体的合成： 在装有搅拌器、温度计、回流冷凝管、滴液漏斗和氮气导管的三口瓶中，在高纯氮气保护下，加入经过分子筛和氢化锂铝处理过的三苯膦的四氢呋喃溶液和洁净的锂屑，搅拌，室温反应 3h。在冰水浴冷却下，加入计量的二氯乙烷（或二氯丁烷或二氯己烷）的四氢呋喃溶液，加热回流 0.5h。冰水浴冷却后，滴加入适量甲醇和脱氧水，滤出沉淀，用石油醚重结晶，真空干燥，得到白色晶状双膦化合物，这三种化合物在空气中都比较稳定，物性常数见下表。

双膦配体	简写	收率/%	熔点/℃	元素分析/%					
				C		H		P	
				计算值	测定值	计算值	测定值	计算值	测定值
$Ph_2P(CH_2)_2PPh_2$	dPPe	60.0	139.5	78.4	78.4	6.1	6.1	15.5	15.2
$Ph_2P(CH_2)_4PPh_2$	dPPb	50.4	132.7	78.9	79.2	6.6	6.5	14.5	14.2
$Ph_2P(CH_2)_6PPh_2$	dPPh	62.8	125.0	79.3	79.4	7.1	7.1	13.6	13.1

2. 双膦镍（Ⅱ）配合物的合成： 在装有搅拌器、温度计、回流冷凝管、滴液漏斗和氮气导管的三口瓶中，在高纯氮气保护下，加入上述制备的双膦配体和适量异丙醇，搅拌加热溶解，趁热加入剂量的六水氯化镍和甲醇-异丙醇（1∶2）的热溶液。搅拌后，冷却至室温，抽滤，洗涤，真空干燥，粗产品用正丙醇重结晶，所得结果数据见下表。

双膦镍配合物	颜色	收率/%	元素分析/%			
			C		H	
			计算值	测定值	计算值	测定值
$NiCl_2(dPPe)$	橙色	90.5	59.2	59.1	4.6	4.6
$NiCl_2(dPPb)$	浅紫色	93.5	60.2	60.4	5.1	5.1
$NiCl_2(dPPh)$	暗红色	72.5	61.7	61.9	5.5	5.6

【参考文献】

［1］宋永瑞，吴雄，李同信. 双配位叔膦镍（Ⅱ）配合物对丙烯二聚反应的催化行为Ⅰ. 二氯化 α,ω-双（二苯膦）代烷合镍（Ⅱ）［J］. 催化学报，1988，9（1）：64-70.

双(三环己基膦)氯化钯

【基本信息】 英文名：bis（tricyclohexylphosphine）palladium（Ⅱ）dichloride；CAS 号：29934-17-6；分子式：$C_{36}H_{66}Cl_2P_2Pd$；分子量：738.18，黄色粉末；熔点：270℃。本品是有机合成重要的偶联剂，在 $PdCl_2$（PCy_3）$_2$ 和 Cs_2CO_3 作用下，氯代芳烃和端基炔烃发生 Sonogashira、Heck 偶联反应。

【合成方法】

在装有搅拌器、温度计、回流冷凝管、滴液漏斗和氮气导管的三口瓶中，在高纯氮气保护下，加入 4.6g 三环己基膦（PCy_3）和 200mL 无水乙醇，搅拌溶解，加热至 70℃。搅拌下，滴加入 2g Na_2PdCl_4 与 4mL 水的溶液，生成黄色沉淀，滴毕，继续反应 2h。冷却至室温，过滤，依次用无水乙醇、无水乙醚洗涤滤饼，真空干燥，得到浅黄色粉末双（三环己基膦）氯化钯 5g，收率 99.6%。元素分析，分析值（计算值）（%）：C 58.42（58.57），H 8.89（9.01）。

【参考文献】

［1］王昭文，潘丽娟. 双（三环己基膦）氯化钯的合成及其结构表征［J］. 工业催化，2014，22（11）：852-854.

吡嗪、吡啶-2,3-二羧酸铂配合物

【基本信息】 本小节合成了吡嗪-2,3-二羧酸和吡啶-2,3-二羧酸铂配合物，试图设计和开发高活性、低毒和生物利用度高的无机配合物新型抗肿瘤药物。

【合成方法】

1.［Pt（pzdc）(H_2O)$_2$］(1) 的合成：

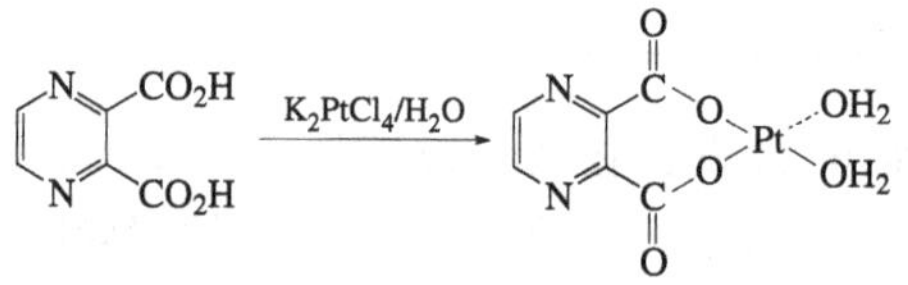

分别称取 0.04151g（0.1mmol）K_2PtCl_4 和 0.01681g（0.01mmol）吡嗪-2,3-二羧酸（pzdc），用去离子水溶解，并定容至 10mL，将 K_2PtCl_4 溶液缓慢滴加到吡嗪-2,3-二羧酸溶液中，搅拌均匀，调节 pH 至 6.42，在 48℃恒温水浴中反应 8h。用滤纸过滤，得到清液，静置 30d，析出黄绿色棒状晶体，收率 61%。对 $M(C_6H_6N_2O_6Pt)=397$ 的元素分析，计算值（分析值）（%）：C 18.14（18.09），H 1.52（1.59），N 7.05（7.12）。

2.［Pt（pydc）(H_2O)$_2$］·H_2O（2）的合成：

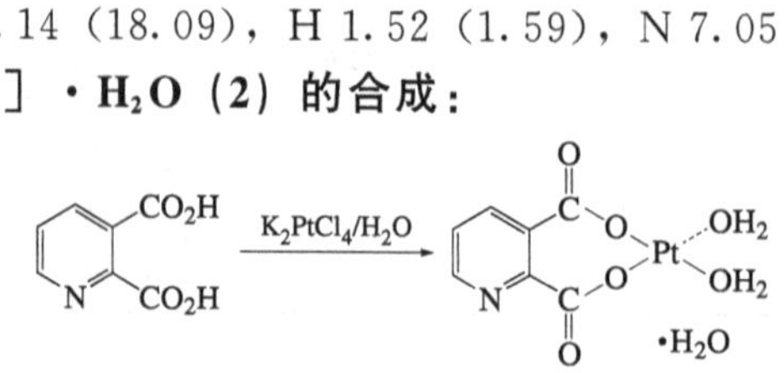

分别称取 0.04151g（0.1mmol）K_2PtCl_4 和 0.01681g（0.01mmol）吡啶-2,3-二羧酸(pydc)，用去离子水溶解，并定容至 10mL，将 K_2PtCl_4 溶液缓慢滴加到吡啶-2,3-二羧酸溶液中，搅拌均匀，调节 pH 至 6.42，在 45℃恒温水浴中反应 8h。用滤纸过滤，得到清液，静置 30d，析出黄绿色棒状晶体，收率 58%。对 $M(C_7H_9NO_7Pt)=414$ 元素分析，计算值（分析值）（%）：C 20.30（20.21），H 2.19（2.32），N 3.38（3.42）。两种配合物与 DNA 的结合能力：**1**>**2**。

配合物 **1** 和 **2** 对肿瘤细胞抑制活性 IC_{50} 比较表如下：

Tumor 细胞	配合物 **1**	配合物 **2**	顺铂
HeLa 细胞	0.63±0.05	0.84 ±0.08	0.73 ±0.07

【参考文献】

[1] 朱明昌.铂（Ⅱ）、钯（Ⅱ）配合物的合成、结构及抗肿瘤活性研究［D］.沈阳：辽宁大学，2017.

榄香烯金属配合物

【基本信息】 *β*-榄香烯　英文名：*β*-elemene；CAS 号：515-13-9；分子式：$C_{15}H_{24}$；分子量：204；沸点：252.1℃/101325Pa；闪点：98.3℃；密度：0.862g/cm³。淡黄色或黄色的澄清液体，有辛辣的茴香气味。易溶于石油醚、乙醚、氯仿或乙醇，几乎不溶于水。是天然植物姜黄的提取物，具有抗肿瘤活性，已临床应用，但因其水溶性差，影响其药效。本小节将其制备成金属配合物，增加溶解度，提高药效。合成反应式如下：

+金属盐 → $M^{2+}X_2^-$ 或 $M^+ X^- X^- M^+$

【合成方法】

1. *β*-榄香烯氯化铑配合物[$(C_{15}H_{24})RhCl]_2$ 的合成： 将 1g 三氯化铑水合物溶于 20mL 乙醇中，冷却至 0～15℃，加入 1.3g *β*-榄香烯，搅拌反应 10h。过滤，用少许 95%乙醇洗涤，减压蒸出溶剂，干燥，得到黄色固体粉末 0.65g，熔点 157～159℃（分解）。元素分析，实验值（计算值）（%）：C 52.19（52.56），H 7.17（7.01）。

2. *β*-榄香烯氯化铂配合物（$C_{15}H_{24}$）$PtCl_2$ 的合成： 将 0.964g 氯铂酸水合物溶于 3.2mL 冰醋酸中，加入 1.001g *β*-榄香烯，加热至 75℃，搅拌反应至反应液颜色逐渐加深，变为深紫色。依次用 10mL 水、20mL 乙醚洗涤。将产物加入到 40mL 二氯甲烷中，加热沸腾使溶解。冷却，加入 3g 硅胶，放置，过滤，用二氯甲烷洗涤滤饼 2 次，合并滤液和洗液，浓缩，得到浅黄色固体 0.147g，熔点 156～158℃（分解）。元素分析，实验值（计算值）（%）：C 35.59（35.54），H 4.95（4.78）。

3. *β*-榄香烯氯化钯配合物（$C_{15}H_{24}$）$PdCl_2$ 的合成： 将 2.3g $(C_6H_5CN)_2PdCl_2$ 溶于 30mL 甲苯中，滤除残渣，向滤液中加入 3mL *β*-榄香烯，搅拌反应 4h，静置，过滤，得到

鲜黄色固体，用石油醚洗涤 2 次，过滤，得到黄色粉末产物 1g，浓缩滤液，还得一部分黄色产物。元素分析，实验值（计算值）（%）：C 47.86（47.20），H 6.39（6.35）。

体外抗癌实验表明：合成的三种配合物比 β-榄香烯的抗癌活性更高。

【参考文献】

［1］程宝国，胡皆汉. 榄香烯金属络合物及其用作为抗癌药物：CN1153158A［P］. 1997-07-02.

(*S*)-奥美拉唑铝

【基本信息】 奥美拉唑化学名为 5-甲氧基-2-{[(4-甲氧基-3,5-二甲基-2-吡啶基)-甲基] 亚磺酰基} -1*H*-苯并咪唑，是一种质子泵，可有效抑制胃酸分泌，用于预防和治疗有关胃酸的疾病。目前采用的是（*S*)-奥美拉唑的钠盐和镁盐，但疗效不理想，副作用较大。而其铝盐疗效更快，副作用小。(*S*)-奥美拉唑铝（omeprazole aluminuim）是白色粉末，在空气中吸潮，易变色，溶于丙酮，易溶于二甲基亚砜，不溶于水、甲醇、乙腈。结构式如下：

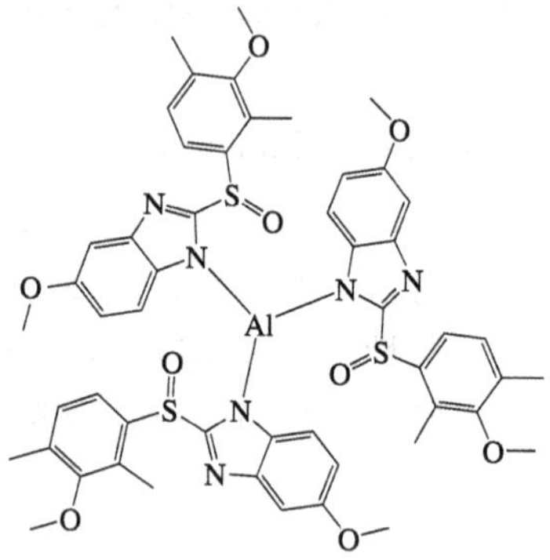

【合成方法】

在装有搅拌器、滴液漏斗的三口瓶中，加入 0.14g $Al(OCHMe_2)_3$ 和 30mL 异丙醇，搅拌溶解。滴加 0.69g (*S*)-奥美拉唑与 4mL DMF 的溶液。滴毕，继续搅拌反应 8h。将反应液滴加到石油醚中，直到不再产生沉淀。抽滤，用石油醚洗涤滤饼 2 次，真空干燥，得到白色粉末（S)-奥美拉唑铝纯品。

【参考文献】

［1］方浩，宋伟国，吴记勇，等 .*S*-奥美拉唑铝盐及其制备方法和应用：CN102807561A［P］. 2012-12-05.

吡啶硫酮锌

【基本信息】 英文名：1-hydroxypyridine-2-thione zinc；CAS 号：13463-41-7；分子式：$C_{10}H_8N_2O_2S_2Zn$；分子量：317；明亮的米黄色颗粒；熔点：262℃；密度 1.782g/cm^3/25℃。本品是高效、安全的去屑止痒剂和高效广谱杀菌剂。合成反应式如下：

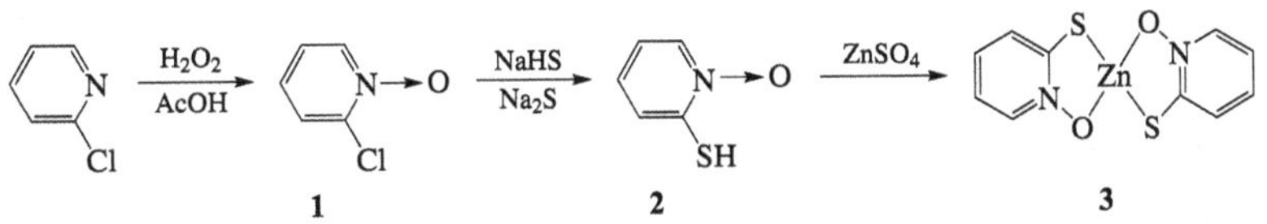

【合成方法】

1. 2-氯-*N*-氧吡啶（1）的合成：在装有搅拌器、温度计和滴液漏斗的 200mL 三口瓶中，加入 10mL 2-氯吡啶、35mL 冰醋酸和 12mL 30%双氧水，升温至 40℃，搅拌 1h。再加入 70mL 过氧化氢，升温至 90℃，搅拌 7h。加入氢氧化钠水溶液，调节 pH 至 8.2，未反应的 2-氯吡啶从溶液中析出，过滤，滤液为浅黄色 2-氯-*N*-氧吡啶的水溶液，直接用于下一步反应。

2. 2-巯基-*N*-氧吡啶（2）的合成：在装有搅拌、温度计和滴液漏斗的 200mL 三口瓶中，加入上述浅黄色水溶液，加入氢氧化钠水溶液，调节 pH 至 9.7～10.7。慢慢滴加 8.8g NaHS、4.7g Na_2S 和 50mL 水的溶液，10min 内滴加完毕。滴加过程中，不断滴加氢氧化钠水溶液，保持 pH 值不变。在 95℃搅拌 1h。在上述 2-巯基-*N*-氧吡啶溶液中，加入盐酸溶液，调节 pH 至约为 3，剧烈搅拌，产生大量白色沉淀。升温至 75℃，搅拌反应 0.5h。抽滤，干燥，得到 2-巯基-*N*-氧吡啶。

3. 吡啶硫酮锌（3）的合成：在装有搅拌器、温度计和滴液漏斗的 200mL 三口瓶中，加入上述所得 2-巯基-*N*-氧吡啶，加入氢氧化钠溶液，调节 pH 至 6.5。升温至 50℃，搅拌至固体全溶。加入含 7.1g $ZnSO_4 \cdot 7H_2O$ 的 80mL 水溶液，有大量白色沉淀析出。继续搅拌 2h，抽滤，水洗滤饼 4 次，乙醇洗 1 次，烘干，得到白色固体产物吡啶硫酮锌 10.6g，总收率 63%。EI-MS：m/z=327（[M^+]，100%）。

【参考文献】

[1] 邓南，蒋忠良，王宇，等. 吡啶硫酮锌合成方法的改进 [J]. 精细与专用化学品，2005，13（6）：20-21，25.

吡啶硫酮铜

【基本信息】 俗名：吡啶硫酮铜（copper pyrithione）；英文名：bis（1-hydroxy-1*H*-pyridine-2-thionato-*O*,*S*）copper；CAS 号：14915-37-8；分子式：$C_{10}H_8CuN_2O_2S_2$；分子量：315.55。本品是一种低毒、广谱、环保型真菌、细菌抑制剂和防霉剂，广泛应用于民用涂料、胶黏剂和地毯中，也可用于船舶防污剂。合成反应式如下：

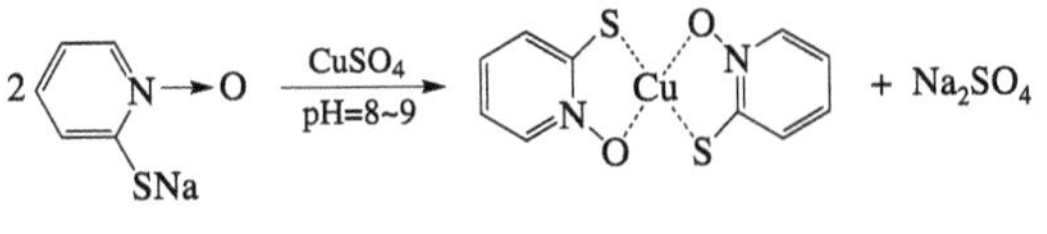

【合成方法】

在装有搅拌器、温度计和滴液漏斗的 250mL 三口瓶中，加入 30g 40%吡啶硫酮钠和 50mL 去离子水，调节溶液的 pH 至 8.5，搅拌，加热到 70℃。在 1h 内滴加入 30%硫酸铜水溶液 27g。随着硫酸铜的滴加，pH 逐渐下降，应同时滴加 10%氢氧化钠溶液，保持 pH 为 8.5。保温反应 1h，冷却，过滤，保存滤液回收硫酸铜。分别用蒸馏水和 25mL 乙醇洗涤滤饼 3 次，在 80℃烘干，得到绿色吡啶硫酮铜 12.3g，收率 97.7%，纯度 99.3%，熔点 270℃。

备注：吡啶硫酮钠（CAS 号：3811-73-2），$M(C_5H_4NOSNa)=149$。

【参考文献】

[1] 张珍明，李树安，卞玉桂，等. 涂料用抗菌防霉剂吡啶硫酮铜的制备研究 [J]. 涂料工业，2007，37 (4)：11-12，20.